訊 號 與 系 統

利用轉換方法與 MATLAB® 分析

Signals and Systems

Analysis Using Transform Methods and MATLAB®, 3e

Michael J. Roberts
著

郝樹聲
譯

國家圖書館出版品預行編目(CIP)資料

訊號與系統：利用轉換方法與 MATLAB®分析 / Michael J. Roberts 著；郝樹聲譯. -- 二版. -- 臺北市：麥格羅希爾，臺灣東華, 2018.02
　面；　公分

譯自：Signals and systems : analysis using transform methods and MATLAB®, 3rd ed.
ISBN 978-986-341-382-0 (平裝)

1. 通訊工程　2.系統分析

448.7　　　　　　　　　　　　　　107000554

訊號與系統：利用轉換方法與 MATLAB®分析

繁體中文版© 2018 年，美商麥格羅希爾國際股份有限公司台灣分公司版權所有。本書所有內容，未經本公司事前書面授權，不得以任何方式（包括儲存於資料庫或任何存取系統內）作全部或局部之翻印、仿製或轉載。

Traditional Chinese abridged copyright © 2018 by McGraw-Hill International Enterprises, LLC., Taiwan Branch

Original title: Signals and Systems: Analysis Using Transform Methods and MATLAB®, 3e (ISBN: 978-0-07-802812-0)

Original title copyright © 2018 by McGraw-Hill Education.
All rights reserved.
Previous editions © 2012, and 2004.

作　　　者	Michael J. Roberts
譯　　　者	郝樹聲
合 作 出 版暨 發 行 所	美商麥格羅希爾國際股份有限公司台灣分公司台北市 10044 中正區博愛路 53 號 7 樓TEL: (02) 2383-6000　　FAX: (02) 2388-8822
	臺灣東華書局股份有限公司10045 台北市重慶南路一段 147 號 3 樓TEL: (02) 2311-4027　　FAX: (02) 2311-6615郵撥帳號：00064813門市：10045 台北市重慶南路一段 147 號 1 樓TEL: (02) 2371-9320
總 經 銷	臺灣東華書局股份有限公司
出 版 日 期	西元 2018 年 2 月　二版一刷

ISBN：978-986-341-382-0

動機

基於我欣賞訊號與系統的美麗數學，促使我寫了本書的第一與第二版，而欣賞的點從未改變。寫第三版的動機是根基於許多審稿者及讀者的意見，更進一步的修正內容架構，更正第二版的一些錯誤並且相當大幅度的修正各章習題。

讀者

本書之設計乃基於大學三、四年級的基礎訊號與系統，內容涵蓋兩個學期的課程順序。本書也可作為（我以前也是如此做）研究所碩士班針對線性系統一學期的快速複習用書。

概觀

除了已刪除的二個章節之外，第三版的架構非常類近似於第二版。本書先以描述訊號與系統在連續與離散時間的數學方法開始。我利用連續時間傅立葉級數介紹轉換的觀念，以此為基礎進而到以非週期訊號傅立葉級數所延伸的傅立葉轉換。接著以同樣方式討論離散時間訊號。接著討論兼具用於無界訊號連續時間傅立葉轉換與不穩定系統的拉普拉斯轉換，因為它是一個與用於連續時間線性系統的特徵值與特徵函數非常有關聯具功能強大的系統分析工具。類似的方式，我介紹用於離散時間系統的 z 轉換。接著介紹作為連續與離散時間之間的橋樑所謂的取樣。剩下的章節著重在頻率響應分析、回授系統與類比與數位濾波器。在本書中介紹了各種範例並且介紹用 MATLAB 函數與運算來完成書裡所介紹的方法。每章最後都有整理一個概要。

章節概要

第 1 章

第 1 章沒有用任何的數學來介紹訊號與系統的一般觀念。它說明每日生活中普遍使用的訊號與系統，讓學生有動機學習，而重要的是了解它。

第 2 章

第 2 章探索描述各種形式連續時間訊號的數學方法。開始熟悉函數、正弦與指數訊號，並且擴及訊號描述函數的範圍包括連續時間奇異函數（切換函數）。與大部分的訊號與系統教科書類似，我定義了單位步階、signum、單位脈衝與單位斜坡函數。除此之外定義了單位方波與單位週期脈衝函數。單位週期脈衝函數與迴旋提供了一個簡潔的方式用數學來描述任何週期訊號。

在介紹了新的連續時間訊號函數之後，本書涵蓋了與訊號轉換有關的，振幅尺度改變、時間位移、時間尺度改變、微分與積分之一般形式，且將其運用至訊號函數上。接著說明了訊號在某些轉換、偶性、奇性與週期性裡不變的一些特性，以及在訊號分析裡面關於訊號特性的一些涵義。最後一節則是有關訊號能量與功率。

第 3 章

除了應用在不同於連續時間訊號的離散時間之外，第 3 章與第 2 章的說明方式類似。介紹離散

i

時間正弦與指數訊號並且解釋決定離散時間正弦訊號週期的問題。對於某些學生而言這是第一次面對取樣涵義。相對於連續時間奇異函數，本書也定義了一些離散時間訊號函數。接著探討針對離散時間訊號函數的振幅尺度改變、時間位移、時間尺度改變、差分與累加，指出獨特的涵意與問題所在，特別是在對離散時間函數從事時間尺度改變時。最後討論離散時間訊號的訊號能量與功率。

第 4 章

本章說明系統的數學描述。首先指出系統分類上最常見到的形式，同質性、相加性、線性、非時變、因果性、記憶性、靜態非線性與可逆性。我舉出不同的系統作為範例，它們可能或沒有具備以上這些特性，以及如何從系統的數學描述上證明不同的特性。

第 5 章

本章介紹在線性非時變系統響應的系統性分析中脈衝響應與迴旋之觀念。說明連續時間迴旋的數學特性並且用圖形的方法讓讀者了解迴旋積分。解釋利用迴旋特性可以用來結合分系統，以串接與並接的方式成為一個系統，以及它們的脈衝響應是應該如何。接著找出利用複正弦激發至 LTI 系統的響應方式介紹轉移函數的觀念。本節以類似於離散時間脈衝響應與迴旋的涵蓋範圍來接續。

第 6 章

這是學生首次接觸轉換方法。以圖形的觀念開始介紹在工程上有用之連續時間週期函數觀念，他們可以利用實數或複數連續時間正弦訊號線性結合的方式來表示。正式的以正交性來推導傅立葉級數，展現此訊號之描述乃來自離散諧波數值（或諧波函數）之函數。以 Dirichlet 情況讓所有學生了解連續時間傅立葉級數應用至所有實際的連續時間訊號而非可以應用至所有想像的連續時間訊號。

接著探討傅立葉級數特性。我嘗試讓傅立葉級數表示法與特性盡量可能近似於後面會提到的傅立葉轉換。諧波函數與時間函數形成「傅立葉級數轉換對」。在第一版中時域訊號我用小寫字母，它們的諧波函數我用大寫字母表示。但是不巧地因為連續時間與離散時間諧波函數看起來一樣而會引起困惑。在本版中我將變更連續時間訊號諧波函數的表示法以便更容易分辨。同時有一節用傅立葉級數的收斂來說明在函數非連續之 Gibb's 現象。本書鼓勵學生使用列表與特性找出諧波函數特性，此一練習可以對於他們在未來面對傅立葉轉換、拉普拉斯轉換與 z 轉換相類似的學習過程做準備。

第 6 章的下一章節延伸傅立葉級數至傅立葉轉換。經由檢視當訊號週期趨近於無限時連續時間傅立葉級數的變化，如同一個一般性的連續時間傅立葉級數推導連續時間傅立葉轉換。利用一個「普遍性」的方式闡明兩種不同的表示法，通常出現在訊號與系統、控制系統、數位訊號處理、通訊系統與其它傅立葉方法的應用，例如影像處理與傅立葉光學等書中：使用循環頻率 f 以及弧度頻率 ω。我使用兩者並且強調兩者之相關通常只要改變變數就可以了。這一點可為學生在他們的大學與專業生涯中會在其他書籍所見到的兩種形式有較好的準備。

第 7 章

本章介紹離散時間傅立葉級數 (DTFS)、離散傅立葉轉換 (DFT)、離散時間傅立葉轉換 (DTFT)，以類似於第 6 章的方式推導與定義他們。DTFS 和 DFT 幾乎一樣。我注重在 DFT 因為它廣泛的用於數位訊號處理。我強調因連續與離散時間訊號所導致的重要差別，特別是 DFT 本身的相加範圍相對於（一般性）CTFS 無限的相加範圍。同時指出 DFT 相對於一些有限的數值與其他有限數值間的重要性,使它適合用於直接數值機器的計算。快速傅立葉轉換是計算 DFT 一個非常有效率的演算法。如同第 6 章,我使用循環以及弧度頻率形式以強調它們之間重要的關連性。我使用 F 和 Ω 作為離散時間的頻率以分辨在連續時間使用的 f 和 ω。然而有些作者使用相反的表示法。我使用的方式與大部分訊號與系統書籍一致。這也顯現在此領域缺乏標準的表示法。最後一節比較四種傅立葉方法。我特別強調不同領域間的取樣與週期重複性之對偶。

第 8 章

本章介紹拉普拉斯轉換。我根據兩種觀點來趨近拉式轉換,其中之一是對於大部分訊號的傅立葉轉換的一般化,另一是由複指數訊號所激發線性非時變系統的自然結果。開始先定義雙向拉式轉換並討論收斂區間的重要性。接著定義單向拉式轉換。我推導拉式轉換所有重要特性。完整的探討部分分式展開方法以求反轉換並且用具有初始條件的單向形式求解微分方程的範例來說明。

第 9 章

本章為 z 轉換。這個推導過程與拉式轉換平行除了它是應用至離散時間訊號與系統。開始先定義雙向轉換並且討論收斂區間。接著定義單向轉換。利用部分分式展開方法說明反轉換並且求解具有初始條件的差分方程式。並且展現拉式轉換與 z 轉換的關係,這在第 12 章中連續時間系統近似於離散時間系統是一個重要的觀念。

第 10 章

這是首次經由取樣探討連續時間訊號與離散時間訊號之相關性。第一節涵蓋如何在一個實際系統中使用取樣保持與一個 A/D 轉換器來取樣的做法。第二節開始探討該用多少樣本才足夠描述連續時間系統。此一問題用取樣理論來解答。接著討論理論與實際上的內插方法,帶限週期性訊號之特性。我完整的推導了連續時間訊號 CTFT 與從其中得到的有限長度樣本 DFT 兩者之關係。接著我說明 DFT 如何在能量訊號或週期性訊號中用來近似 CTFT。下一節主要探討 DFT 在許多常見的訊號處理運算裡之數值近似。

第 11 章

本章涵蓋在頻率響應分析裡使用 CTFT 與 DTFT 的不同面向。主要內容為理想濾波器、波德圖、實際的被動與主動連續時間濾波器與基本離散時間濾波器。

第 12 章

本章涵蓋在一些最常見到的類比與數位濾波器之設計與分析。類比濾波器有巴特沃斯、柴比雪夫形式 I 與 II、橢圓(考爾)濾波器。數位濾波器章節涵蓋大部分用來模擬類比濾波器的技術包括脈衝與步階不變性、有限差分、匹配 z 轉換、直接替換方法、雙線性 z 轉換、截斷理想脈衝響應與派克-麥卡蘭數值設計。

附錄

總共有 7 個附錄,包含有用的數學公式,4 個傅立葉轉換的表格,拉式轉換與 z 轉換表格。

審稿與編輯

　　本書感謝許多審稿者的貢獻，他們花了很多時間審視並且提出改善建議。我非常感謝他們，同時也感謝整年修習這門課的學生們。我相信我們的相依程度超過他們所理解的。也就是他們從我這裡學習訊號與系統分析，反之，我也從他們身上學習到如何上這門課。我不記得多少次被學生問到非常具有深度的問題，這些問題不只學生不了解，連我也不明白其中的觀念而且和我以前的想法有出入。

寫作形式

　　連我也不例外，每個作者都認為他已經找到一個較好的方式展現內容讓學生可以心領神會。我已經教這門課有許多年的經驗，經由測驗我發現學生一般可以領悟與不明白的地方。我花了數不清的時間在辦公室針對學生一對一的解釋這些觀念，經由我的經驗，我找出需要闡述的是什麼。我嘗試將內容以平鋪直敘避免令人懊惱的對話且盡可能以深入的方式與讀者對話，期待展現給讀者，讓其明瞭錯誤的觀念與謬論。第一次接觸到轉換方法時它並非是一個明顯的概念，學生很容易因其抽象的概念陷入到一個撲朔迷離的沼澤中而且越陷越深，反而喪失了分析受訊號激發的系統響應這個目標。我盡力（如同每個作者所做的）找出可讀性與嚴謹數學間神奇的結合，因為兩者都同樣重要。我相信我的寫法清楚且直接，但裁判對或錯是作為讀者的你們。

習題

　　每章都附有許多具備解答的習題（譯者按：中譯本已刪除原文書中不附有解答之習題），這些習題中或多或少都有一些「掌握精髓」的成分。

結語

　　如同我在第一與第二版中所提到的，歡迎所有的批評、更正與建議。所有的意見不論是我不同意或者是其他人不認同的，都因為他們指出問題的重點，這些都可做為下一版建設性的影響。有些地方你覺得不對也同樣的也會令他人困惑，作為一個作者，我的工作就是找出一個解決問題的辦法。因此，我歡迎你們不遲疑的針對最細微萬至最重要的問題中所找到的錯誤，直接且清楚的指出你認為應該做變更的意見。

Michael J. Roberts, Professor
Emeritus Electrical and Computer Engineering
University of Tennessee at Knoxville
mjr@utk.edu

譯者序

　　訊號與系統觀念是大部份電子技術的基礎也是各大學相關科系的必修課程，市面上已經有相當多的原文書與翻譯書可作為教學與參考使用。本書「訊號與系統，利用轉換方法與 MATLAB 分析，第三版」，內容架構組織分明，每章後面隨附的習題也根據各章節依序整理排列，使教師與讀者更易於掌握重點。第三版已經刪除了第二版中一些較進階的章節且重新編排，並且也更正前一版的錯誤並且加入了更豐富的習題。本譯著根據第三版的原文書進一步的刪除原書中的第 12 與 13 章，以及每章後面進階習題（沒有解答）的部分，使其更適合國內學校一學期的教學進度。譯者盡力使譯著可以達到信、達、雅的程度，還請讀者與各位先進不吝指出翻譯的不順與謬誤之處以便再版之改進。

郝樹聲 謹識

電機電子工程學系　副教授
國防大學理工學院
桃園大溪員樹林
haoshu@ndu.edu.tw

目錄

前言		*i*
譯者序		*vi*
第 1 章	**介紹**	*1*
1.1	訊號與系統定義	*1*
1.2	訊號形式	*2*
1.3	系統範例	*6*
1.4	熟悉的訊號與系統範例	*11*
1.5	利用 MATLAB®	*14*
第 2 章	**連續時間系統數學描述**	*15*
2.1	介紹與目標	*15*
2.2	函數表示法	*16*
2.3	連續時間訊號函數	*16*
2.4	函數結合	*28*
2.5	位移和尺度改變	*31*
2.6	微分與積分	*39*
2.7	偶訊號與奇訊號	*41*
2.8	週期性訊號	*44*
2.9	訊號能量與功率	*47*
	重點概要	*51*
	習題	*51*
第 3 章	**離散時間訊號描述**	*61*
3.1	介紹與目標	*61*
3.2	取樣與離散時間	*61*
3.3	正弦訊號與指數訊號	*63*
3.4	奇異函數	*66*
3.5	位移和尺度改變	*70*
3.6	差分與累加	*74*
3.7	偶訊號與奇訊號	*77*
3.8	週期性訊號	*80*
3.9	訊號能量與訊號功率	*81*
	重點概要	*84*
	習題	*85*
第 4 章	**系統描述**	*93*
4.1	介紹與目標	*93*
4.2	連續時間系統	*93*
4.3	離散時間系統	*117*

		重點概要	*125*
		習題	*126*
第 5 章		**時域系統分析**	*129*
	5.1	介紹與目標	*129*
	5.2	連續時間	*129*
	5.3	離散時間	*149*
		重點概要	*167*
		習題	*167*
第 6 章		**連續時間傅立葉方法**	*179*
	6.1	介紹與目標	*179*
	6.2	連續時間傅立葉級數	*180*
	6.3	連續時間傅立葉轉換	*203*
		重點概要	*227*
		習題	*227*
第 7 章		**離散時間傅立葉方法**	*239*
	7.1	介紹與目標	*239*
	7.2	離散時間傅立葉級數和離散傅立葉轉換	*239*
	7.3	離散時間傅立葉轉換	*254*
	7.4	傅立葉方法比較	*270*
		重點概要	*271*
		習題	*271*
第 8 章		**拉普拉斯轉換**	*277*
	8.1	介紹與目標	*277*
	8.2	拉氏轉換之發展	*277*
	8.3	轉移函數	*280*
	8.4	串聯系統	*281*
	8.5	直接形式 II 實現	*281*
	8.6	反拉氏轉換	*282*
	8.7	拉氏轉換之存在性	*283*
	8.8	拉氏轉換對	*285*
	8.9	部分分式展開	*288*
	8.10	拉氏轉換特性	*299*
	8.11	單邊拉式轉換	*301*
	8.12	極點 - 零點圖和頻率響應	*306*
	8.13	MATLAB 系統物件	*313*
		重點概要	*316*
		習題	*316*

第 9 章　z 轉換　　321

- 9.1　介紹與目標　　*321*
- 9.2　一般化離散時間傅立葉轉換　　*321*
- 9.3　複指數激發與響應　　*322*
- 9.4　轉移函數　　*323*
- 9.5　串聯系統　　*323*
- 9.6　直接形式 II 系統實現　　*324*
- 9.7　反 z 轉換　　*325*
- 9.8　z 轉換之存在性　　*325*
- 9.9　z 轉換對　　*328*
- 9.10　z 轉換特性　　*330*
- 9.11　反 z 轉換方法　　*330*
- 9.12　單邊 z 轉換　　*337*
- 9.13　極點 - 零點圖和頻率響應　　*340*
- 9.14　MATLAB 系統物件　　*342*
- 9.15　轉換方法比較　　*344*
- 重點概要　　*349*
- 習題　　*349*

第 10 章　取樣與訊號處理　　355

- 10.1　介紹與目標　　*355*
- 10.2　連續時間取樣　　*356*
- 10.3　離散時間取樣　　*385*
- 重點概要　　*391*
- 習題　　*391*

第 11 章　頻率響應分析　　405

- 11.1　介紹與目標　　*405*
- 11.2　頻率響應　　*405*
- 11.3　連續時間濾波器　　*406*
- 11.4　離散時間濾波器　　*438*
- 重點概要　　*456*
- 習題　　*456*

第 12 章　濾波器分析與設計　　467

- 12.1　介紹與目標　　*467*
- 12.2　類比濾波器　　*467*
- 12.3　數位濾波器　　*476*
- 重點概要　　*510*
- 習題　　*510*

附錄　　*515*

索引　　*539*

第 1 章

介紹
INTRODUCTION

▶ 1.1 訊號與系統定義

意圖傳遞資訊之任何時變物理現象可稱為**訊號** (signal)。訊號的例子有人聲、手語、摩斯 (Morse) 電碼、交通號誌、電話線上之電壓、從無線電與電視發射機發出的電場，以及電話或電腦網路裡的光纖內之光強度變化。**雜訊** (noise) 如同訊號為一個時變物理現象，但通常它不帶有有用的資訊而被認為是不想要的。

訊號由**系統** (systems) 運作。當一個或多個**激發** (excitation) 或**輸入訊號** (input signals) 作用在一個或多個系統**輸入** (inputs)，系統在其輸出端產生一個或多個**響應** (responses) 或**輸出訊號** (output signals)。圖 1.1 為單一輸入、單一輸出系統。

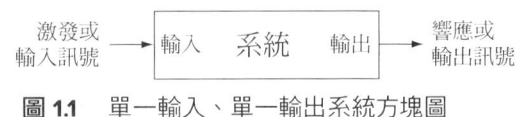

圖 1.1　單一輸入、單一輸出系統方塊圖

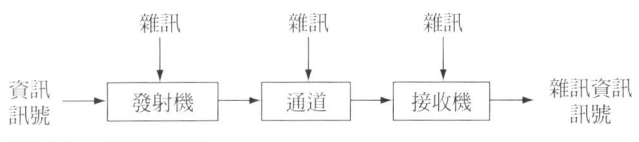

圖 1.2　通訊系統

在一個通訊系統中，發射機製造訊號而由接收機獲得。**通道** (channel) 為一個讓訊號從發射機至接收機的路徑。雜訊在發射機、通道與接收機內是無法避免發生的，通常發生在許多點上（圖 1.2）。發射機、通道與接收機為整個系統的元件或分系統。科學儀器是用來測量物理現象（溫度、壓力、速度等），並且將其轉換至電壓與電流訊號的系統。商用大樓控制系統（圖 1.3）、工業廠房控制系統（圖 1.4）、現代農機（圖 1.5）、飛機上之

圖 1.3　現代辦公大樓

2　訊號與系統──利用轉換方法與 MATLAB 分析

圖 1.4　典型工業工廠控制系統

圖 1.5　具有封閉駕駛室的現代農用拖拉機

　　航空電子、汽車之點火系統與燃油輸送控制都是由訊號所運作的系統。

　　系統一詞通常環繞在如股市、政府、天氣與人體等。它們全會因為激發而響應。有些系統馬上可以詳細分析，有些則可以近似分析，但有些則非常複雜或很難測量，導致認知不足來加以理解。

▶1.2 訊號形式

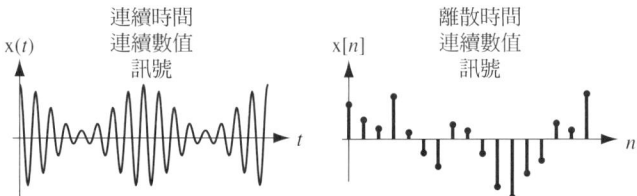

圖 1.6　連續時間與離散時間訊號範例

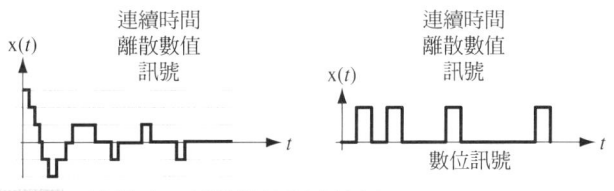

圖 1.7　連續時間離散數值訊號範例

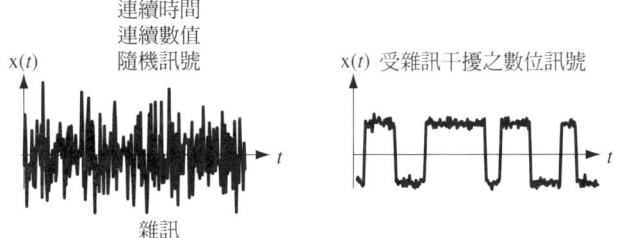

圖 1.8　雜訊與受雜訊干擾數位訊號範例

　　訊號有許多廣大的分類：**連續時間** (continuous-time)、**離散時間** (discrete-time)、**連續數值** (continuous-value)、**離散數值** (discrete-value)、**隨機** (random) 與**非隨機** (nonrandom)。連續時間訊號定義在某些時間間隔內的每個瞬間。另一個有關連續時間訊號較常見的名稱是**類比** (analog) 訊號，此訊號類比（比例）於某些物理現象而隨時間改變。所有類比訊號都是連續時間訊號，但不是所有連續時間訊號都是類比訊號（圖 1.6 至圖 1.8）。

　　取樣 (sampling) 一個訊號是在離散時間點上從連續時間訊號擷取數值。這組訊號形成離散時間訊號。離散時間訊號也可從一個本質為離散時間的系統上建立產生只在離散時間點上的訊號值（圖 1.6）。

連續時間值可能是在一連續容許數值內的任何值。在連續情況下，任何兩個值可以任意地靠近彼此。實數值構成連續數值而具有無限的延伸。介於 0 與 1 之間的實數值形成一個具有有限長度的連續數值。每組均具有無限的成分（圖 1.6 至圖 1.8）。

離散數值訊號只可以從離散組裡面取得。在離散組的數值裡，其中任何兩個值相差的量值大於某些正值。整數即是一個例子。離散時間訊號通常是以一序列的離散時間值，並經過某些編碼的位元形式，亦即**數位** (digital) 訊號作傳輸。數位一詞有時也廣義的代表離散數值訊號且只有兩個可能值。這種形式數位訊號的位元乃是由連續時間訊號來傳輸。在此情況下，類比和連續時間並非同義詞。這種形式的數位訊號是連續時間訊號而非類比訊號，因為它的數值隨時間而變化，並未直接類比於物理現象（圖 1.6 至圖 1.8）。

一個隨機訊號不能精確的預測而且無法用任何數學函數來描述。一個**確定** (deterministic) 訊號可以用數學來描述。隨機訊號的一個常用名稱是**雜訊** (noise)（圖 1.6 至圖 1.8）。

在實際的訊號處理中，很常見用電腦的方式來取樣、**量化** (quantizing) 和**編碼** (encoding) 以獲得訊號（圖 1.9）。原來的訊號是連續時間連續數值。取樣在離散時間得到這些值構成一個離散時間訊號之連續數值。量化將每個樣本以趨近於最接近的一組離散值的方式製造一個離散時間離散數值。每個離散時間離散數值轉換至一被編碼成二位元數值的脈波序列，而建立一個連續時間離散數值訊號，通常稱為**數位訊號** (digital signal)。此一步驟通常由一個元件，稱為**類比數位轉換器** (analog-to-digital converter, ADC) 來完成，在圖 1.9 中說明其步驟。

二位元數位訊號常見的用途是利用美國資訊交換標準碼 (American Standard Code for Information Interchange, ASCII) 來傳遞文字訊息。字母、數值 0-9、一些符號字元以及許多不能列印的控制符號，總共 128 個字元全部編碼成 7 個二位元的序列。這 7 個位元循序的先以**開始** (start) 位元，之後為 1 或 2 個用來作為同步的**停止** (stop) 位元進行傳輸。基本上，在數位設備之間直接連接時，這些位元通

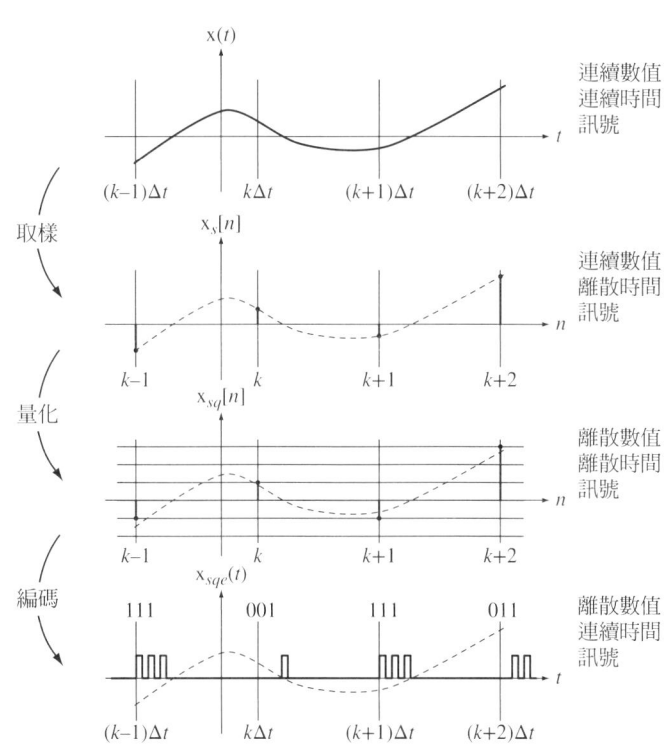

圖 1.9 用取樣、量化和編碼訊號來說明不同的訊號形式

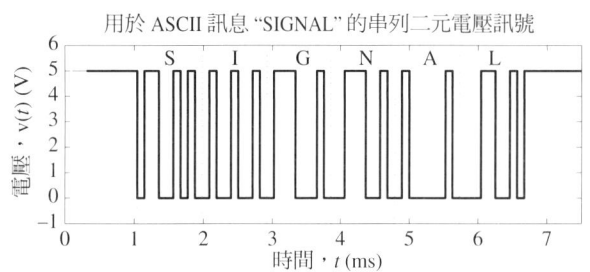

圖 1.10 非同步串列二位元 ASCII- 編碼電壓訊號傳輸 SIGNAL 這個單字

常以較高電壓（2 至 5 V）代表 1 而以較低電壓（0 V 附近）代表 0。在非同步傳輸中，利用一個開始位元與一個停止位元，傳遞訊號 (SIGNAL) 這個單字的訊息，電壓相對於時間如同圖 1.10 所示。

在 1987 年 ASCII 延伸為 Unicode，在 Unicode 中代表字元的位元數目可以是 8、16、24 或 32，在現代與歷史性語言字元，以及多數符號組中，超過 120,000 字元都經過此種方式編碼。

因為數位系統的普及，所以數位訊號在訊號分析中占了重要的地位。數位訊號抗雜訊的能力優於類比訊號。在二進位通訊系統中，位元在雜訊非常大時可清晰的偵測出來。在串流的位元中所偵測出的位元值通常是在一個預先決定好的位元時間內與一個臨界值比較而來。若是超過臨界值就認定為 1 否則就是 0。在圖 1.11 中的 x 標示出在一個偵測時間的訊號值，但當此訊號應用至有雜訊的數位訊號時，有一個位元被不正確的偵測出來。但當此訊號經由**濾波器** (filter) 處理後，所有的位元都被正確的偵測。此一濾波過後的訊號與無雜訊數位訊號比較起來並非非常乾淨，但是位元仍可以非常低的錯誤率被偵測出來。此乃是為何數位訊號抗雜訊能力優於類比訊號的基本原因。第 11 和 12 章將針對分析和設計濾波器做介紹。

本書中我們將同時考慮連續時間與離散時間訊號，但我們將（幾乎）忽略訊號量化的效應且認為所有的訊號都是連續數值。同樣的，雖然有時會用隨機訊號來說明，但我們還是不會考慮直接分析隨機訊號。

首先要探討的訊號是連續時間訊號。有些連續時間訊號可以用時間的連續函數來描述。訊號 x(t) 可以用連續時間 t 的函數 x(t) = 50 sin (200πt) 來表示。這是在每個時間瞬間正確的描述方式。此訊號也可以用圖形說明（圖 1.12）。

許多連續時間訊號不容易用數學的方式來描述。考慮圖 1.13 中的訊號。圖 1.13 中的波形出現在不同形式的儀表與通訊系統中。利用一些訊號函數的定義以及稱為**迴旋** (convolution) 的運算，此一訊號可以簡潔的用數學來描述、分析和操作。可以用數學函數描述的連續時間訊號，可以經由連續時間**傅立葉轉換** (continuous-time Fourier transform) 轉換至另一域稱為**頻域**

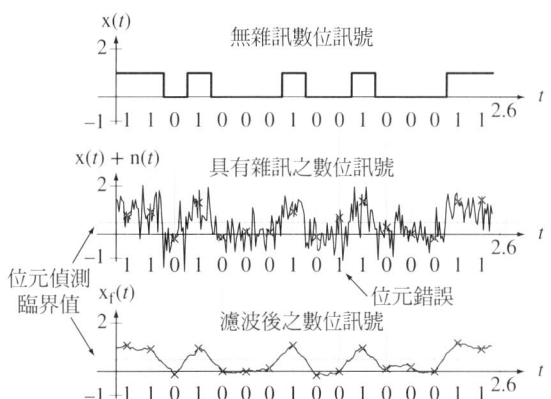

圖 1.11 利用濾波器降低數位訊號的位元錯誤率

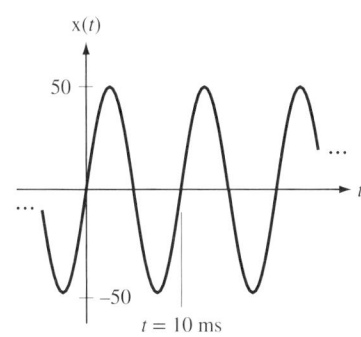
圖 1.12　用數學函數描述連續時間訊號

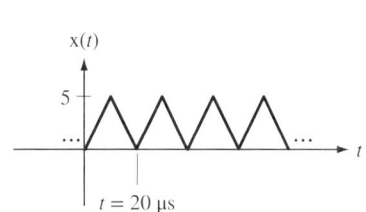
圖 1.13　第二個連續時間訊號

(frequency domain)。在本書中，**轉換** (transformation) 表示將訊號轉換至頻域。這個在訊號分析中是一個重要的工具，它讓某些訊號的特性可以清楚地被觀測到，而且比在時域時更容易操作（在頻域中，訊號是以它所含的頻率來表示）。若沒有頻域分析，許多系統的設計和分析將會困難許多。

離散時間訊號只有在時間的離散點上定義。圖 1.14 說明一些離散時間訊號。

目前為止，所有的訊號都是以時間函數來描述。有一重要的 "訊號" 類別是**空間** (space) 的函數而非時間：影像。在本書中大部分的訊號理論、它所傳遞的資訊以及如何由系統處理的訊號都是基於物理現象隨著時間變化的訊號。但這些理論與方法之發展只要作稍為的修正就可以用來處理影像。時間訊號是物理現象根據一個時間獨立變數之變化所構成的函數來描述。空間訊號或影像，是根據兩個正交獨立**空間** (spatial) 變數或影像，通常是 x 與 y 所構成的函數來描述的物理現象變化。此物理現象大部分是光或是某些影響光的傳輸與反射，但是影像處理的技術也同樣可應用於任何可用數學描述的兩個獨立變數之函數上。

根據歷史，影像處理技術的應用慢於訊號處理技術的應用，因為從影像所得到需要處理的資訊量基本上遠大於從時間訊號所得到的資訊量。但現在影像處理在許多場合持續的增加其應用。大部分的影像處理由電腦來完成。有些簡單的影像處理運算當然可以直接用非常高速（光速！）的光學方式來完成。但是比較起使用電腦的數位影像處理影像，直接用光學從事影像處理的彈性很小。

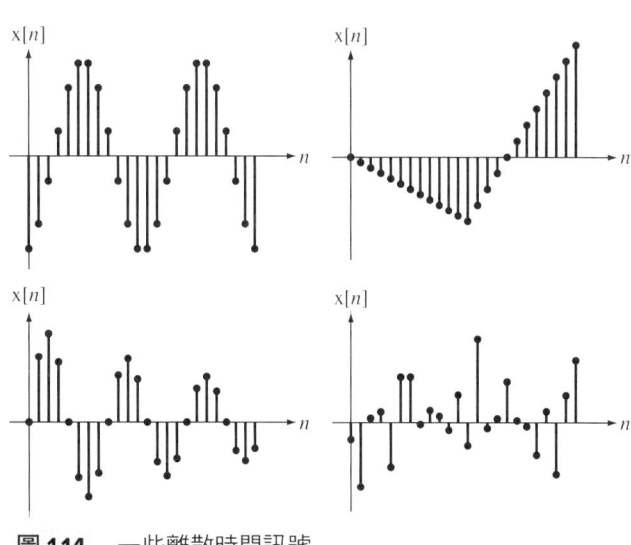
圖 1.14　一些離散時間訊號

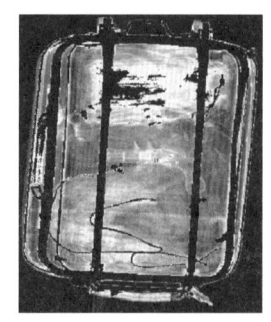

圖 1.15 利用影像處理來揭示資訊之範例

圖 1.15 顯示兩張影像。左邊那一張是在機場行李檢查的手提箱未經處理的 X-光影像。右邊是同一張影像經由一些影像濾波的處理後揭示出武器的存在。本書不會深入的探討影像處理，但會應用影像處理的一些範例來說明訊號處理的觀念。

了解訊號如何攜帶資訊以及系統如何處理訊號是工程上許多領域的基礎。分析系統如何處理訊號之技術是本書的主題。本書可認為是在應用數學上多於涵蓋建構有用元件方面的教材，但是熟悉本教材對於成功設計有用元件是非常重要的。本書後續將針對系統的連續時間與離散時間訊號，從一些基礎的定義和觀念到分析技術的全部內容做說明。

▶1.3 系統範例

訊號與系統有很多的形式。一些系統的範例將在後面討論。此討論將限制系統在定性方面，以某些情況的系統行為做說明。這些系統將在第 4 章根據系統模式以更詳細及定量的方式再討論。

機械系統

一個人從橋上高空彈跳，他會弄濕身體嗎？答案取決於幾項因素：

1. 人的身高體重
2. 橋距離水面的高度
3. 彈跳繩的長度與彈性

當人從橋上跳下時，因為地心引力的關係而呈現自由落體往下，直到彈跳繩達到完全伸展的長度為止。因為現在有另一種力加在此人身上，於是系統動力學有了改變，彈跳繩因抗拒伸展，他就不再是自由落體了。我們可以寫出並且求解動作的微分方程式，決定在彈跳繩將他往上拉之前他下墜的有多遠。此一微分方程式是此一機械系統的**數學模式** (mathematical model)。若是此人重 80 kg、高 1.8 m，而橋距水面 200 m 且彈跳繩 30 m 長（未伸展下），以及彈力係數為 11 N/m，彈跳繩在 $t = 2.47$ s 於拉扯前完全展開。在彈跳繩開始拉扯後的動作方程式為

$$\text{x}(t) = -16.85 \sin(0.3708t) - 95.25 \cos(0.3708t) + 101.3, \quad t > 2.47 \tag{1.1}$$

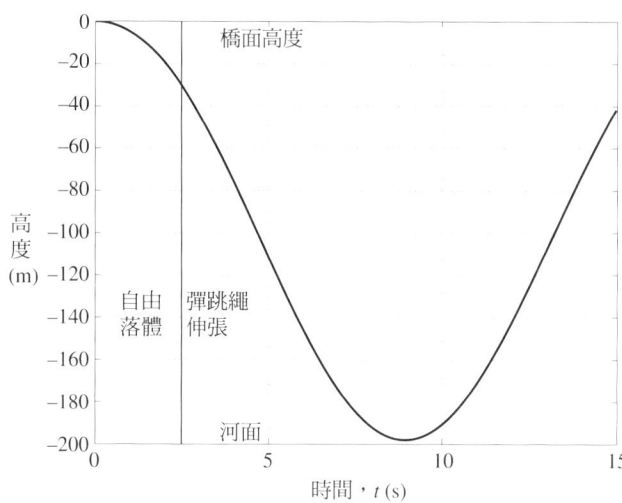

圖 1.16 人的垂直位置相對於時間（橋面高度是 0） 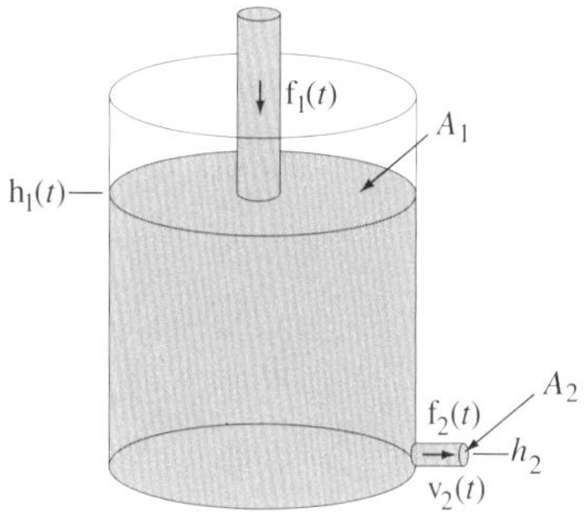　　**圖 1.17** 具有流出孔的儲水桶由上方注入水流

圖 1.16 展現此人在最初 15 秒之位置相對於時間的變化。從此圖上看此人剛好未弄濕自己。

流體系統

流體系統也可以用微分方程來描述。考慮一個圓柱體的儲水桶由上方注入水流，由下方的開孔流出（圖 1.17）。

水的流出乃根據桶中水的高度。水位的變化根據進入與流出的水流。桶中水體積的變化率為流入量與流出量之差，而水量為水桶的截面積乘以水的高度。所有這些因素可以整合成一個描述水位的微分方程式 $h_1(t)$。

$$A_1 \frac{d}{dt}(h_1(t)) + A_2\sqrt{2g[h_1(t) - h_2]} = f_1(t) \tag{1.2}$$

在假設一開始為空桶下，以四種不同水量注入的水位相對於時間作圖見圖 1.18。

當水流入時，水位上升，增加了水的流出。水位持續上升直到流入的量等於流出的量。在此之後，水位一直保持不變。注意到當注入量提升兩倍時水位會上升四倍。最後的水位與注入的體積成平方正比。此一事實使得微分方程將此系統模式化成為非線性。

離散時間系統

離散時間系統可以用許多的方式設計。最常見實用的離散時間系統是電腦。電腦由時脈控制決定所有運算的時間。電腦裏很多事情發生在時脈波間的積體電路層級之下，但使用者只對時脈波發生時間裏的結果有興趣。從使用者的觀點來看，電腦就是一個離散系統。

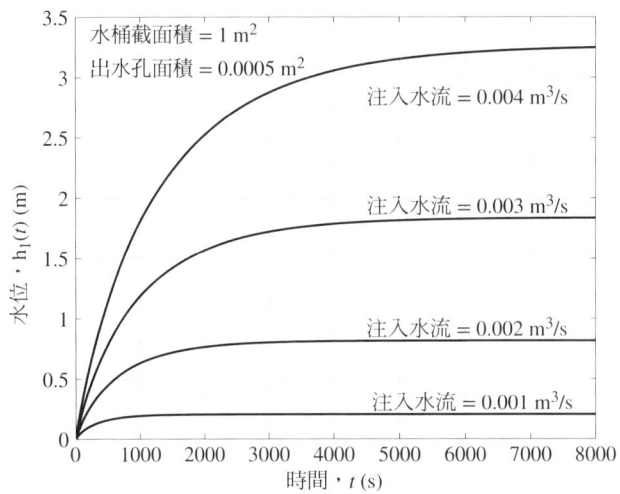

圖 1.18 假設一開始為空桶下，四種不同水量注入的水位相對於時間圖

我們可以用電腦程式模擬離散時間系統的動作。例如，

```
yn = 1 ; yn1 = 0 ;
while 1,
    yn2 = yn1 ; yn1 = yn ; yn = 1.97*yn1 - yn2 ;
end
```

此電腦程式（以 MATLAB 撰寫）在初始狀況 y[0] = 1，而 y[−1] = 0 下模擬輸出訊號 y 的離散時間系統，由下列差分方程式來描述

$$y[n] = 1.97 y[n-1] - y[n-2] \tag{1.3}$$

y 在任意時間指標 n 的值為前一個在離散時間 $n-1$ 的 y 乘以 1.97，減去更前一個在離散時間 $n-2$ 的 y 值所得到。此系統的運作可以用圖 1.19 來說明。

在圖 1.19 中，兩個含有 D 字母的方塊為在離散時間延遲 1，而在箭號旁的 1.97 代表放大器將進入的訊號乘以 1.97 成為離開的訊號。具有加號的圓圈代表**加總接點** (summing junction)。它將兩個進入的訊號相加（其中一個是負值）以製造離開它的訊號。此系統所產生的前 50 個值見圖 1.20。

圖 1.19 的系統可用專門的硬體來建構。離散時間延遲可以用移位暫存器來實現。乘以常數可以用放大器或數位硬體乘法器來完成。加總也同樣可以用運算放大器或數位硬體加法器來完成。

回授系統

系統的另一重要面向是利用**回授** (feedback) 來改善系統的效能。在回授系統中，系統中的某部分觀察到它的響應而可以修正它的輸入訊號來改善它的響應效能。一個熟悉的例

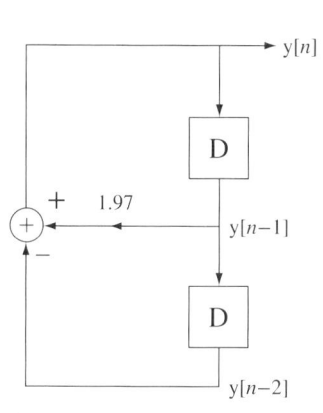 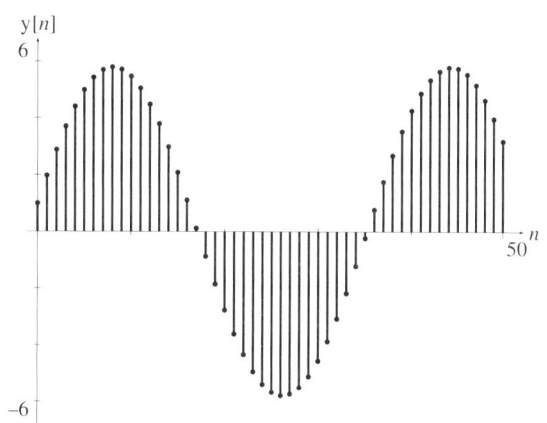

圖 **1.19** 離散時間系統範例　　圖 **1.20** 由圖 1.19 離散時間系統所製造的訊號

子是屋裡的恆溫器被用來控制空調的開與關。恆溫器裏有溫度感測器。當恆溫器內部的溫度超過屋主所設定的水平時，恆溫器裡的開關關閉並且打開屋裡的空調。當恆溫器內部的溫度稍為降低於屋主所設定的水平時，恆溫器裡的開關打開並且關閉屋裡的空調。此系統裏的一部分（溫度感測器）感測到系統想要控制（溫度）的項目因而回授一個訊號到實際控制（空調）的元件。在此例中，回授系統只是簡單的打開或關閉一個開關。

回授是一個非常有用與重要的觀念，回授系統是無所不在的。舉一個大家所熟悉的例子，例如在一般沖水馬桶的漂浮閥。它感知到儲水桶的水位，當達到所要求的水位時，它就阻止水再流進桶中。漂浮球是感知器而它所連接的閥則是控制水位的回授機制。

若是所有的沖水馬桶的水位閥都一樣且不隨時間改變，而閥之上游水的壓力是已知且固定，而且閥一直用在同樣的儲水桶，它應該可以用一個計時器來取代漂浮閥而在水位達到所要的水平時關掉水流，因為水流會經過同樣的時間達到所要的水平。但因為水閥確實會隨時間改變且水壓也一直在變動，且儲水桶也有不同的大小與形狀。因此，在此變動的情況下，儲水桶加水系統要適當的運作，就必須採行偵測水位，並且當水位達到所需水平時關掉閥。適應變化情況的能力為回授系統非常大的優點。

有數不盡的使用回授系統的例子。

1. 倒一杯檸檬水涉及到回授系統。人倒檸檬水進水杯時看著檸檬水倒到哪裡，等到到達的水平時就停止倒水。
2. 教授針對學生做測驗並且給定成績，此一回授讓學生知道她在班上的表現如何，而知道如何調整學習習慣以達到她所希望的成績。此一回授也讓教授知道他的學生學習的成果如何。
3. 開車也與回授有關。駕駛員感受到車子的速度與方向，鄰車接近的程度與道路的交通線，因而持續的給予油門、剎車與方向盤修正動作以維持一個安全的速度與方向。

4. 若沒有回授，F-117 隱形戰機將會因其空氣動力的不穩而墜毀。額外的電腦感知到飛機之速度、高度、旋轉、俯仰與偏航並且持續的修正調整控制表面，以維持一個想要的飛行路徑（圖 1.21）。

回授用在連續時間與離散時間系統中。在圖 1.22 中的系統是一個離散時間回授系統。系統的響應 y[n] 是經過延遲兩次並且乘以某些常數後 "饋送回" 上一層的相加點。

令此一系統一開始是在休息狀態，亦即經過此系統的所有訊號在時間指標 $n = 0$ 之前都為 0。為了解釋此回授的效應，令 $a = 1$、$b = -1.5$、$c = 0.8$，以及輸入訊號 x[n] 在 $n = 0$ 時從 0 變至 1 並且在 $n \geq 0$ 時維持為 1。在圖 1.23 中我們可以看到響應 y[n]。

令 $c = 0.6$ 且保持 a 和 b 不變，則得到圖 1.24 的響應。

令 $c = 0.5$ 且保持 a 和 b 不變，則得到圖 1.25 的響應。

圖 1.25 的響應永遠的持續增加。此一系統是不穩定的，因為有界的輸入製造出一個無界的響應。因此回授可使一個系統不穩定。

圖 1.26 的系統說明一個連續時間回授系統。它由微分方程 $y''(t) + ay(t) = x(t)$ 所描述。同質解可以寫為下列的形式

$$y_h(t) = K_{h1}\sin(\sqrt{a}t) + K_{h2}\cos(\sqrt{a}t) \tag{1.4}$$

若激發 x(t) 為 0 且初始值 $y(t_0)$ 不為 0，或是 $y(t)$ 的初始微分不為 0 且系統在 $t = t_0$ 之後允

圖 1.21　F-117 夜鷹隱形戰機

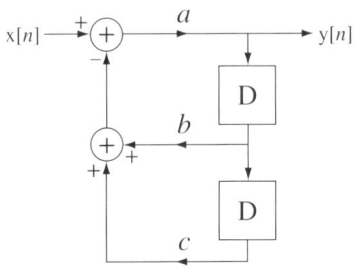

圖 1.22　離散時間回授系統

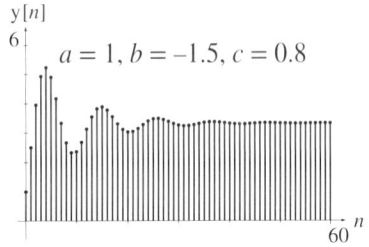

圖 1.23　離散時間系統響應 $b = -1.5$ 且 $c = 0.8$

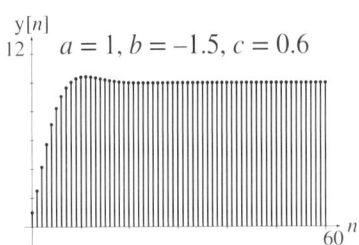

圖 1.24　離散時間系統響應 $b = -1.5$ 且 $c = 0.6$

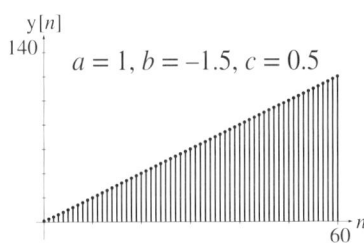

圖 1.25　離散時間系統響應 $b = -1.5$ 且 $c = 0.5$

許用此形式操作，y(t) 就會以正弦方式永遠震盪。此系統是一個具有穩定振幅的震盪器。因此回授可以引起系統的震盪。

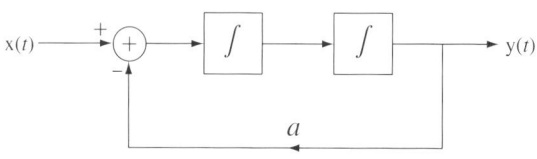

圖 1.26 連續時間回授系統

▶ 1.4 熟悉的訊號與系統範例

讓我們看一個大家都熟悉利用聲音的訊號與系統例子，亦即一個可以測量或製造聲音的系統。聲音是由耳朵所感知到的。人耳一般可以聽到介於 15 Hz 至 20 kHz 之間的聲音壓力波以及感知到中間的變化。下面有一些關於空氣壓力改變所製造的一些常見聲音的圖。這些聲音由具有麥克風的系統所記錄，將空氣壓力變化轉換至連續時間電壓變化，電子電路處理這些連續時間電壓訊號，而ADC 將連續時間訊號以一序列的二位元數字改變為數位訊號的形式，而儲存在電腦的記憶體中（圖 1.27）。

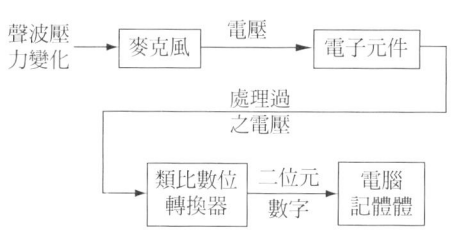

圖 1.27 聲音記錄系統

考慮圖 1.28 的壓力變化圖。它是一個連續時間壓力訊號製造出由成年男子（作者）所發出的 "signal" 單字之聲音。

分析聲音是一項大的主題，有關於壓力變化，以及人耳所聽到 "signal" 單字的關係，可經由此圖看到。在此圖裡有三個可辨識的 "激發" 訊號，#1 從 0 至大概 0.12 秒，#2 從大概 0.12 至大概 0.19 秒，#3 從大概 0.22 至大概 0.4 秒。激發 #1 為 "signal" 單字中的 s。激發 #2 為 i 的聲音。激發 #2 和 #3 之間是 "signal" 中的雙子音 gn。激發 #3 為 a 的聲音由 l 子音結束。l 子音並不全然如其他子音一樣有突然的停止，因此此聲音 "慢慢靜止" 而非突然停止。對於 s 而言，壓力的改變快於 l 或 a。在訊號分析中，我們說它有較 "高頻" 的內容。在發出 s 聲音時，空氣壓力近似於隨機的。i 和 a 的聲音不同且變化較慢且更有 "規則" 或可 "預測"（雖然並不全然是可預測）。i 和 a 的聲音乃是由聲帶的

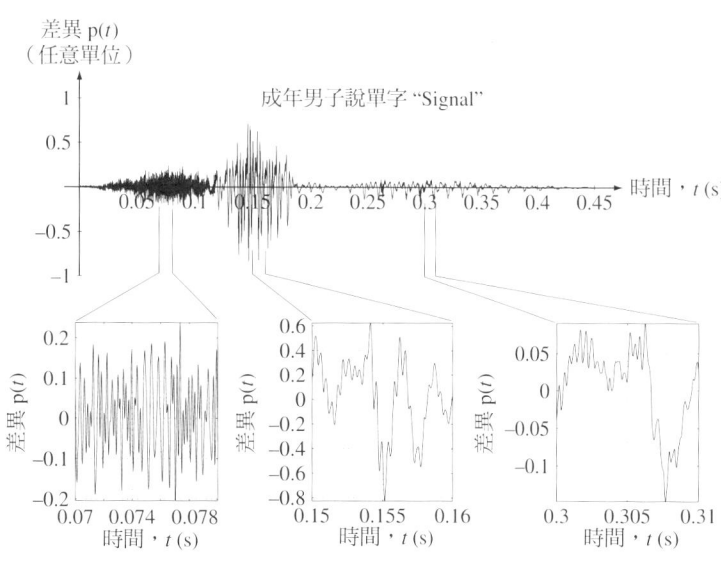

圖 1.28 由成年男子所說的 "signal" 單字

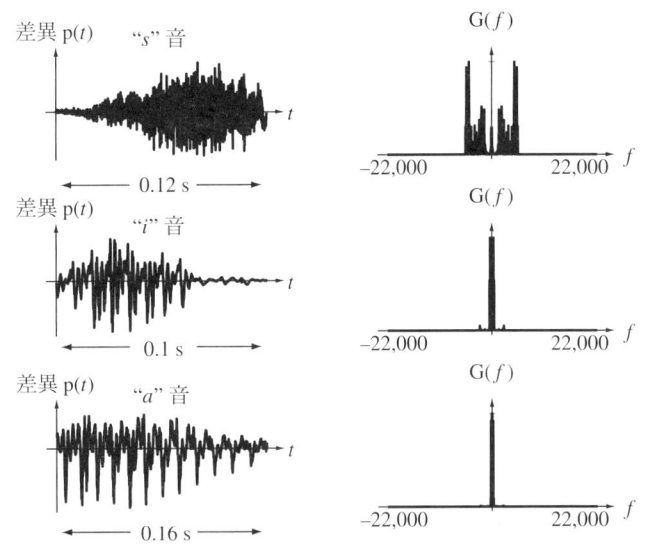

圖 1.29 "signal" 單字的三個聲音以及它們相對應的功率頻譜密度

振動所形成，因此展現出一個近似震盪的行為。所以說 i 和 a 為**音調** (tonal) 或**語音** (voiced) 而 s 則不是。音調表示有單一**聲音** (tone)、**音高** (pitch) 或**頻率** (frequency) 的基本性質。此說法在數學上不精確，但都是一個有用的定性描述。

另一種看待訊號的方式是前面提到的頻域，來檢視訊號裡的頻率或音高。一個常見訊號功率隨頻率變化的說法是**功率頻譜密度** (power spectral density)，它是一個訊號功率相對於頻率的圖形。圖 1.29 顯示 "signal" 單字的三個激發（s、i 與 a），以及它們相對應的功率頻譜密度（G(f) 函數）。

功率頻譜密度只是另一種分析訊號的工具。它未含有任何新的資訊，但有時它可以揭露出用其他方式所難以看到的東西。在本例中，s 聲音的功率頻譜密度廣泛地分布於頻率，然而 i 和 a 的聲音窄範圍的分布在最低頻率處。s 聲音比 i 和 a 的聲音在較高頻率處有較大的功率。s 聲音在高頻處會有因 s 聲音所引起的 "尖銳" 或 "嘶嘶" 音的特性。

在圖 1.28 的訊號帶有**資訊** (information)。考慮在對話中一個人講出單字 "signal" 而另一個人聽到（圖 1.30）。發話者先考慮訊號的概念。他的大腦迅速的將此概念換成單字 "signal"。於是他的大腦發送神經脈衝至聲帶而橫膈膜建立起空氣的移動與振動，以及利用舌頭及嘴唇的動作產生單字 "signal" 的聲音。此一聲音經由空氣在發話者與聽者間傳遞。聲音衝擊到聽者的耳膜，使得振動轉換成神經脈衝，聽者的大腦將其轉換成聲音，然後單字，然後訊號的概念。對話是經由一個非常複雜的系統所完成。

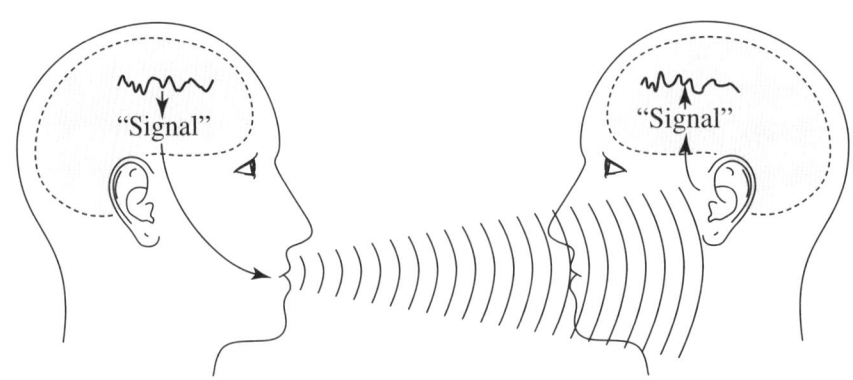

圖 1.30 兩個人之間的通訊包含訊號與系統的訊號處理

聽者的大腦如何得知圖 1.28 的複雜圖案是代表單字 "signal"？聽者並不知空氣壓力詳細的變化，反而只是 "聽到" 由空氣壓力變化所引起的 "聲音"。耳膜和大腦將複雜的空氣壓力圖案變化轉換成一些簡單的特徵。此一轉換有點像我們將訊號轉至頻域的動作。在辨識聲音的過程中降低至較少的特徵，降低了大腦所需處理的資訊量。在技術上來說，訊號處理與分析只是以較精確的數學方式來從事同樣的工作。

在訊號與系統分析中最常見的兩個問題是雜訊與**干擾** (interference)。雜訊是不想要的隨機訊號。干擾是不想要的非隨機訊號。雜訊與干擾兩者都會引起訊號的模糊。圖 1.31 顯示將不同程度的雜訊加入圖 1.28 中之範例。

當雜訊功率增加時，訊號會逐漸的衰減其可辨識性，而雜訊在某些程度下，會使得訊號完全不可辨識。測量因雜訊破壞的訊號，其品質為訊號功率與雜訊功率的比率，通常稱為**訊號雜訊比** (signal-to-noise ratio)，通常縮寫成 SNR。圖 1.31 的範例中有指出其 SNR。

當然聲音非唯一的一種訊號。任何測量或觀察的物理現象都是訊號。同樣的，雖然本書中所考慮的大部分訊號都是時間的函數，一個訊號也

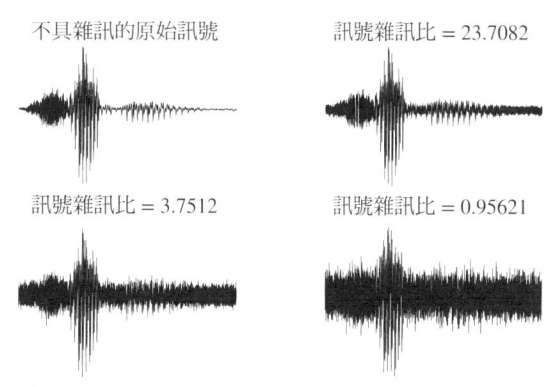

圖 1.31　單字 "signal" 之聲音加入不同程度的雜訊

可以是其他獨立變數，例如頻率、波長、距離等的函數。圖 1.32 和圖 1.33 說明其他種類的訊號。

就如同聲音非唯一的訊號，兩人間的對話也非唯一的系統。其他系統的範例如下：

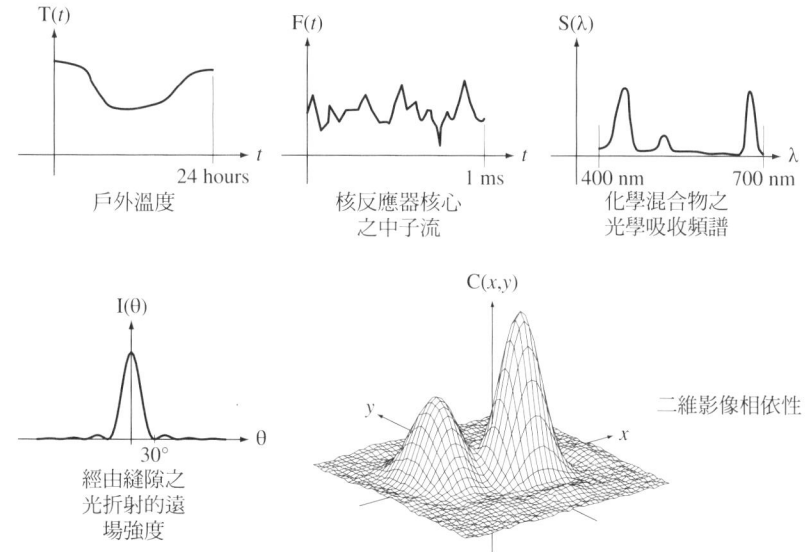

圖 1.32　訊號為一個或多個連續獨立變數的函數之範例

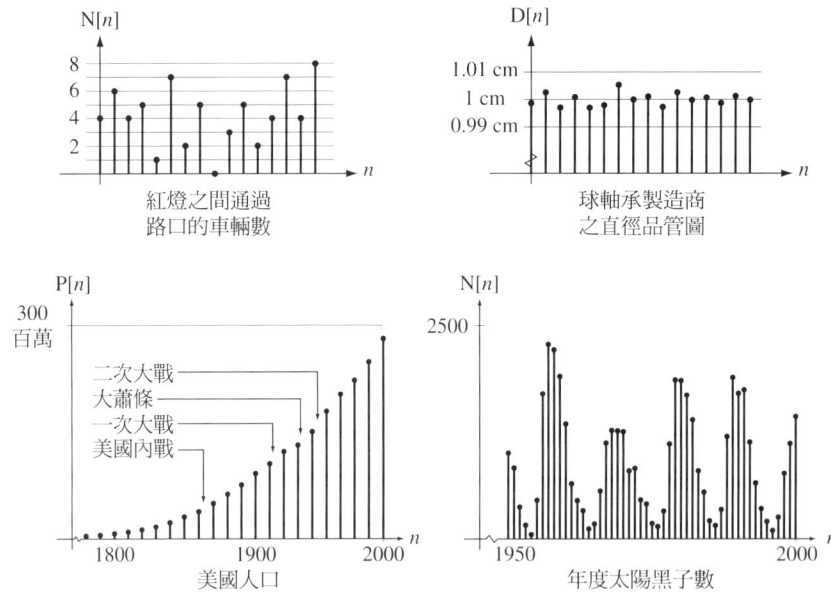

圖 1.33 訊號為離散獨立變數的函數之範例

1. **汽車的懸吊系統**：用來當路面刺激汽車以及底盤位置時，相對於道路做出反應。
2. **化學的混和槽**：一連串的化學品為輸入訊號而混合後的化學物質為輸出。
3. **大樓的環境控制系統**：外面的溫度當輸入訊號而內部的溫度當作響應。
4. **化學光譜系統**：用白光刺激標本，用傳遞出來的光譜為響應。
5. **電話網路**：聲音和數據為輸入訊號而在遠距重現此聲音和數據為輸出訊號。
6. **地球大氣**：以太陽的能量為激發，其響應為海洋溫度、風、雲和溼度等。換句話說，氣候就是響應。
7. **熱電偶**：由沿著它的長度之溫度梯度激發，而在兩端所建立的電壓為其響應。
8. **喇叭**：經由吹奏者的唇以及閥位置的振動使得喇叭口發出的音為其響應。

相關的列舉是無窮盡的。任何物理的實體都可認為是系統，因為若是我們以物理能量刺激則它就會有物理的響應。

▶1.5 利用 MATLAB®

涵蓋於這本書中，我們提出各種可以利用 MATLAB 來分析的範例。MATLAB 是一個高階數學工具應用在許多種類的電腦中。它對於訊號處理與系統分析非常有用。

第 2 章
連續時間系統數學描述
MATHEMATICAL DESCRIPTION OF CONTINUOUS-TIME SIGNALS

▶ 2.1 介紹與目標

經過多年以後，訊號與系統分析已經觀察了許多訊號並且加以實現，訊號可以用近似行為歸為兩類。圖 2.1 展現一些訊號的範例。

在訊號與系統分析中，訊號是由數學模式來描述。其中一些描述實數訊號的函數已經很熟悉了，如指數和正弦訊號。這些常用在訊號與系統分析中。其中有一類的函數用來描述常發生在系統中切換運作於訊號的效應。其他有些函數則是用在發展某些系統分析技術，這將在隨後的章節中介紹。這些函數小心地選擇以使其彼此簡單的相關，而且可以容易地用精心挑選的位移及/或尺度改變之運算來做改變。它們是簡單定義且容易記住的原型函數。在實數訊號中，最常發生的對稱與圖形形式會被定義，且也會探討它們在訊號分析中的效應。

本章目標

1. 定義用來描述訊號的一些數學函數。

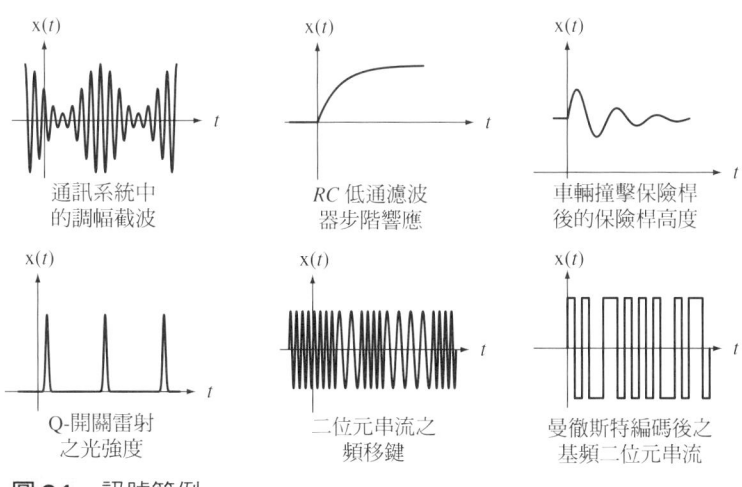

圖 2.1　訊號範例

2. 發展位移、尺度改變，以及結合二種函數的方法來表示實數訊號。
3. 認識某些對稱與圖形形式來簡化訊號與系統的分析。

▶ 2.2 函數表示法

函數是其存在於**域** (domain) 中之**參數** (arguments) 與存在於**範圍** (range) 之函數回傳**數值** (value) 間的相關表示。最熟悉的函數是 $g(x)$ 形式，參數 x 是一個實數而回傳的值 g 也是一個實數。但是函數的域及 / 或範圍可以是複數或是整數，或是其他可以選擇的允許值。

本書中有五種形式的函數。

1. 域——實數，範圍——實數。
2. 域——整數，範圍——實數。
3. 域——整數，範圍——複數。
4. 域——實數，範圍——複數。
5. 域——複數，範圍——複數。

對於域中無論是實數或是複數的函數，其參數將以小括弧 (·) 來表示。對於域中是整數的函數，其參數將以中括弧 [·] 來表示。這些函數在後面提及時將會有詳細的介紹。

▶ 2.3 連續時間訊號函數

若一個函數的獨立變數是時間 t，其函數域是實數，且如果函數 $g(t)$ 在每個 t 值都有定義的值，此函數稱為**連續時間** (continuous-time) 函數。圖 2.2 顯示一些連續時間函數。

圖 2.2(d) 顯示一個非連續函數，從上面趨近不連續處的函數值極限與從下面趨近的不同。若 $t = t_0$ 為函數 $g(t)$ 的一個非連續點，於是

$$\lim_{\varepsilon \to 0} g(t_0 + \varepsilon) \neq \lim_{\varepsilon \to 0} g(t_0 - \varepsilon)$$

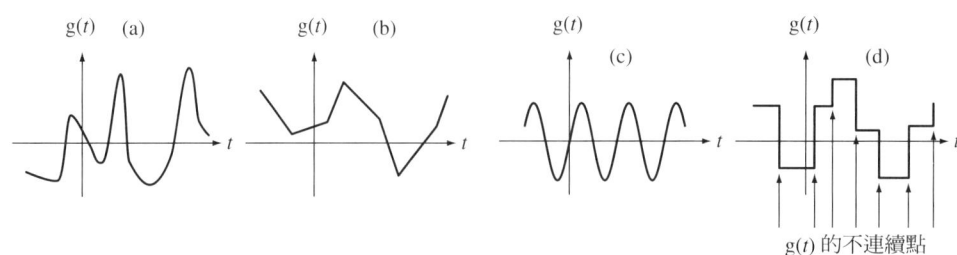

圖 2.2 連續時間函數範例

因為它們每個值都定義在所有實數時間 t，因此四個從 (a) 至 (d) 的函數都是連續時間函數。因此連續與連續時間兩個詞之含意有點不同。所有時間的連續函數都是連續時間函數，但並非所有連續時間函數都是時間的連續函數。

複指數與正弦訊號

實數值正弦訊號與指數函數應該已經很熟悉了。在

$$g(t) = A\cos(2\pi t/T_0 + \theta) = A\cos(2\pi f_0 t + \theta) = A\cos(\omega_0 t + \theta)$$

和

$$g(t) = Ae^{(\sigma_0 + j\omega_0)t} = Ae^{\sigma_0 t}[\cos(\omega_0 t) + j\sin(\omega_0 t)]$$

中，A 為振幅，T_0 為基礎週期，f_0 為基礎循環頻率，ω_0 為正弦訊號的基礎弧度頻率，t 為時間，而 σ_0 為指數的衰減率（為時間常數 τ 的倒數）（圖 2.3 和圖 2.4）。所有的參數都可以是任意實數值。

在圖 2.4 中的單位指出所描述的是何種物理訊號。通常在系統分析中，若只有一種訊號在系統的話，通常會省略單位。

指數 (exp) 與弦波（sin 和 cos）為 MATLAB 固有的函數。MATLAB 裡的 sin 和 cos 函數中的參數是用弧度 (radian) 而非用度數 (degree)。

```
>> [exp(1),sin(pi/2),cos(pi)]
ans =
    2.7183  1.0000  -1.0000    (pi is the MATLAB symbol for π.)
```

正弦與指數訊號在訊號與系統分析中十分常見，因為大部分的連續時間系統，至少可以近似的用具有**複指數** (complex exponentials) 特徵函數之線性係數常微分方程式加以描述，此特徵函數是以自然對數 e 為基底。特徵函數意思是"特性函數"，特徵函數與微分方

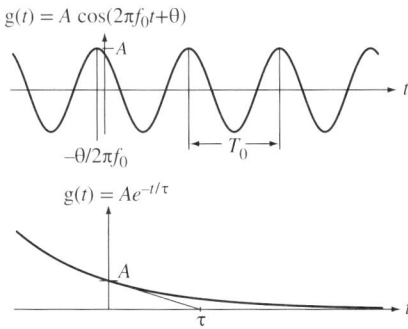

圖 2.3　用圖形標示實數值正弦與實數值指數之參數

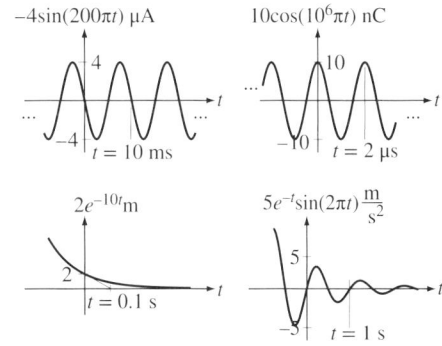

圖 2.4　實數正弦、餘弦與指數的範例

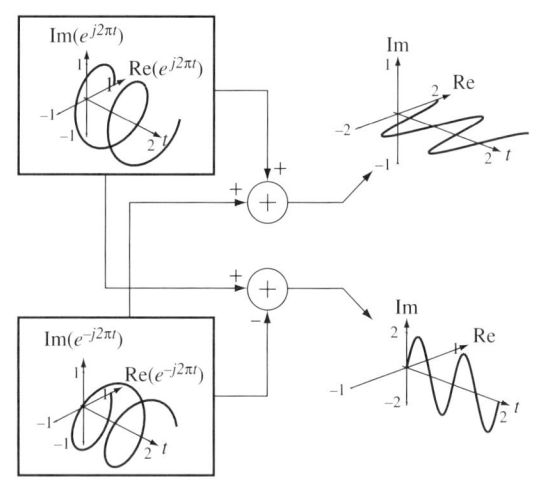

程式之關係特別重要。若 e 的指數是實數，則複指數和實數指數是一樣的。經由尤拉等式 $e^{jx} = \cos(x) + j\sin(x)$ 和 $\cos(x) = (1/2)(e^{jx} + e^{-jx})$ 及 $\sin(x) = (1/j2)(e^{jx} - e^{-jx})$，複指數和實數正弦波間有著密切的關係。若函數的形式為 e^{jx}，其中 x 是實數獨立變數，此一特殊的複指數形式稱為**複正弦訊號** (complex sinusoid)（圖 2.5）。

在訊號與系統的分析中，正弦訊號不是以循環頻率 f 的形式 $A\cos(2\pi f_0 t + \theta)$ 就是以基礎弧度頻率 ω 的形式 $A\cos(\omega_0 t + \theta)$ 來表示。使用 f 的優點如下：

圖 2.5 實數與複數正弦訊號的關係

1. 基礎週期 T_0 和基礎循環頻率 f_0，簡單的互為倒數。
2. 在通訊系統分析中，通常使用頻譜分析儀，而它的刻度是以 Hz 為主。因此 f 是可以直接觀察的變數。
3. 傅立葉轉換（第 6 章）的定義與一些轉換，以及轉換間的關係用 f 形式比用 ω 形式簡單。

使用 ω 的優點如下：

1. 實值系統的共振頻率直接以物理參數表示，用 ω 比用 f 簡單。LC 振盪器的共振頻率為 $\omega_0^2 = 1/LC = (2\pi f_0)^2$，而 RC 低通濾波器的半功率轉角頻率為 $\omega_c = 1/RC = 2\pi f_c$。
2. 拉式轉換（第八章）所定義的形式用 ω 比用 f 簡單。
3. 某些傅立葉轉換用 ω 形式比較簡單。
4. 用 ω 在某些表示法裡較簡潔。例如，$A\cos(\omega_0 t + \theta)$ 比用 $A\cos(2\pi f_0 t + \theta)$ 簡潔。

正弦與指數在訊號與系統分析中是重要的，因為通常在描述系統動力學時微分方程式的解中就自然出現。隨後在傅立葉級數與傅立葉轉換中可見到，即使訊號非正弦訊號，大部分仍然可以用正弦訊號的組合來表示。

具不連續性之函數

連續時間正弦、餘弦和指數在時間上的每一點都是連續且可微分的。但出現在實際系統上有許多其他型態的重要訊號是非連續且不是隨處可微分的。一個系統常見的動作是在某個時間開或關一個訊號（圖 2.6）。

在圖 2.6 中的訊號功能描述是完整且正確，即使是形式有一點麻煩。這種型態的訊號

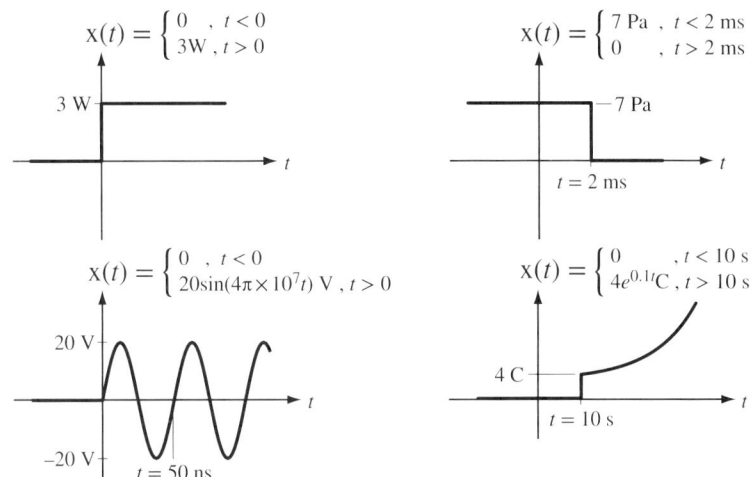

圖 2.6 訊號在某個時間開或關之範例

最好是利用一個在所有時間都是連續且可微分的函數，乘以另一個在某段有限時間內於 0 與 1 間切換的函數之數學來描述。

在訊號與系統分析的**奇異函數** (singularity functions)，互相之間透過微分與積分建立關聯，能夠以數學的方式描述具有非連續或非連續微分的訊號。這些函數，以及經由一些常見系統的運作與它們相關的函數是本節的主題。在考慮這些奇異函數時，我們將會延伸、修正且/或一般化一些基本的數學觀念以及運算，以便讓我們可以有效率的分析實數值訊號與系統。我們將會延伸什麼是微分的觀念，而且我們也會學習如何利用重要的數學實體：脈衝，它類似於一個函數但在通常認知上卻不是一個函數。

signum 函數

對於非 0 的參數，signum 函數有一個大小為 1 且正負號與參數正負號相同的值。

$$\mathrm{sgn}(t) = \begin{cases} 1, & t > 0 \\ 0, & t = 0 \\ -1, & t < 0 \end{cases} \tag{2.1}$$

（見圖 2.7）。

圖 2.7 的左圖是精確的數學定義。右圖是一種為了工程的目的而較常見的函數表示方式。沒有實際的訊號可以作不連續的變化，因此若 signum 函數由一個訊號產生器所產生且用示波器來觀看，則會看

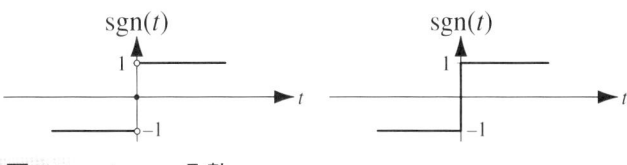

圖 2.7 signum 函數

到類似右圖。Signum 函數是 MATLAB 內固有的（也稱為 sign 函數）。

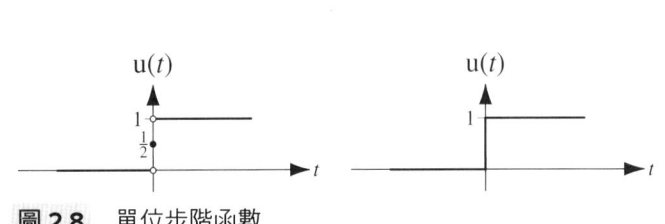
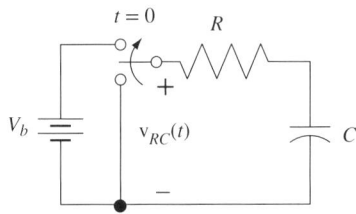

圖 2.8　單位步階函數

圖 2.9　具有開關的電路其效應可以用單位步階來表示

單位步階函數

單位步階函數可定義如下

$$u(t) = \begin{cases} 1, & t > 0 \\ 1/2, & t = 0 \\ 0, & t < 0 \end{cases} \tag{2.2}$$

（見圖 2.8。）它因為步階在系統中是一個單位的高度，而稱為單位步階，可用來描述訊號[1]。

單位步階可以用數學的方式表示在實數物理系統中的一般動作，快速的在狀態間切換。在圖 2.9 的電路中，開關在時間 $t = 0$ 時從一個位置移到另一個。加在 RC 電路上的電壓為 $v_{RC}(t) = V_b u(t)$。順時針方向流經電阻與電容的電流是

$$i(t) = (V_b/R)e^{-t/RC}u(t)$$

而跨在電容上的電壓為 $v(t) = V_b(1 - e^{-t/RC})u(t)$。

在 MATLAB 內有一個固有的函數稱作 heaviside[2]，它對於正的參數回傳一個 1，對於負的參數回傳一個 0，而 NaN 指定零的參數。MATLAB 的常數 NaN "並非一個數值"，而是表示一個未定義的值。在數值計算中，使用這個函數有實際上的問題，因為回傳一個未定義的值，會使得程式過早停止或回傳無用的值。

我們可以用 MATLAB 建構自己的函數，這些函數我們可以如同呼叫固有函數 cos、sin、exp 等一樣的呼叫它們。MATLAB 的函數由建立一個 m 檔來定義，它是一個副檔名為 ".m" 的檔案。我們可以建立一個在給定其他兩邊後找出直角三角形斜邊的函數。

---

[1] 有些作者定義單位步階為

$$u(t) = \begin{cases} 1, & t \geq 0 \\ 0, & t < 0 \end{cases} \quad \text{或} \quad u(t) = \begin{cases} 1, & t > 0 \\ 0, & t < 0 \end{cases} \quad \text{或} \quad u(t) = \begin{cases} 1, & t > 0 \\ 0, & t \leq 0 \end{cases}$$

在中間的定義中，在 $t = 0$ 的值是未定義但有限。由這些公式所定義的步階在所有的實數物理系統中都有同等的效果。

[2] 奧利弗·海為賽德是一位自學的英國電機工程師，他將複數應用在研究電路上，發明了求解微分方程的數學技術，並且將麥斯威爾方程式加以變革且簡化。雖然他大部分的人生與科學創設不一致。海為賽德為後來的數學與科學帶來新的面貌。曾經有一說是，有人對海為賽德抱怨他的著作難以閱讀。海為賽德回答說去寫出它更困難。

```
%   Function to compute the length of the hypotenuse of a
%   right triangle given the lengths of the other two sides
%
%   a - The length of one side
%   b - The length of the other side
%   c - The length of the hypotenuse
%
%   function c = hyp(a,b)
%
function c = hyp(a,b)
    c = sqrt(a^2 + b^2) ;
```

範例中的前 9 行前面加了 % 代表**註解** (comment) 行，它們並未執行只是用來說明函數的用法。第一個可執行的行必須以關鍵字 function 開頭。第一行剩下的形式是

$$result = name(arg1, arg2,...)$$

其中 result 包含回傳的值，它可以是一個純量、向量或矩陣（或是一個單元格陣列 (cell array) 或是一個結構，不在本書的討論範圍裡），name 是函數的名稱，而 arg1, arg2,... 是傳遞到函數的參數或**引數** (arguments)。引數也可以是純量、向量或矩陣（或是一個單元格陣列或是一個結構）。包含函數定義的檔案名稱必須是 name.m。

以下列出在數值計算中的單位步階的 MATLAB 函數。

```
%   Unit-step function defined as 0 for input argument values
%   less than zero, 1/2 for input argument values equal to zero,
%   and 1 for input argument values greater than zero. This
%   function uses the sign function to implement the unit-step
%   function. Therefore value at t = 0 is defined. This avoids
%   having undefined values during the execution of a program
%   that uses it.
%
%   function y = us(x)
%
function y = us(x)
    y = (sign(x) + 1)/2 ;
```

此一函數必以「us.m」的名稱存檔。

單位斜坡函數

另一種在系統中發生的訊號型態是在某段時間開啟，然後隨著該時間以線性的方式變化，或是在某段時間之前線性變化，然後時間到了就關閉（圖 2.10）。這種訊號可以用**斜坡** (ramp) 函數來描述。單位斜坡函數（圖 2.11）為單位步階函數的積分。之所以稱為單位斜坡函數，是因為對於正的 t 值而言，它的斜率是每時間單位變化一個振幅單位。

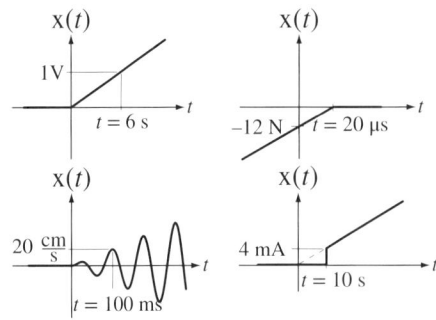
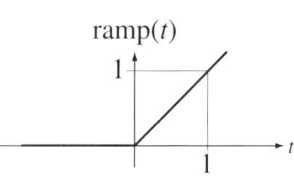

圖 2.10 函數在某段時間之前或之後線性變化，或是乘以某個在某段時間之前或之後線性變化的函數

圖 2.11 單位斜坡函數

$$\text{ramp}(t) = \begin{cases} t, & t > 0 \\ 0, & t \le 0 \end{cases} = \int_{-\infty}^{t} \text{u}(\lambda)d\lambda = t\text{u}(t) \tag{2.3}$$

斜坡定義成 $\text{ramp}(t) = \int_{-\infty}^{t} \text{u}(\tau)d\tau$。在此方程式中，符號 τ 是單位步階函數的獨立變數與積分的變數。但是 t 是斜坡函數的獨立變數。此方程式告訴我們 "去找出斜坡函數在任何時間 t 的值，τ 從負無限大開始移動到 $\tau = t$，累積位在單位步階函數下的面積"。總面積之累積從 $\tau = -\infty$ 至 $\tau = t$，作為斜坡函數在時間 t 的值（圖 2.12）。當 t 小於 0 時，沒有累積任何面積。當 t 大於 0 時，面積之累積等於 t，因為它的面積是寬為 t 而高為 1 的矩形。

有些作者喜好用 $t\text{u}(t)$ 的表示法而非用 $\text{ramp}(t)$。因為它們是一樣地，所以用哪一個都是正確，而且都符合規則。下面所示是 MATLAB 關於斜坡函數的程式 m 檔。

```
%   Function to compute the ramp function defined as 0 for
%   values of the argument less than or equal to zero and
%   the value of the argument for arguments greater than zero.
%   Uses the unit-step function us(x).
%
%   function y = ramp(x)
%
function y = ramp(x)
    y = x.*us(x) ;
```

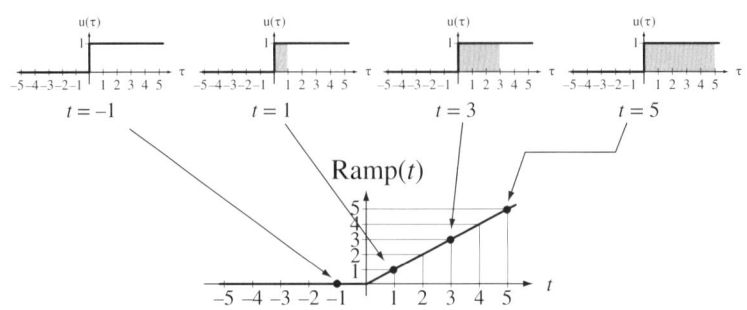

圖 2.12 單位步階與單位斜坡函數間之積分關係

單位脈衝

在定義單位脈衝之前,我們先探討一個重要的觀念。考慮一個單位面積的矩形脈波定義如下:

$$\Delta(t) = \begin{cases} 1/a, & |t| \leq a/2 \\ 0, & |t| > a/2 \end{cases}$$

(見圖 2.13。)讓此一函數乘以一個有限且在 $t = 0$ 時是連續的函數 $g(t)$,並且找出它在兩個函數相乘 $A = \int_{-\infty}^{\infty} \Delta(t) g(t) dt$ 下的面積 A(圖 2.14)。

利用 $\Delta(t)$ 的定義,我們可以重寫積分為

$$A = \frac{1}{a} \int_{-a/2}^{a/2} g(t) dt$$

函數 $g(t)$ 在 $t = 0$ 時是連續的。因此它可以用麥克勞林級數的形式

$$g(t) = \sum_{m=0}^{\infty} \frac{g^{(m)}(0)}{m!} t^m = g(0) + g'(0)t + \frac{g''(0)}{2!} t^2 + \cdots + \frac{g^{(m)}(0)}{m!} t^m + \cdots$$

因此積分變成

$$A = \frac{1}{a} \int_{-a/2}^{a/2} \left[g(0) + g'(0)t + \frac{g''(0)}{2!} t^2 + \cdots + \frac{g^{(m)}(0)}{m!} t^m + \cdots \right] dt$$

所有 t 的奇數指數項對於積分沒有貢獻,因為它在 $t = 0$ 附近有對稱性的極限。繼續解積分

$$A = \frac{1}{a} \left[ag(0) + \left(\frac{a^3}{12} \right) \frac{g''(0)}{2!} + \left(\frac{a^5}{80} \right) \frac{g^{(4)}(0)}{4!} + \cdots \right]$$

當 a 趨近於 0 時求此積分的極限。

$$\lim_{a \to 0} A = g(0)$$

在 a 趨近於 0 的極限時,當 $\Delta(t)$ 與 $g(t)$ 的乘積在包括時間 $t = 0$ 的任何時間範圍內積分,函數 $\Delta(t)$ 取得任意連續有限函數 $g(t)$ 在時間 $t = 0$ 之值。

我們接著嘗試用不同的方式定義 $\Delta(t)$。此定義如下:

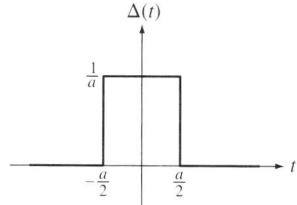

圖 2.13 寬度為 a 的單位面積矩形脈波

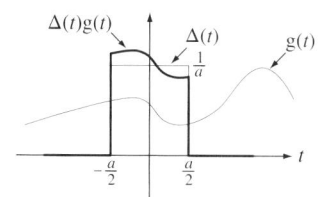

圖 2.14 中心點在 $t = 0$ 的單位面積矩形脈波與函數 $g(t)$ 相乘,在 $t = 0$ 是連續且有限

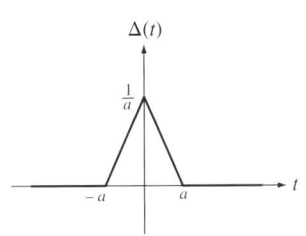

圖 2.15 基底一半寬度為 a 的單位面積三角脈波

$$\Delta(t) = \begin{cases} (1/a)(1 - |t|/a), & |t| \leq a \\ 0, & |t| > a \end{cases}$$

（見圖 2.15。）

若我們和前面一樣用同樣的引數就可得到面積如下：

$$A = \int_{-\infty}^{\infty} \Delta(t)g(t)dt = \frac{1}{a}\int_{-a}^{a}\left(1 - \frac{|t|}{a}\right)g(t)dt$$

當 a 趨近於 0 時取極限得到 $g(0)$，與前面用 $\Delta(t)$ 定義所得到的結果一樣。兩個 $\Delta(t)$ 的定義在當 a 趨近於 0 時（但非之前）有相同的效果。函數的形狀在極限處並不太重要，重要的是其面積。在二種情況下之 $\Delta(t)$ 為面積為 1 的函數與 a 的值無關。（當 a 趨近於 0 時，這些函數在一般認知下並沒有 "形狀"，因為在此情形下並沒有時間來產生。）還有其他許多 $\Delta(t)$ 的定義可以用，在極限下得到完全一樣的效果。

單位脈衝函數 $\delta(t)$ 可以依照特性來隱含的定義，當它乘以任何有限且在 $t = 0$ 時為連續的函數 $g(t)$ 時，將此乘積在時間範圍（包括 0）內積分，則得到結果 $g(0)$。

$$g(0) = \int_{\alpha}^{\beta} \delta(t)g(t)dt, \ \alpha < 0 < \beta$$

換句話說，

$$\int_{-\infty}^{\infty} \delta(t)g(t)dt = \lim_{a \to 0} \int_{-\infty}^{\infty} \Delta(t)g(t)dt \tag{2.4}$$

其中 $\Delta(t)$ 是具有上面所描述特性的眾多函數中之一個。$\delta(t)$ 表示法是一種簡便的縮寫符號，避免了時常在使用脈衝時要取其極限。

脈衝、單位步階與一般性微分

一種介紹單位脈衝函數的方式是可以定義它為單位步階函數的微分。嚴格說來，單位步階 $u(t)$ 的微分在 $t = 0$ 處並未定義。但考慮時間函數 $g(t)$ 與其時間微分 $g'(t)$ 如圖 2.16 所示。

$g(t)$ 之微分除了於 $t = -a/2$ 與 $t = +a/2$ 處之外，在所有的 t 都存在。當 a 趨近於 0 時，函數 $g(t)$ 趨近於單位步階。在同樣的極限下，函數 $g'(t)$ 在當它的面積維持同樣為 1 時的非

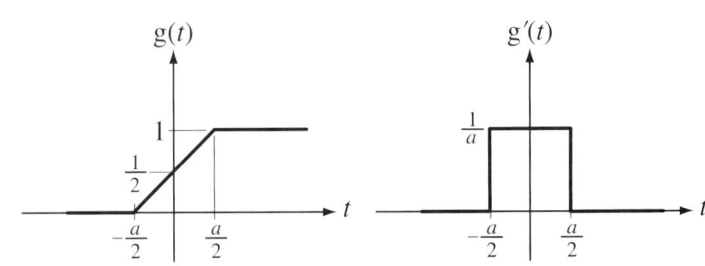

圖 2.16 趨近單位步階與單位脈衝的函數

零部分趨近於 0。因此 g'(t) 是面積一直為 1 的短間隔脈波，與上述的 Δ(t) 之開始定義一樣，有相同的內涵。g'(t) 在當 a 趨近於零時的極限，稱為 u(t) 的**一般性微分** (generalized derivative)。因此單位脈衝是單位步階的一般性微分。

任何 g(t) 函數在 t = t₀ 不連續處的一般性微分為：

$$\frac{d}{dt}(g(t)) = \frac{d}{dt}(g(t))_{t \neq t_0} + \underbrace{\lim_{\varepsilon \to 0}[g(t+\varepsilon) - g(t-\varepsilon)]}_{\text{不連續的大小}}\delta(t - t_0), \quad \varepsilon > 0$$

單位步階是單位脈衝的微分

$$u(t) = \int_{-\infty}^{t} \delta(\lambda)d\lambda$$

單位步階 u(t) 的微分除了在 t = 0 處之外，其他地方都是 0，因此單位脈衝到處都是 0，除了在 t = 0 處。既然單位步階是單位脈衝的積分，單位脈衝包括 t = 0 之積分範圍的定積分其值必須為 1。這兩項事實常用來定義單位脈衝。

$$\boxed{\delta(t) = 0, \quad t \neq 0 \quad \text{且} \quad \int_{t_1}^{t_2}\delta(t)\,dt = \begin{cases} 1, & t_1 < 0 < t_2 \\ 0, & \text{其他} \end{cases}} \quad (2.5)$$

脈衝底下的面積稱為它的**強度** (strength)，或有時稱為它的**權重** (weights)。具有強度 1 的脈衝稱為單位脈衝。脈衝的精確定義和特性需要深入一般性的函數理論。單位脈衝簡單的以單位面積的脈波來考慮是足夠的，因為它的間隔是如此的小，因此當它的間隔在更小時，對於應用在系統中的訊號並不會有顯著的改變。

脈衝的作圖並不能像其他函數一樣，因為當它的引數為 0 時，其值並未定義。一般用來畫脈衝是使用一個垂直的箭頭。有時脈衝的強度是在箭頭旁邊寫在小括弧裡，有時箭頭的高度代表強度。圖 2.17 顯示脈衝一些不同的作圖法。

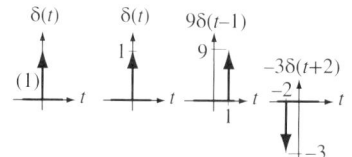

圖 2.17 用圖表示單位脈衝

脈衝對等特性

在訊號與系統分析中一種常見的數學運算是脈衝與另一個函數相乘，$g(t)A\delta(t - t_0)$。考慮脈衝 $A\delta(t - t_0)$ 是以 $t = t_0$ 為中心，面積 A，寬度為 a 且 a 趨近於 0 的脈波之極限（圖 2.18）。此乘積是一個脈波，在脈波中點的高度是 $Ag(t_0)/a$ 而寬度為 a。當 a 近於 0 時此脈波變成具有 $Ag(t_0)$ 強度之脈衝。因此

$$\boxed{g(t)A\delta(t - t_0) = g(t_0)A\delta(t - t_0)} \quad (2.6)$$

這個通常稱為脈衝的**對等** (equivalence) 定理。

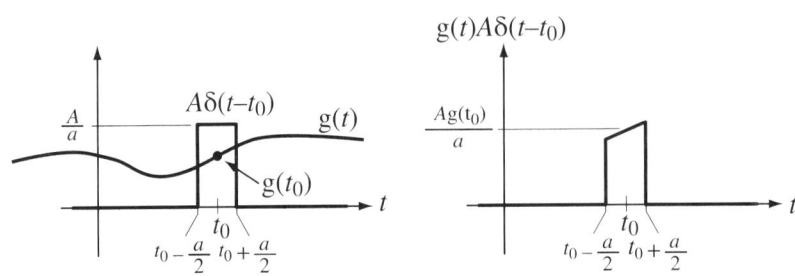

圖 2.18 函數 g(t) 和矩形函數相乘，在寬度趨近於 0 時變成脈衝

脈衝取樣特性

另一個從對等定理接續而來單位脈衝的重要定理是**取樣特性** (sampling property)。

$$\int_{-\infty}^{\infty} g(t)\delta(t-t_0)dt = g(t_0) \tag{2.7}$$

根據對等定理，$g(t)\delta(t-t_0)$ 之乘積等於 $g(t_0)\delta(t-t_0)$。因為 t_0 是 t 的一個特殊值，它為常數，而 $g(t_0)$ 也是一個常數，且

$$\int_{-\infty}^{\infty} g(t)\delta(t-t_0)dt = g(t_0)\underbrace{\int_{-\infty}^{\infty}\delta(t-t_0)dt}_{=1} = g(t_0)$$

(2.7) 式稱為脈衝的取樣特性，因為在這種型態的積分中，它在時間 $t = t_0$ 對函數 $g(t)$ 取樣。〔另一個較老的名稱稱為**篩選特性** (sifting property)，脈衝在時間 $t = t_0$ "篩選" 出 $g(t)$ 的值。〕

脈衝尺度改變特性

另一個脈衝的重要特性是**尺度改變特性** (scaling property)

$$\delta(a(t-t_0)) = \frac{1}{|a|}\delta(t-t_0) \tag{2.8}$$

它可以經由改變積分定義中的變數，並且分別考慮正與負的 a 值來證明。圖 2.19 說明脈衝改變尺度的一些效果。

在 MATLAB 中，有一個稱為 `dirac` 的函數可以在極限情形下執行單位脈衝。對於非 0 的參數，它傳回 0；對於 0 的參數，它傳回 inf。它通常在數值計算時並不特別有用，但在符號運算時則有用。連續時間脈衝非一個一般性的函數。它有時在某些形態的計算中，有時可能寫出 MATLAB 函數，可以用來模擬脈衝並且得到有用的數值結果。但此舉必須在完全了解脈衝的特性下小心地使用。因為它的複雜性，本書不會提到連續時間脈衝的 MATLAB 函數。

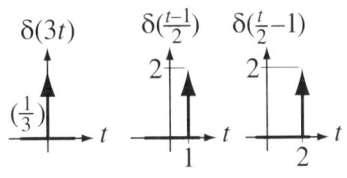

圖 2.19 脈衝尺度改變特性之範例

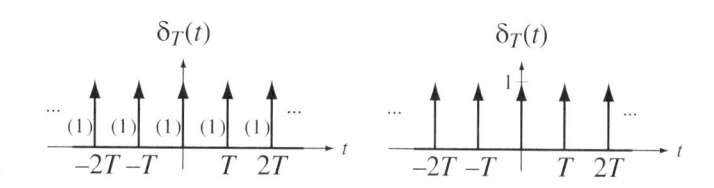

圖 2.20 週期性脈衝

單位週期性脈衝或脈衝串

另一個有用的一般性函數是**週期脈衝** (periodic impulse) 或**脈衝串** (impulse train)（圖 2.20），一串均勻分布的單位脈衝無窮序列。

$$\delta_T(t) = \sum_{n=-\infty}^{\infty} \delta(t - nT) \tag{2.9}$$

我們可以推導週期性脈衝的尺度改變特性。從定義中

$$\delta_T(a(t - t_0)) = \sum_{k=-\infty}^{\infty} \delta(a(t - t_0) - kT)$$

利用脈衝尺度改變特性

$$\delta_T(a(t - t_0)) = (1/|a|) \sum_{k=-\infty}^{\infty} \delta(t - t_0 - kT/a)$$

而此加法可以認為是具有週期 T/a 的週期脈衝

$$\delta_T(a(t - t_0)) = (1/|a|)\delta_{T/a}(t - t_0)$$

脈衝和週期脈衝看起來非常抽象與不實際。脈衝將在後面的線性系統分析，亦即迴旋積分之基本運算中出現。雖然在實際上，一個真實的脈衝是不可能產生，但數學上的脈衝與週期脈衝在訊號與分析中非常有用。利用它們以及迴旋的運算，我們可以用一個簡潔的數學方式來表示，許多有用的訊號若是用其他方式來表示的話則會很困擾[3]。

奇異函數合成表示法

單位步階、單位脈衝與單位斜坡為奇異函數中最重要的成員。在某些訊號的文章中，這些函數用一個合成的表示法 $u_k(t)$ 來表示，其中用 k 來表示是某種函數，例如 $u_0(t) = \delta(t)$，$u_{-1}(t) = u(t)$ 而 $u_{-2}(t) = \text{ramp}(t)$。在表示法中，下標表示脈衝經過了多少次的微分來得到想要的函數，而負的下標表示用積分來取代微分。**單位偶極** (unit doublet) $u_1(t)$ 定義為單位脈衝的一般性微分，**單位三重態** (unit triplet) 定義為單位偶極的一般性微分，依此類推。雖然單位偶極、單位三重態以及更高的一般性微分比起單位脈衝，顯得更不實用，但在訊號與系統理論中有時很有用。

---

[3] 某些作者喜歡將週期脈衝表示成脈衝的和 $\sum_{n=-\infty}^{\infty} \delta(t - nT)$。此一表示法和 $\delta_T(t)$ 的表示較不匹配，但可認為比要記住如何使用新的函數名稱更簡單。其他作者可能用其他的名稱。

單位方波函數

有一個在系統中常見的訊號,是它在某個時間開啟,過了一段時間後關閉。因此有利於用單位方波函數(圖 2.21)來描述這類型的訊號。

$$\text{rect}(t) = \begin{cases} 1, & |t| < 1/2 \\ 1/2, & |t| = 1/2 \\ 0, & |t| > 1/2 \end{cases} = u(t+1/2) - u(t-1/2) \tag{2.10}$$

因為它的寬、高與面積都為 1,因此稱為單位方波函數。利用方波函數簡化了在描述某些訊號時的表示法。單位方波函數可以認為是一個 "閘" 函數。當它乘以某個函數時,在其非 0 範圍外的值都為 0,而在範圍內,則其值和所乘的函數相等。此方波 "開了一個閘",允許其他函數通過,然後接著關閉。表 2.1 將上述的函數與脈衝及週期脈衝做了一個整理。

```
%   Unit rectangle function. Uses the unit-step function us(x).
%
%   function y = rect(x)
%
function y = rect(x)
    y = us(x+0.5) - us(x-0.5) ;
```

▶ 2.4 ≤ 函數結合

連續時間函數的標準函數表示法是 g(t),其中 g 是函數名稱,在小括弧 (·) 裡的每個項目,稱為**函數的參數** (arguments of the function)。參數是以**獨立變數** (independent variables) 來表示。若是 g(t),則 t 為獨立變數,而這個表示法是用 t 來表示的最簡單方式。函數 g(t) 根據它所接受的每個值 t 回傳一個值 g。在函數 $g(t) = 2 + 4t^2$ 中,針對每一個 t 值就有一個相對的 g。若 t 是 1,則 g 就等於 6 而表示為 g(1) = 6。

表 2.1 連續時間訊號函數、脈衝與週期脈衝之整理

正弦	$\sin(2\pi f_0 t)$ or $\sin(\omega_0 t)$
餘弦	$\cos(2\pi f_0 t)$ or $\cos(\omega_0 t)$
指數	e^{st}
單位步階	$u(t)$
Signum	$\text{sgn}(t)$
單位斜坡	$\text{ramp}(t) = t\,u(t)$
單位脈衝	$\delta(t)$
週期脈衝	$\delta_T(t) = \sum_{n=-\infty}^{\infty} \delta(t-nT)$
單位方波	$\text{rect}(t) = u(t+1/2) - u(t-1/2)$

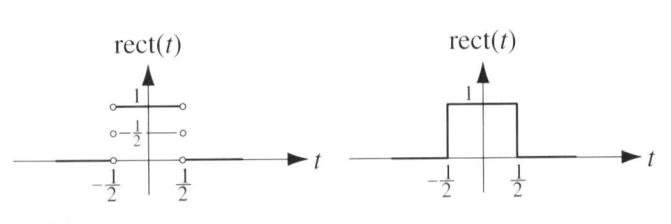

圖 2.21 單位方波函數

函數的參數並不需要單純的為獨立變數。若 $g(t) = 5e^{-2t}$，什麼是 $g(t + 3)$？我們用 $t + 3$ 在 $g(t) = 5e^{-2t}$ 兩邊的每處取代 t，我們會得到 $g(t + 3) = 5e^{-2(t+3)}$。從觀察中得知，我們不會得到 $5e^{-2t+3}$。因為 t 在 e 的指數中是乘以 -2，因此在新的 e 指數中，整個 $t + 3$ 必須乘以 -2。無論在函數 $g(t)$ 中的 t 做了什麼事，在任何其他整個包含 t 的函數 g（表示法）中都必須做同樣的事。若 $g(t) = 3 + t^2 - 2t^3$，則 $g(2t) = 3 + (2t)^2 - 2(2t)^3 = 3 + 4t^2 - 16t^3$ 且 $g(1 - t) = 3 + (1 - t)^2 - 2(1 - t)^3 = 2 + 4t - 5t^2 + 2t^3$。若 $g(t) = 10\cos(20\pi t)$，則 $g(t/4) = 10\cos(20\pi t/4) = 10\cos(5\pi t)$ 且 $g(e^t) = 10\cos(20\pi e^t)$。若 $g(t) = 5e^{-10t}$，則 $g(2x) = 5e^{-20x}$ 且 $g(z - 1) = 5e^{10}e^{-10z}$。

在 MATLAB 中，當一個函數因為傳遞一個參數給它而被喚起時，MATLAB 會評估此一參數然後計算此函數值。對於多數的函數，若是此參數是一個向量或矩陣，則傳回每個向量或矩陣之每個元素的值。因此 MATLAB 函數完全針對獨立變數函數的參數來完成工作。

```
>> exp(1:5)
ans =
    2.7183    7.3891   20.0855   54.5982  148.4132
>> us(-1:0.5:1)
ans =
         0         0    0.5000    1.0000    1.0000
>> rect([-0.8:0.4:0.8]')
ans =
    0
    1
    1
    1
    0
```

在某些情形下，一個單一的數學函數可以完全描述一個訊號。但是有時候一個函數並不足以用來正確的描述。一個在數學上可多功能的表示任意訊號之運算是結合二個或多個函數。此結合可以是函數的加、減、乘且/或商。圖 2.22 顯示函數加、乘與商的例子（函數將在第 6 章中定義 `sinc`）。

例題 2.1 用 MATLAB 結合畫圖函數

利用 MATLAB 結合畫圖函數

$$x_1(t) = e^{-t}\sin(20\pi t) + e^{-t/2}\sin(19\pi t)$$

$$x_2(t) = \text{rect}(t)\cos(20\pi t)$$

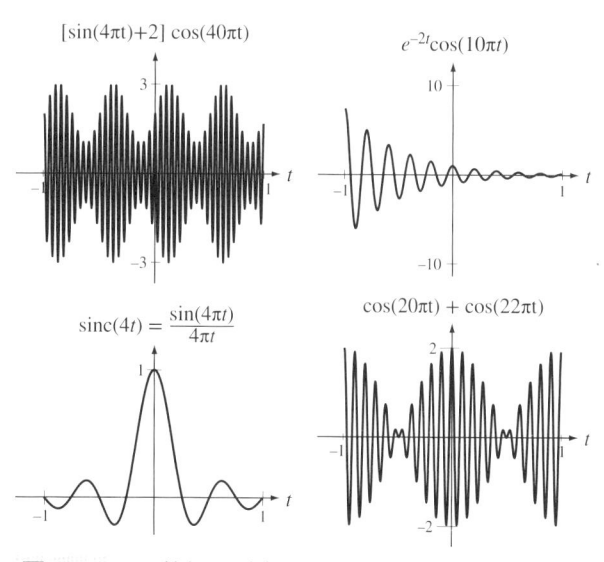

圖 2.22 函數加、乘與商的例子

```
% Program to graph some demonstrations of continuous-time
% function combinations

t = 0:1/240:6 ;          % Vector of time points for graphing x1

% Generate values of x1 for graphing
x1 = exp(-t).*sin(20*pi*t) + exp(-t/2).*sin(19*pi*t) ;

subplot(2,1,1) ;         % Graph in the top half of the figure window
p = plot(t,x1,'k') ;     % Display the graph with black lines
set(p,'LineWidth',2) ;   % Set the line width to 2
% Label the abscissa and ordinate
xlabel('\itt','FontName','Times','FontSize',24) ;
ylabel('x_1({\itt})','FontName','Times','FontSize',24) ;
set(gca,'FontName','Times','FontSize',18) ; grid on ;

t = -2:1/240:2 ;         % Vector of time points for graphing x2

% Generate values of x2 for graphing
x2 = rect(t).*cos(20*pi*t) ;

subplot(2,1,2);          % Graph in the bottom half of the figure window
p = plot(t,x2,'k');      % Display the graph with black lines
set(p,'LineWidth',2);    % Set the line width to 2
% Label the abscissa and ordinate
xlabel('\itt','FontName','Times','FontSize',24) ;
ylabel('x_2({\itt})','FontName','Times','FontSize',24) ;
set(gca,'FontName','Times','FontSize',18) ; grid on ;
```

結果如圖 2.23 所示。

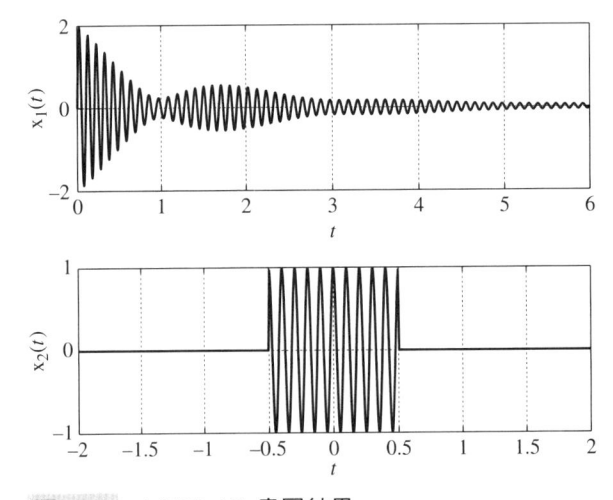

圖 2.23　MATLAB 畫圖結果

▶ 2.5 位移和尺度改變

同時利用分析與圖形的方法來描述訊號，且可以將兩者的描述互相關聯在一起是非常重要的。讓 g(t) 用圖 2.24 右邊表格的一些選擇數值來定義。令 g(t) = 0, |t| > 5 來完成函數的描述。

振幅尺度改變

考慮用一個常數來乘函數。可以用 g(t) → Ag(t) 來表示。因此 g(t) → Ag(t) 在每個 t 值下用 A 乘以 g(t)，這個稱為**振幅尺度改變** (amplitude scaling)。圖 2.25 顯示兩個振幅尺度改變於圖 2.24 所定義的 g(t) 函數的範例。

一個負的振幅尺度改變因數將函數垂直鏡射。若如此例中所示尺度改變因數是 −1，鏡射是唯一的動作。若尺度改變因數是其他的因數 A 且 A 是負值，振幅尺度改變可認為是兩個接連的動作 g(t) → −g(t) → |A|(−g(t))，一個鏡射接著一個正的振幅尺度改變。振幅尺度改變直接影響相依變數 g。下兩節介紹改變獨立變數 t 的效果。

時間位移

若在圖 2.24 中的圖形定義 g(t)，則 g(t − 1) 看起來會如何？我們可以如圖 2.26 中畫

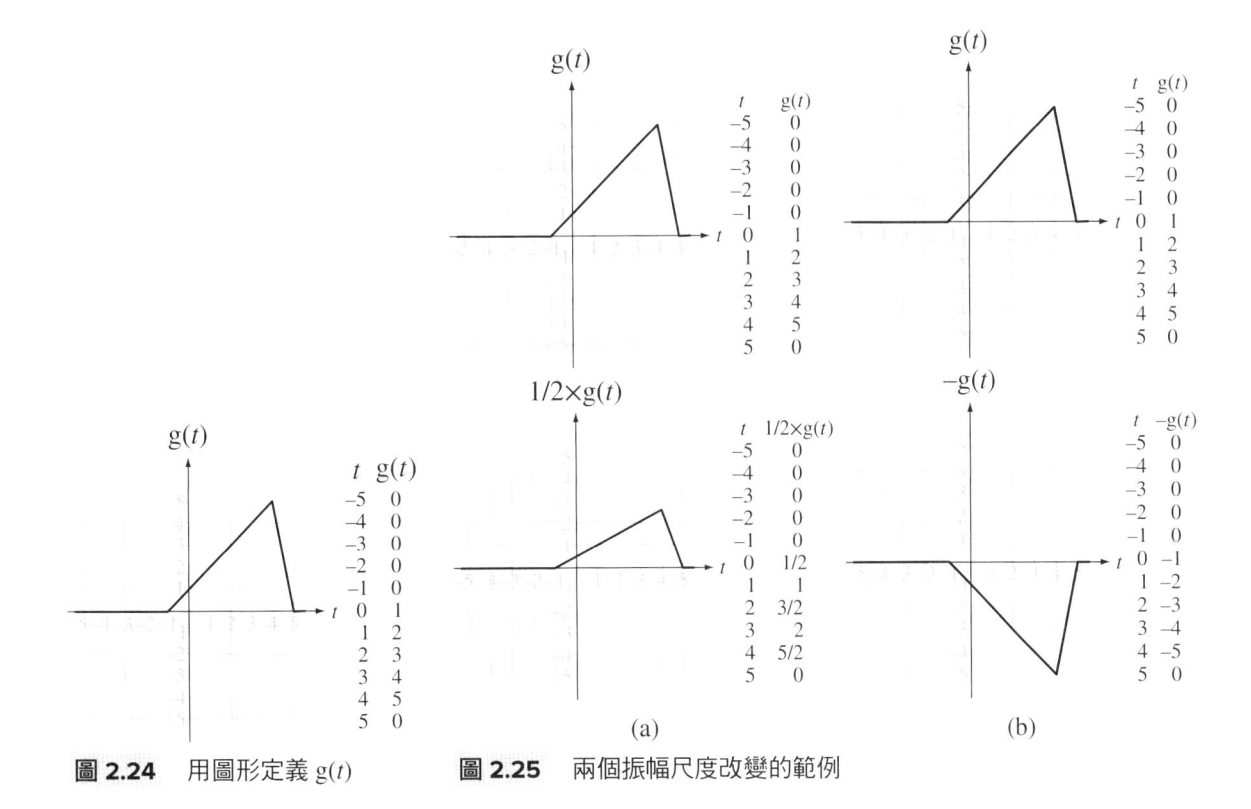

圖 2.24 用圖形定義 g(t)

圖 2.25 兩個振幅尺度改變的範例

出 g(t − 1) 在不同點的值來了解其效果。在利用 t − 1 取代 t 將函數往右移動一個單元之後（圖 2.26），檢視其圖形和表格就可以明瞭。t → t − 1 之改變可以說是 "對於每一個 t 值，往後看一個時間單位，得到那個時間的 g 值並且用它當作在時間 t 之 g(t − 1) 之值"。這個稱為**時間位移** (time shifting) 或**時間平移** (time translation)。

我們可以總結說時間位移是改變獨立變數 $t \to t - t_0$，其中 t_0 是任意常數，其效應是將 g(t) 往右移動 t_0 單位（與負數值所接受的解釋一致，若 t_0 是負值則往左移動 $|t_0|$ 單位）。

圖 2.27 顯示時間位移與尺度改變單位步階函數。方波函數是兩個在不同方向時間位移單位步階函數之差 $\text{rect}(t) = u(t + 1/2) - u(t - 1/2)$。

時間位移是經由改變獨立變數來完成。此種形態的改變可以在任何獨立變數上完成，不一定要是時間。我們現在的範例是用時間，但是獨立變數可以是空間的維度。這種情況我們稱作空間位移。在隨後討論轉換的章節中，我們會有一個頻率獨立變數之函數，我們稱為頻移 (frequency shifting)。無論獨立變數使用何種名稱，數學上是同等重要。

振幅尺度與時間位移發生在許多實際的物理系統中。在正常的對話中會有傳輸延遲，這是聲波從一個人口中傳至另一人的耳中所需的時間。假設距離為 2 m 而聲音約每秒進行 330 m，所以傳輸延遲約 6 ms，這是一個不會察覺的延遲。若有一個人站在 100 m 遠處觀察打樁機在打樁。首先看到打樁機在打樁之場景。因為光速的關係從眼睛看到打樁會有少於一微秒的延遲。而聽到打樁的聲音約在 0.3 秒之後，這是一個顯著的延遲。此為時間位移的例子。在打樁機附近的聲音比 100 m 處的聲音大聲，這是振幅尺度改變的例子。另一

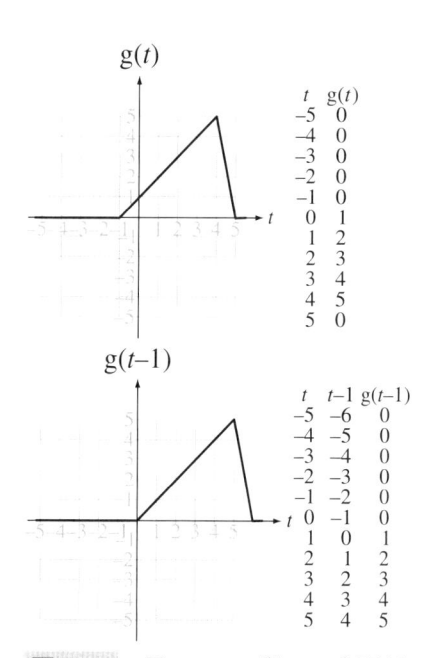

圖 2.26 用 g(t − 1) 與 g(t) 之關係，作圖說明時間位移

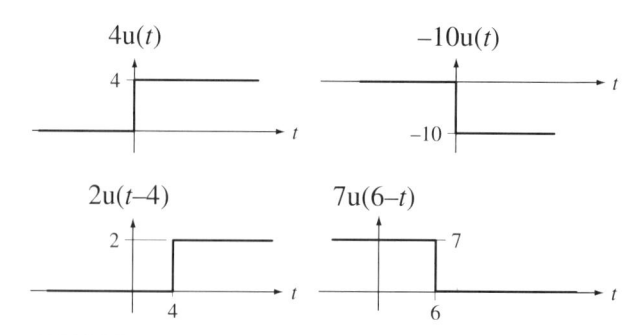

圖 2.27 振幅尺度改變與時間位移單位步階函數

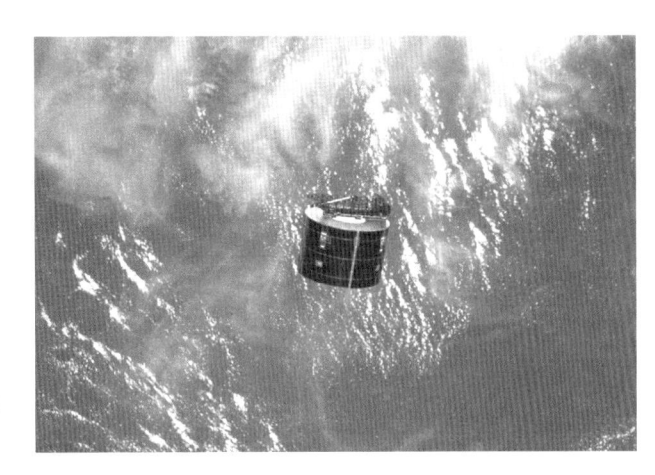

圖 2.28 軌道上的通訊衛星

個熟悉的例子是看到閃電與聽到其製造出的雷聲。

另一個更技術面的例子是衛星通訊系統（圖 2.28）。地面站傳送一個強的電磁訊號至衛星。當訊號抵達衛星時，電磁場強度比離開地面站弱很多，因為傳輸延遲它會延後抵達。若是距離地球 36,000 m 高度的同步衛星，地面站直接在衛星的下方上傳約有 120 ms 的延遲。若地面站非直接在衛星的下方，則延遲會久一點。若傳輸訊號是 $Ax(t)$，接收訊號是 $Bx(t - t_p)$，其中 B 一般會比 A 小很多，而 t_p 是傳遞時間。若通訊連結是地球上距離非常遠的地點之間，可能需要多於一個上傳與下傳的連結來通訊。若通訊是由在紐約的節目主持人與在加爾各答的記者之間的語音通訊，全部的延遲很容易達到 1 秒，明顯的延遲可導致明顯的奇怪通話。想像和在火星上的第一個太空人通訊。當地球與火星最接近時的時候最小的單向延遲超過 4 分鐘！

在長距離雙向通訊時，時間延遲是一個問題。在另一個情況下則非常有用，如同雷達和聲納。在此情況下，當一個脈波送出，而一個反射回來之延遲則代表物體與反射處之距離，例如飛機和潛艇。

時間尺度改變

接著考慮改變獨立變數且表示為 $t \to t/a$。它將函數 $g(t)$ 水平方向延伸一個因數 a，成為 $g(t/a)$，此稱為**時間尺度改變**(time scaling)。作為一個範例讓我們計算和對 $g(t/a)$ 作圖（圖 2.29）。

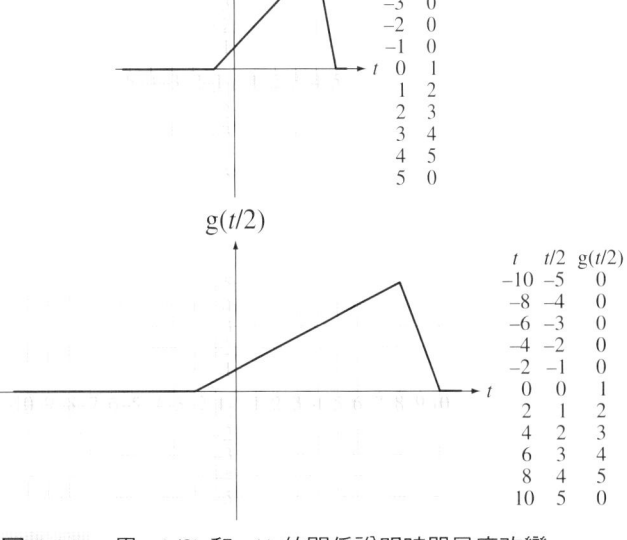

接著考慮 $t \to -t/2$。這與前一個範例

t	$g(t)$
−5	0
−4	0
−3	0
−2	0
−1	0
0	1
1	2
2	3
3	4
4	5
5	0

t	$t/2$	$g(t/2)$
−10	−5	0
−8	−4	0
−6	−3	0
−4	−2	0
−2	−1	0
0	0	1
2	1	2
4	2	3
6	3	4
8	4	5
10	5	0

圖 2.29 用 $g(t/2)$ 和 $g(t)$ 的關係說明時間尺度改變

一樣,除了尺度改變因數由 2 改成 −2(圖 2.30)。尺度改變 $t \to t/a$ 水平方向延伸一個因數 $|a|$,而且若 $a < 0$,此函數也是**時間倒轉** (time reverse)。時間倒轉代表將曲線作水平方向的鏡射。負 a 的情況可以看成先 $t \to -t$,接著 $t \to t/|a|$。第一步 $t \to -t$ 先將函數時間倒轉而不改變它的水平尺度。第二步 $t \to t/|a|$ 將已經時間倒轉的函數以尺度改變因數 $|a|$ 來變化它的大小。

時間尺度改變也可表示為 $t \to bt$。這並非是新的,因為它和 $t \to t/a$ 中用 $b = 1/a$ 一樣。所以所有的時間尺度改變仍然符合兩個尺度改變常數 a 和 b 之間的關係。

我們都有一個共同的經驗說明時間尺度改變,就是都卜勒 (Doppler) 效應。若我們站在路邊有一輛消防車鳴笛經過,當消防車經過後,則其鳴笛的聲音與音高感覺改變(圖 2.31)。聲音的改變是因為在警笛的附近,越接近我們則越大聲。但為何音高會改變?警笛始終都是做一樣的事,所以並非警笛本身的音高改變,而是到達我們耳朵的聲音的音高。當消防車接近時,因為警笛連續對空氣的擠壓,比起前一個會稍微靠近我們發生,因此它到達我們耳朵的時間較前一個壓縮短,使得聲音的頻率在我們耳朵處會比在警笛處高。當消防車遠離,發生相反的效應,而到達我們耳朵的聲音移至一個較低的頻率。當我們聽到警笛音高改變的同時,消防車的消防員所聽到的卻都是一樣的。

令消防員聽到的聲音為 $g(t)$。當消防車接近時,我們聽到的聲音是 $A(t)g(at)$,其中 $A(t)$ 是時間的漸增函數,負責聲音大小的變化,而 a 的數值稍微大於 1。振幅改變是時間

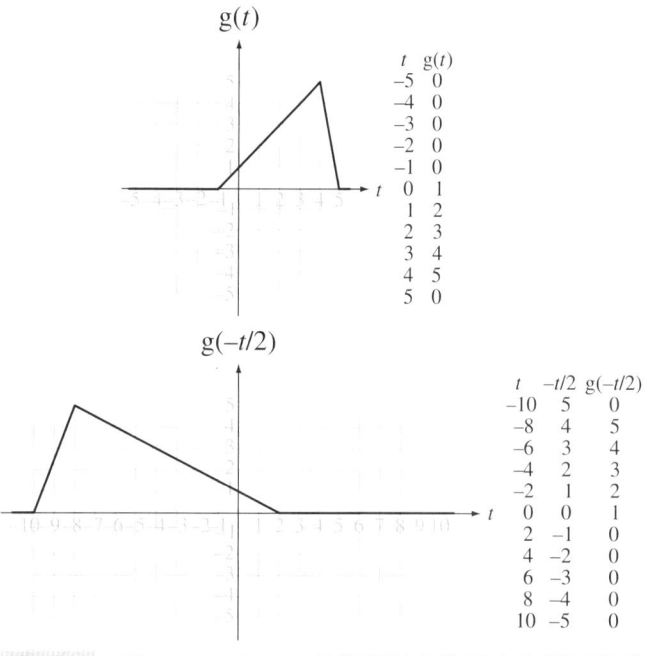

t	$g(t)$
−5	0
−4	0
−3	0
−2	0
−1	0
0	1
1	2
2	3
3	4
4	5
5	0

t	$-t/2$	$g(-t/2)$
−10	5	0
−8	4	5
−6	3	4
−4	2	3
−2	1	2
0	0	1
2	−1	0
4	−2	0
6	−3	0
8	−4	0
10	−5	0

圖 2.30 用 $g(-t/2)$ 和 $g(t)$ 的關係以負的尺度改變因數說明時間尺度改變

圖 2.31 在消防車上的消防員

的函數在通訊系統中稱為**調幅** (amplitude modulation)。當消防車遠離,我們所聽到的聲音移至 B(t)g(bt),其中 B(t) 是時間的漸減函數,而 b 的數值稍微小於 1(圖 2.32)(在圖 2.32 中,被調變的正弦訊號代表警笛聲音。這雖不精確但可用來說明重點)。

都卜勒平移也發生在光波中。從遠處星星來的光波頻譜之**紅移** (red shift) 是第一個顯示宇宙擴張的證據。當星星遠離地球,我們在地球上所接收到的光展現都卜勒平移,就是它所發出的所有光波之頻率都會下降(圖 2.33)。因為紅光的頻率較低可被人眼看見,因此頻率的降低稱為紅移,因為所有可見的頻譜特性似乎都移向頻譜紅色那一端。因為星星的組成與從星星到觀察者的路徑,從星星來的光具有許多頻率特性的變化。平移量可以用接收到的光波頻譜圖案與在地球上實驗室中已知的頻譜作比較。

時間尺度改變是獨立變數的改變。時間位移也是如此,此種形式的改變可以是任何的獨立變數;它不一定要是時間。在隨後的章節中,我們會考慮頻率尺度改變。

同時位移與尺度改變

所有三種函數變化、振幅尺度改變、時間尺度改變與時間位移可以同時作用。

$$g(t) \to Ag\left(\frac{t - t_0}{a}\right) \tag{2.11}$$

為了了解全部的效應,通常最好將多重改變分解成連續的簡單改變如 (2.11):

$$g(t) \xrightarrow{\text{振幅尺度} \atop \text{改變 } \cdot A} Ag(t) \xrightarrow{t \to t/a} Ag(t/a) \xrightarrow{t \to t - t_0} Ag\left(\frac{t - t_0}{a}\right) \tag{2.12}$$

注意:這裡改變的順序是非常重要的。若我們改變 (2.12) 式中時間尺度改變與時間位移運作的順序,會得到

$$g(t) \xrightarrow{\text{振幅尺度} \atop \text{改變 } \cdot A} Ag(t) \xrightarrow{t \to t - t_0} Ag(t - t_0) \xrightarrow{t \to t/a} Ag(t/a - t_0) \neq Ag\left(\frac{t - t_0}{a}\right)$$

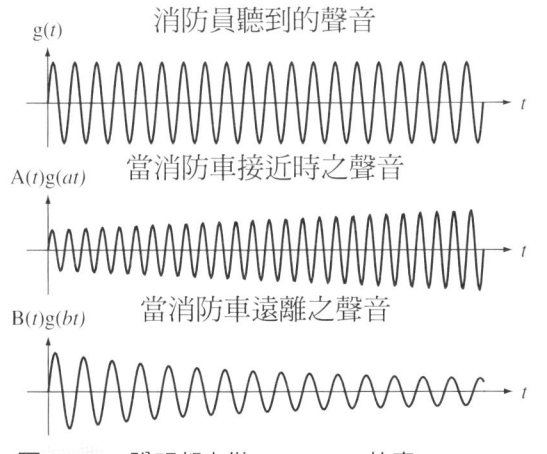

圖 2.32 說明都卜勒 (Doppler) 效應

圖 2.33 潟湖星雲

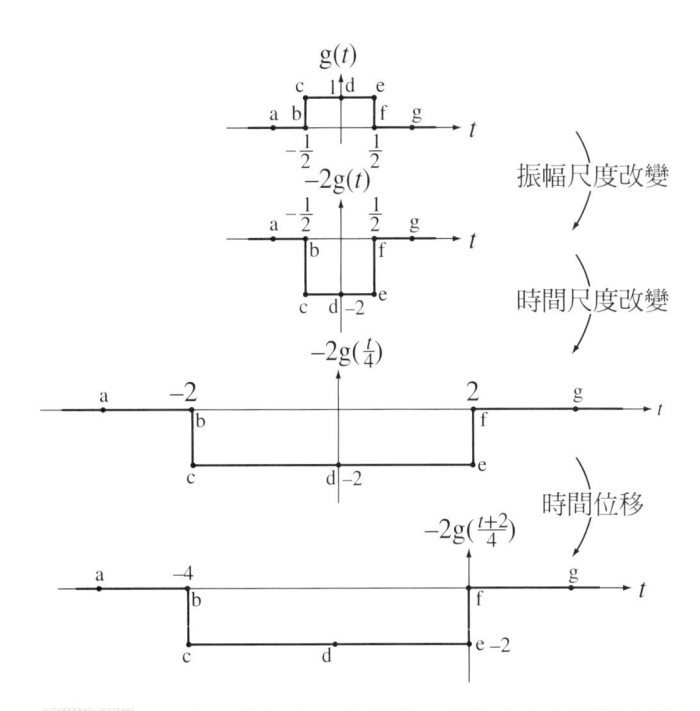

圖 2.34 一個函數振幅尺度改變、時間尺度改變與時間位移之順序

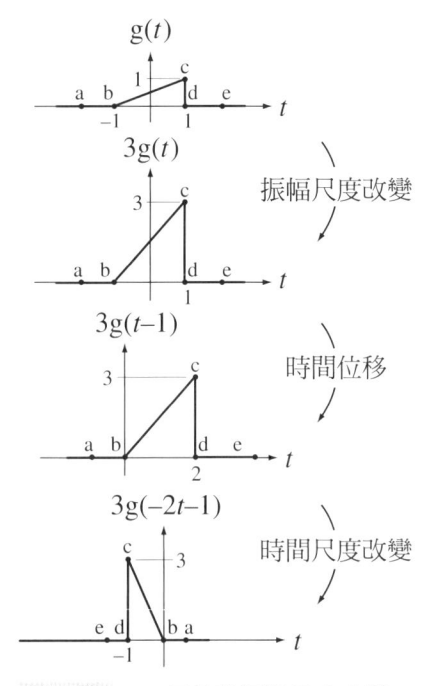

圖 2.35 一個函數振幅尺度改變、時間位移與時間尺度改變之順序

此一結果和前面的不同（除非 $a = 1$ 或 $t_0 = 0$）。對於不同的多重改變，最好用不同的順序，例如 $Ag(bt - t_0)$。在此例中，振幅尺度改變、時間位移，接著時間尺度改變之順序是用來得到正確答案的最簡單路徑。

$$g(t) \xrightarrow{\text{振幅尺度改變},A} Ag(t) \xrightarrow{t \to t-t_0} Ag(t-t_0) \xrightarrow{t \to bt} Ag(bt-t_0)$$

圖 2.34 和圖 2.35 用圖來說明兩個函數的一些步驟。在這些圖中，有些點是用字母來標示，以 "a" 開頭，再以字母順序進行。當每個功能特性的改變，相對應的字母就標示出來。

前面伴隨著函數尺度改變與位移所做的介紹，可以讓我們描述一大類的訊號。一個訊號在經過了某個時間 $t = t_0$ 後以指數式的衰減，而且在此之前為 0，可以用簡潔的數學形式 $x(t) = Ae^{-t/\tau}u(t - t_0)$ 表示（圖 2.36）。

一個訊號在 $t = 0$ 之前有負的正弦訊號形狀，在 $t = 0$ 之後有正的正弦訊號形狀，可以表示為 $x(t) = A\sin(2\pi f_0 t)\,\text{sgn}(t)$（圖 2.37）。

一個訊號在 $t = 1$ 與 $t = 5$ 之間有一個正弦訊號的叢集，並且在其他地方為 0，可以用 $x(t) = A\cos(2\pi f_0 t + \theta)\,\text{rect}((t - 3)/4)$ 表示（圖 2.38）。

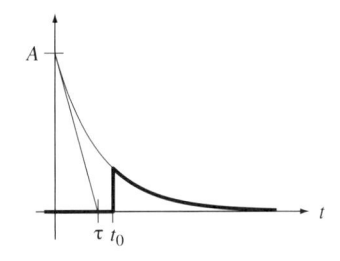

圖 2.36 一個衰減的指數訊號在時間 $t = t_0$ 時 "切換"

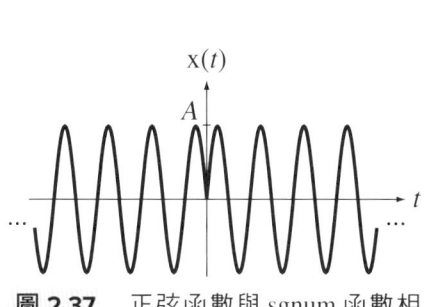

圖 2.37 正弦函數與 sgnum 函數相乘的形狀

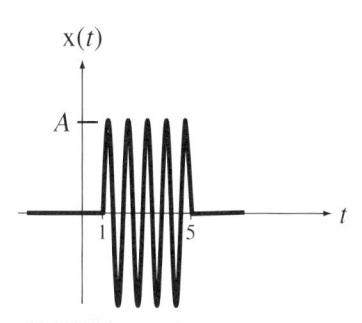

圖 2.38 正弦"叢集"

例題 2.2　用 MATLAB 畫尺度改變與平移函數

利用 MATLAB 畫出下式所定義的函數圖

$$g(t) = \begin{cases} 0, & t < -2 \\ -4 - 2t, & -2 < t < 0 \\ -4 - 3t, & 0 < t < 4 \\ 16 - 2t, & 4 < t < 8 \\ 0, & t > 8 \end{cases}$$

畫出 $3g(t + 1)$, $(1/2)g(3t)$, $-2g((t - 1)/2)$ 函數。

我們首先必須選擇 t 的範圍來畫函數圖，t 之間兩點的間隔允許曲線非常近似於實際函數。讓我們選擇範圍 $-5 < t < 20$ 且兩點間的間隔為 0.1。同時我們利用 MATLAB 的函數特色定義 $g(t)$ 函數為一個個別的 MATLAB 程式，一個 m 檔。於是我們在對轉換函數作圖時可參考到它，而無須對此函數描述重新輸入。g.m 檔內含下列程式碼。

```
function y = g(t)
    % Calculate the functional variation for each range of time, t
    y1 = -4 - 2*t ; y2 = -4 + 3*t ; y3 = 16 - 2*t ;
    % Splice together the different functional variations in
    % their respective ranges of validity
    y = y1.*(-2<t & t<=0) + y2.*(0<t & t<=4) + y3.*(4<t & t<=8) ;
```

MATLAB 程式內含下列程式碼。

```
%   Program to graph the function, g(t) = t^2 + 2*t - 1 and then to
%      graph 3*g(t+1), g(3*t)/2 and -2*g((t-1)/2).
tmin = -4 ; tmax = 20 ;         % Set the time range for the graph
dt = 0.1 ;                       % Set the time between points
t = tmin:dt:tmax ;               % Set the vector of times for the graph
g0 = g(t) ;                      % Compute the original "g(t)"
g1 = 3*g(t+1) ;                  % Compute the first change
g2 = g(3*t)/2 ;                  % Compute the second change
g3 = -2*g((t-1)/2) ;             % Compute the third change
```

38 訊號與系統──利用轉換方法與 MATLAB 分析

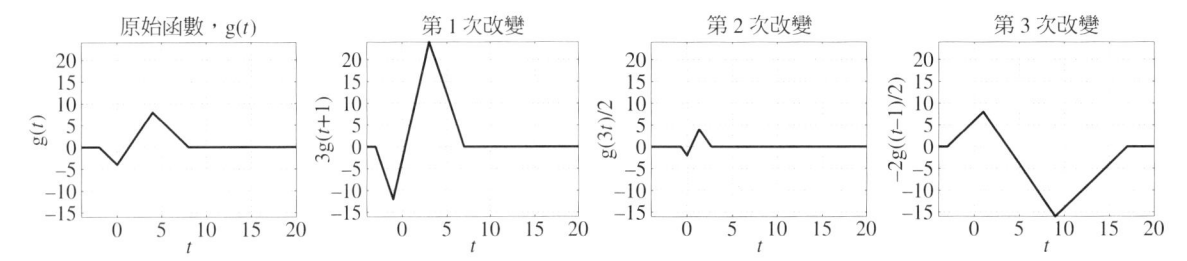

圖 2.39 尺度改變和 / 或平移函數之 MATLAB 作圖

```
% Find the maximum and minimum g values in all the scaled or shifted
% functions and use them to scale all graphs the same

gmax = max([max(g0), max(g1), max(g2), max(g3)]) ;
gmin = min([min(g0), min(g1), min(g2), min(g3)]) ;

% Graph all four functions in a 2 by 2 arrangement
% Graph them all on equal scales using the axis command
% Draw grid lines, using the grid command, to aid in reading values

subplot(2,2,1) ; p = plot(t,g0,'k') ; set(p,'LineWidth',2) ;
xlabel('t') ; ylabel('g(t)') ; title('Original Function, g(t)') ;
axis([tmin,tmax,gmin,gmax]) ; grid ;
subplot(2,2,2) ; p = plot(t,g1,'k') ; set(p,'LineWidth',2) ;
xlabel('t') ; ylabel('3g(t+1)') ; title('First Change) ;
axis([tmin,tmax,gmin,gmax]) ; grid ;
subplot(2,2,3) ; p = plot(t,g2,'k') ; set(p,'LineWidth',2) ;
xlabel('t') ; ylabel('g(3t)/2') ; title('Second Change') ;
axis([tmin,tmax,gmin,gmax]) ; grid ;
subplot(2,2,4) ; p = plot(t,g3,'k') ; set(p,'LineWidth',2) ;
xlabel('t') ; ylabel('-2g((t-1)/2)') ; title('Third Change') ;
axis([tmin,tmax,gmin,gmax]) ; grid ;
```

圖形結果畫於圖 2.39。

圖 2.40 顯示更多前面剛介紹的振幅尺度改變、時間位移與時間尺度改變函數之範例。

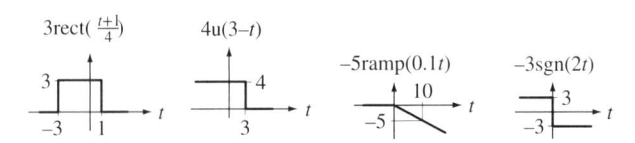

圖 2.40 更多振幅尺度改變、時間位移與時間尺度改變函數之範例

▶ 2.6 微分與積分

在實際系統中，積分和微分為常見的訊號處理運算。在任何時間 t 函數的微分是它在那個時間的斜率 at，而在任何時間 t 函數的積分是函數下的累積面積直到那個時間。圖 2.41 顯示一些函數及其微分。所有微分穿越 0 的地方都用較淡的垂直線表示，指向相對應函數的最大與最小處。

在 MATLAB 裡有一個 diff 函數執行符號微分。

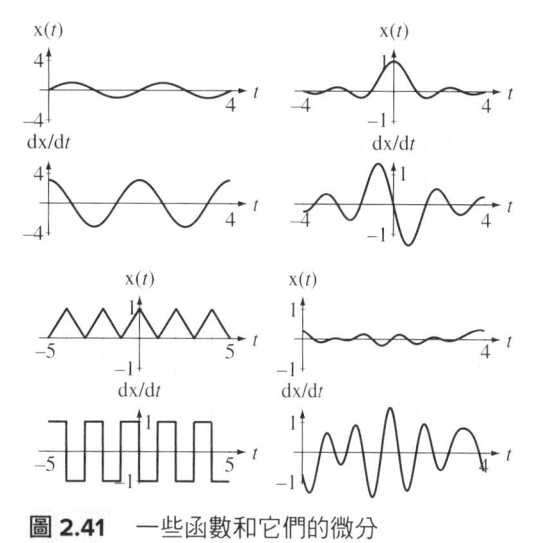

```
>> x = sym('x') ;
>> diff(sin(x^2))
ans =
2*cos(x^2)*x
```

圖 2.41 一些函數和它們的微分

此一函數也可用數值的方式找出向量相鄰值間的差值。這些有限差分能夠用除以獨立變數的增量方式來近似產生此向量之函數的一些微分。

```
>> dx = 0.1 ; x = 0.3:dx:0.8 ; exp(x)
ans =
    1.3499    1.4918    1.6487    1.8221    2.0138    2.2255
>> diff(exp(x))/dx
ans =
    1.4197    1.5690    1.7340    1.9163    2.1179
```

積分相較於微分是有一點複雜。給定一個函數，它的微分是不模糊可決定的（若存在的話）。但若沒有給予某些資訊的話，它的積分則不是可明確決定的。這是在學習積分定理中固有的第一個特性。若函數 $g(x)$ 有一個微分 $g'(x)$，則函數 $g(x) + K$（K 是常數），無論 K 是何值，有一個相同的微分 $g'(x)$。因為積分是微分的對等面，則 $g'(x)$ 的積分是什麼？它可能是 $g(x)$，也可能是 $g(x) + K$。

積分在不同的內容中有不同的含意。一般來說，微分和積分是相反的動作。一個時間函數 $g(t)$ 的**反微分** (antiderivative) 是任何時間函數，在相對於時間微分時得到 $g(t)$。一個反微分由一個沒有極限的積分符號來表示。例如，

$$\frac{\sin(2\pi t)}{2\pi} = \int \cos(2\pi t) dt$$

換句話說，$\sin(2\pi t)/2\pi$ 是 $\cos(2\pi t)$ 的反微分。一個**不定積分** (indefinite integral) 是一個反微分加上一個常數。例如，$h(t) = \int g(t) dt + C$。一個**定積分** (definite integral) 是在兩個極限間的積分。例如，$A = \int_\alpha^\beta g(t) dt$。若 α 和 β 是常數，則 A 也是常數，是 α 和 β 範圍內 $g(t)$ 下

的面積。在訊號與系統分析中，一個特別的定積分形式 h(t) = $\int_{-\infty}^{t} g(\tau)d\tau$ 被常用到。積分的變數是 τ，所以在積分的過程中，上面的積分極限 t 被認為是一個常數。但在積分結束之後 t 為 h(t) 中的獨立變數。這種形態的積分有時稱為**移動積分** (running integral) 或**累積積分** (cumulative integral)。它是在 t 之前一個函數下在所有時間的累積面積並且由是何種的 t 來決定。

通常實際上，我們知道在 $t = t_0$ 之前，時間函數為 0。因此我們知道 $\int_{-\infty}^{t_0} g(t)\,dt$ 等於 0。因此此一函數的積分從任何時間 $t_1 < t_0$ 到任何時間 $t > t_0$ 是明確的。它只能是從時間 $t = t_0$ 到 t 的函數之下的面積。

$$\int_{t_1}^{t} g(\tau)d\tau = \underbrace{\int_{t_1}^{t_0} g(\tau)d\tau}_{=0} + \int_{t_0}^{t} g(\tau)d\tau = \int_{t_0}^{t} g(\tau)d\tau$$

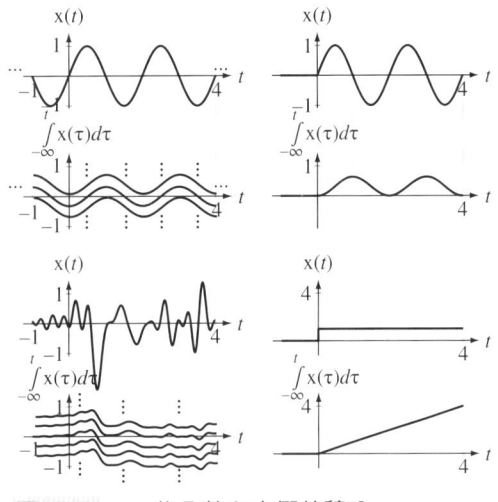

圖 2.42 一些函數和它們的積分

圖 2.42 說明一些函數與其積分。

在圖 2.42 中，右邊的兩個函數在時間 $t = 0$ 之前都為 0，而積分說明在假設小於 0 時積分有個下限，因此產生一個單一明確的訊號。左邊的兩個說明多個可能積分，互相之間只因為常數的不同而不同。它們都有同樣的微分，而在缺少額外資訊下，它們都是可能的有效積分。

在 MATLAB 中，有一個函數 int 能夠執行符號積分。

```
>> sym('x') ;
>> int(1/(1+x^2))
ans =
atan(x)
```

這個函數不能用於數值積分。另一個函數 cumsum 能夠執行數值積分。

```
>> cumsum(1:5)
ans =
     1     3     6    10    15
>> dx = pi/16 ; x = 0:dx:pi/4 ; y = sin(x)
y =
     0    0.1951    0.3827    0.5556    0.7071
>> cumsum(y)*dx
ans =
     0    0.0383    0.1134    0.2225    0.3614
```

在 MATLAB 中，也有更複雜的數值積分函數，例如，trapz，它用一個梯形的近似；而 quad，它用來做可適性辛普森 (Simpson) 正交。

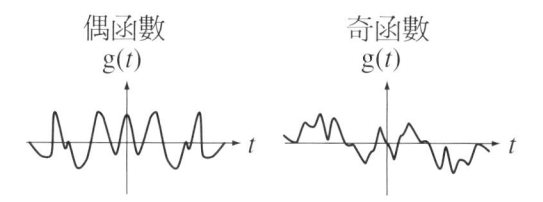

圖 2.43 偶和奇函數之範例

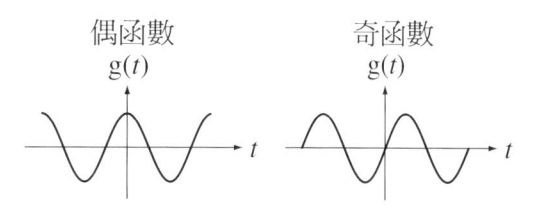

圖 2.44 兩個常見且非常有用的函數，一個偶函數和一個奇函數

▶ 2.7 偶訊號與奇訊號

有些函數做某些形式的位移且 / 或尺度改變時，其特性是函數值並未改變。它們在位移且 / 或尺度改變時是**不變的** (invariant)。一個 t 的**偶** (even) 函數在時間反轉 $t \to -t$ 時是不變的，一個**奇** (odd) 函數在振幅尺度改變與時間反轉 $g(t) \to -g(-t)$ 時是不變的。

一個偶函數 $g(t)$ 表示為 $g(t) = g(-t)$，而一個奇函數表示為 $g(t) = -g(-t)$。

一個簡單的方式來看待偶和奇函數是想像縱軸（$g(t)$ 軸）是一面鏡子。對於偶函數而言，在 $t > 0$ 時的 $g(t)$ 和在 $t < 0$ 時的 $g(t)$ 是互為鏡射影像。對於奇函數而言，函數的兩個相同部分為互相之間負 (negative) 的鏡射影像（圖 2.43 和圖 2.44）。

有些函數是偶，有些是奇，有些則兩者都不是。但任何函數 $g(t)$ 都是偶與奇**部** (parts) 的和 $g(t) = g_e(t) + g_o(t)$。函數 $g(t)$ 的偶與奇部如下：

$$g_e(t) = \frac{g(t) + g(-t)}{2}, \ g_o(t) = \frac{g(t) - g(-t)}{2} \tag{2.13}$$

若函數的奇部為 0，則是偶函數。若函數的偶部為 0，則是奇函數。

例題 2.3 函數之偶部與奇部

函數 $g(t) = t(t^2 + 3)$ 之偶部與奇部為何？
它們是

$$g_e(t) = \frac{g(t) + g(-t)}{2} = \frac{t(t^2 + 3) + (-t)[(-t)^2 + 3]}{2} = 0$$

$$g_o(t) = \frac{t(t^2 + 3) - (-t)[(-t)^2 + 3]}{2} = t(t^2 + 3)$$

因此 $g(t)$ 是一個奇函數。

```
%   Program to graph the even and odd parts of a function
function GraphEvenAndOdd
    t = -5:0.1:5 ;                  % Set up a time vector for the graph
```

```
    ge = (g(t) + g(-t))/2 ;          % Compute the even-part values
    go = (g(t) - g(-t))/2 ;          % Compute the odd-part values
    %    Graph the even and odd parts
    subplot(2,1,1) ;
    ptr = plot(t,ge,'k') ; set(ptr,'LineWidth',2) ; grid on ;
    xlabel('\itt','FontName','Times','FontSize',24) ;
    ylabel('g_e({\itt})','FontName','Times','FontSize',24) ;
    subplot(2,1,2) ;
    ptr = plot(t,go,'k') ; set(ptr,'LineWidth',2) ; grid on ;
    xlabel('\itt','FontName','Times','FontSize',24) ;
    ylabel('g_o({\itt})','FontName','Times','FontSize',24) ;
function y = g(x)        % Function definition for g(x)
    y = x.*(x.^2+3) ;
```

圖 2.45 說明 MATLAB 程式的圖形輸出。

此一 MATLAB 程式碼以關鍵字 function 開頭。一個 MATLAB 程式未以函數開頭，稱為**腳本檔案**(script file)。一個以函數開頭的程式就是定義一個函數。此程式範例包含兩個函數定義。第二個函數稱為**副函數**(subfunction)。它只會被主函數所使用（本例中為 GraphEvenAndOdd），而不能被在此函數定義之外的任何函數或腳本檔案所存取。一個函數可以有任意數量的副函數，一個腳本檔案不能使用副函數。

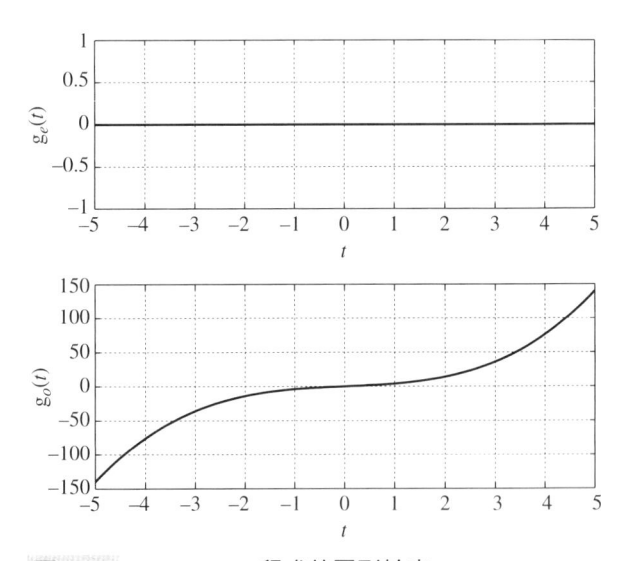

圖 2.45 MATLAB 程式的圖形輸出

結合偶訊號與奇訊號

令 $g_1(t)$ 和 $g_2(t)$ 都是偶函數。則 $g_1(t) = g_1(-t)$ 且 $g_2(t) = g_2(-t)$。令 $g(t) = g_1(t) + g_2(t)$。於是 $g(-t) = g_1(-t) + g_2(-t)$，而利用 $g_1(t)$ 和 $g_2(t)$ 之偶特性，$g(-t) = g_1(t) + g_2(t) = g(t)$，指出兩個偶函數之和仍為偶函數。現在令 $g(t) = g_1(t)g_2(t)$。則 $g(-t) = g_1(-t)g_2(-t) = g_1(t)g_2(t) = g(t)$，證明了兩個偶函數之乘積仍為偶函數。

現在令 $g_1(t)$ 和 $g_2(t)$ 都是奇函數。於是 $g(-t) = g_1(-t) + g_2(-t) = -g_1(t) - g_2(t) = -g(t)$，證明兩個奇函數之和為奇函數。接著令 $g(-t) = g_1(-t)g_2(-t) = [-g_1(t)][-g_2(t)] = g_1(t)g_2(t) = g(t)$，證明了兩個奇函數之乘積為偶函數。

根據相同的原理，我們可以得知，若兩個函數為偶函數，它們的和、差、積和商就都是偶函數。若兩個函數是奇函數，則它們的和及差是奇函數，但它們的積及商是偶函數。若一個是偶函數而另一個是奇函數，則它們的積及商是奇函數（圖2.46）。

在訊號與系統分析中最重要的偶函數與奇函數是餘弦與正弦。餘弦是偶函數而正弦是奇函數，圖 2.47 至圖 2.49 顯示了一些偶函數與奇函數相乘的範例。

令 g(t) 為偶函數，則 g(t) = g(−t)。利用微分的**連鎖規則** (chain rule)，g(t) 的導數是一個為 −g′(−t) 的奇函數。因此任何偶函數的微分是一個奇函數。同樣的，任何奇函數的微分是一個偶函數。我們可以對引數換個說法，認為任何偶函數的積分是一個奇函數加上一個積分常數，而任何奇函數的積分是一個偶函數加上一個積分常數（因此仍然是偶性，因為常數是一個偶函數）（圖 2.50）。

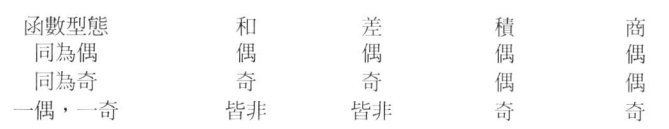

函數型態	和	差	積	商
同為偶	偶	偶	偶	偶
同為奇	奇	奇	偶	偶
一偶，一奇	皆非	皆非	奇	奇

圖 2.46 偶函數與奇函數之組合

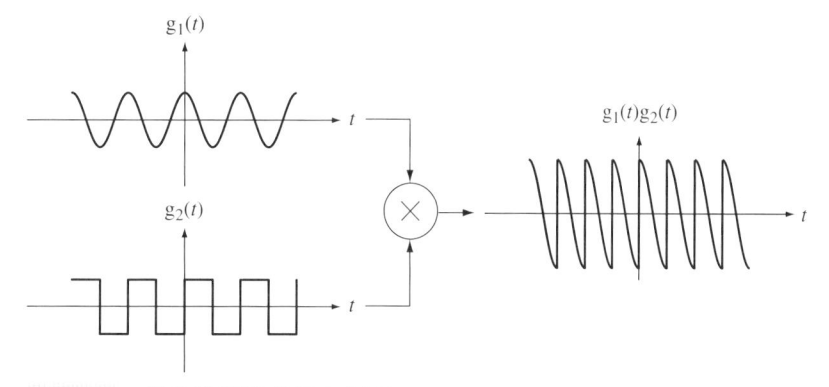

圖 2.47 偶函數與奇函數之相乘

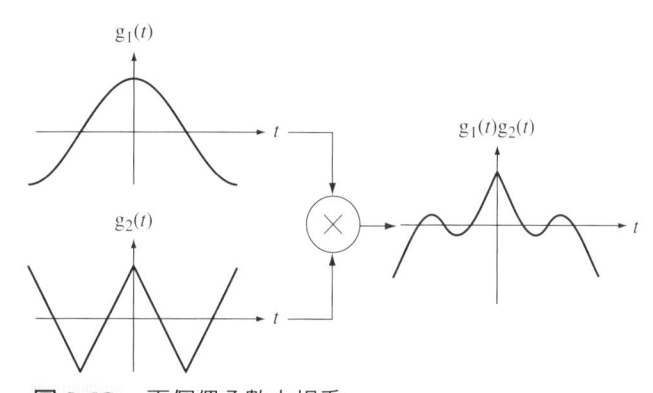

圖 2.48 兩個偶函數之相乘

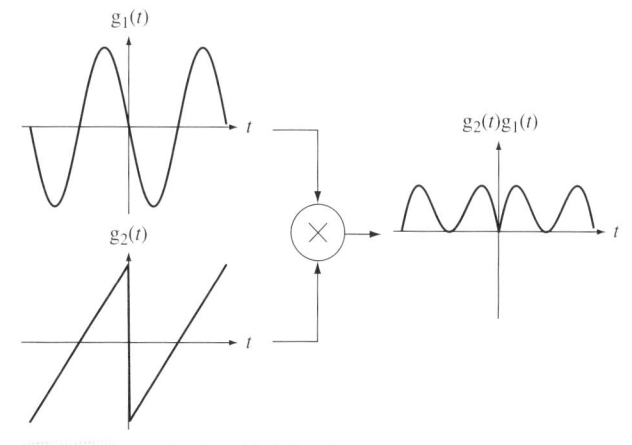

圖 2.49 兩個奇函數之相乘

函數型態	微分	積分
偶	奇	奇+常數
奇	偶	偶

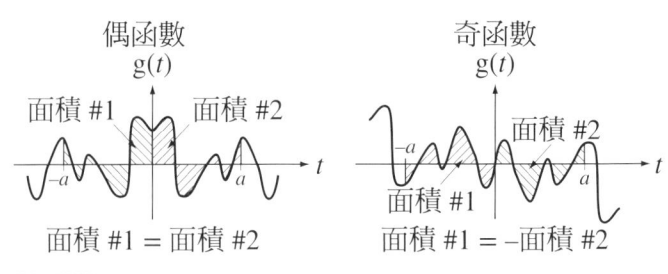

圖 2.50 函數以及它們微分後的形式

圖 2.51 在對稱的極限上對 (a) 偶函數和 (b) 奇函數積分

偶訊號與奇訊號之微分與積分

偶函數與奇函數的定積分在某些常見的情況下可以被簡化。若 g(t) 是一個偶函數而 a 是一個實數常數，

$$\int_{-a}^{a} g(t)dt = \int_{-a}^{0} g(t)dt + \int_{0}^{a} g(t)dt = -\int_{0}^{-a} g(t)dt + \int_{0}^{a} g(t)dt$$

在右邊的第一個積分中代換變數 $\tau = -t$ 且利用 $g(\tau) = g(-\tau)$，$\int_{-a}^{a} g(t)dt = 2\int_{0}^{a} g(t)dt$，從函數的圖中就可以看到明顯的幾何變化（圖 2.51(a)）。同樣的理由，若 g(t) 是一個奇函數，$\int_{-a}^{a} g(t)dt = 0$，在幾何上也很明顯（圖 2.51(b)）。

▶ 2.8 週期性訊號

一個週期訊號是針對已經在半無限 (semi-infinite) 時間重複一種圖案且持續的在半無限時間內重複這種圖案。

> 一個週期函數 g(t) 是於任一個整數 n 下 g(t) = (t + nT) 中的一個，
> 其中 T 是函數的**週期** (period)。

另一種對於 t 的函數是週期的說法是：它在時間位移 $t \to t + nT$ 下是不變的。此一函數每個 T 秒重複一次。當然它也在 2T、3T 或 nT 秒（n 為整數）下重複。所以 2T、3T 或 nT 秒全部是此函數的週期。函數重複最小正的間隔，稱為**基礎週期** (fundamental period) T_0。**基礎循環頻率** (fundamental cyclic frequency) f_0 為基礎週期的倒數 $f_0 = 1/T_0$，而**基礎弧度頻率** (fundamental radian frequency) 為 $\omega_0 = 2\pi f_0 = 2\pi/T_0$。

有些常見的週期函數是實數或者是複數正弦訊號，以及實數且/或者複數正弦訊號的組合。隨後我們將會看到可以用數學描述更複雜具有不同週期重複形狀的週期訊號之產生。圖 2.52 是一些週期函數的例子。一個非週期性的函數稱為**非週期** (aperiodic) 函數。因為 "aperiodic" 以及 "a periodic" 函數的發音很像，因此在英文裡最好是說成 "nonperiodic"

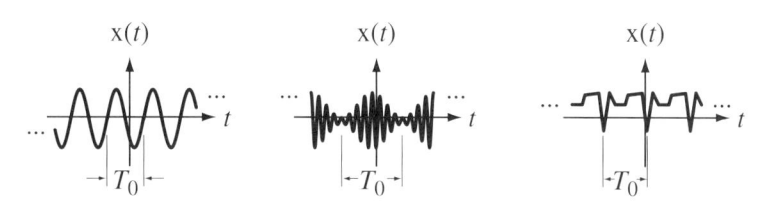

圖 2.52 具有基礎週期 T_0 的週期函數範例

（或者 "not periodic" 以免造成困擾）。

在實際的系統中，訊號不會真正的是週期性，因為它原本不存在，直到在過去的某個有限時間下建立，以及在未來某個有限時間下停止。然而，一個訊號在某個時間我們想去分析它之前就已經存在了一段很長的時間，而且之後會重複很長的一段時間。在許多情況下，用週期函數來近似一個訊號之誤差是可忽略的。訊號中可以適當的用週期函數來近似的例子有，在 AC 至 DC 轉換器的整流正弦訊號、電視訊號的水平同步訊號、發電廠中發電機的角軸 (angular shaft) 位置、汽車以定速前進時點火插座火花的圖案、腕錶石英晶體的振盪與老爺鐘的鐘擺角度位置等。許多實用的自然現象是週期性的；大部分的星球、衛星與彗星軌道位置、月球的相位、由**銫** (Cesium) 原子在共振時所發出的電場、鳥類遷徙的圖案、馴鹿交配季節等都是。週期現象在實際世界裡與人工系統的領域中占了一大部分。

在訊號與系統分析中一個常見的現象是，一個訊號是兩個週期訊號的和。令 $x_1(t_0)$ 是一個具有基礎週期 T_{01} 的週期訊號，而 $x_2(t_0)$ 是一個具有基礎週期 T_{02} 的週期訊號，令 $x(t) = x_1(t) + x_2(t)$。$x(t)$ 是否是週期性，決定於兩個週期 T_{01} 和 T_{02} 間的關係。若時間 T 是 T_{01} 的整數倍，也是 T_{02} 的整數倍，則 T 在 $x_1(t)$ 和 $x_2(t)$ 都是週期的。

$$x_1(t) = x_1(t+T) \text{ and } x_2(t) = x_2(t+T) \tag{2.14}$$

用 $t \to t+T$ 從事時間位移 $x(t) = x_1(t) + x_2(t)$，

$$x(t+T) = x_1(t+T) + x_2(t+T) \tag{2.15}$$

於是結合 (2.14) 和 (2.15) 式

$$x(t+T) = x_1(t) + x_2(t) = x(t)$$

證明 $x(t)$ 是以 T 為週期的。T 同時為 T_{01} 和 T_{02} 整數倍的最小正值為 $x(t)$ 的基礎週期 T_0。這個最小的 T 值稱為 T_{01} 和 T_{02} 的**最小公倍數** (least common multiple, LCM)。若 T_{01}/T_{02} 是一個有理數（整數比），則 LCM 是有限的且 $x(t)$ 是週期的。若 T_{01}/T_{02} 是一個無理數，則 $x(t)$ 是非週期的。

有時候找出兩個週期函數和的週期有另一種比求 LCM 簡單一點的方法。若相加後之基礎週期分別是兩個週期函數之基礎週期的 LCM，則相加後之函數其基礎頻率為兩個基礎頻率之**最大公約數** (greatest common divisor, GCD)，因此是兩個基礎週期之 LCM 的倒數。

例題 2.4 訊號之基礎週期

哪一個函數是週期性的，若是的話，基礎週期為何？

(a) $g(t) = 7 \sin(400\pi t)$

當正弦函數的總參數以 2π 的整數倍作增加或者減少來重複時。因此

$$\sin(400\pi t \pm 2n\pi) = \sin[400\pi(t \pm nT_0)]$$

設參數相等，

$$400\pi t \pm 2n\pi = 400\pi(t \pm nT_0)$$

或

$$\pm 2n\pi = \pm 400\pi nT_0$$

或

$$T_0 = 1/200$$

一個找出基礎週期的替代方法是將 $7 \sin(400\pi t)$ 看作是 $A \sin(2\pi f_0 t)$ 或 $A \sin(\omega_0 t)$ 的形式，其中 f_0 是基礎循環頻率而 ω_0 是基礎弧度頻率。在本例中，$f_0 = 200$ 而 $\omega_0 = 400\pi$。因為基礎週期是基礎循環頻率 $T_0 = 1/200$ 之倒數。

(b) $g(t) = 3 + t^2$

這是一個二階多項式。當 t 從 0 增加或減少，此函數的值單調性的增加（總是在同一方向）。沒有一個單調性增加的函數可以是週期性的，因為若一個固定的量加到參數 t，此函數必須比當下 t 來的大或小。此一函數非週期性。

(c) $g(t) = e^{-j60\pi t}$

這是一個複變正弦訊號。它可以很容易透過尤拉公式來表示成餘弦和正弦的和。

$$g(t) = \cos(60\pi t) - j \sin(60\pi t)$$

此一函數 $g(t)$ 是兩個週期訊號的線性組合而具有同樣的基礎循環頻率 $60\pi/2\pi = 30$。因此 $g(t)$ 的基礎頻率是 30 Hz，而基礎週期是 1/30 秒。

(d) $g(t) = 10 \sin(12\pi t) + 4 \cos(18\pi t)$

這是兩個週期函數之和。它們的基礎週期分別是 1/6 秒與 1/9 秒。LCM 為 1/3 秒。在那個時間，第一個函數有兩個基礎週期而第二個函數有三個基礎週期。因此所有函數的基礎週期是 1/3 秒（圖 2.53）。兩個基礎頻率是 6 Hz 和 9 Hz。GCD 為 3 Hz，為 1/3 秒的倒數，也是兩個基礎週期之 LCM。

(e) $g(t) = 10 \sin(12\pi t) + 4 \cos(18t)$

此函數和 (d) 完全相似，除了少一個 π 在第 2 個參數中。基礎週期現在是 1/6 秒與 $\pi/9$ 秒，而兩者基礎週

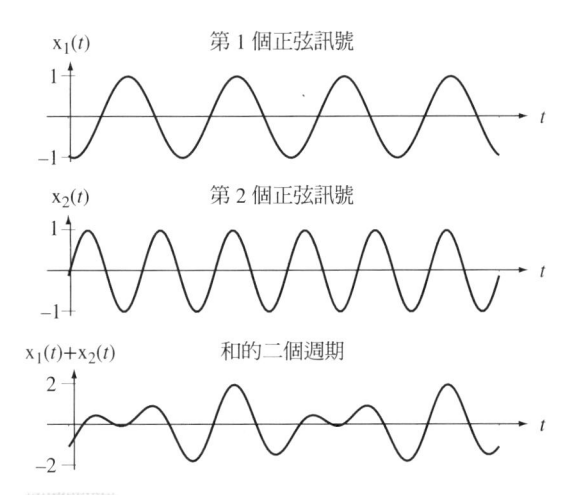

圖 2.53 具有頻率 6Hz 和 9Hz 之訊號與其和

期的比值可能是 2π/3 或 3π/2，兩者都非有理數。因此 g(t) 是非週期性的。這個函數雖然是由兩個週期函數之和所組成，但因為它並沒有在有限時間內重複，因此是非週期的（它有時稱作「近乎週期」，因為看圖時似乎是週期的，但嚴格講起來它是非週期的）。

在 MATLAB 裡有一個 lcm 函數來找出最小公倍數。但它的使用有點受限，因為它只接受兩個參數，它可以是純量整數或者是整數陣列。也有一個函數 gcd 找兩個整數或整數陣列的最大公約數。

```
>> lcm(32,47)
ans =
        1504
>> gcd([93,77],[15,22])
ans =
     3    11
```

▶ 2.9 訊號能量與功率

訊號能量

所有的物理動作都是能量轉移所引起的。實際的物理系統對於一個激發的能量做出反應。在這裡對於描述訊號的能量與功率之一些術語，建立其定義是很重要的。在探討系統中的訊號，訊號通常被看待為數學的抽象化。通常訊號的物理意義為了分析的簡便都加以忽略。在電機系統裡，典型的訊號是電壓或電流，但它們可以是電荷或電場或是其他物理量。在其他型態的系統，訊號可以是力、溫度、化學濃度，以及中子流通量等。因為有這麼多形式的物理訊號可以被系統來操作，因而定義了**訊號能量** (signal energy)。一個訊號的訊號能量（正好與能量相對比）定義為訊號量值平方下面的面積。訊號 x(t) 的訊號能量為

$$E_x = \int_{-\infty}^{\infty} |x(t)|^2 dt \tag{2.16}$$

訊號能量的單位是根據訊號的單位。若訊號單位是伏特 (volt, V)，則訊號能量表示為 $V^2 \cdot s$。訊號能量與訊號所遞送的實際物理能量成比例，但不一定要相等於此物理能量。若電流訊號 i(t) 流經一個電阻 R，遞送到電阻的實際能量為

$$能量 = \int_{-\infty}^{\infty} |i(t)|^2 R\, dt = R \int_{-\infty}^{\infty} |i(t)|^2 dt = RE_i$$

訊號能量與實際能量成比例且這個比例是一個常數，在本例中為 R。對於不同類型的訊號，則有不同的比例常數。在許多類的系統分析中，使用訊號能量比使用實際的物理能量方便。

例題 2.5　一個訊號之訊號能量

找出 $x(t) = \begin{cases} 3(1 - |t/4|), & |t| < 4 \\ 0, & \text{其他} \end{cases}$ 的訊號能量。

從訊號能量的定義

$$E_x = \int_{-\infty}^{\infty} |x(t)|^2 dt = \int_{-4}^{4} |3(1 - |t/4|)|^2 dt$$

利用 $x(t)$ 是偶函數的優點

$$E_x = 2 \times 3^2 \int_0^4 (1 - t/4)^2 dt = 18 \int_0^4 \left(1 - \frac{t}{2} + \frac{t^2}{16}\right) dt = 18\left[t - \frac{t^2}{4} + \frac{t^3}{48}\right]_0^4 = 24$$

```
dt = 0.01 ;          %   Time increment
t = -8:dt:8 ;        %   Time vector for computing samples of x(t)
%   Compute samples of x(t)
x = 3*(1-abs(t/4)).*(abs(t)<4) ;
%   Compute energy of x(t) using trapezoidal rule approximation to the
%   integral
Ex = trapz(x.^2)*dt ;
disp(['Signal Energy = ',num2str(Ex)]) ;

Signal Energy = 24.0001
```

訊號功率

對於許多訊號而言，$E_x = \int_{-\infty}^{\infty} |x(t)|^2 dt$ 並沒有收斂，因為訊號能量是無限的。這很常見，因為訊號是非**時限** (time limited) 的（時限的意思是訊號只有在一段時間不為 0）。一個訊號具有無限能量的例子是正弦訊號 $x(t) = A\cos(2\pi f_0 t)$，$A \neq 0$。經過無限的時間間隔，訊號平方底下的面積是無限的。對於這類型態的訊號，用平均訊號功率比用訊號能量會更方便。訊號 $x(t)$ 的平均訊號功率定義如下

$$\boxed{P_x = \lim_{T \to \infty} \frac{1}{T} \int_{-T/2}^{T/2} |x(t)|^2 dt} \tag{2.17}$$

此一積分是訊號能量經過時間 T 然後再除以 T，得到經過時間 T 的平均訊號功率。然後當 T 趨近於無窮大時，此一平均訊號功率變成經過所有時間的平均訊號功率。

對於週期訊號，平均訊號功率的計算可能簡單一些。任何週期訊號的平均值是經過任何週期的平均值。因為週期函數的平方還是週期性，對於週期訊號

$$P_x = \frac{1}{T} \int_{t_0}^{t_0+T} |x(t)|^2 dt = \frac{1}{T} \int_T |x(t)|^2 dt$$

表示法 $\int_T$ 與隨意選擇 t_0 的 $\int_{t_0}^{t_0+T}$ 是一樣的，其中 T 可以是 $|x(t)|^2$ 的任何週期。

例題 2.6　正弦訊號之訊號功率

找出 $x(t) = A\cos(2\pi f_0 t + \theta)$ 的平均訊號功率。
從週期訊號的平均訊號功率定義

$$P_x = \frac{1}{T}\int_T |A\cos(2\pi f_0 t + \theta)|^2 dt = \frac{A^2}{T_0}\int_{-T_0/2}^{T_0/2}\cos^2(2\pi t/T_0 + \theta)dt$$

利用三角函數等式

$$\cos(x)\cos(y) = (1/2)[\cos(x-y) + \cos(x+y)]$$

可以得到

$$P_x = \frac{A^2}{2T_0}\int_{-T_0/2}^{T_0/2}[1+\cos(4\pi t/T_0 + 2\theta)]dt = \frac{A^2}{2T_0}\int_{-T_0/2}^{T_0/2}dt + \frac{A^2}{2T_0}\underbrace{\int_{-T_0/2}^{T_0/2}\cos(4\pi t/T_0 + 2\theta)dt}_{=0} = \frac{A^2}{2}$$

第二個積分的右邊為 0，因為它是正弦訊號經過兩個基礎週期的積分。訊號功率是 $P_x = A^2/2$。此結果和相位 θ 以及頻率 f_0 無關。它只和振幅 A 有關。

```
A = 1 ;             %   Amplitude of x(t)
th = 0 ;            %   Phase shift of x(t)
f0 = 1 ;            %   Fundamental frequency
T0 = 1/f0 ;         %   Fundamental period
dt = T0/100 ;       %   Time increment for sampling x(t)
t = 0:dt:T0 ;       %   Time vector for computing samples of x(t)
%   Compute samples of x(t) over one fundamental period
x = A*cos(2*pi*f0*t + th) ;
%   Compute signal power using trapezoidal approximation to integral
Px = trapz(x.^2)*dt/T0 ;
disp(['Signal Power = ',num2str(Px)]) ;

Signal Power = 0.5
```

具有有限訊號能量的訊號稱為**能量訊號** (energy signal)，而具有無限訊號能量但有有限平均訊號功率的訊號則稱為**功率訊號** (power signal)。沒有實際的物理訊號可以有無限能量或無限平均功率，因為在宇宙中，沒有足夠的能量或功率可以提供。但通常我們根據訊號的嚴格數學定義來分析它，例如正弦訊號具有無限能量。若訊號在實際上不存在，但我們去分析它，其中是有何種的關聯呢？非常有關聯！原因是數學上的正弦訊號具有無限訊號能量而它們總是存在，並且會一直存在。當然實際訊號永不會有這種性質。他們都須在一個有限的時間開始，而且它們也在後來的某個有限的時間結束。它們實際上是時限的且具有有限訊號能量。但在許多系統分析中，是在穩態下分析系統，在此時所有訊號都認定是週期性的。這種分析仍然中肯且有用，因為它針對實際情形是一個很好的近似，它比精確的分析簡單許多且可以得到有用的結果。所有的週期訊號都是功率訊號（除了不重要的 x(t) = 0），因為它們都存在於無限的時間。

例題 2.7　利用 MATLAB 找出訊號能量和功率

利用 MATLAB 找出訊號能量或功率

(a) $x(t) = 4e^{-t/10}\text{rect}\left(\dfrac{t-4}{3}\right)$

(b) 一個基礎週期 10 的週期訊號，描述一個週期如下：

　　$x(t) = -3t, \quad -5 < t < 5$

並接著與分析計算的結果做比較。

```
%   Program to compute the signal energy or power of some example signals
%   (a)

dt = 0.1 ; t = -7:dt:13 ;      %   Set up a vector of times at which to
                               %   compute the function. Time interval
                               %   is 0.1

%   Compute the function values and their squares
x = 4*exp(-t/10).*rect((t-4)/3) ;
xsq = x.^2 ;

Ex = trapz(t,xsq) ;            %   Use trapezoidal-rule numerical
                               %   integration to find the area under
                               %   the function squared and display the
                               %   result

disp(['(a) Ex = ',num2str(Ex)]) ;

%   (b)
T0 = 10 ;                      %   The fundamental period is 10.

dt = 0.1 ; t = -5:dt:5 ;       %   Set up a vector of times at which to
                               %   compute the function. Time interval
                               %   is 0.1.

x = -3*t ; xsq = x.^2 ;        %   Compute the function values and
                               %   their squares over one fundamental
                               %   period

Px = trapz(t,xsq)/T0 ;         %   Use trapezoidal-rule numerical
                               %   integration to find the area under
```

```
                            %   the function squared, divide the
                            %   period and display the result
disp(['(b) Px = ',num2str(Px)]) ;
```

程式的輸出是

(a) Ex = 21.5177
(b) Px = 75.015

分析計算是：

(a) $E_x = \int_{-\infty}^{\infty} |x(t)|^2 dt = \int_{2.5}^{5.5} |4e^{-t/10}|^2 dt = 16 \int_{2.5}^{5.5} e^{-t/5} d\tau = -5 \times 16 [e^{-t/5}]_{2.5}^{5.5} = 21.888$

（結果的細微差異有可能是因為在梯形規則 (trapezoidal-rull) 的積分內固有的誤差所導致。它可以經由選擇更靠近的時間點來減低）。

(b) $P_x = \frac{1}{10} \int_{-5}^{5} (-3t)^2 dt = \frac{1}{5} \int_{0}^{5} 9t^2 dt = \frac{1}{5}(3t^3)_0^5 = \frac{375}{5} = 75$，得證。

重點概要

1. 連續與連續時間二者代表不同的意思。
2. 連續時間脈衝雖然在訊號與系統分析中非常有用，但非一般所認知的函數。
3. 許多實際訊號可以用位移且/或尺度改變標準函數之組合來描述，而位移和尺度改變執行的順序非常重要。
4. 訊號能量一般而言和由訊號遞送的實際物理能量不同。
5. 具有有限訊號能量的訊號稱為能量訊號，而具有無限訊號能量與有限訊號功率的訊號稱為功率訊號。

習題 (EXERCISES)

（每個題解的次序是隨機的）

訊號函數

1. 若 $g(t) = 7e^{-2t-3}$ 寫出並簡化下式：

   (a) $g(3)$ (b) $g(2-t)$ (c) $g(t/10 + 4)$

   (d) $g(jt)$ (e) $\dfrac{g(jt) + g(-jt)}{2}$ (f) $\dfrac{g\left(\dfrac{jt-3}{2}\right) + g\left(\dfrac{-jt-3}{2}\right)}{2}$

   解答：$0.3485 \cos(2t)$, $7\cos(t)$, 8.6387×10^{-4}, $7e^{-j2t-3}$, $7e^{-t/5-11}$, $7e^{-7-2t}$

2. 若 $g(x) = x^2 - 4x + 4$ 寫出並簡化下式：

   (a) $g(z)$ (b) $g(u+v)$ (c) $g(e^{jt})$

   (d) $g(g(t))$ (e) $g(2)$

   解答：$u^2 + v^2 + 2uv - 4u - 4v + 4$, $t^4 - 8t^3 + 20t^2 - 16t + 4$, 0, $(e^{jt} - 2)^2$, $z^2 - 4z + 4$

3. 找出下列複數量的量值與相角：

   (a) $e - (3+j2.3)$ (b) $e\ 2 - j6$ (c) $\dfrac{100}{8 + j13}$

   解答：-1.0191 radians, 6.5512, 0.0498, -2.3 radians, 7.3891, -6 radians

4. 令 $G(f) = \dfrac{j4f}{2 + j7f/11}$

   (a) 當 f 趨近於正無限時此函數的量值為何？
   (b) 當 f 從正方向趨近於 0 時，此函數的相角值（用弧度表示）為何？

   解答：$\pi/2$ 弦度, 6.285

5. 令 $X(f) = \dfrac{jf}{jf + 10}$

   (a) 找出量值 $|X(4)|$ 與角度 $\angle X(4)$（弧度表示）。
   (b) 當 f 從正方向趨近於 0 時，$\angle X(f)$ 趨近何種值（弧度表示）

位移與尺度改變

   解答：$\pi/2$ radians, 1.19 radians, 0.3714

6. 針對每個 g(t) 函數畫出 g(−t), −g(t), g(t − 1), g(2t) 之圖。

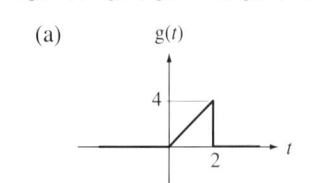

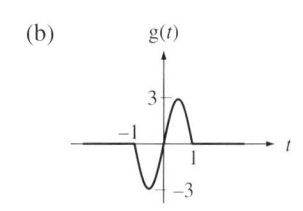

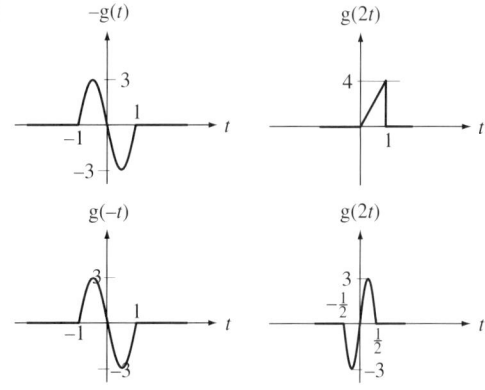

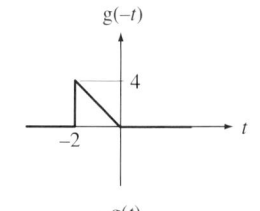

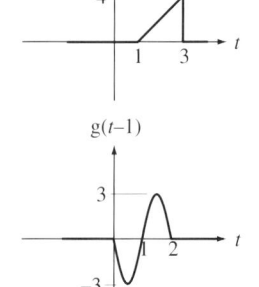

7. 找出下列訊號在指定時間之值。

   (a) $x(t) = 2\,\text{rect}(t/4)$, $x(-1)$
   (b) $x(t) = 5\,\text{rect}(t/2)\,\text{sgn}(2t)$, $x(0.5)$
   (c) $x(t) = 9\,\text{rect}(t/10)\,\text{sgn}(3(t-2))$, $x(1)$

解答：2, −9, 5

8. 對於圖 E.8 中的每對函數找出在函數轉換 $g_2(t) = Ag_1((t - t_0)/w)$ 下之常數 A、t_0 與 w。

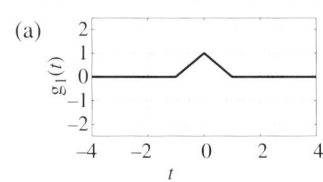

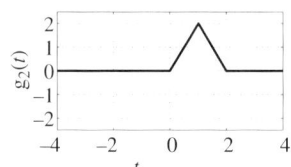

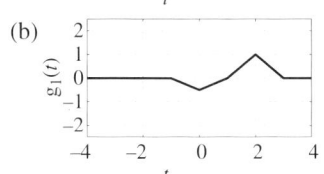

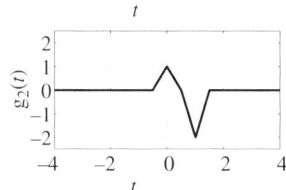

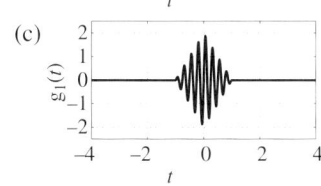

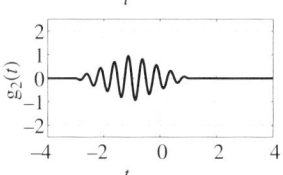

圖 E.8

解答：$A = -1/2, t_0 = -1, w = 2,$
$A = -2, t_0 = 0, w = 1/2,$
$A = 2, t_0 = 1, w = 1$

9. 對於圖 E.9 之每對函數找出在函數轉換 $g_2(t) = Ag_1(w(t - t_0))$ 下之常數 A、t_0 與 w。

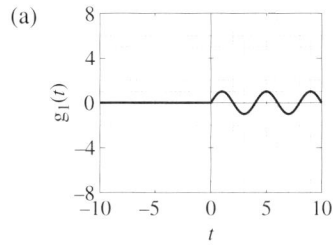

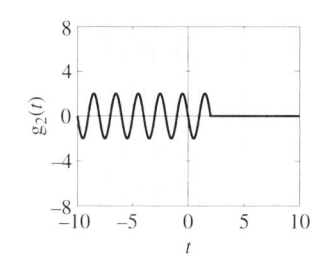

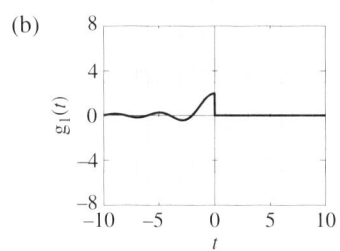

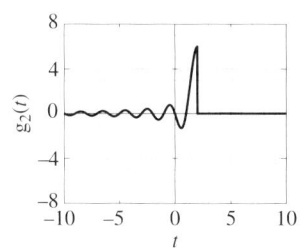

(c)

(d)

(e)

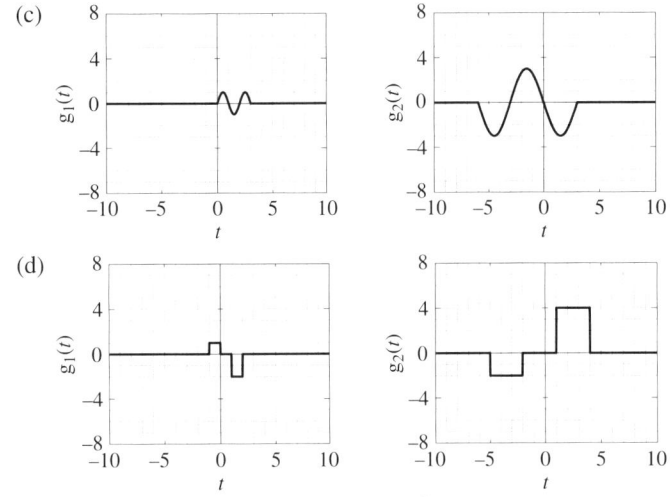

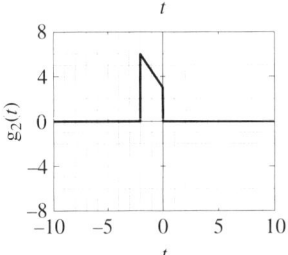

圖 E.9

解答：$A = 3, w = 2, t_0 = 2,\quad A = -2, w = 1/3, t_0 = -2,$
$A = 2, w = -2, t_0 = 2,\quad A = 3, w = 1/2, t_0 = -2,$
$A = -3,\ w = 1/3\ \text{or}\ -1/3, t_0 = -6\ \text{or}\ 3$

10. 在圖 E.10 中是對 $g_1(t)$ 函數的作圖，在圖範圍外的時間都為 0。令有些函數定義為 $g_2(t) = 3g_1(2-t),\ g_3(t) = -2g_1(t/4),\ g_4(t) = g_4(t) = g_1\left(\dfrac{t-3}{2}\right)$。找出這些值。

(a) $g_2(1)$ 　　　　　　　　(b) $g_3(-1)$

(c) $[g_4(t)g_3(t)]_{t=2}$ 　　　(d) $\int_{-3}^{-1} g_4(t)dt$

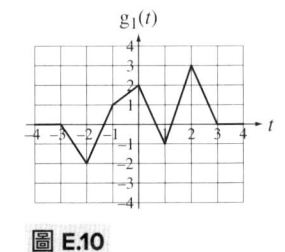

圖 E.10

解答：$-3, -2, -3/2, -3.5$

11. 一個函數 $G(f)$ 定義為 $G(f) = e^{-j2\pi f}\,\text{rect}(f/2)$。在範圍 $-20 < f < 20$ 內畫出 $G(f-10) + G(f+10)$ 的量值與相角。

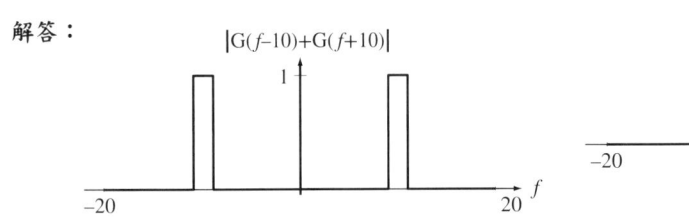

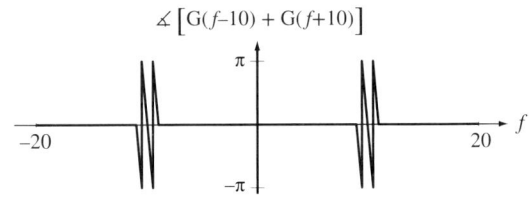

解答：

12. 令 $x_1(t) = 3\,\text{rect}((t-1)/6)$ 且 $x_2(t) = \text{ramp}(t)[u(t) - u(t-4)]$
    (a) 在時間範圍 $-10 < t < 10$ 內畫出其圖
    (b) 在時間範圍 $-10 < t < 10$ 內畫出 $x(t) = x_1(2t) - x_2(t/2)$。

    解答：

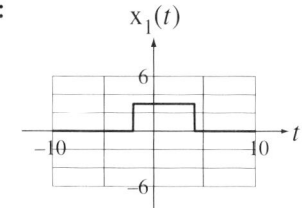

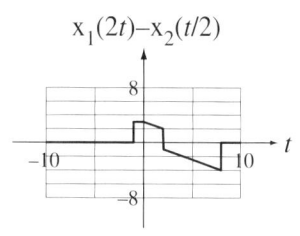

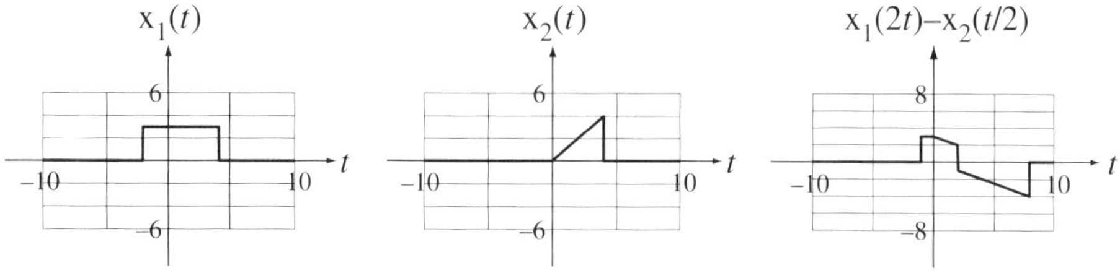

13. 寫出一個包含單位步階函數之和的表示法，來代表一個具有寬度 6ms、高度 3 之矩形脈波，它發生於每秒 100 個脈波相同速率下，且它的第一個脈波之前緣發生在 $t = 0$ 的訊號。

    解答：$x(t) = 3\sum_{n=0}^{\infty}[u(t-0.01n) - u(t-0.01n-0.006)]$

14. 找出下列脈衝的強度。
    (a) $-3\delta(-4t)$ 　　　　(b) $5\delta(3(t-1))$

    解答：$-3/4$, $5/3$

15. 找出在週期脈衝 $-9\delta_{11}(5t)$ 下，脈衝的強度與脈衝間的間隔。

    解答：$-9/5$, $11/5$

函數之微分與積分

16. 畫出 $x(t) = (1-e^{-t})u(t)$ 之微分圖。

    解答：

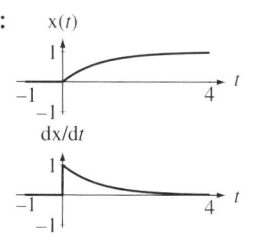

17. 找出下列積分之數值。

    (a) $\int_{-2}^{11} u(4-t)\,dt$ 　　(b) $\int_{-1}^{8}[\delta(t+3) - 2\delta(4t)]\,dt$ 　　(c) $\int_{1/2}^{5/2}\delta_2(3t)\,dt$

    (d) $\int_{-\infty}^{\infty}\delta(t+4)\,\text{ramp}(-2t)\,dt$ 　　(e) $\int_{-3}^{10}\text{ramp}(2t-4)\,dt$ 　　(f) $\int_{11}^{82} 3\sin(200t)\,\delta(t-7)\,dt$

    (g) $\int_{-5}^{5}\sin(\pi t/20)\,dt$ 　　(h) $\int_{-2}^{10} 39\,t^2\,\delta_4(t-1)\,dt$ 　　(i) $\int_{-\infty}^{\infty} e^{-18t}u(t)\,\delta(10t-2)\,dt$

    (j) $\int_{2}^{9} 9\delta((t-4)/5)\,dt$ 　　(k) $\int_{-6}^{3} 5\delta(3(t-4))\,dt$ 　　(l) $\int_{-\infty}^{\infty}\text{ramp}(3t)\,\delta(t-4)\,dt$

    (m) $\int_{1}^{17}\delta_3(t)\cos(2\pi t/3)\,dt$

56 訊號與系統──利用轉換方法與 MATLAB 分析

解答：45, 0, 8, 0.002732, 4173, −1/2, 6, 0, 5, 0, 1, 12, 64

18. 在圖 E.18 中之函數在所有時間 $t < 0$ 處都等於 0，畫出從負無限大到時間 t 的積分圖。

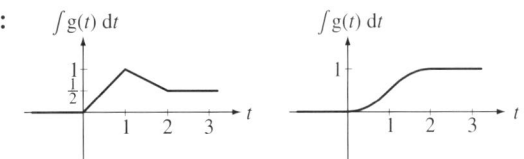

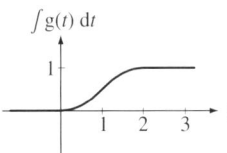

    解答：

19. 若 $4u(t-5) = \dfrac{d}{dt}(x(t))$，函數 $x(t)$ 是什麼？

    解答：$x(t) = 4\,\mathrm{ramp}(t-5)$

圖 E.18

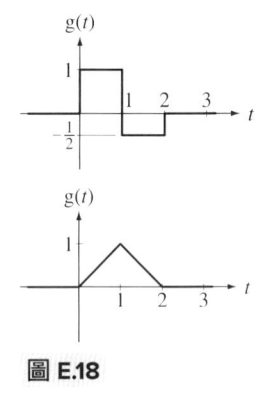

一般性微分

20. $18\,\mathrm{rect}\left(\dfrac{t-2}{3}\right)$ 的一般性微分包含兩個脈衝。找出它們的數值位置與強度。

    解答：3.5 and −18, 0.5 and 18

偶函數與奇函數

21. 定義下列函數是偶函數、奇函數或兩者皆非。

    (a) $\cos(2\pi t)\,\mathrm{tri}(t-1)$ (b) $\sin(2\pi t)\,\mathrm{rect}(t/5)$

    解答：奇函數，兩者皆非

22. 一個偶函數 $g(t)$ 定義在時間 $0 < t < 10$ 範圍內

    $$g(t) = \begin{cases} 2t, & 0 < t < 3 \\ 15 - 3t, & 3 < t < 7 \\ -2, & 7 < t < 10 \end{cases}$$

    (a) 在時間 $t = -5$ 的 $g(t)$ 值為何？   (b) 在時間 $t = -6$ 下，$g(t)$ 的第一次微分為何？

    解答：0, 3

23. 找出下列函數之偶部與奇部。

    (a) $g(t) = 2t^2 - 3t + 6$ (b) $g(t) = 20\cos(40\pi t - \pi/4)$ (c) $g(t) = \dfrac{2t^2 - 3t + 6}{1 + t}$

    (d) $g(t) = t(2 - t^2)(1 + 4t^2)$ (e) $g(t) = t(2 - t)(1 + 4t)$ (f) $g(t) = \dfrac{20 - 4t^2 + 7t}{1 + |t|}$

    解答：$\dfrac{20 - 4t^2}{1 + |t|}$ 與 $\dfrac{7t}{1 + |t|}$，$(20/\sqrt{2})\cos(40\pi t)$ 與 $(20/\sqrt{2})\sin(40\pi t)$，

    $7t^2$ 與 $t(2 - 4t^2)$，$2t^2 + 6$ 與 $-3t$，0 與 $t(2 - t^2)(1 + 4t^2)$，

    $\dfrac{6 + 5t^2}{1 - t^2}$ 與 $-t\dfrac{2t^2 + 9}{1 - t^2}$

24. 畫出圖 E.24 函數之偶部與奇部。

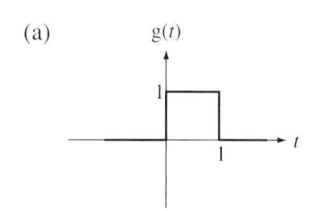

(a) g(t)

(b) g(t)

圖 E.24

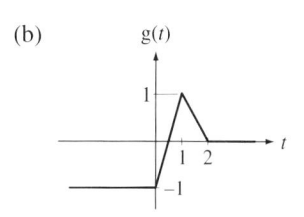

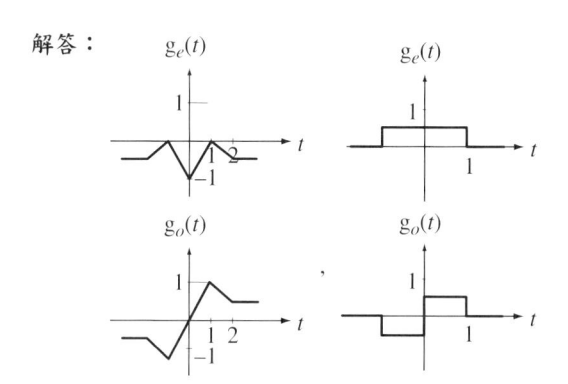

解答：

$g_e(t)$, $g_e(t)$

$g_o(t)$, $g_o(t)$

25. 畫出圖 E.25 函數所示之相乘或相除之 g(t) 值。

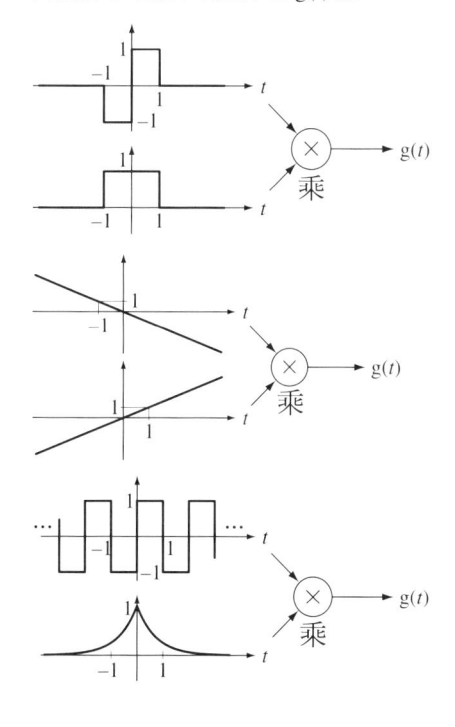

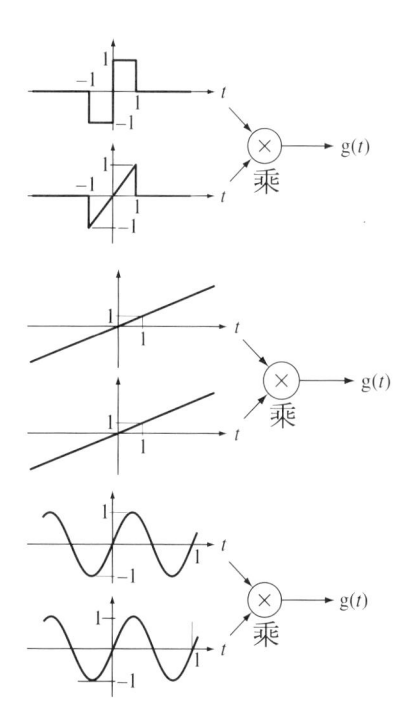

圖 E.25

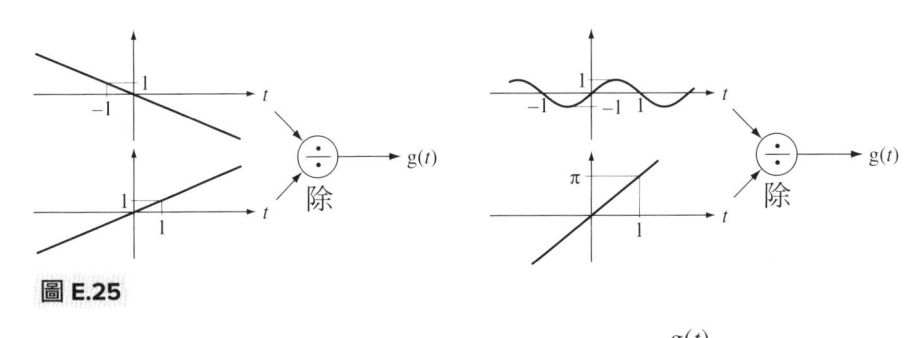

解答：

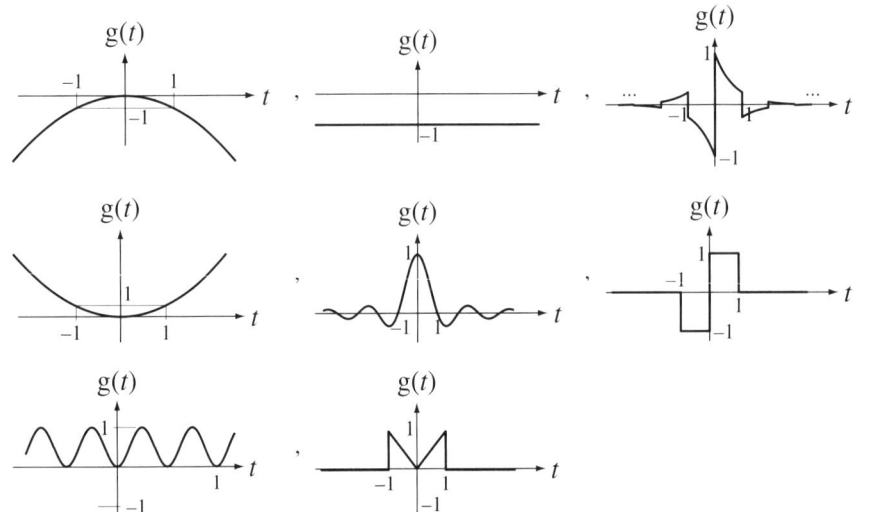

26. 利用偶函數與奇函數之積分特性以快速的方法計算下列積分值。

    (a) $\int_{-1}^{1}(2+t)dt$
    (b) $\int_{-1/20}^{1/20}[4\cos(10\pi t)+8\sin(5\pi t)]dt$
    (c) $\int_{-1/20}^{1/20}4t\cos(10\pi t)dt$
    (d) $\int_{-1/10}^{1/10}t\sin(10\pi t)dt$
    (e) $\int_{-1}^{1}e^{-|t|}dt$
    (f) $\int_{-1}^{1}te^{-|t|}dt$

    解答：$0, 1/50\pi, 4, 8/10\pi, 0, 1.264$

週期性訊號

27. 找出下列函數之基礎週期與基礎頻率。

    (a) $g(t)=10\cos(50\pi t)$
    (b) $g(t)=10\cos(50\pi t+\pi/4)$
    (c) $g(t)=\cos(50\pi t)+\sin(15\pi t)$
    (d) $g(t)=\cos(2\pi t)+\sin(3\pi t)+\cos(5\pi t-3\pi/4)$
    (e) $g(t)=3\sin(20t)+8\cos(4t)$
    (f) $g(t)=10\sin(20t)+7\cos(10\pi t)$
    (g) $g(t)=3\cos(2000\pi t)-8\sin(2500\pi t)$
    (h) $g(t)=g_1(t)+g_2(t)$，$g_1(t)$ 是週期性且具有基礎週期 $T_{01}=15$ μs，$g_2(t)$ 是週期性且具有基礎週期 $T_{02}=40$ μs。

    解答：120 μs 與 $8333\frac{1}{3}$，$1/25$ s 與 25 Hz，$\pi/2$ 與 $2/\pi$ Hz，

    　　　2 s 與 $1/2$ Hz，$1/25$ s 與 25 Hz，非週期性，

    　　　0.4 s 與 2.5 Hz，4 ms 與 250 Hz

28. 找出連續時間 t 的函數，使得連續兩個轉換 $t \to -t$ 與 $t \to t - 1$ 後此函數還是不變。

    解答：具有週期為 1 的任意偶週期函數

29. 一個週期訊號 x(t) 之週期為 T_0，畫於圖 E.29。假設 x(t) 具有週期 T_0，則 x(t) 在 $t = 220$ ms 時的值為何？

    解答：2

訊號能量與訊號功率

30. 找出下列訊號之訊號能量。
    (a) x(t) = 2 rect(t)
    (b) x(t) = A(u(t) − u(t − 10))
    (c) x(t) = u(t) − u(10 − t)
    (d) x(t) = rect(t) cos($2\pi t$)
    (e) x(t) = rect(t) cos($4\pi t$)
    (f) x(t) = rect(t) sin($2\pi t$)
    (g) x(t) = $\begin{cases} |t| - 1, & |t| < 1 \\ 0, & 其他 \end{cases}$

    解答：1/2, 1/2, 1/2, $10A^2$, 4, ∞, 2/3

31. 一個訊號為 x(t) = A rect(t) + B rect(t − 0.5)，它的訊號能量為何？

    解答：$A^2 + B^2 + AB$

32. 找出在圖 E.32 中週期訊號 x(t) 之平均訊號功率。

    解答：8/9

33. 找出下列訊號之平均訊號功率。
    (a) x(t) = A
    (b) x(t) = u(t)
    (c) x(t) = $A\cos(2\pi f_0 t + \theta)$
    (d) x(t) 是週期性的具有基礎週期 4，而一個基礎週期由 x(t) = $t(1 − t)$, $1 < t < 5$ 所描述。
    (e) x(t) 是週期性的具有基礎週期 6，此訊號由經過下式的一個基礎週期來描述。

    $$x(t) = \text{rect}\left(\frac{t-2}{3}\right) - 4\,\text{rect}\left(\frac{t-4}{2}\right), \ 0 < t < 6$$

    解答：A^2, 5.167, $A^2/2$, 88.5333, 1/2

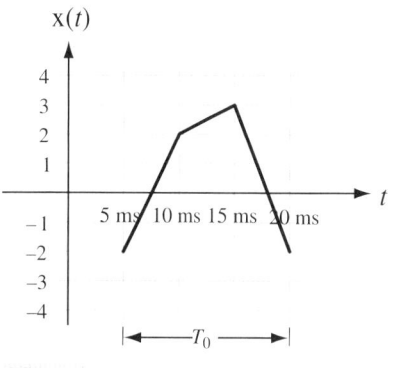

第 3 章

離散時間訊號描述
DISCRETE-TIME SIGNAL DESCRIPTION

3.1 介紹與目標

在 20 世紀，數位計算機器從嬰兒期發展到現今，已成為我們社會與經濟上無所不在且不可或缺的一部分。數位計算在訊號與系統上的效應是具有相同的廣度。每天由連續時間系統所做的運作已經被離散時間系統所取代。有些系統天生就是離散時間，但是大部分離散時間訊號處理對於訊號的應用都是建立在取樣連續時間訊號之上。圖 3.1 顯示一些離散時間訊號的例子。

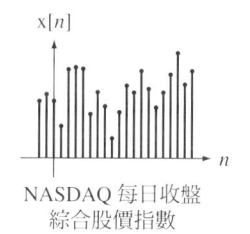

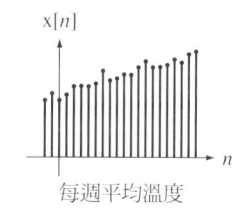

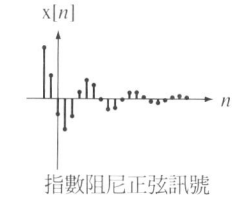

NASDAQ 每日收盤綜合股價指數　　每週平均溫度　　指數阻尼正弦訊號

圖 3.1　離散時間訊號範例

大部分用來描述連續時間訊號的函數與方法，和描述離散時間訊號有著非常相似的對應。但是有些在離散時間上的運算基本上是不同的，導致出現一些在連續時間訊號分析上不會發生的現象。連續時間和離散時間訊號分析基本上的差異在於，訊號值隨著時間流逝發生在離散時間上是可數的，而發生在連續時間上是不可數的。

本章目標

1. 定義可以用來描述離散時間訊號的數學函數。
2. 發展位移、尺度改變的方法，與結合這些功能來表示實際的訊號，並且了解到為何這些運算在離散時間與連續時間是有差異的。
3. 認識某些對稱性與圖案來簡化離散時間訊號的分析。

3.2 取樣與離散時間

在訊號與系統分析上，用**離散時間** (discrete-time) 函數來描述離散時間訊號之重要性

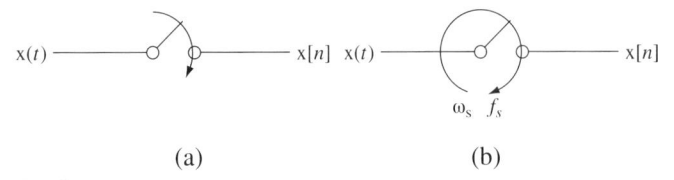

圖 3.2 (a) 理想取樣器；(b) 理想取樣器均勻的取樣

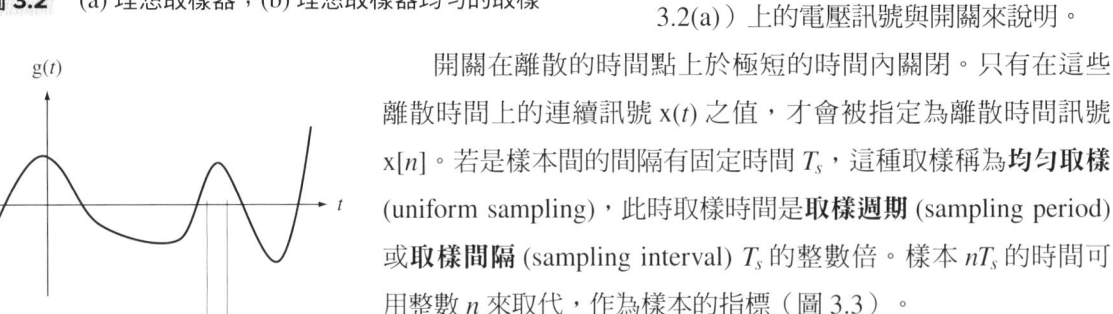

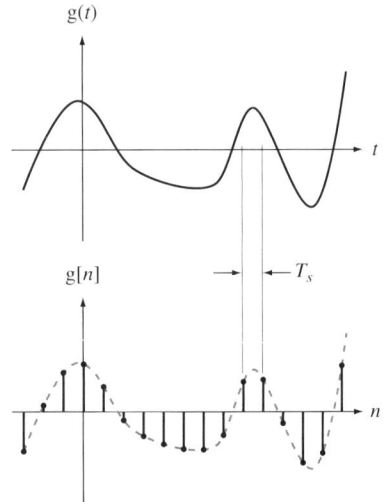

圖 3.3 利用對連續時間訊號取樣建立離散時間訊號

持續增加。最常見的離散時間訊號是經由取樣連續時間訊號。取樣意思是時間上的離散點取得訊號的值。一種展現取樣的方式是，透過用於理想取樣器（圖 3.2(a)）上的電壓訊號與開關來說明。

開關在離散的時間點上於極短的時間內關閉。只有在這些離散時間上的連續訊號 x(t) 之值，才會被指定為離散時間訊號 x[n]。若是樣本間的間隔有固定時間 T_s，這種取樣稱為**均勻取樣** (uniform sampling)，此時取樣時間是**取樣週期** (sampling period) 或**取樣間隔** (sampling interval) T_s 的整數倍。樣本 nT_s 的時間可用整數 n 來取代，作為樣本的指標（圖 3.3）。

這種型態的運作可以想像為此一開關簡單的以固定的循環速度 f_s 週/秒旋轉，如圖 3.2(b)，兩個樣本間的時間為 $T_s = 1/f_s = 2\pi/\omega_s$。我們會對離散時間函數 g[n] 之構成，用一個簡化的表示法經由對連續 g(t) 上的每一點取樣來表示，它與 $g(nT_s)$ 一樣，其中 n 是一個整數。在中括弧 [·] 內含參數來表示一個離散時間函數，與表示連續時間函數的小括弧 (·) 不同。獨立變數 n 雖然是沒有單位的，但稱為離散時間，因為它標示出時間的離散點，而不像 t 和 T_s 以秒為單位。因為離散時間函數只有在 n 的整數值下才有定義，例如 g[2.7] 與 g[3/4] 的值之表示法是沒有定義的。

定義在連續參數上的函數也可以用離散時間作為參數，例如 $\sin(2\pi f_0 nT_s)$。我們可以從連續時間函數利用取樣建構一個離散時間函數，例如 $g[n] = \sin(2\pi f_0 nT_s)$。於是，雖然正弦訊號參數是定義在任一實數參數值上，但函數 g[n] 只定義在整數 n 之上。雖然 $\sin(2\pi f_0 (7.8) T_s)$ 是有定義的，但是 g[7.8] 卻未定義[1]。

離散時間系統在工程上最重要的應用例子是**序列狀態機** (sequential-state machine)，最常見的例子是電腦。電腦由**時脈** (clock) 驅動，它是一個固定頻率的振盪器。時脈產生在時間上固定間隔的脈波，並在每個時脈循環的結束時，電腦執行一個指令且從一個邏輯狀態換至另一個。電腦在現代經濟的所有面向中，成為一個非常重要的工具，因此特別對工程人員而言，了解離散時間訊號如何被序列狀態機所處理是非常重要的。圖 3.4 的說明能用來描述離散時間訊號的一些離散時間函數。

用於圖 3.4 中的圖形樣式稱之為**桿狀圖** (stem plot)，其中的黑點代表函數值而桿子總是

---

[1] 若是我們定義一個像 $g(n) = 5\sin(2\pi f_0 nT_s)$ 之函數時，g(n) 中的小括弧表示 n 的任何實數值都是可接受的，無論是整數或其他值。雖然在數學上是合理的，但這並不是一個好主意，因為我們用符號 t 在連續時間而把符號 n 用在離散時間，因此雖然 g(n) 是數學上可定義但卻會造成困擾。

連接到黑點至離散時間 n 軸。這個是在畫離散時間函數圖時廣被使用的方法。在 MATLAB 中有一個 stem 指令可以產生桿狀圖。

用 MATLAB 來畫圖就是取樣的例子。MATLAB 只能處理固定長度的向量，因此在畫連續時間函數圖時，我們必須決定要放多少點在時間向量中，因此當 MATLAB 將這段時間內的函數值畫直線時，此圖形看起來就像連續時間函數。在第 10 章中對取樣會有更深入的探討。

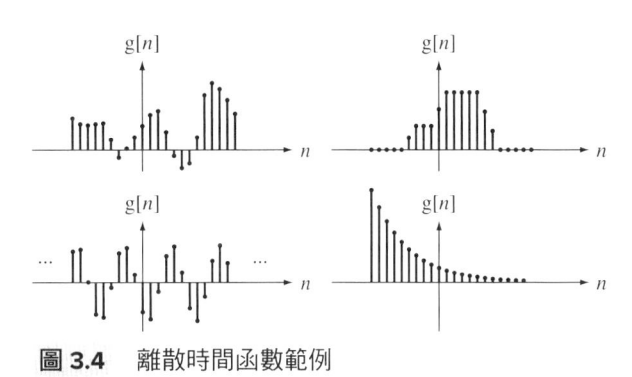

圖 3.4 離散時間函數範例

▶ 3.3 正弦訊號與指數訊號

在離散時間訊號與系統分析中，指數訊號與正弦訊號如同在連續時間訊號與系統分析中一樣重要。大部分的離散時間系統至少可以近似的用差分方程式來描述。線性固定係數常差分方程式之特徵函數為複指數，而實指數是複指數的特例。任何正弦訊號是複指數的線性組合。差分方程式之解將在第 4 章中會有較詳細的討論。

離散時間指數與正弦訊號可以用類似於它們在連續時間相對的部分來定義。

$$g[n] = Ae^{\beta n} \text{ 或 } g[n] = Az^n\text{，其中 } z = e^{\beta}$$

以及

$$g[n] = A\cos(2\pi F_0 n + \theta) \quad \text{或} \quad g[n] = A\cos(\Omega_0 n + \theta)$$

其中 z 和 β 為複數常數、A 為實數常數、θ 為以弧度表示的實數相位移、F_0 是實數，$\Omega_0 = 2\pi F_0$ 而 n 是離散時間。

正弦訊號

連續時間正弦訊號與離散時間正弦訊號之間有一些重要的差異。一個差異是若我們從連續時間正弦訊號取樣建立一個離散時間正弦訊號，離散時間正弦訊號之週期可能並不明顯可得，實際上，離散時間正弦訊號可能是非週期性。令離散時間正弦訊號 $g[n] = A\cos(2\pi F_0 n + \theta)$ 經由 $g[n] = g(nT_s)$ 與連續時間週期訊號 $g(t) = A\cos(2\pi f_0 t + \theta)$ 相關。於是 $F_0 = f_0 T_s = f_0/f_s$，其中 $f_s = 1/T_s$ 為取樣率。對於某些離散時間 n 與某些整數 m 而言，離散時間正弦訊號必須是週期性的條件是 $2\pi F_0 n = 2\pi m$。求解 F_0，$F_0 = m/n$ 表示 F_0 必須為有理數（整數比）。因為取樣強迫 $F_0 = f_0/f_s$，此也意味著離散時間正弦訊號是週期性時，則連續時間正弦訊號之基礎頻率與取樣率之比值就必須是有理數。下列正弦訊號之基礎週期是什麼？

$$g[n] = 4\cos\left(\frac{72\pi n}{19}\right) = 4\cos(2\pi(36/19)n)$$

F_0 是 36/19 與最小正離散時間 n，求解 $F_0 n = m$，m 是整數則 $n = 19$。所以基礎週期是 19。若 F_0 是有理數而且表示為整數比 $F_0 = q/N_0$，而且比值已經消掉分子與分母之共同因數，則正弦訊號之基礎週期為 N_0。而非 $(1/F_0) = N_0/q$ 除非 $q = 1$。與連續時間正弦訊號 $g(t) = 4\cos(72\pi t/19)$ 之基礎週期作比較，它的基礎週期 T_0 是 19/36 而非 19。圖 3.5 中說明一些離散時間正弦訊號之範例。

當 F_0 不是整數之倒數時，離散時間正弦訊號無法馬上從它的圖認出是正弦訊號。這是圖 3.5(c) 和 (d) 的例子。圖 3.5(d) 中的正弦訊號是非週期性的。

當學生第一次接觸到離散時間正弦訊號的形式 $A\cos(2\pi F_0 n)$ 或是 $A\cos(\Omega_0 n)$ 時，困擾的來源是會問，"F_0 和 Ω_0 是什麼"？在連續時間正弦訊號 $A\cos(2\pi f_0 t)$ 與 $A\cos(\omega_0 t)$ 中 f_0 是以 Hz 為單位的循環頻率或週/秒，而 ω_0 是以弧度/秒為單位的弧度頻率。餘弦的參數必須是無因次 (dimensionless) 的，而乘積 $2\pi f_0 t$ 和 $\omega_0 t$ 是無因次的，因為循環和弧度是長度的比值，而時間 t 與 f_0 或 ω_0 中的（秒）$^{-1}$ 抵銷。依此類推，參數 $2\pi F_0 n$ 與 $\Omega_0 n$ 也必須是無因次的。注意 n 沒有秒的單位。雖然我們稱它為離散時間，但它實際上只是一個時間的樣本指標而不是時間本身。若是我們考慮 n 為樣本指標，例如 $n = 3$，則表示在起始的離散時間 $n = 0$ 之後的第 3 個樣本。所以我們可以認為 n 的單位為樣本。因此 F_0 有週/樣本的單位，使得 $2\pi F_0 n$ 沒有因次；而 Ω_0 有弧度/樣本的單位，使得 $\Omega_0 n$ 沒有因次。若是我們用基礎頻率 f_0 週/秒，速率為 f_s 樣本/秒，對一個連續時間正弦訊號 $A\cos(2\pi f_0 t)$ 取樣，可以寫出離散時間正弦訊號公式

$$A\cos(2\pi f_0 n T_s) = A\cos(2\pi n f_0/f_s) = A\cos(2\pi F_0 n)$$

$F_0 = f_0/f_s$，單位是一致的。

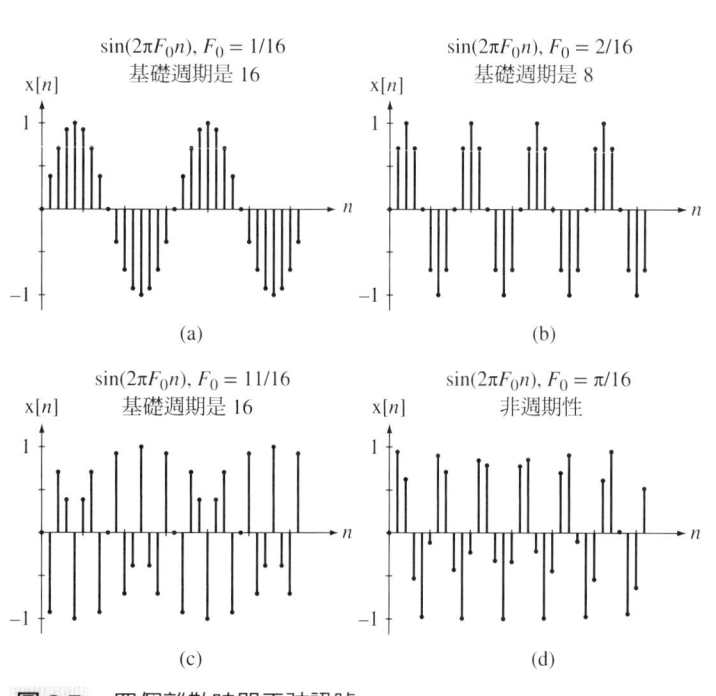

圖 3.5 四個離散時間正弦訊號

$$F_0 \text{ 週/樣本} = \frac{f_0 \text{ 週/秒}}{f_s \text{ 樣本/秒}}$$

因此 F_0 是一個用取樣率正規化後的循環頻率。同樣的，$\Omega_0 = \omega_0/f_s$ 是一個正規化的弧度頻率其單位為弧度/樣本。

$$\Omega_0 \text{ 弧度/樣本} = \frac{\omega_0 \text{ 弧度/秒}}{f_s \text{ 樣本/秒}}$$

在考攄取樣下，在第 10 章中針對離散時間正弦訊號有另一種重要的看法，就是兩個離散時間正弦訊號，雖然 F_1 與 F_2 不同，但 $g_1[n] = A\cos(2\pi F_1 n + \theta)$ 和 $g_2[n] = A\cos(2\pi F_2 n + \theta)$ 有可能是相等的。例如，兩個正弦訊號 $g_1[n] = \cos(2\pi n/5)$ 與 $g_2[n] = \cos(12\pi n/5)$ 看起來有不同的表示法，但是當我們將它們相對於離散時間 n 作圖時，則得到一樣的結果（圖 3.6）。

圖 3.6 中的虛線代表連續時間函數 $g_1(t) = \cos(2\pi t/5)$ 與 $g_2(t) = \cos(12\pi t/5)$，其中 n 和 t 有相關性 $t = nT_s$。連續時間函數明顯的不同，但離散時間函數則非如此。兩個離散時間函數相等的理由可以下列形式重寫 $g_2[n]$ 來展現。

$$g_2[n] = \cos\left(\frac{2\pi}{5}n + \frac{10\pi}{5}n\right) = \cos\left(\frac{2\pi}{5}n + 2\pi n\right)$$

於是利用將 2π 的整數倍加到正弦訊號的角度中，其值不會改變。

$$g_2[n] = \cos\left(\frac{2\pi}{5}n + 2\pi n\right) = \cos\left(\frac{2\pi}{5}n\right) = g_1[n]$$

因為離散時間 n 為整數。由於此例中的兩個離散時間循環頻率分別為 $F_1 = 1/5$ 及 $F_2 = 6/5$，必須意謂著它們作為頻率時在離散時間正弦訊號上是相等的。這是可以理解的，因為頻率為 1/5 週/樣本，而樣本角度改變為 $2\pi/5$；且當頻率為 6/5 週/樣本，則樣本角度的改變為 $12\pi/5$。由上所示，作為正弦訊號的參數，兩個角度得到相同的值。因此在離散時間正弦訊號 $\cos(2\pi F_0 n + \theta)$ 中，若是我們加一個任意整數改變 F_0，此正弦訊號不變。同樣的，在離散時間正弦訊號 $\cos(\Omega_0 n + \theta)$ 中，若是我們加一個任意 2π 整數倍改變 Ω_0，此正弦訊號不變。我們可以想像一個實驗，產生一個正弦訊號 $\sin(2\pi F n)$ 且令

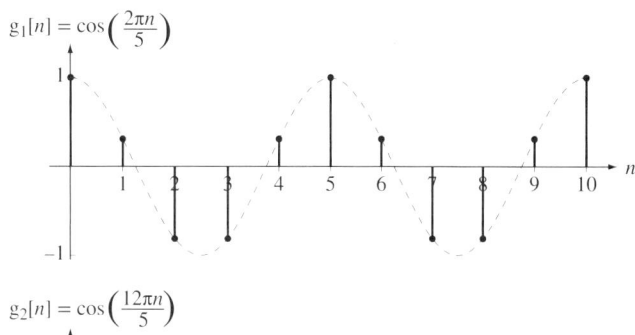

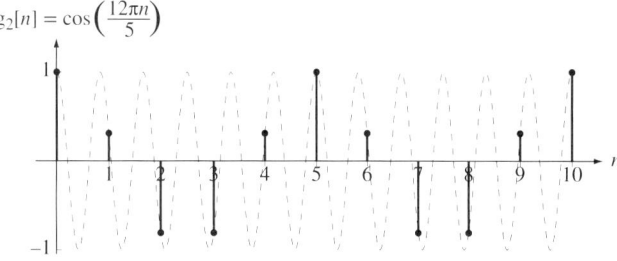

圖 **3.6** 兩個具有不同 F 的正弦訊號有同樣的功能行為

$x[n] = \cos(2\pi Fn)$ 虛線為 $x(t) = \cos(2\pi Ft)$

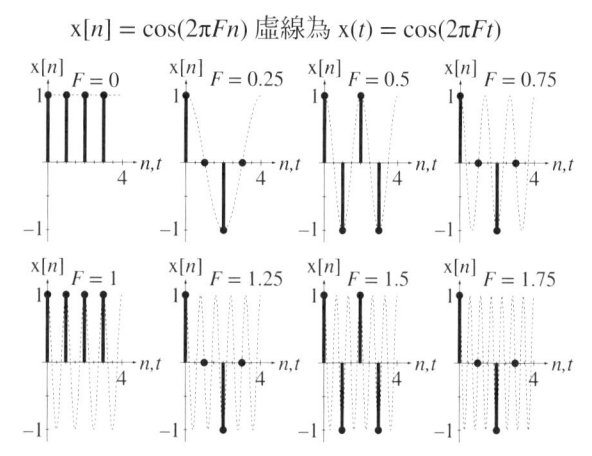

圖 3.7 說明具有 F 的頻率離散時間正弦訊號在每次 F 改變 1 時重複

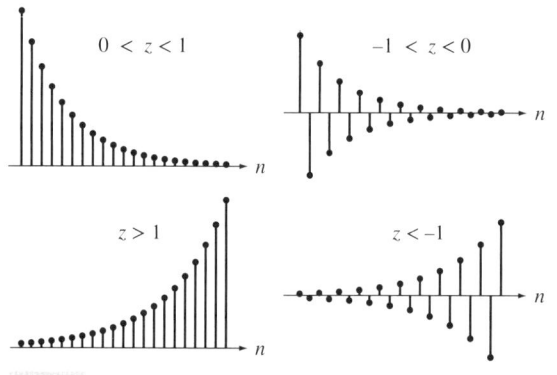

圖 3.8 不同實數 z 值下，$g[n] = Az^n$ 之行為

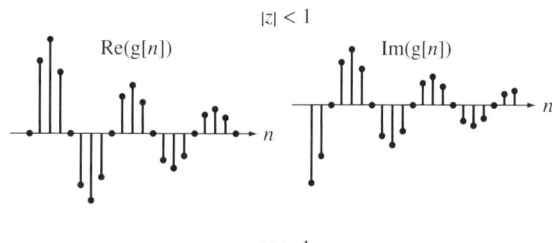

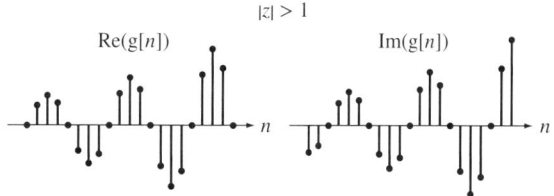

圖 3.9 不同複數 z 值下，$g[n] = Az^n$ 之行為

F 為變數。當 F 以 0.25 的步階從 0 變化至 1.75 時，我們可以得到一序列的離散時間正弦訊號（圖 3.7）。

指數訊號

寫出離散時間指數訊號的最常用方式是 $g[n] = Az^n$。它不像連續時間指數訊號，形式為 $g(t) = Ae^{\beta t}$，因為沒有"e"，但仍然是個指數，因為 $g[n] = Az^n$ 可以寫成 $g[n] = Ae^{\beta n}$ 其中 $z = e^{\beta}$。Az^n 的形式較簡單較受歡迎。

離散時間指數訊號可以有許多功能上的行為由 $g[n] = Az^n$ 中 z 之值決定。圖 3.8 和圖 3.9 整理出指數訊號在不同 z 值下的樣子。

3.4 奇異函數

有類似於連續時間的一組離散時間奇異函數，其用法也近似。

單位脈衝函數

單位脈衝函數（有時稱為單位樣本函數）（圖 3.10）定義如下：

$$\delta[n] = \begin{cases} 1, & n = 0 \\ 0, & n \neq 0 \end{cases} \quad (3.1)$$

離散時間單位脈衝函數受限於不像連續時間單位脈衝函數具有的數學特點。離散時間單位脈衝函數沒有連續時間單位脈衝函數所具有的與尺度改變特性相關之特性。因此對於任何非 0、有限的整數值 a 而言，$\delta[n] = \delta[an]$。但離散時間脈衝確實有取樣的特性。它為

$$\sum_{n=-\infty}^{\infty} A\delta[n-n_0]\mathrm{x}[n] = A\mathrm{x}[n_0] \tag{3.2}$$

因為脈衝只有在它的參數為 0 時不等於 0，除了在 $n = n_0$，所有 n 的累加項都為 0。當 $n = n_0$、$\mathrm{x}[n] = \mathrm{x}[n_0]$ 則其結果是簡單的乘以一個尺度常數 A。沒有用於連續時間脈衝的 MATLAB 函數，但我們可以為離散時間脈衝建立一個。

```
%    Function to generate the discrete-time impulse
%    function defined as one for input integer arguments
%    equal to zero and zero otherwise. Returns "NaN" for
%    non-integer arguments.
%
%    function y = impD(n)
%
function y = impD(n)
    y = double(n == 0);         % Impulse is one where argument
                                % is zero and zero otherwise
    I = find(round(n) ~= n);    % Index non-integer values of n
    y(I) = NaN;                 % Set those return values to NaN
```

這一個 MATLAB 函數執行 $\delta[n]$ 的行為，包括對於非整數參數時回傳未定義值 (NaN)。函數名稱後面的 "D" 表示它是一個離散函數。我們無法用傳統的中括弧 [·] 將 MATLAB 的參數包含在裡面以表示一個離散時間函數。在 MATLAB 裡的中括弧有不同的含意。

單位序列函數

相對於連續時間的離散時間單位步階函數是**單位序列** (unit-sequence) 函數（圖 3.11）。

$$\mathrm{u}[n] = \begin{cases} 1, & n \geq 0 \\ 0, & n < 0 \end{cases} \tag{3.3}$$

對於此一函數而言，在 $n = 0$ 之值是沒有異議或是模糊的。每個作者都同意它是 1。

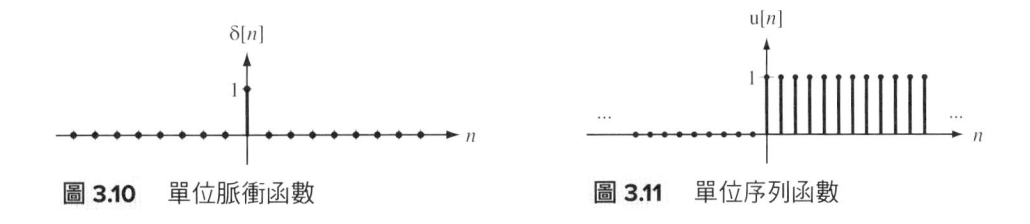

圖 3.10　單位脈衝函數

圖 3.11　單位序列函數

```
%     Unit sequence function defined as 0 for input integer
%     argument values less than zero, and 1 for input integer
%     argument values equal to or greater than zero. Returns
%     "NaN" for non-integer arguments.
%
%     function y = usD(n)
%
function y = usD(n)
   y = double(n >= 0);              % Set output to one for non-
                                    % negative arguments
   I = find(round(n) ~= n);         % Index non-integer values of n
   y(I) = NaN ;                     % Set those return values to NaN
```

signum 函數

相對於連續時間的離散時間 signum 函數定義於圖 3.12。

$$\boxed{\operatorname{sgn}[n]=\begin{cases}1, & n>0\\ 0, & n=0\\ -1, & n<0\end{cases}} \tag{3.4}$$

```
%     Signum function defined as -1 for input integer argument
%     values less than zero, +1 for input integer argument
%     values greater than zero and zero for input argument values
%     equal to zero. Returns "NaN" for non-integer arguments.
%
%     function y = signD(n)
%
function y = signD(n)
   y = sign(n);                     % Use the MATLAB sign function
   I = find(round(n) ~= n);         % Index non-integer values of n
   y(I) = NaN;                      % Set those return values to NaN
```

單位斜坡函數

相對於連續時間的離散時間單位斜坡函數定義於圖 3.13。

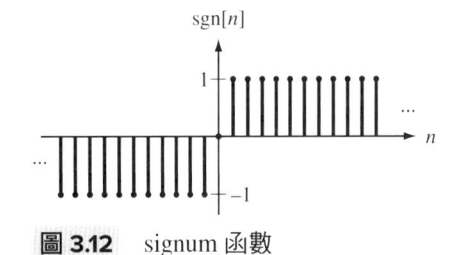

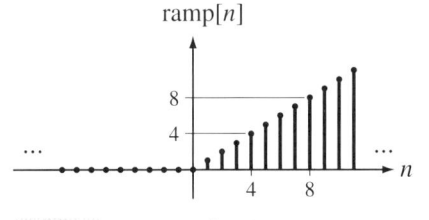

$$\boxed{\operatorname{ramp}[n]=\begin{cases}n, & n\geq 0\\ 0, & n<0\end{cases}=n\operatorname{u}[n]} \tag{3.5}$$

圖 3.12　signum 函數

圖 3.13　單位斜坡函數

```
%   Unit discrete-time ramp function defined as 0 for input
%   integer argument values equal to or less than zero, and
%   "n" for input integer argument values greater than zero.
%   Returns "NaN" for non-integer arguments.
%
%   function y = rampD(n)

function y = rampD(n)
    y = ramp(n);                    % Use the continuous-time ramp
    I = find(round(n) ~= n);        % Index non-integer values of n
    y(I) = NaN;                     % Set those return values to NaN
```

單位週期脈衝函數或脈衝串

單位離散時間週期脈衝或脈衝串（圖 3.14）定義如下：

$$\delta_N[n] = \sum_{m=-\infty}^{\infty} \delta[n - mN] \tag{3.6}$$

```
%   Discrete-time periodic impulse function defined as 1 for
%   input integer argument values equal to integer multiples
%   of "N" and 0 otherwise. "N" must be a positive integer.
%   Returns "NaN" for non-positive integer values.
%
%   function y = impND(N,n)

function y = impND(N,n)
  if N == round(N) & N > 0,
    y = double(n/N == round(n/N));  % Set return values to one
                                    % at all values of n that are
                                    % integer multiples of N
    I = find(round(n) ~= n);        % Index non-integer values of n
    y(I) = NaN;                     % Set those return values to NaN
  else
    y = NaN*n;                      % Return a vector of NaN's
    disp('In impND, the period parameter N is not a positive integer');
  end
```

新的離散時間訊號函數整理於表 3.1。

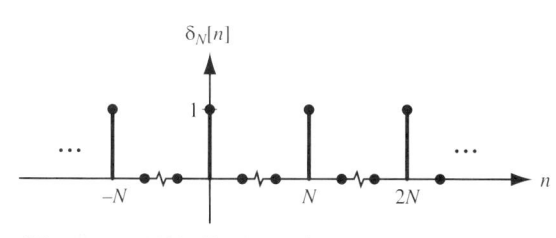

圖 3.14 單位週期脈衝函數

表 3.1 離散時間訊號一覽

正弦	$\sin(2\pi F_0 n)$	連續時間取樣
餘弦	$\cos(2\pi F_0 n)$	連續時間取樣
指數	z^n	連續時間取樣
單位序列	$u[n]$	本質是離散時間
Signum	$\text{sgn}[n]$	本質是離散時間
斜坡	$\text{ramp}[n]$	本質是離散時間
脈衝	$\delta[n]$	本質是離散時間
週期脈衝	$\delta_N[n]$	本質是離散時間

▶ 3.5 位移和尺度改變

主導連續時間函數的尺度改變與位移函數同樣可應用於離散時間函數，但是有一些有趣的不同點，這乃是因為連續時間與離散時間之間基本的差異所造成。就如同連續時間函數，離散時間函數接收一個數值而擲回另一個數值。一般的原則是，在 g[表示法] 中的表示法，與在 g[n] 定義成立時，看待 n 的方式相同。

振幅尺度改變

離散時間函數之振幅尺度改變與在連續時間函數相同。

時間位移

令函數 g[n] 定義於圖 3.15 中之圖表，現在令 $n \to n + 3$。時間位移用在離散時間與用在連續時間函數基本上是相同的，除了位移必須是整數，否則位移函數就有未定義的值（圖 3.16）。

時間尺度改變

振幅尺度改變與時間位移對於離散時間與連續時間函數而言非常相似。在我們檢視離散時間尺度改變函數時則並不如此。有兩種情形要檢視，時間壓縮與時間擴展。

時間壓縮

時間壓縮是用尺度改變形式 $n \to Kn$ 來完成，其中 $|K| > 1$ 且 K 是整數。離散時間函數的時間壓縮類似於連續時間函數的時間壓縮，函數在連續時間裡的時間好像發生得比較快。但在離散時間函數中卻有另一種效應，稱為**改變取樣** (decimation)。考慮時間尺度改變 $n \to 2n$ 如圖 3.17 所示。

對於每個在 g[2n] 中的整數 n，2n 的值必為偶數。因此對此用 2 的因數來做尺度改變，g[n] 中的奇數指標則永遠不需在 g[2n] 中找其值。此函數被用因數 2 改變取樣，因

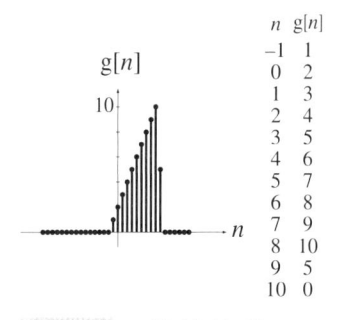

圖 3.15 對於函數 g[n]，g[n] = 0, |n| ≥ 15 之圖示

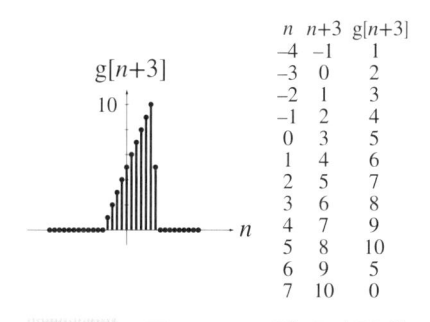

圖 3.16 用 g[n + 3] 說明時間位移

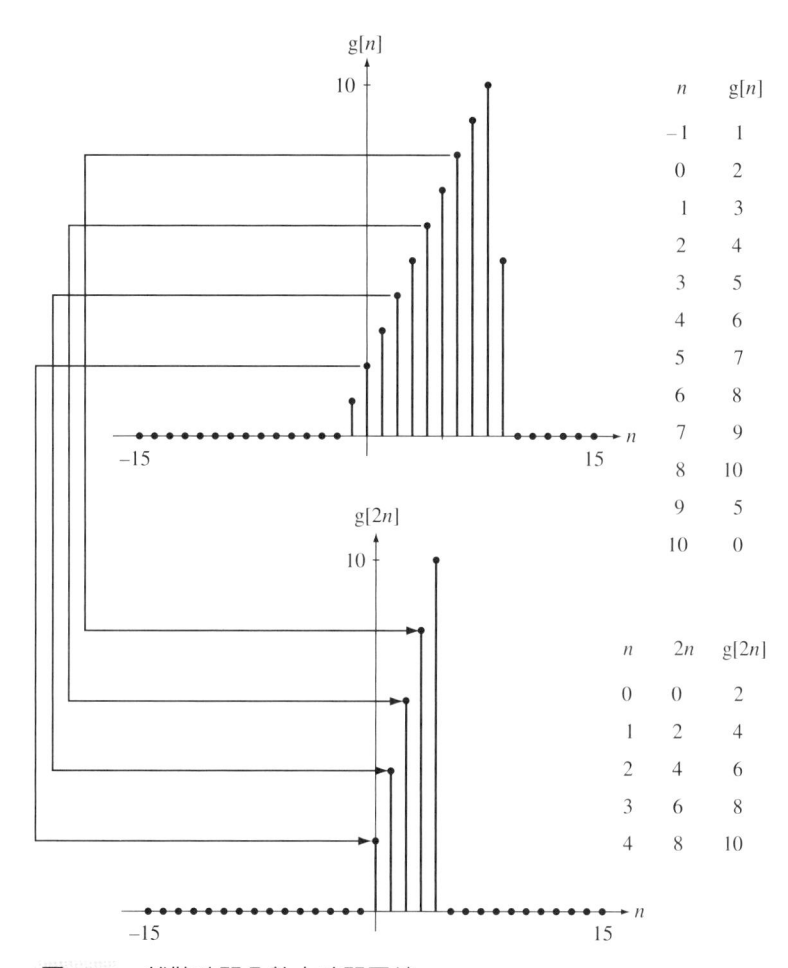

圖 3.17 離散時間函數之時間壓縮

為 g[2n] 的圖只用 g[n] 間隔的值。對於較大的尺度改變常數，改變取樣因數明顯的也比較大。改變取樣在連續時間尺度改變不會發生，因為使用 $t \to Kt$ 所有實數值 t 都對應到實數值 Kt 而不會錯失任何值。連續時間與離散時間函數的基本差異是，連續時間函數之域都是實數，一個不可數 (uncountable) 的無限時間，而離散時間函數之域都是整數，一個可數 (countable) 的離散時間。

時間擴展

另一個時間尺度改變的例子是時間擴展，它比時間壓縮更來得奇特些。例如我們想對於每一個整數 n 畫 g[n/2]，我們就必須指定一個值給 g[n/2]，以便找出在原來函數中的相對應值。但當 n 為 1 時，n/2 是二分之一且 g[n/2] 未定義。時間擴展函數 g[n/K] 之值未定義，除非 n/K 是一個整數值。我們可以不管未定義的值，在 n/K 是一個整數下，用後一個或前一個 n 的 g[n/K] 的值在它們之間**內插** (interpolation) (內插是根據某些公式，計算兩個已知值間的函數值之一個過程)。因為內插需要知道使用何種公式，我們在此只要 n/K 不

圖 3.18 時間擴展之另一形式

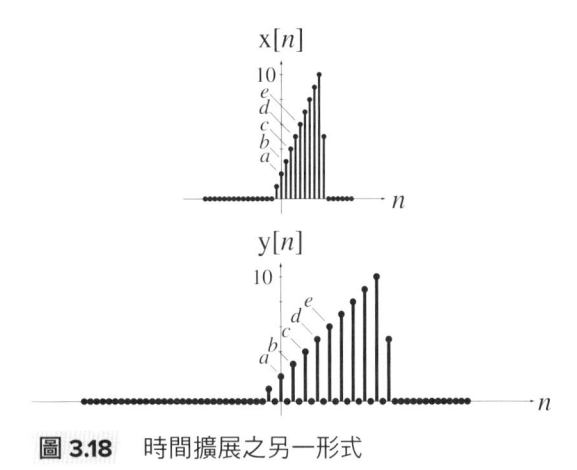

是一個整數值，就直接不定義 g[n/K]。

雖然上述的時間擴展看起來毫無用處，但有一種時間擴展事實上是常被使用的。假設我們有一個原始函數 x[n] 且建立另一個新函數

$$y[n] = \begin{cases} x[n/K], & n/K \text{ 是整數} \\ 0, & \text{其他} \end{cases}$$

如圖 3.18，其中 $K = 2$。

所有擴展函數的值都已定義，且所有發生在離散時間 n 的 x 值都在離散時間 Kn 產生 y 值。所有已完成的事，是將前面時間擴展未定義的值用 0 取代。若是我們以 K 的因數時間壓縮 y，則會將所有 x 值還原到原來的位置，而所有因重新取樣 y 所移除的值將只有 0 了。

例題 3.1 尺度改變作圖

利用 MATLAB 畫出函數 $g[n] = 10(0.8)^n \sin(3\pi n/16)u[n]$。然後畫出 g[2n] 和 g[n/3]。

離散時間函數在 MATLAB 中比在連續時間函數更容易寫程式，因為 MATLAB 原始設計就是在獨立變數離散值上計算函數值。對於離散時間函數而言，因為函數本身就是不連續的，所以無須決定時間點要多靠近才能使得圖形看起來是連續的，一個用來處理函數作圖與時間尺度改變的絕佳方式是定義原始函數為一個 m 檔。但我們必須確認函數定義，包括離散時間的行為，對於非整數的離散時間值，此函數是未定義的。MATLAB 處理一個未定義的結果以一個特殊的 NaN 值來表示。剩下的另一個程式問題是，如何處理 n 在兩個不同範圍內之兩個不同函數之描述。我們可以用邏輯與關聯運算子來完成例，如下面的 g.m 所示。

```
function y = g(n),
    % Compute the function
    y = 10*(0.8).^n.*sin(3*pi*n/16).*usD(n);
    I = find(round(n) ~= n);      % Find all non-integer "n's"
    y(I) = NaN;                    % Set those return values to "NaN"
```

我們仍需決定離散時間要在何種範圍之下來畫此一函數。因為在負的時間它為 0，我們至少會用幾個點來表現該範圍以顯示它在時間 0 時突然開啟。於是，在正的時間時，它的形狀就是正弦訊號，以指數形狀衰減。若是我們針對指數形狀衰減用數個時間常數畫圖，函數在那時間之後實際上就等於 0。因此時間範圍應該如同像 $-5 < n < 16$，來對原來函數畫出一合理圖。但時間擴展函數 g[n/3] 在離散時間上範圍較寬，因此需要更多的離散時間來觀察函數的行為。因此，要同時在同樣的刻度觀察所有的函數來做比較，讓我們設定離散時間範圍在 $-5 < n < 48$。

```
%      Graphing a discrete-time function and compressed and expanded
%      transformations of it

%      Compute values of the original function and the time-scaled
%      versions in this section
```

```
n = -5:48 ;                             % Set the discrete times for
                                        % function computation
g0 = g(n) ;                             % Compute the original function
                                        % values
g1 = g(2*n) ;                           % Compute the compressed function
                                        % values
g2 = g(n/3) ;                           % Compute the expanded function
                                        % values
%     Display the original and time-scaled functions graphically
%     in this section
%
%     Graph the original function
%
subplot(3,1,1) ;                        % Graph first of three graphs
                                        % stacked vertically
p = stem(n,g0,'k','filled');            % "Stem plot" the original function
set(p,'LineWidth',2,'MarkerSize',4);    % Set the line weight and dot
                                        % size
ylabel('g[n]');                         % Label the original function axis
%
%     Graph the time-compressed function
%
subplot(3,1,2);                         % Graph second of three plots
                                        % stacked vertically
p = stem(n,g1,'k','filled');            % "Stem plot" the compressed
                                        % function
set(p,'LineWidth',2,'MarkerSize',4);    % Set the line weight and dot
                                        % size
ylabel('g[2n]');                        % Label the compressed function
                                        % axis
%
%     Graph the time-expanded function
%
subplot(3,1,3);                         % Graph third of three graphs
                                        % stacked vertically
p = stem(n,g2,'k','filled') ;           % "Stem plot" the expanded
                                        % function
set(p,'LineWidth',2,'MarkerSize',4);    % Set the line weight and dot
                                        % size
xlabel('Discrete time, n');             % Label the expanded function axis
ylabel('g[n/3]');                       % Label the discrete-time axis
```

圖 3.19 說明 MATLAB 程式輸出之結果。

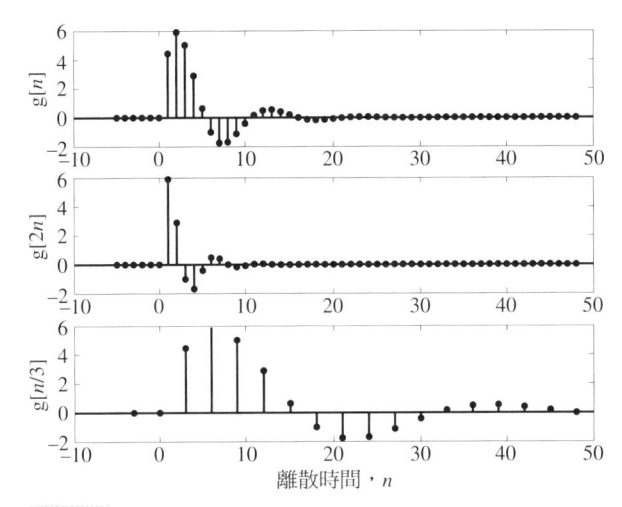

圖 3.19 $g[n]$，$g[2n]$ 與 $g[n/3]$ 之圖

▶ 3.6 差分與累加

就如同微分與積分對於連續時間函數很重要，類似的運算、差分與累加對於離散時間函數也是很重要。連續時間函數 $g(t)$ 的一次微分通常定義如下：

$$\frac{d}{dt}(g(t)) = \lim_{\Delta t \to 0}\frac{g(t + \Delta t) - g(t)}{\Delta t}$$

但它也可以定義如下：

$$\frac{d}{dt}(g(t)) = \lim_{\Delta t \to 0}\frac{g(t) - g(t - \Delta t)}{\Delta t}$$

或者

$$\frac{d}{dt}(g(t)) = \lim_{\Delta t \to 0}\frac{g(t + \Delta t) - g(t - \Delta t)}{2\Delta t}$$

在極限處，所有這些定義都得到同一個微分（若存在的話）。但若是 Δt 保持定值，這些表示法就不相等。在離散時間訊號類似於微分是**差分** (difference)。一個離散時間函數 $g[n]$ 之第一**前向差分** (forward difference) 為 $g[n + 1] - g[n]$。離散時間函數 $g[n]$ 之第一**後向差分** (backward difference) 為 $g[n] - g[n - 1]$，它是 $g[n - 1]$ 的第一個前向差分。圖 3.20 說明一些離散時間函數與它們的第一前向與後向差分。

差分運算應用在連續時間函數樣本上的結果看起來類似（但不完全相似）（在某個尺度改變範圍內）連續時間函數微分的樣本。

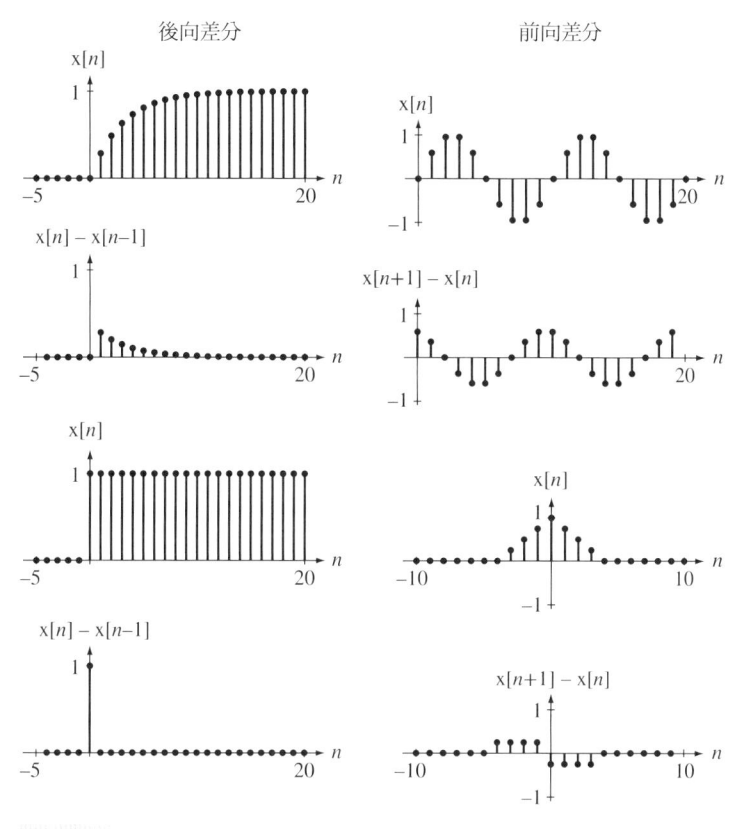

圖 3.20 一些函數的前向差分或後向差分

積分在離散時間的對應是**累加** (accumulation) 或相加。$g[n]$ 的累加定義為 $\sum_{m=-\infty}^{n} g[m]$。發生在連續時間函數積分之模糊問題存在於離散時間函數之累加。一個函數之累加非唯一的。多個函數可以有同樣的前向差分或後向差分，但是就如同積分，這些函數間的差別只是在一個相加的常數。

令 $h[n] = g[n] - g[n-1]$ 為 $g[n]$ 之第一前向差分。接著將兩邊累加

$$\sum_{m=-\infty}^{n} h[m] = \sum_{m=-\infty}^{n} (g[m] - g[m-1])$$

或

$$\sum_{m=-\infty}^{n} h[m] = \cdots + (g[-1] - g[-2]) + (g[0] - g[-1]) + \cdots + (g[n] - g[n-1])$$

將同時間發生的 $g[n]$ 值蒐集起來，

$$\sum_{m=-\infty}^{n} h[m] = \cdots + \underbrace{(g[-1] - g[-1])}_{=0} + \underbrace{(g[0] - g[0])}_{=0} + \cdots + \underbrace{(g[n-1] - g[n-1])}_{=0} + g[n]$$

與

$$\sum_{m=-\infty}^{n} h[m] = g[n]$$

此一結果證明累加與第一後向差分是相反動作。任何函數 g[n] 的累加之第一後向差分為 g[n]。圖 3.21 說明 h[n] 的兩個函數與它們的累加 g[n]。在圖 3.21 中每一個圖之累加的進行是基於假設 h[n] 的所有值，在圖中的時間範圍前為 0。

類似於連續時間單位步階與連續時間單位脈衝之間的微分-積分關係，單位序列為單位脈衝之累加 $u[n] = \sum_{m=-\infty}^{n} \delta[m]$，而單位脈衝是單位序列的第一後向差分 $\delta[n] = u[n] - u[n-1]$。同樣的，離散時間單位斜坡是定義為單位序列函數在離散時間延遲一個單位之累加。

$$\text{ramp}[n] = \sum_{m=-\infty}^{n} u[m-1]$$

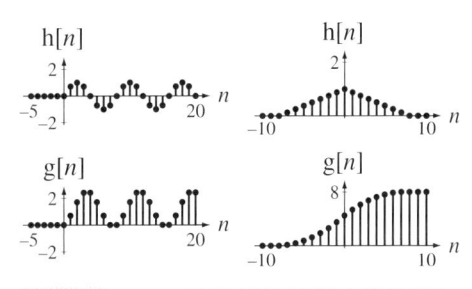

圖 3.21 h[n] 的兩個函數與它們的累加 g[n]

而單位序列是單位斜坡的第一前向差分 $u[n] = \text{ramp}[n+1] - \text{ramp}[n]$ 與 $\text{ramp}[n+1]$ 的第一後向差分。

MATLAB 可以利用 `diff` 函數計算離散時間函數之差分。`diff` 函數接受長度為 N 之向量作為它的參數，傳回一個長度為 $N-1$ 的前向差分向量。MATLAB 同時也可以利用 `cumsum`（累加和，cumulative summation）函數計算函數之累加。`cumsum` 函數接受向量作為它的參數，並傳回一個長度相等的向量，它是參數向量裡的元素之累加。例如：

```
»a = 1:10
a =
   1   2   3   4   5   6   7   8   9   10
»diff(a)
ans =
   1   1   1   1   1   1   1   1   1
»cumsum(a)
ans =
   1   3   6   10   15   21   28   36   45   55
»b = randn(1,5)
b =
   1.1909   1.1892   -0.0376   0.3273   0.1746
»diff(b)
ans =
   -0.0018   -1.2268   0.3649   -0.1527
»cumsum(b)
ans =
   1.1909   2.3801   2.3424   2.6697   2.8444
```

從這些範例可明顯的看出，`cumsum` 假設在向量裡的第 1 個元素之前的累加值為 0。

例題 3.2 利用 MATLAB 畫一個函數之累加

利用 MATLAB，畫出函數 x[n] = cos(2πn/36) 從 n = 0 至 n = 36 之累加，假設在時間 n = 0 之前的累加為 0。

```
%     Program to demonstrate accumulation of a function over a finite
%     time using the cumsum function.
n = 0:36 ;                          % Discrete-time vector
x = cos(2*pi*n/36);                 % Values of x[n]
%     Graph the accumulation of the function x[n]
p = stem(n,cumsum(x),'k','filled');
set(p,'LineWidth',2,'MarkerSize',4);
xlabel('\itn','FontName','Times','FontSize',24);
ylabel('x[{\itn}]','FontName','Times','FontSize',24);
```

圖 3.22 說明此 MATLAB 程式之輸出。

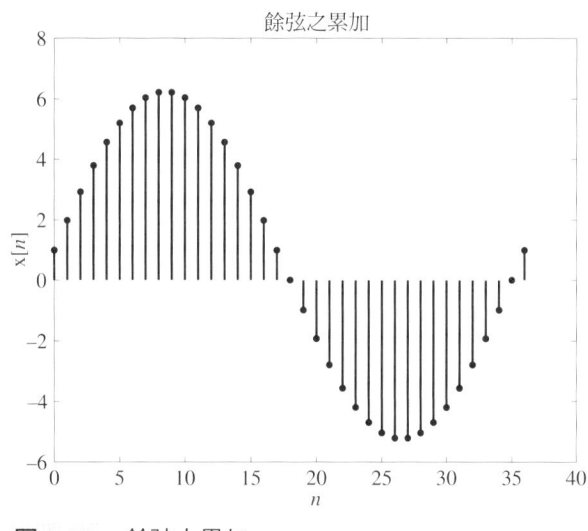

圖 3.22 餘弦之累加

注意此餘弦之累加有點像（但不完全一樣）正弦函數。此情況之發生是因為累加過程類似於連續時間函數之積分過程，而餘弦之積分是正弦。

▶ 3.7 偶訊號與奇訊號

類似連續時間函數，離散時間函數也可以根據性質被分類成偶部與奇部。它的定義關係完全類似於連續時間函數。若 g[n] = g[−n] 則 g[n] 是偶訊號，而若 g[n] = −g[−n] 則 g[n] 之奇訊號，圖 3.23 顯示一些偶函數與奇函數之範例。

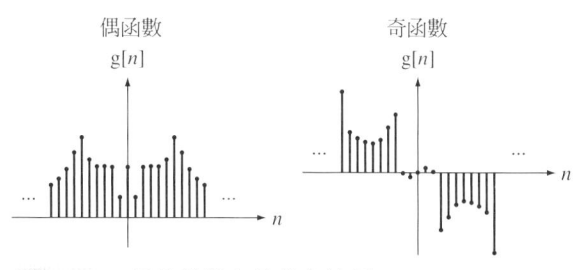

圖 3.23 偶函數與奇函數之範例

找出函數 g[n] 之偶部與奇部之方法與在連續時間函數上是一樣的。

$$g_e[n] = \frac{g[n] + g[-n]}{2} \quad \text{與} \quad g_o[n] = \frac{g[n] - g[-n]}{2} \tag{3.7}$$

一個偶函數之奇部為 0，而奇函數之偶部為 0。

例題 3.3　函數之偶部與奇部

找出函數 $g[n] = \sin(2\pi n/7)(1 + n^2)$ 之偶部與奇部。

$$g_e[n] = \frac{\sin(2\pi n/7)(1 + n^2) + \sin(-2\pi n/7)(1 + (-n)^2)}{2}$$

$$g_e[n] = \frac{\sin(2\pi n/7)(1 + n^2) - \sin(2\pi n/7)(1 + n^2)}{2} = 0$$

$$g_o[n] = \frac{\sin(2\pi n/7)(1 + n^2) - \sin(-2\pi n/7)(1 + (-n)^2)}{2} = \sin\left(\frac{2\pi n}{7}\right)(1 + n^2)$$

函數 g[n] 是奇函數。

```
function EvenOdd
    n = -14:14 ;         %   Discrete-time vector for graphing ge[n] and
                         %   go[n]
    %   Compute the even part of g[n]
ge = (g(n)+g(-n))/2 ;
%   Compute the odd part of g[n]
go = (g(n)-g(-n))/2 ;
close all ; figure('Position',[20,20,1200,800]) ;
subplot(2,1,1) ;
ptr = stem(n,ge,'k','filled') ; grid on ;
set(ptr,'LineWidth',2,'MarkerSize',4) ;
xlabel('\itn','FontName','Times','FontSize',24) ;
ylabel('g_{\ite}[{\itn}]','FontName','Times','FontSize',24) ;
title('Even Part of g[n]','FontName','Times','FontSize',24) ;
set(gca,'FontName','Times','FontSize',18) ;
subplot(2,1,2) ;
ptr = stem(n,go,'k','filled') ; grid on ;
set(ptr,'LineWidth',2,'MarkerSize',4) ;
xlabel('\itn','FontName','Times','FontSize',24) ;
ylabel('g_{\ito}[{\itn}]','FontName','Times','FontSize',24) ;
title('Odd Part of g[n]','FontName','Times','FontSize',24) ;
set(gca,'FontName','Times','FontSize',18) ;

function y = g(n),
    y = sin(2*pi*n/7)./(1+n.^2) ;
```

圖 3.24

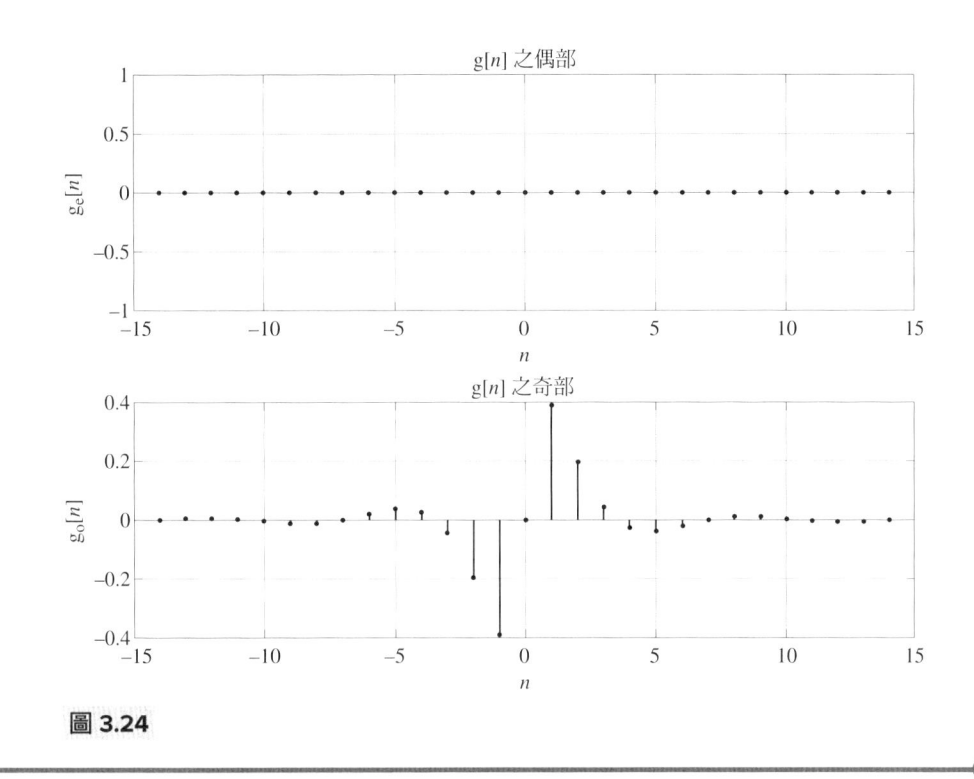

結合偶訊號與奇訊號

所有應用在連續時間函數的函數結合特性都可以應用在離散時間函數。若是兩個函數都是偶函數則它們的和、差、積與商都是偶函數。若是兩個函數都是奇函數，則它們的和、差是奇函數，但它們的積與商都是偶函數。若其中一個是偶函數而另一個是奇函數，則它們積與商都是奇函數。

圖 3.25 至圖 3.27 是偶函數和奇函數相乘的範例。

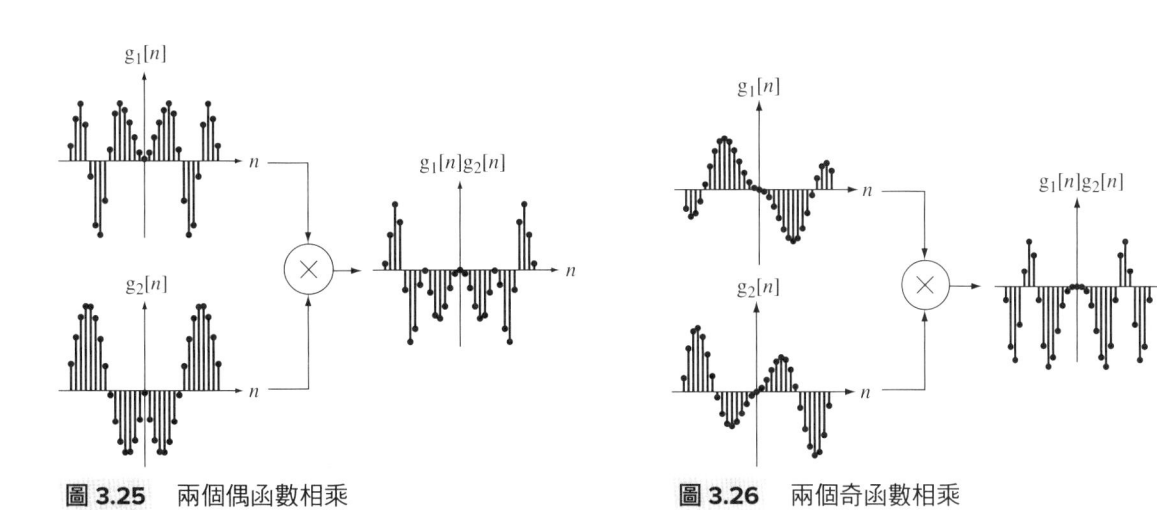

圖 3.25　兩個偶函數相乘

圖 3.26　兩個奇函數相乘

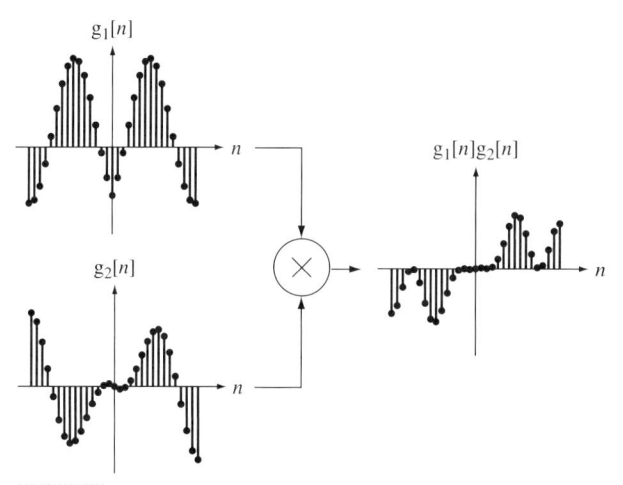

圖 3.27 偶函數和奇函數相乘

偶訊號與奇訊號的對稱有限相加

連續時間函數在對稱極限上的定積分類似於離散時間函數在對稱極限上的和。離散時間函數之和的特性類似於（但不完全等於）在連續時間函數上的特性。若 g[n] 是偶函數且 N 是正整數，

$$\sum_{n=-N}^{N} g[n] = g[0] + 2\sum_{n=1}^{N} g[n]$$

且，若 g[n] 是奇函數，

$$\sum_{n=-N}^{N} g[n] = 0$$

（見圖 3.28。）

▶ 3.8 週期性訊號

一個週期性函數是在時間位移 $n \to n + mN$ 下維持不變，其中 N 是函數之週期而 m 是

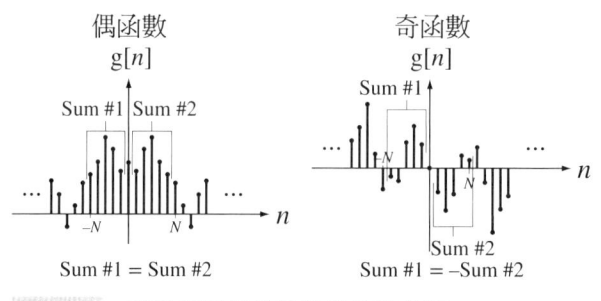

圖 3.28 離散時間偶函數與奇函數的和

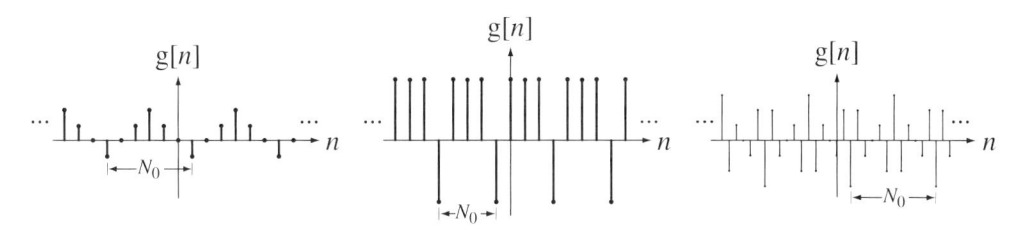

圖 3.29 具有基礎週期 N_0 之週期性函數範例

任何整數。基礎週期 N_0 是函數重複最小正的離散時間。圖 3.29 顯示一些週期性訊號之範例。

基礎頻率為 $F_0 = 1/N_0$ 週 / 樣本或是 $\Omega_0 = 2\pi/N_0$ 弧度 / 樣本。注意：離散時間頻率之單位不是 Hz 或是弧度 / 秒，因為離散時間的單位不是秒。

例題 3.4　函數之基礎週期

在範圍 $-50 \leq n \leq 50$ 下畫出函數 $g[n] = 2\cos(9\pi n/4) - 3\sin(6\pi n/5)$。從圖中決定基礎週期。

圖 3.30 顯示函數 $g[n]$。

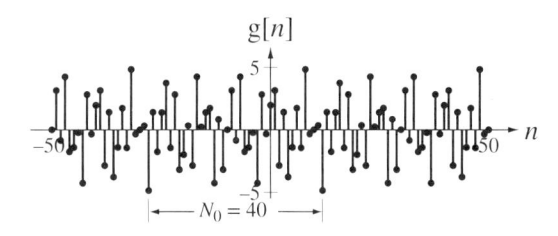

圖 3.30　函數 $g[n] = 2\cos(9\pi n/4) - 3\sin(6\pi n/5)$

檢視此圖來決定答案，此一函數也可以寫成另一形式 $g[n] = 2\cos(2\pi(9/8)n) - 3\sin(2\pi(3/5)n)$。這兩個正弦函數之基礎週期分別為 8 和 5，它們的 LCM 為 40，為 $g[n]$ 之基礎週期。

▶ 3.9 訊號能量與訊號功率

訊號能量

訊號能量定義如下：

$$E_x = \sum_{n=-\infty}^{\infty} |x[n]|^2 \tag{3.8}$$

而它的單位就是訊號本身單位的平方。

例題 3.5　一個訊號之訊號能量

找出 $x[n] = (1/2)^n u[n]$ 之訊號能量。從訊號能量之定義

$$E_x = \sum_{n=-\infty}^{\infty} |x[n]|^2 = \sum_{n=-\infty}^{\infty} \left|\left(\frac{1}{2}\right)^n u[n]\right|^2 = \sum_{n=0}^{\infty} \left|\left(\frac{1}{2}\right)^n\right|^2 = \sum_{n=0}^{\infty} \left(\frac{1}{2}\right)^{2n} = 1 + \frac{1}{2^2} + \frac{1}{2^4} + \cdots$$

此一無限級數可以改寫成

$$E_x = 1 + \frac{1}{4} + \frac{1}{4^2} + \cdots$$

我們可以利用無限幾何級數和的公式

$$\sum_{n=0}^{\infty} r^n = \frac{1}{1-r}, \ |r| < 1$$

得到

$$E_x = \frac{1}{1 - 1/4} = \frac{4}{3}$$

訊號功率

在訊號與系統分析中遇到的許多訊號，和為：

$$E_x = \sum_{n=-\infty}^{\infty} |x[n]|^2$$

並未收斂，因為訊號能量是無限的，而且因為訊號非時限因此常發生。單位序列函數是具有無限能量的例子。對於這種型態的訊號，最好是利用訊號的平均功率取代訊號能量來處理。平均訊號功率之定義為

$$P_x = \lim_{N \to \infty} \frac{1}{2N} \sum_{n=-N}^{N-1} |x[n]|^2 \tag{3.9}$$

這是所有時間上的平均訊號功率。（為何和的上限是 $N-1$ 而非 N？）

對於週期訊號而言，平均訊號功率的計算可能較為簡單。任何週期函數之平均值是經由任一週期之平均值且

$$P_x = \frac{1}{N} \sum_{n=n_0}^{n_0+N-1} |x[n]|^2 = \frac{1}{N} \sum_{n=\langle N \rangle} |x[n]|^2, \ n_0 \text{ 任意整數} \tag{3.10}$$

表示法 $\sum_{n=\langle N \rangle}$ 表示和是經過任意連續 n 之範圍，意思是長度為 N，其中 N 可以是 $|x[n]|^2$ 的任意週期。

例題 3.6 利用 MATLAB 找出訊號之訊號能量與功率

利用 MATLAB 找出訊號之訊號能量或功率。
(a) $x[n] = (0.9)^{|n|}\sin(2\pi n/4)$ 以及 (b) $x[n] = 4\delta_5[n] - 7\delta_7[n]$
並且用分析計算比較其結果。

```
%   Program to compute the signal energy or power of some example signals
%   (a)
n = -100:100 ;                      % Set up a vector of discrete times at
                                    % which to compute the value of the
                                    % function
%    Compute the value of the function and its square
x = (0.9).^abs(n).*sin(2*pi*n/4) ; xsq = x.^2 ;
Ex = sum(xsq) ;                     % Use the sum function in MATLAB to
                                    % find the total energy and display
                                    % the result.
disp(['(b) Ex = ',num2str(Ex)]);
%   (b)
N0 = 35;                            % The fundamental period is 35
n = 0:N0-1;                         % Set up a vector of discrete times
                                    % over one period at which to compute
                                    % the value of the function
%   Compute the value of the function and its square
x = 4*impND(5,n) - 7*impND(7,n) ; xsq = x.^2 ;
Px = sum(xsq)/N0;                   % Use the sum function in MATLAB to
                                    % find the average power and display
                                    % the result.
disp(['(d) Px = ',num2str(Px)]);
The output of this program is
(a) Ex = 4.7107
(b) Px = 8.6
```

分析計算:

(a) $E_x = \sum\limits_{n=-\infty}^{\infty} |x[n]|^2 = \sum\limits_{n=-\infty}^{\infty} \left|(0.9)^{|n|}\sin(2\pi n/4)\right|^2$

$$E_x = \sum_{n=0}^{\infty} \left|(0.9)^n \sin(2\pi n/4)\right|^2 + \sum_{n=-\infty}^{0} \left|(0.9)^{-n}\sin(2\pi n/4)\right|^2 - \underbrace{|x[0]|^2}_{=0}$$

$$E_x = \sum_{n=0}^{\infty} (0.9)^{2n}\sin^2(2\pi n/4) + \sum_{n=-\infty}^{0} (0.9)^{-2n}\sin^2(2\pi n/4)$$

$$E_x = \frac{1}{2}\sum_{n=0}^{\infty} (0.9)^{2n}(1 - \cos(\pi n)) + \frac{1}{2}\sum_{n=-\infty}^{0} (0.9)^{-2n}(1 - \cos(\pi n))$$

利用餘弦函數之偶對稱，並且令在第二個加法中 $n \to -n$，

$$E_x = \sum_{n=0}^{\infty} (0.9)^{2n}(1 - \cos(\pi n))$$

$$E_x = \sum_{n=0}^{\infty} \left((0.9)^{2n} - (0.9)^{2n} \frac{e^{j\pi n} + e^{-j\pi n}}{2} \right) = \sum_{n=0}^{\infty} (0.81)^n - \frac{1}{2}\left[\sum_{n=0}^{\infty} (0.81 e^{j\pi})^n + \sum_{n=0}^{\infty} (0.81 e^{-j\pi})^n \right]$$

利用無限幾何級數和的公式，

$$\sum_{n=0}^{\infty} r^n = \frac{1}{1-r}, \quad |r| < 1$$

$$E_x = \frac{1}{1 - 0.81} - \frac{1}{2}\left[\frac{1}{1 - 0.81 e^{j\pi}} + \frac{1}{1 - 0.81 e^{-j\pi}} \right]$$

$$E_x = \frac{1}{1 - 0.81} - \frac{1}{2}\left[\frac{1}{1 + 0.81} + \frac{1}{1 + 0.81} \right] = \frac{1}{1 - 0.81} - \frac{1}{1 + 0.81} = 4.7107 \quad \text{得證}$$

(b) $P_x = \dfrac{1}{N_0} \sum_{n=\langle N_0 \rangle} |x[n]|^2 = \dfrac{1}{N_0} \sum_{n=0}^{N_0-1} |x[n]|^2 = \dfrac{1}{35} \sum_{n=0}^{34} |4\delta_5[n] - 7\delta_7[n]|^2$

在兩個脈衝串函數中之脈衝只有在 35 的整數倍時重疊。因此在這個相加的範圍內，它們只有在 $n = 0$ 時重疊。在 $n = 0$ 時的淨脈衝強度為 -3。所有其他單獨發生的脈衝以及其平方的和與和的平方相同。因此

$$P_x = \frac{1}{35}\left(\underbrace{(-3)^2}_{n=0} + \underbrace{4^2}_{n=5} + \underbrace{(-7)^2}_{n=7} + \underbrace{4^2}_{n=10} + \underbrace{(-7)^2}_{n=14} + \underbrace{4^2}_{n=15} + \underbrace{4^2}_{n=20} + \underbrace{(-7)^2}_{n=21} + \underbrace{4^2}_{n=25} + \underbrace{(-7)^2}_{n=28} + \underbrace{4^2}_{n=30} \right)$$

$$P_x = \frac{9 + 6 \times 4^2 + 4 \times (-7)^2}{35} = \frac{9 + 96 + 196}{35} = 8.6 \quad \text{得證}$$

重點概要

1. 離散時間訊號可以經由取樣連續時間訊號獲得。
2. 離散時間訊號並未定義在離散時間的非整數值上。
3. 經由取樣週期性連續時間訊號所形成的離散時間訊號，可能是非週期性。
4. 兩個看起來不同的分析描述，能夠製造出相等的離散時間訊號函數。
5. 離散時間函數之時間位移版本只設計在離散時間的整數位移上。
6. 離散時間函數時間尺度改變可製造出變化的取樣或未定義值，此一現象不會發生在時間尺度改變的連續時間函數上。

習題 (EXERCISES)

（每個題解的次序是隨機的）

函數

1. 在圖 E.1 中是一個具有電壓 x(t) = A sin(2πf₀t) 的電路，用切換器週期性的連接到電阻。此一切換器以 f_s 為 500 rpm 的頻率旋轉。此切換器在時間 t = 0 時關閉，而每當它關閉時會持續 10 ms。

   (a) 若 A = 5 且 f_0 = 1，在時間 0 < t < 2 內畫出激發電壓 $x_i(t)$ 和響應電壓 $x_o(t)$。

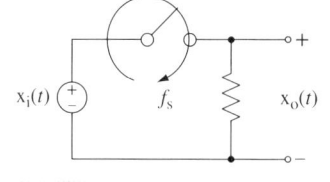

   (b) 若 A = 5 且 f_0 = 10，在時間 0 < t < 1 內畫出激發電壓 $x_i(t)$ 和響應電壓 $x_o(t)$。

   (c) 這是理想取樣器的近似。若取樣過程是理想的，則哪一種離散時間訊號 x[n] 會在 (a) 與 (b) 中製造出來？相對於離散時間 n，畫出它們的圖。

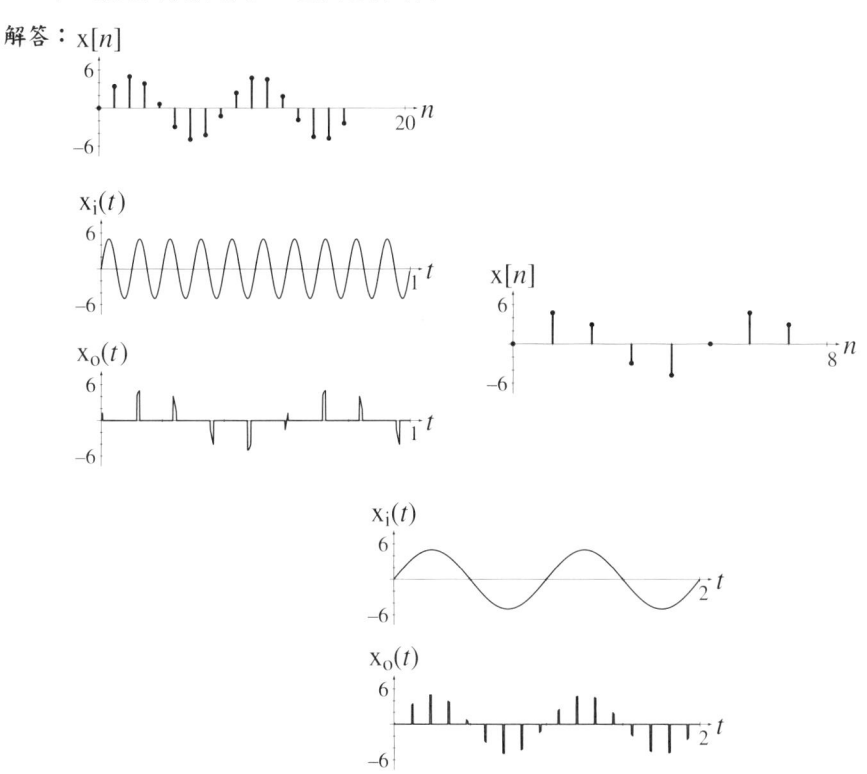

   解答：x[n]

2. 令 $x_1[n] = 5\cos(2\pi n/8)$ 和 $x_2[n] = -8e^{-(n/6)^2}$。畫出在離散時間範圍 $-20 \leq n < 20$ 內兩個訊號之結合。若其中一個訊號有一些定義值和一些未定義值，就只畫出定義值。

   (a) $x[n] = x_1[n]x_2[n]$
   (b) $x[n] = 4x_1[n] + 2x_2[n]$
   (c) $x[n] = x_1[2n]x_2[3n]$
   (d) $x[n] = \dfrac{x_1[2n]}{x_2[-n]}$
   (e) $x[n] = 2x_1[n/2] + 4x_2[n/3]$

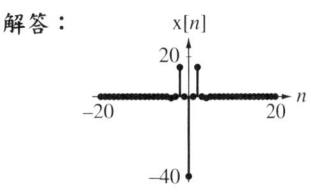

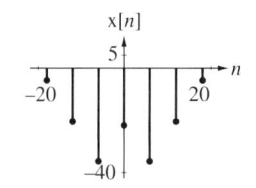

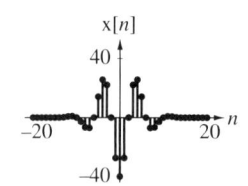

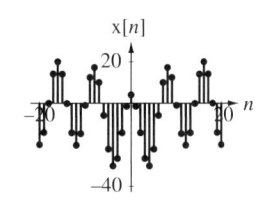

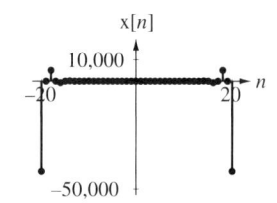

3. 找出下列數值。

   (a) $\sum_{n=-18}^{33} 38n^2\delta[n+6]$

   (b) $\sum_{n=-4}^{7} -12(0.4)^n u[n]\delta_3[n]$

   解答：−12.8172, 1368

尺度改變與位移函數

4. 離散時間函數定義為 $g[n] = 3\delta[n-4]\text{ramp}[n+1]$，它唯一非 0 的值為何？

   解答：15

5. 離散時間訊號具有下列的值：

n	−5	−4	−3	−2	−1	0	1	2	3	4	5	6	7	8	9	10	11	12	13
x[n]	4	−2	5	−4	−10	−6	−9	−9	1	9	6	2	−2	2	0	−2	−9	−5	3

   對於其他所有的 n, x[n] 為 0。令 $y[n] = x[2n-1]$。找出 y[−2], y[−1], y[4], y[7], y[12] 之數值。

   解答：3, 0, −2, 4, 5

6. 找出下列函數之數值。

   (a) $\text{ramp}[6] - u[-2]$

   (b) $\sum_{n=-\infty}^{7} (u[n+9] - u[n-10])$

   (c) $g[4]$，其中 $g[n] = \sin(2\pi(n-3)/8) + \delta[n-3]$

   解答：6, 0.707, 17

7. 對於圖 E.7 中的每個函數對，寫出 $g_2[n] = Ag_1[a(n-n_0)]$ 中的常數值。

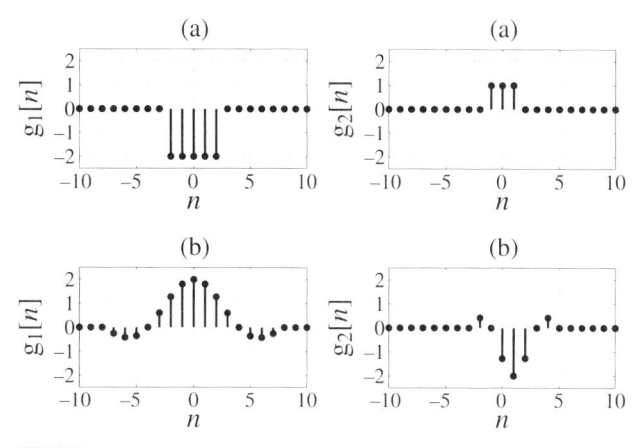

圖 E.7

解答：$A = -1/2, n_0 = 0, a = 2$ 或 -2, $A = -1, n_0 = 1, a = 2$ 或 -2

8. 函數 g[n] 定義如下：

$$g[n] = \begin{cases} -2 & , n < -4 \\ n & , -4 \leq n < 1 \\ 4/n & , 1 \leq n \end{cases}$$

畫出 $g[-n]$, $g[2-n]$, $g[2n]$ 和 $g[n/2]$。

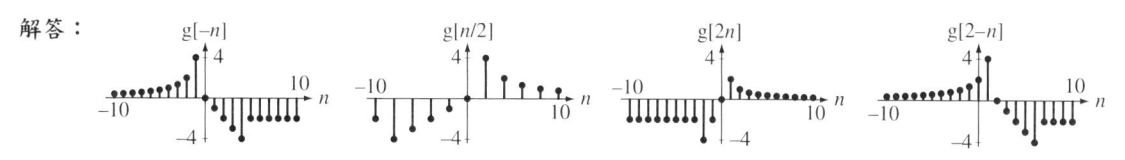

解答：

9. 找出 $x[n] = \text{ramp}[n+4]\text{ramp}[5-n]$ 在所有離散時間的最大值。

解答：20

10. 一個離散時間訊號從時間 $n = -8$ 至 $n = 8$ 有下列的值，且在其他時間為 0。

n	-8	-7	-6	-5	-4	-3	-2	-1	0	1	2	3	4	5	6	7	8
$x[n]$	9	4	9	9	4	9	9	4	9	9	4	9	9	4	9	9	4

此一訊號可以用 $x[n] = (A - B\delta_{N_1}[n - n_0])(u[n + N_2] - u[n - N_2 - 1])$ 表示。找出常數值。

$$x[n] = (9 - 5\delta_3[n + 1])(u[n + 8] - u[n - 9])$$

或

$$x[n] = (9 - 5\delta_3[n - 2])(u[n + 8] - u[n - 9])$$

解答：3, 5, 8, 9, -1 或 3, 2, 8, 5, 9

11. 一個訊號 $x[n]$ 只有在 $1 \leq n < 14$ 這個範圍不為 0。若 $y[n] = x[3n]$ 有多少個非 0 的 x 值出現在 y？

解答：4

88 訊號與系統——利用轉換方法與 MATLAB 分析

12. 一個離散時間函數 $g_1[n]$ 圖示於圖 E.12。它在圖中範圍外的值都為 0。令其他的函數定義如下：

$$g_2[n] = -g_1[2n], \quad g_3[n] = 2g_1[n-2], \quad g_4[n] = 3g_1\left[\frac{n}{3}\right]$$

找出下列的數值。

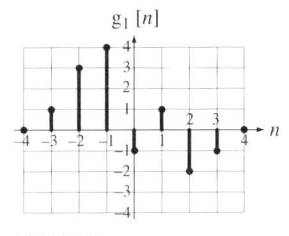

   (a) $g_4[2]$
   (b) $[g_4(t)g_3(5)]_{t=2}$
   (c) $\left(\dfrac{g_2[n]}{g_3[n]}\right)_{n=-1}$
   (d) $\displaystyle\sum_{n=-1}^{1} g_2[n]$

   圖 E.12

   解答： 未定義, −3/2, 0, −3/2

相差與累加

13. 畫出圖 E.13 離散時間函數之後向差分。

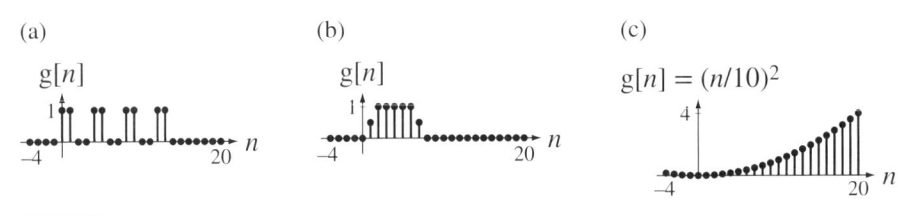

   (a) $g[n]$
   (b) $g[n]$
   (c) $g[n] = (n/10)^2$

   圖 E.13

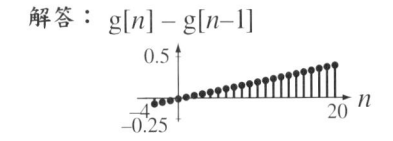

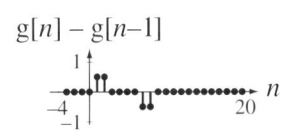

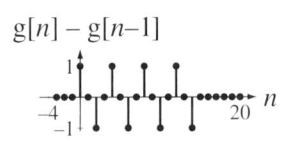

   解答： $g[n] - g[n-1]$, $g[n] - g[n-1]$, $g[n] - g[n-1]$

14. 訊號 $x[n]$ 定義於圖 E.14。令 $y[n]$ 為 $x[n]$ 之第一個後向差分而 $z[n]$ 為 $x[n]$ 之累加。（在所有 $n < 0$ 下假設 $x[n] = 0$）

   (a) $y[4]$ 之值為何？
   (b) $z[6]$ 之值為何？

   解答： −8, −3

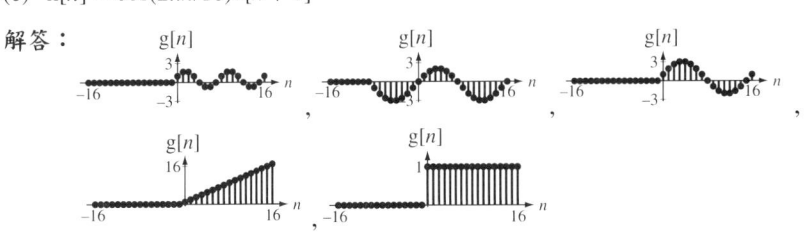

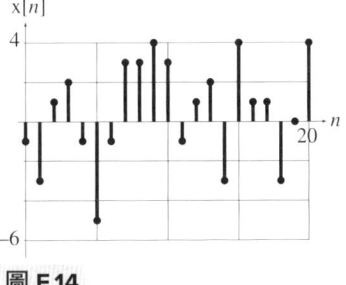

   圖 E.14

15. 畫出下列離散時間函數 $h[n]$ 之累加 $g[n]$，在 $n < -16$ 的所有時間下都為 0。

   (a) $h[n] = \delta[n]$
   (b) $h[n] = u[n]$
   (c) $h[n] = \cos(2\pi n/16)u[n]$
   (d) $h[n] = \cos(2\pi n/8)u[n]$
   (e) $h[n] = \cos(2\pi n/16)u[n+8]$

   解答：

偶函數與奇函數

16. 畫出下列函數之偶部與奇部。

    (a) $g[n] = u[n] - u[n-4]$
    (b) $g[n] = e^{-n/4}u[n]$
    (c) $g[n] = \cos(2\pi n/4)$
    (d) $g[n] = \sin(2\pi n/4)u[n]$

解答：

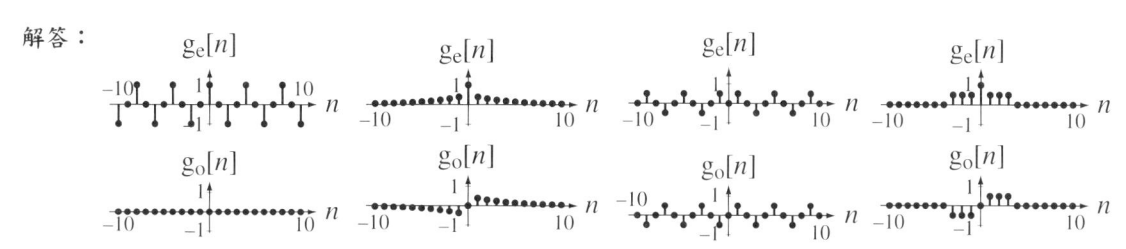

17. 畫出圖 E.17 訊號之 $g[n]$。

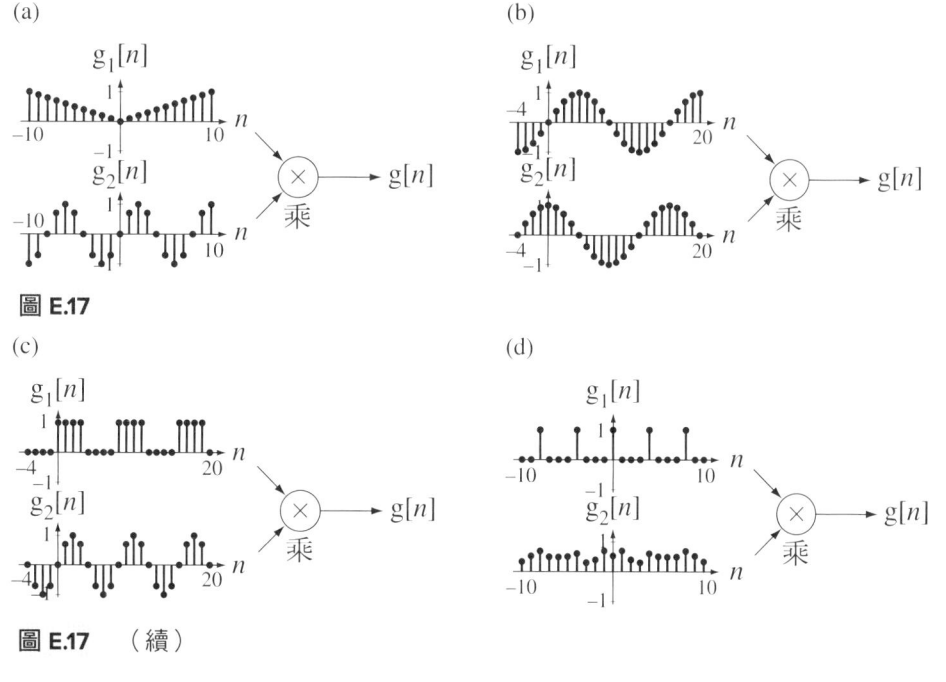

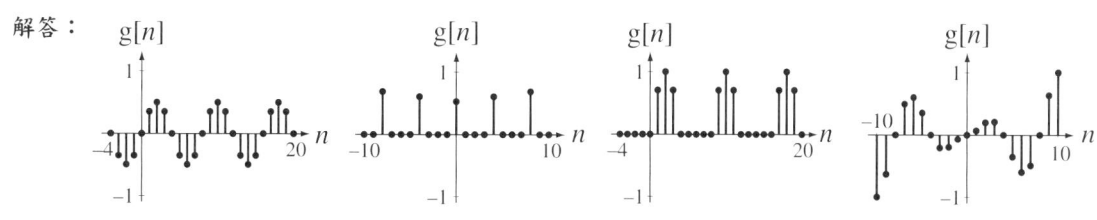

圖 E.17

圖 E.17 （續）

解答：

週期性函數

18. 找出下列函數之基礎週期。
    (a) $g[n] = \cos(2\pi n/10)$
    (b) $g[n] = \cos(\pi n/10) = \cos(2\pi n/20)$
    (c) $g[n] = \cos(2\pi n/5) + \cos(2\pi n/7)$
    (d) $g[n] = e^{j2\pi n/20} + e^{-j2\pi n/20}$
    (e) $g[n] = e^{-j2\pi n/3} + e^{-j2\pi n/4}$
    (f) $g[n] = \sin(13\pi n/8) - \cos(9\pi n/6) = \sin(2 \times 13\pi n/16) - \cos(2 \times 3\pi n/4)$
    (g) $g[n] = e^{-j6\pi n/21} + \cos(22\pi n/36) - \sin(11\pi n/33)$

    解答：20, 10, 20, 12, 252, 35, 16

19. 若 $g[n] = 15\cos(-\pi n/12)$ 與 $h[n] = 15\cos(2\pi Kn)$，當在所有的 n 下，$g[n] = h[n]$ 時兩個最小的正 K 值為何？

    解答：11/12 與 1/12

訊號能量與訊號功率

20. 確認下列函數是能量訊號或功率訊號，找出是能量訊號時的訊號能量與是功率訊號時的平均訊號功率。
    (a) $x[n] = u[n]$……功率訊號
    $$P_x = \lim_{N \to \infty} \frac{1}{2N+1} \sum_{n=-N}^{N} |u[n]|^2 = \lim_{N \to \infty} \frac{1}{2N+1} \sum_{n=0}^{N} 1^2 = \lim_{N \to \infty} \frac{N+1}{2N+1} = \frac{1}{2}$$
    (b) $x[n] = u[n] - u[n-10]$……能量訊號
    $$E_x = \sum_{n=-\infty}^{\infty} |u[n] - u[n-10]|^2 = \sum_{n=0}^{9} 1^2 = 10$$
    (c) $x[n] = u[n] - 2u[n-4] + u[n-10]$……能量訊號
    $$E_x = \sum_{n=-\infty}^{\infty} |u[n] - 2u[n-4] + u[n-10]|^2 = \sum_{n=0}^{3} 1^2 + \sum_{n=4}^{9} (-1)^2 = 4 + 6 = 10$$
    (d) $x[n] = -4\cos(\pi n)$……功率訊號
    $$P_x = \frac{1}{N} \sum_{n=\langle N \rangle} |-4\cos(\pi n)|^2 = \frac{16}{N} \sum_{n=\langle N \rangle} |\cos^2(\pi n)|$$
    $$= \frac{16}{N} \sum_{n=\langle N \rangle} [(-1)^n]^2 = \frac{16}{N} \sum_{n=\langle N \rangle} 1^2 = 16$$
    (e) $x[n] = 5(u[n+3] - u[n-5]) - 8(u[n-1] - u[n-7])$……能量訊號
    $$E_x = \sum_{n=-\infty}^{\infty} |5(u[n+3] - u[n-5]) - 8(u[n-1] - u[n-7])|^2$$
    $$E_x = \sum_{n=-3}^{6} [5(u[n+3] - u[n-5]) - 8(u[n-1] - u[n-7])]^2$$
    $$E_x = \sum_{n=-3}^{0} 5^2 + \sum_{1}^{4} (-3)^2 + \sum_{5}^{6} (-8)^2 = 25 \times 4 + 9 \times 4 + 64 \times 2 = 264$$

    解答：10, 16, 10, 1/2, 264

21. 找出下列訊號之訊號能量。
    (a) $x[n] = A\delta[n]$
    (b) $x[n] = \delta_{N_0}[n]$
    (c) $x[n] = \text{ramp}[n]$
    (d) $x[n] = \text{ramp}[n] - 2\text{ramp}[n-4] + \text{ramp}[n-8]$
    (e) $x[n] = \text{ramp}[n+3]u[-(n-4)]$
    (f) $x[n] = (\delta_3[n] - 3\delta_6[n])(u[n+1] - u[n-12])$

解答：140, ∞, 44, A^2, ∞, 10

22. 一個訊號 x[n] 是週期訊號，具有週期 $N_0 = 6$。一些選出的 x[n] 值為 x[0] = 3, x[−1] = 1, x[−4] = −2, x[−8] = −2, x[3] = 5, x[7] = −1, x[10] = −2 且 x[−3] = 5，平均訊號功率為何？

    解答：7.333

23. 找出週期訊號 x[n] = 2n, −2 ≤ n < 2 之一個週期的平均訊號功率。

    解答：6

24. 找出下列訊號之平均訊號功率。

    (a) x[n] = A   (b) x[n] = u[n]   (c) x[n] = $\delta_{N_0}[n]$ (d) x[n] = ramp[n]

    解答：∞, $1/N_0$, A^2, 1/2

第 4 章

系統描述

DESCRIPTION OF SYSTEMS

▶ 4.1 介紹與目標

　　訊號與系統一詞在第一章中已經有非常一般性的定義。系統的分析已經被工程師發展成一種學科。工程師利用數學理論與工具應用它們至物理世界的知識,來設計一些對社會有用的事物。此一由工程師所設計的事物為系統,但就如同第一章所表示,系統的定義更為寬廣。系統一詞寬廣到難以定義。一個系統幾乎可以是任何事物。

　　定義系統的一個方式是執行一個函數的任何事物。定義系統的另一個方式是對刺激或者激發有響應的事物。一個系統可以是電機系統、機械系統、生物系統、電腦系統、經濟系統與政治系統等。由工程師設計的系統是人工系統;自然系統是經由一段時間的演化與文化提升且作有組織性的發展。有些系統可以完全用數學來分析;有些系統複雜到用數學來分析是很困難的。有些系統因為很難測量到它們的特性,所以並不完全被了解。在工程上,系統通常是由某些訊號所激發而以其他訊號來響應的人工系統。

　　有些系統早期是由工匠根據他們的經驗與觀察,顯然只是用簡單的數學來改善與設計。工程師與工匠的最大差別在於,工程師使用較深的數學,特別是微積分來描述與分析系統。

本章目標

1. 介紹描述系統重要特性的命名法。
2. 利用微分與差分方程式,以及方塊圖來說明系統的模式。
3. 根據系統的特性發展技術來加以分類。

▶ 4.2 連續時間系統

系統模式化

　　在訊號與系統的分析中,一個最重要的過程是系統的模式化:以數學或邏輯或圖形來描述它們。一個好的模型是包括一個系統所有重要的效應,而不至於複雜到難以使用。

系統分析的一個常見術語是,若系統被一個**輸入訊號** (input signals) 加至一個或多個輸入端所**激發** (excited),在一或多個輸出端會出現**響應** (responses) 與**輸出訊號** (output signals)。激發一個系統表示施加能量引起響應。一個系統的例子是由馬達推進螺旋槳並且用舵來駕駛。一個由螺旋槳所產生推力、舵的位置與水流激發了此系統,船的航向與速度即為響應(圖 4.1)。

注意:上面所稱船的航向與速度即為響應,但它並未說它們就是船的響應,這可能意味著沒有其他響應。實際上,每個系統都有許多響應,有些重要,有些不重要。以上述的船為例子,船的航向與速度是重要的,而船結構之震動、水花濺在船身所產生的聲音、船後的尾波、船的搖擺且 / 或翻覆,以及多數的現象都是不重要的,因此在此系統的分析中是可忽略的。

汽車的懸吊系統是汽車在行駛時由路面所激發的,汽車底盤相對於路面的位置是一個重要的響應(圖 4.2)。當我們設定屋裡的恆溫器時,設定及室溫就是輸入到加熱或冷卻系統的訊號,而系統的響應就傳送熱或冷空氣將室內的溫度移動至設定值。

有一整類的系統、測試儀器為單一輸入、單一輸出系統。它們是由所測量的物理現象所激發,而響應即為儀表上對於物理現象的量測值。一個好例子是旋杯式風速表。風激發了風速表而風速表的角速度為重要的響應(圖 4.3)。

一個不常被認為是系統的是高速公路橋。它沒有一個明顯或者是故意的輸入訊號來製造想要的響應。一個理想的橋在受激發時,是完全不響應的。一座橋是由經過它的交通、

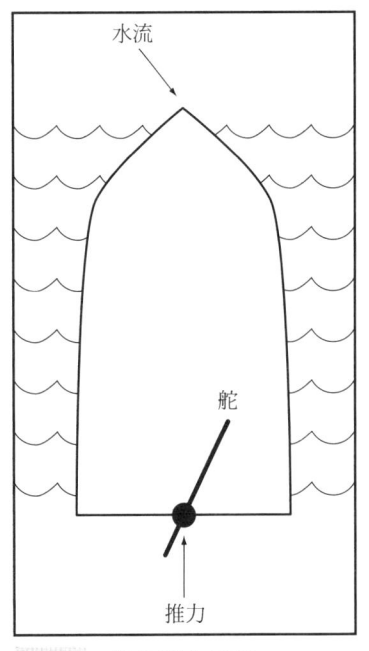

圖 4.1　船的簡化系統

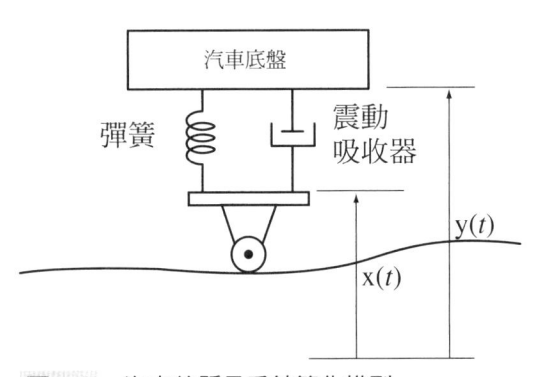

圖 4.2　汽車的懸吊系統簡化模型

第 4 章　系統描述　95

吹向它的風、推擠它的結構之水流所激發,而它確實有移動。一個最戲劇性的例子是,華盛頓州塔科馬海峽大橋當受到激發後的響應是崩塌的情形。在一個大風的日子裡,這個橋因為響應而劇烈的擺動,最後因為施加在它上面的力而裂解。這是一個為何好的分析是很重要的戲劇性例子。這個橋的劇烈響應情形在設計的過程中應該就會被發現,所以可以改變設計來避免此一情形發生。

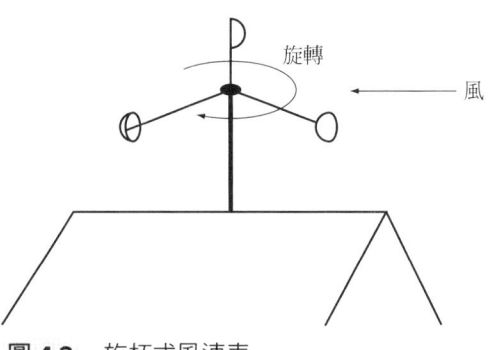

圖 4.3　旋杯式風速表

動植物上的生物細胞特別是在考慮到它的大小時,是一個驚人複雜的系統。人體是一個含有大量細胞的系統,因此幾乎是一個無法想像的複雜系統。但它可以在某些情形下,用一個較簡單的系統來模式化以計算一個獨立的效應。在藥物動力學中,人體通常是模擬成一個間隔室,一個含有液體的體積。吃藥是一種激發,而在人體內藥物的濃度則是重要的響應。藥物的注入與排泄決定了藥物濃度隨時間而變化的速率。

微分方程式

以下是使用微分方程式模式化系統的一些想法例子。這些例子第一次出現在第一章中。

例題 4.1 模式化一個機械系統

一個高 1.8 公尺、重 80 公斤的人從橋上高空彈跳至河上。此橋距河面 200 公尺而未拉扯的彈跳繩長 30 公尺。彈跳繩索的彈力係數為 $K_s = 11$ N/m,表示當繩索拉扯時,它的抗拒力量為每公尺 11 牛頓。將人的動態位置模式化為時間的函數,並畫出前 15 秒時人的位置相對於時間的圖。

人從橋上跳下時是自由落體,直到彈跳繩伸張至完全未拉扯的長度。這點發生在人的腳距離橋面下 30 公尺處。它的初始速度與位置為 0(用橋當作位置參考點)。它的加速度是 9.8 m/s^2,直到他距離橋面下 30 公尺。他的位置是速度的積分,而他的速度是加速度的積分。因此在開始的自由落下時間,他的速度為 $9.8t$ m/s,其中 t 的時間單位為秒,而他的位置是在橋下 $4.9t^2$ 公尺處。求解得到完全未伸展的彈跳繩之時間是 2.47 秒。在此時他的速度是每秒 24.25 公尺垂直往下。在這個點上的分析改變了,因為彈跳繩開始有作用,有兩個力作用在此人身上:

1. 往下拉的重力 mg,其中 m 是人的質量而 g 是地球的重力。
2. 彈跳繩往上拉 $K_s(y(t) - 30)$,其中 $y(t)$ 為人距橋面下的垂直位置,它是時間的函數。

於是利用力等於質量與加速度的乘積之定理,且實際上加速度是位置的二次微分,我們可以寫出下式:

$$mg - K_s(y(t) - 30) = my''(t)$$

或

$$my''(t) + K_s y(t) = mg + 30K_s$$

這是一個二階、線性、固定係數、非同質性、常微分方程式。它的全部解是同質解和特解的和。

同質解是方程式特徵函數之線性組合。特徵函數是可以符合這種樣式的方程式的實用形式。一個特徵函數有一個特徵值。特徵值是特徵函數的參數，使得它們符合此一特殊方程式。特徵值為特徵方程式 $m\lambda^2 + K_s = 0$ 之解。其解為 $\lambda = \pm j\sqrt{K_s/m}$。因為特徵解為複數，有時它用一個實數正弦與一個實數餘弦之組合來表示其解，會比用兩個複指數來的方便。因此同質解可以表示如下：

$$y_h(t) = K_{h1}\sin(\sqrt{K_s/m}\ t) + K_{h2}\cos(\sqrt{K_s/m}\ t)$$

特解是強迫函數與其所有獨特的微分之線性組合形式。在此例中，所有的強迫函數是常數，而其所有的微分為 0。因此特解的形式是 $y_p(t) = K_p$，為一個常數。代換至特解的公式中並求解，$y_p(t) = mg/K_s + 30$。全部的解是同質解與特解之和。

$$y(t) = y_h(t) + y_p(t) = K_{h1}\sin(\sqrt{K_s/m}\ t) + K_{h2}\cos(\sqrt{K_s/m}\ t) + \underbrace{mg/K_s + 30}_{K_p}$$

邊界條件是 $y(2.47) = 30$ 與 $y'(t)_{t=2.47} = 24.25$。將參數放入數值，利用邊界條件並求解，可以得到：

$$y(t) = -16.85\sin(0.3708t) - 95.25\cos(0.3708t) + 101.3, \quad t > 2.47$$

人的垂直位置之初始變化相對於時間是拋物線的。然後在 2.47 秒其解變成用一個選擇的正弦訊號來得到兩個解，這兩個解之微分在 2.47 秒處連續，如圖 4.4 所示。

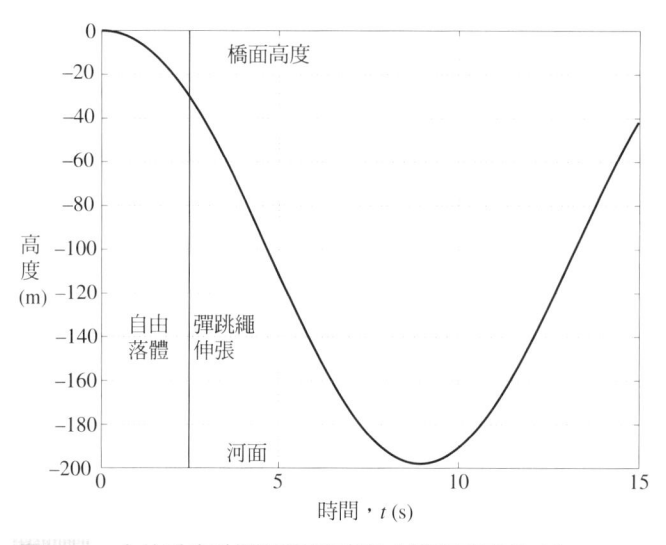

圖 4.4 人的垂直位置相對於時間（橋面高度是 0）

在例題 4.1 中之微分方程式

$$my''(t) + K_s y(t) = mg + 30K_s$$

描述此系統。這是一個線性、固定係數、非同質性、常微分方程式。方程式的右邊稱為**強迫函數** (forcing function)。若強迫函數為 0，我們就有一個同質微分方程式而其解就是同質解。在訊號與系統的分析中，此種解稱為**零輸入響應** (zero-input response)。它只有在系統的初始狀態不為 0 時才不為 0，這表示系統有儲存能量。若是系統沒有儲存能量且強迫函數不為 0，此響應稱為**零狀態響應** (zero-state response)。

在例題 4.1 中的數學模式中忽略了許多物理過程，例如：

1. 空氣阻力。
2. 彈跳繩的能量發散。
3. 人的速度之水平分量。
4. 在下墜中人的旋轉。
5. 加速度因為重力加速度作為位置的函數而變化。
6. 河流的水位變化。

忽略這些因素可以讓模式在數學上更簡單而不會如其原來的複雜。系統模式化總是在模式的正確性與簡化二者之間做妥協。

例題 4.2 流體力學系統之模式化

一個圓柱的水槽之截面積為 A_1 而水位為 $h_1(t)$，由一個高度為 h_2 有效截面積為 A_2 的出水孔放水，體積流量為 $f_1(t)$，而輸出的體積流量為 $f_2(t)$（圖 4.5）。寫出水位作為時間函數的微分方程式，並且畫出水位相對於時間的圖，假設水槽一開始是空的，並且用不同的注入假設求解。

基於某些簡化的假設，由水孔流出的水速可由托里切利方程式定義：

$$v_2(t) = \sqrt{2g[h_1(t) - h_2]}$$

其中 g 是因為地球的重力造成的加速度 (9.8 m/s^2)。在水槽中水體積 $A_1 h_1(t)$ 的變化率為流進體積流量率減去流出體積流量率

$$\frac{d}{dt}(A_1 h_1(t)) = f_1(t) - f_2(t)$$

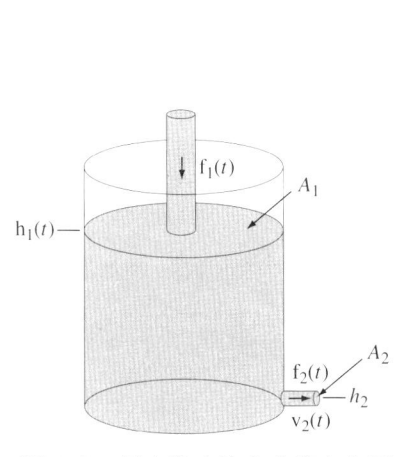

圖 4.5　具有注水孔之水槽由上面注水

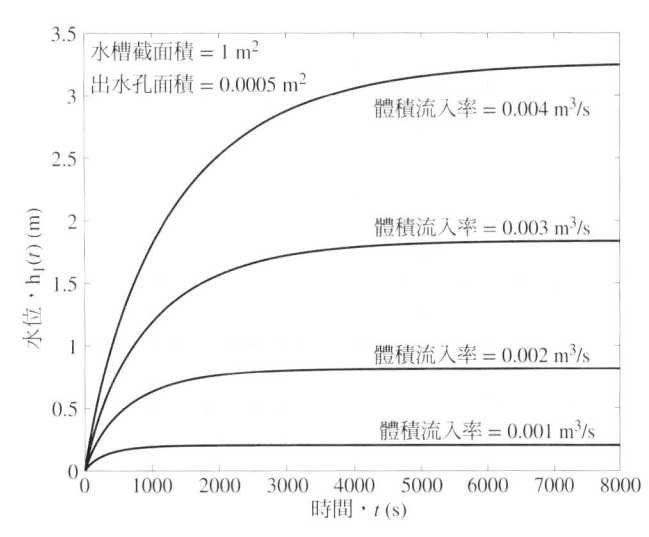

圖 4.6　水槽開始是空的情形下，變化四種不同體積注水所得到的水位相對於時間圖

而體積流出率為出水孔之有效截面積 A_2 與輸出水流速度的乘積 $f_2(t) = A_2v_2(t)$。結合上述方程式，我們可以得到水位的微分方程式。

$$A_1\frac{d}{dt}(h_1(t)) + A_2\sqrt{2g[h_1(t) - h_2]} = f_1(t) \tag{4.1}$$

水槽中的水位畫於圖 4.6 中，在水槽開始為空的情形下，變化四種不同體積注水得到水位相對於時間圖。當注入時水位上升導致水流流出增加。水位一直上升直到出水與進水相等，在此之後水位就保持固定。如同第一章所說，當注水量增加兩倍，最後的水位會增加四倍，此一事實使得微分方程式 (4.1) 為非線性。找出求解此微分方程式之方法將會在本章後面提到。

方塊圖

在系統分析中用方塊圖來表示非常有用。一個具有單一輸入與單一輸出的系統見圖 4.7。輸入的訊號 x(t) 由運算子 $\mathcal{H}$ 所計算後，製造輸出訊號 y(t)。運算子 $\mathcal{H}$ 可以執行任何想像得到的運算。

一個系統常是由**元件** (components) 之組合來描述與分析。一個元件是小且更簡單的系統，通常在某種意義上已經標準化了且其特性也已知。什麼情形認定是元件而非系統取決於當下的情況。對於電路設計師而言，電阻、電容、電感與運算放大器等視為元件；而系統為功率放大器、A/D 轉換器、調變器與濾波器等。對於通訊系統設計師而言，元件為放大器、調變器、濾波器與天線等，而系統為微波連結、光纖骨幹線、電話中心局。對於汽車設計師而言，元件為輪胎、引擎、保險桿、車燈與椅子，系統為車子本身。在大型的複雜系統中，例如商用飛機、電話網路、超級油輪或發電廠，它們有不同層級的元件與系統架構。

知道數學如何描述與定性系統中的所有元件，以及元件如何互相作用，一個工程師無須真正製造與測試，就可以利用數學預測系統如何運作。一個由元件組成的系統見圖 4.8。

方塊系統中的每一個輸入都可以進入到任何數目的方塊中，而從每一個方塊出來的輸出也可以進入到任何數目的其他方塊裡。訊號並不會因連接到任何數目的方塊而受影響。在電路分析中並沒有負載效應。類比於電機，認為訊號是電壓而所有的方塊都具有無窮大的輸入阻抗與零輸出阻抗。

在描畫系統的方塊圖時有一些運算常常出現，它們被單獨設計具有自己的方塊圖形符

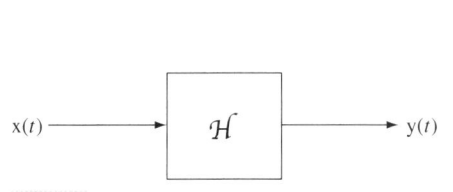

圖 4.7 單一輸入與單一輸出系統

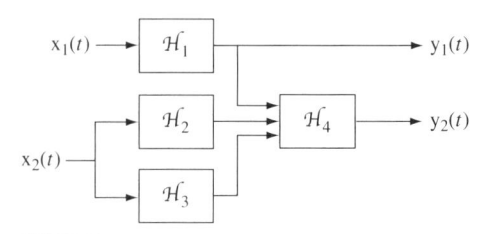

圖 4.8 雙輸入與雙輸出系統具有四個互聯之元件

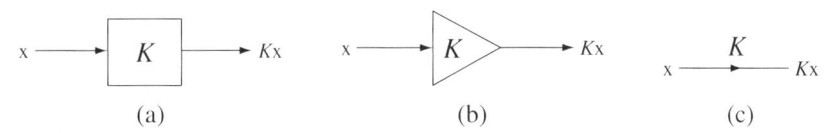

圖 4.9 系統方塊圖中三種不同的放大器圖示

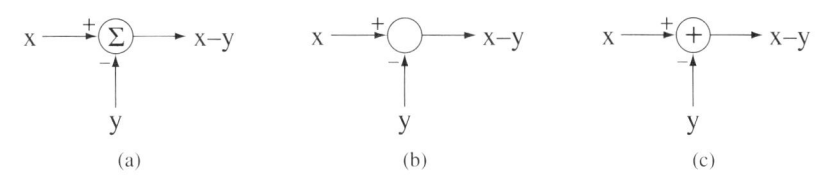

圖 4.10 系統方塊圖中三種不同的相加點圖示

號。它們是**放大器** (amplifier)、**相加點** (summing junction) 與**積分器** (integrator)。

放大器將輸入訊號乘以一個常數（它的增益）來製造響應。系統分析中不同的應用，不同的作者使用不同的放大器符號。最常見的形式如圖 4.9 所示。本書使用圖 4.9(c) 的圖示。

相加點接受多個輸入且對於這些輸入的和做出響應。有些訊號在相加之前就已經是負值，因此，此一元件也可以進行兩個訊號相減之動作。典型代表相加點的圖示見圖 4.10。

本書使用圖 4.10(c) 的圖示來表示相加點。若在相加點的輸入沒有標示正負號，就預設為正號。

當一個積分器被一個訊號激發時它的響應就是此訊號之積分（圖 4.11）。

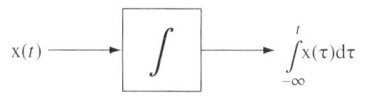

圖 4.11 積分器之方塊圖示

從事特殊訊號處理運算裡，仍有其他形式的元件符號。每個工程學科裡都有它在那個學科裡喜歡用的符號。一個流體系統的圖可能有專屬於閥、文氏管、幫浦和噴嘴。一個光學系統的圖可能有雷射、分光器、極化器、透鏡與鏡子。

在訊號與系統中通常會參考到兩種普遍的系統形式，開迴路與閉迴路。開迴路系統是單純直接對輸入訊號做響應。閉迴路系統是對輸入訊號做響應，同時也感測輸出訊號並且"回授"並加去或減去輸入訊號，以更加地適合系統的需求。任何測量儀器是一個開迴路系統。它的響應只是標示出激發而沒有改變它。人開車是一個閉迴路系統的很好例子。人用踩油門與剎車並轉動方向盤，來發訊號給車子以某種速度依照某個方向前進。當車子開上路後，駕駛者一直在感測車子相對於道路與其他車子之間的車速與方向。根據這些，駕駛者修正輸入訊號（操控方向盤、油門與 / 或剎車）來維持車子的行進方向，並且保持一個在道路上的安全車速與位置。

例題 4.3　模式化一個連續時間回授系統

針對圖 4.12 之系統。

(a) 若 y(t) 的初始值為 y(0) = 1，y(t) 之初始變化率為 y'(t)|$_{t=0}$ = 0, a = 1, b = 0, c = 4，找出 x(t) = 0 之零態輸入響應。

(b) 令 b = 5 並找出與 (a) 一樣初始狀態的零態輸入響應。

(c) 令系統一開始為靜止狀態並且令輸入訊號 x(t) 為單位步階。找出零態響應，其中 a = 1, c = 4 且 b = -1, 1, 5。

(a) 從方塊圖中我們可以寫出此系統之微分方程式，並且了解到從相加點出來的輸出訊號是 y"(t) 而且它必須和輸入訊號的和相等（因為 a = 1）。

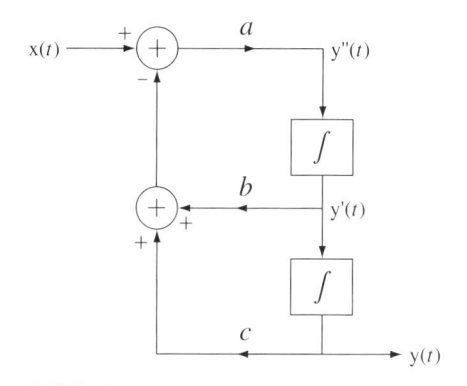

圖 4.12　連續時間回授系統

$$y''(t) = x(t) - [by'(t) + cy(t)]$$

當 b = 0 且 c = 4 時，它的響應用微分方程式 y"(t) + 4y(t) = x(t) 來描述。它的特徵函數是複指數 e^{st} 而其特徵值是特徵方程式 $s^2 + 4 = 0 \Rightarrow s_{1,2} = \pm j2$ 之解。同質解是 $y(t) = K_{h1}e^{j2t} + K_{h2}e^{-j2t}$。因為沒有激發，這也是所有的解。應用初始條件 y(0) = $K_{h1} + K_{h2}$ = 1 與 y'(t)|$_{t=0}$ = $j2K_{h1} - j2K_{h2}$ = 0 並且求解，於是 $K_{h1} = K_{h2}$ = 0.5。全部的解是 $y(t) = 0.5(e^{j2t} + e^{-j2t}) = \cos(2t), t \geq 0$。因此當 b = 0 時，零輸入響應為正弦訊號。

(b) 現在 b = 5，差分方程式為 y"(t) + 5y'(t) + 4y(t) = x(t)，特徵值為 $s_{1,2}$ = -1, -4，其解是 $y(t) = K_{h1}e^{-t} + K_{h2}e^{-4t}$。應用初始條件 y(0) = $K_{h1} + K_{h2}$ = 1 與 y'(t)|$_{t=0}$ = $-K_{h1} - 4K_{h2}$ = 0 並且對常數求解，於是 K_{h1} = 4/3, K_{h2} = -1/3，且 $y(t) = (4/3)e^{-t} - (1/3)e^{-4t}, t \geq 0$。當 t > 0 時，零輸入響應趨近於 0。

(c) 在本例中 x(t) 不等於 0 且微分方程式之所有的解包含特解。在 t = 0 之後的輸入是一個常數，因此特解也是一個常數 K_p。微分方程式是 y"(t) + by'(t) + 4y(t) = x(t)。求解 K_p 得到 K_p = 0.25。而所有的解是 $y(t) = K_{h1}e^{s_1 t} + K_{h2}e^{s_2 t} + 0.25$，其中 $s_{1,2} = (-b \pm \sqrt{b^2 - 16})/2$。響應與一次微分在 t = 0 時都為 0。應用初始條件並且解出剩下的兩個常數：

b	s_1	s_2	K_{h1}	K_{h2}
-1	0.5 + j1.9365	0.5 - j1.9365	-0.125 - j0.0323	-0.125 + j0.0323
1	-0.5 + j1.9365	-0.5 - j1.9365	-0.125 + j0.0323	-0.125 - j0.0323
5	-4	-1	0.0833	-0.3333

其解為

b	y(t)
-1	$0.25 - e^{0.5t}[0.25 \cos(1.9365t) - 0.0646 \sin(1.9365t)]$
1	$0.25 - e^{-0.5t}[0.25 \cos(1.9365t) + 0.0646 \sin(1.9365t)]$
5	$0.08333e^{-4t} - 0.3333e^{-t} + 0.25$

零輸入響應畫於圖 4.13。

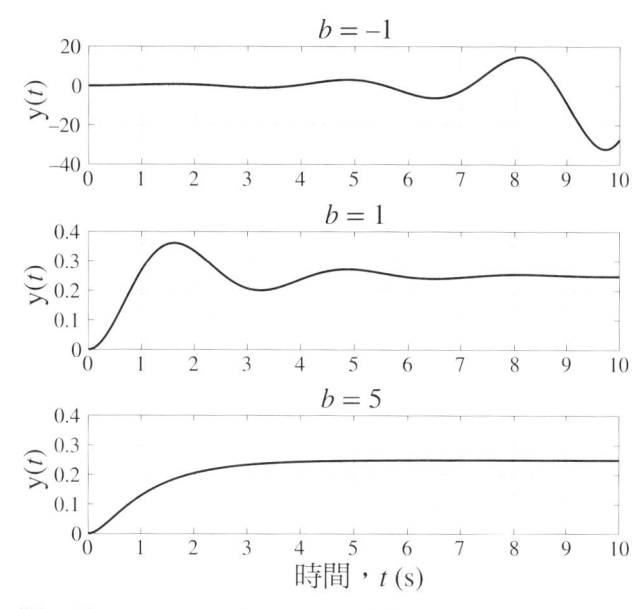

圖 4.13 $b = -1$、1 與 5 時的系統響應

很明顯的,當 $b = -1$ 時零狀態響應一直無界限的增加,因此這個回授系統是不穩定的。系統動力學受到回授強烈的影響。

系統特性

介紹範例

為了建造一個大型、一般性、可理解的系統,就讓我們從一些簡單的範例開始來說明一些重要的系統特性。電路對電機工程師來講較為熟悉。

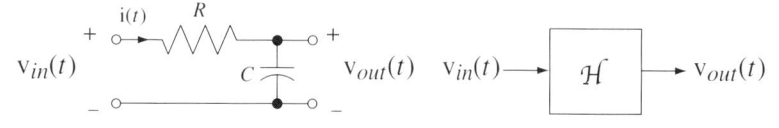

圖 4.14 RC 低通濾波器,一個單一輸入、單一輸出的系統

電路為電機系統。一個十分常見的電路是 RC 低通濾波器,一個單一輸入、單一輸出的系統,示於圖 4.14。

此電路稱為低通濾波器 (lowpass filter),因為若激發為一個固定振幅的正弦訊號,在低頻處的響應就會比在高頻處大。因此系統傾向於 "通過" 低頻率,而將高頻率 "阻止" 或 "擋" 下來。其他常見的濾波器形式為高通、帶通、帶拒。高通濾波器通過高頻率正弦訊號而阻止或擋下低頻率正弦訊號。帶通濾波器通過中間頻率而擋下低頻率與高頻率。帶拒濾波器通過低頻與高頻率而擋下中間頻率。在第 11 與 12 章中對濾波器將有更詳細的探討。

RC 低通濾波器輸入之電壓為 $v_{in}(t)$ 激發系統,而輸出電壓 $v_{out}(t)$ 為系統之響應。輸入電壓訊號加至左邊的端點對,輸出電壓出現在右邊的端點對。此系統包含兩個工程師非常

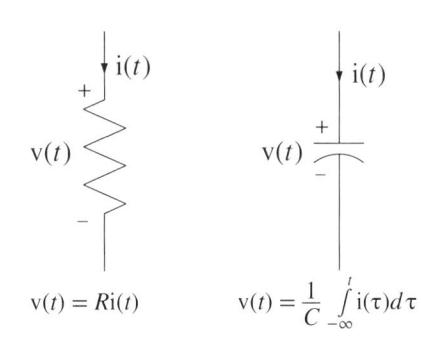

熟悉的元件，電阻和電容。電阻和電容的數學電壓 - 電流關係是廣為周知的，如圖 4.15 的說明。

利用克希荷夫電壓定律，我們可以寫出微分方程式

$$\underbrace{RC v'_{out}(t)}_{=i(t)} + v_{out}(t) = v_{in}(t)$$

差分方程式的解是同質解與特解的和。同質解是 $v_{out,h}(t) = K_h e^{-t/RC}$ 其中 K_h 仍然未知。特解決定於 $v_{in}(t)$ 的函數形態。令輸入訊號 $v_{in}(t)$ 是一個常數 A 伏特。於是因為輸入訊號是常數，特解是 $v_{oup,p}(t) = K_p$ 也同樣是一個常數。將其代入微分方程並求解，可以得到 $K_p = A$ 而全部的解是 $v_{out}(t) = v_{oht,h}(t) + v_{out,p}(t) = K_h e^{-t/RC} + A$。常數 K_h 可以在任何特定時間下在知道輸出電壓時得到。假設我們知道在 $t = 0$ 時跨在電容上的電壓，為 $v_{out}(0)$。於是

$$v_{out}(0) = K_h + A \Rightarrow K_h = v_{out}(0) - A$$

而輸出電壓訊號可以寫成

$$v_{out}(t) = v_{out}(0)e^{-t/RC} + A(1 - e^{-t/RC}) \tag{4.2}$$

說明於圖 4.16。

　　這個解答是設想它應用在所有時間 t 所做的說明。實際上這是不可能的，如果此解答可以應用至所有的時間，當時間趨近負無限大時就會沒有界限，而沒有界限的訊號不可能在真實世界中發生。比較實際的是電路的初始電壓用某種方式加在電容上，並且一直保持直到 $t = 0$。於是在 $t = 0$ 時 A 伏特的激發被加至電路，系統的分析在意的是在 $t = 0$ 之後發生什麼事。此結果將只應用在那個範圍的時間且在那個範圍內有界限。亦即是 $v_{out}(t) = v_{out}(0)e^{-t/RC} + A(1 - e^{-t/RC})$，$t \geq 0$，說明於圖 4.17。

　　此電路在 $t \geq 0$ 下，電壓之響應有四個決定因素，電阻 R、電容 C、初始電容電壓 $v_{out}(0)$ 與所加的電壓 $v_{in}(t)$。電阻與電容的值決定了系統中電壓與電流之間的相互關係。從

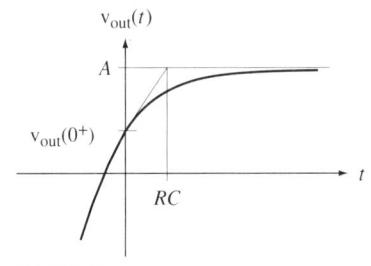

圖 4.15　電阻和電容的數學電壓 - 電流關係

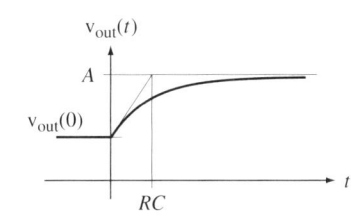

圖 4.16　RC 低通濾波器對於固定激發之響應

圖 4.17　RC 電路對於一個初始電壓與一個在 $t = 0$ 時加上固定激發的響應

(4.2) 式中可見到若所加的電壓 A 為 0，它的響應為

$$v_{out}(t) = v_{out}(0)e^{-t/RC}, \quad t > 0 \tag{4.3}$$

而且若是電容初始電壓 $v_{out}(0)$ 為 0，則響應為

$$v_{out}(t) = A(1 - e^{-t/RC}), \quad t > 0 \tag{4.4}$$

所以響應 (4.3) 式是零輸入響應而響應 (4.4) 式為零態響應。零態表示系統中沒有儲存能量，而在 RC 低通濾波器的例子中，零態表示電容電壓為 0。對於此系統而言，所有輸出是零輸入與零態響應之和。

若對於所有負的時間激發為 0，我們就可以用步階電壓來表示 $v_{in}(t) = Au(t)$。若假設電路是在無窮時間（因為 $t = -\infty$）時，將激發在輸入端點間連接，在 $t = 0$ 時電容的初始電壓為 0（圖 4.18(a)）。此系統一開始會處於零態而其響應為零態響應。有時表示法例如 $v_{in}(t) = Au(t)$ 用作輸入訊號是刻意用來表示說明於圖 4.18(b) 的狀態，在此例中，我們不只將電壓加至系統，我們實際上是利用關閉開關改變系統。若在圖 4.18 的兩個電路中初始電容電壓為 0，則 $t \geq 0$ 時的響應是一樣的。

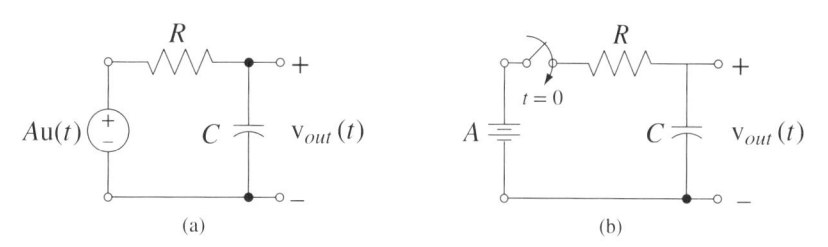

圖 4.18 兩種將 A 伏特在 $t = 0$ 時加至 RC 低通濾波器的方法

在時間 $t = 0$ 的零態下，用一個脈衝作為第二系統激發，將訊號能量注入到系統中，就可以包含系統中的初始儲存能量效應。例如在 RC 低通濾波器中，我們可以利用一個與電容平行的電流源中所發出的電流脈衝，將初始電壓加在電容上（圖 4.19）。

圖 4.19 用一個電流脈衝將電荷注入至電容中而建立起電容之初始電壓之 RC 低通濾收器

當電流脈衝產生時，在脈衝（它是零間隔）作用的時間內，將所有的電荷注入電容中。若脈衝的強度是 Q，則因為電流脈衝注入電荷，使得電容電壓改變如下：

$$\Delta v_{out} = \frac{1}{C}\int_{0^-}^{0^+} i_{in}(t)\, dt = \frac{1}{C}\int_{0^-}^{0^+} Q\delta(t)\, dt = \frac{Q}{C}.$$

因此選擇 $Q = Cv_{out}(0)$ 建立初始電容電壓為 $v_{out}(0)$。於是繼續電路的分析，好像我們找到了針對於 $v_{in}(t)$ 和 $i_{in}(t)$ 的零態響應，而非針對於 $v_{in}(t)$ 的零態響應以及針對於 $v_{out}(0)$ 的零輸入響應。

大部分的連續時間系統實際上可以用微分方程式來模式化（至少很接近），與上述 RC 低通濾波器的模式化方式幾乎相同。這在電機、機械、化學、光學和許多系統是真實的，所以在非常多的學科中研讀訊號與系統是很重要的。

同質性

若我們將輸入到 RC 低通濾波器的電壓訊號加倍至 $v_{in}(t) = 2Au(t)$，此 $2A$ 的因數會用在整個的分析中，而零態響應會加倍至 $v_{out}(t) = 2A(1 - e^{-t/RC})u(t)$。同樣的，若我們將電容的初始電壓加倍，零輸入響應就會加倍。事實上，若我們以任何常數乘輸入電壓訊號的話，零態響應也會乘以相同的常數。使得上述的闡述成立的之系統性質，即稱為**同質性** (homogeneity)。

> 在**同質性** (homogeneous) 系統中，將輸入訊號乘以任何常數（包括複數常數），則對零態響應會乘以一個相同的常數。

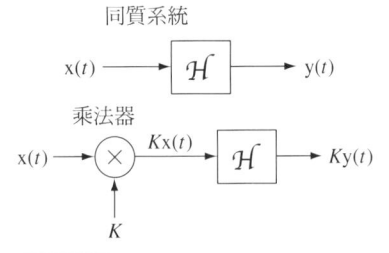

同質系統

x(t) → [H] → y(t)

乘法器

x(t) → ⊗ Kx(t) → [H] → Ky(t)
　　　↑
　　　K

圖 4.20 系統方塊圖說明系統之同質性觀念是系統在初始為零態（K 是任一個複數常數）

圖 4.20 用方塊圖的方式說明同質性的意義。

非同質性系統的一個非常簡單例子是，系統用 $y(t) - 1 = x(t)$ 之關係來定義。若 x 為 1 則 y 是 2，若 x 為 2 則 y 是 3。輸入訊號加倍，但輸出訊號沒有加倍。會讓此系統變成非同質性的原因是方程式左邊的常數 -1。此系統有一個非零之零輸入響應。注意：若我們加 $+1$ 至方程式的兩邊，並且重新定義輸入訊號為 $x_{new}(t) = x(t) + 1$，而非只是 $x(t)$，我們將有 $y(t) = x_{new}(t)$，而加倍 $x_{new}(t)$ 就會加倍 $y(t)$。此一系統在此輸入訊號的新定義之下會成為同質性。

例題 4.4 決定一個系統是否為同質性

測試系統輸入 - 輸出之關係為同質性

$$y(t) = \exp(x(t))$$

令 $x_1(t) = g(t)$。於是 $y_1(t) = \exp(g(t))$。令 $x_2(t) = Kg(t)$。於是 $y_2(t) = \exp(Kg(t)) = [\exp(g(t))]^K \neq Ky_1(t)$。因此此一系統為非同質性。

例題 4.4 的分析似乎看起來對於這麼簡單的函數不需要如此正式的證明。但在評估一些系統時，除非我們用此類結構性的證明方式，對於即使看起來簡單的系統也會很容易困惑。

非時變

假設圖 4.14 的系統一開始是在零態且激發延遲 t_0，而改變輸入訊號為 $x(t) = Au(t - $

t_0)。響應會如何發生呢？再一次經由求解的過程，我們會發現零態響應為 $v_{out}(t) = A(1 - e^{-(t-t_0)/RC})u(t - t_0)$，它正是除了把 t 換成 $t - t_0$ 後之原來的零態響應，延遲了激發結果就會以同樣的量來延遲零態響應而不改變其函數形式。造成此發生的特性稱為**非時變** (time invariance)。

> 若系統一開始是在它的零態而一個任意輸入訊號 $x(t)$ 引起一個響應 $y(t)$，而對於任一個 t_0 的輸入訊號 $x(t - t_0)$ 引起一個響應 $y(t - t_0)$，此系統就稱為**非時變** (time invariant)。

圖 4.21 說明非時變之觀念。

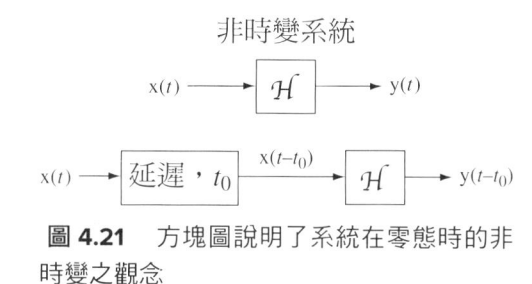

圖 4.21 方塊圖說明了系統在零態時的非時變之觀念

例題 4.5 決定一個系統是否為非時變

當輸入 - 輸出關係為 $y(t) = \exp(x(t))$，測試系統的非時變性。

令 $x_1(t) = g(t)$。於是 $y_1(t) = \exp(g(t))$。令 $x_2(t) = g(t - t_0)$。於是 $y_2(t) = \exp(g(t - t_0)) = y_1(t - t_0)$。因此此系統是非時變。

例題 4.6 決定一個系統是否為非時變

當輸入 - 輸出關係為 $y(t) = x(t/2)$，測試此系統為非時變性。

令 $x_1(t) = g(t)$。於是 $y_1(t) = g(t/2)$。令 $x_2(t) = g(t - t_0)$。於是 $y_2(t) = g(t/2 - t_0) \neq y_1(t - t_0) = g\left(\dfrac{t - t_0}{2}\right)$。因此此系統不是非時變：它是時變性的。

相加性

令輸入到 RC 低通濾波器的電壓訊號為兩個電壓之和 $v_{in}(t) = v_{in1}(t) + v_{in2}(t)$。在某個時間令 $v_{in2}(t) = 0$ 並且令 $v_{in1}(t)$ 單獨作用的零態響應為 $v_{out1}(t)$。此一條件下之微分方程式為：

$$RCv'_{out1}(t) + v_{out1}(t) = v_{in1}(t) \tag{4.5}$$

此處因為我們想求零態響應 $v_{out1}(0) = 0$。(4.5) 式與初始狀態 $v_{out1}(0) = 0$ 唯一決定 $v_{out1}(t)$。同樣的，若 $v_{in2}(t)$ 單獨作用，它的零態響應遵循

$$RCv'_{out2}(t) + v_{out2}(t) = v_{in2}(t) \tag{4.6}$$

而 $v_{out2}(t)$ 也是同樣的唯一決定。相加 (4.5) 與 (4.6) 式，

$$RC[v'_{out1}(t) + v'_{out2}(t)] + v_{out1}(t) + v_{out2}(t) = v_{in1}(t) + v_{in2}(t) \tag{4.7}$$

$v_{in1}(t) + v_{in2}(t)$ 如同 $v_{in1}(t)$ 在 (4.5) 式中一樣，在 (4.7) 式中占據同樣的位置，而 $v_{out1}(t) + v_{out2}(t)$ 和 $v'_{out1}(t) + v'_{out2}(t)$ 如同 $v_{out1}(t)$ 和 $v'_{out1}(t)$ 在 (4.5) 式中一樣，而在 (4.7) 式中占據同樣的位置。同樣的，對於零態響應而言，$v_{in1}(0) + v_{in2}(0) = 0$。因此若 $v_{in1}(t)$ 製造 $v_{out1}(t)$，則 $v_{in1}(t) + v_{in2}(t)$ 必須製造 $v_{out1}(t) + v_{out2}(t)$，因為兩個響應都需唯一的由同樣的微分方程式與同樣的初始條件所決定。此結果決定於兩個函數之和的微分等於兩個函數之微分的和。若激發是兩個激發的和，則此一微分方程式（但不一定是其他微分方程式）的解，為這些各自作用之激發的響應和。一個系統由加總激發製造出零態激發之總和稱為**相加性** (additive)（圖 4.22）。

> 若系統被任意的 x_1 所激發製造出一個零態的響應 y_1，且當被任意的 x_2 所激發製造出一個零態的響應 y_2 時，則 $x_1 + x_2$ 總是製造出一個零態的響應 $y_1 + y_2$，此系統是可加的 (additive)。

一個非常見的不可加系統是簡單的二極體電路（圖 4.23）。令電路的輸入電壓訊號 V 為兩個串接固定電壓源 V_1 和 V_2，使得總輸入電壓為兩個個別輸入電壓訊號之和。令總響應為電流 I，且令個別電流響應分別為個別電壓源作用的 I_1 和 I_2。為使得結果明顯，令 $V_1 > 0$ 且令 $V_2 = -V_1$。V_1 單獨作用的響應是 I_1，而 V_2 單獨作用的響應是非常小的（理想值是 0）的負電流 I_2。對於合成輸入訊號 $V_1 + V_2$ 之響應電流 I 為 0，但是個別響應之和 $I_1 + I_2$ 接近於 I_1，而非 0。所以這不是一個相加系統。

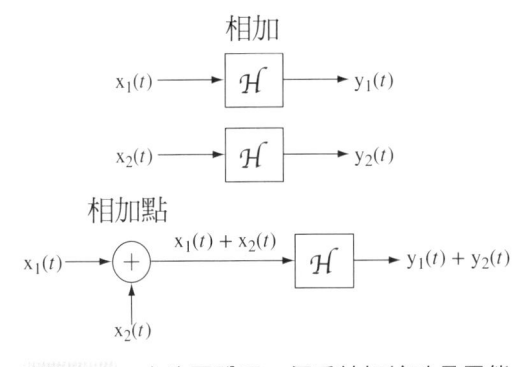

圖 4.22 方塊圖說明一個系統初始時是零態用於相加性之觀念

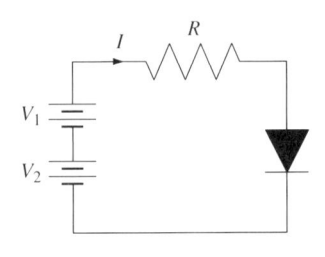

圖 4.23 直流二極體電路

線性與重疊

任何系統同時有同質性與相加性,稱為**線性** (linear) 系統。

> 若線性系統被任意的 $x_1(t)$ 所激發製造出一個零態的響應 $y_1(t)$,且當被任意的 $x_2(t)$ 所激發製造出一個零態的響應 $y_2(t)$ 時,則 $x(t) = \alpha x_1(t) + \beta x_2(t)$ 將會製造出一個零態的響應 $y(t) = \alpha y_1(t) + \beta y_2(t)$。

線性系統的此一特性引導至一個重要的觀念,稱為**重疊** (superposition)。重疊一詞沿於動詞 superpose(放在上面)。Superpose 中,"pose" 一詞表示將東西放在某個位置,"super" 表示 "在上面"。合在一起就表示將某樣東西放在某件物品上面。這跟我們在線性系統中,將輸入訊號加到另一個訊號一樣,所有的響應是一個響應(加)在另一個的響應 "上面"。

事實上,將重疊定理應用在線性系統上看起來是很細微且很明顯的,但在系統分析中的含意是很深遠的。它表示對於任何輸入訊號的零態響應,可以將輸入訊號拆解成簡單的部分加起來,而成為原來的輸入訊號,找出每一個簡單部分的響應,最後將這些響應加起來,得到對於所有輸入訊號的所有響應。它也表示我們可以求得零態響應,接著以獨立的運算求得零輸入響應,然後將所有求到的響應加起來得到在所有輸入訊號下的總響應。這是用 "分治法 (divide-and-conquer)" 趨近來解決線性系統問題,且它的重要性不言可喻。我們求解許多小且簡單的問題來取代一次解決一個大型且複雜的系統。在我們求解其中一個小且簡單的問題之後,其他的就因為相似性也變得簡單的可求解。線性與重疊是用來從事系統分析的大型且功能強大的技術之基礎。非線性系統的分析比分析線性系統困難許多,因為分治法策略在非線性系統上通常是行不通的。通常唯一一個實際分析非線性系統的方法是經由不同於解析的數值方式。

重疊和線性同樣可以用在多輸入、多輸出線性系統中。若線性系統有兩個輸入,將 $x_1(t)$ 加至第一個輸入而 $x_2(t)$ 加至第二個輸入會得到輸出 $y(t)$,我們可以將第一個輸入所得到的輸出 $y_1(t)$ 與第二個輸入所得到的輸出 $y_2(t)$ 相加起來得到。

LTI 系統

到目前為止,最常見在實際系統設計與應用中的系統型態為**線性非時變** (linear, time invariant) 系統。若一個系統既線性又非時變,則稱為 **LTI** 系統。LTI 系統的分析占了本書大部分的題材。

一個在後面很重要且會提到的線性意義現在可以先證明。令一個 LTI 系統用訊號 $x_1(t)$ 激發得到零態響應 $y_1(t)$。同樣的,用訊號 $x_2(t)$ 激發得到零態響應 $y_2(t)$。於是採用線性則 $\alpha x_1(t) + \beta x_2(t)$ 將會製造一個零態響應 $\alpha y_1(t) + \beta y_2(t)$。常數 α 和 β 可以是任意數,包含複數。令 α = 1，β = j，於是 x₁(t) + jx₂(t) 製造出響應 y₁(t) + jy₂(t)。我們已經知道 x₁(t) 製造 y₁(t)，x₂(t) 製造 y₂(t)。因此現在我們可以說明一般的原則。

> 當在 LTI 系統中，複數激發產生一個響應，激發的實部製造響應的實部，激發的虛部製造響應的虛部。

這表示與其應用一個實部激發至系統中尋求其響應，我們可以應用一個複數激發而它的實部是真正的物理激發，找到複數響應後，我們可以得到實際物理激發所產生的實際物理響應。這是求解系統問題的一個迂迴方式，但是因為實數系統的特徵函數是複指數，且因為應用它們至系統分析中的簡潔表示法，這是一個比直接求解的更有效率分析方式。這是轉換方法原理中的一個基本觀念，而它們的應用會在第 6 至第 9 章介紹。

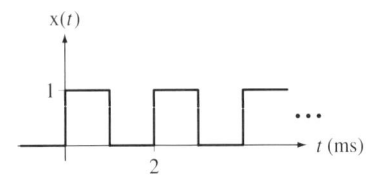

圖 4.24 激發 RC 低通濾波器之方波

例題 4.7 利用重疊定理求解方波加至 *RC* 低通濾波器的響應

利用重疊定理求在 $t = 0$ 時打開的方波加至 *RC* 低通濾波器之響應。令 *RC* 的時間常數為 1 ms，令此方波中從一個上升邊緣至下一個為 2 ms，且令方波之振幅為 1 V（圖 4.24）。

對於方波加至 *RC* 低通濾波器的激發，我們並沒有公式，但我們確實知道它對單位步階的響應。一個方波可以用一些正與負時間位移的單位步階加總得到。因此 x(t) 可以解析的表示為：

$$x(t) = x_0(t) + x_1(t) + x_2(t) + x_3(t) + \cdots$$

$$x(t) = u(t) - u(t - 0.001) + u(t - 0.002) - u(t - 0.003) + \cdots$$

RC 低通濾波器是一個線性非時變系統。因此此一濾波器的響應可以是各個單位步階響應之和。對於一個未位移正單位步階的響應為 $y_0(t) = (1 - e^{-1000t})u(t)$。利用非時變

$$y_1(t) = -(1 - e^{-1000(t-0.001)})u(t - 0.001)$$

$$y_2(t) = (1 - e^{-1000(t-0.002)})u(t - 0.002)$$

$$y_3(t) = -(1 - e^{-1000(t-0.003)})u(t - 0.003)$$

$$\vdots \qquad \vdots \qquad \vdots$$

於是，利用線性與重疊，

$$y(t) = y_0(t) + y_1(t) + y_2(t) + y_3(t) + \cdots$$

$$y(t) = (1 - e^{-1000t})u(t) - (1 - e^{-1000(t-0.001)})u(t - 0.001)$$
$$+ (1 - e^{-1000(t-0.002)})u(t - 0.002) - (1 - e^{-1000(t-0.003)})u(t - 0.003) \cdots$$

（見圖 4.26）。

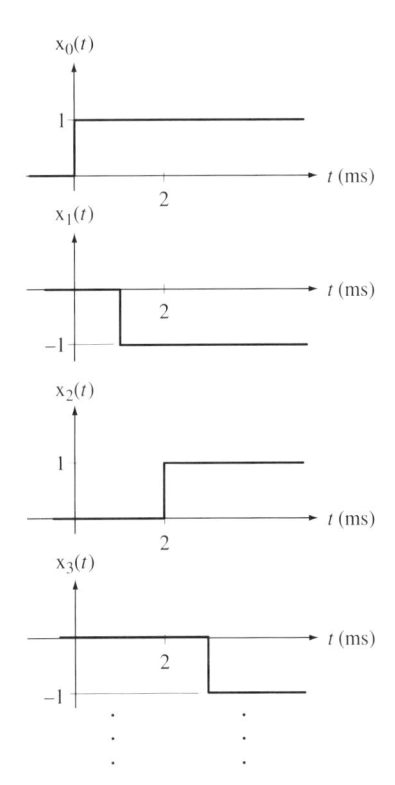

圖 4.25 單位步階可以相加成方波

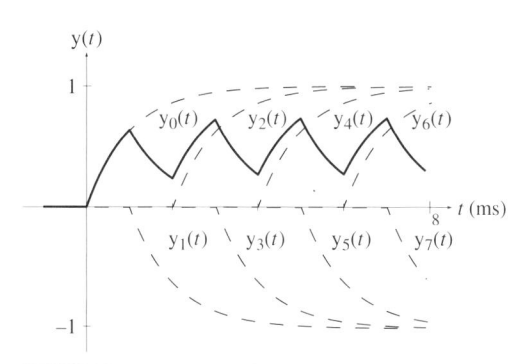

圖 4.26 對方波之響應

重疊定理是找出線性系統響應之強大技術之基礎。描述線性系統有名的特徵方程式為相依變數在其積分與微分中只有出現一次冪。為了說明這個規則，考慮系統的激發與響應之關係互相之間以微分方程式 $ay''(t) + by^2(t) = x(t)$ 關聯，其中 $x(t)$ 是 $y(t)$ 是響應。若 $x(t)$ 改成 $x_{new}(t) = x_1(t) + x_2(t)$，微分方程式變成 $ay''_{new}(t) + by^2_{new}(t) = x_{new}(t)$。對於 $x_1(t)$ 與 $x_2(t)$ 單獨作用的微分方程式為

$$ay''_1(t) + by^2_1(t) = x_1(t) \quad \text{and} \quad ay''_2(t) + by^2_2(t) = x_2(t)$$

這兩個方程式的和為

$$a[y''_1(t) + y''_2(t)] + b[y^2_1(t) + y^2_2(t)] = x_1(t) + x_2(t) = x_{new}(t)$$

它（一般是）不等於

$$a[y_1(t) + y_2(t)]'' + b[y_1(t) + y_2(t)]^2 = x_1(t) + x_2(t) = x_{new}(t)$$

它的差異是由 $y^2(t)$ 所導致，它與描述線性系統的微分方程式不一致。因此，在此系統中不能用重疊定理。

一個在訊號與系統分析中十分常見的分析技術，是用線性系統的方法來分析非線性系統，此過程稱為系統的**線性化** (linearizing)。當然這個分析過程不是完全正確，因為系統並非真正的線性且線性化的過程不會使其變線性。相反的是，線性化利用趨近線性方程式的方式，取代系統的真正非線性方程式。若輸入和輸出夠小的話，許多非線性系統可以小心的用線性系統方式來分析。如同一個單擺的例子（如圖 4.27）。假設質量是由一個長度為 L 無質量的鋼性桿子所支撐。若有一個力 $x(t)$ 加至質量 m，它的響應就是移動。這些作用在質量

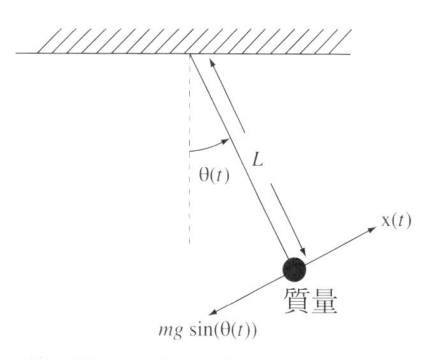

圖 4.27 一個單擺

上力量之向量和與作用的方向相切，等於同方向的質量與加速度之乘積。就是 x(t) − mg sin(θ(t)) = mLθ″(t) 或是

$$mL\theta''(t) + mg\sin(\theta(t)) = x(t) \qquad (4.8)$$

其中 m 是單擺末端的質量，x(t) 是與運動方向相切作用在質量上之力，L 是單擺的長度，g 是因為重力引起的加速度，而 θ(t) 是單擺的角度位置。此系統由 x(t) 所激發而響應為 θ(t)，(4.8) 式是非線性的。但若 θ(t) 夠小，sin(θ(t)) 可以用 θ(t) 來近似。利用此近似

$$mL\theta''(t) + mg\theta(t) \cong x(t) \qquad (4.9)$$

這個就是線性方程式。因此，對於從靜止位置起源的小擾動，此系統可以用 (4.9) 式小心地分析。

穩定性

在 RC 低通濾波器的例子中，輸入訊號是有界的步階電壓，表示在所有時間內，其絕對值小於某些有限的上限 B，在所有的 t 下，|x(t)| < B。RC 低通濾波器對於此一有界的輸入訊號之響應為有界之輸出訊號。

> 任何系統對於任意有界激發之零態響應也是有界的，稱為**有界輸入有界輸出** (bounded-input-bounded-output, BIBO) 穩態系統 [1]。

在訊號與系統分析中最常見的系統是，它的輸入 - 輸出關係是由線性、固定係數、常微分方程式所決定。對於這種形式的微分方程式之特徵函數是一個複指數。因此同質解是複指數的線性組合形式。這些複指數的個別行為由其相對應的特徵值所決定。每個複指數的形式為 $e^{st} = e^{\sigma t}e^{j\omega t}$，其中 $s = \sigma + j\omega$ 為其特徵值、σ 是實部而 ω 為虛部。因式 $e^{j\omega t}$ 在所有的 t 時都為 1。若 σ 是負值時因式 $e^{\sigma t}$ 之量值，在當時間由正的方向前進時變小。若 σ 是正值時則變大。若 σ 等於 0，因式 $e^{\sigma t}$ 則為常數 1。若指數隨時間漸增，則系統會不穩定，因為有限的上邊界不能放在響應。若 σ = 0，就可能找到一個有界的輸入訊號而使得輸出訊號無界的漸增。輸入訊號若與微分方程式（若是特徵解的實部為 0 就是有界的）的同質解有一樣的函數形式，將會製造一個無界的響應（見例題 4.8）。

---

[1] BIBO 穩定性的討論導入一個有趣的點。利用 BIBO 的標準真的有系統曾經真正的不穩定嗎？嚴格講起來沒有一個實際的系統可以製造一個無界的響應，所有的實際系統都是穩定的。BIBO 不穩定性的一般運作，意思是一個系統由線性方程式近似的描述，若系統保持線性的話，它可能會由一個有界的激發發展成無界的響應。所有的系統當其響應達到一個很大的值時都會變成非線性，而且不可能製造一個實際上無界的響應。因此以普通的概念來說一個核子武器是一個 BIBO − 不穩定系統，但嚴格的說法它是一個 BIBO − 穩定系統。它的能量釋放非無界的，儘管與一般地球上的人造系統相比的話它是極大的。

> 對於一個由微分方程式所描述的連續時間 LTI 系統，若任何特徵值的實部大於或等於 0（非負值），此系統是 BIBO 不穩定。

例題 4.8 找出一個有界的激發值製造出一個無界的響應

考慮一個積分器 $y(t) = \int_{-\infty}^{t} x(\tau)d\tau$。找出此公式解之特徵值，以及找出一個製造一個無界響應的激發。

利用萊布尼茲 (Leibniz) 公式於此一型態積分而求其導數，我們可以在兩邊微分並形成微分方程式 $y'(t) = x(t)$。這是一個非常簡單的具有一個特徵值，以及同質解是一個常數的微分方程式，因為它的特徵值為 0。因此此系統應該是屬於 BIBO 不穩定。一個有界激發會有如同同質解一樣的函數形式製造一個無界的響應。在此例中，固定的激發製造出一個無界響應。因為響應是激發的積分。當時間 t 經過後，很清楚的是，對於一個固定的激發，響應的大小會線性的成長至一個沒有界的上限。

因果性

考慮我們分析到目前為止的系統，發現每個系統只在激發的期間或之後響應。這看起來明顯且自然。系統如何在激發前響應呢？明顯的，是因為我們居住在一個物理世界裡，在這裡面，物理系統只在當下或往後的時間響應。但隨後我們在考慮理想濾波器時（在 11 章），有些系統的設計趨近方式可能使系統在激發之前響應。這種系統事實上不可能建造。

事實上一個實際的系統只有在當下或之後響應，它是一個一般所認知的引發與效應的結果。一個效應有其引發，而效應是在引發加上後或當下才發生。

> 任何系統它的零態響應是在激發的當下或之後發生的，稱為**因果** (causal) 系統。

所有物理系統都是因果性的，因為它們無法看見未來而且在激發前響應。

因果性一詞通常（儘管有些不適當）也應用到訊號中。一個因果訊號是在 $t = 0$ 之前為 0。此術語是從一個事實而來，就是輸入訊號在 $t = 0$ 之前為 0 加到一個因果系統後，它的響應在 $t = 0$ 之前也同樣為 0。根據此一定義，響應將是一個因果性訊號，因為它是由一個因果性的激發到一個因果性的系統所產生的。術語**反因果性** (anticausal) 有時也用來描述在時間 $t = 0$ 後為 0 的訊號。

在訊號與系統分析中，我們通常尋找什麼是一般所稱的**系統之強迫響應** (forced response)。一個十分常見的例子是輸入訊號是週期訊號。一個週期訊號沒有一個可辨識的起點，因為若一個訊號 $x(t)$ 是週期的，則表示 $x(t) = x(t + nT)$，其中 T 是週期而 n 是任意整數。無論在我們看的當下前面多遠，此一訊號是週期性的重複。因此週期輸入訊號與

LTI 系統（也是週期性且具有同樣週期）的強迫響應之關係，不能用來決定一個系統是否為因果的。因此在分析系統是否為因果時，系統應該由一個在它之前都為 0 且可辨識時間的測試訊號激發。一個測試 LTI 系統是否為因果的簡單訊號是單位脈衝 $\delta(t)$。它在 $t = 0$ 之前與之後都為 0。若一個系統對於發生在 $t = 0$ 的單位脈衝之零態響應，在 $t = 0$ 之前不為 0，此系統就為非因果性的。第 5 章介紹一個決定 LTI 系統如何對單位脈衝產生響應之方法。

記憶性

目前我們所考慮的系統決定於現在與過去的激發。在 RC 低通濾波器中，在電容器上的電荷是由過去流經的電流所決定。根據此一機制的認知，是記憶過去的某些東西。系統現在的響應決定於過去的激發，而記憶體伴隨現在的激發而決定現在的響應。

> 若在任意時間下系統的零態響應決定於任何其他時間的激發，系統是有**記憶性** (memory) 且是一個**動態** (dynamic) 系統。

存在一些系統它的響應值只有決定於現在的激發值。電阻分壓器是一個好例子（圖 4.28）。

> 若在任意時間下系統的響應只有決定於在同樣時間的激發，此系統是無記憶性且是一個**靜態** (static) 系統。

因果性與記憶性的觀念是相關的。所有的靜態系統都是因果性的。此外，測試記憶體也可以使用同樣的單位脈衝測試訊號來測試因果性。若 LTI 系統對於單位脈衝 $\delta(t)$ 在任何時間的響應除了在 $t = 0$ 之外不為 0 時，此系統是有記憶性。

穩態非線性

我們已經看過一個具有非 0, 零輸入響應的非線性系統的例子。它因為非同質性，所以為非線性。非線性不是因為元件本身的非線性之固有結果，而是因為系統的零輸入響應不為 0 所造成的。

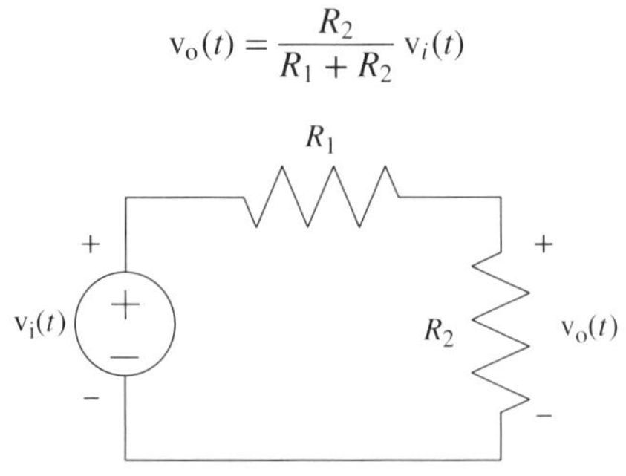

實際上，非線性系統 (nonlinear system) 一詞更普遍的意思是，一個系統雖然其零輸入響應不為 0，其輸出訊號仍然是輸入訊號的非線性函數。此通常是在系統中的元件具有**靜態非線性** (static nonlinearities) 的結果。一個靜態非線性系統沒有記憶性，而且輸入 - 輸出關係為非線性函數。靜態非線性的例子包括二極體、電晶體、平方律偵測器等。這些元件因為輸入訊號是由某些因數改變，而輸出訊號能夠為另一因

$v_o(t) = \dfrac{R_2}{R_1 + R_2} v_i(t)$

圖 4.28 電阻分壓器

數而改變而為非線性。

線性與非線性元件的差異可以用圖來說明輸入與輸出訊號間的關係。對於一個線性電阻，它是一個靜態系統，其關係可以由歐姆定理來決定。

$$v(t) = Ri(t)$$

電壓對電流是線性的圖示（見圖 4.29）。

二極體是靜態非線性的好例子。它的電壓 - 電流關係是 $i(t) = I_s(e^{qv(t)/kT} - 1)$，其中 I_s 是反向飽和電流，q 是在電極上的電荷，k 是波茲曼常數 (Boltzmann's constant)，T 是絕對溫度如圖 4.30 所示。

另一個靜態非線性元件的例子是用在平方器的類比乘法器。類比乘法器有兩個輸入、一個輸出，而輸出訊號是加在兩個輸入端訊號之乘積。它是無記憶性或靜態的，因為當下的輸出訊號只與當下的輸入訊號有關（圖 4.31）。

輸出訊號 y(t) 是輸入訊號 $x_1(t)$ 與 $x_2(t)$ 之乘積。若 $x_1(t)$ 與 $x_2(t)$ 是同樣的訊號 x(t)，則 y(t) = $x^2(t)$。這是一個靜態非線性的關係，因為若激發乘以某個因數 A，則響應會乘以 A^2，使得此系統變成非同質性。

靜態非線性的常見例子是在相對於理想的實際飽和運算放大器。運算放大器有兩個輸入，反向輸入與非反向輸入，以及一個輸出。當輸入電壓加在輸入，運算放大器的電壓輸出訊號是直到某一點之兩個輸入訊號差的固定倍數。對於小的差值，關係是 $v_{out}(t) = A[v_{in+}(t) - v_{in-}(t)]$。但是輸出電壓受電源供應器電壓的限制，只能趨近於那些值而不能超越它們。因此若輸入電壓的差夠大的話，從 $v_{out}(t) = A[v_{in+}(t) - v_{in-}(t)]$ 所計算的輸出電壓將會使得它超出 $-V_{ps}$ 至 $+V_{ps}$（其中 ps 表示電源供應器）的範圍，運算放大器將會飽和。輸出電壓訊號只能到此為止而不會超過。當運算放大器飽和，輸入與輸出訊號間的關係會變成靜態非線性。說明於圖 4.32。

雖然一個系統是靜態非線性，用線性系統分析的技術來分析它們仍然有用。

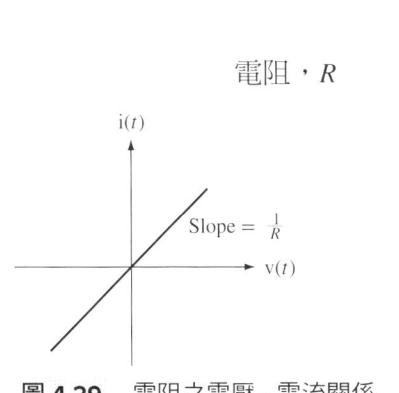

圖 4.29 電阻之電壓 - 電流關係

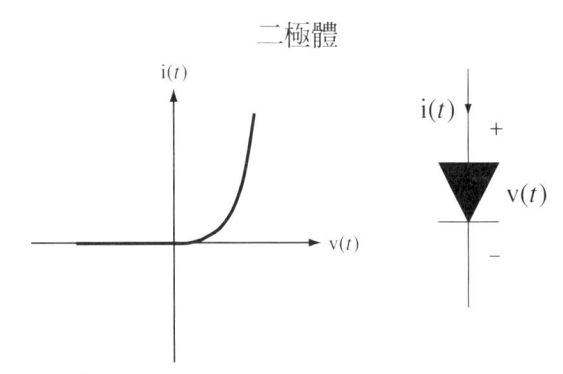

圖 4.30 在固定溫度下二極體的電壓 - 電流關係

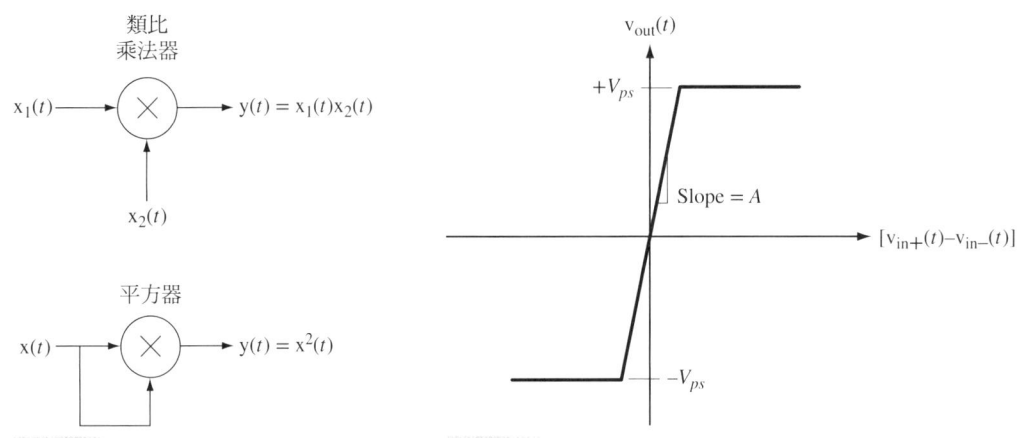

圖 4.31 類比乘法器與平方器　　**圖 4.32** 飽和運算放大器輸入 - 輸出訊號間的關係

可逆性

在系統分析中，我們常給定一個激發後求系統的零態響應。但若系統是**可逆的** (invertible)，我們可以經由零態響應找到激發。

> 若單一激發製造單一零態響應，我們就說此系統是可逆的。

若單一激發製造單一零態響應，至少它在理論上就可能給定一個零態響應，並與製造它的激發相關聯。許多實際的系統是可逆的。

另一個描述可逆系統的方式是，若系統是可逆的就存在一個逆系統，當其由第一個系統的響應所激發時，回應出第一個系統的激發（圖 4.33）。

一個可逆系統的例子是，任何系統可由以下的一個線性、非時變、固定係數、微分方程之形式所描述。

$$a_k y^{(k)}(t) + a_{k-1} y^{(k-1)}(t) + \cdots + a_1 y'(t) + a_0 y(t) = x(t)$$

若響應 y(t) 是已知，則它的所有導數也是。此方程式精確的表示如何由 y(t) 與其導數的線性組合來計算激發。

一個非可逆系統的例子是一個靜態系統，它的輸入 - 輸出函數之關係為：

$$y(t) = \sin(x(t)) \tag{4.10}$$

對於任意的 x(t)，有可能決定 y(t) 的零態響應。對於激發的知識單獨地決定零態響應。然而在給定響應後如果我們想求激發，重新安排 (4.10) 式為 $x(t) = \sin^{-1}(y(t))$，我們會遭遇到一個問題。正弦函數的反函數有多重值。因此知道零態響應的知識並不能單獨決定激發。此系統違反可逆的原理，因為不同的激發可以製造相同的零態響應。若在 $t = t_0$，$x(t_0) = \pi/4$，於是 $y(t_0) = \sqrt{2}/2$。但如果 $t = t_0$，$x(t_0) = 3\pi/4$，則 $y(t_0)$ 有同樣的值 $\sqrt{2}/2$。因此只評估零態響應，我們無從得知是哪個激發值所導致的。

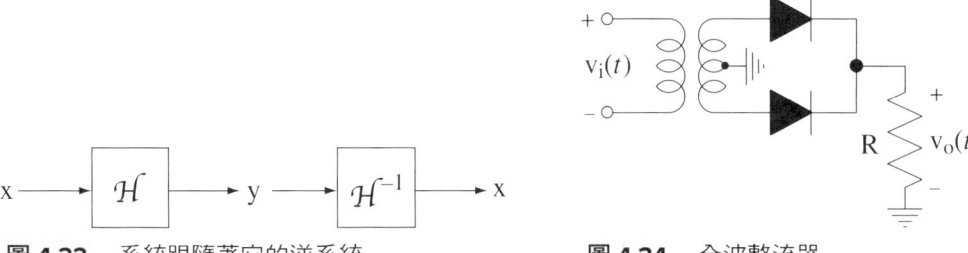

圖 4.33 系統跟隨著它的逆系統

圖 4.34 全波整流器

另一個系統為非可逆系統的例子對於電子電路設計師非常熟悉，全波整流器（圖 4.34）。假設變壓器是一個理想的 1：2 圈數比的變壓器且二極體也是理想的，因此在順向偏壓時，在它們上面沒有壓降，且在反向偏壓時沒有電流流經它們。因此輸出電壓訊號 $v_o(t)$ 和輸入電壓訊號 $v_i(t)$ 的關係是 $v_o(t) = |v_i(t)|$。假設在某個特殊時間輸出電壓訊號是 +1 V。在這個時間的輸入電壓訊號可能為 +1 V 或 −1 V。僅觀察輸出訊號，完全無法得知是這兩個輸入電壓訊號中哪一個所激發的。因此我們無法保證可從響應正確地重建激發。此系統是不可逆的。

二階系統動力學

一階與二階系統是在系統設計與分析中最常見的型態。一階系統係由一階微分方程式所描述，而二階系統則由二階微分方程式所描述。我們已經見過一階系統。作為二階系統的例子，考慮圖 4.35 中由步階所激發的 RLC 電路。

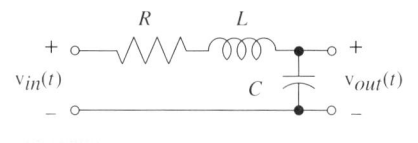

圖 4.35 一個 RLC 電路

迴路中的電壓和為

$$LCv''_{out}(t) + RCv'_{out}(t) + v_{out}(t) = Au(t) \tag{4.11}$$

輸出電壓訊號的解為

$$v_{out}(t) = K_1 e^{\left(-R/2L + \sqrt{(R/2L)^2 - 1/LC}\right)t} + K_2 e^{\left(-R/2L - \sqrt{(R/2L)^2 - 1/LC}\right)t} + A$$

而 K_1 和 K_2 為任意常數。

此解比 RC 低通濾波器的解更複雜。有兩個指數項，每個都有更複雜的指數。這個指數包括一個可能為負的量之平方根。因此指數可能為複數值。根據此理由，特徵函數 e^{st} 稱為**複指數** (complex exponential)。固定係數線性常微分方程式的解，總是複指數的線性組合。

在 RLC 的電路中，若指數是實數，其解只是兩個實指數之和。比較有趣的例子是複指數。若

$$(R/2L)^2 - 1/LC < 0 \tag{4.12}$$

指數是複數。在此例中解可以寫成二階系統的兩個標準參數之項，**自然弧度頻率** (natural radian frequency) ω_n 與**阻尼係數** (damping factor) α，表示如下：

$$v_{out}(t) = K_1 e^{(-\alpha + \sqrt{\alpha^2 - \omega_n^2})t} + K_2 e^{(-\alpha - \sqrt{\alpha^2 - \omega_n^2})t} + A \tag{4.13}$$

其中

$$\omega_n^2 = 1/LC \quad \text{與} \quad \alpha = R/2L$$

二階系統中另有兩個常用的參數，與 ω_n 與 α 有關，**臨界弧度頻率** (critical radian frequency) ω_c 與**阻尼比** (damping ratio) ξ。它們定義為 $\zeta = \alpha/\omega_n$ 與 $\omega_c = \omega_n\sqrt{1 - \zeta^2}$。我們可以寫成

$$v_{out}(t) = K_1 e^{(-\alpha + \omega_n\sqrt{\zeta^2 - 1})t} + K_2 e^{(-\alpha - \omega_n\sqrt{\zeta^2 - 1})t} + A$$

當 (4.12) 式符合時，此系統稱為欠阻尼而其響應可以寫成

$$v_{out}(t) = K_1 e^{(-\alpha + j\omega_c)t} + K_2 e^{(-\alpha - j\omega_c)t} + A$$

指數互相為複數共軛，因為它們必須使 $v_{out}(t)$ 成為一個實值函數。

假設此一電路一開始為零態且應用初始條件，輸出電壓訊號會為

$$v_{out}(t) = A\left[\frac{1}{2}\left(-1 + j\frac{\alpha}{\omega_c}\right)e^{(-\alpha + j\omega_c)t} + \frac{1}{2}\left(-1 - j\frac{\alpha}{\omega_c}\right)e^{(-\alpha - j\omega_c)t} + 1\right]$$

此一響應是一個實值系統在實值激發下所產生的複值響應。但雖然係數與指數是複數，整個解卻是實數，因為利用三角函數定理輸出訊號可以改成

$$v_{out}(t) = A\{1 - e^{-\alpha t}[(\alpha/\omega_c)\sin(\omega_c t) + \cos(\omega_c t)]\}$$

這個解答是受阻尼的正弦訊號，亦即一個正弦訊號乘以一個衰減的指數。自然頻率 $f_n = \omega_n/2\pi$，它是響應電壓若在阻尼係數為 0 下會震盪的頻率。正弦訊號的阻尼率由阻尼係數 α 所決定。一個由二階線性微分方程式所描述的系統也可以用類似的步驟分析。

複正弦訊號激發

線性系統分析中一個重要且特別的例子是，LTI 系統受到複正弦訊號激發。令 RLC 電路的輸入電壓為 $v_{in}(t) = Ae^{j2\pi f_0 t}$。重要的是，要理解 $v_{in}(t)$ 在所有時間都被正確的描述。不只是它從現在開始是一個複正弦訊號，而且它也一直都是複正弦訊號。因為它開始於過去的一個無限時間，任何暫態訊號在消失之前就已經發生很久了（若系統像 RLC 電路一樣是穩定的）。因此在這個時間留下來的唯一解就是強迫響應。強迫響應是所描述的微分方程式之特解。因為所有複正弦訊號的微分也是複正弦訊號，$v_{in}(t) = Ae^{j2\pi f_0 t}$ 的特解可簡單的寫出 $v_{out,p}(t) = Be^{j2\pi f_0 t}$，其中 B 是待決定之項。因此若 LTI 系統是由一個複正弦訊號所激發，

它的響應也會是一個同樣頻率的複正弦訊號，但是（一般而言）具有不同的相乘常數。任何 LTI 系統由複指數所激發，除了乘以一個不同的複值常數之外，會以同樣函數形式的複指數來響應。

強迫解可以用待定係數方法求得。將解的形式代入微分方程式 (4.11) 中，

$$(j2\pi f_0)^2 LCBe^{j2\pi f_0 t} + j2\pi f_0 RCBe^{j2\pi f_0 t} + Be^{j2\pi f_0 t} = Ae^{j2\pi f_0 t}$$

並求解

$$B = \frac{A}{(j2\pi f_0)^2 LC + j2\pi f_0 RC + 1}$$

利用 LTI 系統的重疊定理，若輸入訊號是由不同頻率之複正弦函數之線性組合成的任意函數，則輸出訊號也是同樣頻率的複正弦訊號之線性組合。此一概念是在第 6 與 7 章會討論的傅立葉級數和傅立葉轉換分析方法之基礎，利用複正弦訊號之線性組合表示任意訊號。

▶ 4.3 離散時間系統

系統模式化

方塊圖

就如同在連續時間系統，在繪製離散時間系統方塊圖時有一些操作常出現，它們就常被指定自己的方塊圖圖示符號。離散時間系統有三個必要的元件，**放大器** (amplifier)、**相加點** (summing junction) 與**延遲** (delay)。放大器和相加點在離散時間系統中的作用和在連續時間系統中一樣。除了在離散時間延遲一個單位（見圖 4.36）之外，延遲是由離散時間激發並以同樣訊號響應，這是最常用的符號，除了有時以 S（用於位移）取代 D。

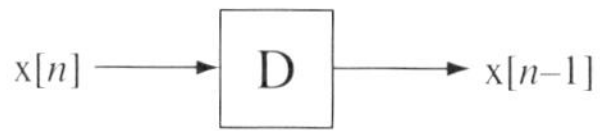

圖 4.36 離散時間延遲之方塊圖圖示

差分方程式

下列有一些考慮離散時間系統模式化的範例。其中有三個在第 1 章曾提過。

例題 4.9 利用離散時間系統來近似模式化連續時間系統

離散時間系統的其中一個用途是近似模式化非線性連續時間系統，例如圖 4.37 中的流體力學系統。它的微分方程式是

$$A_1 \frac{d}{dt}(h_1(t)) + A_2 \sqrt{2g[h_1(t) - h_2]} = f_1(t)$$

（托里切利方程式）是非線性的，使得它比線性微分方程式還難解。

一個求解的方法是利用數值分析。我們可以用有限差分來近似微分

$$\frac{d}{dt}(h_1(t)) \cong \frac{h_1((n+1)T_s) - h_1(nT_s)}{T_s}$$

其中 T_s 是有限時間間隔，介於在時間上平均分開的點 h_1 值之間，n 是這些點的指標。在時間上這些點可以近似托里切利方程式，利用

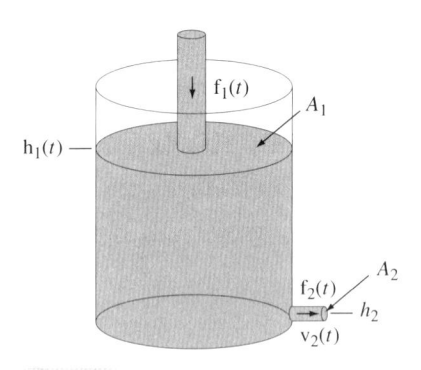

$$A_1 \frac{h_1((n+1)T_s) - h_1(nT_s)}{T_s} + A_2\sqrt{2g[h_1(nT_s) - h_2]} \cong f_1(nT_s)$$

圖 4.37　具有出水孔的水槽由上面注水

重新整理成

$$h_1((n+1)T_s) \cong \frac{1}{A_1}\{T_s f_1(nT_s) + A_1 h_1(nT_s) - A_2 T_s \sqrt{2g[h_1(nT_s) - h_2]}\} \tag{4.14}$$

在下一個時間指標 $n+1$ 表示 h_1 之值，取代在當下時間指標 n 與 h_1 之 f_1 值。我們可以將 (4.14) 式簡化成離散時間表示法

$$h_1[n+1] \cong \frac{1}{A_1}\{T_s f_1[n] + A_1 h_1[n] - A_2 T_s \sqrt{2g(h_1[n] - h_2)}\}$$

或是用 $n-1$ 取代 n，

$$h_1[n] \cong \frac{1}{A_1}\{T_s f_1[n-1] + A_1 h_1[n-1] - A_2 T_s \sqrt{2g(h_1[n-1] - h_2)}\} \tag{4.15}$$

在 (4.15) 式中，知道在任何 n 下的 h_1 值，我們可以（近似的）找出在任何其他 n 下的值。此近似可以將 T_s 變小一點，以得到較好的結果。這是一個用離散時間方法解連續時間問題的例子。因為 (4.15) 式是一個差分方程式，它就定義了一個離散時間系統（圖 4.38）。

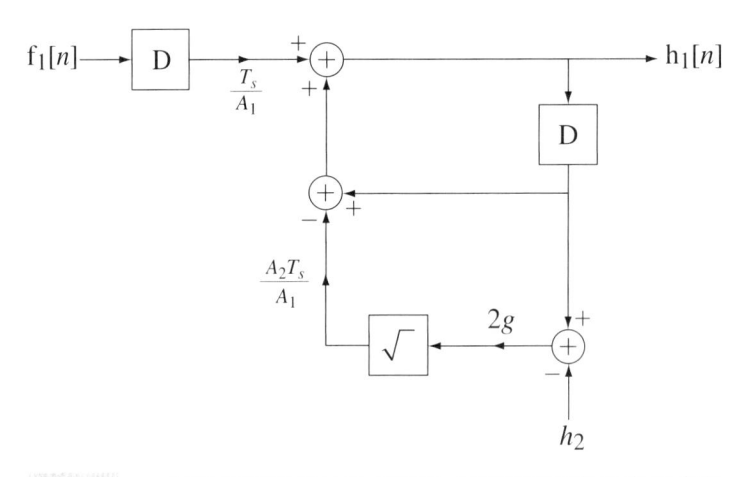

圖 4.38　一個系統用近似的數值方法求解液體流動的微分方程式

圖 4.39 顯示用圖 4.38 中的離散時間系統，利用三個取樣時間 100 秒、500 秒、1000 秒以數值方法，求解托里切利方程式之範例。在 $T_s = 100$ 時的結果非常正確。在 $T_s = 500$ 下有正確的一般性行為且趨近最後的正確值，但太早到達最後值。在 $T_s = 1000$ 下形狀完全錯誤，雖然它還是有趨近最後的正確值。選擇太大的取樣時間，使得結果不正確。在某些情況下，可能實際上會使得數值演算法不穩定。

以下是用來模擬圖 4.38 之系統的 MATLAB 程式碼，以求解具有出水孔之水槽的微分方程式。

```
g = 9.8 ;               % Acceleration due to gravity m/s^2
A1 = 1 ;                % Area of free surface of water in tank, m^2
A2 = 0.0005 ;           % Effective area of orifice, m^2
h1 = 0 ;                % Height of free surface of water in tank, m^2
h2 = 0 ;                % Height of orifice, m^2
f1 = 0.004 ;            % Water volumetric inflow, m^3/s

Ts = [100,500,1000] ;   % Vector of time increments, s
N = round(8000./Ts) ;   % Vector of numbers of time steps

for m = 1:length(Ts),   % Go through the time increments
  h1 = 0 ;              % Initialize h1 to zero
  h = h1 ;              % First entry in water-height vector
%   Go through the number of time increments computing the
%   water height using the discrete-time system approximation to the
%   actual continuous-time system

    for n = 1:N(m),
%       Compute next free-surface water height
      h1 = (Ts(m)*f1 + A1*h1 - A2*Ts(m)*sqrt(2*g*h1-h2))/A1 ;
      h = [h ; h1] ;    %          Append to water-height vector
    end
```

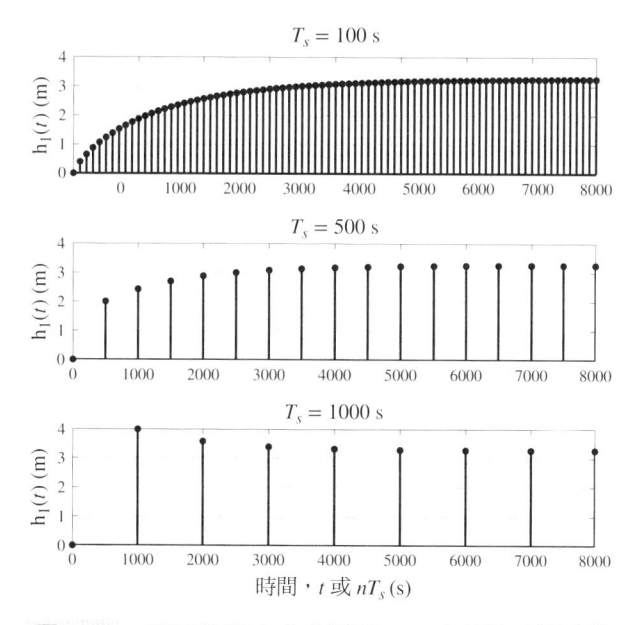

圖 4.39 利用數值方式求解圖 4.38 之離散時間系統之托里切利方程式，其體積流入速率為 0.004 m³/s

```
%   Graph the free-surface water height versus time and
%   annotate graph
subplot(length(Ts),1,m) ;
p = stem(Ts(m)*[0:N(m)]',h,'k','filled') ;
set(p,'LineWidth',2,'MarkerSize',4) ; grid on ;
if m == length(Ts),
    p = xlabel('Time, t or {\itnT_s} (s)',...
              'FontName','Times','FontSize',18) ;
end
p = ylabel('h_1(t) (m)','FontName','Times','FontSize',18) ;
p = title(['{\itT_s} = ',num2str(Ts(m)),...
           ' s'],'FontName','Times','FontSize',18) ;
end
```

例題 4.10 在無激發下模式化回授系統

找出示於圖 4.40 在時間 $n \geq 0$ 下之由系統所激發的輸出，假設初始狀態為 y[0] = 1 和 y[−1] = 0。

圖 4.40 之系統由下列差分方程式所描述

$$y[n] = 1.97y[n-1] - y[n-2] \tag{4.16}$$

此公式配合初始狀態為 y[0] = 1 和 y[−1] = 0，完全可以決定響應 y[n]，它是一個零輸入響應。零輸入響應可以用遞迴在 (4.16) 式來求。這樣會得到一個正確的解，但它是此響應的一個無窮序列值的形式。零輸入響應可以用求解差分方程式得到封閉解。因為沒有輸入訊號激發此系統，此方程式是同質性的。同質解的函數形式是複指數 Kz^n。將此代入差分方程式，我們可以得到 $Kz^n = 1.97Kz^{n-1} - Kz^{n-2}$。除以 Kz^{n-2} 可以得到特徵方程式而在求解後得到 z，如下

$$z = \frac{1.97 \pm \sqrt{1.97^2 - 4}}{2} = 0.985 \pm j0.1726 = e^{\pm j0.1734}$$

有兩個特徵值的事實是表示同質解為以下的形式

$$y[n] = K_{h1}z_1^n + K_{h2}z_2^n \tag{4.17}$$

我們有初始狀態 y[0] = 1 和 y[−1] = 0 且我們知道 (4.17) 式，因此 $y[0] = K_{h1} + K_{h2}$ 且 $y[-1] = K_{h1}z_1^{-1} + K_{h2}z_2^{-1}$。因此

$$\begin{bmatrix} 1 & 1 \\ e^{-j0.1734} & e^{+j0.1734} \end{bmatrix} \begin{bmatrix} K_{h1} \\ K_{h2} \end{bmatrix} = \begin{bmatrix} 1 \\ 0 \end{bmatrix}$$

求出兩個常數，$K_{h1} = 0.5 - j2.853$ 和 $K_{h2} = 0.5 + j2.853$。因此完全解為

$$y[n] = (0.5 - j2.853)(0.985 + j0.1726)^n + (0.5 + j2.853)(0.985 - j0.1726)^n$$

這是一個具有非常不方便形式的正確解。我們可以重寫其形式

$$y[n] = (0.5 - j2.853)e^{j0.1734n} + (0.5 + j2.853)e^{-j0.1734n}$$

或

$$y[n] = 0.5\underbrace{(e^{j0.1734n} + e^{-j0.1734n})}_{=2\cos(0.1734n)} - j2.853\underbrace{(e^{j0.1734n} - e^{-j0.1734n})}_{=j2\sin(0.1734n)}$$

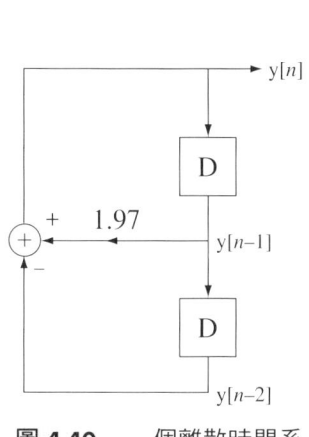

圖 4.40 一個離散時間系統

圖 4.41 圖 4.40 的離散時間系統所產生的訊號

或

$$y[n] = \cos(0.1734n) + 5.706 \sin(0.1734n)$$

由此系統產生的訊號的前 50 個值示於圖 4.41。

例題 4.11 模式化一個具有激發的簡單回授系統

找出圖 4.42 系統的響應，若 $a = 1$, $b = -1.5$, $x[n] = \delta[n]$，此系統之初始狀態為靜止。

此系統的差分方程式為

$$y[n] = a(x[n] - by[n-1]) = x[n] + 1.5y[n-1]$$

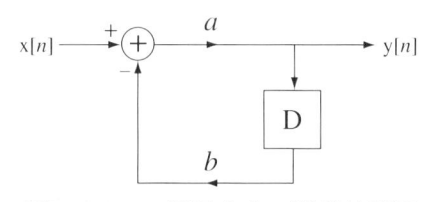

圖 4.42 一個具有非 0 激發的簡單離散時間回授系統

對於時間 $n \geq 0$，它的解的形式為 $K_h z^n$ 的同質解。代入並求解 z 可以得到 $z = 1.5$。因此 $y[n] = K_h(1.5)^n, n \geq 0$。從系統方塊圖中知道響應的初始值必須為 1，就可以求得常數值。因此

$$y[0] = 1 = K_h(1.5)^0 \Rightarrow K_h = 1$$

且

$$y[n] = (1.5)^n, \quad n \geq 0$$

此解顯然無界限的成長，因此此一系統是不穩定的。若我們選擇 b 的值小於 1，系統就會穩定，因為解的形式是 $y[n] = b^n, n \geq 0$。

例題 4.12 模式化一個具有激發較複雜的回授系統

針對時間 $n \geq 0$，$x[n] = 1$ 在 $n = 0$ 時加上去，找出圖 4.43 系統中的零態響應，假設在時間 $n = 0$ 之前在系統中的所有訊號為 0，而 $a = 1$，$b = -1.5$ 且 c 有三個不同的值 0.8、0.5 和 0.5。

此系統的差分方程式為

$$y[n] = a(x[n] - by[n-1] - cy[n-2]) = x[n] + 1.5y[n-1] - cy[n-2] \tag{4.18}$$

它的響應是具有初始狀態差分方程式的所有解。我們可以用找出差分方程式所有解來找到封閉形式的解。同質解是 $y_h[n] = K_{h1}z_1^n + K_{h2}z_2^n$，其中 $z_{1,2} = 0.75 \pm \sqrt{0.5625 - c}$。特解是輸入訊號與其所有獨特差分之線性組合的形式。輸入訊號是常數。所以它所有的差都為 0。因此特解就只是一個常數 K_p。將此代入差分方程式

$$K_p - 1.5K_p + cK_p = 1 \Rightarrow K_p = \frac{1}{c - 0.5}$$

利用 (4.18) 式我們可以找到所需要的 $y[n]$ 兩個初始值來解剩下的兩個未知常數 K_{h1} 和 K_{h2}。它們是 $y[0] = 1$ 和 $y[1] = 2.5$。

在第 1 章中有對於在 $c = 0.8$、0.6 與 0.5 時的三個響應做說明。把那些響應複製在圖 4.44。

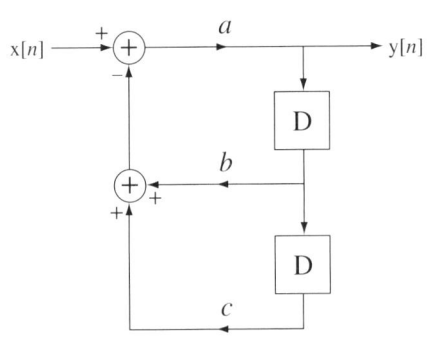

圖 4.43 一個具有較複雜回授的系統

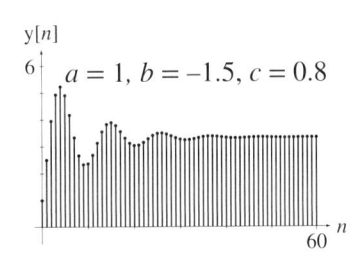

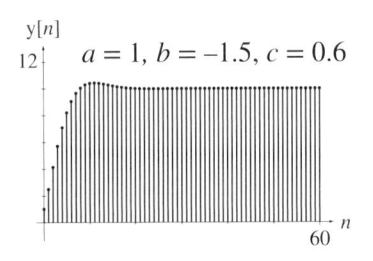

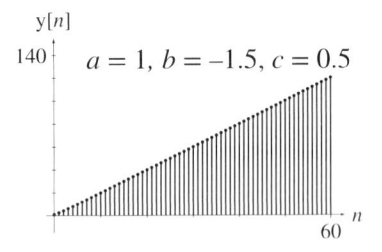

圖 4.44 三個不同的回授架構之系統零態響應

例題 4.12 的結果說明回授用來決定系統響應的重要性。在前兩個例子中，輸出訊號是有界的。但在第三個例子中，雖然輸入訊號是有界的但輸出訊號是無界的。就如同對於連續時間系統，在任何時間時，離散時間系統能夠展示對於任意有界激發產生的無界零態響應，它被歸類為 BIBO 不穩定系統。因此回授系統的穩定性決定在回授的本質。

系統特性

離散時間系統的特性幾乎與連續時間系統在性質上全等。在本節中我們探討一些範例來說明離散時間系統的特性。

考慮圖 4.45。此一系統的輸入與輸出訊號由差分方程式 $y[n] = x[n] + (4/5)y[n-1]$ 所關聯。同質解是 $y_h[n] = K_h(4/5)^n$。令 $x[n]$ 為單位序列。於是特解為 $y_p[n] = 5$，全部的解是

圖 4.45 一個系統

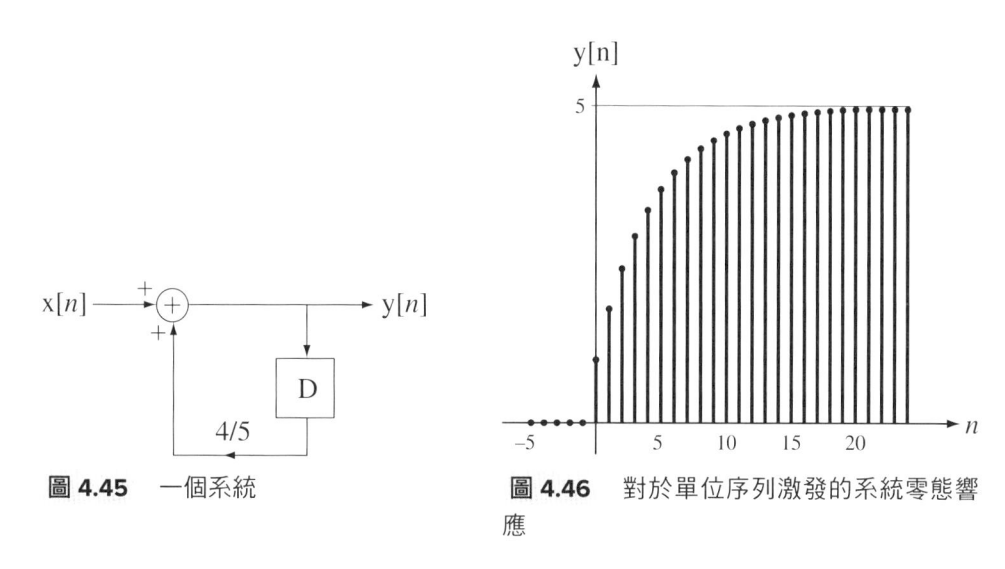

圖 4.46 對於單位序列激發的系統零態響應

$y[n] = K_h(4/5)^n + 5$。若系統在時間 $n = 0$ 之前正處於零態,則全部解是

$$y[n] = \begin{cases} 5 - 4(4/5)^n, & n \geq 0 \\ 0, & n < 0 \end{cases}$$

或

$$y[n] = [5 - 4 4/5^n]u[n]$$

(見圖 4.46)。

單位步階激發的 RC 低通濾波器之響應,相對於單位序列激發之系統響應的封包,兩者形狀的相似並非偶然。此系統是一個數位低通濾波器(第 11 與 12 章中會有更詳細的介紹數位濾波器)。

若我們將此系統的激發乘以一個常數,它的響應也會乘以一個相同的常數,因此此系統是同質性的。若我們延遲此系統任意時間 n_0,它的響應也會延遲同樣的時間。因此此系統同樣也是非時變的。若我們相加兩個任何訊號作為系統的激發,響應也會是將這兩個訊號分別作用後所得到的激發之和。因此,此系統是一個 LTI 離散時間系統。此系統對於任何有界激發也是有界的響應。因此它也是穩定的。

一個非時變系統的簡單例子可像 $y[n] = x[2n]$。令 $x_1[n] = g[n]$ 且令 $x_2[n] = g[n-1]$,其中 $g[n]$ 是圖 4.47 中的訊號,且令對於 $x_1[n]$ 的響應是 $y_1[n]$,對於 $x_2[n]$ 的響應是 $y_2[n]$。這些訊號說明於圖 4.48。

因為 $x_2[n]$ 與 $x_1[n]$ 除了延遲一個離散時間單位外是一樣的,若此系統是非時變的,則 $y_2[n]$ 除了延遲一個離散時間單位外,必須與 $y_1[n]$ 相等,但它並非如此。因此此系統是時變 (time variant) 的。

一個系統不是 BIBO 穩定的不錯例子,是複利累積的財務系統。若一個主要的

圖 4.47 激發訊號

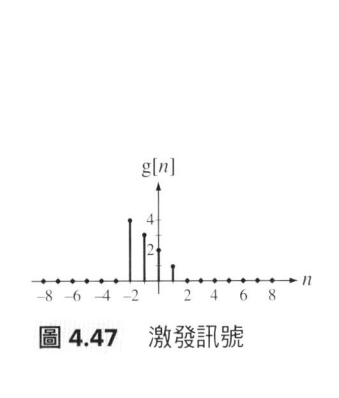

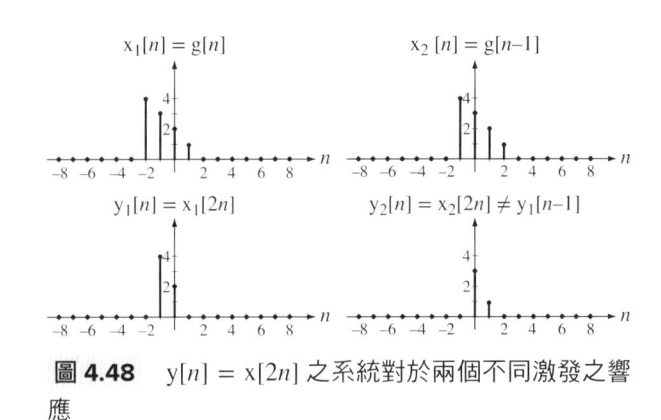

圖 4.48 $y[n] = x[2n]$ 之系統對於兩個不同激發之響應

錢 P 存在一個固定收益的投資，每年的複利利率為 r，在投資 n 年後的錢的總數為 $A[n] = P(1 + r)^n$。總數 $A[n]$ 在離散時間經過 n 年後無界的成長。這是否表示我們的銀行系統不穩定？錢數確實會無界的成長，而在無限時間下會趨近於無限大。但是因為現今（或是未來的任何時間）活著的人沒有人可以活得夠久目睹此發生，所以根據我們定義此系統之不穩定，事實上也沒有什麼關係。當我們同時看到從帳戶中不可避免的提款與通貨膨脹時，此理論上的不穩定也不重要。

在訊號與系統的研究當中最常見到的離散時間系統形式是，它的輸入 - 輸出關係由線性、固定係數、常差分方程式所決定。特徵函數是一個複指數，而同質解是複指數的線性組合形式。每個複指數的形式是 $z^n = |z|^n e^{j(\measuredangle z)n}$，其中 z 是特徵值。若 z 的量值小於 1，當離散時間經過，則 z^n 解將會越來越小。若 z 的量值大於 1，當離散時間經過，則解將會變得越大。若 z 的量值剛好等於 1，有可能就會找到一個製造無界響應的有界激發。就如同在連續時間下所成立，與微分方程式之同質解同樣函數形式之激發，會製造一個無界的響應。

> 對於一個離散時間系統而言，若任何特徵值之量值大於或等於 1，則此系統是 BIBO 不穩定。

例題 4.13 找出一個製造無界響應的有界激發

考慮一個累加器 $y[n] = \sum_{m=-\infty}^{n} x[m]$。找出此方程式解之特徵值並且找出一個製造無界響應的有界激發。

我們可以在此差分方程式兩邊執行後向差分，如 $y[n] - y[n-1] = x[n]$。這是具有一個特徵值之非常簡單的差分方程式，因為特徵值是 1，所以同質解是常數。因此此系統應該是 BIBO 不穩定。有界激發製造出一個與同質解一樣函數形式的無界響應。在此例中，固定的激發產生無界響應。因為響應是激發的累積，因此很清楚的是，當離散時間 n 經過，對於固定激發所產生的響應大小以線性方式無界的成長。

在離散時間系統中的記憶性、因果性、靜態非線性與可逆性的觀念與連續時間系統相同。圖 4.49 是靜態系統的範例。

一個靜態非線性系統的例子是在數位邏輯系統中具有兩個輸入的 OR 閘。假設在 0 V 時的邏輯位準是 0 而 5 V 時的邏輯位準是 1。若我們將 5 V 加至兩個輸入端之一，而其他加 0 V，則響應為 5 V。若在兩端同時加上 5 V，則響應仍然為 5 V。若系統是線性的，對於兩個輸入端同時加上 5 V 的響應應該是 10 V。這也是一個非可逆系統。若輸出訊號是 5 V，我們不知是哪三種輸入訊號的可能組合所導致的，因此具有輸出訊號的知識不足以讓我們決定輸入訊號。

圖 4.49　靜態系統

雖然嚴格來講，所有的實際物理系統必須為因果性的，它們不能在激發之前響應，確實有些實際的訊號處理系統有時表面上描述為非因果性的。有些數據處理系統先將訊號記錄起來，在後來時間以"離線"的方式計算響應。因為輸入訊號的所有歷史都已經記錄了，可以計算在數據串流中某段指定時間的響應，可以根據隨後所發生並已經紀錄的數據來計算響應（圖 4.50）。但是因為所有的數據計算是在輸入訊號已經紀錄的情況下，嚴格說來，這種型態的系統也是因果性的。

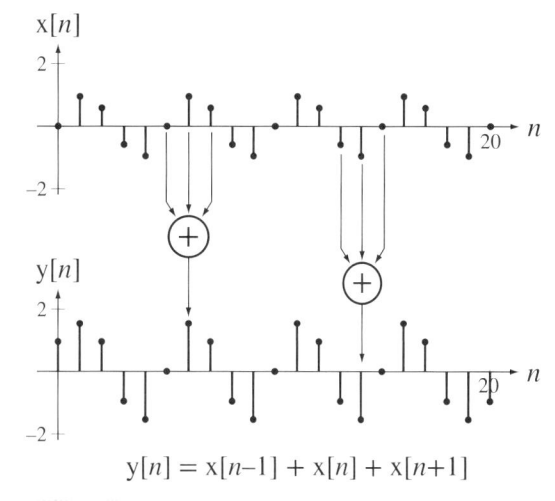

$$y[n] = x[n-1] + x[n] + x[n+1]$$

圖 4.50　稱為非因果性的濾波器從一個已經記錄的激發計算響應

重點概要

1. 系統同時為同質性與相加性稱為線性。
2. 系統同時線性與非時變稱為 LTI 系統。
3. 任意 LTI 系統的所有響應是零輸入與零態響應之和。
4. 通常非線性系統可以經由線性化的趨近用線性系統的技術來分析。
5. 一個系統若由任意有界輸入訊號產生有界響應時，則稱為 BIBO 穩定。
6. 連續時間 LTI 系統若其特徵值總是負實數值時，則是穩定的。
7. 所有的實際物理系統是因果性的，雖然有一些可能方便且表面上用非因果性來描述。
8. 連續時間系統係由微分方程式來模式化，而離散時間系統則由差分方程式來模式化。
9. 求解差分方程式的解之方式類似於求解微分方程式的解之方式。
10. 差分方程式的普遍應用是用來趨近微分方程式。
11. 離散時間 LTI 系統中，若其所有的特徵值小於 1，則為穩定的。

126 訊號與系統──利用轉換方法與 MATLAB 分析

習題 (EXERCISES) （每個題解的次序是隨機的）

系統模式

1. 寫出圖 E.1 電路中的電壓 $v_C(t)$，當 $t > 0$ 時之微分方程式，然後表示 $t > 0$ 時電流 $i(t)$ 之表示式。

   解答：$i(t) = 5 + \dfrac{5}{3} e^{-\frac{t}{18}}$ ，$t > 0$

2. 在圖 E.2 中的水槽由 x(t) 注入而由 y(t) 流出到水槽沒水。流出量由一個閥控制，它對流出水槽的水之阻力為 R。水槽中的水深為 d(t)，水之面積為 A 與高度（圓柱形水槽）無關。流出量與水深（頂端）有關，利用

   $$y(t) = \dfrac{d(t)}{R}$$

   水槽 1.5 m 高而直徑為 1 m 且閥的阻力為 10 s/m²。
   (a) 根據水槽的維度與閥的阻力寫出水深之微分方程式。
   (b) 若流入速度為 0.05 m³/s，在什麼高度下，流入與流出速度相等而使得水位固定不變？
   (c) 在 1 m³ 注入到空水槽後，求水深相對於時間的表示式。
   (d) 若水槽在時間 $t = 0$ 時一開始是空的，而在時間 $t = 0$ 後的注入固定速度為 0.2 m³/s，則水會何時溢出來？

   解答：$Ad'(t) + \dfrac{d(t)}{R} = x(t)$, d(t) = 0.5 m, d(t) = $(4/\pi)e^{-4t/10\pi}$, $t_{of} = 1.386 \times 10\pi/4 = 10.88$ s

3. 如同課文中所推導的，一個單擺可以用微分方程式描述小角度 θ 來趨近，

   $$mL\theta''(t) + mg\theta(t) \cong x(t)$$

   其中 m 是單擺的質量，L 是用來支撐單擺質量的無質量桿子的長度，而 θ 是單擺距離垂直線的角度偏移。若質量是 2 kg 而桿子長度是 0.5 m，單擺會以何種循環頻率震盪？

   解答：0.704 Hz

4. 一個鋁錠加熱至 100°C。接著丟入保持溫度在 10°C 的流動水中。經過 10 秒鐘後，鋁錠溫度為 60°C（鋁是熱的一個非常好的傳導體，它的溫度在冷卻的過程中保持在均勻的情況）。冷卻率與鋁錠及水的溫差成比例。
   (a) 寫出此系統中以水的溫度為激發，而鋁錠溫度為響應的微分方程式。
   (b) 計算系統的時間常數。

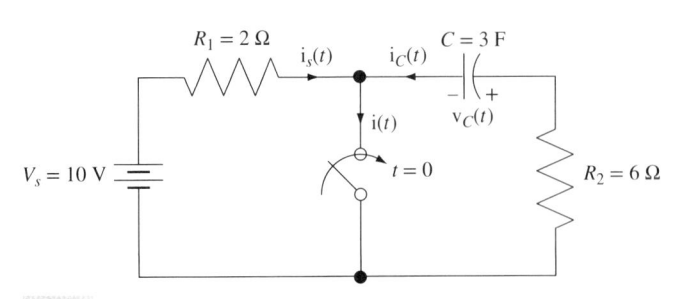

圖 E.1

圖 E.2

(c) 若把同樣的鋁錠溫度冷卻至 0°C，在時間 $t = 0$ 時丟入保持溫度在 80°C 的流動水中，則鋁錠溫度在何時會達到 75°C？

解答：$T_d(t) = 90e^{-\lambda t} + 10$, $\tau = 17$, $t_{75} = -17 \ln(0.0625) = 47.153$

方塊圖

5. 由這些方塊圖所描述的系統可以用以下的微分方程式形式描述，

$$a_N \frac{d^N}{dt^N}(y(t)) + a_{N-1}\frac{d^{N-1}}{dt^{N-1}}y(t) + \cdots + a_2\frac{d^2}{dt^2}y(t) + a_1\frac{d}{dt}y(t) + a_0 y(t) = x(t)$$

每一個系統的 N 值為何？每個系統的 a 係數，從 a_N 至 a_0 為何？在系統 (b) 中，什麼範圍的 A 值會使系統穩定？

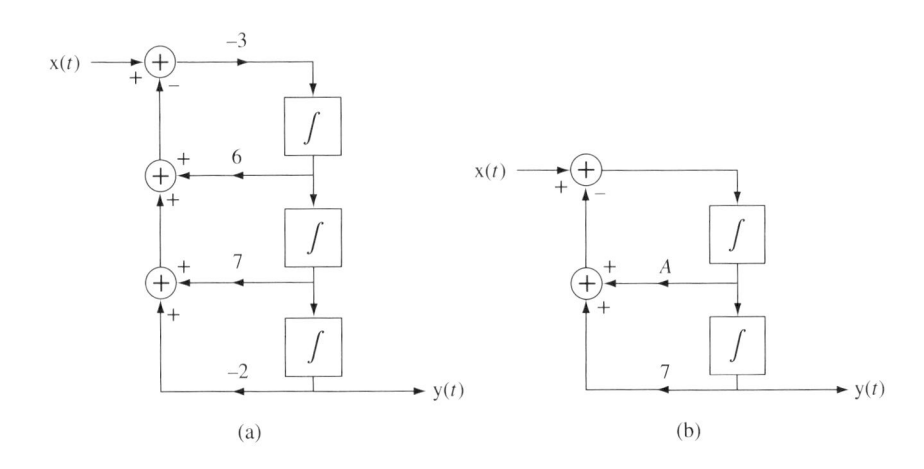

解答：$N = 3$, $-3(1/3)y'''(t) + 6y''(t) + 7y'(t) - 2y(t) = x(t)$, $N = 2$, $y''(t) + Ay'(t) + 7y(t) = x(t)$. 對於 $A > 0$, 系統是穩定的

系統特性

6. 說明一個激發為 x(t) 且輸出為 y(t) 的系統，描述如下

$$y(t) = u(x(t))$$

是非線性、非時變、BIBO 穩定與不可逆。

7. 說明一個激發為 x(t) 輸出為 y(t) 的系統，描述如下

$$y(t) = x(t/2)$$

是線性、時變與非因果性。

8. 說明圖 E.8 是線性、非時變、BIBO 不穩定與動態。

9. 說明一個激發為 x[n] 輸出為 y[n] 的系統，描述如下

$$y[n] = nx[n]$$

是線性、時變與穩態。

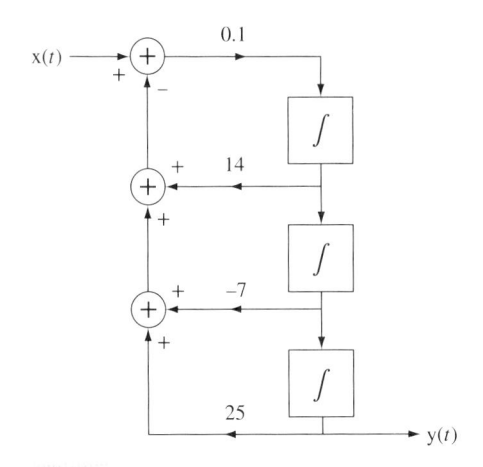

圖 E.8

10. 說明系統描述如 y[n] = x[−n] 為時變、動態非因果性與 BIBO 穩定。

11. 說明系統描述如 y(t) = sin(x(t)) 為非線性、非時變、BIBO 穩定、靜態與非因果性。

12. 說明系統描述如 y(t) = x(sin(t)) 為線性、非時變、BIBO 穩定與非因果性。

13. 說明系統描述如 $y[n] = e^{x[n]}$ 為非線性、非時變、BIBO 穩定、靜態、因果性與可逆。

14. 說明系統描述如 $y(t) = t^2 x(t-1)$ 為時變、BIBO 不穩定、因果性、動態與不可逆。

15. 說明系統描述如 $y(t) = \dfrac{dx(t)}{dt}$ 是不可逆且系統描述為 $y(t) = \int_{-\infty}^{t} x(\lambda)d\lambda$ 是可逆的。

16. 說明系統描述如 $y[n] = \begin{cases} x[n/2], & n \text{ 為偶數} \\ 0, & n \text{ 為奇數} \end{cases}$ 是可逆且系統描述為 y[n] = x[2n] 是不可逆的。

17. 一個連續時間系統描述為 y(t) = tx(t)。說明它是線性、BIBO 不穩定與時變。

18. 說明圖 E.18 的系統是非線性、非時變、靜態與可逆的。

$$y[n] = 10x[n] - 5$$

19. 說明系統描述如下

$$y(t) = \begin{cases} 10, & x(t) > 2 \\ 5x(t), & -2 < x(t) \leq 2 \\ -10, & x(t) \leq -2 \end{cases}$$

是非線性、靜態、BIBO 穩定、不可逆與非時變。

20. 說明系統描述如 y[n] = |x[n + 1]| 為非線性、BIBO 穩定、非時變、非因果性與不可逆。

21. 明系統描述如 $y[n] = \dfrac{x[n]x[n-2]}{x[n-1]}$ 是同質性但不可相加。

22. 說明圖 E.22 的系統是非時變、BIBO 穩定與因果性。

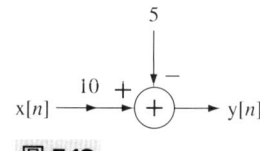

圖 E.18

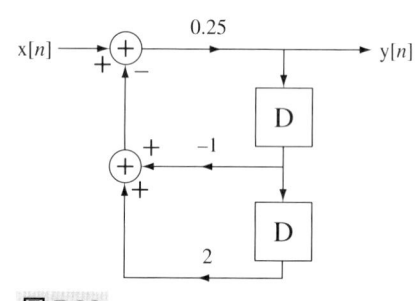

圖 E.22

第 5 章

時域系統分析

TIME-DOMAIN SYSTEM ANALYSIS

▶ 5.1 介紹與目標

設計系統的主要目標是它們可以正確地響應。因此我們必須可以根據任何的輸入訊號計算系統的響應。經由本章我們可以知道有許多方法可以完成。我們已經知道如何利用找出系統的邊界情況，去求得一個由微分或差分方程式所描述的系統之所有解。在本章中，我們將發展另一個技術稱為迴旋(convolution)。我們將會展示針對於一個 LTI 系統，假設我們知道在 $t = 0$ 或 $n = 0$ 發生的單位脈衝響應，此一響應可以完全的定義此系統，而且可讓我們找到對於任何輸入訊號的響應。

本章目標

1. 找出一個技術來求得 LTI 系統對於在 $t = 0$ 或 $n = 0$ 所發生的單位脈衝之響應。
2. 了解並且應用迴旋技術來求得 LTI 系統，對於無論是連續時間或離散時間系統的任何輸入訊號的響應。

▶ 5.2 連續時間

脈衝響應

我們已經見過用來描述系統的微分程式解的技術。全部的解是同質解與特解的和。同質解是特徵函數的線性組合。特解取決於強迫函數的形式。雖然這些方法可行，對於如何找出系統對於輸入訊號的響應之方式有更系統性的方式，且它更引領我們深入系統的重要特性。它稱為**迴旋** (convolution)。

對於尋找連續時間 LTI 系統響應的迴旋技術是基於簡單的觀念。若我們可以找到一個以簡單函數線性組合的方式來表示訊號，我們就可以用線性與非時變的原理，用這些簡單訊號響應的線性組合，找到此訊號之響應。若我們可以找到一個 LTI 系統對於發生在 $t = 0$ 的單位脈衝之響應，而且若我們可以將輸入訊號以脈衝的線性組合來表示的話，我們就可以找到對它的響應。因此使用迴旋技術乃開始於假設發生在 $t = 0$ 的單位脈衝之響應已經被找到。我們將稱此響應 h(t) 為脈衝響應 (impulse response)。因此利用迴旋技術去找到系統的響應之第一個要求是，找到在 $t = 0$ 所加上的單位脈衝 $\delta(t)$ 之脈衝響應。此脈衝注入訊號能量於系統中然後消失。在能量注入到系統後，它響應出一個由系統動態特性所決定的訊號。

原則上我們可以實際將一個脈衝加到系統的輸入端，實驗性地找到脈衝響應。但因為實際的脈衝不能夠產生，因此這只是近似。而且要近似脈衝需有非常高的脈波且持續非常短的時間。實際上，對於一個實際的物理系統而言，非常高的脈波可能會導致一個非線性的響應，則實驗上所測量的脈衝響應將不正確。有其他較不直接但更實際的方式，實驗性的決定脈衝響應。

若我們對系統有數學的描述，我們就可以解析性的找到脈衝響應。下列的例子中說明找到由微分方程式描述系統之脈衝響應的一些方法。

例題 5.1　連續時間系統 1 之脈衝響應

找到由微分方程式定義的連續時間系統之脈衝響應 h(t)

$$y'(t) + ay(t) = x(t) \tag{5.1}$$

其中 x(t) 激發此系統而 y(t) 是響應。

我們可以在脈衝激發系統的特例下重寫 (5.1) 式如下

$$h'(t) + ah(t) = \delta(t) \tag{5.2}$$

方法 #1：

因為唯一的激發是在 $t = 0$ 的單位脈衝而且系統是因果性的，我們知道脈衝響應在 $t = 0$ 之前為 0。亦即 h(t) = 0, $t < 0$。在 $t > 0$ 的同質解形式為 Ke^{-at}。這是在 $t > 0$ 時的脈衝響應形式，因為在那個時間範圍內系統並未被激發。我們現在知道在 $t = 0$ 之前與 $t = 0$ 之後的脈衝響應形式。所有剩下的就是求在 $t = 0$ 之時發生的事。在所有時間必須滿足 (5.1) 式之微分方程式。也就是 h′(t) + ah(t) 必須是發生在 $t = 0$ 的單位脈衝。我們可以經由從 $t = 0^-$ 至 $t = 0^+$（在 0 前後極小的時間），積分 (5.2) 式兩邊來決定 $t = 0$ 所發生的事。

h′(t) 的積分為 h(t)。我們知道在 $t = 0^-$ 時，它是 0；而在 $t = 0^+$ 時，它是 K

$$\underbrace{h(0^+)}_{=K} - \underbrace{h(0^-)}_{=0} + a\int_{0^-}^{0^+} h(t)\,dt = \int_{0^-}^{0^+} \delta(t)\,dt = 1 \tag{5.3}$$

同質解除了在 $t = 0$ 應用在所有 $t > 0$ 時，因為脈衝在那個時間驅動系統，因此我們也需考慮特解。對於微分方程式特解的一般形式的規則是，強迫函數與其所有的特別的導數之線性組合。強迫函數是一個脈衝而脈衝有無限多個特別的導數，單位偶極、單位三重態等，而所有的導數都發生在 $t = 0$。因此直到我們能夠說明理由為何脈衝且/或其所有導數不能在解裡面之前，必須考慮以上之可能性。若 h(t) 沒有脈衝或是在 $t = 0$ 時有更高階奇異性，則 $\int_{0^-}^{0^+} h(t)\,dt = K\int_0^{0^+} e^{-at}dt = (-K/a)\underbrace{(e^{-0^+} - e^{-0^-})}_{=0} = 0$。

若 h(t) 確實有脈衝或是在 t = 0 時有更高階奇異性,則積分可能不為 0。

若 h(t) 確實有脈衝或是在 t = 0 時有更高階奇異性,則 h'(t) 出現在 (5.2) 式的左邊必須包括單位偶極或更高階奇異性。因為在 (5.2) 式的右邊沒有單位偶極或更高階奇異性,就不滿足此公式。因此在此例中,我們知道在 t = 0 時沒有單位偶極或更高階奇異性於 h(t) 中,於是 $\int_{0^-}^{0^+} h(t)\,dt = 0$,而脈衝響應的形式是 $Ke^{-at}u(t)$,而從 (5.3) 式,$h(0^+) = Ke^{-a(a^+)} = K = 1$。這是尋找加在 t = 0 之後同質解數值形式必須要的初始條件。全部的解為 $h(t) = e^{-at}u(t)$。讓我們將其代入微分方程式中來證實此解

$$h'(t) + ah(t) = e^{-at}\delta(t) - ae^{-at}u(t) + ae^{-at}u(t) = \delta(t)$$

或是利用脈衝的全等特性

$$e^{-at}\delta(t) = e^0\delta(t) = \delta(t) \quad 得證。$$

方法 #2:

另一個找到脈衝響應的方法是,系統先求解一個開始在 t = 0 時寬為 w、高為 1/w 之脈波的響應,在求得解之後,令寬度趨近於 0 而得到。當 w 趨近於 0 時,方波在 t = 0 處趨近於單位脈衝而其響應接近脈衝響應。

利用線性的原理,對脈波的響應是對一個在 t = 0 時步階高為 1/w 之響應與在 t = w 時步階高為 −1/w 之響應的兩者之和。當 x(t) = u(t) 時之公式為

$$h'_{-1}(t) + ah_{-1}(t) = u(t) \tag{5.4}$$

對於步階響應的表示法 $h_{-1}(t)$ 與對奇異函數的整合表示法一樣是遵循同樣的邏輯。下標表示脈衝響應的微分次數。這此例中有 −1 的微分或是從單位脈衝響應到單位步階響應的一次積分。在 t > 0 時對於單位步階的總響應是 $h_{-1}(t) = Ke^{-at} + 1/a$。若 $h_{-1}(t)$ 在 t = 0 時不連續,則 $h'_{-1}(t)$ 必須在 t = 0 時包含一個脈衝。因此,因為 x(t) 是單位步階,沒有包含脈衝,則 $h_{-1}(t)$ 必須在 t = 0 時連續,否則 (5.4) 式就不正確。同樣的,因為 $h_{-1}(t)$ 在所有負的時間時為 0,且在 t = 0 時連續,它必須在 $t = 0^+$ 處為 0。於是

$$h_{-1}(0^+) = 0 = Ke^0 + 1/a \Rightarrow K = -1/a$$

而 $h_{-1}(t) = (1/a)(1 - e^{-at}), t > 0$。結合 $h_{-1}(t) = 0, t < 0$,我們得到所有時間的解

$$h_{-1}(t) = \frac{1 - e^{-at}}{a}u(t)$$

利用線性和非時變,對於發生在 t = w 時的單位步階響應將會是

$$h_{-1}(t - w) = \frac{1 - e^{-a(t-w)}}{a}u(t - w)$$

因此對於上面所描述的方波之響應為

$$h_p(t) = \frac{(1 - e^{-at})u(t) - (1 - e^{-a(t-w)})u(t - w)}{aw}$$

於是,令 w 趨近 0

$$h(t) = \lim_{w \to 0} h_p(t) = \lim_{w \to 0} \frac{(1 - e^{-at})u(t) - (1 - e^{-a(t-w)})u(t - w)}{aw}$$

這是一個未確定的形式,因此我們用羅必達法則 (L'Hôspital's rule) 來求解。

$$\lim_{w\to 0} h_p(t) = \lim_{w\to 0} \frac{\frac{d}{dw}((1-e^{-at})u(t) - (1-e^{-a(t-w)})u(t-w))}{\frac{d}{dw}(aw)}$$

$$\lim_{w\to 0} h_p(t) = \lim_{w\to 0} \frac{-\frac{d}{dw}((1-e^{-a(t-w)})u(t-w))}{a}$$

$$\lim_{w\to 0} h_p(t) = -\lim_{w\to 0} \frac{(1-e^{-a(t-w)})(-\delta(t-w)) - ae^{-a(t-w)}u(t-w)}{a}$$

$$\lim_{w\to 0} h_p(t) = -\frac{(1-e^{-at})(-\delta(t)) - ae^{-at}u(t)}{a} = -\frac{-ae^{-at}u(t)}{a} = e^{-at}u(t)$$

脈衝響應和前面一樣為 $h(t) = e^{-at}u(t)$。

用於例題 5.1 中的原理能夠一般化應用至由下面所表示之微分方程式所描述的系統之脈衝響應

$$a_N y^{(N)}(t) + a_{N-1} y^{(N-1)}(t) + \cdots + a_1 y'(t) + a_0 y(t)$$
$$= b_M x^{(M)}(t) + b_{M-1} x^{(M-1)}(t) + \cdots + b_1 x'(t) + b_0 x(t) \tag{5.5}$$

或

$$\sum_{k=0}^{N} a_k y^{(k)}(t) = \sum_{k=0}^{M} b_k x^{(k)}(t)$$

對於單位脈衝的響應 $h(t)$ 必須有一個函數形式，因此

1. 當它微分多次，高至第 N 階時，脈衝所有的導數必須吻合相對應到第 M 階（在 $t = 0$ 時）的導數。
2. 對於任何 $t \neq 0$ 所有 $h(t)$ 導數之線性組合相加後為 0。

形式 $y_h(t) u(t)$ 的解吻合上述的要求 2，其中 $y_h(t)$ 是 (5.5) 式的同質解。要符合上述的要求 1 我們必須加另外的一或多個函數到 $y_h(t) u(t)$。考慮三種情況：

情況 1　$M < N$

$y_h(t)u(t)$ 的導數提供所有所需的奇異函數來吻合脈衝與在右邊脈衝的導數，且不須加其他的項。

情況 2　$M = N$

只需要加脈衝項 $K_\delta \delta(t)$。

情況 3　$M > N$

我們加至 $y_h(t) u(t)$ 之函數的第 N 階導數必須有一項吻合單位脈衝第 M 階的導數。因此我們所加的函數需有形式如 $K_{M-N} u_{M-N}(t) + K_{M-N-1} u_{M-N-1}(t) + \cdots + K_0 \underbrace{u_0(t)}_{=\delta(t)}$。所有脈

衝的其他微分在對 $y_h(t)$ u(t) 這種形式的解，做多次微分時都要考慮。

情況 1 是最常見的而情況 3 在實用上最少見。

例題 5.2　連續時間系統 2 之脈衝響應

找出由 $y'(t) + ay(t) = x'(t)$ 所描述系統的脈衝響應。
此脈衝響應必須符合

$$h'(t) + ah(t) = \delta'(t) \tag{5.6}$$

激發及響應的最高導數相同。脈衝響應的形式為 $h(t) = Ke^{-at}u(t) + K_\delta \delta(t)$，而其第一次微分為

$$h'(t) = Ke^{-at}\delta(t) - aKe^{-at}u(t) + K_\delta \delta'(t)$$

利用脈衝的全等特性，

$$h'(t) = K\delta(t) - aKe^{-at}u(t) + K_\delta \delta'(t)$$

將 (5.6) 式從 $t = 0^-$ 至 $t = 0^+$ 積分，

$$\underbrace{h(0^+)}_{=K} - \underbrace{h(0^-)}_{=0} + a\int_{0^-}^{0^+} [Ke^{-at}u(t) + K_\delta \delta(t)]dt = \underbrace{\delta(0^+)}_{=0} - \underbrace{\delta(0^-)}_{=0}$$

$$K + aK\int_0^{0^+} e^{-at}dt + aK_\delta \underbrace{\int_{0^-}^{0^+} \delta(t)dt}_{=1} = 0$$

$$K + aK\left[\frac{e^{-at}}{-a}\right]_0^{0^+} + aK_\delta = K - K\underbrace{[e^{0^+} - e^0]}_{=0} + aK_\delta = 0$$

或 $K + aK_\delta = 0$。將 (5.6) 式從 $-\infty$ 到 t 積分，於是從 $t = 0^-$ 至 $t = 0^+$ 我們得到

$$\int_{0^-}^{0^+} dt \int_{-\infty}^{t} [K\delta(\lambda) - aKe^{-a\lambda}u(\lambda) + K_\delta \delta'(\lambda)]d\lambda$$

$$+ \int_{0^-}^{0^+} dt \int_{-\infty}^{t} [Ke^{-a\lambda}u(\lambda) + K_\delta \delta(\lambda)]d\lambda = \int_{0^-}^{0^+} dt \int_{-\infty}^{t} \delta'(\lambda)d\lambda$$

$$\int_{0^-}^{0^+} [Ku(t) + K(e^{-at} - 1)u(t) + K_\delta \delta(t)]dt + \frac{K}{a}\underbrace{\int_{0^-}^{0^+} (1 - e^{-at})u(t)dt}_{=0}$$

$$+ K_\delta \underbrace{\int_{0^-}^{0^+} u(t)dt}_{=0} = \int_{0^-}^{0^+} dt \int_{-\infty}^{t} \delta'(\lambda)d\lambda$$

$$\int_{0^-}^{0^+} [Ke^{-at}u(t) + K_\delta \delta(t)]dt = \underbrace{\int_{0^-}^{0^+} \delta(t)dt}_{=u(0^+)-u(0^-)}$$

$$\frac{K}{a}\underbrace{[1 - e^{-at}]_0^{0^+}}_{=0} + K_\delta \left[\underbrace{u(0^+)}_{=1} - \underbrace{u(0^-)}_{=0}\right] = 1 \Rightarrow K_\delta = 1 \Rightarrow K = -a$$

因此脈衝響應是 h(t) = δ(t) − ae^(−at) u(t)。檢查結果，將其代入 (5.6) 式

$$\delta'(t) - a \underbrace{e^{-at}\delta(t)}_{=e^0\delta(t)\,=\delta(t)} + a^2 e^{-at} u(t) + a[\delta(t) - ae^{-at} u(t)] = \delta'(t)$$

或 δ(t) = δ'(t)。得證。

連續時間迴旋

推導

一旦系統的脈衝響應知道，我們可以發展一個方法對於一般的輸入訊號求其響應。令一個系統由任意的輸入訊號所激發（圖 5.1）。我們如何找到響應？我們可以利用一串具有同樣寬度 T_p 的連續方形脈波（圖 5.2）來近似此訊號，以找到近似的響應。

現在我們可以（近似的）用所有脈波個別作用後的響應之和來找到原始訊號的響應。因為所有脈波都是具有同樣寬度的方波，這些脈波間唯一的差異是它們何時發生與高度為何。因此這些脈波除了在何時發生的某段時間延遲，以及乘以固定常數的權重來表示高度外，都有同樣的形式，我們可以使用有較短間隔的更多的脈波，來得到與所需要一樣好的近似。簡單來說，要找到 LTI 系統對任意訊號的響應，變成了將已知在經由適當的加權與延遲後之函數響應相加的問題。

利用方波函數，近似任意訊號的描述就可以用分析的方式寫出。脈波的高度是訊號在發生時中心的時間值。此近似可以寫成

$$x(t) \cong \cdots + x(-T_p)\,\text{rect}\left(\frac{t+T_p}{T_p}\right) + x(0)\,\text{rect}\left(\frac{t}{T_p}\right) + x(T_p)\,\text{rect}\left(\frac{t-T_p}{T_p}\right) + \cdots$$

或

$$x(t) \cong \sum_{n=-\infty}^{\infty} x(nT_p)\,\text{rect}\left(\frac{t-nT_p}{T_p}\right) \tag{5.7}$$

令對單位面積中心點在 $t = 0$，寬度 T_p 脈波的響應為函數 $h_p(t)$，稱為單位脈波響應 (unit-pulse response)。此單位脈波是 $(1/T_p)\,\text{rect}\,(1/T_p)$。因此 (5.7) 式可以以位移單位脈波表示成

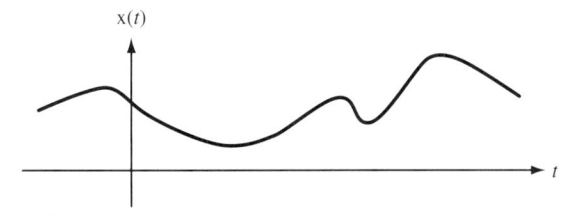

圖 5.1 任意訊號

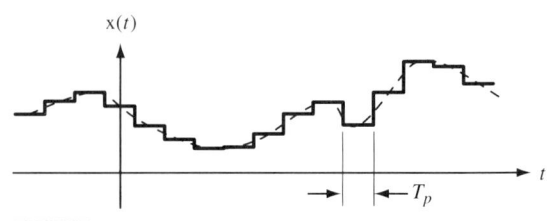

圖 5.2 對於任意訊號用連續脈波來近似

$$\mathrm{x}(t) \cong \sum_{n=-\infty}^{\infty} T_p \mathrm{x}(nT_p) \underbrace{\frac{1}{T_p} \mathrm{rect}\left(\frac{t-nT_p}{T_p}\right)}_{\text{位移後之單位脈波}} \qquad (5.8)$$

引用線性與非時變，對於這些脈波的響應必須是單位脈波響應 $\mathrm{h}_p(t)$，振幅尺度改變成 $T_p\mathrm{x}(nT_p)$，而時間從原點以與脈衝一樣的量位移。於是此響應的近似為

$$\mathrm{y}(t) \cong \sum_{n=-\infty}^{\infty} T_p \mathrm{x}(nT_p) \mathrm{h}_p(t-nT_p) \qquad (5.9)$$

作為說明，令單位脈波響應 $\mathrm{h}_p(t)$ 為上面所介紹的 RC 低通濾波器（圖 5.3）。令輸入訊號為圖 5.4 中平滑的波形，它被所展示的一序列的脈波所近似。

在圖 5.5 中脈波是分開的，接著相加形成來近似 x(t)。

因為個別脈波之和是 x(t) 的近似，近似的響應可以將近似的 x(t) 加至系統中得到。但因為系統是 LTI，我們可替代的使用重疊定理並且將脈波一次一個的加至系統中。於是這些響應可以加起來得到近似的系統響應（圖 5.6）。

基於脈波寬度為 0.2 秒，正確與近似的輸入訊號、單位脈衝響應、單位脈波響應，以及正確與近似的系統響應說明於圖 5.7。當脈波間隔降低時，近似會越來越好（圖 5.8）。在脈波寬度為 0.1 時，正確與近似響應在用此刻度畫圖時就無法分辨。

回想在基礎微積分中矩形 - 規則積分的概念，實變數的實積分可以定義為相加的極限

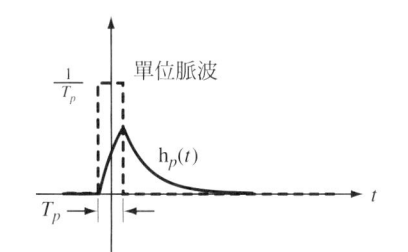

圖 5.3 RC 低通濾波器之單位脈波響應

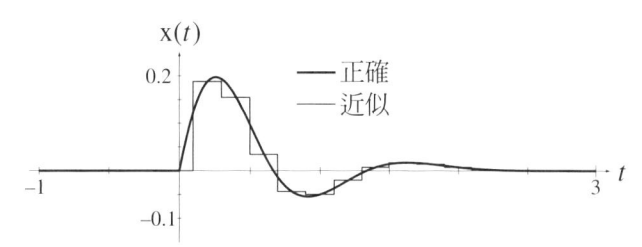

圖 5.4 正確與近似的 x(t)

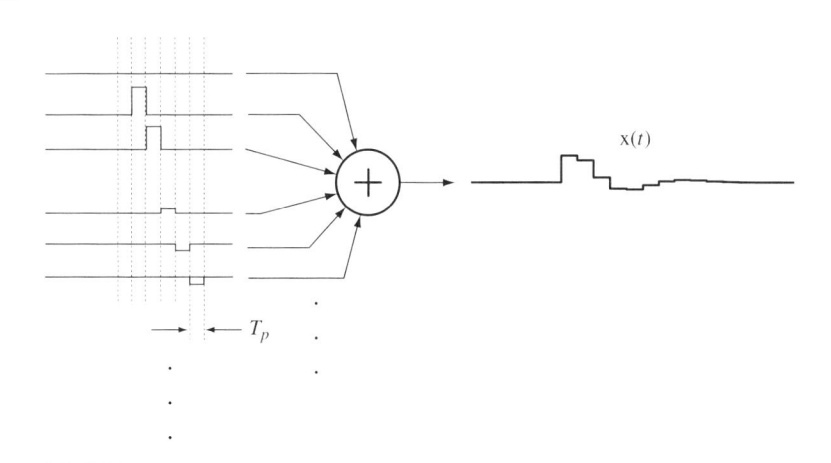

圖 5.5 x(t) 的近似是個別脈波之和

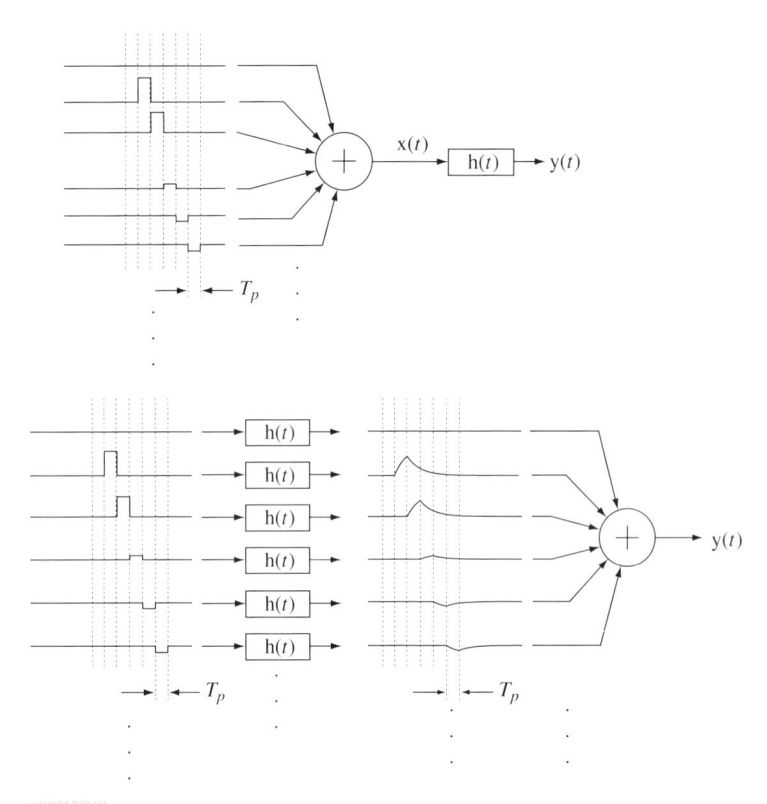

圖 5.6 利用線性與重疊來找到近似系統響應的應用

$$\int_a^b g(x)\,dx = \lim_{\Delta x \to 0} \sum_{n=a/\Delta x}^{b/\Delta x} g(n\Delta x)\,\Delta x \quad (5.10)$$

在脈波寬度趨近於 0 的極限下,我們將應用 (5.10) 式來累加脈波與脈波響應 (5.8) 和 (5.9) 式。當脈波寬度 T_p 變得更小時,激發與響應的近似會變得更好。當 T_p 極限趨近於 0 時,加法變成積分而結果變成正確解。在同樣的極限下,單位脈波 $(1/T_p)\,\text{rect}(1/T_p)$ 趨近單位脈衝。當 T_p 趨近於 0 時,在時間 nT_p 的點變得越來越靠近。在此極限下,離散時間位移 nT_p 合併成一個連續的時間位移。我們可以方便(非傳統)的稱它為新的連續時間位移 τ。將時間位移量 nT_p 名稱改成 τ,並且當 T_p 趨近於 0 時,脈波 T_p 的寬度趨近一個微分 $d\tau$,且

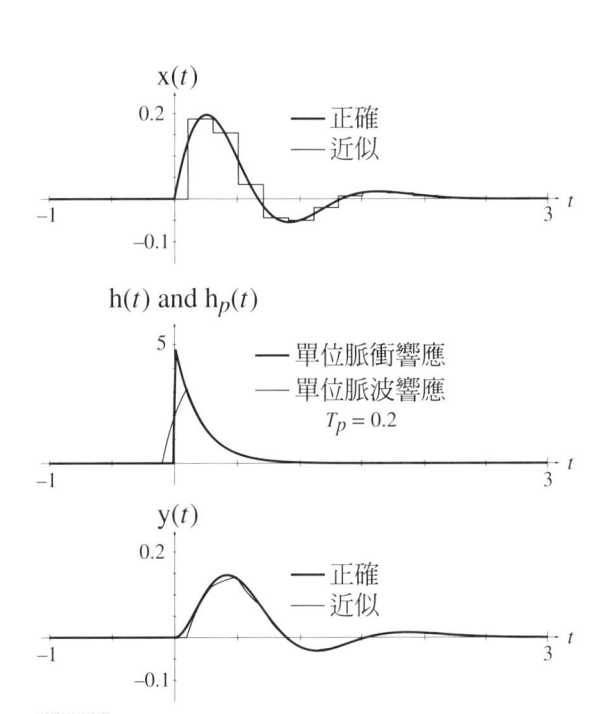

圖 5.7 正確與近似的激發、單位脈衝響應、單位脈波響應,以及正確與近似的系統響應在 $T_p = 0.2$

$$x(t) = \underbrace{\sum_{n=-\infty}^{\infty}}_{\int} T_p \underbrace{x(nT_p)}_{(\tau)} \underbrace{\frac{1}{T_p}\operatorname{rect}\left(\frac{t-nT_p}{T_p}\right)}_{\delta(t-\tau)}$$

和

$$y(t) = \underbrace{\sum_{n=-\infty}^{\infty}}_{\int} T_p \underbrace{x(nT_p)}_{(\tau)} \underbrace{h_p(t-nT_p)}_{h(t-\tau)}.$$

因此在極限下，加法變成積分的形式

$$x(t) = \int_{-\infty}^{\infty} x(\tau)\delta(t-\tau)d\tau \quad (5.11)$$

和

$$y(t) = \int_{-\infty}^{\infty} x(\tau)h(t-\tau)d\tau \quad (5.12)$$

其中單位脈波響應 $h_p(t)$ 趨近系統的單位-脈衝響應 $h(t)$（更常只稱為**脈衝響應**，impulse response）。在 (5.11) 式中的積分可以經由脈衝的取樣特性作簡單的驗證。(5.12) 式稱為**迴旋積** (convolution integral)。兩個函數的迴旋傳統上是用運算子 $*$ 來表示[1]。

$$y(t) = x(t) * h(t) = \int_{-\infty}^{\infty} x(\tau)h(t-\tau)d\tau \quad (5.13)$$

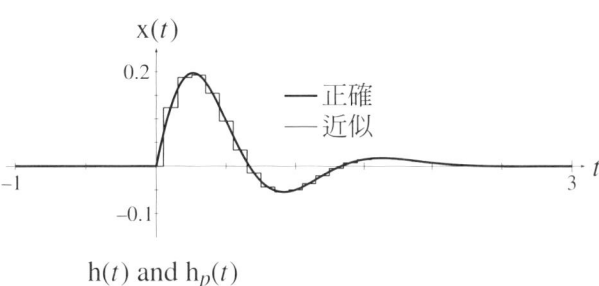

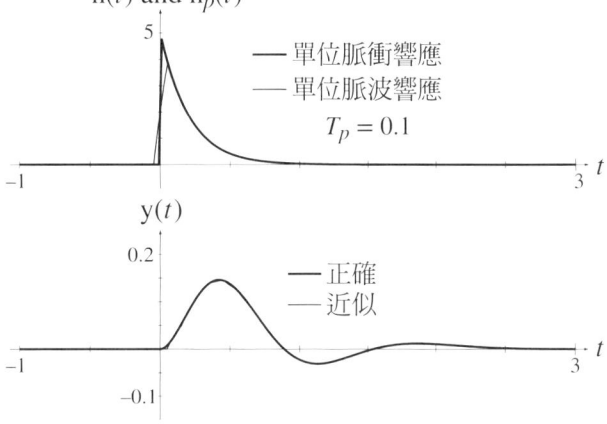

圖 5.8 正確與近似的激發、單位脈衝響應、單位脈波響應，以及正確與近似的系統響應在 $T_p = 0.1$

另一種發展迴旋積的方式是從 (5.11) 式開始，它是直接採用脈衝的取樣特性。(5.11) 式中的被積分函數是在 $t = \tau$ 時強度為 $x(\tau)$ 的脈衝。因為根據定義 $h(t)$ 是對脈衝 $\delta(t)$ 的響應，而系統是同質性且非時變，對 $x(\tau)\delta(t-\tau)$ 的響應必須是 $x(t)h(t-\tau)$。因此利用相加性，若 $x(t) = \int_{-\infty}^{\infty} x(\tau)\delta(t-\tau)d\tau$，為 x 值的積分（相加的極限），則 $y(t) = \int_{-\infty}^{\infty} x(\tau)h(t-\tau)d\tau$，對那些 x 響應之 y 的積分是。此推導比上一個方式更抽象與更複雜但比較短，但它是利用 LTI 系統特性與脈衝取樣定理的一種優雅的應用。

LTI 系統特性的脈衝響應是針對其響應一個非常重要的描述法，一旦它決定後，對於任意輸入訊號的響應就可得到。迴旋之效應可以用方塊圖來描繪（圖 5.9）。

圖 5.9 迴旋之方塊圖描繪

---

[1] 不要將迴旋運算子 $*$ 和複數或者函數中表示共軛的 $*$ 混淆了。例如 $x[n] * h[n]$ 是 $x[n]$ 和 $h[n]$ 做迴旋，但是 $x[n]^* h[n]$ 是 $x[n]$ 的共軛與 $h[n]$ 相乘。通常在文章中它們的分野很清楚。

迴旋之圖形與分析範例

迴旋積分的一般數學表示形式為

$$x(t)*h(t) = \int_{-\infty}^{\infty} x(\tau)h(t-\tau)\,d\tau$$

迴旋積關聯的運算圖例在了解迴旋的觀念上是非常有幫助的。令 h(t) 和 x(t) 是圖 5.10 中的函數。

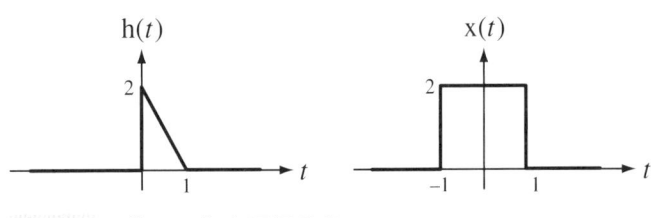

圖 5.10 將要迴旋之兩個函數

此一脈衝響應 h(t) 基本上不是實際的線性系統，但可以用來說明迴旋的過程。迴旋積中的被積分項為 x(t)h(t − τ)。什麼是 h(t − τ)？它是兩個變數 t 和 τ 的函數。因為在迴旋積中積分的變數是 τ，我們可以將 h(t − τ) 看成是 τ 的函數以便看到如何完成積分。我們可以從 h(τ) 開始描繪，接著畫 h(−τ) 相對於 τ 的圖（圖 5.11）。

在 h(t − τ) 中加 t 是將函數往右移 t 單位（圖 5.12）。

從 h(τ) 轉換至 h(t − τ) 可以用兩個連續位移 / 尺度改變運算描述

$$h(\tau) \xrightarrow{\tau \to -\tau} h(-\tau) \xrightarrow{\tau \to \tau - t} h(-(\tau - t)) = h(t - \tau)$$

若我們在 h(t − τ) 中用 t 代換 τ，可以得到 h(0)。從 h(t) 的第一次定義，我們看見它是不連續的點，其中 h(t) 從 0 至 1。它與在 h(t − τ) 上的點是同一點。用 τ = t − 1 同樣的作法，我們發覺可行。

一個共同有的困惑是看到積分式並不明瞭從 τ = −∞ 至 τ = +∞ 的積分過程。因為 t 不是積分的變數，它在積分過程中類似一個常數。但它在最後的函數中是一個變數而導致迴旋之進行。將迴旋想成兩個過程。首先挑選 t 值，做積分得到結果。接著選擇另一個 t，重複同樣的過程。每個積分為用來描述最後函數曲線上的一點。y(t) 曲線上的每一點將由找出 x(t)h(t − τ) 乘積下的面積得到。

視覺化 x(t)h(t − τ) 乘積。此乘積決定在 t 是什麼。對於大部分的 t 值，兩個函數非 0 的部分沒有重疊，則乘積為 0（在實際的脈衝響應中並非典型，因為通常它們為非時限。穩定系統的實值脈衝響應通常開始於某個時間，而當 t 趨近於無限時趨近於 0）。但對有些 t 而言，非 0 的部分確實重疊，因此在乘積曲線下的面積不為 0。考慮 t = 5 和 t = 0。當

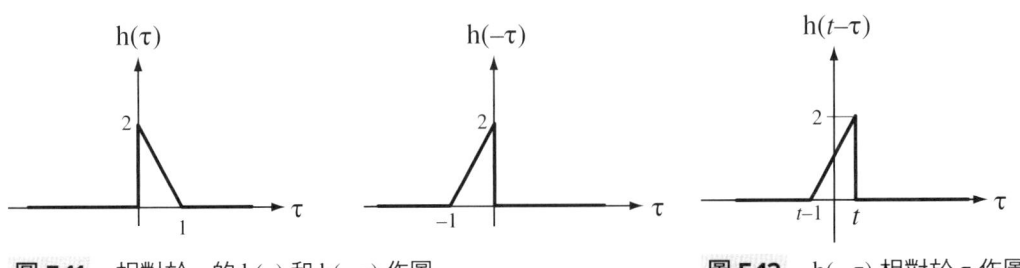

圖 5.11 相對於 τ 的 h(τ) 和 h(−τ) 作圖

圖 5.12 h(−τ) 相對於 τ 作圖

$t = 5$，$x(\tau)$ 與 $h(5 - \tau)$ 的非 0 部分沒有重疊，因此乘積到處為 0（圖 5.13）。

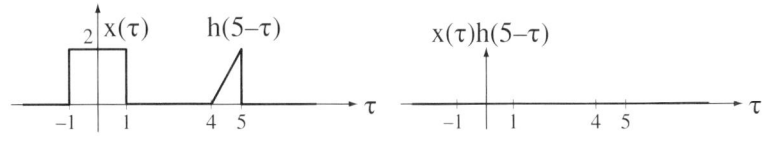

當 $t = 0$ 時，$x(\tau)$ 與 $h(5 - \tau)$ 的非 0 部分重疊，因此乘積到處都不為 0（圖 5.14）。

圖 5.13 當 $t = 5$ 時之脈衝響應、輸入訊號與它們的乘積

對於 $-1 < t < 0$ 時，兩個函數的迴旋是 h 函數面積（它是 1）的兩倍減去寬為 $|t|$ 高為 $4|t|$ 之三角形面積（圖 5.15）。

因此，在此 t 範圍內的迴旋函數值是

$$y(t) = 2 - (1/2)(-t)(-4t) = 2(1 - t^2), -1 < t < 0$$

對於 $0 < t < 1$，兩個函數的迴旋是常數 2。對於 $1 < t < 2$，兩個函數的迴旋是三角形的面積，它的寬度是 $(2 - t)$，高度是 $(8 - 4t)$ 或 $y(t) = (1/2)(2 - t)(8 - 4t) = 2(2 - t)^2$。$y(t)$ 的最後函數畫於圖 5.16。

一個更實際的練習是，讓我們利用迴旋求解 RC 低通濾波器的單位脈衝響應。從先前的分析中，我們已知其解為 $v_{out}(t) = (1 - e^{-t/RC})\, u(t)$。首先，我們需要找到脈衝響應。微分方程式是

$$RC v'_{out}(t) + v_{out}(t) = v_{in}(t) \Rightarrow RC\, h'(t) + h(t) = \delta(t)$$

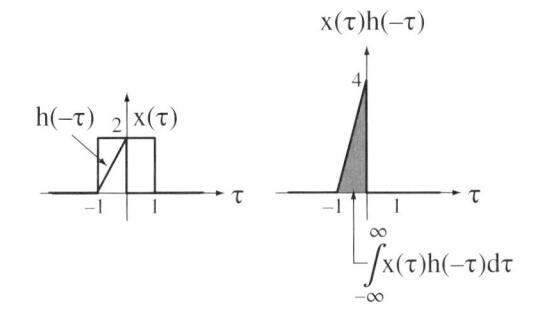

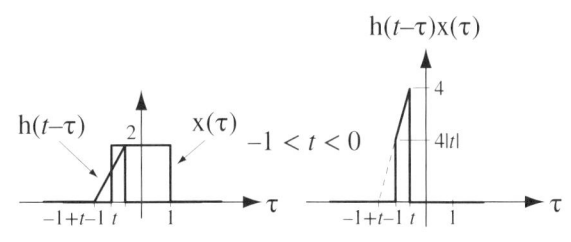

圖 5.14 當 $t = 0$ 時之脈衝響應、輸入訊號與它們的乘積

圖 5.15 $h(-\tau)$ 和 $x(\tau)$ 在 $-1 < t < 0$ 時的乘積

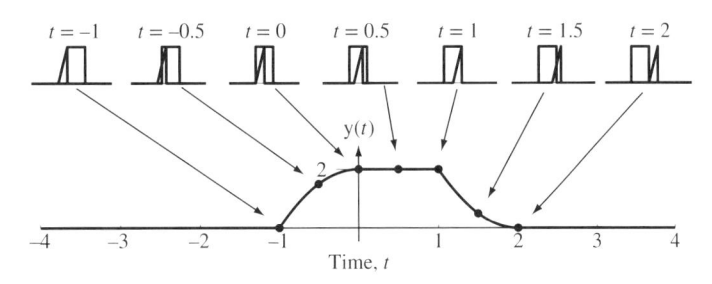

圖 5.16 $x(t)$ 和 $h(t)$ 的迴旋

脈衝響應的形式是 h(t) = $Ke^{-t/RC}$ u(t)。從 0^- 積分到 0^+

$$RC\left[h(0^+) - \underbrace{h(0^-)}_{=0}\right] + \underbrace{\int_{0^-}^{0^+} h(t)\,dt}_{=0} = \underbrace{u(0^+)}_{=1} - \underbrace{u(0^-)}_{=0} \Rightarrow h(0^+) = 1/RC$$

於是 $1/RC = K$ 且 h(t) = $(1/RC)e^{-t/RC}$ u(t)（圖 5.17）。

因此對於單位步階 $v_{in}(t)$ 的響應 $v_{out}(t)$ 為 $v_{out}(t) = v_{in}(t) * h(t)$ 或是

$$v_{out}(t) = \int_{-\infty}^{\infty} v_{in}(\tau)h(t-\tau)d\tau = \int_{-\infty}^{\infty} u(\tau)\frac{e^{-(t-\tau)/RC}}{RC}u(t-\tau)d\tau$$

我們經由觀察第一個單位步階 u(t)，在所有負 t 時會使得積分為 0 來簡化此公式。因此

$$v_{out}(t) = \int_{0}^{\infty} \frac{e^{-(t-\tau)/RC}}{RC}u(t-\tau)d\tau$$

考慮另一個步階 $u(t-\tau)$ 之效應。因為我們在將 τ 從 0 積分到無限大，若 t 是負值，任何在此範圍內的 τ，其單位步階為 0（圖 5.18）。因此，對於負的 t 值，$v_{out}(t) = 0$。對於正的 t 值，單位步階 $u(t-\tau)$ 在 τ < t 時為 1 而在 τ > t 時為 0。因此，對於正的 t 值

$$v_{out}(t) = \int_{0}^{t} \frac{e^{-(t-\tau)/RC}}{RC}d\tau = \left[e^{-(t-\tau)/RC}\right]_{0}^{t} = 1 - e^{-t/RC}, \quad t > 0$$

結合 t 的正與負的範圍之結果 $v_{out}(t) = (1 - e^{-t/RC})$ u(t)。

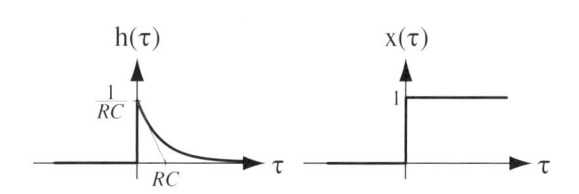

圖 5.17 RC 低通濾波器的單位脈衝響應與激發

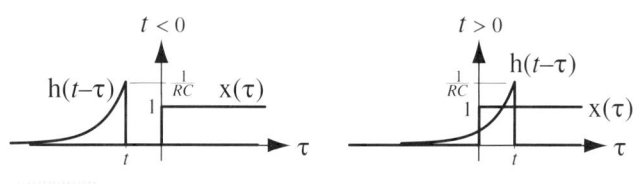

圖 5.18 對於負 t 與正 t 值下，在迴旋積分中形成乘積的兩個函數之關係

圖 5.19 與圖 5.20 說明迴旋的兩個例子。在每個例子中，上一列代表將要迴旋的兩個函數 $x_1(t)$ 與 $x_2(t)$，以及第二個函數 $x_2(-\tau)$ 之"反摺"版本，它是 t = 0 時的 $x(t-\tau)$，已經反摺但尚未位移。第二列是兩個函數 $x_1(\tau)$ 與 $x_2(t-\tau)$ 相對於 τ，選擇 5 個 t 的迴旋積分作圖。第三列是在同樣時間下兩個函數相乘 $x_1(\tau)x_2(t-\tau)$ 之迴旋積。在圖的最下方是原來兩個函數之迴旋積之作圖，用黑點表示在這 5 個 t 值時的迴旋值，它與同樣在這段時間裡，$\int_{-\infty}^{\infty} x_1(\tau)x_2(t-\tau)d\tau$ 乘積下的面積相同。

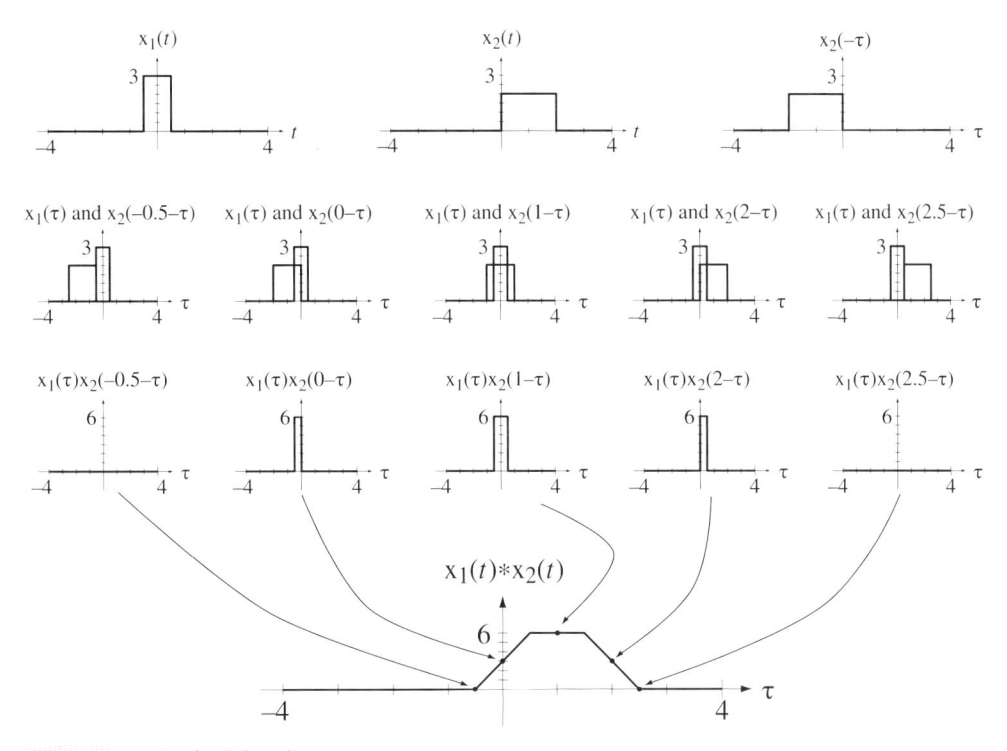

圖 5.19 兩個方波之迴旋

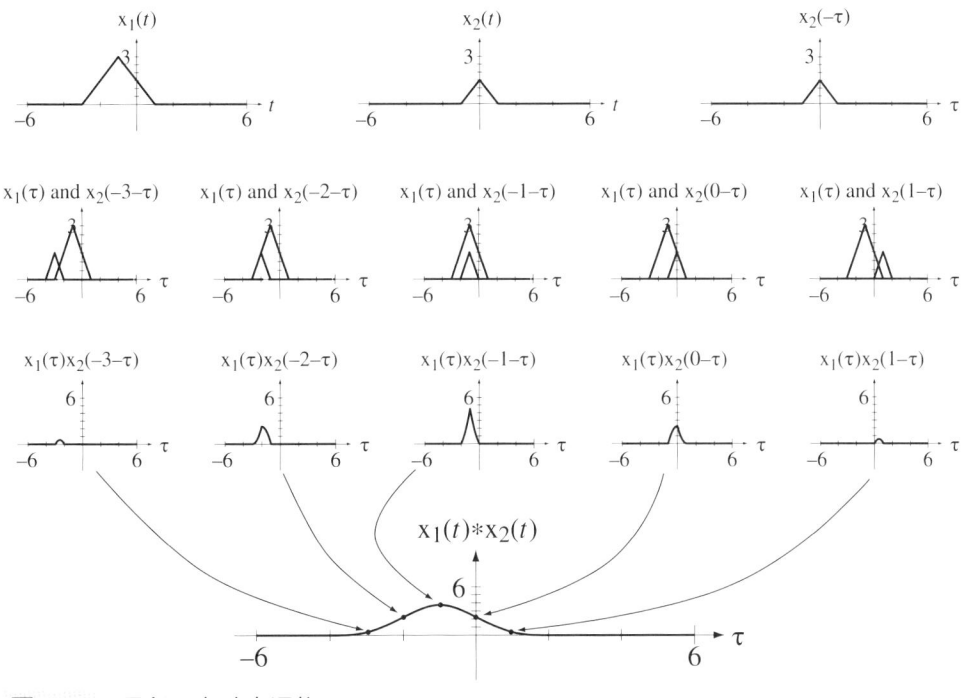

圖 5.20 兩個三角波之迴旋

迴旋特性

在訊號與系統分析中常見的運算是訊號與脈衝的迴旋

$$x(t) * A\delta(t - t_0) = \int_{-\infty}^{\infty} x(\tau) A\delta(t - \tau - t_0) d\tau$$

我們可以用脈衝的取樣特性來評估此積分。積分的變數是 τ。脈衝發生在 τ 中，其中 $t - \tau - t_0 = 0$ 或 $\tau = t - t_0$。因此

$$x(t) * A\delta(t - t_0) = Ax(t - t_0) \tag{5.14}$$

這是一個非常重要的結果，在後面的課文與習題中會出現很多次（圖 5.21）。

若我們定義 $g(t) = g_0(t) * \delta(t)$，於是一個位移版本 $g(t - t_0)$ 能夠以下列任一種形式表示

$$g(t - t_0) = g_0(t - t_0) * \delta(t) \quad \text{or} \quad g(t - t_0) = g_0(t) * \delta(t - t_0)$$

但不能用 $g_0(t - t_0) * \delta(t - t_0)$ 的形式。反而應該是 $g_0(t - t_0) * \delta(t - t_0) = g(t - 2t_0)$。此一特性不只是在與脈衝做迴旋時是正確的，與任何函數時也是一樣。位移正在迴旋時的函數（不能兩者），對於迴旋也是位移同樣的量。

迴旋積分的交換律、結合律、分配律、微分、面積與尺度改變特性整理如下。

交換律	$x(t) * y(t) = y(t) * x(t)$
結合律	$(x(t) * y(t)) * z(t) = x(t) * (y(t) * z(t))$
分配律	$(x(t) + y(t)) * z(t) = x(t) * z(t) + y(t) * z(t)$
若 $y(t) = x(t) * h(t)$，則	
微分特性	$y'(t) = x'(t) * h(t) = x(t) * h'(t)$
面積特性	y 的面積 = (x 的面積) × (h 的面積)
尺度改變特性	$y(at) = \|a\| x(at) * h(at)$

令 $x(t)$ 和 $h(t)$ 做迴旋為 $y(t) = \int_{-\infty}^{\infty} x(t - \tau) h(\tau) d\tau$。

令 $x(t)$ 是有界的。於是 $|x(t - \tau)| < B$，對於所有的 τ 而言，B 是固定的上限。迴旋積分的量值為

$$|y(t)| = \left| \int_{-\infty}^{\infty} x(t - \tau) h(\tau) d\tau \right|$$

利用一個函數積分的量值，是小於或等於函數量值的積分之特性

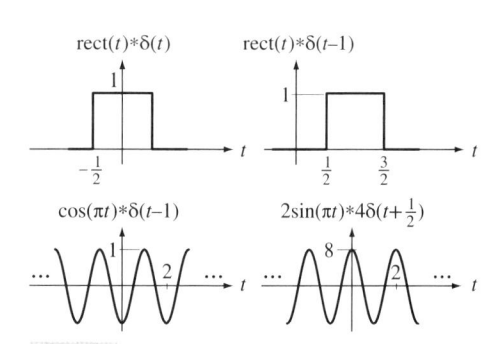

圖 5.21 與脈衝做迴旋的例子

$$\left|\int_\alpha^\beta g(x)\,dx\right| \le \int_\alpha^\beta |g(x)|dx$$

而兩個函數相乘的量值等於它們各自量值的相乘，$|g(x)h(x)| = |g(x)||h(x)|$，我們可以結論如下

$$|y(t)| \le \int_{-\infty}^{\infty} |x(t-\tau)||h(\tau)|d\tau$$

因為 $|x(t-\tau)|$ 對於任何 τ 在量值上小於 B

$$|y(t)| \le \int_{-\infty}^{\infty} |x(t-\tau)||h(\tau)|d\tau < \int_{-\infty}^{\infty} B|h(\tau)|d\tau$$

或

$$|y(t)| < B\int_{-\infty}^{\infty} |h(\tau)|d\tau$$

因此若 $\int_{-\infty}^{\infty}|h(t)|dt$ 是有界的，或換句話說，$h(t)$ 是絕對可積的，則迴旋積分收斂。因為迴旋可交換，我們也可以說若 $h(t)$ 是有界的，收斂的情況是 $x(t)$ 為絕對可積。

> 對於一個迴旋積分要收斂，是在要迴旋的訊號中必須兩者都有界，或者至少其中之一要絕對可積分。

例題 5.3　兩個單位方波迴旋

找出兩個單位方波 $x(t) = \text{rect}(t)$ 與 $h(t) = \text{rect}(t)$ 之迴旋 $y(t)$。

這個迴旋可以用迴旋積分以解析的或作圖的方式直接完成。但是我們可以一起探討微分特性避免直接的積分。

$$y(t) = x(t) * h(t) \Rightarrow y''(t) = x'(t) * h'(t)$$

$$y''(t) = [\delta(t+1/2) - \delta(t-1/2)] * [\delta(t+1/2) - \delta(t-1/2)]$$

$$y''(t) = \delta(t+1) - 2\delta(t) + \delta(t-1)$$

$$y'(t) = u(t+1) - 2u(t) + u(t-1)$$

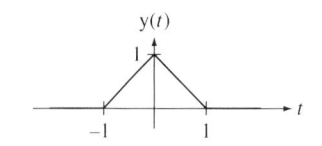

$$y(t) = \text{ramp}(t+1) - 2\,\text{ramp}(t) + \text{ramp}(t-1)$$

圖 5.22 兩個單位方波之迴旋

（見圖 5.22）

兩個單位方波迴旋的結果（例題 5.3）重要到要指定一個名稱，以便未來可引用。它稱為**單位三角波** (unit triangle) 函數（見圖 5.23）。

$$\text{tri}(t) = \begin{cases} 1-|t|, & |t|<1 \\ 0, & \text{其他} \end{cases}$$

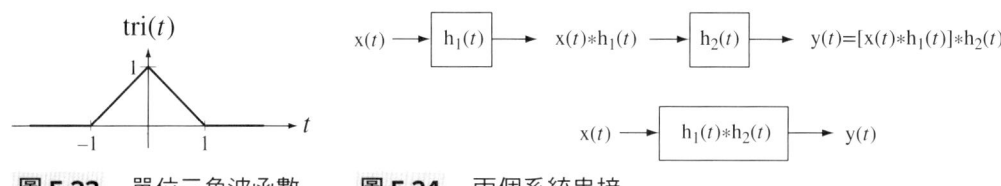

圖 5.23 單位三角波函數　　**圖 5.24** 兩個系統串接

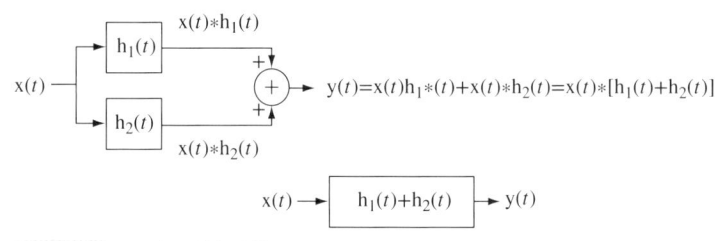

圖 5.25 兩個系統並聯

它因為峰值高度與面積都為 1，而稱為單位三角波。

系統連結

　　兩個十分常見的系統連接為串接與並聯（圖 5.24 與圖 5.25）。

　　利用迴旋的結合律，我們可以看到兩系統的串接能看成是一個系統，它的脈衝響應為兩個系統脈衝響應的迴旋。利用迴旋的分配律，我們可以看到兩系統的並聯能看成是一個系統，它的脈衝響應為兩個系統脈衝響應的和。

步階響應與脈衝響應

　　在實際系統的測試中，一個系統通常用一些容易產生的標準訊號而不會驅使系統成非線性。最常見的系統是步階函數，LTI 系統對單位步階的響應是

$$h_{-1}(t) = h(t) * u(t) = \int_{-\infty}^{\infty} h(\tau)u(t-\tau)d\tau = \int_{-\infty}^{t} h(\tau)d\tau$$

這證明由單位步階所激發的 LTI 系統之響應是脈衝響應的積分。因此我們可以說就如同單位步階是單位脈衝的積分，單位步階響應是單位脈衝響應的積分。事實上，這關係不只用於脈衝與步階的激發，對於任何激發也是如此。若任何激發改變成它本身的積分，響應也會改變成它本身的積分。我們也可以反轉此一關係，既然一次微分是積分的反向，若激發改變成它的一次微分，響應也會改變成它的一次微分（圖 5.26）。

穩定性與脈衝響應

　　穩定性已經定義在第 4 章，說明一個穩定系統對任何有界輸入訊號具有一個有界輸出訊號之響應。我們現在可以找一個經由檢視其脈衝響應的方式，來決定系統是否穩定。前面我們證明過兩個訊號的迴旋收斂，若兩個都是有界或是其中一個是絕對可積分。系

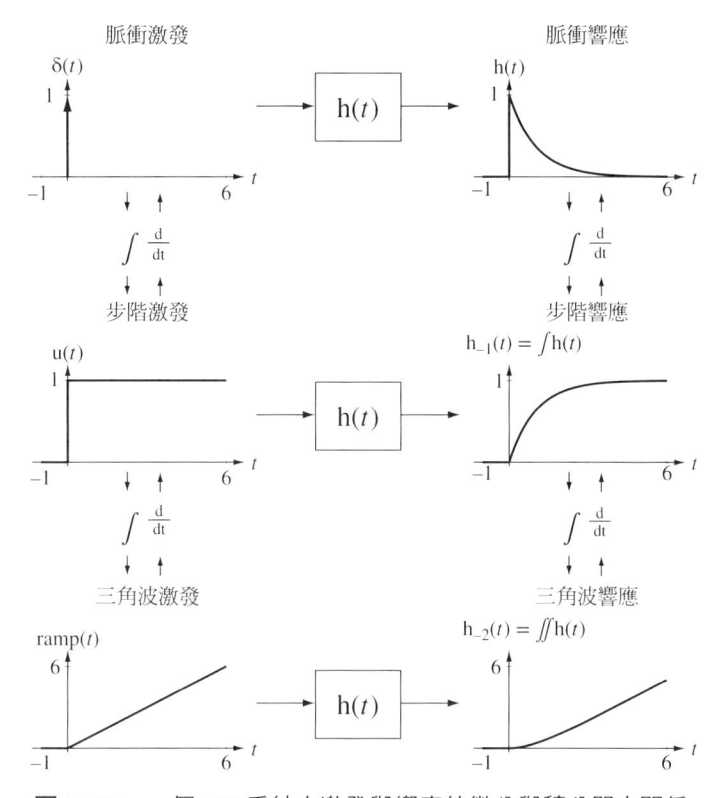

圖 5.26 一個 LTI 系統中激發與響應的微分與積分間之關係

統對 x(t) 的響應 y(t) 為 y(t) = x(t) ∗ h(t)。若 x(t) 是有界且 h(t) 是絕對可積分，亦即若 $\int_{-\infty}^{\infty} |h(t)|\, dt$ 是有界，則我們可以說 y(t) 是有界。

> 若連續時間系統的脈衝響應是絕對可積分、我們稱它為 BIBO 穩定。

複指數激發與轉移函數

令一個穩定 LTI 系統由下列形式的微分方程式所描述

$$\sum_{k=0}^{N} a_k y^{(k)}(t) = \sum_{k=0}^{M} b_k x^{(k)}(t) \tag{5.15}$$

其中

1. a 和 b 為常數，且
2. 表示法 $x^{(k)}(t)$ 意思是相對於時間 x(t) 的第 k 次微分，若 k 是負值，則表示積分而非微分。

接著令激發為複指數的形式 $x(t) = Xe^{st}$，其中 X 和 s 一般為複數。這種激發的描述在任何時間都成立。因此不只現在激發是一個複指數，在未來也總是一個複指數。微分方程式的解為同質與特解的和。此系統是穩定的，因此特徵值有負的實部且當時間過去同質解趨近於 0。此系統用此激發在半無窮的時間下運作，因此同質解衰減至 0，而現在所有的解是特解。

特解的函數形式包含激發的函數形式與其所有的獨特微分之線性組合。因為指數的微分是另一個同樣形式的指數，響應 y(t) 必須有形式如 y(t) = Ye^{st}，其中 Y 為複值常數。因此在微分方程式中，第 k 次微分的形式為 $x^{(k)}(t) = s^k X e^{st}$ 且 $y^{(k)}(t) = s^k Y e^{st}$，而 (5.15) 式可以寫成以下形式

$$\sum_{k=0}^{N} a_k s^k Y e^{st} = \sum_{k=0}^{M} b_k s^k X e^{st}$$

此方程式不再是具有實值係數的微分方程式。現在是具有複值係數的代數方程式。因式 Xe^{st} 和 Ye^{st} 可以分離出來得到

$$Y e^{st} \sum_{k=0}^{N} a_k s^k = X e^{st} \sum_{k=0}^{M} b_k s^k$$

對於激發的響應比為

$$\frac{Y e^{st}}{X e^{st}} = \frac{Y}{X} = \frac{\sum_{k=0}^{M} b_k s^k}{\sum_{K=0}^{N} a_k s^k}$$

兩個多項式的比稱為**有理函數** (rational function)。這是系統的**轉移函數** (transfer function)。

$$\boxed{H(s) = \frac{\sum_{k=0}^{M} b_k s^k}{\sum_{k=0}^{N} a_k s^k} = \frac{b_M s^M + b_{M-1} s^{M-1} + \cdots + b_2 s^2 + b_1 s + b_0}{a_N s^N + a_{N-1} s^{N-1} + \cdots + a_2 s^2 + a_1 s + a_0}} \qquad (5.16)$$

而響應因此是 $Ye^{st} = H(s)Xe^{st}$ 或 y(t) = H(s)x(t)。

對於這種形式的系統，轉移函數可以直接由微分方程式寫出來。若微分方程式描述此系統，則轉移函數也是。轉移函數是訊號與系統中的基本概念，我們在隨後的章節中將會常用到。我們也可以用迴旋找到複指數激發的響應。LTI 系統的響應 y(t) 為脈衝響應 h(t) 與 $x(t) = Xe^{st}$ 作用

$$y(t) = h(t) * Xe^{st} = X \int_{-\infty}^{\infty} h(\tau) e^{s(t-\tau)} d\tau = \underbrace{Xe^{st}}_{x(t)} \int_{-\infty}^{\infty} h(\tau) e^{-s\tau} d\tau$$

將 y(t) 的兩種形式全等得到

$$H(s)Xe^{st} = Xe^{st} \int_{-\infty}^{\infty} h(\tau) e^{-s\tau} d\tau \Rightarrow H(s) = \int_{-\infty}^{\infty} h(\tau) e^{-s\tau} d\tau$$

顯示轉移函數與脈衝響應之間的關聯。因為脈衝響應與轉移函數完全定義一個 LTI 系統，

它們必須唯一的相關。積分 $\int_{-\infty}^{\infty} h(\tau) e^{-s\tau} d\tau$ 將在第 8 章中重現，而被定義為 h(t) 的拉普拉斯轉換。

頻率響應

在複指數 e^{st} 中的變數 s，一般是複數值。令它的形式為 $s = \sigma + j\omega$ 其中 σ 是實部而 ω 是虛部。在特別的情況下，$\sigma = 0$，$s = j\omega$，複指數 e^{st} 變成**複正弦訊號** (complex sinusoid) $e^{j\omega t}$，而系統的轉移函數 H(s) 變成**頻率響應** (frequency response) H(jω)。函數 $e^{j\omega t}$ 稱為複正弦訊號，因為利用尤拉等式 $e^{j\omega t} = \cos(\omega t) + j\sin(\omega t)$，為具有同樣弧度頻率 ω 之實值餘弦訊號與複正弦訊號之和。從 $Ye^{st} = H(s)Xe^{st}$，令 $s = j\omega$

$$Ye^{j\omega t} = |Y|e^{j\measuredangle Y}e^{j\omega t} = H(j\omega)Xe^{j\omega t} = |H(j\omega)|e^{j\measuredangle H(j\omega)}|X|e^{j\measuredangle X}e^{j\omega t}$$

或是除以 $e^{j\omega t}$，

$$|Y|e^{j\measuredangle Y} = |H(j\omega)||X|e^{j(\measuredangle H(j\omega) + \measuredangle X)}$$

將量值相等 $|Y| = |H(j\omega)||X|$，並且將相位相等，我們可以得到 $\measuredangle Y = \measuredangle H(j\omega) + \measuredangle X$。函數 H(jω) 稱為系統的頻率響應 (frequency response)，因為在任何弧度頻率 ω 下，若我們知道激發與頻率響應的量值與相位，我們就可以找到此響應的量值與相位。

在第 4 章中，我們曾說明了使用線性與重疊定理，若一個複值激發 x(t) 作用至系統中而產生響應 y(t)，則實數值的 x(t) 導致實數值的 y(t)，虛數值的 x(t) 導致虛數值的 y(t)。因此若一個系統的實際激發是 $x(t) = A_x \cos(\omega t + \theta_x)$，我們可以找到系統對此激發的響應

$$x_C(t) = A_x \cos(\omega t + \theta_x) + jA_x \sin(\omega t + \theta_x) = A_x e^{j(\omega t + \theta_x)}$$

以及

$$y_C(t) = A_y \cos(\omega t + \theta_y) + jA_y \sin(\omega t + \theta_y) = A_y e^{j(\omega t + \theta_y)}$$

而我們可以認為 $y(t) = A_y \cos(\omega t + \theta_y)$ 的實部是對實值激發 $x(t) = A_x \cos(\omega t + \theta_x)$ 的響應。利用 $|Y| = |H(j\omega)||X|$ 和 $\measuredangle Y = \measuredangle H(j\omega) + \measuredangle X$，我們可以得到

$$A_y = |H(j\omega)| A_x \quad \text{與} \quad \theta_y = \measuredangle H(j\omega) + \theta_x$$

例題 5.4 轉移函數與頻率響應

一個 LTI 系統由下列微分方程式所描述

$$y''(t) + 3000y'(t) + 2 \times 10^6 y(t) = 2 \times 10^6 x(t)$$

(a) 求其轉移函數。

對於微分方程式的形式為 $\sum_{k=0}^{N} a_k y^{(k)}(t) = \sum_{k=0}^{M} b_k x^{(k)}(t)$，

$N = 2, M = 0, a_0 = 2 \times 10^6, a_1 = 3000, a_2 = 1, b_0 = 2 \times 10^6$,因此轉移函數是

$$H(s) = \frac{2 \times 10^6}{s^2 + 3000s + 2 \times 10^6}$$

(b) 若 $x(t) = Xe^{j400\pi t}$ 且 $y(t) = Ye^{j400\pi t}$ 且 $X = 3e^{j\pi/2}$,求 Y 的量值與相角。
頻率響應是

$$H(j\omega) = \frac{2 \times 10^6}{(j\omega)^2 + 3000(j\omega) + 2 \times 10^6} = \frac{2 \times 10^6}{2 \times 10^6 - \omega^2 + j3000\omega}$$

弧度頻率是 $\omega = 400\pi$。因此

$$H(j400\pi) = \frac{2 \times 10^6}{2 \times 10^6 - (400\pi)^2 + j3000 \times 400\pi} = 0.5272e^{-j1.46}$$

$$|Y| = |H(j400\pi)| \times 3 = 0.5272 \times 3 = 1.582$$

$$\measuredangle Y = \measuredangle H(j400\pi) + \pi/2 = 0.1112 \text{ 弧度}$$

(c) 若 $x(t) = 8\cos(200\pi t)$ 且 $y(t) = A_y \cos(200\pi t + \theta_y)$,求 A_y 和 θ_y。
利用

$$A_y = |H(j200\pi)|A_x \text{ and } \theta_y = \measuredangle H(j200\pi) + \theta_x$$

$$A_y = 0.8078 \times 8 = 6.4625 \text{ and } \theta_y = -0.8654 + 0 = -0.8654 \text{ 弧度}$$

例題 5.5 連續系統之脈衝響應

一個連續時間系統由微分方程式所描述

$$y''(t) + 5y'(t) + 2y(t) = 3x''(t)$$

求出並且畫出頻率響應的量值與相角。
微分方程式的一般形式

$$\sum_{k=0}^{N} a_k y^{(k)}(t) = \sum_{k=0}^{M} b_k x^{(k)}(t)$$

其中 $N = M = 2, a_2 = 1, a_0 = 2, b_1 = 0, b_0 = 0$。
轉移函數是

$$H(s) = \frac{b_2 s^2 + b_1 s + b_0}{a_2 s^2 + a_1 s + a_0} = \frac{3s^2}{s^2 + 5s + 2}$$

頻率響應是(用 $j\omega$ 取代 s)

$$H(j\omega) = \frac{3(j\omega)^2}{(j\omega)^2 + j5\omega + 2}$$

(見圖 5.27。)

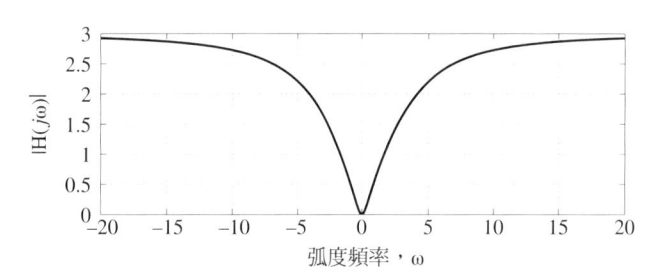

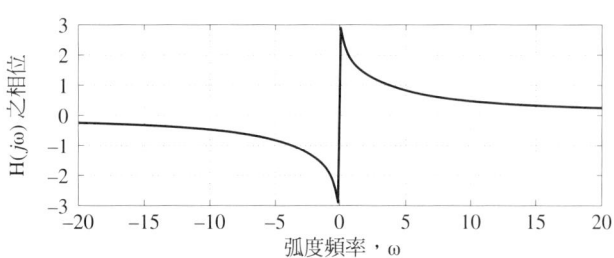

圖 5.27 頻率響應的量值與相角

此一圖形是由下列的 MATLAB 程式碼所產生：

```
wmax = 20;                  % Maximum radian frequency magnitude for graph
dw = 0.1;                   % Spacing between frequencies in graph
w = [-wmax:dw:wmax]';       % Vector of radian frequencies for graph
%   Compute the frequency response
H = 3*(j*w).^2./((j*w).^2 + j*5*w + 2);
%   Graph and annotate the frequency response
subplot(2,1,1); p = plot(w, abs(H),'k'); set(p,'LineWidth',2);
grid on ;
xlabel('Radian frequency, {\omega}','FontSize',18,'FontName','Times');
ylabel('|H({\itj}{\omega})|','FontSize',18,'FontName','Times');
subplot(2,1,2); p = plot(w,angle(H),'k'); set(p,'LineWidth',2);
grid on;
xlabel('Radian frequency, {\omega}','FontSize',18,'FontName','Times');
ylabel('Phase of H({\itj}{\omega})','FontSize',18,'FontName','Times');
```

5.3 離散時間

脈衝響應

就如同在連續時間系統中是成立的，對於離散時間系統也有迴旋的方法以類似的方式運作。它基於已知系統的脈衝響應，將輸入訊號認定為脈衝的線性組合，然後將所有脈衝的響應加起來。

無論離散系統有多複雜，它不過是一序列的脈衝。若我們能夠找到 LTI 系統對於在 $n = 0$ 時的單位脈衝響應，我們就可以找到對任何其他訊號的響應。因此使用迴旋技術開始基於假設對於在 $n = 0$ 時的單位脈衝響應已經被找到。我們稱此脈衝響應為 h[n]。

在發現一個系統的脈衝響應，我們利用一個發生在 $n = 0$ 時的單位脈衝 δ[n]，而這是此一系統的唯一響應。脈衝將能量注入系統後消失。在脈衝能量注入系統後，它依據其動態特性響應一個訊號。

在連續時間系統實際應用脈衝實驗性的決定脈衝響應的作法，根據實際的理由這是有問題的。但在離散時間系統的例子中，此一技術是相當合理的，因為離散時間脈衝是真正且簡單的離散時間函數。

假設我們對系統有數學方式的描述，我們就可以用解析的方式分析脈衝響應。首先考慮系統由下列的差分方程式來描述

$$a_0 y[n] + a_1 y[n-1] + \cdots + a_N y[n-N] = x[n] \tag{5.17}$$

這不是用來描述一個離散時間 LTI 系統的最普遍的差分方程式形式，但它是一個開始的好

地方，因為從分析此系統，我們可以延伸找到對於更一般性系統的脈衝響應。此系統是因果性且 LTI。為了求得脈衝響應，令 x[n] 為在 $n = 0$ 時的單位脈衝響應。於是我們可以針對此特例重寫 (5.17) 式

$$a_0 h[n] + a_1 h[n-1] + \cdots + a_N h[n-N] = \delta[n]$$

系統在 $n = 0$ 之前並未被任何訊號激發，響應 h[n] 對於所有負的時間為 0，h[n] = 0, $n < 0$，系統在 $n = 0$ 之前為 0。對所有在 $n = 0$ 之後的時間，x[n] 也同樣是 0，而差分方程式的解為同質解。我們所需的是去找到在 $n = 0$ 之後的同質解，有 N 個初始條件可以用來評估在同質解中 N 個任意常數。對於每階的差分方程式我們都需要初始條件。我們總是可以利用遞迴找到這些初始條件。因果系統的差分方程式可以總是放置到遞迴的形式中，在其中的現今響應是目前響應與前面響應的線性組合。

$$h[n] = \frac{\delta[n] - a_1 h[n-1] - \cdots - a_N h[n-N]}{a_0}$$

因此我們可以找到一個在 $n \geq 0$ 成立的正確同質解。此解結合 h[n] = 0, $n < 0$ 之事實，合成全部的解，即脈衝響應。脈衝加到系統的應用可簡單的建立一些初始條件，而系統（若是穩定的）在此之後從容的返回其前面的平衡。

現在考慮由下面之差分方程式所描述的一個更一般性的系統，

$$a_0 y[n] + a_1 y[n-1] + \cdots + a_N y[n-N] = b_0 x[n] + b_1 x[n-1] + \cdots + b_M x[n-M]$$

或

$$\sum_{k=0}^{N} a_k y[n-k] = \sum_{k=0}^{M} b_k x[n-k]$$

因為此系統是 LTI，我們可以首先經由求得下列差分方程式所描述的系統脈衝響應，然後將所有的脈衝響應相加後，

$$\begin{aligned} a_0 y[n] + a_1 y[n-1] + \cdots + a_N y[n-N] &= b_0 x[n] \\ a_0 y[n] + a_1 y[n-1] + \cdots + a_N y[n-N] &= b_1 x[n-1] \\ a_0 y[n] + a_1 y[n-1] + \cdots + a_N y[n-N] &= \vdots \\ a_0 y[n] + a_1 y[n-1] + \cdots + a_N y[n-N] &= b_M x[n-M] \end{aligned} \quad (5.18)$$

而找到系統的脈衝響應。因為所有的方程式都相似，除了脈衝的強度與發生時間，所有的脈衝響應只是簡單的將 (5.18) 式系統中的一組經過適當的加權與位移後之脈衝響應相加得到。此一般性系統的脈衝響應必須是

$$h[n] = b_0 h_1[n] + b_1 h_1[n-1] + \cdots + b_M h_1[n-M]$$

其中 $h_1[n]$ 是在前面所找到的脈衝響應。

例題 5.6　系統的脈衝響應

求出由下列差分方程式所描述系統的脈衝響應 h[n]

$$8y[n] + 6y[n-1] = x[n] \tag{5.19}$$

若激發是一個脈衝

$$8h[n] + 6h[n-1] = \delta[n]$$

此方程式描述一個因果系統，因此 h[n] = 0, n < 0。我們可以由 (5.19) 式找到在 n = 0 之單位脈衝的第一個響應

n	x[n]	h[n−1]	h[n]
0	1	0	1/8

對於 $n \geq 0$，此解是一個同質解形式，為 $K_h(-3/4)^n$。因此，h[n] = $K_h(-3/4)^n$ u[n]。應用初始條件 h[0] = 1/8 = K_h，於是此系統之脈衝響應為 h[n] = $(1/8)(-3/4)^n$ u[n]。

例題 5.7　系統的脈衝響應

求出由下列差分方程式所描述系統的脈衝響應 h[n]

$$5y[n] + 2y[n-1] - 3y[n-2] = x[n] \tag{5.20}$$

此方程式描述一個因果系統，因此 h[n] = 0, n < 0。我們可以由 (5.20) 式找到在 n = 0 之單位脈衝的前兩個響應

n	x[n]	h[n−1]	h[n]
0	1	0	1/5
1	0	1/5	−2/25

特徵值為 −1 和 0.6。因此脈衝響應為 h[n] = $(K_1(-1)^n + K_2(0.6)^n)$ u[n]。評估常數

$$\begin{cases} h[0] = K_1 + K_2 = 1/5 \\ h[1] = -K_1 + 0.6 K_2 = -2/25 \end{cases} \Rightarrow K_1 = 0.125,\ K_2 = 0.075$$

則脈衝響應為

$$h[n] = (0.125(-1)^n + 0.075(0.6)^n) u[n]$$

離散時間迴旋

推導

為了說明離散時間迴旋，假設一個 LTI 系統由訊號 x[n] = $\delta[n] + \delta[n-1]$ 所激發，而它的脈衝響應是 h[n] = $(0.7788)^n$ u[n]（圖 5.28）。

對於任何離散時間系統的這個激發是由一系列具不同強度，發生在不同時間的脈衝所組成。因此，採用線性與非時變性，LTI 系統的響應就是對個別脈衝的個別響應之和。因為我們知道對於一個發生在 n = 0 時的一個單位脈衝之系統響應，我們可以經由適當的位

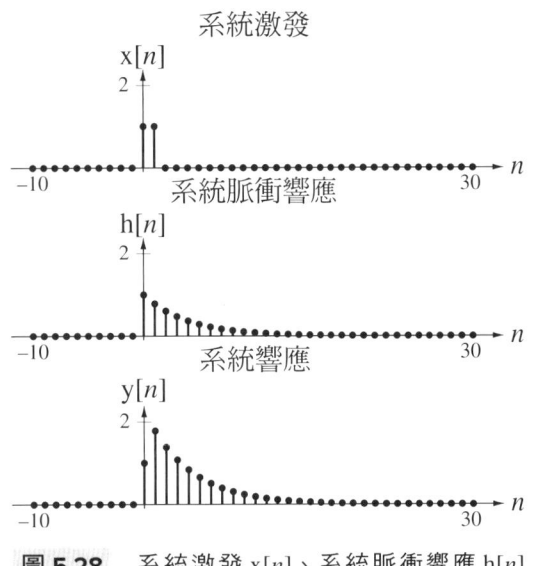

圖 5.28 系統激發 x[n]、系統脈衝響應 h[n] 與系統響應 y[n]

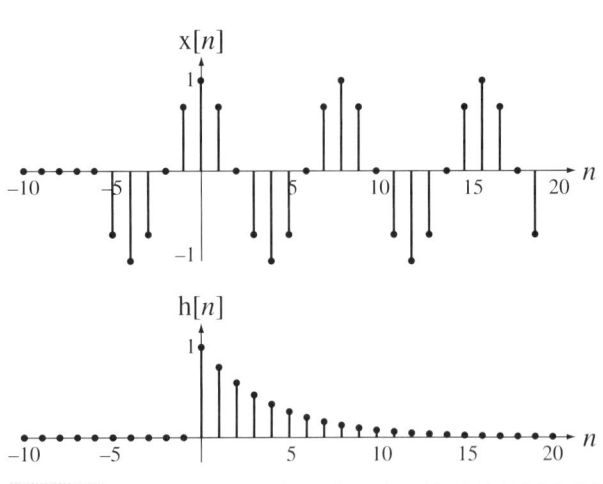

圖 5.29 在 $n = -5$ 加上正弦訊號及其系統的脈衝響應

移位與尺度改變此單位脈衝響應來求得系統的響應。

在此例中，第一個非 0 脈衝激發發生在 $n = 0$，且其強度為 1。因此系統將會對它產生正確的脈衝響應。第二個非 0 脈衝激發發生在 $n = 1$，且其強度也為 1。除了在時間延遲 1 之外，系統對此單一脈衝產生脈衝響應。因此利用 LTI 系統的相加與非時變特性，對於 $x[n] = \delta[n] + \delta[n+1]$ 的全部系統響應為

$$y[n] = (0.7788)^n u[n] + (0.7788)^{n-1} u[n-1]$$

（見圖 5.28）。

令現在的激發為 $x[n] = 2\delta[n]$。因為是一個 LTI 系統且激發為強度 2 發生在 $n = 0$ 的脈衝，利用 LTI 系統的同質性，此系統的響應是脈衝響應的 2 倍或 $y[n] = 2(0.7788)^n u[n]$。

現在令激發為圖 5.29 中的一個，而脈衝響應維持一樣。對於從 $n = -5$ 開始的 4 個脈衝響應畫於圖 5.30。

圖 5.31 說明後面四個脈衝響應。

當我們將所有脈衝的響應加起來後，可以得到相對於系統總激發的系統總響應（圖 5.32）。

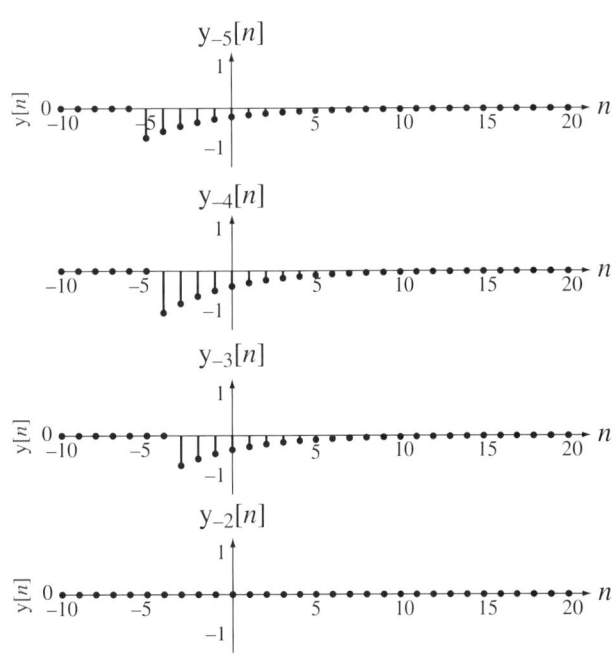

圖 5.30 系統對脈衝 $x[-5]$、$x[-4]$、$x[-3]$ 和 $x[-2]$ 之響應

注意：有一個初始的暫態響應，但此一響應在一些離散時間單位後平穩下來成為一個正弦訊號。任何一個由正弦訊號激發的穩定 LTI 系統之強迫響應，是另一個同樣頻率但一般而言，具有不同的振幅和相位的正弦訊號。

我們已經從圖中觀察到其發生。現在是用解析方式看其發生的時刻了。全部系統響應可以寫成

$$y[n] = \cdots x[-1]h[n+1] + x[0]h[n] + x[1]h[n-1] + \cdots$$

或

$$y[n] = \sum_{m=-\infty}^{\infty} x[m]\, h[n-m] \tag{5.21}$$

(5.21) 式之結果稱為**迴旋和** (convolution sum) 作為系統響應的表示。換句話說，在任何離散時間 n 的響應 y 可以將所有在離散時間 m 的 x 激發與在離散時間 $n-m$，且 m 的範圍從負無限大至正無限大之響應 h，兩者的乘積加起來得到。要找出系統響應，我們只需要知道系統的脈衝響應，我們就可以求得任意型態激發之響應。對於一個 LTI 系統而言，系統的脈衝響應是它如何對任何訊號響應的完整描述。因此我們可以想像經由加上一個脈衝並記錄響應來測試一個系統。一旦得到以後，我們就可以計算任何訊號之響應。這是一個功能強大的技術。在系統分析中，我們只需要求針對簡單而可能的輸入訊號，一個單位脈衝，來求解系統的差分方程式一次，隨後對於任何一般性的訊號，我們就可以經由迴旋求得響應。

將用於連續時間訊號的迴旋積與用於離散時間訊號的迴旋和做比較，

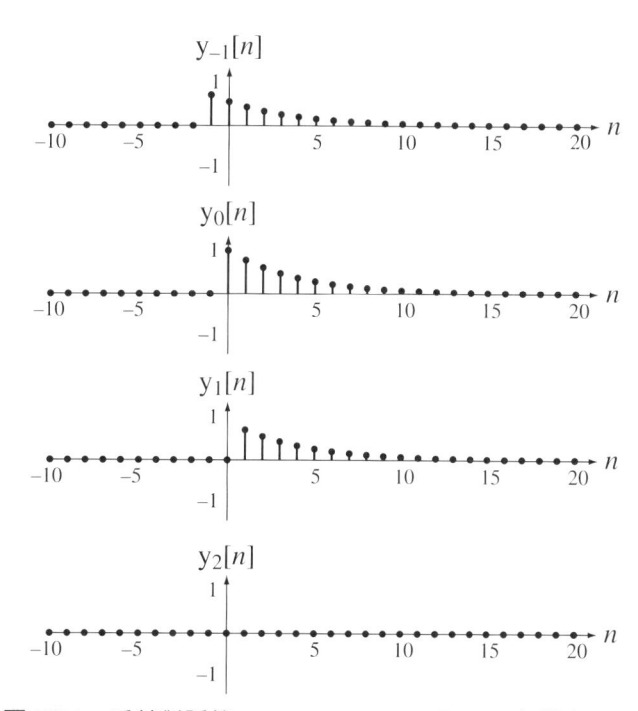

圖 5.31 系統對脈衝 $x[-1]$、$x[0]$、$x[1]$ 和 $x[2]$ 之響應

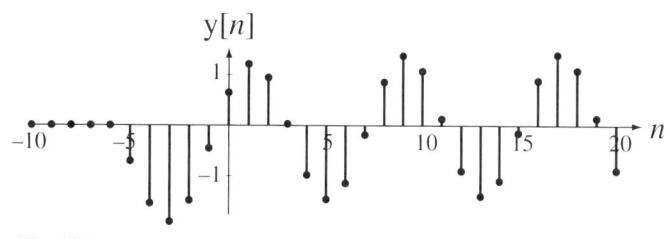

圖 5.32 系統總響應

$$y(t) = \int_{-\infty}^{\infty} x(\tau)h(t-\tau)d\tau \quad \text{與} \quad y[n] = \sum_{m=-\infty}^{\infty} x[m]h[n-m]$$

上面的任一情況中，兩個訊號其中一個做時間反轉與位移然後再與另一訊號相乘。於是對於連續時間訊號，是在積分後找到此乘積下的總面積。對於離散時間訊號，則是將乘積加起來找到總和。

迴旋之圖形與分析範例

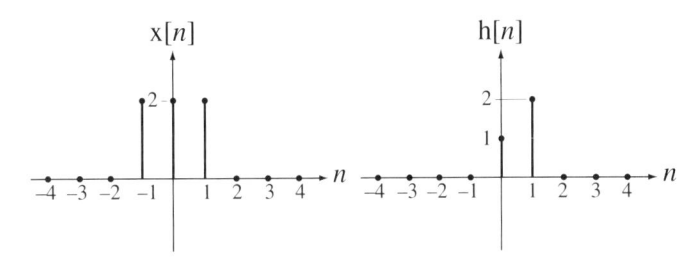

圖 5.33 兩個函數

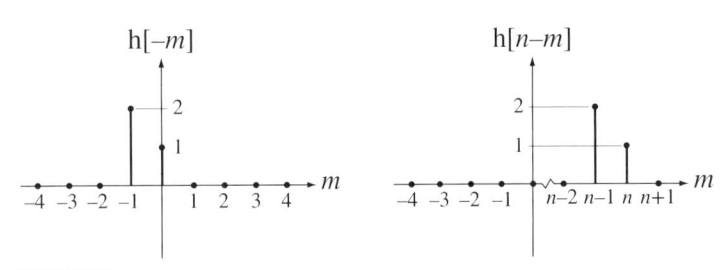

圖 5.34 相對於 m 的 $h[m]$ 和 $h[n-m]$

雖然迴旋的運作在 (5.21) 式中已經完整定義，探討一些圖形的概念對實際執行迴旋是有幫助的。$x[m]$ 和 $h[n-m]$ 兩個函數相乘並在 $-\infty < m < \infty$ 範圍內相加。為了說明迴旋的圖形，令 $x[n]$ 和 $h[n]$ 為圖 5.33 中所示的簡單圖形。

因為在 (5.21) 式中相加的指標為 m，函數 $h[n-m]$ 應該是考慮為 m 的函數以用來執行 (5.21) 式中的加法。經由此觀點，我們可以想像 $h[n-m]$ 式由兩個轉換所創造，即 $m \to -m$ 將 $h[m]$ 變成 $h[-m]$，然後 $m \to m-n$ 將 $h[-m]$ 變成 $h[-(m-n)] = h[n-m]$，第一個轉換 $m \to -m$ 形成 $h[m]$ 的離時間反轉，而第二個轉換 $m \to m-n$ 將已經-時間-反轉的函數向右移動 n 單位（圖 5.34）

現在了解到迴旋的結果是 $y[n] = \sum_{m=-\infty}^{\infty} x[m]h[n-m]$，$y[n]$ 相對於 n 的迴旋作圖是，選擇一個 n 然後根據此 n 做 $\sum_{m=-\infty}^{\infty} x[m]h[n-m]$ 的運算，在那個 n 畫出 $y[n]$ 的單一數值結果，然後對所有的 n 重複此過程。當每次新的 n 選擇後，函數 $h[n-m]$ 位移至新的位置，$x[m]$ 保持在原處，因為在 $x[m]$ 中沒有 n，而相加 $\sum_{m=-\infty}^{\infty} x[m]h[n-m]$ 只是簡單的 $x[m]$ 和 $h[n-m]$ 在選擇之 n 值的乘積和。

對於圖 5.35 中沒有出現的 n 值，$y[n] = 0$，因此我們可以畫出圖 5.36 中的 $y[n]$。

在工程應用中常見到兩個訊號在某個有限時間前經由迴旋後為 0。令 x 在 $n = n_x$ 前為 0，且令 h 在 $n = n_h$ 前為 0。迴旋和是

$$x[n] * h[n] = \sum_{m=-\infty}^{\infty} x[m]h[n-m]$$

因為 x 在 $n = n_x$ 前為 0，所有在 $m < n_x$ 之相加項為 0，且

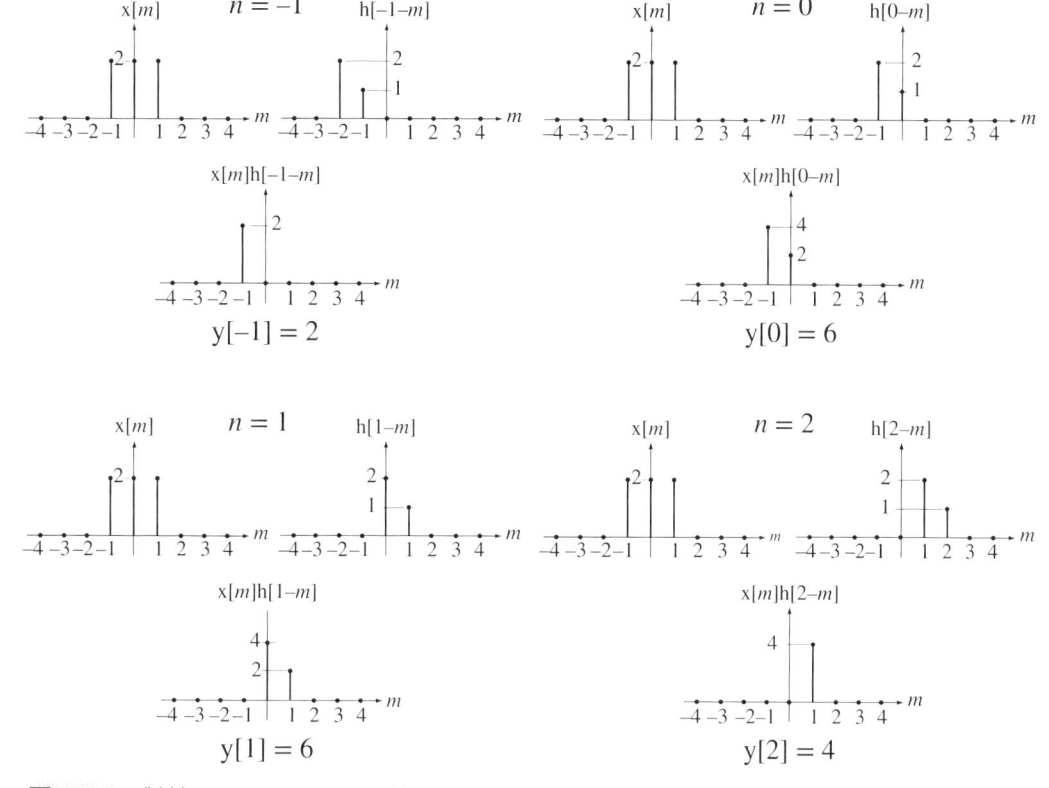

圖 5.35 對於 $n = -1 \cdot 0 \cdot 1 \cdot 2$ 的 $y[n]$ 值

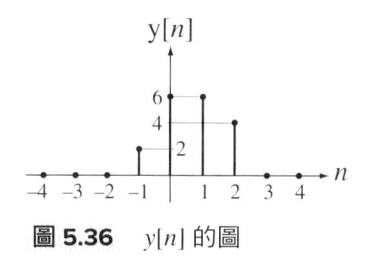

圖 5.36 $y[n]$ 的圖

$$\mathrm{x}[n] * \mathrm{h}[n] = \sum_{m=n_x}^{\infty} \mathrm{x}[m]\mathrm{h}[n-m]$$

同樣的，當 $n - m < n_h$，h 項為 0。這樣給在 $n - n_h$ 中的 m 一個上面的極限，且

$$\mathrm{x}[n] * \mathrm{h}[n] = \sum_{m=n_x}^{n-n_h} \mathrm{x}[m]\mathrm{h}[n-m]$$

對於那些在 $n - n_h < n_x$ 的 n 而言，底部和的極限大於頂部和的極限，則其迴旋結果為 0。因此更完整與精確對迴旋結果的說法是

$$\mathrm{x}[n] * \mathrm{h}[n] = \begin{cases} \sum_{m=n_x}^{n-n_h} \mathrm{x}[m]\mathrm{h}[n-m], & n - n_h \geq n_x \\ 0, & n - n_h < n_x \end{cases}$$

例題 5.8 移動平均數位濾波器之響應

移動平均數位濾波器具有以下形式的脈衝響應

$$h[n] = (u[n] - u[n-N])/N$$

找出移動平均濾波器對 $x[n] = \cos(2\pi n/16)$ 之響應，其中 $N = 8$。然後將激發改成 $x[n] = \cos(2\pi n/8)$ 再求新的響應。

利用迴旋，響應為

$$y[n] = x[n] * h[n] = \cos(2\pi n/16) * (u[n] - u[n-8])/8$$

利用迴旋和的定理

$$y[n] = \frac{1}{8} \sum_{m=-\infty}^{\infty} \cos(2\pi m/16)(u[n-m] - u[n-m-8])$$

兩個單位序列函數的效應是限制相加的範圍。

$$y[n] = \frac{1}{8} \sum_{m=n-7}^{n} \cos(2\pi m/16)$$

利用三角等式 $\cos(x) = \dfrac{e^{jx} + e^{-jx}}{2}$

$$y[n] = \frac{1}{16} \sum_{m=n-7}^{n} \left(e^{j2\pi m/16} + e^{-j2\pi m/16} \right)$$

令 $q = m - n + 7$。於是

$$y[n] = \frac{1}{16} \sum_{q=0}^{7} \left(e^{j2\pi(q+n-7)/16} + e^{-j2\pi(q+n-7)/16} \right)$$

$$y[n] = \frac{1}{16} \left(e^{j2\pi(n-7)/16} \sum_{q=0}^{7} e^{j2\pi q/16} + e^{-j2\pi(n-7)/16} \sum_{q=0}^{7} e^{-j2\pi q/16} \right)$$

N 項幾何級數的和為

$$\sum_{n=0}^{N-1} r^n = \begin{cases} N, & r = 1 \\ \dfrac{1 - r^N}{1 - r}, & r \neq 1 \end{cases}$$

此公式適用於任何複值的 r。因此將這些長度為 8 的幾何級數加起來

$$y[n] = \frac{1}{16} \left(e^{j\pi(n-7)/8} \overbrace{\frac{1 - e^{j\pi}}{1 - e^{j\pi/8}}}^{=2} + e^{-j\pi(n-7)/8} \overbrace{\frac{1 - e^{-j\pi}}{1 - e^{-j\pi/8}}}^{=2} \right)$$

找到一個共同的分母並簡化

$$y[n] = \frac{1}{8} \left(\frac{e^{j\pi(n-7)/8}}{1 - e^{j\pi/8}} + \frac{e^{-j\pi(n-7)/8}}{1 - e^{-j\pi/8}} \right) = \frac{1}{8} \frac{\cos(\pi(n-7)/8) - \cos(\pi(n-8)/8)}{1 - \cos(\pi/8)}$$

接著利用餘弦的週期性，$\cos(\pi(n-8)/8) = \cos(\pi n/8)$ 於是

$$y[n] = 1.6421[\cos(\pi(n-7)/8) + \cos(\pi n/8)]$$

現在令 x[n] = cos(2πn/8)，除了餘弦的週期之外此過程是同樣的。結果為

$$y[n] = x[n] * h[n] = \cos(2\pi n/8) * (u[n] - u[n-8])/8$$

$$y[n] = \frac{1}{16} \sum_{m=n-7}^{n} \left(e^{j2\pi m/8} + e^{-j2\pi m/8} \right)$$

$$y[n] = \frac{1}{16} \left(e^{j2\pi(n-7)/8} \sum_{q=0}^{7} e^{j2\pi q/8} + e^{-j2\pi(n-7)/8} \sum_{q=0}^{7} e^{-j2\pi q/8} \right)$$

$$y[n] = \frac{1}{16} \left(e^{j\pi(n-7)/4} \frac{1 - e^{j2\pi}}{1 - e^{j2\pi/8}} + e^{-j\pi(n-7)/4} \frac{1 - e^{-j2\pi}}{1 - e^{-j2\pi/8}} \right) = 0, \text{ (because } e^{j2\pi} = e^{-j2\pi} = 1)$$

若移動平均濾波器的平均時間剛好是正弦訊號週期的整數倍的話，則響應為 0，因為任何正弦訊號經過任何整數週期的平均值為 0。否則響應就不為 0。

迴旋特性

在離散時間的迴旋與在連續時間中一樣，用運算子 * 來表示。

$$y[n] = x[n] * h[n] = \sum_{m=-\infty}^{\infty} x[m]h[n-m] \tag{5.22}$$

離散時間迴旋的特性與連續時間類似。

$$\boxed{x[n] * A\delta[n - n_0] = Ax[n - n_0]} \tag{5.23}$$

$$\boxed{y[n - n_0] = x[n] * h[n - n_0] = x[n - n_0] * h[n]} \tag{5.24}$$

迴旋和的交換律、結合律、分配律、差分和加法的特性列舉如下。

$$\boxed{\text{交換律} \quad x[n] * y[n] = y[n] * x[n]}$$

結合律	$(x[n] * y[n]) * z[n] = x[n] * (y[n] * z[n])$
分配律	$(x[n] + y[n]) * z[n] = x[n] * z[n] + y[n] * z[n]$
若 y[n] = x[n] * h[n]，則	
差分特性	$y[n] - y[n-1] = x[n] * (h[n] - h[n-1])$
相加特性	y 的和 = (x 的和) × (h 的和)

對於一個收斂的迴旋和，兩個要迴旋的訊號必須有界且其中之一必須絕對可加。

數值迴旋

離散時間數值迴旋 (Discrete-Time Numerical Convolution) MATLAB 中有一個函數 conv 計算迴旋和。表示法為 y = conv(x,h)，其中 x 和 h 為離散時間訊號的向量值，而 y 是包含 x 和 h 迴旋後的值之向量。當然 MATLAB 不可能如 (5.22) 式一樣計算無限的和。MATLAB 只能迴旋時限訊號，而 x 和 h 的向量應該包含訊號中所有非 0 的項（若需要的話，可以包含額外的 0）。若 x 中第一個元素的時間是 n_{x0}，而 h 的第一個元素的時間為 n_{h0}，y 的第一個元素的時間是 $n_{x0} + n_{h0}$。若 x 中最後一個元素的時間是 n_{x1}，而 h 的最後一個元素時間為 n_{h1}，y 的最後一個元素的時間是 $n_{x1} + n_{h1}$。x 的長度是 $n_{x1} - n_{x0} + 1$，而 h 的長度是 $n_{h1} - n_{h0} + 1$。因此 y 的延伸範圍為 $n_{x0} + n_{h0} \leq n < n_{x1} + n_{h1}$，而其長度為

$$n_{x1} + n_{h1} - (n_{x0} + n_{h0}) + 1 = \underbrace{n_{x1} - n_{x0} + 1}_{\text{x 的長度}} + \underbrace{n_{h1} - n_{h0} + 1}_{\text{h 的長度}} - 1$$

因此 y 的長度為 x 與 h 長度和減 1。

例題 5.9 利用 **MATLAB** 計算迴旋和

令 $x[n] = u[n-1] - u[n-6]$ 且 $h[n] = \text{tri}((n-6)/4)$。利用 MATLAB 的 conv 函數找出迴旋和 $x[n] * h[n]$。

$x[n]$ 是在 $1 \leq n \leq 5$ 內之時限訊號，而 $h[n]$ 是在 $3 \leq n \leq 9$ 內之時限訊號。因此任何描述 $x[n]$ 的向量必須至少有 5 個元素長，而任何描述 $h[n]$ 的向量必須至少有 7 個元素長。讓我們擺上額外的 0，利用下列的 MATLAB 程式碼，計算並畫出兩個訊號的迴旋，輸出說明於圖 5.37。

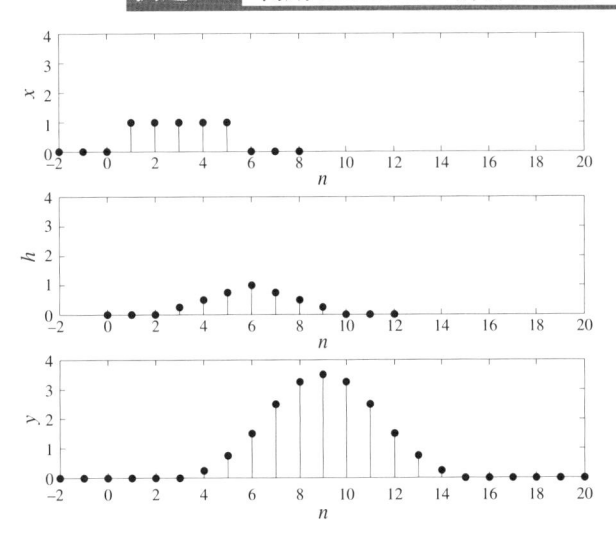

圖 5.37 利用 MATLAB 的 conv 指令找到的激發、脈衝響應與系統響應

```
nx = -2:8 ; nh = 0:12;          % Set time vectors for x and h
x = usD(n-1) - usD(n-6);        % Compute values of x
h = tri((nh-6)/4);              % Compute values of h
y = conv(x,h);                  % Compute the convolution of x with h
%
% Generate a discrete-time vector for y
```

```
%
ny = (nx(1) + nh(1)) + (0:(length(nx) + length(nh) - 2)) ;
%
%   Graph the results
%
subplot(3,1,1) ; stem(nx,x,'k','filled');
xlabel('n') ; ylabel('x'); axis([-2,20,0,4]);
subplot(3,1,2) ; stem(nh,h,'k','filled') ;
xlabel('n') ; ylabel('h'); axis([-2,20,0,4]);
subplot(3,1,3) ; stem(ny,y,'k','filled');
xlabel('n') ; ylabel('y'); axis([-2,20,0,4]);
```

連續時間數值迴旋

在此處引出了一個自然的問題。因為在 MATLAB 裡沒有內建用來從事迴旋的積分函數，我們可以用 conv 函數來執行迴旋積分嗎？簡短的回答是沒有。但若我們可以接受合理的近似（工程師通常可以），較長的回答是近似的可以。我們可以開始迴旋積分

$$y(t) = x(t) * h(t) = \int_{-\infty}^{\infty} x(\tau) h(t - \tau) d\tau$$

用一序列寬度為 T_s 的方波來近似 x(t) 和 h(t)。

$$x(t) \cong \sum_{n=-\infty}^{\infty} x(nT_s) \text{rect}\left(\frac{t - nT_s - T_s/2}{T_s}\right) \quad \text{與} \quad h(t) \cong \sum_{n=-\infty}^{\infty} h(nT_s) \text{rect}\left(\frac{t - nT_s - T_s/2}{T_s}\right)$$

此積分可以用時間上離散的點來近似

$$y(nT_s) \cong \sum_{m=-\infty}^{\infty} x(mT_s) h((n - m)T_s) T_s$$

在此可以用迴旋和來表示

$$y(nT_s) \cong T_s \sum_{m=-\infty}^{\infty} x[m] h[n - m] = T_s x[n] * h[n] \tag{5.25}$$

其中 x[n] = x(nTs) 且 h[n] = h(nT_s)，而迴旋積在如同使用 conv 來完成迴旋和的同樣條件下，可以用迴旋和來近似。迴旋積要收斂，x(t) 或 h(t)（或兩者）必須為能量訊號。令 x(t) 只有在時間區間 $n_{x0} \leq t \leq n_{x1}T_s$ 內不為 0，h(t) 只有在時間區間 $n_{h0}T_s \leq t \leq n_{h1}T_s$ 內不為 0。於是 y(t) 只有在時間區間 ($n_{x0} + n_{h0}$)$T_s \leq n < (n_{x1} + n_{h1})T_s$ 內不為 0，而用 conv 函數所找到的值 T_sx[n] * h[n] 涵蓋此範圍。為了得到一個相當好的近似結果，必須挑選 T_s 使得函數 x(t) 和 h(t) 在此時間間隔內沒有改變很多。

例題 5.10 利用 **MATLAB** 的 conv 函數來畫出兩個連續時間訊號之迴旋

畫出迴旋 $y(t) = \text{tri}(t) * \text{tri}(t)$。

雖然這個迴旋可以用解析的方式完成，但非常冗長，所以用數值方法，亦即用 MATLAB 的 conv 函數來近似迴旋是一個好的選擇。這兩個函數之斜率不是 +1 就是 −1。為了得到一個合理的近似，選擇兩個樣本間的時間為 0.01 秒，表示函數值的變化在兩個鄰近樣本間不超過 0.01。於是，從 (5.25) 式

$$y(0.01n) \cong 0.01 \sum_{m=-\infty}^{\infty} \text{tri}(0.01m)\text{tri}(0.01(n-m))$$

函數非 0 部分的極限為 $-1 \leq t < 1$，它轉移到相對的離散時間訊號極限為 $-100 \leq n < 100$。下面的一個 MATLAB 程式完成此近似。

```
%   Program to do a discrete-time approximation of the
%   convolution of two unit triangles
%   Convolution computations

Ts = 0.01;                              % Time between samples
nx = [-100:99]' ; nh = nx ;             % Discrete time vectors for
                                        % x and h
x = tri(nx*Ts) ; h = tri(nh*Ts) ;       % Generate x and h
ny = [nx(1)+nh(1):nx(end)+nh(end)]';    % Discrete time vector for y
y = Ts*conv(x,h) ;                      % Form y by convolving x and h

% Graphing and annotation

p = plot(ny*Ts,y,'k') ; set(p,'LineWidth',2); grid on ;
xlabel('Time, {\itt} (s)','FontName','Times','FontSize',18) ;
ylabel('y({\itt})','FontName','Times','FontSize',18) ;
title('Convolution of Two Unshifted Unit Triangle Functions',...
    'FontName','Times','FontSize',18);
set(gca,'FontName','Times','FontSize',14);
```

產生的圖為圖 5.38。

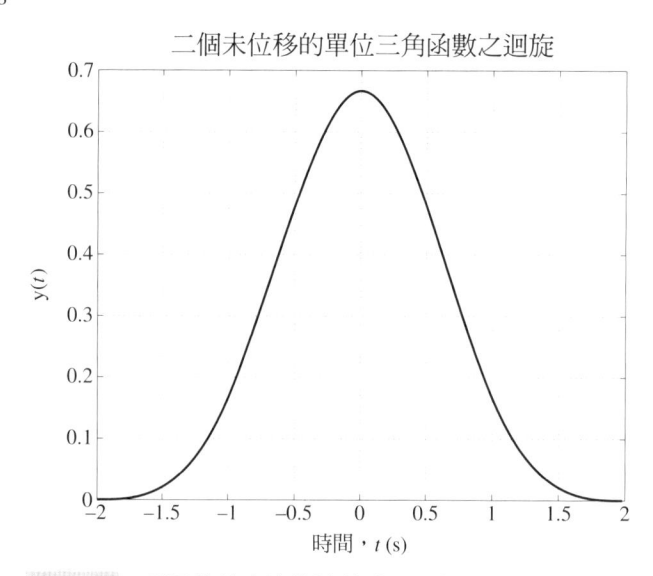

圖 5.38 利用數值方法的連續時間迴旋近似

此圖形結果與解析的答案非常相近。

$$y(t) = (1/6)\begin{bmatrix}(t+2)^3u(t+2) - 4(t+1)^3u(t+1) + 6t^3u(t) \\ -4(t-1)^3u(t-1) + (t-2)^3u(t-2)\end{bmatrix}$$

穩定性與脈衝響應

穩定性的一般性定義於第 4 章中，提到穩定系統當受到任何有界輸入訊號激發時有一個有界的輸出訊號。我們現在可以經由檢視系統的脈衝響應，找到一個方法來決定系統是否穩定。兩個訊號若它們兩個都是有界，而且至少其中之一是絕對可加的話，則迴旋收斂。一個系統 x[n] 的響應 y[n] 是 y[n] = x[n] ∗ h[n]。若 x[n] 為有界，h[n] 是絕對可加（因此也是有界），則 y[n] 有界。亦即，若 $\sum_{n=-\infty}^{\infty}|h[n]|$ 是有界的

> 一個系統若其脈衝響應是絕對可加的話，即為 BIBO 穩定。

系統連結

兩個常見的系統連接為串接與並聯（圖 5.39 與圖 5.40）。

利用迴旋之結合特性，我們將兩個系統的串接可以視為一個系統，它的脈衝響應是兩個系統個別脈衝響應的迴旋。利用迴旋的分配特性，我們可以看到兩個系統的並聯可以視為一個系統，它的脈衝響應是兩個系統個別脈衝響應的和。

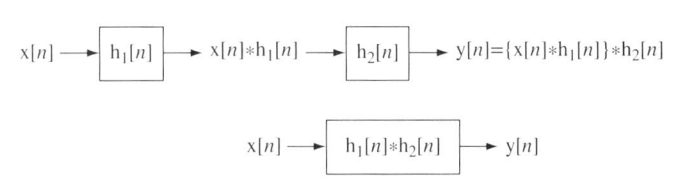

圖 5.39 兩系統之串接

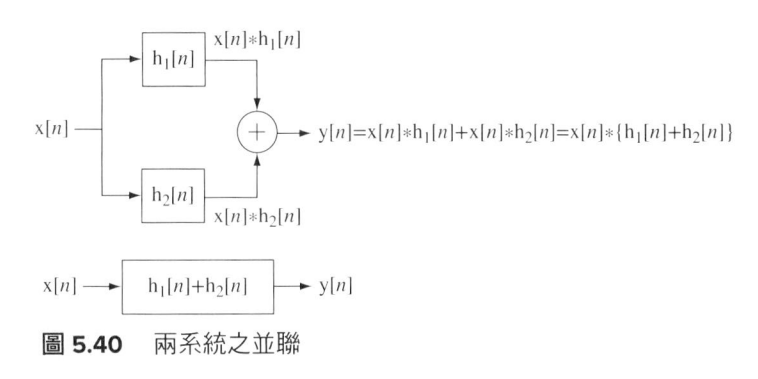

圖 5.40 兩系統之並聯

單位序列響應與脈衝響應

LTI 系統的響應為激發與脈衝響應的迴旋

$$y[n] = x[n] * h[n] = \sum_{m=-\infty}^{\infty} x[m]h[n-m]$$

令激發為單位序列且令對單位序列的響應表示為 $h_{-1}[n]$。於是

$$h_{-1}[n] = u[n] * h[n] = \sum_{m=-\infty}^{\infty} u[m]h[n-m] = \sum_{m=0}^{\infty} h[n-m]$$

令 $q = n - m$。於是

$$h_{-1}[n] = \sum_{q=n}^{-\infty} h[q] = \sum_{q=-\infty}^{n} h[q]$$

因此離散時間 LTI 系統由單位序列激發的響應為脈衝響應的和。就如同單位序列為脈衝響應的和，單位序列的響應為單位脈衝響應的和。$h_{-1}[n]$ 的下標表示差分的次數。在此例中是從脈衝響應至單位序列響應之 −1 差分或是一次累加。此關係在任何激發都成立。若是任何激發改變至其累積，其響應也改變至其累積，而若任何激發改變至其第一次後向差分，其響應也改變至其第一次後向差分。

例題 5.11　利用迴旋找出系統響應

找出圖 5.41 受到圖 5.42 激發後的系統響應。

首先我們需要系統的脈衝響應。我們可以用前面所提的方法直接找到，但是在此例中因為我們已經知道單位序列響應 $h_{-1}[n] = [5 - 4(4/5)^n]u[n]$（見第 4 章，離散時間系統特性一節），我們可以用單位序列響應的第一後向差分 $h[n] = h_{-1}[n] - h_{-1}[n-1]$ 找到脈衝響應。結合公式，

$$h[n] = [5 - 4(4/5)^n]u[n] - [5 - 4(4/5)^{n-1}]u[n-1].$$

$$h[n] = \underbrace{5(u[n] - u[n-1])}_{=\delta[n]} - 4(4/5)^{n-1}[(4/5)u[n] - u[n-1]]$$

$$h[n] = \underbrace{5\delta[n] - 4(4/5)^n\delta[n]}_{=\delta[n]} + (4/5)^n u[n-1]$$

$$h[n] = (4/5)^n u[n]$$

其餘的就是執行迴旋。我們可以用下列的 MATLAB 程式來完成。

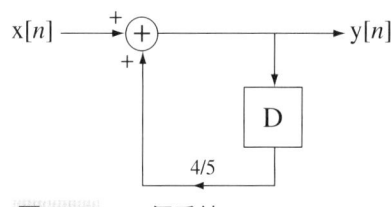

圖 5.41　一個系統

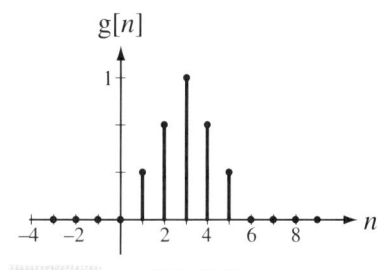

圖 5.42　系統的激發

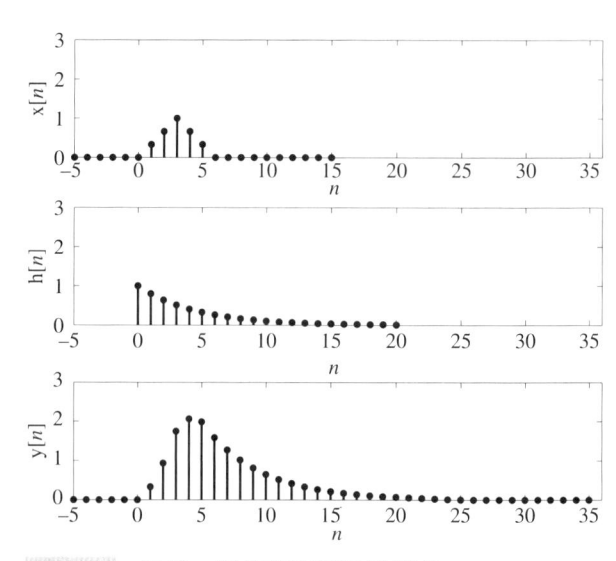

圖 5.43　激發、脈衝響應與系統響應

```
%   Program to demonstrate discrete-time convolution
nx = -5:15 ;            % Set a discrete-time vector for the excitation
x = tri((n-3)/3;        % Generate the excitation vector
nh = 0:20 ;             % Set a discrete-time vector for the impulse
                        % response
%   Generate the impulse response vector
h = ((4/5).^nh).*usD(nh);
%   Compute the beginning and ending discrete times for the system
%   response vector from the discrete-time vectors for the
    excitation and the impulse response
nymin = nx(1) + nh(1); nymax = nx(length(nx)) + length(nh);
ny = nymin:nymax-1;
%   Generate the system response vector by convolving the
    excitation with the impulse response
y = conv(x,h);
%   Graph the excitation, impulse response and system response, all
%   on the same time scale for comparison
%   Graph the excitation
subplot(3,1,1); p = stem(nx,x,'k','filled');
set(p,'LineWidth',2,'MarkerSize',4);
axis([nymin,nymax,0,3]);
xlabel('n'); ylabel('x[n]');
%   Graph the impulse response
subplot(3,1,2); p = stem(nh,h,'k','filled');
set(p,'LineWidth',2,'MarkerSize',4);
axis([nymin,nymax,0,3]);
xlabel('n'); ylabel('h[n]');
%   Graph the system response
subplot(3,1,3); p = stem(ny,y,'k','filled');
set(p,'LineWidth',2,'MarkerSize',4);
axis([nymin,nymax,0,3]);
xlabel('n'); ylabel('y[n]');
```

這三個用 MATLAB 所畫的訊號示於圖 5.43。

複指數激發與轉移函數

在工程上用來描述離散時間系統的最普遍形式是差分方程式或一個差分方程式的系統。考慮離散時間系統差分方程式的一般形式

$$\sum_{k=0}^{N} a_k y[n-k] = \sum_{k=0}^{M} b_k x[n-k] \tag{5.26}$$

在連續時間系統中的一個複指數激發引起一個複指數響應,對於離散時間系統也是一樣。

因此若 x[n] = Xz^n，則 y[n] 的形式為 y[n] = Yz^n，其中 X 和 Y 為複值常數。於是，差分方程式

$$x[n-k] = Xz^{n-k} = z^{-k}Xz^n \quad 與 \quad y[n-k] = z^{-k}Yz^n$$

而 (5.26) 式可以寫成

$$\sum_{k=0}^{N} a_k z^{-k} Yz^n = \sum_{k=0}^{M} b_k z^{-k} Xz^n$$

其中的 Xz^n 和 Yz^n 可以提出因式來，變成

$$Yz^n \sum_{k=0}^{N} a_k z^{-k} = Xz^n \sum_{k=0}^{M} b_k z^{-k} \Rightarrow \frac{Yz^n}{Xz^n} = \frac{Y}{X} = \frac{\sum_{k=0}^{M} b_k z^{-k}}{\sum_{k=0}^{N} a_k z^{-k}}$$

比值 Y/X 是 z 多項式的比。這是以 H(z) 來表示的離散時間系統轉移函數。亦即

$$H(z) = \frac{\sum_{k=0}^{M} b_k z^{-k}}{\sum_{k=0}^{N} a_k z^{-k}} = \frac{b_0 + b_1 z^{-1} + b_2 z^{-2} + \cdots + b_M z^{-M}}{a_0 + a_1 z^{-1} + a_2 z^{-2} + \cdots + a_N z^{-N}} \quad (5.27)$$

且 y[n] = Yz^n = H(z)Xz^n = H(z)x[n]。轉移函數可以直接從差分方程式推導，且若差分方程式描述系統，則轉移函數也是。用 z^n 同乘以 (5.27) 式的分子與分母，我們可以用另一個形式表示

$$H(z) = \frac{\sum_{k=0}^{M} b_k z^{-k}}{\sum_{k=0}^{N} a_k z^{-k}} = z^{N-M} \frac{b_0 z^M + b_1 z^{M-1} + \cdots + b_{M-1} z + b_M}{a_0 z^N + a_1 z^{N-1} + \cdots + a_{N-1} z + a_N} \quad (5.28)$$

這兩個形式相等但在某些情形下，可能某一形式會較方便。

我們也可以用迴旋找到系統響應。具有脈衝響應為 h[n] 的 LTI 系統之響應為 y[n]，對於一個複指數激發 x[n] = Xz^n 則

$$y[n] = h[n] * Xz^n = X \sum_{m=-\infty}^{\infty} h[m] z^{n-m} = \underbrace{Xz^n}_{=x[n]} \sum_{m=-\infty}^{\infty} h[m] z^{-m}$$

比較響應的兩個形式

$$H(z)Xz^n = Xz^n \sum_{m=-\infty}^{\infty} h[m] z^{-m} \Rightarrow H(z) = \sum_{m=-\infty}^{\infty} h[m] z^{-m}$$

顯示了離散時間 LTI 系統的轉移函數與脈衝響應之關係。其中的和 $\sum_{m=-\infty}^{\infty} h[m] z^{-m}$ 將在第 9 章中定義為 h[n] 的 z 轉換。

頻率響應

在 z^n 中的變數 z 一般來講是複數。考慮特別的情況，當 z 限制在複平面上的單位圓，

因此 $|z|=1$。於是 z 表示成 $z = e^{j\Omega}$，其中 Ω 是實數值，代表離散時間的弧度頻率，z^n 變成 $e^{j\Omega n}$，為一個離散時間複正弦訊號 $e^{j\Omega} = \cos(\Omega) + j\sin(\Omega)$，而系統轉移函數 $H(z)$ 變成系統的**頻率響應** (frequency response) $H(e^{j\Omega})$。從 $Yz^n = H(z)Xz^n$，令 $z = e^{j\Omega}$

$$Ye^{j\Omega n} = |Y|e^{j\angle Y}e^{j\Omega n} = H(e^{j\Omega})Xe^{j\Omega n} = |H(e^{j\Omega})|e^{j\angle H(e^{j\Omega})}e^{j\Omega n}|X|e^{j\angle X}e^{j\Omega n}$$

或是用 $e^{j\Omega n}$ 同除，

$$|Y|e^{j\angle Y} = |H(e^{j\Omega})||X|e^{j\angle(H(e^{j\Omega})+\angle X)}$$

比較量值可以得到 $|Y| = |H(e^{j\Omega})||X|$，而比較相位可以得到 $\angle Y = \angle H(e^{j\Omega}) + \angle X$。函數 $H(e^{j\Omega})$ 稱為系統在任何弧度頻率 Ω 下的頻率響應。若我們知道激發的量值與相角，我們就可得和響應的量值與相角。

就如同在連續時間系統中是成立的一樣，若一個複指數激發 x[n] 加到系統中導致響應 y[n]，則 x[n] 的實部導致 y[n] 的實部且 x[n] 的虛部導致 y[n] 的虛部。因此若系統的實際激發是 x[n] = $A_x\cos(\Omega n + \theta_x)$，我們可以找到系統對此激發

$$x_C[n] = A_x\cos(\Omega n + \theta_x) + jA_x\sin(\Omega n + \theta_x) = A_xe^{j(\Omega n + \theta_x)}$$

的響應形式

$$y_C[n] = A_y\cos(\Omega n + \theta_y) + jA_y\sin(\Omega n + \theta_y) = A_ye^{j(\Omega n + \theta_y)}$$

我們可以用 y[n] = $A_y\cos(\Omega n + \theta_y)$ 的實部作為對於實數激發 x[n] = $A_x\cos(\Omega n + \theta_x)$ 的響應。利用 $|Y| = |H(j\omega)||X|$ 與 $\angle Y = \angle H(j\omega) + \angle X$ 可以得到

$$A_y = |H(e^{j\Omega})|A_x \quad \text{與} \quad \theta_y = \angle H(e^{j\Omega}) + \theta_x$$

例題 5.12 轉移函數與頻率響應

一個 LTI 系統由下列差分方程式定義

$$y[n] - 0.75\,y[n-1] + 0.25\,y[n-2] = x[n]$$

(a) 求轉移函數。

對於形式為 $\sum_{k=0}^{N} a_k y[n-k] = \sum_{k=0}^{M} b_k x[n-k]$，$N=2$，$M=0$，$a_0 = 0.25$，$a_1 = -0.75$，$a_2 = 1$，$b_0 = 1$ 的差分方程式，轉移函數為

$$H(z) = \frac{1}{z^2 - 0.75z + 0.25}$$

(b) 若 x[n] = $Xe^{j0.5n}$，y(t) = $Ye^{j0.5n}$，$X = 12e^{-j\pi/4}$，求 Y 的量值與相角。

頻率響應為

$$H(e^{j\Omega}) = \frac{1}{(e^{j\Omega})^2 - 0.75(e^{j\Omega}) + 0.25} = \frac{1}{e^{j2\Omega} - 0.75e^{j\Omega} + 0.25} \quad \text{（見圖 5.44）}$$

弧度頻率為 $\Omega = 0.5$，因此

$$H(e^{j\Omega}) = \frac{1}{e^j - 0.75e^{j/2} + 0.25} = 2.001e^{-j1.303}$$

$$|Y| = |H(e^{j0.5})| \times 12 = 2.001 \times 12 = 24.012$$

$$\measuredangle Y = \measuredangle H(e^{j0.5}) - \pi/4 = -1.3032 - \pi/4 = -2.0886 \text{ 弧度}$$

(c) 若 $x[n] = 25\cos(2\pi n/5)$，$y[n] = A_y\cos(2n/5 + \theta_y)$，求 A_y 和 θ_y。

$$A_y = |H(e^{j\pi/9})|A_x = 1.2489 \times 25 = 31.2225$$

且

$$\theta_y = \measuredangle H(e^{j2\pi/5}) + \theta_x = 2.9842 + 0 = 2.9842 \text{ 弧度}$$

```
dW = 2*pi/100 ;          %   Increment in discrete-time radian frequency
                         %   for sampling the frequency response
W = -2*pi:dW:2*pi ;      %   Discrete-time radian frequency vector for
                         %   graphing the frequency response
%   Compute the frequency response
H = 1./(exp(j*2*W) - 0.75*exp(j*W) + 0.25) ;
close all ; figure('Position',[20,20,1200,800]) ;
subplot(2,1,1) ;
ptr = plot(W,abs(H),'k') ; %  Graph the magnitude of the frequency response
grid on ;
set(ptr,'LineWidth',2) ;
xlabel('\Omega','FontName','Times','FontSize',36) ;
ylabel('|H({\ite^{{\itj}\Omega}})|','FontName','Times','FontSize',36) ;
title('Frequency Response Magnitude','FontName','Times','FontSize',36) ;
set(gca,'FontName','Times','FontSize',24) ;
axis([-2*pi,2*pi,0,2.5]) ;
subplot(2,1,2) ;
ptr = plot(W,angle(H),'k') ; %  Graph the phase of the frequency response
grid on ;
set(ptr,'LineWidth',2) ;
xlabel('\Omega','FontName','Times','FontSize',36) ;
ylabel('Phase of H({\ite^{{\itj}\Omega}})','FontName','Times','FontSize',36) ;
title('Frequency Response Phase','FontName','Times','FontSize',36) ;
set(gca,'FontName','Times','FontSize',24) ;
axis([-2*pi,2*pi,-pi,pi]) ;
```

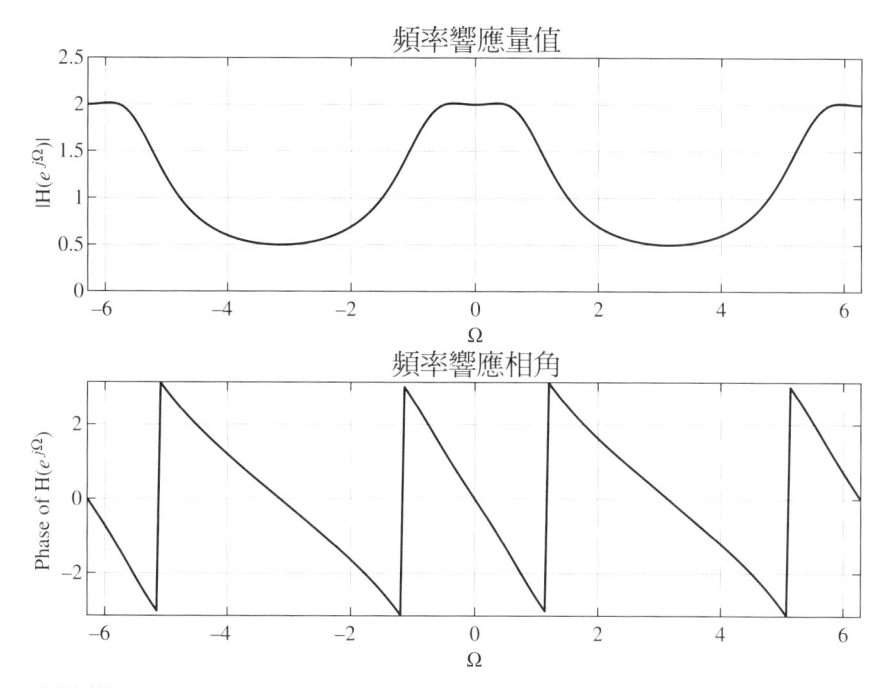

圖 5.44 頻率響應之量值和相角

重點概要

1. 每個 LTI 系統完全用脈衝響應來定義。
2. 任何 LTI 系統對任意輸入訊號的響應，可以用輸入訊號與脈衝響應做迴旋得到。
3. 串接 LTI 的系統脈衝響應為個別脈衝響應的迴旋。
4. 並聯 LTI 的系統脈衝響應為個別脈衝響應的和。
5. 連續時間 LTI 系統若其脈衝響應是絕對可積分的話，即為 BIBO 穩定。
6. 離散時間 LTI 系統若其脈衝響應是絕對可加的話，即為 BIBO 穩定。

習題 (EXERCISES)

（每個題解的次序是隨機的）

連續時間
脈衝響應

1. 連續時間系統係由方程式 y'(t) + 6y(t) = x'(t) 所描述。
   (a) 針對脈衝激發與脈衝響應之特例寫出微分方程式。
   (b) 若脈衝響應是 $h(t) = -6e^{-6t}u(t) + \delta(t)$，則 $h(t)$ 從 $t = 0^-$ 到 $t = 0^+$ 的積分值為何？
   (c) 而 $h'(t)$ 從 $t = 0^-$ 到 $t = 0^+$ 的積分值為何？

   解答：-6, $h'(t) + 6h(t) = \delta'(t)$, 1

2. 求下列積分的值。

(a) $\int_{0^-}^{0^+} 4u(t)dt$ (b) $\int_{0^-}^{0^+} [-2e^{-3t}u(t) + 7\delta(t)]dt$ (c) $\int_{0^-}^{0^+} \left[\int_{-\infty}^{t} -3\delta(\lambda)d\lambda\right]dt$

解答：0, 0, 7

3. 求出由下列公式所描述的系統脈衝響應。

(a) $y'(t) + 5y(t) = x(t)$ (b) $y''(t) + 6y'(t) + 4y(t) = x(t)$
(c) $2y'(t) + 3y(t) = x'(t)$ (d) $4y'(t) + 9y(t) = 2x(t) + x'(t)$

解答：$h(t) = -(1/16)e^{-9t/4}u(t) + (1/4)\delta(t)$, $h(t) = -(3/4)e^{-3t/2}u(t) + (1/2)\delta(t)$, $h(t) = e^{-5t}u(t)$, $h(t) = 0.2237(e^{-0.76t} - e^{-5.23t})u(t)$

4. 在圖 E.4 的系統中，$a = 7$ 且 $b = 3$。
(a) 寫出描述它的微分方程式。
(b) 脈衝響應可以寫成 $h(t) = Ke^{\lambda t}u(t)$。找出 K 與 λ 值。

解答：$(1/3)y'(t) = x(t) - (7/3)y(t)$, $-7, 3$

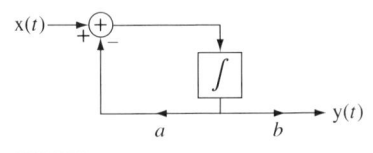

圖 E.4

5. 一個連續時間系統由下列微分方程式所描述

$$y''(t) + 6y'(t) + 3y(t) = x(t)$$

其中 x 是激發且 y 是響應。此系統的脈衝響應可以包含
(a) 一個脈衝？ (b) 在 $t = 0$ 不連續？ (c) 一次微分在 $t = 0$ 不連續？

解答：可，否，否

6. 在圖 E.6 中是一個 RC 低通濾波器具有激發 $v_{in}(t)$ 與響應 $v_{out}(t)$。令 $R = 10\,\Omega$ 且 $C = 10\,\mu F$。
(a) 用 $v_{in}(t)$, $v_{out}(t)$, R 和 C 寫出電路的微分方程式。
(b) 找出此系統之脈衝響應 $h(t)$。
(c) 求 $h(200\,\mu s)$ 之值。

解答：1353.35, $h(t) = \dfrac{e^{-t/RC}}{RC}u(t)$, $v'_{out}(t) + \dfrac{v_{out}(t)}{RC} = \dfrac{v_{in}(t)}{RC}$

迴旋

7. 若 $x(t) = 2\text{tri}(t/4) * \delta(t-2)$，求下列的值
(a) $x(1)$ (b) $x(-1)$

解答：1/2, 3/2

8. 若 $y(t) = -3\,\text{rect}(t/2) * \text{rect}((t-3)/2)$，y 在所有時間的最大與最小值？

解答：0, 6

9. 一個 LTI 系統具有脈衝響應 $h(t) = 2e^{-3t}u(t)$。
(a) 寫出 $h(t) * u(t)$ 之表示式。
(b) 令系統的激發為 $x(t) = u(t) - u(t - 1/3)$，寫出響應 $y(t)$ 的表示式。
(c) 找出 $y(t)$ 在 $t = 1/2$ 處之數值。

解答：0.2556, y(t) = (2/3)[(1 − e^{-3t})u(t) − (1 − $e^{-3(t-1/3)}$)u(t − 1/3)], h(t) ∗ u(t) = (2/3)(1 − e^{-3t})u(t)

10. 令 y(t) = x(t) ∗ h(t) 且令 x(t) = rect(t + 4) − rect(t − 1) 與 h(t) = tri(t − 2) + tri(t − 6)，找出 y(t) 不等於 0 的時間範圍。

    解答：−3.5 < t < 8.5

11. 找出下列的值。

    (a) g(3) 若 g(t) = $3e^{-2t}$u(t) ∗ 4δ(t − 1)
    (b) g(3) 若 g(t) = e^{-t}u(t) ∗ [δ(t) − 2δ(t − 1)]
    (c) g(−1) 若 g(t) = 4 sin$\left(\frac{\pi t}{8}\right)$ ∗ δ(t − 4)
    (d) g(1) 若 g(t) = −5 rect$\left(\frac{t+4}{2}\right)$ ∗ δ(3t)
    (e) 若 y(t) = x(t) ∗ h(t) 且 x(t) = 4 rect(t − 1) 且 h(t) = 3 rect(t)，求 y(1/2)

    解答：−0.2209, −3.696, 0.2198, 5/3, 6

12. 若 x(t) = rect(t/10) ∗ 3 rect((t − 1)/8)，求以下的值。

    (a) x(1)
    (b) x(5)

    解答：24, 15

13. 若 x(t) = −5 rect(t/2) ∗ [δ(t + 1) + δ(t)]，求以下的值。

    (a) x(1/2)
    (b) x(−1/2)
    (c) x(−5/2)

    解答：−10, −5, 0

14. 若 x(t) = 0.5 rect$\left(\frac{t-2}{4}\right)$ 且 h(t) = 3δ(2t) − 5δ(t − 1)，並且令 y(t) = h(t) ∗ x(t)，畫出 y(t)。

    解答：

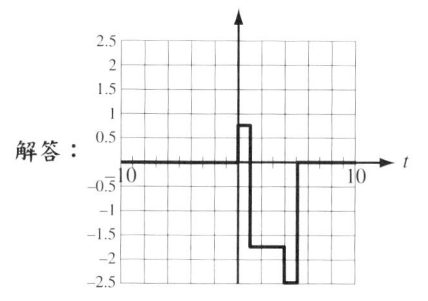

15. 畫出 g(t)。

    (a) g(t) = rect(t) ∗ rect(t/2)
    (b) g(t) = rect(t − 1) ∗ rect(t/2)
    (c) g(t) = [rect(t − 5) + rect(t + 5)] ∗ [rect(t − 4) + rect(t + 4)]

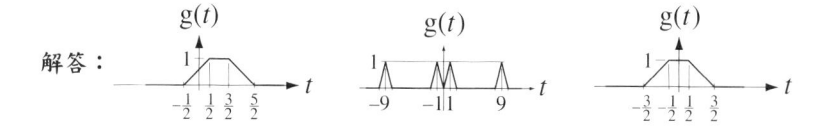

    解答：

16. 畫出以下函數。

    (a) g(t) = rect(4t)
    (b) g(t) = rect(4t) ∗ 4δ(t)
    (c) g(t) = rect(4t) ∗ 4δ(t − 2)
    (d) g(t) = rect(4t) ∗ 4δ(2t)
    (e) g(t) = rect(4t) ∗ $δ_1$(t)
    (f) g(t) = rect(4t) ∗ $δ_1$(t − 1)
    (g) g(t) = (1/2)rect(4t) ∗ $δ_{1/2}$(t)
    (h) g(t) = (1/2)rect(t) ∗ $δ_{1/2}$(t)

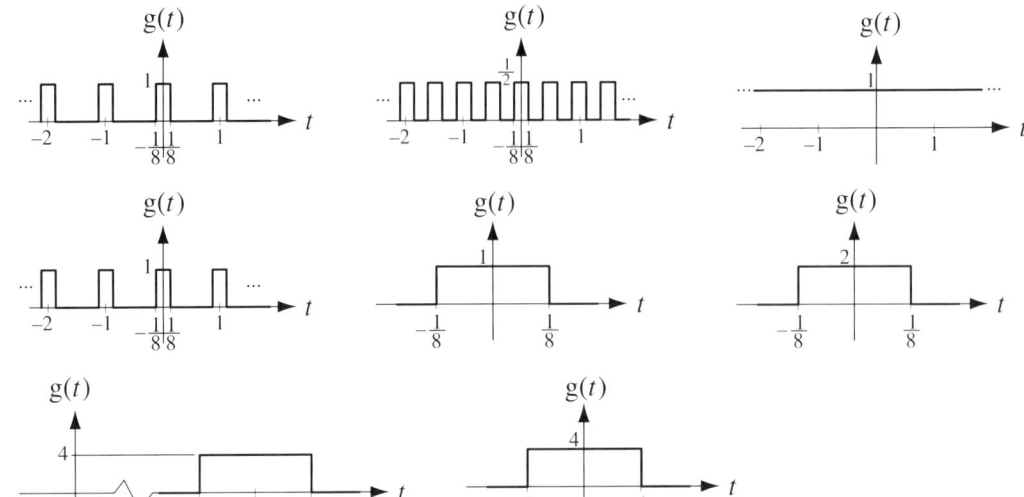

17. 畫出以下函數。
    (a) $g(t) = \text{rect}(t/2) * [\delta(t+2) - \delta(t+1)]$
    (b) $g(t) = \text{rect}(t) * \text{tri}(t)$
    (c) $g(t) = e^{-t}u(t) * e^{-t}u(t)$
    (d) $g(t) = \left[\text{tri}\left(2\left(t+\frac{1}{2}\right)\right) - \text{tri}\left(2\left(t-\frac{1}{2}\right)\right)\right] * \delta_2(t)$
    (e) $g(t) = [\text{tri}(2(t+1/2)) - \text{tri}(2(t-1/2))] * \delta_1(t)$

    解答：

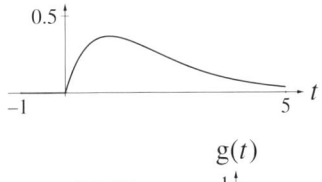

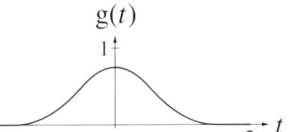

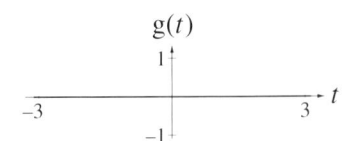

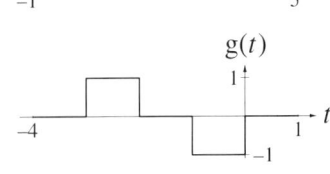

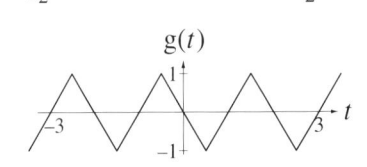

18. 一個系統具有脈衝響應 $h(t) = 4e^{-4t}u(t)$。求出並且畫出對於激發 $x(t) = \text{rect}(2(t-1/4))$ 之系統響應。

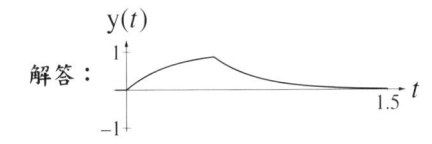

    解答：

19. 將習題 18 的系統脈衝響應改成 $h(t) = \delta(t) - 4e^{-4t}u(t)$，求出並且畫出對於同樣激發 $x(t) = \text{rect}(2(t-1/4))$ 之系統響應。

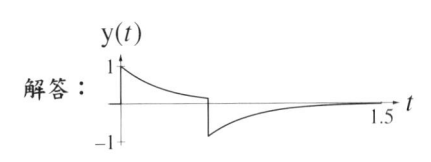

    解答：

20. 兩個系統的脈衝響應分別為 $h_1(t) = u(t) - u(t-a)$ 和 $h_2(t) = \text{rect}\left(\frac{t-a/2}{a}\right)$。若兩個系統串接，找出對於激發 $x(t) = \delta(t)$ 的全部系統響應 $y(t)$。

解答：$h(t) = 4\text{tri}\left(\frac{t-a}{a}\right)$

21. 在圖 E.21 電路中輸入訊號電壓為 $v_i(t)$ 而輸出訊號電壓為 $v_o(t)$。
    (a) 用 R 和 L 表示脈衝響應。
    (b) 若 $R = 10\ \text{k}\Omega$ 而 $L = 100\ \mu\text{H}$，畫出單位步階響應。

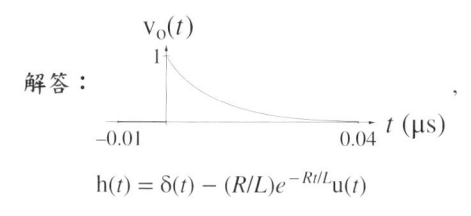

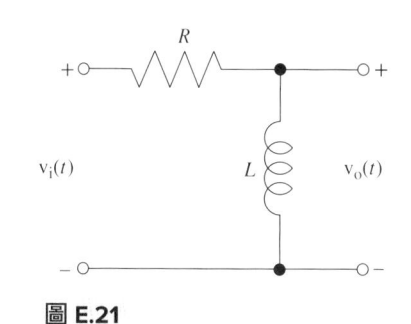

解答：
$h(t) = \delta(t) - (R/L)e^{-Rt/L}u(t)$

圖 E.21

22. 畫出習題 1 針對單位步階的系統響應。

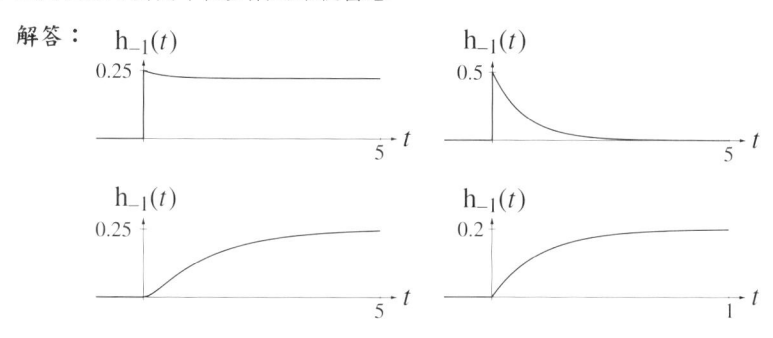

解答：

穩定性

23. 一個連續時間系統具有脈衝響應 $\text{rect}(t) * [\delta_8(t-1) - \delta_8(t-5)]u(t)$。它是 BIBO 穩定嗎？

解答：否

24. 下列為一些 LTI 系統的脈衝響應。決定每個例子中的系統是否為 BIBO 穩定。
    (a) $h(t) = \sin(t)u(t)$
    (b) $h(t) = e^{1.2t}\sin(30\pi t)u(t)$
    (c) $h(t) = [\text{rect}(t) * \delta_2(t)]\text{rect}\left(\frac{t}{200}\right)$
    (d) $h(t) = \text{ramp}(t)$
    (e) $h(t) = \delta_1(t)e^{-t/10}u(t)$
    (f) $h(t) = [\delta_1(t) - \delta_1(t-1/2)]u(t)$

解答：4 個 BIBO 不穩定與 2 個 BIBO 穩定

25. 求圖 E.25 中的兩個系統之脈衝響應，這些系統是 BIBO 穩定嗎？

解答：一個 BIBO 穩定與一個 BIBO 不穩定
$h(t) = u(t)$
$h(t) = e^{-t}u(t)$

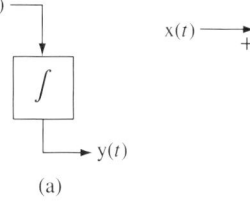

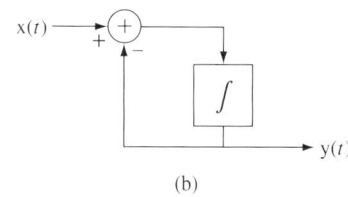

圖 E.25

172 訊號與系統──利用轉換方法與 MATLAB 分析

26. 找出圖 E.26 系統之脈衝響應，它是 BIBO 穩定嗎？

    解答：否

27. 找出圖 E.27 系統之脈衝響應，評估它的 BIBO 穩定性。

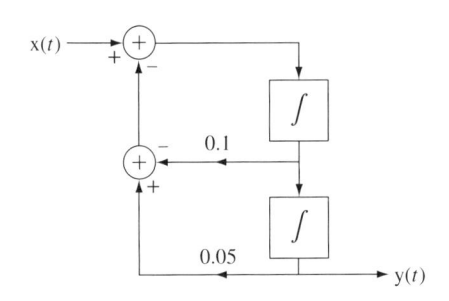

    圖 E.27

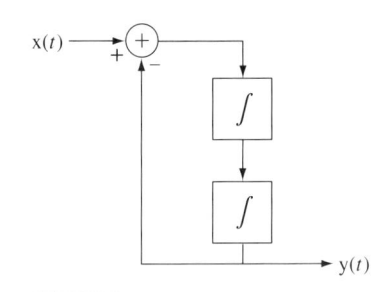

    圖 E.26

    解答：$4.5893e^{0.05t}\sin(0.2179t)\,u(t)$. BIBO 不穩定

頻率響應

28. 連續時間系統由微分方程式所描述

    $$4y'''(t) - 2y''(t) + 3y'(t) - y(t) = 8x''(t) + x'(t) - 4x(t)$$

    它的轉移函數可以寫成標準形式

    $$H(s) = \frac{\sum_{k=0}^{M} b_k s^k}{\sum_{k=0}^{N} a_k s^k} = \frac{b_M s^M + b_{M-1} s^{M-1} + \cdots + b_2 s^2 + b_1 s + b_0}{a_N s^N + a_{N-1} s^{N-1} + \cdots + a_2 s^2 + a_1 s + a_0}$$

    找出 M、N 與所有的 a、與 b 係數（$a_N \to a_0$ 且 $b_N \to b_0$）。

    解答：$-1, 8, 1, -4, 3, -2, 3, 4, 2$

29. 連續時間系統由 $2y'(t) + 4y(t) = -x(t)$ 所描述，其中 x 是激發 y 是響應。若 $x(t) = Xe^{j\omega t}$ 且 $y(t) = Ye^{j\omega t}$ 且 $H(j\omega) = \frac{Y}{X}$，求 $H(j2)$ 的數值。

    解答：$0.1768e^{j2.3562}$

離散時間
脈衝響應

30. 找出具有初始狀態差分方程式的全部數值解答。

    $$y[n] - 0.1y[n-1] - 0.2y[n-2] = 5, \; y[0] = 1, \; y[1] = 4$$

    解答：$y[n] = -6.2223(0.5)^n + 0.0794(-0.4)^n + 7.1429$

31. 找出由下列離散時間差分方程式所描述從時間 $n = 0$ 開始的脈衝響應之前 3 個值。

    $$9y[n] - 3y[n-1] + 2y[n-2] = x[n]$$

    解答：$1/9, 1/27, -1/81$

32. 找出由下列方程式所描述的系統脈衝響應。
   (a) $y[n] = x[n] - x[n-1]$
   (b) $25y[n] + 6y[n-1] + y[n-2] = x[n]$
   (c) $4y[n] - 5y[n-1] + y[n-2] = x[n]$
   (d) $2y[n] + 6y[n-2] = x[n] - x[n-2]$

   解答：$h[n] = \dfrac{\cos(2.214n + 0.644)}{20(5)^n}$

   $h[n] = \dfrac{(\sqrt{3})^n}{2}\cos(\pi n/2)(u[n] - (1/3)u[n-2])$, $h[n] = \delta[n] - \delta[n-1]$

   $h[n] = [(1/3) - (1/12)(1/4)^n]u[n]$

33. 離散時間系統由差分方程式 $y[n] - 0.95[n-2] = x[n]$ 所描述，其中 x[n] 是激發而 y[n] 是響應。
   (a) 找出這些值 h[0], h[1], h[2], h[3], h[4]。
   (b) h[64] 的值為何？

   解答：1, 0.95, 0, 0, 0.9025, 0.194

34. 若一個離散時間系統為 $y[n] = \displaystyle\sum_{m=-\infty}^{n-4} x[m]$，畫出它的脈衝響應 h[n]。

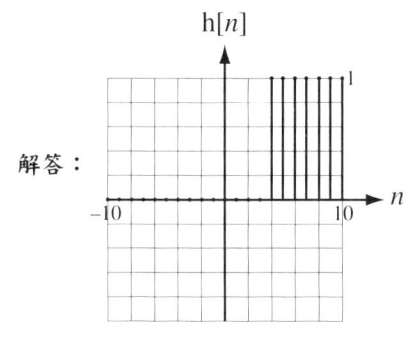

   解答：

迴旋

35. 兩個離散時間訊號 x[n] 和 h[n] 畫於圖 E.35 中。若 $y[n] = x[n] * h[n]$，畫出 y[n]。

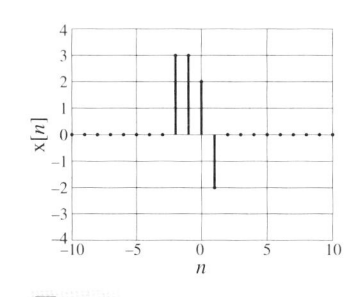

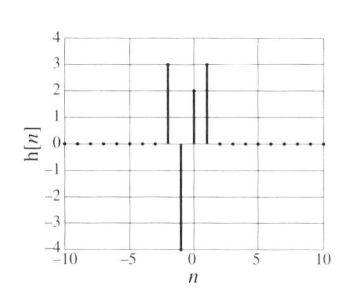

   圖 E.35

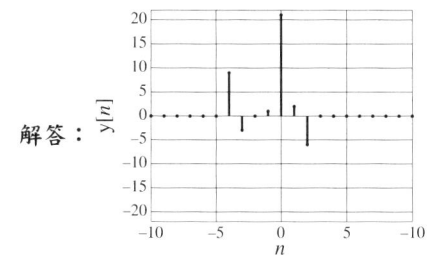

   解答：

36. 對於每對的 $x_1[n]$ 和 $x_2[n]$，找出在指定 n 值下的 $y[n] = x_1[n] * x_2[n]$ 之值。

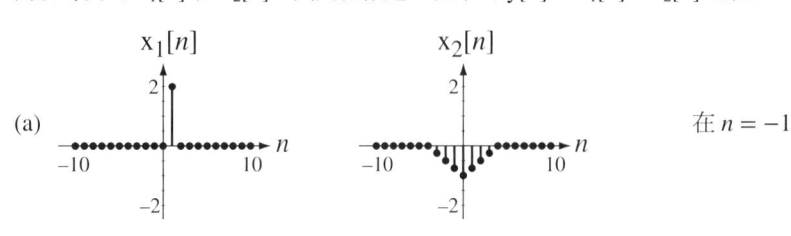

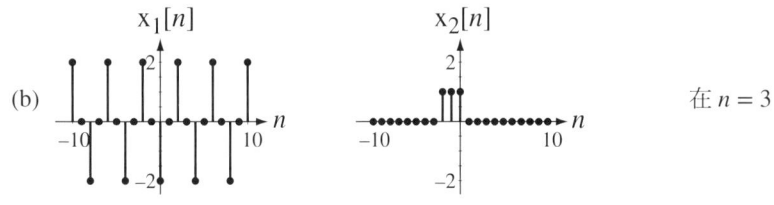

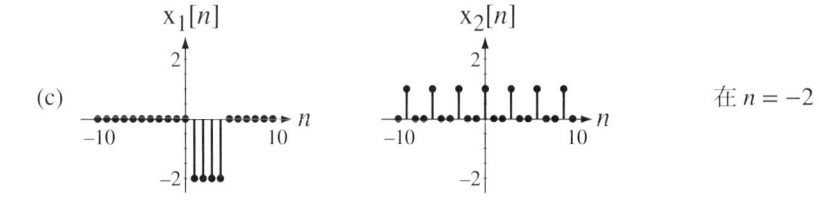

(a) 在 $n = -1$

(b) 在 $n = 3$

(c) 在 $n = -2$

(d) $x_1[n] = -3u[n]$ 且 $x_2[n] = \text{ramp}[n-1]$ 在 $n = 1$

解答：$-2, -4, 0, -1$

37. 找出下列函數的數值。

(a) $g[n] = 10\cos(2\pi n/12) * \delta[n+8]$ 求 $g[4]$

(b) $g[n] = (u[n+2] - u[n-3]) * (\delta[n-1] - 2\delta[n-2])$ 求 $g[2]$

(c) $g[n] = \text{ramp}[n] * u[n]$ 求 $g[3]$

(d) $g[n] = (u[n] - u[n-5]) * \delta_2[n]$ 求 $g[13]$

(e) $y[n] = x[n] * h[n]$ 且 $x[n] = \text{ramp}[n]$

(f) $g[n] = 10\cos\left(\dfrac{2\pi n}{12}\right) * \delta[n+8]$ 求 $g[4]$

(g) $g[n] = (u[2n+2] - u[2n-3]) * (\delta[n-1] - 2\delta[n-2])$ 求 $g[2]$

(h) $y[n] = x[n] * h[n]$ 且 $x[n] = \text{ramp}[n]$

解答：$2, 2, 10, 10, 2, -1, -1, 6$

38. 若 $x[n] = (0.8)^n u[n] * u[n]$，則 $x[3]$ 的值為何？

解答：2.952

39. 畫出迴旋 $y[n] = x[n] * h[n]$，其中 $x[n] = u[n] - u[n-4]$ 而 $h[n] = \delta[n] - \delta[n-2]$。

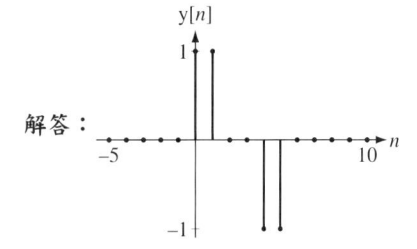

解答：

40. LTI 系統的脈衝響應如 E.40 圖所示，找出在同樣時間範圍內的單位序列響應 h₋₁[n]。

解答：

n	−5	−4	−3	−2	−1	0	1	2	3	4	5
h₋₁[n]	0	0	0	0	0	1	4	3	1	2	4

41. 給定激發 $x[n] = \sin(2\pi n/32)$ 而脈衝響應為 $h[n] = (0.95)^n u[n]$，找出系統響應 y[n] 的封閉解表示法，並且畫出系統響應 y[n]。

解答：$y[n] = 5.0632 \sin(2\pi n/32 − 1.218)$，

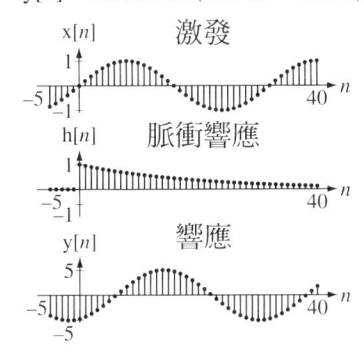

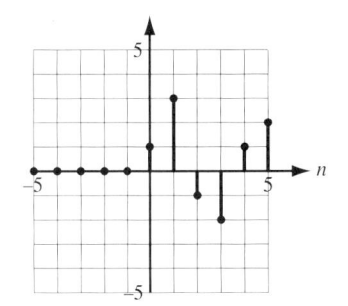

圖 E.40

42. 給定激發 x[n] 與脈衝響應 h[n]，利用 MATLAB 畫出系統響應 y[n]。

(a) $x[n] = u[n] − u[n − 8]$, $h[n] = \sin(2\pi n/8)(u[n] − u[n − 8])$

(b) $x[n] = \sin(2\pi n/8)(u[n] − u[n − 8])$, $h[n] = − \sin(2\pi n/8)(u[n] − u[n − 8])$

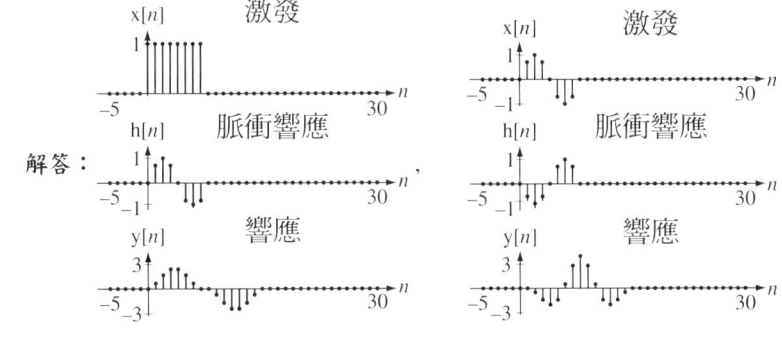

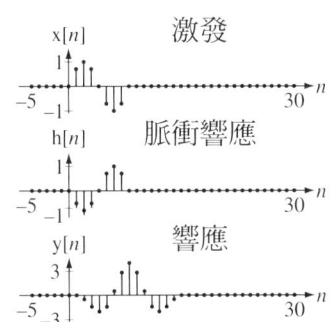

解答：

43. 兩個系統的脈衝響應分別為 $h_1[n] = (0.9)^n u[n]$ 和 $h_2[n] = \delta[n] − (0.9)^n u[n]$。當兩個系統並聯時，對於激發 $x[n] = u[n]$ 的總系統響應 y[n] 為何？

解答：$y[n] = u[n]$

44. 一個離散時間系統的脈衝響應為 $h[n] = 3(u[n] − u[n − 4])$ 受到訊號 $x[n] = 2(u[n − 2] − u[n − 10])$ 激發，而系統響應是 y[n]。

(a) 第一個不為 0 的 y[n] 值發生的離散時間 n 值為何？
(b) 最後一個不為 0 的 y[n] 值發生的離散時間 n 值為何？
(c) 在所有離散時間裡 y[n] 的最大值為何？
(d) 找出 y[n] 的訊號能量。

解答：2, 12, 24, 3888

45. 求出並且畫出圖 E.43 系統的單位序列響應。

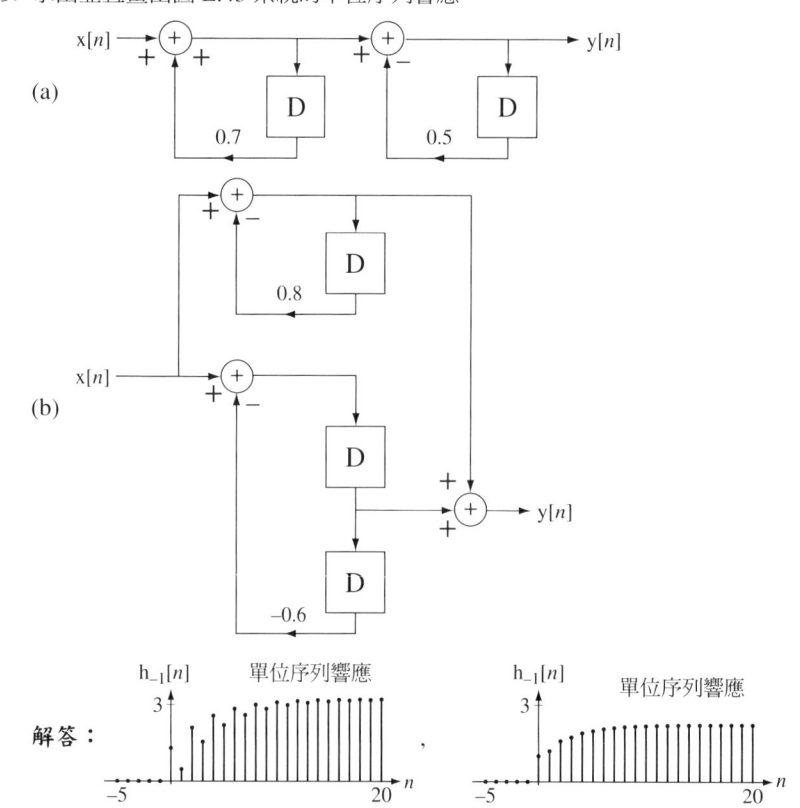

(a) [區塊圖：x[n] → 加法器 → 加法器 → y[n]，含 D 延遲單元，增益 0.7 與 0.5]

(b) [區塊圖：含 D 延遲單元與增益 0.8、−0.6 的系統]

解答：[兩個單位序列響應圖 $h_{-1}[n]$]

穩定性

46. 一個離散時間系統描述為 $y[n] + 1.8y[n-1] + 1.2y[n-2] = x[n]$。它是否為 BIBO 穩定？

解答：否

47. 什麼範圍的 A 與 B 值可以使得圖 E.47 的系統 BIBO 穩定？

解答：$|a| < 1$，在任何 B 之下

48. 下列為一些 LTI 系統的脈衝響應。在每個例子中決定此系統是否為 BIBO 穩定。

(a) $h[n] = (1.1)^{-n}u[n]$

(b) $h[n] = u[n]$

(c) $h[n] = \text{tri}\left(\dfrac{n-4}{2}\right)$

(d) $h[n] = \delta_{10}[n]u[n]$

(e) $h[n] = \sin(2\pi n/6)u[n]$

解答：3 個 BIBO 不穩定與 2 個 BIBO 穩定

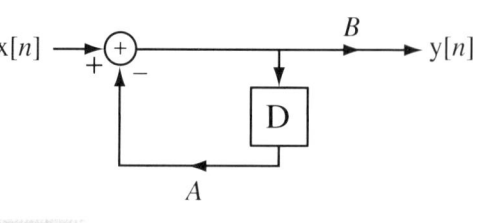

圖 E.47

49. 在圖 E.49 中的哪個系統是 BIBO 穩定的？

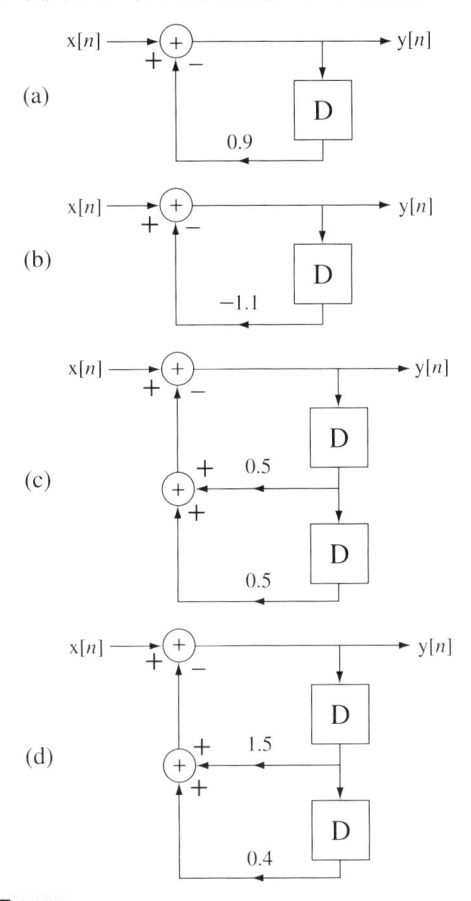

圖 E.49

解答： 2 個 BIBO 穩定與 2 個 BIBO 不穩定

第 6 章

連續時間傅立葉方法
CONTINUOUS-TIME FOURIER METHODS

▶ 6.1 介紹與目標

在第 5 章中我們學習到如何經由將激發表示成脈衝的線性組合，與將響應表示成脈衝響應的線性組合之方式，求 LTI 系統的響應。我們稱此技術稱為迴旋。這種型態的分析運用線性與重疊，將複雜的問題拆解成許多簡單分析的問題。

在本章中，我們也將激發表示成簡單訊號的線性組合，但現在的訊號為正弦訊號。響應將會是這些正弦訊號響應的線性組合。如同第 5 章中所示，LTI 系統對於正弦訊號的響應也是另一個同樣頻率的正弦訊號，但一般具有不同振幅與相角。用此方式表示訊號導入了**頻域** (frequency domain) 的觀念，探討訊號是以頻率的函數方式而非用時間。

用正弦函數的方式分析訊號並不如看起來奇怪。人耳做了類似的事情。當我們聽到一個聲音時，頭腦的實際反應是什麼？如第 1 章所提到，耳朵感測到空氣壓力隨時間變化。假設此變化是單一頻率的音調，例如一個人吹口哨的聲音。當我們聽到吹哨音時並未感受到空氣壓力隨時間的（快速）震盪。反而是我們感受到三種聲音非常重要的特性，音高（頻率的同義詞）、它的強度或振幅，以及其間隔。耳 - 腦系統有效的將訊號參數化成三種簡單描述的參數，音高、強度與間隔，但並未嘗試詳細的去跟隨快速變化（非常大的重複性）之空氣壓力。利用此作法，耳 - 腦系統將訊號中的資訊分解成它的本質。以正弦訊號線性組合從事訊號的數學分析，是以更精確的方式做類似的事情。用這種方式來看訊號，也引導我們看系統本質的新視野，而且對與某些型態的系統大大的簡化設計與分析。

本章目標

1. 定義傅立葉級數為表示週期訊號為正弦函數線性組合的一種方式。
2. 利用正交性的觀念推導訊號在時間與頻率描述之間來回轉換。
3. 決定可以由傅立葉級數表示的訊號形式。
4. 開發並學習使用傅立葉級數的特性。
5. 將傅立葉級數一般化成傅立葉轉換，可用來表示非週期訊號。

6. 一般化傅立葉轉換使它可以應用到一些非常有用的訊號。
7. 開發並學習使用傅立葉轉換的特性。
8. 經由範例觀察一些傅立葉級數與傅立葉轉換的使用。

▶ 6.2 連續時間傅立葉級數

基本觀念

在訊號與系統分析中常見的情況是 LTI 系統由週期訊號所激發。第 5 章中一個非常重要的結果是，若 LTI 系統是由正弦函數所激發，響應會具有相同的頻率，但一般會有不同的振幅與相位。這個之所以發生，是因為複指數是描述 LTI 系統微分方程式的特徵函數，而正弦函數是複指數的線性組合。

第 4 章中一個重要的結果是，若 LTI 系統是由訊號的和所激發，則總響應是每個個別訊號響應的和。若我們可以找到一個方式將任何訊號表示成正弦函數的線性組合，我們就可以利用重疊經由將個別正弦函數響應的和相加，找到 LTI 系統對於任何訊號的響應。將週期訊號表示成正弦訊號的線性組合，稱為**傅立葉**[1]**級數** (Fourier series)。此正弦函數可以是 $A\cos(2\pi t/T_0 + \theta)$ 形式中的實正弦訊號，或是 $Ae^{j2\pi t/T_0}$ 形式中的複正弦訊號。

當第一次介紹用複正弦函數的線性組合表示實正弦函數的觀念，學生通常困惑於為何我們想要介紹多餘（看起來幾乎是不需要）的虛數與函數之層面，尤拉等式 $e^{jx} = \cos(x) + j\sin(x)$ 說明實正弦函數與複正弦函數間的緊密關係。結果最後會發現，因為簡潔的表示法與結果，以及因為用複正弦函數所表示之簡單的數學，它們在分析上實際比用實正弦函數更方便與強大。所以鼓勵讀者先放下不信任感，直到此一方法的強大功能顯現。

若我們可以將激發表示成正弦函數的線性組合，我們可以充分利用線性與重疊，將每個正弦函數加到系統中。一次一個，然後將個別的響應相加得到所有的響應（圖 6.1）。

考慮一個任意的原始訊號 x(t)，我們想要它在一段從起始時間 t_0 到中止時間 $t_0 + T$ 的時間範圍（說明於圖 6.2 中的虛線）內，表示正弦函數的線性組合。在此說明中，我們將用實正弦函數來盡可能將其簡單的視覺化。

在圖 6.2 中的訊號用常數 0.5 來近似，它是訊號在區間 $t_0 \leq t < t_0 + T$ 內的平均值。常

---

[1] 郎‧巴蒂斯‧約瑟夫‧傅立葉 (Jean Baptiste Joseph Fourier) 是 18 世紀末葉至 19 世紀初期的法國數學家。（Fourier 一般發音為 fore-yay，因為它與英文的 *four* 類似，但正確的法語發音是 foor-yay，其中 foor 押韻為 tour）。傅立葉生活在法國大動盪的時代：法國大革命與拿破崙‧波拿巴的統治。傅立葉為任職巴黎科學院的秘書。在研究固體中熱傳導的問題，傅立葉發展了傅立葉級數與傅立葉積分。當他第一次呈現此結果給當代偉大的法國數學家，拉普拉斯 (Laplace)、拉格朗日 (LaGrange)、拉克魯瓦 (LaCroix)，他們覺得他這個理論是有趣的，但是他們（尤其是拉格朗日）覺得他的理論在數學上不夠嚴謹。他的發表在當時被拒絕了。在數年後，迪利克雷 (Dirichlet) 將此理論放在一個更堅實的基礎上，正確的說明哪一種函數可以或者不可以用傅立葉級數表示。於是傅立葉發表了在目前是經典的理論，*Theorie analytique de la chaleur*。

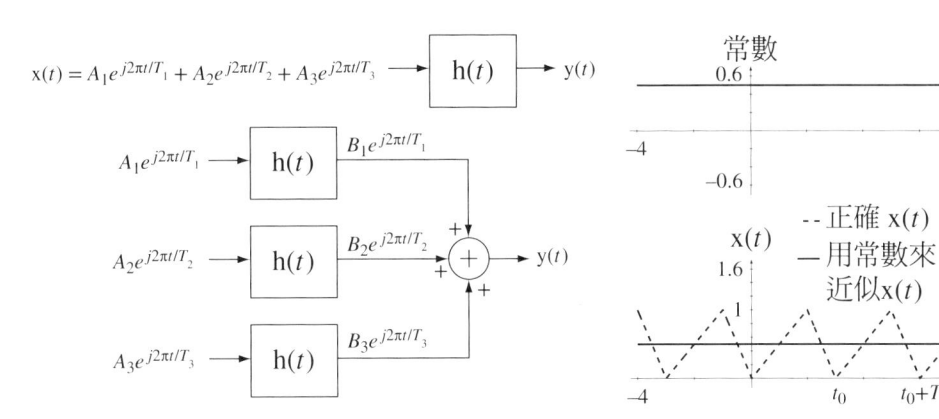

圖 6.1 LTI 系統對於一個激發訊號的響應，與針對複正弦函數（它的和等於激發）之系統響應兩者的對等。

圖 6.2 用常數來近似訊號

數是正弦訊號的特例，具有頻率為 0 的餘弦。這是用常數來近似 x(t) 的最好可能。在此例中的 "最好" 表示在 x(t) 與近似間有最小的均方誤差。當然一個常數雖然是最好的，但也不是趨近訊號的最好選擇。我們可以在常數上加上一個基礎週期，它是與 x(t) 基礎週期一樣的（圖 6.3）正弦訊號以便讓近似更好。這種利用常數以及與 x(t) 具有一樣基礎頻率的單一正弦波的近似，相較於前面，有更大的改進而且是最好的。我們可以加上一個與 x(t) 一樣的 2 倍基礎頻率正弦訊號（圖 6.4）來做更進一步的改進。

若我們持續加上適當選擇，而為 x(t) 基礎頻率較高整數倍的正弦訊號，就可使得近似越來越好，而且當正弦訊號的數目趨近於無限大的極限時，近似就變成正確的（圖 6.5 和圖 6.6）。

加上 x(t) 基礎頻率 3 倍的正弦訊號時其振幅為 0，表示在此頻率的正弦訊號對近似沒有幫助。在加入到第四個正弦訊號後就有非常好的近似，在圖 6.6 中就很難與正確的 x(t)

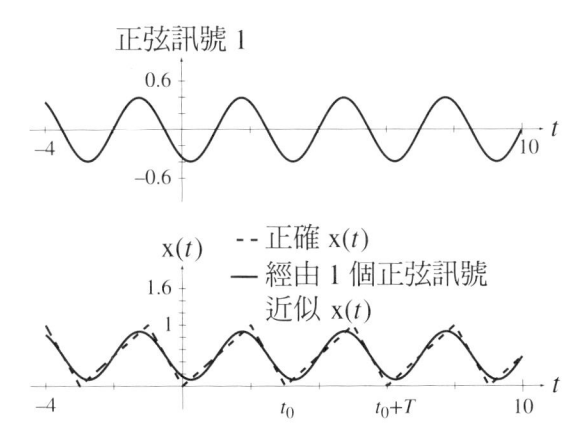

圖 6.3 用常數與一個正弦訊號來近似訊號

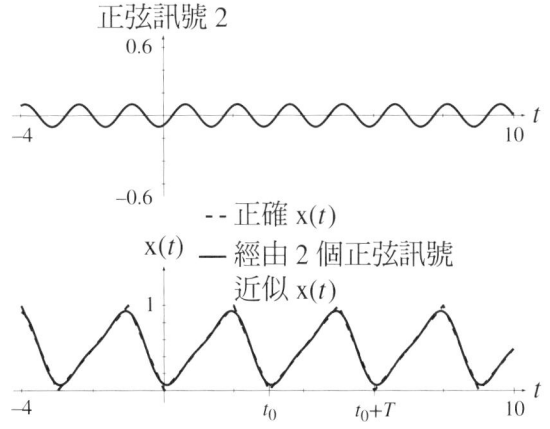

圖 6.4 用常數與二個正弦訊號來近似訊號

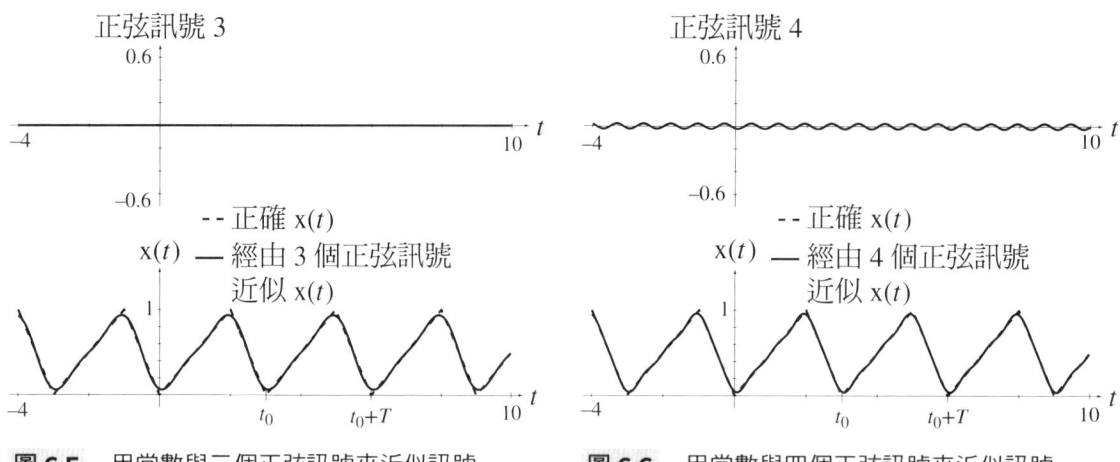

圖 6.5 用常數與三個正弦訊號來近似訊號

圖 6.6 用常數與四個正弦訊號來近似訊號

區分。

在本例中，於表示的時間區間 $t_0 \leq t < t_0 + T$ 內趨近原始訊號，同樣也適用於所有時間，因為近似的基礎週期與 x(t) 的基礎週期一樣。傅立葉級數理論最常見的一般應用是在時間區間 $t_0 \leq t < t_0 + T$ 內表示訊號，不需要在區間外。但在訊號與系統分析中，所表示的訊號大部分都是週期訊號，而基礎週期的選擇通常也是訊號的週期，因此在所有時間都可以，不一定要在 $t_0 \leq t < t_0 + T$ 之間。在本例中，近似訊號與原始訊號具有同樣的基礎週期，但更一般性的是，近似訊號可以選擇任意的週期，無論是否是訊號的基礎週期，近似表示法在所有地方都成立。

本例中，近似表示法中的每一個正弦訊號為 $A\cos(2\pi kt/T + \theta)$ 之形式。利用三角函數定理

$$\cos(a + b) = \cos(a)\cos(b) - \sin(a)\sin(b)$$

我們可以將正弦訊號表示如下

$$A\cos(2\pi kt/T + \theta) = A\cos(\theta)\cos(2\pi kt/T) - A\sin(\theta)\sin(2\pi kt/T)$$

在此說明了每個相移後的餘弦，若選擇正確的振幅後，也可以用具有同樣基礎週期，且未相移的餘弦與未相移的正弦二者的和來表示。這些由餘弦與正弦線性組合成的弦波訊號，稱為**連續時間傅立葉級數** (continuous-time Fourier series, CTFS) 而可以用下式表示

$$x(t) = a_x[0] + \sum_{k=1}^{\infty} a_x[k]\cos(2\pi kt/T) + b_x[k]\sin(2\pi kt/T)$$

其中 $a_x[0]$ 是在表示時間內的訊號平均值，k 為**諧波數** (harmonic number)，而 $a_x[k]$ 和 $b_x[k]$ 為 k 的函數稱為**諧波函數** (harmonic functions)。在此我們用 [·] 表示法內含的參數 k，因為諧波數永遠是整數。諧波函數設定正弦與餘弦之振幅，而 k 決定頻率。因此高頻的正弦

與餘弦具有基礎頻率整數倍的頻率，而其倍數是 k。函數 $\cos(2\pi kt/T + \theta)$ 為第 k 個餘弦諧波。基礎週期為 T/k 而基礎循環頻率為 k/T。利用此方式表示訊號成實值餘弦與正弦線性組合，稱為 CTFS 的**三角** (trigonometric) 形式。

針對我們的目的，為了後續的學習，開始檢視 CTFS 複數形式的對等是很重要的。每個實值正弦與餘弦能夠用複正弦訊號的線性組合所取代

$$\cos(2\pi kt/T) = \frac{e^{j2\pi kt/T} + e^{-j2\pi kt/T}}{2} \quad 與 \quad \sin(2\pi kt/T) = \frac{e^{j2\pi kt/T} - e^{-j2\pi kt/T}}{j2}$$

若我們將具有振幅為 $a_x[k]$ 和 $b_k[k]$ 的正弦與餘弦分別相加，在任何特定的諧波數 k 可以得到

$$a_x[k]\cos(2\pi kt/T) + b_x[k]\sin(2\pi kt/T) = \begin{cases} a_x[k]\dfrac{e^{j2\pi kt/T} + e^{-j2\pi kt/T}}{2} \\ +b_x[k]\dfrac{e^{j2\pi kt/T} - e^{-j2\pi kt/T}}{j2} \end{cases}$$

我們可以將右邊的複正弦訊號項相加成

$$a_x[k]\cos(2\pi kt/T) + b_x[k]\sin(2\pi kt/T) = \frac{1}{2}\begin{cases} (a_x[k] - jb_x[k])e^{j2\pi kt/T} \\ +(a_x[k] + jb_x[k])e^{-j2\pi kt/T} \end{cases}$$

現在若定義

$$c_x[0] = a_x[0], \quad c_x[k] = \frac{a_x[k] - jb_x[k]}{2}, \quad k > 0 \quad 與 \quad c_x[-k] = c_x^*[k]$$

可以寫成

$$a_x[k]\cos(2\pi kt/T) + b_x[k]\sin(2\pi kt/T) = c_x[k]e^{j2\pi kt/T} + c_x[-k]e^{j2\pi(-k)t/T}, k > 0$$

於是我們就可得到複正弦訊號 $e^{j2\pi kt/T}$ 的正與負值振幅 $c_x[k]$，且為基礎循環頻率 $1/T$ 的整數倍。所有這些複正弦訊號與常數 $c_x[0]$ 相加後等於原來的函數，就如同前面將正弦與餘弦及常數相加後的結果。

在複正弦訊號一般性公式中包含常數項 $c_x[0]$，我們可以令它為基礎頻率的零階（$k = 0$）諧波。令 $k = 0$，則 $e^{j2\pi kt/T}$ 為 1，若我們將它乘以一個正確選擇的權重因數 $c_x[0]$ 就能完整代表複值 CTFS。在隨後的課文中將展現可以用同樣的公式對於任何非 0 的 k 找到 $c_x[k]$，且無需修正的找到 $c_x[0]$，而 $c_x[0]$ 只是在時間間隔 $t_0 \le t < t_0 + T$ 內要表示之函數的平均值。$c_x[k]$ 為 $x(t)$ 的複值諧波函數。複值 CTFS 比三角 CTFS 更有效率，因為只有一個諧波函數而非兩個。CTFS 函數之表示法可以簡潔的表示如下

$$\boxed{x(t) = \sum_{k=-\infty}^{\infty} c_x[k]e^{j2\pi kt/T}} \tag{6.1}$$

目前為止，我們斷言諧波函數的存在，但並未指出它是如何發現的。這是下一節的主題。

正交性與諧波函數

在傅立葉級數中，$c_x[k]$ 決定了複正弦訊號的量值與相角，它們是互為**正交** (orthogonal) 的。正交是指兩個時間函數在某個時間間隔內的**內積** (inner product) 為 0。內積是一個函數與另一函數的複數共軛，在一段時間間隔內乘積的積分，在本例中，時間間隔為 T。對於兩個函數 x_1 與 x_2，在時間間隔 $t_0 \leq t < t_0 + T$ 內正交

$$\underbrace{(x_1(t), x_2(t))}_{\text{內積}} = \int_{t_0}^{t_0+T} x_1(t) x_2^*(t)\, dt = 0$$

我們可以展現一個複正弦訊號 $e^{j2\pi kt/T}$ 與另一個複正弦訊號 $e^{j2\pi kt/T}$ 若 k 和 q 是整數且 $k \neq q$，在時間間隔 $t_0 \leq t < t_0 + T$ 內，則內積為 0。內積為

$$(e^{j2\pi kt/T}, e^{j2\pi qt/T}) = \int_{t_0}^{t_0+T} e^{j2\pi kt/T} e^{-j2\pi qt/T}\, dt = \int_{t_0}^{t_0+T} e^{j2\pi(k-q)t/T}\, dt$$

利用尤拉等式

$$(e^{j2\pi kt/T}, e^{j2\pi qt/T}) = \int_{t_0}^{t_0+T} \left[\cos\left(2\pi \frac{k-q}{T} t\right) + j\sin\left(2\pi \frac{k-q}{T} t\right)\right] dt \quad \textbf{(6.2)}$$

因為 k 和 q 兩者都是整數，若 $k \neq q$，則在積分中的餘弦和正弦都被積分一個週期（基礎週期的整數倍）。任何（頻率不為 0）正弦訊號經過一個週期的定積分為 0。若 $k = q$ 則被積函數為 $\cos(0) + \sin(0) = 1$ 而內積為 T。若 $k \neq q$，(6.2) 式的內積為 0。因此任意兩個在 $t_0 \leq t < t_0 + T$ 內具有整數倍基礎頻率的複正弦訊號，除非它們有同樣的基礎週期，否則為正交。因此我們可以結論，函數若具有 $e^{j2\pi kt/T}$，$-\infty < k < \infty$ 形式，可構成無限可數的一組函數，它們之間在 $t_0 \leq t < t_0 + T$ 內互相正交，其中 t_0 是任意數。

我們現在可以充分利用正交性用 $e^{-j2\pi qt/T}$（q 為整數）乘以傅立葉級數的表示式 $x(t) = \sum_{k=-\infty}^{\infty} c_x[k] e^{j2\pi kt/T}$，得到

$$x(t) e^{-j2\pi qt/T} = \sum_{k=-\infty}^{\infty} c_x[k] e^{j2\pi kt/T} e^{-j2\pi qt/T} = \sum_{k=-\infty}^{\infty} c_x[k] e^{j2\pi(k-q)t/T}$$

若我們在 $t_0 \leq t < t_0 + T$ 內對兩邊積分，可以得到

$$\int_{t_0}^{t_0+T} x(t) e^{-j2\pi qt/T}\, dt = \int_{t_0}^{t_0+T} \left[\sum_{k=-\infty}^{\infty} c_x[k] e^{j2\pi(k-q)t/T}\right] dt$$

因為 k 和 t 是獨立變數，右邊和的積分等於積分的和。公式可以寫成

$$\int_{t_0}^{t_0+T} x(t)e^{-j2\pi qt/T}dt = \sum_{k=-\infty}^{\infty} c_x[k]\int_{t_0}^{t_0+T} e^{j2\pi(k-q)t/T}dt$$

除非 $k = q$，否則積分為 0，和為

$$\sum_{k=-\infty}^{\infty} c_x[k]\int_{t_0}^{t_0+T} e^{j2\pi(k-q)t/T}dt$$

簡化為 $c_x[q]T$ 且

$$\int_{t_0}^{t_0+T} x(t)e^{-j2\pi qt/T}dt = c_x[q]T$$

求解 $c_x[q]$，

$$c_x[q] = \frac{1}{T}\int_{t_0}^{t_0+T} x(t)e^{-j2\pi qt/T}dt$$

若這是 $c_x[q]$ 的正確表示法，則在 (6.1) 式中原來的傅立葉級數表示式裡的 $c_x[k]$ 必須為

$$c_x[k] = \frac{1}{T}\int_{t_0}^{t_0+T} x(t)e^{-j2\pi kt/T}dt \qquad (6.3)$$

從此一推導中，我們可以得到結論，若 (6.3) 式收斂，則週期性的訊號 x(t) 可以表示為

$$\boxed{x(t) = \sum_{k=-\infty}^{\infty} c_x[k]e^{j2\pi kt/T}} \qquad (6.4)$$

其中

$$\boxed{c_x[k] = \frac{1}{T}\int_T x(t)e^{-j2\pi kt/T}dt} \qquad (6.5)$$

而表示法 $\int_T$ 和 $\int_{t_0}^{t_0+T}$，其中 t_0 是任意數，是同樣的意義。因此 x(t) 和 $c_x[k]$ 形成 **CTFS 轉換對** (CTFS pair)，可用下式表示。

$$x(t) \xleftrightarrow[T]{\mathscr{FS}} c_x[k]$$

其中 "$\mathscr{FS}$" 表示 "傅立葉級數"，而 T 表示 $c_x[k]$ 用 T 當作基礎週期計算 x(t) 的 CTFS 表示法。

此推導是基於使用訊號的週期 T 作為正交性的間隔，而且作為 CTFS 表示法的基礎週期。其中 T 可以是訊號的任意週期，包括基礎週期 T_0。實際上，此表示法最常用的基礎週期是訊號基礎週期 T_0。在此特例中，CTFS 的表示法變成

$$x(t) = \sum_{k=-\infty}^{\infty} c_x[k] e^{j2\pi kt/T_0}$$

且

$$c_x[k] = \frac{1}{T_0} \int_{T_0} x(t) e^{-j2\pi kt/T_0} dt = f_0 \int_{T_0} x(t) e^{-j2\pi kf_0 t} dt$$

其中 $f_0 = 1/T_0$ 是 x(t) 的基礎循環頻率。

若 x(t) 在 $t_0 \le t < t_0 + T$ 時間間隔內之積分發散，訊號的 CTFS 就找不到。應用 CTFS 有其他兩種情況，和積分的收斂一起考慮，即稱為迪利克雷情況 (Dirichlet conditions)。迪利克雷情況如下：

1. $t_0 \le t < t_0 + T$ 時間內訊號必須絕對可積分，亦即

$$\int_{t_0}^{t_0+T} |x(t)| dt < \infty$$

2. 在 $t_0 \le t < t_0 + T$ 時間內，訊號必須具有固定數目的最大值與最小值。

3. 在 $t_0 \le t < t_0 + T$ 時間內，訊號必須具有固定數目，且為固定大小值的不連續。

有一些假想的訊號並不符合迪利克雷情況，但它們在工程上並無已知的應用。

簡潔三角傅立葉級數

考慮三角傅立葉級數

$$x(t) = a_x[0] + \sum_{k=1}^{\infty} a_x[k] \cos(2\pi kt/T) + b_x[k] \sin(2\pi kt/T)$$

現在使用

$$A \cos(x) + B \sin(x) = \sqrt{A^2 + B^2} \cos(x - \tan^{-1}(B/A))$$

可以得到

$$x(t) = a_x[0] + \sum_{k=1}^{\infty} \sqrt{a_x^2[k] + b_x^2[k]} \cos\left(2\pi kt/T + \tan^{-1}\left(-\frac{b_x[k]}{a_x[k]}\right)\right)$$

或是

$$x(t) = d_x[0] + \sum_{k=1}^{\infty} d_x[k] \cos(2\pi kt/T + \theta_x[k])$$

其中

$$d_x[0] = a_x[0], \ d_x[k] = \sqrt{a_x^2[k] + b_x^2[k]}, \ k > 0$$

且

$$\theta_x[k] = \tan^{-1}\left(-\frac{b_x[k]}{a_x[k]}\right), k > 0$$

這就是所謂的**簡潔三角傅立葉級數** (compact trigonometric Fourier series)。它也表示成實值函數和係數且比三角形式更簡潔，但它還是不如複數形式 $x(t) = \sum_{k=-\infty}^{\infty} c_x[k]e^{j2\pi kt/T}$ 來的簡潔或有效率。三角形式實際上是由郎・巴蒂斯・約瑟夫・傅立葉所使用的。

例題 6.1　方波之 CTFS 諧波函數

求 $x(t) = A\text{rect}(t/W) * \delta_{T_0}(t)$, $w < T_0$ 的複值 CTFS 諧波函數，使用其基礎頻率為表示時間。
基礎週期是 T_0，因此 CTFS 諧波函數是

$$c_x[k] = (1/T_0)\int_{T_0} A\text{rect}(t/w) * \delta_{T_0}(t)e^{-j2\pi kt/T_0}dt$$

積分週期可在時間上的任意區間，只要長度是 T_0。為了方便，取積分在 $-T_0/2 \leq t < T_0/2$ 區間。於是

$$c_x[k] = (A/T_0)\int_{-T_0/2}^{T_0/2} \text{rect}(t/w) * \delta_{T_0}(t)e^{-j2\pi kt/T_0}dt$$

使用 $w < T_0$，並使得此區間只包含一個方波函數

$$c_x[k] = (A/T_0)\int_{-T_0/2}^{T_0/2} \text{rect}(t/w)e^{-j2\pi kt/T_0}dt = (A/T_0)\int_{-w/2}^{w/2} e^{-j2\pi kt/T_0}dt$$

$$c_x[k] = (A/T_0)\left[\frac{e^{-j2\pi kt/T_0}}{-j2\pi k/T_0}\right]_{-w/2}^{w/2} = A\left[\frac{e^{-j\pi kw/T_0} - e^{j\pi kw/T_0}}{-j2\pi k}\right] = A\frac{\sin(\pi kw/T_0)}{\pi k}$$

最後

$$x(t) = A\text{rect}(t/w) * \delta_{T_0}(t) \xleftrightarrow[T_0]{\mathcal{FS}} c_x[k] = A\frac{\sin(\pi kw/T_0)}{\pi k}$$

（雖然在此例中限制 w 小於 T_0 以簡化分析，此結果對於 w 大於 T_0 也是正確的。）

在例題 6.1 中，諧波函數變成 $c_x[k] = A\frac{\sin(\pi kw/T_0)}{\pi k}$。此一正弦函數之大小由本身量值所除的數學形式，常見於傅立葉分析中，因此值得賦予一個自己的名稱。我們現在定義單位 **sinc** 函數（圖 6.7）如下

$$\boxed{\text{sinc}(t) = \frac{\sin(\pi t)}{\pi t}} \quad (6.6)$$

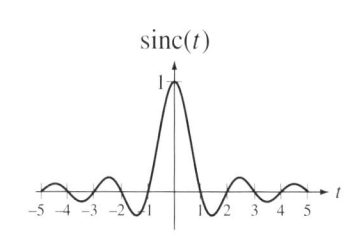

圖 6.7　單位 - sinc 函數

現在我們可以表示例題 6.1 中的諧波函數如下

$$c_x[k] = (Aw/T_0)\text{sinc}(kw/T_0)$$

而其 CTFS 轉換對為

$$x(t) = A\,\text{rect}(t/w) * \delta_{T_0}(t) \xleftrightarrow[T_0]{\mathcal{FS}} c_x[k] = (Aw/T_0)\text{sinc}(wk/T_0)$$

單位 - sinc 函數稱為單位函數 (unit function)，因為它的高度與面積都為 1。[2]

一個常見的問題是，第一次面對 sinc 函數時，如何決定 sinc(0) 的值。當獨立變數 t 在 $\sin(\pi t)/\pi t$ 為 0 的時候，分子 $\sin(\pi t)$ 與分母 πt 的值都為 0，留下一個未決定的形式。此問題的解決方式是使用羅必達法則 (L'Hôspital's rule)。於是

$$\lim_{t\to 0}\text{sinc}(t) = \lim_{t\to 0}\frac{\sin(\pi t)}{\pi t} = \lim_{t\to 0}\frac{\pi\cos(\pi t)}{\pi} = 1$$

因此 sinc(t) 在 $t = 0$ 連續且 sinc(0) = 1。

收斂性

連續訊號

在本節中，我們將檢視 CTFS 相加如何趨近訊號，它使用在加法中的項次數目趨近於無限大時。我們利用部分加法針對連續的高 N 值來檢視。

$$x_N(t) = \sum_{k=-N}^{N} c_x[k]e^{j2\pi kt/T}$$

如同第一個例子，用 CTFS 來表示在圖 6.8 中的連續週期訊號。CTFS 轉換對（利用訊號的基礎週期為 CTFS 表示法的基礎週期）

$$A\,\text{tri}(2t/T_0) * \delta_{T_0}(t) \xleftrightarrow[T_0]{\mathcal{FS}} (A/2)\text{sinc}^2(k/2)$$

其部分和在 $N = 1$、3、5 與 59 時近似 $x_N(t)$，說明於圖 6.9。

在 $N = 59$ 時（或許在較小的 N 值）時，從此種刻度的圖形中，無法分辨出 CTFS 部分和近似與原來訊號二者之差別。

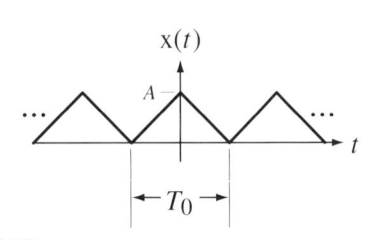

圖 6.8 將會使用 CTFS 表示的連續訊號

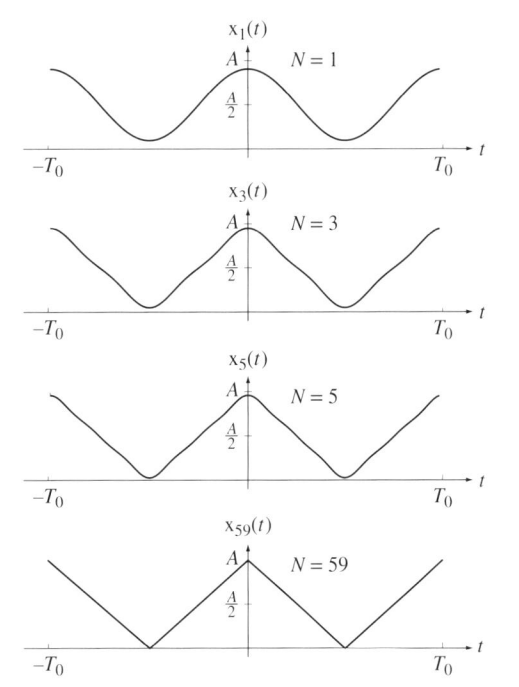

圖 6.9 連續的趨近至三角波

---

[2] sinc 的被接受之定義一般是（但不完全是）sinc(t) = sin(πt)/πt。在某些書中，sinc 數函數的定義是 sinc(t) = sin(t)/t。其他的書將此第二種形式稱為 **Sa** 函數 Sa(t) = sin(t)/t。如何定義 sinc 函數並沒有那麼關鍵。只要某種定義被接受且持續的使用此 sinc 函數之定義，訊號與系統的分析就可以獲得有用的結果。

不連續訊號

現在考慮具有不連續的週期訊號

$$x(t) = A\text{rect}\left(2\frac{t - T_0/4}{T_0}\right) * \delta_{T_0}(t)$$

（圖 6.10）。CTFS 轉換對為

$$A\,\text{rect}\left(2\frac{t - T_0/4}{T_0}\right) * \delta_{T_0}(t) \xleftrightarrow[T_0]{\mathcal{FS}} (A/2)(-j)^k \text{sinc}(k/2)$$

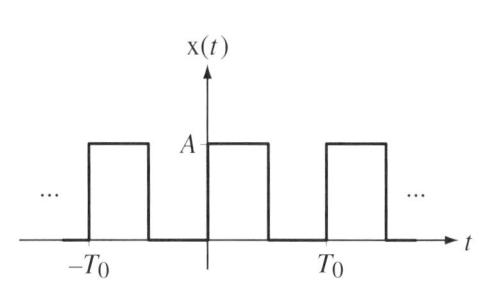

圖 6.10　將會使用 CTFS 近似的非連續性訊號

$N = 1、3、5$ 與 59 時近似 $x_N(t)$，說明於圖 6.11。

雖然從數學的推導顯示，原始訊號與 CTFS 表示法在每處都相等，很自然的，從圖 6.11 中會懷疑其是否是對的。在不連續處有明顯的溢出與漣波，而且在 N 增加時沒明顯的降低。事實上，在不連續處最大的垂直溢出並未隨 N 增加而降低，即使 N 趨近於無限大時也一樣。此溢出稱為吉布斯現象 (Gibb's phenomena)，是為了紀念第一個描述它的數學

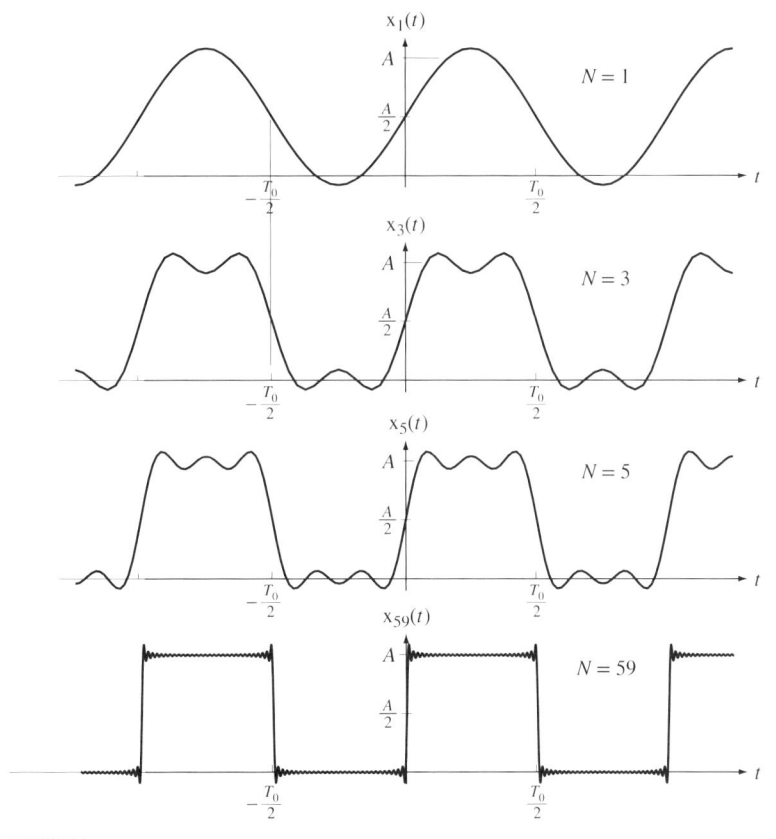

圖 6.11　連續的趨近至方波

家：約西亞吉布斯 (Josiah Gibbs)[3]。但同時注意到：漣波在 N 逐漸變大時，會在不連續處越來越靠近。在 N 趨近於無限大的極限時，溢出的高度為常數，但它的寬度趨近於 0。部分和趨近的誤差是它本身與原始訊號間的差異。在 N 趨近於無限大的極限時，誤差的訊號功率趨近於 0，因為在不連續處的點有零寬度差，亦沒有含訊號能量。同樣的，在任何特別的 t（除了剛好在不連續處之外），在 N 趨近於無限大時，CTFS 表示法的值趨近於原始訊號的值。

在不連續處 CTFS 表示法的函數值，總是原始函數對於任何 N，從上與從下趨近的兩個極限平均。圖 6.12 是 CTFS 在不同的 3 個 N 值下之不連續處的放大圖。因為在任何有限的時間間隔內，兩個訊號差異的訊號能量為 0，它們的效應在實際的物理系統上是一樣的，因此在任何的實用目的上可視為相等的。

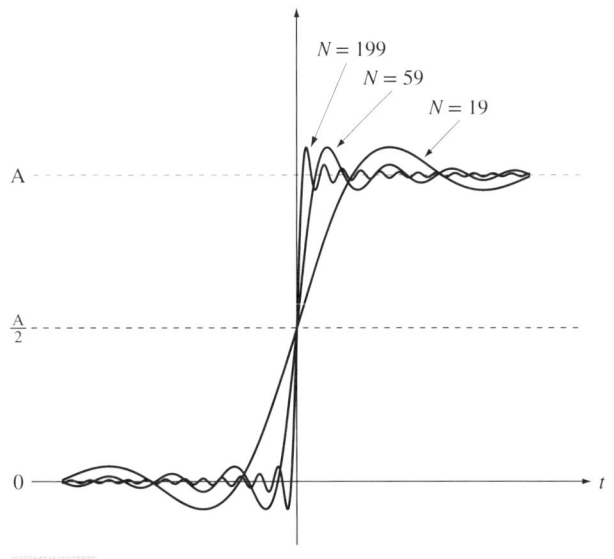

圖 6.12 在 N 值增加下說明吉布斯現象

傅立葉級數部分和之最小誤差

CTFS 為正弦訊號的無限相加。一般而言，對於任意訊號與其 CTFS 表示法要全等的話，就必須使用無限多項〔訊號利用有限項所得到的全等，稱為**帶限** (bandlimited) 訊號〕。若部分和近似為

$$x_N(t) = \sum_{k=-N}^{N} c_x[k]e^{j2\pi kt/T} \tag{6.7}$$

利用 CTFS 的前 N 個諧波組成訊號 $x(t)$，$x_N(t)$ 和 $x(t)$ 的差異是近似誤差 $e_N(t) = x_N(t) - x(t)$。我們從 (6.7) 式中知道，若 N 趨近於無限大時，在 $x(t)$ 連續的每個點之全等是成立的。但若 N 是有限的，則諧波函數 $c_x[k]$，$-N \leq k \leq N$ 會得到最佳趨近於 $x(t)$ 嗎？換句話說，我們可以選擇不同的諧波函數 $c_{x,N}[k]$ 用來取代 (6.7) 式中的 $c_x[k]$，那會是一個近似 $x(t)$ 較好的方法嗎？

回答此問題的第一件事是，定義何謂 "最佳近似"。它通常意指在一個週期下，誤差 $e_N(t)$ 之訊號能量最小。讓我們找出一個諧波函數 $c_{x,N}[k]$ 來最小化誤差之訊號能量。

---

[3] 約西亞・威拉德・吉布斯，美國物理學家、化學家與數學家，針對化學熱動力學與物理化學發展了許多理論。它發明了向量分析〔與奧利弗・海為賽德 (Oliver Heavside)〕。在 1863 年從耶魯大學獲得第一個美國工程學博士學位，他終生都在耶魯度過。在 1901 年，吉布斯因為 "第一個應用熱動力學第二定理深究化學、電機與熱能及在此之外可以進行從事的研究之廣大內含" 而獲得倫敦皇家學會科普立獎章 (Copley Medal)。

$$e_N(t) = \underbrace{\sum_{k=-N}^{N} c_{x,N}[k]e^{j2\pi kt/T}}_{x_N(t)} - \underbrace{\sum_{k=-\infty}^{\infty} c_x[k]e^{j2\pi kt/T}}_{x(t)}$$

令

$$c_y[k] = \begin{cases} c_{x,N}[k] - c_x[k], & |k| \leq N \\ -c_x[k], & |k| > N \end{cases}$$

於是

$$e_N(t) = \sum_{k=-\infty}^{\infty} c_y[k]e^{j2\pi kt/T}$$

一個週期下誤差的訊號能量為

$$E_e = \frac{1}{T}\int_T |e_N(t)|^2 dt = \frac{1}{T}\int_T \left|\sum_{k=-\infty}^{\infty} c_y[k]e^{j2\pi kt/T}\right|^2 dt$$

$$E_e = \frac{1}{T}\int_T \left(\sum_{k=-\infty}^{\infty} c_y[k]e^{j2\pi kt/T}\right)\left(\sum_{q=-\infty}^{\infty} c_y^*[q]e^{-j2\pi kt/T}\right) dt$$

$$E_e = \frac{1}{T}\int_T \left(\sum_{k=-\infty}^{\infty} c_y[k]c_y^*[k] + \sum_{k=-\infty}^{\infty}\sum_{\substack{q=-\infty \\ q \neq k}}^{\infty} c_y[k]c_y^*[q]e^{j2\pi(k-q)t/T}\right) dt$$

當 $k \neq q$ 時，對於每一個 k 與 q 的組合下，雙重加法的積分為 0，因為對於任何週期的 $e^{j2\pi(k-q)t/T}$ 積分為 0。因此

$$E_e = \frac{1}{T}\int_T \sum_{k=-\infty}^{\infty} c_y[k]c_y^*[k] dt = \frac{1}{T}\int_T \sum_{k=-\infty}^{\infty} |c_y[k]|^2 dt$$

替換 $c_y[k]$ 的定義得到

$$E_e = \frac{1}{T}\int_T \left(\sum_{k=-N}^{N} |c_{x,N}[k] - c_x[k]|^2 + \sum_{|k|>N} |-c_x[k]|^2\right) dt$$

$$E_e = \sum_{k=-N}^{N} |c_{x,N}[k] - c_x[k]|^2 + \sum_{|k|>N} |c_x[k]|^2$$

所有相加的都不是負值，而且因為第二個加法是固定的，我們希望第一個加法越小越好。若 $c_{x,N}[k] = c_x[k]$，則為 0，證明諧波函數 $c_x[k]$ 在部分和近似時，會得到一個最小的均方誤差。

傅立葉級數之偶與奇週期函數

考慮一個基礎週期為 T_0 的週期偶函數，用複值 CTFS 來表示。此 CTFS 之諧波函數為

$$c_x[k] = \frac{1}{T}\int_T x(t)e^{-j2\pi kt/T} dt$$

對於週期函數而言，積分與起始點無關。因此我們可以重新整理積分式

$$c_x[k] = \frac{1}{T}\int_{-T/2}^{T/2} x(t)e^{-j2\pi kt/T} dt = \frac{1}{T}\left[\int_{-T/2}^{T/2} \underbrace{\underbrace{x(t)}_{偶}\underbrace{\cos(2\pi kt/T)}_{偶}}_{偶} dt - j\int_{-T/2}^{T/2} \underbrace{x(t)}_{偶}\underbrace{\sin(2\pi kt/T)}_{奇} dt\right]$$

利用奇函數對於以 0 為對稱的極限其積分為 0 之事實，$c_x[k]$ 必須為實數。利用類似的論據，週期奇函數 $c_x[k]$ 必須為虛數。

> 對於 x(t) 是偶函數以及實數值，$c_x[k]$ 是偶對稱與實數。
> 對於 x(t) 是奇函數以及實數值，$c_x[k]$ 是奇對稱與純虛數。

傅立葉級數表格與特性

CTFS 的特性列表於表 6.1。它們都可以利用 CTFS 與諧波函數的定義來加以證明。

$$x(t) = \sum_{k=-\infty}^{\infty} c_x[k]e^{j2\pi kt/T} \xleftrightarrow[T]{\mathcal{FS}} c_x[k] = (1/T)\int_T x(t)e^{-j2\pi kt/T} dt$$

在乘法迴旋對偶特性 (multiplication-convolution duality property) 中出現此積分。

$$x(t) \circledast y(t) = \int_T x(\tau)y(t-\tau)d\tau$$

它看起來有點像前面所看到的迴旋積分，除了積分範圍是 CTFS 表示法的基礎週期 T，而非從 $-\infty$ 至 ∞。這種運算稱為**週期迴旋** (periodic convolution)。週期迴旋總是針對兩個週期訊號在它們共同的週期 T 下執行。在第 5 章中所介紹的迴旋稱非週期迴旋。週期迴旋與非週期迴旋在下列的情況下相等。任何週期為 T 的週期訊號 $x_p(t)$ 能夠用等間隔的非週期訊號 $x_{ap}(t)$ 之和來表示如下

$$x_p(t) = \sum_{k=-\infty}^{\infty} x_{ap}(t-kT)$$

因此 $x_p(t)$ 與 $y_p(t)$ 的週期迴旋為

$$x_p(t) \circledast y_p(t) = x_{ap}(t) * y_p(t)$$

函數 $x_{ap}(t)$ 非唯一的。它可以是任何符合 $x_p(t) = \sum_{k=-\infty}^{\infty} x_{ap}(t-kT)$ 的函數。

表 6.2 列出一些常見的 CTFS 轉換對。所有轉換對除了一個以外，都根基於 CTFS 表示法的基礎週期 T 設為 mT_0，其中 m 為正整數而 T_0 訊號之基礎週期。

表 6.1 CTFS 特性

性質	
線性	$\alpha x(t) + \beta y(t) \xleftrightarrow[T]{\mathcal{FS}} \alpha c_x[k] + \beta c_y[k]$
時間位移	$x(t - t_0) \xleftrightarrow[T]{\mathcal{FS}} e^{-j2\pi k t_0/T} c_x[k]$
頻移	$e^{j2\pi k_0 t/T} x(t) \xleftrightarrow[T]{\mathcal{FS}} c_x[k - k_0]$
共軛	$x^*(t) \xleftrightarrow[T]{\mathcal{FS}} c_x^*[-k]$
時間微分	$\dfrac{d}{dt}(x(t)) \xleftrightarrow[T]{\mathcal{FS}} (j2\pi k/T) c_x[k]$
時間反向	$x(-t) \xleftrightarrow[T]{\mathcal{FS}} c_x[-k]$
時間積分	$\displaystyle\int_{-\infty}^{t} x(\tau) d\tau \xleftrightarrow[T]{\mathcal{FS}} \dfrac{c_x[k]}{j2\pi k/T},\ k \neq 0$ 若 $c_x[0] = 0$
巴沙瓦定理	$\dfrac{1}{T}\int_T |x(t)|^2 dt = \displaystyle\sum_{k=-\infty}^{\infty} |c_x[k]|^2$
乘法迴旋對偶	$x(t)y(t) \xleftrightarrow[T]{\mathcal{FS}} \displaystyle\sum_{m=-\infty}^{\infty} c_y[m] c_x[k-m] = c_x[k] * c_y[k]$ $x(t) \circledast y(t) = \int_T x(\tau) y(t-\tau) d\tau \xleftrightarrow[T]{\mathcal{FS}} T c_x[k] c_y[k]$
改變週期	若 $x(t) \xleftrightarrow[T]{\mathcal{FS}} c_x[k]$ 且 $x(t) \xleftrightarrow[mT]{\mathcal{FS}} c_{xm}[k]$, $c_{xm}[k] = \begin{cases} c_x[k/m], & k/m \text{ 為整數} \\ 0, & \text{其他} \end{cases}$
時間尺度改變	若 $x(t) \xleftrightarrow[T]{\mathcal{FS}} c_x[k]$ 且 $z(t) = x(mt) \xleftrightarrow[T]{\mathcal{FS}} c_z[k]$, $c_z[k] = \begin{cases} c_x[k/m], & k/m \text{ 為整數} \\ 0, & \text{其他} \end{cases}$

表 6.2 一些 CTFS 轉換對

$$e^{j2\pi t/T_0} \xleftrightarrow[mT_0]{\mathcal{FS}} \delta[k - m]$$

$$\cos(2\pi k/T_0) \xleftrightarrow[mT_0]{\mathcal{FS}} (1/2)(\delta[k - m] + \delta[k + m])$$

$$\sin(2\pi k/T_0) \xleftrightarrow[mT_0]{\mathcal{FS}} (j/2)(\delta[k + m] - \delta[k - m])$$

$$1 \xleftrightarrow[T]{\mathcal{FS}} \delta[k],\ T \text{ 為任意數}$$

$$\delta_{T_0}(t) \xleftrightarrow[mT_0]{\mathcal{FS}} (1/T_0) \delta_m[k]$$

$$\text{rect}(t/w) * \delta_{T_0}(t) \xleftrightarrow[mT_0]{\mathcal{FS}} (w/T_0) \text{sinc}(wk/mT_0) \delta_m[k]$$

$$\text{tri}(t/w) * \delta_{T_0}(t) \xleftrightarrow[mT_0]{\mathcal{FS}} (w/T_0) \text{sinc}^2(wk/mT_0) \delta_m[k]$$

$$\text{sinc}(t/w) * \delta_{T_0}(t) \xleftrightarrow[mT_0]{\mathcal{FS}} (w/T_0) \text{rect}(wk/mT_0) \delta_m[k]$$

$$t[u(t) - u(t - w)] * \delta_{T_0}(t) \xleftrightarrow[mT_0]{\mathcal{FS}} \dfrac{1}{T_0} \dfrac{[j(2\pi kw/mT_0) + 1] e^{-j(2\pi kw/mT_0)} - 1}{(2\pi k/mT_0)^2} \delta_m[k]$$

$$\text{x}(t) = \sum_{k=-\infty}^{\infty} c_x[k]e^{j2\pi kt/mT_0} \xleftrightarrow[mT_0]{\mathscr{FS}} c_x[k] = \frac{1}{mT_0}\int_{mT_0} \text{x}(t)e^{-j2\pi kt/mT_0}dt$$

例題 6.2　連續時間系統的週期性激發與響應

一個連續時間系統由下式所表示

$$y''(t) + 0.04y'(t) + 1.58y(t) = \text{x}(t)$$

若激發為 $\text{x}(t) = \text{tri}(t) * \delta_5(t)$，求響應 $y(t)$。

激發可以用 CTFS 表示如下

$$\text{x}(t) = \sum_{k=-\infty}^{\infty} c_x[k]e^{j2\pi kt/T_0}$$

從表 6.2，

$$c_x[k] = (w/T_0)\text{sinc}^2(wk/mT_0)\delta_m[k]$$

用 $w = 1$、$T_0 = 5$ 與 $m = 1$。得到

$$\text{x}(t) = \sum_{k=-\infty}^{\infty} (1/5)\text{sinc}^2(k/5)\delta_1[k]e^{j2\pi kt/5} = (1/5)\sum_{k=-\infty}^{\infty} \text{sinc}^2(k/5)e^{j2\pi kt/5}$$

我們已知對於激發的 CTFS 表示為複正弦訊號的和，且對於這些正弦訊號的每一個響應將是同樣頻率的另一個正弦訊號。因此響應可以表示如下

$$y(t) = \sum_{k=-\infty}^{\infty} c_y[k]e^{j2\pi kt/5}$$

在 $y(t)$ 中具有基礎循環頻率 $k/5$ 的每一個複正弦訊號，是由具有相同頻率的複正弦訊號 $\text{x}(t)$ 所導致。將這些代入到微分方程式

$$\sum_{k=-\infty}^{\infty} (j2\pi k/5)^2 c_y[k]e^{j2\pi kt/5} + 0.04\sum_{k=-\infty}^{\infty} (j2\pi k/5)c_y[k]e^{j2\pi kt/5} + 1.58\sum_{k=-\infty}^{\infty} c_y[k]e^{j2\pi kt/5}$$
$$= \sum_{k=-\infty}^{\infty} c_x[k]e^{j2\pi kt/5}$$

整理各項並簡化

$$\sum_{k=-\infty}^{\infty} [(j2\pi k/5)^2 + 0.04(j2\pi k/5) + 1.58]c_y[k]e^{j2\pi kt/5} = \sum_{k=-\infty}^{\infty} c_x[k]e^{j2\pi kt/5}$$

因此對於任意特定的 k 值，激發與響應的關係如下

$$[(j2\pi k/5)^2 + 0.04(j2\pi k/5) + 1.58]c_y[k] = c_x[k]$$

以及

$$\frac{c_y[k]}{c_x[k]} = \frac{1}{(j2\pi k/5)^2 + 0.04(j2\pi k/5) + 1.58}$$

量值 $H[k] = \dfrac{c_y[k]}{c_x[k]}$ 類似於頻率響應且可以合理的稱作**諧波響應** (harmonic response)。此系統響應為

$$y(t) = (1/5) \sum_{k=-\infty}^{\infty} \frac{\text{sinc}^2(k/5)}{(j2\pi k/5)^2 + 0.04(j2\pi k/5) + 1.58} e^{j2\pi kt/5}$$

此一看起來驚人的表示法可以用電腦程式簡單的完成。訊號、它們的諧波，以及諧波響應，說明於圖 6.13 與圖 6.14。

我們可以從諧波響應看出，系統響應在第一個（基礎）諧波處有強大的響應。x(t) 的基礎週期為 $T_0 = 5s$。因此 y(t) 在頻率 0.2 Hz 處應該有一個顯著的響應。觀察響應圖，我們看到一個訊號類似於正弦訊號且它的基礎週期為 5 s，因此它的基礎頻率為 0.2 Hz。其他諧波的大小包括 $k = 0$，都幾乎為

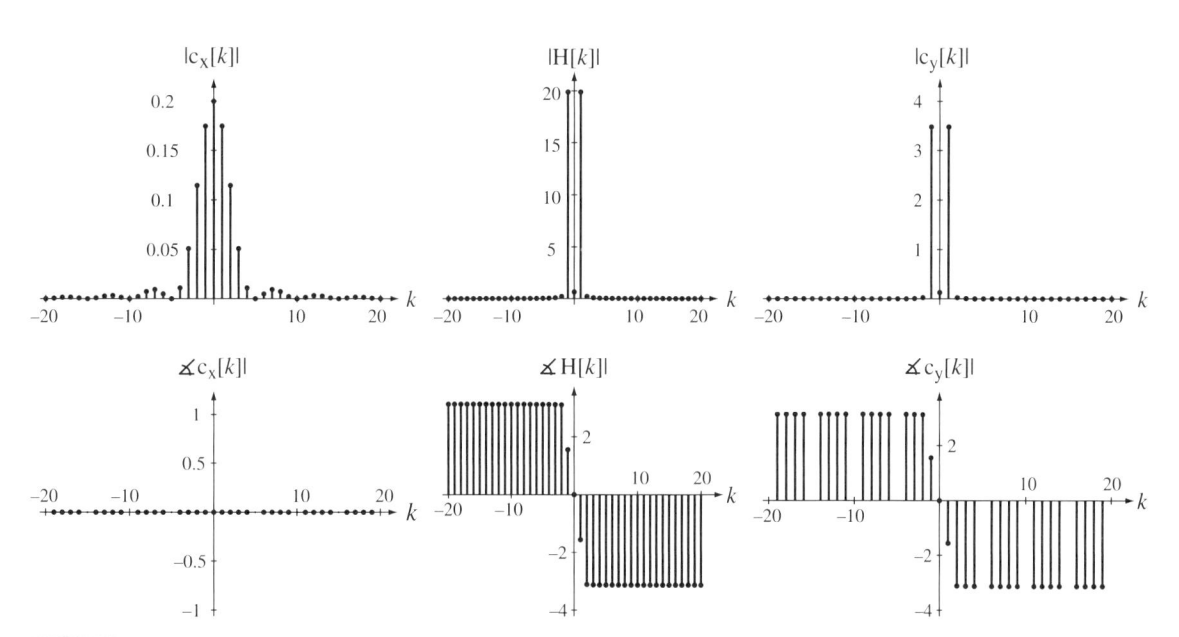

圖 6.13 激發諧波函數、系統諧波響應與響應諧波函數

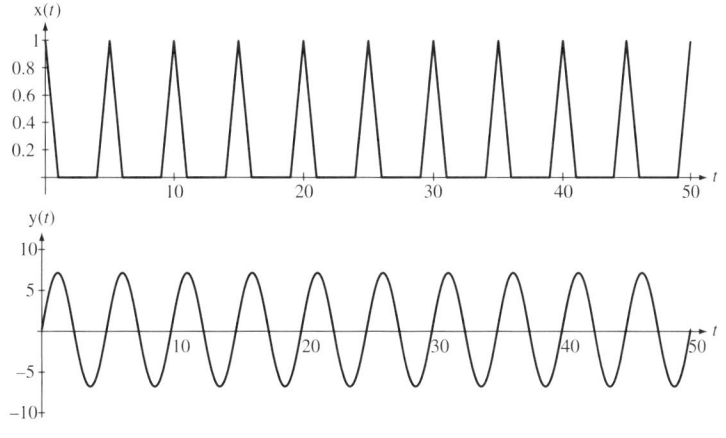

圖 6.14 激發與響應

0。這是為何響應的平均值實際上為 0，且類似於一個單一頻率的正弦訊號。同時注意在基礎的諧波響應之相位。它在 k = 1 時為 1.5536 弧度或是幾乎為 π/2。此位移會將餘弦轉換成正弦。激發是僅有餘弦成分的偶函數；而響應則因為此相位移，實際上是一個奇函數。

我們可以用下列的 MATLAB 程式碼來計算 x(t) 與 y(t)。

```
% Set up a vector of k's over a wide range. The ideal summation has an infinite
% range for k. We obviously cannot do that in MATLAB but we can make the range of
% k so large that making it any larger would not significantly change the
% computational results.
kmax = 1000 ;
T0 = 5 ;                % x(t) and y(t) have a fundamental period of five
dt = T0/100 ;           % Set the time increment for computing samples of x(t)
                        % and y(t)
t = -T0:dt:T0 ;         % Set the time vector for computing samples of x(t)
                        % and y(t)
x = 0*t ; y = x ;       % Initialize x and y each to a vector of zeros the same
                        % length as t
%   Compute samples of x(t) and y(t) in a for loop
for k = -kmax:kmax,
    %  Compute samples of x for one k
    xk = sinc(k/5)^2*exp(j*2*pi*k*t/5)/5 ;
    %  Add xk to previous x
    x = x + xk ;
    %  Compute samples of y for one k
    yk = xk/((j*2*pi*k/5)^2 + 0.04*j*2*pi*k/5 + 1.58) ;
    %  Add yk to previous y
    y = y + yk ;
end
```

傅立葉級數數值計算

讓我們考慮一個不一樣的訊號範例，我們可能想求得它的 CTFS（圖 6.15）。此訊號出現了一些問題。除了圖形之外，它並不是全都很明顯的可讓我們來描述它。它並非正弦訊號或是其他明顯的數學函數形式。到目前為止，我們研讀的 CTFS 為了求得訊號的 CTFS 諧波函數，而需要一個數學的描述式。但這並不意味著我們無法用數學描述的訊號就會沒有 CTFS 表示法。實際上，我們想分析的大部分訊號並沒有一個已知確切的數學描述。若我們有了從一個週期取得的一組樣本，我們就可以用數值的 (numerically) 方式來預測 CTFS 諧波函數。越多的樣本，就會預測得越好（圖 6.16）。

諧波函數為

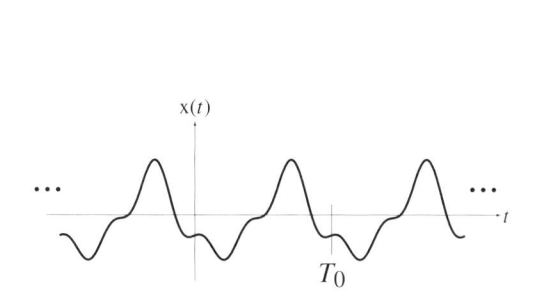

圖 6.15 一個任意的週期訊號

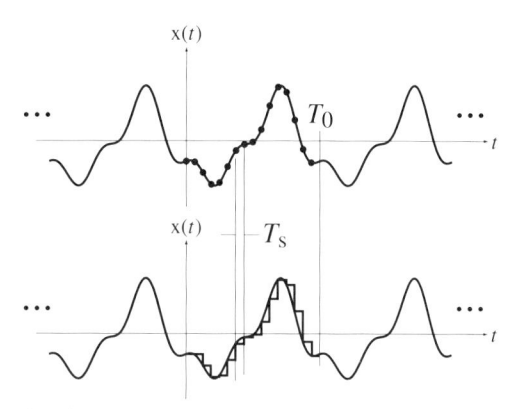

圖 6.16 取樣任意的週期訊號來預測 CTFS 諧波函數

$$c_x[k] = \frac{1}{T}\int_T x(t)e^{-j2\pi kt/T}dt$$

因為積分的起點是任意的，為了方便我們令 $t = 0$

$$c_x[k] = \frac{1}{T}\int_0^T x(t)e^{-j2\pi kt/T}dt$$

我們不知道函數 x(t)，但是若我們有一組位於一個週期內，從 $t = 0$ 開始的 N 個樣本，樣本間的間隔為 $T_s = T/N$，我們就可以經由加上許多每個涵蓋時間長度為 T_s 的積分，來近似原本的積分。

$$c_x[k] \cong \frac{1}{T}\sum_{n=0}^{N-1}\left[\int_{nT_s}^{(n+1)T_s} x(nT_s)e^{-j2\pi knT_s/T}dt\right] \tag{6.8}$$

（在圖 6.16 中，樣本延伸至一個基礎週期，但是它們可以延伸至任何週期，其分析仍然是正確的。）若樣本夠靠近的話，x(t) 在樣本之間並未改變許多，因此 (6.8) 式的積分變成一個好的近似。積分過程中，對於諧波數 $|k| << N$，我們可以近似諧波函數為

$$c_x[k] \cong \frac{1}{N}\sum_{n=0}^{N-1} x(nT_s)e^{-j2\pi nk/N} \tag{6.9}$$

將 (6.9) 式右邊相加

$$\sum_{n=0}^{N-1} x(nT_s)e^{-j2\pi nk/N}$$

是在訊號處理中一個非常重要的運算，稱作**離散傅立葉轉換** (discrete Fourier transform)。因此 (6.9) 式可以寫成

$$\boxed{c_x[k] \cong (1/N)\mathcal{DFT}(x(nT_s)), \quad |k| << N} \tag{6.10}$$

其中

$$\mathcal{DFT}(\mathrm{x}(nT_s)) = \sum_{n=0}^{N-1} \mathrm{x}(nT_s)e^{-j2\pi nk/N}$$

DFT 取一組樣本來代表一個週期的週期函數，然後回傳另一組數值，乘以樣本的數目 N 來代表對 CTFS 諧波函數的近似。它是在現代高階程式語言中的內建函數，例如 MATLAB。在 MATLAB 中，此函數的名稱為 `fft`，代表**快速傅立葉傳換** (fast Fourier transform)。快速傅立葉傳換是用來計算 DFT 的有效率演算法。（DFT 和 FFT 在第 7 章中將有詳細的討論。）

`fft` 最簡單的語法是 `X = fft(x)`，其中 x 是 N 個樣本的向量，用 n 在 $0 \le n < N$ 範圍內當指標，而 X 是 N 個回傳數值的向量，用 k 在 $0 \le k < N$ 範圍內當指標。

對於 DFT，

$$\sum_{n=0}^{N-1} \mathrm{x}(nT_s)e^{-j2\pi nk/N}$$

是週期為 N 而以 k 來循環。這可以用 X[k + N] 來說明。

$$\mathrm{X}[k+N] = \frac{1}{N}\sum_{n=0}^{N-1} \mathrm{x}(nT_s)e^{-j2\pi n(k+N)/N} = \frac{1}{N}\sum_{n=0}^{N-1} \mathrm{x}(nT_s)e^{-j2\pi nk/N} \underbrace{e^{-j2\pi n}}_{=1} = \mathrm{X}[k]$$

(6.9) 式的近似是在 $|k| \ll N$ 之情形下。這包括了一些負的 k 值。但 `fft` 函數在 $0 \le n < N$ 範圍回傳 DFT 的值。DFT 的值對於負的 k 值，與對於在正的範圍內以一個週期隔開的 k 值是一樣的。所以例如要求到 X[−1]，可以求出它包含在 $0 \le k < N$ 範圍內一週期的重複 X[N − 1]。

用此一數值方法求 CTFS 諧波函數，在 x(t) 的函數形式為已知，但下列積分無法用解析方式去解時非常有用。

$$c_x[k] = \frac{1}{T}\int_T \mathrm{x}(t)e^{-j2\pi kt/T} dt$$

例題 6.3　利用 DFT 近似 CTFS

求週期訊號 x(t) 的近似 CTFS 諧波函數，一週期的訊號如下所示

$$\mathrm{x}(t) = \sqrt{1-t^2}, \quad -1 \le t < 1$$

此訊號的基礎頻率是 2。因此我們可以選擇 2 的整數倍作為取樣的區間（表示時間為 T）。一週期內選擇 128 個樣本。下列 MATLAB 程式用 DFT 求出並且畫出 CTFS 諧波函數。

```
% Program to approximate, using the DFT, the CTFS of a
% periodic signal described over one period by
% x(t) = sqrt(1-t^2), -1 < t < 1
```

```
N = 128 ;                       % Number of samples
T0 = 2 ;                        % Fundamental period
T = T0 ;                        % Representation time
Ts = T/N ;                      % Time between samples
fs = 1/Ts ;                     % Sampling rate
n = [0:N-1]' ;                  % Time index for sampling
t = n*Ts ;                      % Sampling times

% Compute values of x(t) at the sampling times
x = sqrt(1-t.^2).*rect(t/2) +...
    sqrt(1-(t-2).^2).*rect((t-2)/2) +...
    sqrt(1-(t-4).^2).*rect((t-4)/2) ;
cx = fft(x)/N ;                 % DFT of samples
k = [0:N/2-1]' ;                % Vector of harmonic numbers

% Graph the results
subplot(3,1,1) ;
p = plot(t,x,'k'); set(p,'LineWidth',2); grid on ; axis('equal');
axis([0,4,0,1.5]) ;
xlabel('Time, t (s)') ; ylabel('x(t)') ;
subplot(3,1,2) ;
p = stem(k,abs(cx(1:N/2)),'k') ; set(p,'LineWidth',2,'MarkerSize',4) ; grid on ;
xlabel('Harmonic Number, k') ; ylabel('|c_x[k]|') ;
subplot(3,1,3) ;
p = stem(k,angle(cx(1:N/2)),'k') ; set(p,'LineWidth',2,'MarkerSize',4) ;
grid on ;
xlabel('Harmonic Number, k') ; ylabel('Phase of c_x[k]') ;
```

圖 6.17 是此程式的圖形輸出。

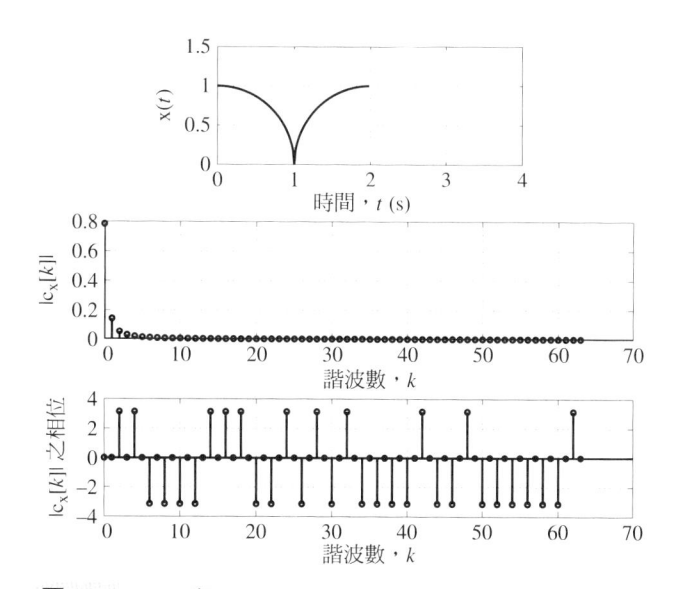

圖 6.17　x(t) 和 $c_x[k]$

在相位圖中，只有三個明顯的相位值 0、π 和 −π。相位 π 和 −π 是相等的，因此它們可以用 π 或 −π 來作圖。MATLAB 計算相位，但是因為在計算中的捨入誤差，所以有時選擇一個非常接近 π 的數值，有時又選擇一個非常接近 −π 的數值。

在圖 6.17 中，$c_x[k]$ 的量值與相位圖只畫於 $0 \leq k < N/2$ 的範圍內。因為 $c_x[k] = c_x^*[-k]$ 這樣在 $-N/2 \leq k < N/2$ 範圍內定義 $c_x[k]$ 就已足夠。通常我們希望在 $-N/2 \leq k < N/2$ 範圍內畫出諧波函數。這樣的作法可以讓我們了解 DFT 回傳的數值剛好是週期函數的一週期。根據此情況，這些數值的第二半的部分涵蓋 $N/2 \leq k < N$ 之範圍，與涵蓋 $-N/2 \leq k < 0$ 範圍內之數值是一樣的。這在 MATLAB 中是 `fftshift` 函數，用第一半邊的數值交換至第二半邊。因此整組 N 數值涵蓋在 $-N/2 \leq k < N/2$ 範圍內，而非 $0 \leq k < N/2$。

我們可以改變以下的 MATLAB 程式，來分析兩個而非一個基礎週期的訊號

```
T = T0 ;              %    Representation time
```
to
```
T = 2*T0 ;            %    Representation time
```

此結果說明於圖 6.18。

注意到對於所有的奇數值 k，CTFS 的諧波函數為 0。這個的發生是因為我們使用 x(t) 的兩個基礎週期來取代 T。CTFS 表示法的基礎頻率是 x(t) 基礎頻率的一半。訊號功率是在 x(t) 的基礎頻率與其諧波上，而為 CTFS 諧波函數中的偶數諧波。所以只有偶數諧波不為 0。前面分析中的第 k 個諧波使用一個基礎週期作為表示時間，與本分析中的第 2k 個諧波一樣。

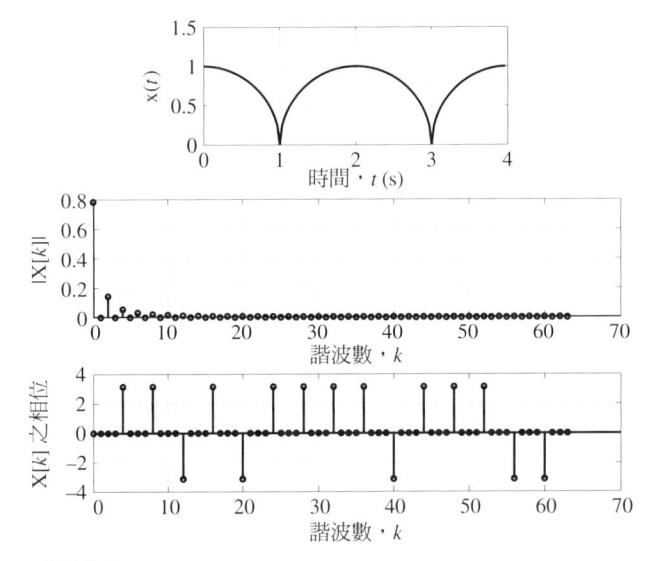

圖 6.18 x(t) 和 X[k] 使用兩個而非一個基礎週期作為表示時間

例題 6.4　總諧波失真計算

某些系統的品質因素 (figure of merit) 為**總諧波失真** (total harmonic distortion, THD)。若系統的激發

訊號是正弦訊號，則響應訊號的 THD 為所有諧波響應訊號的總訊號功率，除了基礎 ($k = \pm 1$) 訊號之外，除以響應訊號在基礎 ($k = \pm 1$) 時的總訊號功率。

一個音頻放大器在 4 kHz 正常的增益為 100，由一個峰值為 100 mV 的 4 kHz 正弦訊號所驅動。此放大器理想的響應應該是 $x_i(t) = 10 \sin(8000\pi t)$ 伏特，但實際放大器的輸出訊號 x(t) 限制在 ±7 伏特的範圍內。所以對於所有電壓在實際響應訊號在小於 7 伏特時是正確的，但對於所有理想的電壓大於 7 伏特其響應的量值將被 "箝制" 在 ±7 伏特之內。計算響應訊號的 THD。

訊號 x(t) 的 CTFS 諧波函數可以用解析的方式得到，但可能是非常長、繁複與容易出錯的過程。若我們只在意數值的 THD，使用 DFT 和電腦就可以用數值的方式來求得。這些由下列的 MATLAB 程式碼來完成，而其結果說明於圖 6.19。

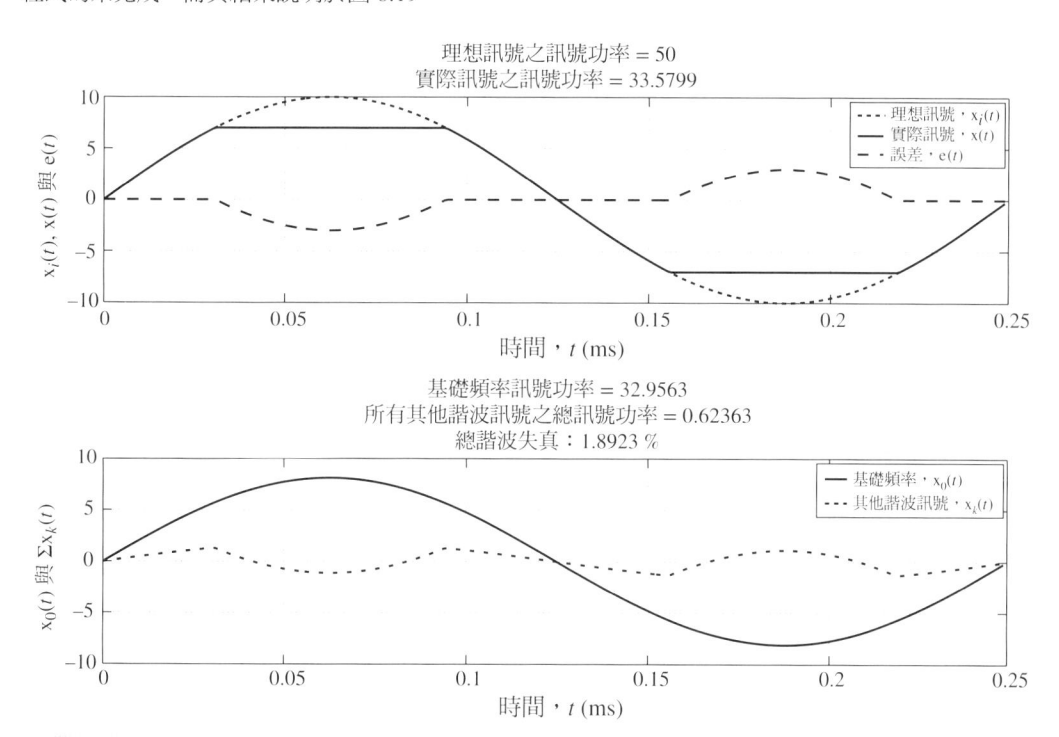

圖 6.19 THD 計算的結果

```
f0 = 4000 ;              % Fundamental frequency of signal
T0 = 1/f0 ;              % Fundamental period of signal
N = 256 ;                % Number of samples to use in one period
Ts = T0/N ;              % Time between samples
fs = 1/Ts ;              % Sampling rate in samples/second
t = Ts*[0:N-1]' ;        % Time vector for graphing signals
A = 10 ;                 % Ideal signal amplitude
xi = A*sin(2*pi*f0*t) ;  % Ideal signal
Pxi = A^2/2 ;            % Signal power of ideal signal
x = min(xi,0.7*A) ;      % Clip ideal signal at 7 volts
x = max(x,-0.7*A) ;      % Clip ideal signal at -7 volts
Px = mean(x.^2) ;        % Signal power of actual signal
```

```
cx = fftshift(fft(x)/N);        % Compute harmonic function values up to k
                                % = +/- 128
k = [-N/2:N/2-1]' ;             % Vector of harmonic numbers
I0 = find(abs(k) == 1);         % Find harmonic function values at
                                % fundamental
P0 = sum(abs(cx(I0)).^2);       % Compute signal power of fundamental
Ik = find(abs(k) ~= 1) ;        % Find harmonic function values not at
                                % fundamental
Pk = sum(abs(cx(Ik)).^2);       % Compute signal power in harmonics
THD = Pk*100/P0 ;               % Compute total harmonic distortion

% Compute values of fundamental component of actual signal
x0 = 0*t ; for kk = 1:length(I0), x0 = x0 + cx(I0(kk))*exp(j*2*pi*
k(I0(kk))*f0*t) ; end

% Compute values of sum of signal components not at fundamental in
% actual signal
xk = 0*t ; for kk = 1:length(Ik), xk = xk + cx(Ik(kk))*exp(j*2*pi*
k(Ik(kk))*f0*t) ; end
x0 = real(x0);    % Remove any residual imaginary parts due to round-off
xk = real(xk);    % Remove any residual imaginary parts due to round-off

% Graph the results and report signal powers and THD

ttl = ['Signal Power of Ideal Signal = ',num2str(Pxi)] ;
ttl = str2mat(ttl,['Signal Power of Actual Signal = ', num2str(Px)]);
subplot(2,1,1) ;
ptr = plot(1000*t,xi,'k:',1000*t,x,'k',1000*t,x-xi,'k--') ; grid on ;
set(ptr,'LineWidth',2) ;
xlabel('Time, {\itt} (ms)','FontName','Times','FontSize',24) ;
ylabel('x_i({\itt}), x({\itt}) and e({\itt})','FontName','Times','
FontSize',24) ;
title(ttl,'FontName','Times','FontSize',24) ;
ptr = legend('Ideal Signal, x_i({\itt})','Actual Signal, x({\itt})',
'Error, e({\itt})') ;
set(ptr,'FontName','Times','FontSize',18) ;
set(gca,'FontSize',18) ;
subplot(2,1,2) ;
ttl = ['Signal Power of Fundamental = ',num2str(P0)] ;
ttl = str2mat(ttl,['Total Signal Power of All Other Harmonics = ',
num2str(Pk)]) ;
ttl = str2mat(ttl,['Total Harmonic Distortion: ',num2str(THD),'%']) ;
ptr = plot(1000*t,x0,'k',1000*t,xk,'k:') ; grid on ; set(ptr,'LineWidth',2) ;
xlabel('Time, {\itt} (ms)','FontName','Times','FontSize',24) ;
ylabel('x_0({\itt}) and \Sigma x_{\itk}({\itt})','FontName','Times',
'FontSize',24) ;
```

```
title(ttl,'FontName','Times','FontSize',24) ;
ptr = legend('Fundamental, x_0({\itt})','Sum of Other Harmonics, x_{\itk}
({\itt})') ;
set(ptr,'FontName','Times','FontSize',18) ;
set(gca,'FontSize',18) ;
```

即使在正與負的峰值附近有嚴重的 30% 箝制，其 THD 為 1.8923%。因此對於好的訊號真實性，THD 一般要比 10% 小很多。

▶ 6.3 連續時間傅立葉轉換

CTFS 在所有時間的工程應用上，可用來表示任何的週期訊號是非常有用的。當然有些重要訊號是非週期的。因此若可以延伸 CTFS 在所有時間表示非週期性訊號，也是非常有用的。這個結果稱為**傅立葉轉換** (Fourier transform)。

延伸傅立葉級數至非週期訊號

週期訊號與非週期訊號之間顯著的差異是週期訊號重複一段時間 T 稱為週期。它會以此週期永遠重複。一個非週期訊號沒有有限的週期。非週期訊號可能在某段時間內重複一種圖案，但不是所有的時間。傅立葉級數和傅立葉轉換之間的轉移是，利用對於週期訊號的傅立葉級數形式，然後將此週期趨近於無限。在數學上所稱一個函數是非週期，與稱其週期是無限大為同一件事。

考慮時域訊號 x(t) 為一個基礎週期是 T_0，高度為 A，寬度為 w 的方波（圖 6.20）。此訊號將用來說明一個一般性的訊號，令基礎週期趨近於無限大的現象。用複值 CTFS 來表示此脈波序列，諧波函數可以求得如 $c_x[k] = (Aw/T_0)\text{sinc}(kw/T_0)$，其中 $T = T_0$。

假設 $w = T_0/2$（表示此訊號在 A 時占一半時間，在 0 時占另一半的時間，50% 的工作週期），於是 $c_x[k] = (A/2)\text{sinc}(k/2)$（圖 6.21）。

現在令基礎週期 T_0 從 1 增至 5 而保持 w 不變。於是 $c_x[0]$ 變成 1/10 而 CTFS 諧波函數為 $c_x[k] = (1/10)\text{sinc}(k/10)$（圖 6.22）。

最大諧波的振幅量值比之前小了 5 倍，因為函數的平均值比之前小了 5 倍。當基礎週期 T_0 變的愈大，諧波振幅分布在一個較寬的 sinc 函數上，當 T_0 增加時，它振幅下降。當 T_0 的極限趨近於無限大時，原來時域波形 x(t) 趨近於位於原點的一個單一方波，而諧波函數趨近於無限大寬具有 0 振幅的 sinc 函數之樣本。若我們在畫圖之前用 T_0 乘以 $c_x[k]$，在 T_0 的極限趨近於無限大時，振幅不會趨近於 0 而會待在原來的地方，而只是較寬 sinc 函數的軌跡點。同樣的，根據 $k/T_0 = kf_0$ 而非 k 作圖，可使得橫軸的刻度為頻率而非諧波數，而

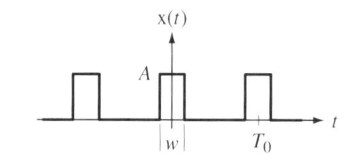

圖 6.20 方波訊號

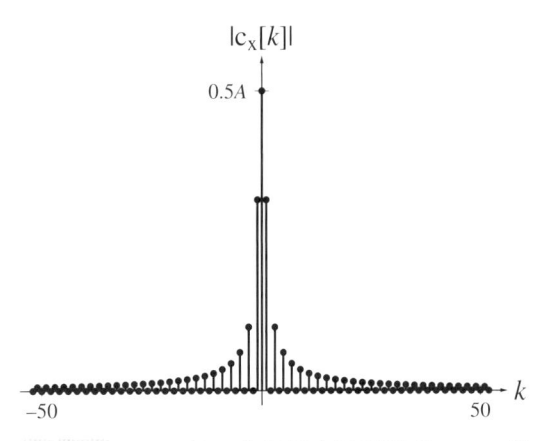

圖 6.21 50% 的工作週期方波訊號的 CTFS 諧波函數量值

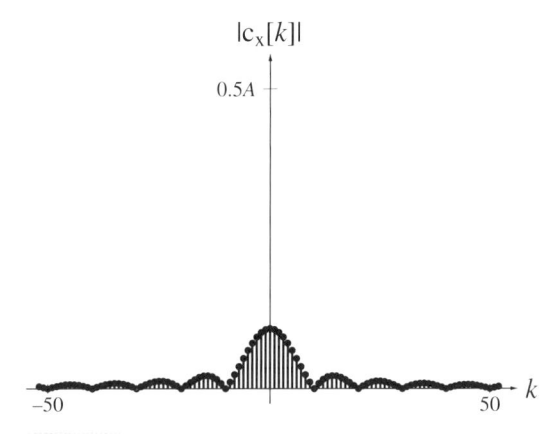

圖 6.22 降低工作週期後的方波訊號的 CTFS 諧波函數量值

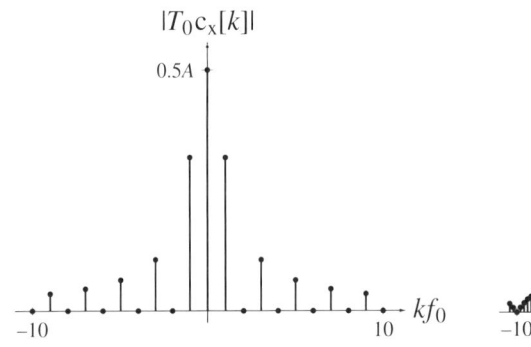

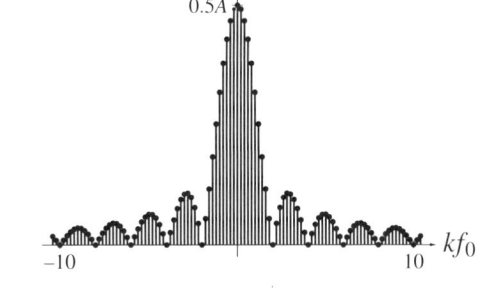

圖 6.23 針對 50% 和 10% 工作週期方波訊號改良後 CTFS 諧波函數之量值

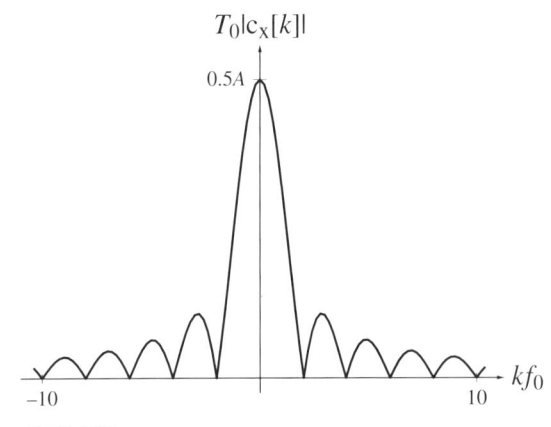

圖 6.24 針對方波訊號改良後 CTFS 諧波函數之極限形式

當 T_0 增加（且 f_0 減低）時，sinc 函數會在此刻度上保持原來的寬度。做了這些改變後，後面兩個圖會類似圖 6.23。

稱此為"改良後"諧波函數。對此一改良後諧波函數，$T_0c_x[k] = Aw\text{sinc}(wkf_0)$。當 T_0 無界限的增加（使得脈波序列變成單一脈波），f_0 趨近於 0，而離散 kf_0 趨近一個連續變數（我們稱它為 f）。此一改良後 CTFS 諧波函數趨近示於圖 6.24 中的函數。此改良後諧波函數（一些符號改變）變成單一脈波的**連續時間傅立葉轉換** (continuous-time Fourier transform, CTFT)。

CTFS 相鄰的諧波函數振幅間的頻率差異與

CTFS 表示法中的基礎頻率 $f_0 = 1/T_0$ 一樣。強調它的關係至頻率微分（當基礎週期趨近於無限大時，變成在此極限），將此間隔稱為 Δf。亦即 $\Delta f = f_0 = 1/T_0$。於是 x(t) 的複值 CTFS 表示法可寫成

$$x(t) = \sum_{k=-\infty}^{\infty} c_x[k] e^{j2\pi k \Delta f t}$$

將積分表示式代入 $c_x[k]$，

$$x(t) = \sum_{k=-\infty}^{\infty} \left[\frac{1}{T_0} \int_{t_0}^{t_0+T_0} x(\tau) e^{-j2\pi k \Delta f \tau} d\tau \right] e^{j2\pi k \Delta f t}$$

（此積分的變數是 τ，以便與在積分外面的函數 $e^{j2\pi k \Delta f t}$ 中的 t 作區別）因為此積分的起始點 t_0 是任意的，令它為 $t_0 = -T_0/2$。於是

$$x(t) = \sum_{k=-\infty}^{\infty} \left[\int_{-T_0/2}^{T_0/2} x(\tau) e^{-j2\pi k \Delta f \tau} d\tau \right] e^{j2\pi k \Delta f t} \Delta f$$

其中 Δf 用 $1/T_0$ 取代。當 T_0 趨近於無限大極限時，Δf 趨近微分 df，$k\Delta f$ 變成連續變數 f，積分的極限趨近於正與負無限大，而加法變成積分

$$x(t) = \lim_{T_0 \to \infty} \left\{ \sum_{k=-\infty}^{\infty} \left[\int_{-T_0/2}^{T_0/2} x(\tau) e^{-j2\pi k \Delta f \tau} d\tau \right] e^{j2\pi k \Delta f t} \Delta f \right\}$$

$$= \int_{-\infty}^{\infty} \left[\int_{-\infty}^{\infty} x(\tau) e^{-j2\pi f \tau} d\tau \right] e^{j2\pi f t} df. \tag{6.11}$$

(6.11) 式右邊中括弧裡的項是 x(t) 的 CTFT

$$\boxed{X(f) = \int_{-\infty}^{\infty} x(t) e^{-j2\pi f t} dt} \tag{6.12}$$

結果是

$$\boxed{x(t) = \int_{-\infty}^{\infty} X(f) e^{j2\pi f t} df} \tag{6.13}$$

在此我們採用訊號傅立葉轉換的用法，以同樣的字母但大寫取代小寫來表示。注意：傅立葉轉換是循環頻率 f 的函數，而訊號時間相依項被 "從積分項移出"，因此傅立葉轉換不是時間的函數。時域函數 (x) 和 CTFT (X) 形成 "傅立葉轉換對" 通常以 $x(t) \xleftrightarrow{\mathcal{F}} X(f)$ 表示法表示。同樣的傳統表示法為 $X(f) = \mathcal{F}(x(t))$，且 $x(t) = \mathcal{F}^{-1}(X(f))$，其中 $\mathcal{F}(\cdot)$ 表示 "傅立葉轉換"，$\mathcal{F}^{-1}(\cdot)$ 表示 "反傅立葉轉換"。

傅立葉轉換的另一個共同形式是以改變變數 $f = \omega/2\pi$ 來定義，其中 ω 是弧度頻率。

$$X(\omega/2\pi) = \int_{-\infty}^{\infty} x(t)e^{-j\omega t} dt \quad \text{與} \quad x(t) = \frac{1}{2\pi}\int_{-\infty}^{\infty} X(\omega/2\pi)e^{j\omega t} d\omega \tag{6.14}$$

這是我們簡單的以 $\omega/2\pi$ 取代 f，而以 $d\omega/2\pi$ 取代 df 所得到的結果。在工程文章上較常看見的形式是

$$X(\omega) = \int_{-\infty}^{\infty} x(t)e^{-j\omega t} dt \quad \text{與} \quad x(t) = \frac{1}{2\pi}\int_{-\infty}^{\infty} X(\omega)e^{j\omega t} d\omega \tag{6.15}$$

在第二個形式中，函數 "X" 的嚴格數學意思已經改變，而在兩個形式需要轉換時會是造成困擾的來源。為了不造成困惑，也常見 ω 的形式寫成

$$\boxed{X(j\omega) = \int_{-\infty}^{\infty} x(t)e^{-j\omega t} dt} \quad \text{與} \quad \boxed{x(t) = \frac{1}{2\pi}\int_{-\infty}^{\infty} X(j\omega)e^{j\omega t} d\omega} \tag{6.16}$$

同樣的是改變函數 "X" 的意義。將 j 包括在函數的參數中主要是為了使傅立葉轉換更直接符合拉普拉斯轉換（第 8 章）。

假設我們用

$$X(f) = \int_{-\infty}^{\infty} x(t)e^{-j2\pi ft} dt$$

來形成傅立葉轉換對

$$x(t) = e^{-\alpha t}u(t) \overset{\mathscr{F}}{\longleftrightarrow} X(f) = \frac{1}{j2\pi f + \alpha}$$

照理說，假設在數學表示法中，我們參考到函數 $X(j\omega)$ 是意謂

$$X(f) \xrightarrow{f \to j\omega} X(j\omega) = \frac{1}{j2\pi(j\omega) + \alpha} = \frac{1}{-2\pi\omega + \alpha}$$

但在傅立葉轉換的文獻中，通常若傅立葉轉換的循環 - 頻率形式為

$$X(f) = \frac{1}{j2\pi f + \alpha}$$

則弧度 - 頻率形式為

$$X(j\omega) = \frac{1}{j2\pi(\omega/2\pi) + \alpha} = \frac{1}{j\omega + \alpha}$$

從 $X(f)$ 至 $X(j\omega)$ 之轉換實際上所做的是利用 $x(t) = \int_{-\infty}^{\infty} X(f)e^{j2\pi ft} df$ 從 $X(f)$ 至 $x(t)$，後再利用 $X(j\omega) = \int_{-\infty}^{\infty} x(t)e^{-j\omega t} dt$ 求 $X(j\omega)$。換句話說，$X(f) \xrightarrow{\mathscr{F}^{-1}} x(t) \xrightarrow{\mathscr{F}} X(j\omega)$。這等於是利用 $X(f) \xrightarrow{f \to \omega/2\pi} X(j\omega)$，而非 $X(f) \xrightarrow{f \to j\omega} X(j\omega)$。在本書中，我們將使用傳統的表示方式。

在任何分析中，重要的是從頭至尾始終用同一種定義。本書中的形式是

$$\mathrm{x}(t) = \int_{-\infty}^{\infty} \mathrm{X}(f)e^{j2\pi ft}df \xleftrightarrow{\mathscr{F}} \mathrm{X}(f) = \int_{-\infty}^{\infty} \mathrm{x}(t)e^{-j2\pi ft}dt$$

$$\mathrm{x}(t) = \frac{1}{2\pi}\int_{-\infty}^{\infty} \mathrm{X}(j\omega)e^{j\omega t}d\omega \xleftrightarrow{\mathscr{F}} \mathrm{X}(j\omega) = \int_{-\infty}^{\infty} \mathrm{x}(t)e^{-j\omega t}dt$$

將會用在 f 與 ω 的形式中，因為在工程的文章中有兩個常見的問題。在此介紹的傅立葉轉換用於連續時間訊號。CTFT 廣泛的使用在通訊系統、濾波器與傅氏光學的分析中。

CTFT 中的 f 與 ω 形式兩個都廣泛的應用在工程中。在任何特定的書籍或文章中使用哪一種決定於許多因素，包括在特定領域的傳統表示法習慣與作者個人的喜好。既然兩種形式都普遍的被使用，本書中我們將視在個別的分析中，看哪一種形式是特別方便來使用。若在任何時間我們需要轉換至另一種形式，可以簡單地用 $\omega/2\pi$ 取代 f 或用 $2\pi f$ 取代 ω（除了本書中所說的定義之外，傅立葉轉換也可以在工程、數學與物理的書籍中找到許多其他的定義）。

表 6.3 列出一些以 ω 形式表示的 CTFT 轉換對形式，它們是直接由前面的定義所推導的。此處用 ω 形式是因為對於這些函數而言較簡潔。

一般化傅立葉轉換

嚴格講起來，有一些實際的訊號並沒有傅立葉轉換。因為這些訊號如此重要，傅立葉轉換便被"一般化"，以便可以涵蓋它們。作為一般化傅立葉轉換的例子，讓我們求一個非常簡單的常數函數 $\mathrm{x}(T) = A$ 的 CTFT。利用 CTFT 定義

$$\mathrm{x}(t) = \int_{-\infty}^{\infty} \mathrm{X}(f)e^{+j2\pi ft}df \xleftrightarrow{\mathscr{F}} \mathrm{X}(f) = \int_{-\infty}^{\infty} \mathrm{x}(t)e^{-j2\pi ft}dt$$

表 6.3 一些 CTFT 轉換對

$$\delta(t) \xleftrightarrow{\mathscr{F}} 1$$

$$e^{-\alpha t}u(t) \xleftrightarrow{\mathscr{F}} 1/(j\omega+\alpha),\ \alpha>0 \qquad -e^{-\alpha t}u(-t) \xleftrightarrow{\mathscr{F}} 1/(j\omega+\alpha),\ \alpha<0$$

$$te^{-\alpha t}u(t) \xleftrightarrow{\mathscr{F}} 1/(j\omega+\alpha)^2,\ \alpha>0 \qquad -te^{-\alpha t}u(-t) \xleftrightarrow{\mathscr{F}} 1/(j\omega+\alpha)^2,\ \alpha<0$$

$$t^n e^{-\alpha t}u(t) \xleftrightarrow{\mathscr{F}} \frac{n!}{(j\omega+\alpha)^{n+1}},\ \alpha>0 \qquad -t^n e^{-\alpha t}u(-t) \xleftrightarrow{\mathscr{F}} \frac{n!}{(j\omega+\alpha)^{n+1}},\ \alpha<0$$

$$e^{-\alpha t}\sin(\omega_0 t)u(t) \xleftrightarrow{\mathscr{F}} \frac{\omega_0}{(j\omega+\alpha)^2+\omega_0^2},\ \alpha>0 \qquad -e^{-\alpha t}\sin(\omega_0 t)u(-t) \xleftrightarrow{\mathscr{F}} \frac{\omega_0}{(j\omega+\alpha)^2+\omega_0^2},\ \alpha<0$$

$$e^{-\alpha t}\cos(\omega_0 t)u(t) \xleftrightarrow{\mathscr{F}} \frac{j\omega+\alpha}{(j\omega+\alpha)^2+\omega_0^2},\ \alpha>0 \qquad -e^{-\alpha t}\cos(\omega_0 t)u(-t) \xleftrightarrow{\mathscr{F}} \frac{j\omega+\alpha}{(j\omega+\alpha)^2+\omega_0^2},\ \alpha<0$$

$$e^{-\alpha|t|} \xleftrightarrow{\mathscr{F}} \frac{2\alpha}{\omega^2+\alpha^2},\ \alpha>0$$

可以得到

$$X(f) = \int_{-\infty}^{\infty} Ae^{-j2\pi ft} dt = A \int_{-\infty}^{\infty} e^{-j2\pi ft} dt$$

此一訊號並未收斂。因此嚴格講起來，傅立葉轉換並未存在。但我們以下列的過程將傅立葉轉換一般化以解決此一問題。首先我們求 $x_\sigma(t) = Ae^{-\sigma|t|}$，$\sigma > 0$ 之 CTFT，一個函數當 σ 趨近於 0 時，趨近於常數 A。因式 $e^{-\sigma|t|}$ 為**收斂因子** (convergence factor)，可讓我們用來評估積分（圖 6.25）。

此轉換是

$$X_\sigma(f) = \int_{-\infty}^{\infty} Ae^{-\sigma|t|}e^{-j2\pi ft} dt = \int_{-\infty}^{0} Ae^{\sigma t}e^{-j2\pi ft} dt + \int_{0}^{\infty} Ae^{-\sigma t}e^{-j2\pi ft} dt$$

$$X_\sigma(f) = A\left[\int_{-\infty}^{0} e^{(\sigma-j2\pi f)t} dt + \int_{0}^{\infty} e^{(-\sigma-j2\pi f)t} dt\right] = A\frac{2\sigma}{\sigma^2 + (2\pi f)^2}$$

接著（當 σ 越近於 0 時）取 $X_\sigma(f)$ 的極限。對於 $f \neq 0$，

$$\lim_{\sigma \to 0} A\frac{2\sigma}{\sigma^2 + (2\pi f)^2} = 0$$

接著找出 $X_\sigma(f)$ 函數底下的面積，當 σ 趨近於 0 時，

$$\text{面積} = A \int_{-\infty}^{\infty} \frac{2\sigma}{\sigma^2 + (2\pi f)^2} df$$

利用

$$\int \frac{dx}{a^2 + (bx)^2} = \frac{1}{ab}\tan^{-1}\left(\frac{bx}{a}\right)$$

可以得到

$$\text{面積} = A\left[\frac{2\sigma}{2\pi\sigma}\tan^{-1}\left(\frac{2\pi f}{\sigma}\right)\right]_{-\infty}^{\infty} = \frac{A}{\pi}\left(\frac{\pi}{2} + \frac{\pi}{2}\right) = A$$

函數底下的面積為 A 且和 σ 的值無關。因此在極限 $\sigma \to 0$，此常數 A 的傅立葉轉換是發生在 $f \neq 0$ 時等於 0 之函數且面積為 A。在此正確描述了發生在 $f = 0$ 時脈衝強度 A。因此我們可以寫出一般化傅立葉-轉換對

$$A \xleftrightarrow{\mathcal{F}} A\delta(f)$$

一般化 CTFT 可擴充至其他有用的函數，包括週期

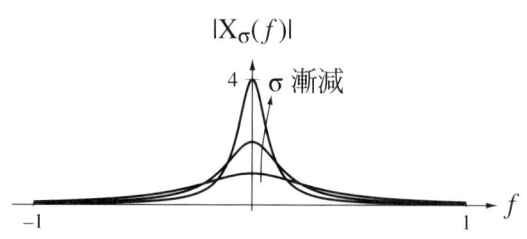

圖 6.25 收斂因子 $e^{-\sigma|t|}$ 之效應

函數。根據同樣的道理 CTFT 轉換對

$$\cos(2\pi f_0 t) \xleftrightarrow{\mathscr{F}} (1/2)[\delta(f-f_0) + \delta(f+f_0)]$$

以及

$$\sin(2\pi f_0 t) \xleftrightarrow{\mathscr{F}} (j/2)[\delta(f+f_0) - \delta(f-f_0)]$$

可以求得。利用 $f = \omega/2\pi$ 來代換並且使用脈衝的尺度改變特性，這些轉換的相對弧度 - 頻率形式就可以求得

$$A \xleftrightarrow{\mathscr{F}} 2\pi A \delta(\omega)$$
$$\cos(\omega_0 t) \xleftrightarrow{\mathscr{F}} \pi[\delta(\omega-\omega_0) + \delta(\omega+\omega_0)]$$
$$\sin(\omega_0 t) \xleftrightarrow{\mathscr{F}} j\pi[\delta(\omega+\omega_0) - \delta(\omega-\omega_0)]$$

會導致需要一般化形式傅立葉轉換的問題是因為，這些函數、常數和正弦訊號雖然是有界的，但並不是絕對可積分。一般化形式傅立葉轉換也可以應用至其他有界但非絕對可積分的訊號，例如步階與 signum 函數。

另一個求 CTFT 常數的方法是從其他面向來趨近此問題，利用脈衝取樣定理求 $X(f) = A\delta(f)$ 之反 CTFT。

$$x(t) = \int_{-\infty}^{\infty} X(f) e^{+j2\pi ft} df = A \int_{-\infty}^{\infty} \delta(f) e^{+j2\pi ft} df = A e^0 = A$$

這顯然是一個比前面的推導還較快的途徑，來求得常數的前向轉換。但此作法的問題是，若我們想求得一個函數的前向轉換必須先在轉換中猜測，然後再評估它經由求反轉換是否是正確的。

例題 6.5　正負號函數 (signum) 和單位步階函數之 CTFT

找出 $x(t) = \text{sgn}(t)$ 的 CTFT 並且用此結果求 $x(t) = u(t)$ 的 CTFT。

直接使用積分公式可以得到

$$X(f) = \int_{-\infty}^{\infty} \text{sgn}(t) e^{-j2\pi ft} dt = -\int_{-\infty}^{0} e^{-j2\pi ft} dt + \int_{0}^{\infty} e^{-j2\pi ft} dt$$

而這些積分並未收斂。我們可以使用一個收斂因子來求一般化的 CTFT。令 $x_\sigma = \text{sgn}(t) e^{-\sigma|t|}$，$\sigma > 0$。於是

$$X_\sigma(f) = \int_{-\infty}^{\infty} \text{sgn}(t) e^{-\sigma|t|} e^{-j2\pi ft} dt = -\int_{-\infty}^{0} e^{(\sigma-j2\pi f)t} dt + \int_{0}^{\infty} e^{-(\sigma+j2\pi f)t} dt,$$

$$X_\sigma(f) = -\left.\frac{e^{(\sigma-j2\pi f)t}}{\sigma-j2\pi f}\right|_{-\infty}^{0} - \left.\frac{e^{-(\sigma+j2\pi f)t}}{\sigma+j2\pi f}\right|_{0}^{\infty} = -\frac{1}{\sigma-j2\pi f} + \frac{1}{\sigma+j2\pi f}$$

且
$$X(f) = \lim_{\sigma \to 0} X_\sigma(f) = 1/j\pi f$$

或是弧度頻率形式
$$X(j\omega) = 2/j\omega$$

要求得 $x(t) = u(t)$ 的 CTFT，我們觀察到
$$u(t) = (1/2)[\text{sgn}(t) + 1]$$

因此 CTFT 是
$$U(f) = \int_{-\infty}^{\infty} (1/2)[\text{sgn}(t) + 1]e^{-j2\pi ft} dt = (1/2)\left[\underbrace{\int_{-\infty}^{\infty} \text{sgn}(t)e^{-j2\pi ft} dt}_{=\mathcal{F}(\text{sgn}(t)) = 1/j\pi f} + \underbrace{\int_{-\infty}^{\infty} e^{-j2\pi ft} dt}_{=\mathcal{F}(1) = \delta(f)}\right]$$

$$U(f) = (1/2)[1/j\pi f + \delta(f)] = 1/j2\pi f + (1/2)\delta(f)$$

或是用弧度 - 頻率形式
$$U(j\omega) = 1/j\omega + \pi\delta(\omega)$$

例題 6.6 證明 $U(f) = 1/j2\pi f + (1/2)\delta(f)$ 之反 DTFT 確實是單位步階函數

若將反傅立葉轉換應用至 $U(f) = 1/j2\pi f + (1/2)\delta(f)$ 可以得到

$$u(t) = \int_{-\infty}^{\infty} [1/j2\pi f + (1/2)\delta(f)]e^{j2\pi ft} df = \int_{-\infty}^{\infty} \frac{e^{j2\pi ft}}{j2\pi f} df + (1/2)\underbrace{\int_{-\infty}^{\infty} \delta(f)e^{j2\pi ft} df}_{=1，利用脈衝取樣特性}$$

$$u(t) = 1/2 + \underbrace{\int_{-\infty}^{\infty} \frac{\cos(2\pi ft)}{j2\pi f} df}_{=0（奇函數積分項）} + \underbrace{\int_{-\infty}^{\infty} \frac{\sin(2\pi ft)}{2\pi f} df}_{偶函數積分項} = 1/2 + 2\int_{0}^{\infty} \frac{\sin(2\pi ft)}{2\pi f} df$$

情況 1。$t = 0$。
$$u(t) = 1/2 + 2\int_{0}^{\infty} (0) d\omega = 1/2$$

情況 2。$t > 0$。
令 $\lambda = 2\pi ft \Rightarrow d\lambda = 2\pi t df$。
$$u(t) = 1/2 + 2\int_{0}^{\infty} \frac{\sin(\lambda)}{\lambda/t} \frac{d\lambda}{2\pi t} = \frac{1}{2} + \frac{1}{\pi}\int_{0}^{\infty} \frac{\sin(\lambda)}{\lambda} d\lambda$$

情況 3。$t < 0$。
$$u(t) = 1/2 + 2\int_{0}^{-\infty} \frac{\sin(\lambda)}{\lambda/t} \frac{d\lambda}{2\pi t} = \frac{1}{2} + \frac{1}{\pi}\int_{0}^{-\infty} \frac{\sin(\lambda)}{\lambda} d\lambda$$

在情況 2 和情況 3 之的積分是正弦波積分,定義為

$$\text{Si}(z) = \int_0^z \frac{\sin(\lambda)}{\lambda} d\lambda$$

我們可以從標準積分表求得

$$\lim_{z \to \infty} \text{Si}(z) = \pi/2, \ \text{Si}(0) = 0 \quad \text{與} \quad \text{Si}(-z) = -\text{Si}(z)$$

因此

$$2\int_0^\infty \frac{\sin(2\pi ft)}{2\pi f} df = \begin{cases} 1/2, & t > 0 \\ 0, & t = 0 \\ -1/2, & t < 0 \end{cases}$$

和

$$u(t) = \begin{cases} 1, & t > 0 \\ 1/2, & t = 0 \\ 0, & t < 0 \end{cases}$$

由反 CTFT 顯示出,為了完全與傅立葉轉換相符,u(0) 的值必須如第 2 章中所定義為 1/2。用此方式來定義單位步階在數學上就吻合,而且經常在數學上有其重要性。

例題 6.7 單位方波函數之 CTFT

找出單位方波函數之 CTFT。

單位方波函數之 CTFT 為

$$\mathcal{F}(\text{rect}(t)) = \int_{-\infty}^{\infty} \text{rect}(t) e^{-j2\pi ft} dt = \int_{-1/2}^{1/2} [\cos(2\pi ft) + j\sin(2\pi ft)] dt$$

$$\mathcal{F}(\text{rect}(t)) = 2\int_0^{1/2} \cos(2\pi ft) dt = \frac{\sin(\pi f)}{\pi f} = \text{sinc}(f)$$

我們現在有 rect(t) $\xleftrightarrow{\mathcal{F}}$ sinc(f) 的 CTFT 轉換對(在 ω 形式中,rect(t) $\xleftrightarrow{\mathcal{F}}$ sinc(ω/2π),在本例中 f 的形式較簡單,而且比 ω 的形式更有對稱性)。回想例題 6.1 的結論

$$A\,\text{rect}(t/w) * \delta_{T_0}(t) \xleftrightarrow[T_0]{\mathcal{FS}} (Aw/T_0)\text{sinc}(wk/T_0)$$

方波的 CTFT 是一個 sinc 函數,而一序列週期性的方波函數之 CTFT 諧波函數是 sinc 函數的 "取樣"。因為 k 只取整數,所以它是被取樣的。時間上週期重複與在頻率(諧波數)上取樣之間的關係在第 10 章中探討取樣時是很重要的。

我們現在可以將傅立葉轉換表擴充,包含許多常發生在傅立葉分析上的其他函數。在表 6.4 中,我們使用 CTFT 的循環頻率形式,因為對於這些函數而言較簡單且較對稱。

表 6.4　更多傅立葉轉換對

$$\delta(t) \xleftrightarrow{\mathscr{F}} 1 \qquad\qquad 1 \xleftrightarrow{\mathscr{F}} \delta(f)$$

$$\mathrm{sgn}(t) \xleftrightarrow{\mathscr{F}} 1/j\pi f \qquad\qquad u(t) \xleftrightarrow{\mathscr{F}} (1/2)\delta(f) + 1/j2\pi f$$

$$\mathrm{rect}(t) \xleftrightarrow{\mathscr{F}} \mathrm{sinc}(f) \qquad\qquad \mathrm{sinc}(t) \xleftrightarrow{\mathscr{F}} \mathrm{rect}(f)$$

$$\mathrm{tri}(t) \xleftrightarrow{\mathscr{F}} \mathrm{sinc}^2(f) \qquad\qquad \mathrm{sinc}^2(t) \xleftrightarrow{\mathscr{F}} \mathrm{tri}(f)$$

$$\delta_{T_0}(t) \xleftrightarrow{\mathscr{F}} f_0\delta_{f_0}(f),\ f_0 = 1/T_0 \qquad T_0\delta_{T_0}(t) \xleftrightarrow{\mathscr{F}} \delta_{f_0}(f),\ T_0 = 1/f_0$$

$$\cos(2\pi f_0 t) \xleftrightarrow{\mathscr{F}} (1/2)[\delta(f-f_0) + \delta(f+f_0)] \qquad \sin(2\pi f_0 t) \xleftrightarrow{\mathscr{F}} (j/2)[\delta(f+f_0) - \delta(f-f_0)]$$

傅立葉轉換特性

表 6.5 和表 6.6 說明 CTFT 直接由兩個定義推導的一些特性。

任何週期訊號可以用傅立葉級數的形式表示

$$x(t) = \sum_{k=-\infty}^{\infty} c_x[k] e^{j2\pi kt/T}$$

利用頻移特性可以求得 CTFT

$$X(f) = \sum_{k=-\infty}^{\infty} c_x[k] \delta(f - k/T)$$

因此任何週期訊號之 CTFT 包含所有的脈衝。這些循環頻率 *k/T* 之脈衝強度與 CTFS 諧波函數在諧波數 *k* 之值一樣。

例題 6.8　週期訊號使用 CTFT 之 CTFS 諧波函數

利用

$$X(f) = \sum_{k=-\infty}^{\infty} c_x[k] \delta(f - k/T)$$

來求得 $x(t) = \mathrm{rect}(2t) * \delta_1(t)$ 之 CTFS 諧波函數。

這個是兩個函數的迴旋。因此從乘法 - 迴旋對偶特性，x(t) 的 CTFT 為個別函數之 CTFT 的乘積。

$$X(f) = (1/2)\mathrm{sinc}(f/2)\delta_1(f) = (1/2) \sum_{k=-\infty}^{\infty} \mathrm{sinc}(k/2)\delta(f-k)$$

因此 CTFS 諧波函數必須為

$$c_x[k] = (1/2)\mathrm{sinc}(k/2)$$

基於 $T = T_0 = 1$。

表 6.5　傅立葉轉換對，f 形式

性質	轉換對
線性	$\alpha g(t) + \beta h(t) \xleftrightarrow{\mathcal{F}} \alpha G(f) + \beta H(f)$
時間位移	$g(t - t_0) \xleftrightarrow{\mathcal{F}} G(f)e^{-j2\pi f t_0}$
頻移	$e^{j2\pi f_0 t} g(t) \xleftrightarrow{\mathcal{F}} G(f - f_0)$
時間尺度改變	$g(at) \xleftrightarrow{\mathcal{F}} (1/|a|)G(f/a)$
頻率尺度改變	$(1/|a|)g(t/a) \xleftrightarrow{\mathcal{F}} G(af)$
時間微分	$\dfrac{d}{dt}g(t) \xleftrightarrow{\mathcal{F}} j2\pi f G(f)$
時間積分	$\int_{-\infty}^{t} g(\lambda)d\lambda \xleftrightarrow{\mathcal{F}} \dfrac{G(f)}{j2\pi f} + (1/2)G(0)\delta(f)$
頻率微分	$tg(t) \xleftrightarrow{\mathcal{F}} -\dfrac{j}{2\pi}\dfrac{d}{df}G(f)$
乘法	$g(t) * h(t) \xleftrightarrow{\mathcal{F}} G(f)H(f)$
迴旋對偶	$g(t)h(t) \xleftrightarrow{\mathcal{F}} G(f) * H(f)$
巴沙瓦定理	$\int_{-\infty}^{\infty} |g(t)|^2 dt = \int_{-\infty}^{\infty} |G(f)|^2 df$
總面積	$X(0) = \int_{-\infty}^{\infty} x(t)dt \text{ or } x(0) = \int_{-\infty}^{\infty} X(f)df$

表 6.6　傅立葉轉換對，ω 形式

性質	轉換對
線性	$\alpha g(t) + \beta h(t) \xleftrightarrow{\mathcal{F}} \alpha G(j\omega) + \beta H(j\omega)$
時間位移	$g(t - t_0) \xleftrightarrow{\mathcal{F}} G(j\omega)e^{-j\omega t_0}$
頻移	$e^{j\omega_0 t} g(t) \xleftrightarrow{\mathcal{F}} G(j(\omega - \omega_0))$
時間尺度改變	$g(at) \xleftrightarrow{\mathcal{F}} (1/|a|)G(j\omega/a)$
頻率尺度改變	$(1/|a|)g(t/a) \xleftrightarrow{\mathcal{F}} G(ja\omega)$
時間微分	$\dfrac{d}{dt}g(t) \xleftrightarrow{\mathcal{F}} j\omega G(j\omega)$
時間積分	$\int_{-\infty}^{t} g(\lambda)d\lambda \xleftrightarrow{\mathcal{F}} \dfrac{G(j\omega)}{j\omega} + \pi G(0)\delta(\omega)$
頻率微分	$tg(t) \xleftrightarrow{\mathcal{F}} j\dfrac{d}{d\omega}G(j\omega)$
乘法	$g(t) * h(t) \xleftrightarrow{\mathcal{F}} G(j\omega)H(j\omega)$
迴旋對偶	$g(t)h(t) \xleftrightarrow{\mathcal{F}} \dfrac{1}{2\pi}G(j\omega) * H(j\omega)$
巴沙瓦定理	$\int_{-\infty}^{\infty} |g(t)|^2 dt = \dfrac{1}{2\pi}\int_{-\infty}^{\infty} |G(j\omega)|^2 d\omega$
總面積	$X(0) = \int_{-\infty}^{\infty} x(t)dt \text{ or } x(0) = \dfrac{1}{2\pi}\int_{-\infty}^{\infty} X(j\omega)dw$

例題 6.9　調變正弦訊號之 CTFT

求 x(t) = 24 cos(100πt) sin(10,000πt) 之 CTFT。

這個是兩個函數的乘積。因此利用乘法 - 迴旋對偶特性，其 CTFT 將會是其個別 CTFT 的迴旋。使用

$$\cos(2\pi f_0 t) \xleftrightarrow{\mathcal{F}} (1/2)[\delta(f - f_0) + \delta(f + f_0)]$$

以及

$$\sin(2\pi f_0 t) \xleftrightarrow{\mathcal{F}} (j/2)[\delta(f + f_0) - \delta(f - f_0)]$$

得到

$$24\cos(100\pi t) \xleftrightarrow{\mathcal{F}} 12[\delta(f - 50) + \delta(f + 50)]$$

以及

$$\sin(10,000\pi t) \xleftrightarrow{\mathcal{F}} (j/2)[\delta(f + 5000) - \delta(f - 5000)]$$

於是所有的 CTFT 為

$$24\cos(100\pi t)\sin(10,000\pi t) \xleftrightarrow{\mathcal{F}} j6\begin{bmatrix}\delta(f+4950) - \delta(f-5050) \\ + \delta(f+5050) - \delta(f-4920)\end{bmatrix}$$

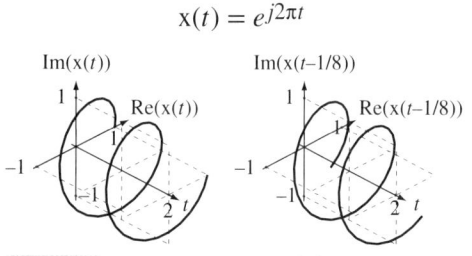

圖 6.26　複指數 $x(t) = e^{j2\pi f_0 t}$ 以及其延遲 $x(t-1/8) = e^{j2\pi f_0 (t-1/8)}$

時間位移特性指出時間位移相對於頻率上的相移。舉例說明為何時間位移是合理的，令時間訊號為 $x(t) = e^{j2\pi t}$，於是 $x(t-t_0) = e^{j2\pi(t-t_0)} = e^{j2\pi t}e^{-j2\pi t_0}$（圖 6.26）。

在時間上位移此訊號相對於用複值 $e^{-j2\pi t_0}$ 乘它。CTFT 表示法為

$$x(t) = \int_{-\infty}^{\infty} X(f)e^{+j2\pi ft}df$$

任何可以用傅立葉轉換的訊號是以用在一個連續的頻率下的複正弦訊號線性組合來完成，若 x(t) 移動 t_0，每一個複正弦訊號乘以一個複值 $e^{j2\pi f t_0}$。當一個複數乘以一個在 x 是實數時的 e^{jx} 形式之複指數，會有什麼結果？e^{jx} 對於任何實值 x 大小都為 1。因此乘以 e^{jx} 時，改變了複數的相位而不是量值。改變相位，表示在複平面上改變角度，它是代表數值之向量的簡單旋轉。因此複指數時間函數訊號 $e^{j2\pi t}$ 乘以一個複數常數 $e^{j2\pi t_0}$，是以時間軸為旋轉軸旋轉複指數 $e^{j2\pi t}$。參考圖 6.26，可明顯看出因為獨特的螺旋形狀，複指數時間函數的旋轉與沿著時間軸位移有同樣的淨效果。

頻移特性可以開始從 X(f) 的頻移版本 $X(f - f_0)$ 並使用反 CTFT 來證明。結果是

$$x(t)e^{+j2\pi f_0 t} \xleftrightarrow{\mathcal{F}} X(f - f_0)$$

注意：時間位移與頻率位移之間的相似性。它們都在另一個域裡面乘以一個複正弦訊號。但是複正弦訊號指數的正負號不同。這之所以發生，是因為在前向與反向 CTFT 中的符號

$$X(f) = \int_{-\infty}^{\infty} x(t) e^{-j2\pi ft} dt, \quad x(t) = \int_{-\infty}^{\infty} X(f) e^{+j2\pi ft} df$$

頻移特性是了解通訊系統中調變效應的基礎。

時間尺度改變與頻率尺度改變的結果是在一個域壓縮而在另一個域展開。一個有趣的說明方式是經由函數 $x(t) = e^{-\pi t^2}$，它的 CTFT 是一樣的函數形式 $e^{-\pi t^2} \overset{\mathcal{F}}{\longleftrightarrow} e^{-\pi f^2}$。我們可以指定一個特徵寬度參數 w 給這些函數，它是反射點間的距離（時間或頻率介於最大斜率值的點之間）。這些點發生在 $e^{-\pi t^2}$ 的 $t = \pm 1/\sqrt{2\pi}$，因此 $w = \sqrt{2/\pi}$。例如，若經由轉換 $t \to t/2$ 做時間尺度改變，轉換對變成 $e^{-\pi (t/2)^2} \overset{\mathcal{F}}{\longleftrightarrow} 2e^{-\pi (2f)^2}$（圖 6.27），並且時間函數的寬度參數變成 $2\sqrt{2/\pi}$，而頻率函數的寬度參數變成 $\sqrt{2\pi}/2$。

改變參數 $t \to t/2$，導致時間擴展相對於頻域上的效應是頻率壓縮（伴隨一個振幅尺度改變因數）。當時域訊號擴展時，它從 $t = 0$ 的最高點 1，隨著時間從 0 開始向左右延伸而慢慢地下降，而當時間擴展因數趨近於無限大時的極限並沒有任何改變，而趨近至常數 1 ($w \to \infty$)。當時域訊號以某些因數擴展，它的 CTFT 是頻率壓縮而其高度是乘以同樣的因數。而當時間擴展因數趨近於無限大時的極限，CTFT 趨近至一個脈衝

$$\lim_{a \to \infty} e^{-\pi (t/a)^2} = 1 \overset{\mathcal{F}}{\longleftrightarrow} \lim_{a \to \infty} (1/|a|) e^{-\pi (af)^2} = \delta(f) \tag{6.17}$$

（圖 6.28）且 $w \to 0$。

在一個域壓縮而在另一個域擴展兩者間的關係是傅立葉分析裡的**測不準原理** (uncertainty principle)。當 (6.17) 式中 $a \to \infty$，時域函數的訊號能量變較少本地化，而相對應的頻域函數的訊號能量變較大本地化。在此極限下，位於頻域的訊號之訊號能量變成

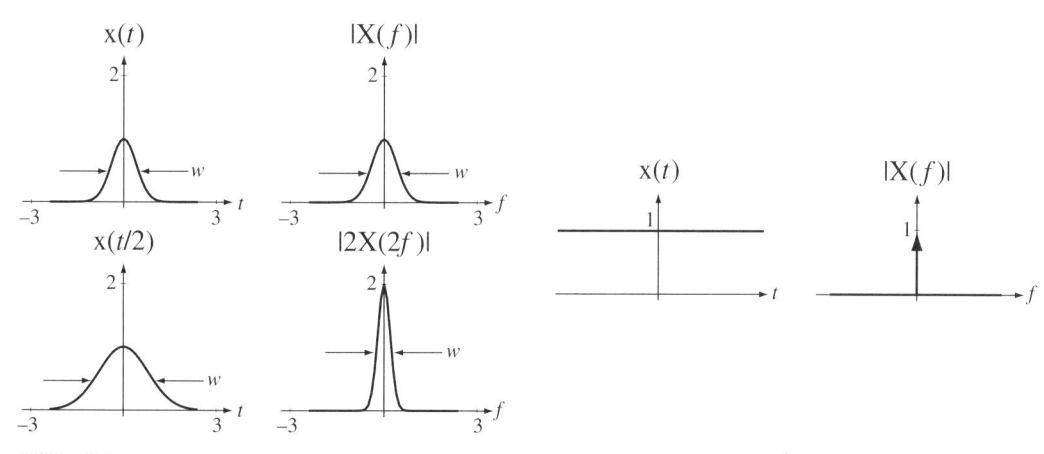

圖 6.27 時間擴展相對於頻率壓縮

圖 6.28 $x(t) = e^{-\pi t^2}$ 與其 CTFT 之時間和頻率尺度改變的極限為常數與脈衝

"無限的本地化" 至 $f = 0$ 的單一頻率，同時時間函數的寬度變成無限大，因此它的訊號能量變成在時間上 "無限的非本地化"。若我們壓縮時間函數，它變成在 $t = 0$ 的脈衝而其訊號能量發生在一點，同時它的 CTFT 均勻地在 $-\infty < f < \infty$ 之間擴展，而其訊號能量一點都沒有 "本地化"。當我們對一個訊號的訊號能量越了解，同時我們也失去它相對轉換部分的訊號能量知識。測不準原理一詞是從量子力學原理的同樣名稱而來。

若 x(t) 是實數值，則 $x(t) = x^*(t)$。x(t) 的 CTFT 是 X(f)，而 $x^*(t)$ 的 CTFT 是

$$\mathcal{F}(x^*(t)) = \int_{-\infty}^{\infty} x^*(t)e^{-j2\pi ft}dt = \left[\int_{-\infty}^{\infty} x(t)e^{+j2\pi ft}dt\right]^* = X^*(-f)$$

因此若 $x(t) = x^*(t), X(f) = X^*(-f)$。換句話說，若時域訊號是實值，它的 CTFT 具有負頻率行為，是正頻率行為的複值共軛之特性。這稱為赫米特 (Hermitian) 對稱。

令 x(t) 是實數值訊號，X(f) 的平方是 $|X(f)|^2 = X(f)X^*(f)$。接著利用 $X(f) = X^*(-f)$，我們可以得到 X(-f) 的平方是

$$|X(-f)|^2 = \underbrace{X(-f)}_{X^*(f)}\underbrace{X^*(-f)}_{X(f)} = X(f)X^*(f) = |X(f)|^2$$

證明實數值訊號之 CTFT 大小是頻率的偶函數。利用 $X(f) = X^*(-f)$，我們可以知道實數值訊號之 CTFT 相位能夠表示為頻率的奇函數（因為複值函數的相位有多個值，有許多正確的方式來表示相位，因此我們不能說相位是奇函數，只是它總可以用奇函數來表示）。通常在實際的訊號與系統分析中，實數值訊號之 CTFT 只有在正頻率處表示，因為我們也同時得知負頻率處的項。

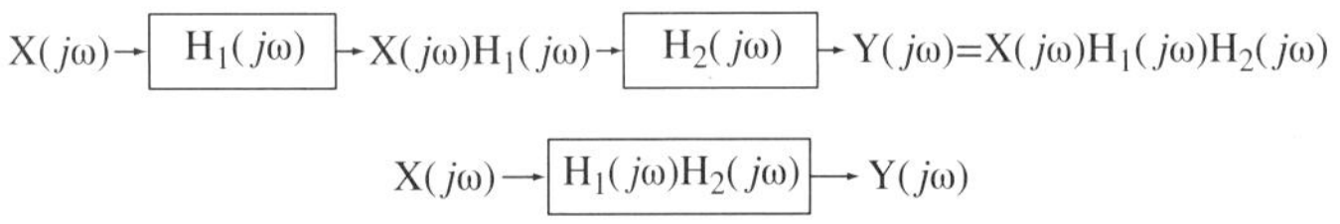

X(jω) → [$H_1(j\omega)$] → X(jω)$H_1(j\omega)$ → [$H_2(j\omega)$] → Y(jω)=X(jω)$H_1(j\omega)H_2(j\omega)$

X(jω) → [$H_1(j\omega)H_2(j\omega)$] → Y(jω)

圖 6.29 兩個串連 LTI 系統之頻率響應

若訊號 x(t) 激發一個脈衝響應為 h(t) 之系統產生響應 y(t)。於是 $y(t) = x(t) * h(t)$。利用乘法 - 迴旋對偶特性 $Y(j\omega) = X(j\omega)H(j\omega)$。換句話說，x(t) 的 CTFT 即 X(jω) 是頻率的函數，當乘以 H(jω) 結果是 $Y(j\omega) = X(j\omega)H(j\omega)$，為 y(t) 的 CTFT。X(jω) 以弧度頻率描述 x(t) 而 Y(jω) 對 y(t) 執行同樣的函數。因此乘以 H(jω)，改變了激發的頻率描述成響應的頻率的描述。H(jω) 稱為系統的**頻率響應** (frequency response)（這與第 5 章中第一次論及的頻率響應一樣）。當兩個 LTI 系統串連時，合成系統的脈衝響應是兩個個別系統脈衝響應的迴旋。因此再次使用乘法 - 迴旋對偶特性，兩個串連的 LTI 系統之頻率響應是個別系統頻率響應的乘積。

例題 6.10 CTFT 使用微分特性

使用 CTFT 之微分特性與針對三角函數（圖 6.30）之 CTFT 列表內項目，求 x(t) = rect((t + 1)/2) −

rect$((t-1)/2)$ 之 CTFT。

函數 x(t) 是中心點在 0、基底一半寬度為 2，且振幅為 2 之三角函數之微分

$$x(t) = \frac{d}{dt}(2\text{tri}(t/2))$$

在 CTFT 轉換對的表格中發現 tri$(t) \xleftrightarrow{\mathcal{F}} \text{sinc}^2(f)$。利用尺度改變與線性特性，2tri$(t/2) \xleftrightarrow{\mathcal{F}} 4\text{sinc}^2(2f)$。於是使用微分特性 x$(t) \xleftrightarrow{\mathcal{F}} j8\pi f\text{sinc}^2(2f)$。若我們求 x($t$) 的 CTFT 使用方波之 CTFT 列表內項目 rect$(t) \xleftrightarrow{\mathcal{F}} \text{sinc}(f)$，且由時間尺度改變與時間位移特性可以得到 x$(t) \xleftrightarrow{\mathcal{F}} j4\text{sinc}(2f)\sin(2\pi f)$，在此使用 sinc 函數的特性可相等於

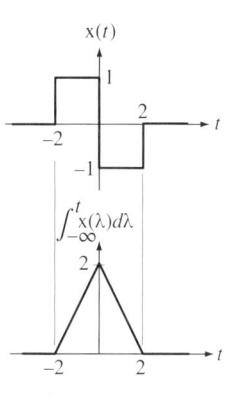

$$x(t) \xleftrightarrow{\mathcal{F}} j8\pi f\text{sinc}^2(2f) = j8\pi f\text{sinc}(2f)\frac{\sin(2\pi f)}{2\pi f} = j4\text{sinc}(2f)\sin(2\pi f)$$

圖 6.30 x(t) 和它的積分

巴沙瓦定理提到我們可以在時域或者頻域求得訊號的能量。

$$\int_{-\infty}^{\infty}|x(t)|^2 dt = \int_{-\infty}^{\infty}|X(f)|^2 df \tag{6.18}$$

〔馬克 - 安東尼・巴沙瓦・夏恩 (Marc-Antoine Parseval des Chênes) 與傅立葉同為 18 世紀後期 19 世紀初期的法國數學家，生於 1755 年 4 月 27 日，歿於 1836 年 8 月 16 日。〕在 (6.18) 式右邊的被積分項 $|X(f)|^2$ 稱為**能量頻譜密度** (energy spectrum density)。此名稱是因對所有頻率積分而來（頻率的所有頻譜），它為訊號的總訊號能量。因此為了和正常的積分意思一致，$|X(f)|^2$ 必須為每單位循環頻率的訊號能量，亦即一個訊號能量密度。例如假設 x(t) 代表以安培 (A) 表示的電流。於是從訊號能量的定義，針對此訊號的訊號能量單位為 $A^2 \cdot s$。x(t) 的 CTFT 為 X(f)，而其單位是 A·s 或 A/Hz。當將此量值平方後可得到單位

$$A^2/Hz^2 = \frac{A^2 \cdot s}{Hz} \quad \begin{matrix} \leftarrow \text{訊號能量} \\ \leftarrow \text{循環頻率} \end{matrix}$$

證明 $|X(f)|^2$ 的量值為每單位循環頻率的訊號能量。

例題 6.11 利用 CTFT 求函數下的總面積

求函數 x(t) = 10sinc$((t+4)/7)$ 下方的總面積。

平常作法是對所有的時間直接積分函數。

$$\text{面積} = \int_{-\infty}^{\infty} x(t)dt = \int_{-\infty}^{\infty} 10\text{sinc}\left(\frac{t+4}{7}\right)dt = \int_{-\infty}^{\infty} 10\frac{\sin(\pi(t+4)/7)}{\pi(t+4)/7}dt$$

此積分是正弦波的積分（在例題 6.6 中第一次提到）定義為

$$\text{Si}(z) = \int_{0}^{z} \frac{\sin(t)}{t}dt$$

正弦積分可以在數學的積分表中查到。但是評估此正弦的積分不必對此問題求解。我們可用

$$X(0) = \int_{-\infty}^{\infty} x(t)\,dt$$

首先求得 x(t) 的 CTFT，它為 $X(f) = 70\text{rect}(7f)e^{j8\pi f}$。於是面積 = X(0) = 70。

例題 6.12　一些尺度改變與時間位移正弦訊號的 CTFT

若 $x(t) = 10\sin(t)$，求 (a) x(t) 的 CTFT，(b) x(2(t − 1)) 的 CTFT，(c) x(2t − 1) 的 CTFT。

(a) 本例中的正弦訊號循環頻率是 $1/2\pi$，而弧度頻率是 1。因此若我們使用 CTFT 的弧度 - 頻率形式，則數值會簡單一些。利用線性特性並且查看一般正弦訊號形式的轉換。

$$\sin(\omega_0 t) \xleftrightarrow{\mathscr{F}} j\pi[\delta(\omega + \omega_0) - \delta(\omega - \omega_0)]$$

$$\sin(t) \xleftrightarrow{\mathscr{F}} j\pi[\delta(\omega + 1) - \delta(\omega - 1)]$$

$$10\sin(t) \xleftrightarrow{\mathscr{F}} j10\pi[\delta(\omega + 1) - \delta(\omega - 1)]$$

(b) 從 (a) 部分中，$10\sin(t) \xleftrightarrow{\mathscr{F}} j10\pi[\delta(\omega + 1) - \delta(\omega - 1)]$。利用時間尺度改變特性，

$$10\sin(2t) \xleftrightarrow{\mathscr{F}} j5\pi[\delta(\omega/2 + 1) - \delta(\omega/2 - 1)]$$

於是利用時間位移特性，

$$10\sin(2(t-1)) \xleftrightarrow{\mathscr{F}} j5\pi[\delta(\omega/2 + 1) - \delta(\omega/2 - 1)]e^{-j\omega}$$

然後再用脈衝尺度改變特性，

$$10\sin(2(t-1)) \xleftrightarrow{\mathscr{F}} j10\pi[\delta(\omega + 2) - \delta(\omega - 2)]e^{-j\omega}$$

或

$$10\sin(2(t-1)) \xleftrightarrow{\mathscr{F}} j10\pi[\delta(\omega + 2)e^{j2} - \delta(\omega - 2)e^{-j2}]$$

(c) 從 (a) 部分中，$10\sin(t) \xleftrightarrow{\mathscr{F}} j10\pi[\delta(\omega + 1) - \delta(\omega - 1)]$。首先利用時間位移特性

$$10\sin(t-1) \xleftrightarrow{\mathscr{F}} j10\pi[\delta(\omega + 1) - \delta(\omega - 1)]e^{-j\omega}$$

然後利用時間尺度改變特性，

$$10\sin(2t-1) \xleftrightarrow{\mathscr{F}} j5\pi[\delta(\omega/2 + 1) - \delta(\omega/2 - 1)]e^{-j\omega/2}$$

然後再用脈衝尺度改變特性，

$$10\sin(2t-1) \xleftrightarrow{\mathscr{F}} j10\pi[\delta(\omega + 2) - \delta(\omega - 2)]e^{-j\omega/2}$$

或

$$10\sin(2t-1) \xleftrightarrow{\mathscr{F}} j10\pi[\delta(\omega + 2)e^{j} - \delta(\omega - 2)e^{-j}]$$

例題 6.13　尺度改變與時間位移方波的 CTFT

求 $x(t) = 25\text{rect}((t-4)/10)$ 的 CTFT。

我們可以在傅立葉轉換的表格中找到單位方波函數的 CTFT，$\text{rect}(t) \xleftrightarrow{\mathcal{F}} \text{sinc}(f)$。首先我們使用線性特性 $25\text{rect}(t) \xleftrightarrow{\mathcal{F}} 25\text{sinc}(f)$，接著應用時間尺度改變特性 $25\text{rect}(t/10) \xleftrightarrow{\mathcal{F}} 250\text{sinc}(10f)$。接著應用時間位移特性

$$25\,\text{rect}((t-4)/10) \xleftrightarrow{\mathcal{F}} 250\,\text{sinc}(10f)e^{-j8\pi f}$$

例題 6.14　一些訊號迴旋的 CTFT

求 $10\sin(t)$ 和 $2\delta(t+4)$ 迴旋的 CTFT。

方法 1：先做迴旋再求結果的 CTFT

$$10\sin(t) * 2\delta(t+4) = 20\sin(t+4)$$

應用時間位移特性，

$$20\sin(t+4) \xleftrightarrow{\mathcal{F}} j20\pi[\delta(\omega+1) - \delta(\omega-1)]e^{j4\omega}$$

或

$$20\sin(t+4) \xleftrightarrow{\mathcal{F}} j10[\delta(f+1/2\pi) - \delta(f-1/2\pi)]e^{j8\pi f}$$

方法 2：先做 CTFT 避免做迴旋。

$$10\sin(t) * 2\delta(t+4) \xleftrightarrow{\mathcal{F}} \mathcal{F}(10\sin(t))\mathcal{F}(2\delta(t+4)) = 2\mathcal{F}(10\sin(t))\mathcal{F}(\delta(t))e^{j4\omega}$$

$$10\sin(t) * 2\delta(t+4) \xleftrightarrow{\mathcal{F}} j20\pi[\delta(\omega+1) - \delta(\omega-1)]e^{j4\omega}$$

或

$$10\sin(t) * 2\delta(t+4) \xleftrightarrow{\mathcal{F}} \mathcal{F}(10\sin(t))\mathcal{F}(2\delta(t+4)) = 2\mathcal{F}(10\sin(t))\mathcal{F}(\delta(t))e^{j8\pi f}$$

$$10\sin(t) * 2\delta(t+4) \xleftrightarrow{\mathcal{F}} j10[\delta(f+1/2\pi) - \delta(f-1/2\pi)]e^{j8\pi f}$$

傅立葉轉換數值計算

假設將要被轉換的訊號無法直接由數學函數來描述，或是無法用解析的方式執行傅立葉轉換，有時可以用數值的方式，離散傅立葉轉換 (discrete Fourier transform, DFT)，來求 CTFT 的近似，它乃是用來近似 CTFS 的諧波函數。若將要被轉換的訊號是因果性能量訊號，我們就可以用下式在離散頻率近似它的 CTFT（f 形式）

$$X(kf_s/N) \cong T_s \sum_{n=0}^{N-1} x(nT_s)e^{-j2\pi kn/N} \cong T_s \times \mathcal{DFT}(x(nT_s)), \ |k| << N \tag{6.19}$$

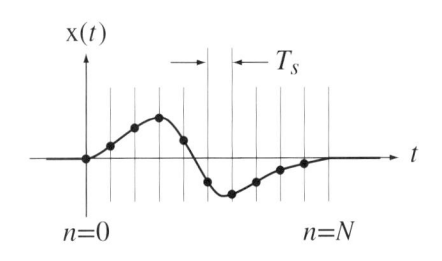

圖 6.31 一個涵蓋時間 NT_s 用兩個樣本間隔 T_s 秒取樣的因果能量訊號

其中選擇 $T_s = 1/f_s$，使得此訊號 x 在那段時間沒有變化太多；而選擇 N，使得時間範圍 0 至 NT_s 涵蓋所有或者實際上所有 x 訊號之訊號能量（圖 6.31）。

所以若將要被轉換的訊號是因果能量訊號，我們就在實際上涵蓋它所有能量之時間內取樣，而且若樣本間夠靠近訊號，在樣本間就沒明顯改變，(6.19) 式的近似就在 $|k| \ll N$ 下是正確的。

例題 6.15　利用 DFT 來近似 CTFT

使用 DFT 以數值的方式求 CTFT 之近似

$$x(t) = \begin{cases} t(1-t), & 0 < t < 1 \\ 0, & \text{其他} \end{cases} = t(1-t)\text{rect}(t - 1/2)$$

在時間間隔 $0 \leq t < 2$ 內以 32 倍來取樣。

下列的 MATLAB 程式碼可以用來做此近似。

```
% Program to demonstrate approximating the CTFT of t(1-t)*rect(t-1/2)
% by sampling it 32 times in the time interval 0 <= t < 2 seconds
% and using the DFT.
N = 32 ;                           % Sample 32 times
Ts = 2/N ;                         % Sample for two seconds
                                   % and set sampling interval
fs = 1/Ts ;                        % Set sampling rate
df = fs/N ;                        % Set frequency-domain resolution
n = [0:N-1]' ;                     % Vector of 32 time indices
t = Ts*n ;                         % Vector of times
x = t.*(1-t).*rect((t-1/2));       % Vector of 32 x(t) function values
X = Ts*fft(x) ;                    % Vector of 32 approx X(f) CTFT
                                   % values
k = [0:N/2-1]' ;                   % Vector of 16 frequency indices
% Graph the results
subplot(3,1,1) ;
p = plot(t,x,'k') ; set(p,'LineWidth',2) ; grid on ;
xlabel('Time, t (s)') ; ylabel('x(t)') ;
subplot(3,1,2) ;
p = plot(k*df,abs(X(1:N/2)),'k') ; set(p,'LineWidth',2) ; grid on;
xlabel('Frequency, f (Hz)') ; ylabel('|X(f)|') ;
subplot(3,1,3) ;
p = plot(k*df,angle(X(1:N/2)),'k') ; set(p,'LineWidth',2) ; grid on ;
xlabel('Frequency, f (Hz)') ; ylabel('Phase of X(f)') ;
```

此 MATLAB 程式產生圖 6.32 之圖形。

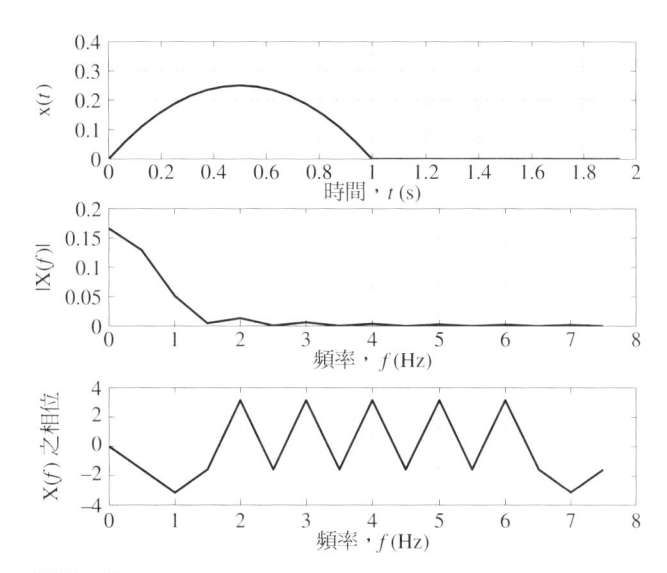

圖 6.32 一個訊號利用 DFT 所求得的近似 DTFT

注意到 32 個樣本是從時域訊號所取得而 DFT 傳回 32 個值的向量。我們只用前 16 個值作圖。DFT 是週期的而傳回的 32 個點代表一個週期。因此第二組的 16 個點與前一週期中的第二組的 16 個點一樣，而可以用來畫在 DFT 的負頻率處。MATLAB 命令 fftshift 可針對此目的使用。下例是在相等的負與正頻率間使用 fftshift 畫出近似 CTFT。

```
% Program to demonstrate approximating the CTFT of t(1-t)*rect(t-1/2)
% by sampling it 32 times in the time interval 0 < t < 2 seconds and
% using the DFT. The frequency domain graph covers equal negative
% and positive frequencies.

N = 32 ;                        % Sample 32 times
Ts = 2/N ;                      % Sample for two second
                                % and set sampling interval
fs = 1/Ts ;                     % Set sampling rate
df = fs/N ;                     % Set frequency-domain resolution
n = [0:N-1]' ;                  % Vector of 32 time indices
t = Ts*n ;                      % Vector of times
x = t.*(1-t).*rect((t-1/2)) ;   % Vector of 32 x(t) function values
X = fftshift(Ts*fft(x)) ;       % Vector of 32 X(f) approx CTFT values
k = [-N/2:N/2-1]' ;             % Vector of 32 frequency indices

% Graph the results

subplot(3,1,1) ;
p = plot(t,x,'k') ; set(p,'LineWidth',2) ; grid on ;
xlabel('Time, t (s)') ; ylabel('x(t)') ;
subplot(3,1,2) ;
```

```
p = plot(k*df,abs(X),'k') ; set(p,'LineWidth',2) ; grid on ;
xlabel('Frequency, f (Hz)') ; ylabel('|X(f)|') ;
subplot(3,1,3) ;
p = plot(k*dF,angle(X),'k') ; set(p,'LineWidth',2) ; grid on ;
xlabel('Frequency, f (Hz)') ; ylabel('Phase of X(f)') ;
```

圖 6.33 與圖 6.34 顯示用 32 點與 512 點的 MATLAB 程式結果。

因為只使用 32 點，此一結果是一個粗糙的 CTFT 的近似。若我們在 16 秒的時間週期內使用 512 點，我們可以在較廣的頻率範圍得到較高頻域解析度。

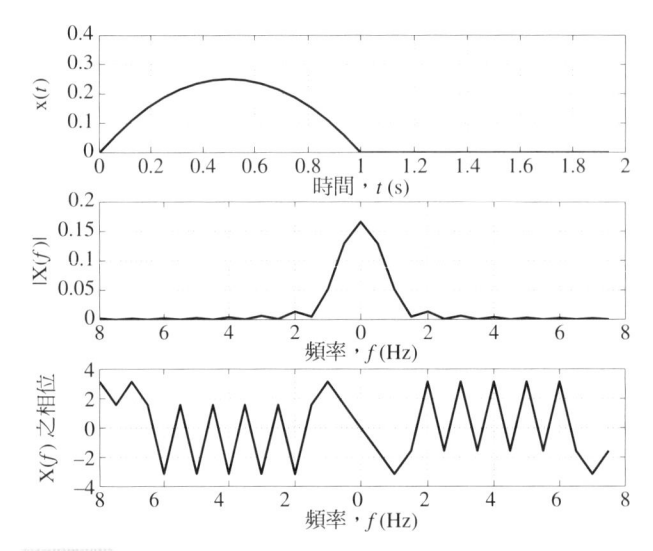

圖 6.33　在相等的負與正頻率間使用 DFT 求得近似的 CTFT

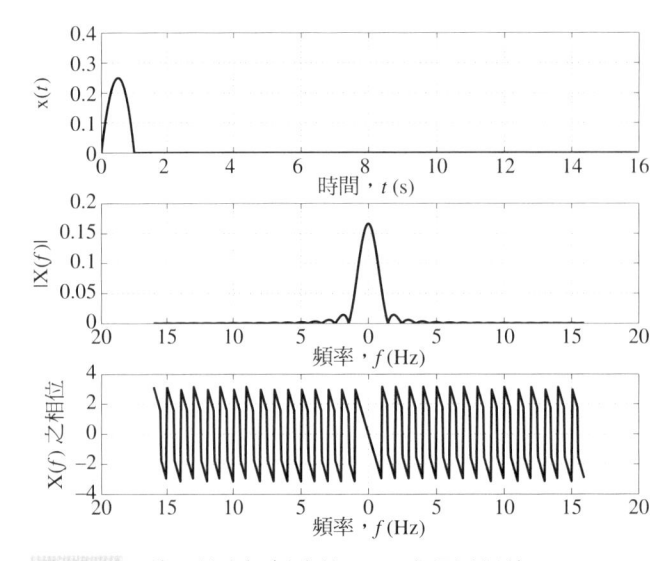

圖 6.34　使用較高解析度的 DFT 求得近似的 CTFT

例題 6.16 利用 CTFT 從事系統分析

一個由微分方程式 y'(t) + 1000y(t) = 1000x(t) 所描述的系統，用 x(t) = 4rect(2000t) 所激發。求解並畫出 y(t)。

若將微分方程式作傅立葉轉換可以得到

$$j2\pi f Y(f) + 1000 Y(f) = 1000 X(f)$$

可以重整成

$$Y(f) = \frac{1000 X(f)}{j2\pi f + 1000}$$

激發的 CTFT 為 $X(f) = 0.02\text{sinc}(f/200)$，因此響應的 CTFT 為

$$Y(f) = \frac{20\,\text{sinc}(f/200)}{j2\pi f + 1000}$$

或使用 sinc 函數的定義以及 sinc 函數的指數定義

$$Y(f) = 20\frac{\sin(\pi f/200)}{(\pi f/200)(j2\pi f + 1000)} = 4000\frac{e^{j2\pi f/400} - e^{-j2\pi f/400}}{j2\pi f(j2\pi f + 1000)}$$

未尋找反 CTFT，從 CTFT 轉換對開始 $e^{-\alpha t}u(t) \overset{\mathcal{F}}{\longleftrightarrow} 1/(j2\pi f + \alpha),\ \alpha > 0$

$$e^{-1000t}u(t) \overset{\mathcal{F}}{\longleftrightarrow} \frac{1}{j2\pi f + 1000}$$

接著使用積分特性

$$\int_{-\infty}^{t} g(\lambda)d\lambda \overset{\mathcal{F}}{\longleftrightarrow} \frac{G(f)}{j2\pi f} + (1/2)G(0)\delta(f)$$

$$\int_{-\infty}^{t} e^{-1000\lambda}u(\lambda)d\lambda \overset{\mathcal{F}}{\longleftrightarrow} \frac{1}{j2\pi f}\frac{1}{j2\pi f + 1000} + \frac{1}{2000}\delta(f)$$

然後使用時間位移特性

$$g(t - t_0) \overset{\mathcal{F}}{\longleftrightarrow} G(f)e^{-j2\pi f t_0}.$$

$$\int_{0}^{t+1/400} e^{-1000\lambda}d\lambda \overset{\mathcal{F}}{\longleftrightarrow} \frac{1}{j2\pi f}\frac{e^{j2\pi f/400}}{j2\pi f + 1000} + \underbrace{\frac{e^{j2\pi f/400}}{2000}\delta(f)}_{=\delta(f)/2000}$$

$$\int_{0}^{t-1/400} e^{-1000\lambda}d\lambda \overset{\mathcal{F}}{\longleftrightarrow} \frac{1}{j2\pi f}\frac{e^{-j2\pi f/400}}{j2\pi f + 1000} + \underbrace{\frac{e^{-j2\pi f/400}}{2000}\delta(f)}_{=\delta(f)/2000}$$

從第一個結果減去第二個結果並且同乘以 4000

$$4000\int_{-\infty}^{t+1/400} e^{-1000\lambda}u(\lambda)d\lambda - 4000\int_{-\infty}^{t-1/400} e^{-1000\lambda}u(\lambda)d\lambda$$

$$\overset{\mathcal{F}}{\longleftrightarrow} \frac{4000}{j2\pi f}\frac{e^{j2\pi f/400} - e^{-j2\pi f/400}}{j2\pi f + 1000}$$

$$4000\left[\int_{-\infty}^{t+1/400} e^{-1000\lambda}u(\lambda)d\lambda - \int_{-\infty}^{t-1/400} e^{-1000\lambda}u(\lambda)d\lambda\right]$$

$$\xleftrightarrow{\mathscr{F}} \frac{4000}{j2\pi f}\frac{e^{j2\pi f/400} - e^{-j2\pi f/400}}{j2\pi f + 1000}$$

這兩個積分表示法可以簡化如下。

$$\int_{-\infty}^{t+1/400} e^{-1000\lambda}u(\lambda)d\lambda = \begin{cases}(1/1000)(1-e^{-1000(t+1/400)}), & t \geq -1/400 \\ 0, & t < -1/400\end{cases}$$

$$= \frac{1}{1000}(1-e^{-1000(t+1/400)})u(t+1/400)$$

$$\int_{-\infty}^{t-1/400} e^{-1000\lambda}u(\lambda)d\lambda = \begin{cases}(1/1000)(1-e^{-1000(t-1/400)}), & t \geq 1/400 \\ 0, & t < 1/400\end{cases}$$

$$= \frac{1}{1000}(1-e^{-1000(t-1/400)})u(t-1/400)$$

於是

$$4\left[(1-e^{-1000(t+1/400)})u(t+1/400) - (1-e^{-1000(t-1/400)})u(t-1/400)\right]$$

$$\xleftrightarrow{\mathscr{F}} \frac{4000}{j2\pi f}\frac{e^{j2\pi f/400} - e^{-j2\pi f/400}}{j2\pi f + 1000}$$

因此響應為

$$y(t) = 4[(1-e^{-1000(t+1/400)})u(t+1/400) - (1-e^{-1000(t-1/400)})u(t-1/400)]$$

（圖 6.35 和圖 6.36）。

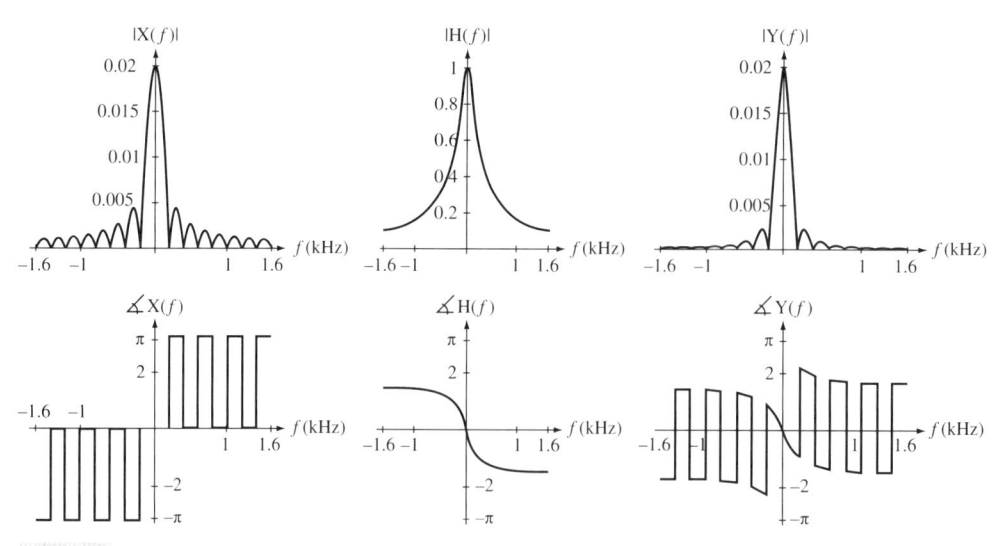

圖 6.35 激發與響應 CTFT 之量值與相角，以及系統頻率響應

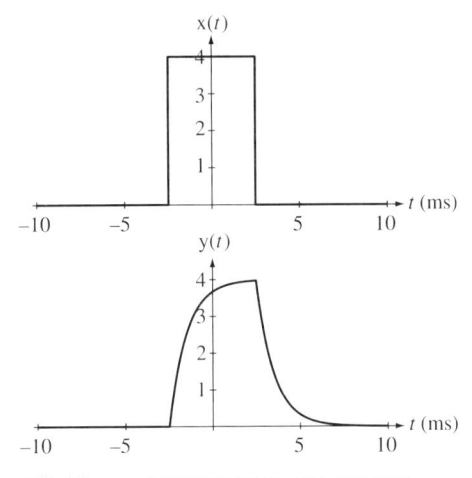

圖 6.36 方形脈波激發與系統響應

例題 6.17 利用 CTFT 從事系統分析

一個由微分方程式 y'(t) + 1000y(t) = 1000x(t) 描述的系統由 x(t) = 4rect(200t) ∗ δ$_{0.01}$(t) 所激發。求解並畫出 y(t)。

從例題 6.16，

$$Y(f) \xrightarrow{f=\omega/2\pi} Y(j\omega) = \frac{1000X(j\omega)}{j\omega + 1000}$$

激發的 CTFT（f 形式）為 X(f) = 2sinc(f/200)δ$_{100}$(f) 亦即表示 X(jω) = 2sinc(ω/400π)δ$_{100}$(ω/2π)。利用週期脈衝之尺度改變特性，

$$X(j\omega) = 2\text{sinc}(\omega/400\pi) \times 2\pi\delta_{200\pi}(\omega) = 4\pi\,\text{sinc}(\omega/400\pi)\delta_{200\pi}(\omega)$$

因此 CTFT 的響應是

$$Y(j\omega) = \frac{4000\pi\text{sinc}(\omega/400\pi)\delta_{200\pi}(\omega)}{j\omega + 1000}$$

或使用週期脈衝之定義

$$Y(j\omega) = 4000\pi \sum_{k=-\infty}^{\infty} \frac{\text{sinc}(\omega/400\pi)\delta(\omega - 200\pi k)}{j\omega + 1000}$$

接著使用脈衝的全等特性，

$$Y(j\omega) = 4000\pi \sum_{k=-\infty}^{\infty} \frac{\text{sinc}(k/2)\delta(\omega - 200\pi k)}{j200\pi k + 1000}$$

反 CTFT 得到響應

$$y(t) = 2000 \sum_{k=-\infty}^{\infty} \frac{\text{sinc}(k/2)}{j200\pi k + 1000} e^{j200\pi kt}$$

若我們將每對 k 與 $-k$ 中的 $k = 0$ 分離出來，結果可以寫成

$$y(t) = 2 + \sum_{k=1}^{\infty} \left[\frac{\text{sinc}(k/2)}{j0.1\pi k + 0.5} e^{j200\pi kt} + \frac{\text{sinc}(-k/2)}{-j0.1\pi k + 0.5} e^{-j200\pi kt} \right]$$

使用 sinc 函數是偶函數的事實，然後結合共同分母之項，

$$y(t) = 2 + \sum_{k=1}^{\infty} \text{sinc}(k/2) \frac{(-j0.1\pi k + 0.5)e^{j200\pi kt} + (j0.1\pi k + 0.5)e^{-j200\pi kt}}{(0.1\pi k)^2 + (0.5)^2}$$

$$y(t) = 2 + \sum_{k=1}^{\infty} \text{sinc}(k/2) \frac{\cos(200\pi kt) + 0.2\pi k \sin(200\pi kt)}{(0.1\pi k)^2 + (0.5)^2}$$

這個響應是一個常數加上在 100 Hz 整數倍下，實數值餘弦與正弦的線性組合（圖 6.37 與圖 6.38）。

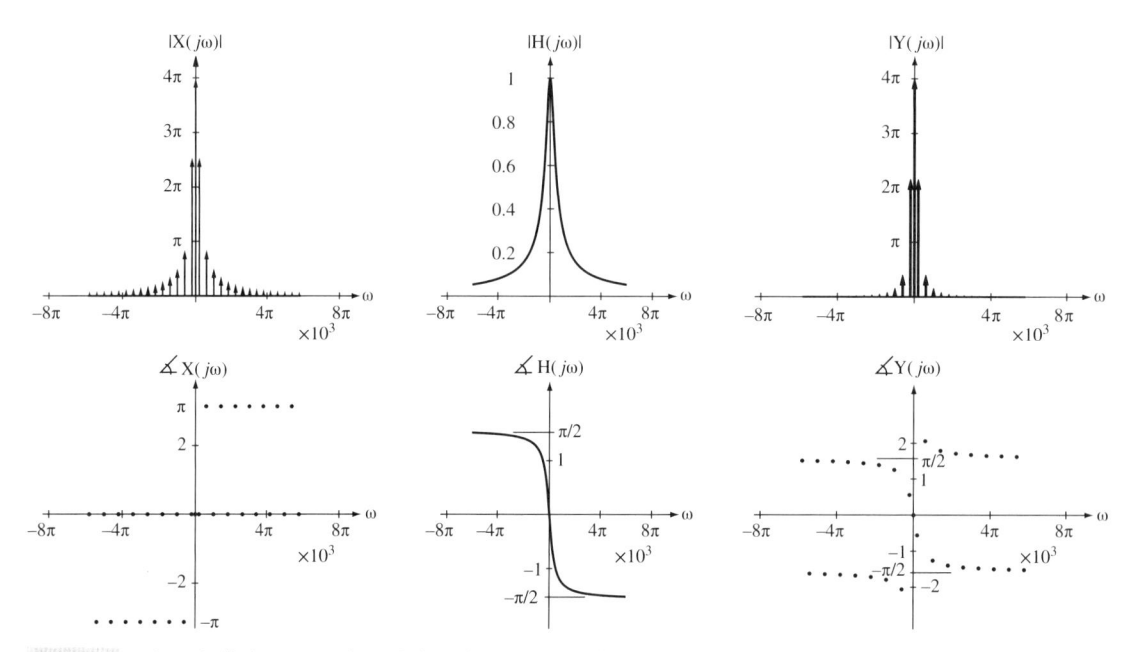

圖 6.37 激發與響應 CTFT 之量值與相角，以及系統頻率響應

圖 6.38　激發與響應

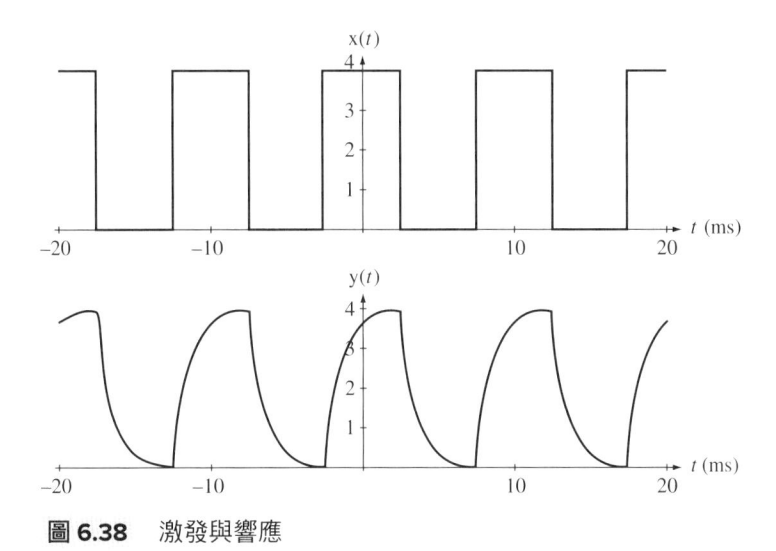

重點概要

1. 傅立葉級數在工程上是採用實數值或複數值的正弦訊號之線性組合,是用來表示任意訊號一個有用的方法。
2. 由複值傅立葉級數所採用的複正弦訊號是一組互相正交的函數,在工程上非常有用,可以用線性組合的方式結合來形成任意週期訊號。
3. 用來求傅立葉級數諧波函數的公式可以由正交定理來推導。
4. 傅立葉級數可以用來求受到週期激發的 LTI 系統之響應。
5. 傅立葉級數可以擴展來表示非週期訊號,此一延伸稱為傅立葉轉換。
6. 利用傅立葉轉換對以及它們特性的列表,在工程上重要到幾乎任何的週期或非週期訊號都可以求得其正向與反向轉換。
7. 穩定系統的頻率響應是它的脈衝響應之傅立葉轉換。
8. 傅立葉轉換可以用來求得 LTI 系統對於能量訊號以及週期訊號的響應。

習題 (EXERCISES)

(每個題解的次序是隨機的)

傅立葉級數

1. 利用 MATLAB 針對以下的複正弦訊號之和畫出整個時間週期。

   (a) $x(t) = \dfrac{1}{10} \sum\limits_{k=-30}^{30} \text{sinc}\left(\dfrac{k}{10}\right) e^{j200\pi kt}$, -15 ms $< t <$ 15 ms

   (b) $x(t) = \dfrac{j}{4} \sum\limits_{k=-9}^{9} \left[\text{sinc}\left(\dfrac{k+2}{2}\right) - \text{sinc}\left(\dfrac{k-2}{2}\right)\right] e^{j10\pi kt}$, -200 ms $< t <$ 200 ms

解答：

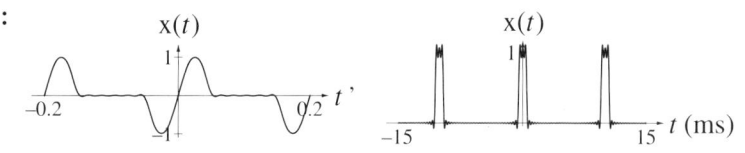

正交性

2. 直接用解析積分方式證明下列函數在時間間隔 $-1/2 < t < 1/2$ 內之積分為 0。

$$g(t) = A \sin(2\pi t) B \sin(4\pi t)$$

3. 一個週期為 4 秒的週期函數 x(t) 由下式表示一週期

$$x(t) = 3 - t, \quad 0 < t < 4$$

畫此訊號並求其 CTFS 表示法。然後在同一刻度上根據 $N = 1 \cdot 2 \cdot 3$，畫近似訊號 $x_N(t)$，由下式表示

$$x_N(t) = \sum_{k=-N}^{N} c_x[k] e^{j2\pi kt/T_0}$$

（在每一個情況下，圖形的時間刻度至少要涵蓋原始訊號的兩個週期）

解答：$c_x[k] = \dfrac{1}{4} \dfrac{2e^{-j2\pi k}(-2 - j\pi k) - j6\pi k + 4}{(\pi k)^2}$,

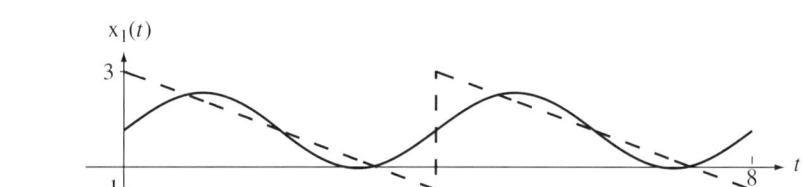

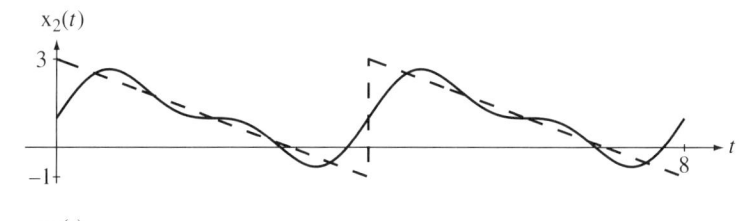

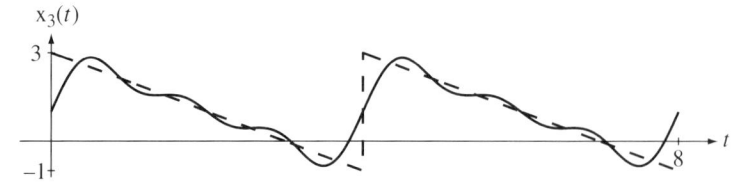

4. 利用 CTFS 轉換表與 CTFS 特性，使用每小題後面的表示時間 T，求下列週期函數的 CTFS 諧波函數。

(a) $x(t) = 10\sin(20\pi t), \quad T = 1/10$

(b) $x(t) = 2\cos(100\pi(t - 0.005)), \quad T = 1/50$

(c) $x(t) = -4\cos(500\pi t), \quad T = 1/50$

(d) $x(t) = \dfrac{d}{dt}(e^{-j10\pi t}), \quad T = 1/5$

(e) $x(t) = \text{rect}(t) * 4\delta_4(t), \quad T = 4$

(f) $x(t) = \text{rect}(t) * \delta_1(t), \quad T = 1$

(g) $x(t) = \text{tri}(t) * \delta_1(t), \quad T = 1$

解答：$j5(\delta[k+1]-\delta[k-1])$, $-2(\delta[k-5]+\delta[k+5])$, sinc$(k/4)$, $\delta[k]$, $\delta[k]$, $j(\delta[k+1]-\delta[k-1])$, $-j10\pi\delta[k+1]$

5. 給定 $x(t) \xleftrightarrow[12]{\mathcal{FS}} \text{tri}((k-1)/4) + \text{tri}((k+1)/4)$，則 $x(t)$ 的平均值為何？

   解答：3/2

6. 給定 $x(t) \xleftrightarrow[8]{\mathcal{FS}} 4(u[k+3]-u[k-4])$，則 $x(t)$ 的平均訊號功率為何？

   解答：112

7. $x(t)$ 的 CTFS 諧波函數根據找到的一個週期如下

$$c_x[k] = \frac{1-\cos(\pi k)}{(\pi k)^2}$$

   (a) 此訊號是偶函數、奇函數，或都不是。
   (b) 此訊號的平均值為和？

   解答：偶函數，1/2

8. 一個訊號 $x(t) = [7\text{rect}(2t) - 5\text{rect}(4(t-1))] * \delta_8(t)$ 具有 CTFS 諧波函數 $c_x[k]$。$c_x[0]$ 的數值為何？（不需要找 $c_x[k]$ 的一般性表示法來回答此問題）

   解答：0.28125

9. 下列每一個 CTFS 諧波函數是純實數、純虛數或都不是？

   (a) $x(t) = 8\cos(50\pi t) - 4\sin(22\pi t)$ (b) $x(t) = 32\cos(50\pi t)\sin(22\pi t)$
   (c) $x(t) = \left[\text{tri}\left(\frac{t-1}{4}\right) - \text{tri}\left(\frac{t+1}{4}\right)\right]\sin(100\pi t)$ (d) $x(t) = 100\cos\left(4000\pi t + \frac{\pi}{2}\right)$
   (e) $x(t) = -5\text{rect}(2t) * 2\delta_2(t)$
   (f) $x(t) = -5t, -3 < t < 3$ 與 $x(t) = x(t+6n)$, n 為任意整數
   (g) $x(t) = 100\sin\left(4000\pi t + \frac{\pi}{4}\right)$

   解答：2 個皆否，3 個純虛數，2 個純實數

10. 求 CTFS 轉換對中，文字常數之數值。

    (a) $10\sin(32\pi t) \xleftrightarrow[1/16]{\mathcal{FS}} A\delta[k-a] + B\delta[k-b]$
    (b) $3\cos(44\pi t) \xleftrightarrow[1/11]{\mathcal{FS}} A\delta[k-a] + B\delta[k-b]$
    (c) $A\text{rect}(at) * (1/b)\delta_{1/b}(t) \xleftrightarrow[2]{\mathcal{FS}} 30\,\text{sinc}(2k)$
    (d) $\frac{d}{dt}(2\text{rect}(4t) * \delta_1(t)) \xleftrightarrow[1]{\mathcal{FS}} Ak\,\text{sinc}(ak)$, $T_F = 1$

    解答：$\{\pi, 1/4\}$, $\{3/2, 2, -2\}$, $\{j5, -1, -j5, 1\}$, $\{15/2, 1/4, 1/2\}$

11. 對於一個週期性連續時間訊號 $x(t)$ 之諧波函數 $c_x[k]$，其基礎週期為 4，而除了在兩個 k 值之處，$k = \pm 8$，以外都為 0。在此兩點的值一樣，$c_x[8] = c_x[-8] = 3$。計算諧波函數所用的表示時間為何？

    解答：32

12. 對於下列訊號 $x(t)$ 之諧波函數是基於 $x(t)$ 的基礎頻率 $T = T_0$。求文字常數之數值。

(a) x(t) = rect(2t) * 5δ₅(t)   c_x[k] = A sinc(k/b)
(b) x(t) = −2 sin(4πt) + 3 cos(12πt)   c_x[k] = A(δ[k + a] − δ[k − a]) + B(δ[k − b] + δ[k + b])

解答：{−j, 1, 3/2, 3}, {1/2, 10}

13. 以下訊號
$$x(t) = \text{rect}(2(t-1)) * 3\delta_3(t) = \text{rect}(2t) * 3\delta_3(t-1)$$

之 CTFS 諧波函數 c_x[k] 為 $c_x[k] = A\text{sinc}\{ak\}e^{-jb\pi k}$ 之形式。利用基礎週期為表示時間，求 A、a、b。

解答：1/2, 1/6, 2/3

14. 若 $x(t) = 10\text{tri}(3t) * \delta_2(t)$ 以及 $\frac{d}{dt}(x(t)) \xleftrightarrow[T_0]{\mathcal{FS}} Ak\text{sinc}^2(bk)$ 求 A 和 b 之數值。

解答：j 5.236, 1/6

15. 若 $x(t) = A\text{tri}(bt) * \delta_c(t) \xleftrightarrow[8]{\mathcal{FS}} c_x[k] = 10\text{sinc}^2(k/3)$，求 A、b、和 c 之數值。

解答：30, 3/8, 8

16. 圖 E.16 中是週期函數 x(t) 一個週期函數的圖。基於表示時間與基礎週期 T_0 是一樣求到的 CTFS 諧波函數 c_x[k]。若 $A_1 = 4$、$A_2 = -3$，及 $T_0 = 5$，則 c_x[0] 之值為何？
若表示週期改成 $3T_0$，c_x[0] 新的值為何？

解答：0.5, 0.6

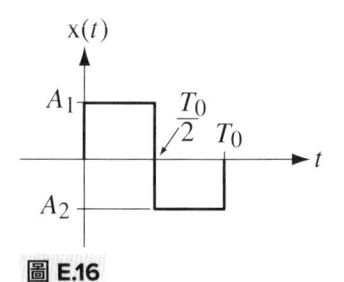

17. 利用兩種方式來求並畫出 $x(t) = \text{rect}(20t) * \delta_{1/5}(t)$ 之 CTFS 諧波函數之量值與相角，使用表示時間 T = 1/5，然後加以比較其圖形。
    (a) 使用 CTFS 表格。
    (b) 用數值的方式，兩點間的時間為 $T_s = 1/2000$。

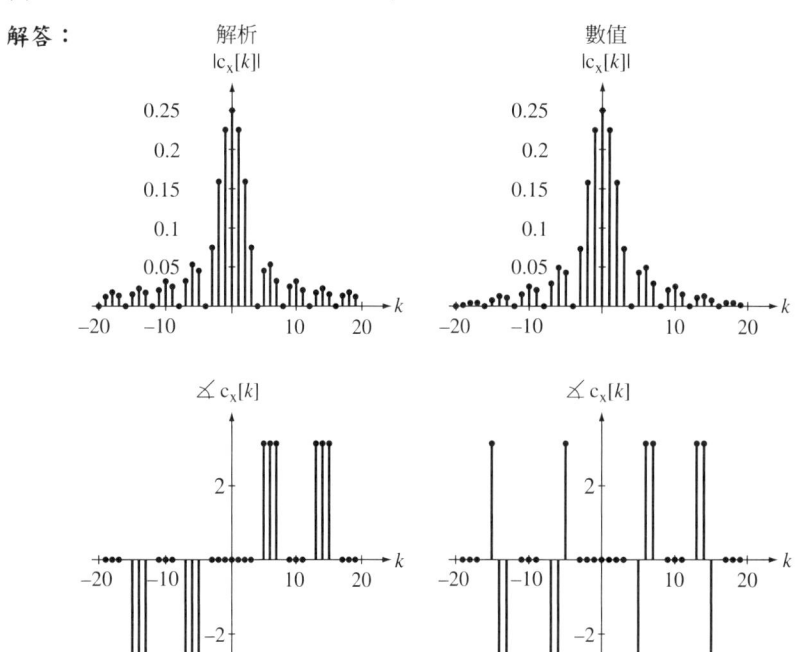

解答：

18. 一個量化器接受連續時間輸入且以連續時間輸出訊號響應，只有有限的等間隔數值。若 $x_{in}(t)$ 是輸入訊號而 $x_{out}(t)$ 是輸出訊號，而 q 是相鄰輸出位準間之差異，在任意時間點上的 $x_{out}(t)$ 之值可以用 $x_{in}(t)/q$ 之比的方式來求，捨入到最接近的整數再把結果乘以 q。令量化器可以接受的位準範圍從 -10 到 $+10$ 且令量化階數為 16。若輸入訊號為 $x_{in}(t) = 10\sin(2000\pi t)$，找出此量化器輸出訊號之總諧波失真數值（見第 6 章例題 6.4）。

解答：0.2342%

前向與反向傅立葉轉換

19. 令訊號定義如下

$$x(t) = 2\cos(4\pi t) + 5\cos(15\pi t)$$

找出 $x(t - 1/40)$ 與 $x(t + 1/20)$ 之 CTFT，且指出每個情況的最後相位移。畫出 CTFT 之相角，並且根據每個情況的結果經由 4 個相位點畫一直線。在線的斜率與延遲之間一般的關係是什麼？

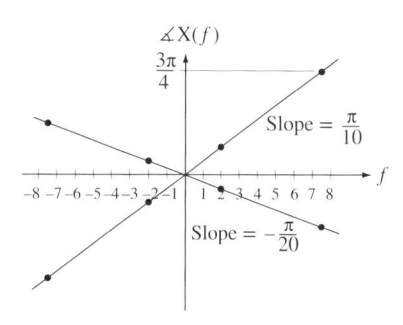

解答：線的斜率為 $-2\pi f$ 乘以延遲

20. 若 $x(t) = e^{-5t}u(t)$ 且 $y(t) = e^{-12t}u(t)$ 且 $x(t) \xleftrightarrow{\mathscr{F}} X(f)$ 及 $y(t) \xleftrightarrow{\mathscr{F}} Y(f)$ 與 $z(t) = x(t) * y(t)$ 和 $z(t) \xleftrightarrow{\mathscr{F}} Z(f)$，則 $Z(3)$ 的值為何？

解答：$0.0023e^{-j2.3154}$

21. 找出 $x(t) = \text{sinc}(t)$ 之 CTFT。然後在 $x(t)$ 裡改變 $t \to 2t$，再求此一時間尺度改變訊號之 CTFT。

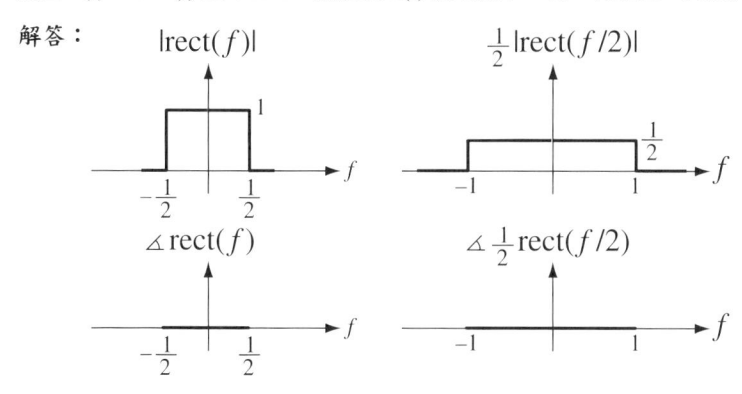

解答：

22. 利用 CTFT 的乘法-迴旋對偶，在沒有使用迴旋運算子 $*$ 之下求 $y(t)$ 之表示式並且畫其圖。

(a) $y(t) = \text{rect}(t) * \cos(\pi t)$

(b) $y(t) = \text{rect}(t) * \cos(2\pi t)$

(c) $y(t) = \text{sinc}(t) * \text{sinc}(t/2)$

(d) $y(t) = \text{sinc}(t) * \text{sinc}^2(t/2)$

(e) $y(t) = e^{-t}u(t) * \sin(2\pi t)$

解答：

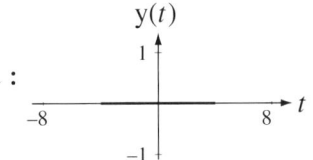

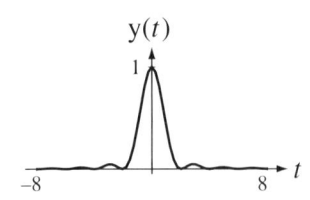

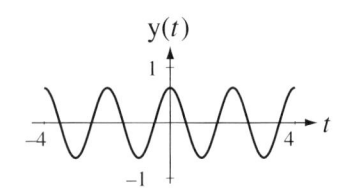

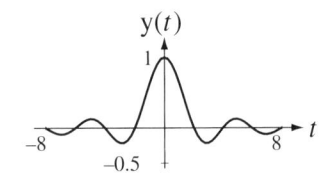

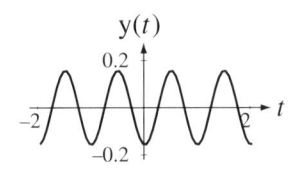

[圖形：y(t) 五個子圖]

23. 求下列式子的數值。

(a) $x(t) = 20\,\text{rect}(4t)$, $X(f)\big|_{f=2}$

(b) $x(t) = 2\,\text{sinc}(t/8) * \text{sinc}(t/4)$, $x(4)$

(c) $x(t) = 2\,\text{tri}(t/4) * \delta(t-2)$, $x(1)$ 與 $x(-1)$

(d) $x(t) = -5\,\text{rect}(t/2) * (\delta(t+1) + \delta(t))$, $x(1/2), x(-1/2)$ 與 $x(-5/2)$

(e) $x(t) = 3\,\text{rect}(t-1)$, $X(f)\big|_{f=1/4}$

(f) $x(t) = 4\,\text{sinc}^2(3t)$, $X(j\omega)\big|_{\omega=4\pi}$

(g) $x(t) = \text{rect}(t) * \text{rect}(2t)$, $X(f)\big|_{f=1/2}$

(h) $X(f) = 10[\delta(f-1/2) + \delta(f+1/2)]$, $x(1)$

(i) $X(j\omega) = -2\,\text{sinc}(\omega/2\pi) * 3\,\text{sinc}(\omega/\pi)$, $x(0)$

解答：$-20, 4/9, 1/2, -3, 3.1831, \{-5, -10, 0\}, -j2.70, 0.287, 5.093$

24. 求下列式子的前向與反向傅立葉轉換。最後結果不要含迴旋運算子。

(a) $\mathcal{F}(15\,\text{rect}((t+2)/7))$

(b) $\mathcal{F}^{-1}\left(2\,\text{tri}(f/2)e^{-j6\pi f}\right)$

(c) $\mathcal{F}(\sin(20\pi t)\cos(200\pi t))$

解答：$105\,\text{sinc}(7f)e^{j4\pi f}$, $2\,\text{tri}(f/2)e^{-j6\pi f}$,
$(j/4)\begin{bmatrix}\delta(f-90)+\delta(f+110)\\-\delta(f-110)-\delta(f+90)\end{bmatrix}$

25. 求下列式子訊號能量

(a) $x(t) = 28\,\text{sinc}(t/15)$

(b) $x(t) = -3\,\text{sinc}^2(2t)$

解答：$3, 11760$

26. 令 $y(t) = x(t) * h(t)$ 且令 $x(t) = e^{-t}u(t)$ 及 $h(t) = x(-t)$。則 $y(2)$ 的值為何？

解答：0.06765

27. 利用巴沙瓦定理求下列式子的訊號能量。

(a) $x(t) = 4\,\text{sinc}(t/5)$

(b) $x(t) = 2\,\text{sinc}^2(3t)$

解答：$8/9, 80$

28. 函數 g(t) = 100 sinc((t − 8)/30) 下的總面積為何？

    解答：3000

29. 令連續時間訊號 x(t) 有 CTFT X(f) = $\begin{cases} |f|, & |f| < 2 \\ 0, & |f| \geq 2 \end{cases}$，令 y(t) = x(4(t − 2))。求 Y(3) 的量值與相角，其中 y(t) $\xleftrightarrow{\mathcal{F}}$ Y(f)。

    解答：{3/16, 0}

30. 利用積分特性，求下列函數之 CTFT 並且與用其他特性所求得的 CTFT 做比較。

    (a) g(t) = $\begin{cases} 1, & |t| < 1 \\ 2 - |t|, & 1 < |t| < 2 \\ 0, & \text{其他} \end{cases}$ (b) g(t) = 8 rect(t/3)

    解答：3 sinc(3f) sinc(f), 24 sinc(3f)

31. 畫出下列訊號之以 f 形式做 CTFT 之量值與相角。

    (a) x(t) = δ(t − 2) (b) x(t) = u(t) − u(t − 1)
    (c) x(t) = 5 rect$\left(\dfrac{t + 2}{4}\right)$ (d) x(t) = 25 sinc(10(t − 2))
    (e) x(t) = 6 sin(200πt) (f) x(t) = 2e^{-t}u(t)
    (g) x(t) = 4e^{-3t^2}

    解答：

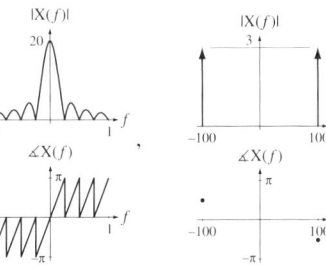

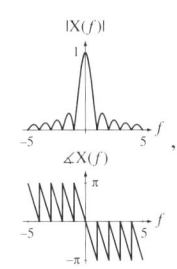

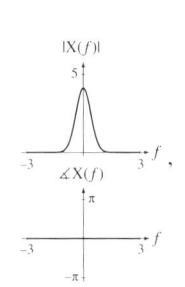

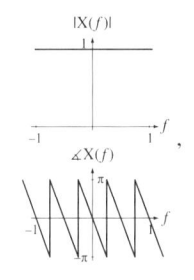

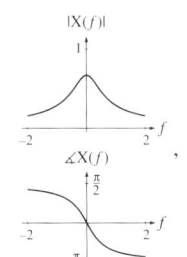

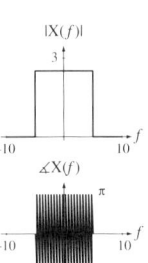

32. 畫出下列訊號之以 ω 形式做 CTFT 之量值與相角。

    (a) x(t) = δ_2(t) (b) x(t) = sgn(2t)
    (c) x(t) = 10 tri((t − 4)/20) (d) x(t) = (1/10)) sinc^2((t + 1)/3)
    (e) x(t) = $\dfrac{\cos(200\pi t - \pi/4)}{4}$ (f) x(t) = 2e^{-3t}u(t) = 2e^{-3t}u(3t)
    (g) x(t) = 7 $e^{-5|t|}$

解答：

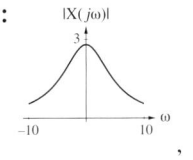

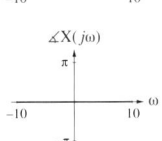

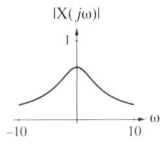

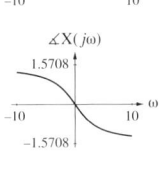

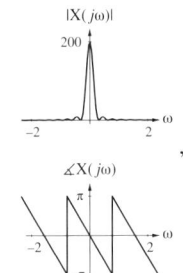

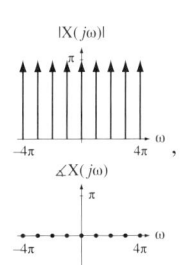

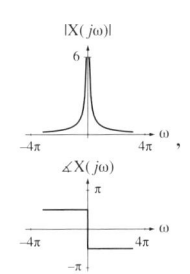

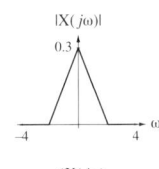

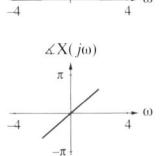

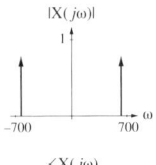

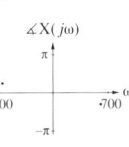

（圖略）

33. 畫出下列函數之反向 CTFT。

(a) $X(f) = -15\text{rect}(f/4)$

(b) $X(f) = \dfrac{\text{sinc}(-10f)}{30}$

(c) $X(f) = \dfrac{18}{9 + f^2}$

(d) $X(f) = \dfrac{1}{10 + jf}$

(e) $X(f) = (1/6)[\delta(f - 3) + \delta(f + 3)]$

(f) $X(f) = 8\delta(5f) = (8/5)\delta(f)$

(g) $X(f) = -3/j\pi f$

解答：（圖略）

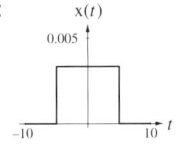

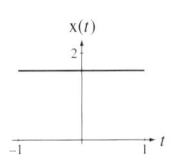

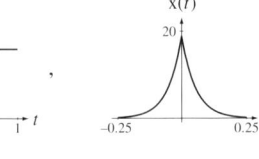

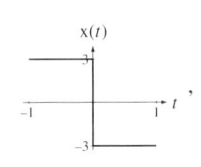

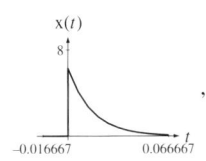

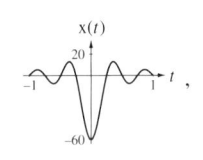

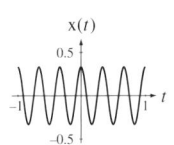

34. 畫出下列函數之反向 CTFT。

(a) $X(j\omega) = e^{-4\omega^2}$

(b) $X(j\omega) = 7\,\text{sinc}^2(\omega/\pi)$

(c) $X(j\omega) = j\pi[\delta(\omega + 10\pi) - \delta(\omega - 10\pi)]$

(d) $X(j\omega) = (\pi/20)\delta_{\pi/4}(\omega)$

(e) $X(j\omega) = 5\pi/j\omega + 10\pi\delta(\omega)$

(f) $X(j\omega) = \dfrac{6}{3 + j\omega}$

(g) $X(j\omega) = 20\,\text{tri}(8\omega)$

解答：（圖略）

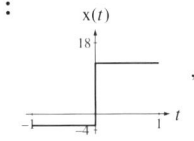

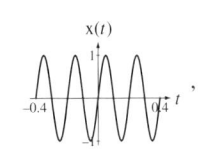

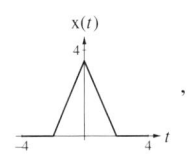

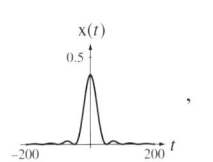

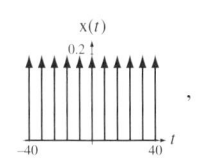

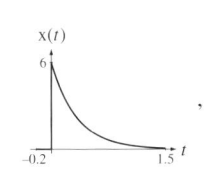

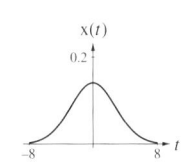

35. 畫出下列函數的量值與相角，也同時畫出函數之反向 CTFT。

(a) $X(j\omega) = \dfrac{10}{3 + j\omega} - \dfrac{4}{5 + j\omega}$

(b) $X(f) = 4\left[\text{sinc}\left(\dfrac{f-1}{2}\right) + \text{sinc}\left(\dfrac{f+1}{2}\right)\right]$

(c) $X(f) = \dfrac{j}{10}\left[\text{tri}\left(\dfrac{f+2}{8}\right) - \text{tri}\left(\dfrac{f-2}{8}\right)\right]$

(d) $X(f) = \left\{\begin{array}{l}\delta(f+1050) + \delta(f+950) \\ +\delta(f-950) + \delta(f-1050)\end{array}\right\}$

(e) $X(f) = \left[\begin{array}{l}\delta(f+1050) + 2\delta(f+1000) \\ +\delta(f+950) + \delta(f-950) \\ +2\delta(f-1000) + \delta(f-1050)\end{array}\right]$

解答：

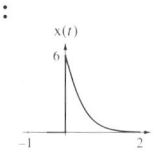

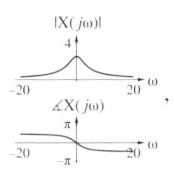

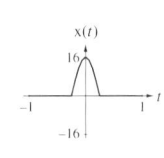

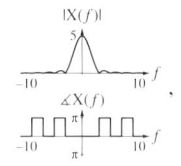

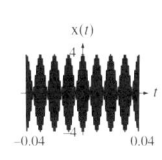

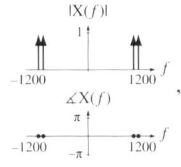

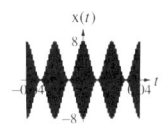

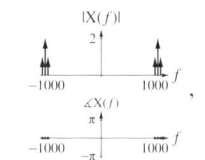

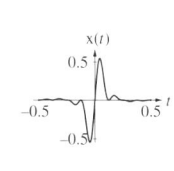

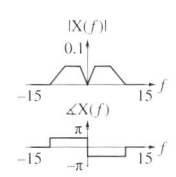

36. 相對於時間畫出下列訊號。以 f 形式或以 ω 形式畫出這些訊號 CTFT 的量值與相角。在另一種情況下，可能在 CTFT 已經求得之後，畫出相對於時間的圖會更有助於求反向 CTFT。

(a) $x(t) = e^{-\pi t^2}\sin(20\pi t)$

(b) $x(t) = \cos(400\pi t)(1/100)\delta_{1/100}(t) = (1/100)\sum_{n=-\infty}^{\infty}\cos(4\pi n)\delta(t - n/100)$

(c) $x(t) = [1 + \cos(400\pi t)]\cos(4000\pi t)$

(d) $x(t) = [1 + \text{rect}(100t) * \delta_{1/50}(t)]\cos(500\pi t)$

(e) $x(t) = \text{rect}(t/7)\delta_1(t)$

解答：

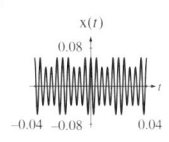

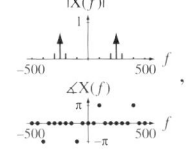

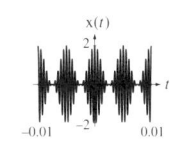

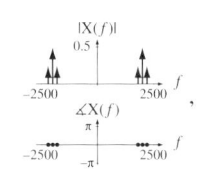

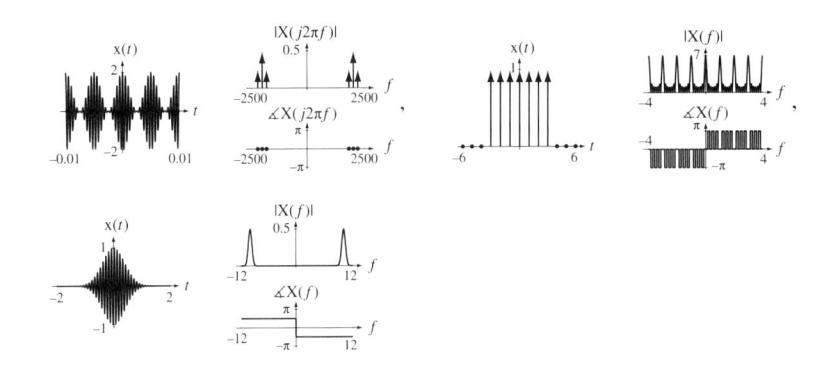

37. 畫出下列函數的量值與相角，也同時畫出函數之反向 CTFT。

   (a) $X(f) = \text{sinc}(f/4)\delta_1(f)$

   (b) $X(f) = \left[\text{sinc}\left(\dfrac{f-1}{4}\right) + \text{sinc}\left(\dfrac{f+1}{4}\right)\right]\delta_1(f)$

   (c) $X(f) = \text{sinc}(f)\text{sinc}(2f)$

   解答：

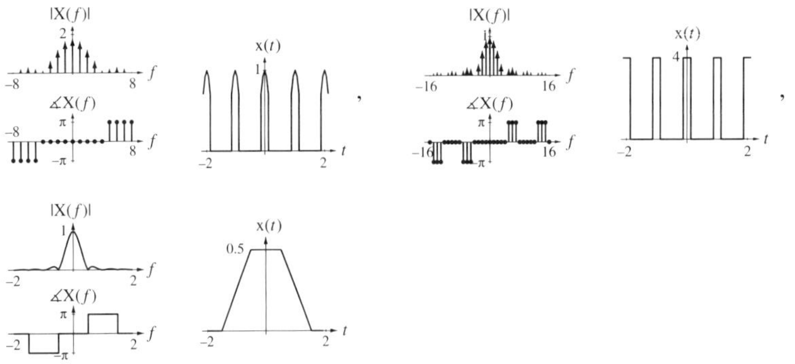

38. 相對於時間，畫出下列訊號 CTFT 之量值與相角。

   (a) $x(t) = \displaystyle\int_{-\infty}^{t} \sin(2\pi\lambda)\,d\lambda$

   (b) $x(t) = \displaystyle\int_{-\infty}^{t} \text{rect}(\lambda)\,d\lambda = \begin{cases} 0, & t < -1/2 \\ t + 1/2, & |t| < 1/2 \\ 1, & t > 1/2 \end{cases}$

   (c) $x(t) = \displaystyle\int_{-\infty}^{t} 3\,\text{sinc}(2\lambda)\,d\lambda$

   解答：

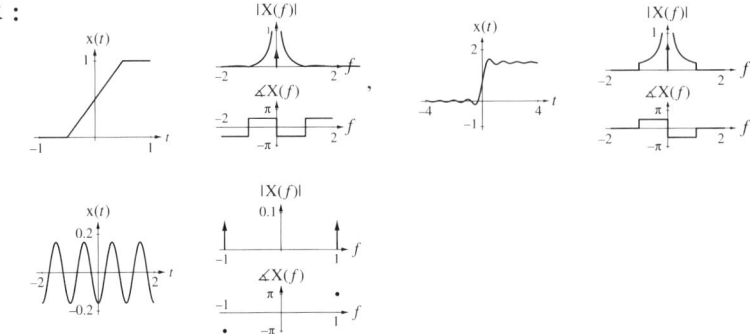

CTFS 至 CTFT 之關係

39. 從 CTFS 轉移至 CTFT 由下列訊號做說明，

$$x(t) = \text{rect}(t/w) * \delta_{T_0}(t)$$

或

$$x(t) = \sum_{n=-\infty}^{\infty} \text{rect}\left(\frac{t - nT_0}{w}\right)$$

此訊號的複值 CTFS 如下式

$$c_x[k] = (Aw/T_0)\text{sinc}(kw/T_0)$$

針對 $w = 1$、$f_0 = 0.5$、0.1 與 0.02，相對於 kf_0，在範圍 $-8 < kf_0 < 8$ 內，畫出改良後的 CTFS。

$$T_0 c_x[k] = Aw\text{sinc}(w(kf_0))$$

解答：

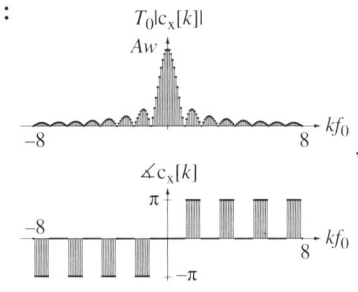

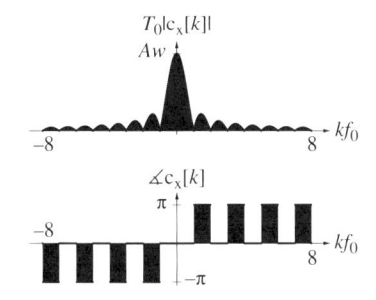

40. 找出下列週期函數的 CTFS 和 CTFT 並且比較結果。

(a) $x(t) = \text{rect}(t) * \delta_2(t)$ 　　　　　　　　(b) $x(t) = \text{tri}(10t) * \delta_{1/4}(t)$

解答： $X(f) = \sum_{k=-\infty}^{\infty} (1/2)\text{sinc}(k/2)\delta(f - k/2) = \sum_{k=-\infty}^{\infty} c_x[k]\delta(f - kf_0),$

$X(f) = (2/5) \sum_{k=-\infty}^{\infty} \text{sinc}^2(2k/5)\delta(f - 4k) = \sum_{k=-\infty}^{\infty} c_x[k]\delta(f - 4k)$

數值 CTFT

41. 求得並畫出下式的 CTFT 近似量值與相角，

$$x(t) = [4 - (t - 2)^2]\text{rect}((t - 2)/4)$$

使用 DFT 來趨近 CTFT。令時間範圍為 $0 \leq t < 16$，$x(t)$ 樣本間的時間為 $1/16$，而在時間範圍內取樣。

解答：

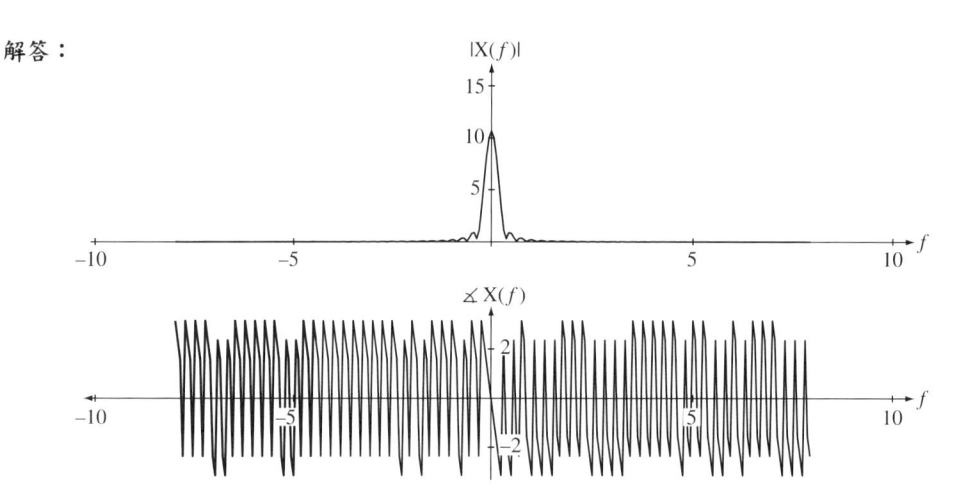

系統響應

42. 一個系統的頻率響應為 $H(j\omega) = \dfrac{100}{j\omega + 200}$。

(a) 若我們加一個常數訊號 x(t) = 12 至此系統中，則系統響應也是常數。響應常數的數值為何？

(b) 若我們將訊號 x(t) = 3sin(14πt) 加至系統中，而系統響應為 y(t) = A sin(14πt + θ)。則 A 和 θ（θ 以弧度表示）的值為何？

解答：{1.4649, −0.2165}, 6

第 7 章

離散時間傅立葉方法
DISCRETE-TIME FOURIER METHODS

▶ 7.1 ⟨ 介紹與目標

在第 6 章中我們發展連續時間傅立葉級數為表示週期連續時間訊號的方法，且求得連續時間 LTI 系統對於週期性激發的響應。接著利用將週期訊號的週期趨近於無限大，而將傅立葉級數擴展至傅立葉轉換。在本章中我們將以類似的途徑應用到離散時間系統。大部分的基本概念是一樣但有一些重要的差異。

本章目標

1. 發展一個方法以實值或複值之正弦訊號之線性組合來表示離散時間訊號。
2. 探討表示離散時間訊號方式中的一般特性。
3. 經由定義離散時間傅立葉轉換將離散時間傅立葉級數一般化至包括非週期性訊號。
4. 建立可以或不能用離散時間傅立葉轉換表示的訊號形式。
5. 推導與說明離散時間傅立葉轉換之特性。
6. 說明傅立葉方法彼此間的相互關係。

▶ 7.2 ⟨ 離散時間傅立葉級數和離散傅立葉轉換

線性與複變 - 指數激發

就如同在連續時間成立，若離散時間 LTI 被正弦訊號所激發，其響應也同樣是具有一樣頻率，但一般是不同量值與相位的正弦訊號。若 LTI 系統被訊號之和所激發，總響應就是個別訊號的響應之和。**離散時間傅立葉級數** (discrete-time Fourier series, DTFS) 用實值或複值之正弦訊號的線性組合來表示任意週期訊號，因此我們可用重疊定理，利用將個別正弦訊號之響應相加，找出任何 LTI 系統對於任意訊號的響應（圖 7.1）。

正弦訊號可以是實數或複數。實正弦訊號與複正弦訊號間的關係如下

$$x[n] = A_1 e^{j2\pi n/N_1} + A_2 e^{j2\pi n/N_2} + A_3 e^{j2\pi n/N_3} \rightarrow \boxed{h[n]} \rightarrow y[n]$$

$$\cos(x) = \frac{e^{jx} + e^{-jx}}{2} \quad 與 \quad \sin(x) = \frac{e^{jx} - e^{-jx}}{j2}$$

而此關係說明於圖 7.2。

考慮任意週期訊號 x[n]，我們想利用如圖 7.3 中所示，表示為正弦訊號的線性組合（此處我們使用實值正弦訊號以簡化圖示）。

在圖 7.3 中，訊號由訊號平均值，常數 0.2197 所近似。常數是正弦訊號的特例，在本例中，$0.2197\cos(2\pi kn/N)$，$k = 0$。這是用常數來近似 x[n] 的最好結果，因為 x[n] 與近似訊號間的均方誤差為最小。我們經由加上一個正弦訊號改善

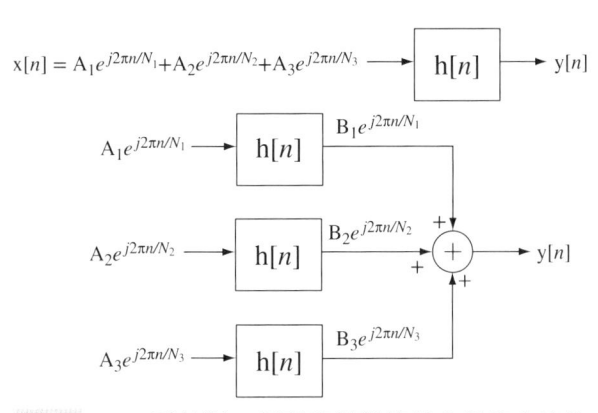

圖 7.1 LTI 系統對一個訊號與對等於此訊號之複值訊號之和的響應

此一較差的近似，此正弦訊號的基礎週期為 N，是 x[n] 的基礎週期（圖 7.4）。

這個最佳的近似可以由使用常數及一個基礎週期與 x[n] 相同的正弦訊號來達成。我們可以加上一個頻率為 x[n] 基礎頻率 2 倍的正弦訊號，來進一步的改善此近似（圖 7.5）。

若是我們持續加上適當選擇的正弦訊號，它們的頻率是 x[n] 基礎頻率的更高整數倍，我們就可以有越來越好的近似。不像一般在連續時間的情形，在此處用固定數目的正弦訊號表示就完全正確（圖 7.6）。

這就說明了連續時間與離散時間傅立葉級數表示法之間的重大的差異。在離散時間正確的表示一個週期訊號，總是可以經由固定數目的正弦訊號來達成。

就如同 CTFS，k 稱為諧波數 (harmonic number)，而所有的正弦訊號具有基礎循環頻

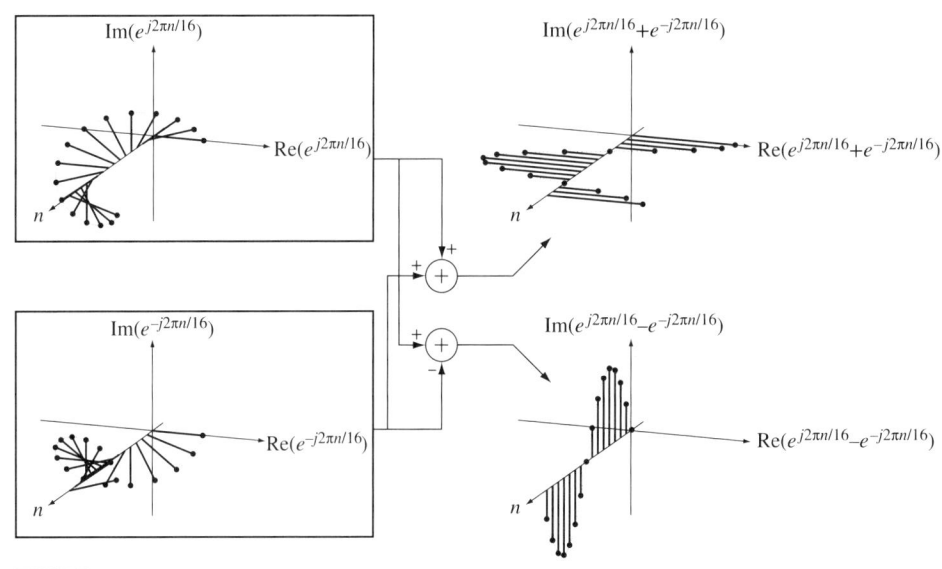

圖 7.2 將 $e^{j2\pi n/16}$ 與 $e^{-j2\pi n/16}$ 相加和相減以形成 $2\cos(2\pi n/16)$ 與 $j2\sin(2\pi n/16)$

圖 7.3 訊號由常數近似

圖 7.4 訊號由常數加一個正弦訊號近似

圖 7.5 訊號由常數加二個正弦訊號近似

圖 7.6 訊號由常數加六個正弦訊號近似

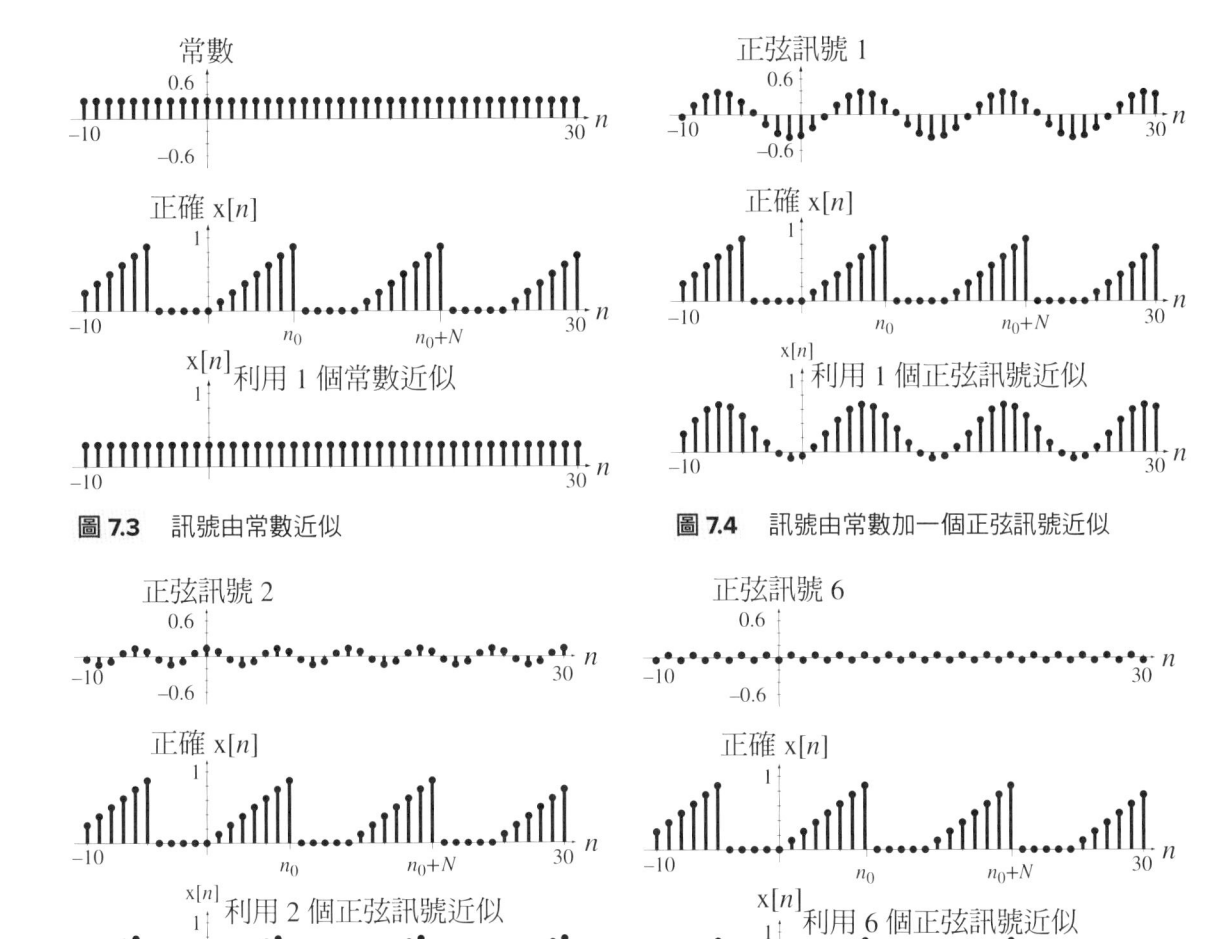

率 k 倍的頻率，對於 DTFS 而言為 $1/N$。DTFS 表示一個具有基礎週期為 N 的離散時間週期訊號，它由複正弦訊號的線性組合而成

$$\mathrm{x}[n] = \sum_{k=\langle N \rangle} \mathrm{c}_x[k] e^{j2\pi kn/N}$$

其中 $N = mN_0$（m 為整數），而 $\mathrm{c}_x[k]$ 為 CTFS 諧波函數。表示法 $\sum_{k=\langle N \rangle}$ 等於 $\sum_{k=n_0}^{n_0+N-1}$，其中 n_0 是任意數；換句話說，將連續 N 個 k 值相加。雖然最常用的 N 是訊號的基礎週期 N_0 ($m = 1$)，N 不一定要是 N_0。N 可以是訊號的任何週期。

在離散時間訊號與系統分析中，有一個表示離散時間週期訊號非常類似的形式，使用第 6 章所提到的**離散傅立葉轉換** (duscrete Fourier transform, DFT)。它也用複正弦函數的線性組合表示週期離散時間訊號。反向 DFT 通常表示如下

$$x[n] = \frac{1}{N} \sum_{k=0}^{N-1} X[k] e^{j2\pi kn/N}$$

其中 X[k] 為 x[n] 的 DFT 諧波函數，且 X[k] = N c$_x$[k]。這個名稱以 "轉換" 結尾而非以 "級數"，但因為它是一組離散頻率正弦訊號之線性組合，為了術語的一致性，或許應該稱為級數。"轉換" 一詞的出現可能是它使用在數位訊號處理中，而其通常用來尋找 CTFT 的數值近似。DFT 被廣泛地使用，且與 DTFS 非常的類似，在本書中，我們將著重在 DFT 且知道它轉換到 DTFS 非常簡單。

公式 $x[n] = \frac{1}{N} \sum_{k=0}^{N-1} X[k] e^{j2\pi kn/N}$ 是反向 DFT，它形成由複正弦訊號線性組成的時域函數。前向 DFT 為

$$X[k] = \sum_{n=0}^{N-1} x[n] e^{-j2\pi kn/N}$$

其中 N 是 x[n] 的任何週期。它從時域函數形成諧波函數。

如第 6 章中已知的，DFT 的一個重要特性是 X[k] 是週期性的

$$X[k] = X[k+N]，k 為任何整數$$

所以現在就清楚知道為何反向 DFT 之和是經過 k 值的有限範圍。諧波函數 X[k] 是以週期 N 循環，因此只有 N 個獨特值。此加法只需要 N 項來計算所有獨特的 X[k] 值。反向 DFT 的公式常寫成

$$x[n] = \frac{1}{N} \sum_{k=0}^{N-1} X[k] e^{j2\pi kn/N}$$

但因為 X[k] 以週期 N 循環，可以更一般性的寫成

$$x[n] = \frac{1}{N} \sum_{k=\langle N \rangle} X[k] e^{j2\pi kn/N}$$

正交與諧波函數

我們可以利用類似在 CTFS 的過程中求 x[n] 的前向 DFT X[k]。為了精簡表示法，使用

$$W_N = e^{j2\pi/N} \tag{7.1}$$

因為和 $\sum_{k=\langle N \rangle} X[k] e^{j2\pi kn/N}$ 的起點可以是任意的，令 k = 0。若我們在 $n_0 \leq n < n_0 + N$ 內對於每個 n 寫出 $e^{j2\pi kn/N}$，使用 (7.1) 式可以表示成矩陣公式

$$\underbrace{\begin{bmatrix} \text{x}[n_0] \\ \text{x}[n_0+1] \\ \vdots \\ \text{x}[n_0+N-1] \end{bmatrix}}_{\mathbf{x}} = \frac{1}{N} \underbrace{\begin{bmatrix} W_N^0 & W_N^{n_0} & \cdots & W_N^{n_0(N-1)} \\ W_N^0 & W_N^{n_0+1} & \cdots & W_N^{(n_0+1)(N-1)} \\ \vdots & \vdots & \ddots & \vdots \\ W_N^0 & W_N^{n_0+N-1} & \cdots & W_N^{(n_0+N-1)(N-1)} \end{bmatrix}}_{\mathbf{W}} \underbrace{\begin{bmatrix} X[0] \\ X[1] \\ \vdots \\ X[N-1] \end{bmatrix}}_{\mathbf{X}} \quad (7.2)$$

或是以精簡的形式 $N\mathbf{x} = \mathbf{WX}$。若 $\mathbf{W}$ 非奇異，我們可以直接找到 $\mathbf{X}$，成為 $\mathbf{X} = \mathbf{W}^{-1}N\mathbf{x}$。(7.2) 式也可以直接寫成以下形式

$$N \begin{bmatrix} \text{x}[n_0] \\ \text{x}[n_0+1] \\ \vdots \\ \text{x}[n_0+N-1] \end{bmatrix} = \underbrace{\begin{bmatrix} 1 \\ 1 \\ \vdots \\ 1 \end{bmatrix}}_{k=0} X[0] + \underbrace{\begin{bmatrix} W_N^{n_0} \\ W_N^{n_0+1} \\ \vdots \\ W_N^{n_0+N-1} \end{bmatrix}}_{k=1} X[1] + \cdots + \underbrace{\begin{bmatrix} W_N^{n_0(N-1)} \\ W_N^{(n_0+1)(N-1)} \\ \vdots \\ W_N^{(n_0+N-1)(N-1)} \end{bmatrix}}_{k\ N-1} X[N-1] \quad (7.3)$$

或

$$N\mathbf{x} = \mathbf{w}_0 X[0] + \mathbf{w}_1 X[1] + \cdots + \mathbf{w}_{N-1} X[N-1] \quad (7.4)$$

其中 $\mathbf{W} = [\mathbf{w}_0 \mathbf{w}_1 \cdots \mathbf{w}_{N-1}]$。第 1 個欄向量 $\mathbf{w}_0$ 裡的元素都是常數 1，可以被看作是在零頻率下複正弦訊號單位振幅的函數值。第 2 個欄向量 $\mathbf{w}_1$ 裡是在一個循環週期下單位振幅複正弦訊號，在時間範圍 $n_0 \le n < n_0 + N$ 內的函數值。接續的欄向量中包含從下一個較高諧波數，第 k 個循環週期下單位振幅複正弦訊號，在時間範圍 $n_0 \le n < n_0 + N$ 內的函數值。

圖 7.7 說明這些複正弦訊號在 $N = 8$ 與 $n_0 = 0$ 的情況。

注意：這些複正弦訊號值在 $k = 7$ 下相對於 N 之序列，除了以相反方向旋轉以外，看起來就和 $k = 1$ 一樣。因為 DFT 的週期性，這是一定如此的。

這些向量構成**正交基底向量** (orthogonal basis vectors)。回想線性代數或向量分析中一個實值向量 $\mathbf{x}$ 在另一個實值向量 $\mathbf{y}$ 方向上的投影 $\mathbf{p}$

$$\mathbf{p} = \frac{\mathbf{x}^T \mathbf{y}}{\mathbf{y}^T \mathbf{y}} \mathbf{y} \quad (7.5)$$

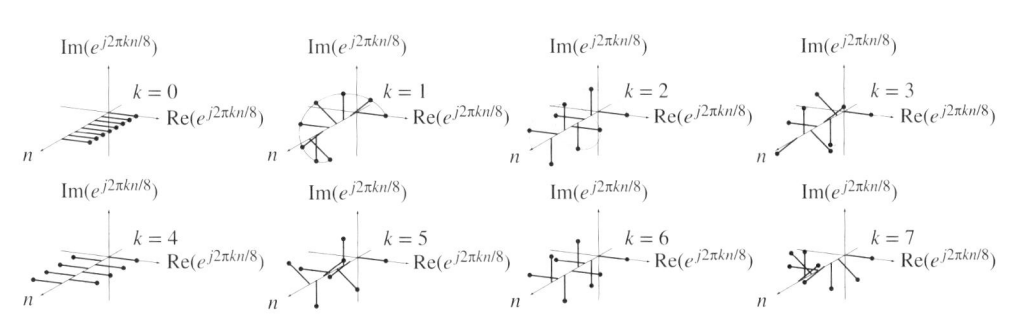

圖 7.7 說明在 $N = 8$ 與 $n_0 = 0$ 時整組正交基底向量

且當投影為 0 時稱 **x** 與 **y** 正交。這個發生在 **x** 與 **y** 的點積（或純量積或內積），$\mathbf{x}^T\mathbf{y}$ 為 0。若向量為複數，理論是一樣的，除了內積變成 $\mathbf{x}^H\mathbf{y}$ 而投影變成

$$\mathbf{p} = \frac{\mathbf{x}^H\mathbf{y}}{\mathbf{y}^H\mathbf{y}}\mathbf{y} \tag{7.6}$$

其中表示法 $\mathbf{x}^H$ 表示 **x** 轉置的複數共軛。（這個在複數矩陣裡是一個常見的運算，複數矩陣的共軛通常定義包含複數 - 共軛運算。這在 MATLAB 裡將矩陣轉置是成立的）一組正確選擇之正交向量可以形成**基底** (basis)。一個正交向量基底是一組向量可以線性組合形成在同樣維度下的任何訊號。

(7.4) 式中前兩個基底向量的內積為

$$\mathbf{w}_0^H\mathbf{w}_1 = \begin{bmatrix} 1 & 1 & \cdots & 1 \end{bmatrix} \begin{bmatrix} W_N^{n_0} \\ W_N^{n_0+1} \\ \vdots \\ W_N^{n_0+N-1} \end{bmatrix} = W_N^{n_0}(1 + W_N + \cdots + W_N^{N-1}) \tag{7.7}$$

有限長度幾何級數的和為

$$\sum_{n=0}^{N-1} r^n = \begin{cases} N, & r = 1 \\ \dfrac{1-r^N}{1-r}, & r \neq 1 \end{cases}$$

將 (7.7) 式中的幾何級數相加

$$\mathbf{w}_0^H\mathbf{w}_1 = W^{n_0}\frac{1-W_N^N}{1-W_N} = W_N^{n_0}\frac{1-e^{j2\pi}}{1-e^{j2\pi/N}} = 0$$

證明它們確實是正交的（若 $N \neq 1$）。一般而言，k_1- 諧波向量與 k_2- 諧波向量之內積為

$$\mathbf{w}_{k_1}^H\mathbf{w}_{k_2} = \begin{bmatrix} W_N^{-n_0 k_1} & W_N^{-(n_0+1)k_1} & \cdots & W_N^{-(n_0+N-1)k_1} \end{bmatrix} \begin{bmatrix} W_N^{n_0 k_2} \\ W_N^{(n_0+1)k_2} \\ \vdots \\ W_N^{(n_0+N-1)k_2} \end{bmatrix}$$

$$\mathbf{w}_{k_1}^H\mathbf{w}_{k_2} = W_N^{n_0(k_2-k_1)}\left[1 + W_N^{(k_2-k_1)} + \cdots + W_N^{(N-1)(k_2-k_1)}\right]$$

$$\mathbf{w}_{k_1}^H\mathbf{w}_{k_2} = W_N^{n_0(k_2-k_1)}\frac{1-\left[W_N^{(k_2-k_1)}\right]^N}{1-W_N^{(k_2-k_1)}} = W_N^{n_0(k_2-k_1)}\frac{1-e^{j2\pi(k_2-k_1)}}{1-e^{j2\pi(k_2-k_1)/N}}$$

$$\mathbf{w}_{k_1}^H\mathbf{w}_{k_2} = \begin{cases} 0, & k_1 \neq k_2 \\ N, & k_1 = k_2 \end{cases} = N\delta[k_1 - k_2]$$

此結果在 $k_1 \neq k_2$ 時為 0，因為分子為 0 而分母不為 0。因為 k_1 與 k_2 是整數所以分子為 0，

因此 $e^{j2\pi(k_2-k_1)}$ 為 1。因為 k_1 與 k_2 兩者在 $0 \leq k_1, k_2 < N$ 範圍內分母不為 0，且比值 $(k_2 - k_1)/N$ 不能是一個整數（若 $k_1 \neq k_2$ 且 $N \neq 1$）。所以 (7.4) 中全部的向量互相正交。

$\mathbf{W}$ 的欄位正交之事實引導到 $\mathbf{X}$ 如何計算的有趣解釋。若是我們將 (7.4) 先乘以 $\mathbf{w}_0^H$ 可以得到

$$\mathbf{w}_0^H N\mathbf{x} = \underbrace{\mathbf{w}_0^H \mathbf{w}_0}_{=N} X[0] + \underbrace{\mathbf{w}_0^H \mathbf{w}_1}_{=0} X[1] + \cdots + \underbrace{\mathbf{w}_0^H \mathbf{w}_{N-1}}_{=0} X[N-1] = NX[0]$$

我們可以求解 X[0] 如下

$$X[0] = \frac{\mathbf{w}_0^H N\mathbf{x}}{\underbrace{\mathbf{w}_0^H \mathbf{w}_0}_{=N}} = \mathbf{w}_0^H \mathbf{x}$$

向量 $X[0]\mathbf{w}_0$ 是向量 $N\mathbf{x}$ 在基礎向量 $\mathbf{w}_0$ 方向上的投影。同樣的，每個 $X[k]\mathbf{w}_k$ 是將向量 $N\mathbf{x}$ 在基礎向量 $\mathbf{w}_k$ 方向上的投影。諧波函數 $X[k]$ 的值可以在每個諧波數求得

$$X[k] = \mathbf{w}_k^H \mathbf{x}$$

接著我們可以將整個過程整合求得諧波函數如下

$$\mathbf{X} = \begin{bmatrix} \mathbf{w}_0^H \\ \mathbf{w}_1^H \\ \vdots \\ \mathbf{w}_{N-1}^H \end{bmatrix} \mathbf{x} = \mathbf{W}^H \mathbf{x} \tag{7.8}$$

因為向量 $\mathbf{w}_{k_1}$ 與 $\mathbf{w}_{k_2} (k_1 \neq k_2)$ 正交，則 $\mathbf{W}$ 與其複數共軛轉置 $\mathbf{W}^H$ 的乘積為

$$\mathbf{W}\mathbf{W}^H = [\mathbf{w}_0 \mathbf{w}_1 \cdots \mathbf{w}_{N-1}] \begin{bmatrix} \mathbf{w}_0^H \\ \mathbf{w}_1^H \\ \vdots \\ \mathbf{w}_{N-1}^H \end{bmatrix} = \begin{bmatrix} N & 0 & \cdots & 0 \\ 0 & N & \cdots & 0 \\ \vdots & \vdots & \ddots & \vdots \\ 0 & 0 & \cdots & N \end{bmatrix} = N\mathbf{I}$$

兩邊同除以 N，

$$\frac{\mathbf{W}\mathbf{W}^H}{N} = \begin{bmatrix} 1 & 0 & \cdots & 0 \\ 0 & 1 & \cdots & 0 \\ \vdots & \vdots & \ddots & \vdots \\ 0 & 0 & \cdots & 1 \end{bmatrix} = \mathbf{I}$$

因此 $\mathbf{W}$ 的倒數是

$$\mathbf{W}^{-1} = \frac{\mathbf{W}^H}{N}$$

而且，從 $\mathbf{X} = \mathbf{W}^{-1} N\mathbf{x}$ 我們可以解出 $\mathbf{X}$

$$\mathbf{X} = \mathbf{W}^H \mathbf{x} \tag{7.9}$$

它與 (7.8) 式一樣。公式 (7.8) 與 (7.9) 可以寫成加法形式

$$X[k] = \sum_{n=n_0}^{n_0+N-1} x[n] e^{-j2\pi kn/N}$$

現在我們有前向與反向 DFT 公式如下

$$X[k] = \sum_{n=n_0}^{n_0+N-1} x[n] e^{-j2\pi kn/N}, \quad x[n] = \frac{1}{N} \sum_{k=\langle N_0 \rangle} X[k] e^{j2\pi kn/N} \tag{7.10}$$

若是時域函數 x[n] 在時間 $n_0 \leq n < n_0 + N$ 是有界的，則總是可以找到諧波函數且本身也是有界，因為它是有界項目的有限相加。

在大部分關於 DFT 的文件中，轉換對可寫成下列形式。

$$\boxed{X[k] = \sum_{n=0}^{N-1} x[n] e^{-j2\pi kn/N}, \quad x[n] = \frac{1}{N} \sum_{k=0}^{N-1} X[k] e^{j2\pi kn/N}} \tag{7.11}$$

在此 x[n] 的起始點是取 $n_0 = 0$，而 X[k] 的起始點是取 $k = 0$。這是在實際上所有電腦語言所用的 DFT 形式。因此在電腦上使用 DFT，使用者必須認知到，電腦回傳的值是，基於假設 N 個值的 x 之向量送到 DFT 去處理的第一個元素是 x[0]。若第一個元素是 $x[n_0]$，$n_0 \neq 0$，則 DFT 結果將有一個額外的相位移 $e^{j2\pi kn_0/N}$。這可以用 $e^{-j2\pi kn_0/N}$ 乘以 DFT 結果做補償。同樣的，若是第一個 X[k] 的值不是在 $k = 0$，反向 DFT 的結果將乘以一個複正弦訊號。

離散傅立葉轉換特性

在表 7.1 中所列的所有特性，$x[n] \xleftrightarrow[N]{\mathcal{DFT}} X[k]$ 與 $y[n] \xleftrightarrow[N]{\mathcal{DFT}} Y[k]$。

若訊號 x[n] 是偶函數且週期性具有週期 N，則其諧波函數為

$$X[k] = \sum_{n=0}^{N-1} x[n] e^{-j2\pi kn/N}$$

若 N 是偶數，

$$X[k] = x[0] + \sum_{n=1}^{N/2-1} x[n] e^{-j2\pi kn/N} + x[N/2] e^{-j\pi k} + \sum_{n=N/2+1}^{N-1} x[n] e^{-j2\pi kn/N}$$

$$X[k] = x[0] + \sum_{n=1}^{N/2-1} x[n] e^{-j2\pi kn/N} + \sum_{n=N-1}^{N/2+1} x[n] e^{-j2\pi kn/N} + (-1)^k x[N/2]$$

已經知道 x 是以週期 N 循環，我們可以在第二個加法中從 n 減去 N

表 7.1 DFT 特性

線性	$\alpha x[n] + \beta y[n] \xleftrightarrow[N]{\mathscr{DFT}} \alpha X[k] + \beta Y[k]$
時間位移	$x[n-n_0] \xleftrightarrow[N]{\mathscr{DFT}} X[k]e^{-j2\pi k n_0/N}$
頻移	$x[n]e^{j2\pi k_0 n/N} \xleftrightarrow[N]{\mathscr{DFT}} X[k-k_0]$
時間反轉	$x[-n] = x[N-n] \xleftrightarrow[N]{\mathscr{DFT}} X[-k] = X[N-k]$
共軛	$x^*[n] \xleftrightarrow[N]{\mathscr{DFT}} X^*[-k] = X^*[N-k]$
⋮	$x^*[-n] = x^*[N-n] \xleftrightarrow[N]{\mathscr{DFT}} X^*[k]$
時間尺度改變	$z[n] = \begin{cases} x[n/m], & n/m \text{ 整數} \\ 0, & \text{其他} \end{cases}$
⋮	$N \to mN, \quad Z[k] = X[k]$
改變週期	$N \to qN, \; q$ a positive integer
⋮	$X_q[k] = \begin{cases} qX[k/q], & k/q \text{ 整數} \\ 0, & \text{其他} \end{cases}$
乘法迴旋對偶	$x[n]y[n] \xleftrightarrow[N]{\mathscr{DFT}} (1/N)Y[k]\circledast X[k]$
⋮	$x[n]\circledast y[n] \xleftrightarrow[N]{\mathscr{DFT}} Y[k]X[k]$
⋮	where $x[n]\circledast y[n] = \sum_{m=\langle N\rangle} x[m]y[n-m]$
巴沙瓦定理	$\dfrac{1}{N}\sum_{n=\langle N\rangle} |x[n]|^2 = \dfrac{1}{N^2}\sum_{k=\langle N\rangle} |X[k]|^2$

$$X[k] = x[0] + \sum_{n=1}^{N/2-1} x[n]e^{-j2\pi kn/N} + \sum_{n=-1}^{-(N/2-1)} x[n]e^{-j2\pi k(n-N)/N} + (-1)^k x[N/2]$$

$$X[k] = x[0] + \sum_{n=1}^{N/2-1} x[n]e^{-j2\pi kn/N} + \underbrace{e^{j2\pi k}}_{=1} \sum_{n=-1}^{-(N/2-1)} x[n]e^{-j2\pi kn/N} + (-1)^k x[N/2]$$

$$X[k] = x[0] + \sum_{n=1}^{N/2-1} (x[n]e^{-j2\pi kn/N} + x[-n]e^{j2\pi kn/N}) + (-1)^k x[N/2]$$

現在,因為 $x[n] = x[-n]$,

$$X[k] = x[0] + 2\sum_{n=1}^{N/2-1} x[n]\cos(2\pi k/N) + (-1)^k x[N/2].$$

所有這些項是實數值,因此 $X[k]$ 也是。一個類似的分析顯示若 N 是奇數,結果也是一樣;$X[k]$ 的值都是實數。同樣的,若 $x[n]$ 是具有週期 N 的奇週期函數,所有 $X[k]$ 的值都是純虛數。

例題 7.1 週期重複方形脈波 1 之 DFT

求 $x[n] = (u[n] - u[n - n_x]) * \delta_{N_0}[n], 0 \leq n_x \leq N_0$ 之 DFT，使用 N_0 為表示時間。

$$(u[n] - u[n - n_x]) * \delta_{N_0}[n] \xleftrightarrow[N_0]{\mathscr{DFT}} \sum_{n=0}^{n_x-1} e^{-j2\pi kn/N_0}$$

將有限幾何級數相加，

$$(u[n] - u[n - n_x]) * \delta_{N_0}[n] \xleftrightarrow[N_0]{\mathscr{DFT}} \frac{1 - e^{-j2\pi kn_x/N_0}}{1 - e^{j2\pi kn/N_0}} = \frac{e^{-j\pi kn_x/N_0}}{e^{-j\pi k/N_0}} \frac{e^{j\pi kn_x/N_0} - e^{-j\pi kn_x/N_0}}{e^{-j\pi k/N_0} - e^{-j\pi k/N_0}}$$

$$(u[n] - u[n - n_x]) * \delta_{N_0}[n] \xleftrightarrow[N_0]{\mathscr{DFT}} e^{-j\pi k(n_x-1)/N_0} \frac{\sin(\pi k n_x/N_0)}{\sin(\pi k/N_0)}, 0 \leq n_x \leq N_0$$

例題 7.2 週期重複方形脈波 2 之 DFT

求 $x[n] = (u[n - n_0] - u[n - n_1]) * \delta_{N_0}[n], 0 \leq n_1 - n_0 \leq N_0$ 之 DFT，使用 N_0 為表示時間。

從例題 7.1 已經知道 DFT 轉換對

$$(u[n] - u[n - n_x]) * \delta_{N_0}[n] \xleftrightarrow[N_0]{\mathscr{DFT}} e^{-j\pi k(n_x-1)/N_0} \frac{\sin(\pi k n_x/N_0)}{\sin(\pi k/N_0)}, 0 \leq n_x \leq N_0$$

若我們使用時間位移定理

$$x[n - n_y] \xleftrightarrow[N]{\mathscr{DFT}} X[k] e^{-j2\pi kn_y/N}$$

對於此結果我們有

$$(u[n - n_y] - u[n - n_y - n_x]) * \delta_{N_0}[n] \xleftrightarrow[N_0]{\mathscr{DFT}} e^{-j\pi k(n_x-1)/N_0} e^{-j2\pi kn_y/N_0} \frac{\sin(\pi k n_x/N_0)}{\sin(\pi k/N_0)}, \ 0 \leq n_x \leq N_0$$

$$(u[n - n_y] - u[n - (n_y + n_x)]) * \delta_{N_0}[n] \xleftrightarrow[N_0]{\mathscr{DFT}} e^{-j\pi k(n_x+2n_y-1)/N_0} \frac{\sin(\pi k n_x/N_0)}{\sin(\pi k/N_0)}, \ 0 \leq n_x \leq N_0$$

現在令 $n_0 = n_y$，且令 $n_1 = n_y + n_x$。

$$(u[n - n_0] - u[n - n_1]) * \delta_{N_0}[n] \xleftrightarrow[N_0]{\mathscr{DFT}} e^{-j\pi k(n_0+n_1-1)/N} \frac{\sin(\pi k(n_1 - n_0)/N_0)}{\sin(\pi k/N_0)}, \ 0 \leq n_1 - n_0 \leq N_0$$

考慮 $n_0 + n_1 = 1$ 之特例。於是

$$u[n - n_0] - u[n - n_1] * \delta_{N_0}[n] \xleftrightarrow[N_0]{\mathscr{DFT}} \frac{\sin(\pi k(n_1 - n_0)/N_0)}{\sin(\pi k/N_0)}, \ n_0 + n_1 = 1$$

這是具有寬度 $n_1 - n_0 = 2n_1 - 1$ 之方形脈波，以 $n = 0$ 為中心之範例。這個與連續時間，週期性重複的脈波形式類似

$$T_0 \text{rect}(t/w) * \delta_{T_0}(t)$$

比較它們的諧波函數，

$$T_0\,\mathrm{rect}(t/w) * \delta_{T_0}(t) \xleftrightarrow[T_0]{\mathscr{FS}} w\,\mathrm{sinc}(wk/T_0) = \frac{\sin(\pi wk/T_0)}{\pi k/T_0}$$

$$u[n-n_0] - u[n-n_1] * \delta_{N_0}[n] \xleftrightarrow[N_0]{\mathscr{DFT}} \frac{\sin(\pi k(n_1-n_0)/N_0)}{\sin(\pi k/N_0)}, \quad n_0 + n_1 = 1$$

諧波函數 $T_0\,\mathrm{rect}(t/w) * \delta_{T_0}(t)$ 是一個 sinc 函數。雖然它並不明顯，$(u[n-n_0] - u[n-n_1]) * \delta_{N_0}[n]$ 的諧波函數是週期性重複的 sinc 函數。

週期性重複之方形脈波之 DFT 諧波函數可以用此結果求到。它也可以用 MATLAB 的 fft 函數以數值的方式求得。這個 MATLAB 程式以兩種方式計算諧波函數，並且畫圖作為比較。相位圖並不相等，但它們只有在相角為 $\pm\pi$ 弧度時有差異且兩個圖相角是相等的。見圖 7.8。所以兩種計算諧波函數的方法是一樣的。

```
N = 16 ;          %   Set fundamental period to 16
n0 = 2 ;          %   Turn on rectangular pulse at n=2
n1 = 7 ;          %   Turn off rectangular pulse at n=7
n = 0:N-1 ;       %   Discrete-time vector for computing x[n] over one
                  %     fundamental period
%   Compute values of x[n] over one fundamental period
x = usD(n-n0) - usD(n-n1) ;    %    usD is a user-written unit sequence function
X = fft(x) ;    %   Compute the DFT harmonic function X[k] of x[n] using "fft"
k = 0:N-1 ;     %   Harmonic number vector for graphing X[k]
%   Compute harmonic function X[k] analytically
Xa = exp(-j*pi*k*(n1+n0)/N)*(n1-n0).*drcl(k/N,n1-n0)./exp(-j*pi*k/N) ;

close all ; figure('Position',[20,20,1200,800]) ;

subplot(2,2,1) ;
ptr = stem(n,abs(X),'k','filled') ; grid on ;
set(ptr,'LineWidth',2,'MarkerSize',4) ;
xlabel('\itk','FontName','Times','FontSize',36) ;
ylabel('|X[{\itk}]|','FontName','Times','FontSize',36) ;
title('fft Result','FontName','Times','FontSize',36) ;
set(gca,'FontName','Times','FontSize',24) ;
subplot(2,2,3) ;
ptr = stem(n,angle(X),'k','filled') ; grid on ;
set(ptr,'LineWidth',2,'MarkerSize',4) ;
xlabel('\itk','FontName','Times','FontSize',36) ;
ylabel('Phase of X[{\itk}]','FontName','Times','FontSize',36) ;
set(gca,'FontName','Times','FontSize',24) ;

subplot(2,2,2) ;
ptr = stem(n,abs(Xa),'k','filled') ; grid on ;
set(ptr,'LineWidth',2,'MarkerSize',4) ;
xlabel('\itk','FontName','Times','FontSize',36) ;
```

```
ylabel('|X[{\itk}]|','FontName','Times','FontSize',36) ;
title('Analytical Result','FontName','Times','FontSize',36) ;
set(gca,'FontName','Times','FontSize',24) ;
subplot(2,2,4) ;
ptr = stem(n,angle(Xa),'k','filled') ; grid on ;
set(ptr,'LineWidth',2,'MarkerSize',4) ;
xlabel('\itk','FontName','Times','FontSize',36) ;
ylabel('Phase of X[{\itk}]','FontName','Times','FontSize',36) ;
set(gca,'FontName','Times','FontSize',24) ;
```

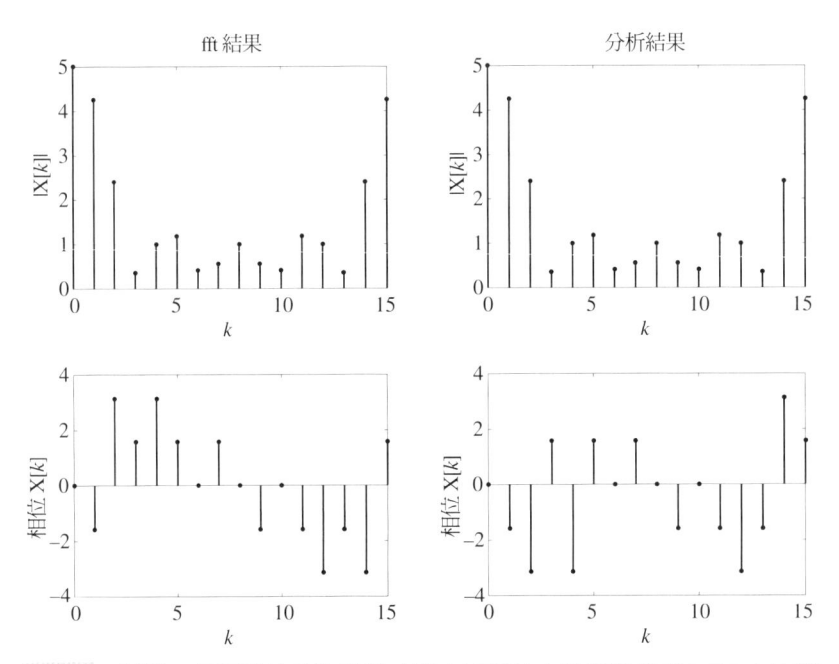

圖 7.8 對於一個週期性重複離散時間方形脈波之數值與解析 DFT 之比較

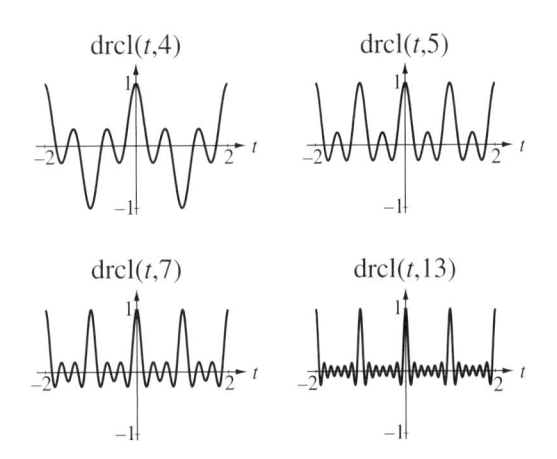

函數形式 $\frac{\sin(\pi Nx)}{N\sin(\pi x)}$（見例題 7.2）很常出現在訊號與系統分析中，所以給一個稱謂為**迪利克雷函數** (Dirichlet functions)（見圖 7.9）。

$$\mathrm{drcl}(t,N) = \frac{\sin(\pi Nt)}{N\sin(\pi t)} \tag{7.12}$$

對於 N 是奇數，與 sinc 函數的相似性很明顯；當 t 是 $1/N$ 的任何整數倍時分子 $\sin(N\pi t)$ 為 0。因此迪利克雷函數在這些點為 0，除非分母也同樣是 0。對於

圖 7.9 在 $N = 4$、5、7 和 13 時的迪利克雷函數

任何整數的 t，分子 $N \sin(\pi t)$ 為 0。因此我們必須使用羅必達法則來評估迪利克雷函數在任何整數值的 t。

$$\lim_{t \to m} \text{drcl}(t,N) = \lim_{t \to m} \frac{\sin(N\pi t)}{N \sin(\pi t)} = \lim_{t \to m} \frac{N\pi \cos(N\pi t)}{N\pi \cos(\pi t)} = \pm 1, \ m \text{ 為整數}$$

若 N 是奇數，迪利克雷函數的極限在 $+1$ 和 -1 之間交替變換。若 N 是偶數，極限都為 $+1$。一個迪利克雷函數的版本是 MATLAB 訊號工具箱中的一部分，函數名稱為 diric，定義如下

$$\text{diric}(x,N) = \frac{\sin(Nx/2)}{N \sin(x/2)}$$

因此

$$\text{drcl}(t,N) = \text{diric}(2\pi t,N)$$

```
%   Function to compute values of the Dirichlet function.
%   Works for vectors or scalars equally well.
%
%   x = sin(N*pi*t)/(N*sin(pi*t))
%
function x = drcl(t,N)
      x = diric(2*pi*t,N) ;


%   Function to implement the Dirichlet function without
%   using the
%   MATLAB diric function. Works for vectors or scalars
%   equally well.
%
%   x = sin(N*pi*t)/(N*sin(pi*t))
%
function x = drcl(t,N),
      num = sin(N*pi*t) ; den = N*sin(pi*t) ;
      I = find(abs(den) < 10*eps) ;
      num(I) = cos(N*pi*t(I)) ; den(I) = cos(pi*t(I)) ;
      x = num./den ;
```

利用迪利克雷函數的定義，例題 7.2 中的 DFT 轉換對能夠寫成

$$(u[n-n_0] - u[n-n_1]) * \delta_N[n] \xleftrightarrow[N]{\mathcal{DFT}} \frac{e^{-j\pi k(n_1+n_0)/N}}{e^{-j\pi k/N}} (n_1 - n_0) \text{drcl}(k/N, n_1 - n_0)$$

表 7.2 顯示一些 DFT 常見的命令。

表 7.2 DFT 轉換對

（對於每一個轉換對，m 是正整數）

$$e^{j2\pi n/N} \xleftrightarrow[mN]{\mathscr{DFT}} mN\delta_{mN}[k-m]$$

$$\cos(2\pi qn/N) \xleftrightarrow[mN]{\mathscr{DFT}} (mN/2)(\delta_{mN}[k-mq]+\delta_{mN}[k+mq])$$

$$\sin(2\pi qn/N) \xleftrightarrow[mN]{\mathscr{DFT}} (jmN/2)(\delta_{mN}[k+mq]-\delta_{mN}[k-mq])$$

$$\delta_N[n] \xleftrightarrow[mN]{\mathscr{DFT}} m\delta_{mN}[k]$$

$$1 \xleftrightarrow[N]{\mathscr{DFT}} N\delta_N[k]$$

$$(\mathrm{u}[n-n_0]-\mathrm{u}[n-n_1])*\delta_N[n] \xleftrightarrow[N]{\mathscr{DFT}} \frac{e^{-j\pi k(n_1+n_0)/N}}{e^{-j\pi k/N}}(n_1-n_0)\mathrm{drcl}(k/N, n_1-n_0)$$

$$\mathrm{tri}(n/N_w)*\delta_N[n] \xleftrightarrow[N]{\mathscr{DFT}} N_w\,\mathrm{drcl}^2(k/N, N_w),\ N_w\ \text{為整數}$$

$$\mathrm{sinc}(n/w)*\delta_N[n] \xleftrightarrow[N]{\mathscr{DFT}} w\mathrm{rect}(wk/N)*\delta_N[k]$$

快速傅立葉轉換

前向 DFT 定義如下

$$X[k]=\sum_{n=0}^{N-1}\mathrm{x}[n]e^{-j2\pi nk/N}$$

一個直接計算 DFT 的方式是利用下列的演算法（用 MATLAB 語法寫），直接完成上述的運算。

```
.
.
.
%   (Acquire the input data in an array x with N elements.)
.
.
.
%
%   Initialize the DFT array to a column vector of zeros.
%
X = zeros(N,1) ;
%
%   Compute the X[k]'s in a nested, double for loop.
%
for k = 0:N-1
        for n = 0:N-1
                X(k+1) = X(k+1) + x(n+1)*exp(-j*2*pi*n*k/N) ;
        end
end
.
.
.
```

表 7.3 對於不同的 N，加法數、乘法數與比值

γ	$N = 2\gamma$	A_{DFT}	M_{DFT}	A_{FFT}	M_{FFT}	A_{DFT}/A_{FFT}	M_{DFT}/M_{FFT}
1	2	2	4	2	1	1	4
2	4	12	16	8	4	1.5	4
3	8	56	64	24	12	2.33	5.33
4	16	240	256	64	32	3.75	8
5	32	992	1024	160	80	6.2	12.8
6	64	4032	4096	384	192	10.5	21.3
7	128	16,256	16,384	896	448	18.1	36.6
8	256	65,280	65,536	2048	1024	31.9	64
9	512	261,632	262,144	4608	2304	56.8	113.8
10	1024	1,047,552	1,048,576	10,240	5120	102.3	204.8

（我們實際上不須撰寫此一 MATLAB 程式，因為 DFT 已經建置在 MATLAB 裡面成為一個內建函數稱為 fft）。

用此演算法計算 DFT 需要 N^2 個複數乘法 - 加法運算。因此，計算量隨著要轉換的輸入向量裡的元素個數之平方增加。在 1965 年，James Cooley[1] 和 John Tukey[2] 將此演算法普及，使其對於長度為 2 的冪次方這種大的輸入陣列，在計算時間上更有效率。這個用來計算 DFT 的演算法被稱為**快速傅立葉轉換** (fast Fourier transform) 或 FFT。

快速傅立葉轉換演算法在計算時間上的減少，相對於上面所提的雙 -for- 迴圈說明於表 7.3。其中 A 是所需要的複數加法而 M 是所需要的複數乘法，下標 DFT 表示直接使用雙 -for- 迴圈的方式，而下標 FFT 表示 FFT 演算法。

當轉換過程中的點數 N 增加時，FFT 的速度優勢就快速的上升。但這個速度改善的因子在 N 不是 2 的冪次方時就不能用。基於這個理由，實際上所有的 DFT 分析用 FFT 來完成時都是使用數據向量長度為 2 的冪次方（在 MATLAB 中若輸入向量長度為 2 的冪次方，MATLAB 函數中使用的演算法 fft 就是剛才所談論的 FFT 演算法）。若是長度不是 2 的冪次方，DFT 仍然可以計算但其速度就不那麼快，因為它必須使用一個較沒效率的演算法。

---

[1] 詹姆斯·顧立 (James Cooley) 在 1961 年於哥倫比亞大學獲得應用數學博士。Cooley 是在數位訊號處理領域的先鋒，與約翰·圖機 (John Tukey) 一起開發快速傅立葉轉換。它經由數學理論與應用來發展 FFT，並且幫忙使它在科學與工程應用上廣泛的被使用來開發演算法。

[2] 約翰·圖機 (John Tukey) 在 1939 年於普林斯頓大學獲得數學博士。他在 1945 至 1970 年間工作於貝爾實驗室，開發了許多目前用在標準統計學上之資料分析、圖表與繪圖的方法。他寫了許多有關於時序分析數位訊號處理等方面的文章，這些在目前的工程與科學上都非常重要。他與詹姆斯·顧立 (James Cooley) 發展快速傅立葉轉換。他最有名在於創造了與 "binary digit" 不同的詞，亦即用於電腦資訊的最小單位的 "bit"。

7.3 離散時間傅立葉轉換

延伸離散傅立葉轉換至非週期訊號

考慮離散時間方形脈波訊號（圖 7.10）。

基於一個週期 ($N = N_0$) 的 DFT 諧波函數是

$$X[k] = (2N_w + 1)\,\text{drcl}(k/N_0, 2N_w + 1)$$

一個取樣後具有基礎週期 N_0 而最大值 $2N_w+1$ 的迪利克雷函數。

為了說明不同的基礎週期 N_0，令 $N_w = 5$，並且在 $N_0 = 22$、44 和 88 時相對於 k 畫出 $X[k]$ 的量值（圖 7.11）。

增加 x[n] 的基礎週期對於 DFT 諧波函數的影響是，用其諧波數 k 為函數展開。所以在 N_0 趨近於無限大的極限時，DFT 的諧波函數週期也趨近於無限大。若函數的週期趨近於無限大時，它再也不是週期性。我們可以將 DFT 諧波函數相對於離散時間循環頻率 k/N_0 作正規化而非用諧波數 k 來作圖。於是 DFT 諧波函數之基礎週期（如圖中所示）總是為 1，而非 N_0（圖 7.12）。

當 N_0 趨近於無限大，$X[k]$ 相鄰間的點之間隔趨近於 0，而離散頻率則變成連續頻率的圖（圖 7.13）。

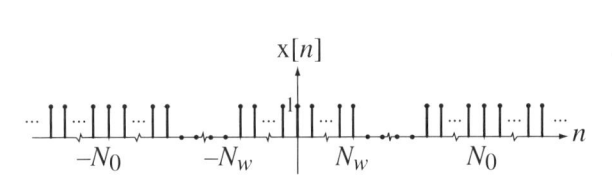

圖 7.10 一般化的離散時間方形脈波訊號

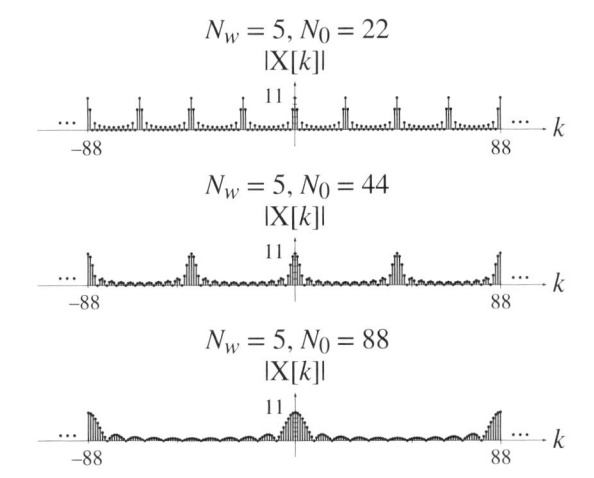

圖 7.11 基礎週期 N_0 對於方波訊號的 DFT 諧波函數量值之影響

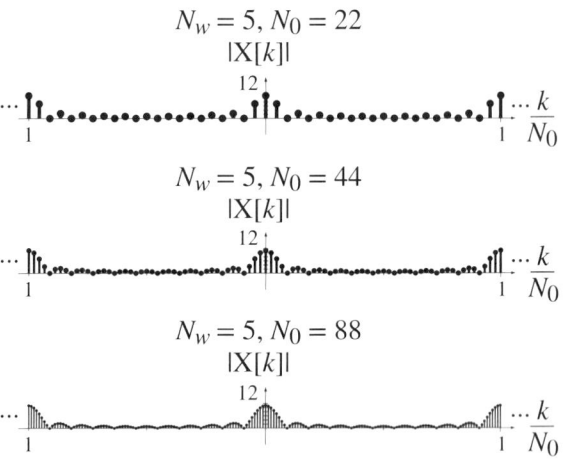

圖 7.12 方波訊號相對於離散時間循環頻率為 k/N_0 而非 k 的 DFT 諧波函數之量值

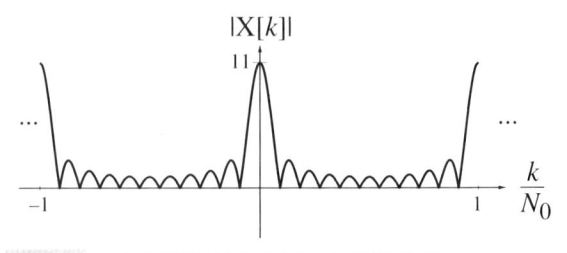

圖 7.13 方波訊號的限制 DFT 諧波函數

推導與定義

解析上延伸 DFT 至非週期性訊號，令 $\Delta F = 1/N_0$，它是一個離散時間循環頻率 F 的有限增量。於是 x[n] 可以寫成 X[k] 的反 DFT，

$$x[n] = \frac{1}{N_0} \sum_{k=\langle N_0 \rangle} X[k] e^{j2\pi kn/N_0} = \Delta F \sum_{k=\langle N_0 \rangle} X[k] e^{j2\pi k \Delta F n}$$

在 DFT 定義中將 X[k] 取代成加法的表示法

$$x[n] = \Delta F \sum_{k=\langle N_0 \rangle} \left(\sum_{m=0}^{N_0-1} x[m] e^{-j2\pi k \Delta F m} \right) e^{j2k\pi \Delta F n}$$

（在 X[k] 中，表示法裡的加法指標 n 改成 m，以避免與 x[n] 中的 n 造成混淆，因為它們為獨立變數。）因為 x[n] 是具有基礎週期 N_0 的週期性訊號，內圈加法可以經過任何週期，且前一個式子可以寫成

$$x[n] = \sum_{k=\langle N_0 \rangle} \left(\sum_{m=\langle N_0 \rangle} x[m] e^{-j2\pi k \Delta F m} \right) e^{j2\pi k \Delta F n} \Delta F$$

令內圈加法的範圍在 N_0 是偶數時為 $-N_0/2 \le m < N_0/2$，或在 N_0 是奇數時為 $-(N_0-1)/2 \le m < (N_0+1)/2$。外圈加法是經由具有寬度 N_0 的 k 之任意範圍，因此它的範圍為 $k_0 \le k < k_0 + N_0$。於是

$$x[n] = \sum_{k=k_0}^{k_0+N_0-1} \left(\sum_{m=-N_0/2}^{N_0/2-1} x[m] e^{-j2\pi k \Delta F m} \right) e^{j2\pi k \Delta F n} \Delta F, \quad N_0 \text{ 為偶數} \tag{7.13}$$

或

$$x[n] = \sum_{k=k_0}^{k_0+N_0-1} \left(\sum_{m=-(N_0-1)/2}^{(N_0-1)/2} x[m] e^{-j2\pi k \Delta F m} \right) e^{j2\pi k \Delta F n} \Delta F, \quad N_0 \text{ 為奇數} \tag{7.14}$$

現在令 DFT 基礎週期 N_0 趨近於無限大。在此極限下會發生許多事：

1. ΔF 趨近微分離散時間頻率 dF。
2. $k\Delta F$ 變成離散時間頻率 F，一個獨立變數，因為 ΔF 趨近 dF。
3. 在 $F = k\Delta F$ 時加法趨近於積分。此加法涵蓋 $k_0 \le k < k_0 + N_0$ 之範圍。它所趨近之（侷限的）積分之相同範圍可以利用 $F = kdF = k/N_0$ 找到。將諧波函數範圍 $k_0 \le k < k_0 + N_0$ 除以 N_0，可將其轉移至離散時間頻率範圍 $F_0 \le F < F_0 + 1$，其中 F_0 是任意的，因為 k_0 是任意的。由於 N_0 趨近於無限大，內圈加法涵蓋一個無限的範圍。

於是在此極限下，(7.13) 和 (7.14) 式兩者變成

$$\mathrm{x}[n] = \int_1 \underbrace{\left(\sum_{m=-\infty}^{\infty} \mathrm{x}[m]e^{-j2\pi Fm}\right)}_{=\mathcal{F}(\mathrm{x}[m])} e^{j2\pi Fn} dF$$

相等的弧度頻率形式為

$$\mathrm{x}[n] = \frac{1}{2\pi} \int_{2\pi} \left(\sum_{m=-\infty}^{\infty} \mathrm{x}[m]e^{-j\Omega m}\right) e^{j\Omega n} d\Omega$$

其中 $\Omega = 2\pi F$ 且 $dF = d\Omega/2\pi$。這些結果稱為**離散時間傅立葉轉換** (discrete-time Fourier transform, DTFT) 如下：

$$\mathrm{x}[n] = \int_1 \mathrm{X}(F)e^{j2\pi Fn}dF \overset{\mathcal{F}}{\longleftrightarrow} \mathrm{X}(F) = \sum_{n=-\infty}^{\infty} \mathrm{x}[n]e^{-j2\pi Fn}$$

或

$$\mathrm{x}[n] = (1/2\pi)\int_{2\pi} \mathrm{X}(e^{j\Omega})e^{j\Omega n}d\Omega \overset{\mathcal{F}}{\longleftrightarrow} \mathrm{X}(e^{j\Omega}) = \sum_{n=-\infty}^{\infty} \mathrm{x}[n]e^{-j\Omega n}$$

表 7.4 為對於一些基本簡單訊號的一些 DTFT 轉換對。

在此我們遇到在第 6 章中推導 CTFT 所遇到的同樣表示法之決定。$\mathrm{X}(F)$ 由 $\mathrm{X}(F) = \sum_{n=-\infty}^{\infty} \mathrm{x}[n]e^{-j2\pi Fn}$ 定義，與 $\mathrm{X}(e^{j\Omega})$ 由 $\mathrm{X}(e^{j\Omega}) = \sum_{n=-\infty}^{\infty} \mathrm{x}[n]e^{-j\Omega n}$ 定義，但兩個 X 實際在數學上是不同的函數，因為 $\mathrm{X}(e^{j\Omega}) \neq \mathrm{X}(F)_{F \to e^{j\Omega}}$。此處的決定與第 6 章所得到的類似。同樣的理由，我們在此將使用 $\mathrm{X}(F)$ 與 $\mathrm{X}(e^{j\Omega})$ 之形式。使用 $\mathrm{X}(e^{j\Omega})$ 而非 $\mathrm{X}(\Omega)$ 之簡單形式的動機是為了維持隨後在第 9 章將提到的 DTFT 和 z 轉換有一致性的函數定義。

表 7.4 直接由定義所推導的一些 DTFT 轉換對

$$\delta[n] \overset{\mathcal{F}}{\longleftrightarrow} 1$$

$$\alpha^n \mathrm{u}[n] \overset{\mathcal{F}}{\longleftrightarrow} \frac{e^{j\Omega}}{e^{j\Omega}-\alpha} = \frac{1}{1-\alpha e^{-j\Omega}}, |\alpha| < 1, \qquad -\alpha^n \mathrm{u}[-n-1] \overset{\mathcal{F}}{\longleftrightarrow} \frac{e^{j\Omega}}{e^{j\Omega}-\alpha} = \frac{1}{1-\alpha e^{-j\Omega}}, |\alpha| > 1$$

$$n\alpha^n \mathrm{u}[n] \overset{\mathcal{F}}{\longleftrightarrow} \frac{\alpha e^{j\Omega}}{(e^{j\Omega}-\alpha)^2} = \frac{\alpha e^{-j\Omega}}{(1-\alpha e^{-j\Omega})^2}, |\alpha| < 1, \qquad -n\alpha^n \mathrm{u}[-n-1] \overset{\mathcal{F}}{\longleftrightarrow} \frac{\alpha e^{j\Omega}}{(e^{j\Omega}-\alpha)^2} = \frac{\alpha e^{-j\Omega}}{(1-\alpha e^{-j\Omega})^2}, |\alpha| > 1$$

$$\alpha^n \sin(\Omega_0 n) \mathrm{u}[n] \overset{\mathcal{F}}{\longleftrightarrow} \frac{e^{j\Omega}\alpha\sin(\Omega_0)}{e^{j2\Omega}-2\alpha e^{j\Omega}\cos(\Omega_0)+\alpha^2}, |\alpha| < 1, \quad -\alpha^n \sin(\Omega_0 n) \mathrm{u}[-n-1] \overset{\mathcal{F}}{\longleftrightarrow} \frac{e^{j\Omega}\alpha\sin(\Omega_0)}{e^{j2\Omega}-2\alpha e^{j\Omega}\cos(\Omega_0)+\alpha^2}, |\alpha| > 1$$

$$\alpha^n \cos(\Omega_0 n) \mathrm{u}[n] \overset{\mathcal{F}}{\longleftrightarrow} \frac{e^{j\Omega}[e^{j\Omega}-\alpha\cos(\Omega_0)]}{e^{j2\Omega}-2\alpha e^{j\Omega}\cos(\Omega_0)+\alpha^2}, |\alpha| < 1, \quad -\alpha^n \cos(\Omega_0 n) \mathrm{u}[-n-1] \overset{\mathcal{F}}{\longleftrightarrow} \frac{e^{j\Omega}[e^{j\Omega}-\alpha\cos(\Omega_0)]}{e^{j2\Omega}-2\alpha e^{j\Omega}\cos(\Omega_0)+\alpha^2}, |\alpha| > 1$$

$$\alpha^{|n|} \overset{\mathcal{F}}{\longleftrightarrow} \frac{e^{j\Omega}}{e^{j\Omega}-\alpha} - \frac{e^{j\Omega}}{e^{j\Omega}-1/\alpha}, \quad |\alpha| < 1$$

一般性 DTFT

就如同我們在連續時間所看到的，在離散時間有一些重要的實用訊號，嚴格來講它們沒有 DTFT。但是因為這些訊號如此重要，DTFT 就一般化來包含它們。考慮常數 $x[n] = A$ 之 DTFT。

$$X(F) = \sum_{n=-\infty}^{\infty} Ae^{-j2\pi Fn} = A \sum_{n=-\infty}^{\infty} e^{-j2\pi Fn}$$

此級數沒有收斂。因此嚴格講起來 DTFT 不存在。我們面對了一個與 CTFT 一樣的類似情況，而發現到一個常數的一般化 CTFT 是一個在 $f = 0$ 或 $\omega = 0$ 的脈衝。因為 CTFT 和 DTFT 的緊密關聯，我們可能期望對於一個常數 DTFT 有類似的結果。但所有的 DTFT 必須是週期性。所以週期性的脈衝是一個合理的選擇。令訊號 $x[n]$ 有一個 DTFT 為 $A\delta_1(F)$，於是可以用反 DTFT 求 $x[n]$。

$$x[n] = \int_1 A\delta_1(F)e^{j2\pi Fn}dF = A\int_{-1/2}^{1/2} \delta(F)e^{j2\pi Fn}dF = A$$

這樣建立了 DTFT 轉換對

$$A \xleftrightarrow{\mathcal{F}} A\delta_1(F) \quad \text{或} \quad A \xleftrightarrow{\mathcal{F}} 2\pi A\delta_{2\pi}(\Omega)$$

若是我們一般化成形式 $A\delta_1(F - F_0), -1/2 < F_0 < 1/2$ 可以得到

$$x[n] = \int_1 A\delta_1(F - F_0)e^{j2\pi Fn}dF = A\int_{-1/2}^{1/2} \delta(F - F_0)e^{j2\pi Fn}dF = Ae^{j2\pi F_0 n}$$

於是，若 $x[n] = A\cos(2\pi F_0 n) = (A/2)(e^{j2\pi F_0 n} + e^{-j2\pi F_0 n})$，我們可以得到 DTFT 轉換對

$$A\cos(2\pi F_0 n) \xleftrightarrow{\mathcal{F}} (A/2)[\delta_1(F - F_0) + \delta_1(F + F_0)]$$

或

$$A\cos(\Omega_0 n) \xleftrightarrow{\mathcal{F}} \pi A[\delta_1(\Omega - \Omega_0) + \delta_1(\Omega + \Omega_0)]$$

利用一個類似的過程，我們也可以推導 DTFT 轉換對

$$A\sin(2\pi F_0 n) \xleftrightarrow{\mathcal{F}} (jA/2)[\delta_1(F + F_0) - \delta_1(F - F_0)]$$

或

$$A\sin(\Omega_0 n) \xleftrightarrow{\mathcal{F}} jA[\delta_1(\Omega + \Omega_0) - \delta_1(\Omega - \Omega_0)]$$

現在我們可以延伸 DTFT 轉換對的表格來包含一些有用的函數（表 7.5）。

表 7.5 更多的 DTFT 轉換對

$$\delta[n] \xleftrightarrow{\mathcal{F}} 1$$

$$u[n] \xleftrightarrow{\mathcal{F}} \frac{1}{1-e^{-j2\pi F}} + (1/2)\delta_1(F), \qquad u[n] \xleftrightarrow{\mathcal{F}} \frac{1}{1-e^{-j\Omega}} + \pi\delta_1(\Omega)$$

$$\mathrm{sinc}(n/w) \xleftrightarrow{\mathcal{F}} w\,\mathrm{rect}(wF) * \delta_1(F), \qquad \mathrm{sinc}(n/w) \xleftrightarrow{\mathcal{F}} w\,\mathrm{rect}(w\Omega/2\pi) * \delta_{2\pi}(\Omega)$$

$$\mathrm{tri}(n/w) \xleftrightarrow{\mathcal{F}} w\,\mathrm{drcl}^2(F,w), \qquad \mathrm{tri}(n/w) \xleftrightarrow{\mathcal{F}} w\,\mathrm{drcl}^2(\Omega/2\pi,w)$$

$$1 \xleftrightarrow{\mathcal{F}} \delta_1(F), \qquad 1 \xleftrightarrow{\mathcal{F}} 2\pi\delta_{2\pi}(\Omega)$$

$$\delta_{N_0}[n] \xleftrightarrow{\mathcal{F}} (1/N_0)\delta_{1/N_0}(F), \qquad \delta_{N_0}[n] \xleftrightarrow{\mathcal{F}} (2\pi/N_0)\delta_{2\pi/N_0}(\Omega)$$

$$\cos(2\pi F_0 n) \xleftrightarrow{\mathcal{F}} (1/2)[\delta_1(F-F_0)+\delta_1(F+F_0)], \qquad \cos(\Omega_0 n) \xleftrightarrow{\mathcal{F}} \pi[\delta_{2\pi}(\Omega-\Omega_0)+\delta_{2\pi}(\Omega+\Omega_0)]$$

$$\sin(2\pi F_0 n) \xleftrightarrow{\mathcal{F}} (j/2)[\delta_1(F+F_0)-\delta_1(F-F_0)], \qquad \sin(\Omega_0 n) \xleftrightarrow{\mathcal{F}} j\pi[\delta_{2\pi}(\Omega+\Omega_0)-\delta_{2\pi}(\Omega-\Omega_0)]$$

$$u[n-n_0]-u[n-n_1] \xleftrightarrow{\mathcal{F}} \frac{e^{j2\pi F}}{e^{j2\pi F}-1}(e^{-j2\pi n_0 F}-e^{-j2\pi n_1 F}) = \frac{e^{-j\pi F(n_0+n_1)}}{e^{-j\pi F}}(n_1-n_0)\mathrm{drcl}(F, n_1-n_0)$$

$$u[n-n_0]-u[n-n_1] \xleftrightarrow{\mathcal{F}} \frac{e^{j\Omega}}{e^{j\Omega}-1}(e^{-jn_0\Omega}-e^{-jn_1\Omega}) = \frac{e^{-j\Omega(n_0+n_1)/2}}{e^{-j\Omega/2}}(n_1-n_0)\mathrm{drcl}(\Omega/2\pi, n_1-n_0)$$

離散時間傅立葉轉換收斂性

DTFT 收斂情形簡單的如在下式之加法裏

$$X(F) = \sum_{n=-\infty}^{\infty} x[n]e^{-j2\pi Fn} \quad \text{或} \quad X(e^{j\Omega}) = \sum_{n=-\infty}^{\infty} x[n]e^{-j\Omega n} \tag{7.15}$$

為實際收斂。若

$$\sum_{n=-\infty}^{\infty} |x[n]| < \infty \tag{7.16}$$

它將收斂。若 DTFT 函數有界，反轉換為

$$x[n] = \int_1 X(F)e^{j2\pi Fn}dF \quad \text{或} \quad x[n] = \frac{1}{2\pi}\int_{2\pi} X(e^{j\Omega})e^{j\Omega n}d\Omega \tag{7.17}$$

因為積分區間是有限的，總是會收斂。

DTFT 特性

令 x[n] 和 y[n] 兩個訊號的 DTFT 為 X(F) 和 Y(F) 或是 $X(e^{j\Omega})$ 與 $Y(e^{j\Omega})$。則可應用表 7.6 的特性。

在特性中

$$x[n]y[n] \xleftrightarrow{\mathcal{F}} (1/2\pi)X(e^{j\Omega}) \circledast Y(e^{j\Omega})$$

表 7.6 DTFT 特性

$$\alpha x[n] + \beta y[n] \xleftrightarrow{\mathcal{F}} \alpha X(F) + \beta Y(F), \qquad \alpha x[n] + \beta y[n] \xleftrightarrow{\mathcal{F}} \alpha X(e^{j\Omega}) + \beta Y(e^{j\Omega})$$

$$x[n - n_0] \xleftrightarrow{\mathcal{F}} e^{-j2\pi F n_0} X(F), \qquad x[n - n_0] \xleftrightarrow{\mathcal{F}} e^{-j\Omega n_0} X(e^{j\Omega})$$

$$e^{j2\pi F_0 n} x[n] \xleftrightarrow{\mathcal{F}} X(F - F_0), \qquad e^{j\Omega_0 n} x[n] \xleftrightarrow{\mathcal{F}} X(e^{j(\Omega - \Omega_0)})$$

$$\text{If } z[n] = \begin{cases} x[n/m], & n/m \text{ 是一個整數} \\ 0, & \text{其他} \end{cases}, \text{ 則 } z[n] \xleftrightarrow{\mathcal{F}} X(mF) \text{ 或 } z[n] \xleftrightarrow{\mathcal{F}} X(e^{jm\Omega})$$

$$x^*[n] \xleftrightarrow{\mathcal{F}} X^*(-F), \qquad x^*[n] \xleftrightarrow{\mathcal{F}} X^*(e^{-j\Omega})$$

$$x[n] - x[n-1] \xleftrightarrow{\mathcal{F}} (1 - e^{-j2\pi F}) X(F), \qquad x[n] - x[n-1] \xleftrightarrow{\mathcal{F}} (1 - e^{-j\Omega}) X(e^{j\Omega})$$

$$\sum_{m=-\infty}^{n} x[m] \xleftrightarrow{\mathcal{F}} \frac{X(F)}{1 - e^{-j2\pi F}} + \frac{1}{2} X(0) \delta_1(F), \qquad \sum_{m=-\infty}^{n} x[m] \xleftrightarrow{\mathcal{F}} \frac{X(e^{j\Omega})}{1 - e^{-j\Omega}} + \pi X\left(\underbrace{e^{j0}}_{=1}\right) \delta_{2\pi}(\Omega)$$

$$x[-n] \xleftrightarrow{\mathcal{F}} X(-F), \qquad x[-n] \xleftrightarrow{\mathcal{F}} X(e^{-j\Omega})$$

$$x[n] * y[n] \xleftrightarrow{\mathcal{F}} X(F) Y(F), \qquad x[n] * y[n] \xleftrightarrow{\mathcal{F}} X(e^{j\Omega}) Y(e^{j\Omega})$$

$$x[n]y[n] \xleftrightarrow{\mathcal{F}} X(F) \circledast Y(F), \qquad x[n]y[n] \xleftrightarrow{\mathcal{F}} (1/2\pi) X(e^{j\Omega}) \circledast Y(e^{j\Omega})$$

$$\sum_{n=-\infty}^{\infty} e^{j2\pi F n} = \delta_1(F), \qquad \sum_{n=-\infty}^{\infty} e^{j\Omega n} = 2\pi \delta_{2\pi}(\Omega)$$

$$\sum_{-\infty}^{\infty} |x[n]|^2 = \int_1 |X(F)|^2 dF, \qquad \sum_{-\infty}^{\infty} |x[n]|^2 = (1/2\pi) \int_{2\pi} |X(e^{j\Omega})|^2 d\Omega$$

運算子 $\circledast$ 表示為在第 6 章中首先提到的週期性迴旋。在此情形下

$$X(e^{j\Omega}) \circledast Y(e^{j\Omega}) = \int_{2\pi} X(e^{j\Phi}) Y(e^{j(\Omega - \Phi)}) d\Phi$$

例題 7.3　兩個週期位移方波之反 DTFT

求出並畫出下式之反向 DTFT

$$X(F) = [\text{rect}(50(F - 1/4)) + \text{rect}(50(F + 1/4))] * \delta_1(F)$$

（圖 7.14）。

我們可以從表內的項目 $\text{sinc}(n/w) \xleftrightarrow{\mathcal{F}} w\text{rect}(wF) * \delta_1(F)$ 或在此例中 $(1/50)\text{sinc}(n/50) \xleftrightarrow{\mathcal{F}} \text{rect}(50F) * \delta_1(F)$ 開始。現在應用頻移特性 $e^{j2\pi F_0 n} x[n] \xleftrightarrow{\mathcal{F}} X(F - F_0)$，

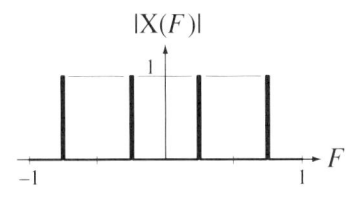

$$e^{j\pi n/2}(1/50)\text{sinc}(n/50) \xleftrightarrow{\mathcal{F}} \text{rect}(50(F - 1/4)) * \delta_1(F) \tag{7.18}$$

或

$$e^{-j\pi n/2}(1/50)\text{sinc}(n/50) \xleftrightarrow{\mathcal{F}} \text{rect}(50(F + 1/4)) * \delta_1(F) \tag{7.19}$$

圖 7.14　$X(F)$ 之量值

（記住，當兩個函數做迴旋，將其中一個但不是同時來做位移，則是會將迴旋位移一個同樣的量。）最後，結合 (7.18) 式與 (7.19) 式做簡化，

$$(1/25)\,\text{sinc}(n/50)\cos(\pi n/2) \xleftrightarrow{\mathscr{F}} [\text{rect}(50(F-1/4)) + \text{rect}(50(F+1/4))] * \delta_1(F)$$

因為離散時間與連續時間的差異，在 DTFT 中的時間尺度改變與 CTFT 中的時間尺度改變會有很大的不同。令 $z[n] = x[an]$。若 a 不是一個整數，一些 $z[n]$ 的值未作定義就無法找到它的 DTFT。若 a 是整數且大於 1，一些 $x[n]$ 的值因為改變取樣就不會在 $z[n]$ 中出現，因此 $x[n]$ 與 $z[n]$ 的 DTFT 間就無法有一個獨特的關係（圖 7.15）。

在圖 7.15 中，$x_1[n]$ 和 $x_2[n]$ 是不同的訊號，但是在偶數 n 時具有相同的值。它們之中任一個，若以 2 的倍數改變取樣，則得到同樣的取樣訊號 $z[n]$。因此，一個訊號的 DTFT 和與一個此訊號取樣後的版本並無獨特的相關，而且針對此種時間尺度改變，找不到時間尺度改變特性。然而，若 $z[n]$ 是 $x[n]$ 的一個時間擴展版本，在 $x[n]$ 的值之間插入 0 來形成，存在一個 $x[n]$ 與 $z[n]$ 之間的獨特關係。令

$$z[n] = \begin{cases} x[n/m], & n/m \text{ 是一個整數} \\ 0, & \text{其他} \end{cases}$$

其中 m 是整數。於是 $Z(e^{j\Omega}) = X(e^{jm\Omega})$ 而 DTFT 的時間尺度改變特性為

$$\text{若 } z[n] = \begin{cases} x[n/m], & n/m \text{ 是一個整數} \\ 0, & \text{其他} \end{cases}, \text{ 則 } \begin{cases} z[n] \xleftrightarrow{\mathscr{F}} X(mF) \\ z[n] \xleftrightarrow{\mathscr{F}} X(e^{jm\Omega}) \end{cases} \tag{7.20}$$

這些結果也可以解讀為頻率-尺度改變特性。給定一個 DTFT $X(e^{j\Omega})$，若將 Ω 尺度改變至 $m\Omega$ 且 $m \geq 1$，在時域的效應是在 $x[n]$ 的點之間插入 $m-1$ 個 0。在頻域唯一可做的尺度改變是壓縮，且其因數只能是整數。這是必要的，因為所有的 DTFT 必須在 Ω 上具有一個週期（不一定是基礎週期）2π。

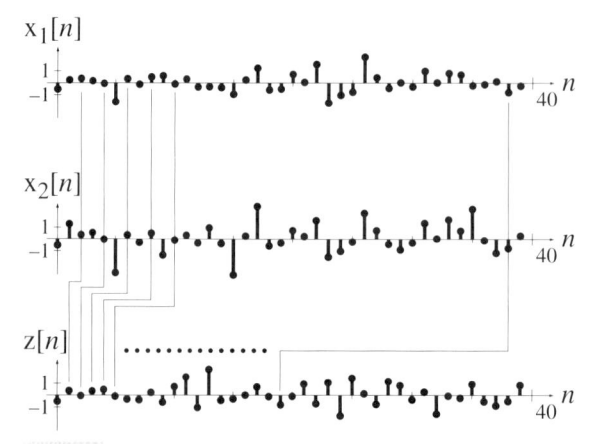

圖 7.15　兩個不同訊號以 2 的倍數改變取樣而得到相同的訊號

例題 7.4　週期脈衝之 DTFT 的一般性表示法

給定 DTFT 轉換對 $1 \xleftrightarrow{\mathscr{F}} 2\pi\delta_{2\pi}(\Omega)$，使用時間尺度改變特性來求 $\delta_{N_0}[n]$ 之 DTFT 的一般性表示法。

常數 1 可以表示為 $\delta_1[n]$。週期脈衝 $\delta_{N_0}[n]$ 是 $\delta_1[n]$ 以整數 N_0 做的時間尺度改變。亦即

$$\delta_{N_0}[n] = \begin{cases} \delta_1[n/N_0], & n/N_0 \text{ 是一個整數} \\ 0, & \text{其他} \end{cases}$$

因此，從 (7.20) 式

$$\delta_{N_0}[n] \xleftrightarrow{\mathscr{F}} 2\pi\delta_{2\pi}(N_0\Omega) = (2\pi/N_0)\delta_{2\pi/N_0}(\Omega)$$

對於離散時間系統與連續時間系統而言，訊號與系統分析中的乘法迴旋對偶之涵義是一樣的。系統的響應是激發與脈衝響應的迴旋。在頻域中，對等的說法是系統響應的 DTFT 為激發之 DTFT 與頻率響應 DTFT（亦即脈衝響應之 DTFT）二者的乘積。

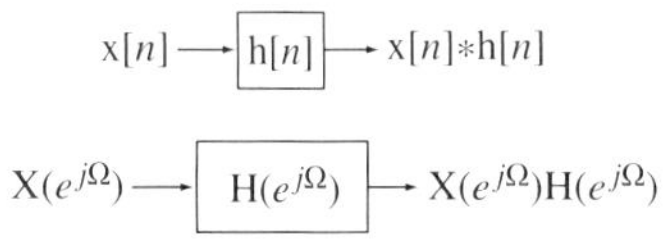

圖 7.16　時域的迴旋與頻域的相乘是相等的

系統串聯的涵義也是一樣的（圖 7.17）。

若激發是一個正弦訊號形式 $x[n] = A\cos(2\pi n/N_0 + \theta)$，於是

$$X(e^{j\Omega}) = \pi A[\delta_{2\pi}(\Omega - \Omega_0) + \delta_{2\pi}(\Omega + \Omega_0)]e^{j\theta\Omega/\Omega_0}$$

其中 $\Omega_0 = 2\pi/N_0$。於是

$$Y(e^{j\Omega}) = X(e^{j\Omega})H(e^{j\Omega}) = H(e^{j\Omega}) \times \pi A[\delta_{2\pi}(\Omega - \Omega_0) + \delta_{2\pi}(\Omega + \Omega_0)]e^{j\theta\Omega/\Omega_0}$$

利用脈衝的相等特性、DTFT 的週期性，以及 CTFT 共軛特性，

$$Y(e^{j\Omega}) = \pi A\left[H(e^{j\Omega_0})\delta_{2\pi}(\Omega - \Omega_0) + \underbrace{H(e^{-j\Omega_0})}_{=H^*(e^{j\Omega_0})}\delta_{2\pi}(\Omega + \Omega_0)\right]e^{j\theta\Omega/\Omega_0}$$

$$Y(e^{j\Omega}) = \pi A \begin{Bmatrix} \text{Re}(H(e^{j\Omega_0}))[\delta_{2\pi}(\Omega - \Omega_0) + \delta_{2\pi}(\Omega + \Omega_0)] \\ + j\,\text{Im}(H(e^{j\Omega_0}))[\delta_{2\pi}(\Omega - \Omega_0) - \delta_{2\pi}(\Omega + \Omega_0)] \end{Bmatrix} e^{j\theta\Omega/\Omega_0}$$

$$y[n] = A[\text{Re}(H(e^{j\Omega_0}))\cos(2\pi n/N_0 + \theta) - \text{Im}(H(e^{j\Omega_0}))\sin(2\pi n/N_0 + \theta)]$$

$$y[n] = A\left|H(e^{j2\pi/N_0})\right|\cos(2\pi n/N_0 + \theta + \sphericalangle H(e^{j2\pi/N_0}))$$

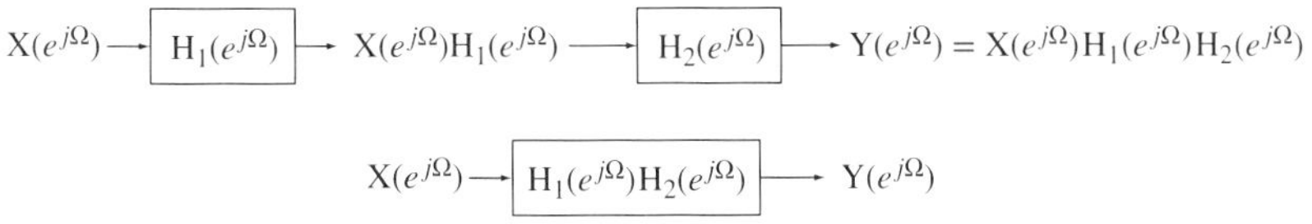

圖 7.17　系統的串聯

例題 7.5 系統的頻率響應

畫出圖 7.18 系統的頻率響應之量值與相位。若系統由訊號 x[n] = sin($\Omega_0 n$) 激發，求出並畫出 y[n] 在 $\Omega_0 = \pi/4, \pi/2, 3\pi/4$ 時之響應。

描述此系統的差分方程式為 y[n] + 0.7y[n − 1] = x[n] 而脈衝響應是 h[n] = (−0.7)^{n}u[n]。頻率響應是脈衝響應的傅立葉轉換。我們可以用 DTFT 轉換對

$$\alpha^n u[n] \xleftrightarrow{\mathscr{F}} \frac{1}{1 - \alpha e^{-j\Omega}}$$

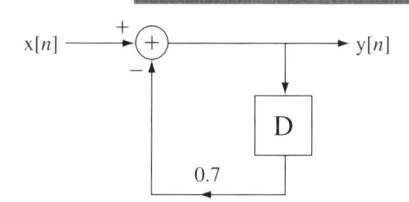

圖 7.18 一個離散時間系統

來得到

$$h[n] = (-0.7)^n u[n] \xleftrightarrow{\mathscr{F}} H(e^{j\Omega}) = \frac{1}{1 + 0.7e^{-j\Omega}}$$

因為是在 Ω 上具有週期 2π 的頻率響應，在 $-\pi \leq \Omega < \pi$ 的範圍將可以顯示所有頻率響應的行為。在 $\Omega = 0$ 時，頻率響應為 $H(e^{j0}) = 0.5882$。在 $\Omega = \pm\pi$ 時，頻率響應為 $H(e^{\pm j\pi}) = 3.333$。在 $\Omega = \Omega_0$ 的響應為

$$y[n] = |H(e^{j\Omega_0})|\sin(\Omega_0 n + \measuredangle H(e^{j\Omega_0}))$$

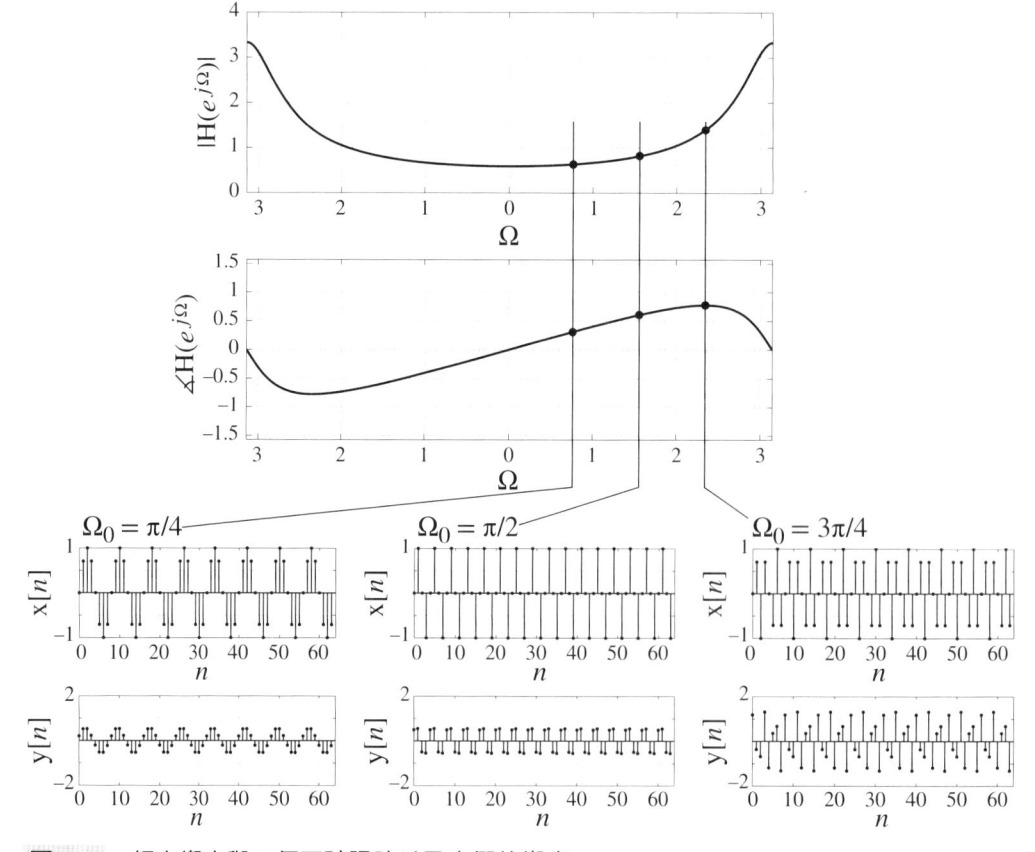

圖 7.19 頻率響應與 3 個正弦訊號以及它們的響應

例題 7.6　sinc 訊號之訊號能量

求 $x[n] = (1/5)\mathrm{sinc}(n/100)$ 之訊號能量。

一個訊號之訊號能量定義如下

$$E_x = \sum_{n=-\infty}^{\infty} |x[n]|^2$$

但是我們可以利用巴沙瓦定理避免進行複雜的無窮加法。$x[n]$ 的 DTFT 可以開始經由傅立葉轉換對求得

$$\mathrm{sinc}(n/w) \xleftrightarrow{\mathscr{F}} w\,\mathrm{rect}(wF) * \delta_1(F)$$

接著應用線性定理形成

$$(1/5)\mathrm{sinc}(n/100) \xleftrightarrow{\mathscr{F}} 20\,\mathrm{rect}(100F) * \delta_1(F)$$

巴沙瓦定理為

$$\sum_{n=-\infty}^{\infty} |x[n]|^2 = \int_1 |X(F)|^2 dF \quad 1$$

因此訊號能量為

$$E_x = \int_1 |20\,\mathrm{rect}(100F) * \delta_1(F)|^2 dF = \int_{-\infty}^{\infty} |20\,\mathrm{rect}(100F)|^2 dF$$

或

$$E_x = 400 \int_{-1/200}^{1/200} dF = 4$$

例題 7.7　週期重複方波之反向 DTFT

利用 DTFT 的定義，找出 $X(F) = \mathrm{rect}(wF) * \delta_1(F)$, $w > 1$ 之反向 DTFT。

$$x[n] = \int_1 X(F) e^{j2\pi Fn} dF = \int_1 \mathrm{rect}(wF) * \delta_1(F) e^{j2\pi Fn} dF$$

因為我們可以選擇於 F 中寬度為 1 之任何區間積分，讓我們選擇最簡單的

$$x[n] = \int_{-1/2}^{1/2} \mathrm{rect}(wF) * \delta_1(F) e^{j2\pi Fn} dF$$

在此積分區間中，只有一個寬度為 $1/w$（因為 $w > 1$）之方波函數，且

$$x[n] = \int_{-1/2w}^{1/2w} e^{j2\pi Fn} dF = 2\int_0^{1/2w} \cos(2\pi Fn) dF = \frac{\sin(\pi n/w)}{\pi n} = \frac{1}{w}\mathrm{sinc}\left(\frac{n}{w}\right) \quad (7.21)$$

從此結果中我們可以建立便利的 DTFT 轉換對（出現在 DTFT 轉換對的列表中），

$$\mathrm{sinc}(n/w) \xleftrightarrow{\mathscr{F}} w\,\mathrm{rect}(wF) * \delta_1(F), \quad w > 1$$

或

$$\text{sinc}(n/w) \xleftrightarrow{\mathscr{F}} w \sum_{k=-\infty}^{\infty} \text{rect}(w(F-k)), \quad w > 1$$

或，以弧度頻率的形式，使用迴旋定理，

$$y(t) = x(t) * h(t) \Rightarrow y(at) = |a|x(at) * h(at)$$

我們得到

$$\text{sinc}(n/w) \xleftrightarrow{\mathscr{F}} w\text{rect}(w\Omega/2\pi) * \delta_{2\pi}(\Omega), \quad w > 1$$

或

$$\text{sinc}(n/w) \xleftrightarrow{\mathscr{F}} w \sum_{k=-\infty}^{\infty} \text{rect}(w(\Omega - 2\pi k)/2\pi), \quad w > 1$$

（雖然這些傅立葉轉換對是在 $w > 1$ 之情況下所推導，以使得反向積分 (7.21) 式簡單化，它們在 $w \leq 1$ 下也是正確的。）

數值計算離散時間傅立葉轉換

DTFT 定義為 $X(F) = \sum_{n=-\infty}^{\infty} x[n]e^{-j2\pi Fn}$ 而 DFT 定義為 $X[k] = \sum_{n=0}^{N-1} x[n]e^{-j2\pi kn/N}$。若訊號 $x[n]$ 是因果性且時限，DTFT 中的加法是經由一個以 $n = 0$ 為開始的有限範圍 n 值。我們可設定此 N 值，以 $N - 1$ 為這個有限涵蓋範圍下的最後一個 n 值。於是

$$X(F) = \sum_{n=0}^{N-1} x[n]e^{-j2\pi Fn}$$

若我們改變變數 $F \to k/N$ 時，可以得到

$$X(F)_{F \to k/N} = X(k/N) = \sum_{n=0}^{N-1} x[n]e^{-j2\pi kn/N} = X[k]$$

或是用弧度頻率形式

$$X(e^{j\Omega})_{\Omega \to 2\pi k/N} = X(e^{j2\pi k/N}) = \sum_{n=0}^{N-1} x[n]e^{-j2\pi kn/N} = X[k]$$

因此 $x[n]$ 之 DTFT 可以從 $x[n]$ 的 DFT 在一組離散頻率 $F = k/N$ 或是用 $\Omega = 2\pi k/N$，k 為任何整數下求得。若我們想在這組離散頻率下增加解析度，我們只須讓 N 大一點。相對於此大一點的 N 之額外的 $x[n]$ 值將會為 0。此一增加頻域解析度的方法稱為**補零** (zero padding)。

反向 DTFT 定義為

$$x[n] = \int_1 X(F)e^{j2\pi Fn}dF$$

而反向 DFT 定義為

$$x[n] = \frac{1}{N}\sum_{k=0}^{N-1} X[k]e^{j2\pi kn/N}$$

我們可以用其他 N 個積分相加之方式來近似反向 DTFT，全部則可用來近似反向 DTFT 積分。

$$x[n] \cong \sum_{k=0}^{N-1}\int_{k/N}^{(k+1)/N} X(k/N)e^{j2\pi Fn}dF = \sum_{k=0}^{N-1} X(k/N)\int_{k/N}^{(k+1)/N} e^{j2\pi Fn}dF$$

$$x[n] \cong \sum_{k=0}^{N-1} X(k/N)\frac{e^{j2\pi(k+1)n/N} - e^{j2\pi k/N}}{j2\pi n} = \frac{e^{j2\pi n/N} - 1}{j2\pi n}\sum_{k=0}^{N-1} X(k/N)e^{j2\pi kn/N}$$

$$x[n] \cong e^{j\pi n/N}\frac{j2\sin(\pi n/N)}{j2\pi n}\sum_{k=0}^{N-1} X(k/N)e^{j2\pi kn/N} = e^{j\pi n/N}\operatorname{sinc}(n/N)\frac{1}{N}\sum_{k=0}^{N-1} X(k/N)e^{j2\pi kn/N}$$

對於 $n \ll N$，

$$x[n] \cong \frac{1}{N}\sum_{k=0}^{N-1} X(k/N)e^{j2\pi kn/N}$$

或是用弧度頻率之形式

$$x[n] \cong \frac{1}{N}\sum_{k=0}^{N-1} X(e^{j2\pi k/N})e^{j2\pi kn/N}$$

這是具有下式之反向 DFT

$$X[k] = X(F)_{F\to k/N} = X(k/N) \quad \text{或} \quad X[k] = X(e^{j\Omega})_{\Omega\to 2\pi k/N} = X(e^{j2\pi k/N})$$

例題 7.8　利用 DFT 做反向 DTFT

求下式之反向 DTFT

$$X(F) = [\operatorname{rect}(50(F - 1/4)) + \operatorname{rect}(50(F + 1/4))] * \delta_1(F)$$

利用 DFT。

```
N = 512 ;      %     Number of pts to approximate X(F)
k = [0:N-1]' ; %     Harmonic numbers

%   Compute samples from X(F) between 0 and 1 assuming
%   periodic repetition with period 1

X = rect(50*(k/N - 1/4)) + rect(50*(k/N - 3/4)) ;

%   Compute the approximate inverse DTFT and
%   center the function on n = 0
```

```
xa = real(fftshift(ifft(X))) ;

n = [-N/2:N/2-1]' ;      %       Vector of discrete times for plotting
%   Compute exact x[n] from exact inverse DTFT

xe = sinc(n/50).*cos(pi*n/2)/25 ;

%   Graph the exact inverse DTFT

subplot(2,1,1) ; p = stem(n,xe,'k','filled') ; set(p,'LineWidth',1,
'MarkerSize',2) ;
axis([-N/2,N/2,-0.05,0.05]) ; grid on ;
xlabel('\itn','FontName','Times','FontSize',18) ;
ylabel('x[{\itn}]','FontName','Times','FontSize',18) ;
title('Exact','FontName','Times','FontSize',24) ;

%   Graph the approximate inverse DTFT

subplot(2,1,2) ; p = stem(n,xa,'k','filled') ; set(p,'LineWidth',1,
'MarkerSize',2) ;
axis([-N/2,N/2,-0.05,0.05]) ; grid on ;
xlabel('\itn','FontName','Times','FontSize',18) ;
ylabel('x[{\itn}]','FontName','Times','FontSize',18) ;
title('Approximation Using the DFT','FontName','Times','FontSize',24) ;
```

正確與近似的反向 DTFT 之結果說明於圖 7.20。注意 x[n] 的正確與近似在接近 n = 0 處事實上是相同的，但在 n = ±256 處有明顯的不同。這個情形的發生是因為近似結果是週期性的，而且週期重複的 sinc 函數重疊造成接近在正或負一半週期處的誤差產生。

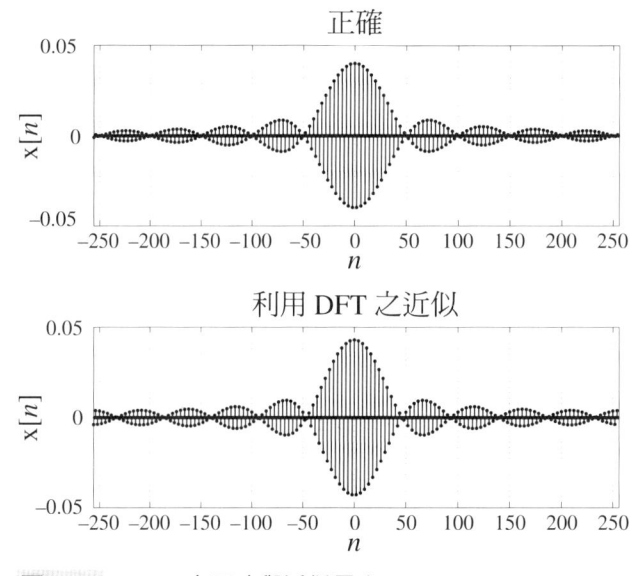

圖 7.20 X(F) 之正確與近似反向 DTFT

例題 7.9 說明一個常見的分析問題以及一個不同的解決方式。

例題 7.9　利用 DTFT 和 DFT 之系統響應

一個系統頻率響應為 $H(e^{j\Omega}) = \dfrac{e^{j\Omega}}{e^{j\Omega} - 0.7}$ 由 x[n] = tri((n − 8)/8) 所激發。求其系統響應。

激發之 DTFT 為 $X(e^{j\Omega}) = 8\,\text{drcl}^2(\Omega/2\pi,8)e^{-j8\Omega}$。所以響應之 DTFT 為

$$Y(e^{j\Omega}) = \frac{e^{j\Omega}}{e^{j\Omega} - 0.7} \times 8\,\text{drcl}^2(\Omega/2\pi,8)e^{-j8\Omega}$$

在此我們有一個問題。我們如何求 $Y(e^{j\Omega})$ 之反向 DTFT？針對用解析方式求解而言，於時域中做迴旋比做轉換可能較簡單一些，但也有其他方式。我們求反向 DFT 來近似反向 DTFT 再用數值方式求 $Y(e^{j\Omega})$。

當我們計算反向 DFT，y[n] 值的數目將與我們使用 N 時 $Y(e^{j2\pi k/N})$ 值的數目一樣。為了得到一個好的近似，我們需要一個夠大的 N 值，來涵蓋一個希望 y[n] 值明顯的不同於 0 的時間範圍。此一三角訊號的基底寬度為 16 且系統的脈衝響應為 $(0.7)^n u[n]$。這是一個衰減的指數，它趨近但永遠不等於 0。若我們使用降至原來值之 1% 以下的寬度，我們得到寬度大約為 13。因為迴旋的寬度是兩個寬度相加減 1，我們需要 N 至少 28。同樣的，回想到對於一個好的近似而言是基於不等式 n << N。因此讓我們使用 N = 128 來從事計算，而只使用前 30 個值。下列是用來求反向 DTFT 的 MATLAB 程式（圖 7.21）。

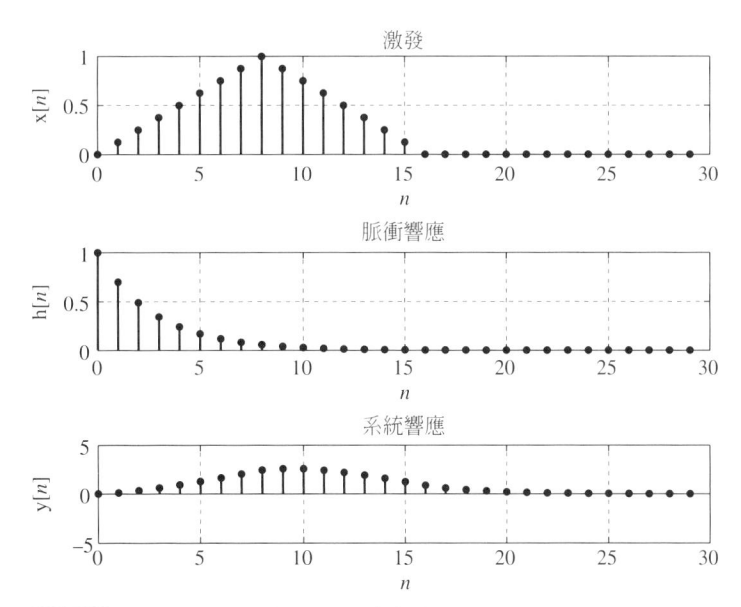

圖 7.21　激發、脈衝響應與系統響應

```
% Program to find an inverse DTFT using the inverse DFT

N = 128 ;                % Number of points to use
k = [0:N-1]' ;           % Vector of harmonic numbers
```

```
n = k ;                    % Vector of discrete times
x = tri((n-8)/8) ;         % Vector of excitation signal values

% Compute the DTFT of the excitation
X = 8*drcl(k/N,8).^2.*exp(-j*16*pi*k/N) ;

% Compute the frequency response of the system
H = exp(j*2*pi*k/N)./(exp(j*2*pi*k/N) - 0.7) ;
h = 0.7.^n.*uD(n) ; % Vector of impulse response values
Y = H.*X ;                 % Compute the DTFT of the response

y = real(ifft(Y)) ; n = k ;    % Vector of system response values

% Graph the excitation, impulse response and response
n = n(1:30) ; x = x(1:30) ; h = h(1:30) ; y = y(1:30) ;
subplot(3,1,1) ;
ptr = stem(n,x,'k','filled') ; grid on ;
set(ptr,'LineWidth',2,'MarkerSize',4) ;
% xlabel('\itn','FontSize',24,'FontName','Times') ;
ylabel('x[{\itn}]','FontSize',24,'FontName','Times') ;
title('Excitation','FontSize',24,'FontName','Times') ;
set(gca,'FontSize',18,'FontName','Times') ;
subplot(3,1,2) ;
ptr = stem(n,h,'k','filled') ; grid on ;
set(ptr,'LineWidth',2,'MarkerSize',4) ;
% xlabel('\itn','FontSize',24,'FontName','Times') ;
ylabel('h[{\itn}]','FontSize',24,'FontName','Times') ;
title('Impulse Response','FontSize',24,'FontName','Times') ;
set(gca,'FontSize',18,'FontName','Times') ;
subplot(3,1,3) ;
ptr = stem(n,y,'k','filled') ; grid on ;
set(ptr,'LineWidth',2,'MarkerSize',4) ;
xlabel('\itn','FontSize',24,'FontName','Times') ;
ylabel('y[{\itn}]','FontSize',24,'FontName','Times') ;
title('System Response','FontSize',24,'FontName','Times') ;
set(gca,'FontSize',18,'FontName','Times') ;
```

例題 7.10 使用 **DFT** 求系統響應

下列一組數據

n	0	1	2	3	4	5	6	7	8	9	10
x[n]	−9	−8	6	4	−4	9	−9	−1	−2	5	6

是由實驗所得到，並且由脈衝響應為 h[n] = $n(0.7)^n$u[n] 的平滑濾波器所處理。求濾波器響應 y[n]。

我們可以從表格中找到 h[n] 的 DTFT。但 x[n] 不是一個可辨識的函數形式，我們可以用直接的公式求 x[n] 的轉換

$$X(e^{j\Omega}) = \sum_{z=0}^{10} x[n]e^{-j\Omega n}$$

但這是非常繁瑣與耗時的。若 x[n] 的非 0 部分很長，這樣就會變成不實用。反而，我們可以用數值的方式求解，亦即利用前面使用之 DFT 來近似 DTFT

$$X(e^{j2\pi k/N}) = \sum_{n=0}^{N-1} x[n]e^{-j2\pi kn/N}$$

此問題也可以在時域用數值迴旋來求解。但使用 DFT 的好處有兩個理由。首先，若使用的點數是 2 的冪次方，則用 fft 演算法在電腦上計算 DFT 是非常有效率，因此具有比在時域上計算迴旋有較短時間的優點。其次，使用 DFT 則對於激發、脈衝響應，以及系統響應的時間刻度都一樣。這個在時域上做數值迴旋是不成立的。

下列的 MATLAB 程式是用 DFT 數值方式求解此問題。

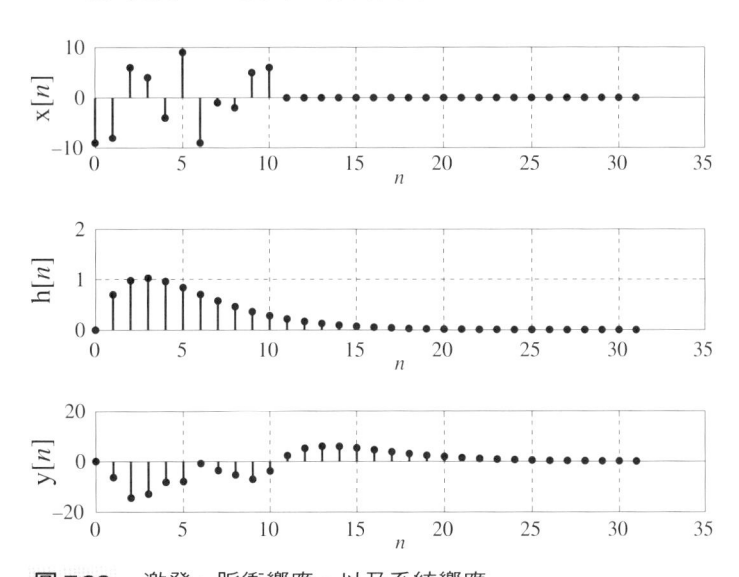

圖 7.22 激發、脈衝響應，以及系統響應

```
% Program to find a discrete-time system response using the DFT
N = 32 ;                % Use 32 points
n = [0:N-1]' ;          % Time vector
% Set excitation values
x = [[-9,-8,6,4,-4,9,-9,-1,-2,5,6],zeros(1,21)]' ;
h = n.*(0.7).^n.*uD(n) ; % Compute impulse response
X = fft(x) ;            % DFT of excitation
```

```
H = fft(h) ;              % DFT of impulse response
Y = X.*H ;                % DFT of system response
y = real(ifft(Y)) ;       % System response
% Graph the excitation, impulse response and system response
subplot(3,1,1) ;
ptr = stem(n,x,'k','filled') ; set(ptr,'LineWidth',2,'MarkerSize',4) ; grid on ;
xlabel('\itn','FontName','Times','FontSize',24) ;
ylabel('x[{\itn}]','FontName','Times','FontSize',24) ;
set(gca,'FontName','Times','FontSize',18) ;
subplot(3,1,2) ;
ptr = stem(n,h,'k','filled') ; set(ptr,'LineWidth',2,'MarkerSize',4) ; grid on ;
xlabel('\itn','FontName','Times','FontSize',24) ;
ylabel('h[{\itn}]','FontName','Times','FontSize',24) ;
set(gca,'FontName','Times','FontSize',18) ;
subplot(3,1,3) ;
ptr = stem(n,y,'k','filled') ; set(ptr,'LineWidth',2,'MarkerSize',4) ; grid on ;
xlabel('\itn','FontName','Times','FontSize',24) ;
ylabel('y[{\itn}]','FontName','Times','FontSize',24) ;
set(gca,'FontName','Times','FontSize',18) ;
```

▶ 7.4 傅立葉方法比較

DTFT 完成了四個傅立葉分析的方式。此四個方式係針對連續與離散時間及連續與離散頻率（以諧波數表示），構成一個方法的"矩陣"（圖 7.23）。

	連續頻率	離散頻率
連續時間	CTFT	CTFS
離散時間	DTFT	DFT

圖 7.23 四個方法矩陣

在圖 7.24 中有四個方波或是週期重複的方波，在連續與離散時間下伴隨著它們的傅立葉轉換或是諧波函數。單一連續時間方波之 CTFT 是單一連續頻率 sinc 函數。若是連續時間方波經由取樣產生一個離散時間方波，它的 DTFT 近似於 CTFT，只是它現在是週期性的重複。若連續時間方波是週期性的重複，除了它在頻率（諧波數）上被取樣外，它的 CTFS 諧波函數類似於 CTFT，若是原來的連續時間方波是既週期性重複且被取樣，它的 DFT 也是同時週期性重複且被取樣。因此，一般而言，在一個域上週期性的重複，無論是時間或頻率，相對於在另一個域上取樣，無論是時間或頻率。而在一個域上取樣，無論是時間或頻率，相對於在另一個域上週期性的重複，無論是時間或頻率。這些關係在第 10 章的取樣非常重要。

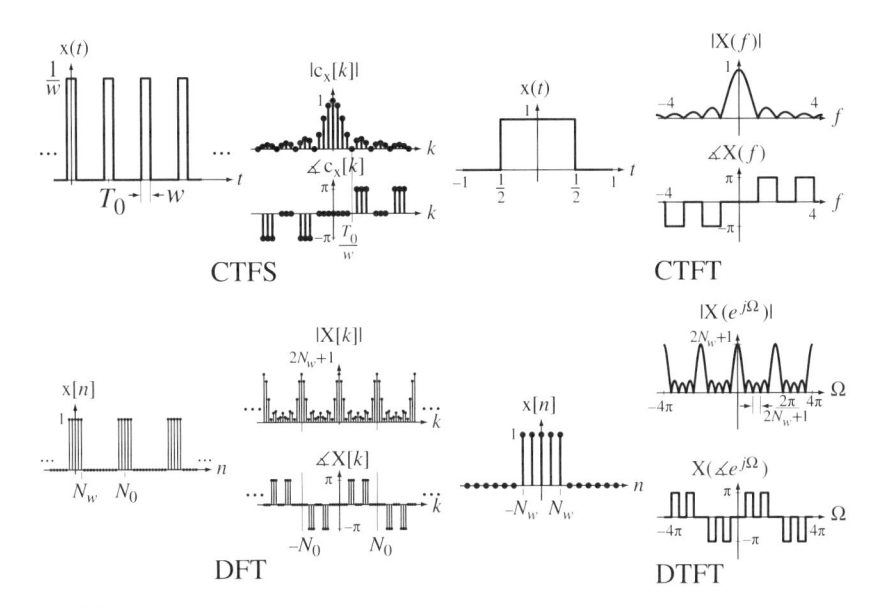

圖 7.24 針對四種相關訊號之傅立葉轉換之比較

重點概要

1. 任何在工程上重要的離散時間訊號可以用離散時間傅立葉級數或反向離散時間傅立葉轉換 (discrete Fourier transform, DFT) 來表示，而在表示法中所需要的諧波數目與表示法中基礎週期是一樣的。
2. 在 DFT 中使用複正弦訊號建構了一組正交基底函數。
3. 快速傅立葉轉換 (fast Fourier transform, FFT) 在表示時間是 2 的冪次方時是一個計算 DFT 的有效電腦演算法。
4. 在令表示時間趨近於無限大時，DFT 可以用於非週期訊號，延伸至離散時間傅立葉轉換 (discrete-time Fourier tramsform, DTFT)。
5. 允許脈衝使用在轉換中，DTFT 可以一般化應用至一些重要的訊號上。
6. 在某些情況下，DFT 可以用來數值趨近 DTFT 和反向 DTFT。
7. 有了離散時間傅立葉轉換對與其特性的列表，幾乎任何在工程上重要的訊號之前向與反向轉換都可以求得。
8. CTFS、CTFT、DFT 和 DTFT 在週期性與非週期性、連續時間或離散時間之下，都是密切相關的分析方法。

習題 (EXERCISES)

（每個題解的次序是隨機的）

正交性

1. 不要使用計算機或電腦求 (a) $\mathbf{w}_1$ 和 $\mathbf{w}_{-1}$，(b) $\mathbf{w}_1$ 和 $\mathbf{w}_{-2}$，(c) $\mathbf{w}_{11}$ 和 $\mathbf{w}_{37}$ 的內積，其中

$$\mathbf{w}_k = \begin{bmatrix} W_4^0 \\ W_4^k \\ W_4^{2k} \\ W_4^{3k} \end{bmatrix} \text{ 與 } W_N = e^{j2\pi/N}$$

證明它們是正交的。

解答：0, 0, 0

2. 求向量 $\mathbf{x} = \begin{bmatrix} 11 \\ 4 \end{bmatrix}$ 在 $\mathbf{y} = \begin{bmatrix} -2 \\ 1 \end{bmatrix}$ 方向上的投影 $\mathbf{p}$。

   解答：$18 \begin{bmatrix} 2/5 \\ -1/5 \end{bmatrix}$

3. 求向量 $\mathbf{x} = \begin{bmatrix} 2 \\ -3 \\ 1 \\ 5 \end{bmatrix}$ 在 $\mathbf{y} = \begin{bmatrix} 1 \\ j \\ -1 \\ -j \end{bmatrix}$ 方向上的投影 $\mathbf{p}$。接著求 $\mathbf{x}$ 的 DFT 並且與 X[3]$\mathbf{y}$/4 比較結果。

   解答：$\begin{bmatrix} 1/4 - j2 \\ 2 + j/4 \\ -1/4 + j2 \\ -2 - j/4 \end{bmatrix}$

離散傅立葉轉換

4. 一個具有基礎週期 $N = 3$ 的週期離散時間訊號有下列的值：x[1] = 7, x[2] = −3, x[3] = 1。若 $x[n] \xleftrightarrow{\mathcal{DFT}}_3 X[k]$，求 X[1] 的量值與相角（以弧度表示）。

   解答：$8.7178 \angle -1.6858$

5. 使用直接相加的公式，用 $N = 10$ 求 $\delta_{10}[n]$ 之 DFT 諧波函數並且與表格中的 DFT 做比較。

   解答：$\delta_1[k]$

6. 不使用電腦，計算下列數據序列的前向 DFT，接著求序列的反向 DFT，證明可以回到原來的序列。

   $$\{x[0], x[1], x[2], x[3]\} = \{3, 4, 1, -2\}$$

   解答：前向 DFT 為 $\{6, 2, -j6, 2, 2 + j6\}$

7. 一個訊號 8 倍取樣。樣本為

   $$\{x[0], \cdots, x[7]\} = \{a, b, c, d, e, f, g, h\}$$

   這些樣本送至 DFT 演算法，而演算法的輸出為 X，一組 8 個數值 {X[0], …, X[7]}。
   (a) 用 $a \cdot b \cdot c \cdot d \cdot e \cdot f \cdot g \cdot h$ 表示 X[0]。
   (b) 用 $a \cdot b \cdot c \cdot d \cdot e \cdot f \cdot g \cdot h$ 表示 X[4]。
   (c) 若 $X[3] = 2 - j5$，X[−3] 的數值為何？
   (d) 若 $X[3] = 3e^{-j\pi/3}$，X[−3] 的數值為何？
   (e) 若 $X[3] = 9e^{j3\pi/4}$，X[3] 的數值為何？

   解答：$9e^{-j3\pi/4}, a - b + c - d + e - f + g - h, 3e^{-j\pi/3}, a + b + c + d + e + f + g + h, 2 + j5$

8. 一個具有基礎週期 $N_0 = 6$ 的離散時間週期訊號具有以下的值：$x[4] = 3$, $x[9] = -2$, $x[-1] = 1$, $x[14] = 5$, $x[24] = -3$, $x[7] = 9$。同樣的，$x[n] \xleftrightarrow[6]{\mathscr{DFT}} X[k]$。

   (a) 求 $x[-5]$。

   (b) 求 $x[322]$。

   (c) 求 $X[2]$。

   解答：$9, 3, 14.9332e^{-2.7862}$

9. 求下列式子裡的文字常數。

   (a) $8(u[n+3] - u[n-2]) * \delta_{12}[n] \xleftrightarrow[12]{\mathscr{DFT}} Ae^{bk} \text{drcl}(ck, D)$

   (b) $5\delta_8[n-2] \xleftrightarrow[8]{\mathscr{DFT}} Ae^{jak\pi}$

   (c) $\delta_4[n+1] - \delta_4[n-1] \xleftrightarrow[4]{\mathscr{DFT}} jA(\delta_4[k+a] - \delta_4[k-a])$

   解答：$\{A = 5, a = -1/2\}, \{A = 2, a = 1\}, \{A = 40, b = j\pi/6, c = 1/12, D = 5\}$

10. 具有基礎週期 $N_0 = 1$ 的訊號 $x[n] = 1$，

    (a) 利用基礎週期作為表示時間求 DFT 諧波函數。

    (b) 現在令 $z[n] = \begin{cases} x[n/4], & n/4 \text{ 為整數} \\ 0, & \text{其他} \end{cases}$。利用基礎週期作為表示時間求 $z[n]$ 之 DFT 諧波函數。

    (c) 利用 $z[n]$ 之 DFT 表示法證明 $z[0] = 1$ 且 $z[1] = 0$。

    解答：$N\delta_N[k], 0, N\delta_N[k]$

11. 若 $x[n] = 5\cos(2\pi n/5) \xleftrightarrow[15]{\mathscr{DFT}} X[k]$，求下列數值 $X[-11]$, $X[-33]$, $X[9]$, $X[12]$, $X[24]$, $X[48]$, $X[75]$。

    解答：$75/2, 75/2, 75/2, 0, 0, 0, 0$

12. 求 $x[n] = (u[n] - u[n-20]) * \delta_{20}[n]$ 之 DFT 諧波函數，使用基礎週期作為表示時間。至少有兩種方式計算 $X[k]$，其中一個較另一個簡單。找出最簡單的方法。

    解答：$20\delta_{20}[k]$

13. 在一個基礎週期下，求下列訊號的 DFT 並且證明 $X[N_0/2]$ 是實數。

    (a) $x[n] = (u[n+2] - u[n-3]) * \delta_{12}[n]$

    (b) $x[n] = (u[n+3] - u[n-2]) * \delta_{12}[n]$

    (c) $x[n] = \cos(14\pi n/16)\cos(2\pi n/16)$

    (d) $x[n] = \cos(12\pi n/14)\cos\left(\dfrac{2\pi(n-3)}{14}\right)$

    解答：$1, -1, 4, -7$

離散時間傅立葉轉換定義

14. 從加法的定義，求 $x[n] = 10(u[n+4] - u[n-5])$ 的 DTFT，並與 DTFT 表格比較。

    解答：$90 \, \text{drcl}(\Omega/2\pi, 9)$

15. 從定義中推導 $x[n] = \alpha^n \sin(\Omega_0 n) u[n]$, $|\alpha| < 1$ 之 Ω 形式的一般 DTFT 表示法，並與 DTFT 表格比較。

解答：$\dfrac{\alpha e^{j\Omega}\sin(\Omega_0)}{e^{j2\Omega} - 2\alpha e^{j\Omega}\cos(\Omega_0) + \alpha^2}$, $|\alpha| < 1$

16. 根據下列的 DTFT 轉換對，利用 $\Omega = 2\pi F$ 而不做任何反向 DTFT，將它們從弧度 - 頻率形式轉成循環頻率形式。

    (a) $\alpha^n \cos(\Omega_0 n)\mathrm{u}[n] \xleftrightarrow{\mathscr{Z}} \dfrac{z[z - \alpha\cos(\Omega_0)]}{z^2 - 2\alpha z\cos(\Omega_0) + \alpha^2}$, $|z| > |\alpha|$

    (b) $\cos(\Omega_0 n) \xleftrightarrow{\mathscr{F}} \pi[\delta_{2\pi}(\Omega - \Omega_0) + \delta_{2\pi}(\Omega + \Omega_0)]$

    解答：$(1/2)[\delta_1(F - F_0) + \delta_1(F + F_0)]$, $\dfrac{1 - \alpha\cos(2\pi F_0)e^{-j2\pi F}}{1 - 2\alpha\cos(2\pi F_0)e^{-j2\pi F} + \alpha^2 e^{-j4\pi F}}$, $|\alpha| < 1$

17. 若 $\mathrm{x}[n] = n^2(\mathrm{u}[n] - \mathrm{u}[n-3])$ 且 $\mathrm{x}[n] \xleftrightarrow{\mathscr{F}} \mathrm{X}(e^{j\Omega})$，則 $\mathrm{X}(e^{j\Omega})_{\Omega=0}$ 之值為何？

    解答：5

前向與反向離散時間傅立葉轉換

18. 一個離散時間訊號定義為 $\mathrm{x}[n] = \sin(\pi n/6)$。畫出 $\mathrm{x}[n-3]$ 與 $\mathrm{x}[n+12]$ 之 DTFT 的量值與相角。

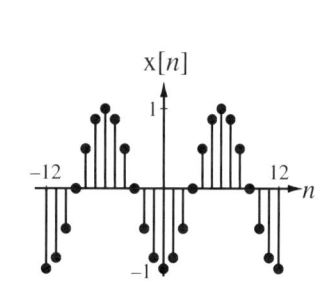

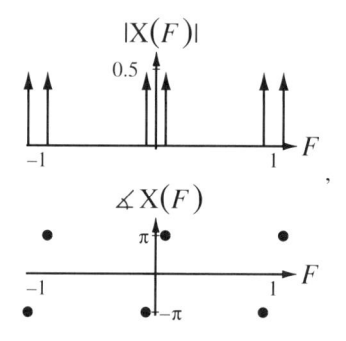

    解答：

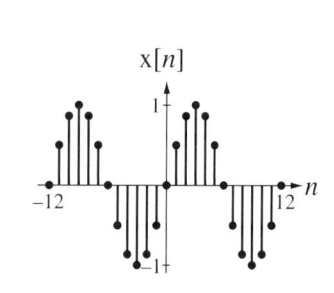

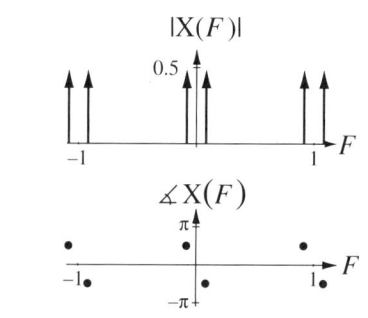

19. 若 $\mathrm{X}(F) = 3[\delta_1(F - 1/4) + \delta_1(F + 1/4)] - j4[\delta_1(F + 1/9) - \delta(F - 1/9)]$ 且 $\mathrm{x}[n] \xleftrightarrow{\mathscr{F}} \mathrm{X}(F)$，$\mathrm{x}[n]$ 的基礎週期為何？

    解答：36

20. 若 $\mathrm{X}(F) = \delta_1(F - 1/10) + \delta_1(F + 1/10) + \delta_{1/16}(F)$ 且 $\mathrm{x}[n] \xleftrightarrow{\mathscr{F}} \mathrm{X}(F)$，則 $\mathrm{x}[n]$ 的基礎週期為何？

    解答：80

21. 畫出 $\mathrm{x}[n] = (\mathrm{u}[n+4] - \mathrm{u}[n-5]) * \cos(2\pi/6)$ 之 DTFT 的量值與相角。然後畫出 $\mathrm{x}[n]$。

第 7 章　離散時間傅立葉方法　**275**

解答：

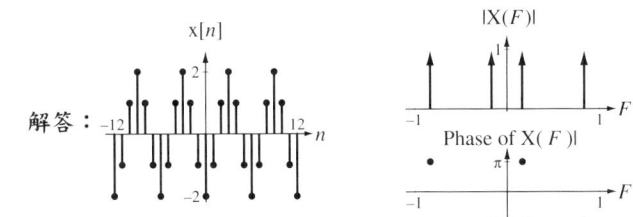

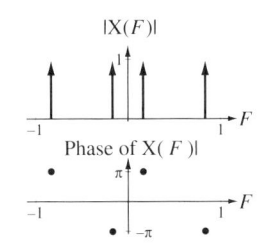

（圖：x[n] 於 n = −12 到 12 之圖；|X(F)| 與 Phase of X(F) 之圖）

22. 畫出 $X(F) = (1/2)[\text{rect}(4F) * \delta_1(F)] \circledast \delta_{1/2}(F)$ 之反向 DTFT。

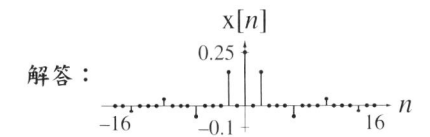

解答：

（圖：x[n] 於 n = −16 到 16，峰值 0.25 於 n = 0，−0.1 標示）

23. 令 $X(e^{j\Omega}) = 4\pi - j6\pi \sin(2\Omega)$。它的反向 DTFT 是 x[n]。求在 $-3 \leq n < 3$ 之 x[n] 之值。

解答：0, 0, −3/2, 3/2, 0, 2

24. 一個 x[n] 訊號之 DTFT 為 $X(F) = 5\,\text{drcl}(F,5)$。它的訊號能量為何？

解答：20

25. 求下列式子的文字常數。

(a) $A(\text{u}[n + W] - \text{u}[n - W - 1])e^{jB\pi n} \xleftrightarrow{\mathcal{F}} 10\dfrac{\sin(5\pi(F + 1))}{\sin(\pi(F + 1))}$

(b) $2\delta_{15}[n - 3](\text{u}[n + 3] - \text{u}[n - 4]) \xleftrightarrow{\mathcal{F}} Ae^{jB\Omega}$

(c) $(2/3)^n \text{u}[n + 2] \xleftrightarrow{\mathcal{F}} \dfrac{Ae^{jB\Omega}}{1 - \alpha e^{-j\Omega}}$

(d) $4\,\text{sinc}(n/10) \xleftrightarrow{\mathcal{F}} A\,\text{rect}(BF) * \delta_1(F)$

(e) $10\cos\left(\dfrac{5\pi n}{14}\right) \xleftrightarrow{\mathcal{F}} A[\delta_1(F - a) + \delta_1(F + a)]$

(f) $4(\delta[n - 3] - \delta[n + 3]) \xleftrightarrow{\mathcal{F}} A\sin(aF)$

(g) $8(\text{u}[n + 3] - \text{u}[n - 2]) \xleftrightarrow{\mathcal{F}} Ae^{b\Omega}\text{drcl}(c\Omega, D)$

(h) $7\begin{pmatrix}\text{u}[n + 3] \\ -\text{u}[n - 4]\end{pmatrix} * 4\sin(2\pi n/12) \xleftrightarrow{\mathcal{F}} A\,\text{drcl}(a\Omega, b)\begin{bmatrix}\delta_{2\pi}(\Omega + c) \\ -\delta_{2\pi}(\Omega - c)\end{bmatrix}$

(i) $j42\,\text{drcl}(F, 5)\begin{bmatrix}\delta_1(F + 1/16) \\ -\delta_1(F - 1/16)\end{bmatrix}e^{j4\pi F} = A\begin{Bmatrix}\delta_1(F + 1/16) - \delta_1(F - 1/16) \\ -j[\delta_1(F + 1/16) + \delta_1(F - 1/16)]\end{Bmatrix}$

(j) $A\cos\left(\dfrac{2\pi(n - n_0)}{N_0}\right) \xleftrightarrow{\mathcal{F}} j\dfrac{36}{\sqrt{2}}\{(1 - j)\delta_1(F + 1/16) - (1 + j)\delta_1(F - 1/16)\}$

解答：$\{A = 10, W = 2, B = -2\}$, $\{A = 40, B = 10\}$, $\{A = 5, a = 5/28 = 0.1786\}$, $\{A = j25.3148\}$,
$\{A = 2, B = -3\}$, $\{A = 9/4, B = 2, \alpha = 2/3\}$, $\{A = -j8, a = 6\pi = 18.85\}$,
$\{A = j196\pi, a = 1/2\pi, b = 7, c = \pi/6\}$, $\{A = 72, N_0 = 16, n_0 = 2\}$, $\{A = 40, b = j, c = 1/2\pi, D = 5\}$

26. 給定一個 DTFT 轉換對 $x[n] \xleftrightarrow{\mathcal{F}} \dfrac{10}{1 - 0.6e^{-j\Omega}}$ 且 $y[n] = \begin{cases} x[n/2], & n/2 \text{ 是整數} \\ 0, & \text{其他} \end{cases}$，求 $Y(e^{j\Omega})_{\Omega = \pi/4}$ 之量值與相角。

276 訊號與系統──利用轉換方法與 MATLAB 分析

解答：8.575 ∠ −0.5404 弧度

27. 令 $x[n] \xleftrightarrow{\mathscr{F}} X(F) = 8 \text{ tri}(2F)e^{-j2\pi F} * \delta_1(F)$，一個在 $-1/2 < F < 1/2$ 之三角波以基礎週期 1 來週期性的重複它的圖案。同時令 $y[n] = \begin{cases} x[n/3], & n/3 \text{ 是整數} \\ 0, & \text{若 } n/3 \text{ 非整數} \end{cases}$，且令 $y[n] \xleftrightarrow{\mathscr{F}} Y(F)$。

   (a) 求 $X(0.3)$ 之量值與相角（弧度表示）。
   (b) 求 $X(2.2)$ 之量值與相角（弧度表示）。
   (c) $Y(F)$ 之基礎頻率為何？
   (d) 求 $Y(0.55)$ 之量值與相角（弧度表示）。

   解答：1/3, 3.2 ∠ −1.885, 2.3984 ∠ 2.1997, 4.8 ∠ −1.2566

28. 令 x[n] 有一個 DTFT X(F)，一些 x[n] 的值為

n	−2	−1	0	1	2	3	4	5	6
x[n]	−8	2	1	−5	7	9	8	2	3

    令 $Y(F) = X(2F)$ 且 $y[n] \xleftrightarrow{\mathscr{F}} Y(F)$。求在 $-2 \leq n < 4$ 之 y[n] 數值。

    解答：1, −5, 0, 2, 0, 0

29. 利用 DTFT 之差分特性與轉換對

    $$\text{tri}(n/2) \xleftrightarrow{\mathscr{F}} 1 + \cos(\Omega)$$

    求 $(1/2)(\delta[n+1] + \delta[n] - \delta[n-1] - \delta(n-2))$ 之 DTFT，並且與表格中找到的傅立葉轉換做比較。

    解答：$(1/2)(e^{j\Omega} + 1 - e^{-j\Omega} - e^{-j2\Omega})$

30. 一個訊號描述如：$x[n] = \begin{cases} \ln(n+1), & 0 \leq n < 10 \\ -\ln(-n+1), & -10 < n < 0 \\ 0, & \text{其他} \end{cases}$

    劃出 $-\pi \leq \Omega < \pi$ 範圍內之 DTFT 的量值與相角。

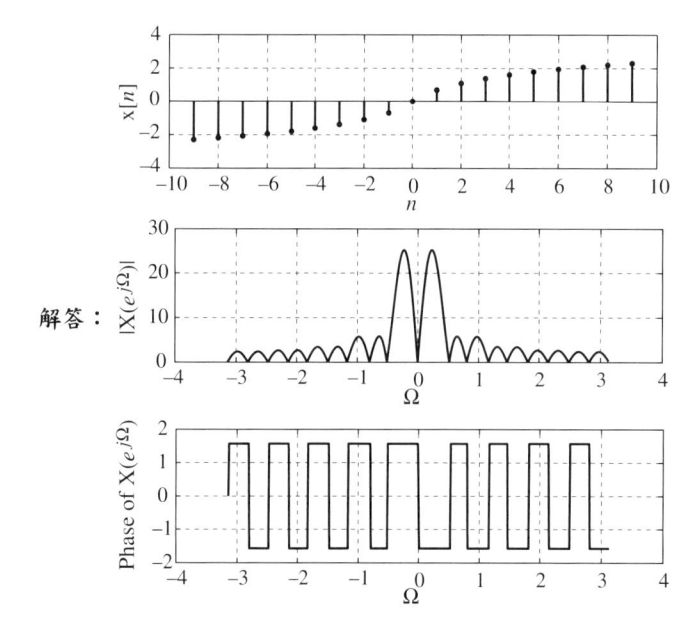

    解答：

第 8 章

拉普拉斯轉換

THE LAPLACE TRANSFORM

▶ 8.1 介紹與目標

連續時間傅立葉轉換 (continuous-time Fourier transform, CTFT) 對於訊號與系統分析是一個強大功能的工具,但有其限制。有一些沒有 CTFT 的有用訊號,在一般化的考慮下允許對訊號以脈衝從事 CTFT。CTFT 用複正弦訊號的線性組合方式來表示訊號。在本章中,我們延伸 CTFT 至拉普拉斯轉換(Laplace transform,簡稱拉氏轉換),用複指數訊號的線性組合,亦即描述連續時間系統微分方程式之特徵函數來表示訊號。複正弦訊號為複指數訊號的特例。有些訊號沒有 CTFT 但有拉氏轉換。

LTI 系統的脈衝響應完整的描述它們。因為拉氏轉換描述 LTI 系統的脈衝響應為 LTI 系統特徵函數的線性組合。許多系統分析與設計都基於拉氏轉換。

本章目標

1. 發展拉氏轉換,可應用到沒有 CTFT 的一些訊號中。
2. 定義可從事拉氏轉換的訊號範圍。
3. 發展一個技術使得可以直接從系統本身的轉移函數來實現。
4. 學習如何求前向與反向拉氏轉換。
5. 推導並說明拉氏轉換特性,特別是那些沒有相對於傅立葉轉換的部分。
6. 定義單邊拉氏轉換並探討其獨特的特色。
7. 學習如何利用單邊拉氏轉換求解具有初始情況的微分方程式。
8. 將系統轉移函數的極點與零點直接相關於系統的頻率響應。
9. 學習 MATLAB 如何表示系統的轉移函數。

▶ 8.2 拉氏轉換之發展

我們將週期訊號的基礎週期增加到無限大,亦即將 CTFS 中的離散頻率 kf_0 合併至

CTFT 中的連續頻率 f，就可以將傅立葉級數延伸至傅立葉轉換。這樣就產生兩種不同的傅立葉轉換定義

$$\mathrm{X}(j\omega) = \int_{-\infty}^{\infty} \mathrm{x}(t) e^{-j\omega t} dt, \quad \mathrm{x}(t) = (1/2\pi) \int_{-\infty}^{\infty} \mathrm{X}(j\omega) e^{+j\omega t} d\omega$$

或

$$\mathrm{X}(f) = \int_{-\infty}^{\infty} \mathrm{x}(t) e^{-j2\pi ft} dt, \quad \mathrm{x}(t) = \int_{-\infty}^{\infty} \mathrm{X}(f) e^{+j2\pi ft} df$$

介紹拉氏轉換有兩種常見的方式。一個是想像拉氏轉換為傅立葉轉換的一般化，將函數當作複指數的線性組合，而用非更侷限的函數類別，亦即利用於傅立葉轉換中的複正弦訊號之線性組合來表示函數。另一個方式是探討複指數訊號是描述 LTI 系統的微分方程式之特徵函數，並且了解到由複指數訊號激發的 LTI 系統其響應也是複指數訊號。一個 LTI 系統的激發與響應複指數訊號間的關係就是拉氏轉換。我們都將考慮這兩種方式。

一般化傅立葉轉換

若是我們用複指數 e^{st}，s 是複數變數，來取代形式為 $e^{j\omega t}$，ω 是實數變數，之複正弦函數來簡單的一般化前向傅立葉轉換，可以得到

$$\mathcal{L}(\mathrm{x}(t)) = \mathrm{X}(s) = \int_{-\infty}^{\infty} \mathrm{x}(t) e^{-st} dt$$

就定義了前向拉普拉斯[1]轉換，其中表示法 $\mathcal{L}(\cdot)$ 表示 "從事拉氏轉換"。

作為一個複值變數，s 可以是在複平面上的任一值。它有一個實部稱為 σ，以及一個虛部稱為 ω，因此 $s = \sigma + j\omega$。在特殊情況下，$s = 0$，則 $\mathrm{x}(t)$ 的傅立葉轉換函數嚴格說起來是存在的，於是前向拉氏轉換等於前向傅立葉轉換。

$$\mathrm{X}(j\omega) = \mathrm{X}(s)_{s \to j\omega}$$

傅立葉與拉普拉斯轉換間的關係就是為何在第 6 章中選擇 $\mathrm{X}(j\omega)$ 為 CTFT 函數表示法而非 $\mathrm{X}(\omega)$ 的理由。這種選擇保持了函數 "X" 的嚴格數學意義。

在前向拉氏轉換中使用 $s = \sigma + j\omega$，可以得到

$$\mathrm{X}(s) = \int_{-\infty}^{\infty} \mathrm{x}(t) e^{-(\sigma+j\omega)t} dt = \int_{-\infty}^{\infty} [\mathrm{x}(t) e^{-\sigma t}] e^{-j\omega t} dt = \mathcal{F}[\mathrm{x}(t) e^{-\sigma t}]$$

因此概念化拉氏轉換的一個方法是，等同於傅立葉轉換一個函數 $\mathrm{x}(t)$ 與實值複指數其**收斂**

---

[1] 皮埃爾・西蒙・拉普拉斯 (Laplace, Pierre Simon) 參加本篤會小提琴學校直到 16 歲，然後他進入 Caen 大學準備修習神學。但他隨即發現自己的天賦而喜歡上數學。他放棄大學而到了巴黎，在那邊與 d'Alambert 做朋友，此人擔保他至一個軍事學校教書。接著的幾年後拉普拉斯在不同領域上產出了一系列都是高品質的論文。於 1773 年在他 23 歲時被選入巴黎學院，他大部分生涯都從事機率與天體力學的工作。

因子 (convergence factor) 為 $e^{-\sigma t}$ 的乘積（圖 8.1）。

此收斂因子允許我們在某些情況下得到傅立葉轉換不能求的轉換。在前幾章中提到，一些函數的傅立葉轉換（嚴格講起來）不存在。例如函數 g(t) = A u(t) 的傅立葉轉換為

$$G(j\omega) = \int_{-\infty}^{\infty} A\,\mathrm{u}(t)e^{-j\omega t}\,dt = A\int_{0}^{\infty} e^{-j\omega t}\,dt$$

此積分沒有收斂。用第 6 章中的技術使得傅立葉轉換收斂，這是將訊號乘以一個收斂因子 $e^{-\sigma|t|}$，其中 σ 是正實數。於是可以求得改良過訊號的傅立葉轉換且將極限取 σ 趨近於 0。用此技術找到的傅立葉轉換稱為一般化傅立葉轉換，在其中的脈衝允許成為轉換的一部分。注意到，時間 t > 0 時，此收斂因子在拉氏轉換與傅立葉轉換中一樣，但在拉氏轉換中，當 σ 趨近於 0 時沒有極限。隨後馬上會看到其他有用的函數，它們甚至都沒有一個一般化的傅立葉轉換。

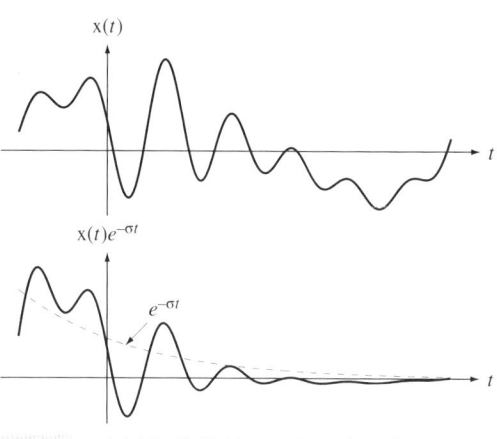

圖 8.1 衰減指數收斂因子在原來函數的效果

現在正式的從傅立葉轉換推導前向與反向拉氏轉換，我們取 $g_\sigma(t) = g(t)e^{-\sigma t}$ 的傅立葉轉換而非原來的訊號 g(t)。積分變成

$$\mathcal{F}(g_\sigma(t)) = G_\sigma(j\omega) = \int_{-\infty}^{\infty} g_\sigma(t)e^{-j\omega t}\,dt = \int_{-\infty}^{\infty} g(t)e^{-(\sigma+j\omega)t}\,dt$$

此積分可能或不會收斂，它完全決定於函數 g(t) 的本質，與 σ 值的選取。我們將隨後探討在積分收斂的情況。利用表示法 $s = \sigma + j\omega$

$$\mathcal{F}(g_\sigma(t)) = \mathcal{L}(g(t)) = G_\mathcal{L}(s) = \int_{-\infty}^{\infty} g(t)e^{-st}\,dt$$

若積分收斂時，這是 g(t) 的拉氏轉換。

反傅立葉轉換為

$$\mathcal{F}^{-1}(G_\sigma(j\omega)) = g_\sigma(t) = \frac{1}{2\pi}\int_{-\infty}^{\infty} G_\sigma(j\omega)e^{+j\omega t}\,d\omega = \frac{1}{2\pi}\int_{-\infty}^{\infty} G_\mathcal{L}(s)e^{+j\omega t}\,d\omega.$$

使用 $s = \sigma + j\omega$ 和 $ds = j\,d\omega$ 可以得到

$$g_\sigma(t) = \frac{1}{j2\pi}\int_{\sigma-j\infty}^{\sigma+j\infty} G_\mathcal{L}(s)e^{+(s-\sigma)t}\,ds = \frac{e^{-\sigma t}}{j2\pi}\int_{\sigma-j\infty}^{\sigma+j\infty} G_\mathcal{L}(s)e^{+st}\,ds$$

或是兩邊同除以 $e^{-\sigma t}$，

$$g(t) = \frac{1}{j2\pi}\int_{\sigma-j\infty}^{\sigma+j\infty} G_\mathcal{L}(s)e^{+st}\,ds$$

這就定義了反拉氏轉換。當我們只處理拉氏轉換，則下標 $\mathcal{L}$ 就不需要，以避免與傅立葉轉換混淆，而前向與反向轉換可以寫成

$$X(s) = \int_{-\infty}^{\infty} x(t)e^{-st}dt \quad 與 \quad x(t) = \frac{1}{j2\pi}\int_{\sigma-j\infty}^{\sigma+j\infty} X(s)e^{+st}ds \tag{8.1}$$

此一結果顯示，函數可以用複指數的線性組合來表示，一個一般化的傅立葉轉換函數可以用複正弦訊號的線性組合來表示。一個常見的表示法慣例為

$$x(t) \xleftrightarrow{\mathcal{L}} X(s)$$

顯示 x(t) 和 X(s) 為**拉氏轉換對** (Laplace-transform pair)。

複指數激發與響應

另一個探討拉氏轉換的方式是考慮 LTI 系統對於一個形式為 $x(t) = Ke^{st}$ 的複指數激發之響應，其中 $s = \sigma + j\omega$ 且 σ、ω 與 K 都是實數值。利用迴旋，具有脈衝響應為 h(t) 的 LTI 系統針對 x(t) 之響應 y(t) 為

$$y(t) = h(t) * Ke^{st} = K\int_{-\infty}^{\infty} h(\tau)e^{s(t-\tau)}d\tau = \underbrace{Ke^{st}}_{x(t)} \int_{-\infty}^{\infty} h(\tau)e^{-s\tau}d\tau$$

若這個積分收斂時，則 LTI 系統對於複指數激發會與將激發乘以 $\int_{-\infty}^{\infty} h(\tau)e^{-s\tau}d\tau$ 是一樣的。這是一個經由所有的 τ 之脈衝響應 h(τ) 與複指數 $e^{-s\tau}$ 乘積的積分，而結果是此運算只有 s 的函數。其結果通常寫成

$$H(s) = \int_{-\infty}^{\infty} h(t)e^{-st}dt \tag{8.2}$$

而 H(s) 稱為 h(t) 的拉普拉斯轉換（積分中變數的名稱從 τ 變成 t 但並未改變結果 H(s)）。

對於一個 LTI 系統，知道 h(t) 就足以完全定義系統。H(s) 同樣包含足夠的資訊來完全定義系統，但此資訊是不同的形式。實際上，形式的不同可以讓我們深入了解系統的運作，這在單獨檢視 h(t) 時是比較困難的。在本章的隨後，我們將會看到許多除了 h(t) 之外經由 H(s) 來觀察系統特性與效能有其優點的範例。

▶8.3 轉移函數

現在讓我們求脈衝響應為 h(t) 的 LTI 系統，受到激發 x(t) 後之響應 y(t) 的拉氏轉換 Y(s)。

$$Y(s) = \int_{-\infty}^{\infty} y(t)e^{-st}dt = \int_{-\infty}^{\infty} [h(t) * x(t)]e^{-st}dt = \int_{-\infty}^{\infty} \left(\int h(\tau)x(t-\tau)d\tau \right) e^{-st}dt$$

分離兩個積分，

$$Y(s) = \int_{-\infty}^{\infty} h(\tau)d\tau \int_{-\infty}^{\infty} x(t-\tau)e^{-st}dt$$

令 $\lambda = t - \tau \Rightarrow d\lambda = dt$。於是

$$Y(s) = \int_{-\infty}^{\infty} h(\tau)d\tau \int_{-\infty}^{\infty} x(\lambda)e^{-s(\lambda+\tau)}d\lambda = \underbrace{\int_{-\infty}^{\infty} h(\tau)e^{-s\tau}d\tau}_{= H(s)} \underbrace{\int_{-\infty}^{\infty} x(\lambda)e^{-s\lambda}d\lambda}_{= X(s)}.$$

響應 y(t) 的拉氏轉換 Y(s) 為

$$Y(s) = H(s)X(s) \tag{8.3}$$

激發與脈衝響應（若所有轉換都存在）之拉氏轉換的乘積。$H(s)$ 稱為系統的**轉移函數** (transfer function)，因為它在 s 域中描述系統如何將激發 "轉移" 至響應。這是系統分析中的基本結果。在此新的 "s 域"，時間 - 迴旋變成在 s- 域相乘，就如同傅立葉轉換中所做的。

$$y(t) = x(t) * h(t) \xleftrightarrow{\mathcal{L}} Y(s) = X(s)H(s)$$

▶ 8.4 串聯系統

若一個系統的響應是另一個系統的激發，稱為串聯（圖 8.2）。整個系統的拉氏轉換於是為

$$Y(s) = H_2(s)[H_1(s)X(s)] = [H_1(s)H_2(s)]X(s)$$

而串聯系統等同於具有轉移函數 $H(s) = H_1(s)H_2(s)$ 的單一系統。

▶ 8.5 直接形式 II 實現

系統實現的過程是將系統元件放在一起，而形成一個具有所需要的轉移函數之整合系統。在第 5 章中我們得知，若一個系統是由下列形式的差分方程式所描述

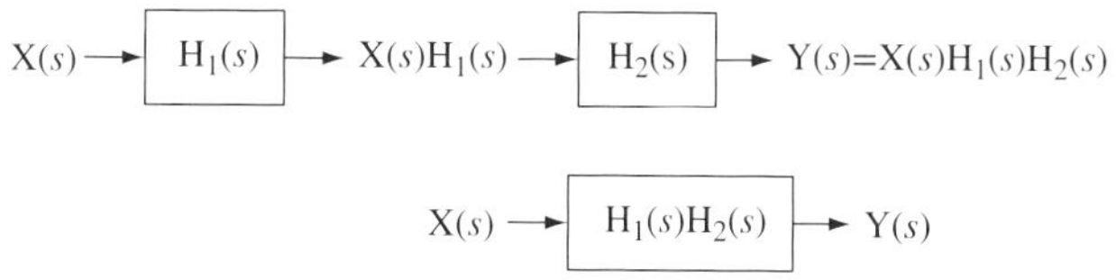

$$X(s) \rightarrow \boxed{H_1(s)} \rightarrow X(s)H_1(s) \rightarrow \boxed{H_2(s)} \rightarrow Y(s)=X(s)H_1(s)H_2(s)$$

$$X(s) \rightarrow \boxed{H_1(s)H_2(s)} \rightarrow Y(s)$$

圖 8.2 系統串聯

$$\sum_{k=0}^{N} a_k y^{(k)}(t) = \sum_{k=0}^{N} b_k x^{(k)}(t)$$

則它的轉移函數是 s 多項式的比，而其係數是 s 的冪次方，它們與差分方程式中的 x 與 y 微分係數相同。

$$H(s) = \frac{Y(s)}{X(s)} = \frac{\sum_{k=0}^{N} b_k s^k}{\sum_{k=0}^{N} a_k s^k} = \frac{b_N s^N + b_{N-1} s^{N-1} + \cdots + b_1 s + b_0}{a_N s^N + a_{N-1} s^{N-1} + \cdots + a_1 s + a_0} \tag{8.4}$$

（在此處，分子與分母之階數兩者都假設為 N。若分子的階數實際上是小於 N，一些較高階的 b 係數將為 0。）若這是一個 N 階系統，分母的階數必須為 N 且 a_N 不能為 0。

一種系統實現的標準形式稱為**直接形式 II** (direct form II)。轉移函數可以想像為兩個轉移函數相乘

$$H_1(s) = \frac{Y_1(s)}{X(s)} = \frac{1}{a_N s^N + a_{N-1} s^{N-1} + \cdots + a_1 s + a_0} \tag{8.5}$$

與

$$H_2(s) = \frac{Y(s)}{Y_1(s)} = b_N s^N + b_{N-1} s^{N-1} + \cdots + b_1 s + b_0$$

（圖 8.3）其中第一個系統的輸出訊號 $Y_1(s)$ 是第二個系統的輸入訊號。
我們經由重寫 (8.5) 式畫出 $H_1(s)$ 的方塊圖

$$X(s) = [a_N s^N + a_{N-1} s^{N-1} + \cdots + a_1 s + a_0] Y_1(s)$$

或

$$X(s) = a_N s^N Y_1(s) + a_{N-1} s^{N-1} Y_1(s) + \cdots + a_1 s Y_1(s) + a_0 Y_1(s)$$

或

$$s^N Y_1(s) = \frac{1}{a_N} \{X(s) - [a_{N-1} s^{N-1} Y_1(s) + \cdots + a_1 s Y_1(s) + a_0 Y_1(s)]\}$$

（圖 8.4）。
現在我們可以將不同 s 的冪次乘以 $Y_1(s)$ 之線性組合直接合成總響應 $Y(s)$（圖 8.5）。

▶8.6 反拉氏轉換

拉氏轉換的實際應用中，我們需要一個將 $Y(s)$ 轉至 $y(t)$ 的方法，一個**反拉氏轉換** (inverse Laplace transform)。它示於 (8.1) 式為

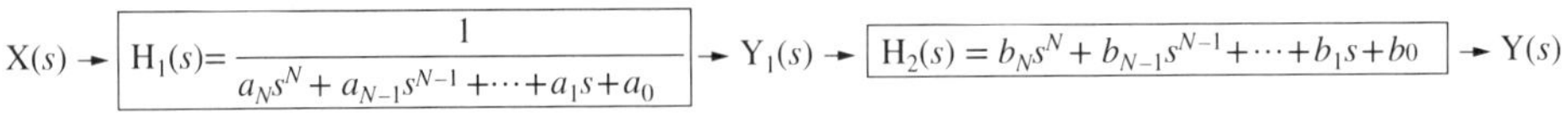

$X(s)$ → $H_1(s) = \dfrac{1}{a_N s^N + a_{N-1} s^{N-1} + \cdots + a_1 s + a_0}$ → $Y_1(s)$ → $H_2(s) = b_N s^N + b_{N-1} s^{N-1} + \cdots + b_1 s + b_0$ → $Y(s)$

圖 8.3 一個系統構想成兩個串聯系統

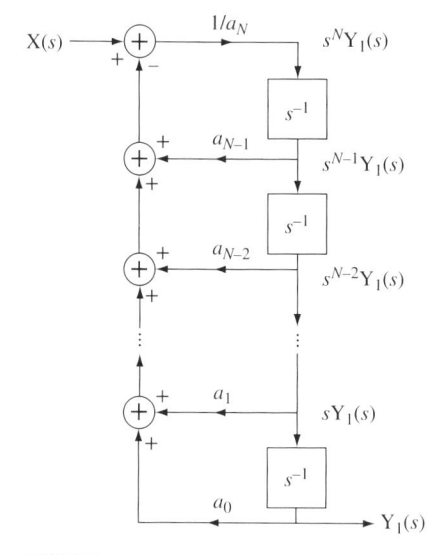

圖 8.4 實現 $H_1(s)$

圖 8.5 全部直接形式 II 之實現

$$y(t) = \frac{1}{j2\pi} \int_{\sigma-j\infty}^{\sigma+j\infty} Y(s)e^{st}\,ds$$

其中 σ 是 s 的實部。這是在複變 s 平面上的輪廓積分，並不在本書的範圍。反向積分很少用在實際的應用中，因為大部分有用訊號的拉氏轉換都為已知，且都可查表得到。

▶ 8.7 拉氏轉換之存在性

我們現在探討在何種情形下拉氏轉換 $X(s) = \int_{-\infty}^{\infty} x(t)e^{-st}\,dt$ 實際上存在。若積分收斂則存在，而積分是否收斂，決定於 $x(t)$ 和 s。

時限訊號

若在 $t < t_0$ 和 $t > t_1$ 時，$x(t) = 0$（t_0 和 t_1 是有限），稱為**時限** (time limited) 訊號。若對於所有的 t，$x(t)$ 也是有限，拉氏 - 轉換積分對於任何的 s 值收斂，則 $x(t)$ 之拉氏轉換存在（圖 8.6）。

右邊與左邊訊號

若 $t < t_0$，$x(t) = 0$ 稱為**右邊** (right-sided) 訊號，而拉氏轉換變成

$$X(s) = \int_{t_0}^{\infty} x(t)e^{-st}\,dt$$

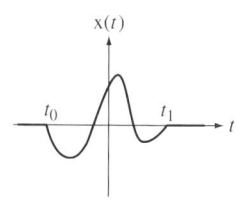

圖 8.6 有限、時限訊號

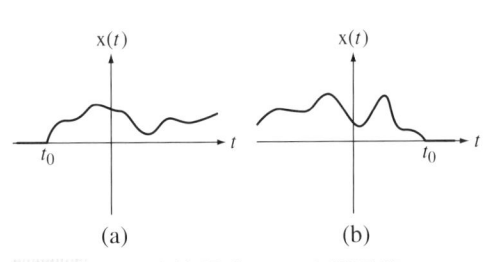

圖 8.7 (a) 右邊訊號；(b) 左邊訊號

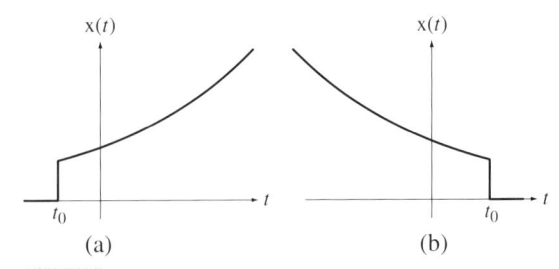

圖 8.8 (a) $x(t) = e^{\alpha t}\,u(t - t_0), \alpha \in \mathbb{R}$；(b) $x(t) = e^{\beta t}\,u(t_0 - t), \beta \in \mathbb{R}$

（圖 8.7(a)）。

考慮右邊訊號 $x(t) = e^{\alpha t}\,u(t - t_0), \alpha \in \mathbb{R}$ 的拉氏轉換 $X(s)$

$$X(s) = \int_{t_0}^{\infty} e^{\alpha t} e^{-st} dt = \int_{t_0}^{\infty} e^{(\alpha-\sigma)t} e^{-j\omega t} dt$$

（圖 8.8(a)）。

若 $\sigma > \alpha$，此積分收斂。不等式 $\sigma > \alpha$ 在 s 平面上定義一個區域，稱為**收斂區間** (region of convergence, ROC)（圖 8.9(a)）。

若 $t > t_0$，$x(t) = 0$ 稱為**左邊** (left-sided) 訊號（圖 8.7(b)），而拉氏轉換變成 $X(s) = \int_{-\infty}^{t_0} x(t) e^{-st} dt$。若 $x(t) = e^{\beta t}\,u(t_0 - t), \beta \in \mathbb{R}$，

$$X(s) = \int_{-\infty}^{t_0} e^{\beta t} e^{-st} dt = \int_{-\infty}^{t_0} e^{(\beta-\sigma)t} e^{-j\omega t} dt$$

而此積分對於任何 $\sigma < \beta$ 收斂（圖 8.8(b) 與圖 8.9(b)）。

任何訊號可以表示成右邊訊號與左邊訊號之和（圖 8.10）。

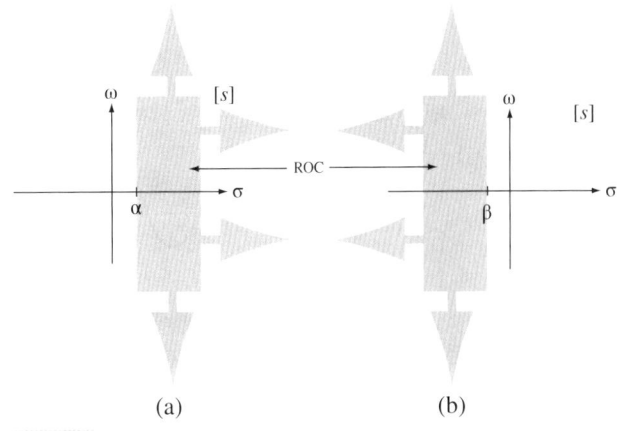

圖 8.9 (a) 右邊訊號 $x(t) = e^{\alpha t}\,u(t - t_0), \alpha \in \mathbb{R}$；(b) 左邊訊號 $x(t) = e^{\beta t}\,u(t_0 - t), \beta \in \mathbb{R}$ 之收斂區間

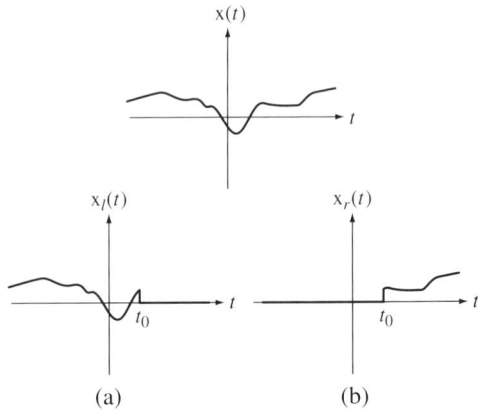

圖 8.10 一個訊號分成 (a) 左半邊與 (b) 右半邊

若 $x(t) = x_r(t) + x_l(t)$，其中 $x_r(t)$ 是右邊訊號而 $x_l(t)$ 是左邊訊號，且若 $|x_r(t)| < |K_r e^{\alpha t}|$ 且 $|x_l(t)| < |K_l e^{\beta t}|$，（其中 K_r 和 K_l 是常數），則拉式-轉換積分收斂且拉氏轉換在 $\alpha < \sigma < \beta$ 下存在。這表示若在 $\sigma < \beta$ 時可求得拉式轉換，而 ROC 存在於 s 平面上 $\alpha < \sigma < \beta$ 的區域。若 $\sigma > \beta$，拉式轉換不存在。對於右邊訊號而言，ROC 總是在 s 平面上 α 的右邊，對於左邊訊號而言，ROC 總是在 s 平面上 β 的左邊。

▶ 8.8 拉氏轉換對

我們可以建立一個拉式轉換對的表，由 $\delta(t)$ 和 $e^{-\alpha t}\cos(\omega_0 t)u(t)$ 的描述開始。利用定義

$$\delta(t) \xleftrightarrow{\mathcal{L}} \int_{-\infty}^{\infty}\delta(t)e^{-st}dt = 1，\text{所有的 } s$$

$$e^{-\alpha t}\cos(\omega_0 t)u(t) \xleftrightarrow{\mathcal{L}} \int_{-\infty}^{\infty} e^{-\alpha t}\cos(\omega_0 t)u(t)e^{-st}dt = \int_{0}^{\infty}\frac{e^{j\omega_0 t}+e^{-j\omega_0 t}}{2}e^{-(s+\alpha)t}dt,\ \sigma > -\alpha$$

$$e^{-\alpha t}\cos(\omega_0 t)u(t) \xleftrightarrow{\mathcal{L}} (1/2)\int_{0}^{\infty}(e^{-(s-j\omega_0+\alpha)t} + e^{-(s+j\omega_0+\alpha)t})dt,\ \sigma > -\alpha$$

$$e^{-\alpha t}\cos(\omega_0 t)u(t) \xleftrightarrow{\mathcal{L}} (1/2)\left[\frac{1}{(s-j\omega_0+\alpha)} + \frac{1}{(s+j\omega_0+\alpha)}\right],\ \sigma > -\alpha$$

$$e^{-\alpha t}\cos(\omega_0 t)u(t) \xleftrightarrow{\mathcal{L}} \frac{s+\alpha}{(s+\alpha)^2+\omega_0^2},\ \sigma > -\alpha.$$

若 $\alpha = 0$，

$$\cos(\omega_0 t)u(t) \xleftrightarrow{\mathcal{L}} \frac{s}{s^2+\omega_0^2},\ \sigma > 0.$$

若 $\omega_0 = 0$，

$$e^{-\alpha t}u(t) \xleftrightarrow{\mathcal{L}} \frac{1}{s+\alpha},\ \sigma > -\alpha.$$

若 $\alpha = \omega_0 = 0$

$$u(t) \xleftrightarrow{\mathcal{L}} 1/s,\ \sigma > 0$$

利用類似的方法，我們可以建立一個最常用的拉式轉換對表格（表 8.1）。

為了詳細說明拉氏轉換的代數形式，以及它的 ROC，考慮 $e^{-\alpha t}u(t)$ 與 $-e^{-\alpha t}u(-t)$ 的拉氏轉換。

$$e^{-\alpha t}u(t) \xleftrightarrow{\mathcal{L}} \frac{1}{s+\alpha},\ \sigma > -\alpha \quad \text{與} \quad -e^{-\alpha t}u(-t) \xleftrightarrow{\mathcal{L}} \frac{1}{s+\alpha},\ \sigma < -\alpha$$

表 8.1　一些常見的拉式轉換對

$$\delta(t) \overset{\mathcal{L}}{\longleftrightarrow} 1,\text{ 所有的 } \sigma$$

$$u(t) \overset{\mathcal{L}}{\longleftrightarrow} 1/s,\ \sigma > 0 \qquad -u(-t) \overset{\mathcal{L}}{\longleftrightarrow} 1/s,\ \sigma < 0$$

$$\text{ramp}(t) = tu(t) \overset{\mathcal{L}}{\longleftrightarrow} 1/s^2,\ \sigma > 0 \qquad \text{ramp}(-t) = -tu(-t) \overset{\mathcal{L}}{\longleftrightarrow} 1/s^2,\ \sigma < 0$$

$$e^{-\alpha t}u(t) \overset{\mathcal{L}}{\longleftrightarrow} 1/(s+\alpha),\ \sigma > -\alpha \qquad -e^{-\alpha t}u(-t) \overset{\mathcal{L}}{\longleftrightarrow} 1/(s+\alpha),\ \sigma < -\alpha$$

$$t^n u(t) \overset{\mathcal{L}}{\longleftrightarrow} n!/s^{n+1},\ \sigma > 0 \qquad -t^n u(-t) \overset{\mathcal{L}}{\longleftrightarrow} n!/s^{n+1},\ \sigma < 0$$

$$te^{-\alpha t}u(t) \overset{\mathcal{L}}{\longleftrightarrow} 1/(s+\alpha)^2,\ \sigma > -\alpha \qquad -te^{-\alpha t}u(-t) \overset{\mathcal{L}}{\longleftrightarrow} 1/(s+\alpha)^2,\ \sigma < -\alpha$$

$$t^n e^{-\alpha t}u(t) \overset{\mathcal{L}}{\longleftrightarrow} \frac{n!}{(s+\alpha)^{n+1}},\ \sigma > -\alpha \qquad -t^n e^{-\alpha t}u(-t) \overset{\mathcal{L}}{\longleftrightarrow} \frac{n!}{(s+\alpha)^{n+1}},\ \sigma < -\alpha$$

$$\sin(\omega_0 t)u(t) \overset{\mathcal{L}}{\longleftrightarrow} \frac{\omega_0}{s^2+\omega_0^2},\ \sigma > 0 \qquad -\sin(\omega_0 t)u(-t) \overset{\mathcal{L}}{\longleftrightarrow} \frac{\omega_0}{s^2+\omega_0^2},\ \sigma < 0$$

$$\cos(\omega_0 t)u(t) \overset{\mathcal{L}}{\longleftrightarrow} \frac{s}{s^2+\omega_0^2},\ \sigma > 0 \qquad -\cos(\omega_0 t)u(-t) \overset{\mathcal{L}}{\longleftrightarrow} \frac{s}{s^2+\omega_0^2},\ \sigma < 0$$

$$e^{-\alpha t}\sin(\omega_0 t)u(t) \overset{\mathcal{L}}{\longleftrightarrow} \frac{\omega_0}{(s+\alpha)^2+\omega_0^2},\ \sigma > -\alpha \qquad -e^{-\alpha t}\sin(\omega_0 t)u(-t) \overset{\mathcal{L}}{\longleftrightarrow} \frac{\omega_0}{(s+\alpha)^2+\omega_0^2},\ \sigma < -\alpha$$

$$e^{-\alpha t}\cos(\omega_0 t)u(t) \overset{\mathcal{L}}{\longleftrightarrow} \frac{s+\alpha}{(s+\alpha)^2+\omega_0^2},\ \sigma > -\alpha \qquad -e^{-\alpha t}\cos(\omega_0 t)u(-t) \overset{\mathcal{L}}{\longleftrightarrow} \frac{s+\alpha}{(s+\alpha)^2+\omega_0^2},\ \sigma < -\alpha$$

$$e^{-\alpha|t|} \overset{\mathcal{L}}{\longleftrightarrow} \frac{1}{s+\alpha} - \frac{1}{s-\alpha} = -\frac{2\alpha}{s^2-\alpha^2},\ -\alpha < \sigma < \alpha$$

拉氏轉換的代數形式在每個情形下是一樣的，但 ROC 是完全不一樣的，事實上是互斥。表示這兩個函數線性組合的拉氏轉換不能找到，因為我們無法在 s 平面上對於 $e^{-\alpha t}u(t)$ 與 $-e^{-\alpha t}u(-t)$，找到一個對於 ROC 而言是共同的區域。

一些仔細的讀者可能發現到有一些常見的函數沒有出現在表 8.1 中，例如，一個常數。函數 $x(t) = u(t)$ 有出現但 $x(t) = 1$ 並沒有。$x(t) = 1$ 之拉氏轉換為

$$\text{X}(s) = \int_{-\infty}^{\infty} e^{-st}dt = \underbrace{\int_{-\infty}^{0} e^{-\sigma t}e^{-j\omega t}dt}_{\text{ROC: }\sigma<0} + \underbrace{\int_{0}^{\infty} e^{-\sigma t}e^{-j\omega t}dt}_{\text{ROC: }\sigma>0}$$

對於這兩個積分而言，並沒有共同的 ROC，因此拉氏轉換不存在。同樣的道理 $\cos(\omega_0 t)$，$\sin(\omega_0 t)$, sgn(t) 和 $\delta_{T_0}(t)$ 不存在表格中，雖然 $\cos(\omega_0 t)u(t)$ 和 $\sin(\omega_0 t)u(t)$ 確實出現。

拉氏轉換 $1/(s+\alpha)$ 在 s 平面上除了 $s = -\alpha$ 這一點以外每一點都為有限。這個獨特的點稱為 $1/(s+\alpha)$ 的**極點** (pole)。一般而言，拉氏轉換的極點是一個 s 的值，使得轉換趨向於無限大。相對的觀念是拉氏轉換的**零點** (zero)，一個 s 的值使得轉換為 0。對於 $1/(s+\alpha)$，有一個在無限遠的零點。拉式轉換為

$$\cos(\omega_0 t)u(t) \overset{\mathcal{L}}{\longleftrightarrow} \frac{s}{s^2+\omega_0^2}$$

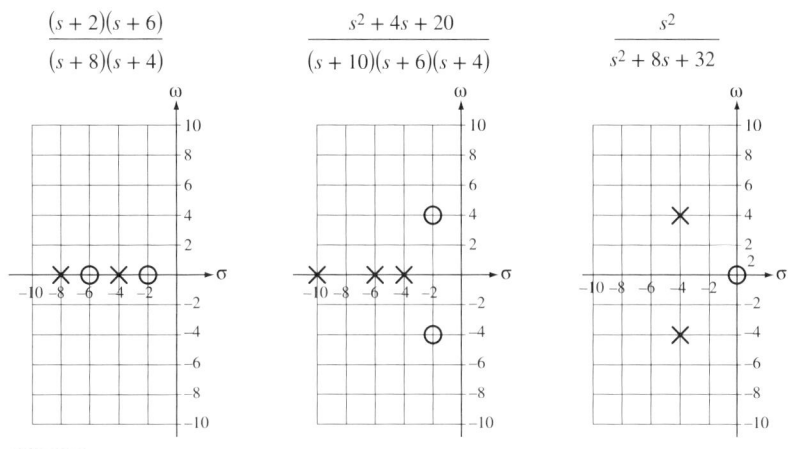

$$\frac{(s+2)(s+6)}{(s+8)(s+4)} \qquad \frac{s^2+4s+20}{(s+10)(s+6)(s+4)} \qquad \frac{s^2}{s^2+8s+32}$$

圖 8.11 極點 - 零點圖範例

具有一個極點在 $s = \pm j\omega_0$，一個零點在 $s = 0$，與一個在無限大的零點。

在訊號與系統分析中，一個有用的工具是極點 - 零點圖，其中在 s 平面上 "x" 標示極點，"o" 標示零點（圖 8.11）。（於圖 8.11 中之極點 - 零點圖最右邊的圖中，零點旁的小 "2"，表示在 $s = 0$ 有兩個零點。）我們將在隨後的章節裡看到，一個函數之拉氏轉換的極點與零點內含有關於這個函數特性的有價值資訊。

例題 8.1　非因果指數訊號之拉式轉換

求訊號 $x(t) = e^{-t}u(t) + e^{2t}u(-t)$ 之拉氏轉換。

這個加法式子的拉氏轉換是個別項 $e^{-t}u(t)$ 與 $e^{2t}u(-t)$ 的拉氏轉換之和。這個加法式子的 ROC 是在 s 平面上兩個 ROC 共同的區域。從表 8.1

$$e^{-t}u(t) \xleftrightarrow{\mathcal{L}} \frac{1}{s+1}, \quad \sigma > -1$$

與

$$e^{2t}u(-t) \xleftrightarrow{\mathcal{L}} -\frac{1}{s-2}, \quad \sigma < 2$$

在本例中，在 s 平面上兩個 ROC 之共同區域是 $-1 < \sigma < 2$ 且

$$e^{-t}u(t) + e^{2t}u(-t) \xleftrightarrow{\mathcal{L}} \frac{1}{s+1} - \frac{1}{s-2}, \; -1 < \sigma < 2$$

（圖 8.12）。此拉氏轉換在 $s = -1$ 和 $s = +2$ 有極點，而在無限大處有兩個零點。

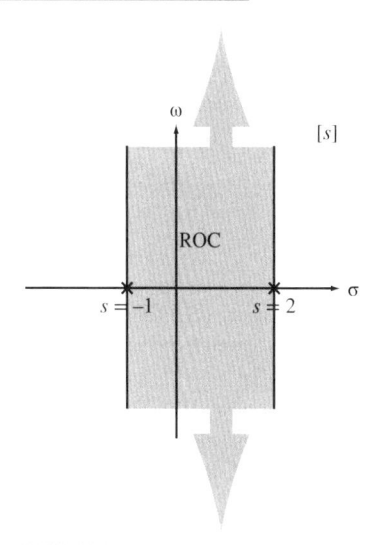

圖 8.12　$x(t) = e^{-t}(t) + e^{2t}u(-t)$ 拉氏轉換之 ROC

例題 8.2 反向拉氏轉換

求下列式子之反拉氏轉換。

(a) $X(s) = \dfrac{4}{s+3} - \dfrac{10}{s-6}$, $-3 < \sigma < 6$

(b) $X(s) = \dfrac{4}{s+3} - \dfrac{10}{s-6}$, $\sigma > 6$

(c) $X(s) = \dfrac{4}{s+3} - \dfrac{10}{s-6}$, $\sigma < -3$

(a) $X(s)$ 是兩個 s-域函數之和，而反拉氏轉換必須是兩個時域訊號之和。$X(s)$ 有兩個極點，一個在 $s = -3$，而另一個在 $s = 6$。我們已知右邊訊號的 ROC 總是在極點的右邊，而左邊訊號的 ROC 總是在極點的左邊。因此，$\dfrac{4}{s+3}$ 必須是右邊訊號的反拉氏轉換，而 $\dfrac{10}{s-6}$ 必須是左邊訊號的反拉氏轉換。於是利用

$$e^{-\alpha t}u(t) \overset{\mathcal{L}}{\longleftrightarrow} \dfrac{1}{s+\alpha}, \ \sigma > -\alpha \quad \text{與} \quad -e^{-\alpha t}u(-t) \overset{\mathcal{L}}{\longleftrightarrow} \dfrac{1}{s+\alpha}, \ \sigma < -\alpha$$

可以得到

$$x(t) = 4e^{-3t}u(t) + 10e^{6t}u(-t)$$

（圖 8.13(a)）。

(b) 在此例中，ROC 是在兩個極點的右邊，而兩個時域訊號必須同時是右邊，且使用 $e^{-\alpha t}u(t) \overset{\mathcal{L}}{\longleftrightarrow} \dfrac{1}{s+\alpha}, \ \sigma > -\alpha$

$$x(t) = 4e^{-3t}u(t) - 10e^{6t}u(t)$$

（圖 8.13(b)）。

(c) 在此例中，ROC 是在兩個極點的左邊，而兩個時域訊號必須同時是左邊，使用 $-e^{-\alpha t}u(-t) \overset{\mathcal{L}}{\longleftrightarrow} \dfrac{1}{s+\alpha}, \ \sigma < -\alpha$

$$x(t) = -4e^{-3t}u(-t) + 10e^{6t}u(-t)$$

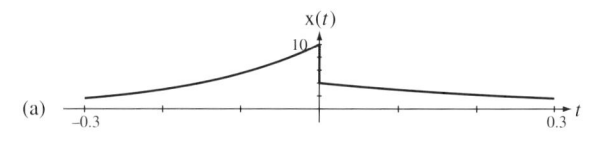

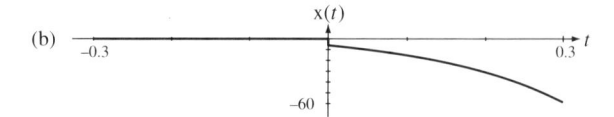

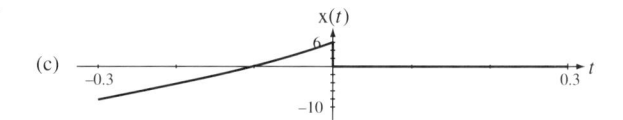

圖 8.13 三個反拉氏轉換

（圖 8.13(c)）。

▶ 8.9 部分分式展開

在例題 8.2 中每個 s-域的表示式是兩項的形式，每一個都可以直接由表 8.1 找到。但若拉氏轉換有更複雜的形式時，我們將如何處理？例如，我們要如何求得下式的反拉氏轉換

$$X(s) = \dfrac{s}{s^2 + 4s + 3} = \dfrac{s}{(s+3)(s+1)}, \ \sigma > -1$$

這個形式並沒有出現在表 8.1 中。一個如同這樣的情形，一個稱為**部分分式展開** (partial-fraction expansion) 的技術變成非常有用。利用此技巧我們可以寫出 X(s) 如下

$$X(s) = \frac{3/2}{s+3} - \frac{1/2}{s+1} = \frac{1}{2}\left(\frac{3}{s+3} - \frac{1}{s+1}\right), \ \sigma > -1$$

反轉換可以求得如下

$$x(t) = (1/2)(3e^{-3t} - e^{-t})u(t)$$

在訊號與系統分析中，使用拉氏轉換最常見的問題是找出下列 s 形式之有理函數的反轉換

$$G(s) = \frac{b_M s^M + b_{M-1} s^{M-1} + \cdots + b_1 s + b_0}{s^N + a_{N-1} s^{N-1} + \cdots a_1 s + a_0}$$

其中分子與分母的係數 a 和 b 是常數。因為分子與分母的階數是任意的，這個函數沒有出現在標準的拉氏轉換表中。但是利用部分分式展開，它可以用出現在拉氏轉換標準表格中的函數之和來表示。

將分母多項式分解總是可能的（數值的，若非解析的），並且表示成下列的函數形式

$$G(s) = \frac{b_M s^M + b_{M-1} s^{M-1} + \cdots + b_1 s + b_0}{(s-p_1)(s-p_2) \cdots (s-p_N)}$$

其中 p 是 G(s) 的有限極點。現在讓我們考慮最簡單的情況，沒有重複的有限極點且 $N > M$，使得因式對於 s 是恰當的 (proper)。只要極點被指出後，我們就可以寫出函數的部分分式形式

$$G(s) = \frac{K_1}{s-p_1} + \frac{K_2}{s-p_2} + \cdots + \frac{K_N}{s-p_N}$$

若我們可以找到正確的 K 值。若下列函數的形式是正確，則等式

$$\frac{b_M s^M + b_{M-1} s^{M-1} + \cdots b_1 s + b_0}{(s-p_1)(s-p_2)\cdots(s-p_N)} \equiv \frac{K_1}{s-p_1} + \frac{K_2}{s-p_2} + \cdots + \frac{K_N}{s-p_N} \tag{8.6}$$

必須滿足任意的 s 值。可以與式子左邊的分母一樣將式子右邊整合成有共同分母的單一分式，然後將分子中 s 的每個冪次之係數設為相等，來求解方程式中的 K 值。但有另一個較簡單的方法。用 $s - p_1$ 乘以 (8.6) 式的兩邊。

$$(s-p_1)\frac{b_M s^M + b_{M-1} s^{M-1} + \cdots + b_1 s + b_0}{(s-p_1)(s-p_2)\cdots(s-p_N)} = \begin{bmatrix} (s-p_1)\dfrac{K_1}{s-p_1} + (s-p_1)\dfrac{K_2}{s-p_2} + \cdots \\ + (s-p_1)\dfrac{K_N}{s-p_N} \end{bmatrix}$$

或

$$\frac{b_M s^M + b_{M-1} s^{M-1} + \cdots + b_1 s + b_0}{(s - p_2) \cdots (s - p_N)} = K_1 + (s - p_1)\frac{K_2}{s - p_2} + \cdots + (s - p_1)\frac{K_N}{s - p_N} \quad (8.7)$$

因為 (8.6) 式必須滿足 s 的任何值，令 $s = p_1$。所有在右邊的 $(s - p_1)$ 因式變成 0。(8.7) 式變成

$$K_1 = \frac{b_M p_1^M + b_{M-1} p_1^{M-1} + \cdots + b_1 p_1 + b_0}{(p_1 - p_2)\cdots(p_1 - p_N)}$$

我們就可以馬上得到 K_1。我們可以用同樣的技巧求其他所有的 K 值。於是，利用拉式轉換對

$$e^{-\alpha t}\mathrm{u}(t) \xleftrightarrow{\mathcal{L}} \frac{1}{s + \alpha}, \;\; \sigma > -\alpha \quad \text{與} \quad -e^{-\alpha t}\mathrm{u}(-t) \xleftrightarrow{\mathcal{L}} \frac{1}{s + \alpha}, \;\; \sigma < -\alpha$$

我們可以求得反拉氏轉換。

例題 8.3 利用部分分式法求反拉氏轉換

求 $G(s) = \dfrac{10s}{(s + 3)(s + 1)}$，$\sigma > -1$ 之反拉氏轉換。

我們可以將此表示式用部分分式展開

$$G(s) = \frac{\left[\dfrac{10s}{s + 1}\right]_{s=-3}}{s + 3} + \frac{\left[\dfrac{10s}{s + 3}\right]_{s=-1}}{s + 1}, \;\; \sigma > -1$$

$$G(s) = \frac{15}{s + 3} - \frac{5}{s + 1}, \;\; \sigma > -1$$

接著使用

$$e^{-at}\mathrm{u}(t) \xleftrightarrow{\mathcal{L}} \frac{1}{s + a}, \;\; \sigma > -\alpha$$

可以得到

$$g(t) = 5(3e^{-3t} - e^{-t})\mathrm{u}(t)$$

實用上最常見的情形是沒有重複的極點，但讓我們看看若是正好有兩個極點一樣的話，會發生什麼事情。

$$G(s) = \frac{b_M s^M + b_{M-1} s^{M-1} + \cdots + b_1 s + b_0}{(s - p_1)^2 (s - p_3)\cdots(s - p_N)}$$

若我們嘗試用同樣的技巧來求部分分式的形式，可以得到

$$G(s) = \frac{K_{11}}{s - p_1} + \frac{K_{12}}{s - p_1} + \frac{K_3}{s - p_3} + \cdots + \frac{K_N}{s - p_N}$$

但是這個可以寫成

$$G(s) = \frac{K_{11} + K_{12}}{s - p_1} + \frac{K_3}{s - p_3} + \cdots + \frac{K_N}{s - p_N} = \frac{K_1}{s - p_1} + \frac{K_3}{s - p_3} + \cdots + \frac{K_N}{s - p_N}$$

然後我們看到兩個任意常數的和 $K_{11} + K_{12}$ 實際上只有一個任意常數。事實上，只有 $N - 1$ 個 K 而非 N 個 K，而當我們在形成部分分式和的共同分母時，它與原來函數的分母不同。我們可以改變部分分式展開的形式成為

$$G(s) = \frac{K_1}{(s - p_1)^2} + \frac{K_3}{s - p_3} + \cdots + \frac{K_N}{s - p_N}$$

於是，若我們想利用找到一個共同的分母來求解方程式，並且比較相同 s 的冪次項使其相等，我們會發現有 N 個方程式卻只有 $N - 1$ 個係數，因此沒有獨特的解。解決此問題的方法是找到下列形式的部分分式

$$G(s) = \frac{K_{12}}{(s - p_1)^2} + \frac{K_{11}}{s - p_1} + \frac{K_3}{s - p_3} + \cdots + \frac{K_N}{s - p_N}$$

我們可以用 $(s - p_1)^2$ 乘以下列式子的兩邊求 K_{12}。

$$\frac{b_M s^M + b_{M-1} s^{M-1} + \cdots + b_1 s + b_0}{(s - p_1)^2 (s - p_3) \cdots (s - p_N)} = \frac{K_{12}}{(s - p_1)^2} + \frac{K_{11}}{s - p_1} + \frac{K_3}{s - p_3} + \cdots + \frac{K_N}{s - p_N} \quad (8.8)$$

而得到

$$\frac{b_M s^M + b_{M-1} s^{M-1} + \cdots + b_1 s + b_0}{(s - p_3) \cdots (s - p_N)} = \begin{bmatrix} K_{12} + (s - p_1) K_{11} + (s - p_1)^2 \dfrac{K_3}{s - p_3} + \cdots \\ + (s - p_1)^2 \dfrac{K_N}{s - p_N} \end{bmatrix}$$

於是令 $s = p_1$，得到

$$K_{12} = \frac{b_M p_1^M + b_{M-1} p_1^{M-1} + \cdots + b_1 p_1 + b_0}{(p_1 - p_3) \cdots (p_1 - p_N)}$$

但是當我們想利用常見的方式求 K_{11} 時，遇到另一個問題。

$$(s - p_1) \frac{b_M s^M + b_{M-1} s^{M-1} + \cdots b_1 s + b_0}{(s - p_1)^2 (s - p_3) \cdots (s - p_N)} = \begin{bmatrix} (s - p_1) \dfrac{K_{12}}{(s - p_1)^2} + (s - p_1) \dfrac{K_{11}}{s - p_1} \\ + (s - p_1) \dfrac{K_3}{s - p_3} + \cdots + (s - p_1) \dfrac{K_N}{s - p_N} \end{bmatrix}$$

或

$$\frac{b_M s^M + b_{M-1} s^{M-1} + \cdots + b_1 s + b_0}{(s - p_1)(s - p_3) \cdots (s - p_N)} = \frac{K_{12}}{s - p_1} + K_{11}$$

若我們現在設 $s = p_1$，我們在方程式的兩邊除以 0，因此不能直接求解以得到 K_{11}。但

我們可以利用 $(s-p_1)^2$ 乘以 (8.8) 式的兩邊避免此問題

$$\frac{b_M s^M + b_{M-1} s^{M-1} + \cdots + b_1 s + b_0}{(s-p_3)\cdots(s-p_N)} = \begin{bmatrix} K_{12} + (s-p_1)K_{11} + \\ (s-p_1)^2 \frac{K_3}{s-p_3} + \cdots + (s-p_1)^2 \frac{K_N}{s-p_N} \end{bmatrix}$$

對 s 微分，得到

$$\frac{d}{ds}\left[\frac{b_M s^M + b_{M-1} s^{M-1} + \cdots + b_1 s + b_0}{(s-p_3)\cdots(s-p_N)}\right] = \begin{bmatrix} K_{11} + \frac{(s-p_3)2(s-p_1) - (s-p_1)^2}{(s-p_3)^2}K_3 + \cdots \\ + \frac{(s-p_q)2(s-p_1) - (s-p_1)^2}{(s-p_N)^2}K_N \end{bmatrix}$$

接著令 $s = p_1$ 求解 K_{11}，

$$K_{11} = \frac{d}{ds}\left[\frac{b_M s^M + b_{M-1} s^{M-1} + \cdots + b_1 s + b_0}{(s-p_3)\cdots(s-p_N)}\right]_{s\to p_1} = \frac{d}{ds}[(s-p_1)^2 G(s)]_{s\to p_1}$$

若有更高階重複的極點，例如三重態、四重態等（實際上非常罕見），我們可以延伸此一微分的觀念至多重微分來求係數。一般而言，若 H(s) 的形式為

$$H(s) = \frac{b_M s^M + b_{M-1} s^{M-1} + \cdots + b_1 s + b_0}{(s-p_1)(s-p_2)\cdots(s-p_{N-1})(s-p_N)^m}$$

具有 $N-1$ 個獨立的有限極點，以及一個冪次為 m 的重複第 N 個極點，可以寫成

$$H(s) = \frac{K_1}{s-p_1} + \frac{K_2}{s-p_2} + \cdots + \frac{K_{N-1}}{s-p_{N-1}} + \frac{K_{N,m}}{(s-p_N)^m} + \frac{K_{N,m-1}}{(s-p_N)^{m-1}} + \cdots + \frac{K_{N,1}}{s-p_N}$$

其中 K 是用於前面所求得的獨立極點，而分母形式為 $(s-p_q)^{m-k}$ 中 m 階重複的極點 p_d 之 K 為

$$\boxed{K_{q,k} = \frac{1}{(m-k)!}\frac{d^{m-k}}{ds^{m-k}}[(s-p_q)^m H(s)]_{s\to p_q}, \quad k = 1, 2, \ldots, m} \tag{8.9}$$

而且了解到 $0! = 1$。

例題 8.4　利用部分分式法求反拉氏轉換

求下式之反拉氏轉換。

$$G(s) = \frac{s+5}{s^2(s+2)}, \quad \sigma > 0$$

此函數在 $s = 0$ 有一個重複的極點。因此部分分式展開的形式必須是

$$G(s) = \frac{K_{12}}{s^2} + \frac{K_{11}}{s} + \frac{K_3}{s+2}, \quad \sigma > 0$$

將 $G(s)$ 乘以 s^2 來求 K_{12}，並且在剩下的表示式中設 $s=0$，得到

$$K_{12} = [s^2 G(s)]_{s \to 0} = 5/2$$

將 $G(s)$ 乘以 s^2 求 K_{11}，對 s 微分並且在剩下的表示式中設 $s=0$，得到

$$K_{11} = \frac{d}{ds}[s^2 G(s)]_{s \to 0} = \frac{d}{ds}\left[\frac{s+5}{s+2}\right]_{s \to 0} = \left[\frac{(s+2)-(s+5)}{(s+2)^2}\right]_{s \to 0} = -\frac{3}{4}$$

用通常的方式求得 K_3 為 $3/4$。因此

$$G(s) = \frac{5}{2s^2} - \frac{3}{4s} + \frac{3}{4(s+2)}, \ \sigma > 0$$

而反轉換為

$$g(t) = \left(\frac{5}{2}t - \frac{3}{4} + \frac{3}{4}e^{-2t}\right)u(t) = \frac{10t - 3(1-e^{-2t})}{4}u(t)$$

現在讓我們檢視違反在原本探討部分分式展開方法中的一個假設，假設

$$G(s) = \frac{b_M s^M + b_{M-1} s^{M-1} + \cdots + b_1 s + b_0}{(s-p_1)(s-p_2)\cdots(s-p_N)}$$

是一個在 s 的適當分式。若 $M \geq N$，我們不能在部分分式展開，因為部分分式表示式為以下形式

$$G(s) = \frac{K_1}{s-p_1} + \frac{K_2}{s-p_2} + \cdots + \frac{K_N}{s-p_N}$$

透過一個共同的分母結合這些項

$$G(s) = \frac{K_1 \prod_{\substack{k=1 \\ k \neq 1}}^{k=N}(s-p_k) + K_2 \prod_{\substack{k=1 \\ k \neq 2}}^{k=N}(s-p_k) + \cdots + K_2 \prod_{\substack{k=1 \\ k \neq N}}^{k=N}(s-p_k)}{(s-p_1)(s-p_2)\cdots(s-p_N)}$$

s 在分子中的最高冪次為 $N-1$。因此，任何 s 多項式的比，想要擴展至部分分式，就必須有一個 s 在分子的冪次不大於 $N-1$，使其在 s 中是適當的。這並不是一個真正的限制，因為若分式在 s 中是不適當的，我們總是可以用綜合除法將分子除以分母直到有一個餘式，它的冪次比分母還低。於是我們將有一個包含具有非負整數的 s 冪次項，加上一個適當的 s 分式項次之和的表示式。具有非負整數的 s 冪次項就可反拉氏轉換成脈衝與高階奇異函數。

例題 8.5 利用部分分式展開求反拉氏轉換

求 $G(s) = \dfrac{10s^2}{(s+1)(s+3)}, \ \sigma > 0$ 之反拉氏轉換。

這個有理函數在 s 而言是不適當的 (improper)。以綜合除法的方式將分子除以分母得到

$$s^2 + 4s + 3 \overline{\smash{\big)}\, 10s^2} \atop {\underline{10s^2 + 40s + 30} \atop -40s - 30}} \quad \Rightarrow \quad \frac{10s^2}{(s+1)(s+3)} = 10 - \frac{40s + 30}{s^2 + 4s + 3}$$

因此，

$$G(s) = 10 - \frac{40s + 30}{(s+1)(s+3)}, \; \sigma > 0$$

將部分分式中 s 的（適當）分式展開，

$$G(s) = 10 - 5\left(\frac{9}{s+3} - \frac{1}{s+1}\right), \; \sigma > 0$$

於是使用

$$e^{-at}\mathrm{u}(t) \xleftrightarrow{\mathcal{L}} \frac{1}{s+a} \quad 與 \quad \delta(t) \xleftrightarrow{\mathcal{L}} 1$$

得到

$$g(t) = 10\delta(t) - 5(9e^{-3t} - e^{-t})\mathrm{u}(t)$$

（圖 8.14）。

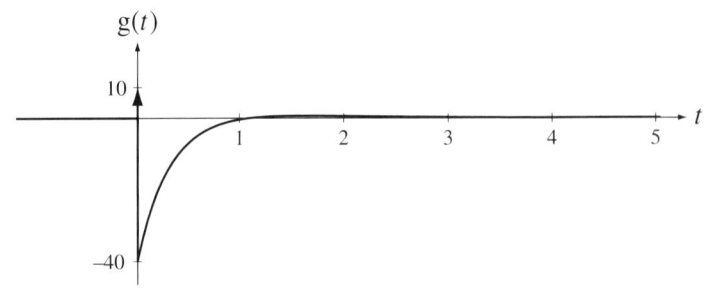

圖 8.14 $G(s) = \dfrac{10s^2}{(s+1)(s+3)}$ 之反拉氏轉換

例題 8.6 利用部分分式展開求反拉氏轉換

求 $G(s) = \dfrac{s}{(s-3)(s^2 - 4s + 5)}, \; \sigma < 2$ 之反拉氏轉換。

若我們採用一般的求部分分式展開的途徑，必須先將分母因式分解，

$$G(s) = \frac{s}{(s-3)(s-2+j)(s-2-j)}, \; \sigma < 2$$

我們就會發現有一對共軛複數的極點。對複數極點則部分分式方法仍然可以使用。用部分分式展開

$$G(s) = \frac{3/2}{s-3} - \frac{(3+j)/4}{s-2+j} - \frac{(3-j)/4}{s-2-j}, \; \sigma < 2$$

得到這樣的複數極點可以有一個選擇。我們可以
1. 繼續將它們認定是實數，求一個時域的表示法，再予以簡化，或是
2. 將最後兩個分式結合成一個具有實係數的分式，並且經由查表求其反拉氏轉換。

方法 1：

$$g(s) = \left(-\frac{3}{2}e^{3t} + \frac{3+j}{4}e^{(2-j)t} + \frac{3-j}{4}e^{(2+j)t}\right)u(-t)$$

對於 g(t) 而言，這是一個正確的表示式，但並不是最簡單的形式。我們可以將其處理成包含只有實值函數的表示法。求共同的分母並且用三角函數等式，

$$g(t) = \left(-\frac{3}{2}e^{3t} + \frac{3e^{(2-j)t} + 3e^{(2+j)t} + je^{(2-j)t} - je^{(2+j)t}}{4}\right)u(-t)$$

$$g(t) = \left(-\frac{3}{2}e^{3t} + e^{2t}\frac{3(e^{-jt} + e^{jt}) + j(e^{-jt} - e^{jt})}{4}\right)u(-t)$$

$$g(t) = (3/2)\{e^{2t}[\cos(t) + (1/3)\sin(t)] - e^{3t}\}u(-t)$$

方法 2：

$$G(s) = \frac{3/2}{s-3} - \frac{1}{4}\frac{(3+j)(s-2-j) + (3-j)(s-2+j)}{s^2 - 4s + 5}, \quad \sigma < 2$$

當我們化簡分子時，有一個一階的 s 多項式由一個二階的 s 多項式所除。

$$G(s) = \frac{3/2}{s-3} - \frac{1}{4}\frac{6s-10}{s^2 - 4s + 5} = \frac{3/2}{s-3} - \frac{6}{4}\frac{s - 5/3}{(s-2)^2 + 1}, \quad \sigma < 2$$

在轉換表中可以發現

$$-e^{-\alpha t}\cos(\omega_0 t)u(-t) \xleftrightarrow{\mathcal{L}} \frac{s+\alpha}{(s+\alpha)^2 + \omega_0^2}, \quad \sigma < -\alpha$$

以及

$$-e^{-\alpha t}\sin(\omega_0 t)u(-t) \xleftrightarrow{\mathcal{L}} \frac{\omega_0}{(s+\alpha)^2 + \omega_0^2}, \quad \sigma < -\alpha$$

我們的分母形式吻合這些分母但分子形式則沒有。但是我們可以加減分子形式形成兩個有理函數，它們的分子形式確實出現在表格中。

$$G(s) = \frac{3/2}{s-3} - \frac{3}{2}\left[\frac{s-2}{(s-2)^2 + 1} + (1/3)\frac{1}{(s-2)^2 + 1}\right], \quad \sigma < 2 \tag{8.10}$$

現在我們可以直接求反拉氏轉換

$$g(t) = (3/2)\{e^{2t}[\cos(t) + (1/3)\sin(t)] - e^{3t}\}u(-t)$$

了解到有兩個共軛複數的根，我們可以將具有複數根的兩項結合成一個共同分母的形式。

$$G(s) = \frac{A}{s-3} + \frac{K_2}{s-p_2} + \frac{K_3}{s-p_3} = \frac{A}{s-3} + \frac{s(K_2+K_3) - K_3 p_2 - K_2 p_3}{s^2 - 4s + 5}$$

或是，既然 K_2 和 K_3 是任意常數，

$$G(s) = \frac{A}{s-3} + \frac{Bs+C}{s^2-4s+5}$$

（B 和 C 都是實數，因為 K_2 和 K_3 都是共軛複數而且 p_2 和 p_3 也是。）因此我們可以求得這種形式的部分分式展開。A 就如同前面所求的為 3/2。因為 G(s) 與其部分分式展開對於任一的 s 值必須相等，且

$$G(s) = \frac{s}{(s-3)(s^2-4s+5)}$$

可以寫成

$$\left[\frac{s}{(s-3)(s^2-4s+5)}\right]_{s=0} = \left[\frac{3/2}{s-3} + \frac{Bs+C}{s^2-4s+5}\right]_{s=0}$$

或

$$0 = -1/2 + C/5 \Rightarrow C = 5/2$$

於是

$$\frac{s}{(s-3)(s^2-4s+5)} = \frac{3/2}{s-3} + \frac{Bs+5/2}{s^2-4s+5}$$

我們可以令 s 為任意數來求 B。例如，1。於是

$$-\frac{1}{4} = -\frac{3}{4} + \frac{B+5/2}{2} \Rightarrow B = -\frac{3}{2}$$

且

$$G(s) = \frac{3/2}{s-3} - \frac{3}{2}\frac{s-5/3}{s^2-4s+5}$$

這個結果與 (8.10) 式同，而剩下的解因此也相同。

MATLAB 有一個函數 residue 能夠用來求部分分式。符號如下

$$[r,p,k] = residue(b,a)$$

其中 b 是表示法中分子中 s 降冪係數的向量，而 a 是分母中 s 降冪係數的向量，r 是**餘式** (residue) 的向量，p 是有限極點位置的向量，而 k 是稱作**直接項** (direct terms) 的向量，它是當分子的階數大於或等於分母時得到的結果。向量 a 和 b 必須總是包含所有的 s 且階數一路降至 0。餘式項從複平面上封閉曲線積分而來，此主題超出了本書的範圍。我們的目的是，餘式只是分子在部分分式展開。

例題 8.7 利用 MATLAB 的 residue 函數求部分分式展開

以部分分式展開下式

$$H(s) = \frac{s^2+3s+1}{s^4+5s^3+2s^2+7s+3}$$

用 MATLAB

```
»b = [1 3 1] ; a = [1 5 2 7 3] ;
»[r,p,k] = residue(b,a) ;
»r
r =
    -0.0856
     0.0496 - 0.2369i
     0.0496 + 0.2369i
    -0.0135
»p
p =
    -4.8587
     0.1441 + 1.1902i
     0.1441 - 1.1902i
    -0.4295
»k
k =
    []
»
```

共有四個極點 −4.8587, 0.1441 + j1.1902, 0.1441 − j1.1902 和 −0.4295 而餘式的極點分別為 −0.0856, 0.0496 − j0.2369, 0.0496 + j0.2369 與 −0.0135。因為 H(s) 是在 s 的適當分式，所以沒有直接項。現在我們可以寫出 H(s)。

$$H(s) = \frac{0.0496 - j0.2369}{s - 0.1441 - j1.1902} + \frac{0.0496 + j0.2369}{s - 0.1441 + j1.1902} - \frac{0.0856}{s + 4.8587} - \frac{0.0135}{s + 0.4295}$$

或是將複極點與餘式的兩項結合成一個具有實值係數的項。

$$H(s) = \frac{0.0991s + 0.5495}{s^2 - 0.2883s + 1.437} - \frac{0.0856}{s + 0.48587} - \frac{0.0135}{s + 0.4295}$$

例題 8.8 LTI 系統響應

求下式 LTI 系統的響應 y(t)

(a) 若激發為 x(t) = u(t)，脈衝響應為 h(t) = $5e^{-4t}$u(t)
(b) 若激發為 x(t) = u(−t)，脈衝響應為 h(t) = $5e^{-4t}$u(t)
(c) 若激發為 x(t) = u(t)，脈衝響應為 h(t) = $5e^{4t}$u(−t)
(d) 若激發為 x(t) = u(−t)，脈衝響應為 h(t) = $5e^{4t}$u(−t)

(a) h(t) = $5e^{-4t}$u(t) $\xleftrightarrow{\mathcal{L}}$ H(s) = $\frac{5}{s+4}$, σ > −4

$$x(t) = u(t) \xleftrightarrow{\mathcal{L}} X(s) = 1/s, \ \sigma > 0$$

因此

$$Y(s) = H(s)X(s) = \frac{5}{s(s+4)}, \ \sigma > 0$$

Y(s) 可以用部分分式表示

$$Y(s) = \frac{5/4}{s} - \frac{5/4}{s+4}, \quad \sigma > 0$$

$$y(t) = (5/4)(1 - e^{-4t})u(t) \xleftrightarrow{\mathcal{L}} Y(s) = \frac{5/4}{s} - \frac{5/4}{s+4}, \quad \sigma > 0$$

(圖 8.15)。

h(t) = 5e^{-4t} u(t), x(t) = u(t)　　　　　　h(t) = 5e^{-4t} u(t), x(t) = u(−t)

h(t) = 5e^{4t} u(−t), x(t) = u(t)　　　　　　h(t) = 5e^{4t} u(−t), x(t) = u(−t)

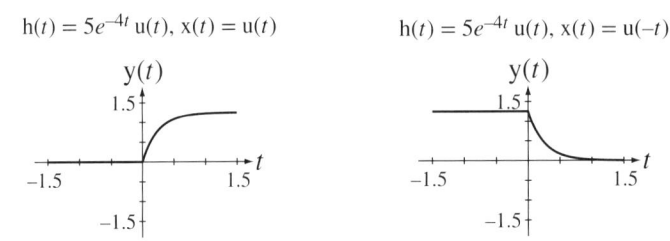

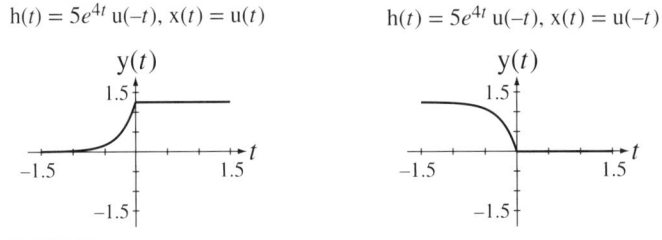

圖 8.15　四種系統響應

(b) $x(t) = u(-t) \xleftrightarrow{\mathcal{L}} X(s) = -1/s, \quad \sigma < 0$

$$Y(s) = H(s)X(s) = -\frac{5}{s(s+4)}, \quad -4 < \sigma < 0$$

$$Y(s) = -\frac{5/4}{s} + \frac{5/4}{s+4}, \quad -4 < \sigma < 0$$

$$y(t) = (5/4)[e^{-4t}u(t) + u(-t)] \xleftrightarrow{\mathcal{L}} Y(s) = -\frac{5/4}{s} + \frac{5/4}{s+4}, \quad -4 < \sigma < 0$$

(圖 8.15)。

(c) $h(t) = 5e^{4t}u(-t) \xleftrightarrow{\mathcal{L}} H(s) = -\frac{5}{s-4}, \quad \sigma < 4$

$$Y(s) = H(s)X(s) = -\frac{5}{s(s-4)}, \quad 0 < \sigma < 4$$

$$Y(s) = \frac{5/4}{s} - \frac{5/4}{s-4}, \quad 0 < \sigma < 4$$

$$y(t) = (5/4)[u(t) + e^{4t}u(-t)] \xleftrightarrow{\mathcal{L}} Y(s) = \frac{5/4}{s} - \frac{5/4}{s+4}, \quad 0 < \sigma < 4$$

(圖 8.15)。

(d) $Y(s) = H(s)X(s) = \dfrac{5}{s(s-4)}, \quad \sigma < 0$

$$Y(s) = -\dfrac{5/4}{s} + \dfrac{5/4}{s-4}, \quad \sigma < 0$$

$$y(t) = (5/4)[u(-t) - e^{4t}u(-t)] \xleftrightarrow{\mathcal{L}} Y(s) = -\dfrac{5/4}{s} + \dfrac{5/4}{s-4}, \quad \sigma < 4$$

（圖 8.15）。

▶ 8.10 拉氏轉換特性

令 $g(t)$ 和 $h(t)$ 有拉式轉換 $G(s)$ 和 $H(s)$，分別具有收斂區間 ROC_G 和 ROC_H。則可以應用下列的特性（表 8.2）：

表 8.2 拉氏轉換特性

線性	$\alpha g(t) + \beta h(t - t_0) \xleftrightarrow{\mathcal{L}} \alpha G(s) + \beta H(s),$	$ROC \supseteq ROC_G \cap ROC_H$
時間位移	$g(t - t_0) \xleftrightarrow{\mathcal{L}} G(s)e^{-st_0},$	$ROC = ROC_G$
s-域位移	$e^{s_0 t}g(t) \xleftrightarrow{\mathcal{L}} G(s - s_0),$	$ROC = ROC_G$ 位移 s_0
		（若 $s - s_0$ 在 ROC_G 則 s 在 ROC 中）
時間尺度改變	$g(at) \xleftrightarrow{\mathcal{L}} (1/|a|)G(s/a),$	$ROC = ROC_G$ 尺度改變 a
		（若 s/a 在 ROC_G 則 s 在 ROC 中）
時間微分	$\dfrac{d}{dt}g(t) \xleftrightarrow{\mathcal{L}} sG(s),$	$ROC \supseteq ROC_G$
s-域微分	$-tg(\tau) \xleftrightarrow{\mathcal{L}} \dfrac{d}{ds}G(s),$	$ROC = ROC_G$
時間積分	$\displaystyle\int_{-\infty}^{t} g(\tau)d\tau \xleftrightarrow{\mathcal{L}} G(s)/s,$	$ROC \supseteq ROC_G \cap (\sigma > 0)$
時間迴旋	$g(t) * h(t) \xleftrightarrow{\mathcal{L}} G(s)H(s),$	$ROC \supseteq ROC_G \cap ROC_H$

若 $g(t) = 0, t < 0$ 且沒有脈衝或是較高冪次在 $t = 0$ 之奇異函數，於是

初值理論： $g(0^+) = \lim\limits_{s \to \infty} sG(s)$

終值理論： $\lim\limits_{t \to \infty} g(t) = \lim\limits_{s \to 0} sG(s)$ 若 $\lim\limits_{t \to \infty} g(t)$ 存在

若極限 $\lim\limits_{t \to \infty} g(t)$ 存在則可用終值理論。即使 $\lim\limits_{t \to \infty} g(t)$ 不存在，極限 $\lim\limits_{s \to 0} sG(s)$ 仍可能存在。例如，若 $X(s) = \dfrac{s}{s^2 + 4}$ 則 $\lim\limits_{s \to 0} sG(s) = \lim\limits_{s \to 0} \dfrac{s^2}{s^2 + 4} = 0$。但是 $x(t) = \cos(4t)u(t)$ 且 $\lim\limits_{t \to \infty} g(t) = \lim\limits_{t \to \infty} \cos(4t)u(t)$ 不存在。因此結論是終值理論為 0 是錯的。它顯示出對於終值理論應用至一個函數 $G(s)$，則 $sG(s)$ 函數的所有有限極點必須位於 s 平面左半邊開區間。

例題 8.9　利用 s- 域之位移特性

若 $X_1(s) = \dfrac{1}{s+5}$, $\sigma > -5$ 且 $X_2(s) = X_1(s - j4) + X_1(s + j4)$, $\sigma > -5$ 求 $x_2(t)$。

$$e^{-5t}\text{u}(t) \xleftrightarrow{\mathcal{L}} \frac{1}{s+5}, \ \sigma > -5$$

使用 s- 域位移特性

$$e^{-(5-j4)t}\text{u}(t) \xleftrightarrow{\mathcal{L}} \frac{1}{s-j4+5}, \ \sigma > -5 \quad \text{與} \quad e^{-(5+j4)t}\text{u}(t) \xleftrightarrow{\mathcal{L}} \frac{1}{s+j4+5}, \ \sigma > -5$$

因此

$$x_2(t) = e^{-(5-j4)t}\text{u}(t) + e^{-(5+j4)t}\text{u}(t) = e^{-5t}(e^{j4t} + e^{-j4t})\text{u}(t) = 2e^{-5t}\cos(4t)\text{u}(t)$$

位移的效應在 s- 域中反方向平行於 ω 軸的量是一樣的，而在時域中相對的增加了乘以一個因果性的餘弦波。這整個效應稱為雙邊帶抑制載波調變。

例題 8.10　兩個時間尺度改變方波訊號之拉氏轉換

求 $x(t) = \text{u}(t) - \text{u}(t-a)$ 與 $x(2t) = \text{u}(2t) - \text{u}(2t-a)$ 之拉氏轉換。

我們已知 u(t) 的拉氏轉換，其為 $1/s$, $\sigma > 0$。利用線性與時移特性

$$\text{u}(t) - \text{u}(t-a) \xleftrightarrow{\mathcal{L}} \frac{1 - e^{-as}}{s}, \ \text{所有的 } \sigma$$

接著使用時間尺度改變特性，

$$\text{u}(2t) - \text{u}(2t-a) \xleftrightarrow{\mathcal{L}} \frac{1}{2}\frac{1 - e^{-as/2}}{s/2} = \frac{1 - e^{-as/2}}{s}, \ \text{所有的 } \sigma$$

當我們考慮 $\text{u}(2t) = \text{u}(t)$ 與 $\text{u}(2t-a) = \text{u}(2(t - a/2)) = \text{u}(t - a/2)$ 時，此結果是很明顯的。

例題 8.11　利用 s- 域微分推導一個轉換對

利用 s- 域微分和基本的拉氏轉換 $\text{u}(t) \xleftrightarrow{\mathcal{L}} 1/s$, $\sigma > 0$，求 $1/s^2$, $\sigma > 0$ 之反拉氏轉換。

$$\text{u}(t) \xleftrightarrow{\mathcal{L}} 1/s, \ \sigma > 0$$

利用 $-t\text{g}(t) \xleftrightarrow{\mathcal{L}} \dfrac{d}{ds}(G(s))$

$$-t\text{u}(t) \xleftrightarrow{\mathcal{L}} -1/s^2, \ \sigma > 0$$

因此，

$$\text{ramp}(t) = t\text{u}(t) \xleftrightarrow{\mathcal{L}} 1/s^2, \ \sigma > 0$$

利用歸納我們可以延伸至一般情況。

$$\frac{d}{ds}\left(\frac{1}{s}\right) = -\frac{1}{s^2}, \frac{d^2}{ds^2}\left(\frac{1}{s}\right) = \frac{2}{s^3}, \frac{d^3}{ds^3}\left(\frac{1}{s}\right) = -\frac{6}{s^4}, \frac{d^4}{ds^4}\left(\frac{1}{s}\right) = \frac{24}{s^5}, \cdots, \frac{d^n}{ds^n}\left(\frac{1}{s}\right) = (-1)^n\frac{n!}{s^{n+1}}$$

相對應的轉換對為

$$t\,\mathrm{u}(t) \xleftrightarrow{\mathcal{L}} \frac{1}{s^2}, \quad \sigma > 0, \quad \frac{t^2}{2}\mathrm{u}(t) \xleftrightarrow{\mathcal{L}} \frac{1}{s^3}, \quad \sigma > 0$$

$$\frac{t^3}{6}\mathrm{u}(t) \xleftrightarrow{\mathcal{L}} \frac{1}{s^4}, \quad \sigma > 0, \cdots, \frac{t^n}{n!}\mathrm{u}(t) \xleftrightarrow{\mathcal{L}} \frac{1}{s^{n+1}}, \quad \sigma > 0$$

例題 8.12 利用時間積分特性推導一個轉換對

在例題 8.11 中，我們使用複頻率微分來推導拉氏轉換對

$$t\,\mathrm{u}(t) \xleftrightarrow{\mathcal{L}} 1/s^2, \quad \sigma > 0$$

另一個方式從 $\mathrm{u}(t) \xleftrightarrow{\mathcal{L}} 1/s, \sigma > 0$，使用適當的時間積分特性來推導一樣的轉換對。

$$\int_{-\infty}^{t}\mathrm{u}(\tau)d\tau = \begin{cases}\int_{0^-}^{t}d\tau = t, & t \geq 0 \\ 0, & t < 0\end{cases} = t\,\mathrm{u}(t)$$

因此，

$$t\,\mathrm{u}(t) \xleftrightarrow{\mathcal{L}} \frac{1}{s} \times \frac{1}{s} = \frac{1}{s^2}, \quad \sigma > 0$$

連續對 $\mathrm{u}(t)$ 積分得到

$$t\,\mathrm{u}(t), \frac{t^2}{2}\mathrm{u}(t), \frac{t^3}{6}\mathrm{u}(t)$$

而這些可用來推導一般化的形式

$$\frac{t^n}{n!}\mathrm{u}(t) \xleftrightarrow{\mathcal{L}} \frac{1}{s^{n+1}}, \quad \sigma > 0$$

▶ 8.11 單邊拉式轉換

定義

在介紹拉式轉換時，顯然的若我們考慮要轉換的可能訊號之全部範圍，有時可找到收斂區間，有時又不行。若我們對於一些造成問題的函數，例如 t^t 或 e^{t^2}，它們比指數成長得還快（且在工程上沒有已知的有用應用），若我們限制函數在 $t = 0$ 之前或之後為 0，則拉式轉換與其 ROC 就變得簡單。使得函數 $g_1(t) = Ae^{\alpha t}\mathrm{u}(t), \alpha > 0$ 與 $g_2(t) = Ae^{-\alpha t}\mathrm{u}(-t), \alpha > 0$ 可以做拉式轉換的條件是，將它們之中的每一個用步階函數來限制，使得在時間的半無限區間內為 0。

即使一個函數良好到如 $g(t) = A$，在所有的時間 t 下為有界，也會造成問題，因為找不

到在所有時間下使得拉式轉換收斂的單一收斂因子。但是函數 g(t) = Au(t) 是可做拉式轉換的。單位步階的出現，使得可以在正的時間裡選擇收斂因子令拉式轉換積分收斂。因為這個原因（以及其他原因），對拉式轉換做改良以避免許多收斂的議題，這在許多應用中常會用到。

現在讓我們重新定義拉式轉換為 $G(s) = \int_{0^-}^{\infty} g(t)e^{-st}dt$。只有改變積分的底部極限。定義為 $G(s) = \int_{-\infty}^{\infty} g(t)e^{-st}dt$，通常稱為**雙邊** (two-sided) 或**雙向** (bilateral) 拉式轉換。定義為 $G(s) = \int_{0^-}^{\infty} g(t)e^{-st}dt$ 常稱為**單邊** (one-sided) 或**單向** (unilateral) 拉式轉換。單邊拉式轉換可認知到其排除函數負時間的行為。但是在分析任何實際系統時，時間開始點可以選擇在此時間之前所有的訊號為 0，這在實際上並不會造成問題且事實上還有一些優點。因為積分的底部極限是 $t = 0^-$，$g(t)$ 任何在時間 $t = 0$ 之前的函數行為與轉換無關。這表示任何其他函數在 $t = 0$ 時或之後具有同樣行為，就會有相同的轉換。因此，要求轉換對於一個時域函數是唯一的，它只能應用在時間 $t = 0$ 之前為 0 時的函數上 [2]。

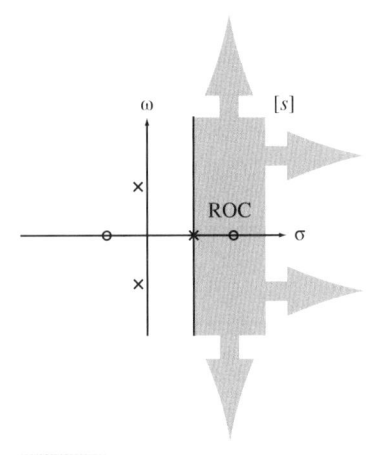

圖 8.16 單邊拉式轉換之 ROC

反單邊拉式轉換完全與前面推導雙向拉式轉換一樣

$$g(t) = \frac{1}{j2\pi} \int_{\sigma-j\infty}^{\sigma+j\infty} G(s)e^{+st}ds$$

通常見到拉式轉換對定義如下：

$$\mathcal{L}(g(t)) = G(s) = \int_{0^-}^{\infty} g(t)e^{-st}dt, \quad \mathcal{L}^{-1}(G(s)) = g(t) = \frac{1}{j2\pi} \int_{\sigma-j\infty}^{\sigma+j\infty} G(s)e^{+st}ds \qquad (8.11)$$

單邊拉式轉換有一個簡單的 ROC。它總是於轉換表在 s 平面所有有限極點右邊的區域（圖 8.16）。

單邊拉式轉換獨有特性

大部分的單邊拉式轉換特性與雙向拉式轉換相同，但有一些差異。若 $g(t) = 0, t < 0$ 且 $h(t) = 0, t < 0$，以及

---

[2] 雖然在 $t > 0$ 此轉換對於單一時域函數並非是唯一的。如同在第 2 章中討論單位步階函數的定義時所提到，所有的定義在任何有限時間範圍具有完全的訊號能量，但它們的值在不連續時間 $t > 0$ 時不同。這是一個不具任何實用工程重要性的數學觀點。它們對於任何實際系統的效應是相同的，因為在訊號的一點上沒有訊號能量（除非在這點上有一個脈衝），且實際系統對輸入訊號的能量做響應。同樣的，若是兩個函數在有限數量的點上不同，對於這兩個函數拉式轉換積分會得到相同的結果，因為在一個點下面的面積為 0。

$$\mathcal{L}(g(t)) = G(s) \quad \text{and} \quad \mathcal{L}(h(t)) = H(s)$$

則表 8.3 的特性對於單邊拉式轉換而言是不同的，顯示如下。

表 8.3 單邊拉式轉換特性與雙向拉式轉換特性不同

時移	$g(t - t_0) \xleftrightarrow{\mathcal{L}} G(s)e^{-st_0}, t_0 > 0$
時間尺度改變	$g(at) \xleftrightarrow{\mathcal{L}} (1/|a|)G(s/a), a > 0$
第一階時間微分	$\dfrac{d}{dt}g(t) \xleftrightarrow{\mathcal{L}} sG(s) - g(0^-)$
第 N 階時間微分	$\dfrac{d^N}{dt^N}(g(t)) \xleftrightarrow{\mathcal{L}} s^N G(s) - \sum_{n=1}^{N} s^{N-n}\left[\dfrac{d^{n-1}}{dt^{n-1}}(g(t))\right]_{t=0^-}$
時間積分	$\displaystyle\int_{0^-}^{t} g(\tau)d\tau \xleftrightarrow{\mathcal{L}} G(s)/s$

　　因為只有延遲訊號是訊號整個非 0 的部分，且仍然保證包含在從 0^- 至無限大的積分裡，時移特性在時間右移（時間延遲）下才正確。若訊號左移（時間超前），有些可能在 $t = 0$ 之前發生，而不包含在拉式轉換積分極限之間。這將會破壞訊號的轉換與其位移版本間的單一關係，使得無法將它們以一般化的形式作相關（圖 8.17）。

　　同樣的，在時間尺度改變與頻率尺度改變特性中，常數 a 不能為負值，因為這將會將因果訊號變成非因果訊號，而單邊拉式轉換只可用在因果訊號中。時間微分特性為單邊拉式轉換的重要特性。這可以使得具有初始條件的微分方程式有一個系統化的解。當用微分特性求解微分方程式時，在適當形式下，初始條件會被自動的呼叫，作為轉換過程的固有部分。表 8.4 有許多常用的單邊拉氏轉換。

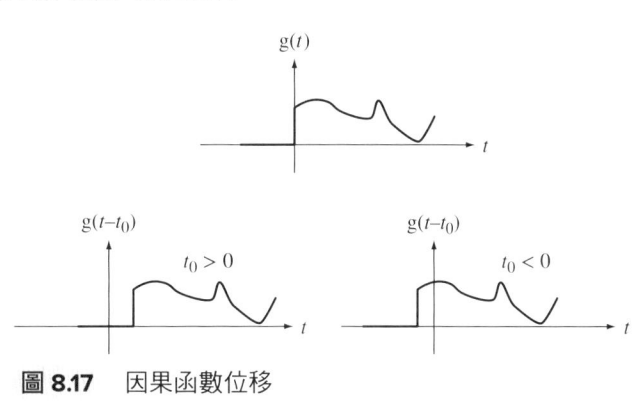

圖 8.17 因果函數位移

在初始狀態下微分方程式之解

　　拉式轉換的冪次決定於其用在線性系統的動態分析中。這會發生是因為線性連續時間系統是由線性微分方程式所描述，而且經過拉式轉換後，微分是由乘以 s 所表示。因此微分方程式的解轉換成代數方程式的解。單邊拉式轉換對於系統的暫態分析特別方便，它的激發是開始於一個初始時間，它可以看作是在 $t = 0$ 時，是一個不穩定系統，或是由強迫函數所驅動，而在時間增加時變成無界的系統。

表 8.4 常見的單邊拉式轉換對

$$\delta(t) \xleftrightarrow{\mathcal{L}} 1, \quad \text{所有的 } s$$

$$u(t) \xleftrightarrow{\mathcal{L}} 1/s, \quad \sigma > 0$$

$$u_{-n}(t) = \underbrace{u(t) * \cdots * u(t)}_{(n-1) \text{個迴旋}} \xleftrightarrow{\mathcal{L}} 1/s^n, \quad \sigma > 0$$

$$\text{ramp}(t) = tu(t) \xleftrightarrow{\mathcal{L}} 1/s^2, \quad \sigma > 0$$

$$e^{-\alpha t}u(t) \xleftrightarrow{\mathcal{L}} \frac{1}{s+\alpha}, \quad \sigma > -\alpha$$

$$t^n u(t) \xleftrightarrow{\mathcal{L}} n!/s^{n+1}, \quad \sigma > 0$$

$$te^{-\alpha t}u(t) \xleftrightarrow{\mathcal{L}} \frac{1}{(s+\alpha)^2}, \quad \sigma > -\alpha$$

$$t^n e^{-\alpha t}u(t) \xleftrightarrow{\mathcal{L}} \frac{n!}{(s+\alpha)^{n+1}}, \quad \sigma > -\alpha$$

$$\sin(\omega_0 t)u(t) \xleftrightarrow{\mathcal{L}} \frac{\omega_0}{s^2+\omega_0^2}, \quad \sigma > 0$$

$$\cos(\omega_0 t)u(t) \xleftrightarrow{\mathcal{L}} \frac{s}{s^2+\omega_0^2}, \quad \sigma > 0$$

$$e^{-\alpha t}\sin(\omega_0 t)u(t) \xleftrightarrow{\mathcal{L}} \frac{\omega_0}{(s+\alpha)^2+\omega_0^2}, \quad \sigma > -\alpha$$

$$e^{-\alpha t}\cos(\omega_0 t)u(t) \xleftrightarrow{\mathcal{L}} \frac{s+\alpha}{(s+\alpha)^2+\omega_0^2}, \quad \sigma > -\alpha$$

例題 8.13 利用單邊拉式轉換求解具有初始狀態的微分方程式

求解下列微分方程式

$$x''(t) + 7x'(t) + 12x(t) = 0$$

在時間 $t > 0$ 時具有以下初始條件

$$x(0^-) = 2 \quad \text{與} \quad \frac{d}{dt}(x(t))_{t=0^-} = -4$$

首先對方程式兩邊做拉式轉換。

$$s^2 X(s) - sx(0^-) - \frac{d}{dt}(x(t))_{t=0^-} + 7[sX(s) - x(0^-)] + 12X(s) = 0$$

求解 $X(s)$，

$$X(s) = \frac{sx(0^-) + 7x(0^-) + \frac{d}{dt}(x(t))_{t=0^-}}{s^2 + 7s + 12}$$

或

$$X(s) = \frac{2s + 10}{s^2 + 7s + 12}$$

將 $X(s)$ 用部分分式展開，

$$X(s) = \frac{4}{s+3} - \frac{2}{s+4}$$

查拉式轉換表

$$e^{-\alpha t}u(t) \xleftrightarrow{\mathcal{L}} \frac{1}{s+\alpha}$$

做反拉式轉換，x(t) = (4e^{-3t} − 2e^{-4t})u(t)。在 t ≥ 0 下，將此結果代入到原來的微分方程式。

$$\frac{d^2}{dt^2}[4e^{-3t} - 2e^{-4t}] + 7\frac{d}{dt}[4e^{-3t} - 2e^{-4t}] + 12[4e^{-3t} - 2e^{-4t}] = 0$$

$$36e^{-3t} - 32e^{-4t} - 84e^{-3t} + 56e^{-4t} + 48e^{-3t} - 24e^{-4t} = 0$$

$$0 = 0$$

證明了實際上可用求解微分方程式找到 x(t)。同時，

$$x(0^-) = 4 - 2 = 2 \quad \text{與} \quad \frac{d}{dt}(x(t))_{t=0^-} = -12 + 8 = -4$$

證明這個解也符合所規定的初始條件。

例題 8.14 橋接 T- 形網路響應

在圖 8.18 中，激發電壓 $v_i(t) = 10\,u(t)$ 伏特。求零態響應 $v_{R_L}(t)$。

我們可以寫出節點方程式。

$$C_1\frac{d}{dt}[v_x(t) - v_i(t)] + C_2\frac{d}{dt}[v_x(t) - v_{R_L}(t)] + G_1 v_x(t) = 0$$

$$C_2\frac{d}{dt}[v_{R_L}(t) - v_x(t)] + G_L v_{R_L}(t) + G_2[v_{R_L}(t) - v_i(t)] = 0$$

其中 $G_1 = 1/R_1 = 10^{-4}$ S，$G_2 = 1/R_2 = 10^{-4}$ S，且 $G_L = 10^{-3}$。拉式轉換這些方程式

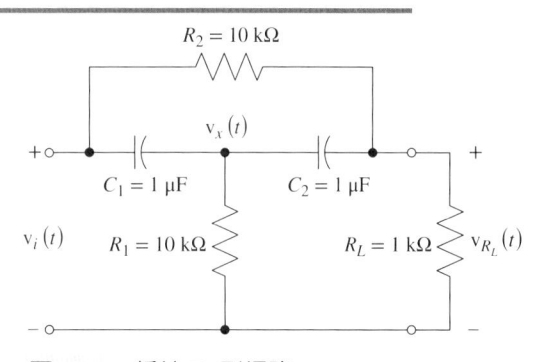

圖 8.18 橋接 T- 形網路

$$C_1\{sV_x(s) - v_x(0^-) - [sV_i(s) - v_i(0^-)]\} + C_2\{sV_x(s) - v_x(0^-) - [sV_{R_L}(s) - v_{R_L}(0^-)]\} + G_1 V_x(s) = 0$$

$$C_2\{sV_{R_L}(s) - v_{R_L}(0^-) - [sV_x(s) - v_x(0^-)]\} + G_L V_{R_L}(s) + G_2[V_{R_L}(s) - V_i(s)] = 0$$

因為我們尋求零態響應，所有的初始狀態為 0，而方程式可以簡化成

$$sC_1[V_x(s) - V_i(s)] + sC_2[V_x(s) - V_{R_L}(s)] + G_1 V_x(s) = 0$$

$$sC_2[V_{R_L}(s) - V_x(s)] + G_L V_{R_L}(s) + G_2[V_{R_L}(s) - V_i(s)] = 0$$

激發的拉式轉換為 $V_i(s) = 10/s$。於是

$$\begin{bmatrix} s(C_1 + C_2) + G_1 & -sC_2 \\ -sC_2 & sC_2 + (G_L + G_2) \end{bmatrix} \begin{bmatrix} V_x(s) \\ V_{R_L}(s) \end{bmatrix} = \begin{bmatrix} 10C_1 \\ 10G_2/s \end{bmatrix}$$

這個 2 乘 2 矩陣的行列式值為

$$\Delta = [s(C_1 + C_2) + G_1][sC_2 + (G_L + G_2)] - s^2 C_2^2$$

$$= s^2 C_1 C_2 + s[G_1 C_2 + (G_L + G_2)(C_1 + C_2)] + G_1(G_L + G_2)$$

利用克拉瑪規則 (Cramer's rule)，響應之拉式轉換的解為

$$V_{R_L}(s) = \frac{\begin{vmatrix} s(C_1 + C_2) + G_1 & 10C_1 \\ -sC_2 & 10G_2/s \end{vmatrix}}{s^2 C_1 C_2 + s[G_1 C_2 + (G_L + G_2)(C_1 + C_2)] + G_1(G_L + G_2)}$$

$$V_{R_L}(s) = 10 \frac{s^2 C_1 C_2 + sG_2(C_1 + C_2) + G_1 G_2}{s\{s^2 C_1 C_2 + s[G_1 C_2 + (G_L + G_2)(C_1 + C_2)] + G_1(G_L + G_2)\}}$$

或

$$V_{R_L}(s) = 10 \frac{s^2 + sG_2(C_1 + C_2)/C_1 C_2 + G_1 G_2/C_1 C_2}{s\{s^2 + s[G_1/C_1 + (G_L + G_2)(C_1 + C_2)/C_1 C_2] + G_1(G_L + G_2)/C_1 C_2\}}$$

使用元件的數值，

$$V_{R_L}(s) = 10 \frac{s^2 + 200s + 10{,}000}{s(s^2 + 2300s + 110{,}000)}$$

用部分分式展開，

$$V_{R_L}(s) = \frac{0.9091}{s} - \frac{0.243}{s + 48.86} + \frac{9.334}{s + 2251}$$

反拉式轉換，

$$v_{R_L}(t) = [0.9091 - 0.243 e^{-48.86t} + 9.334 e^{-2251t}]u(t)$$

作為部分驗證此解的正確性，響應在 $t \to \infty$ 時趨近於 0.9091。在考慮電容為斷路時，這正是在兩個電阻間用分壓所求得的電壓。因此最後的值看起來是正確的。在時間 $t = 0^+$ 的初始響應為 10 V。電容一開始沒有電荷，因此在時間 $t = 0^+$ 時，它們的電壓都為 0，而激發與響應的電壓必須一樣。因此初始值看起來也是正確的。這兩個在解上面的驗證並不保證在所有的時間都是正確的，但它們對於解的驗證卻是令人滿意的，且常可以偵測到錯誤。

▶ 8.12 極點-零點圖和頻率響應

實際上，最常見的轉移函數是可以表示成 s 多項式的比

$$H(s) = \frac{N(s)}{D(s)}$$

這種形式的轉移函數可以因式分解成為

$$H(s) = A \frac{(s - z_1)(s - z_2) \cdots (s - z_M)}{(s - p_1)(s - p_2) \cdots (s - p_N)}$$

於是系統的頻率響應為

$$H(j\omega) = A\frac{(j\omega - z_1)(j\omega - z_2)\cdots(j\omega - z_M)}{(j\omega - p_1)(j\omega - p_2)\cdots(j\omega - p_N)}$$

用一個範例以圖形來說明此結果，令轉移函數為

$$H(s) = \frac{3s}{s+3}$$

這個函數在 $s = 0$ 處有一個零點，在 $s = -3$ 處有一個極點（圖 8.19）。

將此轉移函數轉至頻率響應，

$$H(j\omega) = 3\frac{j\omega}{j\omega + 3}$$

頻率響應是 $j\omega$ 與 $j\omega + 3$ 比值的 3 倍。對於任意選擇的 ω，分子和分母可以看作是在 s 平面上的向量，示於圖 8.20。

當頻率 ω 改變，向量也跟著改變。在任何頻率之頻率響應量值是分子向量量值除以分母向量量值之 3 倍。

$$|H(j\omega)| = 3\frac{|j\omega|}{|j\omega + 3|}$$

在任何頻率之頻率響應相位為常數 $+3$ 之相位（在此處為 0），加上分子 $j\omega$ 之相位（正頻率時為常數 $\pi/2$ 弧度，負頻率時為常數 $-\pi/2$ 弧度），減去分母 $j\omega + 3$ 之相位。

$$\angle H(j\omega) = \underbrace{\angle 3}_{=0} + \angle j\omega - \angle(j\omega + 3)$$

當頻率從正方向趨近於 0 時，分子向量長度趨近於 0；而分母向量長度趨近於一個最小值 3，使得總頻率響應大小值趨近於 0。在同樣的極限下，$j\omega$ 之相位為 $\pi/2$ 弧度，而 $j\omega + 3$ 之相位趨近於 0，因此總頻率響應的相位趨近於 $\pi/2$ 弧度。

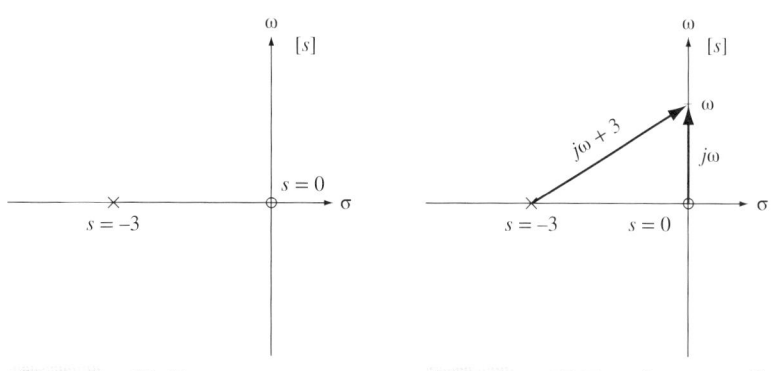

圖 8.19 對於 $H(s) = 3s/(s+3)$ 之極點-零點圖

圖 8.20 顯示 $j\omega$ 和 $j\omega + 3$ 的向量

$$\lim_{\omega \to 0^+} |H(j\omega)| = \lim_{\omega \to 0^+} 3\frac{|j\omega|}{|j\omega + 3|} = 0$$

且

$$\lim_{\omega \to 0^+} \angle H(j\omega) = \lim_{\omega \to 0^+} \angle j\omega - \lim_{\omega \to 0^+} \angle (j\omega + 3) = \pi/2 - 0 = \pi/2$$

當頻率從負方向趨近於 0 時，分子向量長度趨近於 0；而分母向量長度趨近於一個最小值 3，如同前面一樣，使得總頻率響應大小值趨近於 0。在同樣的極限下，$j\omega$ 之相位為 $-\pi/2$ 弧度，而 $j\omega + 3$ 之相位趨近於 0，因此總頻率響應的相位趨近於 $-\pi/2$ 弧度。

$$\lim_{\omega \to 0^-} |H(j\omega)| = \lim_{\omega \to 0^-} 3\frac{|j\omega|}{|j\omega + 3|} = 0$$

且

$$\lim_{\omega \to 0^-} \angle H(j\omega) = \lim_{\omega \to 0^-} \angle j\omega - \lim_{\omega \to 0^-} \angle (j\omega + 3) = -\pi/2 - 0 = -\pi/2$$

當頻率趨近於正無限大時，兩個向量長度趨近於同樣值，而總頻率響應量值趨近於 3。在同樣的極限下，$j\omega$ 之相位與 $j\omega + 3$ 之相位趨近於 $\pi/2$ 弧度，因此總頻率響應的相位趨近於 0。

$$\lim_{\omega \to +\infty} |H(j\omega)| = \lim_{\omega \to +\infty} 3\frac{|j\omega|}{|j\omega + 3|} = 3$$

且

$$\lim_{\omega \to +\infty} \angle H(j\omega) = \lim_{\omega \to +\infty} \angle j\omega - \lim_{\omega \to +\infty} \angle (j\omega + 3) = \pi/2 - \pi/2 = 0$$

當頻率趨近於負無限大時，兩個向量長度趨近於同樣值，而總頻率響應量值與之前一樣趨近於 3。在同樣的極限下，$j\omega$ 之相位為 $-\pi/2$ 弧度而 $j\omega + 3$ 之相位趨近於 $-\pi/2$ 弧度，因此總頻率響應的相位趨近於 0，

$$\lim_{\omega \to -\infty} |H(j\omega)| = \lim_{\omega \to -\infty} 3\frac{|j\omega|}{|j\omega + 3|} = 3$$

且

$$\lim_{\omega \to -\infty} \angle H(j\omega) = \lim_{\omega \to -\infty} \angle j\omega - \lim_{\omega \to -\infty} \angle (j\omega + 3) = -\pi/2 - (-\pi/2) = 0$$

從零點-極點圖所推論的頻率響應之屬性是由頻率響應（圖 8.21）之量值與相位圖來證明。此一系統相對於高頻是衰減低頻。系統具有這種型態的頻率響應，稱為**高通** (high-pass) 濾波器，因為一般而言，它通過高頻而阻隔低頻。

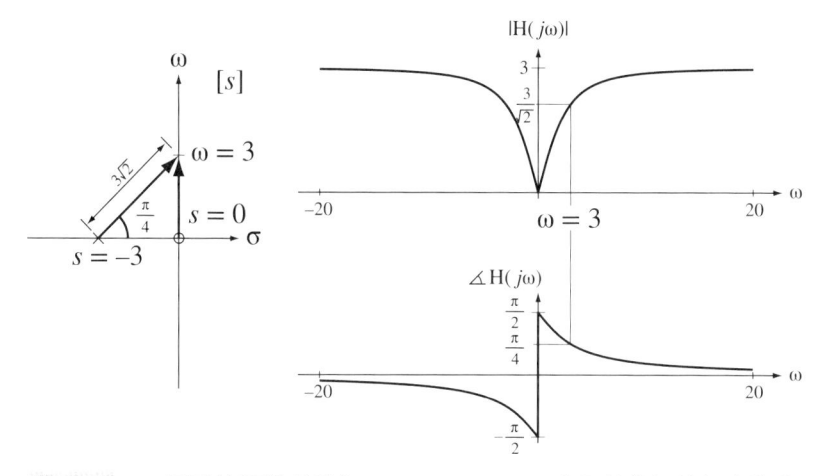

圖 8.21 一個系統轉移函數為 H(s) = 3s/(s + 3) 之量值與相位頻率響應

例題 8.15　從極點 - 零點圖求系統頻率響應

找出下式系統之量值與相位頻率響應，其轉移函數為

$$H(s) = \frac{s^2 + 2s + 17}{s^2 + 4s + 104}$$

這式子可以因式分解成

$$H(s) = \frac{(s + 1 - j4)(s + 1 + j4)}{(s + 2 - j10)(s + 2 + j10)}$$

因此此一轉移函數之極點與零點為 $z_1 = -1 + j4$, $z_2 = -1 - j4$, $p_1 = -2 + j10$, $p_2 = -2 - j10$，如圖 8.22 所示。

將此轉移函數轉至頻率響應，

$$H(j\omega) = \frac{(j\omega + 1 - j4)(j\omega + 1 + j4)}{(j\omega + 2 - j10)(j\omega + 2 + j10)}$$

在任何特定頻率之頻率響應之量值，為分子向量量值之乘積除以分母向量量值之乘積。

$$|H(j\omega)| = \frac{|j\omega + 1 - j4||j\omega + 1 + j4|}{|j\omega + 2 - j10||j\omega + 2 + j10|}$$

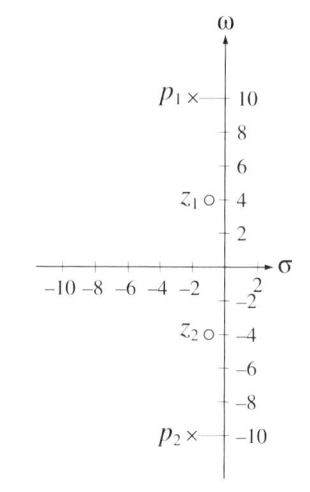

圖 8.22 $H(s) = \dfrac{s^2 + 2s + 17}{s^2 + 4s + 104}$ 之極點 - 零點圖

在任何特定頻率之頻率響應之相位，為分子向量角度之和減去分母向量角度之和。

$$\angle H(j\omega) = \angle(j\omega + 1 - j4) + \angle(j\omega + 1 + j4) - [\angle(j\omega + 2 - j10) + \angle(j\omega + 2 + j10)]$$

此轉移函數在 ω 軸上並沒有極點與零點。因此它的頻率響應在任何實際頻率中既非 0 且非無限大。但有限的極點與有限的零點接近實軸，因為它們在附近，所以會強烈的影響對於靠近這些極點與零點的實數頻率之頻率響應。對於一個實數頻率 ω 靠近極點 p_1，則分母因式 $j\omega + 2 - j10$ 變得非常小，使得總頻率響應量值變得非常大。相反的，對於一個實數頻率 ω 靠近零點 z_1，則分子因式 $j\omega + 1 - j4$ 變得非常小，使得總頻率響應量值變得非常小。因此，不僅頻率響應量值在零點趨向於 0 且在極點趨向於無限大，而且在零點變得非常小而在極點變得非常大。

頻率響應量值與相位如圖 8.23 所示。

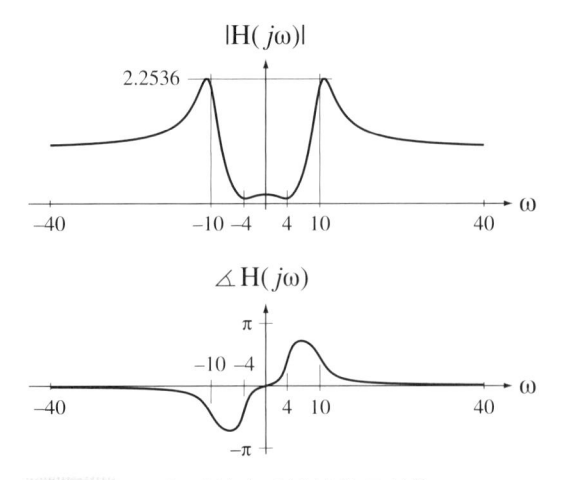

圖 8.23 一個系統之系統轉移函數為
$$H(s) = \frac{s^2 + 2s + 17}{s^2 + 4s + 104}$$ 之頻率響應量值與相位

頻率響應可以用 MATLAB control 工具箱中的命令 bode 來畫圖，而極點-零點圖可以用 MATLAB control 工具箱中的命令 pzmap 來畫圖。

　　我們可以實際用圖形的觀念來解釋極點-零點圖，大概感受一下頻率響應大概是什麼樣子。有一個在極點-零點圖中不是非常明顯的轉移函數面貌。與頻率無關的增益 A 對於極點-零點圖沒有效果，因此光用觀察不能夠決定。但是系統的所有動態行為可以在一個常數增益下從極點-零點圖中來決定。

　　下圖是一系列的說明，當系統的有限極點與有限零點之數目與位置變化時的頻率響應與步階響應之變化。在圖 8.24 中是系統具有一個有限極點而沒有有限零點的極點-零點圖。它的頻率響應相對於高頻強調低頻，使得它是一個低通濾波器，它的步階響應反映了在時間 $t = 0$ 處沒有跳躍的不連續點，且趨近於一個非零的最後值。在時間 $t = 0$ 處的連續是步階響應高頻內容被衰減的事實，因此響應不可以不連續的變化。

　　於圖 8.25 中在 0 的地方有一個零點被加到圖 8.24 的系統中。如此就將頻率響應變成高通濾波器。這個事實上反映步階響應在時間 $t = 0$ 處有一個不連續的跳躍，並且趨近於一個

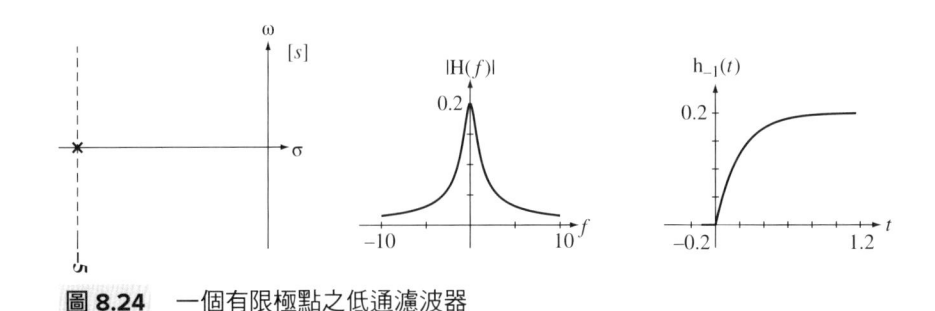

圖 8.24 一個有限極點之低通濾波器

最後值 0。步階響應的最後值必須為 0，因為此濾波器完全阻隔了輸入訊號零頻率的成分。在 $t = 0$ 處的跳躍是不連續的，因為單位步階高頻的成分被留下來。

在圖 8.26 中是一個具有兩個實值有限極點且沒有有限零點的低通濾波器。步階響應沒有在 $t = 0$ 處不連續的跳躍，且響應趨近於一個非 0 的有限值。響應與圖 8.24 相似但是對於高頻內容的衰減較強，我們可以看到它比在圖 8.24 中，當頻率增加時，頻率響應下降得更快。從 $t = 0$ 開始步階響應也有些許的不同，而具有 0 斜率，而非像圖 8.24 中的非 0 斜率。

在圖 8.27 中在 0 處有一個零點加到圖 8.26 中的系統。步階響應沒有在 $t = 0$ 處不連續的跳躍，且響應趨近於一個非 0 的有限值，因為系統同時衰減相對於中頻的高頻與低頻的內容。系統具有這樣頻率響應的一般形式，稱為**帶通 (bandpass)** 濾波器。衰減高頻成分，使得步階響應連續；而衰減低頻成分，使得步階響應最後的值趨近於 0。

在圖 8.28 中另一個零點加到圖 8.27 的濾波器中使它成為高通濾波器。步階響應在 $t =$

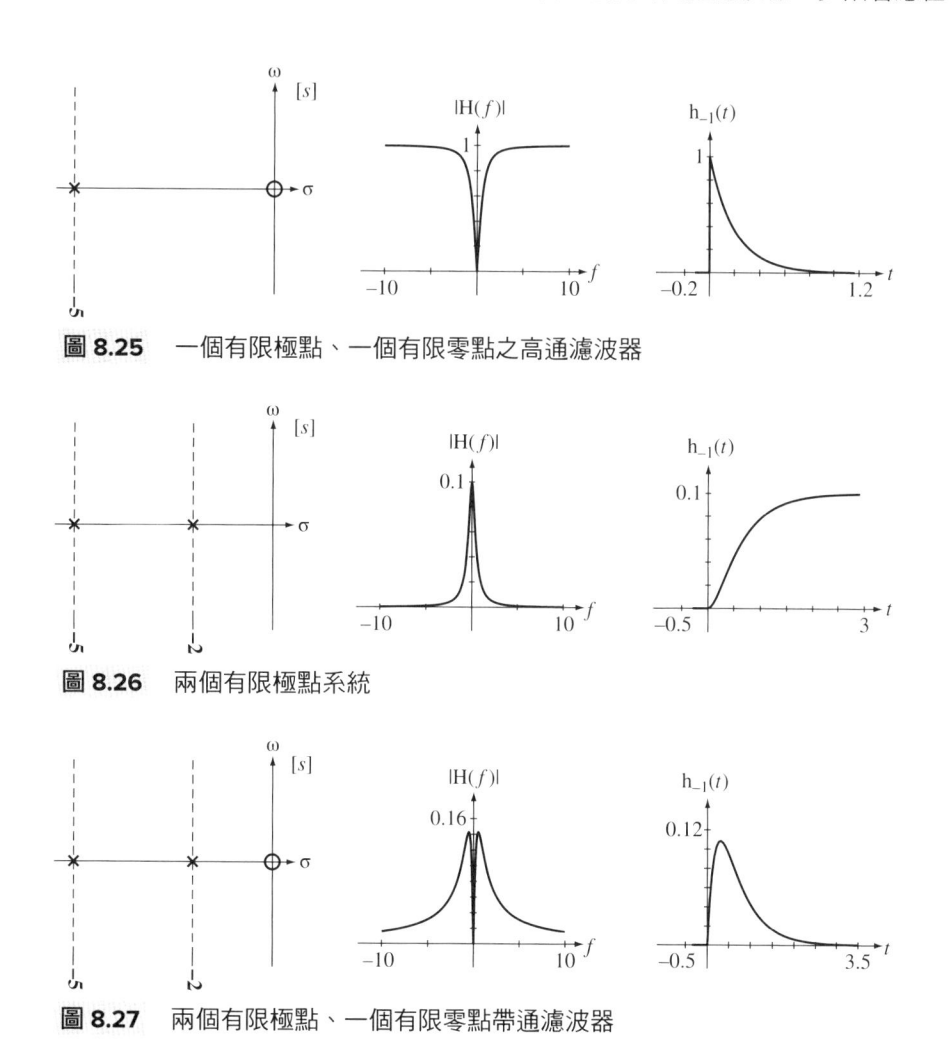

圖 8.25 一個有限極點、一個有限零點之高通濾波器

圖 8.26 兩個有限極點系統

圖 8.27 兩個有限極點、一個有限零點帶通濾波器

0 處有不連續的跳躍,且響應趨近於一個最後值 0。低頻的衰減比圖 8.25 中的系統強,且同樣影響步階響應,使得它在穩定至 0 時在 0 前有一個欠激 (undershoot)。

在圖 8.29 中是另一個兩個有限極點低通濾波器,但具有一個明顯與圖 8.26 系統不同的頻率響應,因為它的極點現在是複數而非實數。在接近兩個極點處,頻率響應在高頻處往下降前漸增,且達到一個尖峰。一個具有這種頻率響應一般形式的系統,稱為**欠阻尼** (underdamped)。在欠阻尼系統中,步階響應過激 (overshoot) 其最後值並且在穩定前 "震盪 (rings)"。但步階響應比起圖 8.26 是一個不同的方式,會在各處連續且仍然趨近於一個非 0 的最後值。

在圖 8.30 中在 0 處有一個零點加到圖 8.29 中,這樣將使低通變成高通,因為共軛複數極點的位置,這個響應如同在頻率響應尖峰處所見的為欠阻尼,而且與圖 8.27 做比較,在步階響應中有震盪。

在圖 8.31 中在 0 處有另一個零點加到圖 8.30 中,使其變成高通濾波器。它仍然是欠阻

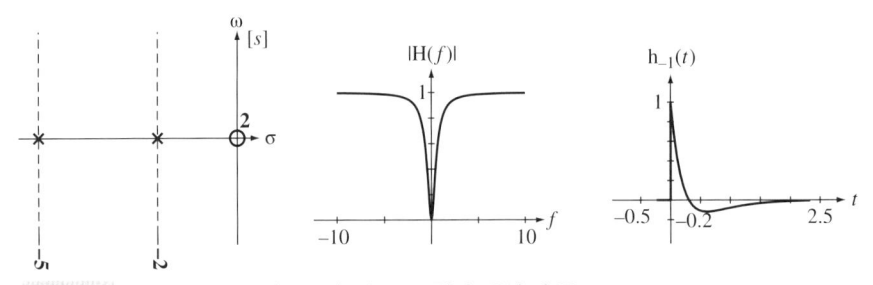

圖 8.28 兩個有限極點、二個有限零點高通濾波器

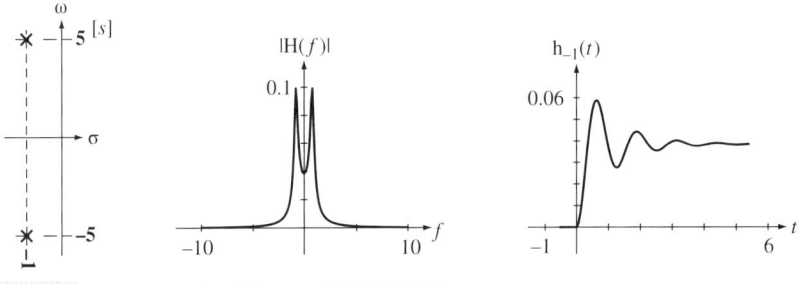

圖 8.29 兩個有限極點欠阻尼低通濾波器

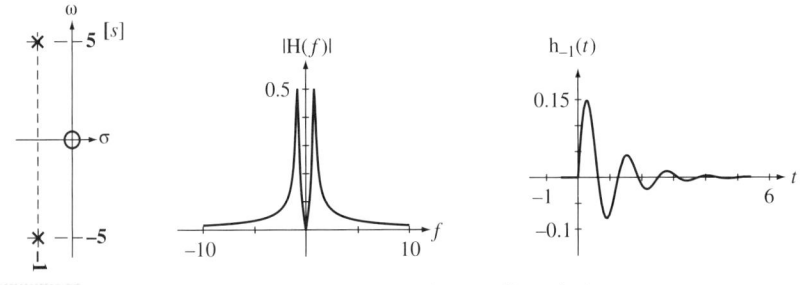

圖 8.30 兩個有限極點、一個有限零點欠阻尼帶通濾波器

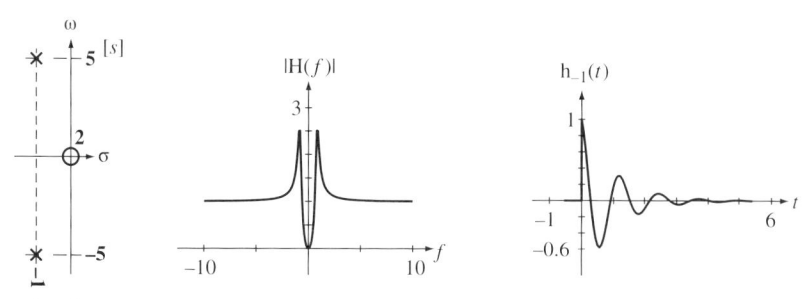

圖 8.31 兩個有限極點，兩個有限零點欠阻尼高通濾波器

尼，很明顯的可以在頻率響應的尖峰與步階響應中的震盪看出來。

在這些範例中，我們可以見到將極點移近至 ω 軸會降低阻尼，使得步階響應會 "震盪" 一段很久的時間，並使得頻率響應尖峰到達一個較高值。若我們將極點放至 ω 軸上會如何？將兩個極點放至 ω 軸上（沒有有限零點），表示有極點為 $s = \pm j\omega_0$，轉移函數的形式為 $H(s) = \dfrac{K\omega_0}{s^2 + \omega_0^2}$，而脈衝響應的形式為 $h(t) = K\sin(\omega_0 t)u(t)$。對於脈衝的響應等於一個在 $t = 0$ 之後的正弦函數，且之後以穩定的振幅震盪。頻率響應為 $H(j\omega) = \dfrac{K\omega_0}{(j\omega)^2 - \omega_0^2}$。因此若系統由一個正弦訊號 $x(t) = A\sin(\omega_0 t)$ 激發，響應是無限的，是為一個有界激發產生無界響應。若系統受到一個在 $t = 0$ 的正弦訊號 $x(t) = A\sin(\omega_0 t)u(t)$ 所激發，響應為

$$y(t) = \frac{KA}{2}\left[\frac{\sin(\omega_0 t)}{\omega_0} - t\cos(\omega_0 t)\right]u(t)$$

這個包含了一個在 $t = 0$ 開始的正弦訊號，且振幅在正的時間永遠線性增加。同樣的，這是一個有界激發產生無界響應，表示了一個不穩定系統。在一個實際的被動系統中，欠阻尼諧振是永遠不會發生，但是它可以用主動元件構成的系統達成，這樣可以補償能量的損耗與驅使阻尼率到 0。

8.13 MATLAB 系統物件

在 MATLAB control 工具箱中有許多有用的指令可以用來分析系統。它們是基於**系統物件** (system object) 的概念，這個是在 MATLAB 中用來描述系統的特殊變數形式。一種改變 MATLAB 系統描述的方法是經由使用 tf（transfer function，轉移函數）的指令。利用 tf 來建立系統物件的表示法為

$$\text{sys = tf(num,den)}$$

這個指令從兩個向量 num 和 den 中建立了一個系統物件 sys。這兩個向量都是在轉移函數中的分子與分母降冪順序的 s 係數（包括任何 0）。例如，令轉移函數為

$$H_1(s) = \frac{s^2 + 4}{s^5 + 4s^4 + 7s^3 + 15s^2 + 31s + 75}$$

在 MATLAB 中，我們可以以下列程式碼表示 $H_1(s)$

```
»num = [1 0 4] ;
»den = [1 4 7 15 31 75] ;
»H1 = tf(num,den) ;
»H1
Transfer function:
              s^2 + 4
-----------------------------------------
s^5 + 4 s^4 + 7 s^3 + 15 s^2 + 31 s + 75
```

另一個方式我們可以經由 zpk 指令，指定有限的零點、有限極點，以及一個系統的常數增益來構成一個系統描述。此表示法為

$$\text{sys} = \text{zpk}(z,p,k)$$

其中 z 是系統有限零點的向量，而 p 是系統有限極點的向量，而 k 是增益常數。例如，假設我們知道一個系統有一個轉移函數

$$H_2(s) = 20\frac{s+4}{(s+3)(s+10)}$$

我們可以將系統描述如下

```
»z = [−4] ;
»p = [−3 −10] ;
»k = 20 ;
»H2 = zpk(z,p,k) ;
»H2
Zero/pole/gain:
   20 (s+4)
-------------
(s+3) (s+10)
```

另一個在 MATLAB 中形成系統物件的方式是首先定義 s 為拉氏轉換的獨立變數，用以下的命令

```
»s = tf('s') ;
```

於是我們可以簡單的如同寫在紙上一樣的方式，寫出轉移函數如 $H_3(s) = \frac{s(s+3)}{s^2+2s+8}$。

```
»H3 = s*(s+3)/(s^2+2*s+8)
Transfer function:
  s^2 + 3 s
-------------
s^2 + 2 s + 8
```

我們可以將系統的一種形式轉至另一種。

```
»tf(H2)
Transfer function:
  20 s + 80
---------------
s^2 + 13 s + 30
»zpk(H1)
Zero/pole/gain:
                         (s^2 + 4)
-------------------------------------------------------
(s+3.081) (s^2 + 2.901s + 5.45) (s^2 - 1.982s + 4.467)
```

我們可以用兩個命令 tfdata 和 zpkdata 從系統的描述中獲得系統資訊。

```
»[num,den] = tfdata(H2,'v') ;
»num
num =
    0 20 80
»den
den =
    1 13 30
»[z,p,k] = zpkdata(H1,'v') ;
»z
z =
       0 + 2.0000i
       0 - 2.0000i
»p
p =
    -3.0807
    -1.4505 + 1.8291i
    -1.4505 - 1.8291i
     0.9909 + 1.8669i
     0.9909 - 1.8669i
»k
k =
      1
```

（在這些命令中的 'v' 參數表示答案須以向量形式回傳。）最後的結果顯示轉移函數 $H_1(s)$ 有零點在 $\pm j2$ 以及極點在 $-3.0807, -1.4505 \pm j1.829, 0.9909 \pm j1.8669$。

MATLAB 有一些便利的函數在 control 工具箱中來執行頻率響應分析。此命令

$$H = freqs(num,den,w);$$

接受兩個向量 num 和 den 且將它們解譯為在轉移函數 $H(s)$ 的分子與分母中 s 的冪次之係數，從最高冪次一直到 0 冪次，而不跳過任何一個。它回傳在弧度向量 w 下的複頻率響應 H。

重點概要

1. 拉氏轉換可以用來決定 LTI 系統的轉移函數，而此一轉移函數可以用來求 LTI 系統對於任何激發的響應。
2. 拉氏轉換在訊號的量值於正或負的時間下，成長的速度不快於指數。
3. 訊號之拉氏轉換的收斂區間決定於訊號是右邊或左邊。
4. 由常係數線性微分方程式所描述的系統之轉移函數是 s 多項式比的形式。
5. 系統轉移函數的極點-零點圖包裝了它大部分的特性，可以用來在一個增益常數下決定頻率響應。
6. MATLAB 有一個物件定義來表示系統的轉移函數，許多函數在這種形式的物件上運作。
7. 利用拉式轉換對之特性的表格，幾乎任何在工程上的重要訊號的前向與反向轉換都可以找到。
8. 單邊拉氏轉換使用於實際上的問題求解，因為它不需包含任何與收斂區間有關的考量，因此比雙向簡單。

習題 (EXERCISES)

（每個題解的次序是隨機的）

拉氏轉換定義

1. 從拉氏轉換的定義開始

$$\mathscr{L}(g(t)) = G(s) = \int_{0^-}^{\infty} g(t) e^{-st} dt$$

求下列訊號之拉氏轉換：

(a) $x(t) = e^t u(t)$
(b) $x(t) = e^{2t} \cos(200\pi t) u(-t)$
(c) $x(t) = \text{ramp}(t)$
(d) $x(t) = t e^t u(t)$

解答：$\dfrac{1}{s-1},\ \sigma > 1,\ \dfrac{1}{(s-1)^2},\ \sigma > 1,\ -\dfrac{s-2}{(s-2)^2 + (200\pi)^2},\ \sigma < 2,\ \dfrac{1}{s^2},\ \sigma > 0$

直接形式 II 系統實現

2. 畫出具有下列轉移函數之直接形式 II 系統圖形：

(a) $H(s) = \dfrac{1}{s+1}$
(b) $H(s) = 4\dfrac{s+3}{s+10}$

解答：

前向與反向拉氏轉換

3. 利用複頻率位移特性，求出並畫出下式之反拉氏轉換

$$X(s) = \dfrac{1}{(s+j4)+3} + \dfrac{1}{(s-j4)+3},\ \sigma > -3$$

解答：

4. 利用時間尺度改變特性，求下列訊號之拉氏轉換：
   (a) $x(t) = \delta(4t)$　　　　　　　　　　(b) $x(t) = u(4t)$

   解答：$\frac{1}{s}$，$\sigma > 0$, $1/4$，所有的 s

5. 使用在時間特性中的迴旋，求出並畫出下列訊號相對於時間之拉氏轉換：
   (a) $x(t) = e^{-t}u(t) * u(t)$
   (b) $x(t) = e^{-t}\sin(20\pi t)u(t) * u(-t)$
   (c) $x(t) = 8\cos(\pi/2)u(t) * [u(t) - u(t-1)]$
   (d) $x(t) = 8\cos(2\pi t)u(t) * [u(t) - u(t-1)]$

   解答：

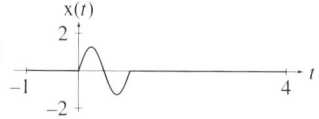

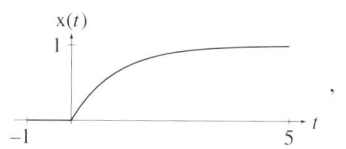

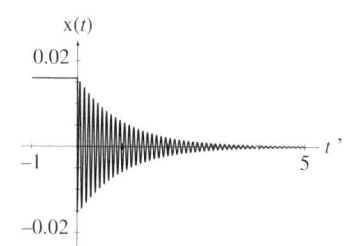

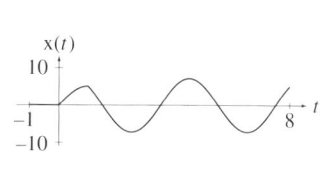

6. 一個系統脈衝響應 $h(t)$ 具有單邊拉氏轉換，$H(s) = \dfrac{s(s-4)}{(s+3)(s-2)}$。
   (a) $H(s)$ 之收斂區間為何？
   (b) $h(t)$ 之 CTFT 可以直接從 $H(s)$ 求到嗎？若不行，為什麼？

   解答：$\sigma > 2$，否

7. 求下列函數之反拉氏轉換：
   (a) $X(s) = \dfrac{24}{s(s+8)}$,　$\sigma > 0$
   (b) $X(s) = \dfrac{20}{s^2+4s+3}$,　$\sigma < -3$
   (c) $X(s) = \dfrac{5}{s^2+6s+73}$,　$\sigma > -3$
   (d) $X(s) = \dfrac{10}{s(s^2+6s+73)}$,　$\sigma > 0$
   (e) $X(s) = \dfrac{4}{s^2(s^2+6s+73)}$,　$\sigma > 0$
   (f) $X(s) = \dfrac{2s}{s^2+2s+13}$,　$\sigma < -1$
   (g) $X(s) = \dfrac{s}{s+3}$,　$\sigma > -3$
   (h) $X(s) = \dfrac{s}{s^2+4s+4}$,　$\sigma > -2$
   (i) $X(s) = \dfrac{s^2}{s^2-4s+4}$,　$\sigma < 2$
   (j) $X(s) = \dfrac{10s}{s^4+4s^2+4}$,　$\sigma > -2$

   解答：$(5/\sqrt{2})t\sin(\sqrt{2}t)u(t)$, $\delta(t) - 4e^{2t}(t+1)u(-t)$, $0.137[1 - e^{-3t}(\cos(8t) + 0.375\sin(8t))]u(t)$,
   $\dfrac{1}{(73)^2}\left[292t - 24 + 24e^{-3t}\left(\cos(8t) - \dfrac{55}{48}\sin(8t)\right)\right]u(t)$, $(5/8)e^{-3t}\sin(8t))u(t)$, $e^{-2t}(1-2t)u(t)$,
   $10(e^{-3t} - e^{-t})u(-t)$, $3(1 - e^{-8t})u(t)$, $\delta(t) - 3e^{-3t}u(t)$, $2e^{-t}\left[(1/\sqrt{12})\sin(\sqrt{12}t) - \cos\sqrt{12}t\right]u(-t)$

8. 利用初值與終值理論，（若可能的話）求下列訊號函數拉氏轉換之初值與終值：

(a) $X(s) = \dfrac{10}{s+8}, \quad \sigma > -8$

(b) $X(s) = \dfrac{s+3}{(s+3)^2+4}, \quad \sigma > -3$

(c) $X(s) = \dfrac{s}{s^2+4}, \quad \sigma > 0$

(d) $X(s) = \dfrac{10s}{s^2+10s+300}, \quad \sigma < -5$

(e) $X(s) = \dfrac{8}{s(s+20)}, \quad \sigma > 0$

(f) $X(s) = \dfrac{8}{s^2(s+20)}, \quad \sigma > 0$

(g) $X(s) = \dfrac{s-3}{s(s+5)}$

(h) $X(s) = \dfrac{s^2+7}{s^2+4}$

解答：{0，不適用}，{0，2/5}，{10，0}，{不適用，不適用}，{1，不適用}，{1，0}，{1，−0.6}，{不適用，不適用}

9. 一個系統具有轉移函數 $H(s) = \dfrac{s^2+2s+3}{s^2+s+1}$，它的脈衝響應是 $h(t)$ 且步階響應是 $h_{-1}(t)$。求它們的終值。

解答：0, 3

10. 求下列函數之雙向拉氏轉換以形式 $\dfrac{b_2 s^2 + b_1 s + b_0}{a_2 s^2 + a_1 s + a_0} e^{-s t_0}$ 表示之文字常數數值。

(a) $3e^{-8(t-1)} u(t-1)$

(b) $4\cos(32\pi t) u(t)$

(c) $4e^{t+2}\sin(32\pi(t+2)) u(t+2)$

解答：{0, 0, 3, 1, 0, 8, 1}, {0, 4, 0, 1, 0, (32π)², 0}, {0, 0, 128π, 1, −2, (32π)², −2}

11. 令函數 $x(t)$ 定義為 $x(t) \xleftrightarrow{\mathcal{L}} \dfrac{s(s+5)}{s^2+16}, \sigma > 0$。$x(t)$ 可以寫成三個函數的和，兩個為因果正弦訊號。

(a) 第三個函數為何？

(b) 因果正弦訊號之循環頻率為何？

解答：脈衝，0.637 Hz

12. 一個系統之轉移函數 $H(s) = \dfrac{s(s-1)}{(s+2)(s+a)}$，可以展開成部分分式的形式 $H(s) = A + \dfrac{B}{s+2} + \dfrac{C}{s+a}$，若 $a \neq 2$ 且 $B = \dfrac{3}{2}$，求 a、A、C。

解答：6, 1, −10.5

13. 求下列式子的文字常數。

(a) $4e^{-5t}\cos(25\pi t) u(t) \xleftrightarrow{\mathcal{L}} A\dfrac{s+a}{s^2+bs+c}$

(b) $\dfrac{6}{(s+4)(s+a)} = \dfrac{2}{s+4} + \dfrac{b}{s+a}$

(c) $[A\sin(at) + B\cos(at)] u(t) \xleftrightarrow{\mathcal{L}} 3\dfrac{3s+4}{s^2+9}$

(d) $Ae^{-at}[\sin(bt) + B\cos(bt)] u(t) \xleftrightarrow{\mathcal{L}} \dfrac{35s+325}{s^2+18s+85}$

(e) $A\delta(t) + (Bt - C) u(t) \xleftrightarrow{\mathcal{L}} 3\dfrac{(s-1)(s-2)}{s^2}$

(f) $[At + B(1 - e^{-bt})] u(t) \xleftrightarrow{\mathcal{L}} \dfrac{s-1}{s^2(s+3)}$

(g) $3e^{-2t}\cos(8t - 24) u(t-3) \xleftrightarrow{\mathcal{L}} A\dfrac{s+a}{s^2+bs+c} e^{ds}$

(h) $4e^{-at} u(t) * Ae^{-t/2} u(t) \xleftrightarrow{\mathcal{L}} \dfrac{36}{s^2+bs+3}, \quad \sigma > -1/2 \cap \sigma > -a$

解答：{9, 6, 6.5}, {3, 6, −9}, {4, 5, 10, 6193.5}, {4, 9, 3}, {5, 9, 2}, {0.0074, 2, 4, 68, −3}, {7, −2}, {−1/3, 4/9, 3}

單邊拉式轉換

14. 從單邊拉氏轉換的定義開始

$$\mathscr{L}(g(t)) = G(s) = \int_{0^-}^{\infty} g(t)e^{-st}\,dt$$

求下列訊號之拉氏轉換：

(a) $x(t) = e^{-t}u(t)$ (b) $x(t) = e^{2t}\cos(200\pi t)u(t)$

(c) $x(t) = u(t+4)$ (d) $x(t) = u(t-4)$

解答：$\dfrac{1}{s+1}$, $\sigma > 1$, $\dfrac{1}{s}$, $\sigma > 0$, $\dfrac{e^{-4s}}{s}$, $\sigma > 0$, $\dfrac{s-2}{(s-2)^2 + (200\pi)^2}$, $\sigma > 2$

求解微分方程式

15. 利用單邊拉氏轉換的微分特性，寫出下列微分方程式之拉氏轉換

$$x''(t) - 2x'(t) + 4x(t) = u(t)$$

解答：$s^2 X(s) - s x(0^-) - \left(\dfrac{d}{dt}(x(t))\right)_{t=0^-} - 2[sX(s) - x(0^-)] + 4X(s) = \dfrac{1}{s}$

16. 當 $t \geq 0$，利用單邊拉氏轉換求解下列微分方程式。

(a) $x'(t) + 10x(t) = u(t)$, $x(0^-) = 1$

(b) $x''(t) - 2x'(t) + 4x(t) = u(t)$, $x(0^-) = 0$, $\left[\dfrac{d}{dt}x(t)\right]_{t=0^-} = 4$

(c) $x'(t) + 2x(t) = \sin(2\pi t)u(t)$, $x(0^-) = -4$

解答：$(1/4)\bigl(1 - e^t\cos(\sqrt{3}t) + (17/\sqrt{3})e^t\sin(\sqrt{3}t)\bigr)u(t)$,

$\left[\dfrac{2\pi e^{-2t} - 2\pi\cos(2\pi t) + 2\sin(2\pi t)}{4 + (2\pi)^2} - 4e^{-2t}\right]u(t)$, $\dfrac{1 + 9e^{-10t}}{10}u(t)$

17. 寫出描述在圖 E.17 中之系統方程式，並求解及畫出響應。

(a) $x(t) = u(t)$，$y(t)$ 是響應，$y(0^-) = 0$

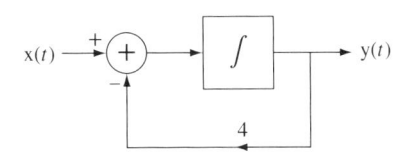

(b) $v(0^-) = 10$，$v(t)$ 是響應

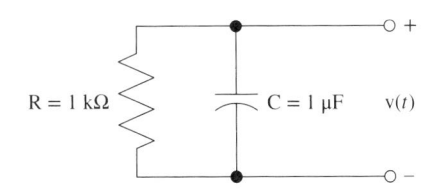

圖 E.17

解答：

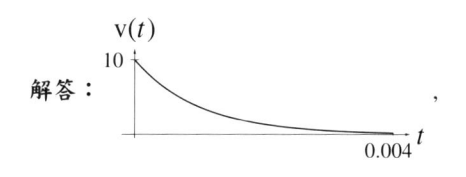

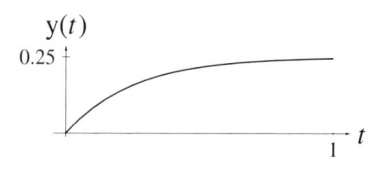

v(t) 由 10 衰減至 0，於 t = 0.004

y(t) 由 0 上升趨近 0.25，於 t = 1

第 9 章

z 轉換

THE z TRANSFORM

▶ 9.1 介紹與目標

每個在連續時間的分析方法在離散時間都有一個相對的方法。拉氏轉換的對應方法就是 z 轉換,將訊號用離散時間複指數之線性組合來表示。雖然在離散時間的轉換方法與在連續時間上的方法非常近似,但有許多重要的差異。

此章節因為在現代的系統設計中數位訊號處理用得越來越多,所以非常重要。了解離散時間的概念有助於同時理解連續時間與離散時間系統的分析與設計,而且用取樣與內插在它們之間轉換。

本章目標

本章之目標與第 8 章平行但是應用至離散時間訊號與系統。

1. 發展 z 轉換作為一個比離散時間傅立葉轉換更一般化的分析技術,且作為離散時間系統被其特徵函數所激發時迴旋過程的自然結果。
2. 定義 z 轉換與其反轉換來決定哪一個訊號存在。
3. 定義離散時間系統之轉移函數,並且學習如何直接從轉移函數來實現離散時間系統。
4. 建立一個 z 轉換對與特性的表格,學習如何用部分分式分解展開並以此表格求反轉換。
5. 定義單邊 z 轉換。
6. 利用單邊 z 轉換求解具有初始條件的差分方程式。
7. 將系統轉移函數的極點與零點位置與系統的頻率響應相關聯。
8. 學習 MATLAB 如何表示系統的轉移函數。
9. 用一些實際的問題來比較不同轉換方法的有用性與效率。

▶ 9.2 一般化離散時間傅立葉轉換

拉氏轉換是連續時間傅立葉轉換 (CTFT) 的一般化,允許考慮沒有 CTFT 的訊號與脈衝響應。在第 8 章中我們看到它的一般化，如何允許分析不能用傅立葉轉換所分析的訊號與系統，因此可以經由分析轉移函數在 s 平面上的極點與零點位置，洞察系統的效能。z 轉換是離散時間傅立葉轉換 (DTFT) 的一般化，且具有類似的優點。z 轉換是用於離散時間訊號與系統的分析，而拉氏轉換是用於連續時間訊號與系統的分析。

有兩種趨近方式可以用來推導 z 轉換，類似於推導拉氏轉換的兩種趨近方式，一般化 DTFT 以及探討作為 LTI 系統特徵函數之複指數的獨特特性。

DTFT 定義為

$$x[n] = \frac{1}{2\pi}\int_{2\pi} X(e^{j\Omega}) e^{j\Omega n} d\Omega \xleftrightarrow{\mathcal{F}} X(e^{j\Omega}) = \sum_{n=-\infty}^{\infty} x[n] e^{-j\Omega n}$$

或

$$x[n] = \int_1 X(F) e^{j2\pi F n} dF \xleftrightarrow{\mathcal{F}} X(F) = \sum_{n=-\infty}^{\infty} x[n] e^{-j2\pi F n}$$

拉氏轉換利用改變複正弦函數的形式 $e^{j\omega t}$（其中 ω 是實值變數），成為複指數函數的形式 e^{st}（其中 s 是複值變數），來將 CTFT 一般化。在 DTFT 中的獨立變數是離散時間弧度頻率 Ω。複指數函數 $e^{j\Omega n}$ 出現在前向與反向轉換中（如 $e^{-j\Omega n} = 1/e^{j\Omega n}$，在前向轉換）。對於實值 Ω，$e^{j\Omega n}$ 是一個離散時間複正弦訊號，在任何離散時間 n 下量值為 1，是一個實數值。類似於拉氏轉換，我們可以利用將實值 Ω 取代成複值變數 S，因此就是將 $e^{j\Omega n}$ 用一個複值指數 e^{Sn} 來取代，而將 DTFT 一般化。對於複值 S，e^S 可以在複平面上的任意位置。我們可以簡化表示法，令 $z = e^s$ 而將離散時間訊號用 z^n 的線性組合而非 e^{Sn} 來表示。在 DTFT 中，用 z^n 取代 $e^{j\Omega n}$，可以推導到前向 z 轉換的傳統定義

$$X(z) = \sum_{n=-\infty}^{\infty} x[n] z^{-n} \tag{9.1}$$

而 x[n] 和 X(z) 形成轉換對

$$x[n] \xleftrightarrow{\mathcal{Z}} X(z)$$

其中 z 可以在複平面上的任意範圍，表示我們可以使用離散時間複指數，而非只是使用離散時間複正弦函數來代表離散時間訊號。有些訊號不能以複正弦函數之線性組合來表示，但可以用複指數函數之線性組合來表示。

▶9.3 複指數激發與響應

令離散時間 LTI 系統的激發為複指數函數，形式為 $K z^n$，其中 z 一般是複數，而 K 是

任意常數。利用迴旋，具有脈衝響應 h[n] 對於複指數激發 x[n] = K z^n 之 LTI 系統的響應 y[n] 為

$$y[n] = h[n] * Kz^n = K\sum_{m=-\infty}^{\infty} h[m]z^{n-m} = \underbrace{Kz^n}_{=x[n]}\sum_{m=-\infty}^{\infty} h[m]z^{-m}$$

因此對於複指數的響應是同樣的複指數，乘以 $\sum_{m=-\infty}^{\infty} h[m]z^{-m}$（若級數收斂）。這與 (9.1) 式相同。

▶9.4 轉移函數

若一個具有脈衝響應 h[n] 的 LTI 系統是由訊號 x[n] 所激發，則響應 y[n] 的 z 轉換 Y(z) 為

$$Y(z) = \sum_{n=-\infty}^{\infty} y[n]z^{-n} = \sum_{n=-\infty}^{\infty} (h[n]*x[n])z^{-n} = \sum_{n=-\infty}^{\infty}\sum_{m=-\infty}^{\infty} h[m]x[n-m]z^{-n}$$

將兩個加法分開，

$$Y(z) = \sum_{m=-\infty}^{\infty} h[m] \sum_{n=-\infty}^{\infty} x[n-m]z^{-n}$$

令 q = n − m。於是

$$Y(z) = \sum_{m=-\infty}^{\infty} h[m] \sum_{q=-\infty}^{\infty} x[q]z^{-(q+m)} = \underbrace{\sum_{m=-\infty}^{\infty} h[m]z^{-m}}_{=H(z)} \underbrace{\sum_{q=-\infty}^{\infty} x[q]z^{-q}}_{=X(z)}$$

因此類式於拉氏轉換的方式 Y(z) = H(z)X(z)，而 H(z) 稱為離散時間系統的**轉移函數** (transfer function)，如第 5 章中所介紹的一樣。

▶9.5 串聯系統

在離散時間系統串聯連接元件的轉移函數，就如同它們在連續時間系統中一樣的方式（圖 9.1）。

兩個系統串聯的總轉移函數為它們個別轉移函數相乘。

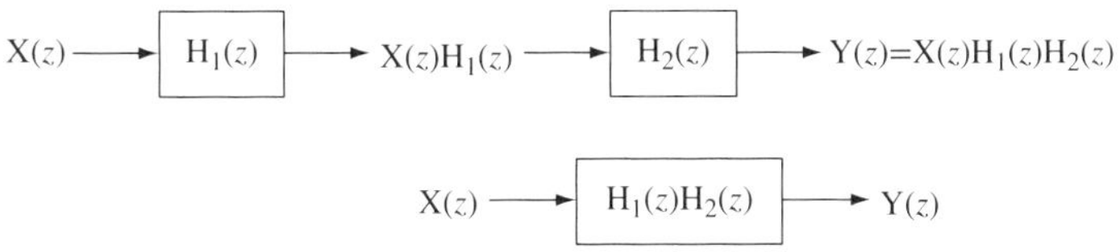

$$X(z) \rightarrow \boxed{H_1(z)} \rightarrow X(z)H_1(z) \rightarrow \boxed{H_2(z)} \rightarrow Y(z)=X(z)H_1(z)H_2(z)$$

$$X(z) \rightarrow \boxed{H_1(z)H_2(z)} \rightarrow Y(z)$$

圖 9.1 系統串聯

▶ 9.6 直接形式 II 系統實現

在工程的實際應用中,離散時間系統最常見的描述形式是差分方程式或是差分方程式的系統。在第 5 章中,看到由差分方程式所描述的離散時間系統形式為

$$\sum_{k=0}^{N} a_k y[n-k] = \sum_{k=0}^{M} b_k x[n-k] \tag{9.2}$$

轉移函數為

$$\boxed{H(z) = \frac{\sum_{k=0}^{M} b_k z^{-k}}{\sum_{k=0}^{N} a_k z^{-k}} = \frac{b_0 + b_1 z^{-1} + b_2 z^{-2} + \cdots + b_M z^{-M}}{a_0 + a_1 z^{-1} + a_2 z^{-2} + \cdots + a_N z^{-N}}} \tag{9.3}$$

或,另一形式,

$$\boxed{H(z) = \frac{\sum_{k=0}^{M} b_k z^{-k}}{\sum_{k=0}^{N} a_k z^{-k}} = \frac{b_0 + b_1 z^{-1} + b_2 z^{-2} + \cdots + b_M z^{-M}}{a_0 + a_1 z^{-1} + a_2 z^{-2} + \cdots + a_N z^{-N}}} \tag{9.4}$$

離散時間系統的直接形式 II 實現,直接與連續時間系統的直接形式 II 類似。轉移函數為

$$H(z) = \frac{Y(z)}{X(z)} = \frac{b_0 + b_1 z^{-1} + \cdots + b_N z^{-N}}{a_0 + a_1 z^{-1} + \cdots + a_N z^{-N}} = \frac{b_0 z^N + b_1 z^{N-1} + \cdots + b_N}{a_0 z^N + a_1 z^{N-1} + \cdots + a_N}$$

能夠分成兩個子系統之轉移函數的串聯

$$H_1(z) = \frac{Y_1(z)}{X(z)} = \frac{1}{a_0 z^N + a_1 z^{N-1} + \cdots + a_N} \tag{9.5}$$

及

$$H_2(z) = \frac{Y(z)}{Y_1(z)} = b_0 z^N + b_1 z^{N-1} + \cdots + b_N \; p.409 \text{ 公式 } 6$$

(在此處的分子與分母之階數都為 N。若分子的階數實際小於 N,其中有一些 b 就為 0,但 a_0 必須不能為 0。) 從 (9.5) 式,

$$z^N Y_1(z) = (1/a_0)\{X(z) - [a_1 z^{N-1} Y_1(z) + \cdots + a_N Y_1(z)]\}$$

(圖 9.2)。

所有需要用來形成 $H_2(z)$ 的 $z^k Y_1(z)$ 項在實現 $H_1(z)$ 時就有了。利用 b 係數將它們線性組合,可以得到全部系統的直接形式 II 實現(圖 9.3)。

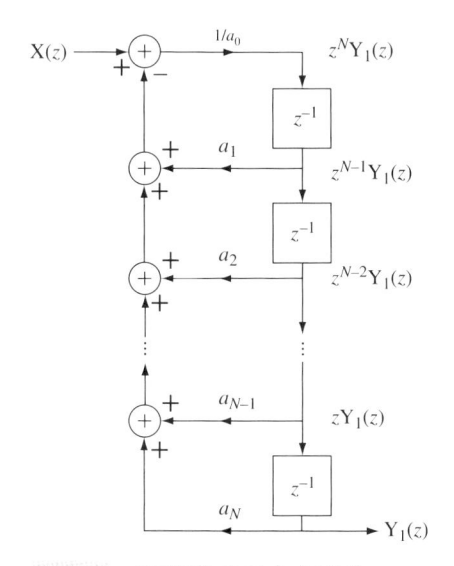

圖 9.2 直接形式 II 之典型的 $H_1(z)$ 實現

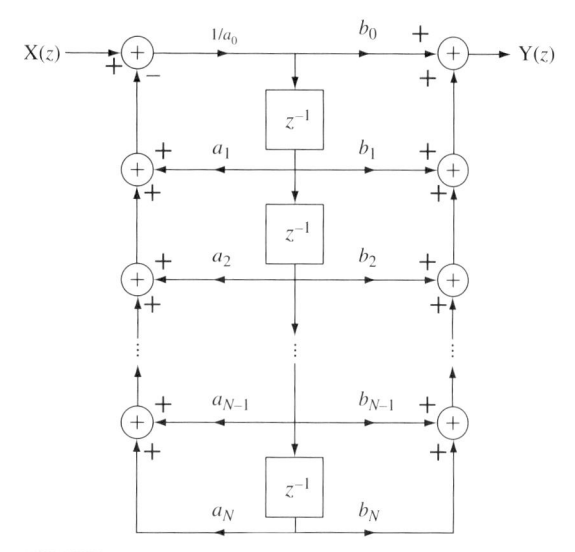

圖 9.3 總直接形式 II 之典型的系統實現

▶ 9.7 反 z 轉換

從 h[n] 至 H(z) 之轉換稱為**反 z 轉換** (inverse z transform)，可以由下列之直接公式得到

$$h[n] = \frac{1}{j2\pi} \oint_C H(z) z^{n-1} dz$$

這是一個在複 z 平面上環繞圓的曲線積分，並不在本書的討論範圍。大部分實際的反 z 轉換可用 z 轉換對的表格與特性求得。

▶ 9.8 z 轉換之存在性

時限訊號

z 轉換的存在情形與拉式轉換的存在情形類似。若一個離散時間訊號是時限且有界的，則 z 轉換的加法是有限的，而且它對於任何有限、非 0 的 z 值存在（圖 9.4）。

一個脈衝 δ[n] 是一個非常簡單、有界、時限訊號，而它的 z 轉換為

$$\sum_{n=-\infty}^{\infty} \delta[n] z^{-n} = 1$$

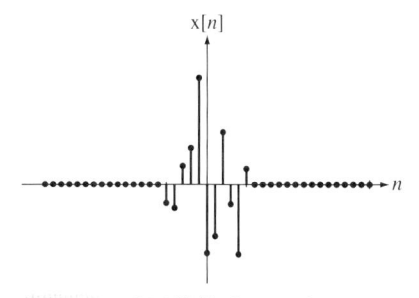

圖 9.4 時限離散時間訊號

這個 z 轉換沒有零點與極點。對於任何非 0 的 z 值，這個脈衝的轉換存在。若我們將此脈衝在時間上左右移動，我們可以得到一個稍微不同的結果。

$$\delta[n-1] \xleftrightarrow{\mathscr{Z}} z^{-1} \Rightarrow 極點位於 0$$
$$\delta[n+1] \xleftrightarrow{\mathscr{Z}} z \Rightarrow 極點位於無限大$$

因此 $\delta[n-1]$ 的 z 轉換對於任何非 0 值的 z 存在，且 $\delta[n+1]$ 的 z 轉換對於任何有限值的 z 存在。

右邊與左邊訊號

右邊訊號 $x_r[n]$ 對於任何 $n < n_0$ 時 $x_r[n] = 0$，左邊訊號 $x_l[n]$ 對於任何 $n > n_0$ 時 $x_l[n] = 0$（圖 9.5）。

考慮右邊訊號 $x[n] = \alpha^n u[n-n_0], \alpha \in \mathbb{C}$（圖 9.6(a)）。若級數收斂，它的 z 轉換為

$$X(z) = \sum_{n=-\infty}^{\infty} \alpha^n u[n-n_0] z^{-n} = \sum_{n=n_0}^{\infty} (\alpha z^{-1})^n$$

而且此級數在 $|\alpha/z| < 1$ 或 $|z| > |\alpha|$ 下收斂。此一在 z 平面上的區域稱為**收斂區間** (region of convergence, ROC)（圖 9.7(a)）。

若在 $n > n_0$ 時 $x[n] = 0$，稱為**左邊** (left-sided) 訊號（圖 9.6(b)）。若是 $x[n] = \beta^n u[n_0 - n], \beta \in \mathbb{C}$，

$$X(z) = \sum_{n=-\infty}^{n_0} \beta^n z^{-n} = \sum_{n=-\infty}^{n_0} (\beta z^{-1})^n = \sum_{n=-n_0}^{\infty} (\beta^{-1} z)^n$$

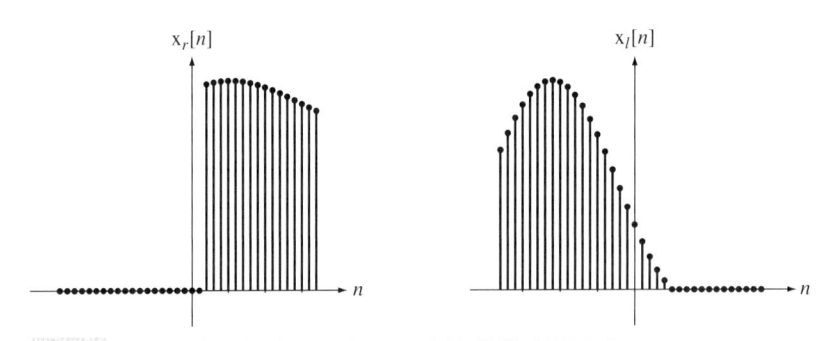

圖 9.5 (a) 右邊離散時間訊號；(b) 左邊離散時間訊號

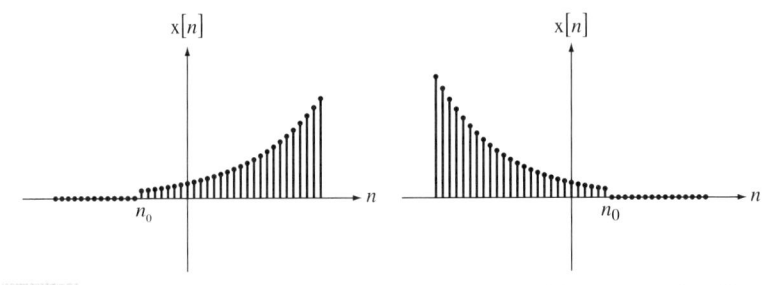

圖 9.6 (a) $x[n] = \alpha^n u[n-n_0], \alpha \in \mathbb{C}$；(b) $x[n] = \beta^n u[n_0 - n], \beta \in \mathbb{C}$

而此加法在 $|\beta^{-1}z| < 1$ 或 $|z| < |\beta|$ 收斂（圖 9.7(b)）。

就如同在連續時間，離散時間訊號可以用一個右邊訊號與一個左邊訊號之和來表示。若 $x[n] = x_r[n] + x_l[n]$，且若 $|x_r[n]| < |K_r\alpha^n|$ 與 $|x_l[n]| < |K_l\beta^n|$（其中 K_r 和 K_l 是常數），則此加法收斂，且 z 轉換在 $|\alpha| < |z| < |\beta|$ 下收斂。這個表示若 $|\alpha| < |\beta|$，可以找到一個 z 轉換，且在 z 平面上的 ROC 是 $|\alpha| < |z| < |\beta|$ 之區域。若 $|\alpha| > |\beta|$，則 z 轉換不存在（圖 9.8）。

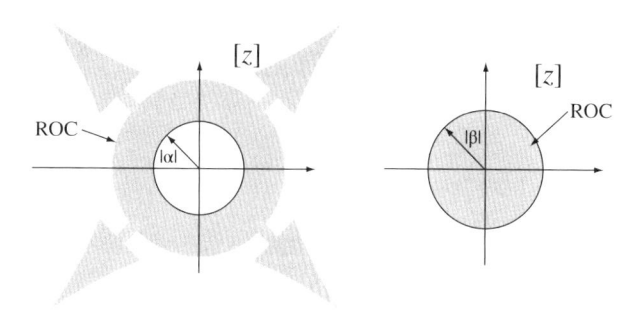

圖 9.7 (a) 右邊訊號 $x[n] = \alpha^n u[n - n_0]$, $\alpha \in \mathbb{C}$；(b) 左邊訊號 $x[n] = \beta^n u[n_0 - n]$, $\beta \in \mathbb{C}$，之收斂區間

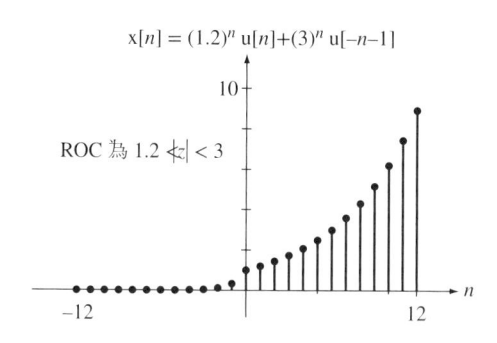

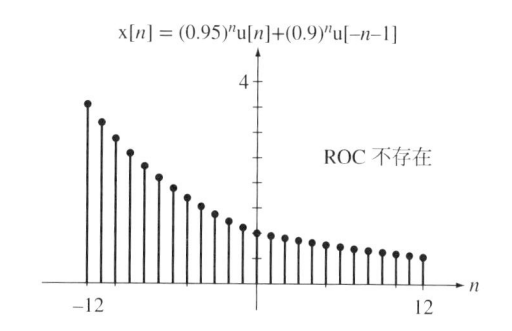

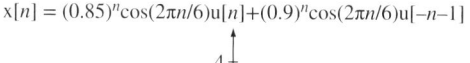

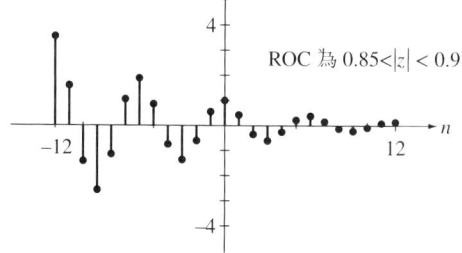

圖 9.8 一些非因果訊號與其 ROC（若存在）

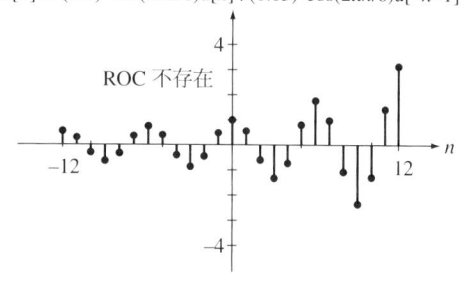

例題 9.1　非因果訊號之 z 轉換

求 $x[n] = K\alpha^{|n|}$, $\alpha \in \mathbb{R}$ 之 z 轉換。

它隨著 n 的變化決定於 α（圖 9.9）。它可以寫成

$$x[n] = K(\alpha^n u[n] + \alpha^{-n} u[-n] - 1)$$

若 $|\alpha| \geq 1$，則 $|\alpha| \geq |\alpha^{-1}|$，找不到 ROC 且它沒有 z 轉換。若 $|\alpha| < 1$，則 $|\alpha| < |\alpha^{-1}|$，ROC 為 $|\alpha| < z < |\alpha^{-1}|$ 且其 z 轉換為

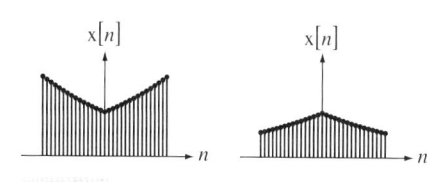

圖 9.9 (a) $x[n] = K\alpha^{|n|}$, $\alpha > 1$；(b) $x[n] = K\alpha^{|n|}$, $\alpha < 1$

$$K\alpha^{|n|} \xleftrightarrow{\mathcal{Z}} K\sum_{n=-\infty}^{\infty}\alpha^{|n|}z^{-n} = K\left[\sum_{n=0}^{\infty}(\alpha z^{-1})^n + \sum_{n=-\infty}^{0}(\alpha^{-1}z^{-1})^n - 1\right], |\alpha| < z < |\alpha^{-1}|$$

$$K\alpha^{|n|} \xleftrightarrow{\mathcal{Z}} K\left[\sum_{n=0}^{\infty}(\alpha z^{-1})^n + \sum_{n=0}^{\infty}(\alpha z)^n - 1\right], |\alpha| < z < |\alpha^{-1}|$$

包含兩個加法與一個常數。每一個加法是幾何級數形式為 $\sum_{n=0}^{\infty} r^n$，而級數若在 $|r| < 1$ 時收斂至 $1/(1-r)$。

$$K\alpha^{|n|} \xleftrightarrow{\mathcal{Z}} K\left(\frac{1}{1-\alpha z^{-1}} + \frac{1}{1-\alpha z} - 1\right) = K\left(\frac{z}{z-\alpha} - \frac{z}{z-\alpha^{-1}}\right), |\alpha| < z < |\alpha^{-1}|$$

9.9 z 轉換對

我們可以用一個脈衝 $\delta[n]$ 與一個受阻尼的餘弦函數 $\alpha^n\cos(\Omega_0 n)\mathrm{u}[n]$ 的有用 z 轉換表格開始。受阻尼餘弦函數的 z 轉換為

$$\alpha^n\cos(\Omega_0 n)\mathrm{u}[n] \xleftrightarrow{\mathcal{Z}} \sum_{n=-\infty}^{\infty} \alpha^n\cos(\Omega_0 n)\mathrm{u}[n]z^{-n}$$

$$\alpha^n\cos(\Omega_0 n)\mathrm{u}[n] \xleftrightarrow{\mathcal{Z}} \sum_{n=0}^{\infty} \alpha^n \frac{e^{j\Omega_0 n}+e^{-j\Omega_0 n}}{2} z^{-n}$$

$$\alpha^n\cos(\Omega_0 n)\mathrm{u}[n] \xleftrightarrow{\mathcal{Z}} (1/2)\sum_{n=0}^{\infty}\left[(\alpha e^{j\Omega_0}z^{-1})^n + (\alpha e^{-j\Omega_0}z^{-1})^n\right]$$

對於 $|z| > |\alpha|$，此 z 轉換收斂，且

$$\alpha^n\cos(\Omega_0 n)\mathrm{u}[n] \xleftrightarrow{\mathcal{Z}} (1/2)\left[\frac{1}{1-\alpha e^{j\Omega_0}z^{-1}} + \frac{1}{1-\alpha e^{-j\Omega_0}z^{-1}}\right], |z| > |\alpha|$$

這個可以簡化成二個不同形式中之任一個，

$$\alpha^n\cos(\Omega_0 n)\mathrm{u}[n] \xleftrightarrow{\mathcal{Z}} \frac{1-\alpha\cos(\Omega_0)z^{-1}}{1-2\alpha\cos(\Omega_0)z^{-1}+\alpha^2 z^{-2}}, |z| > |\alpha|$$

或

$$\alpha^n\cos(\Omega_0 n)\mathrm{u}[n] \xleftrightarrow{\mathcal{Z}} \frac{z[z-\alpha\cos(\Omega_0)]}{z^2-2\alpha\cos(\Omega_0)z+\alpha^2}, |z| > |\alpha|$$

若 $\alpha = 1$，則

$$\cos(\Omega_0 n)\mathrm{u}[n] \xleftrightarrow{\mathcal{Z}} \frac{z[z-\cos(\Omega_0)]}{z^2-2\cos(\Omega_0)z+1} = \frac{1-\cos(\Omega_0)z^{-1}}{1-2\cos(\Omega_0)z^{-1}+z^{-2}}, |z| > 1$$

若 $\Omega_0 = 0$，則

$$\alpha^n u[n] \xleftrightarrow{\mathscr{Z}} \frac{z}{z-\alpha} = \frac{1}{1-\alpha z^{-1}},\ |z| > |\alpha|$$

若 $\alpha = 1$ 且 $\Omega_0 = 0$，則

$$u[n] \xleftrightarrow{\mathscr{Z}} \frac{z}{z-1} = \frac{1}{1-z^{-1}},\ |z| > 1$$

表 9.1 列出一些常被使用函數之 z 轉換。

表 9.1　一些 z 轉換對

$$\delta[n] \xleftrightarrow{\mathscr{Z}} 1,\ \text{所有 } z$$

$u[n] \xleftrightarrow{\mathscr{Z}} \dfrac{z}{z-1} = \dfrac{1}{1-z^{-1}},\ |z|>1,$	$-u[-n-1] \xleftrightarrow{\mathscr{Z}} \dfrac{z}{z-1},\ |z|<1$
$\alpha^n u[n] \xleftrightarrow{\mathscr{Z}} \dfrac{z}{z-\alpha} = \dfrac{1}{1-\alpha z^{-1}},\ |z|>|\alpha|,$	$-\alpha^n u[-n-1] \xleftrightarrow{\mathscr{Z}} \dfrac{z}{z-\alpha} = \dfrac{1}{1-\alpha z^{-1}},\ |z|<|\alpha|$
$n\,u[n] \xleftrightarrow{\mathscr{Z}} \dfrac{z}{(z-1)^2} = \dfrac{z^{-1}}{(1-z^{-1})^2},\ |z|>1,$	$-n\,u[-n-1] \xleftrightarrow{\mathscr{Z}} \dfrac{z}{(z-1)^2} = \dfrac{z^{-1}}{(1-z^{-1})^2},\ |z|<1$
$n^2 u[n] \xleftrightarrow{\mathscr{Z}} \dfrac{z(z+1)}{(z-1)^3} = \dfrac{1+z^{-1}}{z(1-z^{-1})^3},\ |z|>1,$	$-n^2 u[-n-1] \xleftrightarrow{\mathscr{Z}} \dfrac{z(z+1)}{(z-1)^3} = \dfrac{1+z^{-1}}{z(1-z^{-1})^3},\ |z|<1$
$n\alpha^n u[n] \xleftrightarrow{\mathscr{Z}} \dfrac{\alpha z}{(z-\alpha)^2} = \dfrac{\alpha z^{-1}}{(1-\alpha z^{-1})^2},\ |z|>|\alpha|,$	$-n\alpha^n u[-n-1] \xleftrightarrow{\mathscr{Z}} \dfrac{\alpha z}{(z-\alpha)^2} = \dfrac{\alpha z^{-1}}{(1-\alpha z^{-1})^2},\ |z|<|\alpha|$
$\sin(\Omega_0 n) u[n] \xleftrightarrow{\mathscr{Z}} \dfrac{z\sin(\Omega_0)}{z^2 - 2z\cos(\Omega_0)+1},\ |z|>1,$	$-\sin(\Omega_0 n) u[-n-1] \xleftrightarrow{\mathscr{Z}} \dfrac{z\sin(\Omega_0)}{z^2 - 2z\cos(\Omega_0)+1},\ |z|<1$
$\cos(\Omega_0 n) u[n] \xleftrightarrow{\mathscr{Z}} \dfrac{z[z-\cos(\Omega_0)]}{z^2 - 2z\cos(\Omega_0)+1},\ |z|>1,$	$-\cos(\Omega_0 n) u[-n-1] \xleftrightarrow{\mathscr{Z}} \dfrac{z[z-\cos(\Omega_0)]}{z^2 - 2z\cos(\Omega_0)+1},\ |z|<1$
$\alpha^n \sin(\Omega_0 n) u[n] \xleftrightarrow{\mathscr{Z}} \dfrac{z\alpha\sin(\Omega_0)}{z^2 - 2\alpha z\cos(\Omega_0)+\alpha^2},\ |z|>|\alpha|,$	$-\alpha^n \sin(\Omega_0 n) u[-n-1] \xleftrightarrow{\mathscr{Z}} \dfrac{z\alpha\sin(\Omega_0)}{z^2 - 2\alpha z\cos(\Omega_0)+\alpha^2},\ |z|<|\alpha|$
$\alpha^n \cos(\Omega_0 n) u[n] \xleftrightarrow{\mathscr{Z}} \dfrac{z[z-\alpha\cos(\Omega_0)]}{z^2 - 2\alpha z\cos(\Omega_0)+\alpha^2},\ |z|>|\alpha|,$	$-\alpha^n \cos(\Omega_0 n) u[-n-1] \xleftrightarrow{\mathscr{Z}} \dfrac{z[z-\alpha\cos(\Omega_0)]}{z^2 - 2\alpha z\cos(\Omega_0)+\alpha^2},\ |z|<|\alpha|$

$$\alpha^{|n|} \xleftrightarrow{\mathscr{Z}} \frac{z}{z-\alpha} - \frac{z}{z-\alpha^{-1}},\ |\alpha|<|z|<|\alpha^{-1}|$$

$$u[n-n_0] - u[n-n_1] \xleftrightarrow{\mathscr{Z}} \frac{z}{z-1}(z^{-n_0} - z^{-n_1}) = \frac{z^{n_1-n_0-1} + z^{n_1-n_0-2} + \cdots + z + 1}{n_1-1},\ |z|>0$$

例題 9.2　反 z 轉換

求下列式子之反 z 轉換

(a) $X(z) = \dfrac{z}{z-0.5} - \dfrac{z}{z+2},\ 0.5 < |z| < 2$

(b) $X(z) = \dfrac{z}{z-0.5} - \dfrac{z}{z+2},\ |z| > 2$

(c) $X(z) = \dfrac{z}{z - 0.5} - \dfrac{z}{z + 2}$, $|z| < 0.5$

(a) 右邊訊號具有在圓外面的 ROC，而左邊訊號具有在圓裡的 ROC。因此，使用

$$\alpha^n u[n] \xleftrightarrow{\mathscr{Z}} \dfrac{z}{z - \alpha} = \dfrac{1}{1 - \alpha z^{-1}}, \quad |z| > |\alpha|$$

與

$$-\alpha^n u[-n-1] \xleftrightarrow{\mathscr{Z}} \dfrac{z}{z - \alpha} = \dfrac{1}{1 - \alpha z^{-1}}, \quad |z| < |\alpha|$$

可以得到

$$(0.5)^n u[n] - (-(-2)^n u[-n-1]) \xleftrightarrow{\mathscr{Z}} X(z) = \dfrac{z}{z - 0.5} - \dfrac{z}{z + 2}, \quad 0.5 < |z| < 2$$

或是

$$(0.5)^n u[n] + (-2)^n u[-n-1] \xleftrightarrow{\mathscr{Z}} X(z) = \dfrac{z}{z - 0.5} - \dfrac{z}{z + 2}, \quad 0.5 < |z| < 2$$

(b) 在此例中，兩個都是右邊訊號。

$$[(0.5)^n - (-2)^n] u[n] \xleftrightarrow{\mathscr{Z}} X(z) = \dfrac{z}{z - 0.5} - \dfrac{z}{z + 2}, \quad |z| > 2$$

(c) 在此例中，兩個都是左邊訊號。

$$-[(0.5)^n - (-2)^n] u[-n-1] \xleftrightarrow{\mathscr{Z}} X(z) = \dfrac{z}{z - 0.5} - \dfrac{z}{z + 2}, \quad |z| < 0.5$$

▶ 9.10 z 轉換特性

給定 z 轉換對 $g[n] \xleftrightarrow{\mathscr{Z}} G(z)$ 與 $h[n] \xleftrightarrow{\mathscr{Z}} H(z)$，它們分別具有 ROC_G 與 ROC_H 的 ROC，z 轉換的特性列於表 9.2。

▶ 9.11 反 z 轉換方法

綜合除法

對於 z 的有理函數形式

$$H(z) = \dfrac{b_M z^M + b_{M-1} z^{M-1} + \cdots + b_1 z + b_0}{a_N z^N + a_{N-1} z^{N-1} + \cdots + a_1 z + a_0}$$

我們可以用綜合除法的方式將分子除以分母，而得到一系列 z 的冪次項。例如，若函數是

表 9.2 z 轉換特性

線性	$\alpha g[n] + \beta h[n] \xleftrightarrow{\mathcal{Z}} \alpha G(z) + \beta H(z)$, ROC = $\text{ROC}_G \cap \text{ROC}_H$
時間位移	$g[n - n_0] \xleftrightarrow{\mathcal{Z}} z^{-n_0} G(z)$, ROC = ROC_G 除了可能 $z = 0$ 或 $z \to \infty$
改變 z 的尺度	$\alpha^n g[n] \xleftrightarrow{\mathcal{Z}} G(z/\alpha)$, ROC = $|\alpha| \text{ROC}_G$
時間反轉	$g[-n] \xleftrightarrow{\mathcal{Z}} G(z^{-1})$, ROC = $1/\text{ROC}_G$
時間擴展	$\begin{cases} g[n/k], & n/k \text{ 是整數} \\ 0, & \text{其他} \end{cases} \xleftrightarrow{\mathcal{Z}} G(z^k)$, ROC = $(\text{ROC}_G)^{1/k}$
共軛	$g^*[n] \xleftrightarrow{\mathcal{Z}} G^*(z^*)$, ROC = ROC_G
z-域微分	$-n g[n] \xleftrightarrow{\mathcal{Z}} z \dfrac{d}{dz} G(z)$, ROC = ROC_G
迴旋	$g[n] * h[n] \xleftrightarrow{\mathcal{Z}} H(z) G(z)$
第一反向差分	$g[n] - g[n-1] \xleftrightarrow{\mathcal{Z}} (1 - z^{-1}) G(z)$, ROC $\supseteq \text{ROC}_G \cap |z| > 0$
累加	$\sum_{m=-\infty}^{n} g[m] \xleftrightarrow{\mathcal{Z}} \dfrac{z}{z-1} G(z)$, ROC $\supseteq \text{ROC}_G \cap |z| > 1$
初值定理	若 $g[n] = 0, n < 0$ 則 $g[0] = \lim_{z \to \infty} G(z)$
終值定理	若 $g[n] = 0, n < 0$, $\lim_{n \to \infty} g[n] = \lim_{z \to 1} (z-1) G(z)$ 若 $\lim_{n \to \infty} g[n]$ 存在

$$H(z) = \frac{(z - 1.2)(z + 0.7)(z + 0.4)}{(z - 0.2)(z - 0.8)(z + 0.5)}, \ |z| > 0.8$$

或

$$H(z) = \frac{z^3 - 0.1z^2 - 1.04z - 0.336}{z^3 - 0.5z^2 - 0.34z + 0.08}, \ |z| > 0.8$$

綜合除法的過程如下

$$
\begin{array}{r}
1 + 0.4z^{-1} + 0.5z^{-2} \cdots \\
z^3 - 0.5z^2 - 0.34z + 0.08 \overline{\smash{)}\, z^3 - 0.1z^2 - 1.04z - 0.336} \\
\underline{z^3 - 0.5z^2 - 0.34z + 0.08} \\
0.4z^2 - 0.7z - 0.256 \\
\underline{0.4z^2 - 0.2z - 0.136 - 0.032z^{-1}} \\
0.5z - 0.12 + 0.032z^{-1} \\
\vdots \quad \vdots \quad \vdots
\end{array}
$$

於是反 z 轉換為

$$h[n] = \delta[n] + 0.4\delta[n-1] + 0.5\delta[n-2] \cdots$$

還有另一種形式的綜合除法,

$$\begin{array}{r}
-4.2 - 30.85z - 158.613z^2 \cdots \\
0.08 - 0.34z - 0.5z^2 + z^3 \overline{)\,-0.336 - 1.04z - 0.1z^2 + z^3} \\
\underline{-0.336 + 1.428z + 2.1z^2 - 4.2z^3} \\
-2.468z - 2.2z^2 + 5.2z^3 \\
\underline{-2.468z + 10.489z^2 + 15.425z^3 - 30.85z^4} \\
-12.689z^2 - 10.225z^3 + 30.85z^4 \\
\vdots \qquad \vdots \qquad \vdots
\end{array}$$

從這個結果中，我們可以對反 z 轉換下結論為

$$-4.2\delta[n] - 30.85\delta[n+1] - 158.613\delta[n+2]\cdots$$

它很自然的點出為何這兩個結果是不同，而且哪一個是正確的。要知道哪一個正確的關鍵是 ROC，$|z| > 0.8$。這指出是右邊的反轉換，而第一個綜合除法是這種形式。這個級數在 $|z| > 0.8$ 時收斂。第二個級數在 $|z| < 0.2$ 時收斂，所以若 ROC 是在 $|z| < 0.2$ 時是正確的。

綜合除法在有理函數時總是可用的，但其答案通常是無窮級數之形式。在實際應用中，具有封閉形式則更有用。

部分分式展開

用來求反 z 轉換的部分分式展開的技術，在代數上是等同於用 z 變數取代 s 變數去求反拉式轉換的方法。但是在反 z 轉換上有個值得一提的地方。在 z 域函數上，常見到有限零點的數目等於有限極點的數目〔使得 z 的表示法不適當 (improper)〕，至少有一個零點在 $z = 0$。

$$H(z) = \frac{z^{N-M}(z - z_1)(z - z_2)\cdots(z - z_M)}{(z - p_1)(z - p_2)\cdots(z - p_N)}, \quad N > M$$

我們無法以部分分式展開 H(z)，因為它是一個不適當的 z 之有理函數。在此情形下將方程式兩邊同除以 z 是較方便的。

$$\frac{H(z)}{z} = \frac{z^{N-M-1}(z - z_1)(z - z_2)\cdots(z - z_M)}{(z - p_1)(z - p_2)\cdots(z - p_N)}$$

$H(z)/z$ 在 z 上是一個適當 (proper) 的函數，而可以用部分分式展開。

$$\frac{H(z)}{z} = \frac{K_1}{z - p_1} + \frac{K_2}{z - p_2} + \cdots + \frac{K_N}{z - p_N}$$

將兩邊同乘以 z，則可以求得反 z 轉換。

$$H(z) = \frac{zK_1}{z - p_1} + \frac{zK_2}{z - p_2} + \cdots + \frac{zK_N}{z - p_N}$$

$$h[n] = K_1 p_1^n u[n] + K_2 p_2^n u[n] + \cdots + K_N p_N^n u[n]$$

就如同我們在反拉式轉換中所做的，我們可以用綜合除法來求得適當的餘式來解題。但此一新技術通常較簡單。

前向與反向 z 轉換範例

時間位移特性在將 z 域轉移函數表示法轉成實際的系統時是非常重要的,且除了線性特性之外,可能是 z 轉換特性中最常被使用的。

例題 9.3 利用時間位移特性從轉移函數中得到系統方塊圖

一個系統具有以下轉移函數

$$H(z) = \frac{Y(z)}{X(z)} = \frac{z - 1/2}{z^2 - z + 2/9}, \quad |z| > 2/3$$

利用延遲、放大器與加法節點畫出系統方塊圖。

我們可以重新安排轉移函數成

$$Y(z)(z^2 - z + 2/9) = X(z)(z - 1/2)$$

或

$$z^2 Y(z) = zX(z) - (1/2)X(z) + zY(z) - (2/9)Y(z)$$

將此公式同乘以 z^{-2},可以得到

$$Y(z) = z^{-1} X(z) - (1/2) z^{-2} X(z) + z^{-1} Y(z) + (2/9) z^{-2} Y(z)$$

現在利用時間位移特性,若 $x[n] \overset{\mathcal{Z}}{\longleftrightarrow} X(z)$ 及 $y[n] \overset{\mathcal{Z}}{\longleftrightarrow} Y(z)$,則反 z 轉換為

$$y[n] = x[n-1] - (1/2)x[n-2] + y[n-1] - (2/9)y[n-2]$$

這稱為 x[n] 與 y[n] 間的**遞迴** (recursive) 關係,將在離散時間 n 的 y[n] 值,同時用在離散時間 n、n − 1、n − 2、⋯ 的 x[n] 與 y[n] 值之線性組合來表示。依此我們可以直接合成系統方塊圖(圖 9.10)。

此系統使用 4 個延遲、2 個放大器與 2 個加法節點來實現。此方塊圖是經由直接應用遞迴的關係於方塊圖中,以一個 "自然" 的方式畫出。實現直接形式 II,此作法使用 2 個延遲、3 個放大器與 3 個加法節點(圖 9.11)。還有許多其他的方式可以實現系統。

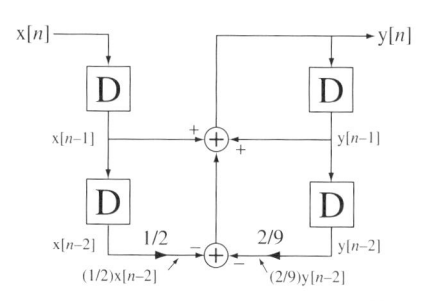

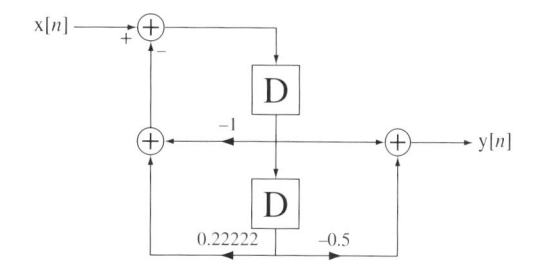

圖 9.10 轉移函數 $H(z) = \dfrac{z - 1/2}{z^2 - z + 2/9}$ 之時域系統方塊圖

圖 9.11 直接形式 II 實現 $H(z) = \dfrac{z - 1/2}{z^2 - z + 2/9}$

一個改變 z 尺度特性之特例

$$\alpha^n g[n] \xleftrightarrow{\mathcal{Z}} G(z/\alpha)$$

令人特別有興趣。令常數 α 為 $e^{j\Omega_0}$，其中 Ω_0 是實數。於是

$$e^{j\Omega_0 n} g[n] \xleftrightarrow{\mathcal{Z}} G(ze^{-j\Omega_0})$$

每一個 z 的值改成 $ze^{-j\Omega_0}$。這個造成在 z 平面上轉換 $G(z)$ 以 Ω_0 的角度逆時針轉動，因為 $e^{-j\Omega_0}$ 的量值為 1，而相角為 $-\Omega_0$。此效應有點抽象難理解。最好用例子來解釋。令

$$G(z) = \frac{z-1}{(z-0.8e^{-j\pi/4})(z-0.8e^{+j\pi/4})}$$

且令 $\Omega_0 = \pi/8$。於是

$$G(ze^{-j\Omega_0}) = G(ze^{-j\pi/8}) = \frac{ze^{-j\pi/8}-1}{(ze^{-j\pi/8}-0.8e^{-j\pi/4})(ze^{-j\pi/8}-0.8e^{+j\pi/4})}$$

或

$$G(ze^{-j\pi/8}) = \frac{e^{-j\pi/8}(z-e^{j\pi/8})}{e^{-j\pi/8}(z-0.8e^{-j\pi/8})e^{-j\pi/8}(z-0.8e^{+j3\pi/8})}$$

$$= e^{j\pi/8} \frac{z-e^{j\pi/8}}{(z-0.8e^{-j\pi/8})(z-0.8e^{+j3\pi/8})}$$

原來函數在 $z=0.8e^{\pm j\pi/4}$ 具有有限的極點而在 $z=1$ 有一個零點。轉換函數 $G(ze^{-j\pi/8})$ 在 $z=0.8^{-j\pi/8}$ 和 $z=0.8^{+j3\pi/8}$ 具有有限極點，而在 $z=e^{j\pi/8}$ 有一個零點。因此有限極點與零點的位置以 $\pi/8$ 的弧度逆時針旋轉（圖 9.12）。

在時域乘以一個複正弦函數的形式 $e^{j\Omega_0 n}$ 相對於在 z 轉換的旋轉。

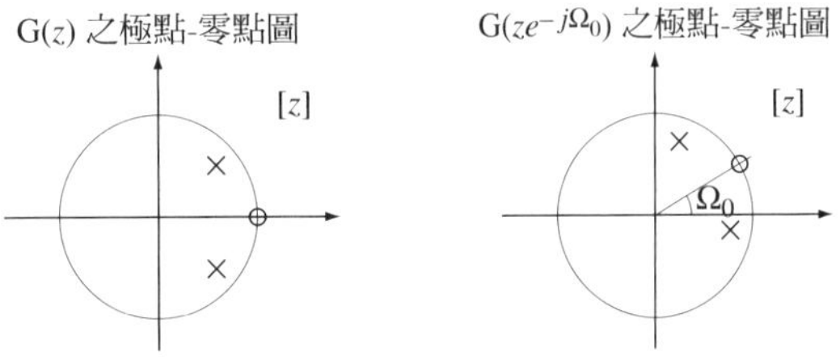

圖 9.12 以一個特例用 $e^{j\Omega_0}$ 做尺度改變，來說明 z 轉換之頻率尺度改變特性

例題 9.4 因果指數與因果受阻尼指數正弦訊號之 z 轉換

求 $\text{x}[n] = e^{-n/40} \text{u}[n]$ 與 $\text{x}_m[n] = e^{-n/40} \sin(2\pi n/8)\text{u}[n]$ 之 z 轉換，並且畫出 $\text{X}(z)$ 與 $\text{X}_m(z)$ 之極點 - 零點圖。

利用

$$\alpha^n \text{u}[n] \xleftrightarrow{\mathcal{Z}} \frac{z}{z-\alpha} = \frac{1}{1-\alpha z^{-1}}, \ |z| > |\alpha|$$

得到

$$e^{-n/40}\mathrm{u}[n] \xleftrightarrow{\mathcal{Z}} \frac{z}{z-e^{-1/40}}, \ |z| > |e^{-1/40}|$$

因此,

$$X(z) = \frac{z}{z-e^{-1/40}}, \ |z| > |e^{-1/40}|$$

重寫 $\mathrm{x}_m[n]$ 如下:

$$\mathrm{x}_m[n] = e^{-n/40}\frac{e^{j2\pi n/8}-e^{-j2\pi n/8}}{j2}\mathrm{u}[n]$$

或

$$\mathrm{x}_m[n] = -\frac{j}{2}[e^{-n/40}e^{j2\pi n/8}-e^{-n/40}e^{-j2\pi n/8}]\mathrm{u}[n]$$

接著以下式開始

$$e^{-n/40}\mathrm{u}[n] \xleftrightarrow{\mathcal{Z}} \frac{z}{z-e^{-1/40}}, \ |z| > |e^{-1/40}|$$

使用改變尺度特性 $\alpha^n g[n] \xleftrightarrow{\mathcal{Z}} G(z/\alpha)$,可得

$$e^{j2\pi n/8}e^{-n/40}\mathrm{u}[n] \xleftrightarrow{\mathcal{Z}} \frac{ze^{-j2\pi/8}}{ze^{-j2\pi/8}-e^{-1/40}}, \ |z| > |e^{-1/40}|$$

以及

$$e^{-j2\pi n/8}e^{-n/40}\mathrm{u}[n] \xleftrightarrow{\mathcal{Z}} \frac{ze^{j2\pi/8}}{ze^{j2\pi/8}-e^{-1/40}}, \ |z| > |e^{-1/40}|$$

且

$$-\frac{j}{2}[e^{-n/40}e^{j2\pi n/8}-e^{-n/40}e^{-j2\pi n/8}]\mathrm{u}[n] \xleftrightarrow{\mathcal{Z}}$$

$$-\frac{j}{2}\left[\frac{ze^{-j2\pi/8}}{ze^{-j2\pi/8}-e^{-1/40}}-\frac{ze^{j2\pi/8}}{ze^{j2\pi/8}-e^{-1/40}}\right], \ |z| > |e^{-1/40}|$$

或是

$$X_m(z) = -\frac{j}{2}\left[\frac{ze^{-j2\pi/8}}{ze^{-j2\pi/8}-e^{-1/40}}-\frac{ze^{j2\pi/8}}{ze^{j2\pi/8}-e^{-1/40}}\right]$$

$$= \frac{ze^{-1/40}\sin(2\pi/8)}{z^2-2ze^{-1/40}\cos(2\pi/8)+e^{-1/20}}, \ |z| > |e^{-1/40}|$$

或是

$$X_m(z) = \frac{0.6896z}{z^2-1.3793z+0.9512}$$

$$= \frac{0.6896z}{(z-0.6896-j0.6896)(z-0.6896+j0.6896)}, \ |z| > |e^{-1/40}|$$

(圖 9.13)。

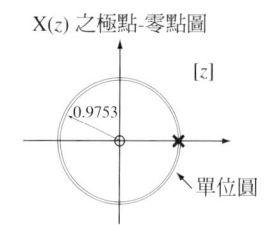

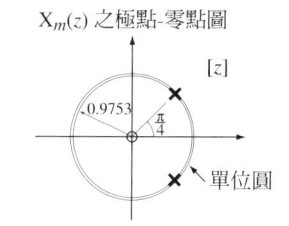

圖 9.13 X(z) 與 X$_m$(z) 之極點 - 零點圖

例題 9.5　z 轉換使用微分特性

利用 z 轉換微分特性，求 $n\,\mathrm{u}[n]$ 之 z 轉換是 $\dfrac{z}{(z-1)^2}$, $|z|>1$。

從下式開始

$$\mathrm{u}[n] \overset{\mathcal{Z}}{\longleftrightarrow} \frac{z}{z-1},\ |z|>1$$

接著利用 z- 域之微分特性，

$$-n\,\mathrm{u}[n] \overset{\mathcal{Z}}{\longleftrightarrow} z\frac{d}{dz}\Big(\frac{z}{z-1}\Big) = -\frac{z}{(z-1)^2},\ |z|>1$$

或

$$n\,\mathrm{u}[n] \overset{\mathcal{Z}}{\longleftrightarrow} \frac{z}{(z-1)^2},\ |z|>1$$

例題 9.6　z 轉換使用累加特性

利用 z 轉換累加特性，求 $n\,\mathrm{u}[n]$ 之 z 轉換是 $\dfrac{z}{(z-1)^2}$, $|z|>1$。

首先將 $n\,\mathrm{u}[n]$ 表示成累加

$$n\,\mathrm{u}[n] = \sum_{m=0}^{n} \mathrm{u}[m-1]$$

接著利用時間位移特性求 $\mathrm{u}[n-1]$ 之 z 轉換，

$$\mathrm{u}[n-1] \overset{\mathcal{Z}}{\longleftrightarrow} z^{-1}\frac{z}{z-1} = \frac{1}{z-1},\ |z|>1$$

接著應用累加特性，

$$n\,\mathrm{u}[n] = \sum_{m=0}^{n} \mathrm{u}[m-1] \overset{\mathcal{Z}}{\longleftrightarrow} \Big(\frac{z}{z-1}\Big)\frac{1}{z-1} = \frac{z}{(z-1)^2},\ |z|>1$$

就如同在拉式轉換中成立的一樣，若極限 $\lim_{n\to\infty} g[n]$ 存在，則就可用終值理論。即使

極限 $\lim_{n\to\infty} g[n]$ 不存在,極限 $\lim_{z\to 1}(z-1)G(z)$ 可能存在。例如,若

$$X(z) = \frac{z}{z-2}, \quad |z| > 2$$

則

$$\lim_{z\to 1}(z-1)X(z) = \lim_{z\to 1}(z-1)\frac{z}{z-2} = 0$$

但是 $x[n] = 2^n u[n]$ 與極限 $\lim_{n\to\infty} x[n]$ 並不存在。因此結論為終值理論是錯的。

類似於證明拉式轉換之方式,可表示如下:

> 對於應用至 $G(z)$ 的終值理論,函數 $(z-1)G(z)$ 的所有有限極點必須位於 z 平面單位圓的開區間內部。

例題 9.7 非因果訊號之 z 轉換

求 $x[n] = 4(-0.3)^{-n} u[-n]$ 之 z 轉換。

利用

$$-\alpha^n u[-n-1] \xleftrightarrow{\mathscr{Z}} \frac{z}{z-\alpha} = \frac{1}{1-\alpha z^{-1}}, \quad |z| < |\alpha|$$

確認 α 為 -0.3^{-1}。於是

$$-(-0.3^{-1})^n u[-n-1] \xleftrightarrow{\mathscr{Z}} \frac{z}{z+0.3^{-1}}, \quad |z| < |-0.3^{-1}|$$

$$-(-10/3)^n u[-n-1] \xleftrightarrow{\mathscr{Z}} \frac{z}{z+10/3}, \quad |z| < |10/3|$$

利用時間位移特性,

$$-(-10/3)^{n-1} u[-(n-1)-1] \xleftrightarrow{\mathscr{Z}} z^{-1}\frac{z}{z+10/3} = \frac{1}{z+10/3}, \quad |z| < |10/3|$$

$$-(-3/10)(-10/3)^n u[-n] \xleftrightarrow{\mathscr{Z}} \frac{1}{z+10/3}, \quad |z| < |10/3|$$

$$(3/10)(-10/3)^n u[-n] \xleftrightarrow{\mathscr{Z}} \frac{1}{z+10/3}, \quad |z| < |10/3|$$

利用線性特性,兩邊乘以 4/(3/10) 或 40/3。

$$4(-0.3)^{-n} u[-n] \xleftrightarrow{\mathscr{Z}} \frac{40/3}{z+10/3} = \frac{40}{3z+10}, \quad |z| < |10/3|$$

▶ 9.12 單邊 z 轉換

單邊拉式轉換證明對於在連續時間函數使用上方便,而同樣的道理,單邊 z 轉換也證

明對於在離散時間函數上使用方便。我們可以定義一個單邊 z 轉換，它只對於在離散時間 n = 0 之前為 0 的函數有效，而在大部分的實際應用中，避免任何的收斂區間複雜考慮。

單邊 z 轉換定義為

$$\boxed{X(z) = \sum_{n=0}^{\infty} x[n]z^{-n}} \tag{9.6}$$

單邊 z 轉換之收斂區間對於一個位於 z 平面原點上，半徑為最大有限極點的量值且以原點為中心之圓而言，總是圓的開區間外部。

單邊 z 轉換獨有特性

單邊 z 轉換之特性非常近似於雙邊 z 轉換之特性。時間位移特性有點不同。令 $g[n] = 0, n < 0$。於是，對於單邊 z 轉換

$$g[n - n_0] \xleftrightarrow{\mathcal{Z}} \begin{cases} z^{-n_0} G(z), & n_0 \geq 0 \\ z^{-n_0} \left\{ G(z) - \sum_{m=0}^{-(n_0+1)} g[m]z^{-m} \right\}, & n_0 < 0 \end{cases}$$

往左移時，此特性必定不同，因為當因果訊號往左移，一些非 0 的值再也不會位於單邊 z 轉換開始於 n = 0 的加法範圍內。此額外項

$$- \sum_{m=0}^{-(n_0+1)} g[m]z^{-m}$$

解決移至 n < 0 範圍內的任何函數值。

單邊 z 轉換之加法特性為

$$\sum_{m=0}^{n} g[m] \xleftrightarrow{\mathcal{Z}} \frac{z}{z-1} G(z)$$

只有加法的底部極限改變。實際上雙邊形式

$$\sum_{m=-\infty}^{n} g[m] \xleftrightarrow{\mathcal{Z}} \frac{z}{z-1} G(z)$$

仍然可以使用，因為對於因果訊號 g[n]，

$$\sum_{m=-\infty}^{n} g[m] = \sum_{m=0}^{n} g[m]$$

任何因果性訊號的單邊 z 轉換與此訊號雙邊 z 轉換的結果完全一樣。所以雙邊 z 轉換的表格可以用在單邊 z 轉換。

求解微分方程式

一個看待 z 轉換的方式就是它是與差分方程式有關，類似於拉式轉換與微分方程式之間的關係。一個具有初始狀態的線性差分方程式能夠用 z 轉換轉成代數形式。這樣就可求解，而在時域的解可以用反 z 轉換求得。

例題 9.8　用 z 轉換解具有初始狀態的差分方程式

解具有初始值 y[0] = 10 與 y[1] = 4 之差分方程式。

$$y[n+2] - (3/2)y[n+1] + (1/2)y[n] = (1/4)^n, \text{ for } n \geq 0$$

對於一個二階系統而言，初始狀態通常包含函數與其一次微分初始值之規格。對於一個二階差分方程式初始狀態，通常包含函數初始兩個值的規格（在本例中是 y[0] 和 y[1]）。

在差分方程式兩側做 z 轉換（利用 z 轉換的時間位移特性），

$$z^2(Y(z) - y[0] - z^{-1}y[1]) - (3/2)z(Y(z) - y[0]) + (1/2)Y(z) = \frac{z}{z - 1/4}$$

求解 Y(z)，

$$Y(z) = \frac{\frac{z}{z - 1/4} + z^2 y[0] + z y[1] - (3/2) z y[0]}{z^2 - (3/2)z + 1/2}$$

$$Y(z) = z \frac{z^2 y[0] - z(7y[0]/4 - y[1]) - y[1]/4 + 3 y[0]/8 + 1}{(z - 1/4)(z^2 - (3/2)z + 1/2)}$$

將初始狀態的數值代入，

$$Y(z) = z \frac{10z^2 - (27/2)z + 15/4}{(z - 1/4)(z - 1/2)(z - 1)}$$

兩邊除以 z，

$$\frac{Y(z)}{z} = \frac{10z^2 - (27/2)z + 15/4}{(z - 1/4)(z - 1/2)(z - 1)}$$

這是一個 z 的適當分式，因此可以用部分分式展開如下

$$\frac{Y(z)}{z} = \frac{16/3}{z - 1/4} + \frac{4}{z - 1/2} + \frac{2/3}{z - 1} \Rightarrow Y(z) = \frac{16z/3}{z - 1/4} + \frac{4z}{z - 1/2} + \frac{2z/3}{z - 1}$$

接著使用

$$\alpha^n \mathrm{u}[n] \xleftrightarrow{\mathcal{Z}} \frac{z}{z - \alpha}$$

從事反 z 轉換，y[n] = [5.333(0.25)^n + 4(0.5)^n + 0.667]u[n]。在 n = 0 和 n = 1 處評估此表示法得到

$$y[0] = 5.333(0.25)^0 + 4(0.5)^0 + 0.667 = 10$$

$$y[1] = 5.333(0.25)^1 + 4(0.5)^1 + 0.667 = 1.333 + 2 + 0.667 = 4$$

與初始狀態吻合。將此解代入差分方程式，

$$\begin{cases} 5.333(0.25)^{n+2} + 4(0.5)^{n+2} + 0.667 \\ -1.5[5.333(0.25)^{n+1} + 4(0.5)^{n+1} + 0.667] \\ +0.5[5.333(0.25)^n + 4(0.5)^n + 0.667] \end{cases} = (0.25)^n \text{,在 } n \geq 0 \text{ 時}$$

或

$$0.333(0.25)^n + (0.5)^n + 0.667 - 2(0.25)^n - 3(0.5)^n - 1 + 2.667(0.25)^n$$
$$+ 2(0.5)^n + 0.333 = (0.25)^n \text{,在 } n \geq 0 \text{ 時}$$

或

$$(0.25)^n = (0.25)^n \text{,在 } n \geq 0 \text{ 時}$$

證明此解確實可解此差分方程式。

▶ 9.13 極點 - 零點圖和頻率響應

觀察離散時間差分方程式，我們可以經由轉換 $z \to e^{j\Omega}$，它以 Ω 為代表離散時間弧度頻率的實值變數，特別的將 z 轉換變成 DTFT。Ω 為實值的意思為，在決定頻率響應時，唯一考慮的 z 值是在 z 平面的單位圓上，因為對於任何的 Ω，則 $|e^{j\Omega}| = 1$。這直接與決定連續時間系統頻率響應類似，當 s 在 s- 平面上沿著 ω 軸移動，檢視 s- 域轉移函數的行為，可以使用一個類似的圖形技術。

假設系統的轉移函數為

$$H(z) = \frac{z}{z^2 - z/2 + 5/16} = \frac{z}{(z - p_1)(z - p_2)}$$

其中

$$p_1 = \frac{1 + j2}{4} \quad \text{與} \quad p_2 = \frac{1 - j2}{4}$$

此轉移函數在 0 處有個零點以及兩個共軛複數有限極點（圖 9.14）。

在任何特定弧度頻率 Ω_0 下系統的轉移函數，是由與 z- 平面上之點 $z_0 = e^{j\Omega_0}$ 至轉移函數之有限極點與有限零點的向量所決定（在一個乘法常數之內）。頻率響應的量值為零點向量量值之乘積除以極點向量量值之乘積。在此例中

$$\left|H(e^{j\Omega})\right| = \frac{\left|e^{j\Omega}\right|}{\left|e^{j\Omega} - p_1\right|\left|e^{j\Omega} - p_2\right|} \tag{9.7}$$

很明顯的，當 $e^{j\Omega}$ 接近一個極點，例如 p_1，$e^{j\Omega} - p_1$ 之相差量值變得很小，使得分母量值變小且使得轉移函數量值變大。當 $e^{j\Omega}$ 接近一個極點則產生相反的效果。

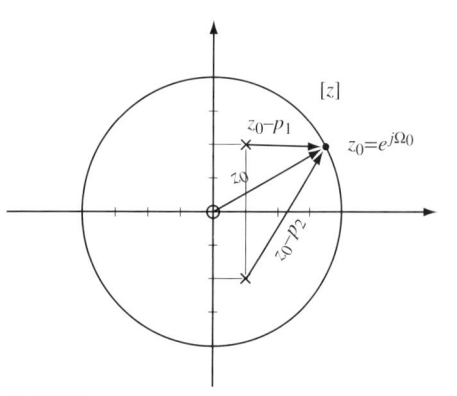

圖 9.14　系統轉移函數之 z- 域極點 - 零點圖

頻率響應之相位為零點向量角度減去極點向量角度之和。在此例中，$\sphericalangle H(e^{j\Omega}) = \sphericalangle e^{j\Omega} - \sphericalangle(e^{j\Omega} - p_1) - \sphericalangle(e^{j\Omega} - p_2)$（圖 9.15）。

頻率響應的最大值發生在接近 $z = e^{\pm j1.11}$，它們是在單位圓上與轉移函數有限極點具有同樣角度的點，因此是在分母因式 $e^{j\Omega} - p_1$ 與 $e^{j\Omega} - p_2$（於 (9.7) 式中）到達最小值之單位圓上的點。

連續時間與離散時間頻率響應的重要差異是，對於離散時間系統頻率響應總是週期的，具有在 Ω 上的週期 2π。此一差異可以直接在此圖形技術上看到，因為當 Ω 從 0 沿正的方向移動，它以逆時針的方向橫越整個單位圓，於是在其第二次橫越單位圓重新沿著先前的位置，重複在第一次橫越時所求得的頻率響應。

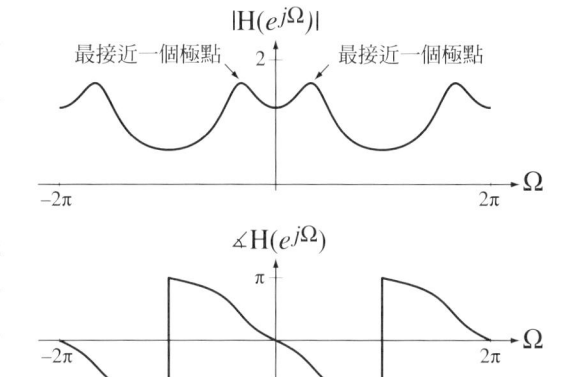

圖 9.15 轉移函數為 $H(z) = \dfrac{z}{z^2 - z/2 + 5/16}$ 系統的量值與相位頻率響應

例題 9.9 從轉移函數 1 之極點 - 零點圖與頻率響應

畫出具有下列轉移函數之系統的極點 - 零點圖與頻率響應

$$H(z) = \frac{z^2 - 0.96z + 0.9028}{z^2 - 1.56z + 0.8109}$$

轉移函數可以因式分解成

$$H(z) = \frac{(z - 0.48 + j0.82)(z - 0.48 - j0.82)}{(z - 0.78 + j0.45)(z - 0.78 - j0.45)}$$

極點 - 零點圖示於圖 9.16。
系統的量值與相位頻率響應說明於圖 9.17。

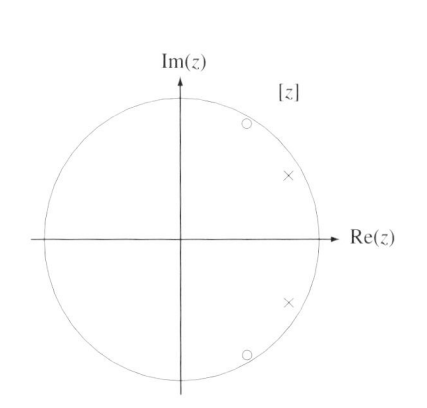

圖 9.16 轉移函數 $H(z) = \dfrac{z^2 - 0.96z + 0.9028}{z^2 - 1.56z + 0.8109}$ 之極點 - 零點圖

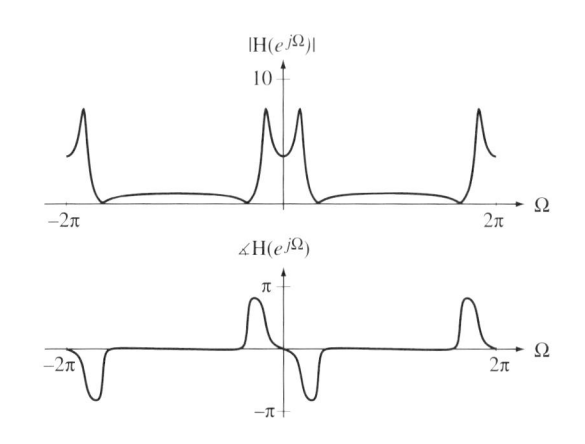

圖 9.17 系統轉移函數為 $H(z) = \dfrac{z^2 - 0.96z + 0.9028}{z^2 - 1.56z + 0.8109}$ 的量值與相位頻率響應

例題 9.10 從轉移函數 2 之極點 - 零點圖與頻率響應

畫出具有下列轉移函數之系統的極點 - 零點圖與頻率響應

$$H(z) = \frac{0.0686}{(z^2 - 1.087z + 0.3132)(z^2 - 1.315z + 0.6182)}$$

轉移函數可以因式分解成

$$H(z) = \frac{0.0686}{(z - 0.5435 + j0.1333)(z - 0.5435 - j0.1333)(z - 0.6575 + j0.4312)(z - 0.6575 - j0.4312)}$$

極點 - 零點圖說明於圖 9.18。系統的量值與相位頻率響應說明於圖 9.19。

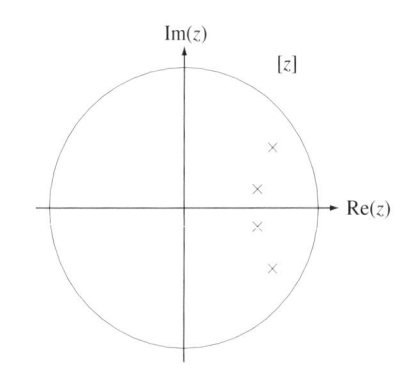

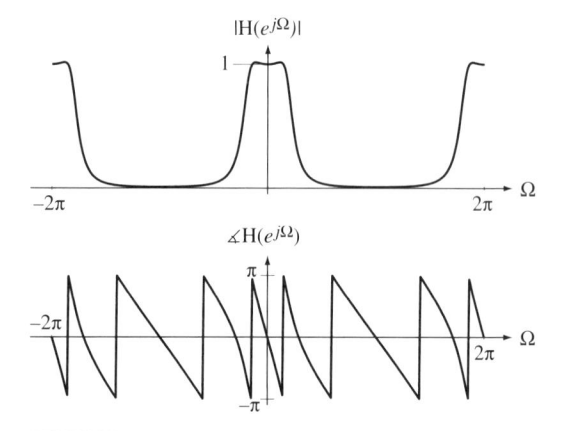

圖 9.18 轉移函數
$$H(z) = \frac{0.0686}{(z^2 - 1.087z + 0.3132)(z^2 - 1.315z + 0.6182)}$$
之極點 - 零點圖

圖 9.19 系統轉移函數
$$H(z) = \frac{0.0686}{(z^2 - 1.087z + 0.3132)(z^2 - 1.315z + 0.6182)}$$
的量值與相位頻率響應

▶ 9.14 ≲ MATLAB 系統物件

離散時間系統物件可以用幾乎一樣的方式建立連續時間系統物件。用 `tf` 來建立系統物件的表示法幾乎一樣，

$$\text{sys = tf(num,den,Ts)}$$

但是有一個額外的參數 `Ts`，即樣本間的時間，假設離散時間訊號是由取樣連續時間訊號所建立的。例如，令轉移函數如下

$$H_1(z) = \frac{z^2(z - 0.8)}{(z + 0.3)(z^2 - 1.4z + 0.2)} = \frac{z^3 - 0.8z^2}{z^3 - 1.1z^2 - 0.22z + 0.06}$$

在 MATLAB

```
»num = [1 -0.8 0 0] ;
»den = [1 -1.1 -0.22 0.06] ;
»Ts = 0.008 ;
»H1 = tf(num,den,Ts) ;
»H1
Transfer function:
 z^3 - 0.8 z^2
-----------------------------

z^3 - 1.1 z^2 - 0.22 z + 0.06
Sampling time: 0.008
```

我們也可以使用 zpk。

```
»z = [0.4] ;
»p = [0.7 -0.6] ;
»k = 3 ;
»H2 = zpk(z,p,k,Ts) ;
»H2
Zero/pole/gain:
 3 (z-0.4)
---------------
(z-0.7) (z+0.6)
Sampling time: 0.008
```

我們可以用下列的指令同樣定義 z 為 z 轉換的獨立變數。

```
»z = tf('z',Ts) ;
»H3 = 7*z/(z^2+0.2*z+0.8) ;
»H3

Transfer function:
 7 z
-----------------
z^2 + 0.2 z + 0.8
Sampling time: 0.008
```

我們不需要指出取樣時間，

```
>> z = tf('z');
>> H3 = 7*z/(z^2+0.2*z+0.8);
>> H3
Transfer function:
       7 z
-----------------
z^2 + 0.2 z + 0.8

Sampling time: unspecified
```

指令

$$H = \text{freqz(num,den,W)} ;$$

接受 num 和 den 兩個向量,而將它們解釋成轉移函數 H(z) 的分子與分母中 z 冪次項的係數。它傳回在離散時間弧度頻率向量 W 下的複頻率響應 H。

▶ 9.15 轉換方法比較

每個轉換方法在訊號與系統分析中都在特別方便使用上有其利基。若我們要求得離散時間系統之因果與非因果激發的總響應,我們或許可用 z 轉換。若我們對於系統的頻率響應有興趣,DTFT 較方便。若我們想求系統對於一個週期性激發的強迫響應,我們可能使用 DTFT 或是離散傅立葉轉換,端視所需的分析形式與已知的激發形式(解析的或數值的)。

例題 9.11 利用 z 轉換和 DTFT 的總系統響應

一個具有 $H(z) = \dfrac{z}{(z-0.3)(z+0.8)}$, $|z| > 0.8$ 轉移函數的系統,由單位序列所激發。求總響應。

響應之 z 轉換為

$$Y(z) = H(z)X(z) = \frac{z}{(z-0.3)(z+0.8)} \times \frac{z}{z-1}, \ |z| > 1$$

用部分分式展開,

$$Y(z) = \frac{z^2}{(z-0.3)(z+0.8)(z-1)} = -\frac{0.1169}{z-0.3} + \frac{0.3232}{z+0.8} + \frac{0.7937}{z-1}, \ |z| > 1$$

因此,總響應為

$$y[n] = [-0.1169(0.3)^{n-1} + 0.3232(-0.8)^{n-1} + 0.7937]u[n-1]$$

此問題同樣也可以用 DTFT 來分析,但其表示法變成很繁複,主要是因為單位序列的 DTFT 為

$$\frac{1}{1-e^{-j\Omega}} + \pi\delta_{2\pi}(\Omega)$$

頻率響應為

$$H(e^{j\Omega}) = \frac{e^{j\Omega}}{(e^{j\Omega}-0.3)(e^{j\Omega}+0.8)}$$

系統響應的 DTFT 為

$$Y(e^{j\Omega}) = H(e^{j\Omega})X(e^{j\Omega}) = \frac{e^{j\Omega}}{(e^{j\Omega}-0.3)(e^{j\Omega}+0.8)} \times \left(\frac{1}{1-e^{-j\Omega}} + \pi\delta_{2\pi}(\Omega)\right)$$

或

用部分分式展開

$$Y(e^{j\Omega}) = \frac{e^{j2\Omega}}{(e^{j\Omega} - 0.3)(e^{j\Omega} + 0.8)(e^{j\Omega} - 1)} + \pi \frac{e^{j\Omega}}{(e^{j\Omega} - 0.3)(e^{j\Omega} + 0.8)} \delta_{2\pi}(\Omega)$$

用部分分式展開

$$Y(e^{j\Omega}) = \frac{-0.1169}{e^{j\Omega} - 0.3} + \frac{0.3232}{e^{j\Omega} + 0.8} + \frac{0.7937}{e^{j\Omega} - 1} + \frac{\pi}{(1 - 0.3)(1 + 0.8)} \delta_{2\pi}(\Omega)$$

利用脈衝的相等特性與 $\delta_{2\pi}(\Omega)$ 與 $e^{j\Omega}$ 兩者的週期性

$$Y(e^{j\Omega}) = \frac{-0.1169 e^{-j\Omega}}{1 - 0.3 e^{-j\Omega}} + \frac{0.3232 e^{-j\Omega}}{1 + 0.8 e^{-j\Omega}} + \frac{0.7937 e^{-j\Omega}}{1 - e^{-j\Omega}} + 2.4933 \delta_{2\pi}(\Omega)$$

於是,將此表示法重排成反向 DTFT 較直接的形式

$$Y(e^{j\Omega}) = \frac{-0.1169 e^{-j\Omega}}{1 - 0.3 e^{-j\Omega}} + \frac{0.3232 e^{-j\Omega}}{1 + 0.8 e^{-j\Omega}} + 0.7937 \left(\frac{e^{-j\Omega}}{1 - e^{-j\Omega}} + \pi \delta_{2\pi}(\Omega) \right)$$

$$\underbrace{-0.7937 \pi \delta_{2\pi}(\Omega) + 2.4933 \delta_{2\pi}(\Omega)}_{=0}$$

$$Y(e^{j\Omega}) = \frac{-0.1169 e^{-j\Omega}}{1 - 0.3 e^{-j\Omega}} + \frac{0.3232 e^{-j\Omega}}{1 + 0.8 e^{-j\Omega}} + 0.7937 \left(\frac{e^{-j\Omega}}{1 - e^{-j\Omega}} + \pi \delta_{2\pi}(\Omega) \right)$$

接著執行反向 DTFT

$$y[n] = [-0.1169(0.3)^{n-1} + 0.3232(-0.8)^{n-1} + 0.7937]u[n - 1]$$

此結果是一樣的,但所花的力氣與可能出錯的機率較大。

例題 9.12 對於正弦訊號之系統響應

一個具有 $H(z) = \dfrac{z}{z - 0.9}$, $|z| > 0.9$ 轉移函數的系統,由正弦訊號 $x[n] = \cos(2\pi n/12)$ 所激發。求響應。

激發是純粹的正弦函數 $x[n] = \cos(2\pi n/12)$,而不是因果正弦函數 $x[n] = \cos(2\pi n/12)u[n]$。純粹的正弦函數沒有出現在 z 轉換的表格中。因為激發是純粹的正弦函數,我們尋找系統的強迫響應,而可以用 DTFT 轉換對

$$\cos(\Omega_0 n) \xleftrightarrow{\mathscr{F}} \pi[\delta_{2\pi}(\Omega - \Omega_0) + \delta_{2\pi}(\Omega + \Omega_0)]$$

且

$$\delta_{N_0}[n] \xleftrightarrow{\mathscr{F}} (2\pi/N_0) \delta_{2\pi/N_0}(\Omega)$$

以及乘法與迴旋之對偶性

$$x[n] * y[n] \xleftrightarrow{\mathscr{F}} X(e^{j\Omega})Y(e^{j\Omega})$$

系統的 DTFT 響應為

$$Y(e^{j\Omega}) = \frac{e^{j\Omega}}{e^{j\Omega} - 0.9} \times \pi[\delta_{2\pi}(\Omega - \pi/6) + \delta_{2\pi}(\Omega + \pi/6)]$$

$$Y(e^{j\Omega}) = \pi\left[e^{j\Omega}\frac{\delta_{2\pi}(\Omega - \pi/6)}{e^{j\Omega} - 0.9} + e^{j\Omega}\frac{\delta_{2\pi}(\Omega + \pi/6)}{e^{j\Omega} - 0.9}\right]$$

利用脈衝的相等特性，以及 $e^{j\Omega}$ 與 $\delta_{2\pi}(\Omega)$ 兩者具有基礎週期 2π 之事實

$$Y(e^{j\Omega}) = \pi\left[e^{j\pi/6}\frac{\delta_{2\pi}(\Omega - \pi/6)}{e^{j\pi/6} - 0.9} + e^{-j\pi/6}\frac{\delta_{2\pi}(\Omega + \pi/6)}{e^{-j\pi/6} - 0.9}\right]$$

找出一個共同的分母並簡化

$$Y(e^{j\Omega}) = \pi\frac{\delta_{2\pi}(\Omega - \pi/6)(1 - 0.9e^{j\pi/6}) + \delta_{2\pi}(\Omega + \pi/6)(1 - 0.9e^{-j\pi/6})}{1.81 - 1.8\cos(\pi/6)}$$

$$Y(e^{j\Omega}) = \pi\frac{0.2206\,[\delta_{2\pi}(\Omega - \pi/6) + \delta_{2\pi}(\Omega + \pi/6)] + j0.45[\delta_{2\pi}(\Omega + \pi/6) - \delta_{2\pi}(\Omega - \pi/6)]}{0.2512}$$

$$Y(e^{j\Omega}) = 2.7589[\delta_{2\pi}(\Omega - \pi/6) + \delta_{2\pi}(\Omega + \pi/6)] + j5.6278\,[\delta_{2\pi}(\Omega + \pi/6) - \delta_{2\pi}(\Omega - \pi/6)]$$

認知到餘弦與正弦訊號的 DTFT 為，

$$y[n] = 0.8782\cos(2\pi n/12) + 1.7914\sin(2\pi n/12)$$

使用 $A\cos(x) + B\sin(x) = \sqrt{A^2 + B^2}\cos(x - \tan^{-1}(B/A))$

$$y[n] = 1.995\cos(2\pi n/12 - 1.115)$$

我們沒有使用 z 轉換，因為對正弦函數在 z 轉換對的表格中沒有列出。但是有一個正弦訊號乘以單位序列之項。

$$\cos(\Omega_0 n)\,\mathrm{u}[n] \xleftrightarrow{\mathcal{Z}} \frac{z[z - \cos(\Omega_0)]}{z^2 - 2z\cos(\Omega_0) + 1},\ |z| > 1$$

這啟發我們求到這一個不同但類似的激發之響應。轉移函數為

$$\mathrm{H}(z) = \frac{z}{z - 0.9},\ |z| > 0.9$$

響應之 z 轉換為

$$\mathrm{Y}(z) = \frac{z}{z - 0.9} \times \frac{z[z - \cos(\pi/6)]}{z^2 - 2z\cos(\pi/6) + 1},\ |z| > 1$$

用部分分式展開

$$\mathrm{Y}(z) = \frac{0.1217z}{z - 0.9} + \frac{0.8783z^2 + 0.1353z}{z^2 - 1.732z + 1},\ |z| > 1$$

求 z 轉換時，我們需要將表示法重寫成類似表格裡項目的形式。第一個分式形式直接出現在表裡面。第二個分式之分母具有與 $\cos(\Omega_0 n)\mathrm{u}[n]$ 及 $\sin(\Omega_0 n)\mathrm{u}[n]$ 的 z 轉換一樣的形式，但是分子就沒有直接對應的形式。但是直接加減分子正確的量可以將 $\mathrm{Y}(z)$ 表示成

$$Y(z) = \frac{0.1217}{z - 0.9} + 0.8783\left[\frac{z(z - 0.866)}{z^2 - 1.732z + 1} + 2.04\frac{0.5z}{z^2 - 1.732z + 1}\right], \quad |z| > 1$$

$$y[n] = 0.1217(0.9)^n u[n] + 0.8783[\cos(2\pi n/12) + 2.04\sin(2\pi n/12)]u[n]$$

$$y[n] = 0.1217(0.9)^n u[n] + 1.995\cos(2\pi n/12 - 1.115)u[n]$$

注意到響應分成兩個部分，一個暫態響應 $0.1217(0.9)^n u[n]$ 與一個強迫響應 $1.995\cos(2\pi n/12 - 1.115) u[n]$，除了單位序列因式外，與用 DTFT 求到的強迫響應是完全一樣。因此雖然我們在 z 轉換的表格中沒有一個正弦訊號的 z 轉換，我們可以用 $\cos(\Omega_0 n)u[n]$ 及 $\sin(\Omega_0 n)u[n]$ 的 z 轉換求得正弦訊號的強迫響應。

例題 9.12 中的分析是系統受到正弦訊號之激發，在某些訊號與系統分析形式中十分常見。因此重要到可一般化其過程。

$$H(z) = \frac{N(z)}{D(z)}$$

對 $\cos(\Omega_0 n)u[n]$ 的系統響應為

$$Y(z) = \frac{N(z)}{D(z)}\frac{z[z - \cos(\Omega_0)]}{z^2 - 2z\cos(\Omega_0) + 1}$$

此響應的極點是轉移函數的極點加上 $z^2 - 2z\cos(\Omega_0) + 1 = 0$ 的根，它們是一個共軛複數對 $p_1 = e^{j\Omega_0}$ 與 $p_2 = e^{-j\Omega_0}$。因此 $p_1 = p_2^*$, $p_1 + p_2 = 2\cos(\Omega_0)$, $p_1 - p_2 = j2\sin(\Omega_0)$ 且 $p_1 p_2 = 1$。且若 $\Omega_0 \neq m\pi$，m 是整數，且若沒有極點-零點抵消，這些極點是不同的。響應可以寫成部分分式形式

$$Y(z) = z\left[\frac{N_1(z)}{D(z)} + \frac{1}{p_1 - p_2}\frac{H(p_1)(p_1 - \cos(\Omega_0))}{z - p_1} + \frac{1}{p_2 - p_1}\frac{H(p_2)(p_2 - \cos(\Omega_0))}{z - p_2}\right]$$

或是經過簡化，

$$Y(z) = z\left[\left\{\frac{N_1(z)}{D(z)} + \left[\frac{H_r(p_1)(z - p_{1r}) - H_i(p_1)p_{1i}}{z^2 - z(2p_{1r}) + 1}\right]\right\}\right]$$

其中 $p_1 = p_{1r} + jp_{1i}$ 且 $H(p_1) = H_r(p_1) + jH_i(p_1)$。這個可以用原來的參數表示

$$Y(z) = \left\{z\frac{N_1(z)}{D(z)} + \left[\begin{array}{l}\text{Re}(H(\cos(\Omega_0) + j\sin(\Omega_0)))\frac{z^2 - z\cos(\Omega_0)}{z^2 - z(2\cos(\Omega_0)) + 1}\\ -\text{Im}(H(\cos(\Omega_0) + j\sin(\Omega_0)))\frac{z\sin(\Omega_0)}{z^2 - z(2\cos(\Omega_0)) + 1}\end{array}\right]\right\}$$

反 z 轉換為

$$y[n] = Z^{-1}\left(z\frac{N_1(z)}{D(z)}\right) + \begin{bmatrix} \text{Re}(H(\cos(\Omega_0) + j\sin(\Omega_0)))\cos(\Omega_0 n) \\ -\text{Im}(H(\cos(\Omega_0) + j\sin(\Omega_0)))\sin(\Omega_0 n) \end{bmatrix} u[n]$$

或是使用

$$\text{Re}(A)\cos(\Omega_0 n) - \text{Im}(A)\sin(\Omega_0 n) = |A|\cos(\Omega_0 n + \sphericalangle A)$$

$$y[n] = Z^{-1}\left(z\frac{N_1(z)}{D(z)}\right) + |H(\cos(\Omega_0) + j\sin(\Omega_0))|\cos(\Omega_0 n + \sphericalangle H(\cos(\Omega_0) + j\sin(\Omega_0)))u[n]$$

或最後得到

$$y[n] = Z^{-1}\left(z\frac{N_1(z)}{D(z)}\right) + |H(p_1)|\cos(\Omega_0 n + \sphericalangle H(p_1))u[n] \tag{9.8}$$

若系統是穩定的，下面這項

$$Z^{-1}\left(z\frac{N_1(z)}{D(z)}\right)$$

（自然或暫態響應）於離散時間衰減至 0，且 $|H(p_1)|\cos(\Omega_0 n + \sphericalangle H(p_1))u[n]$ 在離散時間 $n = 0$ 之後等於正弦訊號並且永遠保持。

利用此結果我們可以更快的求解例題 9.12。對 $x[n] = \cos(2\pi n/12)u[n]$ 的響應為

$$y[n] = Z^{-1}\left(z\frac{N_1(z)}{D(z)}\right) + |H(p_1)|\cos(\Omega_0 n + \sphericalangle H(p_1))u[n]$$

對 $x[n] = \cos(2\pi n/12)$ 的響應為

$$y_f[n] = |H(p_1)|\cos(\Omega_0 n + \sphericalangle H(p_1))$$

其中 $H(z) = \dfrac{z}{z - 0.9}$ 與 $p_1 = e^{j\pi/6}$。因此

$$H(e^{j\pi/6}) = \frac{e^{j\pi/6}}{e^{j\pi/6} - 0.9} = 0.8783 - j1.7917 = 1.995\sphericalangle -1.115$$

且

$$y_f[n] = 1.995\cos(\Omega_0 n - 0.115).$$

重點概要

1. z 轉換可以用來求離散時間 LTI 系統之轉移函數，而此轉移函數可以用來求離散時間 LTI 系統對於任意激發的響應。

2. z 轉換存在於離散時間訊號之量值在無論於正或負的時間下之成長不快於指數之情況下。

3. 訊號 z 轉換之收斂區間取決於訊號是右邊或左邊。

4. 由常係數線性差分方程式所描述的系統，具有 z 多項式比值形式的轉移函數，而系統可以直接由轉移函數來實現。

5. 有了 z 轉換對與 z 轉換特性的表格，幾乎在工程上重要的任何訊號之前向與反向轉換都可以得到。

6. 單邊 z 轉換常用在實際問題的求解中，因為它不需考慮收斂區間，因此比雙邊形式簡單。

7. 系統轉移函數的極點-零點圖包含了大部分的特性，而可以用來決定頻率響應。

8. MATLAB 中有定義一個物件可以用來表示離散時間系統的轉移函數，而許多函數是用此形式之物件來操作。

習題 (EXERCISES)

（每個題解的次序是隨機的）

直接形式 II 實現

1. 針對下列的轉移函數畫出其直接形式 II 方塊圖：

(a) $H(z) = \dfrac{z(z-1)}{z^2 + 1.5z + 0.8}$

(b) $H(z) = \dfrac{z^2 - 2z + 4}{(z - 1/2)(2z^2 + z + 1)}$

解答：

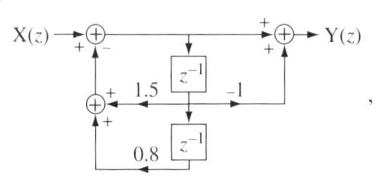

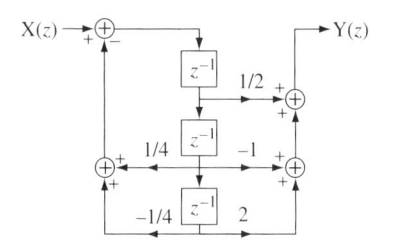

z 轉換之存在性

2. 求下列訊號 z 轉換後在 z 平面上的收斂區間（若存在的話）。

(a) $x[n] = u[n] + u[-n]$

(b) $x[n] = u[n] - u[n-10]$

(c) $x[n] = 4n\,u[n+1]$

（提示：將時域函數表示成一個因果函數與一個非因果函數的和，經由共同的分母結合 z 轉換的結果並簡化。）

(d) $x[n] = 4n\,u[n-1]$

(e) $x[n] = 12(0.85)^n \cos(2\pi n/10)\,u[-n-1] + 3(0.4)^{n+2}\,u[n+2]$

解答：$|z| > 1, |z| > 0, |z| > 1$，不存在，$0.4 < |z| < 0.85$

前向與反向 z 轉換

3. 利用時間位移特性，求下列訊號之 z 轉換：

(a) $x[n] = u[n-5]$ (b) $x[n] = u[n+2]$ (c) $x[n] = (2/3)^n u[n+2]$

解答：$\dfrac{z^3}{z-1}$, $|z|>1$, $\dfrac{9}{4}\dfrac{z^3}{z-2/3}$, $|z|>2/3$, $\dfrac{z^{-4}}{z-1}$, $|z|>1$

4. 利用改變尺度特性，求 $x[n] = \sin(2\pi n/32)\cos(2\pi n/8)\,u[n]$ 之 z 轉換。

解答：$\sin(2\pi n/32)\cos(2\pi n/8)u[n] \xleftrightarrow{\mathcal{Z}} z\dfrac{0.1379z^2 - 0.3827z + 0.1379}{z^4 - 2.7741z^3 + 3.8478z^2 - 2.7741z + 1}$, $|z|>1$

5. 利用 z 轉換之微分特性，求 $x[n] = n(5/8)^n u[n]$ 之 z 轉換。

解答：$n(5/8)^n u[n] \xleftrightarrow{\mathcal{Z}} \dfrac{5z/8}{(z-5/8)^2}$, $|z|>5/8$

6. 利用 z 轉換之迴旋特性，求下列訊號之 z 轉換。

(a) $x[n] = (0.9)^n u[n] * u[n]$ (b) $x[n] = (0.9)^n u[n] * (0.6)^n u[n]$

解答：$\dfrac{z^2}{z^2 - 1.9z + 0.9}$, $|z|>1$, $\dfrac{z^2}{z^2 - 1.5z + 0.54}$, $|z|>0.9$

7. 利用 z 轉換之微分特性與單位序列之 z 轉換，求單位脈衝之 z 轉換並經由核對 z 轉換表格證明你的結果。

8. 求下式之 z 轉換

$$x[n] = u[n] - u[n-10]$$

並且使用此結果與微分特性求下式之 z 轉換

$$x[n] = \delta[n] - \delta[n-10]$$

與直接應用 z 轉換時間位移特性在脈衝上的結果比較。

解答：$1 - z^{-10}$，所有 z

9. 利用累加特性，求下式之 z 轉換。

(a) $x[n] = \text{ramp}[n]$ (b) $x[n] = \displaystyle\sum_{m=-\infty}^{n}(u[m+5] - u[m])$

解答：$\dfrac{z^2(z^5-1)}{(z-1)^2}$, $|z|>1$, $\dfrac{z}{(z-1)^2}$, $|z|>1$

10. 一個離散時間訊號 $y[n]$ 經由 $y[n] = \displaystyle\sum_{m=0}^{n} x[m]$ 與離散時間訊號 $x[n]$ 相關。

若 $y[n] \xleftrightarrow{\mathcal{Z}} \dfrac{1}{(z-1)^2}$，則 $x[-1], x[0], x[1], x[2]$ 值為何？

解答：1, 0, 0, 0

11. 利用終值理論，求出以下函數之反 z 轉換的函數終值（若是此理論可以適用）。

(a) $X(z) = \dfrac{z}{z-1}$, $|z|>1$ (b) $X(z) = z\dfrac{2z - 7/4}{z^2 - 7/4z + 3/4}$, $|z|>1$

(c) $X(z) = \dfrac{z^3 + 2z^2 - 3z + 7}{(z-1)(z^2 - 1.8z + 0.9)}$, $|z| > 1$

解答：1, 1, 70

12. 一個離散時間訊號 x[n] 具有 z 轉換為，$X(z) = \dfrac{5z^2 - z + 3}{2z^2 - \frac{1}{2}z + \frac{1}{4}}$。x[0] 的數值為何？

解答：2.5

13. 利用綜合除法求以下函數的反 z 轉換，以級數表示。

(a) $X(z) = \dfrac{z}{z - 1/2}$, $|z| > 1/2$

(b) $X(z) = \dfrac{z - 1}{z^2 - 2z + 1}$, $|z| > 1$

(c) $X(z) = \dfrac{z}{z - 1/2}$, $|z| < 1/2$

(d) $X(z) = \dfrac{z + 2}{4z^2 - 2z + 3}$, $|z| < \sqrt{3}/2$

解答：$\delta[n-1] + \delta[n-2] + \cdots + \delta[n-k] + \cdots$,
$\delta[n] + (1/2)\delta[n-1] + \cdots + (1/2^k)\delta[n-k] + \cdots$,
$0.667\delta[n] + 0.778\delta[n+1] - 0.3704\delta[n+2] + \cdots$,
$-2\delta[n+1] - 4\delta[n+2] - 8\delta[n+3] - \cdots - 2^k \delta[n+k] - \cdots$

14. 利用部分分式展開法、z 轉換表格與 z 轉換的特性，求下列函數封閉形式的反 z 轉換。

(a) $X(z) = \dfrac{1}{z(z - 1/2)}$, $|z| > 1/2$

(b) $X(z) = \dfrac{z^2}{(z - 1/2)(z - 3/4)}$, $|z| < 1/2$

(c) $X(z) = \dfrac{z^2}{z^2 + 1.8z + 0.82}$, $|z| > 0.9055$

(d) $X(z) = \dfrac{z - 1}{3z^2 - 2z + 2}$, $|z| < 0.8165$

(e) $X(z) = 2\dfrac{z^2 - 0.1488z}{z^2 - 1.75z + 1}$

解答：$[2(1/2)^n - 3(3/4)^n]u[-n-1]$, $2\{(1/2)^{n-1} - \delta[n-1]\}u[n-1]$,
$(0.9055)^n[\cos(3.031n) - 9.03\sin(3.031n)]u[n]$,
$0.4472(0.8165)^n \begin{Bmatrix} 1.2247\sin(1.1503(n-1))\,u[-n] \\ -\sin(1.1503n)\,u[-n-1] \end{Bmatrix}$,
$[2\cos(0.5054n) + 3\sin(0.5054n)]u[n]$

15. 一個離散時間系統具有一個轉移函數（其脈衝響應之 z 轉換）$H(z) = \dfrac{z}{z^2 + z + 0.24}$。若將單位序列 u[n] 作為此系統的激發，則響應 y[0]、y[1]、y[2] 的數值為何？

解答：0, 0, 1

16. 離散時間訊號 x[n] 的 z 轉換為 $X(z) = \dfrac{z^4}{z^4 + z^2 + 1}$。x[0]、x[1]、x[2] 的數值為何？

解答：$-1, 0, 1$

17. 若 $H(z) = \dfrac{z^2}{(z - 1/2)(z + 1/3)}$, $|z| > 1/2$，利用兩種不同的方式求此一不適當分式用 z 表示之部分分式展開，它的反 z 轉換可以表示成兩種形式，

$$h[n] = [A(1/2)^n + B(-1/3)^n]u[n]$$

及

$$h[n] = \delta[n] + [C(1/2)^{n-1} + D(-1/3)^{n-1}]u[n-1]$$

求 A、B、C、D 之數值。

解答：$0.6, 0.4, 0.3, -0.1333$

單邊 z 轉換特性

18. 利用時間位移特性，求下列訊號之單邊 z 轉換：
    (a) $x[n] = u[n-5]$
    (b) $x[n] = u[n+2]$
    (c) $x[n] = (2/3)^n u[n+2]$

    解答：$\dfrac{z^{-4}}{z-1}$, $|z| > 1$, $\dfrac{z}{z-2/3}$, $|z| > 2/3$, $\dfrac{z}{z-1}$, $|z| > 1$

19. 若 $x[n]$ 之單邊 z 轉換為 $X(z) = \dfrac{z}{z-1}$，則 $x[n-1]$ 與 $x[n+1]$ 之 z 轉換為何？

    解答：$\dfrac{1}{z-1}, \dfrac{z}{z-1}$

20. $x[n] = 5(0.7)^{n+1} u[n+1]$ 之單邊 z 轉換可以寫成 $X(z) = A\dfrac{z}{z+a}$。求 A 與 a 之數值。

    解答：$3.5, -0.7$

求解差分方程式

21. 在離散時間 $n \geq 0$，利用 z 轉換求下列具有初始條件差分方程式之全部解。
    (a) $2y[n+1] - y[n] = \sin(2\pi n/16)u[n], y[0] = 1$
    (b) $5y[n+2] - 3y[n+1] + y[n] = (0.8)^n u[n], y[0] = -1, y[1] = 10$

    解答：$y[n] = 0.2934(1/2)^{n-1}u[n-1] + (1/2)^n u[n]$,
    $- 0.2934[\cos((\pi/8)(n-1)) - 2.812\sin((\pi/8)(n-1))]u[n-1]$,
    $y[n] = 0.4444(0.8)^n u[n]$,
    $- \left\{\delta[n] - 9.5556(0.4472)^{n-1}\begin{bmatrix}\cos(0.8355(n-1))\\ +0.9325\sin(0.8355(n-1))\end{bmatrix} u[n-1]\right\}$

22. 在圖 E.22 中的每個方塊圖，在離散時間 $n \geq 0$ 下，寫出差分方程式並且求與畫出系統的響應 $y[n]$，假設沒有初始能量儲存在系統中，且脈衝響應為 $x[n] = \delta[n]$。

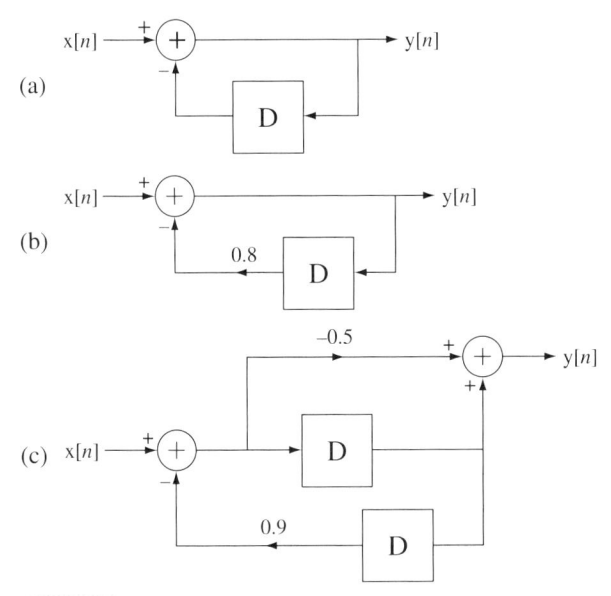

(a)
$x[n] \xrightarrow{+} \bigoplus \xrightarrow{} y[n]$
$\quad\quad\;\; - \;\;\;\; \uparrow$
$\quad\quad\quad\; \boxed{D} \;\leftarrow$

(b)
$x[n] \xrightarrow{+} \bigoplus \xrightarrow{} y[n]$
$\quad\quad\;\; - \;\;\;\; \uparrow$
$\quad\quad 0.8 \;\boxed{D}\leftarrow$

(c)
$\qquad\qquad\quad -0.5 \qquad\quad +$
$x[n] \xrightarrow{+}\bigoplus \longrightarrow \boxed{D} \longrightarrow \bigoplus \xrightarrow{} y[n]$
$\quad\quad -\qquad\qquad\qquad\qquad\; +$
$\qquad\quad\; 0.9 \;\boxed{D}\leftarrow$

圖 E.22

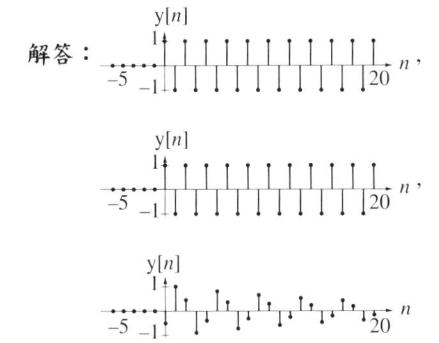

解答：

$y[n]$ 交替 ± 1 圖形（-5 至 20）,

$y[n]$ 圖形（-5 至 20）,

$y[n]$ 衰減振盪圖形（-5 至 20）

極點 - 零點圖和頻率響應

23. 從圖 E.23 系統中的極點 - 零點圖畫出頻率響應的量值。

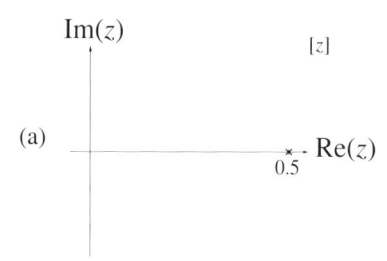

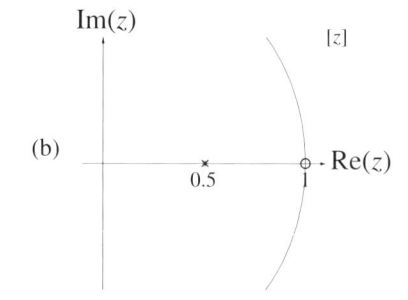

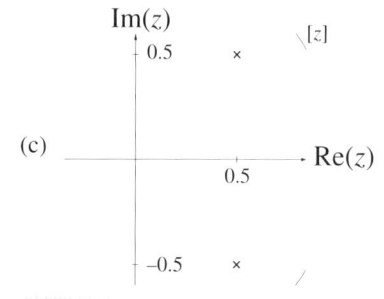

(a) 極點在 0.5 (實軸上)

(b) 極點在 0.5，零點在 1

(c) 極點在 $0.5 \pm j0.5$

圖 E.23

解答：

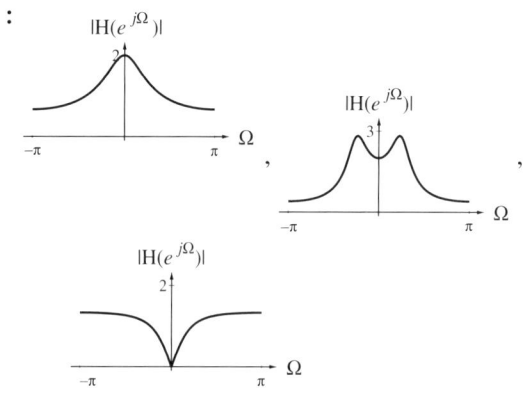

(三個頻率響應量值圖，峰值分別為 2、3、以及在 $\Omega=0$ 處有凹陷)

24. $H(z) = \dfrac{z^2(z-2)}{6z^3 - 4z^2 + 3z}$ 的有限極點與零點在哪裡？

解答：$2, \ 0.333 \pm j0.62396, \ 0$

第 10 章

取樣與訊號處理

SAMPLING AND SIGNAL PROCESSING

▶ 10.1 介紹與目標

在將訊號處理應用至實際系統的實際訊號中,我們通常沒有一個對此訊號的數學描述。我們必須測量與分析以發掘它們的特性。若訊號未知,則分析的過程以**擷取** (acquisition) 開始,測量並且記錄此訊號一段時間。這可以用磁帶記錄器或是其他**類比** (analog) 記錄設備完成,但是目前獲取訊號最常見的方式是利用**取樣** (sampling)(類比一詞表示連續時間和系統)。取樣將連續時間訊號轉換至離散時間訊號。在前面章節中,我們已經探索了分析連續時間訊號與離散時間訊號的方法。在本章中,我們將研究它們之間的關係。

目前很多訊號處理與分析是利用**數位訊號處理** (digital signal processing)。一個 DSP 系統可以擷取、儲存,並且執行數值的數學運算。一部電腦可以使用作為一個 DSP 系統。因為任何 DSP 系統的記憶體與大量儲存容量是有限的,它只能處理有限數量的數值。因此,一個 DSP 系統要用來分析訊號,它只能在一段時間內取樣。本章中明顯的疑問是,"在什麼程度下所取得的樣本可以精確地描述訊號?" 我們隨後將會見到,是否取樣時有且損失了多少資訊,完全取決於取樣的方式。我們將會發現在某些情況下,實際上所有的訊號資訊可以儲存在有限的數值樣本中。

許多我們以前用來濾波的類比濾波器現在都使用數位濾波器,它是在訊號樣本上運算而非在原來的連續時間訊號。現代的蜂巢式電話系統使用 DSP 來改善品質,分離頻道,並且在蜂巢之間切換使用者。長途電話通訊系統使用 DSP 來有效的使用長途中繼線與微波鏈路。電視利用 DSP 來改善畫質。機器人視覺是基於攝影機的訊號,它將影像數位化(取樣),並且用計算技術來分析它以便辨識特徵。大部分在汽車、製造工廠與科學儀器中的控制系統,通常會內嵌處理器,以 DSP 來分析訊號並且下決定。

本章目標

1. 決定連續時間訊號如何在取樣後保有大部分或所有的資訊。

2. 學習如何從樣本中重建連續時間訊號。

3. 應用取樣技術至離散時間訊號,並且觀察與連續時間取樣間的相似性。

▶ 10.2 連續時間取樣

取樣方法

電子訊號取樣,偶爾是電流但通常是電壓,最常用兩種元件來完成,**取樣與保持** (sampled-and-hold, S/H) 及**類比數位轉換器** (analog-to-digital converter, ADC)。S/H 的激發是在其輸入端的類比電壓。當時脈驅動 S/H,它在其輸出以電壓響應並且保持到時脈驅動它去取另一個電壓(圖 10.1)。

在圖 10.1 中的 $c(t)$ 是時脈訊號。S/H 的擷取輸入訊號在**隙縫時間** (aperture time) 內發生,它是時脈波的寬度。在時脈期間,輸出電壓訊號很快地從前一個值移動來跟蹤激發。在時脈波結束時,輸出電壓保持一個固定值直到下一個時脈產生。

ADC 在輸入端接收一個類比電壓,並且以一組二進位位元(通常稱為**碼**,code)來響應。ADC 的響應可以是串列或並列。若 ADC 有一個串列響應,它在其輸出端的一個腳上輸出一個電壓訊號,它是一組代表二進位位元 1 與 0 的高電壓與低電壓的時間序列。若 ADC 有一個並列響應,對於每一個位元就有一個響應電壓,高電壓與低電壓代表一組二進位位元 1 與 0,每個位元同時出現在 ADC 指定的輸出腳上(圖 10.2)。在轉換期間,ADC 前面可以放一個 S/H 來保持固定的激發。

ADC 的激發是連續時間訊號,而響應是一個離散時間訊號。不只 ADC 的響應是離散時間,它也**量化** (quantized) 與**編碼** (encoded)。由 ADC 所產生的二進位位元之數值是有限的。因此,它所能產生的獨特位元圖案數目也是有限的。若 ADC 所製造的位元數目是 n,則它所能產生的獨特位元圖案數目為 2^n。**量化** (quantization) 是將一個連續(無窮多)的激發值轉換至有限數目的響應值之效果。因為量化,所以響應具有誤

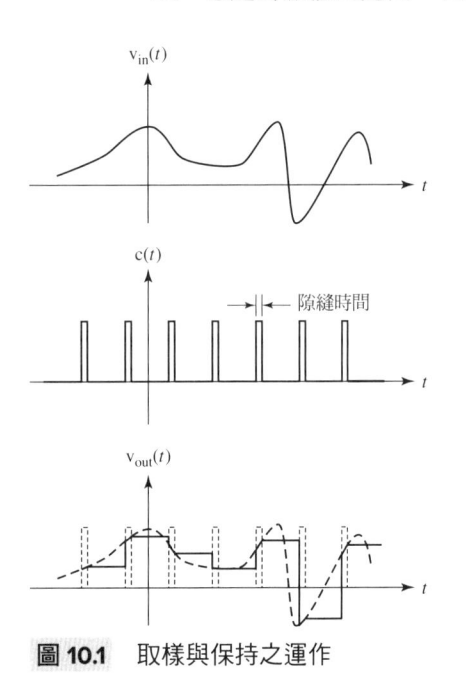

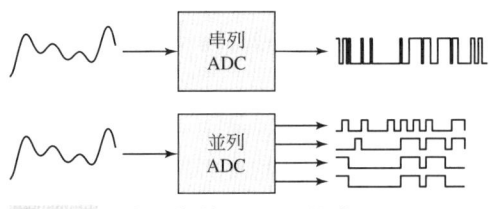

圖 10.1 取樣與保持之運作

圖 10.2 串列與並列 ADC 運作

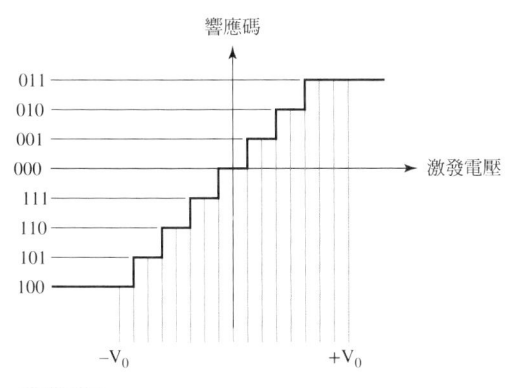

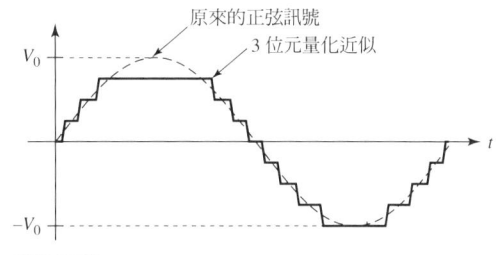

圖 10.3 ADC 激發 - 響應關係

圖 10.4 正弦訊號量化至 3 位元

差,它好像是具有雜訊的訊號,而此一雜訊稱為**量化雜訊** (quantization noise)。若用來表示響應的位元數目夠大的話,量化雜訊與其他種雜訊比較起來通常可以忽略。在量化之後,ADC 也對訊號編碼。編碼是將類比電壓轉換至二進位位元圖案。圖 10.3 說明一個 3 位元輸入電壓範圍為 $-V_0 < v_{in}(t) < +V_0$ 之 ADC 的激發與響應關係(一個 3 位元的 ADC 即使使用,也是非常少,但是用它來說明量化效應卻是非常好的,因為獨特的位元圖案數目小且量化誤差大)。

量化的效應可以容易的從正弦訊號用一個 3 位元 ADC 量化看出來(圖 10.4)。當量化至 8 位元,量化誤差變得非常小(圖 10.5)。

類比 - 數位轉換的對應,顯然是數位 - 類比轉換,而由**數位類比轉換器** (digital-to-analog converter, DAC) 來完成。DAC 接收二進位位元圖案為其激發,而製造一個類比電壓的響應。因為它所能接受的獨特位元圖案數目有限,DAC 的響應訊號是一個已經量化過後的類比電壓。對於一個 3 位元 DAC 的激發響應關係示於圖 10.6。

在隨後的教材裡,將不考慮量化效應。分析取樣效應的模式是假設取樣器是理想的,

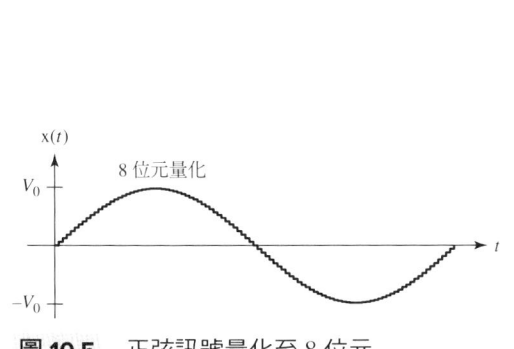

圖 10.5 正弦訊號量化至 8 位元

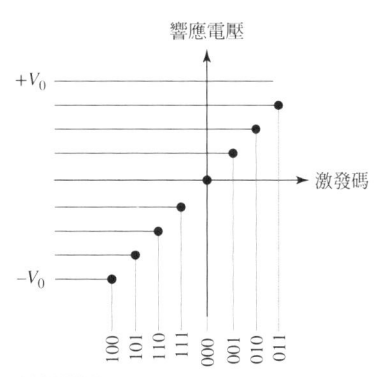

圖 10.6 DAC 激發 - 響應關係

其響應訊號之量化雜訊為 0。

取樣理論

品質觀念

若我們從連續時間訊號中使用樣本而非訊號本身，最重要需要回答的問題是，如何對訊號取樣以保持它所攜帶的資訊。若訊號可以完全從樣本中重建，則樣本就保有訊號中所有的資訊。我們需決定要多快取樣與要取樣多久。考慮訊號 x(t)（圖 10.7(a)）。若此訊號以圖 10.7(b) 的取樣率來取樣。大部分的人可能直覺上覺得，這裡已經有足夠的樣本，經由將這些點連接起來，畫平滑曲線來描述訊號。圖 10.7(c) 的取樣率是如何？圖 10.7(d) 的取樣率又是如何？大部分的人可能會同意圖 10.7(d)是不足的。一個很自然的經過最後一個樣本所畫出的平滑曲線，與原來的曲線看起來不太一樣。雖然最後的取樣率對於此訊號是不足的，但是對於另一個訊號（圖 10.8）則是可以的。看起來對於圖 10.8 是足夠的，因為它比較平滑且變化更慢。

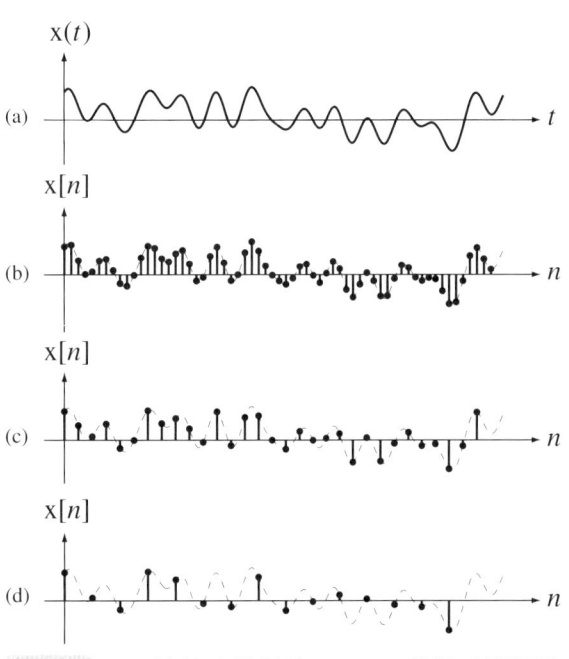

圖 10.7 (a) 連續時間訊號；(b)-(d) 離散時間訊號經由不同取樣率來取樣連續時間訊號所構成

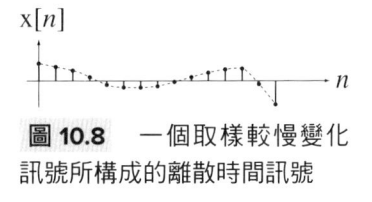

圖 10.8 一個取樣較慢變化訊號所構成的離散時間訊號

在保有訊號資訊下最低的樣本取樣率，決定於訊號是多快的隨時間變化與訊號的頻率內容。要多快的對訊號取樣之問題在定義上可以用取樣理論來回答。貝爾實驗室的克勞德‧香農[1](Claude Shannon) 是取樣理論的主要貢獻者。

取樣理論推導

令取樣連續時間訊號 x(t) 的程序為對它乘以一個週期脈波串 p(t)。令每個脈波的振幅為 1，令每個脈波的寬度為 w，且令脈波串的基礎週期為 T_s（圖 10.9）。

---

[1] 克勞德‧香農於 1936 年時為麻省理工學院 (the Massachusetts Institute of Technology, MIT) 的研究生。在 1937 年，他寫了一個基於布林邏輯如何利用電路來下決定的論文。1948 年他還在貝爾實驗室工作時，寫了 "A Mathematical Theory of Communications"，它勾勒出了我們現在所稱的資訊理論。這個成果被稱為資訊年代的 "憲章" (Magna Carta)。在 1957 年他被任命為 MIT 通訊科學與數學的教授，且仍為貝爾實驗室的顧問。他常被看到騎著單車在 MIT 的走廊上，同時也會耍一些戲法。他也同時發明一個第一個下棋程式。

此脈波串可以用數學來描述 $p(t) = \text{rect}(t/w) * \delta_{T_s}(t)$。輸出訊號為

$$y(t) = x(t)p(t) = x(t)[\text{rect}(t/w) * \delta_{T_s}(t)]$$

訊號 y(t) 經由以 $t = nT_s$ 為中心的脈波寬度的平均值，可以被視為在時間 $t = nT_s$ 之 x(t) 的近似樣本。y(t) 的連續時間傅立葉轉換 (CTFT) 為 $Y(f) = X(f) * w\text{sinc}(wf)f_s\delta_{f_s}(f)$，其中 $f_s = 1/T_s$ 為脈波重複率（脈波串基礎頻率）而

$$Y(f) = X(f) * \left[wf_s \sum_{k=-\infty}^{\infty} \text{sinc}(wkf_s)\delta(f - kf_s) \right]$$

$$Y(f) = wf_s \sum_{k=-\infty}^{\infty} \text{sinc}(wkf_s)X(f - kf_s)$$

響應 CTFT Y(f) 為輸入訊號 x(t) 之 CTFT 的一組複本，以脈波重複率 f_s 的整數倍週期性的重複，而且被乘以一個寬度由脈波寬度 w 所決定的 sinc 函數（圖 10.10）。輸入訊號的頻譜的複本在輸出訊號的頻譜中出現許多次，每一個都位於脈波重複率整數倍的中心並且乘以一個不同的常數。

當我們使每個脈波短一點，它的平均值就趨近於訊號位於中心的正確值。在 w 趨近於 0 的極限，

$$y(t) = \lim_{w \to 0} \sum_{n=-\infty}^{\infty} x(t)\text{rect}((t - nT_s)/w)$$

在此極限下，y(t) 的訊號功率趨近於 0。但是我們現在若將每個取樣脈波的面積而非高度設為 1，來改良取樣過程以補償此效應，我們可以得到新的脈波串

$$p(t) = (1/w)\text{rect}(t/w) * \delta_{T_s}(t)$$

現在 y(t) 為

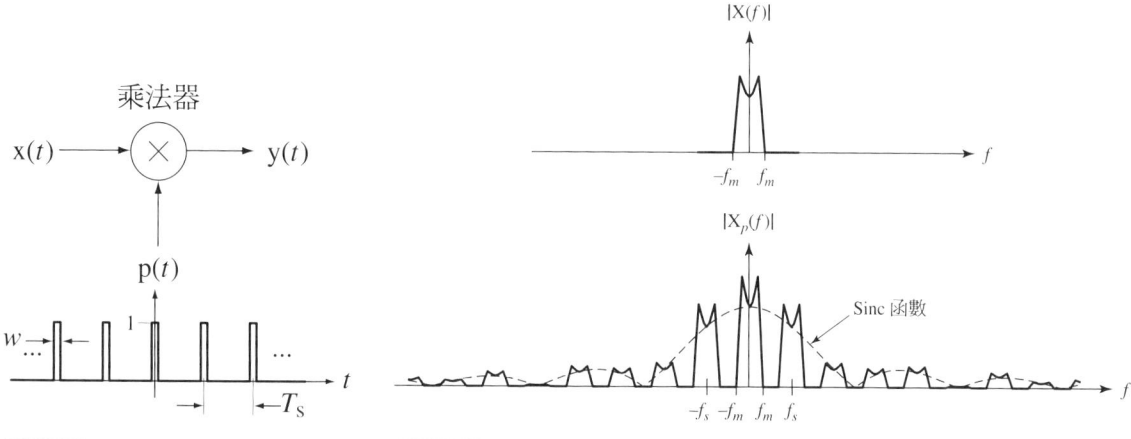

圖 10.9 脈波串

圖 10.10 輸入與輸出訊號 CTFT 之量值

$$y(t) = \sum_{n=-\infty}^{\infty} x(t)(1/w)\text{rect}((t - nT_s)/w)$$

當 w 趨近於 0，令在此極限的響應指定為 $x_\delta(t)$。在此極限時，方波 $(1/w)\text{rect}((t - nT_s)/w)$ 趨近於單位脈衝且

$$x_\delta(t) = \lim_{w \to 0} y(t) = \sum_{n=-\infty}^{\infty} x(t)\delta(t - nT_s) = x(t)\delta_{T_s}(t)$$

這種操作稱為**脈衝取樣** (impulse sampling) 或是**脈衝調變** (impulse modulation)。當然，在實際考量上，這種取樣是不可能發生的，因為我們不可能產生脈衝。但是分析這種假設性型態的取樣仍然有用，因為它引入訊號在離散點的值與訊號在所有其他時間的值之關係。注意到在此種模式的取樣中，取樣器的響應仍然是連續時間訊號，但除了在取樣的時間那瞬間之外為 0。

它揭示了新定義的響應 $x_\delta(t)$ 之 CTFT。它為

$$X_\delta(f) = X(f) * (1/T_s)\delta_{1/T_s}(f) = f_s X(f) * \delta_{f_s}(f)$$

這是原始訊號 $x(t)$ 之 CTFT $X(f)$ 相等面積複本的和，每個都以取樣頻率 f_s 的不同整數倍來位移，並且乘以 f_s（圖 10.11）。這些頻譜複本稱為**疊頻** (alias)。在圖 10.11 中虛線表示原始訊號之 CTFT 量值之疊頻，而實線表示這些疊頻和的量值。顯然在重疊的程序中，已經失去原始訊號之 CTFT 量值的形狀。但是若對於所有的 $|f| > f_m$ 且若 $f_s > 2f_m$ 時，$X(f)$ 為 0，則頻譜複本就不會重疊（圖 10.12）。

對於所有的 $|f| > f_m$，$X(f)$ 為 0，稱為**嚴格帶限** (strictly bandlimited) 或是更常只用帶限 (bandlimited) 訊號。若疊頻沒有重疊，至少原則上原始訊號可以經由一個頻率響應如下

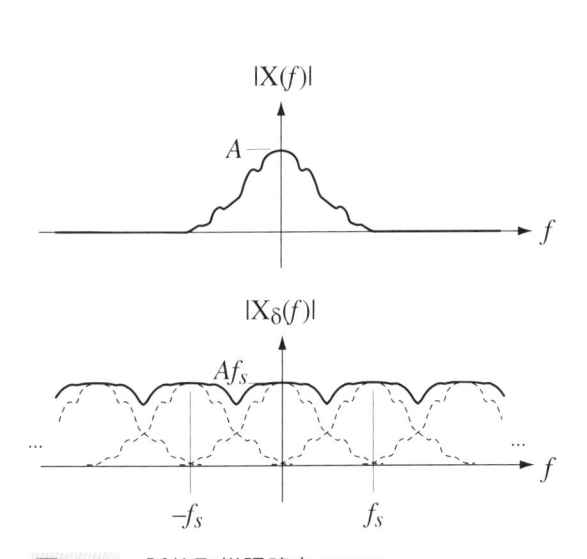

圖 10.11 脈衝取樣訊號之 CTFT

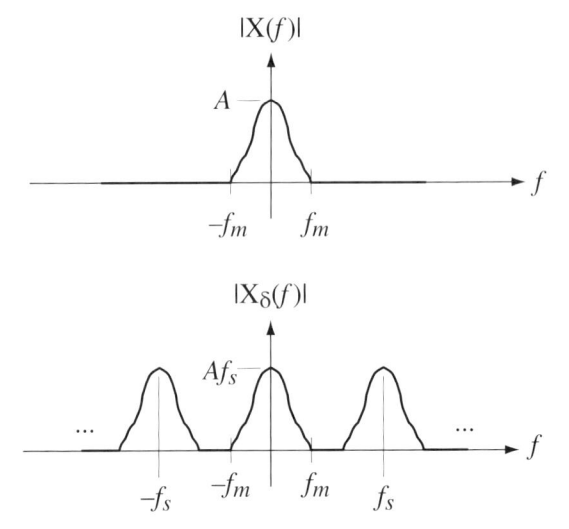

圖 10.12 一個帶限訊號經由高出其兩倍頻寬極限脈衝取樣之 CTFT

式的低通濾波器，將這些位於 $f \pm f_s, \pm 2f_s, \pm 3f_s, \cdots$ 的疊頻濾波後，從脈衝取樣訊號重建。

$$H(f) = \begin{cases} T_s, & |f| < f_c \\ 0, & \text{其他} \end{cases} = T_s \operatorname{rect}\left(\frac{f}{2f_c}\right)$$

其中

$$f_m < f_c < f_s - f_m$$

是一個 "理想" 的低通濾波器。這個事實形成了通常所稱的**取樣定理** (sampling theorem) 之基礎。

> 若連續時間訊號在所有時間以大於此訊號帶限頻率 f_m 兩倍的速率 f_s 取樣，則此原來的連續時間訊號可以從樣本間完全重建。

若在此訊號出現的最高頻率是 f_m，則取樣頻率必須高於 $2f_m$，而頻率 $2f_m$ 稱為**奈奎斯率**[2] (Nyquist rates)。字元 "率" (rate) 和 "頻率" (frequency) 兩者都是用來描述重複發生的事。在本書中 "頻率" 是針對訊號的頻率，而 "率" 則是針對訊號被取樣的方式。一個訊號以大於奈奎斯率來取樣，稱為**過度取樣** (oversampled)；而一個訊號以小於奈奎斯率來取樣，稱為**不足取樣** (undersampled)。當一個訊號以 f_s 速率取樣時，則頻率 $f_s/2$ 稱為**奈奎斯頻率** (Nyquist frequency)。因此，若一個訊號的任何訊號功率位於或是超過奈奎斯頻率，則疊頻效應就會發生。

在前面章節所使用的另一個取樣模式，為從連續時間訊號 x(t) 經由 x[n] = x(nT_s)，其中 T_s 是連續樣本間的時間，建立一個離散時間訊號 x[n]。這在實際的取樣中看起來較實際，在某方面是的，但是在時間上的一點之瞬間取樣，實際上卻同樣是不可能。我們將此種取樣模式單純稱為 "取樣" 而非 "脈衝取樣"。

記得任何離散時間訊號之 DTFT 總是週期性的。一個脈衝取樣訊號也是週期性的。連續時間訊號 $x_\delta(t)$ 的脈衝取樣之 CTFT，以及由同樣連續時間訊號取樣所得的離散時間號 $x_s[n]$，兩者是近似的（圖 10.13）。（在 $x_s[n]$ 中的下標 "s" 是為了避免與隨後的轉換相混淆。）波形是一樣的。主要的差異是 DTFT 係基於正規化頻率 F 或 Ω，而 CTFT 是基於實際頻率 f 或 ω。取樣理論可以使用 DTFT 而不用 CTFT 來推導，其結果是一樣的。

疊頻

疊頻現象（頻率複本重疊）不是一個外來的數學概念且是在普通人的一般經驗之外。

---

[2] 哈利, 奈奎斯 (Harry Nyquist) 在 1917 年從耶魯大學獲得博士學位。在 1917 至 1934 年間受僱於貝爾實驗室，他在此從事於利用電話傳輸影像與語音傳輸。他是第一個用量化的方式解釋熱雜訊的人。他發明了殘邊帶 (vestigial sideband) 傳輸技術，目前仍廣泛的應用在電視訊號中。他發明了奈奎斯圖 (Nyquist diagram) 來決定回授系統的穩定性。

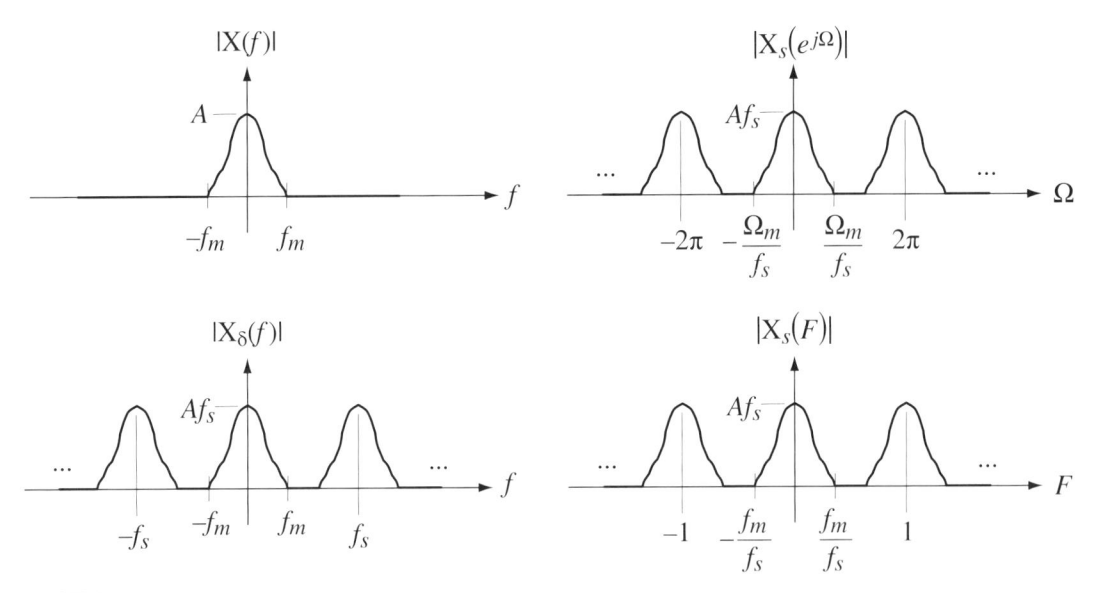

圖 10.13 比較脈衝取樣訊號之 CTFT 與取樣訊號之 DTFT

幾乎任何人都經驗過疊頻,但可能不知如何稱呼它。一個十分常見的經驗說明了疊頻有時發生在觀看電視時。假設你在觀賞一部西部片,其中有個畫面是具有輻條輪的馬篷車。若篷車上的輪子越轉越快,會到達一個點使輪子看起來是停止往前旋轉,而接著雖然篷車明顯的是往前進,輪子開始看起來是往後旋轉。若篷車的速度繼續加快,則輪子最後也會接近停止,接著又往前開始旋轉。這是疊頻現象的一個範例。

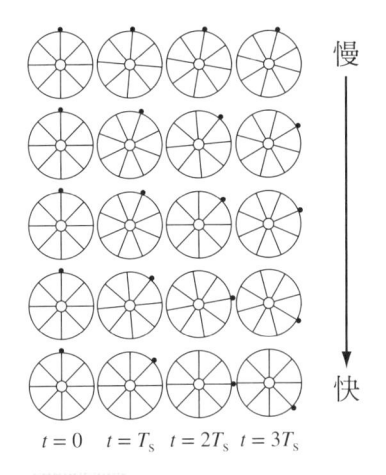

雖然用眼睛看不是很明顯,電視螢幕是每秒更新 30 次畫面(基於 NTSC 視訊標準)。亦即影像是以 30 樣本/秒的速率來作有效的取樣。圖 10.14 顯示篷車輪子在不同旋轉速率下四種取樣瞬間的位置,從上面較低的速率漸增至底部較高的旋轉速率(一個小的黑點加在輪子上幫助看見輪子實際的旋轉,與外觀上的旋轉相反)。

這個輪子有 8 條輪輻,所以在旋轉整個一圈的 1/8 時,輪子看起來與其開始的位置一樣。因此輪子影像具有 π/4 弧度或是 45°的角週期,為輪輻間相距的角度。若輪子的旋轉速率是 f_0 圈/秒(Hz),影像基礎頻率是 $8f_0$Hz。影像在輪子旋轉一圈時精確地重複 8 次。

圖 10.14 篷車輪子在四種取樣時間下的角度位置

令影像以 30 Hz 取樣 ($T_s = 1/30$s)。在上面第一排的輪子順時針以 $-5°/T_s$(−150°/s 或 −0.416 rev/s)旋轉,因此上面第一排的輪輻以 0°、5°、10°、15°順時針旋轉。觀看者的眼和腦解釋影像為輪子是順時針旋轉,因為在取樣瞬間夾角是前進的。在這個情形下,輪子顯示出(也確實是)以影像旋轉頻率 −150°/s 旋轉。

在第二排，輪子旋轉速率是第一排的 4 倍，而在取樣瞬間的旋轉角度是 0°、20°、40°、60° 順時針。輪子仍然（正確的）顯示以實際的旋轉頻率 −600°/s 順時針旋轉。在第三排，輪子旋轉速率是 −675°/s。此時因為取樣所造成的混淆開始。若輪子上沒有標示黑點，不可能決定輪子是以 −22.5°/ 樣本旋轉或是以 +22.5°/ 樣本旋轉，因為影像在這兩種情況下是一樣的。在第四排，輪子旋轉速率是 −1200°/s。現在（忽略黑點）輪子確實以 +5°/ 樣本旋轉，而非實際的旋轉頻率 −40°/ 樣本。人腦感知是以每樣本 5° 逆時針旋轉而非以 40° 順時針旋轉。在最後一排，輪子旋轉速率是 −1350°/s 或 45°/ 樣本順時針旋轉。此時輪子顯示靜止不動雖然它仍然以順時針旋轉。它的角速率看起來是 0，因為它是完全以影像基礎頻率的取樣率來取樣。

例題 10.1　求訊號之奈奎斯率

求下列訊號之奈奎斯率

(a) x(t) = 25 cos(500πt)

$$X(f) = 12.5[\delta(f - 250) + \delta(f + 250)]$$

此訊號的最高頻率（唯一的頻率）是 f_m = 250 Hz。奈奎斯率是 500 樣本 / 秒。

(b) x(t) = 15rect(t/2)

$$X(f) = 30\text{sinc}(2f)$$

因為 sinc 函數永遠不可能為 0 且維持在一個有限頻率下一直維持，此訊號的最高頻率是無限大的而奈奎斯率也是無限大。此方波函數乃非帶限的。

(c) x(t) = 10sinc(5t)

$$X(f) = 2\text{rect}(f/5)$$

在 x(t) 中出現的最高頻率是 f，在此處 rect 函數有一個從 1 至 0 不連續的轉移，f_m = 2.5 Hz。因此，奈奎斯率是 5 樣本 / 秒。

(d) x(t) = 2sinc(5000t) sin(500,000πt)

$$X(f) = \frac{1}{2500}\text{rect}\left(\frac{f}{5000}\right) * \frac{j}{2}[\delta(f + 250{,}000) - \delta(f - 250{,}000)]$$

$$X(f) = \frac{j}{5000}\left[\text{rect}\left(\frac{f + 250{,}000}{5000}\right) - \text{rect}\left(\frac{f - 250{,}000}{5000}\right)\right]$$

訊號 x(t) 的最高頻率（唯一的頻率）是 f_m = 252.5kHz。因此，奈奎斯率是 505,000 樣本 / 秒。

例題 10.2　分析作為反疊頻濾波器的 *RC* 濾波器

假設有一個訊號要被資料擷取系統取得，此系統直到 100 kHz 時，振幅頻譜是平的，接著馬上降至 0。假設資料擷取系統對訊號最快的取樣率是 60 kHz。設計一個 *RC*、低通、反疊頻濾波器，在 30 kHz 時，將訊號振幅頻譜降至在非常低頻時的值之 1%，以使疊頻最小。

單位增益 RC 低通濾波器之頻率響應為

$$H(f) = \frac{1}{j2\pi fRC + 1}$$

頻率響應之平方量值為

$$|H(f)|^2 = \frac{1}{(2\pi fRC)^2 + 1}$$

而在非常低頻時的值趨近於 1。設定 RC 時間常數，因此在 30 kHz 時，H(f) 的平方量值為 $(0.01)^2$。

$$|H(30,000)|^2 = \frac{1}{(2\pi \times 30,000 \times RC)^2 + 1} = (0.01)^2$$

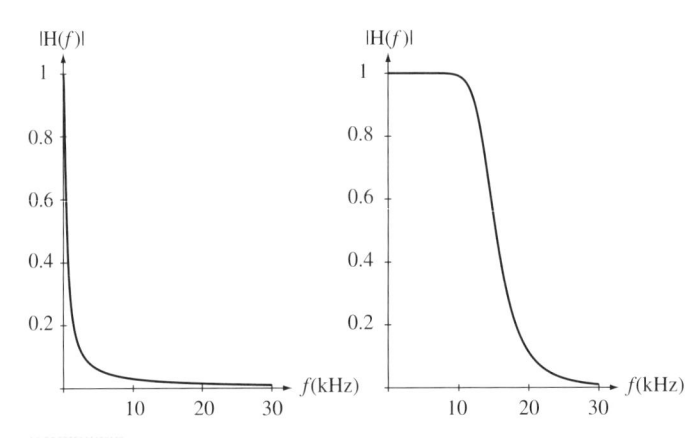

圖 10.15 (a) 反疊頻 RC 低通濾波器頻率響應量值，(b) 6 階巴特沃斯反疊頻低通濾波器頻率響應量值

求解 RC，得到 RC = 0.5305 ms。RC 低通濾波器之角頻率（−3 dB 頻率）為 300 Hz，小於奈奎斯頻率 30 kHz 之 100 倍以下（圖 10.15）。因為頻率響應緩慢的下降，因此它必須使用一個單極點濾波器，並且設定這麼低的值以符合規格。因為這種理由，因此大部分的反疊頻濾波器都都設計成高階濾波器，具有從通帶至止帶有較快速的轉移。圖 10.15(b) 顯示，6 階巴特沃斯低通濾波器之頻率響應（巴特沃斯濾波器將在第 12 章中提到）。高階濾波器比 RC 濾波器保有較多的訊號。

時限與帶限訊號

回想訊號被取樣之原先數學上的用法為 $x_s[n] = x(nT_s)$。此方程式在任何 n 的整數倍下都是正確的，且暗示訊號 x(t) 在所有時間下被取樣。因此，需要無限多個樣本才夠從 $x_s[n]$ 的資訊中描述 x(t)。取樣理論是基於這種取樣方式。所以縱使奈奎斯率已經有了且是有限的，但是我們（一般而言）必須仍然要用無限多個樣本，以從樣本中，即使它已經是帶限且過度取樣，來正確的重建原始訊號。

它使人想到，若一個訊號是**時間限制** (time limited)（只有在一有限時間內具有非 0 的值），我們可以只在那段時間內取樣，因為已知其他樣本都是 0，就得到所有訊號的資訊。此想法的問題是，沒有時限訊號能同時是帶限訊號，因此沒有一個有限的取樣率是足夠的。

一個訊號不能同時是時限又帶限之事實，是傅立葉分析的基本法則。此法則的真實可以用下列的敘述來說明。令訊號 x(t) 在時間範圍 $t_1 < t < t_2$ 之外具有非 0 的值。令它的 CTFT 為 X(f)。若 x(t) 在時間範圍 $t_1 < t < t_2$ 是時限，它可以乘一個非 0 部分涵蓋同樣範圍的方波函數，不會改變訊號。亦即，

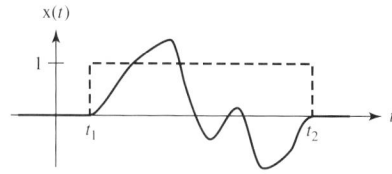

圖 10.16 時限函數與一個方波，時限在同樣時間

$$x(t) = x(t)\text{rect}\left(\frac{t-t_0}{\Delta t}\right) \tag{10.1}$$

其中 $t_0 = (t_1 + t_2)/2$ 且 $\Delta t = t_2 - t_1$（圖 10.16）。

求 (10.1) 式兩邊的 CTFT 可以得到 $X(f) = X(f) * \Delta t\, \text{sinc}(\Delta t f)e^{-j2\pi f t_0}$。最後一個公式指出，因為與一個 sinc 函數做迴旋而 X(f) 不受影響。因為 $\text{sinc}(\Delta t f)$ 具有在 f 無限非 0 的延伸，兩者之迴旋將會在 f 有無限非 0 的延伸。因此最後的公式不能以任何在 f 無限非 0 延伸的 X(f) 所滿足，證明了若一個訊號是時限，則它就不能為帶限。反之，一個帶限訊號不能為時限，可用類似的說明證明。

> 一個訊號可以同時在時間與頻率上無限，但不能在時間與頻率上同時有限。

內插

理想內插

上述有關於如何重建原始訊號的描述，顯示出我們可以過濾脈衝取樣訊號，來移除所有的疊頻，除了中心點位於頻率 0 的訊號之外。若此一濾波器是在通帶具有固定增益 $T_s = 1/f_s$ 且頻寬為 f_c，其中 $f_m < f_c < f_s - f_m$ 的一個理想低通濾波器，運作在頻域可以由以下描述

$$X(f) = T_s \text{rect}(f/2f_c) \times X_\delta(f) = T_s \text{rect}(f/2f_c) \times f_s X(f) * \delta_{f_s}(f)$$

若對此表示法做反轉換

$$x(t) = \underbrace{T_s f_s}_{=1} 2f_c \text{sinc}(2f_c t) * \underbrace{x(t)(1/f_s)\delta_{T_s}(t)}_{=(1/f_s)\sum_{n=-\infty}^{\infty} x(nT_s)\delta(t-nT_s)}$$

或是

$$x(t) = 2(f_c/f_s)\text{sinc}(2f_c t) * \sum_{n=-\infty}^{\infty} x(nT_s)\delta(t-nT_s)$$

$$x(t) = 2(f_c/f_s) \sum_{n=-\infty}^{\infty} x(nT_s)\text{sinc}(2f_c(t-nT_s)) \tag{10.2}$$

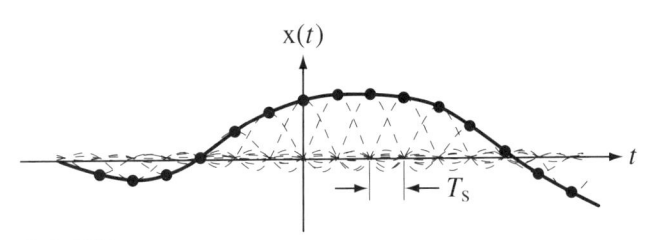

圖 10.17　一個轉角頻率設為取樣率一半的理想低通濾波器之內插過程

在追求一個公認不實際的觀念，脈衝取樣，我們得到一個結果，允許我們在所有時間填上訊號值，這些值在時間上是等間距的點。在 (10.2) 式中沒有脈衝，只有樣本值，它們是由脈衝取樣所建立的脈衝強度。這個在樣本之間填上遺失的值之過程稱為**內插** (interpolation)。

考慮特例 $f_c = f_s/2$。在此例中，內插過程為下列簡單的表示法

$$x(t) = \sum_{n=-\infty}^{\infty} x(nT_s) \operatorname{sinc}((t - nT_s)/T_s)$$

現在內插只是簡單的將每個 sinc 函數乘以其相對應的樣本值，然後將所有尺度變化與位移的 sinc 函數加起來，如圖 10.17 所示。

參考圖 10.17，注意到每個 sinc 的峰值位於取樣時間上，而在其他的取樣時間則為 0。所以內插明顯的在取樣時間是正確的。由上述的推導也顯示在樣本時間之間的所有點也是正確的。

實際內插

前一節所述的內插方法正確的重建訊號，但它是基於一種假設，在實際上永遠不可能成立，亦即有無限多個可用的樣本。在任何點上的內插值是無限多個加權後之 sinc 值相加後的貢獻，我們不能得到無限多個值，這些值少很多，我們需要以有限數目的樣本來近似的重建訊號。有許多技術可以用。選擇其中一個可以用在任一個情況下，決定在需要多少的重建精確性與如何過度取樣此訊號。

零階保持　可能最簡單的近似重建觀念是簡單的讓重建總是最新的樣本值（圖 10.18）。這是一個簡單的技術，因為樣本以數值編碼的形式可以作為 DAC 的輸入訊號，在每一個時脈波下驅動它產生一個新的輸出訊號。由此種技術所產生的訊號具有 "階梯" 形狀且跟隨著原始訊號。這種型態的訊號重建可以由脈衝取樣訊號來模式化，而令脈衝取樣後的訊號來激發一個系統，稱為**零階保持** (zero-order hold)，它的脈衝響應為

$$h(t) = \begin{cases} 1, & 0 < t < T_s \\ 0, & \text{其他} \end{cases} = \operatorname{rect}\left(\frac{t - T_s/2}{T_s}\right)$$

（圖 10.19）。

一個更進一步降低疊頻效應的方式是在零階保持後面接一個實際的低通濾波器，它可將由零階保持所造成的階梯平滑化。零階保持相對於原始訊號，不可避免的會引起延遲，因為它是因果性的，而且任何實際的低通濾波器也會加上更多的延遲。

圖 10.18 零階保持訊號重建

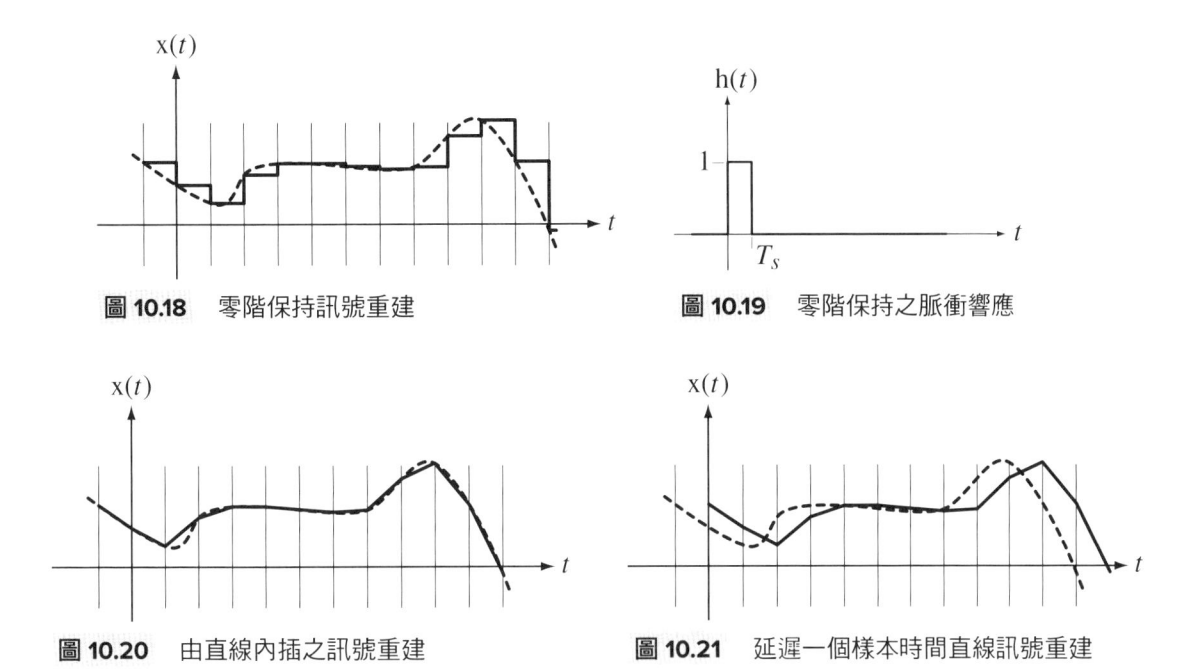

圖 10.19 零階保持之脈衝響應

圖 10.20 由直線內插之訊號重建

圖 10.21 延遲一個樣本時間直線訊號重建

一階保持 另一個自然的想法是在樣本間用直線內插（圖 10.20）。這顯然是趨近原始訊號較好的方式，但它實現上稍微困難。如圖 10.20 所畫，在任何時間下內插訊號的值決定於前一個樣本的值與下一個樣本的值。這樣不可能即時完成，因為在即時情況下，下一個樣本值未知。但若我們願意將重建訊號延遲一個樣本時間 T_s，我們就可以使得重建過程在即時情況下發生。重建後的訊號如圖 10.21 所示。

這種內插可以在零階保持後面再接一個相同的零階保持來完成。這表示了這種內插系統的脈衝響應將是零階保持脈衝響應與其本身的迴旋

$$h(t) = \text{rect}\left(\frac{t - T_s/2}{T_s}\right) * \text{rect}\left(\frac{t - T_s/2}{T_s}\right) = \text{tri}\left(\frac{t - T_s}{T_s}\right)$$

（圖 10.22）。這種型態的內插系統稱為**一階保持** (first-order hold)。

一個使用取樣與訊號重建非常熟悉的例子是音樂 CD (audio compact disk) 的撥放。一片 CD 儲存由 44,100 樣本 / 秒速率所擷取的音樂訊號的樣本。取樣率的一半是 22.05 kHz。對於一個年輕、健康的人耳而言，其頻率響應一般是分布在可能會有些許變化的 20 Hz 至 20 kHz 之範圍。因此取樣率是比人耳所能偵測到的最高頻率還高一些。

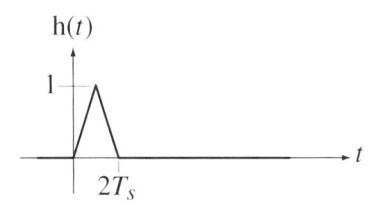

圖 10.22 一階保持之脈衝響應

帶通訊號取樣

如前面所述的取樣理論，是基於一個簡單的概念。若我們取樣夠快，就不會有疊頻產生，原來的訊號就可以由一個理想低通濾波器來還原。我們發現若用比訊號最高頻率 2 倍還快的取樣，我們可以從樣本中回復訊號。這個對於所有訊號都是正確的，但是對於一些訊號，最低取樣率可以降低。

我們聲明取樣時必須以一個比訊號最高頻率 2 倍還大的取樣率取樣，這樣是暗示若以任何較低率來取樣的話就會發生疊頻。使用上面的頻譜來說明此概念，頻譜會重疊。但這不是對所有的訊號都成立的。例如，令連續時間訊號具有一個窄的帶通頻譜，只有在 15 kHz < |f| < 20 kHz 內不為 0。則此訊號的頻寬為 5 kHz（圖 10.23）。

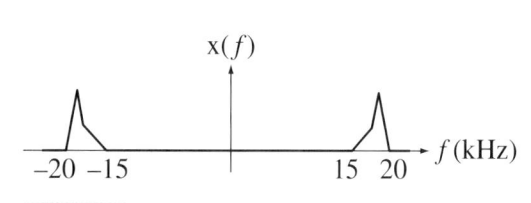

圖 10.23 窄帶通訊號頻譜

若我們以 20 kHz 脈衝取樣此訊號，將會得到圖 10.24 中所示的頻譜分布。這些頻譜並未重疊。因此有可能在知道原始訊號之頻譜與在正確的濾波下從樣本中回復訊號。我們甚至可以用最高頻率的一半 10 kHz 取樣，得到圖 10.25 的頻譜與其複本，我們仍然可以用同樣的濾波器（理論上）回復原始訊號。但是若以更低的速率來取樣，一定會造成疊頻而我們就無法回復原始訊號。注意到最低的取樣率不是訊號最高頻率的兩倍，而是訊號頻寬的兩倍。

在此例中最高頻率對訊號頻寬的比值是一個整數。當比值非整數時，要找到避免疊頻的最小取樣率變成較困難（圖 10.26）。

頻譜複本發生在位移取樣率整數倍的地方。令整數 k 為頻譜複本的指標。則第 $(k-1)$ 個頻譜複本必須整個在 f_L 之下，第 k 個頻譜複本必須整個在 f_H 之上。亦即

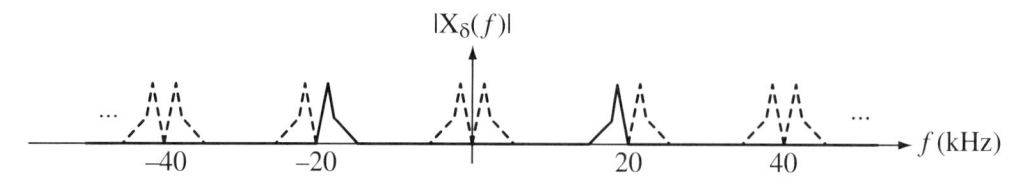

圖 10.24 以 20 kHz 脈衝取樣帶通訊號之頻譜

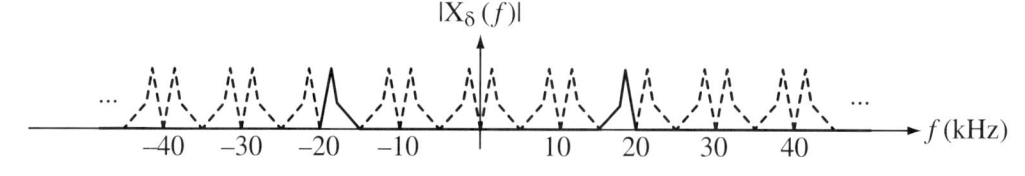

圖 10.25 以 10 kHz 脈衝取樣帶通訊號之頻譜

$$(k-1)f_s + (-f_L) < f_L \Rightarrow (k-1)f_s < 2f_L$$

且

$$kf_s + (-f_H) > f_H \Rightarrow kf_s > 2f_H$$

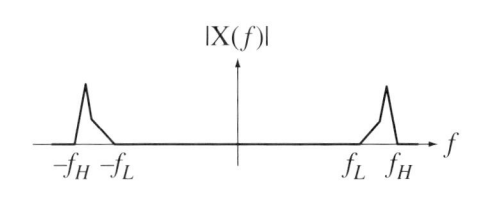

圖 10.26 一般帶通訊號之量值頻譜

重新整理兩個不等式

$$(k-1)f_s < 2(f_H - B)$$

其中 B 為頻寬 $f_H - f_L$ 且

$$\frac{1}{f_s} < \frac{k}{2f_H}$$

現在將不等式左邊的乘積設定小於不等式右邊的乘積

$$k - 1 < (f_H - B)\frac{k}{f_H} \Rightarrow k < \frac{f_H}{B}$$

因為 k 必須為整數，表示 k 的實際極限為

$$k_{\max} = \left\lfloor \frac{f_H}{B} \right\rfloor$$

為在 f_H/B 的最大整數。因此兩個情況

$$k_{\max} = \left\lfloor \frac{f_H}{B} \right\rfloor \quad 與 \quad k_{\max} > \frac{2f_H}{f_{s,\min}}$$

或單一情形

$$f_{s,\min} > \frac{2f_H}{\lfloor f_H/B \rfloor}$$

決定疊頻不會發生的最小取樣率。

例題 10.3 避免疊頻的最小取樣率

令訊號在 34 kHz < |f| < 47 kHz 之外沒有非 0 的成分。避免疊頻的最小取樣率為何？

$$f_{s,\min} > \frac{2f_H}{\lfloor f_H/B \rfloor} = \frac{94 \text{ kHz}}{\lfloor 47 \text{ kHz}/13 \text{ kHz} \rfloor} = 31{,}333 \text{ 樣本 / 秒}$$

例題 10.4 避免疊頻的最小取樣率

令訊號在 0 < |f| < 580 kHz 之外沒有非 0 的成分。避免疊頻的最小取樣率為何？

$$f_{s,\min} > \frac{2f_H}{\lfloor f_H/B \rfloor} = \frac{1160 \text{ kHz}}{\lfloor 580 \text{ kHz}/580 \text{ kHz} \rfloor} = 1{,}160{,}000 \text{ 樣本 / 秒}$$

這是一個低通訊號,而最低取樣率為最高頻率的兩倍,就如同取樣理論原先所決定的。

在大部分工程設計情形下,選擇取樣率大於原始訊號最高頻率兩倍是一種實際的解決方式。我們將隨後看到,取樣率通常比奈奎斯率高很多,以簡化一些訊號處理的運算。

正弦訊號取樣

傅立葉分析的整個重點是任何訊號都可以分解成正弦訊號(實值或複值)。因此,讓我們利用一些大於、等於、小於奈奎斯率取樣的實正弦函數來探討取樣。在每個範例中,一個樣本發生在時間 $t = 0$。這樣在正確數學描述的訊號與它所取樣的方法間,設定了一個確定的相位關係(這個是任意的,但必須總是有一個取樣時間的參考值,且當我們在有限時間下取樣時,第一個樣本除非特別指明總是在時間 $t = 0$。同樣的,在 DSP 中常用的 DFT,其第一個樣本通常也是假設發生在時間 $t = 0$)。

情況 1。一個餘弦函數以其頻率的 4 倍或是奈奎斯率的 2 倍取樣(圖 10.27)。
在這裡很明顯的樣本值以及訊號夠快取樣之知識,足以唯一描述正弦訊號。沒有任何低於奈奎斯頻率的這個或其他正弦頻率,可以在所有時間範圍 $-\infty < n < +\infty$ 正確通過所有的樣本。事實上,沒有任何其他型態,在低於奈奎斯頻率下帶限的訊號,可以正確通過所有的樣本。

情況 2。一個餘弦函數以其頻率的 2 倍或是奈奎斯率取樣(圖 10.28)。
這個取樣可以唯一決定訊號嗎?不行,考慮圖 10.29 之正弦訊號,是具有同樣頻率且可以正確通過同樣的樣本。

這是一個特例,說明了前面所提到取樣理論的巧妙處。為了保證任何一般性的訊號可以完全重建,取樣率必須多於奈奎斯率而非至少是奈奎斯率。在前面的範例中,因為訊號功率在奈奎斯頻率處為 0(在此處的振幅頻譜沒有脈衝),所以沒有關係。一般而言,若是有一個正弦訊號剛好是帶限,為了完全重建取樣必須高於奈奎斯率。注意到訊號的頻率沒有模擬兩可。但如同以上所述,振幅與相位是含糊不清的。但若前面推導的 sinc-函數 -

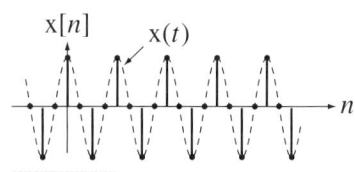

圖 10.27 餘弦函數以奈奎斯率的 2 倍取樣

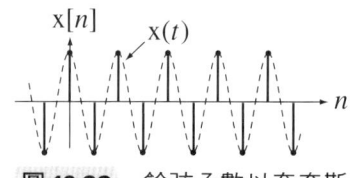

圖 10.28 餘弦函數以奈奎斯率取樣

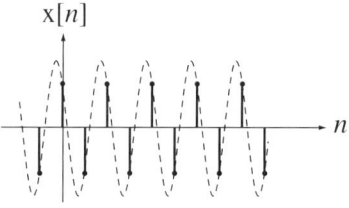

圖 10.29 正弦訊號具有和餘弦訊號以奈奎斯率取樣下的相同樣本

內插過程應用到圖 10.29 中的樣本，會得到圖 10.28 中的餘弦訊號在其峰值上取樣之結果。

任何在某些頻率的正弦訊號可以表示成一個在同樣頻率上具有某種振幅沒有位移的餘弦訊號，與一個在同樣頻率上具有某種振幅沒有位移的正弦訊號之和。沒有位移的正弦與餘弦訊號之振幅決定於原來正弦訊號之相位。使用三角函數等式，

$$A\cos(2\pi f_0 t + \theta) = A\cos(2\pi f_0 t)\cos(\theta) - A\sin(2\pi f_0 t)\sin(\theta)$$

$$A\cos(2\pi f_0 t + \theta) = \underbrace{A\cos(\theta)}_{A_c}\cos(2\pi f_0 t) + \underbrace{[-A\sin(\theta)]}_{A_s}\sin(2\pi f_0 t)$$

$$A\cos(2\pi f_0 t + \theta) = A_c\cos(2\pi f_0 t) + A_s\sin(2\pi f_0 t)$$

當正弦訊號完全以奈奎斯率取樣 sinc-函數內插總是產生餘弦部分而丟棄正弦部分，這是疊頻的效果。一般的正弦函數之餘弦部分稱為**同相** (in-phase) 部分，而正弦部分稱為**正交** (quadrature) 部分。丟棄正弦訊號之正交部分，可以簡單地在時域中，對一個沒有位移正好在奈奎斯率上取樣的正弦函數看到。所有的樣本為 0（圖 10.30）。

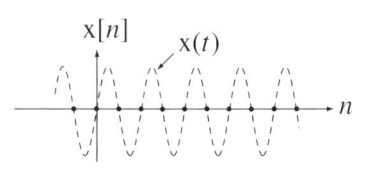

圖 10.30 正弦訊號以其奈奎斯率取樣

若我們剛好在此頻率上加上一個任意振幅的正弦函數到任意的訊號上，接著對此新的訊號取樣，樣本會如同正弦函數並沒有在那邊一樣，因為它的值在每一個取樣時間時為 0（圖 10.31）。因此當取樣時，剛好在奈奎斯頻率時訊號的正交或是正弦部分將會失去。

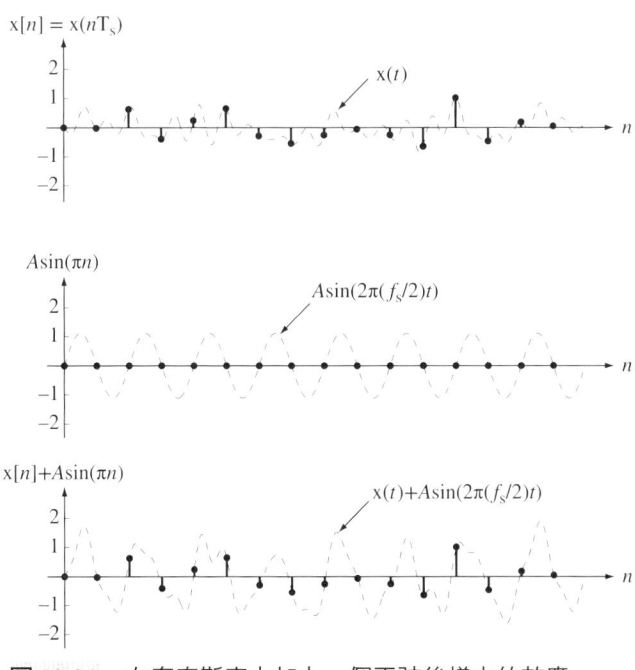

圖 10.31 在奈奎斯率上加上一個正弦後樣本的效應

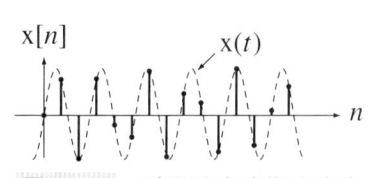

圖 10.32 稍微比奈奎斯率高之正弦取樣

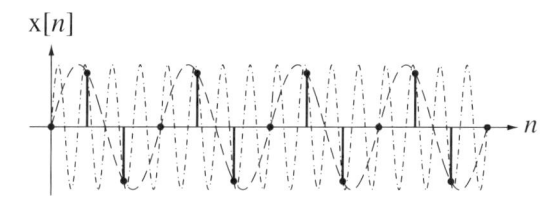

圖 10.33 具有兩個不同頻率之正弦訊號具有同樣的樣本值

情況 3。一個正弦函數以稍微高於奈奎斯率取樣（圖 10.32）。

現在因為取樣率高於奈奎斯率，樣本沒有全部發生在零穿越點，而有足夠的樣本資訊可以重建訊號。只有一個正弦訊號其頻率小於奈奎斯率，它具有單一的振幅、相位與頻率，正確通過所有這些樣本。

情況 4。二個不同頻率的正弦訊號，以同樣的取樣率取樣具有同樣的樣本值（圖 10.33）。

在本例中，低頻正弦訊號過度取樣而高頻正弦訊號不足取樣。這個說明了不足取樣所導致的含糊不清。若我們只需存取高頻正弦訊號的樣本，且根據取樣理論我們相信這個訊號被適當的取樣，我們可以將它們解釋成從低頻正弦訊號而來。

若正弦訊號 $x_1(t) = A\cos(2\pi f_0 t + \theta)$ 以 f_s 取樣，其樣本會和從另一個正弦訊號 $x_2(t) = A\cos(2\pi(f_0 + kf_s)t + \theta)$，其中 k 為任何整數（包含負整數），所取得的樣本一樣。這個可以用展開參數 $x_2(t) = A\cos(2\pi f_0 t + 2\pi(kf_s)t + \theta))$ 來顯示。樣本發生在時間 nT_s，其中 n 為整數。因此兩個正弦訊號的第 n 個樣本值為

$$x_1(nT_s) = A\cos(2\pi f_0 nT_s + \theta) \quad \text{與} \quad x_2(nT_s) = A\cos(2\pi f_0 nT_s + 2\pi(kf_s)nT_s + \theta)$$

而因為 $f_s T_s = 1$，第二個公式簡化為 $x_2(nT_s) = A\cos(2\pi f_0 nT_s + 2k\pi n + \theta)$。因為 kn 為整數的乘積，所以也是整數，而且因為在正弦訊號的參數加入一個 2π 的整數倍並不會改變其值，

$$x_2(nT_s) = A\cos(2\pi f_0 nT_s + 2k\pi n + \theta) = A\cos(2\pi f_0 nT_s + \theta) = x_1(nT_s)$$

帶限週期訊號

在前面章節中，我們知道對於一個訊號足夠取樣的需求是什麼。我們同樣學到，一般而言將訊號完整的重建需要無限多個樣本。因為任何的 DSP 系統只有有限的儲存能力。探討利用有限樣本從事訊號分析的方法是很重要的。

有一種訊號可以完全用有限數目的樣本來描述，就是帶限週期訊號。了解一個週期內發生的事就足以描述所有的週期，而一個週期是在間隔上有限的（圖 10.34）。

因此一個週期的帶限週期訊號中的有限數目樣本，由高於奈奎斯率所取得，而且也是

基礎頻率的整數倍，是訊號的完整描述。設定取樣率為基礎頻率的整數倍，保證從任何基礎週期取得的樣本與從其他基礎週期取得的樣本完全一樣。

令訊號為針對帶限週期訊號 x(t)，以高於它的奈奎斯率取樣構成為一個週期訊號 $x_s[n]$，且令 x(t) 的脈衝取樣版本以同樣的速率取樣得到 $x_\delta(t)$（圖 10.35）。

在圖 10.35 中只有顯示一個基礎週期的樣本，來強調一個基礎週期的樣本就已足夠完全描述帶限週期訊號。我們可以求得這些訊號適當的傅立葉轉換（圖 10.36）。

訊號 x(t) 的 CTFT 只有包含脈衝因為它是週期的，且因為它是帶限的，因此只包含有限數目的脈衝。因此有限數目的數字完全在時域與頻域定義訊號的特性。若我們在 X(f) 中的脈衝強度上乘以取樣率 f_s，我們得到與 $X_\delta(f)$ 同樣頻率範圍的脈衝強度。

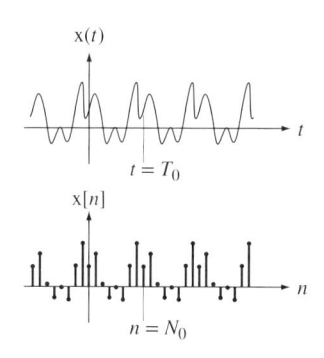

圖 10.34 一個帶限、週期性、連續時間訊號與在一個基礎週期取 8 次的離散時間訊號

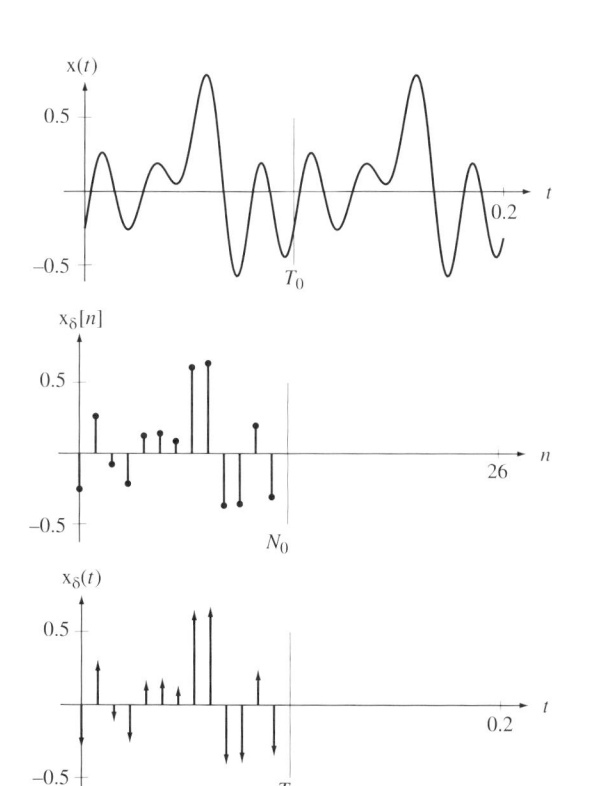

圖 10.35 一個帶限、週期性、連續時間訊號，以及一個高於奈奎斯率取樣所建立的連續時間脈衝訊號

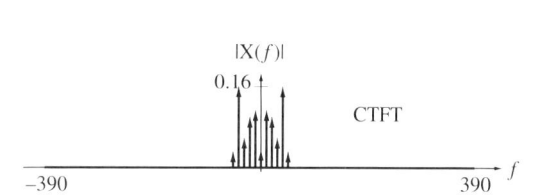

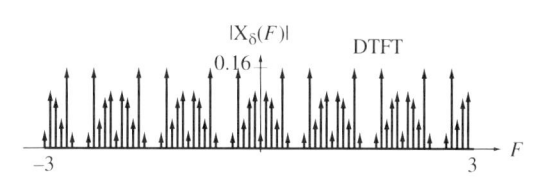

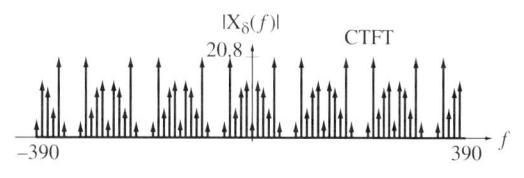

圖 10.36 圖 10.35 中 3 個時域訊號傅立葉轉換之量值

例題 10.5 從 DFT 諧波函數求 CTFS 諧波函數

求訊號 $x(t) = 4 + 2\cos(20\pi t) - 3\sin(40\pi t)$ 之 CTFS 諧波函數，在一個基礎週期下，以高於奈奎斯率之基礎頻率整數倍來取樣，求樣本的 DFT 諧波函數。

此訊號只有 3 種頻率 0 Hz、10Hz 與 20 Hz。因此訊號的最高頻率是 $f_m = 20$ Hz 而奈奎斯率是 40 樣本/秒。基礎頻率是 10 Hz 與 20 Hz 的最大公約數，而為 10 Hz。因此我們需以 1/10 秒來取樣。若是我們想在奈奎斯率取樣一個基礎週期，則得到 4 個樣本。若我們以高於基礎頻率整數倍之奈奎斯率取樣，在一個基礎週期裡就必須取 5 或更多個樣本。為了簡化計算，我們在一個基礎週期裡以 8 倍取樣，取樣率為 80 樣本/秒。因此，在 $t = 0$ 時開始取樣，樣本為

$$\{x[0], x[1], \ldots x[7]\} = \{6, 1+\sqrt{2}, 4, 7-\sqrt{2}, 2, 1-\sqrt{2}, 4, 7+\sqrt{2}\}$$

利用公式求離散時間函數之 DFT 諧波函數

$$X[k] = \sum_{n=\langle N_0 \rangle} x[n] e^{-j2\pi kn/N_0}$$

得到

$$\{X[0], X[1], \ldots, X[7]\} = \{32, 8, j12, 0, 0, 0, -j12, 8\}$$

此公式的右邊是函數 $x[n]$ 之 DFT 諧波函數 $X[k]$ 的一個基礎週期。求 $x(t) = 4 + 2\cos(20\pi t) - 3\sin(40\pi t)$ 之 CTFS 諧波函數直接使用

$$c_x[k] = (1/T_0)\int_{T_0} x(t)e^{-j2\pi kt/T_0} dt$$

得到

$$\{c_x[-4], c_x[-3], \ldots, c_x[4]\} = \{0, 0, -j3/2, 1, 4, 1, j3/2, 0, 0\}$$

從這兩個結果，用 $1/N$ 乘以在 DFT 諧波函數中的 $\{X[0], X[1], X[2], X[3], X[4]\}$，而 CTFS 諧波值 $\{c_x[0], c_x[1], c_x[2], c_x[3], c_x[4]\}$ 是一樣的，且利用 $X[k]$ 是具有基礎週期 8 的週期性，$(1/8)\{X[-4], X[-3], X[-2], X[-1]\}$ 與 $\{c_x[-4], c_x[-3], c_x[-2], c_x[-1]\}$ 也同樣相同。

現在讓我們違反取樣理論以奈奎斯率取樣。在此情況下，在一個基礎週期有 4 個樣本

$$\{x[0], x[1], x[2] x[3]\} = \{6, 4, 2, 4\}$$

DFT 諧波函數一個週期為

$$\{X[0], X[1], X[2], X[3]\} = \{16, 4, 0, 4\}$$

CTFS 諧波函數非 0 之值如下

$$\{c_x[-2], c_x[-1], \ldots, c_x[2]\} = \{-j3/2, 1, 4, 1, j3/2\}$$

其中 $c_x[2]$ 的 $j3/2$ 在 DFT 諧波函數中不見了，因為 $X[2] = 0$。這是正弦訊號在 40 Hz 的振幅。這說明了，若我們就以奈奎斯率取樣正弦函數，我們看不見其樣本，因為我們剛好在零穿越點處取樣。

一個周到的讀者可能會注意到在時域上基於樣本以一個基礎週期的訊號描述，包含一組有限的數值 $x_s[n]$，$n_0 \leq n \leq n_0 + N$，內含 N 個獨立實數，而相對應的訊號描述 DFT 諧

波函數，包含一組有限的數值 $X_s[k]$, $k_0 \leq k \leq k_0 + N$，內含 N 個複數，亦即有 $2N$ 個實數（每一個複數有兩個實數，一個實部一個虛部）。因此看起來在時域的描述比在頻域的描述更有效率，因為它用到較少的實數。但是如何讓 $X_s[k]$ 這組數值 ($k_0 \leq k \leq k_0 + N$) 直接從 $x_s[n]$ 這組數值 ($n_0 \leq n \leq n_0 + N$) 中計算時，會沒有額外的資訊？進一步檢視兩組數據的關係時，會顯示這種明顯的差異是一種錯覺。

當第一次在第 7 章中討論時，$X_s[0]$ 總是實數。它可以用 DFT 公式計算

$$X_s[0] = \sum_{n=\langle N \rangle} x_s[n]$$

因為所有的 $x_s[n]$ 是實數，因此 $X_s[0]$ 必須也是實數，因為它只是所有 $x_s[n]$ 相加。因此此數永遠不可能是一個非 0 的虛部。接著有兩種情況要考慮，N 是偶數與 N 是奇數。

情況 1　N 是偶數

為了簡化與不失一般性，在

$$X_s[k] = \sum_{n=\langle N \rangle} x_s[n]e^{-j\pi kn/N} = \sum_{n=k_0}^{k_0+N-1} x_s[n]e^{-j\pi kn/N}$$

中，令 $k_0 = -N/2$。於是

$$X_s[k_0] = X_s[-N/2] = \sum_{n=\langle N \rangle} x_s[n]e^{j\pi n} = \sum_{n=\langle N \rangle} x_s[n](-1)^n$$

則 $X_s[-N/2]$ 保證是實數。所有的 DFT 諧波函數值在一個週期中，除了 $X_s[0]$ 和 $X_s[-N/2]$ 以外，$X_s[k]$，也和 $X_s[-k]$ 成對發生。接著回想任何實值 $x_s[n]$，$X_s[k] = X_s^*[-k]$。亦即，一旦我們知道 $X_s[k]$ 就知道 $X_s^*[-k]$。因此雖然每個 $X_s[k]$ 包含兩個實數，且每個 $X_s[-k]$ 也是，$X_s[-k]$ 並未增加任何資訊，因為我們已經知道 $X_s[k] = X_s^*[-k]$。$X_s[-k]$ 和 $X_s[k]$ 之間並非獨立。因此現在我們有獨立數值 $X_s[0]$, $X_s[-N/2]$ 與 $X_s[k]$, $1 \leq k \leq N/2$。從 $k = 1$ 至 $k = N/2 - 1$ 的所有 $X_s[k]$ 得到總數為 $2(N/2 - 1) = N - 2$ 之獨立實數。將兩個保證實數的 $X_s[0]$ 與 $X_s[N/2]$ 加上去，我們最後可以得到此訊號總數為 N 的獨立實數在頻域描述。

情況 2　N 是奇數

為了簡化與不失一般性，令 $k_0 = -(N - 1)/2$。在此情形下，我們只是將 $X_s[0]$ 加上 $(N - 1)/2$ 個共軛複數對 $X_s[k]$ 與 $X_s[-k]$。我們已經知道 $X_s[k] = X_s^*[-k]$。因此我們有實值 $X_s[0]$ 與每個共軛複數對裡的兩個獨立實數，或是用在總數為 N 之獨立實數的 $N - 1$ 個獨立實數。

獨立實數形式的資訊內容，保存在從時域轉換至頻域的過程當中。

利用 DFT 從事訊號處理

CTFT-DFT 關係

在以下發展 CTFT 和 DFT 之關係，從原來函數之 CTFT 的處理步驟到 DFT 將以一個範例訊號來說明。許多 DFT 的使用乃為了訊號處理運算所開發。我們將使用 DTFT 之 F 形式，因為此轉換的關係有點與以 Ω 形式相對應。

令訊號 x(t) 被取樣，且樣本總數為 N，其中 $N = Tf_s$，T 為總取樣時間，而 f_s 為取樣頻率。則樣本之間的時間為 $T_s = 1/f_s$。下列的原始訊號是同時在實域與頻域（圖 10.37）。

從 CTFT 轉換至 DFT 的第一個處理步驟是從訊號 x(t) 中取樣形成 x$_s$[n] = x(nT_s)。離散時間函數在頻域的相對應部分是它的 DTFT。在下一節中我們將探討這兩個轉換間的關係。

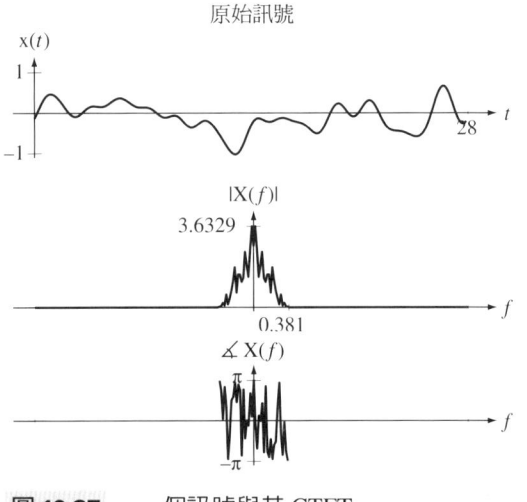

圖 10.37 一個訊號與其 CTFT

CTFT-DTFT 關係 CTFT 是連續時間訊號之傅立葉轉換，而 DTFT 是離散時間訊號之傅立葉轉換。若我們將連續時間訊號 x(t) 乘以一個週期為 T_s 的週期脈衝，可以建立連續時間脈衝函數

$$x_\delta(t) = x(t)\delta_{T_s}(t) = \sum_{n=-\infty}^{\infty} x(nT_s)\delta(t-nT_s) \tag{10.3}$$

若我們建構一個函數 x$_s$[n]，它的值是原來連續時間函數 x(t) 在 T_s 整數倍上的值（因此也是在連續時間脈衝函數 x$_\delta$(t) 上脈衝的強度），我們可以得到 x$_s$[n] = x(nT_s) 之關係。兩個函數 x$_s$[n] 與 x$_\delta$(t) 由同樣一組數值（脈衝強度）來描述而包含同樣的資訊。若我們現在求 (10.3) 式之 CTFT 可以得到

$$X_\delta(f) = X(f) * f_s \delta_{f_s}(f) = \sum_{n=-\infty}^{\infty} x(nT_s)e^{-j2\pi f nT_s}$$

其中 $f_s = 1/T_s$ 且 $x(t) \overset{\mathcal{F}}{\longleftrightarrow} X(f)$ 或

$$X_\delta(f) = f_s \sum_{k=-\infty}^{\infty} X(f-kf_s) = \sum_{n=-\infty}^{\infty} x_s[n]e^{-j2\pi fn/f_s}$$

若我們改變變數 $f \to f_s F$ 可以得到

$$X_\delta(f_s F) = f_s \sum_{k=-\infty}^{\infty} X(f_s(F-k)) = \underbrace{\sum_{n=-\infty}^{\infty} x_s[n]e^{-j2\pi nF}}_{=X_s(F)}$$

最後一個表示式正是 $x_s[n]$ 之 DTFT 的定義,為 $X_s(F)$。綜整一下,若 $x_s[n] = x(nT_s)$ 且 $x_\delta(t) = \sum_{n=-\infty}^{\infty} x_s[n]\delta(t - nT_s)$ 於是

$$\boxed{X_s(F) = X_\delta(f_s F)} \tag{10.4}$$

或

$$\boxed{X_\delta(f) = X_s(f/f_s)} \tag{10.5}$$

也是

$$\boxed{X_s(F) = f_s \sum_{k=-\infty}^{\infty} X(f_s(F - k))} \tag{10.6}$$

(圖 10.38)。

我們現在可以寫出 $x_s[n]$ 之 DTFT 為 $X_s(f)$,用 $x(t)$ 的 CTFT 亦即 $X(f)$ 來表示

$$X_s(F) = f_s X(f_s F) * \delta_1(F) = f_s \sum_{k=-\infty}^{\infty} X(f_s(F - k))$$

是為一個 $X(f)$ 的頻率尺度改變與週期性重複的版本(圖 10.39)。

接著我們必須限制在總離散時間 N 取樣下的樣本數目。令第一個樣本的時間為 $n = 0$(這是 DFT 中內設的假設,其他的時間參考也可以用,但是不同的時間參考只是一個相位

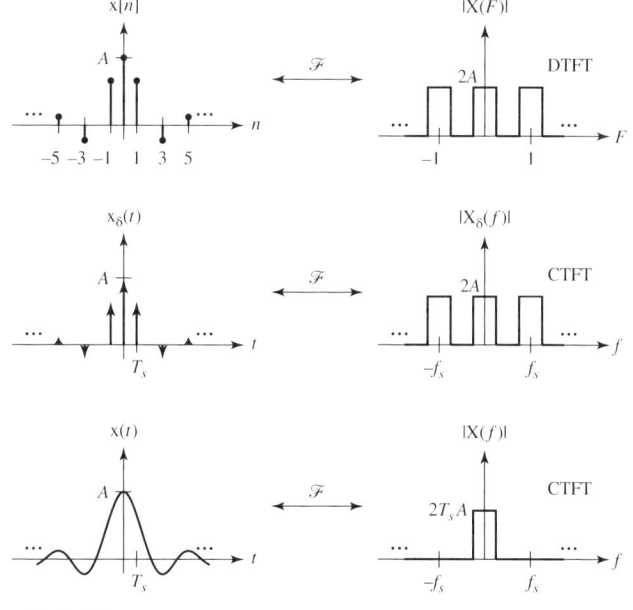

圖 10.38 原始訊號脈衝、取樣後訊號,以及取樣訊號之傅立葉頻譜

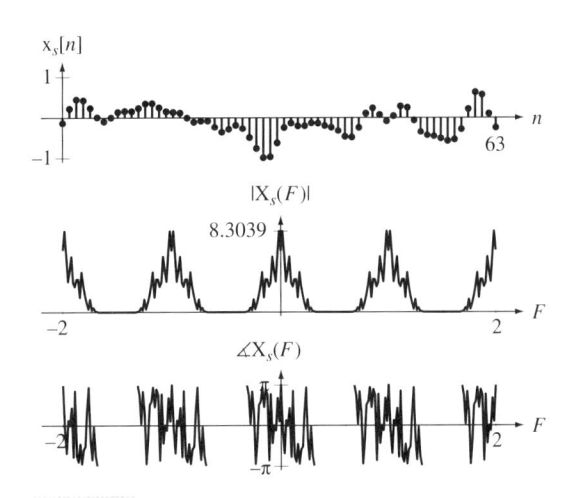

圖 10.39 原始訊號經時間取樣後形成一個離散時間訊號，與離散訊號之 DTFT

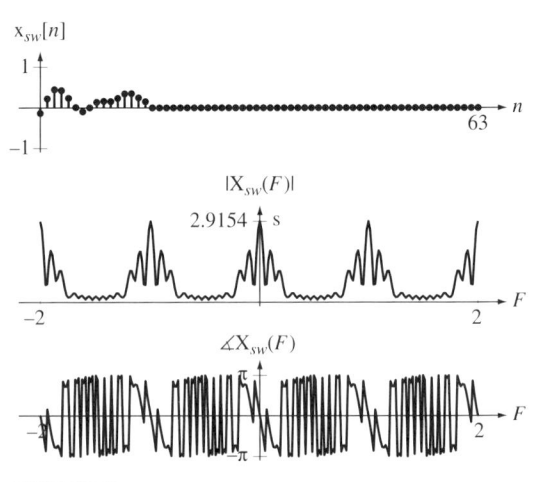

圖 10.40 原始訊號經時間取樣後經加上視窗後形成一個離散時間訊號，與此離散訊號之 DTFT

移並且隨頻率線性變化）。這可以將 $x_s[n]$ 乘以一個**視窗** (window) 函數來完成

$$w[n] = \begin{cases} 1, & 0 \leq n < N \\ 0, & \text{其他} \end{cases}$$

說明於圖 10.40。這個視窗函數只有剛好 N 個非 0 值，第一個在離散時間 $n = 0$。稱此為取樣與視窗化 (sampled-and-windowed) 訊號 $x_{sw}[n]$。於是

$$x_{sw}[n] = w[n]x_s[n] = \begin{cases} x_s[n], & 0 \leq n < N \\ 0, & \text{其他} \end{cases}$$

在離散時間上限制訊號到一個固定範圍 N 的程序稱為視窗化 (windowing)，因為我們只考慮可以經由固定長度視窗看出去的取樣訊號部分。視窗函數不一定要矩形。在實用上以其他視窗形狀來降低在頻域上稱為**滲漏** (leakage) 的效應（下面描述）。$x_{sw}[n]$ 的 DTFT 為訊號 $x_s[n]$ 之 DTFT 與視窗函數 $w[n]$ 之 DTFT 兩者間的週期迴旋，為 $X_{sw}(F) = W(F) \circledast X_s(F)$。視窗函數之 DTFT 為

$$W(F) = e^{-j\pi F(N-1)} N \, \text{drcl}(F, N)$$

於是

$$X_{sw}(F) = e^{-j\pi F(N-1)} N \, \text{drcl}(F, N) \circledast f_s \sum_{k=-\infty}^{\infty} X(f_s(F-k))$$

或是，利用與一個週期訊號做週期迴旋等於與任何非週期訊號做非週期迴旋之事實，可以週期性的重複形成週期訊號，

$$X_{sw}(F) = f_s[e^{-j\pi F(N-1)} N \, \text{drcl}(F, N)] * X(f_s F) \tag{10.7}$$

因此在離散時間於頻域做視窗化的效應是，經時間取樣後的訊號之傅立葉轉換會週期性的與下式做迴旋

$$W(F) = e^{-j\pi F(N-1)} N \,\text{drcl}(F, N)$$

（圖 10.41）。

迴旋的過程會在頻域將 $X_s(F)$ 展開，使得在任何頻率之 $X_s(F)$ 功率會 "滲漏" (leak) 至在 $X_{sw}(F)$ 附近的頻率中。這是 "滲漏" (leakage) 一詞的由來。使用本身 DTFT 於頻域會更被限制的不同視窗函數，可以降低（但不可能完全沒有）滲漏。這可以從圖 10.41 中看到，當樣本數 N 增加時，這個函數的每個基礎週期之主波瓣寬度就下降。所以另一種降低滲漏的方式是使用大量的樣本。

在處理的過程中，我們有一個從取樣與視窗化來的有限數值序列，但視窗化後訊號的 DTFT 是在連續頻率 F 上的週期函數，因此不適用於電腦儲存與操作。事實上是時域函數已

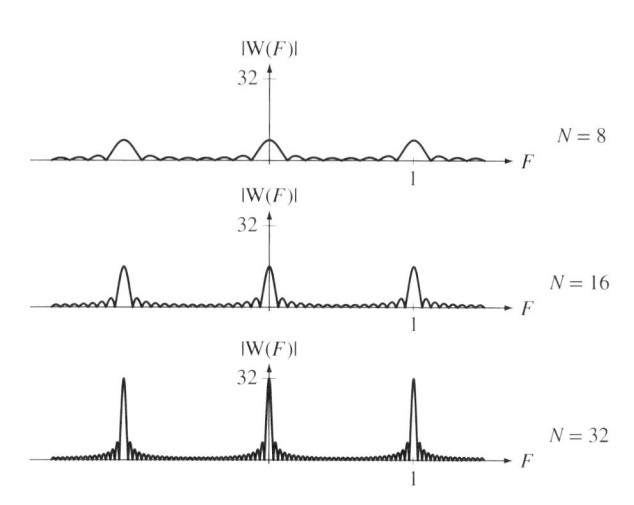

圖 10.41 矩形視窗函數 $w[n] = \begin{cases} 1, & 0 \le n < N \\ 0, & \text{其他} \end{cases}$ 於 3 個不同寬度下之 DTFT 的量值

經因為視窗化的過程而變成時間限制，且頻域函數是週期的，允許我們現在於一個基礎週期下在頻域取樣來完整的描述頻域函數。自然在這個點上會懷疑，一個頻域函數應該如何取樣以便能夠從樣本中重建。這個回答幾乎與從時域訊號中取樣的回答一樣，除了時間與頻率的角色互換。因為前向與反向傅立葉轉換的對偶性，時域與頻域間的關係幾乎一樣。

取樣和週期-重複性之關係　一個週期函數 x[n]，具有基礎週期 N 的反向 DFT 定義如下

$$x[n] = \frac{1}{N} \sum_{k=\langle N \rangle} X[k] e^{j2\pi kn/N} \tag{10.8}$$

在兩邊取 DTFT，利用 DTFT 轉換對 $e^{j2\pi F_0 n} \overset{\mathscr{F}}{\longleftrightarrow} \delta_1(F - F_0)$，我們可以求得 x[n] 之 DTFT 如下

$$X(F) = \frac{1}{N} \sum_{k=\langle N \rangle} X[k]\, \delta_1(F - k/N) \tag{10.9}$$

於是

$$X(F) = \frac{1}{N} \sum_{k=\langle N \rangle} X[k] \sum_{q=-\infty}^{\infty} \delta(F - k/N - q) = \frac{1}{N} \sum_{k=-\infty}^{\infty} X[k]\delta(F - k/N) \tag{10.10}$$

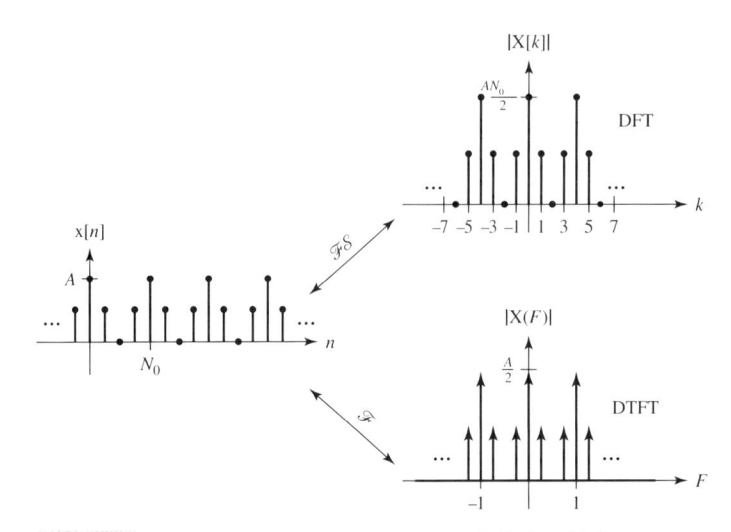

圖 10.42　x[n] = (A/2)[1 + cos(2πn/4)] 之諧波函數與 DTFT

這個顯示出，對於週期函數，DFT 只是 DTFT 的尺度改變之特例。若函數 x[n] 是週期的，它的 DTFT 只包含有發生在 k/N，強度為 X[k]/N 之脈衝（圖 10.42）。

總結一下，具有基礎週期 N 之週期函數 x[n]

$$X(F) = \frac{1}{N} \sum_{k=-\infty}^{\infty} X[k]\delta(F - k/N) \tag{10.11}$$

令 x[n] 為非週期函數具有 DTFT X(F)。令 $x_p[n]$ 為 x[n] 之週期延伸，具有基礎週期 N_p，因此

$$x_p[n] = \sum_{m=-\infty}^{\infty} x[n - mN_p] = x[n] * \delta_{N_p}[n] \tag{10.12}$$

（圖 10.43）。

利用 DTFT 之乘法迴旋對偶，並求 (10.12) 式之 DTFT

$$X_p(F) = X(F)(1/N_p)\delta_{1/N_p}(F) = (1/N_p) \sum_{k=-\infty}^{\infty} X(k/N_p)\delta(F - k/N_p) \tag{10.13}$$

利用 (10.11) 式與 (10.13) 式，

$$X_p[k] = X(k/N_p) \tag{10.14}$$

其中 $X_p[k]$ 是 $x_p[n]$ 的 DFT。若非週期訊號 x[n] 以基礎週期 N_p 週期性的重複形成一個週期訊號 $x_p[n]$，其 DFT 諧波函數值 $X_p[k]$ 可以從 X(F) 找到，它是 x[n] 的 DTFT 而在離散頻率 k/N_p 上評估。這個形成了在頻域取樣與在時域週期重複之相關性。

若我們現在寫出 $x_{sw}[n]$ 的週期性重複，

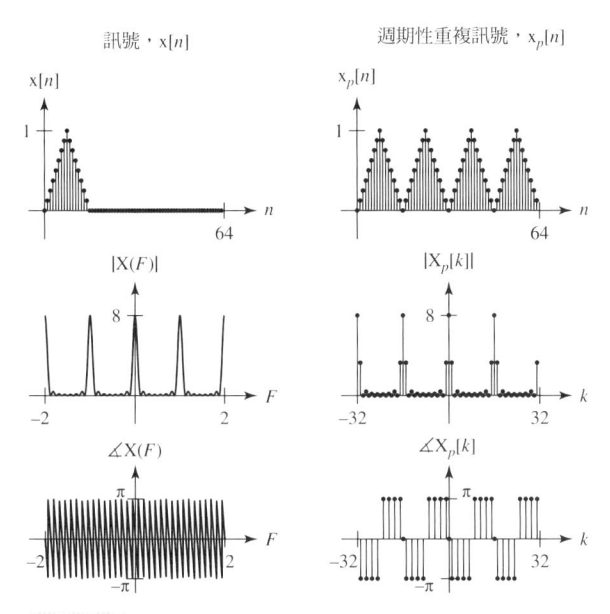

圖 10.43 一個訊號與其 DTFT、訊號的重複與其 DFT 諧波函數

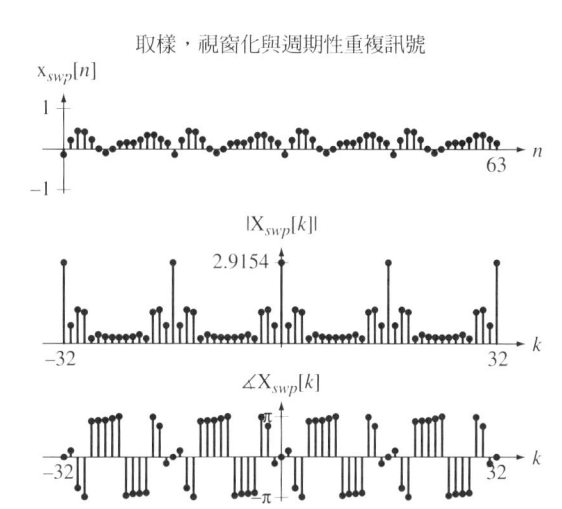

圖 10.44 原始訊號經時間取樣，經加上視窗後，並且週期性的重複形成一個離散時間訊號，與此離散訊號之 DFT

$$\mathrm{x}_{swp}[n] = \sum_{m=-\infty}^{\infty} \mathrm{x}_{sw}[n - mN]$$

具有基礎週期 N，其 DFT 為

$$\mathrm{X}_{swp}[k] = \mathrm{X}_{sw}(k/N), \ k \text{ 為整數}$$

或是，從 (10.7) 式，

$$\mathrm{X}_{swp}[k] = f_s[e^{-j\pi F(N-1)} N \operatorname{drcl}(F,N) * \mathrm{X}(f_s F)]_{F \to k/N}$$

最後一個運算的效應是在頻域取樣，有時稱為**尖樁防護** (picket fencing)（圖 10.44）。

因為 $\mathrm{x}_{sw}[n]$ 的非 0 長度剛好是 N，$\mathrm{x}_{swp}[n]$ 是 $\mathrm{x}_{sw}[n]$ 的週期重複，具有與其長度相等的基礎週期，因此 $\mathrm{x}_{sw}[n]$ 的許多複本沒有重疊而只是接觸。因此，$\mathrm{x}_{sw}[n]$ 可以只是簡單的在離散時間範圍 $0 \leq n < N$ 中隔離 $\mathrm{x}_{sw}[n]$ 中的一個基礎週期，而從 $\mathrm{x}_{swp}[n]$ 中重建。

結果

$$\mathrm{X}_{swp}[k] = f_s[e^{-j\pi F(N-1)} N \operatorname{drcl}(F,N) * \mathrm{X}(f_s F)]_{F \to k/N}$$

為原始訊號在一段有限時間內經取樣，所形成之離散訊號週期性延伸的 DFT。

總結一下，從連續時間訊號之 CTFT 轉移至連續時間訊號擷取一段時間樣本之 DFT，我們在時域做以下的動作：

1. 對連續時間訊號取樣。

2. 用一個視窗函數乘以樣本來視窗化。
3. 從第 2 步中週期性的重複非 0 樣本。

在頻域：

1. 求樣本訊號之 DTFT，它為原始訊號之 CTFT 經尺度改變與週期性重複後的版本。
2. 週期性的將樣本訊號之 DTFT 與視窗函數之 DTFT 迴旋。
3. 從第 2 步中的結果在頻率上取樣。

　　DFT 與反 DFT 為嚴格的數值運算，形成了在 N 個實數與 N 個複數間正確的對應。若這組實數是正好是一個週期的週期性離散時間訊號 x[n] 之 N 個訊號值，則這組 N 個複數為離散時間訊號 DFT X[k] 一週期的複值振幅。它們為複值離散正弦訊號之複值振幅，當相加時會製造出週期性離散時間訊號 N x[n]。

　　若這組 N 個實數是從一個帶限週期連續時間訊號，以高於奈奎斯率且是基礎頻率整數倍的速率，取樣一個週期的一組樣本，這組由 DFT 產生的數值可以尺度改變，並且解釋為連續時間複正弦訊號之複值振幅，當其相加時可以重新建立週期性連續時間訊號。

　　所以當使用 DFT 來分析週期離散時間訊號或是帶限週期連續時間訊號，我們得到的結果完全可以用來計算週期訊號之 DTFS 或 DTFT 或 CTFS 或 CTFT。當我們用 DFT 來分析非週期訊號，我們本質上就是在做趨近，因為 DFT 與反向 DFT 只有對週期訊號正確。

　　若這組 N 個實數代表所有，或實際上所有的非週期離散時間能量訊號之非 0 值，我們可以使用由 DFT 回傳的結果在一組離散頻率上，找到那個訊號 DTFT 之近似。若這組 N 個實數代表在非週期連續時間訊號之所有或實際上所有非 0 範圍上的樣本，則我們可以使用由 DFT 回傳的結果在一組離散頻率上，找到那個連續時間訊號 CTFT 之近似。

用 DFT 計算 CTFS 諧波函數

　　若是一個週期訊號 x(t) 的基礎頻率是 f_0，而且它是以高於奈奎斯率之 f_s 的速率來取樣，而且取樣率對基礎頻率的比 f_s/f_0 是整數，我們可以知道樣本 X[k] 之 DFT 乃相關於訊號 $c_x[k]$ 之 CTFS 諧波函數

$$X[k] = N c_x[k] * \delta_N[k]$$

在此特例中，此一關係是正確的。

用 DFT 計算近似 CTFT

前向 CTFT　　若一個將要轉換的訊號無法馬上用數學函數來描述，或是以傅立葉積分數值方式來解析，我們有時可以用數值的方式以 DFT 找到近似 CTFT。若是待轉換的訊號是因果能量訊號，我們可以在離散頻率 kf_s/N 來近似它的 CTFT

$$X(kf_s/N) \cong T_s \sum_{n=0}^{N-1} x(nT_s)e^{-j2\pi kn/N} \cong T_s \times \mathcal{DFT}(x(nT_s)), \quad |k| << N \tag{10.15}$$

其中 $T_s = 1/f_s$ 且選擇 N 使得時間範圍 0 到 NT_s 涵蓋訊號 x 所有或實際上所有的訊號能量（圖 10.45）。因此若要轉換的訊號是因果能量訊號，而且我們在一個實際上包含它所有能量的時間內取樣，則 (10.15) 式在 $|k| << N$ 時變得正確。

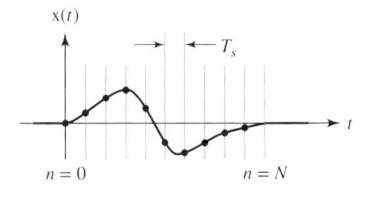

圖 10.45 一個因果能量訊號經過時間 NT_s 以樣本間之 T_s 秒取樣

反向 CTFT 反向 CTFT 定義為 $x(t) = \int_{-\infty}^{\infty} X(f)e^{j2\pi ft}df$。若我們知道 $X(kf_s/N)$ 在範圍 $-N << -k_{max} \leq k \leq k_{max} << N$ 且若 $X(kf_s/N)$ 的大小在範圍外可忽略，對於 $n << N$ 就可表示如下

$$x(nT_s) \cong f_s \times \mathcal{DFT}^{-1}(X_{ext}(kf_s/N))$$

其中

$$X_{ext}(kf_s/N) = \begin{cases} X(kf_s/N), & -k_{max} \leq k \leq k_{max} \\ 0, & k_{max} < |k| \leq N/2 \end{cases}$$

且

$$X_{ext}(kf_s/N) = X_{ext}((k+mN)f_s/N)$$

用 DFT 計算近似 DTFT

使用 DFT 來數值近似 DTFT 已經在第 7 章中推導過。$x[n]$ 的 DTFT 在頻率 $F = k/N$ 或 $\Omega = 2\pi k/N$ 下計算為

$$X(k/N) \cong \mathcal{DFT}(x[n]) \tag{10.16}$$

用 DFT 近似連續時間迴旋

非週期性迴旋 另一個常用 DFT 的時候是在兩個連續時間訊號，使用本身的樣本做迴旋之近似。我們希望對兩個非週期能量訊號 $x(t)$ 和 $h(t)$ 做迴旋。在 $|n| << N$ 下可以得到，

$$y(nT_s) \cong T_s \times \mathcal{DFT}^{-1}(\mathcal{DFT}(x(nT_s)) \times \mathcal{DFT}(h(nT_s))) \tag{10.17}$$

週期性迴旋 令 $x(t)$ 和 $h(t)$ 為兩個週期連續訊號具有共同週期 T，並且以高於奈奎斯率的 f_s 速率剛好在這段時間內取樣，每個訊號取 N 個樣本。令 $y(t)$ 為 $x(t)$ 和 $h(t)$ 的週期迴旋。於是結果如下

$$y(nT_s) \cong T_s \times \mathcal{DFT}^{-1}(\mathcal{DFT}(\text{x}(nT_s)) \times \mathcal{DFT}(\text{h}(nT_s))) \tag{10.18}$$

用 DFT 從事離散時間迴旋

非週期性迴旋 若 x[n] 和 h[n] 是能量訊號，而且大部分的能量發生在 $0 \le n < N$ 之間，對於 $|n| << N$ 可表示如下，

$$y[n] \cong \mathcal{DFT}^{-1}(\mathcal{DFT}(\text{x}[n]) \times \mathcal{DFT}(\text{h}[n])) \tag{10.19}$$

週期性迴旋 令 x[n] 和 h[n] 兩個是週期訊號，具有共同週期 N。令 y[n] 為 x[n] 和 h[n] 兩者的週期性迴旋。則可以表示如下：

$$y[n] = \mathcal{DFT}^{-1}(\mathcal{DFT}(\text{x}[n]) \times \mathcal{DFT}(\text{h}[n])) \tag{10.20}$$

利用 DFT 從事訊號處理一覽

CTFS	$c_x[k] \cong e^{-j\pi k/N} \dfrac{\text{sinc}(k/N)}{N} X[k]$, $|k| << N$
CTFS	$X[k] = N\, c_x[k] * \delta_N[k]$ 若 $f_s > f_{Nyq}$ 且 f_s/f_0 是一個整數
CTFT	$X(kf_s/N) \cong T_s \times \mathcal{DFT}(\text{x}(nT_s))$
DTFT	$X(k/N) \cong \mathcal{DFT}(\text{x}[n])$
連續時間非週期性迴旋	$[\text{x}(t) * \text{h}(t)]_{t \to nT_s} \cong T_s \times \mathcal{DFT}^{-1}(\mathcal{DFT}(\text{x}(nT_s)) \times \mathcal{DFT}(\text{h}(nT_s)))$
離散時間非週期性迴旋	$x[n] * h[n] \cong \mathcal{DFT}^{-1}(\mathcal{DFT}(\text{x}[n]) \times \mathcal{DFT}(\text{h}[n]))$
連續時間週期性迴旋	$[\text{x}(t) \circledast \text{h}(t)]_{t \to nT_s} \cong T_s \times \mathcal{DFT}^{-1}(\mathcal{DFT}(\text{x}(nT_s)) \times \mathcal{DFT}(\text{h}(nT_s)))$
離散時間週期性迴旋	$x[n] \circledast h[n] = \mathcal{DFT}^{-1}(\mathcal{DFT}(\text{x}[n]) \times \mathcal{DFT}(\text{h}[n]))$

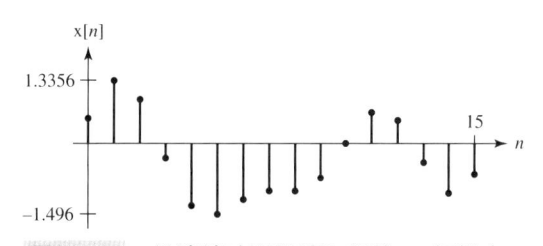

圖 10.46 從連續時間訊號取得的 16 個樣本

一個典型使用 DFT 用法是預測只使用從其本身得到的有限樣本之連續時間訊號的 CTFT。假設我們取樣一個連續時間訊號 x(t)，以 1000 樣本 / 秒之速率取樣 16 次，得到樣本 x[n] 如圖 10.46 所示。

到目前為止我們知道什麼？我們知道在時間上之 x(t) 於 16 ms 範圍內 16 點的值。我們不知道在 x(t) 的前後之訊號值。我們同樣不知道在所取得的樣本之間的訊號值。因此要對 x(t) 與其 CTFT 下一個合理的結論，我們需要更多的資訊。

假設我們知道 x(t) 帶限至 500 Hz 以下。若它是帶限就不能是時限，所以在我們擷取訊號樣本的時間之外的訊號值不為 0。事實上，它們不可能是任何常數，因為它們若是常數的話，我們就可以從訊號中扣掉，以建立一個不可能是帶限的時限訊號。在 16 ms 範圍外

的訊號可以有很多的變化或是以一種週期圖案重複。若它們是以一種週期圖案重複，而用這 16 個值為基礎週期，則 x(t) 就是帶限、週期訊號且獨一無二。這是唯一用來製造這些樣本具有這種基礎週期的帶限訊號。這些樣本與其 DFT 構成了 DFT 轉換對

$$x[n] \xleftrightarrow[16]{\mathcal{DFT}} X[k]$$

CTFS 諧波函數 $c_x[k]$ 可以由 DFT 經由

$$X[k] = Nc_x[k] * \delta_N[k] \text{ 若 } f_s > f_{Nyq} \text{ 且 } f_s/f_0 \text{ 是一個整數}$$

得到，而 x(t) 可以完全的回復。同樣的，CTFT 是一組經由訊號基礎頻率分隔的脈衝，它的強度與 CTFS 諧波函數的值一樣。

現在讓我們對於在 16 ms 時間範圍外所發生的事做一個假設。假設我們知道在我們所取樣的 16 ms 時間範圍外 x(t) 的值為 0。這是時限但是不能為帶限，因此我們不能完全滿足取樣定理。但是若訊號夠平滑，而我們又取得夠快，且有可能超過奈奎斯率之 CTFT 的訊號能量可以忽略，我們就可以在一組離散的頻率下利用下式計算 x(t) 夠好的 CTFT 近似。

$$X(kf_s/N) \cong T_s \times \mathcal{DFT}(x(nT_s))$$

▶ 10.3 離散時間取樣

週期脈衝取樣

在前面章節中，所有取樣的訊號都是連續時間訊號。離散時間訊號也可以被取樣。就如同在連續時間訊號取樣，在離散時間訊號取樣的主要重點是，訊號的資訊是否可以在取樣過程中被保留下來。在離散時間訊號處理中使用兩種補充的處理來改變訊號的取樣率，亦即**改變取樣** (decimation) 與**內插** (interpolation)。改變取樣是降低樣本數目的過程而內插是增加樣本數目的過程。我們首先考慮改變取樣。

我們經由乘以一個連續時間週期脈衝，來用脈衝取樣一個連續時間訊號。類似的作法，我們可以經由乘以一個離散時間週期脈衝，來取樣一個離散時間訊號。令待被取樣的離散時間訊號為 x[n]。則取樣訊號為

$$x_s[n] = x[n]\delta_{N_s}[n]$$

其中 N_s 為樣本間的離散時間（圖 10.47）。

取樣後訊號的 DTFT 為

$$X_s(F) = X(F) \circledast F_s\delta_{F_s}(F), \ F_s = 1/N_s$$

（圖 10.48）。

圖 10.47 離散時間取樣範例

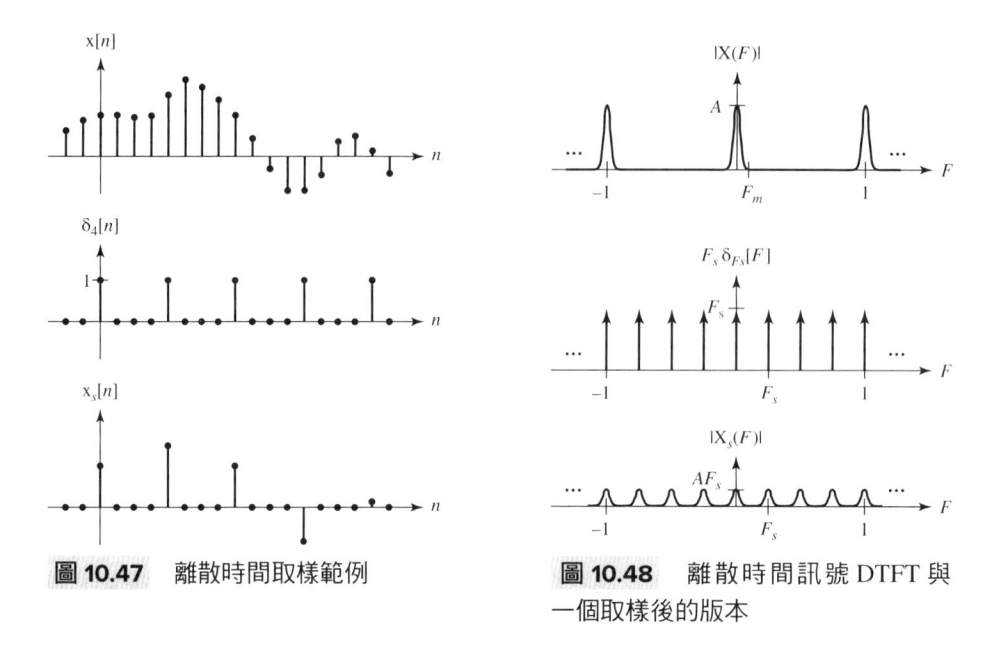

圖 10.48 離散時間訊號 DTFT 與一個取樣後的版本

離散時間取樣與連續時間取樣二者之相似是明顯的。在這二種情形下，若疊頻訊號沒有重疊，則原始訊號就可以從樣本裡重建，且具有一個重建此訊號的一個最小取樣率。取樣率必須符合不等式 $F_s > 2F_m$，F_m 是高於原始離散時間訊號為 0（在基本的基礎周期，$|F| < 1/2$）之 DTFT 的離散時間循環頻率。亦即，對於 $F_m < |F| < 1 - F_m$，原始訊號之 DTFT 為 0。一個離散時間訊號在離散時間的角度上符合此要求則為帶限。

就如同連續時間取樣，若一個訊號經由適當的取樣，我們就可以用內插從樣本中重建。此一重建原始訊號的過程描述於離散-時間-頻率域就如一個低通濾波的處理，

$$X(F) = X_s(F)[(1/F_s)\text{rect}(F/2F_c) * \delta_1(F)]$$

其中 F_c 為理想低通離散時間濾波器之截止離散時間頻率。在離散時間域之對等操作是離散時間迴旋。

$$x[n] = x_s[n] * (2F_c/F_s)\text{sinc}(2F_c n)$$

在實際對離散時間訊號取樣的應用中，保持取樣點間所有的 0 值是不太合理的，因為我們已知它們為 0。因此我們通常建立一個新的訊號 $x_d[n]$，它只有包含離散時間訊號在取樣間隔 N_s 整數倍之離散時間訊號 $x_s[n]$ 的值。這種形成新訊號的過程稱為**改變取樣** (decimation)。改變取樣在第 3 章中有大概的描述。訊號間的關係如下：

$$x_d[n] = x_s[N_s n] = x[N_s n]$$

在離散時間做時間尺度改變的運算，對於 $N_s > 1$，導致離散時間壓縮，而在離散-時間-頻率域的相對效果是離散-時間頻率的展開。$x_d[n]$ 的 DTFT 為

$$X_d(F) = \sum_{n=-\infty}^{\infty} x_d[n]e^{-j2\pi Fn} = \sum_{n=-\infty}^{\infty} x_s[N_s n]e^{-j2\pi Fn}$$

我們可以改變變數 $m = N_s n$ 得到

$$X_d(F) = \sum_{\substack{m=-\infty \\ m=\text{整數} \\ N_s \text{ 的倍數}}}^{\infty} x_s[m]e^{-j2\pi Fm/N_s}$$

現在,現在我們充分利用在 $m = N_s$ 的整數倍之所有允許值間之 $x_s[n]$ 為 0,可以將 0 包含在加法中,得到

$$X_d(F) = \sum_{m=-\infty}^{\infty} x_s[m]e^{-j2\pi(F/N_s)m} = X_s(F/N_s)$$

所以改變取樣後之訊號之 DTFT 為被取樣訊號之 DTFT 的離散 - 時間 - 頻率 - 尺度改變版本(圖 10.49)。

小心注意到,改變取採訊號之 DTFT 不是原始訊號 DTFT 之離散 - 時間 - 頻率尺度改變的版本,而是一個原始訊號經離散 - 時間 - 取樣後 DTFT 之離散 - 時間 - 頻率尺度改變的版本,

$$X_d(F) = X_s(F/N_s) \neq X(F/N_s)$$

不足取樣 (downsampling) 一詞通常用來取代改變取樣 (decimation)。這一稱呼是從離散時間訊號是由離散時間訊號取樣所製造的由來。若連續時間訊號用某個因數過度取樣,則離散時間訊號可以用同樣的因數改變取樣,而不會失去原來連續時間訊號的資訊,因此降低有效的取樣率或不足取樣。

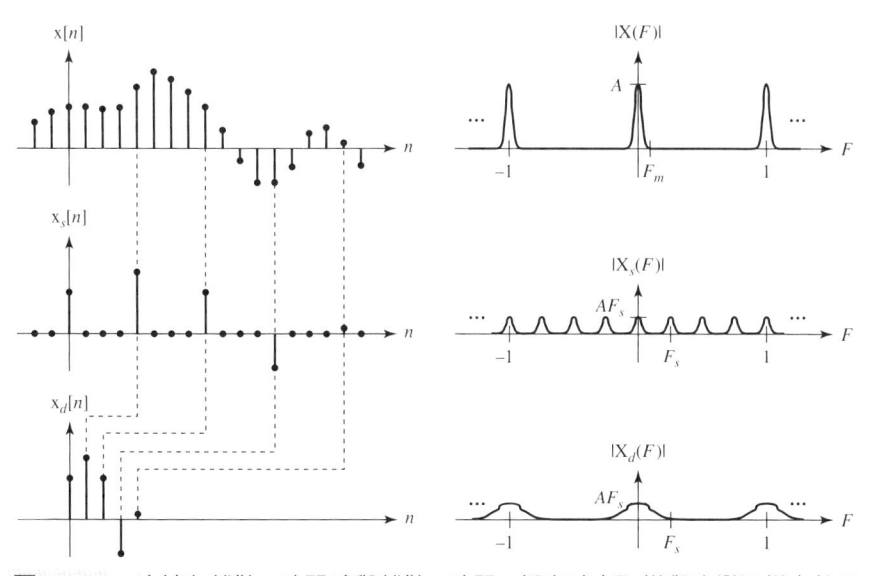

圖 10.49 比較在離散 - 時間域與離散 - 時間 - 頻率域之取樣與改變取樣之效果

內插

改變取樣的相對是內插或是 **過度取樣** (upsampling)。這個過程只是改變取樣的相反程序。首先將額外的 0 放在樣本間，接著所形成的訊號就由理想離散時間低通濾波器濾波。令原來離散時間訊號為 x[n]，且訊號在樣本間加入 $N_s - 1$ 個 0 構成 $x_s[n]$。於是

$$x_s[n] = \begin{cases} x[n/N_s], & n/N_s \text{ 為一個整數} \\ 0, & \text{其他} \end{cases}$$

x[n] 的離散時間展開形成 $x_s[n]$，此為 $x_s[n]$ 改變取樣的離散時間壓縮形成 $x_d[n]$ 之完全相反程序，因此我們可以預期在離散 - 時間 - 頻率域的效應也是相反的。一個離散時間用 N_s 因數展開，建立了一個以同樣因數在離散 - 時間 - 頻率的壓縮，

$$X_s(F) = X(N_s F)$$

（圖 10.50）。

訊號 $x_s[n]$ 可以低通濾波在非 0 值之間內插。若我們利用以下轉移函數的理想單位低通濾波器

$$H(F) = \text{rect}(N_s F) * \delta_1(F)$$

可得到內插訊號

$$X_i(F) = X_s(F)[\text{rect}(N_s F) * \delta_1(F)]$$

而在離散 - 時間域的相對為

$$x_i[n] = x_s[n] * (1/N_s)\text{sinc}(n/N_s)$$

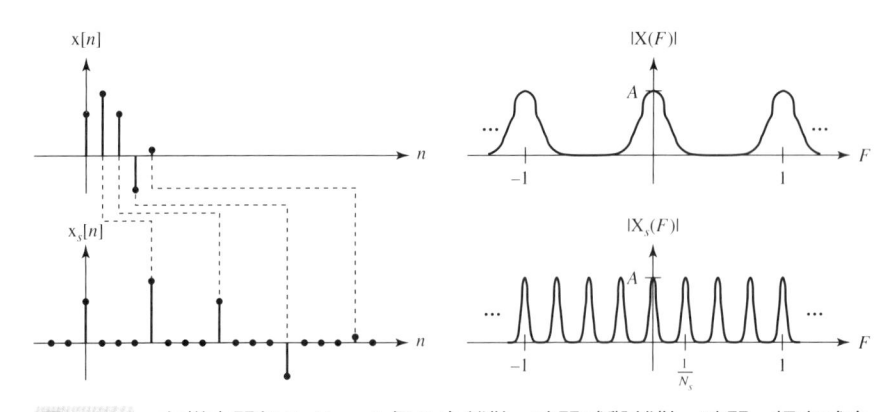

圖 10.50 在樣本間加入 $N_s - 1$ 個 0 之離散 - 時間域與離散 - 時間 - 頻率域之間的效應

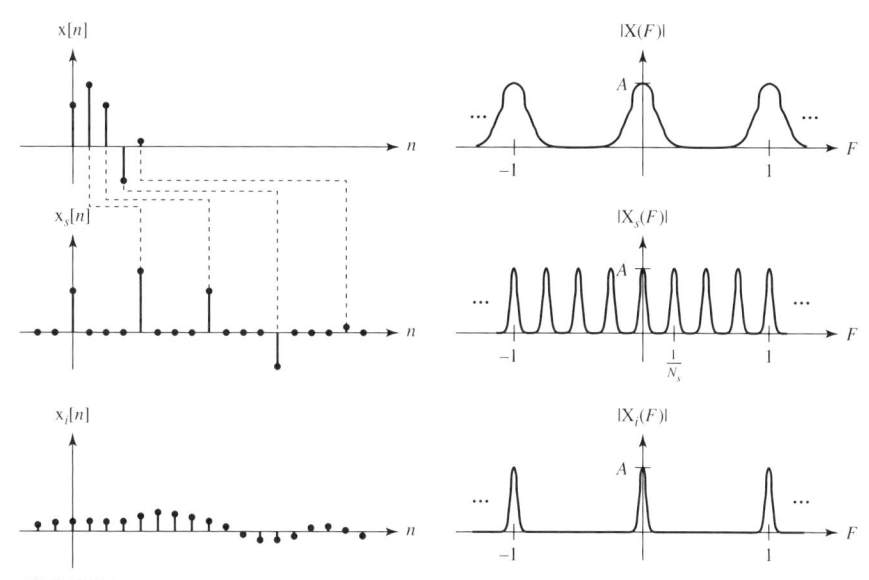

圖 10.51 比較在離散 - 時間域與離散 - 時間 - 頻率域之間的展開與內插效應

（圖 10.51）。

注意到內插使用理想單位低通濾波器產生一個增益因數 $1/N_s$，降低了相對於原始訊號 x[n] 的內插訊號 $x_i[n]$ 之振幅。這可以用一個具有增益 N_s 的理想低通濾波器來補償，而非用單位增益。

$$H(F) = N_s \text{rect}(N_s F) * \delta_1(F)$$

例題 10.6

對在一個基礎週期下以 80 kHz 對下列訊號取樣，形成一個離散訊號 x[n]。

$$x(t) = 5 \sin(2000\pi t) \cos(20{,}000\pi t)$$

在 x[n] 中每 4 個點取一個樣本，形成 $x_s[n]$，並對 $x_s[n]$ 改變取樣成為 $x_d[n]$。接著以 8 倍的因數對 $x_d[n]$ 過度取樣形成 $x_i[n]$（圖 10.52 和圖 10.53）。

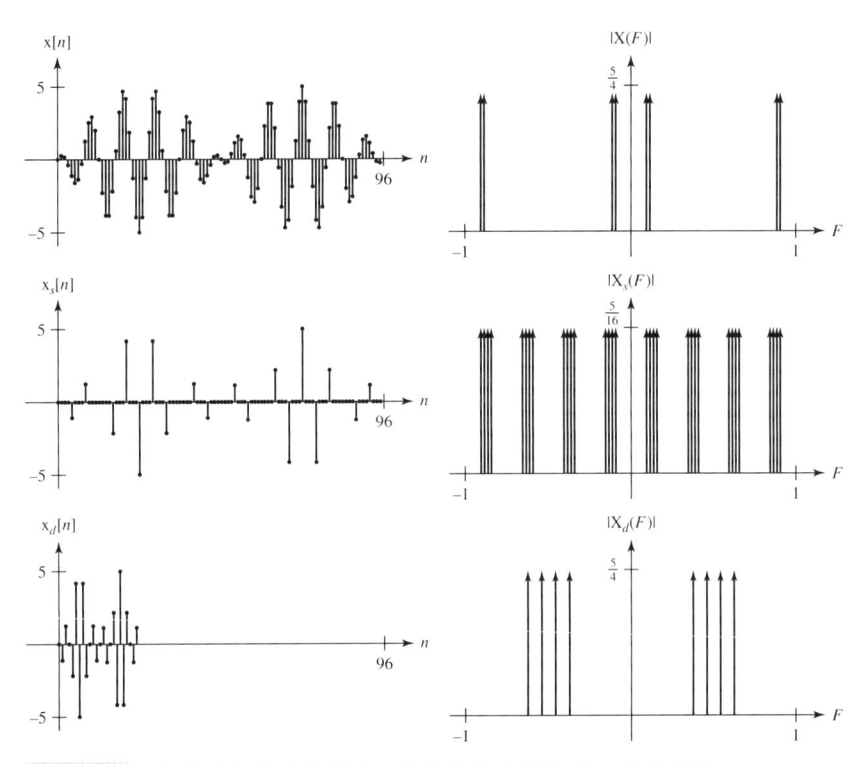

圖 10.52 離散時間訊號的原始、取樣後與改變取樣，及它們的 DTFT

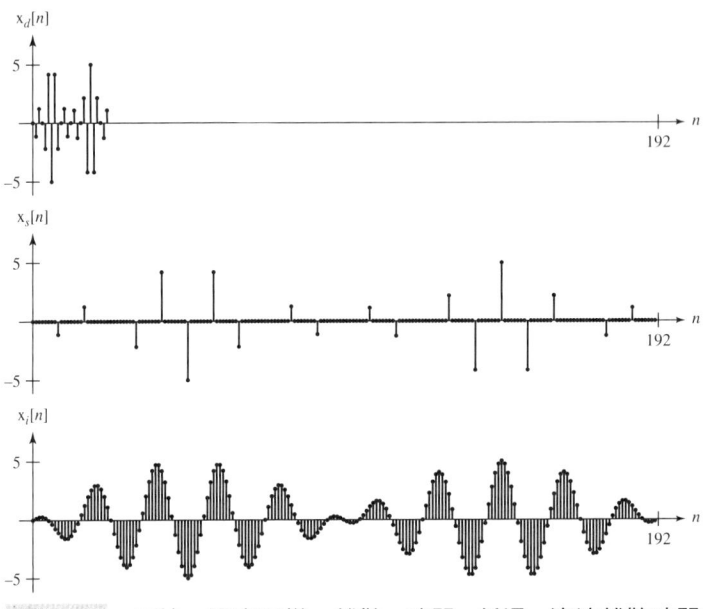

圖 10.53 原始、過度取樣、離散-時間-低通-濾波離散時間訊號

重點概要

1. 一個取樣或脈衝取樣訊號具有傅立葉頻譜，它是被取樣訊號的頻譜之週期性重複的版本。每個重複稱為頻譜複本 (alias)。
2. 若被取樣訊號的頻譜複本沒有重疊，原始訊號就可以從樣本裡回復。
3. 若訊號被以其最高頻率兩倍以上的速率取樣，頻譜複本就不會重疊。
4. 一個訊號不能同時時限又帶限。
5. 理想的內插函數是 sinc 函數，但因為它是非因果的，實用上必須使用其他的方式。
6. 帶限週期訊號可以完全由固定一組數值來描述。
7. 訊號的 CTFT 與從它得到樣本的 DFT，經由在時間上取樣、視窗化與在頻率上取樣的操作互相關聯。
8. DFT 可以用來近似 CTFT、CTFS 與其他常見的訊號處理運算，而且當取樣率以及/或是樣本數增加時，近似會更好。
9. 在離散時間訊號上取樣的技術，可以以幾乎同樣的方式用在取樣離散時間訊號。在頻寬、最低取樣率、疊頻等方面具有類似的觀念。

習題 (EXERCISES)

（每個題解的次序是隨機的）

脈波振幅調變

1. 取樣下列訊號

$$x(t) = 10\,\text{sinc}(500t)$$

將上式乘以下列脈波串列

$$p(t) = \text{rect}(10^4 t) * \delta_{1\text{ms}}(t)$$

形成訊號 $x_p(t)$。畫出 $x_p(t)$ 的 CTFT $X_p(f)$ 之量值圖。

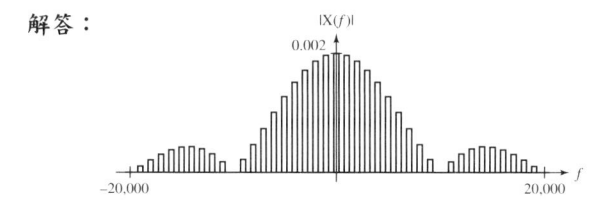

解答：

2. 令

$$x(t) = 10\,\text{sinc}(500t)$$

形成訊號，

$$x_p(t) = [x(t)\delta_{1\text{ms}}(t)] * \text{rect}(10^4 t)$$

畫出 $x_p(t)$ 的 CTFT $X_p(f)$ 之量值圖。

解答：

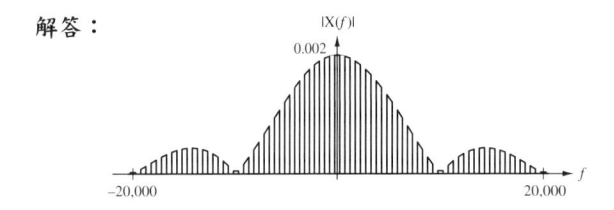

取樣

3. 一個訊號 x(t) = 25 sin(200πt) 用 300 樣本 / 秒取樣，在時間 t = 0 取第 1 個樣本。第 5 個值是多少？

解答：21.651

4. 訊號 x(t) = 30 cos(2000πt) sin(50πt) 以速率 $f_s = 10^4$ 樣本 / 秒來取樣，在時間 t = 0 取第 1 個樣本。第 3 個值是多少？

解答：0.2912

5. 一個連續時間訊號 $x_1(t)$ = 20 sin(100πt) 在速率 f_s = 40 樣本 / 秒下不足取樣形成一個離散時間訊號 x[n]。若 x[n] 中的樣本是從另一個連續時間訊號 $x_2(t)$ 以高於 $x_2(t)$ 最高頻率的 2 倍來取樣，則 $x_2(t)$ 正確的數學描述式為何？

解答：$x_2(t)$ = 20 sin(20πt)

6. 一個連續時間訊號 x(t) = 10 sinc(25t) 在速率 f_s = 20 樣本 / 秒下取樣以形成 x[n]，且 x[n] $\xleftrightarrow{\mathcal{F}}$ $X(e^{j\Omega})$。
   (a) 求 $X(e^{j\Omega})$ 之表示式。
   (b) $X(e^{j\Omega})$ 量值的最大數值為何？

解答：8 rect(Ω/2.5π) ∗ $\delta_{2\pi}(\Omega)$, 16

7. 給定一個訊號 x(t) = tri(100t) 經由速率 f_s = 800 取樣 x(t) 形成 x[n]，並且經由將 x(t) 乘以一個與基礎週期一樣 $f_0 = f_s$ = 800 之單位脈衝週期序列形成一個資訊 - 相等的脈衝訊號 $x_\delta(t)$。畫出 x[n] 之 DTFT 與 $x_\delta(t)$ 之 CTFT 的量值圖。將取樣率改成 f_s = 5000 再重做一次。

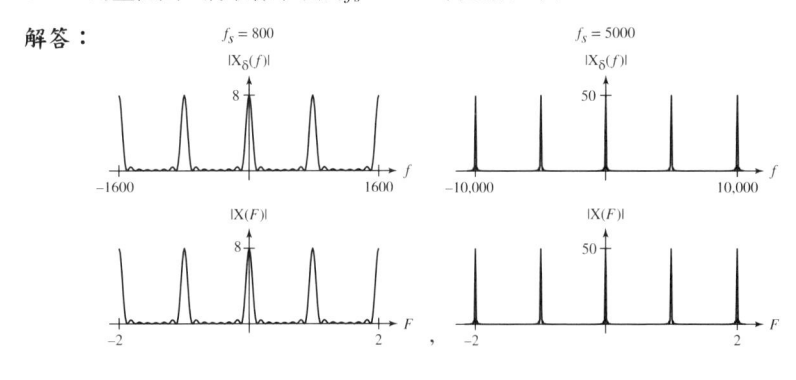

解答：

8. 給定一個帶限訊號 x(t) = sinc(1/4) cos(2πt) 經由速率 f_s = 4 取樣 x(t) 形成 x[n]，並且經由將 x(t) 乘以一個與基礎週期一樣 $f_0 = f_s$ =4 之單位脈衝週期序列形成一個資訊 - 相等的脈衝訊號 $x_\delta(t)$。畫出 x[n] 之 DTFT 與 $x_\delta(t)$ 之 CTFT 的量值圖。將取樣率改成 f_s = 2 再重做一次。

解答：

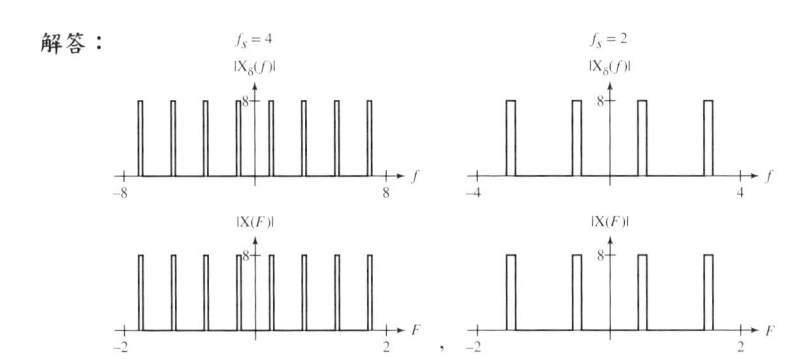

脈衝取樣

9. 令 $x_\delta(t) = K\,\text{tri}(t/4)\delta_4(t - t_0)$ 且令 $x_\delta(t) \xleftrightarrow{\mathcal{F}} X_\delta(f)$。對於 $t_0 = 0$，$X_\delta(f) = X_{\delta 0}(f)$ 且對於 $t_0 = 2$，$X_\delta(f) = G(f)X_{\delta 0}(f)$。函數 $G(f)$ 是什麼？

   解答： $\cos(4\pi f)$

10. 令 $x(t) = 8\,\text{rect}(1/5)$，令脈衝取樣版本為 $x_\delta(t) = x(t)\delta_{T_s}(t)$ 且令 $x_\delta(t) \xleftrightarrow{\mathcal{F}} X_\delta(f)$。$X_\delta(f)$ 的函數行為一般是決定於 T_s，但是對於這個訊號，所有高於某些最小值 $T_{s,\min}$ $X_\delta(f)$ 的 T_s 是一樣的。$T_{s,\min}$ 之數值為何？

    解答： 2.5

11. 對於下列每個 x(t) 訊號，脈衝以乘以一個週期脈衝 $\delta_{T_s}(t)(T_s = 1/f_s)$ 的速率取樣，畫出指定時間範圍內的脈衝取樣訊號 $x_\delta(t)$ 以及它的 $X_\delta(f)$ CTFT 之量值與相角。

    (a) $x(t) = \text{rect}(100t), f_s = 1100$
        $-20\text{ ms} < t < 20\text{ ms}, -3\text{ kHz} < f < 3\text{ kHz}$

    (b) $x(t) = \text{rect}(100t), f_s = 110 \Rightarrow T_s = 1/110 = 9.091\text{ ms}$
        $-20\text{ ms} < t < 20\text{ ms}, -3\text{ kHz} < f < 3\text{ kHz}$

    (c) $x(t) = \text{tri}(45t), f_s = 180$
        $-100\text{ ms} < t < 100\text{ ms}, -400 < f < 400$

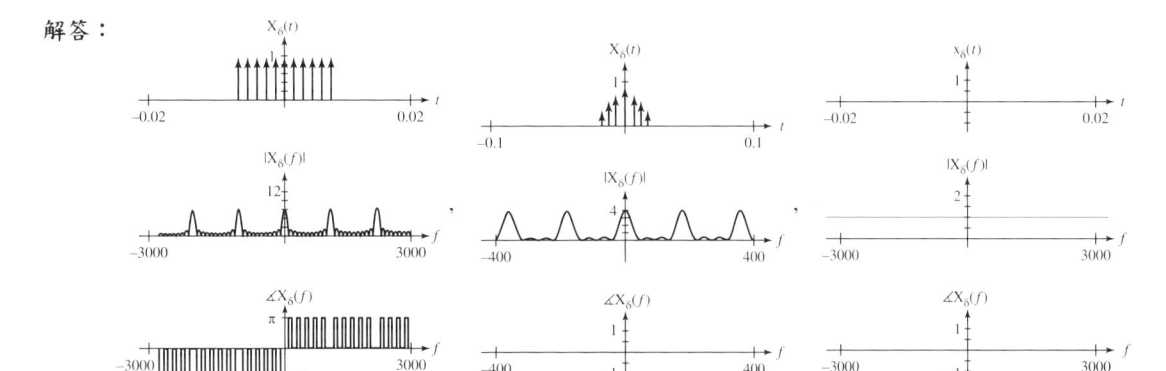

    解答：

12. 給定一個訊號 $x(t) = \text{tri}(200t) * \delta_{0.05}(t)$，脈衝以乘以一個週期脈衝 $\delta_{T_s}(t)(T_s = 1/f_s)$ 的速率 f_s 做脈衝取樣。接著將脈衝取樣訊號 $x_\delta(t)$ 用理想低通濾波器濾波，此濾波器在其通帶的增益為 T_s，且其轉角頻率為奈奎斯頻率。在時間範圍 $-60\text{ ms} < t < 60\text{ ms}$ 下，畫出此訊號 $x_\delta(t)$ 與低通濾波器的響應訊號 $x_f(t)$。

394 訊號與系統——利用轉換方法與 MATLAB 分析

(a) $f_s = 1000$ (b) $f_s = 200$ (c) $f_s = 100$

解答：

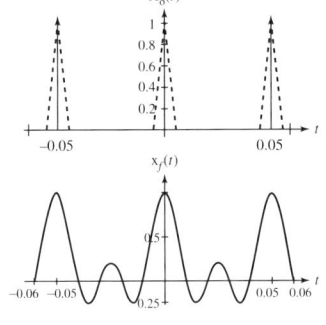

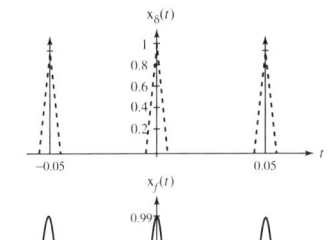

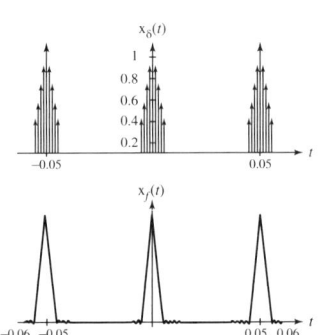

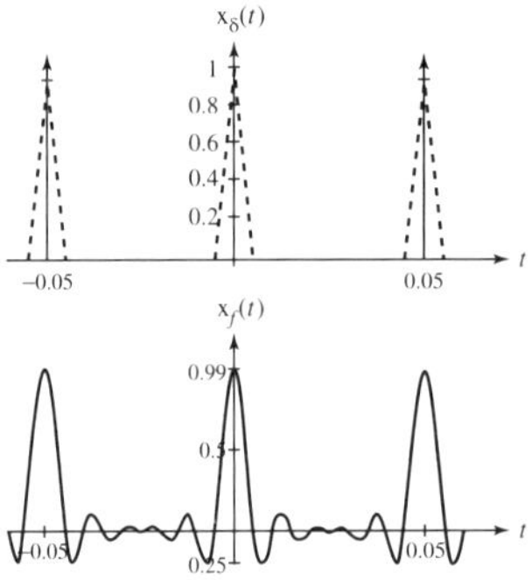

13. 給定一個訊號 $x(t) = 8\cos(24\pi t) - 6\cos(104\pi t)$，脈衝以乘以一個週期脈衝 $\delta_{T_s}(t)(T_s = 1/f_s)$ 的速率取樣。接著將脈衝取樣號訊號用理想低通濾波器濾波，此濾波器在其通帶的增益為 T_s，且其轉角頻率為奈奎斯頻率。在 $x_i(t)$ 的兩個基礎週期下，畫出此訊號 $x(t)$ 與低通濾波器的響應訊號 $x_i(t)$。
    (a) $f_s = 100$ (b) $f_s = 50$ (c) $f_s = 40$

解答：

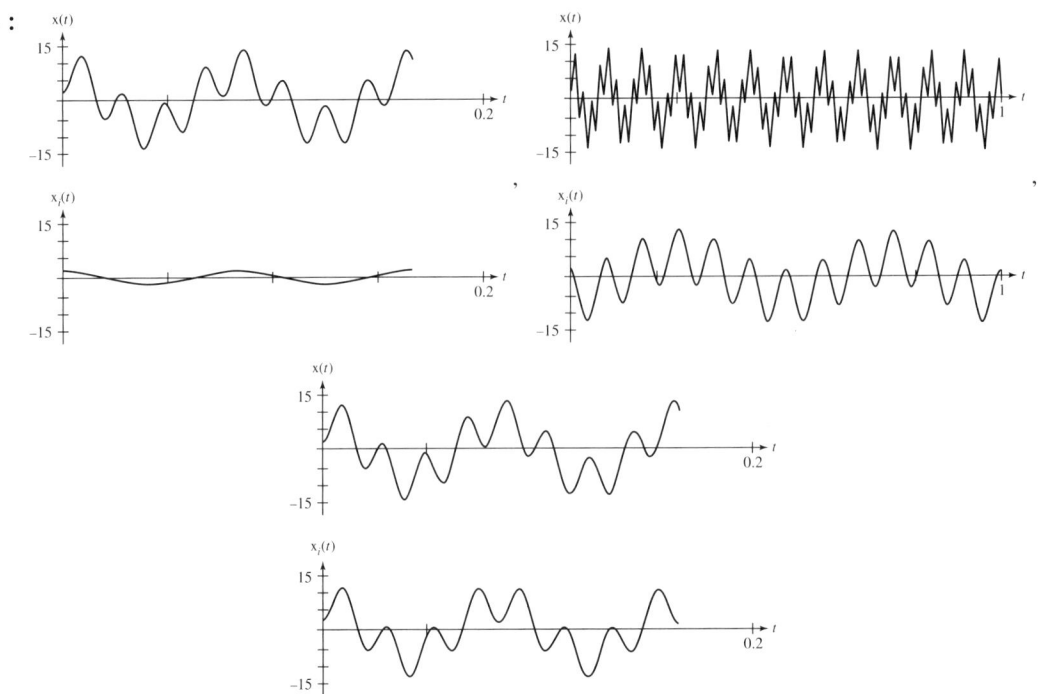

奈奎斯率

14. 求下列訊號的奈奎斯率：

(a) x(t) = sinc(20t)
(b) x(t) = 4 sinc²(100t)
(c) x(t) = 8 sin(50πt)
(d) x(t) = 4 sin(30πt) + 3 cos(70πt)
(e) x(t) = rect(300t)
(f) x(t) = −10 sin(40πt) cos(300πt)
(g) x(t) = sinc(t/2) ∗ δ₁₀(t)
(h) x(t) = sinc(t/2) δ₀.₁(t)
(i) x(t) = 8 tri((t − 4)/12)
(j) x(t) = 13e^{-20t} cos(70πt)u(t)
(k) x(t) = u(t) − u(t − 5)

解答：70, 無限的 , 200, 20, 無限的 , 0.4, 340, 無限的 , 無限的 , 無限的 , 50

15. 令 x(t) = 10 cos(4πt)。

(a) 若 x(t) 是帶限，解釋你的回答。若是帶限的話，奈奎斯率是多少？
(b) 若我們將 x(t) 乘以 rect(t) 形成 y(t)，y(t) 是帶限的嗎？解釋你的回答。若是帶限的話，奈奎斯率是多少？
(c) 若我們將 x(t) 乘以 sinc(t) 形成 y(t)，y(t) 是帶限的嗎？解釋你的回答。若是帶限的話，奈奎斯率是多少？
(d) 若我們將 x(t) 乘以 $e^{-\pi t^2}$ 形成 y(t)，y(t) 是帶限的嗎？解釋你的回答。若是帶限的話，奈奎斯率是多少？

解答：否 , 否 , { 是 , 4 Hz}, { 是 , 5 Hz}

16. 兩個正弦訊號，一個在 40 Hz 另一個在 150 Hz，結合成單一訊號 x(t)。

(a) 若是相加，x(t) 之奈奎斯率是多少？
(b) 若是相乘，x(t) 之奈奎斯率是多少？

解答：380 Hz, 300 Hz

時限與帶限訊號

17. 一個連續時間訊號 x(t)，由 x(t) = 4 cos(2πt)sin(20πt) 所描述。若 x(t) 由一具有單位增益，頻寬為 10 Hz 的理想單位低通濾波器濾波，響應為正弦訊號。此一正弦訊號的振幅與頻率為何？

解答：2, 9 Hz

18. 畫出下列時限訊號，以及其 CTFT 之量值，並且驗證它們是非帶限的。

(a) x(t) = 5 rect(t/100)
(b) x(t) = 10 tri(5t)
(c) x(t) = rect(t)[1 + cos(2πt)]
(d) x(t) = rect(t)[1 + cos(2πt)] cos(16πt)

解答：

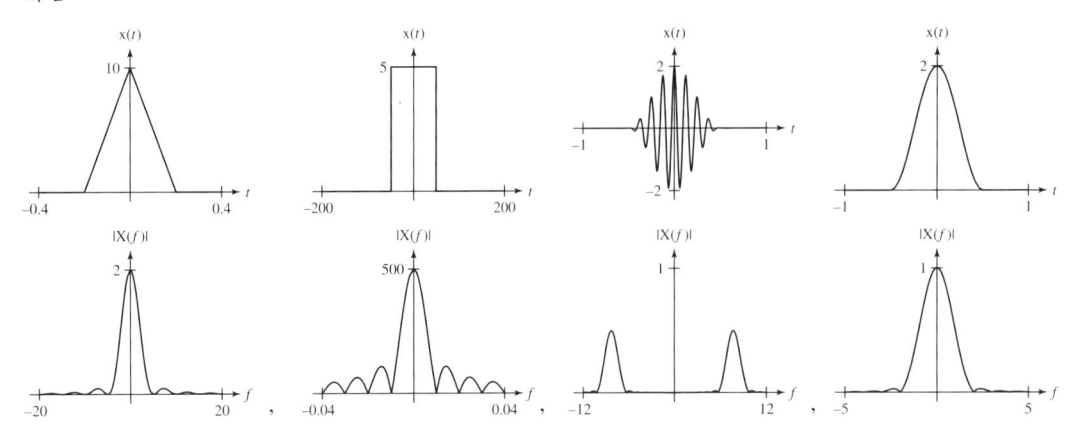

19. 畫出下列帶限訊號 CTFT 的量值，並且求出與畫出反向 CTFT，並且驗證它們是非時限的。
    (a) $X(f) = \text{rect}(f)e^{-j4\pi f}$
    (b) $X(f) = \text{tri}(100f)e^{j\pi f}$
    (c) $X(f) = \delta(f-4) + \delta(f+4)$
    (d) $X(f) = j[\delta(f+4) - \delta(f-4)] * \text{rect}(8f)$

解答：

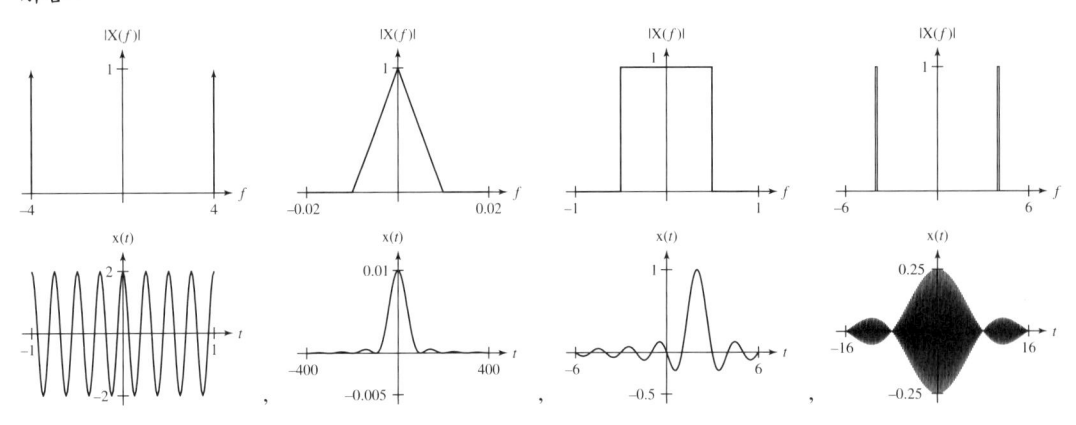

內插

20. 以取樣率 f_s 對訊號 $x(t) = \sin(2\pi t)$ 取樣，接著利用近似，使用 MATLAB 在 $-1 < t < 1$ 內畫出樣本間的內插。

$$x(t) \cong 2(f_c/f_s) \sum_{n=-N}^{N} x(nT_s) \text{sinc}(2f_c(t - nT_s))$$

利用下列的 f_s、f_c 和 N 的組合。

(a) $f_s = 4, f_c = 2, N = 1$
(b) $f_s = 4, f_c = 2, N = 2$
(c) $f_s = 8, f_c = 4, N = 4$
(d) $f_s = 8, f_c = 2, N = 4$
(e) $f_s = 16, f_c = 8, N = 8$
(f) $f_s = 16, f_c = 8, N = 16$

解答：

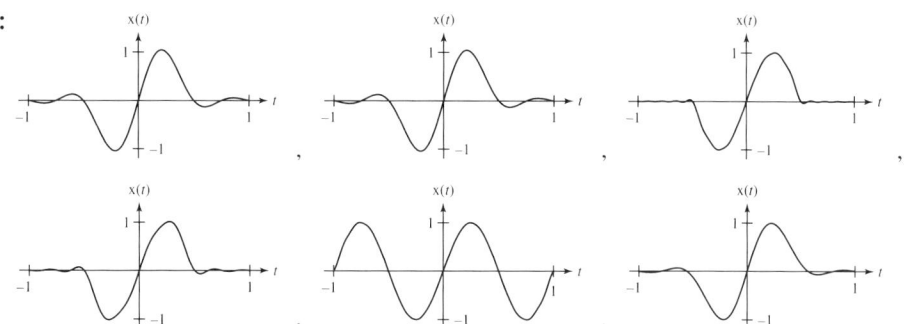

21. 對於下列每個訊號與取樣率，畫出原始訊號與使用零階-保持於時間 $-1 < t < 1$ 範圍內，訊號樣本間的內插。（在此可以使用 MATLAB 函數 stairs）
    (a) $x(t) = \sin(2\pi t), f_s = 8$
    (b) $x(t) = \sin(2\pi t), f_s = 32$
    (c) $x(t) = \text{rect}(t), f_s = 8$
    (d) $x(t) = \text{tri}(t), f_s = 8$

    解答：

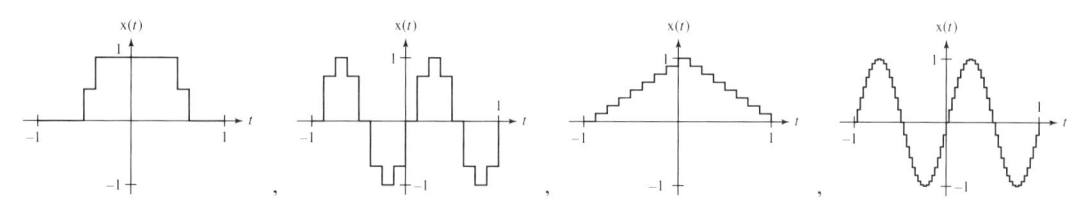

22. 用一階保持取代零階保持，重做 21 題。

    解答：

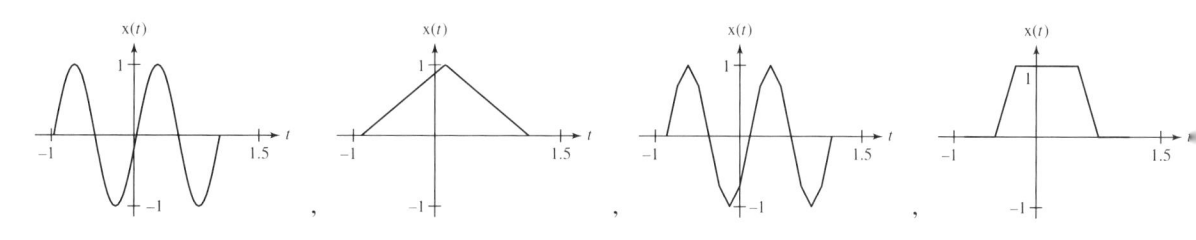

23. 以 f_s 的速率用 N 次取樣下列訊號 $x(t)$，來建立訊號 $x[n]$。在時間範圍 $0 < T < NT_s$ 內，畫出 $x(t)$ 相對於 t 與 $x[n]$ 相對於 nT_s 之圖。求出 N 個樣本之 DFT $X[k]$。接著在頻率範圍 $-f_s/2 < f < f_s/2$，其中 $\Delta f = f_s/N$ 內，畫出 $X(f)$ 相對於 f 與 $T_s X[k]$ 相對於 $k\Delta f$ 之量值與相角。利用 MATLAB 的 plot 指令畫出作為 $k\Delta f$ 連續函數的 $T_s X[k]$。
    (a) $x(t) = 5\,\text{rect}(2(t-2)), \quad f_s = 16, \quad N = 64$
    (b) $x(t) = 3\,\text{sinc}\left(\dfrac{t-20}{5}\right), \quad f_s = 1, \quad N = 40$
    (c) $x(t) = 2\,\text{rect}(t-2)\sin(8\pi t), \quad f_s = 32, \quad N = 128$
    (d) $x(t) = 10\left[\text{tri}\left(\dfrac{t-2}{2}\right) - \text{tri}\left(\dfrac{t-6}{2}\right)\right], \quad f_s = 8, \quad N = 64$
    (e) $x(t) = 5\cos(2\pi t)\cos(16\pi t), \quad f_s = 64, \quad N = 128$

398 訊號與系統──利用轉換方法與 MATLAB 分析

解答：

[Figures showing x(t), |X(f)|, ∠X(f), x[n], |T_sX[k]|, ∠T_sX[k] plots for multiple signals]

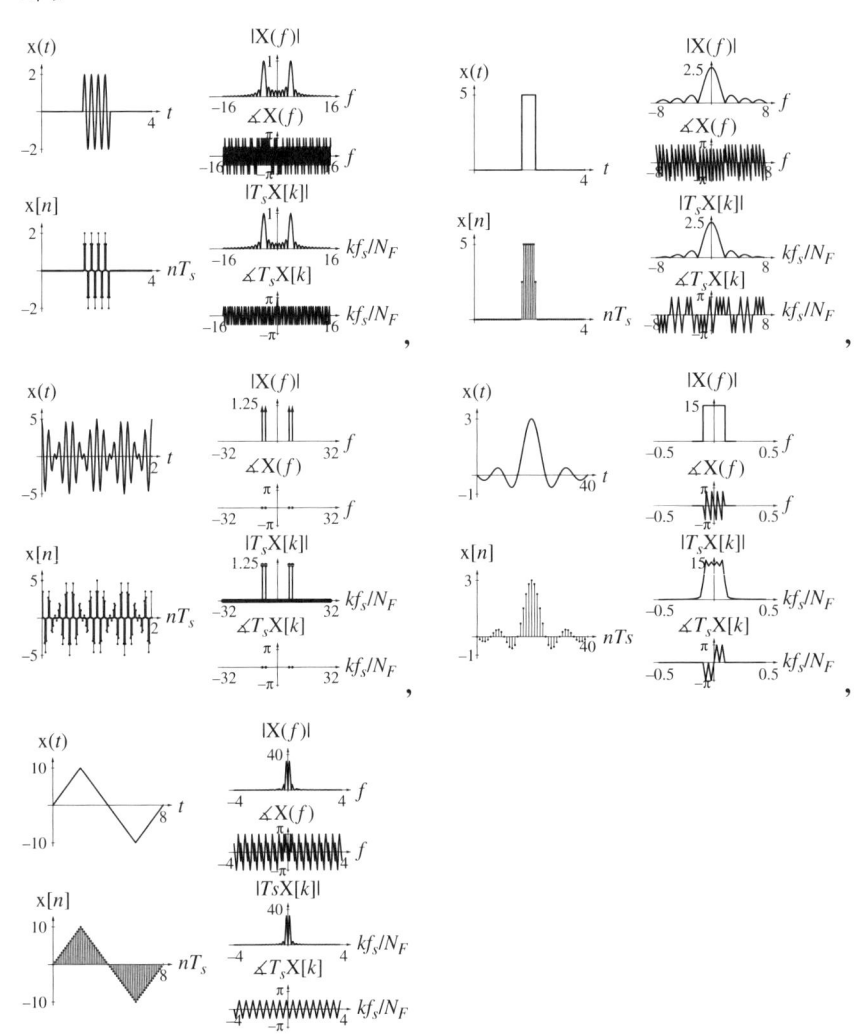

疊頻

24. 對於下列的每一個訊號對，根據其指定的速率取樣，並且求出取樣後訊號的 DTFT。經由檢視兩訊號的 DTFT，解釋為何樣本是一樣的。

    (a) $x_1(t) = 4\cos(16\pi t)$ 及 $x_2(t) = 4\cos(76\pi t)$, $f_s = 30$
    (b) $x_1(t) = 6\,\text{sinc}(8t)$ 及 $x_2(t) = 6\,\text{sinc}(8t)\cos(400\pi f)$, $f_s = 100$
    (c) $x_1(t) = 9\cos(14\pi t)$ 及 $x_2(t) = 9\cos(98\pi t)$, $f_s = 56$

25. 對於每一個正弦訊號，求出頻率最接近給定正弦訊號頻率的另外兩個正弦訊號，當其在特定速率下取樣時具有一樣的樣本。

    (a) $x(t) = 4\cos(8\pi t)$, $f_s = 20$ (b) $x(t) = 4\sin(8\pi t)$, $f_s = 20$
    (c) $x(t) = 2\sin(-20\pi t)$, $f_s = 50$ (d) $x(t) = 2\cos(-20\pi t)$, $f_s = 50$
    (e) $x(t) = 5\cos(30\pi t + \pi/4)$, $f_s = 50$

解答：4 cos(48πt) and 4 cos(32πt), −2 sin(−80πt) and 2 sin(−120πt),
5 cos(130πt + π/4) and 5 cos(−70πt + π/4), 2 cos(−80πt) and 2 cos(−120πt),
4 sin(48πt) and −4 sin(32πt)

帶限週期性訊號

26. 對下列訊號 x(t) 取樣形成訊號 x[n]。在奈奎斯率與下一個較高的速率下取樣，其中 f_s/f_0 是整數（表示總取樣時間除以樣本間的時間也是整數）。畫出訊號，與連續時間訊號 CTFT 與離散時間訊號 DTFT 之量值。

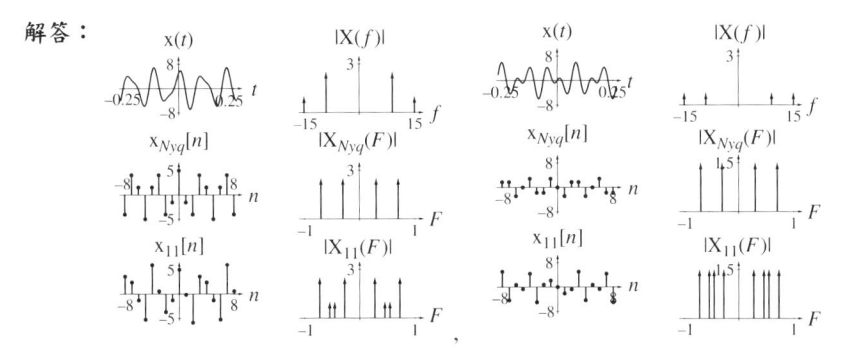

解答：

CTFT-DTFS-DFT 關係

27. 由訊號 x(t) = 8 cos(30πt) 開始，並且利用取樣率 $f_s = 60$ 與視窗寬 $N = 32$ 來取樣、視窗化且週期性的重複。對於每一個處理的訊號畫出訊號與其轉換 CTFT 或 DTFT。

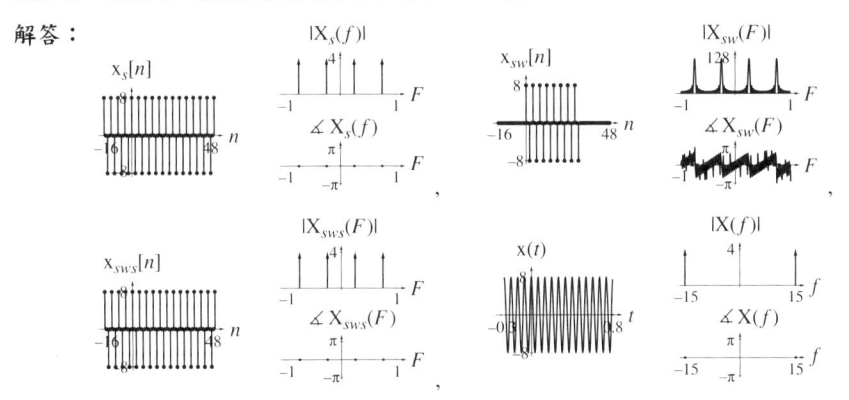

解答：

28. 以 f_s 的速率用 N 次取樣下列訊號 x(t)，來建立訊號 x[n]。在時間範圍 $0 < T < NT_s$ 內，畫出 x(t) 相對於 t 與 x[n] 相對於 nT_s 之圖。求出 N 個樣本之 DFT X[k]。接著在頻率範圍 $-f_s/2 < f < f_s/2$，其中 $\Delta f = f_s/N$ 內，畫出 X(f) 相對於 f 與 X[k]/N 相對於 $k\Delta f$ 之量值與相角。利用 MATLAB 的 stem 指令畫出作為 $k\Delta f$ 脈衝函數的 X[k]/N。

(a) x(t) = 4 cos(200πt), $f_s = 800$, N = 32
(b) x(t) = 6 rect(2t) ∗ $\delta_1(t)$, $f_s = 16$, N = 128
(c) x(t) = 6 sinc(4t) ∗ $\delta_1(t)$, $f_s = 16$, N = 128
(d) x(t) = 5 cos(2πt) cos(16πt), $f_s = 64$, N = 128

解答：

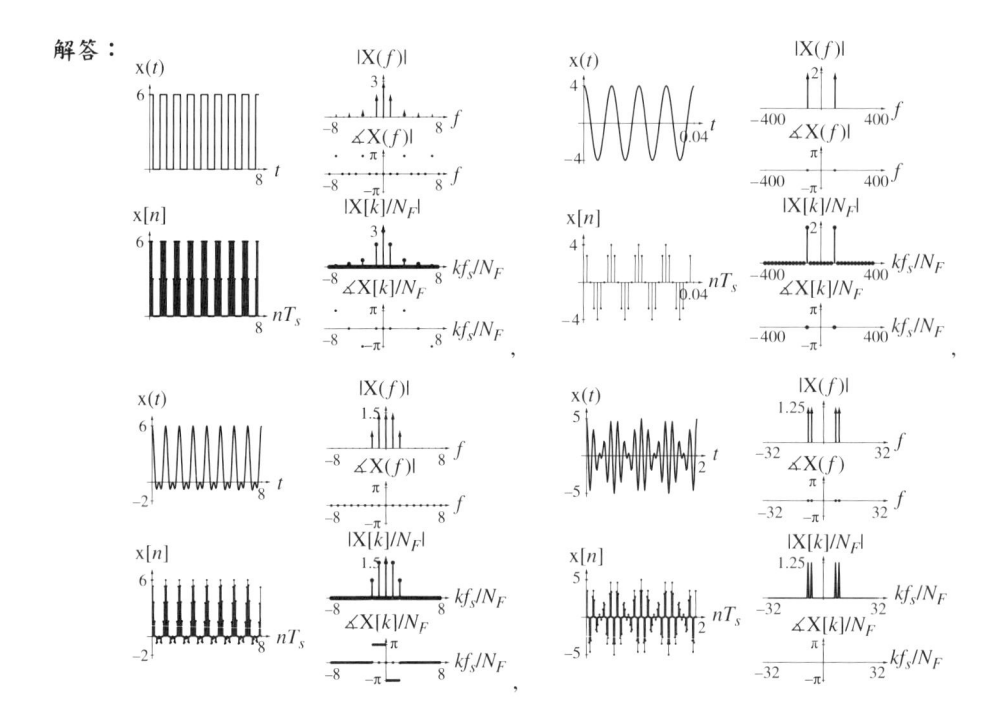

視窗化

29. 有時除了矩形視窗外也會使用其他的視窗。利用 MATLAB 求出並畫出下列視窗函數之 DFT 的量值，利用 $N = 32$。

   (a) 漢寧（馮翰）視窗函數 [hanning (von Hann) window function]

   $$w[n] = \frac{1}{2}\left[1 - \cos\left(\frac{2\pi n}{N-1}\right)\right], \ 0 \le n < N$$

   (b) 巴特萊視窗函數 (Bartlett window function)

   $$w[n] = \begin{cases} \dfrac{2n}{N-1}, & 0 \le n \le \dfrac{N-1}{2} \\ 2 - \dfrac{2n}{N-1}, & \dfrac{N-1}{2} \le n < N \end{cases}$$

   (c) 漢明視窗函數 (Hamming window function)

   $$w[n] = 0.54 - 0.46\cos\left(\frac{2\pi n}{N-1}\right), \ 0 \le n < N$$

   (d) 貝拉克曼視窗函數 (Blackman window function)

   $$w[n] = 0.42 - 0.5\cos\left(\frac{2\pi n}{N-1}\right) + 0.08\cos\left(\frac{4\pi n}{N-1}\right), \ 0 \le n < N$$

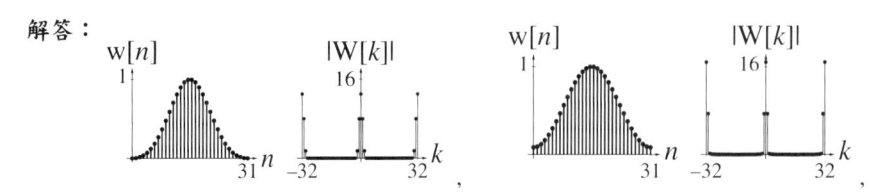

解答：

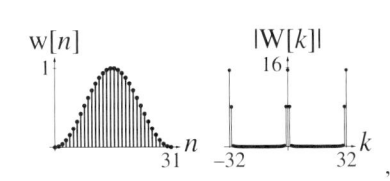

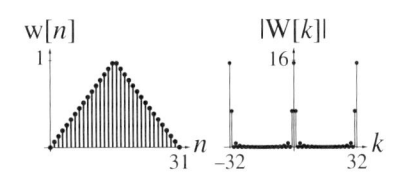

DFT

30. 一個訊號 x(*t*) 以 4 倍取樣製造訊號 x[*n*]，而其樣本值為

$$\{x[0], x[1], x[2], x[3]\} = \{7, 3, -4, a\}$$

這組 4 個數值是輸入到 DFT 的 4 個輸入數據，而回傳一組 {X[0], X[1], X[2], X[3]}。

(a) 什麼 *a* 值會使得 X[−1] 為純實數？

(b) 令 *a* = 9，X[29] 的值為何？

(c) 令 X[15] = 9 − *j*2，X[1] 的值為何？

解答：3, 11 + *j*6, 9 + *j*2

31. 對下列訊號在指定時間與指定速率下取樣，畫出在 −*N*/2 < *k* < (*N*/2) − 1 範圍內 DFT 相對於諧波數之量值與相角。

(a) x(*t*) = tri(*t* − 1), $f_s = 2$, *N* = 16
(b) x(*t*) = tri(*t* − 1), $f_s = 8$, *N* = 16
(c) x(*t*) = tri(*t* − 1), $f_s = 16$, *N* = 256
(d) x(*t*) = tri(*t*) + tri(*t* − 4), $f_s = 2$, *N* = 8
(e) x(*t*) = tri(*t*) + tri(*t* − 4), $f_s = 8$, *N* = 32
(f) x(*t*) = tri(*t*) + tri(*t* − 4), $f_s = 64$, *N* = 256

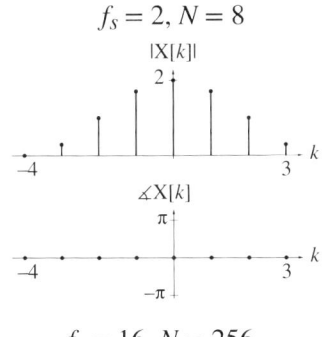

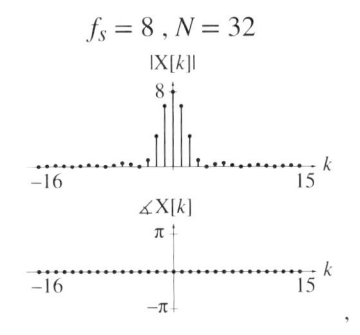

解答：

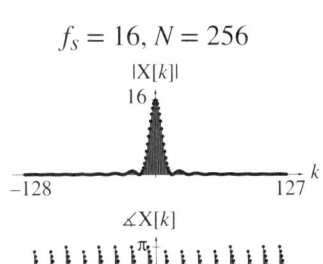

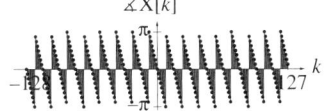

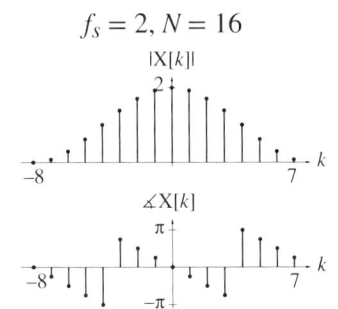

402 訊號與系統——利用轉換方法與 MATLAB 分析

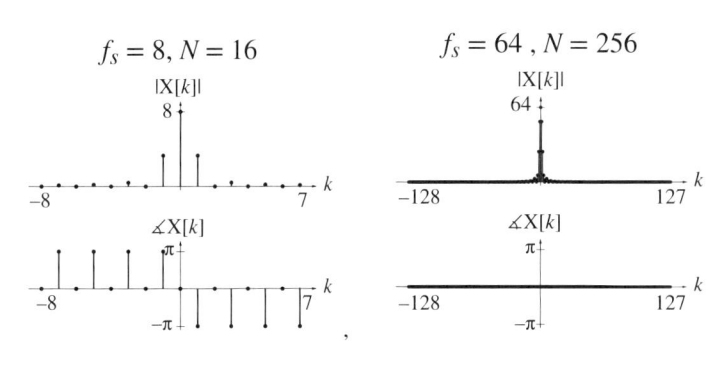

32. 對於下列訊號，在指定的取樣間隔下，畫出其原始訊號與改變取樣後訊號。同時畫出兩個訊號 DTFT 之量值。

   (a) $x[n] = \text{tri}\left(\frac{n}{10}\right)$, $N_s = 2$ $x_d[n] = \text{tri}\left(\frac{n}{5}\right)$

   (b) $x[n] = (0.95)^n \sin\left(\frac{2\pi n}{10}\right) u[n]$, $N_s = 2$

   (c) $x[n] = \cos\left(\frac{2\pi n}{8}\right)$, $N_s = 7$

解答：

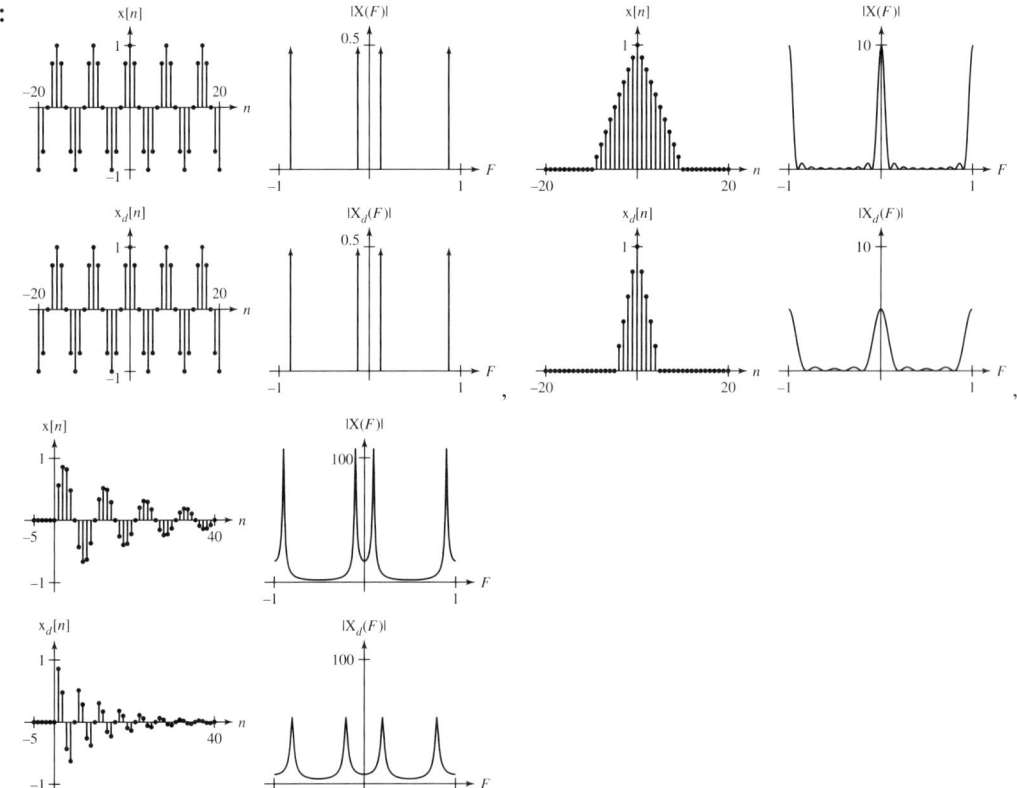

33. 針對習題 32 中的每個訊號，在樣本間插入指定數目的 0，用指定的截止頻率以低通離散時間濾波器來濾波此訊號，畫出結果訊號與其 DTFT 之量值。

   (a) 樣本間插入 1 個 0。截止頻率為 $F_c = 0.1$。

(b) 樣本間插入 4 個 0。截止頻率為 $F_c = 0.2$。

(c) 樣本間插入 4 個 0。截止頻率為 $F_c = 0.02$。

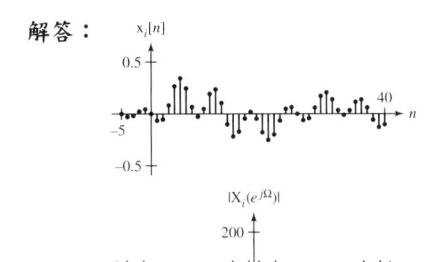

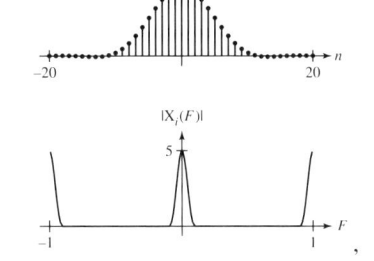

解答：

不需要圖

第 11 章

頻率響應分析
FREQUENCY RESPONSE ANALYSIS

▶ 11.1 介紹與目標

直到本書的這個章節，內容是高度的數學化與抽象。我們偶爾會見到使用一些訊號與系統分析技術的範例，但沒有真正的深入探究它們的使用。現在我們已經具有足夠的分析工具來對付一些訊號與系統的重要形態，並且說明為何頻域方法在許多系統的分析中是那麼的有用與功能強大。一旦我們建立了一個實際的設施且熟悉頻域分析的方法，我們就會了解為何許多專業工程師實際上窮其一生在 "頻域" 上，利用轉換方法來建立、設計與分析系統。

每個線性非時變 (LTI) 系統具有一個脈衝響應，而且經由頻率響應的傅立葉轉換，及經由轉移函數的拉式轉換。我們將分析一個稱為濾波器 (filter) 的系統，並且設計成具有某種頻率響應。我們將定義理想濾波器 (ideal filter) 一詞，而且將見到近似理想濾波器的方法。因為頻率響應在系統分析中是如此重要，我們將發展有效的方法來求複雜系統的頻率響應。

本章目標
1. 在實際的工程應用下，說明使用轉換方法於一些系統分析中。
2. 對於直接於頻域中從事訊號與系統分析的強大功能建立一個正確評價。

▶ 11.2 頻率響應

可能最常見的頻率響應例子是，在每天的生活中人的耳朵對聲音的響應。圖 11.1 中顯示一般健康人耳，對於固定中級強度，單一正弦頻率範圍從 20 Hz 至 20 kHz 的頻率函數之響度的感知變化。此一頻率範圍稱作**音頻範圍** (audio range)。

這個頻率響應是人耳結構的結果。我們心中所想根據人耳系統設計的是個家庭娛樂音響系統。這是一個系統的例子，它在設計上無需正確的知道所要處理的訊號，或是要如何

相對於頻率人耳對響度之感知
（正規化至 4 kHz）

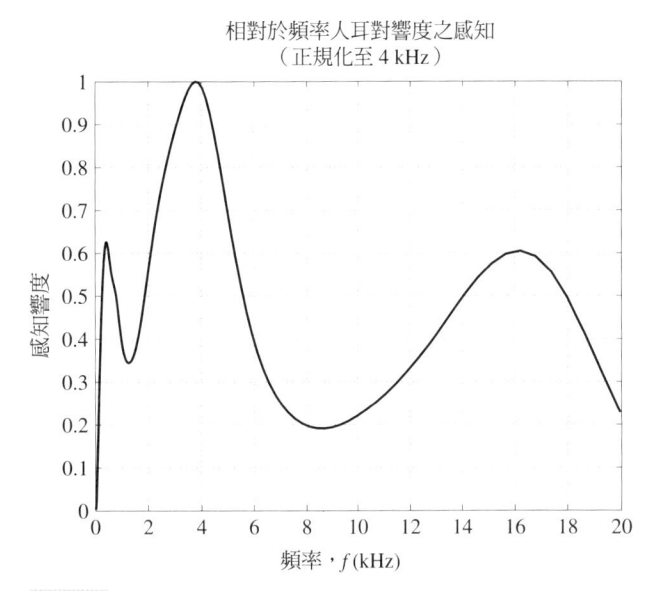

圖 11.1 一般健康人耳感知到一個為頻率函數之固定振幅音頻的響度

正確的處理。但是它知道訊號將會在音頻範圍內。因為不同的人對於音樂的品味不同，因此這個系統如何發聲就有其彈性。一個音響系統一般都有一個放大器可以相對應於其他頻率調整一個頻率，經由音調控制例如，低音調整、高音調整、響度補償或圖形等化器後的響度。這些控制允許系統的個別的使用者可以根據任何種類的音樂調整其頻率響應到最悅耳的情況。

音頻放大器控制是在頻域之系統設計的好例子。它們的目的是對放大器的頻率響應整形。**濾波器** (filter) 一詞通常用於系統中，主樣是用來對頻率響應整形。我們已經見過一個濾波器的例子，依特性歸類為低通、高通、帶通與帶拒。一般濾波器一詞到底是何意？它是一個元件將想要與不想要的部分分離。咖啡濾器將想要的咖啡與不想要的咖啡渣分離。油的濾器將不想要的雜質移除。在訊號與系統分析中，濾波器將訊號想要的部分與不想要的部分分離。在訊號與系統中傳統上將濾波器定義為一個元件在一個頻率範圍內增強 (emphasis) 訊號功率，而在另一個頻率範圍內解強 (deemphasis) 功率。

▶ 11.3 連續時間濾波器

濾波器範例

濾波器具有**通帶** (passbands) 與**止帶** (stopbands)。通帶是允許在一個頻率範圍內，濾波器讓訊號功率通過而相對的不受影響。止帶是在一個頻率範圍內，濾波器重大的衰減訊號功率，只允許少部分通過。四種濾波器的基本形式是**低通** (lowpass)、**高通** (highpass)、**帶通** (bandpass) 與**帶拒** (bandstop) 濾波器。在低通濾波器中，通帶是低頻的範圍而止帶是高頻的範圍。在高通濾波器中，這些頻帶剛好相反。低頻被衰減而高頻則否。帶通濾波器其通帶在中頻的範圍，而止帶在低頻與高頻。帶拒濾波器在通帶和止帶剛好與帶通濾波器相反。

簡單的調整音頻放大器中的低音與高音（低頻與高頻）音量，可以使用低通與高通濾波器配合可調整的轉角頻率來完成。我們已經見過實現低通濾波器的電路。我們也可以用標準的連續時間系統所建置的方塊，積分器、放大器與加總接點來實現低通濾波器（圖

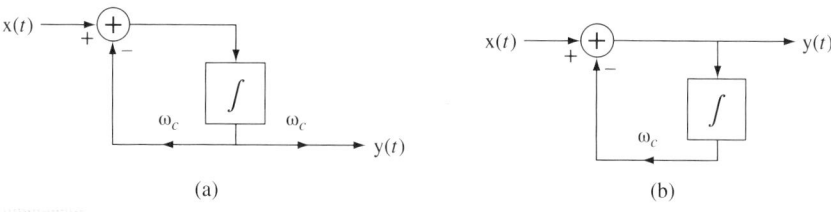

圖 11.2 簡單濾波器，(a) 低通；(b) 高通

11.2(a)）。

圖 11.2(a) 的系統是一個具有轉角頻率 ω_c（弧度／秒）的低通濾波器，而在低頻的頻率響應量值接近 1。這是一個非常簡單的直接形式 II 系統。轉移函數為

$$H(s) = \frac{\omega_c}{s + \omega_c}$$

因此頻率響應為

$$H(j\omega) = H(s)_{s \to j\omega} = \frac{\omega_c}{j\omega + \omega_c} \quad \text{或} \quad H(f) = H(s)_{s \to j2\pi f} = \frac{2\pi f_c}{j2\pi f + 2\pi f_c} = \frac{f_c}{jf + f_c}$$

其中 $\omega_c = 2\pi f_c$。圖 11.2(b) 的系統是一個具有轉角頻率 ω_c（弧度／秒）的高通濾波器。它的轉移函數與頻率響應為

$$H(s) = \frac{s}{s + \omega_c}, \quad H(j\omega) = \frac{j\omega}{j\omega + \omega_c}, \quad H(f) = \frac{jf}{jf + f_c}$$

在每個濾波器中，若 ω_c 可以改變，訊號在低頻與高頻相對應的功率就可以調整。這兩個系統可以串聯形成一個帶通濾波器（圖 11.3）。此帶通濾波器的轉移函數與頻率響應為

$$H(s) = \frac{s}{s + \omega_{ca}} \times \frac{\omega_{cb}}{s + \omega_{cb}} = \frac{\omega_{cb} s}{s^2 + (\omega_{ca} + \omega_{cb})s + \omega_{ca}\omega_{cb}}$$

$$H(j\omega) = \frac{j\omega \omega_{cb}}{(j\omega)^2 + j\omega(\omega_{ca} + \omega_{cb}) + \omega_{ca}\omega_{cb}}$$

$$H(f) = \frac{jf f_{cb}}{(jf)^2 + jf(f_{ca} + f_{cb}) + f_{ca} f_{cb}}$$

$$f_{ca} = \omega_{ca}/2\pi, \ f_{cb} = \omega_{cb}/2\pi.$$

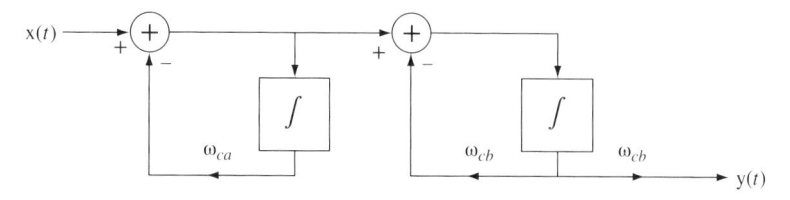

圖 11.3 利用高通濾波器與低通濾波器串聯成帶通濾波器

以一個範例，令 $\omega_{ca} = 100$ 與 $\omega_{cb} = 50,000$。則高通、低通與帶通濾波器頻率響應如圖 11.4 所示。

一個帶拒濾波器可以將低通與高通濾波器並聯來完成，若是低通濾波器的轉角頻率低於高通濾波器的轉角頻率就可以（圖 11.5）。

帶拒濾波器的轉移函數與頻率響應為

$$H(s) = \frac{s^2 + 2\omega_{cb}s + \omega_{ca}\omega_{cb}}{s^2 + (\omega_{ca} + \omega_{cb})s + \omega_{ca}\omega_{cb}}$$

$$H(j\omega) = \frac{(j\omega)^2 + j2\omega\omega_{cb} + \omega_{ca}\omega_{cb}}{(j\omega)^2 + j\omega(\omega_{ca} + \omega_{cb}) + \omega_{ca}\omega_{cb}}$$

$$H(f) = \frac{(jf)^2 + j2ff_{cb} + f_{ca}f_{cb}}{(jf)^2 + jf(f_{ca} + f_{cb}) + f_{ca}f_{cb}}$$

$$f_{ca} = \omega_{ca}/2\pi, f_{cb} = \omega_{cb}/2\pi.$$

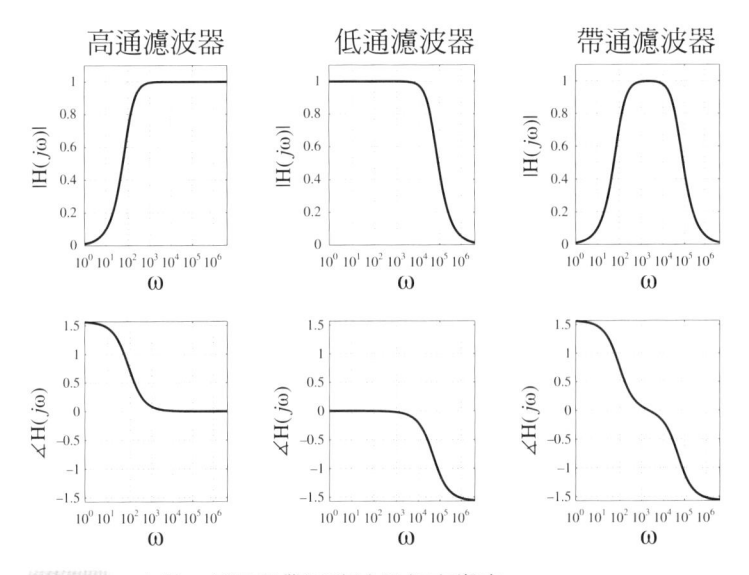

圖 11.4 高通、低通與帶通濾波器頻率響應

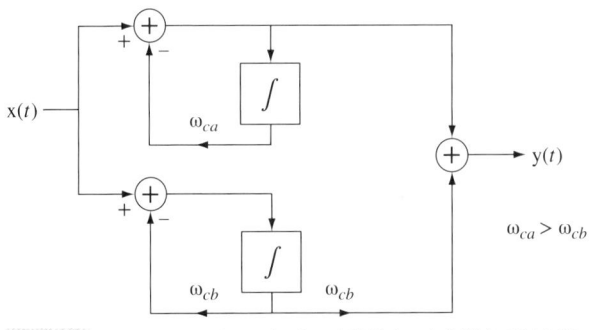

圖 11.5 將低通與高通濾波器並聯來形成帶拒濾波器

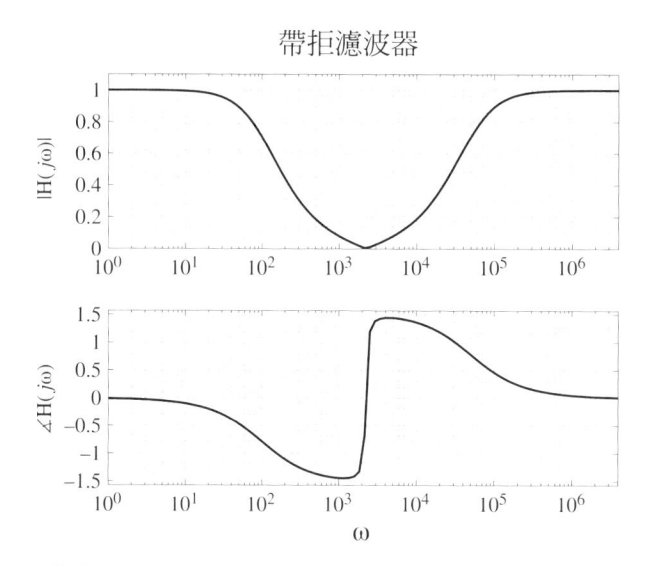

圖 11.6 帶拒濾波器頻率響應

圖 11.7 雙二級濾波器系統

若例如 $\omega_{ca} = 50{,}000$ 與 $\omega_{cb} = 100$，則頻率響應就如同圖 11.6。

圖形等化器比簡單的低通、高通或帶通濾波器更複雜一點。它有許多串聯的濾波器，每一個都可以在一個窄的頻率範圍內，加強或降低放大器的頻率響應。考慮圖 11.7 的系統。它的的轉移函數與頻率響應為

$$H(s) = \frac{s^2 + 2\omega_0 s/10^\beta + \omega_0^2}{s^2 + 2\omega_0 s \times 10^\beta + \omega_0^2}$$

$$H(j\omega) = \frac{(j\omega)^2 + j2\omega_0\omega/10^\beta + \omega_0^2}{(j\omega)^2 + j2\omega_0\omega \times 10^\beta + \omega_0^2}$$

這個轉移函數是**雙二級** (biquadratic) 的，為兩個 s 的二次多項式之比。若我們在 $\omega_0 = 1$ 下以不同的參數值 β 畫頻率響應量值，我們就可以見到為何這個系統可以作為圖形等化器裡的一個濾波器（圖 11.8）。

很明顯的，若是適當的選擇參數 β，此一濾波器就可以在接近其中心頻率 β 處增強或解強訊號，而且在頻率遠離其中心頻率時頻率響應趨近於 1。這種形式的串聯濾波器組，每個具有不同的中心頻率，可以用來增強或解強不同頻帶，因此可以裁剪頻率響應成幾乎任何聽者所想要的形狀（圖 11.9）。

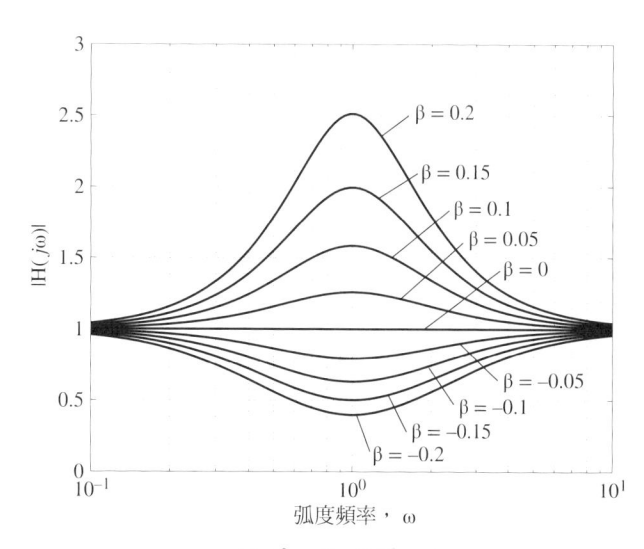

圖 11.8 $H(j\omega) = \dfrac{(j\omega)^2 + j2\omega/10^\beta + 1}{(j\omega)^2 + j2\omega \times 10^\beta + 1}$ 之頻率響應量值

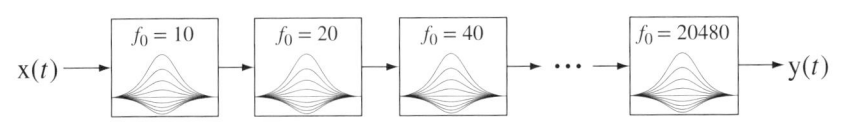

圖 11.9 圖形等化器之概念方塊圖

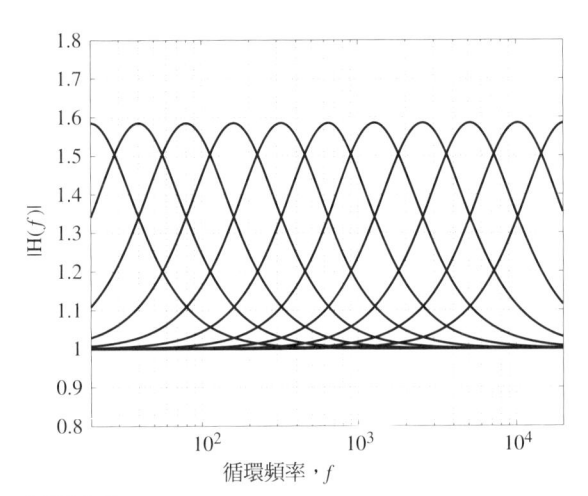

圖 11.10 展開在音響範圍之 11 個濾波器的頻率響應量值

將所有濾波器設定成強調它們的頻率範圍，子系統的頻率響應量值就如圖 11.10 所示。這些濾波器的中心頻率為 20 Hz、40 Hz、80 Hz、…、20,480 Hz。這些濾波器以頻率的**八度** (octave) 間隔分開。一個八度是頻率 2 倍因數的變化。這使得個別濾波器的中心頻率在對數刻度上平均分布，而濾波器的頻寬在對數刻度上也是均勻的。

另一種設計用來處理未知訊號系統的例子是，在工業程序上用來量測壓力、溫度、流量等的儀表系統。我們不完全知道這些程序參數的變化。但是它們通常位於一些已知的範圍內，且因為這些程序的物理限制，其變化不能快過某些最大速率。同樣的，這些知識讓我們可以針對這些形式的適當的訊號設計一個適當的訊號處理系統。

雖然訊號的正確特性可能未知，但我們通常略知一二。我們通常知道其**功率頻譜** (power spectrum)。亦即，我們在頻域對於訊號之訊號功率可以有一個近似的描述。若我們無法用數學來計算功率頻譜，我們可以根據由系統物理知識所建立的加以預測或測量。一種測量的方式就是透過濾波器。

理想濾波器

失真

一個**理想** (ideal) 低通濾波器可以在某些頻率最大值以下通過所有的訊號功率，而在此頻率範圍內一點也不會造成訊號的失真，而且在此頻率之上完全停止或阻隔所有的訊號功率。在此很重要的是，精確的定義**失真** (distortion) 是什麼意思？失真通常在訊號與系統分析中解釋成，改變訊號的形狀。這並不表示若我們變化訊號一定會造成失真。將訊號乘以一個常數，或是做時間位移的變化並不被認為是失真。

假設有一個訊號 x(t) 如圖 11.11(a) 上面的形狀。則圖 11.11(a) 下方的訊號是此一訊號沒有失真的版本。圖 11.11(b) 說明失真的一種形態。

一個 LTI 系統的響應是其激發與脈衝響應的迴旋。任何訊號在原點與單位脈衝函數做迴旋不會有改變，$x(t) * \delta(t) = x(t)$。若此脈衝之強度不等於 1，則訊號就乘以此強度但形狀仍然保持不變，$x(t) * A\delta(t) = Ax(t)$。若脈衝有時間位移，迴旋也是如此但不會改變形狀，$x(t) * A\delta(t - t_0) = Ax(t - t_0)$。因此一個濾波器之脈衝響應不會失真，可能是脈衝，且其強度可能不等於 1 且可能有時間位移。一個無失真系統最常見的脈衝響應形式為 $h(t) = A\delta(t - t_0)$。相對應的頻率響應將會是此一脈衝響應的 CTFT $H(f) = Ae^{-j2\pi ft_0}$。頻率響應可以用其量值 $|H(f)| = A$ 與相位 $\angle H(f) = -2\pi ft_0$ 來描述。因此一個無失真系統的頻率響應量值是一個相對於頻率而為固定的值，而相位相對於頻率則是線性（圖 11.12）。

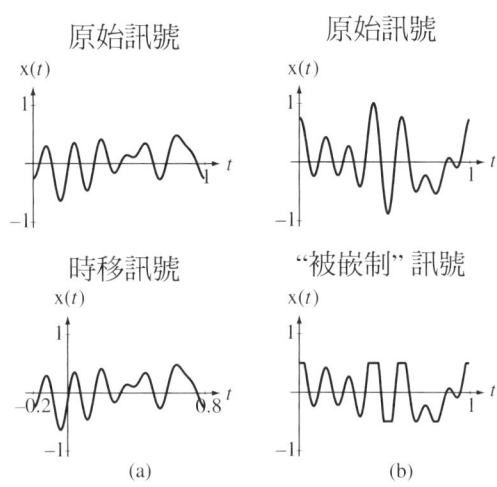

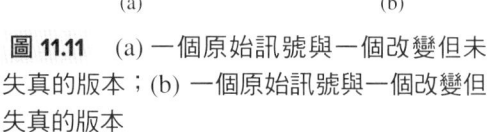

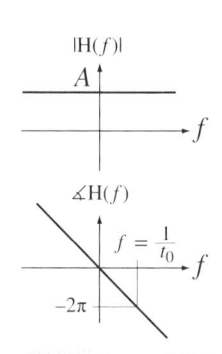

圖 11.11 (a) 一個原始訊號與一個改變但未失真的版本；(b) 一個原始訊號與一個改變但失真的版本

圖 11.12 一個無失真系統的量值與相位

在此要注意的是，一個無失真脈衝響應或頻率響應只是一個概念，在實際的物理系統中是不可能實現的。沒有一個實際的系統可以一直保持固定的頻率響應至無窮大的頻率。因此所有實際的物理系統之頻率響應在頻率趨近無窮大時必須趨近於 0。

濾波器分類

因為濾波器的目的是移除訊號中不想要的部分並且保留其餘的，甚至沒有一個是理想的，是無失真的，因為它的量值不會相對於頻率一直保持常數。但一個理想濾波器在其通帶內是無失真的。在此通帶內，它的頻率響應量值是常數而相位是線性。

我們現在定義四種理想濾波器形式。在下列的描述中 f_m、f_L 和 f_H 都是正值且有限。

一個理想低通濾波器在頻率 $0 < |f| < f_m$ 通過訊號功率而沒有失真，而在其他頻率停止訊號功率。

一個理想高通濾波器在頻率 $0 < |f| < f_m$ 阻止訊號功率，而在其他頻率通過訊號功率而沒有失真。

> 一個理想帶通濾波器在頻率 $f_L < |f| < f_H$ 通過訊號功率而沒有失真，而在其他頻率停止訊號功率。

> 一個理想帶拒濾波器在頻率 $f_L < |f| < f_H$ 阻止訊號功率，而在其他頻率通過訊號功率而沒有失真。

理想濾波器頻率響應

圖 11.13 和圖 11.14 說明四種理想濾波器之基本形式的典型量值與相位頻率響應。

在此處很恰當的可以定義一個在訊號與系統分析中十分常見的用詞，**頻寬** (bandwidth)。頻寬一詞同時應用在訊號以及系統中。它通常表示"一個頻率範圍"。這可以是出現在訊號中的頻率或是一個由系統通過或阻止的頻率範圍。因為歷史的原因，它通常解釋在正頻率空間裡的頻率範圍。例如，示於圖 11.13 中的一個具有轉角頻率 $\pm f_m$ 之理想低通濾波器，就被認為具有 f_m 的頻寬，雖然濾波器的非 0 量值頻率響應明顯的是 $2f_m$。理想帶通濾波器的頻寬為 $f_H - f_L$，它是在正頻率空間的通帶頻寬。

對於頻寬、絕對頻寬、半功率頻寬、零 (null) 頻寬等，有許多不同的定義（圖 11.15）。它們每一個都是頻率範圍但用不同的方式定義。例如，若訊號在低於一些正的最小頻率與在高於一些最大頻率時，它是完全沒有訊號功率，它的絕對頻寬是這兩頻率的差。若一個訊號具有有限的絕對頻寬，則稱為**嚴格帶限** (strictly bandlimited)，或是更常用的**帶限** (bandlimited)。大部分的實際訊號並不是帶限，因此需要對頻寬另外定義。

脈衝響應與因果性

理想濾波器之脈衝響應為其頻率響應之反轉換。四種基本形式理想濾波器之脈衝與頻率響應綜整於圖 11.16。

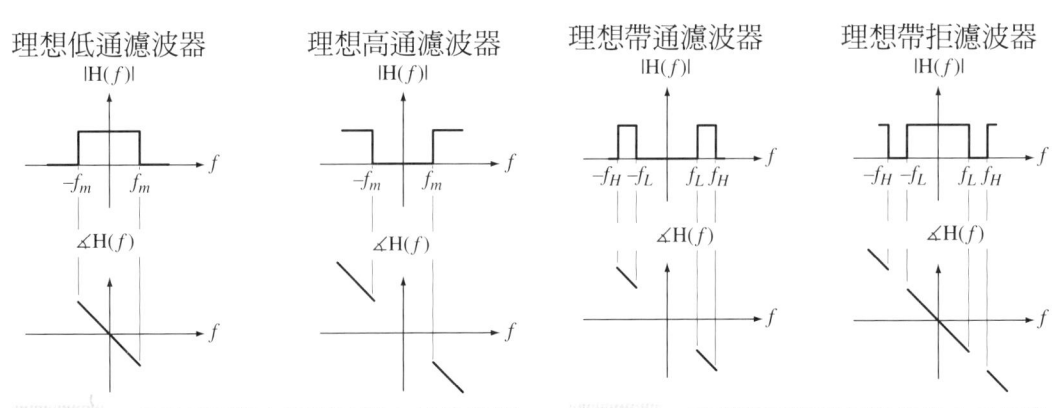

圖 11.13 理想低通與高通濾波器之量值與相位頻譜

圖 11.14 理想帶通與帶拒濾波器之量值與相位頻譜

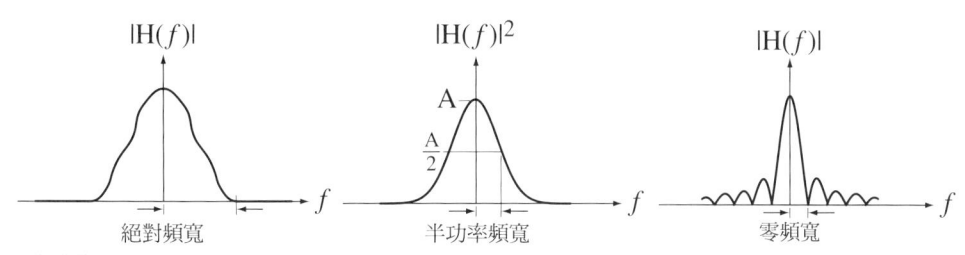

圖 11.15 頻寬定義之範例

理想濾波器形式	頻率響應
低通	$H(f) = A\text{rect}(f/2f_m)e^{-j2\pi f t_0}$
高通	$H(f) = A[1 - \text{rect}(f/2f_m)]e^{-j2\pi f t_0}$
帶通	$H(f) = A[\text{rect}((f-f_0)/\Delta f) + \text{rect}((f+f_0)/\Delta f)]e^{-j2\pi f t_0}$
帶拒	$H(f) = A[1 - \text{rect}((f-f_0)/\Delta f) - \text{rect}((f+f_0)/\Delta f)]e^{-j2\pi f t_0}$

理想濾波器形式	脈衝響應
低通	$h(t) = 2Af_m \text{sinc}(2f_m(t-t_0))$
高通	$h(t) = A\delta(t-t_0) - 2Af_m \text{sinc}(2f_m(t-t_0))$
帶通	$h(t) = 2A\Delta f \text{sinc}(\Delta f(t-t_0))\cos(2\pi f_0(t-t_0))$
帶拒	$h(t) = A\delta(t-t_0) - 2A\Delta f \text{sinc}(\Delta f(t-t_0))\cos(2\pi f_0(t-t_0))$

$$\Delta f = f_H - f_L, \quad f_0 = (f_H + f_L)/2$$

圖 11.16 四種形式理想濾波器之脈衝與頻率響應

這些描述一般就其意義而言包括了任意增益常數 A 與任意時間延遲 t_0。注意到理想高通濾波器與理想帶拒濾波器具有延伸至無限大的頻率響應。這在任何實際的物理系統中是不可能的。因此實際的近似於理想高通與帶拒濾波器允許較高的頻率通過，但只是到某些高頻而非無限大頻率。"高"是一個相對的詞，在實際上通常意謂任何訊號超過此頻率，系統在實際上預期發生的。

在圖 11.17 為四種基本形式理想濾波器脈衝響應的一些典型形狀。

就如同前面所述，理想濾波器被稱作理想的理由是它們實際上不可能存在。理由並非只是具有（雖然可能足夠）理想特性的完美系統元件不存在。它還超過此基礎。考慮圖 11.17 描述的脈衝響應。它們是濾波器對於發生在 $t = 0$ 之單位脈衝的響應。注意到這些理想濾波器的所有脈衝響應，在時間 $t = 0$，脈衝加上去前具有非 0 的響應。實際上，所有這些特殊的脈衝響應在時間 $t = 0$ 前開始於一個無窮的時間。在直覺上很明顯

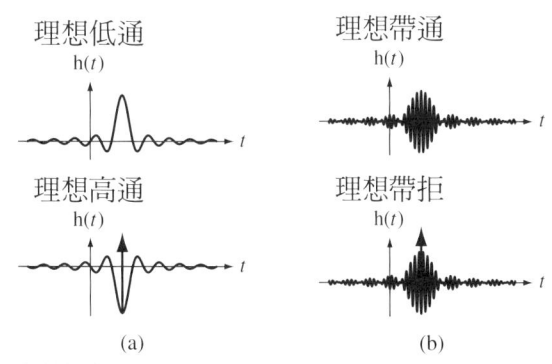

圖 11.17 理想低通、高通、帶通與帶拒濾波器之典型脈衝響應

的是,一個實際的系統不可能見到未來且期待受此激發之應用,而且在其發生之前開始響應。所有理想濾波器都非因果性的。

雖然理想濾波器不可能建造,但可以建立對於它們的有用近似。圖 11.18 與圖 11.19 為一些近似於四種常見理想濾波器形式之非理想因果濾波器的脈衝響應、頻率響應,以及對於方波的響應範例。

低通濾波器將方波的高頻訊號功率移除而保留低頻訊號功率(包括 0 頻率)來平滑化,使得輸入與輸出訊號的平均值一樣(因為在 0 頻率的頻率響應為 1)。帶通濾波器將高頻訊號功率移除,平滑化訊號,且移除低頻訊號功率(包括 0 頻率),使得響應的平均值為 0。

高通濾波器將方波的低頻訊號功率移除,使得響應的平均值為 0。但是在方波中定義尖銳不連續處的高頻訊號功率被保留,帶拒濾波器移除一小段頻率範圍內的訊號功率,保留非常低頻與非常高頻的訊號功率。因此方波的不連續處與平均值都被保留,但一些中-頻的訊號功率被移除。

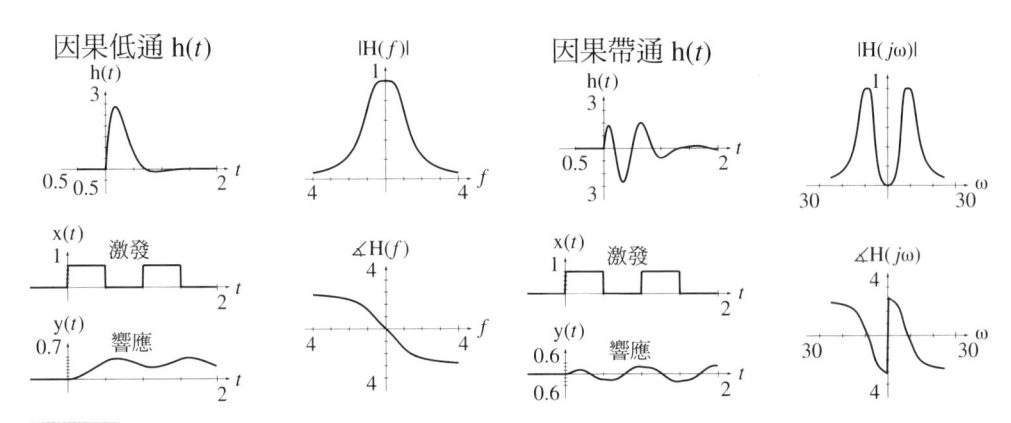

圖 11.18 因果低通與帶通濾波器的脈衝響應、頻率響應,以及對於方波的響應

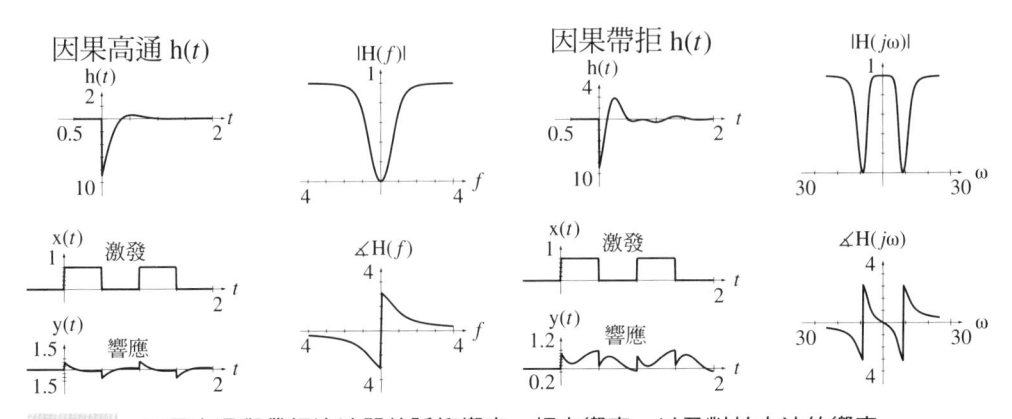

圖 11.19 因果高通與帶拒濾波器的脈衝響應、頻率響應,以及對於方波的響應

功率頻譜

進入濾波器分析的其中一個目的是，解釋利用測量決定訊號功率頻譜的一種方法。這個可由圖 11.20 所示的系統來完成。訊號導引至多個帶通濾波器，每個具有同樣的頻寬但單獨的中心頻率。每個濾波器的響應是訊號在此濾波器頻率範圍內的部分。每個濾波器的輸出訊號是平方器的輸入訊號，而平方器的輸出訊號是時間平均器的輸入訊號。平方器簡單的對訊號作平方。這不是一個線性運算，因此不是一個線性系統。任何平方器的輸出訊號是原始訊號 x(t) 位於帶通濾波器通帶內，瞬間訊號功率的部分。於是時間平均器建立時間 - 平均的訊號功率。每個輸出響應 $P_x(f_n)$ 是原始訊號 x(t) 位於中心頻率 f_n 之窄頻帶內所測量的訊號功率。將它們所有結合，P 為訊號功率隨頻率變化之表示，即功率頻譜。

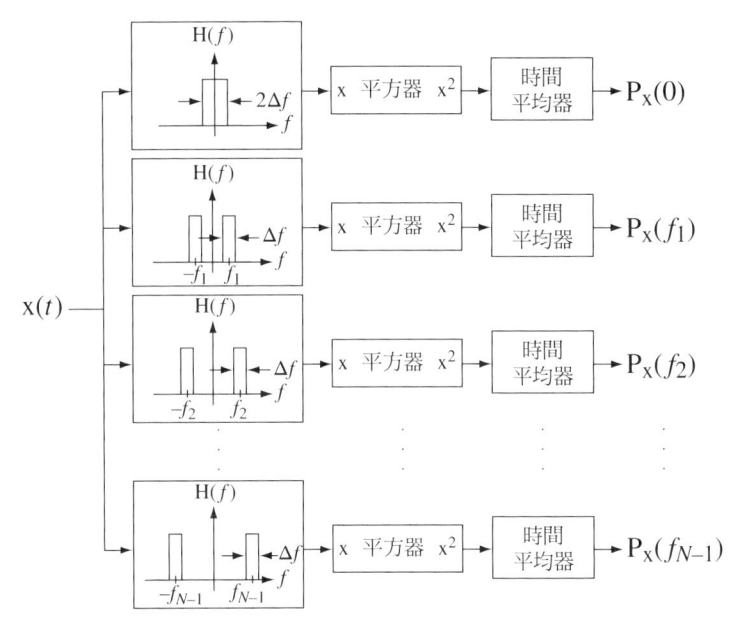

圖 11.20 測量訊號功率頻譜之系統

在目前的工程師不會建立一個類似這種的系統來測量訊號的功率頻譜。一個更好的測量方式是使用**頻譜分析儀** (spectrum analyzer) 的儀器。但這種說明對於加強一個濾波器的作用與功率頻譜意義的觀念很有用。

雜訊移除

每個有用的訊號總是有另一個加到它上面之不想要的訊號稱為**雜訊** (noise)。濾波器一個非常有用的地方是從訊號中移除雜訊。雜訊的來源很多且多變。經由小心的設計，雜訊可以大大的降低但不可能完全移除。作為濾波的範例，假設訊號功率限制在低頻的一個範圍，而雜訊功率則分布在一個較廣的頻率範圍內（一種常見的情況）。我們可以將此訊號加上雜訊後濾波，而降低雜訊功率對於訊號功率並沒什麼影響（圖 11.21）。

想要的訊號之訊號功率對雜訊的訊號功率之比值稱為**訊號雜訊比** (signal-to-noise ratio)，通常簡寫成 **SNR**。可能在通訊系統設計裡最基本的考慮是將 SNR 最大化，而最大化 SNR 時，濾波是非常重要的技術。

波德圖

分貝

在畫頻率響應時，頻率響應的大小通常轉換至對數刻度，使用一種單位稱為**分貝**

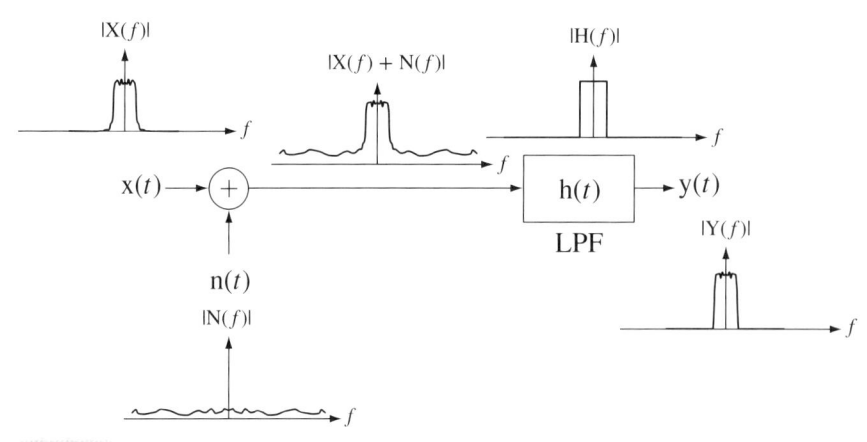

圖 11.21 利用低通濾波器移除部分雜訊

(decibel, dB)。若頻率響應量值是

$$|H(j\omega)| = \left|\frac{Y(j\omega)}{X(j\omega)}\right|$$

則其量值以分貝表示為

$$\left|H(j\omega)\right|_{dB} = 20\log_{10}|H(j\omega)| = 20\log_{10}\left|\frac{Y(j\omega)}{X(j\omega)}\right| = \left|Y(j\omega)\right|_{dB} - \left|X(j\omega)\right|_{dB} \tag{11.1}$$

分貝一詞是由貝爾電話工程師所定義的原始單位 **bel (B)** 而來，為了推崇亞歷山大葛拉漢‧貝爾 (Alexander Graham Bell)[1]，他是電話的發明者。bel 定義為功率比之常用對數（10 為基底）。例如，若系統的響應訊號功率為 100 且輸入的訊號功率（用同樣單位表示）為 20，系統的訊號功率增益以 bel 表示為

$$\log_{10}(P_Y/P_X) = \log_{10}(100/20) \cong 0.699 \text{ B}$$

因為前置詞 **deci** 為 10 分之 1 的國際標準單位，因此分貝是 bel 的 10 分之 1，而同樣的功率比以 dB 表示就是 6.99 dB。因此功率增益以 dB 表示為 $10\log_{10}(P_Y/P_X)$。因為訊號功率與訊號本身的平方成比例，功率比直接以訊號來表示為

$$10\log_{10}(P_Y/P_X) = 10\log_{10}(Y^2/X^2) = 10\log_{10}[(Y/X)^2] = 20\log_{10}(Y/X)$$

在一個多重子系統串聯的系統，總頻率響應為個別頻率響應相乘。但是以 dB 表示的總頻率響應為個別子系統以 dB 表示的頻率響應之和，這是因為 dB 的對數定義。而且使用分貝

---

[1] 亞歷山大‧葛拉漢‧貝爾出生於蘇格蘭一個精於演說術的家庭中。在 1864 年，他是蘇格蘭 Elgins' Weston House Academy 的長駐大師，在那個地方他研究聲音，並且第一次想到用電力傳送聲音。在 1870 年因療養結核病他移居加拿大，最後定居於波士頓。在那個地方他持續研究透過電線傳輸聲音，而在 1876 年 3 月 7 日獲得對於電話的專利，這可以說是簽署過之最有價值的專利。他因為這個專利收入變得富有。在 1898 年他成為國家地理組織 (National Geography Society) 的總裁。

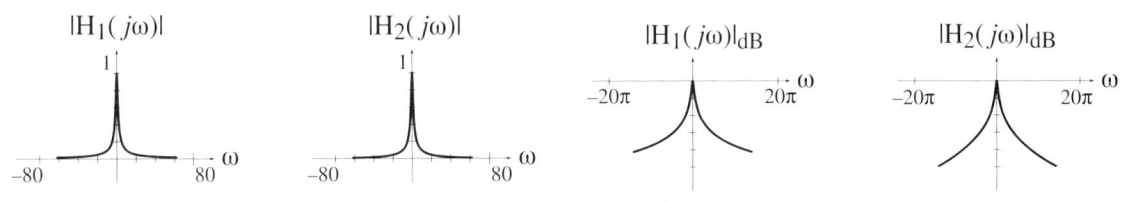

圖 11.22 比較兩個明顯差異的頻率響應量值

圖 11.23 兩個頻率響應對數 - 量值的圖形

可以顯現出在線性圖形上很難看出來的頻率響應行為。

在考慮實際濾波器的頻率響應之前，熟悉一個非常有用且常見的展現頻率響應之方式是非常有幫助的。通常頻率響應的線性圖形儘管正確但沒有展現重要的系統行為。例如，考慮兩個看起來差異很大的頻率響應圖形，

$$H_1(j\omega) = \frac{1}{j\omega + 1} \quad \text{與} \quad H_2(j\omega) = \frac{30}{30 - \omega^2 + j31\omega}$$

（圖 11.22）。

用此方式畫圖，兩個量值頻率響應看起來一樣，但是我們知道頻率響應是不同的。一種看出頻率響應間細微的差異方法是用 dB 作圖。分貝是以對數來定義。對數圖形解強 (deemphasis) 大的值而增強 (emphasis) 小的值。頻率響應間細微的差異就更容易看到（圖 11.23）。

在線性圖形中，量值頻率響應的行為因為在很小的值，所以看起來一樣。在 dB 圖形中，在很小的值的兩個量值頻率響應的行為就可以被看到。

雖然有時會用到這種形式的圖，一個更常用來展示頻率響應的圖是**波德**[2] **圖** (Bode diagram) 或是 **Bode plot**。就如同對數量值圖，波德圖展現頻率響應的細微差異，它也是一個系統性的方式可快速的畫出或是預測系統整體的頻率響應，它可能包含有多個串聯的頻率響應。一個對數量值圖是在一個維度上是對數。而量值波德圖是同時在二個維度上是對數。量值頻率響應波德圖是一個用 dB 表示的頻率量值相對於對數頻率刻度。因為頻率刻度現在是對數，只有正的頻率可以用在圖中。這樣並沒有失去資訊，因為對於實值系統的頻率響應，在任何負頻率的頻率響應值，皆為相對應正頻率的值的共軛複數。

回到兩個不同系統頻率響應

$$H_1(j\omega) = \frac{1}{j\omega + 1} \quad \text{與} \quad H_2(j\omega) = \frac{30}{30 - \omega^2 + j31\omega}$$

---

[2] 韓德瑞‧波德 (Hendrik Bode) 在 1924 年與 1926 年分別從俄亥俄州立大學獲得學士與碩士學位。在 1926 年開始任職於貝爾電話實驗室從事電子濾波器與等化器之工作。當在貝爾實驗室工作期間，他曾就讀哥倫比亞大學研究所並且在 1935 年獲得博士學位。在 1938 年波德使用複變函數的量值與相位頻率響應圖。他使用增益與相位臨界來研究開迴路穩定性。這些波德圖在許多電子系統中廣被使用。他出版了網路分析與回授放大器設計 (Network Analysis and Feedback Amplifier Design)，這被認為在此領域中非常重要的書。波德在 1967 年 10 月退休，而被哈佛大學推選為系統工程 Gordon McKay 教授。

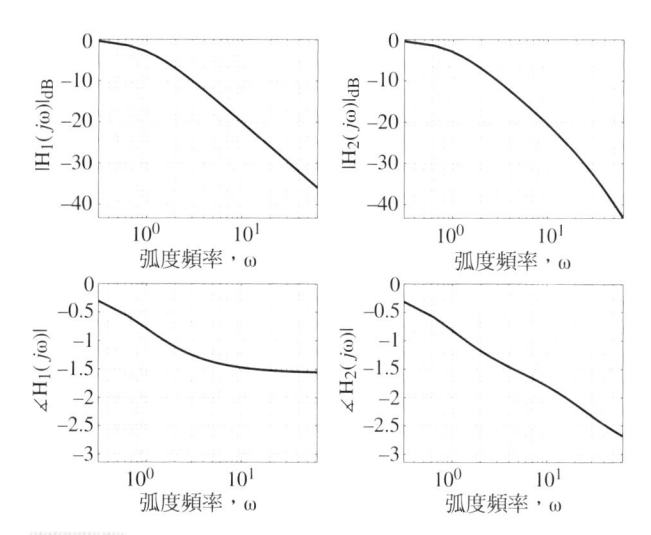

圖 11.24 兩個頻率響應範例的波德圖

若我們對它們分別做波德圖，它們間的差異會更明顯（圖 11.24）。dB 的刻度使得在較高頻率的兩個量值頻率響應行為更可分辨。

雖然使用波德圖的好理由是，可以更容易看出在低量值頻率響應間的差異，它絕對不是唯一的理由。它甚至不是主要的理由。事實上當系統串聯時，用 dB 來相加而非相乘，使得使用波德圖比使用線性圖更容易用圖形預測整體系統增益特性。

大部分的 LTI 系統是用具有常數增益的線性微分方程式來描述。此方程式最普遍的形式是

$$\sum_{k=0}^{N} a_k \frac{d^k}{dt^k} y(t) = \sum_{k=0}^{M} b_k \frac{d^k}{dt^k} x(t) \tag{11.2}$$

其中 x(t) 是激發而 y(t) 是響應。從第 5 章中得知轉移函數為

$$H(s) = \frac{b_M s^M + b_{M-1} s^{M-1} + \cdots + b_1 s + b_0}{a_N s^N + a_{N-1} s^{N-1} + \cdots + a_1 s + b_0}$$

分子與分母之多項式可以因式分解，將轉移函數整理成下列形式

$$H(s) = A \frac{(1 - s/z_1)(1 - s/z_2)\cdots(1 - s/z_M)}{(1 - s/p_1)(1 - s/p_2)\cdots(1 - s/p_N)}$$

其中 z 和 p 為零點和極點。

對於實值系統在 (11.2) 式中的 a 與 b 都是實值，在因式形式中所有的有限 p 與 z，不是必須是實值就是必須以共軛複數對出現，因此當因式分解後的分子與分母相乘構成多項式比的形式，s 所有冪次的係數都為實值。

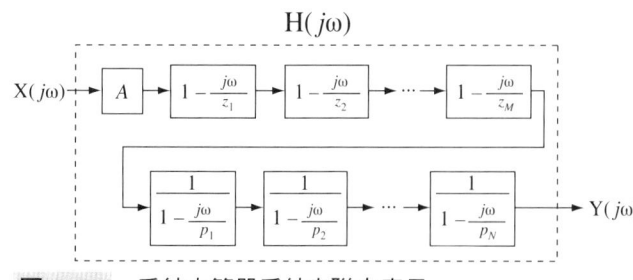

圖 11.25 系統由簡單系統串聯來表示

從因式形式，系統轉移函數可以認為是頻率獨立增益 A 與多重子系統的串聯，每個子系統都有一個有限的極點或是一個有限的零點。若我們經由 $s \to j\omega$ 將轉移函數變成頻率響應，我們可以認為總頻率響應為具有簡單頻率響應的多個元件串聯而成（圖 11.25）。

每個元件系統將有一個波德圖,且因為波德圖的量值用 dB 來作圖,總量值的波德圖為個別量值波德圖的和。相位如之前一樣用線性作圖(相對於對數頻率刻度),而總相位波德圖為所有元件所貢獻之相位的和。

單一 - 實值 - 極點系統 考慮一個具有在 $s = p_k$ 單一實值極點且沒有有限零點的子系統之頻率響應,

$$H(s) = \frac{1}{1 - s/p_k} \Rightarrow H(j\omega) = \frac{1}{1 - j\omega/p_k} \quad (11.3)$$

在進行前,首先考慮 $H(j\omega)$ 的反向 CTFT。使用 CTFT 轉換對

$$e^{-at}u(t) \xleftrightarrow{\mathcal{F}} \frac{1}{a + j\omega}, \text{ Re}(a) > 0$$

重寫 (11.3) 式

$$H(j\omega) = -\frac{p_k}{j\omega - p_k}$$

於是可以得到

$$-p_k e^{p_k t} u(t) \xleftrightarrow{\mathcal{F}} -\frac{p_k}{j\omega - p_k}, \; p_k < 0 \quad (11.4)$$

這個顯示了要頻率響應具備實際的意義,極點就必須要有一個負的實數值。若它是正值,我們就無法作反向 CTFT 來求得相對應的時間函數。若 p_k 是負值,在 (11.4) 式的指數在正的時間衰減至 0。若它是正值,表示在正的時間以指數成長而系統就會不穩定。對於一個漸增的指數傅立葉轉換不存在。同樣的,對於一個不穩定系統頻率響應沒有實際的意義,因為它不可能被測試。

$H(j\omega) = 1/(1 - j\omega/p_k)$ 相對於頻率的量值和相位畫於圖 11.26 中。對於頻率 $\omega \ll |p_k|$,頻率響應趨近於 $H(j\omega) = 1$,量值響應趨近於 0 dB,相位響應趨近於 0 弧度。對於頻率 $\omega \gg |p_k|$,頻率響應趨近於 $H(j\omega) = -p_k/j\omega$,量值響應趨近於線性斜率每八度 (octave) -6 dB 的間隔,或是每十度 (decade) -20 dB 的間隔,相位響應趨近於常數 $-\pi/2$ 弧度(一個八度是在頻率上以 2 的倍數改變,而十度是在頻率上以 10 的倍數改變)。這些極端頻率的極限行為定義了量值與相位的**漸進 (asymptotic)** 行為。兩個量值漸進的交點發生在 $\omega = |p_k|$,稱為**轉角頻率 (corner frequency)**。在轉角頻率 $\omega = |p_k|$ 頻率響應為

$$H(j\omega) = \frac{1}{1 - j|p_k|/p_k} = \frac{1}{1 + j}; \; p_k < 0$$

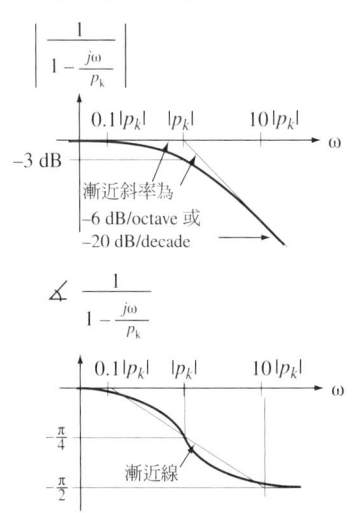

圖 11.26 一個訊號 - 負 - 實值 - 極點子系統之量值與相位頻率響應

而其量值為 $1/\sqrt{2} \cong 0.707$。我們可以將此轉成分貝。

$$(0.707)_{dB} = 20\log_{10}(0.707) = -3 \text{ dB}$$

在這點實際的波德圖為低於漸進所形成的轉角以下 3 dB。這點是量值波德圖從其漸進出發的最大偏差值。相位波德圖延伸經過轉角頻率的 $-\pi/4$ 弧度，並且趨近於 0 弧度以下高於轉角頻率 $-\pi/2$ 弧度。

例題 11.1　*RC* 低通濾波器頻率響應之波德圖

畫出 *RC* 低通濾波器具有時間常數 50 μs 的頻率響應之量值與相位波德圖。*RC* 低通濾波器的轉移函數形式為

$$H(s) = \frac{1}{sRC + 1}$$

時間常數為 *RC*。因此

$$H(s) = \frac{1}{50 \times 10^{-6} s + 1} = \frac{1}{s/20{,}000 + 1}$$

設分母等於 0 並求解極點位置，可以得到極點位於 $s = -20{,}000$。因此我們可以寫出標準的單一 - 負 - 實值 - 極點形式

$$H(j\omega) = H(s)_{s \to j\omega} = \frac{1}{1 - j\omega/(-20{,}000)}$$

在波德圖上相對的轉角頻率為 $\omega = 20{,}000$（圖 11.27）。

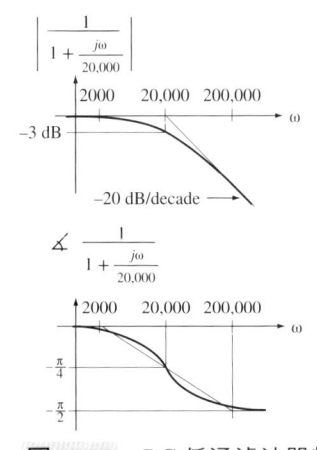

圖 11.27　RC 低通濾波器頻率響應之量值與相位波德圖

單一 - 實值 - 零點系統　一個類似於單一 - 實值 - 極點系統的分析得到量值與相位波德圖。對於單一 - 負 - 實值 - 零點且沒有有限極點的子系統之波德圖，

$$H(s) = 1 - s/z_k \Rightarrow H(j\omega) = 1 - j\omega/z_k, \ z_k < 0$$

（圖 11.28）。

　　此圖形與單一 - 負 - 實值 - 極點相似，除了超過轉角頻率的量值趨近具有 +6 dB 每八度間隔斜率，或是 -20 dB 每十度間隔，相位趨近於 $+\pi/2$ 弧度而非 $-\pi/2$ 弧度。它們基本上是單一 - 負 - 實值 - 極點波德圖 "上下顛倒"。

　　對於一個單一 - 正 - 實值 - 零點且沒有有限極點的子系統，如下式

$$H(j\omega) = 1 - j\omega/z_k, \ z_k > 0$$

量值圖與在圖 11.28 中的一樣，但相位在高於轉角頻率的頻率處趨近於 $-\pi/2$ 而非 $+\pi/2$。

積分器與微分器　我們必須在 0 頻率時考慮一個極點和一個零點（圖 11.29 和圖 11.30）。一個系統元件在 $s = 0$ 有一個極點，稱為積分器 (integrator)，因為它的轉移函數為 $H(s) =$

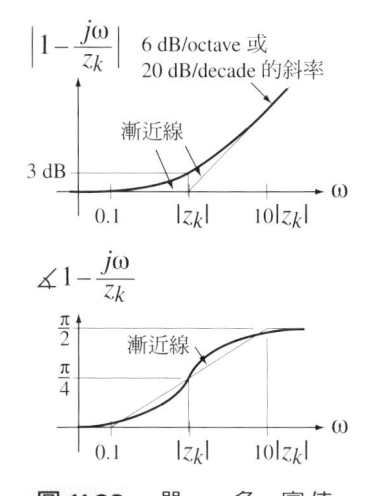

圖 11.28 單一-負-實值-零點子系統之量值與相位頻率響應

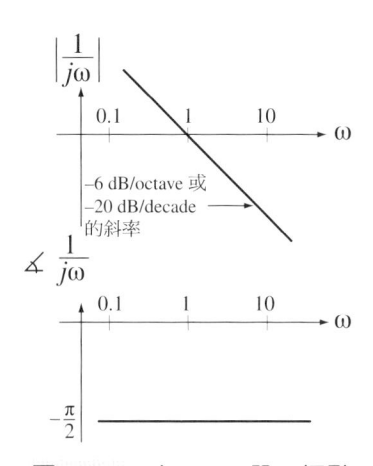

圖 11.29 在 $s = 0$ 單一極點的量值與相位頻率響應

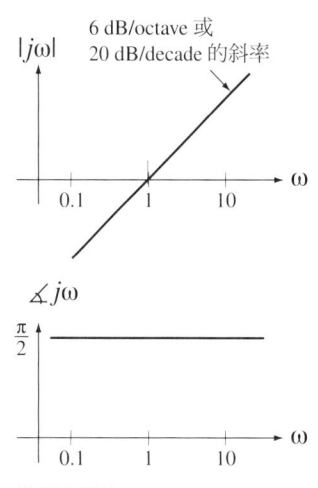

圖 11.30 在 $s = 0$ 單一零點之量值與相位頻率響應

$1/s$，而除以 s 相對於在時域上是積分。

一個系統元件在 $s = 0$ 有一個零點，稱為微分器 (differentiator)，因為轉移函數為 $H(s) = s$，而乘以 s 相對於在時域上是微分。

頻率 - 獨立增益　剩下一個簡單系統的型態是頻率 - 獨立增益（圖 11.31）。在圖 11.31 中，增益常數 A 假設為正值。這是為何相角為 0。若 A 為負值則相角為 $\pm \pi$ 弧度。

漸進線對於一個較複雜的系統在畫實際波德圖時很有幫助。漸進線可以快速的從一些簡單的規則知識中畫出並且加在一起。因此量值波德圖可以利用一個平滑曲線趨近於漸進線近似的描繪出來，且在轉角有 ± 3 dB 的偏移量。

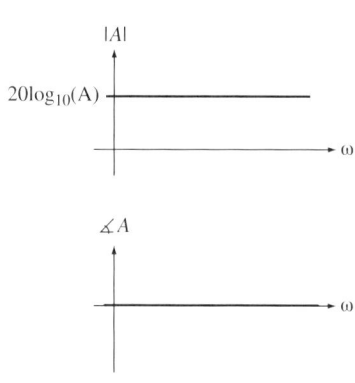

圖 11.31 頻率 - 獨立增益 A 之量值與相位頻率響應

例題 11.2　一個 RC 電路頻率響應波德圖

畫出圖 11.32 中電路電壓頻率響應之波德圖，其中 $C_1 = 1\ F$, $C_2 = 2\ F$, $R_s = 4\ \Omega$, $R_1 = 2\ \Omega$, $R_2 = 3\ \Omega$。

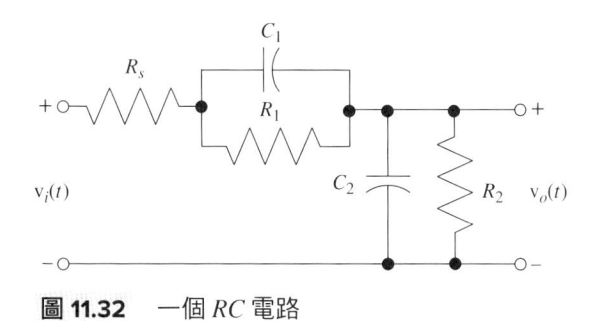

圖 11.32　一個 RC 電路

轉移函數為

$$H(s) = \frac{1}{R_sC_2} \frac{s + 1/R_1C_1}{s^2 + \left(\dfrac{C_1+C_2}{R_sC_1C_2} + \dfrac{R_1C_1+R_2C_2}{R_1R_2C_1C_2}\right)s + \dfrac{R_1+R_2+R_s}{R_1R_2R_sC_1C_2}}$$

用 $s \to j\omega$ 做代換，並使用元件值，頻率響應為

$$H(j\omega) = 3\frac{j2\omega + 1}{48(j\omega)^2 + j50\omega + 9} = 0.125\frac{j\omega + 0.5}{(j\omega + 0.2316)(j\omega + 0.8104)}$$

$$H(j\omega) = 0.333 \frac{1 - \dfrac{j\omega}{(-0.5)}}{\left[1 - \dfrac{j\omega}{(-0.2316)}\right]\left[1 - \dfrac{j\omega}{(-0.8104)}\right]} = A\frac{1 - j\omega/z_1}{(1 - j\omega/p_1)(1 - j\omega/p_2)}$$

其中 $A = 0.333$, $z_1 = -0.5$, $p_1 = -0.2316$, $p_2 = -0.8104$。

因此頻率響應有兩個極點，一個有限零點，與一個頻率 - 獨立增益。我們可以利用總頻率響應中 4 個元件之漸進波德圖（圖 11.33）相加後，快速的建立總漸進波德圖。

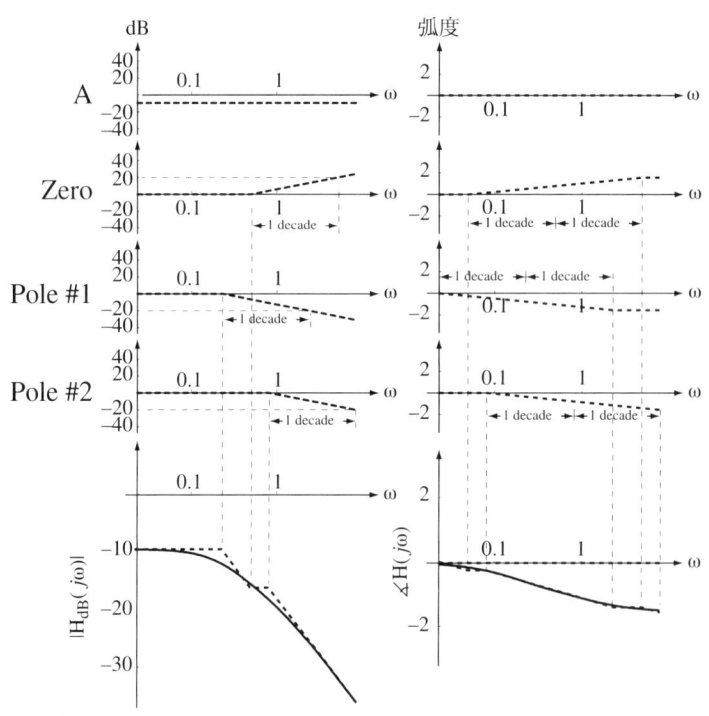

圖 11.33 針對電路電壓頻率響應，個別漸近與總漸近以及正確的波德量值與相位圖（其中 1 decade = 二十度）

下列的 MATLAB 程式說明畫波德圖的一些技術。

```
%   Set up a logarithmic vector of radian frequencies
%   for graphing the Bode diagram from 0.01 to 10 rad/sec
w = logspace(-2,1,200) ;
```

```
%   Set the gain, zero and pole values
A = 0.3333 ; z1 = -0.5 ; p1 = -0.2316 ; p2 = -0.8104

%   Compute the complex frequency response
H = A*(1-j*w/z1)./((1-j*w/p1).*(1-j*w/p2)) ;

%   Graph the magnitude Bode diagram
subplot(2,1,1) ; p = semilogx(w,20*log10(abs(H)),'k') ;
set(p,'LineWidth',2) ; grid on ;
xlabel('\omega','FontSize',18,'FontName','Times') ;
ylabel('|H({\itj}\omega)|_d_B','FontSize',18,'FontName','Times') ;
title('Magnitude','FontSize',24,'FontName','Times') ;
set(gca,'FontSize',14,'FontName','Times') ;

%   Graph the phase Bode diagram
subplot(2,1,2) ; p = semilogx(w,angle(H),'k') ;
set(p,'LineWidth',2) ; grid on ;
xlabel('\omega','FontSize',18,'FontName','Times') ;
ylabel('Phase of H({\itj}\omega)','FontSize',18,'FontName','Times') ;
title('Phase','FontSize',24,'FontName','Times') ;
set(gca,'FontSize',14,'FontName','Times') ;
```

結果的量值與相位波德圖示於圖 11.34。

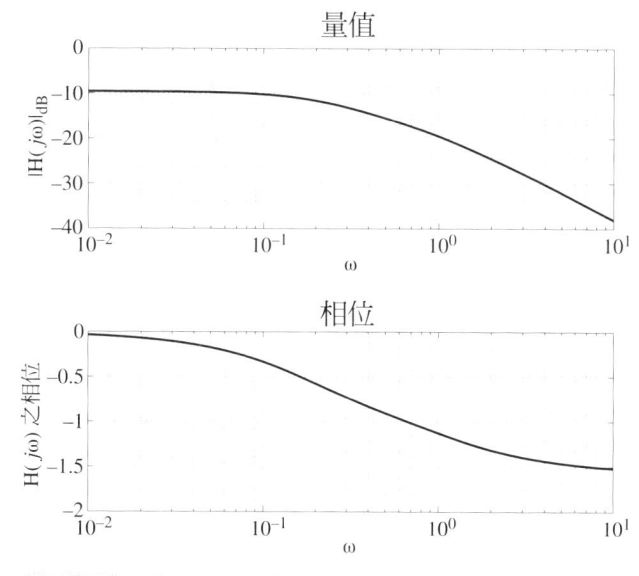

圖 11.34 濾波器頻率響應之量值與相位波德圖

複極點與零點對 現在考慮具有複值極點與零點的更複雜例子。對於一個實值系統函數，它們通常以共軛複數對發生。所以極點之共軛複數對在沒有有限零點下，會形成一個子系

統的轉移函數

$$H(s) = \frac{1}{(1-s/p_1)(1-s/p_2)} = \frac{1}{1-(1/p_1+1/p_1^*)s + s^2/p_1p_1^*}$$

與頻率響應

$$H(j\omega) = \frac{1}{(1-j\omega/p_1)(1-j\omega/p_2)} = \frac{1}{1-j\omega(1/p_1+1/p_1^*) + (j\omega)^2/p_1p_1^*}$$

或是

$$H(j\omega) = \frac{1}{1 - j\omega\dfrac{2\text{Re}(p_1)}{|p_1|^2} + \dfrac{(j\omega)^2}{|p_1|^2}}$$

從傅立葉轉換對之表格，可以找到轉換對如下

$$e^{-\omega_n\zeta t}\sin\left(\omega_n\sqrt{1-\zeta^2}\,t\right)u(t) \xleftrightarrow{\mathscr{F}} \frac{\omega_n\sqrt{1-\zeta^2}}{(j\omega)^2 + j\omega(2\zeta\omega_n) + \omega_n^2}$$

在 ω 域中，可以表示成下式

$$\omega_n\frac{e^{-\omega_n\zeta t}\sin\left(\omega_n\sqrt{1-\zeta^2}\,t\right)}{\sqrt{1-\zeta^2}}u(t) \xleftrightarrow{\mathscr{F}} \frac{1}{1 + j\omega\dfrac{2\zeta\omega_n}{\omega_n^2} + \dfrac{(j\omega)^2}{\omega_n^2}}$$

它的右邊與下列的函數形式相同

$$H(j\omega) = \frac{1}{1 - j\omega\dfrac{2\text{Re}(p_1)}{|p_1|^2} + \dfrac{(j\omega)^2}{|p_1|^2}}$$

這是一個二階欠阻尼系統響應的標準形式，它的自然弧度頻率為 ω_n，阻尼比為 ζ。因此對於這種形態的子系統，

$$\omega_n^2 = |p_1|^2 = p_1p_2$$

與

$$\zeta = -\frac{\text{Re}(p_1)}{\omega_n} = -\frac{p_1+p_2}{2\sqrt{p_1p_2}}$$

此一子系統的波德圖如圖 11.35 所示。

一個零點的複數對將形成下列之子系統頻率響應形式，

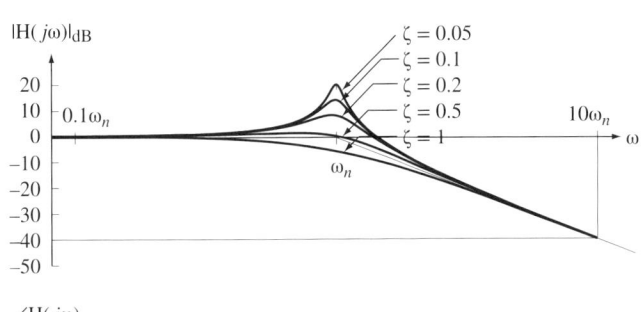

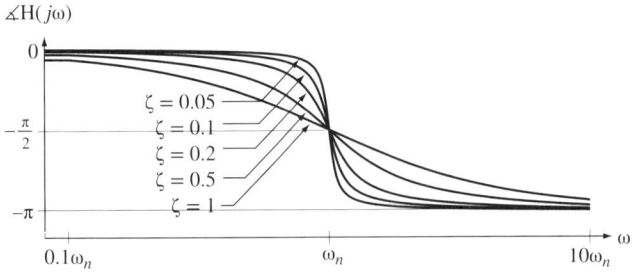

圖 11.35 二階複值極點對之量值與相位波德圖

$$H(j\omega) = \left(1 - \frac{j\omega}{z_1}\right)\left(1 - \frac{j\omega}{z_2}\right)$$
$$= 1 - j\omega\left(\frac{1}{z_1} + \frac{1}{z_1^*}\right) + \frac{(j\omega)^2}{z_1 z_1^*}$$
$$= 1 - j\omega\frac{2\text{Re}(z_1)}{|z_1|^2} + \frac{(j\omega)^2}{|z_1|^2}$$

在此形式的子系統,我們可以確認自然弧度頻率與阻尼比為

$$\omega_n^2 = |z_1|^2 = z_1 z_2$$

與

$$\zeta = -\frac{\text{Re}(z_1)}{\omega_n} = -\frac{z_1 + z_2}{2\sqrt{z_1 z_2}}$$

此子系統的波德圖如圖 11.36 所示。

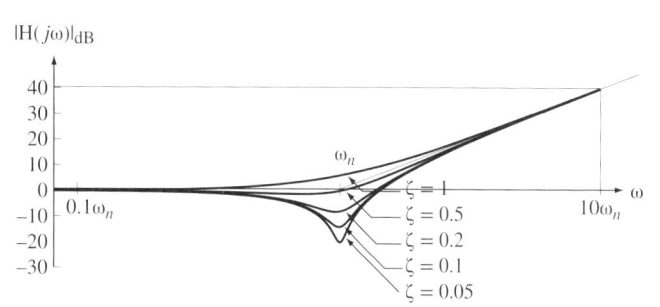

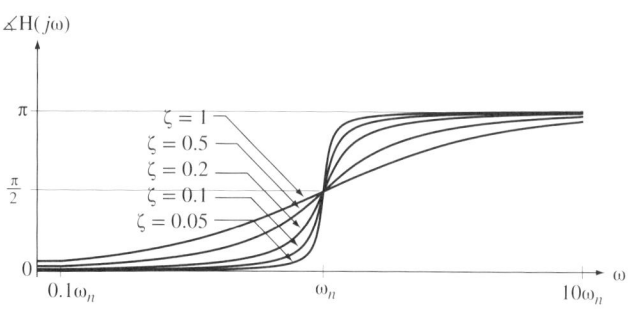

圖 11.36 二階複值零點對之量值與相位波德圖

實際濾波器

被動濾波器

低通濾波器 近似於理想的低通濾波器與帶通濾波器可以用某種形式的電路來完成。我們已經不止一次的分析過一個最簡單近似理想低通濾波器就是所謂的 *RC* 低通濾波器(圖 11.37)。我們已經求過其對於步階與正弦訊號的響應。讓我們現在直接在頻域中分析。

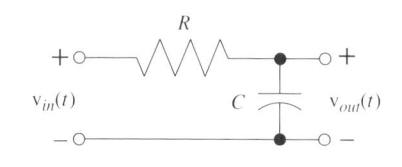

圖 11.37 實際 RC 低通濾波器

描述此電路的微分方程式是 $RCv'_{out}(t) + v_{out}(t) = v_{in}(t)$。針對兩邊做拉式轉換(假設電容裡沒有初始電荷),$sRCV_{out}(t) + V_{out}(t) = V_{in}(t)$。我們直接可以對此轉移函數求解,

$$H(s) = \frac{V_{out}(s)}{V_{in}(s)} = \frac{1}{sRC + 1}$$

通常用在基礎電路分析中求解頻率響應的方法,是基於相量 (phasor) 與阻抗的觀念。阻抗是應用在電感與電容上一般性的電阻觀念。回想對於電阻、電容與電感之電壓-電流關係。

若是將這些關係做拉式轉換,可以得到

$$V(s) = R\,I(s), \quad V(s) = sL\,I(s) \quad 與 \quad I(s) = sC\,V(s)$$

阻抗的觀念可從電感與電容方程式之相似於電阻的歐姆定律而來。若我們用電壓比上電流可以得到

426 訊號與系統──利用轉換方法與 MATLAB 分析

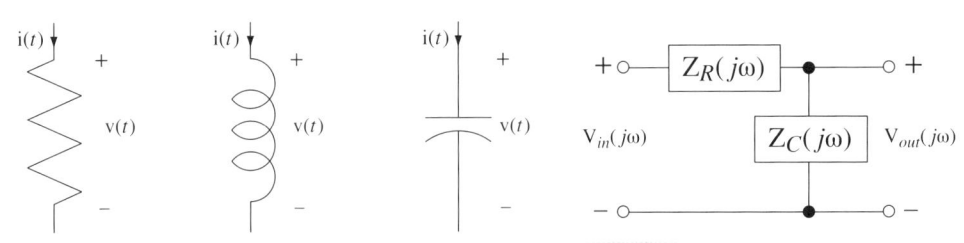

圖 11.38 針對電阻、電容與電感定義方程式

圖 11.39 阻抗分壓器表示 RC 低通濾波器

$$\frac{V(s)}{I(s)} = R, \quad \frac{V(s)}{I(s)} = sL \quad \text{與} \quad \frac{V(s)}{I(s)} = \frac{1}{sC}$$

對電阻而言，此比值是電阻 (resistance)。將比值一般化稱為**阻抗** (impedance)。阻抗方便的以符號 Z 表示。使用此符號，

$$Z_R(s) = R, \quad Z_L(s) = sL \quad \text{與} \quad Z_C(s) = 1/sC$$

這個允許我們將許多分析電阻電路的技術，應用至包含電感與電容的電路中，且在頻域分析裡。如我們所見的，RC 低通濾波器是一個分壓器（圖 11.39）。

於是我們可以直接在頻域中寫出轉移函數

$$H(s) = \frac{V_{out}(s)}{V_{in}(s)} = \frac{Z_c(s)}{Z_c(s) + Z_f(s)} = \frac{1/sC}{1/sC + R} = \frac{1}{sRC + 1}$$

而頻率響應為，

$$H(j\omega) = \frac{1}{j\omega RC + 1} \quad \text{或} \quad H(f) = \frac{1}{j2\pi fRC + 1}$$

無需直接參考到時域而得到與以前一樣的結果。此 RC 低通濾波器之頻率響應的量值與相位說明於圖 11.40。

RC 低通濾波器脈衝響應是其頻率響應的反 CTFT

$$h(t) = \frac{e^{-t/RC}}{RC} u(t)$$

如圖 11.41 所示。對於這種實際上可實現的濾波器，在時間 t=0 之前的脈衝響應為 0。此濾波器是因果性的。

在非常低頻（趨近於 0）時，電容的阻抗比電阻的阻抗值大很多，電壓比趨近於 1，則輸出電壓訊號與輸入電壓訊號將近一樣。在非常高頻時，電容的阻抗比電阻的阻抗值小很多，電壓比趨近於 0。於是我們可以概略的說低頻 "通過"，而高頻 "被阻止"。這個電路的定性分析與頻率響應的數學形式相符，

$$H(j\omega) = \frac{1}{j\omega RC + 1}$$

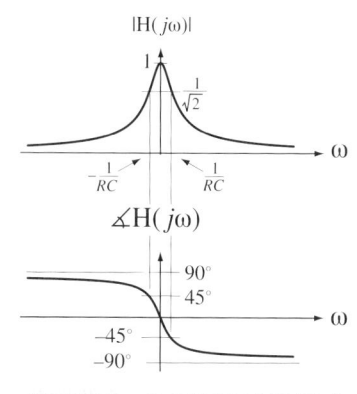

圖 11.40 RC 低通濾波器之量值與相位頻率響應

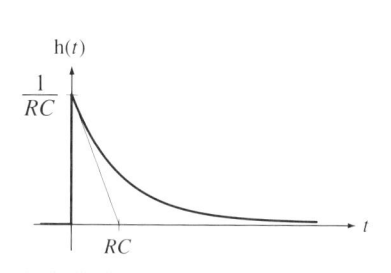

圖 11.41 RC 低通濾波器之脈衝響應

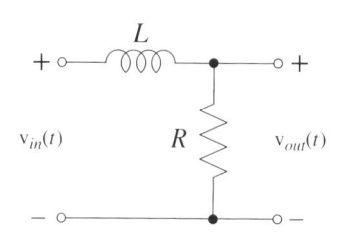

圖 11.42 實際低通濾波器之另一種形式

在低頻時，
$$\lim_{\omega \to 0} H(j\omega) = 1$$

而在高頻時，
$$\lim_{\omega \to \infty} H(j\omega) = 0$$

RC 低通濾波器只能低通，因為激發是定義為在輸入端的電壓而響應是定義為輸出端的電壓。若是響應被定義為電流，濾波過程的性質將完全改變。在此情形下頻率響應變成

$$H(j\omega) = \frac{I(j\omega)}{V_{in}(j\omega)} = \frac{1}{Z_R(j\omega) + Z_c(j\omega)} = \frac{1}{1/j\omega C + R} = \frac{j\omega C}{j\omega RC + 1}$$

用此定義，在低頻時電容阻抗非常大，阻擋電流流通因此響應趨近於 0。在高頻時電容阻抗趨近於 0，此時電路反應如同電容是一個完美的導體，而電流的流動決定於電阻 R。數學上而言，在低頻時響應趨近於 0，而在高頻時響應趨近於常數 1/R。這樣定義了高通濾波器。

$$\lim_{\omega \to 0} H(j\omega) = 0 \quad \text{與} \quad \lim_{\omega \to \infty} H(j\omega) = 1/R$$

另一個（較少見）之低通濾波器形式於圖 11.42 中所示。

$$H(s) = \frac{V_{out}(s)}{V_{in}(s)} = \frac{s/RC}{s^2 + s/RC + 1/LC} \Rightarrow H(j\omega) = \frac{j\omega/RC}{(j\omega)^2 + j\omega/RC + 1/LC}$$

利用阻抗與分壓觀念，你能解釋為何此電路是一個低通濾波器嗎？

帶通濾波器 一個實際的帶通濾波器最簡單形式如圖 11.43 所示。

$$H(s) = \frac{V_{out}(s)}{V_{in}(s)} = \frac{s/RC}{s^2 + s/RC + 1/LC} \Rightarrow H(j\omega) = \frac{j\omega/RC}{(j\omega)^2 + j\omega/RC + 1/LC}$$

在非常低頻，電容是斷路而電感是完美的導體。因此在非常低頻時，

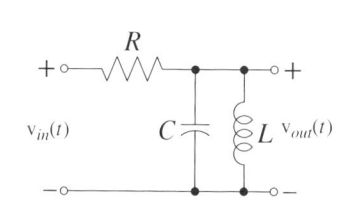

圖 11.43 RLC 實際帶通濾波器

輸出電壓訊號實際為 0。在非常高頻時，電感是斷路而電容是完美的導體，再次的使輸出電壓訊號為 0。並聯的電感 - 電容組合之阻抗為

$$Z_{LC}(s) = \frac{sL/sC}{sL + 1/sC} = \frac{sL}{s^2LC + 1}$$

對於 $s^2LC + 1 = 0 \Rightarrow s = \pm j\sqrt{1/LC} \Rightarrow \omega = \pm 1/\sqrt{LC}$，阻抗是無限的。此頻率稱為**共振** (resonant) 頻率。所以在平行 -LC 電路之共振頻率，並聯的電感 - 電容組合之阻抗接近無限大而輸出電壓訊號與輸入電壓訊號一樣。電路的整體行為近似於通過接近共振頻率的頻率而阻隔其他頻率，因此它是一個實際的帶通濾波器。一個量值與相位頻率響應的圖形（圖 11.44）（對於一個特別選擇的元件值）展現它的帶通本質。

RLC 帶通濾波器之脈衝響應為

$$h(t) = 2\zeta\omega_n e^{-\zeta\omega_n t}\left[\cos(\omega_c t) - \frac{\zeta}{\sqrt{1-\zeta^2}}\sin(\omega_c t)\right]u(t)$$

其中

$$2\zeta\omega_n = 1/RC, \omega_n^2 = 1/LC \text{ and } \omega_c = \omega_n\sqrt{1-\zeta^2}$$

（圖 11.45）。注意到此一物理上可實現濾波器的脈衝響應是因果性的。

所有物理系統都是濾波器，在此意義上它們每一個都具有一個隨頻率變化特性的響應。這個就賦予了樂器與人的聲音有特色的聲音。為了發現此重要性，試著去吹奏任何管風樂器的吹嘴。這個聲音非常難聽直到樂器接上去（當由一個好的音樂家演奏）。太陽在旋轉時週期性的對地球加熱，而地球就如同一個低通濾波器，將每一天的變化平均，並且以一個在溫度上季節性的延遲變化作為響應。在史前時代人類喜歡居住在洞穴裡，因為環繞它們的岩石熱質量平均了季節性溫度的變化，使得他們冬暖夏涼，這是另一個低通濾波的例子。工業上的橡膠發泡耳塞在設計上允許低頻通過使得人們可以交談，但阻隔了可能會傷害耳朵的強烈的高頻聲音。要列出我們在日常生活中執行濾波的過程之範例是無窮盡的。

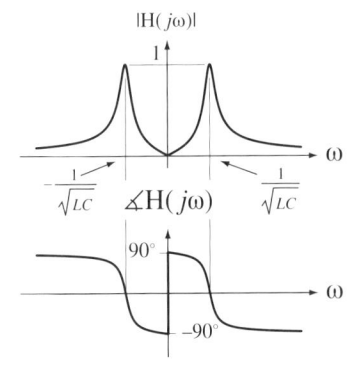

圖 11.44 實際 RLC 帶通濾波器之量值與相位頻率響應

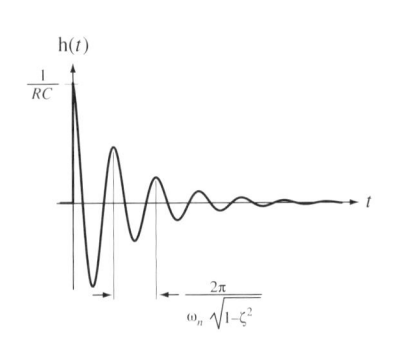

圖 11.45 實際 RLC 帶通濾波器之脈衝響應

主動濾波器

到目前為止，我們所檢視的濾波器都是**被動** (passive) 濾波器。被動一詞的意思是它們沒有包含任何有能力製造輸出訊號具有比輸入訊號更多的實際功率（非訊號功率）的元件。許多現代的濾波器是**主動的** (active)。它們包含主動元件如電晶體且/或運算放大器，且需要外加的電源使其適當的運作。使用主動元件後，實際的輸出功率會比實際的輸入功率大很多。主動濾波器的主題非常龐大，我們在此只介紹主動濾波器最簡單的形式 [3]。

運算放大器 有兩種常用的運算放大器形式。反向放大器形式與非反向放大器形式（圖 11.46）。在此處的分析將使用運算放大器最簡單可能的模式，亦即**理想運算放大器** (ideal operational amplifier)。一個理想運算放大器具有無限大的輸入阻抗、零輸出阻抗、無窮大增益與無窮大頻寬。

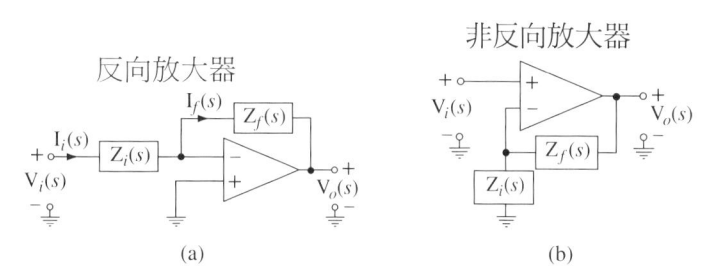

圖 11.46 兩種使用運算放大器的常見的放大器形式

對於每一種形式的放大器有兩種阻抗 $Z_i(s)$ 與 $Z_f(s)$ 來控制轉移函數。反向放大器之轉移函數可以由觀察推導，因為運算放大器輸入阻抗是無限大，流進任何一個輸入端的電流為 0，因此

$$I_f(s) = I_i(s) \tag{11.5}$$

同樣的，因為輸出電壓是有限的，而運算放大器的增益是無限的，兩個輸入端的電位差必須為 0。因此

$$I_i(s) = \frac{V_i(s)}{Z_i(s)} \tag{11.6}$$

且

$$I_f(s) = -\frac{V_f(s)}{Z_f(s)} \tag{11.7}$$

根據 (11.5) 式，全等 (11.6) 式與 (11.7) 式，並求解轉移函數

$$\boxed{H(s) = \frac{V_o(s)}{V_i(s)} = -\frac{Z_f(s)}{Z_i(s)}} \tag{11.8}$$

---

[3] 在某些被動電路中，於某些頻率下會有電壓增益。輸出電壓訊號可能比輸入電壓訊號大。因此輸出訊號的功率，如前面所定義的，會比輸入訊號的功率大。但這非實際的功率增益，因為較高的輸出訊號是跨於較高的阻抗上。

同樣的，非反向放大器之轉移函數可以表示如下

$$H(s) = \frac{V_o(s)}{V_i(s)} = \frac{Z_f(s) + Z_i(s)}{Z_i(s)} = 1 + \frac{Z_f(s)}{Z_i(s)} \quad (11.9)$$

積分器　可能最常見與最簡單的主動濾波器是主動**積分器** (integrator)（圖 11.47）。利用反向放大器增益公式 (11.8) 來求轉移函數

$$H(s) = -\frac{Z_f(s)}{Z_i(s)} = -\frac{1/sC}{R} = -\frac{1}{sRC} \Rightarrow H(f) = -\frac{1}{j2\pi fRC}$$

若頻率響應重新安排成下列形式，積分器的動作很容易看見

$$V_o(f) = -\frac{1}{RC}\frac{V_i(f)}{j2\pi f} \quad \text{或} \quad V_o(j\omega) = -\frac{1}{RC}\frac{V_i(j\omega)}{j\omega}$$

積分器將訊號積分，但同時乘以 $-1/RC$。注意到我們並未介紹實際的被動積分器。被動 RC 低通濾波器之動作在頻率高於轉角頻率時就如同一個積分器，但是在夠低的頻率時，其響應就不像積分器。所以主動元件（本例中的運算放大器）給予濾波器設計者在設計上另一個自由空間。

低通濾波器　積分器加上一個電阻後可以容易的改變成低通濾波器（圖 11.48）。對於此電路，

$$H(s) = \frac{V_0(s)}{V_i(s)} = -\frac{R_f}{R_i}\frac{1}{sCR_f + 1} \Rightarrow H(j\omega) = \frac{V_0(j\omega)}{V_i(j\omega)} = -\frac{R_f}{R_i}\frac{1}{j\omega CR_f + 1}$$

除了因式 $-R_f/R_i$ 之外，頻率響應與被動 RC 低通濾波器具有同樣的函數形式。所以這是一個具有增益的濾波器。它同時對訊號濾波與放大。本例中的電壓增益是負值。

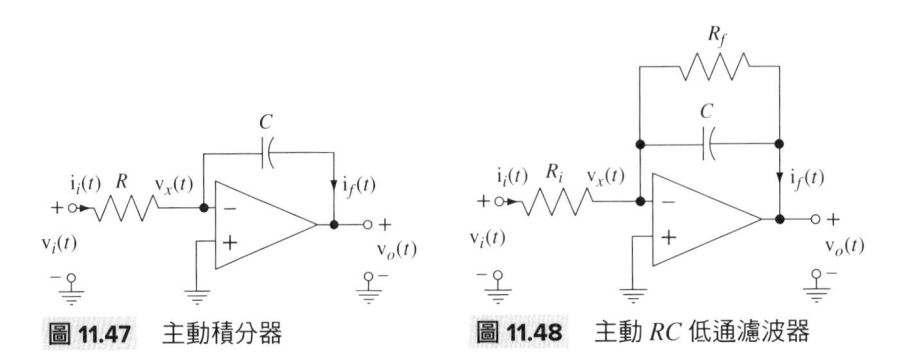

圖 11.47　主動積分器　　**圖 11.48**　主動 RC 低通濾波器

例題 11.3　二階主動濾波器頻率響應波德圖

畫出圖 11.49 之二階主動濾波器之波德量值與相位圖。

第一階的轉移函數是

$$H_1(s) = -\frac{Z_{f1}(s)}{Z_{i1}(s)} = -\frac{R_{f1}}{R_{i1}}\frac{1}{1+sC_{f1}R_{f1}}$$

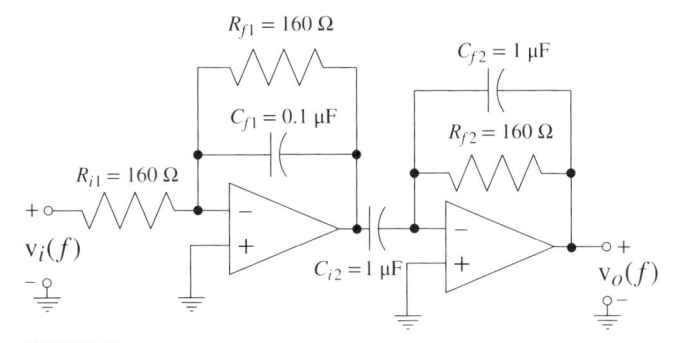

圖 11.49 二階主動濾波器

第二階的轉移函數是

$$H_2(s) = -\frac{Z_{f1}(s)}{Z_{i1}(s)} = -\frac{sR_{f2}C_{i2}}{1+sR_{f2}C_{f2}}$$

因為理想運算放大器的輸出阻抗為 0，第二階並未由第一階加上負載，而總轉移函數是簡單的兩個轉移函數相乘，

$$H(s) = \frac{R_{f1}}{R_{i1}}\frac{sR_{f2}C_{i2}}{(1+sC_{f1}R_{f1})(1+sR_{f2}C_{f2})}$$

代入參數值並且令 $s \to j2\pi f$，可以得到頻率響應

$$H(f) = \frac{j1000f}{(1000+jf/10)(1000+jf)}$$

（圖 11.50）。這是一個實際的帶通濾波器。

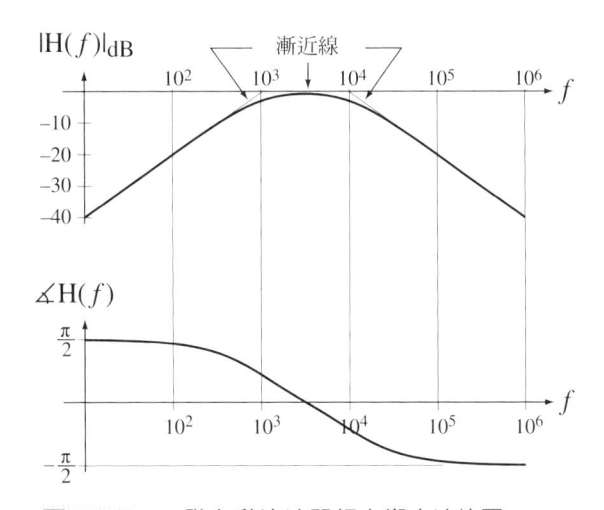

圖 11.50 二階主動濾波器頻率響應波德圖

例題 11.4 設計一個主動高通濾波器

設計一個主動濾波器將訊號在 60 Hz 且以下衰減超過 40 dB，並且放大訊號在 10 kHz 以上有一個正的增益，且從 20 dB 開始其偏移量不超過 2 dB。

這個定義了高通濾波器。增益必須為正值。一個正增益與一些高通濾波可以用非反向放大器來完成。然而，檢視非反向放大器的轉移函數與頻率響應

$$H(s) = \frac{V_o(s)}{V_i(s)} = \frac{Z_f(s) + Z_i(s)}{Z_i(s)} \Rightarrow H(j\omega) = \frac{Z_f(j\omega) + Z_i(j\omega)}{Z_i(j\omega)}$$

我們見到若兩個阻抗只包含電阻與電容，則其增益永遠不可能小於 1，我們需要在低頻有衰減（一個小於 1 的增益）（若我們同時使用電感與電容，我們可以令 $Z_f(j\omega) + Z_i(j\omega)$ 和之量值在某些頻率小於 $Z_i(j\omega)$，並得到一個小於 1 的增益。但我們不可能讓此在 60 Hz 以下的所有頻率使其發生，而且除非絕對需要，在實際設計中要避免使用電感。這個想法在使用實際而非理想的運算放大器時還有其他實際的困難）。

若使用反向放大器，就有負的增益。但是我們可以隨後加上另一個反向放大器使總增益變成正的（增益是衰減的相反，若衰減為 60 dB，則增益為 −60 dB）。若增益在 60 Hz 是 −40 dB 而響應是單一極點高通濾波器，則波德圖漸近線在量值頻率響應將在 600 Hz 處通過 −20 dB 的增益、6 kHz 處 0 dB 的增益，以及 60 kHz 處 20 dB 的增益。但是我們需要在 10 kHz 處有 20 dB 的增益，因此單一極點濾波器無法滿足此規格。我們需要一個雙一極點高通濾波器。我們可以串聯兩個單一極點高通濾波器來達成，同時符合衰減與正的增益之規格。

現在我們必須選擇 $Z_f(j\omega)$ 與 $Z_i(j\omega)$ 來使得反向放大器變成高通濾波器。圖 11.48 說明一個主動低通濾波器。這個濾波器是低通的，是因為增益為 $-Z_f(j\omega)/Z_i(j\omega)$，$Z_i(j\omega)$ 是常數而 $Z_f(j\omega)$ 在低頻時比高頻有較大的量值。利用同樣的反向放大器架構，有超過一種的方法可以建構高通濾波器。我們可以使 $Z_f(j\omega)$ 的量值在低頻時為小而在高頻時大一點。這就需要用到電感，但是同樣的理由，除非真正的需要，否則應該避免用電感。我們可以使 $Z_f(j\omega)$ 為常數，而令 $Z_i(j\omega)$ 的量值在低頻時大而在高頻時小。此一般性的目標可以用一個電阻和一個電容以並聯或串聯的方式達成（圖 11.51）。

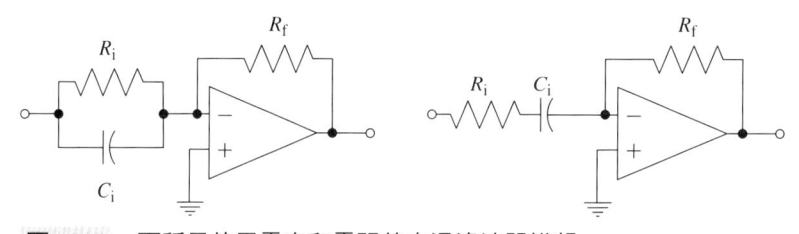

圖 11.51 兩種只使用電容和電阻的高通濾波器構想

若我們只考慮這兩種構想在非常低與非常高頻的極限行為，我們馬上發現其中只有一個符合這種設計的規格。設計 (a) 在非常低頻時有一個有限增益，在高頻時增益隨著頻率上升，永遠達不到常數。設計 (b) 在非常低頻時增益隨著頻率下降，在 0 頻率時趨近於 0，在高頻時增益趨近常數。設計 (b) 可以用來滿足我們的規格。所以現在的設計是兩個反向放大器串聯（圖 11.52）。

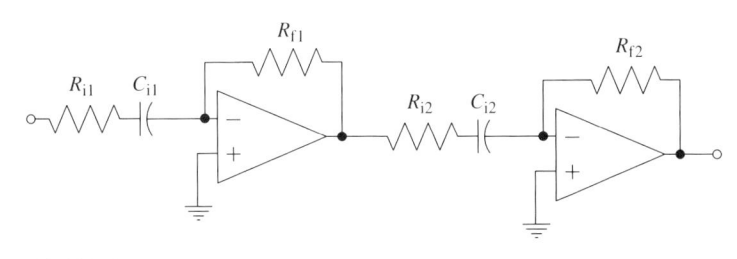

圖 11.52 兩個反向高通主動濾波器串聯

在此處我們需要選擇電阻與電容來符合衰減與增益的需求。有許多方式可用。此設計不是唯一的。我們開始可以選擇電阻來符合高頻增益 20 dB 的需求。這是總高頻增益 10，我們可以用任何方式分攤兩個放大器。讓我們令這二個階段的增益大致一樣。則每個階段的電阻比應該約為 3.16。我們將選擇夠大的電阻以免成為運算放大器輸出的負載，但也夠小到旁路電容不會造成問題。範圍在 500 Ω 至 50 kΩ 的電阻通常是好選擇。但除非我們願意多付點錢，我們不能任意的選擇電阻值。電阻具有標準值，一般是以下序列

$$1, 1.2, 1.5, 1.8, 2.2, 2.7, 3.3, 3.9, 4.7, 5.6, 6.8, 8.2 \times 10^n$$

其中 n 設定電阻值的十進位數。有一些值非常接近 3.16，如下

$$\frac{3.9}{1.2} = 3.25, \frac{4.7}{1.5} = 3.13, \frac{5.6}{1.8} = 3.11, \frac{6.8}{2.2} = 3.09, \frac{8.2}{2.7} = 3.03$$

將整個增益值設定到非常接近 10，我們可以選擇第一階段的比為 3.9/1.2 = 3.25，而第二階段的比為 6.8/2.2 = 3.09，而得到總高頻增益為 10.043。因此我們設

$$R_{f1} = 3.9 \text{ k}\Omega, R_{i1} = 1.2 \text{ k}\Omega, R_{f2} = 6.8 \text{ k}\Omega, R_{i2} = 2.2 \text{ k}\Omega$$

現在我們必須選擇電容值來達到 60 Hz 以下的衰減，與 10 kHz 以上的增益。為了簡化設計，讓我們將兩個階段的兩個轉角頻率設為一樣（或接近一樣）的值。利用雙 - 極點低頻每十度下降 40 dB，而高頻增益接近 20 dB，我們在 60 Hz 和 10 kHz 之間的頻率響應量值具有 60 dB 的差值。若是我們希望在 60 Hz 時設定增益剛好為 −40 dB，接著在 600 Hz 時接近 0 dB 增益，而在 6 kHz 時增益為 40dB，而在 10 kHz 時更高。這樣就不符合規格。

我們可以從高頻端開始並且設在 10 kHz 時增益約為 10，表示對於低頻下降的轉角會順利的低於 10 kHz。若我們將其放在 1 kHz，在 100 Hz 近似的增益基於漸近趨近約為 −20 dB，而在 10 Hz 將為 −60 dB。我們需要在 60 Hz 為 −40 dB。但我們僅在 60 Hz 得到 −29 dB。因此我們需要將轉角頻率設高一點，如 3 kHz。若我們將轉角頻率設在 3 kHz，則計算出的電容值為 $C_{i1} = 46$ nF 與 $C_{i2} = 24$ nF。同樣的，我們不可以隨意選電容值。標準的電容值如同電阻值一樣，一般排成同樣的間隔

$$1, 1.2, 1.5, 1.8, 2.2, 2.7, 3.3, 3.9, 4.7, 5.6, 6.8, 8.2 \times 10^n$$

轉角頻率的位置還有一些餘地，我以我們可能不需要一個真正精確的電容值。我們可以選擇 C_{i1} = 0.47 nF 與 C_{i2} = 22 nF，讓其中一個較高而另一個較低。這會將極點分開一點但會製造需要的每十度 40 dB 的低頻下降。這看起來是一個好設計，但還需要畫波德圖來驗證其效果（圖 11.53）。

顯然從圖中看來在 60 Hz 的衰減是足夠的。計算在 10 kHz 的增益為 19.2 dB，幾乎符合規格。

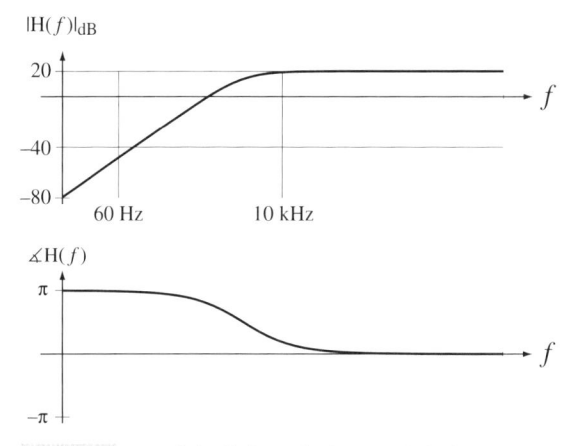

圖 11.53 二階主動高通濾波器設計波德圖

　　這些結果是基於正確的電阻與電容值。實際上所有電阻與電容的選擇是基於它們的額定值，但實際的值可能會有幾個百分比的偏移。因此所有好的設計都必須在規格中有個容忍度，允許元件值可以有小偏移設計值。

例題 11.5　沙稜 - 凱 (Sallen-Key) 帶通濾波器

在許多電子與濾波器的書中，可發現到一個普遍的濾波器設計為：雙 - 極點、一階、**沙稜 - 凱** (Sallen-Key) 或**常數 -K** (constant-K) 帶通濾波器（圖 11.54）。

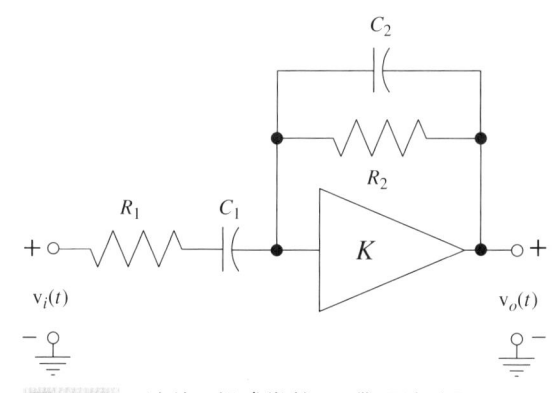

圖 11.54　沙稜 - 凱或常數 -K 帶通濾波器

　　三角形符號裡寫著 K 代表一個具有有限電壓增益 K 無限輸入阻抗、0 輸出阻抗與無限頻寬（不是一個運算放大器）的理想非反向放大器。總帶通濾波器轉移函數與頻率響應為

$$H(s) = \frac{V_o(s)}{V_i(s)} = \frac{s\dfrac{K}{(1-K)}\dfrac{1}{R_1 C_2}}{s^2 + \left[\dfrac{1}{R_1 C_1} + \dfrac{1}{R_2 C_2} + \dfrac{1}{R_1 C_2(1-K)}\right]s + \dfrac{1}{R_1 R_2 C_1 C_2}}$$

且

$$H(j\omega) = \frac{V_o(j\omega)}{V_i(j\omega)} = \frac{j\omega \dfrac{K}{(1-K)} \dfrac{1}{R_1 C_2}}{(j\omega)^2 + j\omega\left[\dfrac{1}{R_1 C_1} + \dfrac{1}{R_2 C_2} + \dfrac{1}{R_1 C_2(1-K)}\right] + \dfrac{1}{R_1 R_2 C_1 C_2}}$$

頻率響應形式為

$$H(j\omega) = H_0 \frac{j2\zeta\omega_0^2}{(j\omega)^2 + 2\zeta\omega_0(j\omega) + \omega_0^2} = \frac{j\omega A}{(j\omega)^2 + 2\zeta\omega_0(j\omega) + \omega_0^2}$$

其中

$$A = \frac{K}{(1-K)} \frac{1}{R_1 C_2}, \quad \omega_0^2 = \frac{1}{R_1 R_2 C_1 C_2}$$

$$\zeta = \frac{R_1 C_1 + R_2 C_2 + \dfrac{R_2 C_1}{1-K}}{2\sqrt{R_1 R_2 C_1 C_2}}, \quad Q = \frac{1}{2\zeta} = \frac{\sqrt{R_1 R_2 C_1 C_2}}{R_1 C_1 + R_2 C_2 + \dfrac{R_2 C_1}{1-K}}$$

且

$$H_0 = \frac{K}{1 + (1-K)\left(\dfrac{C_2}{C_1} + \dfrac{R_1}{R_2}\right)}$$

建議的設計過程是選擇 Q，而共振頻率為 $f_0 = \omega_0/2\pi$，選擇 $C_1 = C_2 = C$ 為方便的值且接著計算

$$R_1 = R_2 = \frac{1}{2\pi f_0 C} \quad 與 \quad K = \frac{3Q-1}{2Q-1} \quad 與 \quad |H_0| = 3Q-1$$

同樣的，在此設計中建議選擇 Q 小於 10。設計這種形式的濾波器選擇 Q 等於 5，而轉角頻率為 50 kHz。

我們可以選擇方便的電容值，因此 $C_1 = C_2 = C = 10$ nF。於是 $R_1 = R_2 = 318\ \Omega$，且 $K = 1.556$ 與 $|H_0| = 14$。這使得頻率響應為

$$H(j\omega) = -\frac{j\omega(8.792 \times 10^5)}{(j\omega)^2 + (6.4 \times 10^4)j\omega + 9.86 \times 10^{10}}$$

或寫成循環頻率的函數

$$H(f) = -\frac{j2\pi f(8.792 \times 10^5)}{(j2\pi f)^2 + (6.4 \times 10^4)j2\pi f + 9.86 \times 10^{10}}$$

（圖 11.55）。

如前面的範例，我們不可以選擇元件值完全與計算值一樣，但可以接近。我們可能使用額定的 330 Ω 電阻，而會稍微改變頻率響應，由它們的實際值與電容的實際值決定。

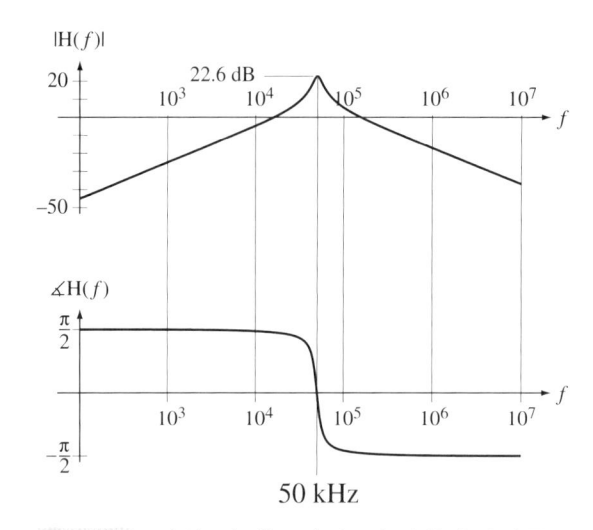

圖 11.55　沙稜 - 凱帶通濾波器頻率響應波德圖

例題 11.6　雙二級主動 *RLC* 濾波器

在 11.2 節中所介紹的雙二級濾波器能夠實現成為一個主動濾波器（圖 11.56）。在理想運算放大器的假設底下，轉移函數可以用標準電路分析技術來求得

$$H(s) = \frac{V_o(s)}{V_i(s)} = \frac{s^2 + \dfrac{R(R_1+R_2)+R_1(R_f+R_2)}{L(R_1+R_2)}s + \dfrac{1}{LC}}{s^2 + \dfrac{R(R_1+R_2)+R_2(R_s+R_1)}{L(R_1+R_2)}s + \dfrac{1}{LC}}$$

考慮兩種情形 $R_1 \neq 0, R_2 = 0$ 與 $R_1 = 0, R_2 \neq 0$。若 $R_1 \neq 0, R_2 = 0$，則頻率響應為

$$H(j\omega) = \frac{(j\omega)^2 + j\omega(R+R_f)/L + 1/LC}{(j\omega)^2 + j\omega R/L + 1/LC}$$

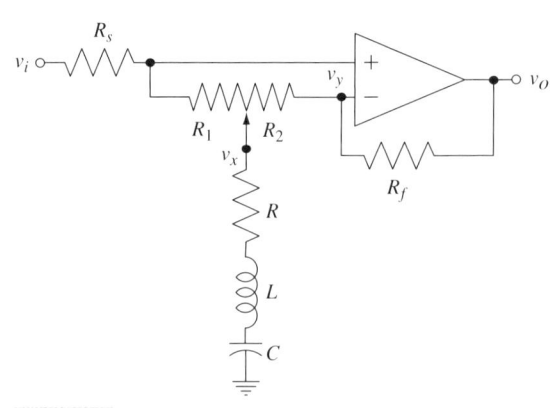

圖 11.56　雙二級濾波器主動 *RLC* 之實現

自然弧度頻率為 $\omega_n = 1/\sqrt{LC}$。它們的極點位於

$$j\omega = -(R/2L) \pm \sqrt{(R/2L)^2 - 1/LC}$$

而零點位於

$$j\omega = -\frac{R + R_f}{2L} \pm \sqrt{\left(\frac{R + R_f}{2L}\right)^2 - \frac{1}{LC}}$$

且,在低頻與高頻及共振下,

$$\lim_{\omega \to 0} H(j\omega) = 1, \quad \lim_{\omega \to \infty} H(j\omega) = 1, \quad H(j\omega_n) = \frac{R + R_f}{R} > 1$$

若 $R < 2\sqrt{L/C}$ 且 $R + R_f >> 2\sqrt{L/C}$,極點為複數而零點為實數,而接近 ω_n 的主要效應是在頻率響應量值上漸增。注意:在此情形下頻率響應與 R_1 無關。這種情形只是如同 RLC 共振電路在回授中移除電位計。

若 $R_1 = 0, R_2 \neq 0$,則

$$H(j\omega) = \frac{(j\omega)^2 + j\omega\frac{R}{L} + \frac{1}{LC}}{(j\omega)^2 + j\omega\frac{R + R_s}{L} + \frac{1}{LC}}$$

自然弧度頻率為 $\omega_n = 1/\sqrt{LC}$。它們的零點位於

$$j\omega = -\frac{R}{2L} \pm \sqrt{\left(\frac{R}{2L}\right)^2 - \frac{1}{LC}}$$

極點位於

$$j\omega = -\frac{R + R_s}{2L} \pm \sqrt{\left(\frac{R + R_s}{2L}\right)^2 - \frac{1}{LC}}$$

且,在低頻與高頻及共振下,

$$\lim_{\omega \to 0} H(j\omega) = 1, \quad \lim_{\omega \to \infty} H(j\omega) = 1, \quad H(j\omega_n) = \frac{R}{R + R_s} < 1$$

若 $R < 2\sqrt{L/C}$ 且 $R + R_s >> 2\sqrt{L/C}$,零點為複數而極點為實數,而接近 ω_n 的主要效應在頻率響應量值上漸減。注意:在此情形下頻率響應與 R_2 無關。這種情形只是如同 RLC 共振電路在一個具有放大器輸入中移除電位計。若 $R_1 = R_2$ 且 $R_f = R_s$,頻率響應為 $H(j\omega) = 1$,而輸出訊號與輸入訊號相同。

因此一個電位計可以決定頻率響應量值在接近共振頻率時是增加或減少。11.2 節中的圖形等化器可以利用串聯 9 至 11 個這種其共振頻率以八度間隔的雙二級濾波器來實現。但是它也可以只用一個如圖 11.57 運算放大器來完成。因為被動 RLC 網路的交互作用,這個電路不同於多階串聯二極濾波器,但它以較少的元件來完成。

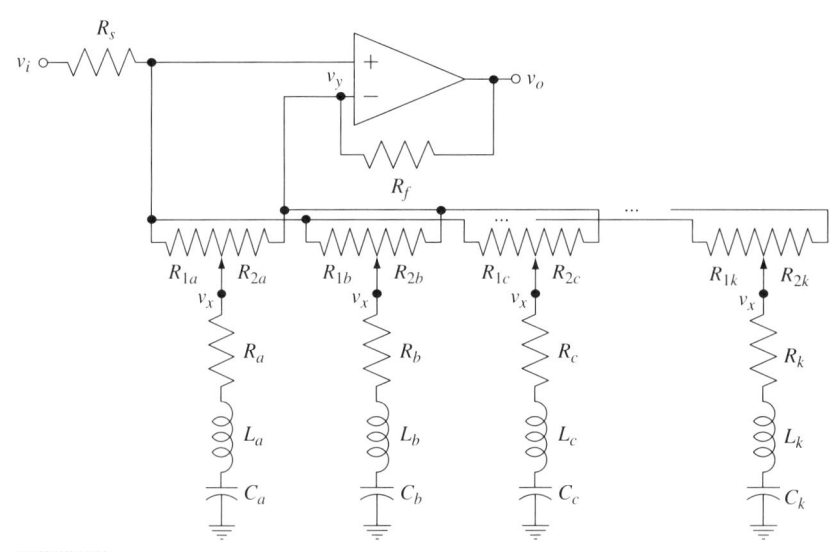

圖 11.57 只用一個運算放大器之圖形等化器的電路實現

▶11.4 離散時間濾波器

表示法

離散時間傅立葉轉換 (DTFT) 是經由改變變數，$z \to e^{j2\pi F}$ 或 $z \to e^{j\Omega}$ 其中 F 和 Ω 二個實值變數都是代表循環與弧度頻率，而從 z 轉換推導而來。在離散時間（數位）系統的文章中最常用於頻率的變數是弧度頻率 Ω。所以在以下討論離散時間濾波器的章節中，我們同樣的也是主要用 Ω。[4]

理想濾波器

離散時間濾波器的分析與設計和連續時間濾波器的分析與設計有許多平行的地方。在本節與下一節中，我們將使用許多技術來探討離散時間濾波器的特性，而這些術語是在連續時間濾波器上所發展的。

---

[4] 讀者應該了解在這個領域裡，不同的書與論文中表示法有很大的不同。一個離散時間函數 x[n] 的 DTFT 可以有以下任何形式

$$X(e^{j2\pi f}), X(e^{j\Omega}), X(\Omega), X(e^{j\omega}), X(\omega)$$

有些作者在連續與離散時間同時使用 ω 作為弧度頻率。有些作者在連續時間使用 ω 與 f，在離散時間使用 Ω 與 F。有些作者保留 "X" 給 "x" 的 z 轉換，將 z 用 $e^{j\Omega}$ 或 $e^{j\omega}$ 取代。有些作者使用 Ω 或 ω 為獨立變數重新定義 "X" 與 DTFT。所有的表示法都有其優缺點。

失真

在離散時間濾波器的失真一詞其意義與在連續時間濾波器上之改變訊號形狀是一樣的。假設訊號 x[n] 有圖 11.58(a) 上排的形狀。圖 11.58(a) 下排的形狀是訊號未失真的版本。圖 11.58(b) 說明一種失真形式。

就如同在連續時間濾波器上成立的，一個濾波器的脈衝響應沒有失真是一個脈衝，可能其強度不是 1 且可能有時間位移。一個無失真系統脈衝響應最一般化形式是 $h[n] = A\delta[n - n_0]$。相對應的頻率響應是脈衝響應的 DTFT $H(e^{j\Omega}) = Ae^{-j\Omega n_0}$。頻率響應可以用量值 $|H(e^{j\Omega})| = A$ 與相位 $\angle H(e^{j\Omega}) = -\Omega n_0$ 來定義。因此，一個無失真系統具有頻率響應的量值在頻率上是常數，其相位是線性變化（圖 11.59）。

一個無失真系統的量值頻率響應在 $-\pi < \Omega < \pi$ 範圍內是常數而其相位頻率響應是線性，而在此範圍外是週期性的重複。因為 n_0 是整數，一個無失真濾波器的量值與相角保證 Ω 以 2π 變化來重複。

濾波器分類

通帶與止帶這兩個項對於離散時間濾波器而言，就如同對於連續時間濾波器是同等重要。理想離散時間濾波器的描述在概念上是一樣的但需要做些修改，因為事實上所有的離散時間系統具有週期的頻率響應。它們的週期性是因為訊號 $A\cos(\Omega_0 n)$，若 Ω_0 加上 $2\pi m$ 來變化，其中 m 是整數，則訊號為 $A\cos((\Omega_0 + 2\pi m)n)$ 且訊號沒有改變，因為

$$A\cos(\Omega_0 n) = A\cos((\Omega_0 + 2\pi m)n) = A\cos(\Omega_0 n + 2\pi mn)，m 是整數$$

因此，一個離散時間濾波器就用在基礎週期範圍 $-\pi < \Omega < \pi$ 內的頻率響應來分類。

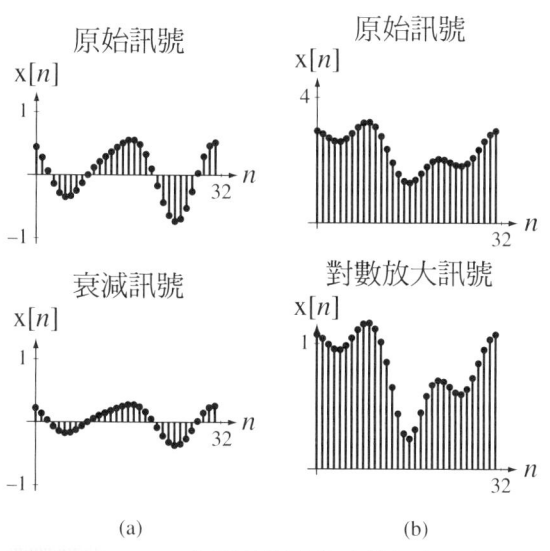

圖 11.58 (a) 一個原始訊號與改變但未失真的版本；(b) 一個原始訊號與失真的版本

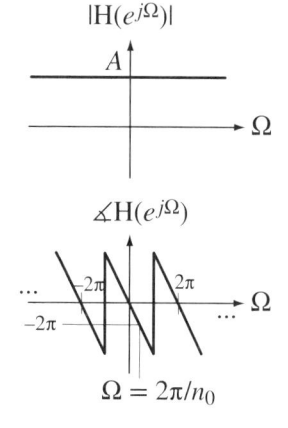

圖 11.59 無失真系統的量值與相角

一個理想低通濾波器在頻率 $0 < |\Omega| < \Omega_m < \pi$ 通過訊號功率而沒有失真，阻隔在 $-\pi < \Omega < \pi$ 範圍內的其他頻率功率。

一個理想高通濾波器在頻率 $0 < |\Omega| < \Omega_m < \pi$ 阻擋訊號功率，通過在 $-\pi < \Omega < \pi$ 範圍內的其他頻率功率而沒有失真。

一個理想帶通濾波器在頻率 $0 < \Omega_L < |\Omega| < \Omega_R < \pi$ 通過訊號功率而沒有失真，阻隔在 $-\pi < \Omega < \pi$ 範圍內的其他頻率功率。

一個理想帶拒濾波器在頻率 $0 < \Omega_L < |\Omega| < \Omega_R < \pi$ 阻擋訊號功率，通過在 $-\pi < \Omega < \pi$ 範圍內的其他頻率功率而沒有失真。

頻率響應

圖 11.60 和圖 11.61 是為四種基本理想濾波器的量值與相位頻率響應。

脈衝響應與因果性

理想濾波器的脈衝響應為它們頻率響應的反轉換。四種基本理想濾波器的量值與相位頻率響應綜整於圖 11.62 中。這些是一般性的意義描述，它們包含任意的增益常數 A 與任意時間延遲 n_0。

圖 11.63 是這四種基本型態理想濾波器脈衝響應的一般形狀。

在離散時間濾波器上，因果性之考慮與連續時間濾波器相同。就如同理想連續時間濾波器，理想離散時間濾波器具有非因果脈衝響應，因此實際上不可能建造。

在圖 11.64 和圖 11.65 為一些近似於四種常見型態理想濾波器的非理想，因果濾波器

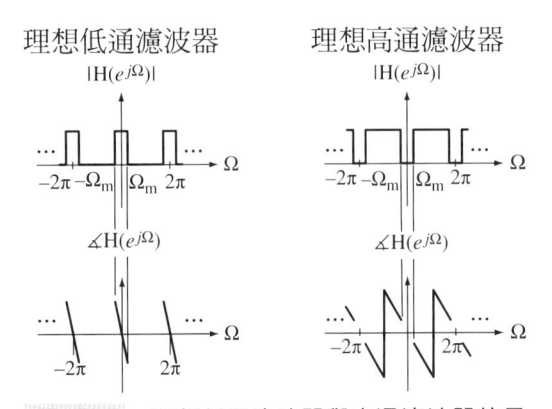

圖 11.60 理想低通濾波器與高通濾波器的量值與相位頻率響應

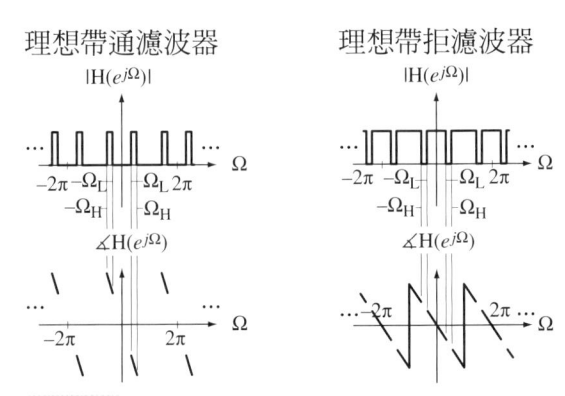

圖 11.61 理想帶通濾波器與帶拒濾波器的量值與相位頻率響應

濾波器形式	頻率響應
低通	$\text{H}(e^{j\Omega}) = A\,\text{rect}(\Omega/2\Omega_m)e^{-j\Omega n_0} * \delta_{2\pi}(\Omega)$
高通	$\text{H}(e^{j\Omega}) = Ae^{-j\Omega n_0}[1 - \text{rect}(\Omega/2\Omega_m) * \delta_{2\pi}(\Omega)]$
帶通	$\text{H}(e^{j\Omega}) = A\left[\text{rect}\left(\dfrac{\Omega - \Omega_0}{\Delta\Omega}\right) + \text{rect}\left(\dfrac{\Omega + \Omega_0}{\Delta\Omega}\right)\right]e^{-j\Omega n_0} * \delta_{2\pi}(\Omega)$
帶拒	$\text{H}(e^{j\Omega}) = Ae^{-j\Omega n_0}\left\{1 - \left[\text{rect}\left(\dfrac{\Omega - \Omega_0}{\Delta\Omega}\right) + \text{rect}\left(\dfrac{\Omega + \Omega_0}{\Delta\Omega}\right)\right] * \delta_{2\pi}(\Omega)\right\}$

濾波器形式	脈衝響應
低通	$h[n] = (A\Omega_m/\pi)\,\text{sinc}(\Omega_m(n - n_0)/\pi)$
高通	$h[n] = A\delta[n - n_0] - (A\Omega_m/\pi)\,\text{sinc}(\Omega_m(n - n_0)/\pi)$
帶通	$h[n] = 2A\Delta f\,\text{sinc}(\Delta f(t - t_0))\cos(2\pi f_0(t - t_0))$
帶拒	$h[n] = A\delta[n - n_0] - (A\Delta\Omega/\pi)\,\text{sinc}(\Delta\Omega(n - n_0)/2\pi)\cos(\Omega_0(n - n_0))$

$$\Delta\Omega = \Omega_H - \Omega_L, \quad \Omega_0 = (\Omega_H + \Omega_L)/2$$

圖 11.62 四種基本型態理想濾波器之頻率響應與脈衝響應

的一些脈衝響應、頻率響應和對於方波的響應之範例，它們近似於四種常見的理想濾波器形式。每個例子中，頻率響應只在基本週期 $-\pi < \Omega < \pi$ 範圍內作圖。

這些實際濾波器對於方波的效應近似於相對應的連續時間濾波器。

影像濾波

一個說明濾波器做什麼的有趣方法是去濾波影像。一張影像是"二維訊號"。影像可以用各種方式取得。膠卷照相機經由透鏡組將景物對感光底片曝光，如此將景物光學影像加在底片上。相片可以是彩色相片或是黑-與-白（單色）相片。我們將討論限制在單色影像。數位相機經由影像投射至（通常是）陣列的感測元件上，它們將光能轉換至電荷。每個感測元件看見

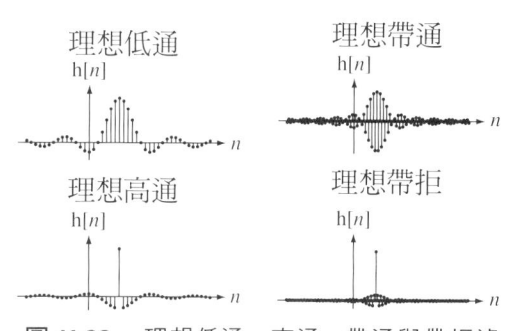

圖 11.63 理想低通、高通、帶通與帶拒濾波器的典型脈衝響應

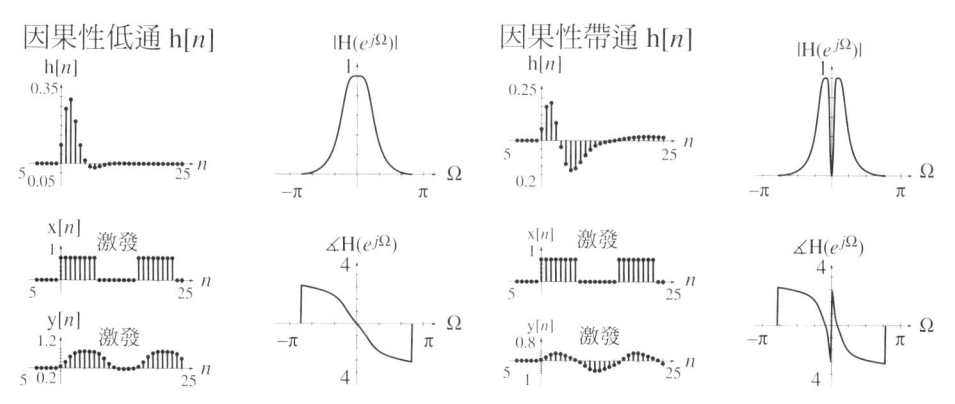

圖 11.64 因果低通與帶通濾波器之脈衝響應、頻率響應和對於方波的響應

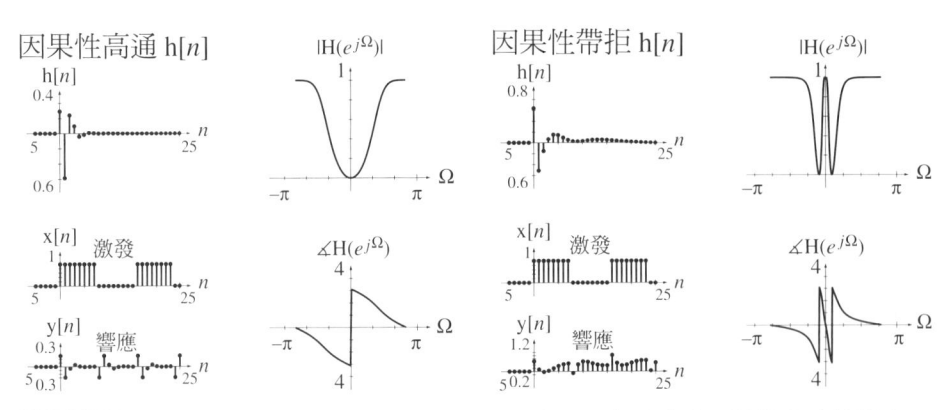

圖 11.65 因果高通濾波器與帶拒濾波器之脈衝響應、頻率響應和對於方波的響應

影像中一個微小的部分稱**像素** (pixel)（畫面元素 picture element 的簡寫）。由數位相機取得的影像內含一陣列的數值，表示在那一點上的光強度（再次的假設單色影像）。

相片是一個**連續 - 空間** (continuous-space) 的函數，由兩個空間座標組成，通常稱為 x 和 y。取得的數位影像是**離散 - 空間** (discrete-space) 的函數，由兩個離散 - 空間座標組成，通常稱為 n_x 和 n_y。原則上相片可以直接濾波。事實上，有光學上的技術可以做到。但目前為止，最常見的影像濾波是利用數位的，表示所取得的影像是用電腦以數值的方式濾波。

用來濾波影像的技術與用來對時間訊號濾波的技術非常類似，除了它們是在二維下進行。考慮圖 11.66 非常簡單的範例影像。

濾波影像的其中一項技術是將每一列的像素當作一維的訊號，並且將它們以離散時間訊號的方式濾波。圖 11.67 是影像最上面一列相對於橫向離散 - 空間 n_x 之像素的亮度圖形。

若訊號實際上是離散時間函數而我們在即時下濾波（表示在濾波的過程中我們不會有未來的值可用），低通濾波的訊號可能如圖 11.68 所示。

在經過低通濾波後，影像所有像素列看起來就像是在水平方向上被塗抹或是平滑化，

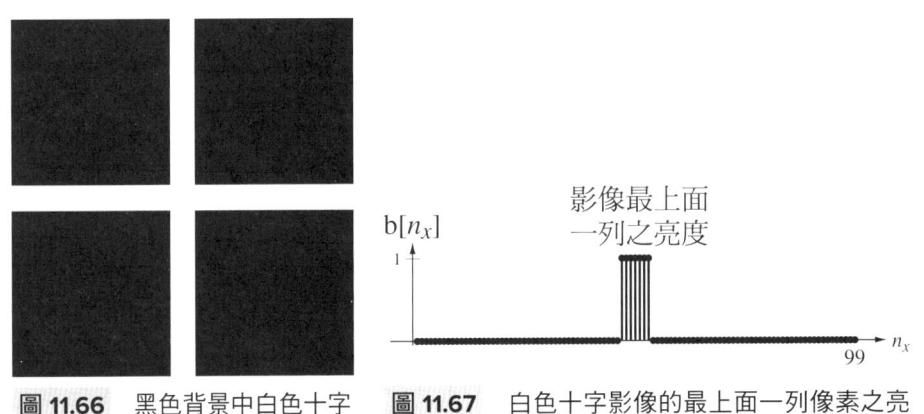

圖 11.66 黑色背景中白色十字

圖 11.67 白色十字影像的最上面一列像素之亮度

而在垂直方向上則沒有改變（圖 11.69）。若是相反，我們在所有欄位的方向而非列的方向上濾波，它的效應如圖 11.70 所示。

影像濾波的一個好處就是，通常因果性與濾波過程無關。通常是整張影像經擷取後再濾波。利用時間和空間之間的類比，在水平濾波時，"過去" 訊號值會在左邊，而 "未來" 訊號值會在右邊。在時間訊號的即時濾波中，我們不能使用未來值，因為我們尚不知道它們是什麼。在影像濾波中，在濾波前我們已經有整張影像，因此 "未來" 值是可以利用的。若我們利用 "非因果" 低通濾波器對影像的最上面一列做水平濾波，其效應如同圖 11.71 所示。

若我們利用 "非因果" 低通濾波器對整張影像做水平濾波，結果如同圖 11.72 所示。用這種方式濾波的總效應如圖 11.73 所見，其中影像的列與欄都經過低通濾波器濾波。

當然，上面所說的影像之 "非因果" 實際上是因果的，因為在開始濾波處理前整張影像的數據都已經有了。從不需要對於未來的知識。它只有在空間座標被時間座標取代，且進行即時濾波時才稱為非因果，這種濾波將是非因果性的。圖 11.74 展現其他影像與其他濾波處理。

在圖 11.74 中的每張影像，像素值範圍從黑至白其中間為灰階。為了掌握此濾波效應，考慮黑像素值為 0，白像素值為 +1。則中間灰階像素值為 +0.5。

影像 (a) 為棋盤圖案用高通濾波器在兩個維度濾波。高通濾波器的效應是在邊緣**增強** (emphasis) 而在邊緣之間的常數值**解強** (deemphasis)。邊緣包含影像 "高 - 空間 - 頻率" 資訊。所以高通濾波影像得到平均值 0.5（中間灰階）以及黑與白方塊，看起來一樣的濾波影像與原來的影像大不相同。

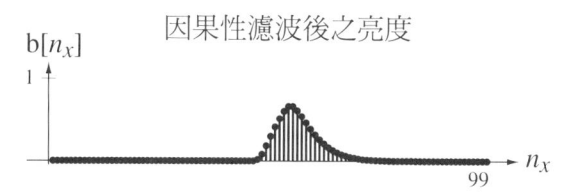

因果性濾波後之亮度

圖 11.68　經過一個因果低通濾波器低通過濾後的最上面一列像素之亮度

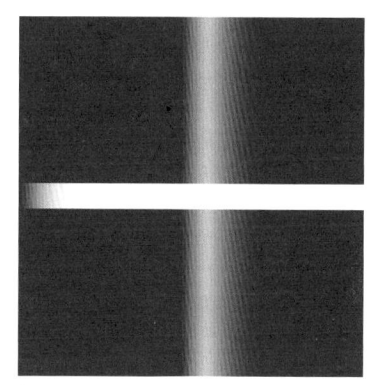

圖 11.69　所有像素列經過一個因果低通濾波器低通過濾後的白色十字影像

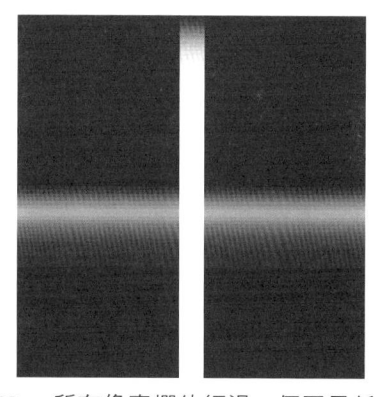

圖 11.70　所有像素欄位經過一個因果低通濾波器低通過濾後的白色十字影像

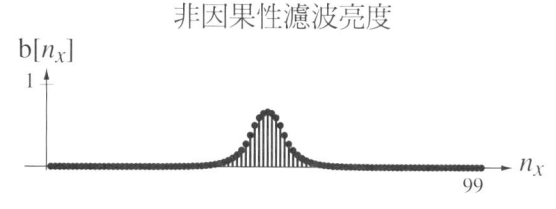

非因果性濾波亮度

圖 11.71　利用 "非因果" 低通濾波器做低通濾波後之最上面一列像素之亮度

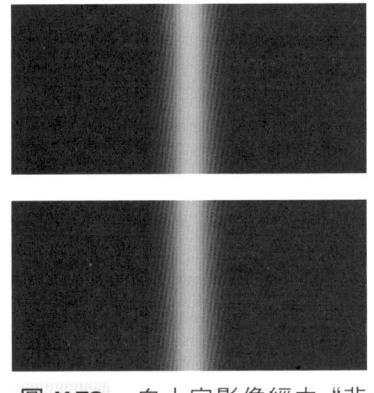

圖 11.72　白十字影像經由"非因果"低通濾波器將所有列做低通

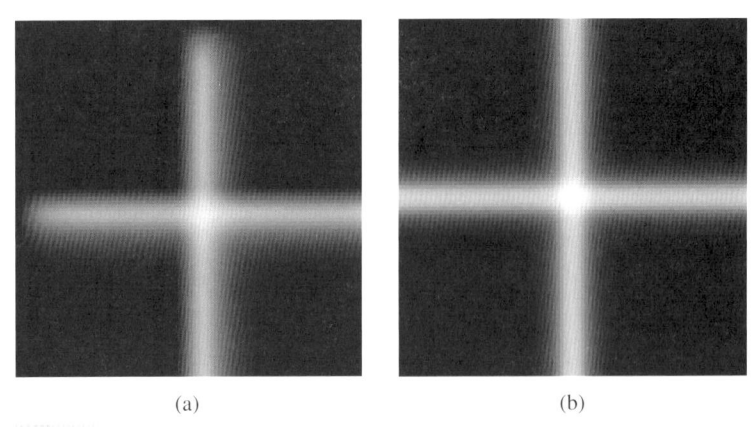

圖 11.73　白十字影像經由低通濾波器濾波，(a) 因果性；(b) "非因果性"

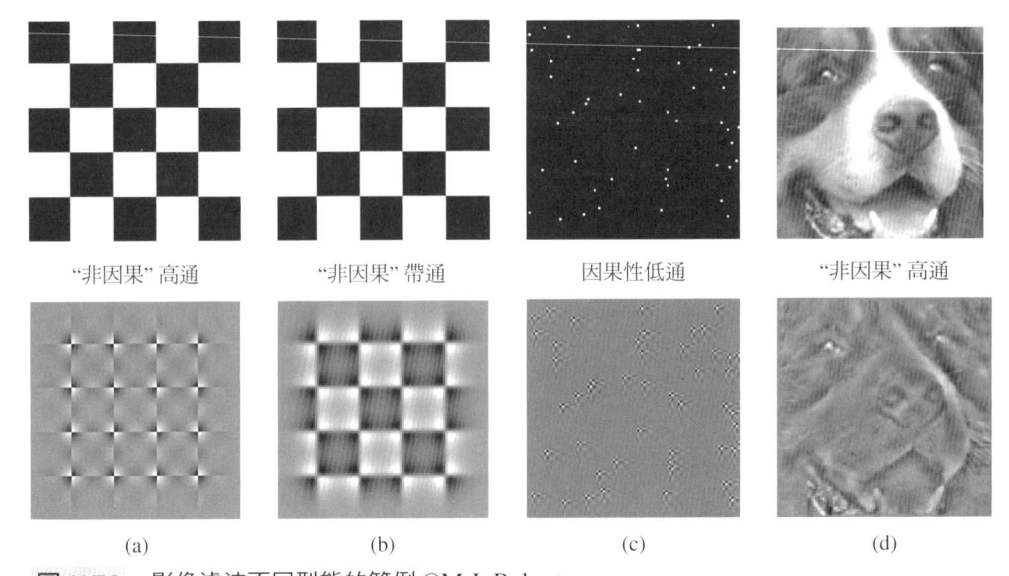

"非因果" 高通　　"非因果" 帶通　　因果性低通　　"非因果" 高通

(a)　　　　(b)　　　　(c)　　　　(d)

圖 11.74　影像濾波不同型態的範例 ©M.J. Roberts

在 (b) 中的棋盤影像是由一個帶通濾波器所濾波。這種型態的濾波器因為在高頻有較小的響應，所以平滑邊緣。它也同時衰減平均值，因為它同時對非常低頻包含 0 也具有較少的響應。影像 (c) 是一個隨機的點圖案，由因果低通濾波器所濾波。我們可見它是一個因果濾波器，因為點的平滑總是發生在右邊與點的下方，若訊號是時間訊號的話，就是"稍後"時間。濾波器對影像中一個非常小點的光的響應，稱為**點展開函數** (point spread function)。點展開函數類似於時域系統的脈衝響應。一個小點的光近似於二維脈衝響應，而點展開函數近似於二維脈衝響應。最後影像 (d) 是一張狗的臉。經過高通濾波。效果即為形成看起來是原來影像"輪廓"的一個影像，因為它強調突然改變（邊緣）且解強調影像變化緩慢的部分。

實際濾波器

與連續時間濾波器比較

圖 11.75 是一個 LTI 低通濾波器的例子。它的單位序列響應是 $[5 - 4(0.8)^n]u[n]$（圖 11.76）。

任何離散時間系統之脈衝響應為其單位序列響應的第一反向差分。在本例中為

$$h[n] = [5 - 4(4/5)^n]u[n] - [5 - 4(4/5)^{n-1}]u[n-1]$$

簡化至 $h[n] = (0.87)^n u[n]$（圖 11.77）。轉移函數與頻率響應為

$$H(z) = \frac{z}{z - 0.8} \Rightarrow H(e^{j\Omega}) = \frac{e^{j\Omega}}{e^{j\Omega} - 0.8}$$

（圖 11.78）。

比較這個低通濾波器與 RC 低通濾波器的脈衝與頻率響應是具有教育性的。離散時間低通濾波器之脈衝響應看起來是 RC 低通濾波器的脈衝響應的取樣後版本（圖 11.79）。它們的頻率響應也有一些類似的地方（圖 11.80）。

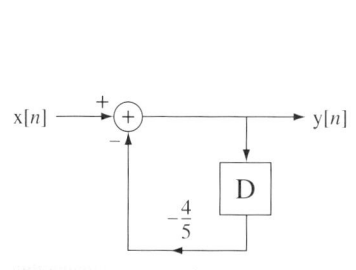

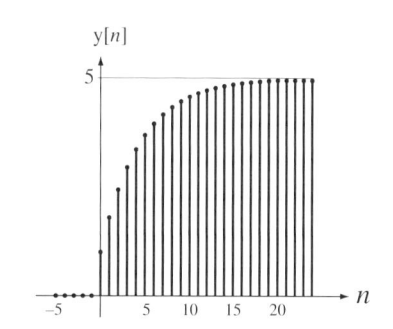

圖 11.75 低通濾波器

圖 11.76 低通濾波器之單位序列響應

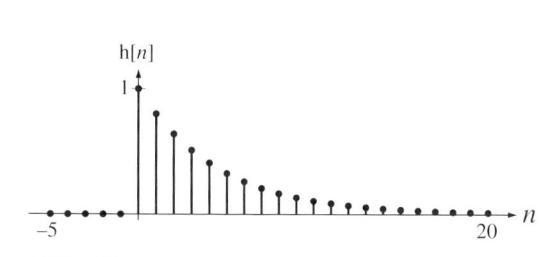

圖 11.77 低通濾波器之脈衝響應

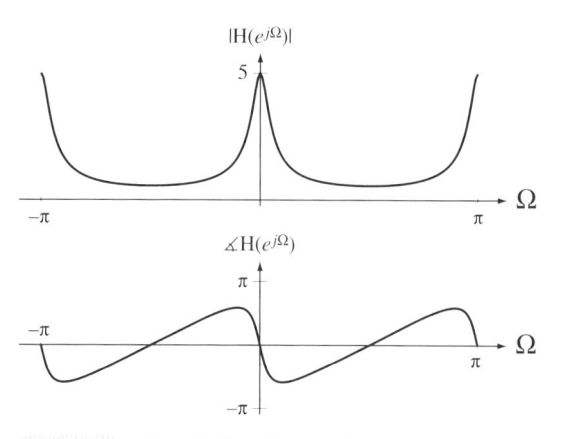

圖 11.78 低通濾波器之頻率響應

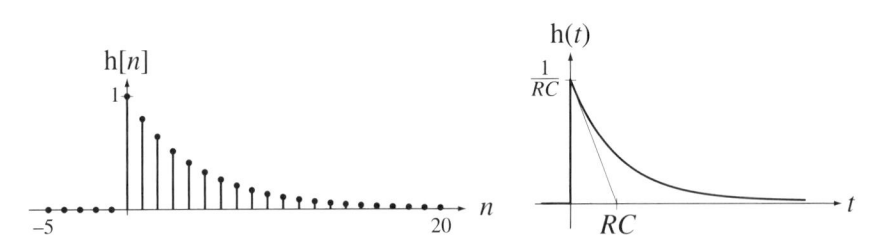

圖 11.79 比較離散時間與 RC 低通濾波器之脈衝響應

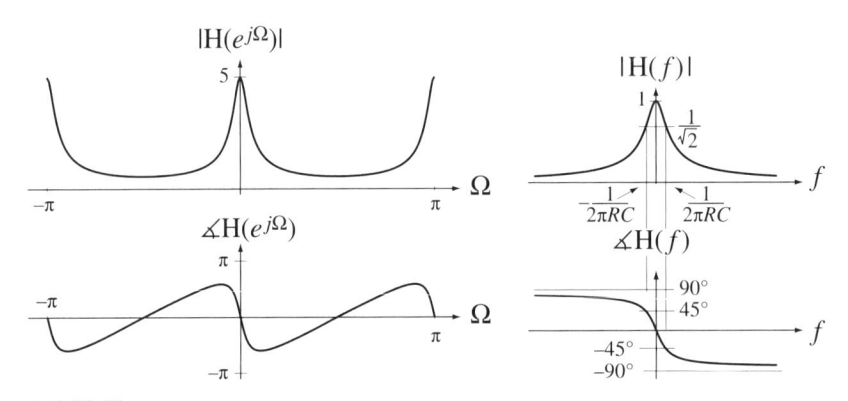

圖 11.80 離散時間與連續時間低通濾波器之頻率響應

若我們在頻率範圍 $-\pi < \Omega < \pi$ 內比較這些頻率響應之量值與相位形狀，它們看起來相當近似（量值更比相位近似）。但是一個離散時間頻率響應總是週期性的，而永遠不能如同 RC 低通濾波器之頻率響應有一樣的意義。低通濾波一詞可準確的應用在範圍 $-\pi < \Omega < \pi$ 之頻率響應行為，這是唯一在此意義上，低通一詞正確的使用於離散時間系統。

高通、帶通與帶拒濾波器

當然，我們也可以有離散時間高通濾波器與帶通濾波器（圖 11.81 至圖 11.83）。這些濾波器的轉移函數與頻率響應為

$$H(z) = \frac{z-1}{z+\alpha} \Rightarrow H(e^{j\Omega}) = \frac{e^{j\Omega}-1}{e^{j\Omega}+\alpha}$$

對於高通濾波器。

$$H(e^{j\Omega}) = \frac{z(z-1)}{z^2+(\alpha+\beta)z+\alpha\beta} \Rightarrow H(e^{j\Omega}) = \frac{e^{j\Omega}(e^{j\Omega}-1)}{e^{j2\Omega}+(\alpha+\beta)e^{j\Omega}+\alpha\beta}$$

圖 11.81 高通濾波器

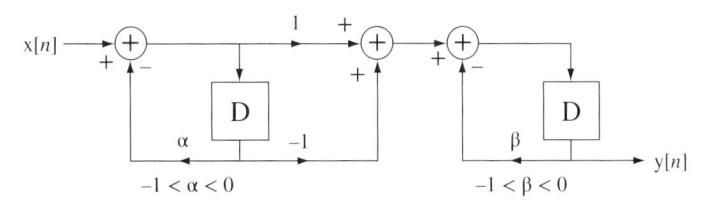

圖 11.82 帶通濾波器

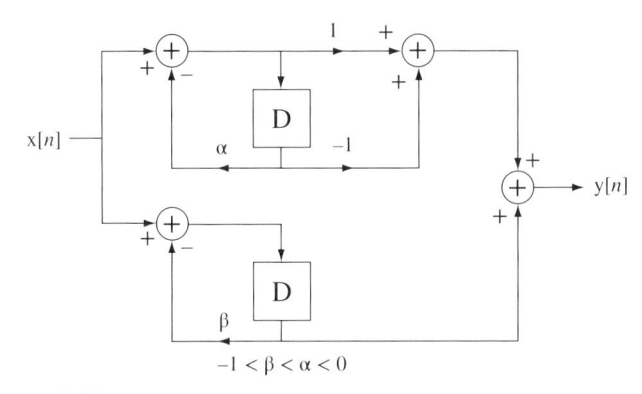

圖 11.83 帶拒濾波器

對於帶通濾波器。且

$$H(e^{j\Omega}) = \frac{2z^2 - (1-\beta-\alpha)z - \beta}{z^2 + (\alpha+\beta)z + \alpha\beta} \Rightarrow H(e^{j\Omega}) = \frac{2e^{j2\Omega} - (1-\beta-\alpha)e^{j\Omega} - \beta}{e^{j2\Omega} + (\alpha+\beta)e^{j\Omega} + \alpha\beta}, -1 < \beta < \alpha < 0$$

是帶通濾波器。

例題 11.7 高通濾波器對於正弦訊號之響應

一個正弦訊號 $x[n] = 5\sin(2\pi n/18)$ 激發具有以下轉移函數的高通濾波器

$$H(z) = \frac{z-1}{z-0.7}$$

畫出響應 $y[n]$。

此濾波器頻率響應為 $H(e^{j\Omega}) = \dfrac{e^{j\Omega} - 1}{e^{j\Omega} - 0.7}$。激發之 DTFT 為 $X(e^{j\Omega}) = j5\pi[\delta_{2\pi}(\Omega + \pi/9) - \delta_{2\pi}(\Omega - \pi/9)]$。響應之 DTFT 為兩者之乘積。

$$Y(e^{j\Omega}) = \frac{e^{j\Omega} - 1}{e^{j\Omega} - 0.7} \times j5\pi[\delta_{2\pi}(\Omega + \pi/9) - \delta_{2\pi}(\Omega - \pi/9)]$$

利用脈衝之全等定理且兩者都是以 2π 為週期之事實,

$$Y(e^{j\Omega}) = j5\pi\left[\delta_{2\pi}(\Omega + \pi/9)\frac{e^{-j\pi/9} - 1}{e^{-j\pi/9} - 0.7} - \delta_{2\pi}(\Omega - \pi/9)\frac{e^{j\pi/9} - 1}{e^{j\pi/9} - 0.7}\right]$$

$$Y(e^{j\Omega}) = j5\pi \left[\frac{(e^{-j\pi/9} - 1)(e^{j\pi/9} - 0.7)\delta_{2\pi}(\Omega + \pi/9) - (e^{j\pi/9} - 1)(e^{-j\pi/9} - 0.7)\delta_{2\pi}(\Omega - \pi/9)}{(e^{-j\pi/9} - 0.7)(e^{j\pi/9} - 0.7)} \right]$$

$$Y(e^{j\Omega}) = j5\pi \left[\frac{(1.7 - e^{j\pi/9} - 0.7e^{-j\pi/9})\delta_{2\pi}(\Omega + \pi/9) - (1.7 - 0.7e^{j\pi/9} - e^{-j\pi/9})\delta_{2\pi}(\Omega - \pi/9)}{1.49 - 1.4\cos(\pi/9)} \right]$$

$$Y(e^{j\Omega}) = j28.67\pi \begin{cases} 1.7[\delta_{2\pi}(\Omega + \pi/9) - \delta_{2\pi}(\Omega - \pi/9)] \\ +0.7e^{j\pi/9}\delta_{2\pi}(\Omega - \pi/9) - e^{j\pi/9}\delta_{2\pi}(\Omega + \pi/9) \\ +e^{-j\pi/9}\delta_{2\pi}(\Omega - \pi/9) - 0.7e^{-j\pi/9}\delta_{2\pi}(\Omega + \pi/9) \end{cases}$$

$$Y(e^{j\Omega}) = j28.67\pi \begin{cases} 1.7[\delta_{2\pi}(\Omega + \pi/9) - \delta_{2\pi}(\Omega - \pi/9)] \\ +(0.7\cos(\pi/9) + j0.7\sin(\pi/9))\delta_{2\pi}(\Omega - \pi/9) \\ -(\cos(\pi/9) + j\sin(\pi/9))\delta_{2\pi}(\Omega + \pi/9) \\ +(\cos(\pi/9) - j\sin(\pi/9))\delta_{2\pi}(\Omega - \pi/9) \\ -(0.7\cos(\pi/9) - j0.7\sin(\pi/9))\delta_{2\pi}(\Omega + \pi/9) \end{cases}$$

$$Y(e^{j\Omega}) = j28.67\pi \begin{cases} 1.7(1 - \cos(\pi/9))[\delta_{2\pi}(\Omega + \pi/9) - \delta_{2\pi}(\Omega - \pi/9)] \\ -j0.3\sin(\pi/9)[\delta_{2\pi}(\Omega - \pi/9) + \delta_{2\pi}(\Omega + \pi/9)] \end{cases}$$

反向轉換

$$y[n] = 28.67 \times 1.7(1 - \cos(\pi/9))\sin(2\pi n/18) + 28.67 \times 0.3\sin(\pi/9)\cos(2\pi n/18)$$
$$y[n] = 2.939\sin(2\pi n/18) + 2.9412\cos(2\pi n/18) = 4.158\sin(2\pi n/18 + 0.786)$$

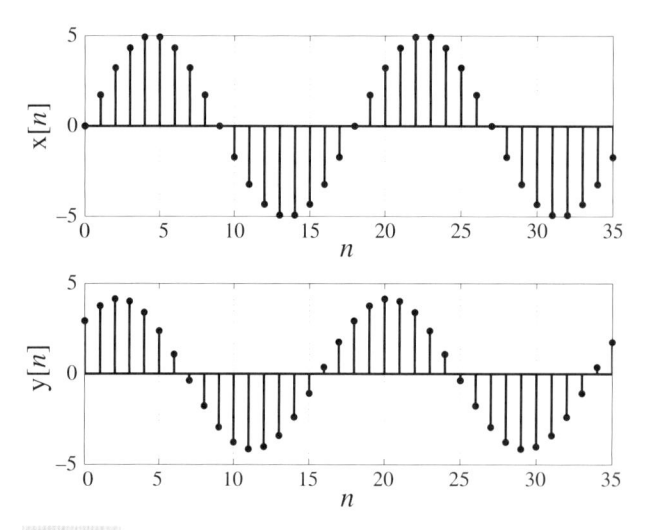

圖 11.84 高通濾波器之激發與響應

圖 11.84 顯示此濾波器之激發與響應。

例題 11.8 範例訊號濾波的效應

用一個單位脈衝、一個單位序列與一個隨機訊號測試圖 11.85 之濾波器,在三個輸出端展現濾波後的效果。

$$H_{LP}(e^{j\Omega}) = \frac{Y_{LP}(e^{j\Omega})}{X(e^{j\Omega})} = \frac{0.1}{1 - 0.9e^{-j\Omega}}$$

$$H_{HP}(e^{j\Omega}) = \frac{Y_{HP}(e^{j\Omega})}{X(e^{j\Omega})} = 0.95\frac{1 - e^{-j\Omega}}{1 - 0.9e^{-j\Omega}}$$

$$H_{BP}(e^{j\Omega}) = \frac{Y_{BP}(e^{j\Omega})}{X(e^{j\Omega})} = 0.2\frac{1 - e^{-j\Omega}}{1 - 1.8e^{-j\Omega} + 0.81e^{-j2\Omega}}$$

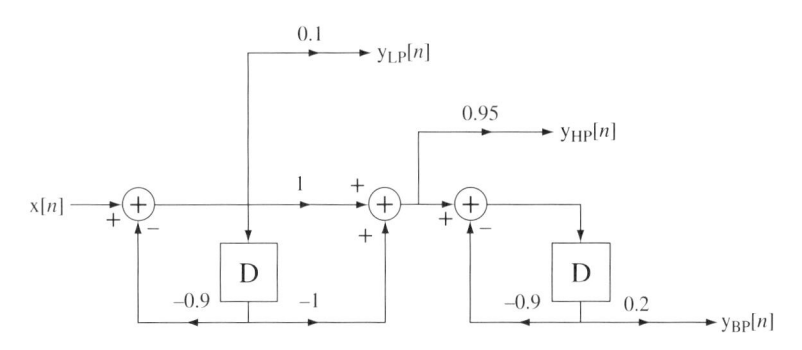

圖 11.85 具有低通、高通與帶通輸出之濾波器

注意在圖 11.86 中高通與帶通脈衝響應之和為 0，因為頻率響應在 $\Omega = 0$ 時為 0。

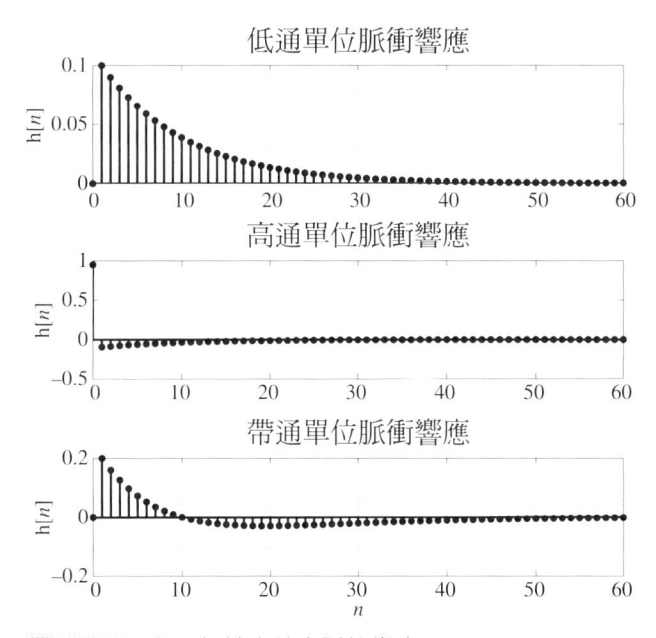

圖 11.86 在三個輸出端之脈衝響應

　　低通濾波器對於單位序列（圖 11.87）之響應，因為此濾波器通過單位序列之平均值，而趨近於一個非 0 的最後值。高通與帶通濾波器之單位序列響應兩者都趨近於 0。同樣的，高通濾波器之單位序列響應在應用單位序列時有突然的跳躍，但是低通與帶通濾波器兩者之反應就較慢，表示它們不允許高頻訊號通過。

圖 11.87 在三個輸出端之單位序列響應

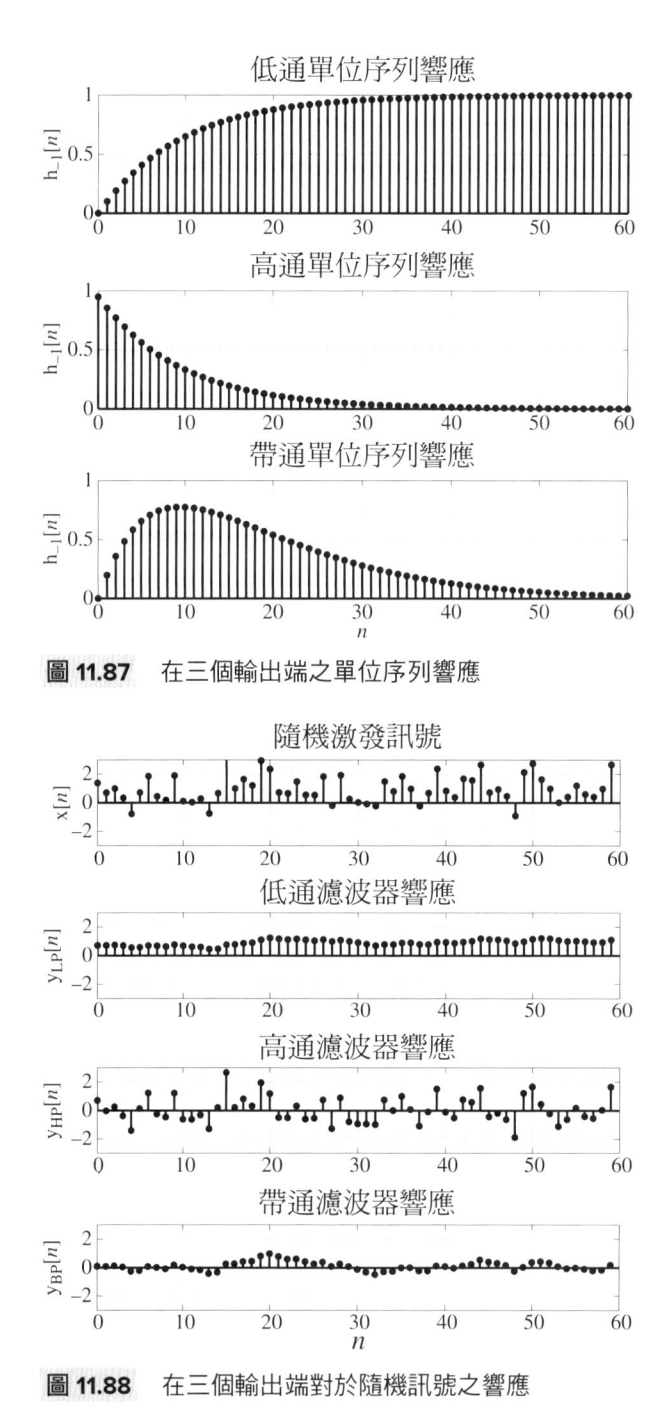

圖 11.88 在三個輸出端對於隨機訊號之響應

　　低通濾波器輸出訊號（圖 11.88）為輸入訊號之平滑後版本。快速變化（高頻）內容已經被濾波器移除。高通濾波器之響應具有平均值為 0，輸入訊號之快速變化出現在輸出訊號的快速變化中。帶通濾波器移除訊號之平均值，而且將其平滑化至某個程度，因為它同時移除非常低頻與非常高頻的訊號。

移動平均濾波器

一個十分常見的低通濾波器，將用來說明離散時間濾波器設計與分析的一些原理為**移動平均** (moving-average) 濾波器（圖 11.89）。描述此濾波器的差分方程式為

$$y[n] = \frac{x[n] + x[n-1] + x[n-2] + \cdots + x[n-(N-1)]}{N}$$

而其脈衝響應為

$$h[n] = (u[n] - u[n-N])/N$$

（圖 11.90）。

它的頻率響應為

$$H(e^{j\Omega}) = \frac{e^{-j(N-1)\Omega/2}}{N} \frac{\sin(N\Omega/2)}{\sin(\Omega/2)} = e^{-j(N-1)\Omega/2} \text{drcl}(\Omega/2\pi, N)$$

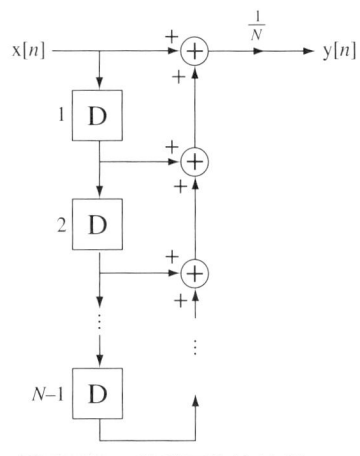

圖 11.89 移動平均濾波器

（圖 11.91）。

此濾波器通常描述為平滑濾波器，因為它通常衰減較高頻。這個名稱與低通濾波器一致。然而，觀察頻率響應量值上的零點處，我們可能會企圖稱其為"多重帶拒 (multiple bandstop)" 濾波器。這個說明了濾波器低通、高通、帶通與帶拒的分類並不一定清楚。然而由於傳統上使用此濾波器是去平滑一組數據，因此通常歸類為低通。

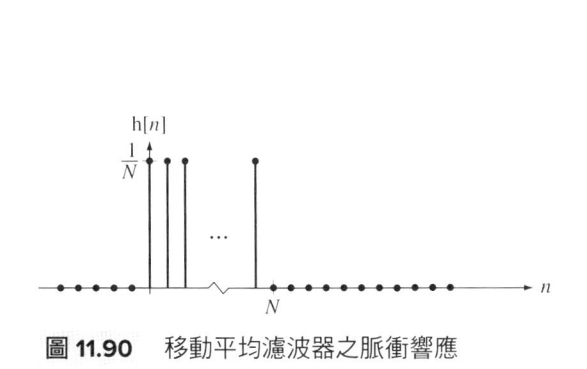

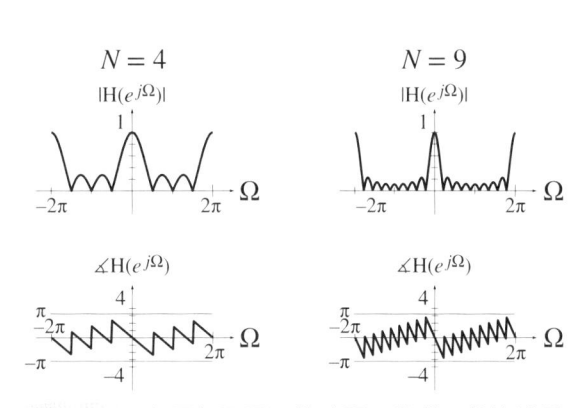

圖 11.90 移動平均濾波器之脈衝響應

圖 11.91 在兩個不同平均時間下移動平均濾波器之頻率響應

例題 11.9 利用移動平均濾波器對一個脈波濾波

對訊號 $x[n] = u[n] - u[n-9]$ 濾波。

(a) 用 $N = 6$ 的移動平均濾波器。
(b) 利用圖 11.82 之帶通濾波器，其中 $\alpha = 0.8$ 且 $\beta = 0.5$。

利用 MATLAB，畫出每個濾波器之零態響應 y[n]。

零態響應是脈衝響應與激發之迴旋。移動平均濾波器之脈衝響應為

$$h[n] = (1/6)(u[n] - u[n-6])$$

帶通濾波器之頻率響應為

$$H(e^{j\Omega}) = \frac{Y(e^{j\Omega})}{X(e^{j\Omega})} = \frac{1 - e^{-j\Omega}}{1 - 1.3e^{-j\Omega} + 0.4e^{-j2\Omega}} = \frac{1}{1 - 0.8e^{-j\Omega}} \times \frac{1 - e^{-j\Omega}}{1 - 0.5e^{-j\Omega}}$$

因此其脈衝響應為

$$h[n] = (0.8)^n u[n] * \{(0.5)^n u[n] - (0.5)^{n-1} u[n-1]\}$$

MATLAB 程式有一個主要的腳本 (script) 檔案。它稱為函數 convD，用來從事離散時間迴旋。

```
% Program to graph the response of a moving average filter
% and a discrete-time bandpass filter to a rectangular pulse

close all ;                              % Close all open figure windows
figure('Position',[20,20,800,600]) ;     % Open a new figure window

n = [-5:30]' ;                           % Set up a time vector for the
                                         % responses

x = uD(n) - uD(n-9) ;                    % Excitation vector

% Moving average filter response

h = uD(n) - uD(n-6) ;                    % Moving average filter impulse
                                         % response
[y,n] = convDT(x,n,h,n,n) ;              % Response of moving average
                                         % filter

% Graph the response

subplot(2,1,1) ; p = stem(n,y,'k','filled') ;
set(p,'LineWidth',2,'MarkerSize',4) ; grid on ;
xlabel('\itn','FontName','Times','FontSize',18) ;
ylabel('y[{\itn}]','FontName','Times','FontSize',18) ;
title('Moving-Average Filter','FontName','Times','FontSize',24) ;

% Bandpass filter response

% Find bandpass filter impulse response

h1 = 0.8.^n.*uD(n) ; h2 = 0.5.^n.*uD(n) - 0.5.^(n-1).*uD(n-1) ;
[h,n] = convD(h1,n,h2,n,n) ;

[y,n] = convD(x,n,h,n,n) ;               % Response of bandpass filter

% Graph the response

subplot(2,1,2) ; p = stem(n,y,'k','filled') ; set(p,'LineWidth',2,'MarkerSize',4) ; grid on ;
```

```
xlabel('\itn','FontName','Times','FontSize',18) ;
ylabel('y[{\itn}]','FontName','Times','FontSize',18) ;
title('Bandpass Filter','FontName','Times','FontSize',24) ;

%   Function to perform a discrete-time convolution on two signals
%   and return their convolution at specified discrete times. The two
%   signals are in column vectors, x1 and x2, and their times
%   are in column vectors, n1 and n2. The discrete times at which
%   the convolution is desired are in the column, n12. The
%   returned convolution is in column vector, x12, and its
%   time is in column vector, n12. If n12 is not included
%   in the function call it is generated in the function as the
%   total time determined by the individual time vectors
%
%   [x12,n12] = convD(x1,n1,x2,n2,n12)

function [x12,n12] = convD(x1,n1,x2,n2,n12)

% Convolve the two vectors using the MATLAB conv command
    xtmp = conv(x1,x2) ;

% Set a temporary vector of times for the convolution
% based on the input time vectors

    ntmp = n1(1) + n2(1) + [0:length(n1)+length(n2)-2]' ;

% Set the first and last times in temporary vector

    nmin = ntmp(1) ; nmax = ntmp(length(ntmp)) ;

    if nargin < 5, % If no input time vector is specified use ntmp

            x12 = xtmp ; n12 = ntmp ;

    else
%           If an input time vector is specified, compute the
%           convolution at those times

            x12 = 0*n12 ; % Initialize output convolution to zero

%           Find the indices of the desired times which are between
%           the minimum and maximum of the temporary time vector

            I12intmp = find(n12 >= nmin & n12 <= nmax) ;

%           Translate them to the indices in the temporary time vector

            Itmp = (n12(I12intmp) - nmin) + 1 ;

%           Replace the convolution values for those times
```

```
%           in the desired time vector
    x12(I12intmp) = xtmp(Itmp) ;
end
```

所建立的圖形見圖 11.92。

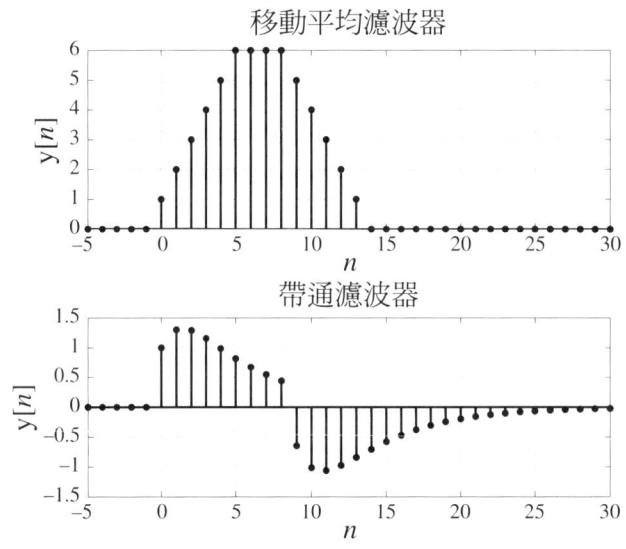

圖 11.92 兩個濾波器之響應

近乎理想低通濾波器

若我們想趨近理想低通濾波器之頻域功能，我們必須設計一個脈衝響應非常接近理想頻率響應反向 DTFT 的離散時間濾波器。我們前面已經指出理想低通濾波器是非因果且實際上不可能達成。然而我們可以緊密的趨近它。理想低通濾波器之脈衝響應說明於圖 11.93。

實際上要完成此濾波器的問題是，脈衝響應的部分發生在時間 $n = 0$ 之前。若我們安排將此脈衝響應延遲一大段，則發生在時間 $n = 0$ 之前的脈衝響應訊號能量將會變得非常小，我們就可以切斷它且緊密的趨近理想頻率響應（圖 11.94 和圖 11.95）。

在止帶的量值響應當其畫在圖 11.95 的線性刻度上時，小到不能看到它的形狀。若用

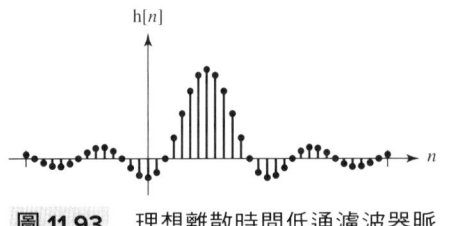

圖 11.93 理想離散時間低通濾波器脈衝響應

圖 11.94 近乎-理想離散時間低通濾波器脈衝響應

對數 - 量值來畫圖,就有助於見到在止帶實際的衰減(圖 11.96)。

這個濾波器有非常好的低通濾波器量值響應,但它要付出代價。我們必須等它響應。一個濾波器越接近理想,它的脈衝響應延遲時間就越久。這在脈衝響應的延遲時間與頻率響應的相位移上很明顯。事實上,對於濾波器要接近理想時,長的時間延遲是需要的,這個對於高通、帶通與帶拒濾波器也是成立的,而且對於連續時間與離散時間都是如此。任何濾波器設計來分辨兩個非常接近的頻率間隔,通過其中一個阻擋另一個,在某種意義上,"觀察"它們一段長時間以便可以分辨它們,這是濾波器設計上的一個一般性原則。它們在頻率上越接近,濾波器觀察它們的時間就越久,以便做出區別。這是為何一個濾波器的響應趨近於理想濾波器需要長時間延遲的原因。

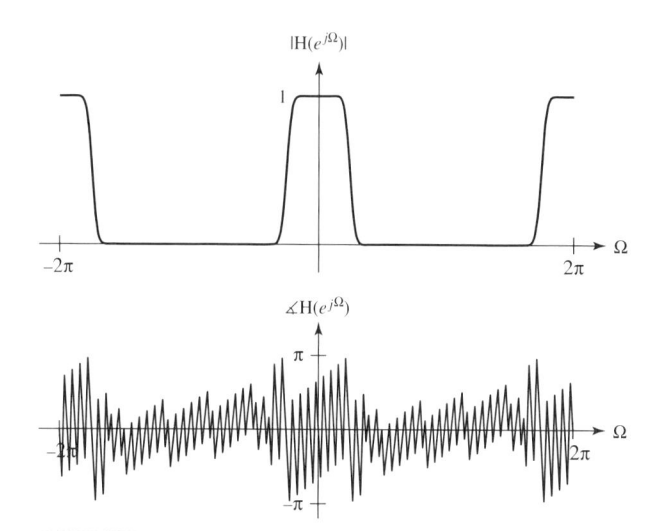

圖 11.95 近乎 - 理想離散時間低通濾波器頻率響應

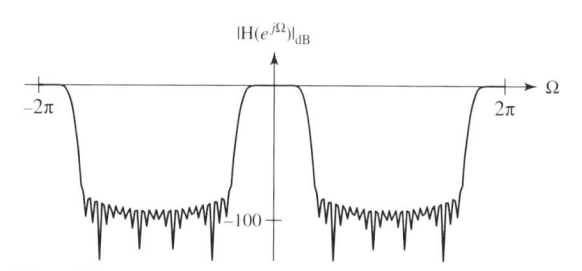

圖 11.96 近乎 - 理想離散時間低通濾波器頻率響應畫在 dB 刻度上

優於連續時間濾波器之處

大家可能會納悶為何會使用離散時間濾波器而非連續時間濾波器。存在許多理由。離散時間濾波器由三種元件構成:一個延遲元件、乘法器與加法器。它們可以用數位元件來完成。只要我們保持在它們的運作範圍內,這些元件總是完全做同樣的事。這個對於電阻、電容與運算放大器等元件組成的連續時間濾波器就不能如此。一個具有額定電阻值的電阻即使在理想情況下也不可能有完全一樣的值。況且可能在某些時間、溫度效應,或其他的環境效應都可能改變它。這個理由對電容、電感、電晶體與其他元件等都是如此。因此離散時間濾波器比連續時間濾波器更穩定且可重製。

在非常低頻時要製造一個連續時間濾波器是非常困難的,因為元件的尺寸變得笨重,例如可能需要非常大的電容值。同樣的,在非常低頻時,元件的熱漂移的現象變成一個大問題,因為它們在同樣的頻率範圍無法分辨訊號的改變。離散時間濾波器就無這些問題。

離散時間濾波器通常用可程式數位元件來完成。表示這種離散時間濾波器可在不改變硬體下重新設計程式來執行不同的功能。連續時間濾波器就沒有這種彈性。同樣的,某些形式的離散時間濾波器在計算上非常複雜,若用連續時間濾波器事實上是不可能完成。

重點概要

1. LTI 系統的頻率響應和脈衝響應可經由傅立葉轉換相關聯。
2. 在頻域訂出系統特性可以一般化系統的設計過程來處理某些型態的訊號。
3. 一個理想濾波器在其通帶是無失真的。
4. 所有理想濾波器都是非因果性的，因此不可能製造。
5. 濾波技術可以用在影像以及訊號。
6. 實際離散時間濾波器可以只用放大器、加總接點與延遲製作成一個離散時間系統。
7. 所有用在連續時間濾波器的觀念可以類似的方式用在離散時間濾波器。
8. 離散時間濾波器比起連續時間濾波器有許多優點。

習題 (EXERCISES)　　（每個題解的次序是隨機的）

連續時間頻率響應

1. 一個系統具有以下脈衝響應，

$$h_{LP}(t) = 3e^{-10t}u(t)$$

而另一個系統具有以下脈衝響應，

$$h_{HP}(t) = \delta(t) - 3e^{-10t}u(t)$$

(a) 畫出這兩個系統並聯時的量值與相位頻率響應。
(b) 畫出這兩個系統串聯時的量值與相位頻率響應。

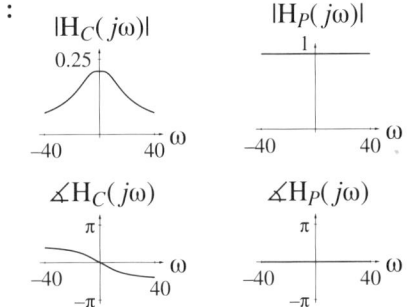

解答：

連續時間理想濾波器

2. 一個系統具有脈衝響應 $h(t) = 10\operatorname{rect}\left(\dfrac{t - 0.01}{0.02}\right)$。它的零值 (null) 頻寬為何？

   解答：50 Hz

連續時間因果性

3. 決定具有下列頻率響應的系統是否為因果性。

   (a) $H(f) = \operatorname{sinc}(f)$
   (b) $H(f) = \operatorname{sinc}(f)e^{-j\pi f}$
   (c) $H(j\omega) = \operatorname{rect}(\omega)$
   (d) $H(j\omega) = \operatorname{rect}(\omega)e^{-j\omega}$
   (e) $H(f) = A$
   (f) $H(f) = Ae^{j2\pi f}$
   (g) $H(j\omega) = 1 - e^{-j\omega}$
   (h) $H(f) = \operatorname{rect}(f/20)e^{-j40\pi f}$
   (i) $H(e^{j\Omega}) = \dfrac{e^{j\Omega}}{e^{j\Omega} - 0.9}$
   (j) $H(e^{j\Omega}) = \dfrac{e^{j2\Omega}}{e^{j\Omega} - 1.3}$

   解答：4 個因果性而 6 個非因果性

對數圖、波德圖與分貝

4. 一個系統由訊號功率為 0.01 的正弦訊號激發，其響應為訊號功率為 4 具有同樣頻率的正弦訊號。在與正弦訊號同樣頻率下的系統轉移函數量值為何？用分貝 (dB) 表示。

   解答：26 dB

5. 一個系統由振幅為 1 μV 的正弦訊號激發，其響應為具有同樣頻率振幅為 5 V 的正弦訊號。在與正弦訊號同樣頻率下的系統轉移函數量值為何？用分貝 (dB) 表示。

   解答：134 dB

6. 一個系統具有轉移函數 $H(s) = 10\dfrac{s^2}{s^2 + 11s + 10}$。

   (a) 求出以下頻率之頻率響應量值用 dB 表示，以及頻率響應角度用弧度表示。

   $$\omega = 0.01 \quad \omega = 1 \quad \omega = 10 \quad \omega = 1000$$

   (b) 畫出在弧度頻率範圍 $10^{-2} < \omega < 10^3$ 頻率響應的所有波德圖的漸近量值。

   解答：20 dB 與 0.011 弧度，16.9465 dB 與 0.8851 弧度，−80 dB 與 3.1306 弧度，−3.0535 dB 與 2.2565 弧度

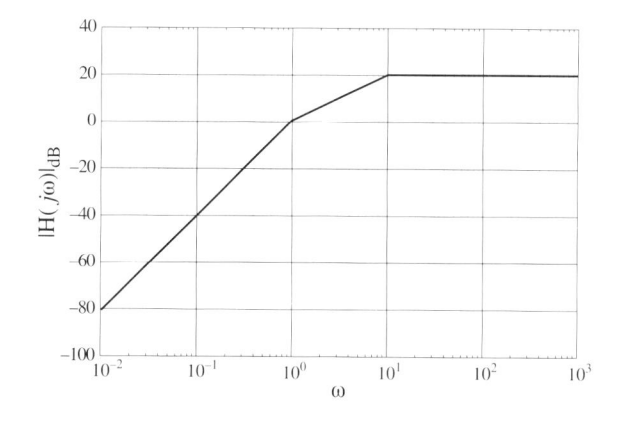

7. 在一個反向運算放大器，回授元件是一個 1000 Ω 的電阻，而介於輸入電壓端點與運算放大器反向端點間是一個 10 mF 的電容元件。若電壓轉移函數是 H(f)，則 H(200) 的量值與相位為何？

   解答：12.57 與 −1.57 弧度

8. 一個主動運算放大器積分器具有波德圖上頻率響應量值在 ω = 500 有 −40 dB。在什麼的 ω 值下，此系統的頻率響應量值比在 ω = 500 小 100 倍？

   解答：50,000

9. 根據以下系統的轉移函數，在所指定的頻率範圍內，同時在線性-量值與對數-量值刻度上畫出量值頻率響應。

   (a) $H(f) = \dfrac{20}{20 - 4\pi^2 f^2 + j42\pi f}$, $-100 < f < 100$

   (b) $H(j\omega) = \dfrac{2 \times 10^5}{(100 + j\omega)(1700 - \omega^2 + j20\omega)}$, $-500 < \omega < 500$

   解答：

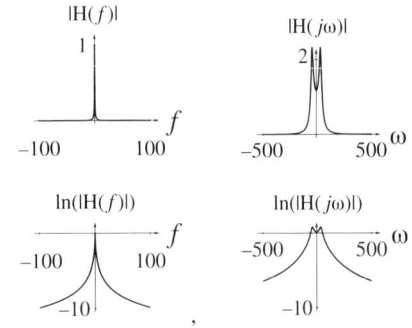

10. 針對下列的電路與系統畫出其頻率響應漸近與正確的量值與相位波德圖。

    (a) 一個 RC 低通濾波器，具有 R = 1 MΩ 與 C = 0.1 μF。
    (b) 圖 E.10b 的電路。

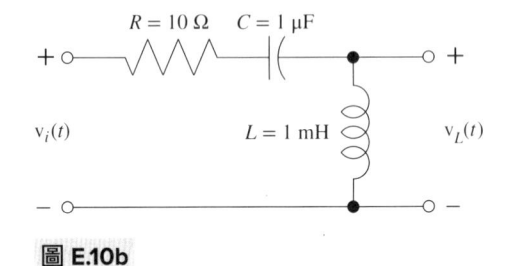

    圖 E.10b

    解答：

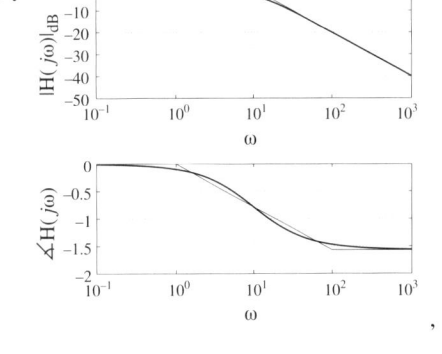

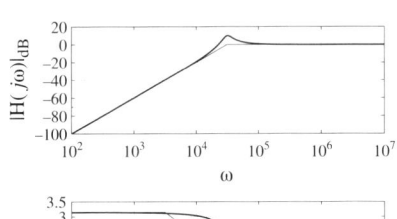

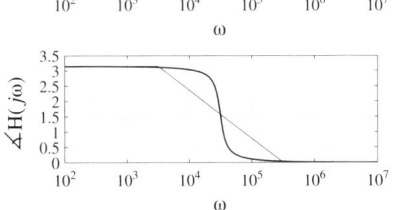

連續時間實際被動濾波器

11. 根據所示的激發與響應，畫出圖 E.11 中每個電路之頻率響應。

    (a) 激發 ,$v_i(t)$ – 響應 $v_L(t)$

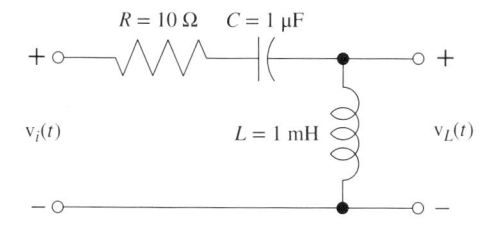

    $R = 10\ \Omega$ $C = 1\ \mu F$ $L = 1\ mH$

    (b) 激發 ,$v_i(t)$ – 響應 $i_C(t)$

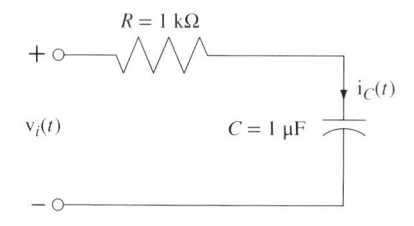

    $R = 1\ k\Omega$ $C = 1\ \mu F$

    (c) 激發 ,$v_i(t)$ – 響應 $v_R(t)$

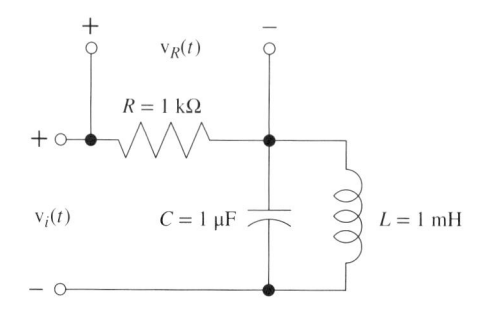

    $R = 1\ k\Omega$ $C = 1\ \mu F$ $L = 1\ mH$

    (d) 激發 ,$v_i(t)$ – 響應 $v_R(t)$

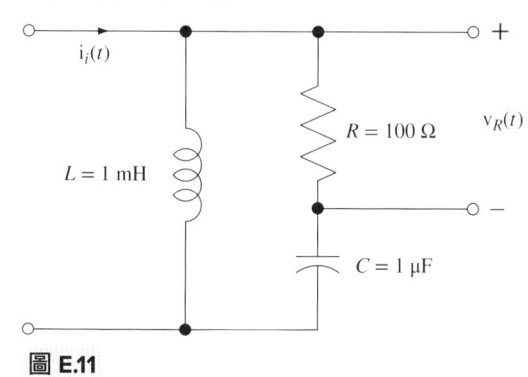

    $L = 1\ mH$ $R = 100\ \Omega$ $C = 1\ \mu F$

    圖 E.11

解答：

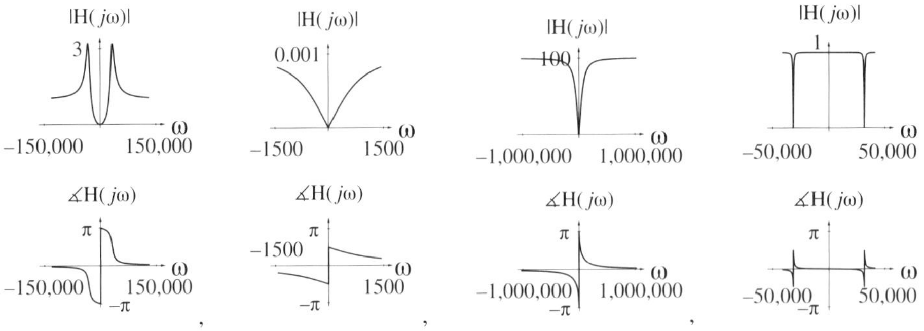

|H(jω)| 圖：峰值 3，範圍 −150,000 到 150,000
|H(jω)| 圖：最低 0.001，範圍 −1500 到 1500
|H(jω)| 圖：峰值 100，範圍 −1,000,000 到 1,000,000
|H(jω)| 圖：峰值 1，範圍 −50,000 到 50,000

∠H(jω) 圖：從 π 到 −π，範圍 −150,000 到 150,000
∠H(jω) 圖：範圍 −1500 到 1500，π 到 −π
∠H(jω) 圖：範圍 −1,000,000 到 1,000,000，π 到 −π
∠H(jω) 圖：範圍 −50,000 到 50,000，π 到 −π

12. 參考圖 E.12 之電路圖
    (a) 求出頻率響應 H(jω) 的一般表示法。
    (b) 這個電路是一個實際上的低通、高通、帶通或帶拒濾波器？
    (c) 這個濾波器在非常低頻時的頻率響應之量值波德圖上的斜率以 dB/decade 表示是多少？
    (d) 這個濾波器在非常高頻時的頻率響應之量值波德圖上的斜率以 dB/decade 表示是多少？

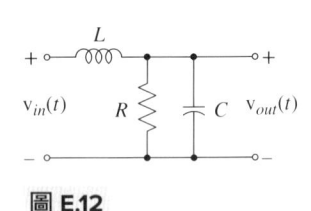

    解答： 低通，−40 dB/decade, $H(j\omega) = \frac{1}{LC} \frac{1}{(j\omega)^2 + j\omega/RC + 1/LC}$, 0 dB/decade

    圖 E.12

13. 在圖 E.13 中是一個實際的被動連續時間濾波器。令 $C = 16\ \mu F$ 且 $R = 1000\ \Omega$。
    (a) 求其轉移函數 H(f) 用 R、C 與 f 當變數。
    (b) 在什麼頻率 f 下轉移函數量值為最小，而在此一頻率下的轉移函數量值與相位各是多少？
    (c) 在什麼頻率 f 下轉移函數量值為最大，而在此一頻率下的轉移函數量值與相位各是多少？
    (d) 在頻率 10 Hz 下之轉移函數量值與相位是多少？
    (e) 若是保持 $R = 1000\ \Omega$ 並且選擇一個新的電容值 C 使得在頻率 100 Hz 下之轉移函數量值小於最大轉移函數量值的 30%，你能使用的最大電容值 C 為多少？

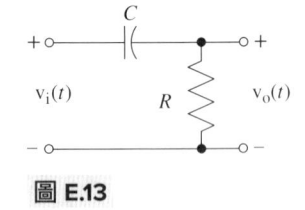

    解答： $\{0.709, 0.7828\}$, $0.5005\ \mu F$, $H(f) = \frac{R}{R + 1/j2\pi fC} = \frac{j2\pi fRC}{j2\pi fRC + 1}$, $\{\infty, 1, 0\}$, $\{0, 0, 未定義\}$

    圖 E.13

14. 在圖 E.14 中是一個實際的被動濾波器，具有轉移函數 $H(s) = V_{out}(s)/V_{in}(s)$，
    (a) 在頻率趨近於 0 與趨近於無限大時，其頻率響應波德圖量值之斜率為多少，以 dB/decade 來表示。
    (b) 求出轉移函數量值為最大時的頻率。
    (c) 求出轉移函數相角為 0 時的非 0 頻率。
    (d) 找出轉移函數剛好在高於且低於 f = 0 處之相移。
    (e) 將此濾波器歸類至實際近似於理想低通、高通、帶通，或帶拒濾波器。

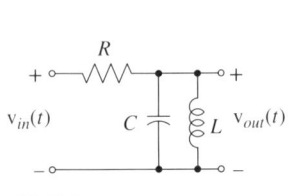

    解答： $\{20\ \text{and} -20\ \text{dB/decade}\}$, 711.8, $\{\pi/2\ \text{and} -\pi/2\}$, 帶通, 711.8

    圖 E.14

15. 對於圖 E.15 中的每個電路，頻率響應是比值 $H(f) = \frac{V_o(f)}{V_i(f)}$。哪一個電路具有

(a) 在 $f = 0$ 有零頻率響應？
(b) 在 $f \to +\infty$ 有零頻率響應？
(c) 在 $f = 0$ 之轉移函數量值為？
(d) 在 $f \to +\infty$ 之轉移函數量值為？
(e) （在一個有限，非 0 之頻率下）$0 < f < \infty$，在某些頻率之轉移函數不等於 0 且相位為 0？

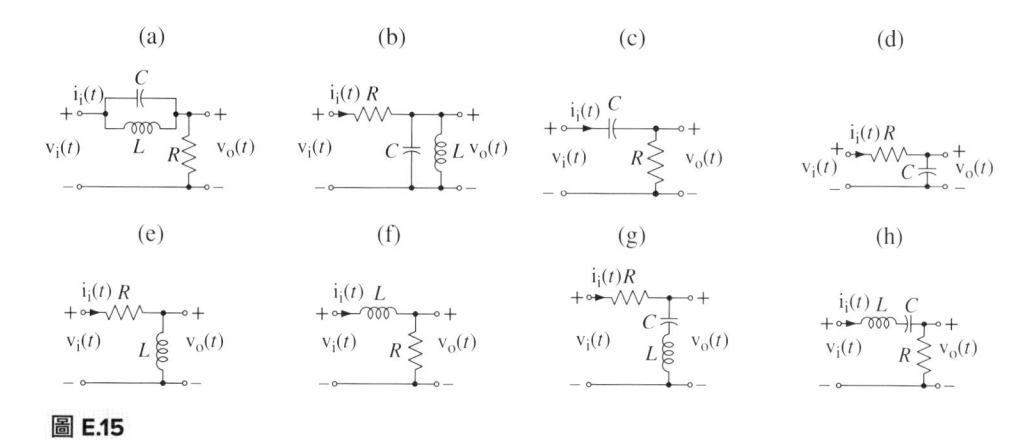

圖 E.15

解答：{a,d,f,g}, {b,c,e,h}, {b,h}, {b,d,f,h}, {a,c,e,g}

16. 因果方波電壓訊號示於圖 E.16 中，由同樣於圖 E.16 中 5 個編號 1-5 的實際被動濾波器之激發。這 5 個濾波器的電壓響應示於它們下方。將響應與濾波器配對。

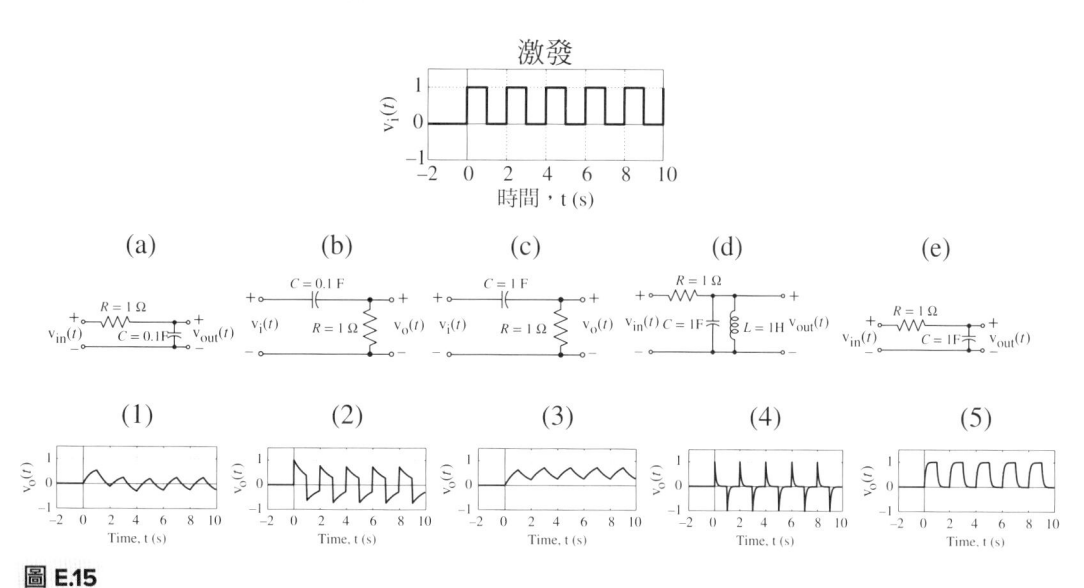

圖 E.15

解答：1-E, 2-D, 3-B, 4-A, 5-C

17. 將下列的頻率響應歸類為低通、高通、帶通或帶拒。

(a) $H(f) = \dfrac{1}{1+jf}$ (b) $H(f) = \dfrac{jf}{1+jf}$ (c) $H(j\omega) = -\dfrac{j10\omega}{100-\omega^2+j10\omega}$

解答：帶通，高通，低通

18. 在圖 E.18 中，令 $R = 10\ \Omega$，$L = 10$ mH，且 $C = 100\ \mu$F，且令 $H(j\omega) = \dfrac{V_o(j\omega)}{V_i(j\omega)}$。

    (a) $H(j\omega)$ 可以表示成 $\dfrac{A}{(j\omega)^2 + jB\omega + C}$。求 A、B 和 C 之數值。
    (b) 求 $H(0)$ 之數值。
    (c) 求 $\lim\limits_{\omega \to +\infty} H(j\omega)$ 之數值。

    對於 (d)、(e) 和 (f) 的部分重新定義 $H(j\omega) = \dfrac{I_i(j\omega)}{V_i(j\omega)}$。

    (d) $H(j\omega)$ 可以表示成 $\dfrac{j\omega A}{(j\omega)^2 + jB\omega + C}$。求 A、B 和 C 之數值。
    (e) 求 $H(0)$ 之數值。
    (f) 求 $\lim\limits_{\omega \to +\infty} H(j\omega)$ 之數值。

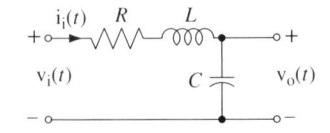

    解答：{100, 1000, 1,000,000}, {1,000,000, 1,000, 1,000,000}, 1, 0, 0, 0

圖 E.18

19. 一個被動電路包含一個並聯的電阻 R 與電感 L。將系統的輸入訊號定義為電壓 $v(t)$，它同時跨越電阻與電感，定義響應訊號為總電流 $i(t)$，它流入並聯的電阻與電感。

    (a) 表示頻率響應 $H(f)$ 為兩個 f 多項式的比。
    (b) 若 $R = 1\ \Omega$ 且 $L = 0.1$ H，求 $H(10)$ 的數值。

    解答：$1.0126 e^{-j0.1578}$, $\dfrac{R + j2\pi f L}{j2\pi f RL}$

連續時間實際主動濾波器

20. 將圖 E.20 中的每個電路與其頻率響應量值漸近波德圖配對，$H(j\omega) = \dfrac{V_o(j\omega)}{V_i(j\omega)}$。

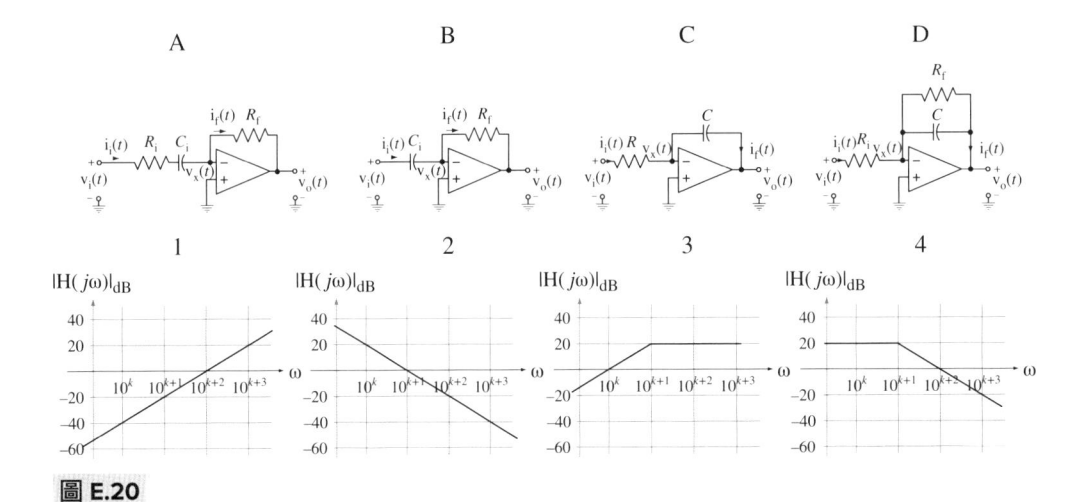

圖 E.20

解答：A-3, B-1, C-2, D-4

21. 圖 E.20 中的系統轉移函數可以寫成下列形式

$$H(s) = \frac{b_2 s^2 + b_1 s + b_0}{s^2 + a_1 s + a_0}$$

$\omega_{ca} = 400, \omega_{cb} = 600$

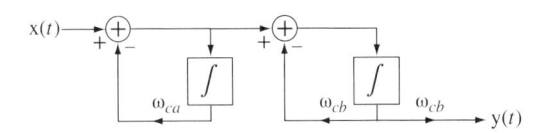

(a) 求出 a 與 b 之數值。
(b) 求出系統在 150 Hz 下的數值頻率響應量值，以 dB 表示，相位以弧度表示。

圖 E.20

解答：{−6.1193 dB, −0.60251 弧度 }, {0, 600, 0, 1000, 240,000}

離散時間頻率響應

22. 一個系統具有脈衝響應，

$$h[n] = (7/8)^n u[n]$$

半功率離散 - 時間 - 頻率頻寬為多少？

解答：0.1337 弧度

23. 將圖 E.23 中的每個極點 - 零點圖與其量值頻率響應配對（假設轉移函數為下列形式，且 $A = 1$）。每個例子的所有的有限極點與零點都顯示其中。

$$H(s) = A \frac{(s - z_1)(s - z_2)\cdots(s - z_M)}{(s - p_1)(s - p_2)\cdots(s - p_N)}$$

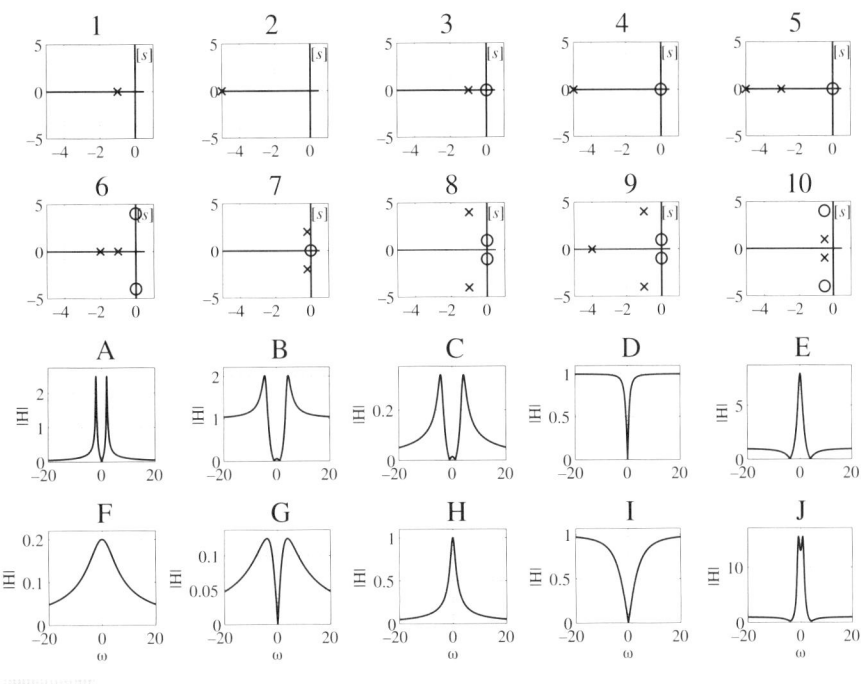

圖 E.23

解答：1-H, 2-F, 3-D, 4-I, 5-G, 6-E, 7-A, 8-B, 9-C, 10-J

離散時間理想濾波器

24. 將圖 E.24 中的每個頻率響應歸類為低通、高通、帶通或帶拒。

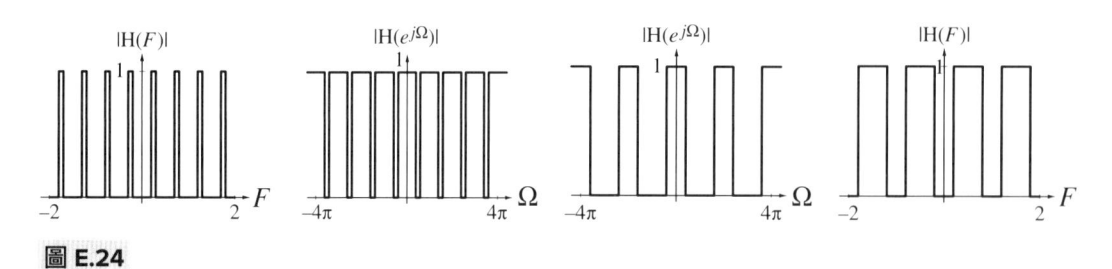

圖 E.24

解答：高通，帶通，低通，帶拒

離散時間因果性

25. 對於系統響應 $H(e^{j\Omega}) = \dfrac{e^{-jA\Omega}}{1 - 0.8e^{-j\Omega}}$，整數值 A 的什麼數值範圍會製造一個因果系統？

解答：$A \geq 0$

離散時間實際濾波器

26. 求出頻率響應，$H(e^{j\Omega}) = \dfrac{Y(e^{j\Omega})}{X(e^{j\Omega})}$，並且在範圍 $-2\pi < \Omega < 2\pi$ 內畫出圖 E.26 中每個濾波器之頻率響應。

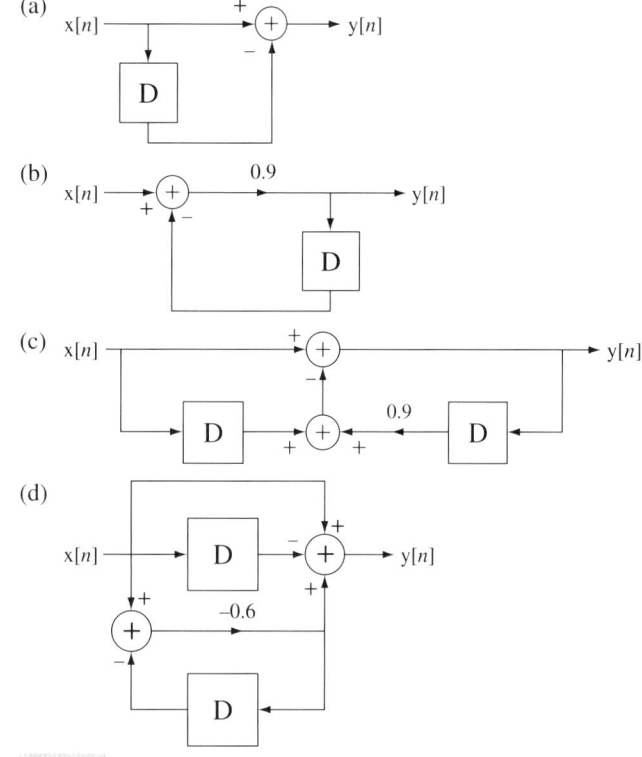

圖 E.26

解答:

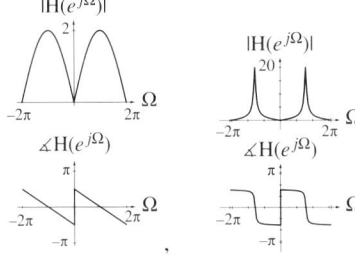

, , ,

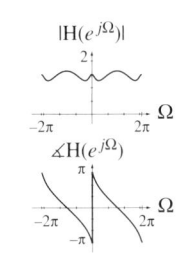

27. 求出 $N = 3$ 之移動平均濾波器之最小止帶衰減。定義止帶範圍在 $\Omega_C < \Omega < \pi$,其中 Ω_C 為頻率響應中第一個零值發生之離散時間頻率。

解答: -9.54 dB

28. 將圖 E.28 中的每個極點 - 零點圖與其量值頻率響應圖配對(增益常數並非都是 1)。

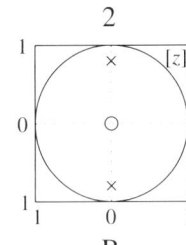

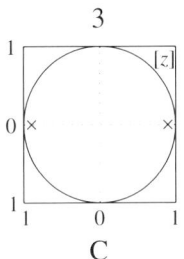

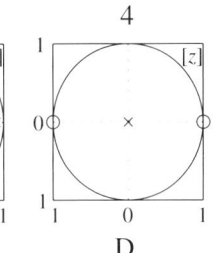

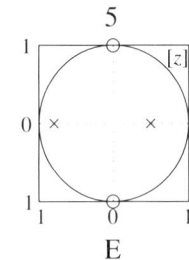

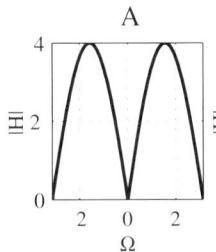

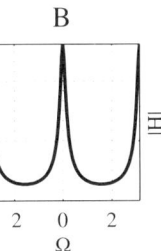

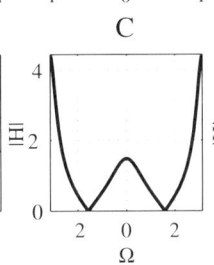

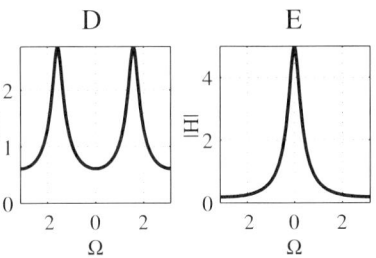

圖 E.28

解答: 1-E, 2-D, 3-B, 4-A, 5-C

29. 將圖 E.29 中的每個極點-零點圖與其量值頻率響應及單位序列響應配對。

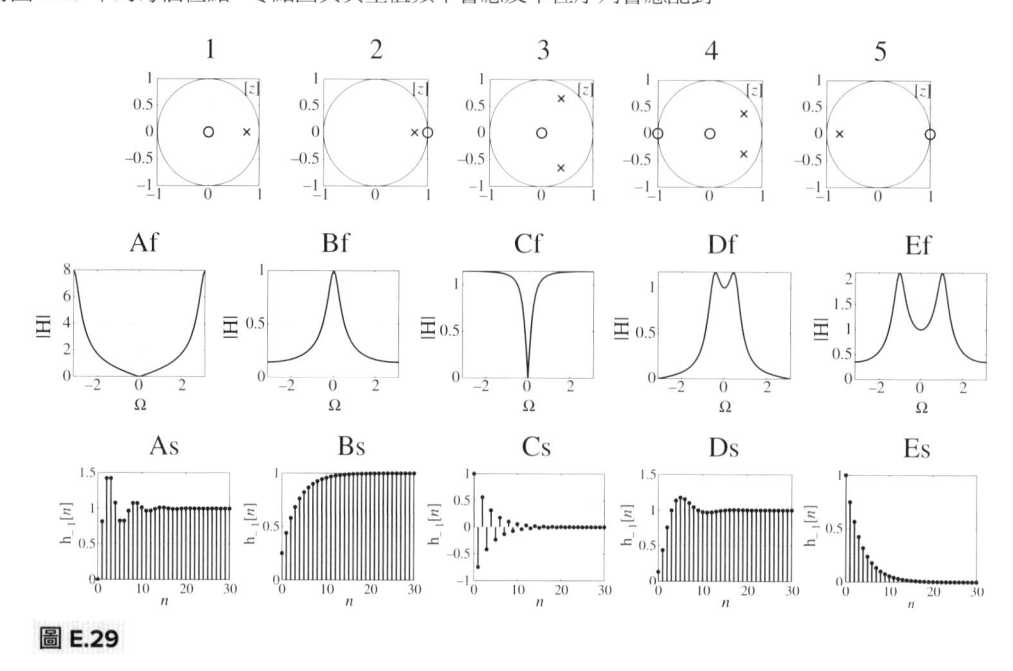

圖 E.29

解答：1-Bf-Bs, 2-Cf-Es, 3-Ef-As, 4-Df-Ds, 5-Af-Cs

第 12 章

濾波器分析與設計

FILTER ANALYSIS AND DESIGN

▶12.1 介紹與目標

一個最重要的實際系統是濾波器。每個系統在某種意義上就是一個濾波器，因為每個系統具有一個頻率響應，衰減某些頻率比其他部分還多。濾波器根據每個人的喜好來裁剪音樂的聲音，平滑並且從訊號中消除類型，穩定可能不穩定的系統，從接收的訊號中移除不想要的雜訊等。學習濾波器的分析與設計是使用轉換方法的好例子。

本章目標

1. 熟悉最常見的最佳化連續時間濾波器，了解為何它們最佳化的意義，並且有能力設計它們以符合規格。
2. 熟悉 MATLAB 中濾波器分析與設計的工具。
3. 學習使用離散時間濾波器來模擬最佳化連續時間濾波器之方法，並且了解每個方法相對的優缺點。
4. 探討無限 - 間隔 - 脈衝 - 響應濾波器與有限 - 間隔 - 脈衝 - 響應濾波器之設計，並且了解每個方法相對的優缺點。

▶12.2 類比濾波器

在本章中，連續時間濾波器意指**類比** (analog) 濾波器，而離散時間濾波器意指**數位** (digital) 濾波器。同樣的，當同時討論類比與數位濾波器時，下標 a 將代表用於類比濾波器的函數或參數，下標 d 類似的用來表示數位濾波器的函數或參數。

巴特沃斯濾波器

正規化巴特沃斯濾波器

一個非常普遍的類比濾波器是**巴特沃斯** (Butterworth) 濾波器，係以發明它的英國的應

用物理學家史第芬・巴特沃斯名字來命名。一個 n 階低通巴特沃斯濾波器具有頻率響應之平方量值如下

$$|H_a(j\omega)|^2 = \frac{1}{1 + (\omega/\omega_c)^{2n}}$$

其通帶 $\omega < \omega_c$ 裡的頻率是**最大平坦** (maximally flat)，表示它在通帶裡隨頻率變化是單調的，而且當頻率趨近於 0 時趨近於 0 的導數。圖 12.1 說明巴特沃斯濾波器在轉角頻率為 $\omega_c = 1$ 時，針對 4 種不同的階數 n 之頻率響應。當階數增加時，濾波器的量值頻率響應趨近於理想低通濾波器。

低通巴特沃斯濾波器之極點位於開放的左邊空間（圖 12.2）半徑為 ω_c 的半圓內。極點數目為 n，極點間的角度間隔（對於 $n > 1$）總是 π/n。若 n 是奇數，會有一個極點在負的實軸，而其他的極點就以共軛複數對出現。若 n 是偶數，所有的極點就以共軛複數對出現。利用這些特性，單位增益低通巴特沃斯濾波器之轉移函數總是可以求得且具有以下形式

$$H_a(s) = \frac{1}{(1-s/p_1)(1-s/p_2)\cdots(1-s/p_n)} = \prod_{k=1}^{n} \frac{1}{1-s/p_k} = \prod_{k=1}^{n} -\frac{p_k}{s-p_k}$$

其中 p_k 為極點的位置。

MATLAB 中的訊號工具箱具有用來設計類比巴特沃斯濾波器的函數。此 MATLAB 函式稱為

```
[za,pa,ka] = buttap(N);
```

對於一個第 N 階單位增益，具有轉角頻率為 $\omega_c = 1$ 之巴特沃斯低通濾波器，在向量 za 中回傳有限的零點，在向量 pa 中回傳有限的極點，而增益常數是在數值 ka（在低通巴特沃

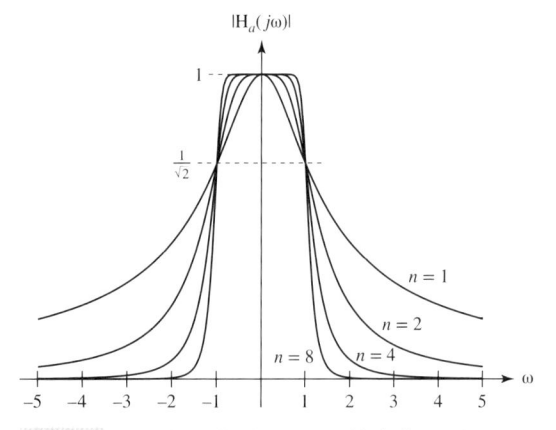

圖 12.1 巴特沃斯濾波器在轉角頻率為 $\omega_c = 1$，於 4 種不同的階數下之量值頻率響應

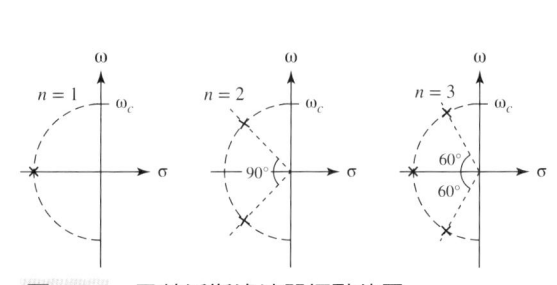

圖 12.2 巴特沃斯濾波器極點位置

斯濾波器之轉移函數中沒有有限的零點，因此 za 永遠是一個空的向量，因為濾波器是單位增益因此 ka 永遠為 1，零點和增益包含在回傳的數據中，因為這種形式的回傳數據也用在其他形式的濾波器，這些濾波器可能有有限的零點，且其增益可能不是 1）。

```
>> [za,pa,ka] = buttap(4) ;
>> za
za =
    []
>> pa
pa =
 -0.3827 + 0.9239i
 -0.3827 - 0.9239i
 -0.9239 + 0.3827i
 -0.9239 - 0.3827i
>> ka
ka =
    1
```

濾波器轉換

當在一個給定的階數且轉角頻率為 $\omega_c = 1$ 之低通巴特沃斯濾波器一旦設計完成，用此濾波器轉換至不同轉角頻率且 / 或一個高通、帶通或是帶拒，可以用改變頻率變數來達成。MATLAB 允許使用者快速簡單的設計 n 階單位增益，具有轉角頻率為 $\omega_c = 1$ 之低通巴特沃斯濾波器。將增益解正規化後至一個不是單位的增益是不重要的，因為它只是牽涉到改變增益係數。改變轉角頻率或濾波器形式需要多費點力氣。

從轉角頻率為 $\omega_c = 1$ 改變頻率至一個一般性的轉角頻率為 $\omega_c \neq 1$，使得在轉移函數的獨立變數改變 $s \to s/\omega_c$。例如，一階、單位增益、正規化巴特沃斯濾波器具有轉移函數如下

$$H_{norm}(s) = \frac{1}{s+1}$$

若我們想將轉角頻率移至 $\omega_c = 10$，新的轉移函數為

$$H_{10}(s) = H_{norm}(s/10) = \frac{1}{s/10 + 1} = \frac{10}{s+10}$$

這是一個轉角頻率為 $\omega_c = 10$ 單位增益低通濾波器之轉移函數。

濾波器轉換過程的實際強大的是將低通濾波器轉換至高通濾波器。若我們改變變數 $s \to 1/s$，於是

$$H_{HP}(s) = H_{norm}(1/s) = \frac{1}{1/s + 1} = \frac{s}{s+1}$$

而 $H_{HP}(s)$ 是具有轉角頻率 $\omega_c = 1$ 之一階、單位增益、高通巴特沃斯濾波器。我們可以利用改變變數 $s \to \omega_c/s$ 同時來改變轉角頻率。我們此時可以得到一個在 $s = 0$ 具有一個有限極

點與一個有限零點的轉移函數。一個正規化的低通巴特沃斯濾波器之一般形式的轉移函數為

$$H_{norm}(s) = \prod_{k=1}^{n} \frac{-p_k}{s - p_k}$$

當我們改變變數 $s \to 1/s$，得到

$$H_{HP}(s) = \left[\prod_{k=1}^{n} \frac{-p_k}{s - p_k}\right]_{s \to 1/s} = \prod_{k=1}^{n} \frac{-p_k}{1/s - p_k} = \prod_{k=1}^{n} \frac{p_k s}{p_k s - 1} \prod_{k=1}^{n} \frac{s}{s - 1/p_k}$$

極點位於 $s = 1/p_k$。它們是正規化低通濾波器極點之倒數，都具有 1 的量值。任何複數的倒數其角度是複數角度的負值。在本例中，因為極點的量值沒有改變，極點移至它們的共軛複數，所有極點的排列分布沒有改變。同樣的，在 $s = 0$ 有 n 個零點。若我們改變變數 $s \to \omega_c/s$，極點有一樣的角度，但它們的量值現在都是 ω_c 而非 1。

將低通濾波器轉換至帶通濾波器稍微有一點複雜。我們可以用改變變數來完成

$$s \to \frac{s^2 + \omega_L \omega_H}{s(\omega_H - \omega_L)}$$

其中 ω_L 是帶通濾波器較低正的轉角頻率，而 ω_H 是較高正的轉角頻率。例如，讓我們設計一個一階、單位增益、帶通濾波器，其通帶從 $\omega = 100$ 至 $\omega = 200$（圖 12.3）。

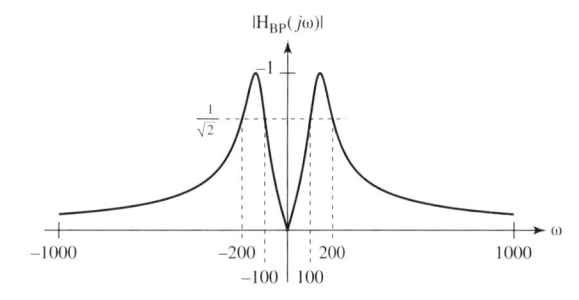

圖 12.3 一階、單位增益、帶通巴特沃斯濾波器之量值頻率響應

$$H_{BP}(s) = H_{norm}\left(\frac{s^2 + \omega_L \omega_H}{s(\omega_H - \omega_L)}\right) = \frac{1}{\frac{s^2 + \omega_L \omega_H}{s(\omega_H - \omega_L)} + 1} = \frac{s(\omega_H - \omega_L)}{s^2 + s(\omega_H - \omega_L) + \omega_L \omega_H}$$

$$H_{BP}(j\omega) = \frac{j\omega(\omega_H - \omega_L)}{-\omega^2 + j\omega(\omega_H - \omega_L) + \omega_L \omega_H}$$

簡化並且插入數值

$$H_{BP}(j\omega) = \frac{j100\omega}{-\omega^2 + j100\omega + 20,000} = \frac{j100\omega}{(j\omega + 50 + j132.2)(j\omega + 50 - j132.2)}$$

帶通響應之峰值發生在頻率響應相對於 ω 之導數為 0 處。

$$\frac{d}{d\omega}H_{BP}(j\omega)$$
$$= \frac{(-\omega^2 + j\omega(\omega_H - \omega_L) + \omega_L \omega_H)j(\omega_H - \omega_L) - j\omega(\omega_H - \omega_L)(-2\omega + j(\omega_H - \omega_L))}{[-\omega^2 + j\omega(\omega_H - \omega_L) + \omega_L \omega_H]^2} = 0$$

$$(-\omega^2 + j\omega(\omega_H - \omega_L) + \omega_L \omega_H) + 2\omega^2 - j\omega(\omega_H - \omega_L) = 0$$

$$\Rightarrow \omega^2 + \omega_L \omega_H = 0 \Rightarrow \omega = \pm\sqrt{\omega_L \omega_H}$$

因此自然弧度頻率為 $\omega_n = \pm\sqrt{\omega_L\omega_H}$。同樣的，與標準二階系統轉移函數形式一致，

$$j2\zeta\omega_n\omega = j\omega(\omega_H - \omega_L) \Rightarrow \zeta = \frac{\omega_H - \omega_L}{2\sqrt{\omega_L\omega_H}}$$

因此阻尼比為 $\zeta = \frac{\omega_H - \omega_L}{2\sqrt{\omega_H\omega_L}}$。

最後，我們可以用下列的轉換將低通濾波器轉換至帶拒濾波器

$$s \to \frac{s(\omega_H - \omega_L)}{s^2 + \omega_L\omega_H}$$

注意：n 階低通濾波器之轉移函數分母的階數是 n。但對於階數 n 之帶通，轉移函數分母的階數是 $2n$。同樣的，對於高通濾波器之分母階數是 n，而對於帶拒濾波器之分母階數是 $2n$。

MATLAB 設計工具

MATLAB 有指令來轉換正規化後的濾波器。它們為

lb2bp 低通對帶通類比濾波器轉換
lb2bs 低通對帶拒類比濾波器轉換
lb2hp 低通對高通類比濾波器轉換
lb2lp 低通對低通類比濾波器轉換

lb2bp 之指令為

[numt,dent] = lp2bp(num,den,w0,bw)

其中 num 和 den 分別為在正規化低通濾波器轉移函數之分子與分母中的 s 係數向量，w0 是帶通濾波器之中心頻率，bw 是帶通濾波器之頻寬（兩個都是弧度 / 秒），而 numt 和 dent 分別為帶通濾波器轉移函數之分子與分母中的 s 係數向量。其他每一個指令之符號都類似。

一個例子，我們可以用 buttap 設計正規化低通巴特沃斯濾波器。

```
»[z,p,k] = buttap(3) ;
»z
z =
  []
»p
p =
 -0.5000 + 0.8660i
 -1.0000
 -0.5000 - 0.8660i
»k
k =
  1
```

此結果顯示一個 3 階正規化低通巴特沃斯濾波器具有頻率響應

$$H_{LP}(s) = \frac{1}{(s+1)(s+0.5+j0.866)(s+0.5-j0.866)}$$

我們可以用 MATLAB 系統-物件指令將其轉成多項式的比。

```
»[num,den] = tfdata(zpk(z,p,k),'v') ;
»num

num =

  0  0  0  1

»den

den =

 1.0000  2.0000 + 0.0000i  2.0000 + 0.0000i  1.0000 + 0.0000i
```

這個結果顯示正規化低通濾波器頻率響應可以更簡潔的方式寫成

$$H_{LP}(s) = \frac{1}{s^3 + 2s^2 + 2s + 1}$$

使用這個結果我們可以將正規化低通濾波器轉換至一個具有中心頻率 $\omega = 8$ 與頻寬 $\Delta\omega = 2$ 解正規化後的帶通濾波器。

```
»[numt,dent] = lp2bp(num,den,8,2) ;
»numt
numt =
 Columns 1 through 4
     0  0.0000 - 0.0000i  0.0000 - 0.0000i  8.0000 - 0.0000i
 Columns 5 through 7
 0.0000 - 0.0000i  0.0000 - 0.0000i  0.0000 - 0.0000i
»dent
dent =
 1.0e+05 *
 Columns 1 through 4
 0.0000  0.0000 + 0.0000i  0.0020 + 0.0000i  0.0052 + 0.0000i
 Columns 5 through 7
 0.1280 + 0.0000i  0.1638 + 0.0000i  2.6214 - 0.0000i
»bpf = tf(numt,dent) ;
»bpf
Transfer function:
1.542e-14 s^5 + 2.32e-13 s^4 + 8 s^3 + 3.644e-11 s^2 + 9.789e-11 s + 9.952e-10
-----------------------------------------------------------------
  s^6 + 4 s^5 + 200 s^4 + 520 s^3 + 1.28e04 s^2 + 1.638e04 s + 2.621e05
»
```

這個結果顯示帶通濾波器轉移函數可以寫成

$$H_{BP}(s) = \frac{8s^3}{s^6 + 4s^5 + 200s^4 + 520s^3 + 12{,}800s^2 + 16{,}380s + 262{,}100}$$

（由 MATLAB 所回報的轉移函數之分子是非常小的非 0 係數，它是 MATLAB 計算中捨入誤差的結果，而且可以忽略。注意：它們在 **numt** 中是 0。）

柴比雪夫、橢圓與貝索濾波器

我們已經見到 MATLAB 的 **buttap** 指令可以用來設計一個正規化的巴特沃斯濾波器，以及如何將其解正規化至其他的巴特沃斯濾波器。MATLAB 還有其他有用的指令可以用在類比濾波器設計上。有其他四個 "...ap" 指令、**cheb1ap**、**cheb2ap**、**ellipap**，以及 **besselap**，除了巴特沃斯濾波器之外，可以設計最佳形式的正規化類比濾波器。其他最佳類比濾波器形式是柴比雪夫 (Chebyshev)（有時稱為 Tchebysheff 或 Tchebischeff）濾波器，橢圓 (Elliptic)（有時稱為 Cauer）濾波器，以及貝索 (Bessel) 濾波器。根據不同的標準，這些型態的濾波器最佳化了性能。

柴比雪夫濾波器類似於巴特沃斯濾波器，但有額外的設計自由度（圖 12.4）。

巴特沃斯濾波器稱為最大平坦，因為它在通帶與止帶間是單調的，而且當階數增加時，通帶內趨於一個平坦的響應。有兩種形式的柴比雪夫濾波器，形式 I 與形式 II。形式 I 柴比雪夫在通帶的頻率響應不是單調的，但在止帶是單調的。在通帶的頻率響應有漣波（隨頻率上下變化）。在通帶的漣波通常不是它本身想要的，但它允許比同樣階數的巴特沃斯濾波器更快速的從通帶轉移至止帶。換句話說，我們用通帶的單調性交換較窄的過渡帶。形式 II 柴比雪夫剛好相反。它在通帶具有單調性，而在止帶有漣波，同樣的，對於相同的濾波器階數，比巴特沃斯濾波器有較窄的過渡帶。

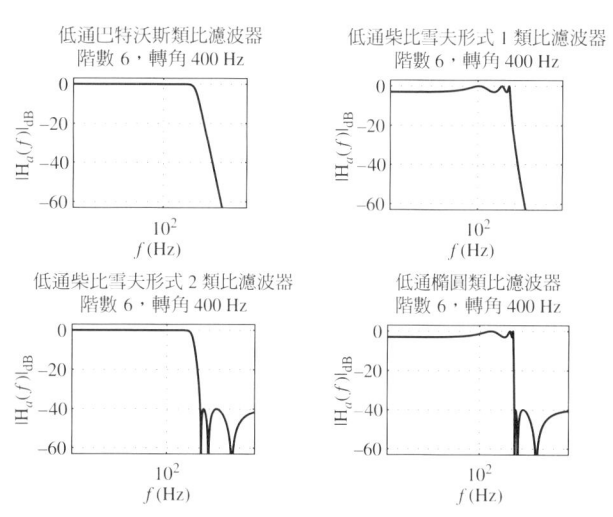

圖 12.4 巴特沃斯、柴比雪夫與橢圓濾波器典型的量值頻率響應

橢圓濾波器同時在通帶與止帶都有漣波，且在同樣的階數下，它比兩種形式的柴比雪夫濾波器有更窄的過渡帶。貝索濾波器在不同的基礎上最佳化。貝索濾波器在通帶以線性相位最佳化，而非在通帶且 / 或止帶上有平坦的量值響應，或是較窄的過渡帶。

這些正規化類比濾波器設計的指令列於下方。

```
[z,p,k] = cheb1ap(N,Rp) ;
[z,p,k] = cheb2ap(N,Rs) ;
[z,p,k] = ellipap(N,Rp,Rs) ;
[z,p,k] = besselap(N) ;-
```

其中 N 是濾波器的階數,Rp 是以 dB 表示在通帶允許的漣波,Rs 是以 dB 表示在止帶的最小衰減。

一旦濾波器被設計後,它的頻率響應可以用前面所介紹過的 bode 求得,或是 freqs。freqs 函數的指令是

$$H = freqs(num,den,w) ;$$

其中 H 是在向量 w 中的實值弧度頻率點之響應向量,而 num 和 den 為包含濾波器轉移函數之分子與分母中 s 係數的向量。

例題 12.1 利用 MATLAB 比較 4 階帶拒巴特沃斯濾波器與柴比雪夫濾波器

利用 MATLAB 設計一個 4 階帶拒巴特沃斯濾波器,轉換至一個解正規化後具有中心頻率 60 Hz 與頻寬 10 Hz 的帶拒濾波器,然後與具有同樣階數與轉角頻率形式 I 柴比雪夫濾波器,且其所允許的通帶漣波為 0.3 dB 之帶拒濾波器做比較。

```
%   Butterworth design

%   Design a normalized fourth-order Butterworth lowpass filter
%   and put the zeros, poles and gain in zb, pb and kb

[zb,pb,kb] = buttap(4) ;

%   Use MATLAB system tools to obtain the numerator and
%   denominator coefficient vectors, numb and denb

[numb,denb] = tfdata(zpk(zb,pb,kb),'v') ;

%   Set the cyclic center frequency and bandwidth and then set
%   the corresponding radian center frequency and bandwidth

f0 = 60 ; fbw = 10 ; w0 = 2*pi*f0 ; wbw = 2*pi*fbw ;

%   Denormalize the lowpass Butterworth to a bandstop Butterworth

[numbsb,denbsb] = lp2bs(numb,denb,w0,wbw) ;

%   Create a vector of cyclic frequencies to use in plotting the
```

```
%   frequency response of the filter.  Then create a corresponding
%   radian-frequency vector and compute the frequency response.

wbsb = 2*pi*[40:0.2:80]' ; Hbsb = freqs(numbsb,denbsb,wbsb) ;

%   Chebyshev design

%   Design a normalized fourth-order type-one Chebyshev lowpass
%   filter and put the zeros, poles and gain in zc, pc and kc

[zc,pc,kc] = cheb1ap(4,0.3) ; wc = wb ;

%   Use MATLAB system tools to obtain the numerator and
%   denominator coefficient vectors, numc and denc

[numc,denc] = tfdata(zpk(zc,pc,kc),'v') ;

%   Denormalize the lowpass Chebyshev to a bandstop Chebyshev

[numbsc,denbsc] = lp2bs(numc,denc,w0,wbw) ;

%   Use the same radian-frequency vector used in the Butterworth
%   design and compute the frequency response of the Chebyshev
%   bandstop filter.

wbsc = wbsb ; Hbsc = freqs(numbsc,denbsc,wbsc) ;
```

量值頻率響應比較於圖 12.5。注意到巴特沃斯濾波器在通帶上是單調的,而柴比雪夫濾波器則不是,但是柴比雪夫濾波器在介於通帶與止帶間的過渡帶具有較陡的斜率,且有稍微好一點的止帶衰減。

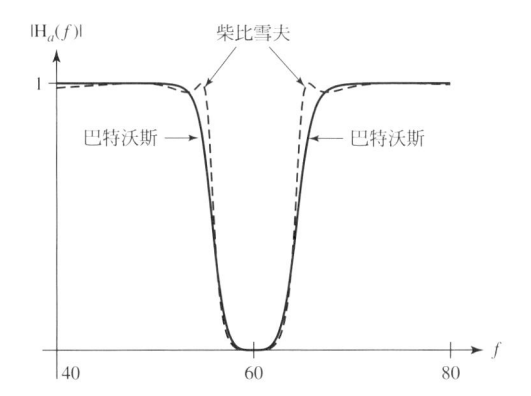

圖 12.5 比較巴特沃斯濾波器與柴比雪夫濾波器之量值頻率響應

▶ 12.3 ◀ 數位濾波器

類比濾波器的分析與設計是一個巨大且重要的主題。一個同等巨大且重要的主題（或許更重要）是設計數位濾波器，以用來模擬一些常見的標準類比濾波器。幾乎所有離散時間系統在某種意義上是濾波器，因為它們的頻率響應並非隨著頻率一直保持常數。

類比濾波器模擬

對於類比濾波器有許多最佳化的標準濾波器設計技術。一個設計數位濾波器常見的方式是模擬已經驗證過的類比濾波器設計。所有常用的類比濾波器具有 s- 域之轉移函數，它們是 s 多項式的比，因此有一個繼續至無限時間的脈衝響應。這種形式的脈衝響應稱為**無限間隔脈衝響應** (infinite-duration impulse response, IIR)。許多模擬類比濾波器的技術用來建造數位濾波器，此濾波器也具有 IIR 無限間隔脈衝響應，而這種形式的數位濾波器稱為 **IIR 濾波器** (IIR filers)。另一個設計數位濾波器常見的過程，稱為**有限間隔脈衝響應** (infinite-duration impulse response)，而這些濾波器稱為 **FIR 濾波器** (FIR filters)。

在下面用模擬類比濾波器來討論數位濾波器，類比濾波器的脈衝響應為 $h_a(t)$，其轉移函數為 $H_a(s)$，數位濾波器的脈衝響應為 $h_d[n]$，其轉移函數為 $H_d(z)$。

濾波器設計技術

IIR 濾波器設計

時域方法

脈衝不變性設計 一個設計數位濾波器的方式是，將數位濾波器對於標準數位激發變成是一個類比濾波器對於標準連續時間激發之取樣後的版本。這個概念促成**脈衝不變性** (impulse-invariant) 與**步階不變性** (step-invariant) 設計的步驟。脈衝不變性設計使得數位濾波器對於離散時間單位脈衝之響應，是一個類比濾波器對於連續時間單位脈衝之取樣後的版本。步階不變性設計使得數位濾波器對於離散時間單位序列之響應，是一個類比濾波器對於連續時間單位步階之取樣後的版本。這些每一個設計過程都製造了 IIR 濾波器（圖 12.6）。

從取樣理論我們知道，我們可以對類比濾波器脈衝響應 $h_a(t)$ 用脈衝取樣成 $h_\delta(t)$，其拉式轉換為 $H_\delta(s)$，而其連續時間傅立葉轉換 (CTFT) 為

$$H_\delta(j\omega) = f_s \sum_{k=-\infty}^{\infty} H_a(j(\omega - k\omega_s))$$

其中 $H_a(t)$ 是類比濾波器之轉移函數，而 $\omega_s = 2\pi f_s$。我們也同樣知道可以將 $h_a(t)$ 取樣成 $h_d[n]$，其 z 轉換為 $H_d(z)$，而其離散時間傅立葉轉換 (DTFT) 為

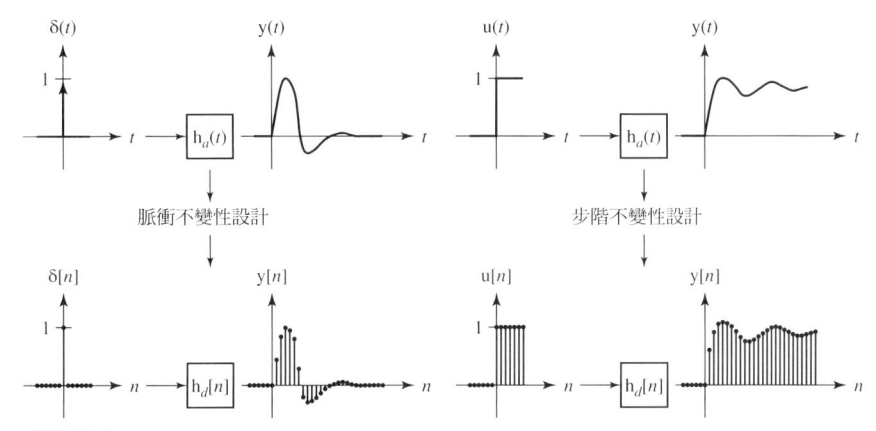

圖 12.6 脈衝不變性與步階不變性數位濾波器設計技術

$$H_d(e^{j\Omega}) = f_s \sum_{k=-\infty}^{\infty} H_a(jf_s(\Omega - 2\pi k)) \tag{12.1}$$

因此很明顯的數位濾波器之頻率響應是類比濾波器頻率響應尺度改變頻譜複本之和。當到達頻譜複本重疊的程度時，兩個頻率響應必須不同。一個脈衝不變性設計的例子，令 $H_a(s)$ 為二階低通巴特沃斯濾波器，具有低頻增益 A 與截止頻率 ω_c 弧度／秒。

$$H_a(s) = \frac{A\omega_c^2}{s^2 + \sqrt{2}\omega_c s + \omega_c^2}$$

接著，反拉式轉換，

$$h_a(t) = \sqrt{2}A\omega_c e^{-\omega_c t/\sqrt{2}}\sin(\omega_c t/\sqrt{2})u(t)$$

現在以速率 f_s 取樣，形成 $h_d[n] = \sqrt{2}A\omega_c e^{-\omega_c nT_s/\sqrt{2}}\sin(\omega_c nT_s/\sqrt{2})u[n]$（圖 12.7）且

$$H_d(z) = \sqrt{2}A\omega_c \frac{ze^{-\omega_c T_s/\sqrt{2}}\sin(\omega_c T_s/\sqrt{2})}{z^2 - 2e^{-\omega_c T_s/\sqrt{2}}\cos(\omega_c T_s/\sqrt{2})z + e^{-2\omega_c T_s/\sqrt{2}}}$$

或

$$H_d(e^{j\Omega}) = \sqrt{2}A\omega_c \frac{e^{j\Omega}e^{-\omega_c T_s/\sqrt{2}}\sin(\omega_c T_s/\sqrt{2})}{e^{j2\Omega} - 2e^{-\omega_c T_s/\sqrt{2}}\cos(\omega_c T_s/\sqrt{2})e^{j\Omega} + e^{-2\omega_c T_s/\sqrt{2}}} \tag{12.2}$$

將 (12.1) 式與 (12.2) 式相等，

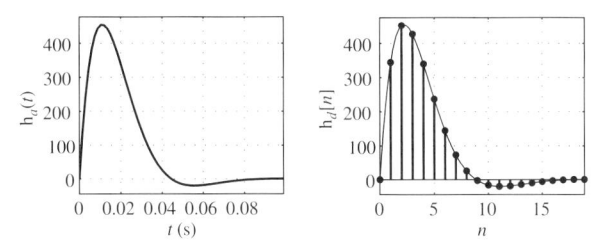

圖 12.7 類比與數位脈衝響應

$$H_d(e^{j\Omega}) = f_s \sum_{k=-\infty}^{\infty} \frac{A\omega_c^2}{[jf_s(\Omega - 2\pi k)]^2 + j\sqrt{2}\omega_c f_s(\Omega - 2\pi k) + \omega_c^2}$$

$$= \sqrt{2}A\omega_c \frac{e^{j\Omega}e^{-\omega_c T_s/\sqrt{2}}\sin(\omega_c T_s/\sqrt{2})}{e^{j2\Omega} - 2e^{-\omega_c T_s/\sqrt{2}}\cos(\omega_c T_s/\sqrt{2})e^{j\Omega} + e^{-2\omega_c T_s/\sqrt{2}}}$$

現在令 $A = 10$ 與 $\omega_c = 100$ 並且以 200 樣本 / 秒取樣,於是

$$H_d(e^{j\Omega}) = 2000 \sum_{k=-\infty}^{\infty} \frac{1}{[j2(\Omega - 2\pi k)]^2 + j2\sqrt{2}(\Omega - 2\pi k) + 1}$$

或

$$H_d(e^{j\Omega}) = 1000\sqrt{2} \frac{e^{j\Omega}e^{-1/2\sqrt{2}}\sin(1/2\sqrt{2})}{e^{j2\Omega} - 2e^{-1/2\sqrt{2}}\cos(1/2\sqrt{2})e^{j\Omega} + e^{-1/\sqrt{2}}}$$

$$= \frac{343.825e^{j\Omega}}{e^{j2\Omega} - 1.31751e^{j\Omega} + 0.49306}$$

比較兩種形式在 $\Omega = 0$ 做驗證。

完整的數位濾波器頻率響應示於圖 12.8 中。粗線是真正的頻率響應,而細線是類比濾波器頻率響應之個別尺度改變頻率複本。在 0 頻率之類比濾波器頻率響應與在 0 頻率之數位濾波器頻率響應,因為疊頻其差異約為 −2%。

此一濾波器可以直接從其在直接形式 II 的轉移函數實現。

$$H_d(z) = \frac{Y_d(z)}{X_d(z)} = \frac{343.825z}{z^2 - 1.31751z + 0.49306}$$

或

$$z^2 Y_d(z) - 1.31751zY_d(z) + 0.49306Y_d(z) = 343.825z X_d(z)$$

重新排列並求解 $Y_d(z)$

$$Y_d(z) = 343.825z^{-1}X_d(z) + 1.31751z^{-1}Y_d(z) - 0.49306z^{-2}Y_d(z)$$

於是,反 z 轉換

$$y_d[n] = 343.825\,x_d[n-1] + 1.31751\,y_d[n-1] - 0.49306\,y_d[n-2]$$

(圖 12.9)。

為了解釋此設計方法之微妙處,考慮一階低通類比濾波器其轉移函數為

$$H_a(s) = \frac{A\omega_c}{s + \omega_c} \Rightarrow H_a(j\omega) = \frac{A\omega_c}{j\omega + \omega_c}$$

具有脈衝響應

$$h_a(t) = A\omega_c e^{-\omega_c t}u(t)$$

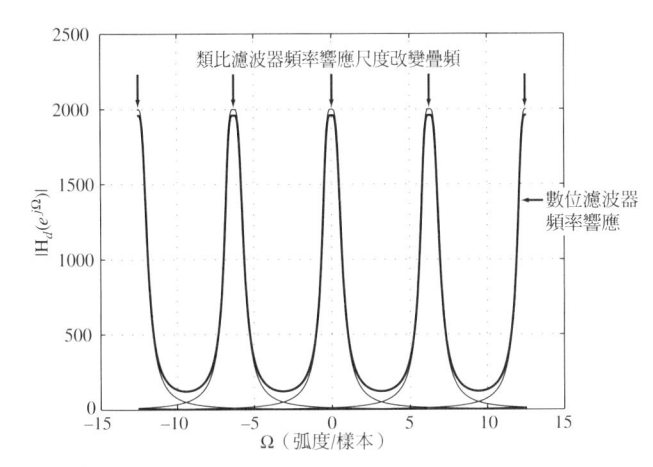

圖 12.8 數位濾波器頻率響應顯示疊頻效應

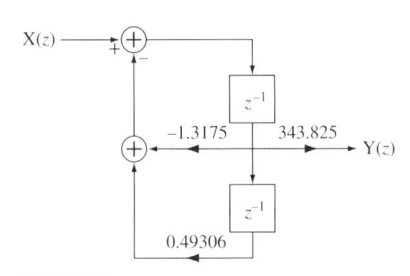

圖 12.9 利用脈衝不變性方法設計之低通濾波器方塊圖

以 f_s 速率取樣形成 $h_d[n] = A\omega_c e^{-\omega_c nT_s} u[n]$ 且

$$H_d(z) = A\omega_c \frac{z}{z - e^{-\omega_c T_s}} \Rightarrow H_d(e^{j\Omega}) = A\omega_c \frac{e^{j\Omega}}{e^{j\Omega} - e^{-\omega_c T_s}} \quad (12.3)$$

而頻率響應可以寫成兩個對等式

$$H_d(e^{j\Omega}) = f_s \sum_{k=-\infty}^{\infty} \frac{A\omega_c}{jf_s(\Omega - 2\pi k) + \omega_c} = A\omega_c \frac{e^{j\Omega}}{e^{j\Omega} - e^{-\omega_c T_s}}$$

令 $a = 10$，$\omega_c = 50$，且 $f_s = 100$，同樣的，在 $\Omega = 0$ 驗證其相等。

$$f_s \sum_{k=-\infty}^{\infty} \frac{A\omega_c}{jf_s(\Omega - 2\pi k) + \omega_c} = \sum_{k=-\infty}^{\infty} \frac{50{,}000}{-j200\pi k + 50} = 1020.7$$

$$A\omega_c \frac{e^{j\Omega}}{e^{j\Omega} - e^{-\omega_c T_s}} = 500 \frac{1}{1 - e^{-1/2}} = 1270.7$$

這兩個結果，在理想上是相等，在 $\Omega = 0$ 相差 25%。兩個頻率響應見圖 12.10。

當然，問題是為何兩者不同？此誤差由上述的敘述而來，經由取樣類比濾波器脈衝響應所求到的數位濾波器脈衝響應為 $h_d[n] = A\omega_c e^{-\omega_c nT_s} u[n]$。類比脈衝響應在 $t = 0$ 有不連續。所以在此點的樣本值應該為多少？脈衝響應為 $h_d[n] = A\omega_c e^{-\omega_c nT_s} u[n]$，表示在 $t = 0$ 的樣本值為 $A\omega_c$。既然不連續從 0 延伸至 $A\omega_c$，為何不用樣本值為 0？若我們將第一個樣本值從 $A\omega_c$ 換成從類比濾波器脈衝響應在 $t = 0$ 的上面與下方極限的平均

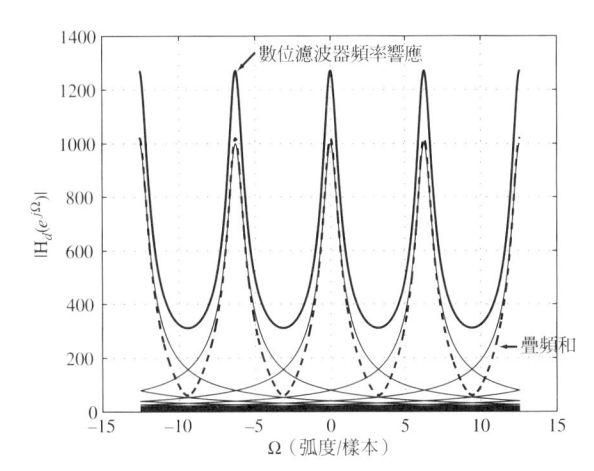

圖 12.10 數位濾波器頻率響應顯示兩個應該相等的頻率響應之明顯的誤差

$A\omega_c/2$，則這兩個用於數位濾波器的公式完全吻合。所以看起來當在不連續處取樣時，最佳的值是從上面與下方極限的平均。這個與傅立葉轉換理論一致，當傅立葉轉換表示不連續訊號時，總是經過不連續處的中點。這個問題在前面的二階巴特沃斯低通濾波器不會發生，因為其脈衝響應是連續的。

因為在不連續處取樣給予了一階低通數位濾波器設計的誤差，人們可能為了避免這個問題，建議可以簡單的將類比濾波器的脈衝響應延遲一小段時間（小於樣本間的時間），而避免掉在不連續處取樣。這是可以做到且使得兩種數位濾波器的頻率響應完全吻合。

在 MATLAB 的訊號工具箱中，有一個指令 impinvar 從事脈衝不變性數位濾波器設計。指令為

$$[bd,ad] = impinvar(ba,aa,fs)$$

其中 ba 是在類比濾波器轉移函數分子的 s 係數向量，aa 是在類比濾波器轉移函數分母的 s 係數向量，fs 是取樣率（樣本 / 秒），bd 是在數位濾波器轉移函數分子的 z 係數向量，ad 是在數位濾波器轉移函數分母的 z 係數向量。它的轉移函數和此處的脈衝不變性設計結果不同。它具有不同的增益常數且在時間上位移，但是脈衝響應形狀一樣（見例題 12.2）。

例題 12.2 利用脈衝不變性方法設計數位帶通濾波器

利用脈衝不變性方法來設計一個數位帶通濾波器，模擬具有轉角頻率從 150 Hz 至 200 Hz 以及取樣頻率為 1000 樣本 / 秒，之單位增益、二階、帶通巴特沃斯類比濾波器。此一轉移函數為

$$H_a(s) = \frac{9.87 \times 10^4 s^2}{s^4 + 444.3s^3 + 2.467 \times 10^6 s^2 + 5.262 \times 10^8 s + 1.403 \times 10^{12}}$$

其脈衝響應為

$$h_a(t) = [246.07 e^{-122.41t} \cos(1199.4t - 1.48) + 200.5 e^{-99.74t} \cos(977.27t + 1.683)] u(t)$$

比較類比與數位濾波器之頻率響應。

這個脈衝響應是兩個時間常數約為 8.2 ms 與 10 ms，正弦頻率 $1199.4/2\pi \approx 190.9$ 與 $977.27/2\pi \approx 155.54$ Hz 的指數受阻尼正弦訊號之和。對於一個合理正確的模擬，我們應該選擇一個取樣頻率使得正弦訊號過阻尼，而且在每一個時間常數下，指數衰減有許多的樣本。令取樣率 f_s 為 1000 樣本 / 秒。離散時間脈衝響應為

$$h_d[n] = [246.07 e^{-0.12241n} \cos(1.1994n - 1.48) + 200.5 e^{-0.09974n} \cos(0.97727n + 1.683)] u[n]$$

離散時間脈衝響應之 z 轉換為下列轉移函數

$$H_d(z) = \frac{48.4z^3 - 107.7z^2 + 51.46z}{z^4 - 1.655z^3 + 2.252z^2 - 1.319z + 0.6413}$$

類比與數位濾波器之脈衝響應說明於圖 12.11。

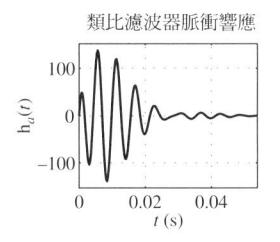

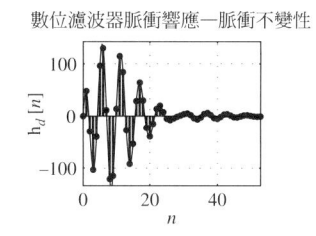

圖 12.11 類比與數位濾波器之脈衝響應

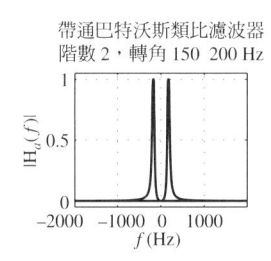

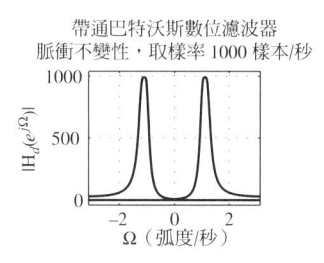

圖 12.12 類比濾波器之量值頻率響應與用脈衝不變性方法的數位模擬

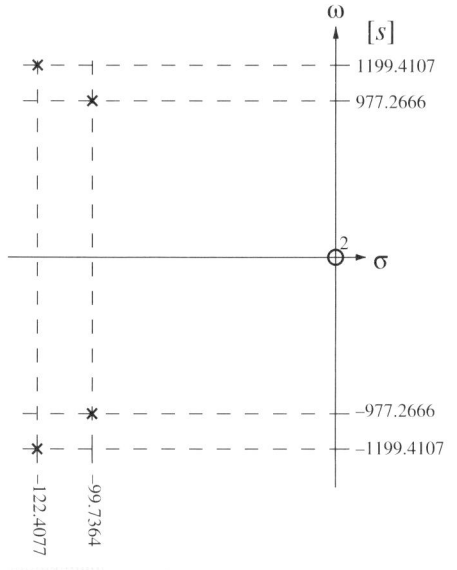

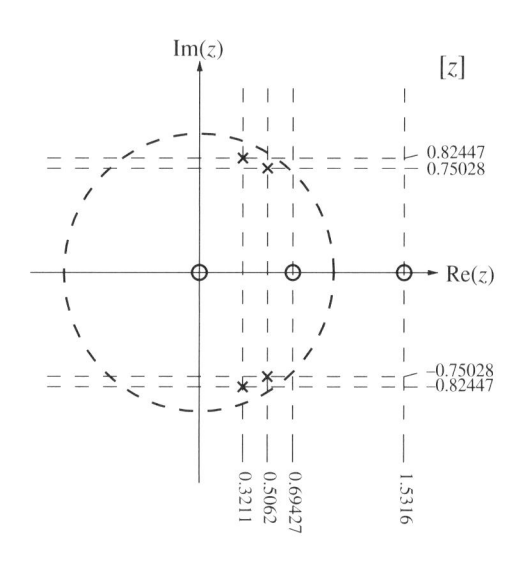

圖 12.13 類比濾波器之極點 - 零點圖與用脈衝不變性方法的數位模擬

類比與數位濾波器之量值頻率響應說明於圖 12.12，而其極點 - 零點圖說明於圖 12.13。

這種設計馬上凸顯兩件事。首先，類比濾波器在 $f = 0$ 的響應為 0，而數位濾波器則不是。數位濾波器在 $\Omega = 0$ 的頻率響應約為峰值頻率響應的 0.85%。因為這個濾波器是作為帶通濾波器，這是一個不想要的結果。數位濾波器的增益比類比濾波器大很多。這個增益可以經由簡單的調整利用一個乘法因數在 $H_d(z)$ 的表示法中變成與類比濾波器一樣。同樣的，雖然頻率響應在正確的頻率上出現峰值，數位濾波器在止帶的衰減不如像類比濾波器的衰減一樣好。若我們使用高一點的取樣率，則衰減會比較好。

利用 MATLAB 的 impinvr 指令來從事此一設計

```
>> [bd,ad] = impinvar([9.87e4 0 0],[1 444.3 2.467e6 5.262e8 1.403e12],1000)
bd =
 -0.0000 0.0484 -0.1077 0.0515
ad =
 1.0000 -1.6547 2.2527 -1.3188 0.6413
```

得到的轉移函數為

$$H_M(z) = \frac{Y(z)}{X(z)} = \frac{0.0484z^2 - 0.1077z + 0.0515}{z^4 - 1.6547z^3 + 2.2527z^2 - 1.3188z + 0.6413}$$

將這個與上面的結果比較

$$H_d(z) = \frac{48.4z^3 - 107.7z^2 + 51.46z}{z^4 - 1.655z^3 + 2.252z^2 - 1.319z + 0.6413}$$

它們之間的關係是

$$H_M(z) = (z^{-1}/f_s)H_d(z)$$

在 MATLAB 版本裡的脈衝不變性設計將轉移函數除以取樣率，改變濾波器的增益常數，且用 z^{-1} 乘以轉移函數，在離散時間下延遲脈衝響應一個單位。乘以常數與時間位移是兩件我們可以對訊號做的事且不會造成失真。因此，雖然兩個脈衝響應不等但具有同樣的形狀。

步階不變性設計 對於數位濾波器一個緊密相關的設計方法是步階不變性方法。在此方法中，數位濾波器的單位序列響應設計成與類比濾波器的單位步階響應在取樣瞬間相吻合。若一個類比濾波器有轉移函數 $H_a(s)$，它的單位步階響應之拉式轉換為 $H_a(s)/s$。單位步階響應為反拉式轉換

$$h_{-1a}(t) = \mathcal{L}^{-1}\left(\frac{H_a(s)}{s}\right)$$

相對應的離散時間單位序列脈衝於是為

$$h_{-1d}[n] = h_{-1a}(nT_s)$$

它的 z 轉換是 z- 域轉移函數與單位序列 z 轉換之乘積，

$$Z(h_{-1d}[n]) = \frac{z}{z-1}H_d(z)$$

我們可以綜整說，給定一個 s- 域之轉移函數 $H_a(s)$，我們可以求得相對應 z- 域轉移函數 $H_d(z)$ 如下

$$H_d(z) = \frac{z-1}{z}Z\left(\mathcal{L}^{-1}\left(\frac{H_a(s)}{s}\right)_{(t)\to(nT_s)\to[n]}\right)$$

在此方法中，我們對類比單位步階響應取樣得到數位單位序列響應。若我們脈衝取樣類比濾波器單位步階響應 $h_{-1a}(t)$ 得到 $h_{-1\delta}(t)$，其拉式轉換為 $H_{-1\delta}(s)$ 而其 CTFT 為

$$H_{-1\delta}(j\omega) = f_s \sum_{k=-\infty}^{\infty} H_{-1a}(j(\omega - k\omega_s))$$

其中 $H_{-1a}(s)$ 是類比濾波器單位步階響應的拉氏轉換且 $\omega_s = 2\pi f_s$。我們知道可以將 $h_{-1a}(t)$ 取樣成 $h_{-1d}[n]$，其 z 轉換為 $H_{-1d}(s)$ 且其 DTFT 為

$$H_{-1d}(e^{j\Omega}) = f_s \sum_{k=-\infty}^{\infty} H_{-1a}(jf_s(\Omega - 2\pi k))$$

將此結果與類比及數位轉移函數相關

$$H_{-1d}(e^{j\Omega}) = \frac{e^{j\Omega}}{e^{j\Omega} - 1} H_d(e^{j\Omega})$$

且

$$H_{-1a}(j\omega) = H_a(j\omega)/j\omega$$

$$H_d(e^{j\Omega}) = \frac{e^{j\Omega} - 1}{e^{j\Omega}} H_{-1d}(e^{j\Omega}) = \frac{e^{j\Omega} - 1}{e^{j\Omega}} f_s \sum_{k=-\infty}^{\infty} \frac{H_a(jf_s(\Omega - 2\pi k))}{jf_s(\Omega - 2\pi k)}$$

例題 12.3　利用步階不變性方法設計數位帶通濾波器

利用步階不變性方法，設計一個數位濾波器來近似類比濾波器，它的轉移函數與例題 12.2 相同

$$H_a(s) = \frac{9.87 \times 10^4 s^2}{s^4 + 444.3s^3 + 2.467 \times 10^6 s^2 + 5.262 \times 10^8 s + 1.403 \times 10^{12}}$$

取樣率為 $f_s = 1000$ 樣本 / 秒。

單位步階響應為

$$h_{-1a}(t) = [0.2041 e^{-122.408t} \cos(1199.4t + 3.1312) + 0.2041 e^{-99.74t} \cos(977.27t + 0.01042)]u(t)$$

單位序列響應為

$$h_{-1d}[n] = [0.2041(0.8847)^n \cos(1.1994n + 3.1312) + 0.2041(0.9051)^n \cos(0.97727n + 0.0102)]u[n]$$

數位濾波器轉移函數為

$$H_d(z) = \frac{0.03443z^3 - 0.03905z^2 - 0.02527z + 0.02988}{z^4 - 1.655z^3 + 2.252z^2 - 1.319z + 0.6413}$$

類比濾波器與數位濾波器之步階響應、量值頻率響應與極點 - 零點圖比較於圖 12.14、圖 12.15 與圖 12.16 中。

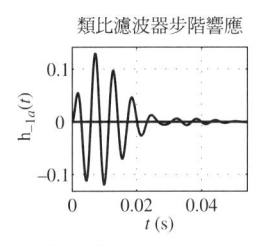

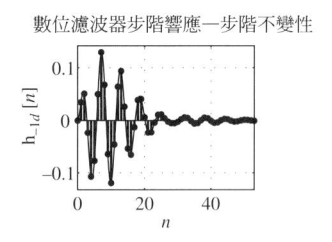

圖 12.14 類比濾波器之步階響應與其用步階不變性方法之數位模擬

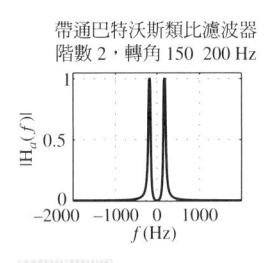

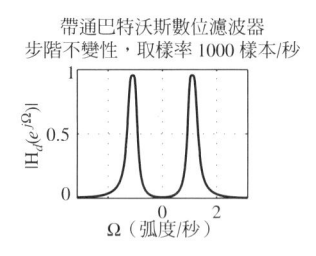

圖 12.15 類比濾波器之量值頻率響應與其用步階不變性方法之數位模擬

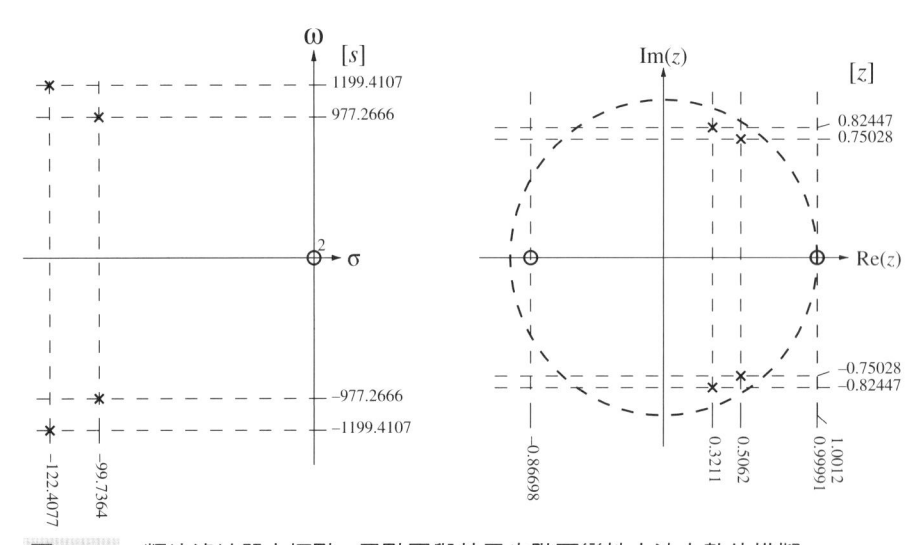

圖 12.16 類比濾波器之極點 - 零點圖與其用步階不變性方法之數位模擬

與脈衝不變性相比較，此濾波器在 $\Omega = 0$ 的響應為 0。同樣的，數位濾波器通帶峰值頻率響應與類比濾波器通帶峰值頻率響應相差小於 0.1%。

有限 - 差分設計 另一個設計數位濾波器用模擬類比濾波器的方法是用差分方程式來近似描述線性系統的微分方程式。此方法的基本概念是從類比濾波器之想要的轉移函數 $H_a(s)$ 開始，而在時域求得相對應的微分方程式。連續時間微分用離散時間的有限差分方程式來近似，結果的表示法是數位濾波器轉移函數近似於原始類比濾波器的轉移函數。例如，假設

$$H_a(s) = \frac{1}{s+a}$$

因為這個轉移函數是響應 $Y_a(s)$ 對激發 $X_a(s)$ 的比,

$$\frac{Y_a(s)}{X_a(s)} = \frac{1}{s+a}$$

於是

$$Y_a(s)(s+a) = X_a(s)$$

兩邊同時做反拉式轉換。

$$\frac{d}{dt}(y_a(t)) + a\,y_a(t) = x_a(t)$$

一個導數可以用不同的有限差分表示法來近似,而且每一種選擇在近似數位濾波器於類比濾波器上有些微不同的效果。令這個例子的導數由前向差分來近似

$$\frac{d}{dt}(y_a(t)) \cong \frac{y_d[n+1] - y_d[n]}{T_s}$$

於是近似於微分方程式的差分方程式為

$$\frac{y_d[n+1] - y_d[n]}{T_s} + a\,y_d[n] = x_d[n]$$

且相對應的遞迴關係是

$$y_d[n+1] = x_d[n]T_s + (1 - aT_s)y_d[n]$$

數位濾波器轉移函數可以將此方程式 z 轉換後得到

$$z(Y_d(z) - y_d[0]) = T_s X_d(z) + (1 - aT_s)Y_d(z)$$

轉移函數的計算是假設此系統之開始狀態是零態。因此 $y_d[0] = 0$ 且

$$H_d(z) = \frac{Y_d(z)}{X_d(z)} = \frac{T_s}{z - (1 - aT_s)} \tag{12.5}$$

實現此濾波器的方塊圖示於圖 12.17 中。

數位濾波器也可以基於反向差分來近似導數,

$$\frac{d}{dt}(y_a(t)) \cong \frac{y_d[n] - y_d[n-1]}{T_s}$$

或是用中間差分來近似導數,

$$\frac{d}{dt}(y_a(t)) \cong \frac{y_d[n+1] - y_d[n-1]}{2T_s}$$

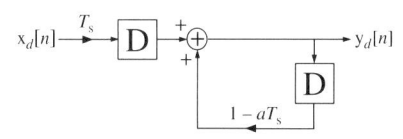

圖 12.17 利用差分方程式以前向差分來近似微分方程式設計數位濾波器之方塊圖

我們可以經由認識到在 s- 域表示法的每一個 s 代表在時域一個相對應的微分，來將此方法系統化，

$$\frac{d}{dt}(\mathrm{x}_a(t)) \xleftrightarrow{\mathcal{L}} s\,\mathrm{X}_a(s)$$

（同樣的，此系統一開始處於零態）。我們可以用前向、後向或中間差分來近似微分。

$$\frac{d}{dt}(\mathrm{x}_a(t)) \cong \frac{\mathrm{x}_a(t+T_s)-\mathrm{x}_a(t)}{T_s} = \frac{\mathrm{x}_d[n+1]-\mathrm{x}_d[n]}{T_s}$$

$$\frac{d}{dt}(\mathrm{x}_a(t)) \cong \frac{\mathrm{x}_a(t)-\mathrm{x}_a(t-T_s)}{T_s} = \frac{\mathrm{x}_d[n]-\mathrm{x}_d[n-1]}{T_s}$$

或

$$\frac{d}{dt}(\mathrm{x}_a(t)) \cong \frac{\mathrm{x}_a(t+T_s)-\mathrm{x}_a(t-T_s)}{2T_s} = \frac{\mathrm{x}_d[n+1]-\mathrm{x}_d[n-1]}{2T_s}$$

這些差分的 z 轉換為

$$\frac{\mathrm{x}_d[n+1]-\mathrm{x}_d[n]}{T_s} \xleftrightarrow{z} \frac{z-1}{T_s}\mathrm{X}_d(z)$$

$$\frac{\mathrm{x}_d[n]-\mathrm{x}_d[n-1]}{T_s} \xleftrightarrow{z} \frac{1-z^{-1}}{T_s}\mathrm{X}_d(z) = \frac{z-1}{zT_s}\mathrm{X}_d(z)$$

或

$$\frac{\mathrm{x}_d[n+1]-\mathrm{x}_d[n-1]}{2T_s} \xleftrightarrow{z} \frac{z-z^{-1}}{2T_s}\mathrm{X}_d(z) = \frac{z^2-1}{2zT_s}\mathrm{X}_d(z)$$

現在我們可以將在 s- 域表示法中的每一個 s 用相對應的 z 域表示法來表示。於是我們可以近似 s- 域的轉移函數，

$$\mathrm{H}_a(s) = \frac{1}{s+a}$$

利用前向差分近似導數，

$$\mathrm{H}_d(z) = \left(\frac{1}{s+a}\right)_{s\to\frac{z-1}{T_s}} = \frac{1}{\frac{z-1}{T_s}+a} = \frac{T_s}{z-1+aT_s} \tag{12.6}$$

它與 (12.5) 式完全一樣。這樣避免實際寫微分方程式的過程，並且用一個有限差分取代導數。

在有限差分數位濾波器設計中，有一樣觀念要謹記於心。使用此方法有可能從近似一個穩定的類比濾波器而造出一個不穩定的數位濾波器。以 (12.5) 式的轉移函數為例。它有一個在 $z = 1 - aT_s$ 的極點，類比濾波器的極點是在 $s = -a$。若類比濾波器是穩定的 $a > 0$，

且 $1 - aT_s$ 是在 z 平面的實軸上 $z = \text{Re}(z) < 1$ 的位置。若 aT_s 大於或等於 2, z 平面的極點會在單位圓外, 而此數位濾波器是不穩定的。

一個數位濾波器的轉移函數可以用部分分式表示, 每個極點有一個, 而有些極點可能是複數。在 s 平面位置 $s = s_0$ 上之極點, 映射至 z 平面位置 $z = 1 + s_0 T_s$ 上之極點。因此映射 $s_0 \rightarrow 1 + s_0 T_s$ 將 s 平面的 ω 軸映射至 $z = 1$ 的直線, 並將 s 平面的左半邊映射至 z 平面上 $z = 1$ 左邊的區域。為了穩定, z 平面上的極點應位於單位圓內。因此映射並不能保證穩定的數位濾波器設計。其中 s_0 是由類比濾波器決定, 所以我們不能更改。因此, 為了解決不穩定的問題, 我們可以降低 T_s, 意味著增加取樣率。

如果, 在 (12.6) 式中用後向差分來取代前向差分, 我們可以得到下列的數位濾波器轉移函數

$$H_d(z) = \left(\frac{1}{s+a}\right)_{s \rightarrow \frac{z-1}{zT_s}} = \frac{1}{\frac{z-1}{zT_s} + a} = \frac{zT_s}{z - 1 + azT_s} = \frac{1}{1 + aT_s} \frac{zT_s}{z - 1/(1 + aT_s)}$$

現在極點在 $z = 1/(1 + aT_s)$。映射 $a \rightarrow 1/(1 + aT_s)$ 將正值的 a（針對穩定類比濾波器）映射到 z 平面的實軸上, 介於 $z = 0$ 和 $z = 1$ 之間。無論 a 與 T_s 的值, 極點位於單位圓內因此系統是穩定的。更一般性的, 若類比濾波器有一個極點在 $s = s_0$, 則數位濾波器有一個極點在 $z = 1/(1 - s_0 T_s)$。這樣將 s 平面上的 ω 軸映射到 z 平面上半徑為 1/2, 中心在 $z = 1/2$ 的圓, 並且將整個 s 平面的左半邊映射至此圓的內部（圖 12.18）。

雖然這個極點的映射保證從一個穩定的類比濾波器至一個穩定的數位濾波器, 它也限制可以利用此方法作為有效設

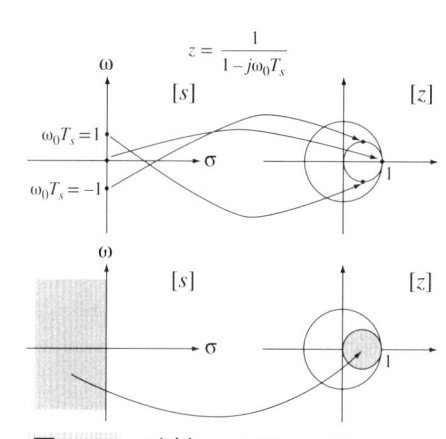

圖 12.18 映射 $z = 1/(1 - s_0 T_s)$

計之數位濾波器的形式。低通類比濾波器在 s 平面之負實軸有極點, 轉變成 z 平面上實軸之間隔 $0 < z < 1$ 內具有極點的低通數位濾波器。若類比濾波器有極點在 $\sigma_0 \pm j\omega_0$ 且 $\omega_0 \gg \sigma_0$, 表示類比濾波器調整至一個在頻率接近 ω_0 處有一個強的響應, 而且若 $\omega_0 T_s > 1$, 在 z 平面的極點就不會接近單位圓, 其響應就不會在接近相對應離散時間頻率處有相對強的響應。

例題 12.4　利用有限差分方法設計帶通濾波器

利用差分方程式設計方法以反向差分設計一個數位濾波器來模擬例題 12.2 中之類比濾波器, 其轉移函數為

$$H_a(s) = \frac{9.87 \times 10^4 s^2}{s^4 + 444.3 s^3 + 2.467 \times 10^6 s^2 + 5.262 \times 10^8 s + 1.403 \times 10^{12}}$$

利用同樣的取樣率 $f_s = 1000$ 樣本 / 秒。比較兩個濾波器之頻率響應。

若我們選擇如例題 12.2 中之同樣取樣率 $f_s = 1000$，z 域轉移函數為

$$H_d(z) = \frac{0.169z^2(z-1)^2}{z^4 - 1.848z^3 + 1.678z^2 - 0.7609z + 0.1712}$$

類比濾波器與數位濾波器之脈衝響應、量值頻率響應與極點 - 零點圖比較於圖 12.19、圖 12.20 與圖 12.21 中。

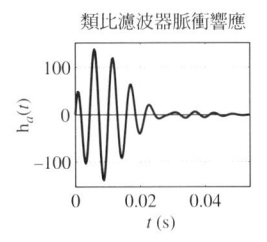

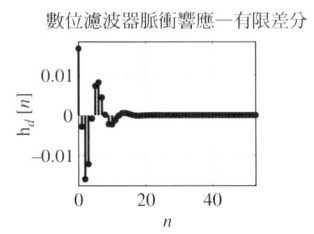

圖 12.19 類比濾波器之脈衝響應與利用有限差分之數位模擬

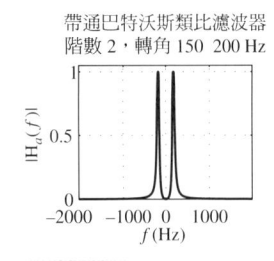

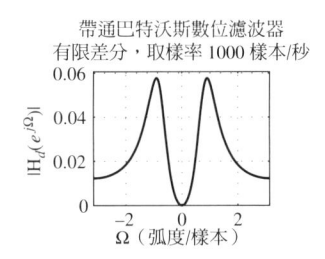

圖 12.20 類比濾波器之量值頻率響應與利用有限差分之數位模擬

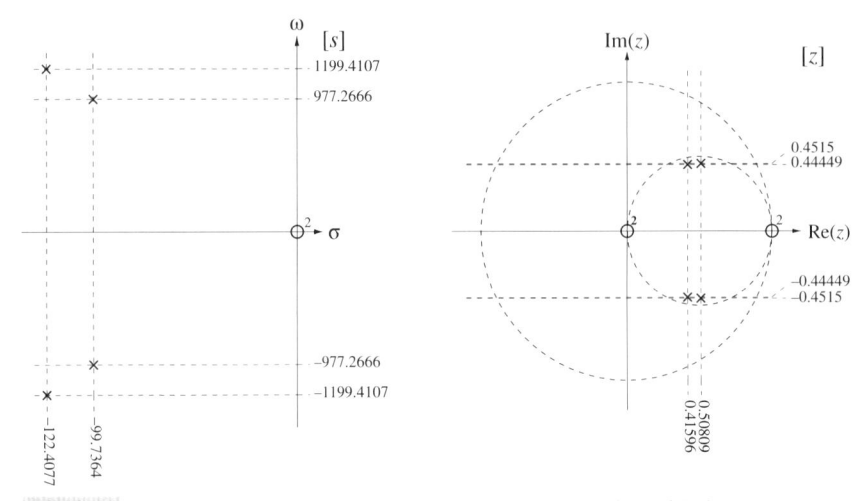

圖 12.21 類比濾波器之極點 - 零點圖與利用有限差分之數位模擬

數位濾波器之脈衝響應不太像類比濾波器脈衝響應之取樣，且數位濾波器之通帶太寬。同樣的，在高頻的衰減非常差，這個結果比前兩個設計更差。

例題 12.5 利用有限差分方法設計低通濾波器

利用差分方程式設計方法以前向差分設計一個數位濾波器來模擬類比濾波器，其轉移函數為

$$H_a(s) = \frac{1}{s^2 + 600s + 4 \times 10^5}$$

利用取樣率 $f_s = 500$ 樣本/秒。

Z 域轉移函數為

$$H_d(z) = \frac{1}{\left(\dfrac{z-1}{T_s}\right)^2 + 600 \dfrac{z-1}{T_s} + 4 \times 10^5}$$

或是

$$H_d(z) = \frac{T_s^2}{z^2 + (600T_s - 2)z + (1 - 600T_s + 4 \times 10^5 T_s^2)}$$

或是

$$H_d(z) = \frac{4 \times 10^{-6}}{z^2 - 0.8z + 1.4}$$

這個結果看起來簡單與直接，雖然 s 域的轉移函數是穩定的，但是這個 Z 域轉移函數的極點位於單位圓外而此濾波器是不穩定的。可以增加取樣率或是利用反向差分恢復穩定。

頻域方法

直接代換與匹配 z 轉換 設計數位濾波器的不同方式是尋找一個直接將 s 變數換成 z，亦即從 s 平面映射至 z 平面，將 s 域轉移函數的極點與零點轉換至在 z 平面上適當的相對位置，且將穩定類比濾波器轉換至穩定數位濾波器。使用此觀念最常見的技術是**匹配 z 轉換** (matched-z transform)、**直接代換** (direct substitution)，以及**雙線性轉換** (bilinear transformation)。這種型態的設計過程製造出 IIR 濾波器（圖 12.22）。

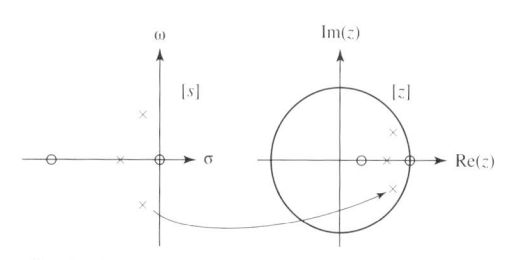

圖 12.22 從 s 平面將極點與零點映射至 z 平面

直接代換與匹配 z 轉換方法非常相似。這些方法是基於簡單的將 s 域轉移函數的極點與零點經由 $z = e^{sT_s}$ 之關係轉換至在 z 平面上。

例如，轉換類比濾波器頻率響應

$$H_d(s) = \frac{1}{s+a}$$

有一個極點在 $s = -a$，我們只是簡單的將在 $-a$ 的極點映射至 z 平面上相對的位置。於是數位濾波器的極點位置是 e^{-aT_s}。直接代換方法執行轉換 $s - a \to z - e^{aT_s}$，而匹配 z 轉換方法執行轉換 $s - a \to 1 - e^{aT_s}z^{-1}$。z 域轉移函數（在本例）的結果是

直接代換：

$$H_d(z) = \frac{1}{z - e^{-aT_s}} = \frac{z^{-1}}{1 - e^{-aT_s}z^{-1}}$$，有一個極點在 e^{-aT_s}，而無有限零點

匹配 z 轉換：

$$H_d(z) = \frac{1}{1 - e^{-aT_s}z^{-1}} = \frac{z}{z - e^{-aT_s}}$$，有一個極點在 e^{-aT_s}，而一個零點在 $z = 0$

注意：匹配 z 轉換的結果與用脈衝不變性方法所得到的結果一致，而直接代換的結果除了有一個因為 z^{-1} 因子造成的單一樣本延遲外也是一樣。對於更複雜的 s 域轉移函數，這些方法的結果就沒有那麼相似。這些方法並沒有直接涉及到任何的時域分析。設計是完全直接在 s 或 z 域上進行。轉換 $s - a \to z - e^{aT}$ 與 $s - a \to 1 - e^{aT}z^{-1}$ 兩者都將位於 s 平面左邊開放區域的極點映射至位於 z 平面單位圓之開放內部的極點。因此穩定的類比濾波器轉換至穩定的數位濾波器。

例題 12.6　利用匹配 z 轉換設計數位帶通濾波器

利用匹配 z 轉換方法，設計一個數位濾波器來模擬例題 12.2 中的類比濾波器，其轉移函數為

$$H_a(s) = \frac{9.87 \times 10^4 s^2}{s^4 + 444.3s^3 + 2.467 \times 10^6 s^2 + 5.262 \times 10^8 s + 1.403 \times 10^{12}}$$

利用同樣的取樣率 $f_s = 1000$ 樣本 / 秒。比較兩個濾波器之頻率響應。

轉移函數在 $s = 0$ 上有雙零點，而極點在 $s = -99.7 \pm j978$ 與 $s = -122.4 \pm j1198.6$ 上有極點。使用映射，

$$s - a \to 1 - e^{aT}z^{-1}$$

得到兩個在 z 域 $z = 1$ 之上有兩個零點，在 $z = 0$ 上有兩個零點，而極點在

$$z = 0.5056 \pm j0.7506 \quad \text{與} \quad 0.3217 \pm j0.8242$$

而 z 域轉移函數為

$$H_d(z) = \frac{z^2(98700z^2 - 197400z + 98700)}{z^4 - 1.655z^3 + 2.252z^2 - 1.319z + 0.6413}$$

或是

$$H_d(z) = 98700 \frac{z^2(z-1)^2}{z^4 - 1.655z^3 + 2.252z^2 - 1.319z + 0.6413}$$

類比濾波器與數位濾波器之脈衝響應、量值頻率響應與極點 - 零點圖比較於圖 12.23、圖 12.24 與圖 12.25 中。

假設此設計使用直接代換方法，唯一的差異將是在 $z = 0$ 的零點被移除，除了在離散時間延遲兩個單位外脈衝響應將是一樣的，量值頻率響應完全一樣，頻率響應的相位將有一個較大值的負斜率。

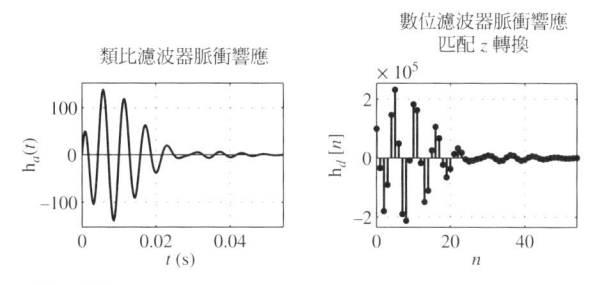

圖 12.23 類比濾波器之脈衝響應與其用匹配 z 轉換方法之數位模擬

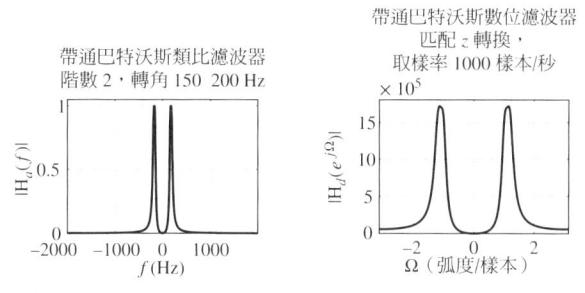

圖 12.24 類比濾波器之量值頻率響應與其用匹配 z 轉換方法之數位模擬

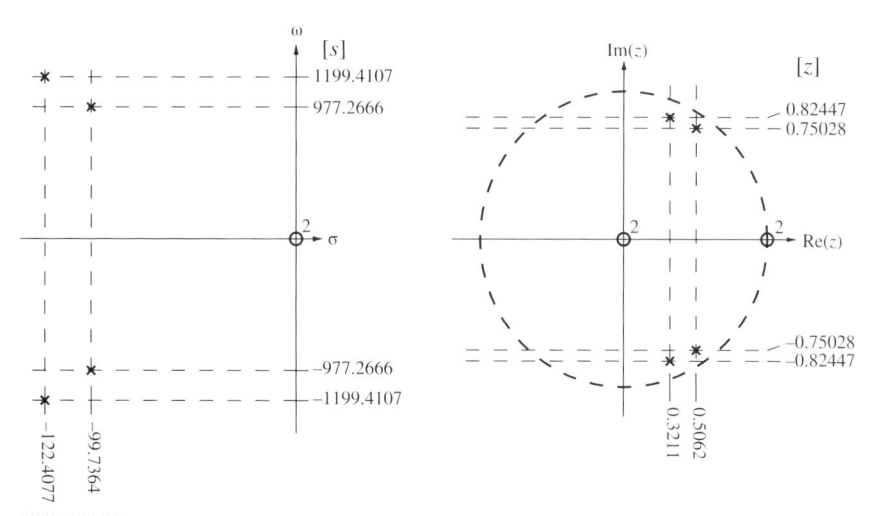

圖 12.25 類比濾波器之極點-零點圖與其用匹配 z 轉換方法之數位模擬

雙線性方法 脈衝不變性與步階不變性設計技術嘗試使得在一個標準相對應的激發下，數位濾波器離散時間域響應匹配相對應的類比濾波器連續時間域響應。另一個設計數位濾波器的方式是嘗試使得數位濾波器的頻率響應匹配類比濾波器的頻率響應。但是就如同離散時間域響應永遠不可能完全匹配連續時間域響應，數位濾波器的頻率響應不可能完成匹配類比濾波器的頻率響應。一個前面提到頻率響應不可能完全匹配的理由是，數位濾波器的頻率響應天生是週期性的。當一個正弦連續時間訊號取樣以建立正弦離散時間激發，若連續時間訊號的頻率是用取樣率的整數倍來改變，則離散時間訊號一點改變也沒有。數位濾波器不能加以分辨以及會對原始訊號響應以同樣的方式響應（圖 12.26）。

根據取樣理論，若連續時間訊號可以保證其頻率成分不會位於 $|f| < f_s/2$ 範圍之外，於是當它以 f_s 速率取樣時，離散時間訊號包含所有在連續時間訊號的資訊（於是當離散時間訊號激發一個數位濾波器，它的響應包含所有在相對應連續時間訊號之資訊）。所以設計的過程只有在頻率範圍 $|f| < f_s/2$ 內而非外面，使得數位濾波器頻率響應匹配類比濾波器頻率響應這件事很重要。一般而言這不可能完全做到，但通常可以做到好的近似。當然，沒有任何訊號是完全帶限的。因此實際上我們必須安排在取樣率一半的外面有非常小的訊號功率，而非完全沒有訊號功率（圖 12.27）。

若連續時間激發在 $|f| < f_s/2$ 外面沒有任何頻率成分，類比濾波器在此範圍外的任何非 0 響應將沒有作用，因為對濾波器是無用的。因此模擬類比濾波器來設計數位濾波器，需要選擇取樣率使得類比濾波器在頻率 $|f| < f_s/2$ 之響應是接近於 0。於是所有的濾波動作將在 $|f| < f_s/2$ 頻率範圍內進行。所以頻域設計過程的起點是定義取樣率

$$X(f) \cong 0 \quad \text{與} \quad H_a(f) \cong 0, \quad |f| > f_s/2$$

或是

$$X(j\omega) \cong 0 \quad \text{與} \quad H_a(j\omega) \cong 0, \quad |\omega| > \pi f_s = \omega_s/2$$

現在的問題是，我們要去求得一個數位濾波器之轉移函數，近似於在頻率範圍 $|f| <$

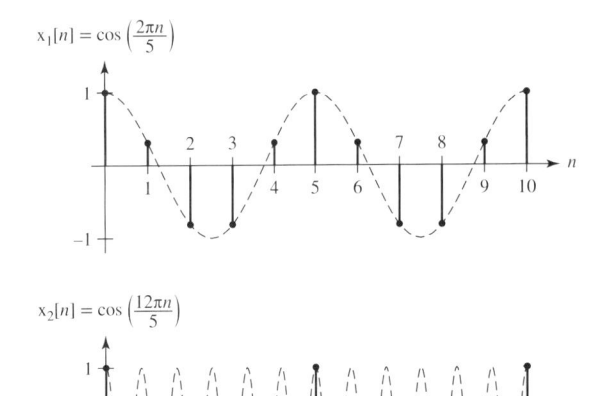

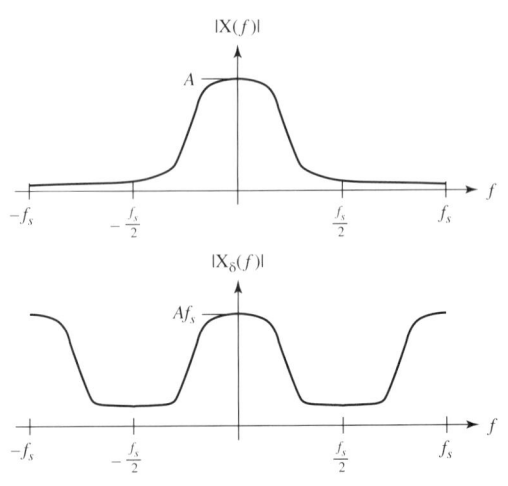

圖 12.26 兩個經由取樣不同正弦訊號得到的全等數位訊號

圖 12.27 連續時間訊號與用脈衝取樣後所得到的離散時間訊號兩者之量值頻譜

$f_s/2$ 內,我們想要模擬的類比濾波器轉移函數之形狀。如同前面所討論,達到此目標之直接方法是使用轉換 $e^{sT_s} \to z$,將一個想要的轉移函數 $H_a(s)$ 轉換至相對應的 $H_d(z)$。這個轉換 $e^{sT_s} \to z$,可以轉成 $s \to \ln(z)/T_s$ 形式。於是設計過程變成

$$H_d(z) = H_a(s)\Big|_{s \to \frac{1}{T_s}\ln(z)}$$

雖然這種轉換方法的開發在理論的觀點上是滿足的,函式轉換 $s \to \ln(z)/T_s$,將一個具有兩項多項式比的類比濾波器轉移函數之普通形式轉換至不是在 z 而是在 $\ln(z)$ 之多項式比的數位濾波器之轉移函數。使得函數無限的超越許多極點與零點。所以雖然此方法吸引人,但它並非是一個實際的濾波器設計方式。

在這點上通常做一個近似來企圖簡化數位濾波器轉移函數形式。這種轉換從指數函數的級數表示法開始

$$e^x = 1 + x + \frac{x^2}{2!} + \frac{x^3}{3!} + \cdots = \sum_{k=0}^{\infty} \frac{x^k}{k!}$$

我們可以將其應用在 $e^{sT_s} \to z$ 之轉換上得到

$$1 + sT_s + \frac{(sT_s)^2}{2!} + \frac{(sT_s)^3}{3!} + \cdots \to z$$

若我們用此級數前兩項來近似,得到

$$1 + sT_s \to z$$

或是

$$s \to \frac{z-1}{T_s}$$

若 T_s 非常小時,這個近似 $e^{sT_s} \cong 1 + sT_s$ 是一個很好的近似,而且當 T_s 更小時更好,當然 f_s 會更大。因此,此近似在非常高的取樣率時是非常好的。檢視轉換 $s \to (z-1)/T_s$。在 s 域乘以一個 s 代表相對於在連續時間域的相對應函數之 t 的微分。在 z 域乘以一個 $(z-1)/T_s$ 代表相對於在離散時間域的相對應函數之前向差分除以一個取樣時間 T_s。這是前向差分近似於微分。如同在前向差分方法中所提到的,這兩個運算,乘以 s 和乘以 $(z-1)/T_s$ 是類似的。所以這個方法與有限差分中使用前向差分具有同樣的問題。一個穩定的類比濾波器變成不穩定的數位濾波器。

對於這個轉換有一個非常聰明的修正,解決從穩定的類比濾波器建立不穩定的數位濾波器之問題,而且還有其他的優點。我們可以寫出從 s 域至 z 域的轉換

$$e^{sT_s} = \frac{e^{sT_s/2}}{e^{-sT_s/2}} \to z$$

利用無窮級數近似兩個指數

$$\frac{1 + \frac{sT_s}{2} + \frac{(sT_s/2)^2}{2!} + \frac{(sT_s/2)^3}{3!} + \cdots}{1 - \frac{sT_s}{2} + \frac{(sT_s/2)^2}{2!} - \frac{(sT_s/2)^3}{3!} + \cdots} \to z$$

然後將兩個級數截成兩項

$$\frac{1 + sT_s/2}{1 - sT_s/2} \to z$$

得到

$$s \to \frac{2}{T_s}\frac{z-1}{z+1} \quad \text{或} \quad z \to \frac{2 + sT_s}{2 - sT_s}$$

從 s 至 z 的映射稱為**雙線性** (bilinear) z 轉換，因為分子與分母同時都是 s 或 z 的線性函數（不要將雙線性 "bilinear" 和雙向 "bilateral" z 轉換混淆）。雙線性 z 轉換將任何穩定的類比濾波器轉換至穩定的數位濾波器，因為它將 s 平面上左邊整個開區間映射至 z 轉換單位圓裡的開放內部。這個在匹配 z 轉換與直接代換裡也是一樣，但對應是不同的。映射 $z = e^{sT_s}$ 將 s 平面上的任意條狀區間 $\omega_0/T_s < \omega < (\omega_0 + 2\pi)/T_s$ 映射至整個 z 平面。從 s 到 z 的映射是單一的，但從 z 到 s 的映射非單一的。雙線性映射 $s \to (2/T_s)(z-1)/(z+1)$ 將 s 平面上的每個點映射至 z 平面上的單一點，而反映射 $z \to (2 + sT_s)/(2 - sT_s)$ 將 z 平面上的每個點映射至 s 平面上的單一點。見識這種映射如何進行，考慮 s 平面上的輪廓 $s = j\omega$。設 $z = (2 + sT_s)/(2 - sT_s)$ 可以得到

$$z = \frac{2 + j\omega T_s}{2 - j\omega T_s} = 1 \angle 2\tan^{-1}\left(\frac{\omega T_s}{2}\right) = e^{j2\tan^{-1}\left(\frac{\omega T_s}{2}\right)}$$

位於 z 平面上整個單位圓。同樣的，z 平面上的輪廓在 $-\infty < \omega < \infty$ 只有橫越過一次。對於更一般性的輪廓 $s = \sigma_0 + j\omega$，σ_0 是常數，相對應的輪廓也是圓，但具有不同的半徑以 $Re(z)$ 軸為中心，亦即當 ω 趨近於 $\pm\infty$，z 趨近於 -1（圖 12.28）。

當 s 平面上的輪廓移動到左邊，z 平面上的輪廓變成比較小的圓，它的中心移動接近 $z = -1$ 點。從 s 到 z 的映射是一對一的映射，但當 s 遠離原點時區域的失真變得越來越嚴重。一個較高的取樣率將 s 平面上所有的極點與零點帶至接近 z 平面上的 $z = -1$ 點，在此處失真是最小的。這個可以將 T_s 取極限趨近於 0 看到。在這個極限下 z 趨近 $+1$。

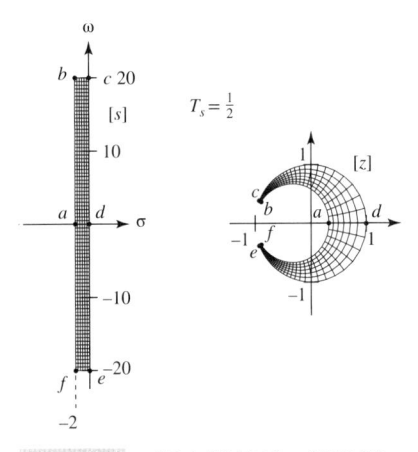

圖 12.28 經由雙線性 z 轉換將 s 平面的區域映射至相對 z 平面的區域

雙線性 z 轉換方法與脈衝不變性成匹配 z 轉換間重要的差

異是，使用雙線性 z 轉換沒有疊頻，因為 s 與 z 平面間單一的映射。但是卻有頻偏 (warping) 的發生，因為 $s = j\omega$ 軸映射至單位圓 $|z| = 1$ 的方式，反之亦然。令 $z = e^{j\Omega}$，Ω 是實數，決定 z 平面上的單位圓。在 s 平面上相對的輪廓是

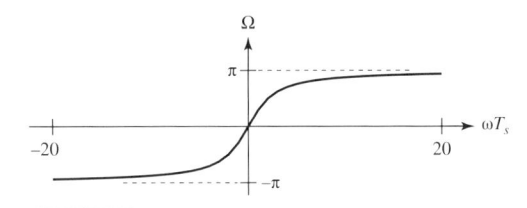

圖 12.29 因雙線性轉換引起的頻偏

$$s = \frac{2}{T_s}\frac{e^{j\Omega}-1}{e^{j\Omega}+1} = j\frac{2}{T_s}\tan\left(\frac{\Omega}{2}\right)$$

且，因為 $s = \sigma + j\omega$, $\sigma = 0$，且 $\omega = (2/T_s)\tan(\Omega/2)$，或反函數 $\Omega = 2\tan^{-1}(\omega T_s/2)$（圖 12.29）。

對於低頻，此映射幾乎是線性的，但當我們增加頻率時失真漸漸增加，因為我們強制在 s 平面上的高頻 ω 去適合 z 平面上的 $-\pi < \Omega < \pi$ 範圍。這表示類比濾波器的漸進行為在當 f 或 ω 趨近正無限大時，發生在 z 平面上的 $\Omega = \pi$，它是經由 $\Omega = \omega T_s = 2\pi f T_s$ 在 $f = f_s/2$，亦即奈奎斯頻率。因此，此頻偏利用非線性可逆函數，強制連續時間頻率整個無限範圍，進入到離散時間頻率 $-\pi < \Omega < \pi$ 的範圍而避免疊頻。

在 MATLAB 訊號工具箱中有一個指令 bilinear 使用雙線性轉換來設計數位濾波器。指令為

```
[bd,ad] = bilinear(ba,aa,fs)
```

或是

```
[zd,pd,kd] = bilinear(za,pa,ka,fs)
```

其中 ba 是類比濾波器轉移函數分子係數的向量，aa 是類比濾波器轉移函數分母係數的向量，bd 是數位濾波器轉移函數分子係數的向量，ad 是數位濾波器轉移函數分母係數的向量，za 是類比濾波器零點位置向量，pa 是類比濾波器極點位置向量，ka 是類比濾波器之增益因數，fs 是取樣率，以樣本/秒表示，zd 是數位濾波器零點位置向量，pd 是數位濾波器極點位置向量，kd 是數位濾波器之增益因數。例如，

```
»za = [] ; pa = -10 ; ka = 1 ; fs = 4 ;
»[zd,pd,kd] = bilinear(za,pa,ka,fs) ;
»zd
zd =
 -1
»pd
pd =
 -0.1111
»kd
kd =
 0.0556
```

例題 12.7 雙線性轉換以不同取樣率設計數位低通濾波器之比較

利用雙線性轉換設計一個數位濾波器來近似具有以下轉移函數之類比濾波器

$$H_a(s) = \frac{1}{s+10}$$

並在取樣率 4 Hz、20 Hz 與 100 Hz 下比較類比與數位濾波器之頻率響應。

利用轉換 $s \to \frac{2}{T_s}\frac{z-1}{z+1}$，

$$H_d(z) = \frac{1}{\frac{2}{T_s}\frac{z-1}{z+1}+10} = \left(\frac{T_s}{2+10T_s}\right)\frac{z+1}{z-\frac{2-10T_s}{2+10T_s}}$$

對於 4 樣本 / 秒之取樣率，

$$H_d(z) = \frac{1}{18}\frac{z+1}{z+\frac{1}{9}}$$

對於 20 樣本 / 秒之取樣率，

$$H_d(z) = \frac{1}{50}\frac{z+1}{z-\frac{3}{5}}$$

對於 100 樣本 / 秒之取樣率，

$$H_d(z) = \frac{1}{210}\frac{z+1}{z-\frac{19}{21}}$$

（圖 12.30）。

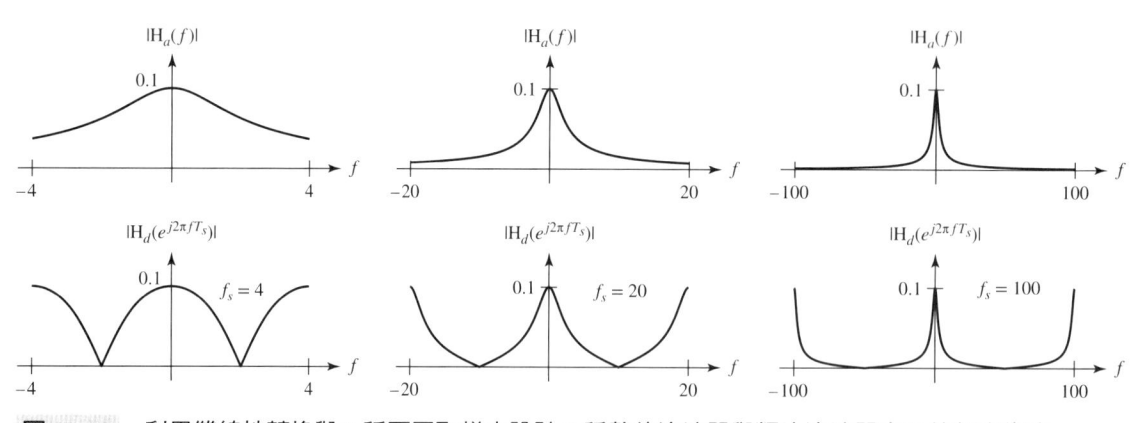

圖 12.30 利用雙線性轉換與 3 種不同取樣率設計 3 種數位濾波器與類比濾波器之量值頻率響應

例題 12.8 雙線性轉換設計數位帶通濾波器

利用雙線性 z 轉換設計方法，設計一個數位濾波器來模擬例題 12.2 中具有下列轉移函數之類比濾波器

$$H_a(s) = \frac{9.87 \times 10^4 s^2}{s^4 + 444.3 s^3 + 2.467 \times 10^6 s^2 + 5.262 \times 10^8 s + 1.403 \times 10^{12}}$$

利用同樣取樣率 $f_s = 1000$ 樣本 / 秒。比較兩個濾波器之頻率響應。

利用轉換 $s \to \frac{2}{T_s}\frac{z-1}{z+1}$ 並且簡化，

$$H_d(z) = \frac{12.38 z^4 - 24.77 z^2 + 12.38}{z^4 - 1.989 z^3 + 2.656 z^2 - 1.675 z + 0.711}$$

或是

$$H_d(z) = 12.38 \frac{(z+1)^2(z-1)^2}{z^4 - 1.989 z^3 + 2.656 z^2 - 1.675 z + 0.711}$$

類比濾波器與數位濾波器之脈衝響應、量值頻率響應與極點 - 零點圖比較於圖 12.31、圖 12.32 與圖 12.33 中。

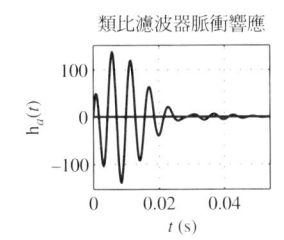

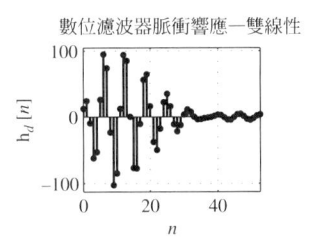

圖 12.31 類比濾波器之脈衝響應與其用雙線性 z 轉換方法之數位模擬

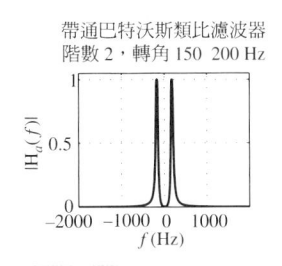

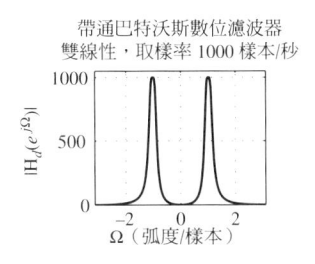

圖 12.32 類比濾波器之量值頻率響應與其用雙線性 z 轉換方法之數位模擬

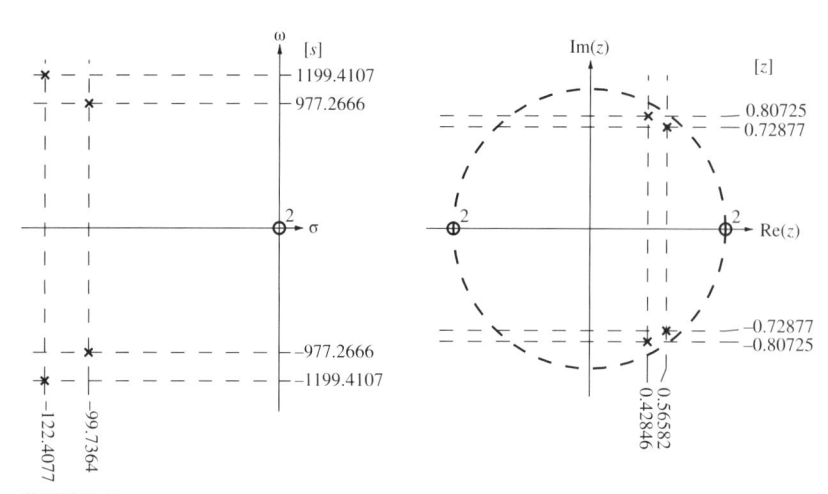

圖 12.33 類比濾波器之極點 - 零點圖與其用雙線性 z 轉換方法之數位模擬

FIR 濾波器設計

截斷理想脈衝響應 雖然常用的類比濾波器有無限間隔脈衝響應，因為它們是穩定系統在時間 t 趨近於正無窮大時其脈衝響應趨近於 0。因此另一個模擬類比濾波器的方法是取樣它的脈衝響應，如同在脈衝不變性設計方法，但是接著從離散時間 $n = N$ 開始（它降低至某個低水平）截斷脈衝響應，建立了一個有限間隔脈衝響應（圖 12.34）。數位濾波器具有有限間隔脈衝響，應稱為 FIR 濾波器。

截斷一個脈衝響應之技術也可以延伸用來近似非因果濾波器。若一個理想濾波器之脈衝響應部分開始於時間 $t = 0$ 之前與在時間 $t = 0$ 之後的部分比較起來是不重要的，就可以截斷，而形成一個因果脈衝響應。它也可以在脈衝響應降至一個低值時在隨後的某個時間再截斷，如前面所述（圖 12.35）。

當然，截斷一個 IIR 脈衝響應成為一個 FIR 脈衝響應，導致理想類比濾波器與實際數位濾波器的脈衝與頻率響應之間的一些差異，但這在數位濾波器的設計是固有的。

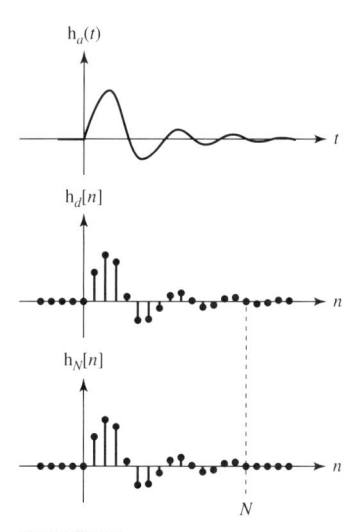

圖 12.34 截斷一個 IIR 脈衝響應成為一個 FIR 脈衝響應

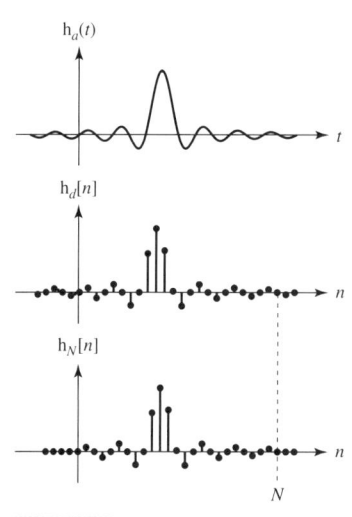

圖 12.35 截斷一個非因果脈衝響應成為一個因果 FIR 脈衝響應

因此數位濾波器的設計的問題還是近似問題。此近似在設計方法中用不同的方式來完成。

一旦脈衝響應被截斷與取樣後，FIR 濾波器的設計就非常直接。離散時間脈衝響應是離散時間脈衝的有限相加形式。

$$h_N[n] = \sum_{m=0}^{N-1} a_m \delta[n-m]$$

可以用圖 12.36 的數位濾波器形式來實現。

這種樣子的濾波器設計與所有目前已經提過的方式主要的差別是，響應沒有回授並結合激發來製造下一個響應。這種形式的濾波器只有**前饋路徑** (feedforward)。它的轉移函數為

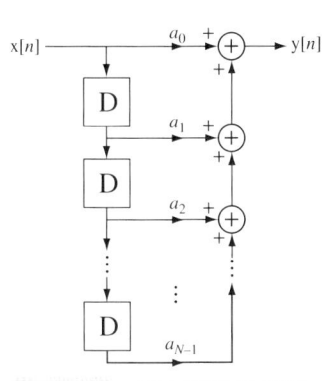

圖 12.36 FIR 濾波器原型

$$H_d(z) = \sum_{m=0}^{N-1} a_m z^{-m}$$

此轉移函數有 $N-1$ 個極點，都位於 $z=0$，無論 a 的係數如何選擇都是絕對穩定的。

這種形式的數位濾波器近似於類比濾波器。這是兩種脈衝響應明顯的差異，但在頻域的差異為何？截斷脈衝響應是

$$h_N[n] = \begin{Bmatrix} h_d[n], & 0 \le n < N \\ 0, & \text{otherwise} \end{Bmatrix} = h_d[n]w[n]$$

其 DTFT 是

$$H_N(e^{j\Omega}) = H_d(e^{j\Omega}) \circledast W(e^{j\Omega})$$

（圖 12.37）。

當截斷脈衝響應的非 0 長度增加時，頻率響應趨近理想的方波。這個出現在 CTFS 收斂的近似不是偶然的。一個截斷的 CTFS 在重建的訊號中出現吉布斯現象。在本情況中，截斷發生在連續時間域而其漣波等效於吉布斯現象發生在頻域。此現象引起的效應標示在圖 12.37 中的**通帶漣波** (passband ripple) 與**旁波瓣** (sidelobe)。通帶漣波的峰值振幅當截斷時間增加時沒有減少，但是越來越集中至接近轉角頻率。

我們無需使用一個較長的截斷時間，即可以在時域利用一個 "柔和" (softer) 的截斷，而在頻域中減少漣波效應。排除使用一個矩形函數來對原來的脈衝響應視窗化，我們可以使用不同形狀的視窗函數而不會在截斷脈衝響應上造成如此大的不連續。有許多視窗形狀其傅立葉轉換比矩形視窗之傅立葉轉換具有較小的漣波。下列是最普遍的幾種：

1. **馮翰或漢寧** (von Hann or Hanning)

$$w[n] = \frac{1}{2}\left[1 - \cos\left(\frac{2\pi n}{N-1}\right)\right], \quad 0 \le n < N$$

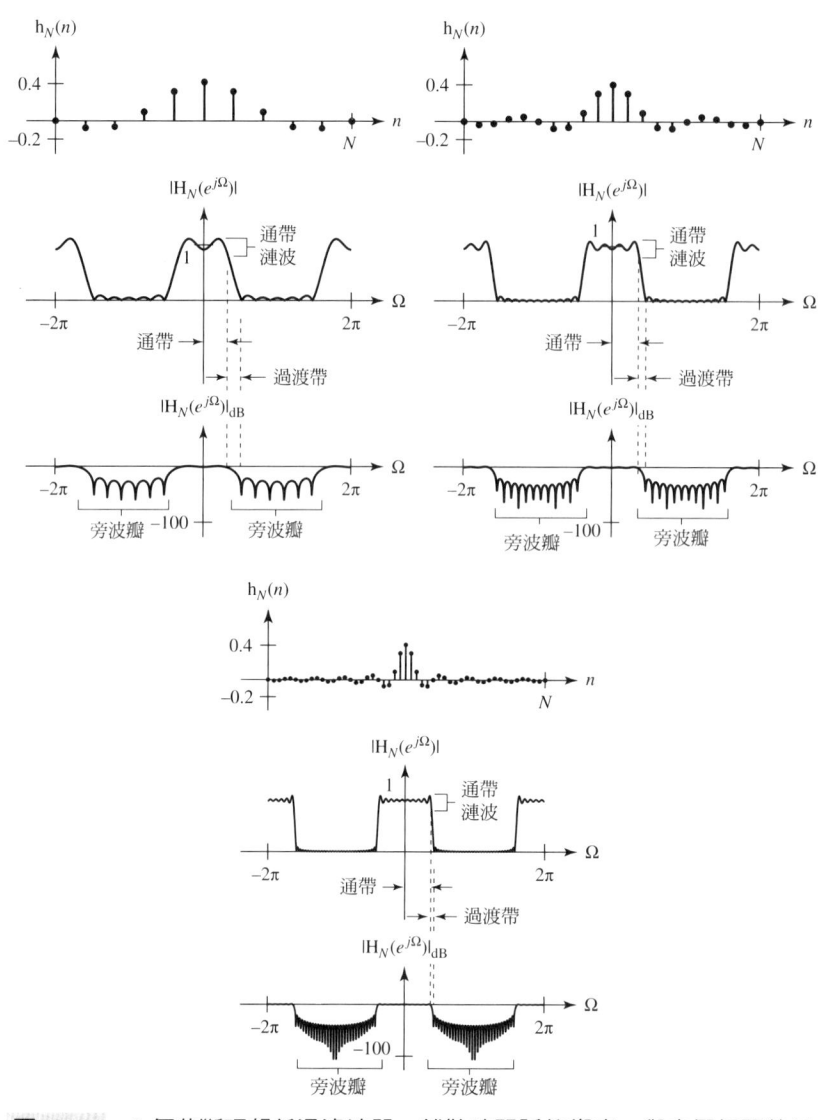

圖 12.37 3 個截斷理想低通濾波器、離散時間脈衝響應,與它們相關的量值頻率響應

2. 巴特萊 (Barlett)

$$w[n] = \begin{cases} \dfrac{2n}{N-1}, & 0 \le n \le \dfrac{N-1}{2} \\ 2 - \dfrac{2n}{N-1}, & \dfrac{N-1}{2} \le n < N \end{cases}$$

3. 漢明 (Hamming)

$$w[n] = 0.54 - 0.46\cos\left(\dfrac{2\pi n}{N-1}\right), \ 0 \le n < N$$

4. 貝拉克曼 (Blackman)

$$w[n] = 0.42 - 0.5\cos\left(\frac{2\pi n}{N-1}\right) + 0.08\cos\left(\frac{4\pi n}{N-1}\right), \ 0 \leq n < N$$

5. 凱澤 (Kaiser)

$$w[n] = \frac{I_0\left(\omega_a\sqrt{\left(\frac{N-1}{2}\right)^2 - \left(n - \frac{N-1}{2}\right)^2}\right)}{I_0\left(\omega_a \frac{N-1}{2}\right)}$$

其中 I_0 是改良零階第一型貝索 (Bessel) 函數，而 ω_a 是一個可以用來折衷過渡帶寬度與旁波瓣振幅的調整參數（圖 12.38）。

這些視窗函數的轉換決定了對頻率響應有何種影響。這些常見的視窗函數轉換之量值見圖 12.39。

觀察視窗函數轉換之量值，顯然的對於固定的 N，兩種設計目標是牴觸的。當近似理想的 FIR 濾波器，我們希望有非常窄的過渡帶，與在止帶有非常高的衰減。FIR 濾波器的轉移函數是理想濾波器轉移函數與視窗函數二者轉換間的迴旋。因此理想視窗函數可以有一個轉換是一個脈衝，而其相對應的視窗函數就是一個無限寬度的方波。這是不可能的，因此我們要妥協。若我們使用固定寬度方波，其轉換是迪利克雷函數，我們可以得到對於方波之轉換示於圖 12.39，使得相對快速地從中間波瓣之峰值轉換至其第一個零值 (null)，但接著 sinc 函數再次上升至一個只有低於最高點 13 dB 的峰值。當我們將其與一個理想通濾波器頻率響應做迴旋，過渡帶是窄的（相較於其他視窗），但止帶的衰減並不好。對比於貝拉克曼視窗。這個轉換量值的中央波瓣寬度大於矩形的兩倍，因此過渡帶不會那麼

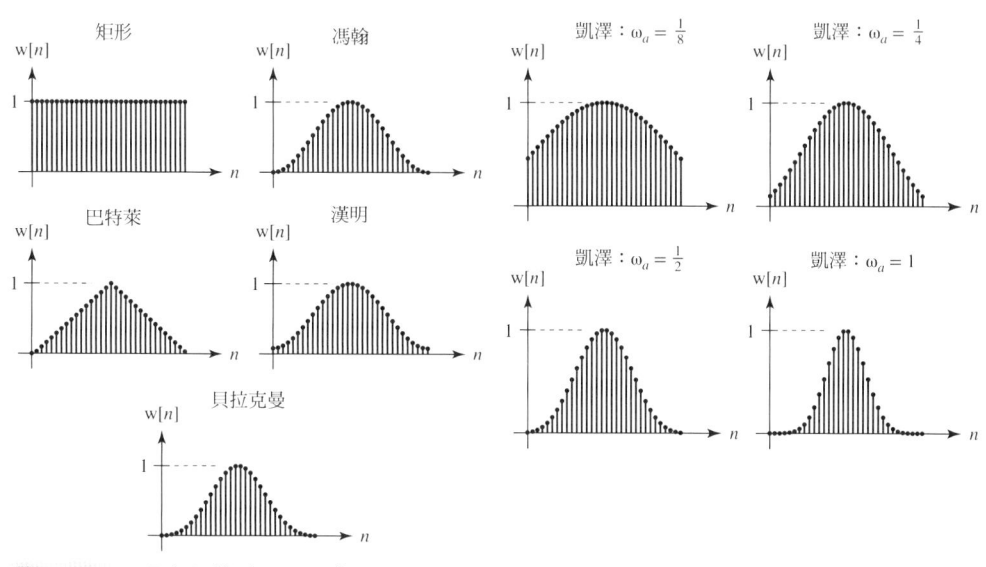

圖 12.38 視窗函數（$N = 32$）

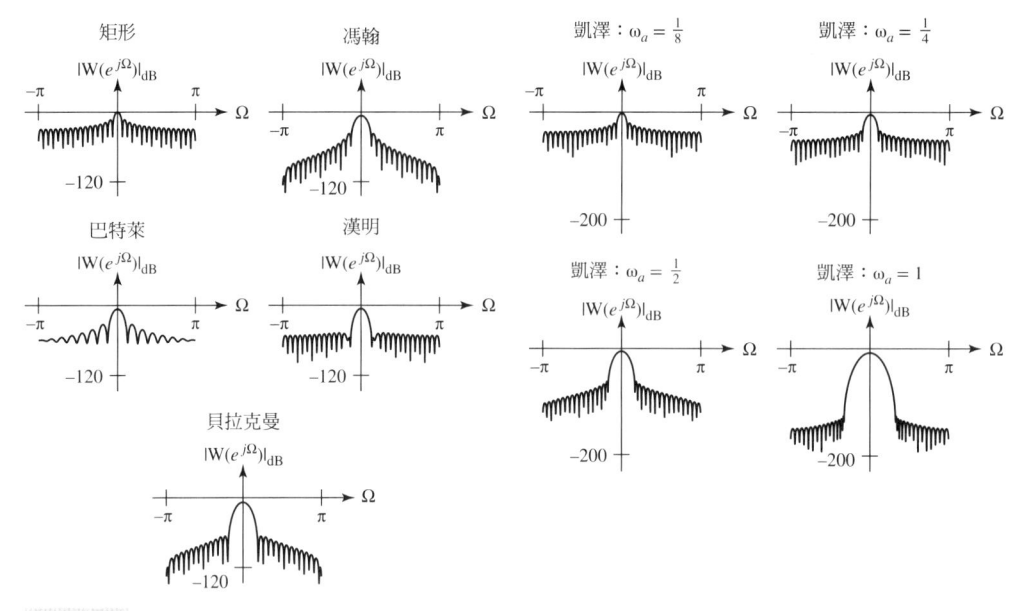

圖 12.39 視窗函數（$N = 32$）z 轉換之量值

窄。但一旦量值下降，它待在超過 60 dB 以下。因此它的止帶衰減更好。

FIR 濾波器另一個使它更吸引人的特色是，它可以設計成具有線性相位響應。FIR 脈衝響應之一般形式如下

$$h_d[n] = h_d[0]\delta[n] + h_d[1]\delta[n-1] + \cdots + h_d[N-1]\delta[n-(N-1)]$$

它的 z 轉換為

$$H_d(z) = h_d[0] + h_d[1]z^{-1} + \cdots + h_d[N-1]z^{-(N-1)}$$

而相對的頻率響應為

$$H_d(e^{j\Omega}) = h_d[0] + h_d[1]e^{-j\Omega} + \cdots + h_d[N-1]e^{-j(N-1)\Omega}$$

長度 N 可以是偶數或奇數。首先，令 N 為偶數且選擇係數後如

$$h_d[0] = h_d[N-1], h_d[1] = h_d[N-2], \cdots, h_d[N/2-1] = h_d[N/2]$$

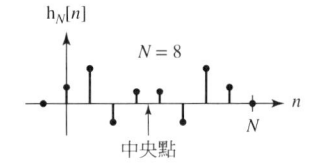

（圖 12.40）。

圖 12.40 對稱離散時間脈衝響應 $N = 8$ 之範例

這種型態的脈衝響應是**對稱** (symmetric) 於其中央點。於是我們可以寫出頻率響應如下

$$H_d(e^{j\Omega}) = \left\{ \begin{array}{l} h_d[0] + h_d[0]e^{-j(N-1)\Omega} + h_d[1]e^{-j\Omega} + h_d[1]e^{-j(N-2)\Omega} + \cdots \\ + h_d[N/2-1]e^{-j(N/2-1)\Omega} + h_d[N/2-1]e^{-jN\Omega/2} \end{array} \right\}$$

或是

$$H_d(e^{j\Omega}) = e^{-j\left(\frac{N-1}{2}\right)\Omega} \left\{ \begin{aligned} &h_d[0]\left(e^{j\left(\frac{N-1}{2}\right)\Omega} + e^{-j\left(\frac{N-1}{2}\right)\Omega}\right) \\ &+ h_d[1]\left(e^{j\left(\frac{N-3}{2}\right)\Omega} + e^{-j\left(\frac{N-3}{2}\right)\Omega}\right) + \cdots \\ &+ h_d[N/2-1](e^{-j\Omega} + e^{j\Omega}) \end{aligned} \right\}$$

或是

$$H_d(e^{j\Omega}) = 2e^{-j\left(\frac{N-1}{2}\right)\Omega} \left\{ \begin{aligned} &h_d[0]\cos\left(\left(\frac{N-1}{2}\right)\Omega\right) + h_d[1]\cos\left(\left(\frac{N-3}{2}\right)\Omega\right) + \cdots \\ &+ h_d[N/2-1]\cos(\Omega) \end{aligned} \right\}$$

頻率響應包括與一個因子 $e^{-j((N-1)/2)\Omega}$ 的乘積，它有頻率的線性相位移，而其他的因子對於所有的 Ω 而言都是實數。因此，總頻率響應相對於頻率（除了在實部改變符號處之頻率跳躍 π 弧度）是線性的。若濾波器係數是**非對稱** (antisymmetric)，則可以同樣的方式處理，意味著

$$h_d[0] = -h_d[N-1],\ h_d[1] = -h_d[N-2],\ \cdots,\ h_d[N/2-1] = -h_d[N/2]$$

於是，它也是相對於頻率線性相位移。對於 N 是奇數結果是類似的。若係數對稱

$$h_d[0] = h_d[N-1],\quad h_d[1] = h_d[N-2],\quad \cdots,\quad h_d\left[\frac{N-3}{2}\right] = h_d\left[\frac{N+1}{2}\right]$$

或非對稱，

$$h_d[0] = -h_d[N-1],\ h_d[1] = -h_d[N-2],\ \cdots,\ h_d\left[\frac{N-3}{2}\right]$$

$$= -h_d\left[\frac{N+1}{2}\right],\ h_d\left[\frac{N-1}{2}\right] = 0$$

相位頻率響應是線性的。注意：若 N 為奇數就有一個中央點；且若係數是非對稱，則中央係數 $h_d[(N-1)/2]$ 必須為 0（圖 12.41）。

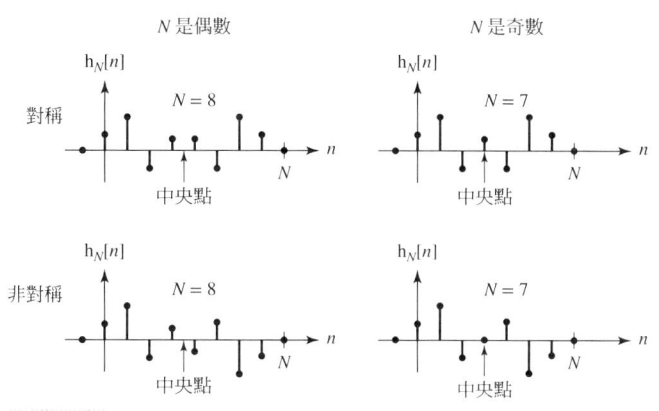

圖 12.41 在 N 是偶數與奇數下，對稱與非對稱離散時間脈衝響應之範例

例題 12.9 利用截斷理想脈衝響應設計數位低通 FIR 濾波器

利用 FIR 方法，設計一個數位濾波器來近似具有以下轉移函數之單一極點低通類比濾波器

$$H_a(s) = \frac{a}{s+a}$$

在 3 個時間常數下截斷類比濾波器脈衝響應，並且以樣本間的時間（時間常數的 1/4）來對截斷脈衝響應做取樣，以形成一個離散時間函數。接著離散時間函數除以 a，以形成此數位濾波器之離散時間脈衝響應。

(a) 求得並畫出此數位濾波器相對於離散時間弧度頻率 Ω 的量值頻率響應。
(b) 用 5 倍時間常數的截斷時間與取樣率為每個時間常數下 10 個樣本，重複 (a)。

脈衝響應為

$$h_a(t) = ae^{-at}\,u(t)$$

時間常數為 $1/a$。因此截斷時間為 $3/a$，樣本間的時間為 $1/4a$，而在離散時間 $0 \leq n \leq 12$ 內取樣。FIR 脈衝響應為

$$h_d[n] = ae^{-n/4}(u[n] - u[n-12]) = a\sum_{m=0}^{11} e^{-m/4}\delta[n-m]$$

z 域轉移函數為

$$H_d(z) = a\sum_{m=0}^{11} e^{-m/4} z^{-m}$$

且其頻率響應為

$$H_d(e^{j\Omega}) = a\sum_{m=0}^{11} e^{-m/4}(e^{j\Omega})^{-m} = a\sum_{m=0}^{11} e^{-m(1/4+j\Omega)}$$

對於 (b) 中的第二種取樣率，截斷時間為 $5/a$，樣本間的時間為 $1/10a$，而在離散時間 $0 \leq n \leq 50$ 內取樣。FIR 脈衝響應為

$$h_d[n] = ae^{-n/10}(u[n] - u[n-50]) = a\sum_{m=0}^{49} e^{-m/4}\delta[n-m]$$

z 域轉移函數為

$$H_d(z) = a\sum_{m=0}^{49} e^{-m/10} z^{-m}$$

且其頻率響應為

$$H_d(e^{j\Omega}) = a\sum_{m=0}^{49} e^{-m/10}(e^{j\Omega})^{-m} = a\sum_{m=0}^{49} e^{-m(1/10+j\Omega)}$$

（圖 12.42）。

如同第一個具有低取樣率與低的截斷時間之 FIR 濾波器設計頻率響應的漣波，截斷脈衝響應的效果變明顯。

每個時間常數 3 個樣本
以 3 個時間常數作為截斷時間

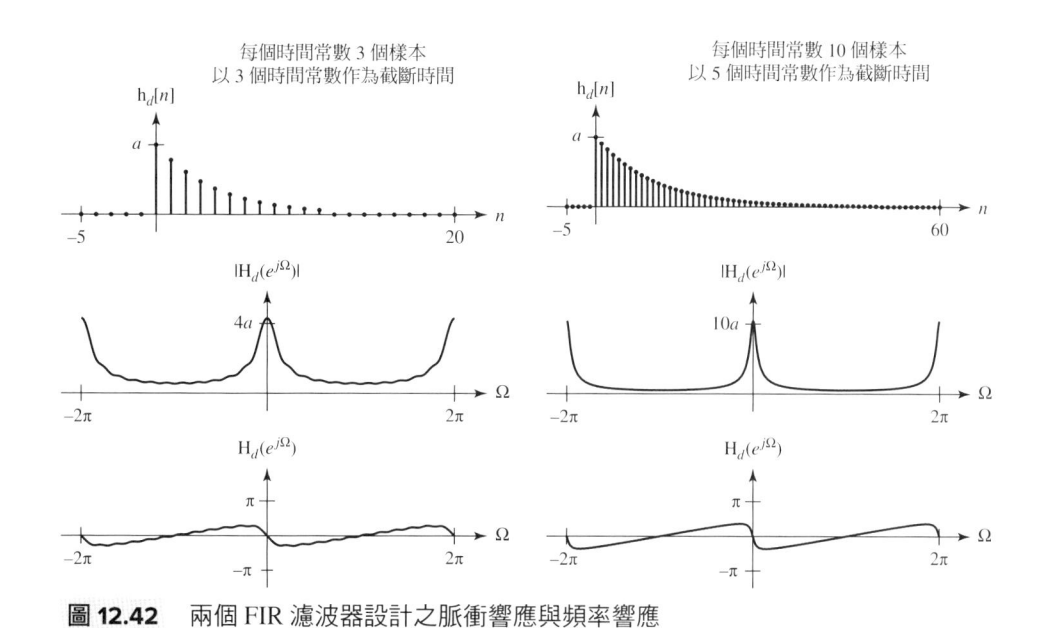

每個時間常數 10 個樣本
以 5 個時間常數作為截斷時間

圖 12.42 兩個 FIR 濾波器設計之脈衝響應與頻率響應

例題 12.10　通訊頻道數位濾波器設計

頻率範圍介於 900 MHz 與 905 MHz 之間切成 20 個等頻寬的頻道，可讓無線訊號傳輸。在任一個頻道中傳輸，發射機必須送出一個訊號，它的振幅頻譜要在圖 12.43 的限制之內。發射機利用調變一個頻率是任一個頻道的中心頻率之正弦載波與基頻來運作。在調變載波前，基頻訊號接近平坦的頻譜先被一個 FIR 濾波器所濾波，以保證傳輸的訊號符合圖 12.43 之限制。假設取樣率為 2 百萬個樣本/秒，設計此濾波器。

我們知道理想基頻類比低通濾波器之脈衝響應

$$h_a(t) = 2Af_m \operatorname{sinc}(2f_m(t-t_0))$$

其中 f_m 為轉角頻率。取樣後之脈衝響應為

$$h_d[n] = 2Af_m \operatorname{sinc}(2f_m(nT_s-t_0))$$

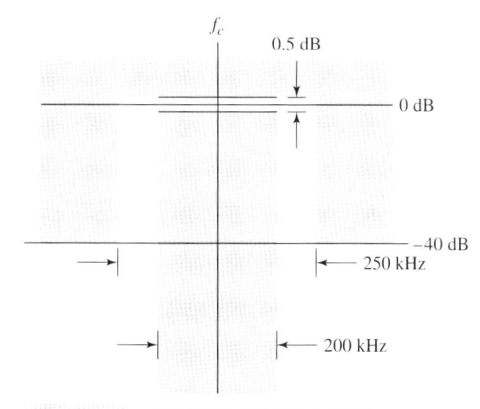

圖 12.43 傳輸訊號頻譜之規格

我們可以設理想低通濾波器之轉角頻率大約在 100 kHz 與 125 kHz 之間，例如 115 kHz 或是取樣率的 5.75%。令增益常數 A 為 1。樣本間的時間為 0.5 µs。此濾波器在其長度接近無限時會趨近理想。第一次嘗試先將濾波器脈衝響應與理想濾波器脈衝響應之間的均方差設小於 1%，並且使用矩形視窗。我們可以經由計算此濾波器與一個非常長的濾波器間之均方差，遞迴的決定此濾波器需要多長。強迫均方誤差小於 1%，要設定長度為 108 或更長。這個設計得到圖 12.44 之頻率響應。

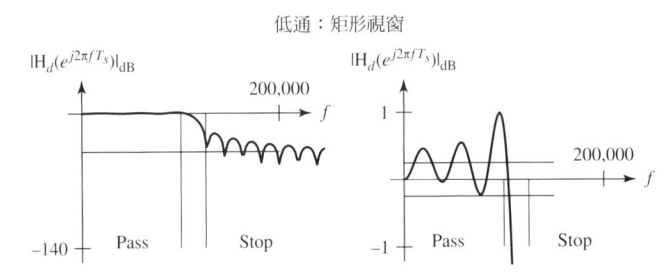

圖 12.44 使用矩形視窗與脈衝響應小於 1% 誤差之 FIR 濾波器脈衝響應

這樣設計並不夠好。通帶漣波太大且止帶衰減不夠大。我們可以利用不同的視窗降低漣波。讓我們試用貝拉克曼視窗並保持其他參數一樣（圖 12.45）。

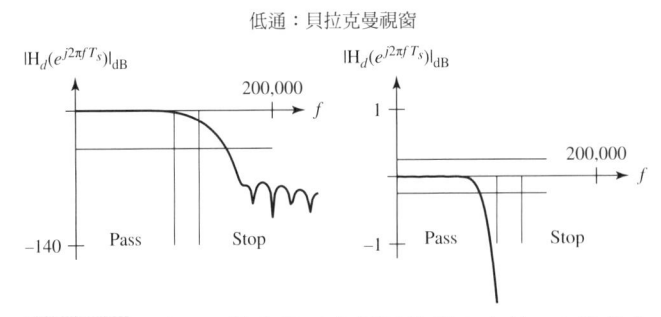

圖 12.45 使用貝拉克曼視窗與脈衝響應小於 1% 誤差之 FIR 濾波器脈衝響應

這個設計同樣不夠好。我們需要使得均方誤差再小一點。使得均方誤差小於 0.25%，設定濾波器長度為 210 而得到圖 12.46 之量值頻率響應。

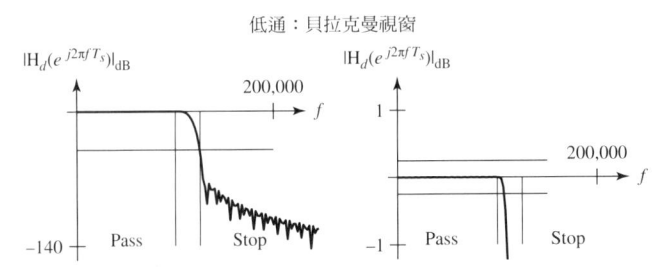

圖 12.46 使用貝拉克曼視窗與脈衝響應小於 0.25% 誤差之 FIR 濾波器脈衝響應

這個濾波器符合規格。止帶衰減剛好符合規格而通帶漣波很簡單的就符合規格。這個設計絕對不是唯一的。許多其他設計利用稍微不同的轉角頻率、均方誤差或視窗都可以同樣符合規格。

最佳 FIR 濾波器設計　有一個設計濾波器無需使用視窗脈衝響應或近似標準類比濾波器設計的技術。它稱為派克 - 麥卡蘭 (Parks-McClellan) 最佳等漣波設計，係由派克・湯瑪士 (Thomas W. Parks) 與麥卡蘭・詹姆斯 (James H. McClellan) 在 1970 年代早期所開發。它使用一個由拉梅茲・葉夫根尼・雅科夫列維奇 (Evgeny Yakovlevich Remez) 於 1934 年所開發的演算法，稱為拉梅茲交換演算法 (Remez exchange algorithm)。解釋這個方法超出本書的範圍，但確是重要到學生應該明瞭它且可以用它來設計數位濾波器。

Parks-McClellan 數位濾波器設計可以用 MATLAB 經由指令 `firpm` 來完成，其語法如下

$$B = firpm(N,F,A)$$

其中 B 是 FIR 濾波器之脈衝響應中 N+1 個實值對稱係數向量，它具有對於由 F 和 A 所描述的想要之頻率響應有最佳的近似。F 是頻帶邊緣成對的向量，在 0 與 1 之間升序排列，其中 1 對應於奈奎斯頻率或是取樣頻率的一半。至少有一個頻帶寬度不能為 0。A 是實數值向量與 F 同尺寸，定義結果濾波器 B 之頻率響應想要的振幅。想要得到的響應是一條於奇數 k 下連接點 (F(k),A(k)) 和 (F(k+1),A(k+1)) 的線。`firpm` 於奇數 k 下將 F(k+1) 和 F(k+2) 間的頻帶當作過渡帶。

這個描述只用在對此方法的介紹。更詳細的敘述可參考 MATLAB 的 help 描述。

例題 12.11　用 Parks-McClellan 設計數位帶通濾波器

設計一個最佳等漣波 FIR 濾波器以符合圖 12.47 中量值頻率響應之規格。

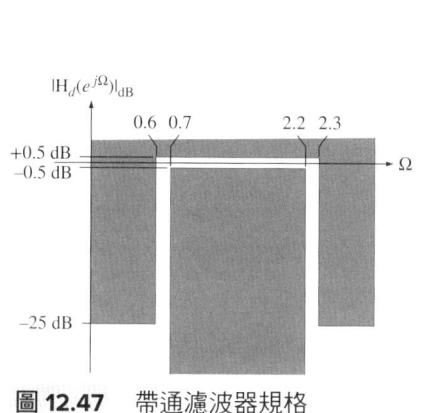

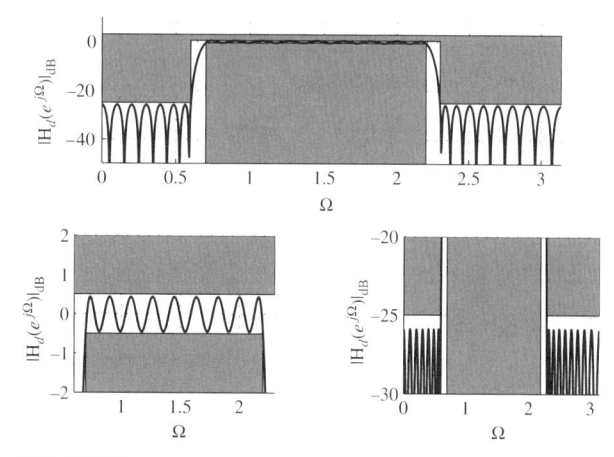

圖 12.47　帶通濾波器規格

圖 12.48　最佳等漣波 FIR 帶通濾波器頻率響應（$N = 70$）

頻帶邊緣在 $\Omega = \{0, 0.6, 0.7, 2.2, 2.3, \pi\}$ 而在頻帶邊緣想要的振幅響應為 $A = \{0, 0, 1, 1, 0, 0\}$。向量 F 應該是

$$F = \Omega/\pi = \{0, 0.191, 0.2228, 0.7003, 0.7321, 1\}$$

在選擇許多 N 後，發現具有 $N=70$ 的濾波器符合規格（圖 12.48）。

MATLAB 設計工具

除了在前面章節與本章前面已經提到的 MATLAB 特色之外，MATLAB 中還有許多其他的指令與函數可以用來幫助設計數位濾波器。

可能最常見的有用函數是 filter。這是一個實際的數位濾波器函數，其數值向量代表離散時間訊號的有限時間片段。其語法為 y=filter(bd,ad,x)，其中 x 是將要濾波的數據向量，而 bd 和 ad 是此濾波器遞迴關係中係數的向量。遞迴關係是下列形式，

$$ad(1)*y(n) = bd(1)*x(n) + bd(2)*x(n-1) + \ldots + bd(nb+1)*x(n-nb)$$
$$- ad(2)*y(n-1) - \ldots - ad(na+1)*y(n-na).$$

〔用 MATLAB 的語法寫，其中 (·) 是所有函數的引數，無分離散時間或是連續時間。〕一個相關的函數是 filtfilt。它的運作與 filter 完全一樣，除了它以正規化的方式過濾數據，接著以反向的方式過濾結果的數據向量。這個使得在所有的濾波過程中的相位移在所有頻率下等於 0，並且在濾波運算中加倍量值效應（用 dB 表示）。

有四個設計數位濾波器的相關函數。函數 butter 經由語法 [bd,ad]=butter[N,wn] 設計 N 階低通巴特沃斯數位濾波器。其中 N 是濾波器階數，wn 是轉角頻率用一半的取樣率（非取樣率本身）分式來表示。此函數回傳濾波器係數 bd 和 ad，它們可以直接用在 filter 或是 filtfilt 中來過濾數據向量。此函數同樣可以設計帶通巴特沃斯濾波器，只要簡單地把 wn 變成兩個轉角頻率的列向量，表示成 [w1,w2]。濾波器的通帶為 $w1 < w < w2$，與一半的取樣率之分式是同樣的意思。加上一個字串 'high' 與 'stop' 後，這個函數也可以用來設計高通與帶拒濾波器。

範例：

[bd,ad]=butter[3,0.1]	低通 3 階巴特沃斯濾波器，轉角頻率 $0.5f_s$
[bd,ad]=butter[4,[0.1,0.2]]	帶通 4 階巴特沃斯濾波器，轉角頻率 $0.05f_s$ 和 $0.1f_s$
[bd,ad]=butter[4,0.2,'high']	高通 4 階巴特沃斯濾波器，轉角頻率 $0.1f_s$
[bd,ad]=butter[2,[0.32,0.34],'stop']	帶拒 2 階巴特沃斯濾波器，轉角頻率 $0.16f_s$ 和 $0.17f_s$

（對於 butter 同樣有其他的語法。輸入 help butter 可有更詳細的說明。它也可用來從事類比濾波器的設計。）

其他三個相關的數位濾波器設計函數是 cheby1、cheby2 與 ellip。它們用來設計柴比雪夫濾波器與橢圓濾波器。柴比雪夫濾波器與橢圓濾波器在同樣的階數下比巴特沃斯濾波器有較窄的過渡帶，但是也因此多出了通帶且／或止帶的漣波。它們的語法除了用 dB 表示

的最大允許漣波必須在通帶中定義，以及用 dB 表示的最小衰減必須在止帶中定義之外是類似的。

許多標準的視窗函數可以在 FIR 濾波器中使用。它們是 `barlett`、`blackman`、`boxcar`（矩形）、`chebwin` (Chebyshev)、`hamming`、`hanning` (von Hann)、`kaiser` 與 `triang`（類似但不全等於 `barlett`）。

函數 `freqz` 用類似應用於類比濾波器運算的 `freqs` 函數方式，求出數位濾波器之頻率響應。Freqz 之語法為

$$[H,W] = \text{freqz}(bd,ad,N) ;$$

其中 H 是濾波器的複值頻率響應，W 是用弧度（非每秒多少弧度，因為它是離散時間頻率）表示之離散時間頻率向量，當計算完 H 後，bd 和 ad 是數位濾波器轉移函數分子與分母的係數向量，而 N 是點的數目。

函數 `upfirdn` 利用過度取樣、FIR 濾波，與不足取樣改變訊號的取樣率。它的語法是

$$y = \text{upfirdn}(x,h,p,q) ;$$

其中 y 是改變取樣率後的結果訊號，而 x 是將被改變取樣率的訊號，h 是 FIR 濾波器之脈衝響應，p 是訊號在濾波前經由插入 0 過度取樣的因數，而 p 是訊號在濾波後經由不足取樣的因數。

這些絕對不是 MATLAB 訊號處理能力的所有功能。可輸入 `help signal` 看其他函數。

例題 12.12 利用 MATLAB 裡的高通巴特沃斯濾波器對一個離散時間脈波濾波

以數位的方式對以下離散時間訊號濾波

$$x[n] = u[n] - u[n - 10]$$

利用一個 3 階離散時間弧度轉角頻率為 π/6 弧度的高通數位巴特沃斯濾波器。

```
%   Use 30 points to represent the excitation, x, and the response, y

N = 30 ;

%   Generate the excitation signal

n = 0:N-1 ; x = uDT(n) - uDT(n-10) ;

%   Design a third-order highpass digital Butterworth filter

[bd,ad] = butter(3,1/6,'high') ;

%   Filter the signal

y = filter(bd,ad,x) ;
```

激發與響應示於圖 12.49。

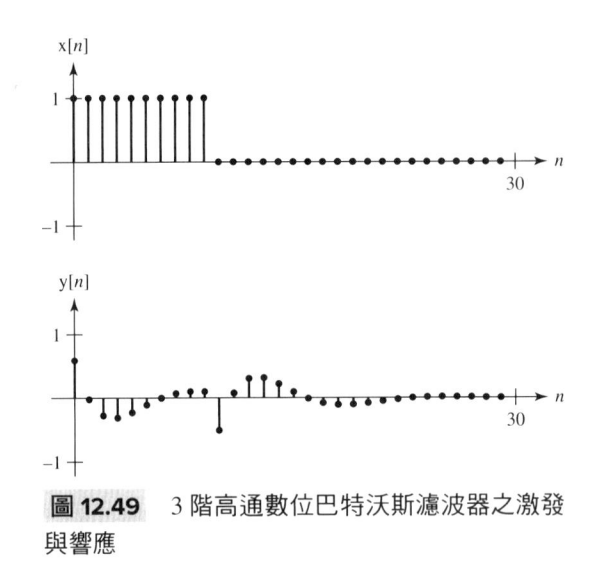

圖 12.49 3 階高通數位巴特沃斯濾波器之激發與響應

重點概要

1. 巴特沃斯濾波器同時在通帶與止帶有最大平坦，而其所有的極點位於 s 平面左半邊的半圓中。
2. 低通巴特沃斯濾波器可以經由適當的改變變數轉換至高通、帶通，或帶拒濾波器。
3. 柴比雪夫、橢圓與貝索濾波器與巴特沃斯濾波器不同，是在不同的基礎上最佳化。它們也可以設計成低通，然後轉換至高通、帶通，或帶拒濾波器。
4. 一個數位濾波器常用的設計技術是模擬驗證過的類比濾波器。
5. 數位濾波器兩個廣大的分類是無限間隔脈衝響應 (IIR) 與有限間隔脈衝響應 (FIR) 濾波器。
6. IIR 數位濾波器設計最普遍的形式是脈衝不變性、步階不變性、有限差分、直接代換、匹配 z 與雙線性方法。
7. FIR 濾波器可以將理想脈衝響應視窗化或是利用 Parks-McClellan 之等漣波演算法來設計。

習題 (EXERCISES) （每個題解的次序是隨機的）

連續時間濾波器

1. 只使用計算機，求一個具有轉角頻率 $\omega_c = 1$，以及在 0 頻率有單位增益之 3 階 ($n = 3$) 低通巴特沃斯濾波器之轉移函數。

   解答：$\dfrac{1}{s^3 + 2s^2 + 2s + 1}$

2. 利用 MAATLAB，求一個具有轉角頻率 $\omega_c = 1$，以及在 0 頻率有單位增益之 8 階低通巴特沃斯濾波器之轉移函數。

解答：$\dfrac{1}{\begin{bmatrix} s^8 + 5.126s^7 + 13.1371s^6 + 21.8462s^5 + 25.6884s^4 \\ +21.8462s^3 + 13.1371s^2 + 5.126s + 1 \end{bmatrix}}$

3. 求對於具有轉角頻率 f_c 以 Hz 或 ω_c 以弧度 / 秒表示之 n 階低通巴特沃斯濾波器，在數值 s 平面上有限極點與有限零點之位置。（對於重複的極點與零點重複地列出來）。

   (a) 低通，$N = 2$，$\omega_c = 25$
   (b) 高通，$N = 2$，$f_s = 5$

   解答：{ 極點在 $10\pi/e^{\pm j3\pi/4} = 22.2\,(1 \pm j)$，而在 0 有兩個零點 }
   { 極點在 $25e^{\pm j3\pi/4} = 17.68\,(-1 \pm j)$，無有限極點 }

4. 利用 MATLAB 設計柴比雪夫形式 I 與橢圓 4 階類比高通濾波器，截止頻率在 1 kHz。另在通帶允許的漣波為 2 dB，而止帶最低衰減為 60 dB。用同樣的刻度畫出它們頻率響應之量值波德圖以便做比較。每個濾波器的過渡帶有多寬？

   解答：橢圓濾波器的過渡帶從 445 Hz 至 1000 Hz，寬度為 555 Hz。柴比雪夫形式 I 濾波器的過渡帶從 274 Hz 至 1000 Hz，寬度為 726 Hz。

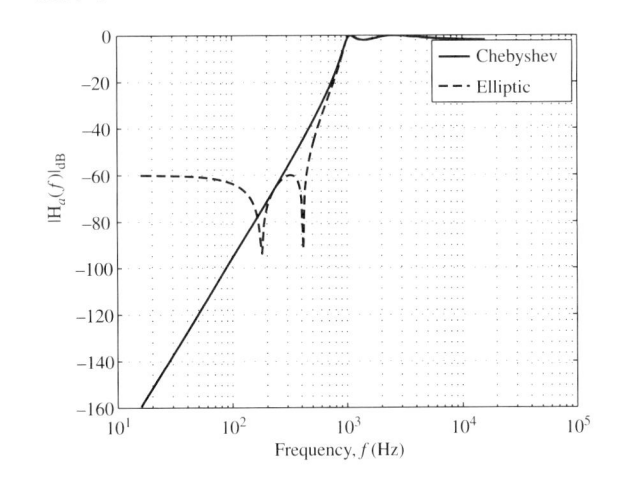

有限差分濾波器設計

5. 使用在差分方程式設計之技術用來近似反向差分從 s 到 z 的轉換是什麼？

   解答：$s \to \dfrac{1 - z^{-1}}{T_s}$

6. 使用具有反向差分之有限差分技術，設計一個數位濾波器來近似轉移函數為 $H(s) = \dfrac{1}{s+1}$ 的低通濾波器。有會導致此數位濾波器不穩定的有限取樣率嗎？若有的話，提供一個。

   解答：$\dfrac{zT_s}{z(1+T_s) - 1}$，濾波器是絕對穩定。

7. 使用有限差分方法與所有反向差分，設計數位濾波器來近似具有以下轉移函數之類比濾波器。在每個情況中，若取樣頻率沒有指定，則選擇一個取樣頻率離原來 "s" 平面原點的最遠極點或是零點 10 倍的距離。畫圖比較數位濾波器與類比濾波器之步階響應。

(a) $H_a(s) = s$, $f_s = 1$ MHz (b) $H_a(s) = 1/s$, $f_s = 1$ kHz (c) $H_a(s) = \dfrac{2}{s^2 + 3s + 2}$

解答：

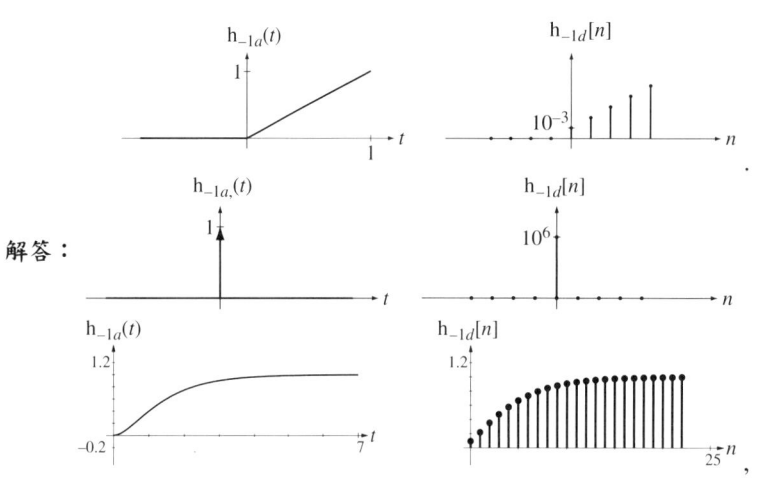

匹配 z 轉換與直接代換濾波器設計

8. 一個具有轉移函數 $H(s) = \dfrac{10(s-8)}{s^2 + 7s + 12}$ 之連續時間濾波器，是由匹配 z 轉換技術以數位濾波器來近似。要求此數位濾波器轉移函數 H(z) 所有的極點與零點位於 z 平面上 z = 1 之點相距 0.2 的距離之內。需要的最小取樣率是多少？

解答：43.88

9. 一個數位濾波器由匹配 z 轉換技術設計，使用取樣率 10 樣本／秒且極點位於 z 平面 z = 0.5 上。當取樣率改成 50 樣本／秒。極點新的數值位置在何處？

解答：0.8706

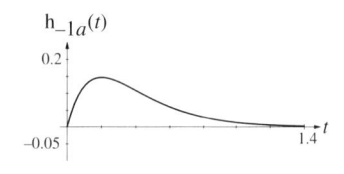

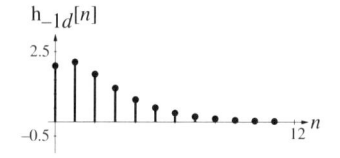

雙線性 z 轉換濾波器設計

10. 轉移函數 $H(s) = \dfrac{s-2}{s(s+4)}$，是使用雙線性 z 轉換數位濾波器設計來近似，使用取樣率 10 樣本／秒。此數位濾波器可以使用圖 E.10 中的方塊圖來實現。輸入數值到方塊圖中的空格。

解答：1, −0.1667, 0.667, 0.0375, −0.4125, −0.08333

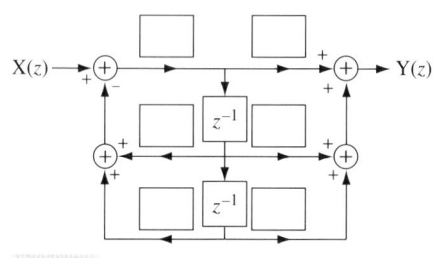

圖 E.10

FIR 濾波器設計

11. 利用寬度 50 的矩形視窗，以 10,000 樣本／秒的取樣率設計一個數位濾波器來近似具有以下轉移函數的類比濾波器

$$H_a(s) = \frac{2000s}{s^2 + 2000s + 2 \times 10^6}$$

比較類比濾波器與數位濾波器之頻率響應。

解答： $h_d[n] = 2000\sqrt{2}(0.9048)^n \cos(0.1n + 0.7854)(u[n] - u[n-50])$

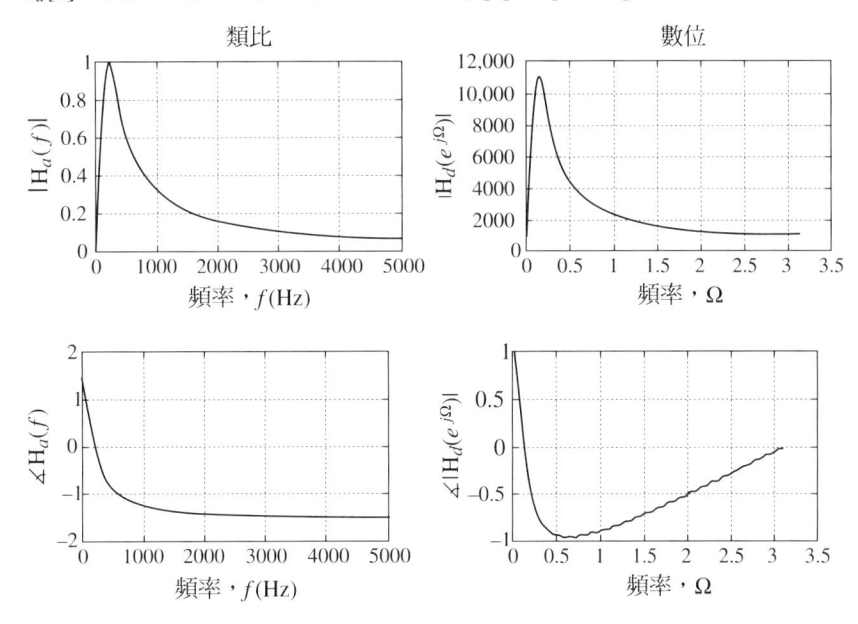

12. 利用脈衝響應取樣截斷後之版本以及用規定的視窗，設計數位濾波器來近似以下的理想類比濾波器。在每個情況下，選擇取樣率為類比濾波器可以通過的最高頻率之 10 倍。選擇延遲與截斷時間，使得不超過 1% 的脈衝響應訊號能量被截斷。利用 dB 刻度相對於線性頻率，畫圖比較數位與理想類比濾波器之量值頻率響應。

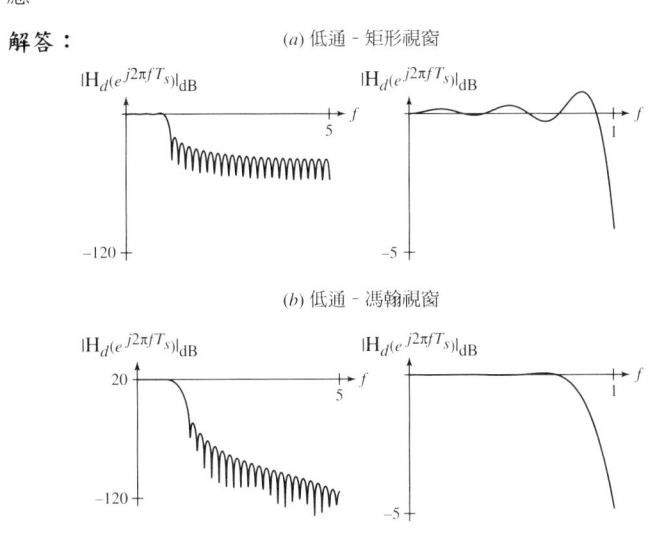

解答：

(a) 低通 - 矩形視窗

(b) 低通 - 馮翰視窗

數位濾波器設計方法比較

13. 一個連續時間濾波器具有轉移函數 $H(s) = 4\dfrac{s-2}{s(s+2)}$。它由三種數位濾波器設計方法來近似，匹配 z 轉換、直接代換與雙線性 z 轉換，使用取樣率 $f_s = 2$。這些數位濾波器的數值極點與零點位置為何？

    解答：{2.718, 1, 0.368}, {3, −1, 1, 0.333}, {0, 2.718, 1, 0.368}

附錄 I

有用的數學關係式
USEFUL MATHEMATICAL RELATIONS

$$e^x = 1 + x + \frac{x^2}{2!} + \frac{x^3}{3!} + \frac{x^4}{4!} + \cdots$$

$$\sin(x) = x - \frac{x^3}{3!} + \frac{x^5}{5!} - \frac{x^7}{7!} + \cdots$$

$$\cos(x) = 1 - \frac{x^2}{2!} + \frac{x^4}{4!} - \frac{x^6}{6!} + \cdots$$

$$\cos(x) = \cos(-x) \quad \text{and} \quad \sin(x) = -\sin(-x)$$

$$e^{jx} = \cos(x) + j\sin(x)$$

$$\sin^2(x) + \cos^2(x) = 1$$

$$\cos(x)\cos(y) = \frac{1}{2}[\cos(x-y) + \cos(x+y)]$$

$$\sin(x)\sin(y) = \frac{1}{2}[\cos(x-y) - \cos(x+y)]$$

$$\sin(x)\cos(y) = \frac{1}{2}[\sin(x-y) + \sin(x+y)]$$

$$\cos(x+y) = \cos(x)\cos(y) - \sin(x)\sin(y)$$

$$\sin(x+y) = \sin(x)\cos(y) + \cos(x)\sin(y)$$

$$A\cos(x) + B\sin(x) = \sqrt{A^2 + B^2}\cos(x - \tan^{-1}(B/A))$$

$$\frac{d}{dx}[\tan^{-1}(x)] = \frac{1}{1+x^2}$$

$$\int u\,dv = uv - \int v\,du$$

$$\int x^n \sin(x)\,dx = -x^n \cos(x) + n\int x^{n-1}\cos(x)\,dx$$

$$\int x^n \cos(x)\,dx = x^n \sin(x) - n\int x^{n-1}\sin(x)\,dx$$

$$\int x^n e^{ax} dx = \frac{e^{ax}}{a^{n+1}}[(ax)^n - n(ax)^{n-1} + n(n-1)(ax)^{n-2} + \ldots + (-1)^{n-1} n!(ax) + (-1)^n n!], \quad n \geq 0$$

$$\int e^{ax} \sin(bx) dx = \frac{e^{ax}}{a^2 + b^2}[a \sin(bx) - b \cos(bx)]$$

$$\int e^{ax} \cos(bx) dx = \frac{e^{ax}}{a^2 + b^2}[a \cos(bx) + b \sin(bx)]$$

$$\int \frac{dx}{a^2 + (bx)^2} = \frac{1}{ab} \tan^{-1}\left(\frac{bx}{a}\right)$$

$$\int \frac{dx}{(x^2 \pm a^2)^{\frac{1}{2}}} = \ln\left|x + (x^2 \pm a^2)^{\frac{1}{2}}\right|$$

$$\int_0^\infty \frac{\sin(mx)}{x} dx = \begin{cases} \pi/2, & m > 0 \\ 0, & m = 0 \\ -\pi/2, & m < 0 \end{cases} = \frac{\pi}{2} \operatorname{sgn}(m)$$

$$|Z|^2 = ZZ^*$$

$$\sum_{n=0}^{N-1} r^n = \begin{cases} \frac{1-r^N}{1-r}, & r \neq 1 \\ N, & r = 1 \end{cases}$$

$$\sum_{n=0}^{\infty} r^n = \frac{1}{1-r}, \quad |r| < 1$$

$$\sum_{n=k}^{\infty} r^n = \frac{r^k}{1-r}, \quad |r| < 1$$

$$\sum_{n=0}^{\infty} n r^n = \frac{r}{(1-r)^2}, \quad |r| < 1$$

$$\frac{e^{j\pi n}}{e^{j\pi n/N_0}} \operatorname{drcl}\left(\frac{n}{N_0}, N_0\right) = \delta_{N_0}[n], \quad n \text{ and } N_0 \text{ integers}$$

$$\operatorname{drcl}\left(\frac{n}{2m+1}, 2m+1\right) = \delta_{2m+1}[n], \quad n \text{ and } m \text{ integers}$$

附錄 II

連續時間傅立葉級數對

CONTINUOUS-TIME FOURIER SERIES PAIRS

對於一個基礎週期為 $T_0 = 1/f_0 = 2\pi/\omega_0$ 之週期函數，經由一個週期 T 之連續時間傅立葉級數 (Continuous-time Fourier series, CTFS)。

$$x(t) = \sum_{k=-\infty}^{\infty} c_x[k] e^{j2\pi kt/T} \xleftrightarrow[T]{\mathcal{FS}} c_x[k] = \frac{1}{T} \int_T x(t) e^{-j2\pi kt/T} dt$$

在這些轉換對中之 k、n 和 m 為整數。

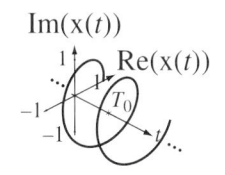

$$e^{j2\pi kt/T_0} \xleftrightarrow[mT_0]{\mathcal{FS}} \delta[k-m]$$

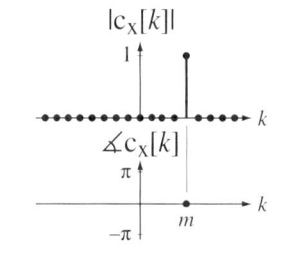

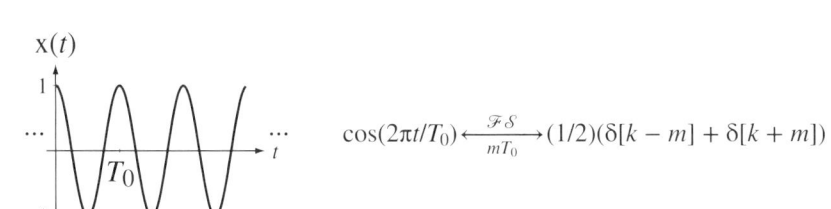

$$\cos(2\pi t/T_0) \xleftrightarrow[mT_0]{\mathcal{FS}} (1/2)(\delta[k-m] + \delta[k+m])$$

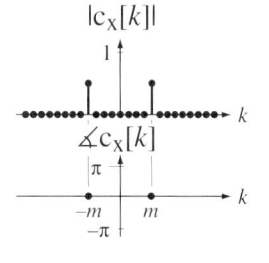

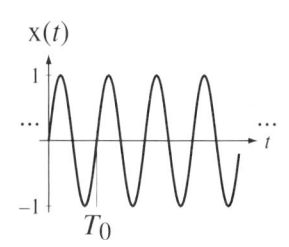

$$\sin(2\pi t/T_0) \xleftrightarrow[mT_0]{\mathcal{FS}} (j/2)(\delta[k+m] - \delta[k-m])$$

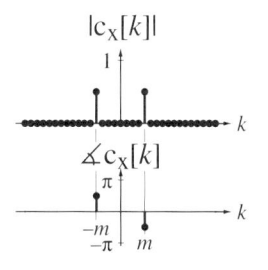

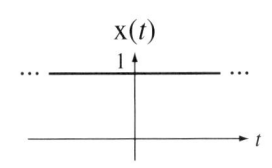

$$1 \xleftrightarrow[T]{\mathscr{FS}} \delta[k]$$

T is arbitrary

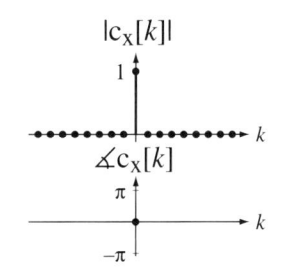

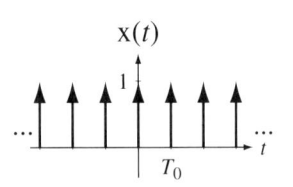

$$\delta_{T_0}(t) \xleftrightarrow[mT_0]{\mathscr{FS}} f_0 \delta_m[k]$$

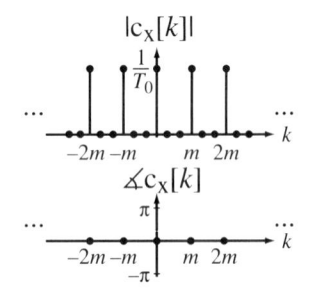

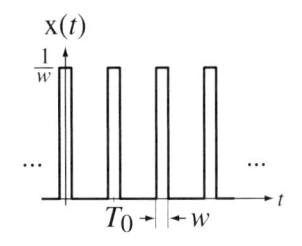

$$(1/w)\,\text{rect}(t/w) * \delta_{T_0}(t) \xleftrightarrow[T_0]{\mathscr{FS}} f_0\,\text{sinc}(wkf_0)$$

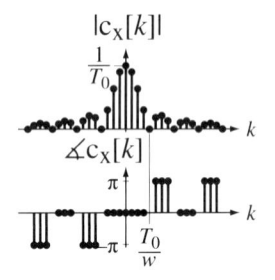

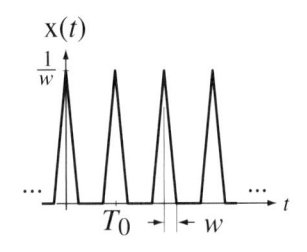

$$(1/w)\,\text{tri}(t/w) * \delta_{T_0}(t) \xleftrightarrow[T_0]{\mathscr{FS}} f_0\,\text{sinc}^2(wkf_0)$$

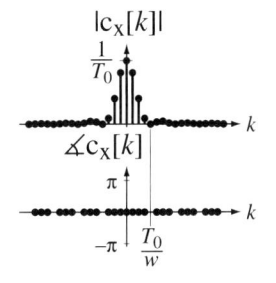

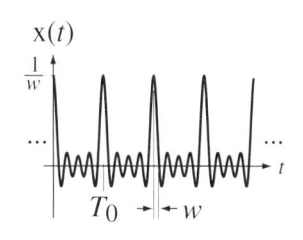

附錄 II 連續時間傅立葉級數對

$$(1/w)\,\text{sinc}(t/w) * \delta_{T_0}(t) \xleftrightarrow{\mathcal{FS}}_{T_0} f_0\,\text{rect}(wkf_0)$$

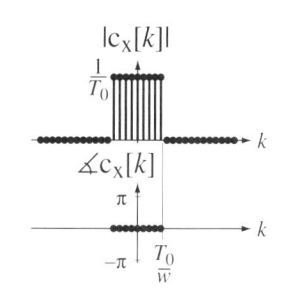

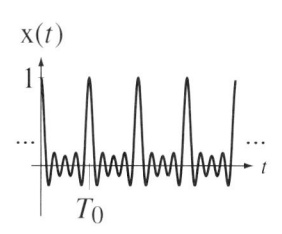

$$\text{drcl}(f_0 t, 2M+1) \xleftrightarrow{\mathcal{FS}}_{T_0} \frac{u[n+M] - u[n-M-1]}{2M+1}$$

M an integer

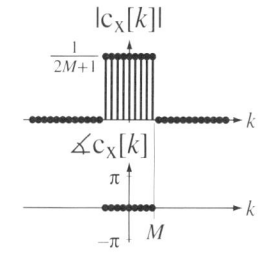

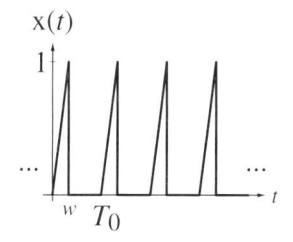

$$\frac{t}{w}[u(t) - u(t-w)] * \delta_{T_0}(t) \xleftrightarrow{\mathcal{FS}}_{T_0}$$

$$\frac{1}{wT_0} \frac{[j(2\pi kw)/T_0 + 1]e^{-j(2\pi kw/T_0)} - 1}{(2\pi kw/T_0)^2}$$

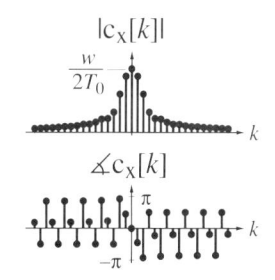

附錄 III

離散傅立葉轉換對
DISCRETE FOURIER TRANSFORM PAIRS

對於一個具有基礎週期為 N_0 之週期離散時間函數，經由一個週期 N 之離散傅立葉轉換 (Discrete Fourier Transform, DFT)。

$$x[n] = \frac{1}{N}\sum_{k=\langle N \rangle} X[k]e^{j2\pi kn/N} \xleftrightarrow[N]{\mathscr{DFT}} X[k] = \sum_{n=\langle N \rangle} x[n]e^{-j2\pi kn/N}$$

在這些轉換對中之 k、n、m、q、N_w、N_0、N、n_0 和 n_1 為整數。

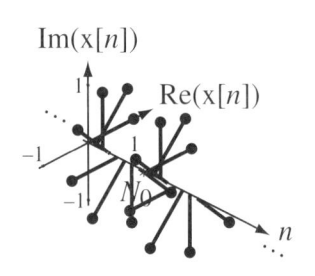

$$e^{j2\pi n/N_0} \xleftrightarrow[mN_0]{\mathscr{DFT}} mN_0 \delta_{mN_0}[k-m]$$

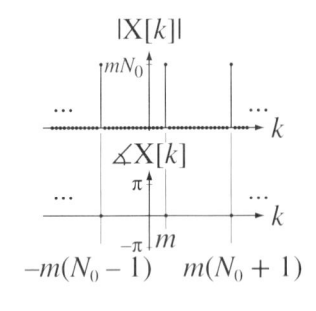

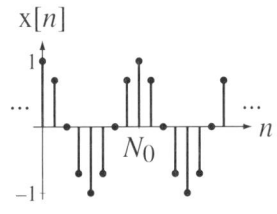

$$\cos(2\pi n/N_0) \xleftrightarrow[mN_0]{\mathscr{DFT}} \frac{mN_0}{2}(\delta_{mN_0}[k-m] + \delta_{mN_0}[k+m])$$

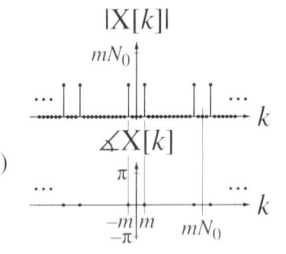

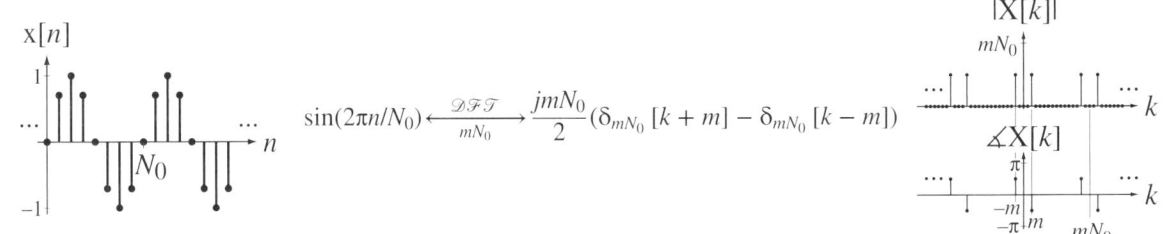

$$\sin(2\pi n/N_0) \xleftrightarrow[mN_0]{\mathscr{DFT}} \frac{jmN_0}{2}(\delta_{mN_0}[k+m] - \delta_{mN_0}[k-m])$$

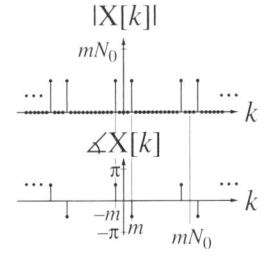

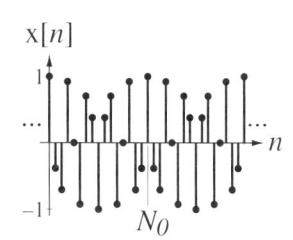

附錄 III　離散傅立葉轉換對　521

$$\cos(2\pi qn/N_0) \underset{mN_0}{\overset{\mathcal{DFT}}{\longleftrightarrow}}$$

$$\frac{mN_0}{2}(\delta_{mN_0}[k-mq] + \delta_{mN_0}[k+mq])$$

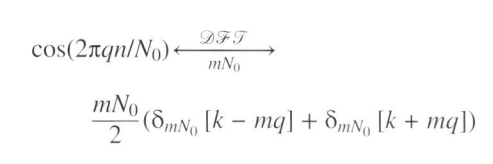

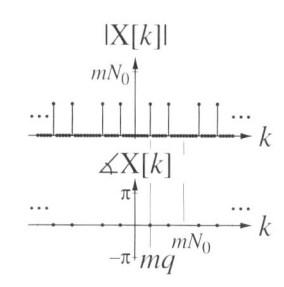

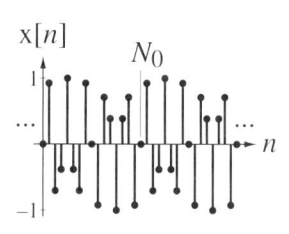

$$\sin(2\pi qn/N_0) \underset{mN_0}{\overset{\mathcal{DFT}}{\longleftrightarrow}}$$

$$\frac{jmN_0}{2}(\delta_{mN_0}[k+mq] - \delta_{mN_0}[k-mq])$$

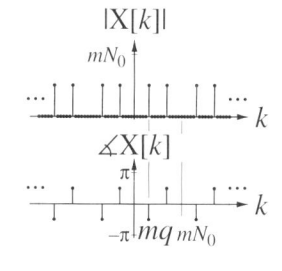

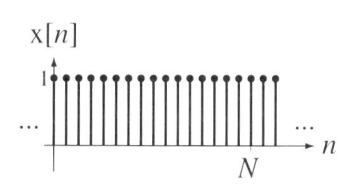

$$1 \underset{N}{\overset{\mathcal{DFT}}{\longleftrightarrow}} N\delta_N[k]$$

N is arbitrary

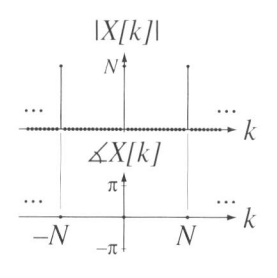

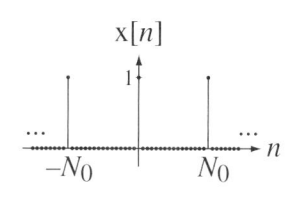

$$\delta_{N_0}[n] \underset{mN_0}{\overset{\mathcal{DFT}}{\longleftrightarrow}} m\delta_{mN_0}[k]$$

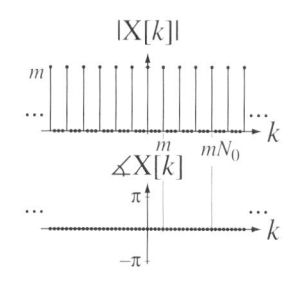

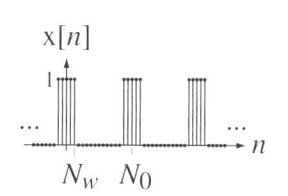

$$(u[n+N_w] - u[n-N_w-1]) * \delta_{N_0}[n] \underset{N_0}{\overset{\mathcal{DFT}}{\longleftrightarrow}}$$

$$(2N_w+1)\,\mathrm{drcl}(k/N_0, 2N_w+1)$$

N_w an integer

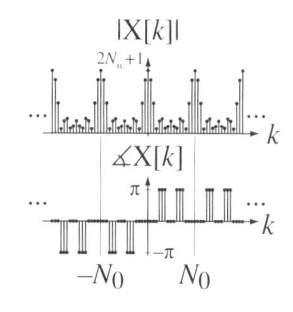

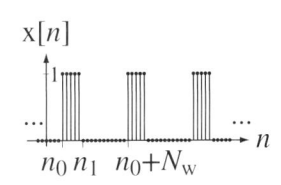

$$(\mathrm{u}[n-n_0] - \mathrm{u}[n-n_1]) * \delta_{N_0}[n] \xleftrightarrow[N_0]{\mathcal{DFT}}$$

$$\frac{e^{-j\pi k(n_1+n_0)/N_0}}{e^{-j\pi k/N_0}}(n_1-n_0)\,\mathrm{drcl}(k/N_0, n_1-n_0)$$

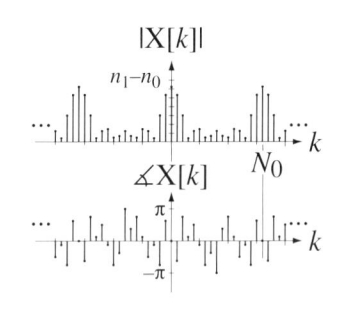

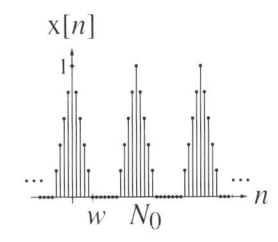

$$\mathrm{tri}(n/w) * \delta_{N_0}[n] \xleftrightarrow[N_0]{\mathcal{DFT}} w\,\mathrm{sinc}^2(wk/N_0) * \delta_{N_0}[k]$$

$$\mathrm{tri}(n/N_w) * \delta_{N_0}[n] \xleftrightarrow[N_0]{\mathcal{DFT}} N_w\,\mathrm{drcl}^2(k/N_0, N_w)$$

N_w an integer

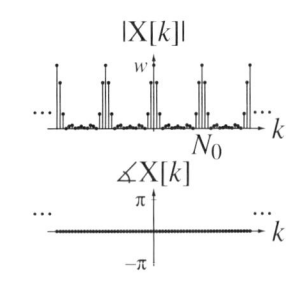

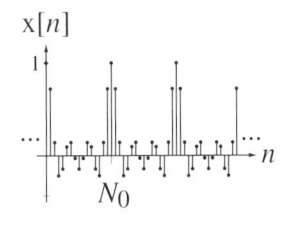

$$\mathrm{sinc}(n/w) * \delta_{N_0}[n] \xleftrightarrow[N_0]{\mathcal{DFT}} w\,\mathrm{rect}(wk/N_0) * \delta_{N_0}[k]$$

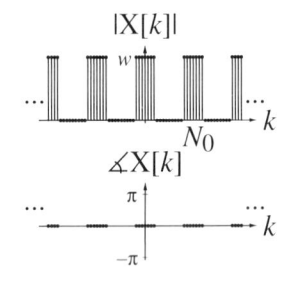

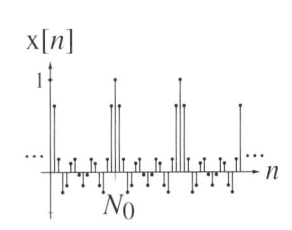

$$\mathrm{drcl}(n/N_0, 2M+1) \xleftrightarrow[N_0]{\mathcal{DFT}}$$

$$\frac{\mathrm{u}[n+M] - \mathrm{u}[n-M-1]}{2M+1} * N_0 \delta_{N_0}[k]$$

M an integer

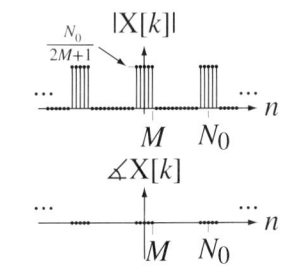

附錄 IV

連續時間傅立葉轉換對
CONTINUOUS-TIME FOURIER TRANSFORM PAIRS

$$x(t) = \int_{-\infty}^{\infty} X(f) e^{+j2\pi ft} df \xleftrightarrow{\mathscr{F}} X(f) = \int_{-\infty}^{\infty} x(t) e^{-j2\pi ft} dt$$

$$x(t) = \frac{1}{2\pi} \int_{-\infty}^{\infty} X(j\omega) e^{+j\omega t} d\omega \xleftrightarrow{\mathscr{F}} X(j\omega) = \int_{-\infty}^{\infty} x(t) e^{-j\omega t} dt$$

對於所有的週期時間函數，基礎週期為 $T_0 = 1/f_0 = 2\pi/\omega_0$。

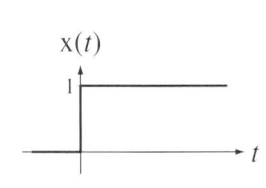

$$u(t) \xleftrightarrow{\mathscr{F}} (1/2)\delta(f) + 1/j2\pi f$$

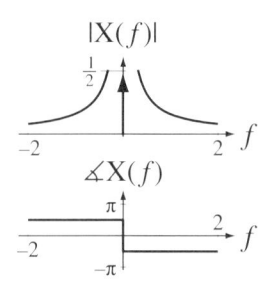

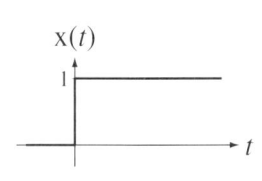

$$u(t) \xleftrightarrow{\mathscr{F}} \pi\delta(\omega) + 1/j\omega$$

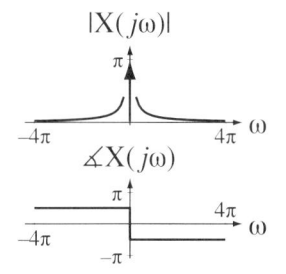

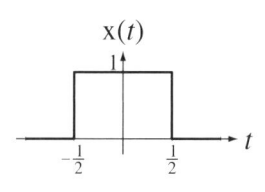

$$\text{rect}(t) \xleftrightarrow{\mathscr{F}} \text{sinc}(f)$$
$$\text{rect}(t) \xleftrightarrow{\mathscr{F}} \text{sinc}(\omega/2\pi)$$

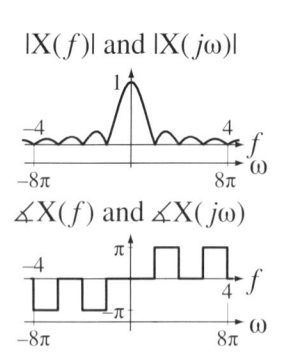

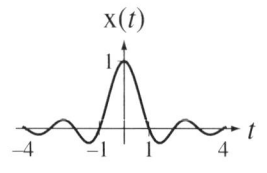

$$\text{sinc}(t) \xleftrightarrow{\mathscr{F}} \text{rect}(f)$$
$$\text{sinc}(t) \xleftrightarrow{\mathscr{F}} \text{rect}(\omega/2\pi)$$

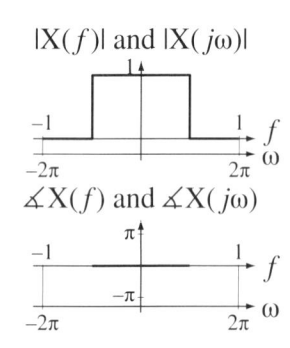

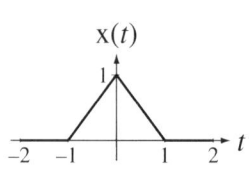

$$\text{tri}(t) \xleftrightarrow{\mathscr{F}} \text{sinc}^2(f)$$
$$\text{tri}(t) \xleftrightarrow{\mathscr{F}} \text{sinc}^2(\omega/2\pi)$$

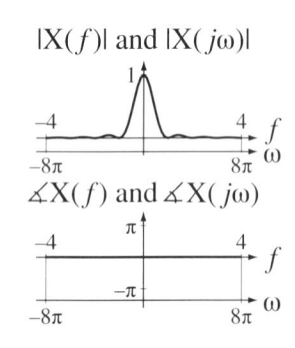

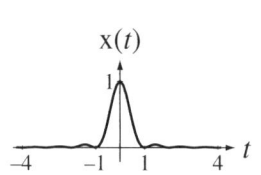

$$\text{sinc}^2(t) \xleftrightarrow{\mathscr{F}} \text{tri}(f)$$
$$\text{sinc}^2(t) \xleftrightarrow{\mathscr{F}} \text{tri}(\omega/2\pi)$$

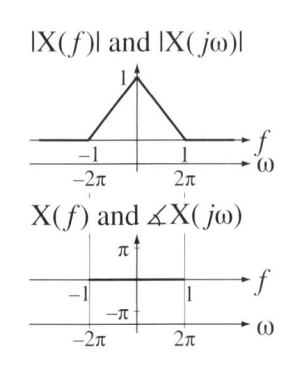

附錄 IV　連續時間傅立葉轉換對　525

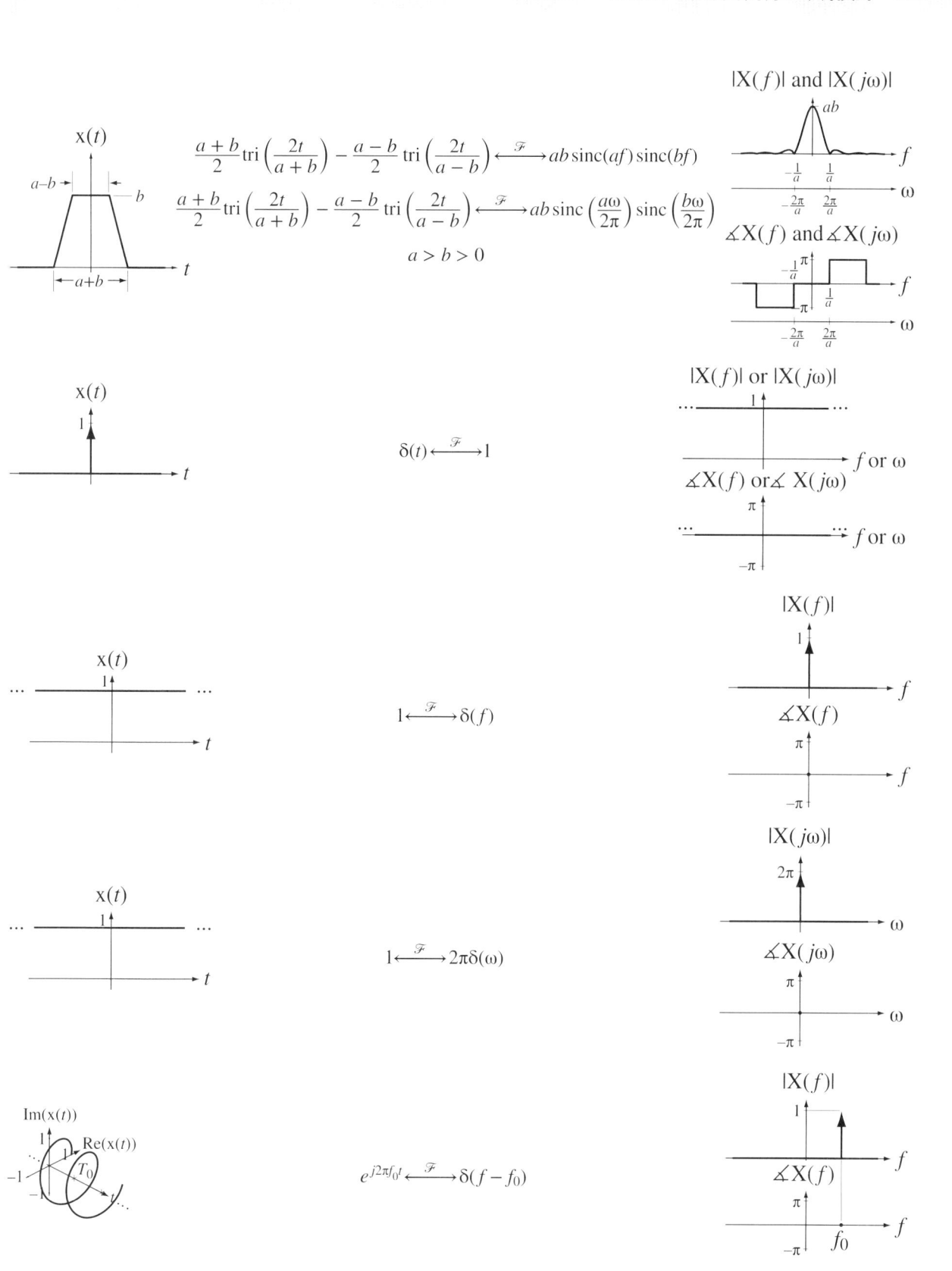

$$\frac{a+b}{2}\text{tri}\left(\frac{2t}{a+b}\right) - \frac{a-b}{2}\text{tri}\left(\frac{2t}{a-b}\right) \xleftrightarrow{\mathscr{F}} ab\,\text{sinc}(af)\,\text{sinc}(bf)$$

$$\frac{a+b}{2}\text{tri}\left(\frac{2t}{a+b}\right) - \frac{a-b}{2}\text{tri}\left(\frac{2t}{a-b}\right) \xleftrightarrow{\mathscr{F}} ab\,\text{sinc}\left(\frac{a\omega}{2\pi}\right)\text{sinc}\left(\frac{b\omega}{2\pi}\right)$$

$$a > b > 0$$

$$\delta(t) \xleftrightarrow{\mathscr{F}} 1$$

$$1 \xleftrightarrow{\mathscr{F}} \delta(f)$$

$$1 \xleftrightarrow{\mathscr{F}} 2\pi\delta(\omega)$$

$$e^{j2\pi f_0 t} \xleftrightarrow{\mathscr{F}} \delta(f - f_0)$$

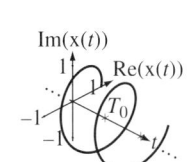

$$e^{j\omega_0 t} \overset{\mathcal{F}}{\longleftrightarrow} 2\pi\delta(\omega - \omega_0)$$

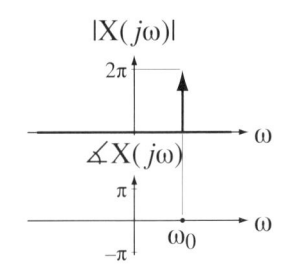

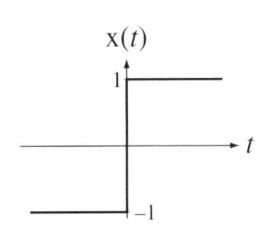

$$\operatorname{sgn}(t) \overset{\mathcal{F}}{\longleftrightarrow} 1/j\pi f$$

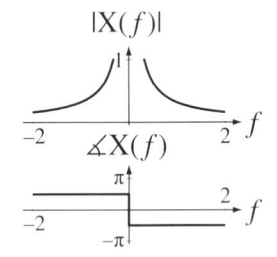

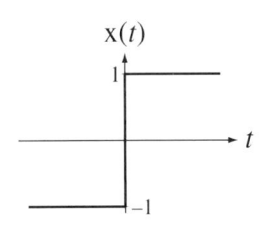

$$\operatorname{sgn}(t) \overset{\mathcal{F}}{\longleftrightarrow} 2/j\omega$$

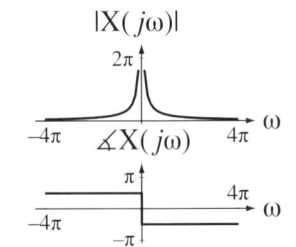

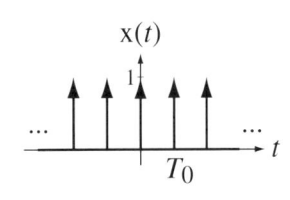

$$\delta_{T_0}(t) \overset{\mathcal{F}}{\longleftrightarrow} f_0 \delta_{f_0}(f)$$
$$f_0 = 1/T_0$$

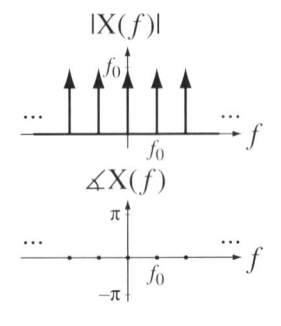

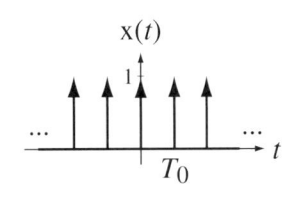

$$\delta_{T_0}(t) \overset{\mathcal{F}}{\longleftrightarrow} \omega_0 \delta_{\omega_0}(\omega)$$
$$\omega_0 = 2\pi/T_0$$

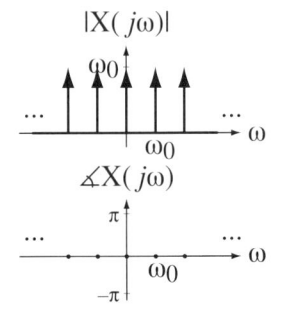

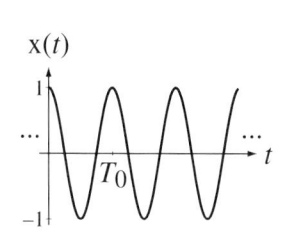

附錄 IV 連續時間傅立葉轉換對

$$\cos(2\pi f_0 t) \xleftrightarrow{\mathscr{F}} \frac{1}{2}[\delta(f-f_0) + \delta(f+f_0)]$$

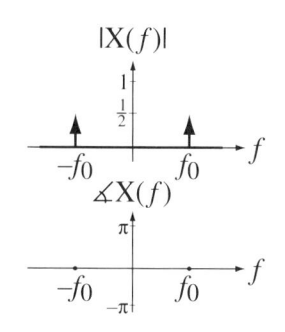

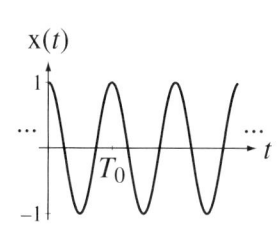

$$\cos(\omega_0 t) \xleftrightarrow{\mathscr{F}} \pi[\delta(\omega-\omega_0) + \delta(\omega+\omega_0)]$$

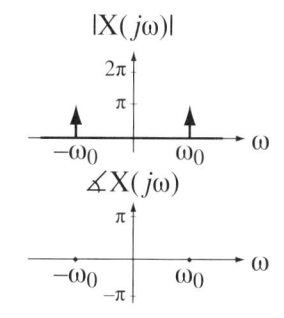

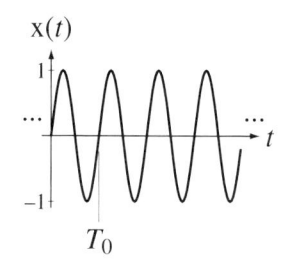

$$\sin(2\pi f_0 t) \xleftrightarrow{\mathscr{F}} \frac{j}{2}[\delta(f+f_0) - \delta(f-f_0)]$$

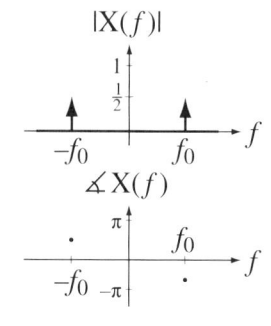

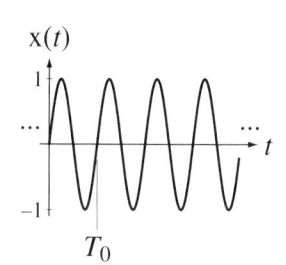

$$\sin(\omega_0 t) \xleftrightarrow{\mathscr{F}} j\pi[\delta(\omega+\omega_0) - \delta(\omega-\omega_0)]$$

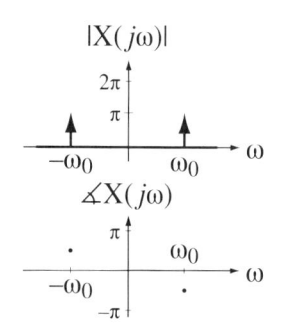

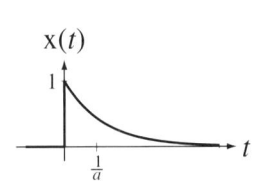

$$e^{-at}\,u(t) \xleftrightarrow{\mathcal{F}} \frac{1}{j\omega + a},\ \mathrm{Re}(a) > 0$$

$$e^{-at}\,u(t) \xleftrightarrow{\mathcal{F}} \frac{1}{j2\pi f + a},\ \mathrm{Re}(a) > 0$$

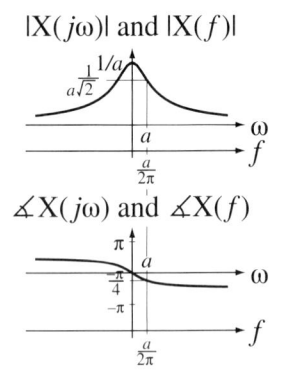

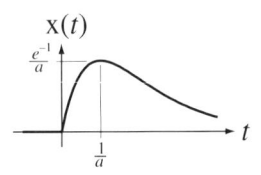

$$te^{-at}\,u(t) \xleftrightarrow{\mathcal{F}} \frac{1}{(j\omega + a)^2},\ \mathrm{Re}(a) > 0$$

$$te^{-at}\,u(t) \xleftrightarrow{\mathcal{F}} \frac{1}{(j2\pi f + a)^2},\ \mathrm{Re}(a) > 0$$

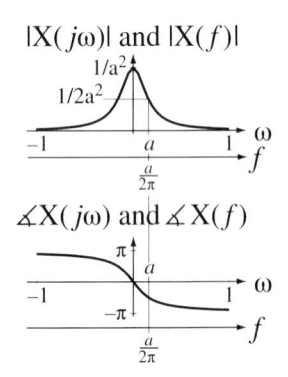

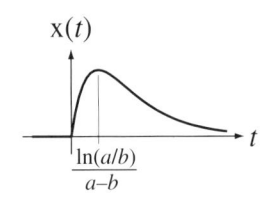

$$\frac{e^{-at} - e^{-bt}}{b - a}\,u(t) \xleftrightarrow{\mathcal{F}} \frac{1}{(j\omega + a)(j\omega + b)},\quad \begin{array}{l}\mathrm{Re}(a) > 0\\ \mathrm{Re}(b) > 0\\ a \neq b\end{array}$$

$$\frac{e^{-at} - e^{-bt}}{b - a}\,u(t) \xleftrightarrow{\mathcal{F}} \frac{1}{(j2\pi f + a)(j2\pi f + b)},\quad \begin{array}{l}\mathrm{Re}(a) > 0\\ \mathrm{Re}(b) > 0\\ a \neq b\end{array}$$

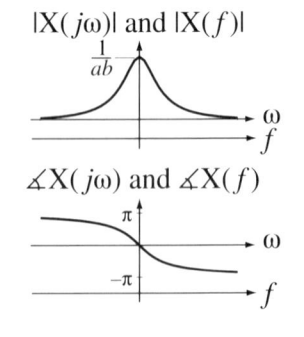

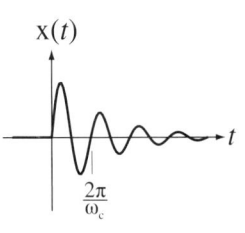

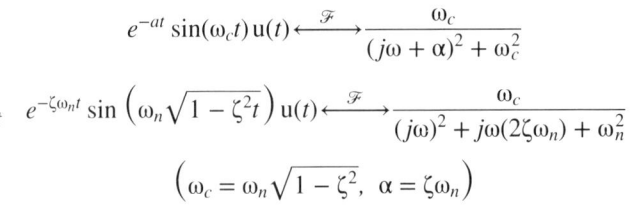

$$e^{-at}\sin(\omega_c t)\,u(t) \xleftrightarrow{\mathcal{F}} \frac{\omega_c}{(j\omega + \alpha)^2 + \omega_c^2}$$

$$e^{-\zeta\omega_n t}\sin\left(\omega_n\sqrt{1-\zeta^2}\,t\right)u(t) \xleftrightarrow{\mathcal{F}} \frac{\omega_c}{(j\omega)^2 + j\omega(2\zeta\omega_n) + \omega_n^2}$$

$$\left(\omega_c = \omega_n\sqrt{1-\zeta^2},\ \alpha = \zeta\omega_n\right)$$

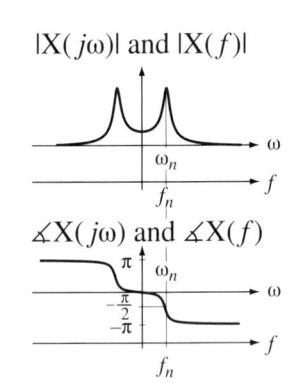

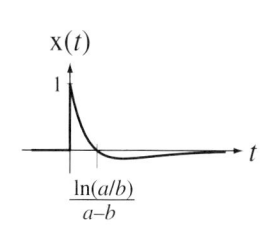

附錄 IV　連續時間傅立葉轉換對

$$\frac{ae^{-at} - be^{-bt}}{a-b}u(t) \xleftrightarrow{\mathcal{F}} \frac{j\omega}{(j\omega+a)(j\omega+b)}, \quad \begin{array}{l}\text{Re}(a) > 0 \\ \text{Re}(b) > 0 \\ a \neq b\end{array}$$

$$\frac{ae^{-at} - be^{-bt}}{a-b}u(t) \xleftrightarrow{\mathcal{F}} \frac{j2\pi f}{(j2\pi f+a)(j2\pi f+b)}, \quad \begin{array}{l}\text{Re}(a) > 0 \\ \text{Re}(b) > 0 \\ a \neq b\end{array}$$

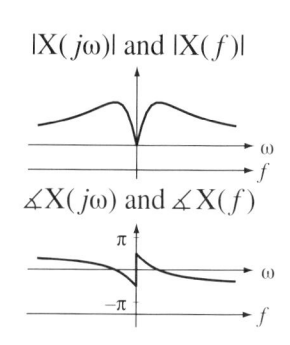

$$e^{-at}\cos(\omega_c t)u(t) \xleftrightarrow{\mathcal{F}} \frac{j\omega + \alpha}{(j\omega+\alpha)^2 + \omega_c^2}$$

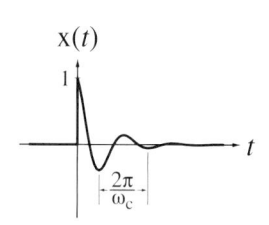

$$e^{-\zeta\omega_n t}\cos\left(\omega_n\sqrt{1-\zeta^2}\,t\right)u(t) \xleftrightarrow{\mathcal{F}} \frac{j\omega + \zeta\omega_n}{(j\omega)^2 + j\omega(2\zeta\omega_n) + \omega_n^2}$$

$$\left(\omega_c = \omega_n\sqrt{1-\zeta^2},\ \alpha = \zeta\omega_n\right)$$

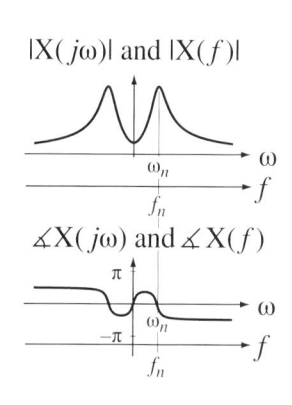

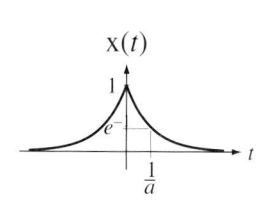

$$e^{-a|t|} \xleftrightarrow{\mathcal{F}} \frac{2a}{\omega^2 + a^2},\ \text{Re}(a) > 0$$

$$e^{-a|t|} \xleftrightarrow{\mathcal{F}} \frac{2a}{(2\pi f)^2 + a^2},\ \text{Re}(a) > 0$$

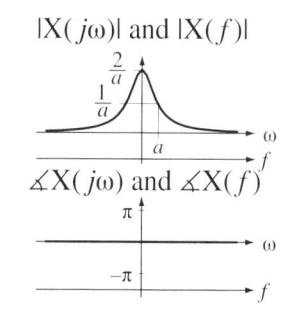

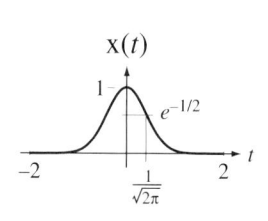

$$e^{-\pi t^2} \xleftrightarrow{\mathcal{F}} e^{-\pi f^2}$$

$$e^{-\pi t^2} \xleftrightarrow{\mathcal{F}} e^{-\omega^2/4\pi}$$

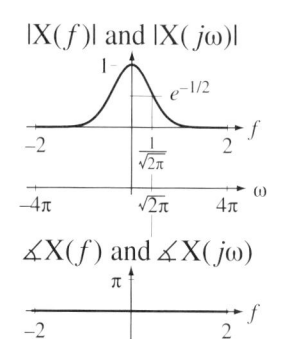

附錄 V

離散時間傅立葉轉換對
Discrete-Time Fourier Transform Pairs

$$x[n] = \int_1 X(F) e^{j2\pi Fn} dF \xleftrightarrow{\mathscr{F}} X(F) = \sum_{n=-\infty}^{\infty} x[n] e^{-j2\pi Fn}$$

$$x[n] = \frac{1}{2\pi} \int_{2\pi} X(e^{j\Omega}) e^{j\Omega n} d\Omega \xleftrightarrow{\mathscr{F}} X(e^{j\Omega}) = \sum_{n=-\infty}^{\infty} x[n] e^{-j\Omega n}$$

對於具有基礎週期為 $N_0 = 1/F_0 = 2\pi/\Omega_0$ 之所有週期時間函數，在這些轉換對中之 n、N_W、N_0、n_0 和 n_1 為整數。

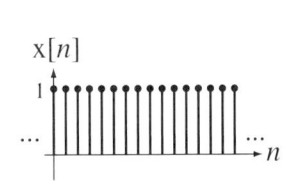

$$1 \xleftrightarrow{\mathscr{F}} \delta_1(F)$$

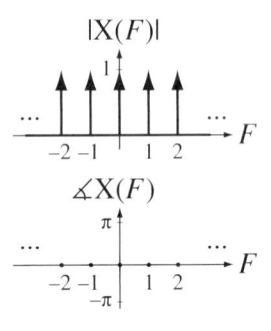

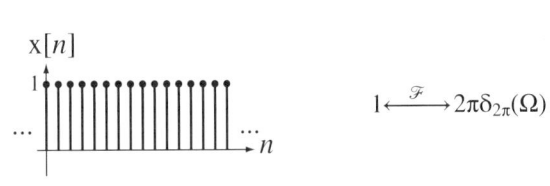

$$1 \xleftrightarrow{\mathscr{F}} 2\pi\delta_{2\pi}(\Omega)$$

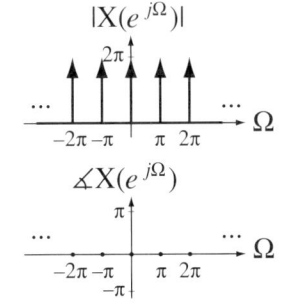

530

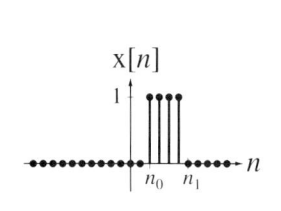

附錄 V　離散時間傅立葉轉換對　**531**

$$u[n-n_0]-u[n-n_1] \xleftrightarrow{\mathscr{F}}$$
$$\frac{e^{-j\pi F(n_1+n_0)}}{e^{-j\pi F}}(n_1-n_0)\,\mathrm{drcl}(F, n_1-n_0)$$
$$u[n-n_0]-u[n-n_1] \xleftrightarrow{\mathscr{F}}$$
$$\frac{e^{-j\Omega(n_1+n_0)/2}}{e^{-j\Omega/2}}(n_1-n_0)\,\mathrm{drcl}\left(\frac{\Omega}{2\pi}, n_1-n_0\right)$$

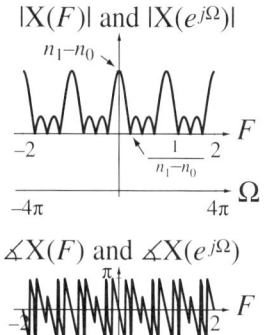

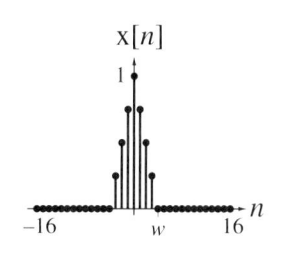

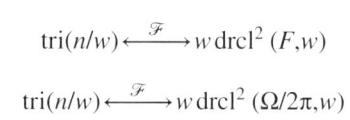

$$\mathrm{tri}(n/w) \xleftrightarrow{\mathscr{F}} w\,\mathrm{drcl}^2(F,w)$$
$$\mathrm{tri}(n/w) \xleftrightarrow{\mathscr{F}} w\,\mathrm{drcl}^2(\Omega/2\pi,w)$$

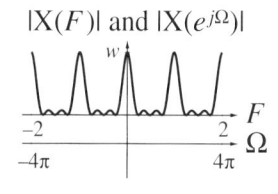

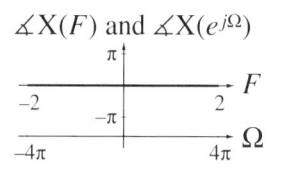

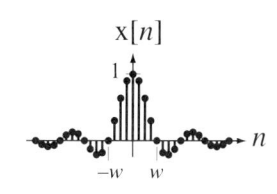

$$\mathrm{sinc}(n/w) \xleftrightarrow{\mathscr{F}} w\,\mathrm{rect}(wF) \ast \delta_1(F)$$
$$\mathrm{sinc}(n/w) \xleftrightarrow{\mathscr{F}} w\,\mathrm{rect}(w\Omega/2\pi) \ast \delta_{2\pi}(\Omega)$$

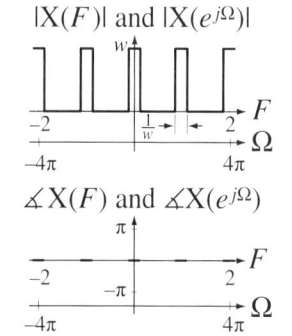

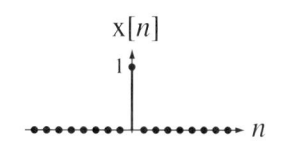

$$\delta[n] \xleftrightarrow{\mathscr{F}} 1$$

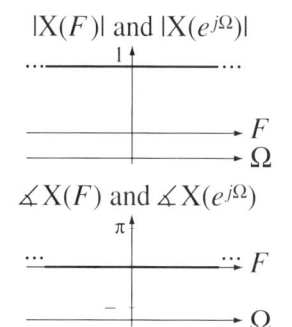

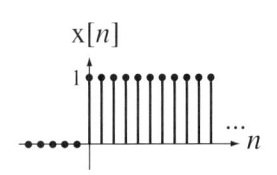

$$u[n] \xleftrightarrow{\mathscr{F}} \frac{1}{1-e^{-j2\pi F}} + \frac{1}{2}\delta_1(F)$$

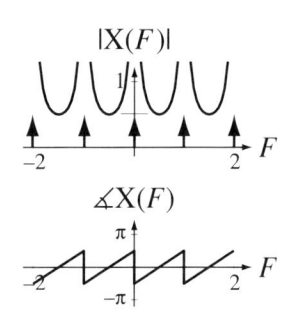

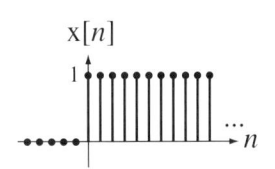

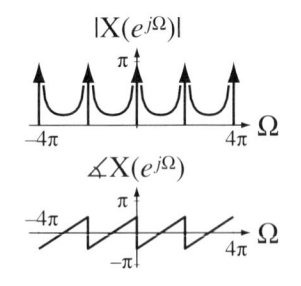

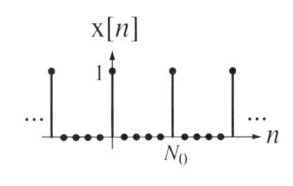

$$u[n] \xleftrightarrow{\mathscr{F}} \frac{1}{1-e^{-j\Omega}} + \pi\delta_{2\pi}(\Omega)$$

$$\delta_{N_0}[n] \xleftrightarrow{\mathscr{F}} (1/N_0)\delta_{1/N_0}(F) = F_0\delta_{F_0}(F)$$

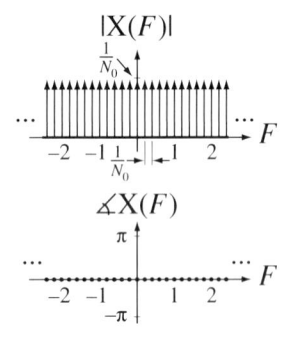

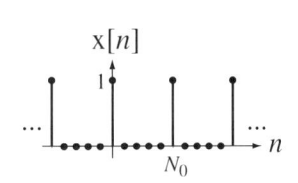

$$\delta_{N_0}[n] \xleftrightarrow{\mathscr{F}} (2\pi/N_0)\delta_{2\pi/N_0}(\Omega) = \Omega_0\delta_{\Omega_0}(\Omega)$$

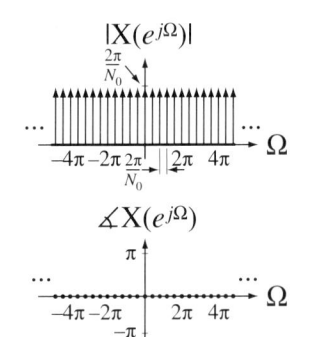

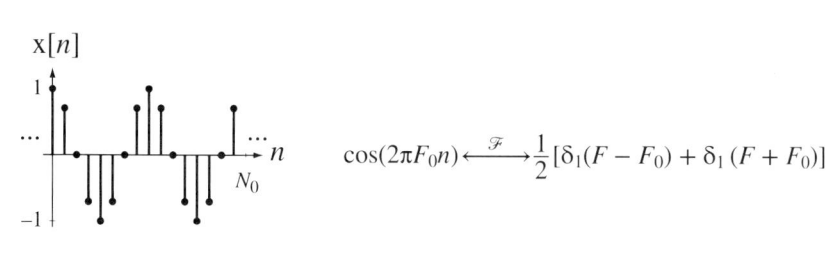

附錄 V 離散時間傅立葉轉換對

$$\cos(2\pi F_0 n) \xleftrightarrow{\mathscr{F}} \frac{1}{2}[\delta_1(F - F_0) + \delta_1(F + F_0)]$$

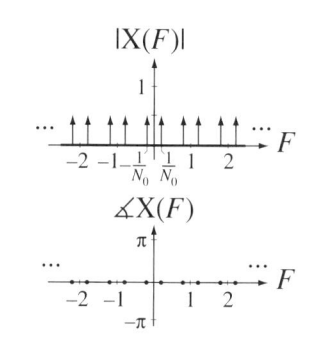

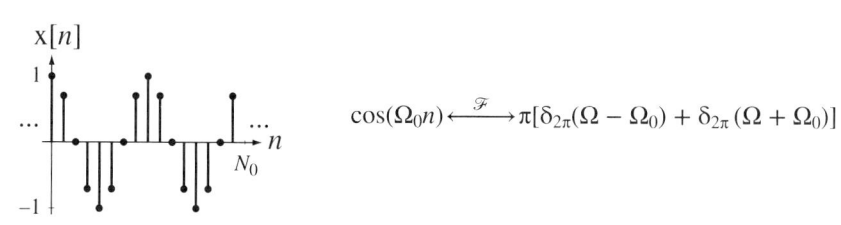

$$\cos(\Omega_0 n) \xleftrightarrow{\mathscr{F}} \pi[\delta_{2\pi}(\Omega - \Omega_0) + \delta_{2\pi}(\Omega + \Omega_0)]$$

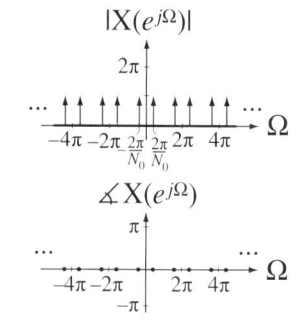

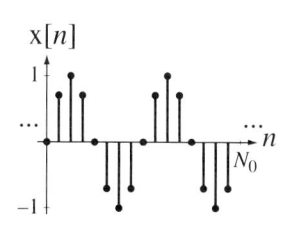

$$\sin(2\pi F_0 n) \xleftrightarrow{\mathscr{F}} \frac{j}{2}[\delta_1(F + F_0) - \delta_1(F - F_0)]$$

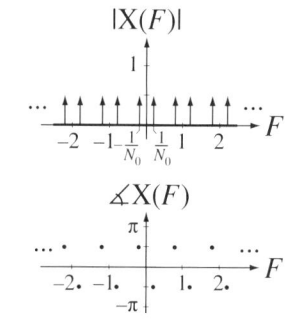

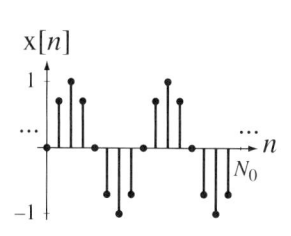

$$\sin(\Omega_0 n) \xleftrightarrow{\mathscr{F}} j\pi[\delta_{2\pi}(\Omega + \Omega_0) - \delta_{2\pi}(\Omega - \Omega_0)]$$

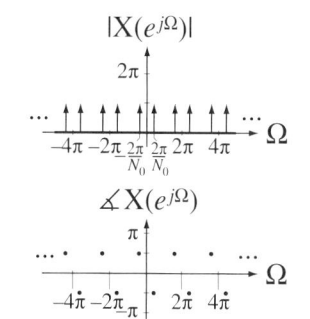

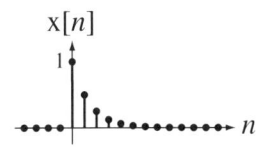

$$\alpha^n u[n] \xleftrightarrow{\mathscr{F}} \frac{1}{1 - \alpha e^{-j\Omega}}$$

$$\alpha^n u[n] \xleftrightarrow{\mathscr{F}} \frac{1}{1 - \alpha e^{-j2\pi F}}, \quad |\alpha| < 1$$

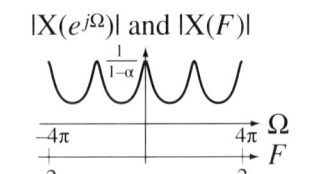

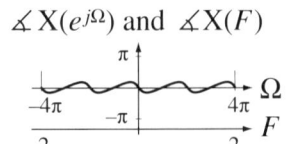

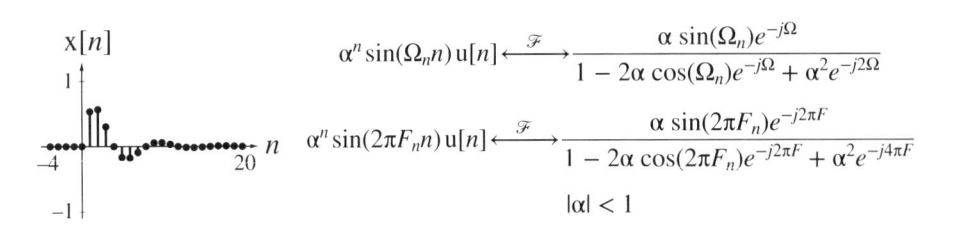

$$\alpha^n \sin(\Omega_n n) u[n] \xleftrightarrow{\mathscr{F}} \frac{\alpha \sin(\Omega_n) e^{-j\Omega}}{1 - 2\alpha \cos(\Omega_n) e^{-j\Omega} + \alpha^2 e^{-j2\Omega}}$$

$$\alpha^n \sin(2\pi F_n n) u[n] \xleftrightarrow{\mathscr{F}} \frac{\alpha \sin(2\pi F_n) e^{-j2\pi F}}{1 - 2\alpha \cos(2\pi F_n) e^{-j2\pi F} + \alpha^2 e^{-j4\pi F}}$$

$$|\alpha| < 1$$

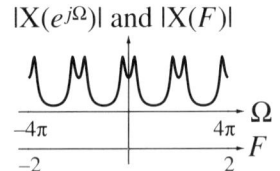

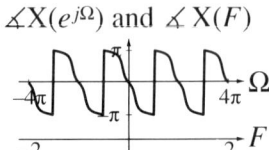

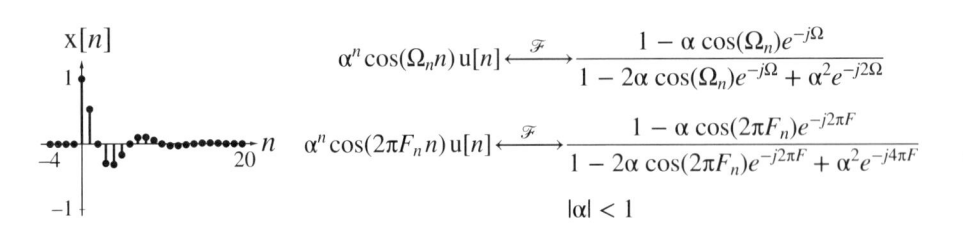

$$\alpha^n \cos(\Omega_n n) u[n] \xleftrightarrow{\mathscr{F}} \frac{1 - \alpha \cos(\Omega_n) e^{-j\Omega}}{1 - 2\alpha \cos(\Omega_n) e^{-j\Omega} + \alpha^2 e^{-j2\Omega}}$$

$$\alpha^n \cos(2\pi F_n n) u[n] \xleftrightarrow{\mathscr{F}} \frac{1 - \alpha \cos(2\pi F_n) e^{-j2\pi F}}{1 - 2\alpha \cos(2\pi F_n) e^{-j2\pi F} + \alpha^2 e^{-j4\pi F}}$$

$$|\alpha| < 1$$

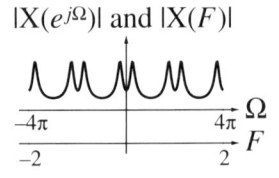

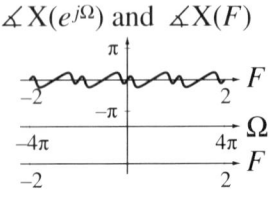

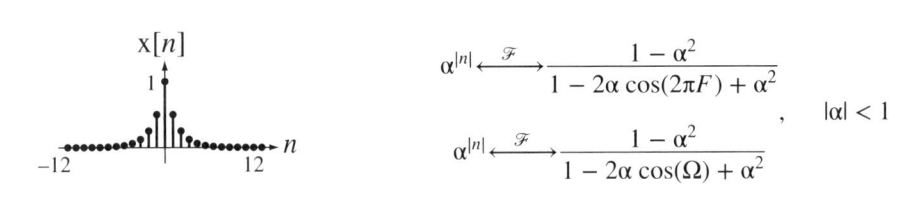

$$\alpha^{|n|} \xleftrightarrow{\mathscr{F}} \frac{1 - \alpha^2}{1 - 2\alpha \cos(2\pi F) + \alpha^2}$$

$$\alpha^{|n|} \xleftrightarrow{\mathscr{F}} \frac{1 - \alpha^2}{1 - 2\alpha \cos(\Omega) + \alpha^2}, \quad |\alpha| < 1$$

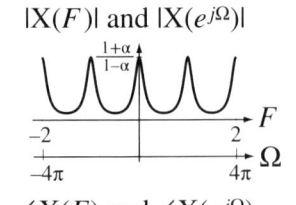

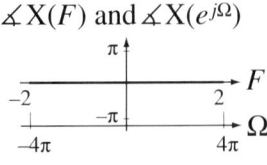

附錄 VI

拉普拉斯轉換對列表

TABLES OF LAPLACE TRANSFORM PAIRS

因果性函數 (CAUSAL FUNCTIONS)

$$\delta(t) \xleftrightarrow{\mathcal{L}} 1, \quad \text{All } s$$

$$u(t) \xleftrightarrow{\mathcal{L}} \frac{1}{s}, \quad \text{Re}(s) > 0$$

$$u_{-n}(t) = \underbrace{u(t) * \cdots * u(t)}_{(n-1)\,\text{convolutions}} \xleftrightarrow{\mathcal{L}} \frac{1}{s^n}, \quad \text{Re}(s) > 0$$

$$t\,u(t) \xleftrightarrow{\mathcal{L}} \frac{1}{s^2}, \quad \text{Re}(s) > 0$$

$$e^{-\alpha t} u(t) \xleftrightarrow{\mathcal{L}} \frac{1}{s + \alpha}, \quad \text{Re}(s) > -\alpha$$

$$t^n\,u(t) \xleftrightarrow{\mathcal{L}} \frac{n!}{s^{n+1}}, \quad \text{Re}(s) > 0$$

$$t\,e^{-\alpha t} u(t) \xleftrightarrow{\mathcal{L}} \frac{1}{(s + \alpha)^2}, \quad \text{Re}(s) > -\alpha$$

$$t^n\,e^{-\alpha t} u(t) \xleftrightarrow{\mathcal{L}} \frac{n!}{(s + \alpha)^{n+1}}, \quad \text{Re}(s) > -\alpha$$

$$\sin(\omega_0 t)\,u(t) \xleftrightarrow{\mathcal{L}} \frac{\omega_0}{s^2 + \omega_0^2}, \quad \text{Re}(s) > 0$$

$$\cos(\omega_0 t)\,u(t) \xleftrightarrow{\mathcal{L}} \frac{s}{s^2 + \omega_0^2}, \quad \text{Re}(s) > 0$$

$$e^{-\alpha t}\sin(\omega_c t)\,u(t) \xleftrightarrow{\mathcal{L}} \frac{\omega_c}{(s + \alpha)^2 + \omega_c^2}, \quad \text{Re}(s) > -\alpha$$

$$e^{-\alpha t}\cos(\omega_c t)\,u(t) \longleftrightarrow^{\mathcal{L}} \frac{s+\alpha}{(s+\alpha)^2+\omega_c^2},\ \operatorname{Re}(s)>-\alpha$$

$$e^{-\alpha t}\left[A\cos(\omega_c t)+\left(\frac{B-A\alpha}{\beta}\right)\sin(\omega_c t)\right]u(t) \longleftrightarrow^{\mathcal{L}} \frac{As+B}{(s+\alpha)^2+\omega_c^2}$$

$$e^{-\alpha t}\left[\sqrt{A^2+\left(\frac{B-A\alpha}{\omega_c}\right)^2}\cos\left(\omega_c t-\tan^{-1}\left(\frac{B-A\alpha}{A\omega_c}\right)\right)\right]u(t) \longleftrightarrow^{\mathcal{L}} \frac{As+B}{(s+\alpha)^2+\omega_c^2}$$

$$e^{-\frac{C}{2}t}\left[A\cos\left(\sqrt{D-\left(\frac{C}{2}\right)^2}\,t\right)+\frac{2B-AC}{\sqrt{4D-C^2}}\sin\left(\sqrt{D-\left(\frac{C}{2}\right)^2}\,t\right)\right]u(t) \longleftrightarrow^{\mathcal{L}} \frac{As+B}{s^2+Cs+D}$$

$$e^{-\frac{C}{2}t}\left[\sqrt{A^2+\left(\frac{2B-AC}{\sqrt{4D-C^2}}\right)^2}\cos\left(\sqrt{D-\left(\frac{C}{2}\right)^2}\,t-\tan^{-1}\left(\frac{2B-AC}{A\sqrt{4D-C^2}}\right)\right)\right]u(t) \longleftrightarrow^{\mathcal{L}} \frac{As+B}{s^2+Cs+D}$$

反因果性函數 (ANTICAUSAL FUNCTIONS)

$$-u(-t) \longleftrightarrow^{\mathcal{L}} \frac{1}{s},\ \operatorname{Re}(s)<0$$

$$-e^{-\alpha t}u(-t) \longleftrightarrow^{\mathcal{L}} \frac{1}{s+\alpha},\ \operatorname{Re}(s)<-\alpha$$

$$-t^n u(-t) \longleftrightarrow^{\mathcal{L}} \frac{n!}{s^{n+1}},\ \operatorname{Re}(s)<0$$

非因果性函數 (NONCAUSAL FUNCTIONS)

$$e^{-\alpha|t|} \longleftrightarrow^{\mathcal{L}} \frac{1}{s+\alpha}-\frac{1}{s-\alpha},\ -\alpha<\operatorname{Re}(s)<\alpha$$

$$\operatorname{rect}(t) \longleftrightarrow^{\mathcal{L}} \frac{e^{s/2}-e^{-s/2}}{s},\ \text{All } s$$

$$\operatorname{tri}(t) \longleftrightarrow^{\mathcal{L}} \left(\frac{e^{s/2}-e^{-s/2}}{s}\right)^2,\ \text{All } s$$

附錄 VII

z 轉換對
z-Transform Pairs

因果性函數 (CAUSAL FUNCTIONS)

$$\delta[n] \xleftrightarrow{\mathscr{Z}} 1, \quad \text{All } z$$

$$u[n] \xleftrightarrow{\mathscr{Z}} \frac{z}{z-1} = \frac{1}{1-z^{-1}}, \quad |z| > 1$$

$$\alpha^n u[n] \xleftrightarrow{\mathscr{Z}} \frac{z}{z-\alpha} = \frac{1}{1-\alpha z^{-1}}, \quad |z| > |\alpha|$$

$$n\, u[n] \xleftrightarrow{\mathscr{Z}} \frac{z}{(z-1)^2} = \frac{z^{-1}}{(1-z^{-1})^2}, \quad |z| > 1$$

$$n^2 u[n] \xleftrightarrow{\mathscr{Z}} \frac{z(z+1)}{(z-1)^3} = \frac{1+z^{-1}}{z(1-z^{-1})}, \quad |z| > 1$$

$$n\alpha^n u[n] \xleftrightarrow{\mathscr{Z}} \frac{z\alpha}{(z-\alpha)^2} = \frac{\alpha z^{-1}}{(1-\alpha z^{-1})^2}, \quad |z| > |\alpha|$$

$$n^m \alpha^n u[n] \xleftrightarrow{\mathscr{Z}} (-z)^m \frac{d^m}{dz^m}\left(\frac{z}{z-\alpha}\right), \quad |z| > |\alpha|$$

$$\frac{n(n-1)(n-2)\cdots(n-m+1)}{m!}\alpha^{n-m} u[n] \xleftrightarrow{\mathscr{Z}} \frac{z}{(z-\alpha)^{m+1}}, \quad |z| > |\alpha|$$

$$\sin(\Omega_0 n)\, u[n] \xleftrightarrow{\mathscr{Z}} \frac{z\sin(\Omega_0)}{z^2 - 2z\cos(\Omega_0) + 1} = \frac{\sin(\Omega_0)\, z^{-1}}{1 - 2\cos(\Omega_0)\, z^{-1} + z^{-2}}, \quad |z| > 1$$

$$\cos(\Omega_0 n)\, u[n] \xleftrightarrow{\mathscr{Z}} \frac{z[z-\cos(\Omega_0)]}{z^2 - 2z\cos(\Omega_0) + 1} = \frac{1 - \cos(\Omega_0)\, z^{-1}}{1 - 2\cos(\Omega_0)\, z^{-1} + z^{-2}}, \quad |z| > 1$$

$$\alpha^n \sin(\Omega_0 n) \, u[n] \xleftrightarrow{\mathcal{Z}} \frac{z\alpha \sin(\Omega_0)}{z^2 - 2\alpha z \cos(\Omega_0) + \alpha^2} = \frac{\alpha \sin(\Omega_0) \, z^{-1}}{1 - 2\alpha \cos(\Omega_0) \, z^{-1} + \alpha^2 z^{-2}}, \quad |z| > |\alpha|$$

$$\alpha^n \cos(\Omega_0 n) \, u[n] \xleftrightarrow{\mathcal{Z}} \frac{z[z - \alpha \cos(\Omega_0)]}{z^2 - 2\alpha z \cos(\Omega_0) + \alpha^2} = \frac{1 - \alpha \cos(\Omega_0) \, z^{-1}}{1 - 2\alpha \cos(\Omega_0) \, z^{-1} + \alpha^2 z^{-2}}, \quad |z| > |\alpha|$$

反因果性函數 (ANTICAUSAL FUNCTIONS)

$$-u[-n-1] \xleftrightarrow{\mathcal{Z}} \frac{z}{z-1}, \quad |z| < 1$$

$$-\alpha^n u[-n-1] \xleftrightarrow{\mathcal{Z}} \frac{z}{z-\alpha}, \quad |z| > |\alpha|$$

$$-n\alpha^n u[-n-1] \xleftrightarrow{\mathcal{Z}} \frac{\alpha z}{(z-\alpha)^2}, \quad |z| > |\alpha|$$

非因果性函數 (NONCAUSAL FUNCTIONS)

$$\alpha^{|n|} \xleftrightarrow{\mathcal{Z}} \frac{z}{z-\alpha} - \frac{z}{z-1/\alpha}, \quad |\alpha| < |z| < |1/\alpha|$$

索引

A

accumulation　累加　74
acquisition　擷取　355
active　主動的　429
additive　相加性　106
alias　疊頻　360
amplifier　放大器　99, 117
amplitude modulation　調幅　35
amplitude scaling　振幅尺度改變　31
analog　類比　2, 355, 467
analog-to-digital converter, ADC　類比數位轉換器　3, 356
anticausal　反因果性　111
antiderivative　反微分　39
antisymmetric　非對稱　503
aperiodic　非週期　44
aperture time　隙縫時間　356
arguments of the function　函數的參數　28
arguments　引數　21
arguments　參數　16
asymptotic　漸進　419
audio range　音頻範圍　405

B

backward difference　後向差分　74
bandlimited　帶限　190, 412
bandpass　帶通　311, 406
bandstop　帶拒　406
bandwidth　頻寬　412
basis　基底　244
bilateral　雙向　302
bilinear transformation　雙線性轉換　489
bilinear　雙線性　494
biquadratic　雙二級　409
Bode diagram　波德圖　417
bounded-input-bounded-output, BIBO　有界輸入有界輸出　110
Butterworth　巴特沃斯　467

C

causal　因果　111
Cesium　銫　45
chain rule　連鎖規則　43
channel　通道　1
clock　時脈　62
code　碼　356
comment　註解　21
compact trigonometric Fourier series　簡潔三角傳立葉級數　187
complex exponential　複指數　115
complex exponentials　複指數　17
complex sinusoid　複正弦訊號　18, 147
components　元件　98
constant-K　常數-K　434
continuous-space　連續-空間　442
continuous-time Fourier series, CTFS　連續時間傳立葉級數　182
continuous-time Fourier transform　傳立葉轉換　4
continuous-time Fourier transform, CTFT　連續時間傳立葉轉換　204
continuous-time　連續時間　2, 16
continuous-value　連續數值　2
convergence factor　收斂因子　208, 278
convolution integral　迴旋積　137
convolution sum　迴旋和　153
convolution　迴旋　4, 129
corner frequency　轉角頻率　419
critical radian frequency　臨界弧度頻率　116
CTFS pair　CTFS 轉換對　185
cumulative integral　累積積分　40

D

damping factor　阻尼係數　116
damping ratio　阻尼比　116
decibel, dB　分貝　415
decimation　改變取樣　70, 385, 386
deemphasis　解強　443

539

definite integral　定積分　39
delay　延遲　117
deterministic　確定　3
difference　差分　74
digital signal processing　數位訊號處理　355
digital　數位　3, 467
digital-to-analog converter, DAC　數位類比轉換器　357
direct form II　直接型式 II　282
direct substitution　直接代換　489
direct terms　直接項　296
Dirichlet functions　迪利克雷函數　250
discrete-time Fourier series, DTFS　離散時間傅立葉級數　239
discrete-time Fourier transform, DTFT　離散時間傅立葉轉換　256
Discrete-Time Numerical Convolution　離散時間數值迴旋　158
discrete-time　離散時間　2, 61
discrete-value　離散數值　2
distortion　失真　410
disvrete-space　離散-空間　442
domain　域　16
downsampling　不足取樣　387
duscrete Fourier transform, DFT　離散傅立葉轉換　197, 241
dynamic　動態　112

E

emphasis　增強　443
encoding　編碼　3, 356
energy signal　能量訊號　49
energy spectrum density　能量頻譜密度　217
equivalence　對等　25
even　偶　41
excitation, excited　激發　1, 94

F

fast Fourier transform　快速傅立葉傳換　198, 253
feedback　回授　8
feedforward　前饋路徑　499
filter　濾波器　4, 406

FIR filters　FIR 濾波器　476
first-order hold　一階保持　367
forced response　系統之強迫響應　111
forcing function　強迫函數　96
forward difference　前向差分　74
Fourier series　傅立葉級數　180
Fourier transform　傅立葉轉換　203
frequency domain　頻域　4, 179
frequency response　頻率響應　147, 165, 216
frequency　頻率　12
fundamental cyclic frequency　基礎循環頻率　44
fundamental period　基礎週期　44
fundamental radian frequency　基礎弧度頻率　44

G

generalized derivative　一般性微分　25
greatest common divisor, GCD　最大公約數　45

H

harmonic functions　諧波函數　182
harmonic number　諧波數　182
harmonic response　諧波響應　195
highpass　高通　308, 406
homogeneity　同質性　104
homogeneous　同質性　104

I

ideal operational amplifier　理想運算放大器　429
ideal　理想　410
IIR filers　IIR 濾波器　476
impedance　阻抗　426
impulse-invariant　脈衝不變性　476
impulse modulation　脈衝調變　360
impulse response　脈衝響應　137
impulse sampling　脈衝取樣　360
impulse train　脈衝串　27
indefinite integral　不定積分　39
independent variables　獨立變數　28
infinite-duration impulse response　有限間隔脈衝響應　476
infinite-duration impulse response, IIR　無限間隔脈衝響應　476

information　資訊　12
inner product　內積　184
in-phase　同相　371
input signals　輸入訊號　1, 94
inputs　輸入　1
integrator　積分器　99, 430
interference　干擾　13
interpolation　內插　71, 366, 385
invariant　不變的　41
inverse Laplace transform　反拉氏轉換　282
inverse z transform　反 z 轉換　325
invertible　可逆的　114

L

Laplace-transform pair　拉氏轉換對　280
leakage　滲漏　378
least common multiple, LCM　最小公倍數　45
left-sided　左邊　284, 326
linear　線性　107
linear, time invariant　線性非時變　107
linearizing　線性化　109
lowpass　低通　406

M

matched-z transform　匹配 z 轉換　489
mathematical model　數學模式　6
maximally flat　最大平坦　468
memory　記憶性　112
moving-average　移動平均　451

N

natural radian frequency　自然弧度頻率　116
noise　雜訊　1, 3, 415
nonrandom　非隨機　2
Nyquist frequency　奈奎斯頻率　361
Nyquist rates　奈奎斯率　361

O

octave　八度　410
odd　奇　41
one-sided　單邊　302
orthogonal basis vectors　正交基底向量　243

orthogonal　正交　184
output signals　輸出訊號　1, 94
oversampled　過度取樣　361

P

partial-fraction expansion　部分分式展開　289
parts　奇部　41
passband ripple　通帶漣波　499
passbands　通帶　406
passive　被動　429
period　週期　44
periodic convolution　週期迴旋　192
periodic impulse　週期脈衝　27
picket fencing　尖樁防護　381
pitch　音高　12
pixel　像素　442
point spread function　點展開函數　444
pole　極點　286
power signal　功率訊號　49
power spectral density　功率頻譜密度　12
power spectrum　功率頻譜　410

Q

quadrature　正交　371
quantization noise　量化雜訊　357
quantization　量化　356
quantized　量化　356
quantizing　量化　3

R

ramp　斜坡　21
random　隨機　2
range　範圍　16
rational function　有理函數　146
recursive　遞迴　333
red shift　紅移　35
region of convergence, ROC　收斂區間　284, 326
residue　餘式　296
resonant　共振　428
responses　響應　1, 94
right-sided　右邊　283

running integral　移動積分　40

S

Sallen-Key　沙稜-凱　434
sampled-and-hold, S/H　取樣與保持　356
sampling interval　取樣間隔　62
sampling period　取樣週期　62
sampling property　取樣特性　26
sampling theorem　取樣定理　361
sampling　取樣　2, 355
scaling property　尺度改變特性　26
script file　腳本檔案　42
sequential-state machine　序列狀態機　62
shifting property　篩選特性　26
sidelobe　旁波瓣　499
signal energy　訊號能量　47
signal　訊號　1
signal-to-noise ratio　訊號雜訊比　13, 415
singularity functions　奇異函數　19
space　空間　5
spatial　空間　5
spectrum analyzer　頻譜分析儀　415
start　開始　3
static nonlinearities　靜態非線性　112
static　靜態　112
stem plot　桿狀圖　62
step-invariant　步階不變性　476
stop　停止　3
stopbands　止帶　406
strength　強度　25
strictly bandlimited　嚴格帶限　360, 412
subfunction　副函數　42
summing junction　加總接點　8
summing junction　相加點　99, 117
superposition　重疊　107
symmetric　對稱　502
system object　系統物件　313
systems　系統　1

T

time invariance　非時變　105

time invariant　非時變　105
time limited　時限　48, 283
time limited　時間限制　364
time reverse　時間倒轉　34
time scaling　時間尺度改變　33
time shifting　時間位移　32
time translation　時間平移　32
tonal　音調　12
tone　聲音　12
total harmonic distortion, THD　總諧波失真　200
transfer function　轉移函數　146, 281, 323
transformation　轉換　5
trigonometric　三角　183
two-sided　雙邊　302

U

uncertainty principle　測不準原理　215
underdamped　欠阻尼　312
undersampled　不足取樣　361
uniform sampling　均勻取樣　62
unilateral　單向　302
unit doublet　單位偶極　27
unit triangle　單位三角波　143
unit triplet　單位三重態　27
unit-sequence　單位序列　67
upsampling　過度取樣　388

V

value　數值　16
voiced　語音　12

W

weights　權重　25
window　視窗　378

Z

zero padding　補零　264
zero　零點　286
zero-input response　零輸入響應　96
zero-order hold　零階保持　366
zero-state response　零狀態響應　96